COSMO
SAPIENS

COSMO SAPIENS

코스모사피엔스

✷ 우주의 기원 그리고 인간의 진화 ✷

존 핸즈 지음 | 김상조 옮김

소미미디어
Somy Media

내 아내 패디 발레리 핸즈를 기억하며

추천사

"과학적 지식이 물질과 생명과 인간의 기원에 관해 현재까지 도달한 지점을 보여 줄 뿐 아니라, 그 한계까지 논하는 대담한 700페이지짜리 서술로, 비전공자도 이해할 수 있을 만큼 명료하다. 핸즈는 원래 화학자였지만 세 권의 소설도 출판했다. 이 책은 기획과 범위에서 경이로울 정도이며, 대중 과학 서적이라기보다는 빅토리아 시대의 위대한 폴리매스polymath 작품에 가깝다."

-팀 크레인Tim Crane, 「타임스 문예 부록 *Times Literary Supplement*」 올해의 책

"인간의 근본적인 질문에 관해 과학적 지식이 현재 어디까지 왔는지를 탄탄하고 회의적인 입장에서 검토한 책이다. 핸즈는 항상 공명정대하게 과학자로서 취할 수 있는 최선의 관점에서 글을 쓴다. 그는 칼 포퍼의 반증 원리를 충족시키는 몇 가지를 제외하고는 만사에 대해서 감정에 좌우되지 않는 불가지론자이다. ……더할 나위 없이 가치 있는 백과사전적인 성취."

-A. N. 윌슨A. N. Wilson, 「타임스 문예 부록 *Times Literary Supplement*」 올해의 책

"이 책은 정신과 물질이 하나로 진화해 왔으며, 언젠가는 인간의 의식과 별이 가득한 우주가 하나의 우주적 전체의 일부로서 드러날 것이라고 주장한다. 이런 사상은 19세기 헤겔의 추종자들에 의해서 받아들여졌던 것인데……양자 우주의 시대에서 이를 다시 듣는다는 것은 신선한 충격일 뿐 아니라 상쾌하다."

-니콜라스 블린코Nicholas Blincoe, 「데일리 텔레그래프 *Daily Telegraph*」 올해의 책

"모든 것을 하나로 아우를 줄 아는 핸즈의 관점이 없었다면, 근래에 과학이 거둔 놀라운 성취와 그럼에도 우리가 알고 배울 수 있는 보다 많은 사실이 존재한다는 뚜렷한 징표 간의 화해할 수 없는 긴장과 현대 과학의 중요한 현실을 포착하기 불가능했을 것이다. 케임브리지대학교 철학 교수 팀 크레인의 말처럼 『코스모사피엔스』는 "정말 경이적인 업적"이다. 감정에 치우치지 않고, 공정하다. 이 책은 과학 분야의 전문가 60명과의 방대한 서신 왕래를 통해 얻은 지식이 녹아 있으며, 놀랄 만큼 설득적이다."

-제임즈 르 파누James Le Fanu, 「태블릿 *The Tablet*」

"핸즈와 그가 찾을 수 있는 저명한 전문가들 사이에 이루어진 대담하고 어마어마하며 철학적으로 완전주의적인……변증적 추론의 보배. 오늘날 같은 전문화 시대의 독자들은 다양한 주제에 대해 정통하며 자기 의견을 갖춘 박식한 일반인 시대로 되돌아가게 하는 이 책을 환영할 것이다……핸즈는 자신의 사유를 논리와 과학적 사실 속에 잘 갈아 넣어서 끊임없는 호기심을 갖춘 이들을 위한 사려 깊은 논문을 만들어 냈다."

-*Publishers Weekly* (별점 받은 리뷰)

"암흑 에너지에서 이기적인 유전자, 나아가 우리가 모르고 있는 것에 이르기까지, 존 핸즈는 우리가 지식에 어떻게 접근하고 있는지 응시한다. 이 매혹적인 주제에 관한 인간의 사유에 대한 개관."

-*Observer*

"우주의 이야기 속에서 인간의 역할에 관한 철저하고 매혹적인 조망"

-아담 모건Adam Morgan, *Chicago Review of Books*

"근본 우주론, 물리학, 생물학, 철학과 종교적 사상의 진화라는 분야 전체에 대한 정교한 개념적 분석의 성취……정말로 예외적인 업적이다."

-데이비드 로리머David Lorimer, *Science & Medical Network Review*

"사려 깊고, 매우 잘 쓰여진 책"

-Library Journal

"일목요연하게 모든 걸 다 담고 있으며, 진지하게 접근하는 독자들에게 강한 호기심을 불러일으키는 작품"

-Kirkus

"우주는 어떻게 시작되었는가? 생명은 어떻게 시작되었는가? 우리 인간종은 단순한 유기체로부터 어떻게 진화해 왔는가? 이와 같은 근본적인 철학적 질문에 답하려는 현대 과학의 지식을 모두 종합하는 방대한 충격적인 작품…… 이 책은 이미 수많은 사람들에게 찬사를 받고 있지만……일부 과학 분야로부터는 그들의 정설에 도전하고 있기에 적대감도 사고 있다."

-크레이그 케니Craig Kenny, *Camden New Journal*

"게임 체인저. 토마스 쿤의 『과학 혁명의 구조 *The Structure of Scientific Revolutions*』 전통에 서 있으면서 명료하게 본질을 뚫는 핸즈의 분석은 우리로 하여금 우리 자신과 우리 사회와 우리 우주에 대해 당연하다고 알고 있던 바를 다시 생각하게 만든다. 이 책은 클래식이 될 것이다."

-피터 드라이어Peter Dreier, 옥시덴털대학교 E. P. Clapp 정치학 석좌 교수

"존 핸즈는 우주와 생명과 인간 기원과 진화에 관한 현재까지의 과학적 지식을 철저히 모두 다루는 놀라운 일을 시도했다. 우리는 누구인가? 우리는 어디에서 왔는가? 의식과 가치와 의미의 원천은 무엇인가? 그를 끌고 갔던

이러한 질문은 지금껏 모든 과학과 종교와 철학에 영감을 주었다. 핸즈는 우주론에서부터 진화 심리학에 이르기까지 방대한 분야에서 현재까지 거두어들인 지식을 샘이 날 정도로 명료한 문체 속에서 공들여 요약한다. 그가 내린 결론은 신중하고 회의적이며, 과학의 한계에 대한 그의 생각은 논리적이다. 그는 과학이 지금까지 성취한 것과 성취하지 못한 것, 앞으로 이루지 못할 것들에 대해 매우 뚜렷하게 말한다. 정말로 예외적인 작품이다."

-팀 크레인Tim Crane, 케임브리지대학교 나이트브리지 철학 교수

"존 핸즈는 과학 분야의 현재 트렌드에 대한 날카로운 관찰자로서 자신이 보기에 말이 되는 것과 말이 안 되는 것에 대해 지적하고, 그 이유를 명확하게 설명할 수 있을 만큼 대담하다."

-폴 J. 스타인하르트Paul J. Steinhardt, 프린스턴대학교 알베르트 아인슈타인 과학 교수

"우리 우주의 시작부터 출발해서 호모 사피엔스의 출현이라는 궁극적 사건의 결론으로 마무리하는 책은 무수히 많이 있어 왔다. 이들 중 존 핸즈보다 명료하고 깊은 사유와 증거를 갖추고 더 잘 해낸 이는 없다……대담하고 방대하고 도전적이며, 다윈의 『종의 기원』이 그러했듯이 특정 사건에 대한 우리의 편견을 교정해 줄 것이다."

-제프리 슈워츠Jeffrey Schwartz,
피츠버그대학교 물리 인류학 및 과학사 & 과학철학 교수

"지적인 역작. 우주, 물질, 생명, 정신의 기원을 설명하려는 모든 중요한 과학 이론의 검토. 접근 방식은 신선할 정도로 불가지론에 입각해 있다. 저자는 우리가 지금 얼마나 많은 것을 모르는지 그리고 무엇이 앞으로 영영 모른 채 남아 있게 될 것인지도 조직적으로 지적한다. 그는 주류와 대안의 관찰 결과와 이론과 가설을 비판적으로 분석하고, 그들의 강점과 보다 많은 약점을 지적한다. 그는 이렇게 최신 "발견"에 동반되는 감정주의의 대조점

을 제시하며……이들에 내재되어 있는 어려운 개념과 이론을 명료하고 분명한 언어로 설명한다……우리 자신과 우리를 둘러싸고 있는 우주가 어디로부터 왔는지를 설명하는 근본적이면서 난해한 이론들을 좀 더 깊이 이해하고자 하는 모든 이들에게 적극 추천한다."

-프랜시스 헤일리겐Francis Heylighen, 브뤼셀자유대학교 진화, 복잡화, 지각부 교수

"전통적 과학의 한계를 파악하는 데 아웃사이더의 시각이 필요할 때가 있다. 생물학적 진화와 관련해서 존 핸즈는 진작에 재해석되었어야 하는 수많은 주제를 분해하는 놀라운 일을 해냈다. 진화와 관련된 그토록 많은 문제를 다루는데 쏟은 그의 노력은 영웅적이기까지 하다. 이는 진보를 위한 첫 걸음이자, 중대한 성취이다."

-제임스 샤피로James Shapiro 교수,

『진화: 21세기에서 본 시각 *Evolution: A View From The 21st Century*』의 저자

"대담하고 경이로운 책……독자를 끌어들이는 문체로 물리학과 생물학의 제반 분야를 가로지르는 중요한 과학적 이론들을 명료하게 제시한다."

-레리 스타인먼Larry Steinman, 스탠퍼드대학교 신경과학 교수

"깊이와 거장의 기량을 갖춘 존 핸즈는 인간의 실존에 관련된 중대한 문제들을 탐구한다……이는 과학적 사실에 관련된 필수적인 작품이며 주목해야 할 가치가 있다. 핸즈의 탐구 여정은 당신에게 가르침을 줄 뿐만 아니라 깜짝 놀라게 할 것이다."

-데렉 시어러Derek Shearer, 맥키넌국제문제연구소McKinnon Center for Global Affairs, Los Angeles

"우주의 기원부터 인간의 진화에 이르기까지의 백과사전적인 설명이다. 전통적인 다윈주의자라면 누구든(나도 그중 한 사람이지만) 이의를 제기할 내용이 많다. 그러나 의견의 불일치는 진보를 위한 연료다. 만일 당신이 논쟁을

즐긴다면 이 책은 당신을 위한 책이다."

-스티브 존스Steve Jones 교수, 『유전자의 언어 *The Language of the Genes*』의 저자

"대담하고, 방대하며, 총괄적으로 잘 쓰여진 책이다. 생명, 의식, 생명권의 진화, 나아가 신다윈주의적 종합에 대한 설득력 있는 비판, 인간, 그리고 인간 너머에 관련해 서로 얽혀 있는 주제들을 포괄적으로 다루기에 수많은 독자들에게 흥미를 일으킬 것이다."

-스튜어트 카우프만Stuart Kauffman 교수, 『우주의 집에서 *At Home in the Universe*』의 저자

"존 핸즈는 윌리엄 휴얼 같은 빅토리아 시대 현자의 전통에 서 있는 과학 비평가가 되었다. 그의 명료하고 사려 깊은 비평적인 설명은 여러 우주론적 추정과 수학적인 검증과 관찰과 실험을 통해 확정된 이상적 과학 이론 사이에 존재하는 깊은 심연을 드러낸다. 모든 흥미로운 이론에는 느슨한 구석과 틈이 있기 마련이지만 그것으로 충분하지 않다. 핸즈는 그들과 그들을 주장한 이들에게서 나타나는 좁은 시각을 지적하는데, 이는 좁은 범위에 집중하는 전문화, 후원이나 한정된 자금을 얻기 위한 치열한 경쟁, 마녀 재판을 연상케 하는 교조주의로부터 비롯되었다……그러나 미지의 것을 알고자 그 최전방에 다가서려 한다면 고정 불변하는 견해 따위는 존재해서는 안 된다……핸즈는 우리가 모르는 것이 얼마나 많은가를 깨닫게 한다.

-데이비드 나이트David Knight 교수, 『현대 과학의 형성 *The Making of Modern Science*』의 저자

차례

2부 생명의 출현과 진화 • 269

20장 인간의 계보 • 520

21장 생물학적 진화의 원인: 현재의 정설 • 530

22장 보완적인 가설과 경합하는 가설 1: 복잡화 • 553

3부 인류의 출현과 진화 • 655

한국어판 저자 서문

『코스모사피엔스 COSMOSAPIENS Human Evolution from the Origin of the Universe』가 한국어로 번역되어 기쁘다. 한국의 인류학자 이상희 교수가 쓴 『인류의 기원』의 판매에서 확인되듯 한국의 독자들은 이 주제에 강렬한 흥미를 갖고 있기 때문이다.

우리 인간들은 우리가 어디서부터 왔는가, 왜 우리는 존재하는가, 우리는 누구인가 하는 의문을 적어도 25,000년간 품어 왔다. 우리는 언제나 이 문제에 대한 답을 초자연적인 영역에서 찾으려고 했다. 그러나 3,000년 전부터는 철학적 사유와 통찰에서 그 답을 찾기 시작했다. 불과 150년 전부터는 과학, 즉 조직적이고 계측 가능한 관찰과 실험을 통해 답을 얻으려 하고 있다.

숙련된 과학자로서 나는 열린 마음으로, 현재까지 과학이 제시한 인간 존재에 대한 다양한 질문에 관한 대답을 10년간 탐구하였다.

우리가 어디에서 왔는가 하는 문제에 관해서 볼 때 생물학적 진화라는 현상이 있었다는 증거가 명백하지만, 나는 "어떻게" 이런 현상이 일어났는지 알고 싶었다. 또한 우리 인간의 진화를 지구상에 나타난 최초의 생명체들로부터 살필 뿐만 아니라, 그 생명체들이 어디서부터 나왔는지를 살펴 우주가 시작될 때의 물질과 에너지에까지 소급해 갔다.

내가 도달한 결론은 나를 깜짝 놀라게 했다. 서양에서 가르치는 수많은 과학적 설명들은 21세기에 발견된 관찰적 실험적 증거와 조화를 이루지 못했던 것이다.

그 증거에 의하면 우리 인간은 우주적 진화 과정 속에서 서로 협력하며, 점점 복잡해지고, 통합적 수렴을 이어가고 있는, 아직 완성되지 않은 산물이다. 우리가 아는 한, 우리는 특별한unique 존재이다. 다른 생명체들도 정도의 차이만 있지 모두 의식意識을 소유하고 있을 뿐만 아니라, 반성적 의식도 가지고 있다. 그러나 우리는 알 뿐 아니라, 안다는 게 무엇인지 알고 있는 유일한 생물 종이다. 게다가 여전히 진화해 나가고 있는 유일한 종이기도 하다. 그 진화는 물리적 진화나 유전자상의 진화가 아니라, 정신의 진화이다.

이 정신의 진화는 대략 25,000년 전 인간 이전의 조상에게서 우리가 갈라져 나왔을 때 시작되었다. 나는 이 진화를 서로 겹치는 세 가지 국면으로 나누어 다룬다. 첫 번째이자 가장 긴 시간을 차지하는 단계는 죽음을 미리 알고, 생존하고 번식하려는 욕구에 지배되는 원시적 사고 단계이다. 그 단계에서 수렵 채집인이 농업을 발명하고 서로 협동하여 정착하며 마을을 이루었다. 한국에서도 10,000년 전 경의 것으로 추정되는 초기 도기가 발견되었고, 이는 정착 생활이 이루어졌음을 알려 준다.

이 원시적 사고는 자연력에 대한 이해 부족과 미지의 것에 대한 두려움에서 비롯되는 미신을 특징으로 한다. 미신은 전설과 신화, 애니미즘, 조상숭배, 샤머니즘(한국의 샤먼은 주로 여자였다), 그리고 우리 삶을 다스리는 신들이나 신에 대한 믿음에 의해 확인된다.

두번째 단계는 철학적 사고인데, 원시적 사고의 미신에서부터 점진적으로 갈라져 나왔다. 한국인들은 불교, 유교, 도교 등 수입한 철학을 가다듬었다.

세 번째이자 가장 짧은 단계는 과학적 사고의 단계로서, 이는 자연철학에서 나왔다. 한국은 이 단계가 다른 나라들에 비해 늦게 시작되었지만, 근래에 들어서는 속도가 붙었기에 과학 기술 분야의 연구와 발전에서 최상위 국가가 되었다.

나는 이 책이 우리 인간이 우주의 기원에서부터 시작해서 어떻게 진화해 왔는지 보여 주는 총괄적인 틀을 제공할 수 있기를 바란다. 그리고 우리가 누구이며 무엇이 될 수 있는가에 관해 도달한 놀라운 결론이 열린 마음을 품고 있는 한국 독자들과 과학자들에게도 자극이 되기를 바란다.

2021년 3월, 존 핸즈

거의 모든 것의 진실

지금으로부터 18년 전, 그 무렵 나는 내 신문 칼럼에 그 당시 갓 번역돼 나온 책 『거의 모든 것의 역사』에 관한 서평을 게재했다. 『거의 모든 것의 역사』는 '세상에서 가장 재미있는 여행 작가'라는 칭송을 듣는 수필가인 빌 브라이슨Bill Bryson이 3년 동안 그 좋아하는 여행을 끊고 집에 틀어박혀 무려 300여 권의 전문 과학 서적을 읽으며 써 낸 과학책이다. 참고문헌 목록에 오른 책이 300여 권이라는 사실은, 실제로 그가 뒤적거린 책은 그보다 훨씬 많았을 것을 암시한다. 원래 직업 과학자가 아닌 그가 그 많은 책에서 읽은 정보와 개념들을 이해하고 확인하기 위해 자문을 구했던 과학자는 또 얼마나 많았을까? 감사의 글에 거명된 사람만 줄잡아 50명이 넘는다.

『코스모사피엔스』를 읽으며 자연스레 나는 『거의 모든 것의 역사』를 떠올릴 수밖에 없었다. 브라이슨과 달리 이 책의 저자 존 핸즈는 런던 대학교에서 화학을 전공한 전문 과학자다. 자신의 전문 분야 외에 물질과 생명의 기원부터 의식과 인류의 탄생에 이르기까지 실로 방대한 영역을 섭렵하려는 책을 썼으니, 그가 읽고 분석한 저서와 논문은 아마 셀 수조차 없을 것이다. 그에게 전문 지식을 공유하고 오류 혹은 누락된 정보를 알려 주며 논리의 허점을 지적해 준 학자들도 60명이 넘는다. 『코스모사피엔스』 역시 우주의 신비와 지구의 생성과 구조로부터 20세기 자연과학, 특히 물리학의 발달 과정과 이론들, 지구라는 행성의 해부학과 생물학을 거쳐 인류의 과거와 미래까지 그야말로 자연과학 분야의 거의 모든 것에 관한 분석을 담아내고 있다. '물질의 출현과 진화(제1부)'에서 시작해서 '생명의 출현과 진화(제2부)'와 '인류의 출현과 진화(제3부)'를 거쳐 '우주적인 과정(제4부)에 이르기까지 그 폭과 깊이는 실로 방대하고 경이롭다.

그러나 『거의 모든 것의 역사』와 『코스모사피엔스』의 유사성은 여기까지이다. 『거의 모든 것의 역사』가 과학적 사실의 나열과 그에 대한 정리 및 종합에 공을 들였다면(나는 이 책을 번역한 서강대학교 화학부 이덕환 명예교수와 함께 '비전문가 저자'의 실수와 허점을 발견하려고 철저히 검증했지만 단순 오류 하나를 제외하고는 흠을 찾을 수 없었다), 『코스모사피엔스』는 우주의 탄생에서 인류와 의식의 출현과 진화에 이르기까지 과학계가 실험하고 설명한 모든 '사실事實'의 실체를 철저하게 과학적 방법론에 근거해 파헤친다. 핸즈는 사실에 대한 단순한 해설과 분류에서 멈추지 않는다. 끊임없이 사실의 진위를 묻고 다른 유사한 사실들과 비교한다. 사실의 단계를 넘어 진실眞實을 규명하려 한다. 그래서 나는 이 추천의 글에 '거의 모든 것의 진실'이라는 제목을 붙였다.

사실이 "실제로 있었던 혹은 현존하는 일"이라면 진실은 "거짓이 없는 사실"을 의미한다. 그렇다면 사실과 달리 진실을 규명하는 일에는 필연적으로 판단이 따르기 마련이다. 바로 이 부분에서 『코스모사피엔스』는 더할 수 없이 흥미로운 책이 된다. 출간된 이래 이 책은 첨예하게 대립된 평가를 한 몸에 받아왔다. "대담한 여정과 방대한 역작"이라는 하버드대학교 에드워드 윌슨 교수의 찬사 이면에는 만만치 않게 신랄한 비판들이 쏟아졌다. 다루는 주제마다 문제를 너무 복잡하게 만들어 오컴의 면도날Occam's razor 원칙을 어겼다는 지적을 받았고, 여러 개념의 정의를 조금은 자의적이며 편파적으로 내린 바람에 이를 충족해 줄 증거를 찾지 못해 결국 거의 대부분의 과학 분야에 비판적인 입장을 취할 수밖에 없게 됐다는 부정적 평가가 있다.

과학에 대해 정의하는 저자의 태도부터 까다롭다. 그는 과학을 '체계적으로, 가급적이면 측정 가능한 관찰과 실험을 통해 자연현상을 이해하고 그렇게 얻은 지식에 이성을 적용하여 검증 가능한 법칙을 도출하고 향후를 예측하거나 역행추론하려는 시도'라고 정의하며 그의 논증을 시작했다. 여기서 그는 '가급적이면' 그리고 '이성을 적용하여'라는 표현을 썼지만 실제로는 시종일관 가혹하리만치 엄격한 견지를 유지했다. 그러다 보니 지나칠 정도로 실증적 연구 결과에 의존해서 대부분의 판단을 내리는 바람에 현대 과학이 이룩해 놓은 거의 모든 업적을 인정하지 못하는 듯 보인다. 종종 인색한 회의론자, '독단적 이단아lone cowboy'라는 비판을 받은 데에는 그 스스로 자초한 면이 없지 않을 것이다.

진화의 정의에도 논란의 여지가 있다. 저자는 진화를 '무엇인가가 단순한 상태에서 복잡한 상태로 변해가는 일련의 과정'이라고 정의했는데, 이는 현대 진화생물학자들이 보편적으로 사용하는 정의와는 거리가 멀다. 이런 정의는 진화가 과연 진보인가를 묻는 진화생물학계의 오랜 논쟁에 기름을 붓는 도발이다. 이 책에 다분히 우호적인 평가를 내린 에드워드 윌슨 교수는 진화를 진보의 과정으로 보는 대표적인 학자이지만, 실제로 진화생물학계에는 진화는 방향성이나 의도를 지닌 과정이 아니라는 입장을 취하는 학자들이 훨씬 많다. 여기에서부터 생명의 진화는 물론, 물질의 진화까지 결국 많은 독자들을 불편하게 만들었다. 현대과학이 아무리 혁혁한 업적을 세웠다 하더라도 우리는 자연과 인간에 대해 아직도 모르는 게 훨씬 많다는 점을 처절하게 반성하고 겸허하게 만든 그의 공은 두말할 나위 없이 크지만, 인문사회 분야의 학자라면 모를까 과학계에 몸담고 있는 사람은 모두 바늘방석에 앉은 듯 불편할 수밖에 없다. 개인적으로 나는 저자가 사실로 뒷받침되지 않은 진실을 너무나 자주 과학의 영역 밖으로 밀어내는 게 불편했다. 나는 모름지기 과학은 그런 주제들도 포기하지 말아야 한다고 생각하는 학자 중 한 사람이기 때문이다.

이 같은 불편함에도 불구하고 나는 과학의 거의 모든 분야를 이렇듯 진지하게 섭렵한 그의 학문적 폭과 깊이에 경의를 표한다. 화학에서 시작한 그의 학문이 물리학을 품고 생물학을 거쳐 지질학과 인류학, 그리고 철학과 인문사회 분야를 고르게 아우르며 확장돼 가는 모습은 통섭consilience을 주장하며 나름 학문의 경계를 넘나들었다는 평가를 받는 내게도 감히 범접할 수 없는 수준이다. 까치글방의 창립자 고 박종만 대표께서 내가 쓴 『거의 모든 것의 역사』에 관한 서평에서 '신의 한 수'였다고 평가하신 문장이 있다. 바로 '대학입시의 논술이나 면접의 질문거리를 찾는 교수님들이 제일 먼저 구해 뒤적일 책일 것 같다'는 문장이었다. 이 문장이 『거의 모든 것의 역사』를 비록 『이기적 유전자』와 『코스모스』에는 못 미치지만 우리나라 과학책 베스트셀러 목록에서 당당히 3위군을 형성하는 책 중의 하나로 자리매김하는 데 톡톡히 기여했다고 평가하신 것이다. 『거의 모든 것의 역사』가 단순히 논술이나 면접에 쓸 만한 질문거리를 찾는 데 유용한 책이라면, 나는 조만간 우리 학교 교육의 대세가 될 수밖에 없는 토론 수업에 더할 수 없이 적합한 책으로 『코스모사피엔스』를 천거한다. 근본적인 개혁을 이뤄내지 못하면 몰락할 수밖에 없는 대한민국 교육이 단순한 지식의 전달과 습득에서 토론을 통한 가치 판단 능력의 함양으로 방향 전환을 해야 한다는 것은 교육전문가는 물론 학생과 학부모도 공감한다. 사실과 진실 사이에서 이 책의 저자 존 핸즈가 취한 과감하고 다양한 지적 판단은 엄청나게 풍부한 토론거리를 제공한다. 이 땅의 많은 고등학교와 대학교 교실에서 『코스모사피엔스』를 두고 열띤 토론을 벌이는 모습을 상상해본다.

최재천(이화여자대학교 에코과학부 석좌교수/ 통섭원 원장)

코스모사피엔스

Chapter 1

탐구

만약 온전한 이론을 발견한다면, 그 이론은 소수의 과학자만이 아니라 모든 사람이 그 대강의 원리를 바로 이해할 수 있어야 한다. 그렇게 되면 철학자나 과학자가 아닌 평범한 모든 사람도 우리 자신과 우주의 존재에 대해 질문하고 토론할 수 있게 된다. 이 질문에 대한 답을 찾는다면 이는 인간 이성의 궁극적 승리라고 해야 하리라. 신의 생각을 깨닫게 되는 일이므로.

–스티븐 호킹Stephen Hawking, 1988년

확실한 지식을 충분히 통합하기만 하면 우리는 우리가 누구이며 왜 여기에 있는지 이해할 수 있을 것이다.

–에드워드 O. 윌슨Edward O. Wilson, 1988년

"우리는 무엇인가? 그리고 우리는 왜 여기 있는가?" 이런 질문은 적어도 25,000년간 인류를 매혹시켜 왔다. 인류는 대부분의 시간을 초자연적인 믿음을 통해 그 답을 찾고자 노력해 왔다. 그리고 대략 3,000년 전부터는 철학적 통찰과 사유를 사용하게 되었다. 150여 년 전 찰스 다윈은 『종의 기원*The Origin of Species*』을 통해 근본적으로 다른 접근 방식을 제시하였다. 즉 경험적 과학 연구 방식으로 우리가 생물학적 진화의 산물이라는 견해에 도달하게 된 것이다. 50여 년 전 우주론자들은 우리를 구성하고 있는 물질과 에너지가 우주를 만든 빅뱅에서부터 나왔다고 결론을 내렸다. 그리고 30여 년 전부터 신경과학자들은 우리가 보고 듣고 느끼고 생각하는 것이 우리 뇌의 여러 부분에 분포되어 있는 뉴런의 활동과 연관되어 있음을 증명하기 시작했다.

과학이 이룬 이 놀라운 성과는 기하급수적으로 데이터를 축적해 온 기술의 발전에서 비롯된다. 이러한 진보를 통해 과학은 점점 더 세밀한 분야로 파고드는 '분과 학문'으로 발전해 왔다. 따라서 근래에 그 누구도 '우리가 누구이며 어디서 왔으며 왜 존재하는가'에 관해 과학이라는 나무 위 작은 입사귀에서 한발짝 물러나 지금도 진화 중인 이 거대 나무가 보여 주는 전체 그림을 조망하지 못한다.

이 책은 바로 이 일을 시도한다. 즉 우주가 생성된 이후 우리가 어떻게 그리고 왜 진화해 왔는지, 또한 우리 자신의 참 모습이 다른 동물과 우리를 구별할 수 있게 하는지에 관해 조직적인 관찰과 실험을 통해 얻을 수 있는 신뢰할 만한 과학적 지식이 어떤 것인지 확정하려 한다.

나는 총 4부로 나눠 서술할 것이다. 1부는 궁극적으로 우리를 형성하고 있는 물질과 에너지의 출현과 진화에 대해 과학이 설명하는 바를 검토한다. 2부는 생명의 출현과 진화에 대한 과학적 설명을 다루는데, 우리가 살아 있는 물질인 까닭이다. 3부는 인류의 출현과 진화를 살핀다. 4부에서는 그 모든 것들을 아우르는 결론을 내릴 만한 일관된 패턴이 증거 자료 속에서 나타나는지 알아본다.

각 부분에서는 "우리는 누구인가?"라는 중대한 질문을 전문 분야들이 탐구하는 주요 질문들로 쪼개고, 학문적으로 인정된 각 분야의 저작들 속에서 추론이나 신념이 아닌 경험적인 증거를 통해 인정되는 해답이 있는지 찾아보며, 그 증거 자료 속에서 결론을 도출할 만한 패턴이 있는지 검토한다. 이런 접근 방식이 만족할 만한 설명을 얻는 데 실패할 경우에는 적용된 가설과 추정이 합리적인지 살피고, 다른 방식—예를 들면 통찰—으로 지식을 얻을 수 있는지 생각해 보려 한다.

그 이후 각 분야의 전문가들(감사의 말에 수록되어 있다)에게 원고를 보내 오류나 누락 그리고 합리적이지 않은 결론은 없는지 검토해 달라고 요청할 계획이다.

각 장의 마지막에는 결론을 정리할 것인데 이것은 다소 전문적인 분야를 건너뛰려는 독자들이 내가 발견한 바를 알 수 있도록 하기 위함이다.

우리가 누구인가 하는 질문은 학부생 시절부터 나를 매혹시켰다. 두 개의 학술 연구서를 공동 집필했고 사회과학 분야에서 한 권의 책을 썼던 것과 오픈유니버시티에서 4년간 파트타임으로 물리학을 가르쳤던 것을 제외하고는 나는 과학자로서 살아오지 않았고, 그런 점에서 나는 이 일에 자격이 없는지도 모른다. 반면에 자신이 배우고 현재 종사하고 있는 전공 외의 분야에서 관련된 지식을 소유하고 있는 연구가는 그리 많지 않다.

나는 많은 전문가들이 그들의 분야에 대해 내가 충분할 만큼 상세히 써내지 못했다고 느끼리라 예상한다. 그렇다면 미리 사과드린다. 나는 총서가 아니라 한 권의 책을 쓰고자 했다. 그리고 우리가 누구며 왜 여기 있는가에 관한 인류 진화의 전체적 그림을 그리는 것이 목표라면 필연적으로 요약이 필요하다.

오류를 바로잡으려고 애를 썼지만, 이런 시도를 하다 보면 어떤 부분에서든 세부 내용에서 실수가 있기 마련이다. 이는 전적으로 내게 책임이 있다. 또한 그 세부 내용은 집필과 출간 사이에 나온 연구 결과로 다시 뒤집힐 수도 있다. 신념과 구분되는 과학은 그렇게 발전해 간다. 내가 원했던 바는 본서가 전체를 조망하는 체계를 제공하는 것이었고 다른 이들이 가다듬어 그 위에 계속 쌓아 나가는 것이다.

그러나 세계 인구의 대다수는 우리가 진화의 산물이라는 것을 받아들이지 않는다. 그들은 기원에 관한 다양한 신화를 믿는다. 그래서 나는 기원과 관련된 신화를 설명하는 데 한 장을 할애하였다. 왜 과학 혁명이 시작된 이후에도 신화는 오백 년 가까이 살아남았으며, 과학적 사고방식에 어떤 영향을 끼쳤는지 알아보려 한다.

여러 사람들이 같은 말을 서로 다른 의미로 사용하기 때문에 의견이 엇갈리게 된다. 말의 의미는 시간에 따라 그리고 여러 문화적 정황 속에서 달라진다. 오해를 줄이기 위해서 중요하면서도 뜻이 명확하지 않은 개념어는 처음 사용할 때마다 정의를 내릴 것이며, 마지막 용어 해설 부분에 목록으로 정리할 것이다. 여기에는 필수적인 전문 용어 정의도 포함된다.

정의를 내려야 할 첫 번째 개념어는 "과학science"이다. 이 말은 지식을 뜻하는 라틴어 *scientia*에서 나왔다. 여러 종류의 지식을 다양한 방식으로 얻을 수 있다거나 얻었다고 주장할 수 있다. 16세기 이후로 그것은 이성적 추론이나 통찰 혹은 계시로부터 얻은 지식이 아닌, 관측과 실험을 통해 자연적인 세계—무생물과 생물—에 대해 획득한 지식을 뜻한다. 따라서 과학의 정의에는 그 지식을 얻은 수단도 포함되어야 한다. 우리는 과학에 대해 다음과 같이 요약할 수 있다.

> **과학**science 체계적으로, 가급적이면 측정 가능한 관찰과 실험을 통해 자연현상을 이해하고 설명하며, 그렇게 얻은 지식에 이성을 적용하여 검증 가능한 법칙을 도출하고, 향후를 예측하거나 과거를 역행추론하려는 시도.

> **역행추론**retrodiction 과거에 있었고, 후대의 과학 법칙이나 이론으로부터 연역되거나 예측될 수 있는 사태.

과학은 현상 시스템의 불변하는 행동을 설명하기 위해 법칙 또는 보다 일반적인 이론을 공식화하는 것을 목표로 한다. 우리는 그 법칙이나 이론을 그 시스템 속의 구체적인 현상에 적용하여 미래의 결과를 예측하려 한다. 예를 들어, 움직이는 물체의 시스템에 뉴턴의 역학 법칙을 적용하여 구체적인 정황 속에서 로켓을 발사한 후의 결과를 예측한다.

과학은 또한 과거에 있었던 일에 대해서도 알려 준다. 역행추론의 예를 들자면, 판 구조론에 따라 2억 년 전 초대륙 판게아가 쪼개지기 전에 서로 붙어 있었던 남미의 서부 해안과 남 아프리카의 동부 해안에서 유사한 화석이 발견될 수 있으리라 추측한다.

18세기 이후부터는 자연 현상 연구가 인간과 인간의 사회적 관계 영역까지 다루게 되었다. 그 분야에서 과학적 방법론을 사용하면서 19세기에 이르러 고고학, 인류학, 사회학, 심리학, 정치학 심지어 역사학까지 포괄하는 용어인 사회과학이 성립했다. 이들 분야의 관련된 성과는 3부에서 다루려 한다.

수학을 과학이라고 보는 이들도 있지만, 수학의 연구 범위는 자연 현상을 넘어서며 그 이론은 경험적으로 증명될 수가 없다. 이런 측면에서 나는 수학을 차라리 과학 일부와 그 법칙을 표현하는 일종의 언어로 분류하는 편이 더 낫다고 생각한다.

“이론”은 일반적인 용법보다는 과학 분야에서 좀 더 특수한 의미를 가지는데도 과학에서는 “이론”과 “가설”이 그다지 엄밀하지 않게 사용되고 있다. 이 둘을 구분하는 편이 도움이 된다.

가설hypothesis 현상이나 현상의 집합을 설명하고 그 이후의 탐구를 위한 출발점으로 제시된 잠정적인 이론. 불완전한 증거 자료를 검토한 후에 통찰이나 귀납적인 추론에 의해 도달한 이론이므로 언제든 잘못되었다고 증명될 수 있어야 한다.

이 반증가능성falsifiability이라는 기준은 과학철학자 칼 포퍼Karl Popper가 제시했다. 실제로는 이것이 간단하지 않을 수 있지만, 오늘날 대부분의 과학자들은 과학적 가설이 추측이나 믿음과 구분되기 위해서 그것이 잘못이라고 입증할 수 있는 경험적인 테스트를 받아야 한다는 원칙을 받아들인다.

이론theory 여러 독립된 실험과 관측에 의해 확정되고, 현상의 정확한 예측이나 추론에 사용할 수 있는 현상 집합에 대한 설명.

규명할 수 있는 현상의 범위가 넓을수록 그 과학 이론은 유용하다. 과학은 새로운 증거의 발견과 새로운 사고의 적용에 의해 계속 발전하므로, 과학 이론은 모순되는 증거가 나오면 수정되거나 부정될 수 있으며 절대적으로 확정될 수는 없다. 그러나 어떤 과학 이론은 매우 확정적이라고 인정된다. 예를 들어, 지구가 우주의 중심이고 태양과 나머지 별들이 지구 주위를 돈다는 이론은 부정되었지만, 지구가 태양 주변을 돈다는 이론은 무수한 관측과 정확한 예측에 의해 확정적인 사실로 인정되었다. 그러나 이것조차 항상 그런 것은 아니다. 태양의 진화를 연구한 많은 연구를 통해 알게 되었듯 태양이 적색거성으로 변해서 지구를 감싸고 태워 버릴 것으로 예상되는 50억 년 후에는 전혀 그렇지 않을 것이다.

어떤 연구는 그보다 앞선 믿음의 영향을 크게 받는다. 나는 태어나서 가톨릭 신자로 교육을 받았고, 그 이후 무신론자가 되었고, 지금은 불가지론자이다. 나는 유신론, 이신론, 유물론에 대해 미리 갖고 있는 믿음이 없다. 나는 정말이지 아무것도 모른다. 이것은 과학적 증거에 입각해서 우리가 누구이고 무엇이 될 것인가를 발견하려는 이 탐구를 시작하며 흥분을 느끼게 하는 요인이기도 하다. 열린 마음으로 나와 함께 이 탐구에 나서자고, 독자들을 초대하고자 한다.

1부
물질의 출현과 진화

Chapter 2

기원 신화

나는 신이 이 세상을 어떻게 창조하였는지 알고 싶다.

–알베르트 아인슈타인Albert Einstein, 1955년

세상과 시간은 하나로 시작되었다. 세상은 시간 속에서 만들어진 것이 아니다. 시간과 동시에 만들어졌다.

–히포의 성聖 아우구스티누스St Augustine of Hippo, 417년

2003년 2월 11일 이래로,* 시간과 공간 그리고 물질과 에너지까지 모두 합친 이 우주는 137억 년 전 무한한 밀도와 매우 높은 온도를 가진 점點만 한 불덩어리가 폭발해서 생겨났으며, 그 이후에 확대되고 식어서 오늘날의 우주가 되었다는 과학계의 정통 이론은 일반적으로 기정사실화되었다. 이것이 우리가 발전시킨 빅뱅Big Bang이다.

과학이 물질과 에너지의 출현에서부터 이어져 온 우리의 진화를 규명할 수 있는지 알아보기 전에, 우선 세계 인구의 대다수가 믿고 있는 기원 신화

* 이날 NASA의 과학자들은 자신들이 쏘아 올린 위성인 윌킨슨 마이크로파 비등방성 탐색기(WMAP)에서 얻은 데이터로 빅뱅 모델을 사실로 확정할 수 있을 뿐 아니라 1퍼센트 오차값이라는 전례 없는 정확도로 우주의 나이를 계산할 수 있다고 선언했다. 2013년 3월 21일 유럽 우주 기구 과학자들은 자신들의 플랑크 우주선의 망원경에서 얻은 데이터를 토대로 우주의 나이가 138억 2천만 년으로 수정되어야 한다고 주장했다.

들부터 간단하게 알아보고자 한다. 여러 신화들이 가진 주요 사상이 무엇이고, 그에 대해 사회과학자들이 내놓은 설명은 어떠하며, 이 설명이 증거와 합리성의 기준에 부합하는지, 왜 이들 신화들이 계속 살아남았는지, 그리고 이들이 과학적 사고에 끼친 영향은 어느 정도인지 살피는 일은 유익하다.

주요 주제

역사가 기록되기 시작한 이후 각각의 문화권은 이 우주와 우리 인간이 어떻게 생겨났는지에 관한 여러 이야기를 가지고 있다. 우리가 어디서부터 왔는지 아는 일은 우리가 누구인지 알고자 하는 인간 본연의 열망 중 일부다. 세계에서 가장 오래된 성스러운 서적이자 힌두교의 가장 중요한 경전인 리그 베다Rig Veda는 신들에게 바치는 송가 제10권 속에 3가지 신화를 기록한다. 각 베다의 두 번째 부분이면서 종교 의례를 다루는 브라흐마나스Brahmanas에는 또 다른 신화들이 들어 있고, 종교 전통을 따라 예언자들의 신비로운 통찰을 베다*의 마지막에 추가한 우파니샤드Upanishads에는 우주의 기원에 관한 일관된 통찰이 다양한 방식으로 표현되어 있다.[1] 유대-기독교와 이슬람 문화권은 크게 봐서 동일한 창조 이야기를 공유하며, 다른 문화권들은 각자의 이야기를 가지고 있다. 중국에는 다양한 형태로 적어도 네 가지 기원 신화가 있다. 모든 신화가 서로 다르지만,[2] 9가지의 주요 주제가 반복적으로 나타난다. 그중 일부는 중첩된다.

태초의 카오스(Chaos, 혼돈) 혹은 물

많은 신화들은 태초에 이미 존재하고 있었던 카오스—주로 물로 표현되

* 이들 용어의 보다 자세한 설명을 위해서는 책 뒤편의 용어해설 부분을 참고하라.

는—를 언급하며, 거기서부터 신이 나타나서 이 세계 혹은 세계의 일부를 창조한다. 기원전 3500년경 소아시아에서 그리스 반도로 들어온 펠라스기족Pelasgians은 카오스에서 알몸으로 나온 창조의 여신 에우리노메Eurynome 이야기를 가져왔다.[3] 기원전 4천 년경 이집트 헬리오폴리스의 신화는 태초의 물로 이루어진 심연인 누Nu에 대해 기록하는데, 누로부터 나온 아툼Atum이 자위를 해서 이 세상을 낳았다. 기원전 2400년경에 이르면 아툼은 태양신 라Ra와 동일시되고 그의 출현은 태양이 나타나 혼돈의 어두움을 물리치는 것과 연결된다.

어스 다이버(Earth diver, 땅 잠수부)

시베리아, 아시아, 몇몇 아메리카 원주민 부족 등에게 퍼져 있는 신화들 속에는 이미 존재하고 있던 짐승—주로 거북이나 새—이 태초의 바닷속으로 뛰어들어 땅의 일부를 가지고 나오는데 그 땅이 확대되어 이 세상이 되었다.

우주 탄생의 알

인도, 아시아, 유럽, 태평양 지역에서는 알이 창조의 원천이다. 사타파타 브라흐마나Satapatha Brahmana에는 태초의 바다가 창조의 신인 프라자파티Prajapati를 황금알로 낳는다. 일 년 후 그가 알을 깨고 나와 말을 하려고 한다. 그의 첫 번째 말이 땅이 되고 두 번째 말이 공기가 되는 식이다. 그와 유사하게, 중국의 반고 신화에서는 거대한 우주의 알 속에 배아 상태의 반고가 혼돈 속에서 헤엄치고 있다. 기원전 7세기 혹은 6세기경 형성된 그리스의 오르페우스 창조 신화는 호머의 올림푸스 신화와 대조적인데, 시간이 우주의 은빛 알을 창조하고 거기서부터 양성을 가진 파네-디오니소스Phanes-Dionysus가 나타난다. 그가 모든 신들과 인간들의 씨앗을 품고 있으며, 하늘과 땅을 창조한다.

세계의 부모

널리 퍼진 주제 중 하나는 세계의 아버지—대개 하늘—가 세계의 어머니—대개 땅—와 교합하여 세상의 모든 요소들을 낳았다는 것이다. 대체로 이들은 마오리족의 창조 신화에서 나타나듯 교접한 채로 누워 있고 자신들의 자녀들에게 무관심하다.

자녀들의 반란

여러 신화에서는 세계의 부모에 대해 후손들이 반역을 일으킨다. 마오리 신화에서는 후손들—숲, 식용 식물, 바다, 그리고 인간—이 영역을 놓고 부모와 싸운다. 이 유형의 가장 대표적인 신화가 바로 기원전 8세기 그리스의 헤시오도스Hesiod가 만든 『신통기神統記 *Theogony*』다. 여러 세대의 신들이 부모에게 반기를 드는데, 그들 중 첫 번째 세대에 속하는 것들이 혼돈, 땅, 타르타로스(지하 세계), 그리고 에로스이다. 제우스가 최종적으로 승리한다.

희생

세상은 희생을 통해 만들어진다는 생각이 자주 나타난다. 중국 반고의 신화에 보면 "세상은 반고가 죽고 나서야 완성되었다. 그의 해골에서부터 하늘의 지붕이 나왔고, 그의 살에서 땅의 흙이 형성되었고……그리고 마지막으로 그의 사체를 덮고 있던 무수한 벌레에서부터 사람들이 나왔다."[4]

태초의 전쟁

위대한 바빌론의 서사시 에누마 엘리시Enûma Elish는 바빌론 지역 신인 마르두크Marduk와 그의 추종자들이 수메르의 신들과 벌이는 싸움을 담고 있다. 마르두크는 살아남아 있던 그 지역 여신 티아마트Tiamat와 그녀가 부리는 혼돈의 괴물들을 죽이고 질서를 확립한 뒤, 전우주적 창조의 최고신으로 등극한다. 인류를 포함한 모든 자연계는 그에게 생명을 받았다. 이와 유사한 신화가 전 세계에 걸쳐 나타나는데, 예를 들자면 침공해 온 아리아인들이 숭상하는 남성적 하늘의 신들이 펠라스기인들과 크레타인들이 섬기는 대지의 여신들을 물리치는 위대한 승리의 신화가 대표적이다.

무로부터의 창조

무로부터의 창조라는 주제를 가진 신화는 그리 많지 않다. 그러나 이 믿음은 매우 광범위하게 퍼져 있을 뿐 아니라 현재도 선호되는 과학적 설명이기도 하다.

가장 오래된 버전은 리그 베다에 있다. 최근의 천문 고고학적 연구는 막스 뮐러Max Müller가 측정했던 19세기 연대를 부정하고 인도 전통을 지지한다. 즉 이 성문서가 기원전 4000년부터 2000년의 세월을 거치면서 편집되었다고 본다.[5] 마지막 책인 제10권에서 송가 129편은 노래한다. “그때는 비존재도 없었고 존재도 없었다: 대기도 없었고 그 너머 하늘도 없었다…… 오직 ‘그 하나’만이 숨결이 없으면서도, 그 스스로 숨을 쉬었다: 그것 외에는 아무것도 없었다.”

이 사상은 우파니샤드에서 발전했는데, 그중 중요한 내용들은 기원전 1000년에서 500년 사이에 기록되어 전해졌다. 찬도기야 우파니샤드Chandogya Upanishad는 그 핵심 사상을 “온 우주는 브라만에서 나와서 브라만으로 돌아간다. 진실로 모든 것이 브라만이다”라고 요약한다. 만물이 거기로부터 나오고 만물을 구성하고 있을 뿐 아니라 시공간을 초월하는 궁극적 실재로서의 브라만을 묘사하기 위해 여러 우파니샤드는 은유, 알레고리, 비유, 대화, 일화 등의 기법을 사용한다. 브라만은 일반적으로 우주의 의식이나 영, 혹은 모든 형상을 초월한 신성으로 이해된다.

도교 역시 비슷한 사상을 품고 있다. 중국에서는 『노자』로, 서양에서는

『도덕경』으로 알려져 있는 도교의 주요 경전은 기원전 6세기에서 3세기경에 편집되었다. 이 경전은 도道, 즉 길의 단일성과 영원함을 강조한다. 도는 물체가 아니므로 아무것도 아니다. 이름도 없고 형상도 없다. 모든 존재의 근거이자 모든 존재의 형상이다. 도道 혹은 무無가 모든 존재를 일으키고, 존재는 음과 양으로 나뉘며, 음과 양은 암컷과 수컷, 땅과 하늘 등 만물을 생성한다.

히브리 성서의 첫 번째 책은 아무리 올라가도 기원전 7세기 후반에는 기록되었으며,[6] 이렇게 시작한다. "태초에 하나님이 천지를 창조하시니라."[7] 그 다음 구절은 태초의 바다 같은 카오스의 신화를 연상시키는 지구를 묘사하고, 그 후에 하나님이 빛이 있으라 하시자 빛이 생겼으며, 그 연후에 하나님이 빛을 어둠에서 나누었으니 이것이 창조의 첫째 날이었다. 이어지는 닷새 동안 하나님이 우주 속의 모든 만물을 이와 같이 말씀으로 창조하신다.

서기 7세기 이후 기록된 쿠란Qur'an에서도 신은 말씀으로 천지를 창조하신다.[8]

영원한 순환

인도의 신화들 중 일부는 우주 창조를 부정하고, 우주는 언제나 있었으며 이 영원한 우주가 순환한다고 본다.

기원전 5세기에 살았던 붓다는 우주의 기원을 알아내려고 애쓰는 자는 미치게 된다고 말했다.[9] 그러나 이런 말도 그의 제자들이 우주의 기원을 알아내려고 애쓰는 일을 막지 못했다. 그들은 만물이 영원하지 않고, 끊임없이 생성되며, 성장하고, 변하며, 사라져 간다는 그의 가르침을 따랐기에, 오늘날 대부분의 불교 학파들은 우주가 팽창했다가 수축하며, 무無로 해체되었다가 다시 존재로 순환하게 된다는 영원한 리듬에 대해 가르친다.

이들은 분명 자이나교도들Jainists에게 영향을 받았는데, 자이나교도 최후의 티르탄카라Tirthankara(문자적으로는 '여울목 건설자'Ford-maker라는 뜻이며, 윤회의 강을 건너 영원한 영혼의 자유에 이르는 길을 안내하는 자라는 의미)는 붓다가 가르치기 이전에 인도에서 가르침을 베풀었다. 자이나교는 우주가 창조되지 않았고 그저 영원하다고 본다. 시간은 바퀴와 같고 열두 개의 바퀴살은 시대를 뜻하는 유가yugas를 말하며 각각의 유가는 천 년의 세월을 가리킨다. 여섯 유가는 상승하는 호를 그리며 그때는 인간의 지식과 행복이 증가하지만, 하락하는 호를 그리는 여섯 유가의 시기에는 쇠퇴한다. 이 순환이 가장 저점에 이를 때는 자이나교조차도 사라진다. 그리고 그다음 상승의 시기에 이르면 자이나교의 가르침이 새로운 티르탄카라에 의해 재발견되어 다시 알려지고 그다음 쇠퇴의 때에는 또다시 상실되는, 시간의 영원한 회전이 이어진다.

이는 베다 철학Vedic philosophy에서 유래된 요가의 가르침과 유사하다. 일반적으로 요가는 네 개의 유가를 상정한다. 사티아 유가Satya Yuga 혹은 크리타 유가Krita Yuga라고 불리는 첫 번째 유가는 1,728,000년간 지속되며, 마지막인 네 번째 칼리Kali는 432,000년간 이어진다. 사티아로부터 칼리까지 내려오는 동안 정의를 뜻하는 다르마dharma는 지속적으로 저하되는데 이는 인간 수명의 감소와 도덕의 쇠퇴에서 뚜렷하게 나타난다. 불행하게도 우리는 지금 칼리의 시대에 살고 있다.

해설

이들 기원 신화들에 대한 다양한 해설은 5가지 범주로 나누어 살필 수 있다.

문자적 진실

모든 기원 신화는 서로 상이하므로, 이들 모두가 문자적으로 사실일 수는 없다. 그러나 어떤 문화권에서는 자신들의 신화가 문자적으로 사실이라고 믿는다. 미국인 중 63퍼센트는 성경이 하나님의 말씀으로서 문자적으로 사실이라고 믿으며,[10] 세계 16억 무슬림 중 거의 대부분은* 쿠란이 하늘에서 돌판에 새겨졌고 천사장 가브리엘이 마호메트에게 구술한 영원한 하나님의 말씀이므로 문자적으로 사실이라고 믿는다.[11]

성경을 문자적으로 받아들이는 신자들은 제임스 어셔James Ussher가 창세기를 근거로 계산했던 대로 천지창조가 6일만에, 기원전 4004년 10월 22일 토요일 오후 6시에 완성되었다고 믿는다.** 그러나 암석과 화석, 얼음핵에 대한 방사성 연대 측정radioactive dating을 포함한 방대한 지질학, 고생물학, 생물학적 증거에 의하면 지구의 나이는 최소한 43억 년이다. 천문학 데이터는 우주의 나이를 100억-200억 년이라고 말한다. 문자적인 창조의 믿음을 무너뜨리는 증거는 결정적이다. 더욱이 성경을 문자적으로 믿으려면 최소한 두 가지의 모순되는 창조 이야기를 믿어야 한다. 창세기 1:26-31에서는 하나님이 제 삼일에 식물과 나무를, 제 오일에 물고기와 새를, 제 육일에 짐승들을 창조하시고, 제 육일 마지막에 가서야 자신의 형상대로 남자와 여자를 창조하신다. 그러나 창세기 2장에서는 우선 흙으로 남자를 만드시고, 그 연후에 동산을 만드시고 그 안에서 풀과 나무가 자라게 하시고 땅에서부터 짐승과 새를 만드신 뒤—물고기는 아예 언급되지도 않는다—그리고 최종적으로 남자의 갈빗대로부터 여자를 만드신다.

쿠란을 문자 그대로 믿는 이들 역시, 신이 여드레 만에 땅과 하늘들을 만드셨다는 기록(Sura 41:9-12)과 땅과 하늘을 엿새 동안 만드셨다는 기록(Sura 7:54)을 동시에 믿는 것은 논리적이지 않다.

비유

기원 신화 연구의 선도적인 학자 중 한명인 바바라 스프로울Barbara Sproul은

* 이슬람 내에서 신비주의와 현대주의 계열은 이제 많이 축소되었다. 아메드Ahmed (2007) 참고.
** 어셔(1581-1656)는 아일랜드 아마 주의 대주교였고, 이것은 그리니치 표준시였을 것이다.

신화가 전부 사실은 아니지만, 모든 신화는 자신들의 진실을 전달하기 위해 비유를 사용한다고 주장한다. 그녀가 인용하고 있는 유일한 증거는 자기 민족의 신화는 낮은 세계의 언어로 표현해야 한다고 말하는 도곤족Dogon 현자의 말에 대한 민속학자 마르셀 그리올Marcel Griaule의 해석이다. 그 이후 부분에서 그녀는 다양한 기원 신화들이 어떤 의미인지를 설명한다. 헬리오폴리스의 신화에서 수음masturbating해서 세상을 낳는 창조의 신은 사물의 이원성을 드러내는 내재된 이원성을 뜻하며, "거룩할 뿐 아니라 우리가 제대로 이해하기만 하면 실체의 본질을 잘 드러내기까지 한다."[13] 그녀는 5천 년 전 헬리오폴리스의 사람들은 차치하고서라도, 헬리오폴리스 신화Heliopolis Myth를 만든 이들이 그녀처럼 이해했다는 증거는 제시하지 못한다.

그녀가 인용하는 다른 사례들은 20세기 후반에 살고 있는 그녀 자신의 해석을 이들 신화에 투영했다는 인상을 피하기 어렵다. 현재 지구상에서 기술적으로 가장 고도화된 나라 사람들 중 63퍼센트가 창세기를 문자적 사실이라고 믿는 판국에, 4천 년 전에 살았던 유목민들과 2천5백 년 전 요시야 왕 때의 서기관들이 그것을 비유라고 생각했다고 보는 게 과연 합리적인가?

물론 우파니샤드에 나오는 기록들을 비롯한 몇몇 기원 신화들은 의식적으로 비유를 구사하고 있긴 하지만, 대다수의 신화들이 문자적 기록이 아닌 다른 것을 의도했다거나 그렇게 해석되어야 한다는 자신의 주장에 대해 스프로울은 명확한 증거를 내놓지 못한다.

절대적 실재의 양상

스프로울은 모든 종교가 초월적(모든 시간과 공간에서 진실)이면서 내재적(지금 여기서 진실)인 절대적 실재를 말하며, "기원 신화만이 이 절대적 실재를 선언하는 일을 가장 중요한 과업으로 가진다"[14]고 주장한다. 또한 그녀가 수집한 기원 신화들은 "그 인식에서 본질적인 차이가 없다. 다양한 관점에서 볼 때 그 시각이 유사하다."[15]

즉 많은 신화들이 빛과 어둠, 영과 물질, 남자와 여자, 선과 악 등 극명한 대립물을 언급한다. 보다 심오한 신화들은 존재와 비존재로까지 나아가며, 찬도기야 우파니샤드와 같은 신화는 존재로부터 비존재가 나왔다고 주장하고, 마오리 신화와 같은 다른 신화들은 존재가 아닌 그것이 모든 존재와 비존재의 근원이라고 말한다. 어떤 신화는 이 대립물의 근원을 카오스에서 찾는데, 카오스 속에는 모든 구별이 잠재되어 있다. 카오스가 형체를 이루고, 형체가 형체 없는 다른 모든 것들에게 작용하여 각각을 구별하고 세상을 만들어 내는 식으로 창조가 일어난다. "여기서 절대적 실재란 무엇인가? 카오스 자체인가? 아니면 거기에 작용하는 카오스의 자식인가? 둘 다이다. 이 둘은 하나이다."[16]

의인화anthropomorphizing하거나 절대적인 것을 묘사하면서 상대적인 용어를 사용하는 식으로, 알 수 없는 것을 알고 있는 언어로 표현할 때 뚜렷한 차이가 생긴다. 스프로울에 의하면 불교, 자이나교, 요가 사상이 창조 사건을 부정하는 것은 그들이 주장하는 영원한 세계와 창조된 세계를 구분하려는 뜻이 아니다. 창조 사건을 말하는 신화들은 그저 시간화하려 한다. 즉 절대적인 부분을 시간 속의 첫 번째 사건으로 묘사한다.

모든 기원 신화가 동일한 절대적 실재의 여러 양상을 드러낸다는 주장은 매혹적이긴 하다. 그러나 이를 지지하는 어떤 증거도 없다. 그저 절대적 실재에 대한 자신의 믿음과 이들 신화들을 조화시키려는 스프로울 자신의 해석에 따라 설명되고 있을 뿐이다.

원형적 진실

조지프 캠벨Joseph Campbell의 제자인 스프로울에 의하면, 창조 신화는 역사적 가치만이 아니라 우리 자신의 "육체적, 정신적, 영적인 성장을 존재와 비존재의 순환적 흐름 속에서, 나아가 이 둘의 절대적 연합 속에서"[17] 이해하는 데 도움이 된다는 점에서 중요하다.

융으로부터 가져온 캠벨의 심리학을 사용하는 그녀의 방법론은 설득력 있는 설명을 내놓지는 못한다.

태아의 경험

분자생물학자 대럴 리니Darryl Reanney는 선재하는 어둡고 형체 없는 바다에 빛이 비춰어 우주가 생겨났다는 이 공통적인 주제는 태아가 자궁 속 어둡고 형체 없는 양수에서부터 태어났던 무의식적인 기억과 관련해서 해석할 수 있다고 주장한다. "태아의 뇌에 각인된 탄생의 경험은 신화가 특정한 형태의 상징적 이미지를 발전시키면서 형성되게 하고, 심리적으로는 거기에 반응하는 현을 건드리게 된다."[18] 이에 대한 근거로 그는 임신 7개월 이후부터는 태아의 대뇌 피질에 전기적 활동이 기록된다(최근 데이터는 6개월 이전부터 가능하다고 말한다)는 점을 거론한다.

이는 퍽 흥미로운 추정이지만 과학적으로 확정하거나 틀렸다고 말하기 어렵다.

나는 세 가지 다른 대안적 설명도 제시하려 한다.

자연 현상의 제한된 이해

인류 진화 과정에서 이들 신화가 생겨난 시기에는 대부분의 문화권이 자연의 힘에 대해 제한적 혹은 잘못된 이해를 갖고 있었고, 인도 동부나 중국의 일부를 제외하고는 철학적 탐구가 시작되지도 않았다.

여러 신화에 등장하는 태고의 바다는 신석기인들이 주로 강둑에 정착했던 데서 그 이유를 찾을 수 있다. 그들은 마시고 생존하기 위해 그리고 작물을 기르기 위해 물이 필요했다. 물은 생명과 생산의 원천이었다. 도시가 생겨나기 이전에 물은 생명의 정령이나 여신과 결부되었다.

대부분의 신화는 천문학 이외의 과학은 형성되지 않은 청동기 시대에 출현했다. 이 세계가 어디서 나왔느냐고 물으면 현자들은 자신들이 경험한 탄생 사건에 근거해 대답하였다. 즉 인간과 짐승이 부모의 성적 결합에 의해 태어나듯, 이 세계 역시 아버지와 어머니가 있어서 나왔다는 것이다. 이 세계를 생육하려면 아버지는 전능해야 하고, 그들이 아는 가장 강력한 힘은 하늘이었으며, 거기서부터 나오는 태양의 열과 천둥, 번개, 비가 만물을 자라게 한다. 세상을 잉태하기 위해 어머니는 풍성해야 하고, 그들이 아는 가장 풍성한 것은 땅이었으며, 거기서부터 온갖 나무와 채소와 작물이 나왔다. 그렇기에 하늘의 신 아버지와 땅의 신 어머니가 생긴다.

여러 민족의 현자들은 생명이 알에서부터 나온다고 봤다. 그렇기에 이 우주 혹은 이 우주를 만든 신이 알에서 나와야 했다. 다른 현자들은 태양과 달, 계절과 작물의 순환주기에 주목했다. 이들은 각각 이울고, 죽고, 다시 태어나며, 이를 한없이 반복한다. 세계의 필수적인 요소들은 모두 이렇게 작동하므로 우주 자체도 그러하다.

정치적, 문화적 필요

청동기 시대에 이르면서 사냥하는 이들과 원시 농경 문화권이 기원하였던 자연의 정령은 신들로 진화했고, 이들의 기능적 위계 구조는 당시 발전하던 도시국가의 모습을 반영하는데, 그 기원 신화들은 당대 정치적 문화적 필요에 부응한다.

기원전 4천 년경, 헬리오폴리스에서 자충족적인 창조의 신으로 숭상되던 아툼은 메네스Menes 파라오 때의 신학자들에 의해 그때까지 그저 운명을 관장하는 신이었던 프타Ptah의 후손이자 부하 관리 정도로 격하되는데, 그들은 프타를 창조의 신으로 세우고자 했다. 프타는 멤피스 지역의 신이었고 메네스가 멤피스에 새로운 수도를 세웠기 때문이다.

태초의 전쟁을 통한 창조 신화는 이런 설명에 전형적으로 잘 들어맞는다.

바빌론의 에누마 엘리시 신화 속에서 마르두크가 티아마트와 그녀의 혼돈의 괴물들을 죽이고 최상의 창조의 신으로 올라선 것은 바빌론인들이 고대 수메르를 무너뜨리고 수메리아 지역에서 자신들의 질서를 수립한 사태를 정당화하고 합법화한다.

20세기 후반의 고고학적 증거들은[19] 성경에서 하나님이 말씀으로 창조한 기록이 정치문화적 필요에 따른 것이라고 추정하게 한다. 기원전 7세기 후반 요시야 왕은 그의 서기관들에게 그 지역의 신화와 전설들에서부터 정경을 편집하도록 지시하는데, 자신의 유다 왕국과 그때는 이미 사라진 이스라엘 왕국을 단일한 법 체계를 갖춘 절대적 족장 통치자 아래 통합시키는 것을 정당화하고 합법화하기 위해서였다. 유다의 지역신이었던 야훼Yahweh는 애초에는 아세라Asherah 여신을 자신의 배우자로서 가지고 있었는데. 이제는 최고의 신이자 유일신이 된다. 야훼는 창세기 2장의 창조 기록 속에 나오는 하나님의 이름이다. 그러나 이스라엘인들이 통합을 받아들이도록 그들의 신들과 같은 신으로 받아들이게 했다. 창세기 1장 하나님의 이름인 엘로힘은 신을 가리키는 일반 명사이며 이스라엘인들이 정복하고 그 문화를 받아들였던 가나안인들이 자신들의 신들 전체를 포괄하여 사용하던 이름이다. 그런데 창세기 1장에서는 유일신을 가리키는 말로 흡수되었다. 요시야가 정당화하고자 했던 유다와 이스라엘 통합 왕국의 절대 통치자의 역할을 반영하여, 이 유일신은 그저 말씀만 하면 이루어졌다. 그렇게 세상이 창조되었다.

이러한 신화의 변천은 정복자만의 권리는 아니었다. 치리카후아 아파치족Chiricahua Apache의 창조 이야기는 구약 성경과 정복되기 이전 그들이 가지고 있던 신화를 희비극적으로 결합했다. 성경에 나오는 것과 유사한 홍수가 번개와 바람을 다스리는 산신들을 경배하던 이들을 수장시킨다. 물이 가라앉은 후에는 활과 화살과 총이 두 사람 앞에 놓인다. 첫 번째 사람은 총을 잡아 백인이 되고 두 번째 사람은 활과 화살을 잡고 인디언이 된다.

깨달음

인도와 중국 문화권에서는 내면을 향해 집중해서 탐구 대상과 자신을 하나되게 하여 직접적인 깨달음을 얻는 정신적 훈련을 중시했다. 이들 인도의 예언자들은 본질적인 자아인 아트만atman이 우주와 합일하고, 우주는 자신이 거기서부터 나온 바 표현할 수 없고 자존하는self-existent 실체인 브라만Brahman과 합일한다는 깨달음을 얻었다. 이런 신비주의적인 깨달음은 초기 도교 그리고 다른 나라의 후대의 예언자들의 깨달음과 매우 유사하다. 이 공통적인 깨달음은 그 후대 제자들이 제시하는 문화적으로 굴절된 해석과는 구별되어야 하는데, 그들의 해석은 자연현상이나 사회적 정치적 필요에 대한 이해가 부족하다는 점을 드러낸다.

증거와 이성을 통한 검증

기원 신화나 그에 대한 해석을 과학적 차원에서 입증할 수 있는 증거는 없다. 그러나 외부의 초월적인 신에 의해 계시되었다고 주장하는 신화를 포함한 대부분의 신화가 문자적 차원에서 옳지 않다고 말할 수 있는 증거는 충분하다.

자연 현상에 대해 틀리지는 않았지만 제한된 이해, 거기에 더하여 요청되는 문화적 정치적 필요성, 그리고 신비한 깨달음에 대한 문화적으로 굴절된 해석은 신화학자나 민속학자, 심리학자, 그 외의 학자들이 주장하는 내용보다는 한결 평범하지만, 이것들이 사실이라고 확정할 수 있는 결정적인 증거는 없다. 그러나 그것들은 우리가 알고 있는 사실과 부합할 뿐 아니라, 오컴의 면도날, 즉 과학에서 말하는 간명성의 원리에 의해서도 인정된다. 매우 간명하게 설명하고 있다는 말이다.

기원에 대한 설명 중에 자신의 진실성을 수학적 증거나 추론, 혹은 초월적인 신이 수여한 계시에 근거하지 않고 통찰에 근거하는 설명은 과학이나 추론을 근거로 입증하거나 부정할 수 없다. 나중에 철학적 사고의 발전을 다룰 때 통찰에 대해 좀 더 심도 있게 논의하려 한다. 그러나 순전히 과학적이고 합리적인 관점에서 말하자면, 대부분의 기원 신화는 미신의 범주에 든다. 미신이라는 말의 정의는 아래와 같다.

> **미신** 명백한 증거와 부딪치고, 합리적인 근거가 없으며, 대개의 경우 자연적 현상에 대한 무지나 알 수 없는 것에 대한 두려움에서 초래된 믿음.

지속되는 이유

오늘날처럼 과학적으로 진보된 문화 속에서도 창조 신화가 살아남아 있는 이유에 대한 설명 중 하나는 과학은 오직 물질 세계만 다룰 수 있지만 물질 세계를 초월하여 존재하는 궁극적 실재가 있다는 것이다. 다양한 창조 신화는 다양한 문화를 반영하면서—주로 의인화하여—이 궁극적 실재를 표현한다는 주장이다.

이것은 어떤 경우에는 사실이겠지만 너무 많은 신화가 서로 충돌하고 있는 마당에 이 주장을 일반적인 사실로 받아들이기는 어렵다. 이렇게 상충되는 신념들이 계속 살아남은 까닭은 그들이 진실이기 때문이 아니라, 오천 년의 세월을 두고 이백 세대 이상 이어져 온 인간 사회가 우리 머리에 지속적으로 각인해 온 효과의 힘이라는 것이 보다 간명한 설명이다.

과학적 사고에 끼친 영향

이들의 지속력은 일차 과학 혁명에서 살아남은 정도가 아니고, 그 혁명의 주요 성과물들은 유대-기독교가 믿는 하나님이 자신의 창조 세계를 다스리고 있는 법칙을 발견하는 데서 자기 역할을 찾았다. 그 혁명의 총아였던 아이작 뉴턴Isaac Newton은 이 우주가 "오직 지성적이고 강력한 존재의 계획과 다스림에서부터 생길 수 있다"[20]고 말할 정도였다.

이들은 19세기 중반 생물학적 진화를 주장한 다윈의 이론에서 출발해서 20세기 첫 30년간 상대성 이론과 양자 이론에 의해 물리학이 변모하면서 정점에 이른 이차 과학 혁명에서도 살아남았다. 다윈 자신은 자신의 기독교 신앙을 버렸고, 불가지론자로 삶을 마감했다.[21] 그러나 특수 상대성 이론과 일반 상대성 이론의 창시자인 알베르트 아인슈타인은 최고의 지성적 존재가 우주를 창조하셨다는 뉴턴의 믿음을 가지고 있었다. 물론 그는 그 신이 인간사에 관여한다고는 보지 않았다.[22]

양자 이론의 많은 개척자들은 물질은 독립적으로 존재하지 않고 정신의 구축물로서 존재한다고 믿었다. 에르빈 슈뢰딩거Erwin Schrödinger 같은 이들은 우주를 포함한 만물이 시공간을 초월해서 존재하는 궁극적 실제인 브라만의 의식에서부터 생겨나온다는 우파니샤드의 통찰에 평생 매혹되어 있었다.[23] 이 믿음이 그의 연구에 어느 정도 영향을 끼쳤는지는 여전히 논쟁거리이다. 데이비드 봄David Bohm의 과학적 사고는 그런 믿음에 큰 영향을 받았다.[24]

오늘날 자신의 종교적 믿음을 공개적으로 드러내는 과학자는 극히 소수이다. 그 소수로는 우주론자이며 크리스천 임마누엘 연합 개혁교회 일원인 존 배로John D Barrow, 인간 게놈 프로젝트 전 대표이자 복음주의 신자이며 "모든 생명체의 정보 분자이며 하나님의 언어인 DNA와 하나님의 계획을 드러내는 인체와 자연의 다른 모든 부분의 우아함과 복잡함"을[25] 감수한 프란시스 콜린스Francis Collins, 이슬람교도이자 1999년 노벨 화학상 수상자인 아메드 즈웨일Ahmed Zewail 등이 있다. 대개 이들은 과학과 종교적 믿음이 서로 다른 영역에서 작동한다고 본다. 물론 이론 물리학자이자 성공회 사제인 존 폴킹혼John Polkinghorne처럼 과학과 신학의 상호 관계에 대한 논의를 열성적으로 진행하는 이들도 있긴 하지만 말이다.

신화에서부터 출발해서 과학은 우주의 기원은 물론, 우리가 거기서부터 진화해 온 물질과 에너지의 기원에 대해서도 보다 분명한 이해를 제공한다. 그런데 정말 그렇긴 한 걸까?

Chapter 3

물질의 탄생: 과학의 정통 이론

이제 나에게 이 빅뱅 이론은 썩 그리 만족스럽지 않다.

–프레드 호일Fred hoyle, 1950년

[빅뱅]은 태초에 있었던 "빛이 있으라"는 명령에 대한 증거이다.

–교황 비오Pope Pius 12세, 1951년

우리는 물질이다. 우리는 물질 이상일지도 모른다. 우리는 신비주의자들이 말하듯 우주적인 정신이 창조한 산물이거나, 어느 철학자가 상상했듯 초지능적 컴퓨터가 만들어 낸 3차원의 환상일지도 모른다. 그러나 이 책의 탐구는 경험할 수 있는 세계에 대한 실험과 관측을 통해 현재 우리가 알고 있거나 합리적으로 추론할 수 있는 바가 무엇인지 확정하려 한다. 다시 말해 우리가 누구이며 어디로부터 왔는가에 대해 과학이 무엇이라 말하는지 알아보고자 한다.

그러므로 물질의 기원에 대한 과학 지식에서 출발하면 될 듯한데, 지금까지의 과학의 정통 이론에 의하면 물질과 에너지는 138억 년 전 빅뱅에서부터 생겨났다.

나는 "지금까지"라는 말을 강조하고자 한다. 그것은 미디어와 대중 과학

서적들이 과학 이론과 추정조차도 반론의 여지가 없는 사실로 제시하는 경우가 많기 때문이다. 과학 이론은 변해 간다. 이를 강조하기 위해 나는 20세기 초반에 나온 이론과 그 이론이 왜 그리고 어떻게 변모해서 빅뱅 모델을 낳았는지 제시하고, 이 모델의 문제점은 무엇이며, 그 문제점을 해결하기 위해 지금까지 우주론자들이 내놓은 해결책은 어떠한지 살펴보고자 한다.

20세기 전반

만약 이 책을 1928년도에 썼더라면, 지금까지의 과학의 정통 이론은 우주는 영원하며 변하지 않는다라고 썼을 것이다.

이 이론은 그 당시까지는 매우 확고했기에 아인슈타인조차도 나중에 자기 인생에서 저지른 가장 큰 실수라고 인정했던 일을 하게 된다. 1915년 그는 모든 물질과 힘을 설명하면서 중력을 포함시켜 일반 상대성 이론을 완성했다. 이 이론을 전체 우주에 확대 적용하면서 그는 우주가 변해 간다는 것을 발견했다. 중력은 우주 내의 모든 물체를 끌어당기는 효과가 있었다. 결국 2년 후 그는 자신의 장 방정식field equations 내에 임의의 상수 람다(Λ)를 도입한다. 람다의 값을 조정함으로써 방정식 내의 추가 항목이 중력의 끌어당기는 힘을 상쇄하게 해서 고정적인 우주를 만들 수 있었다.

그 이후 십오 년 이상 거의 모든 이론 물리학자들은 이를 받아들였는데, 별들이 전혀 움직이지 않는다는 명백한 증거가 있었기 때문이었다. 심지어 1924년 천문학자 에드윈 허블Edwin Hubble이 빛 중에서 어떤 부분은 그 당시까지 알려진 유일한 은하—우리 은하계—속의 가스 구름이 아니라 매우 먼 은하로부터 왔다는 사실을 증명한 이후에도 고정적인 우주론은 여전히 지지를 받았다.

그러나 1929년에서 1931년 사이에 허블은 이들 먼 은하로부터 온 빛이 적색편이를 보이며, 그 은하가 우리에게서 떨어져 있는 거리가 멀면 멀수록 적색편이가 더 커진다는 점을 증명했다. 투명한 빛은 실은 다양한 색이 섞여 있으며, 프리즘을 통해 파장의 스펙트럼별로 구분하면, 짧은 파장 쪽은 푸르게, 긴 파장 쪽은 붉게 나온다. 빛의 근원이 관찰자로부터 멀어져 가면 그 파장이 커지면서 스펙트럼의 붉은 쪽으로 이동한다. 허블의 관측 결과는 은하들이 우리에게서 멀어지고 있고, 우리에게서 멀리 있는 은하일수록 더 빠르게 움직이는 증거라는 사실을 받아들이게 되었다.

그때가 되어 비로소 이론 물리학자들은 팽창하는 우주를 설명하기 위해 아인슈타인의 일반 상대성 장 방정식에 대한 다른 해결책을 제시하는 이들에게 귀를 기울이기 시작했다. 그들 중 한 명이 벨기에 예수회 교도이면서 과학자인 조르주 르메트르Georges Lemaître였는데, 그는 허블의 데이터를 자신이 1927년에 갖고 있던 생각 속에 통합하고, 팽창하는 우주를 거슬러 올라가 태초의 원자라는 가설에 도달했다. 시간이 시작되는 시점time zero에 우주 내의 만물—모든 빛과 은하, 별과 행성—은 한 개의 초고밀도 원자 속에 응축되어 있었고, 이것이 밖으로 폭발하면서 팽창하는 우주를 만들었다는 것이다.

천문학자 프레드 호일Fred Hoyle은 이것을 멸시하는 의미로 빅뱅이라고 불렀는데, 그때는 그가 1948년에 토마스 골드Thomas Gold와 헤르만 본디Herman Bondi와 함께 균일한 상태에 관한 이론을 전개한 이후였다. 그 이론적 가설에 따르면, 우주는 팽창하고 있지만 하나의 점에서부터 팽창하는 것은 아니다. 확대되는 공간 속에서 물질이 끊임없이 생산되기에 무한히 큰 우주가 전체적으로 균일한 밀도를 가진다.

제2차 세계 대전 이후 십수 년간 이론 물리학자들은 우주의 기원, 즉 우주가 어떻게 시작되었는가 하는 수수께끼에 관심을 기울였다. 엔리코 페르미Enrico Fermi, 에드워드 텔러Edward Teller, 마리아 마이어Maria Mayer, 루돌프 파이얼스Rudolf Peierls, 조지 가모프George Gamow, 랠프 앨퍼Ralph Alpher, 로버트 헤르만Robert Herman 등이 빅뱅 가설을 검토했던 이들이다.

가모프, 앨퍼, 헤르만은 오늘날 우리가 우주에서 관측할 수 있는 모든 다양한 원자들이 빅뱅 이론에서 가설로서 제시하고 있는 것처럼 양자, 중성자, 전자, 광자*로 이루어져 있는 이루 말할 수 없이 작고 고밀도에다가 뜨거운 상태인 플라스마에서부터 어떻게 나올 수 있는지에 대해 설명하려고 애썼다.

그들은 빅뱅 이후 최초 3분 동안 이 플라스마가 팽창된 후에 10만 켈빈Kelvin** 이하로 식으면서 양자와 중성자의 결합에 의해 헬륨과 수소 동위 원소***의 핵이 만들어지는 과정을 설명했다. 앨퍼와 헤르만이 계산한 바에 따르면 이렇게 만들어진 수소와 헬륨의 비율은 대략 우주에서 실제 관측되는 비율에 유사했기에 빅뱅 가설에 힘을 실어 줄 수 있었지만, 그들은 물론이고 다른 어느 누구도 그보다 더 무거운 원소들이 어떻게 만들어지는지 증명할 수가 없었다. 다섯 개에서 여덟 개의 양성자와 중성자가 결합한 핵은 불안정했기 때문이었다. 그랬기에 빅뱅은 신뢰를 얻지 못했고, 페르미와 그의 동료들은 빅뱅을 우주의 기원을 설명하는 모델로 받아들이기를 거부했다.[1]

정통적 해석에 의하면, 가모프와 앨퍼의 계산으로는 플라스마가 빅뱅 이후 300,000년 동안 팽창하면서 4,000K****로 식었고, 그때 음의 전하를 띤 전자가 양의 전하를 가진 원자핵에 붙잡혀 전기적으로 중성이면서 안정적인 이원자 분자들을 형성하는데, 이 이원자 분자들은 수소와 그 동위 원소 그리고 헬륨 원자들로 이루어진다. 광자—전자기적 방사선의 중성 전하 입자—는 더 이상 플라스마에 붙들려 있지 않고 분리되어 팽창하는 공간 속으로 자유롭게 나아간다. 그러면서 식어 가고 파장이 길어진다. 우주가 지금의 크기에 이르렀을 때 그 파장은 마이크로파 대역에 있고 전 우주를 채우면서 우주 마이크로파 배경을 이룬다. 1948년에 그들은 이 우주 마이크로파 배경의 온도를 5K 정도라고 계산했다. 1952년에 와서 가모프는 그 온도가 50K라고 계산했다.[2]

* 이들 용어의 뜻은 용어 해설 부분을 참고하라.

** 켈빈은 켈빈 온도계로 측정하는 온도 측정 방식이며, 분자 에너지가 그 아래로 떨어질 수 없는 절대영도 0K에서부터 측정한다. 켈빈 온도 측정 단위는 섭씨와 같고, 0K는 -273.15℃이다.

*** 핵 속에 있는 양성자 수는 같지만 중성자 수가 다른 원자들을 동위 원소라 한다. 수소 원소의 핵은 하나의 양성자가 있고, 중수소는 하나의 양성자와 하나의 중성자, 삼중 수소는 하나의 양성자와 두 개의 중성자를 가진다.

**** K는 켈빈Kelvin의 약자이다.

그 사이 프레드 호일과 그의 동료들은 더 무거운 원소들이 별 내부에서의 핵융합에 의해 어떻게 생겨나는지 증명했다.

전쟁 이후 거둔 이러한 연구 성과로 인해 고정적 우주론과 빅뱅이 우주의 기원에 대한 가설로서 서로 경합하는 상황이 초래되었는데, 전자는 우주가 시작된 적 없이 영원하다고 주장하는 반면, 후자는 우주가 한 점에서부터 빛과 플라스마의 폭발로 시작되었다는 입장이었다.

이 둘 중 어느 쪽이 온당한지 과학계가 판정하기 위해 필요한 증거들이 아직 나오지도 않은 상태에서 로마 가톨릭 교회는 자신들의 판결을 내렸다. 1951년 교황 비오 12세는 교황청 과학회에서 빅뱅은 하나님이 빛이 있으라고 말씀하신 창세기의 창조 기록에 대한 증거라고 선언한다. 아직 과학적 가설에 불과한 사항에 대해 교회가 이토록 발빠르게 반응한 것은 자신의 관측 결과에 입각하여 지구가 우주의 중심이 아니며 지구와 다른 행성이 태양 주위를 돈다는 코페르니쿠스의 이론을 지지했던 갈릴레오가 옳았다고 인정하는 데 이백 년이 걸렸던 일과 대조된다.

가톨릭 교회와 달리 과학계는 빅뱅 지지자들과 고정적 상태 지지자들로 갈라져 있었는데, 역사에 관한 전통적 해석에 의하면 1965년에 이르러서 우연한 발견에 의해 결정적인 증거가 생겼다.

천문학자 아르노 펜지아스Arno Penzias와 로버트 우드로 윌슨Robert Woodrow Wilson은 뉴저지 벨 연구소에 있던 전파 망원경으로 관측하는 동안 하늘의 모든 영역에서부터 들려오는 배경의 "잡음"을 없앨 수 없었다. 그들은 프린스턴의 로버트 디키Robert Dicke에게 자문을 구했는데, 그들은 모르고 있었지만 그는 가모프가 예견한 우주배경복사cosmic background radiation를 발견하려고 애쓰고 있었다. 디크는 마이크로파 대역에서 나오는 이 일정한 "잡음"이 2.7K 온도까지 냉각되었던 복사일 것이라고 생각했다.[3]

그러나 샌디에이고 소재 캘리포니아대학교 행성물리학 교수인 제프리 버비지Geoffrey Burbidge가 이 전통적 해석이 왜곡되어 있다고 주장했던 점은 제대로 알려지지 않았다. 그는 앨퍼와 헤르만이 자신들의 방정식 속에 선택적으로 집어넣은 변수에 따라서 실제 우주에서 관측되는 것과 유사한 비율로 수소와 다른 빛의 원소들을 만들어 냈다고 봤다. 게다가 1.8K와 3.4K 사이의 우주 마이크로파 배경 복사는 앤드루 맥켈러Andrew McKellar가 발견해서 1941년에 출간했다고 밝혔다. 그는 가모프가 적어도 이들 결과를 알고 있었고, 후속 관측 결과들도 인정하는 우주 마이크로파 배경 복사는 그가 예측한 게 아니라고 주장했다.[4]

그러나 전통적 해석이 승리했고, 펜지아스와 윌슨은 그들의 발견으로 인해 노벨상을 받았다. 과학계의 대다수는 우주 기원에 대한 모델로 빅뱅을 선택했고, 이에 동의하지 않는 이들은 곤경에 처했다. 존 매덕스John Maddox에 의하면, 고정 상태 이론을 계속해서 고집했던 호일은 "학계의 동료들로부터 추방당해 케임브리지 교수직까지 내놓아야 했는데 이는 전례 없는 일이었다."[5]

물론 이 일은 호일이 자신의 케임브리지 동료 마틴 라일Martin Ryle이 고정 상태 이론에 반대하는 증거를 내놓자 특유의 직설적인 비판을 가했던 일과도 무관하지 않은데, 이 일로 그 둘은 결투까지 벌였다. 호일은 다른 학문적인 지위를 얻지 못했던 반면, 라일은 영국 왕실 천문학자가 되고 노벨상까지 받았다. 이해하기 어렵지만, 1983년 노벨상은 별의 핵합성stellar nucleosynthesis 연구를 수행한 윌리엄 파울러William Fowler에게 돌아갔고, 수소와 헬륨 외의 모든 자연 발생 원소들이 어떻게 별 내부에서 형성되는지 자세하게 연구하여 1957년에 논문을 발표한 세 명의 공동 저자 호일과 제프리 버비지, 마거릿 버비지는 무시되고 말았다. 정작 파울러 자신은 행성 핵합성이라는 개념은 호일이 최초로 정립했다고 분명하게 인정했는데, 그는 호일과 함께 연구하기 위해 풀브라이트 장학생으로 케임브리지에 왔었다.[6]

이 전통적 해석에 관한 이야기는 과학적 방법론의 좋은 사례라 하겠다. 새로운 가설—빅뱅—이 제시하는 가설을 사실로 확정해 주는 데이터가 쌓이면서 그때까지 공고하게 지지되던 이론—영원한 우주론—이 폐기되고, 그 새로운 가설이 정통 이론이 되었다. 그러나 호일이 받은 대접은 과학계가 정론을 부정하는 이들을 어떻게 대하는지 보여 주는 사례이기도 하다.

1960년대 중반 이후 빅뱅 모델은 1928년까지의 영원불변 우주 이론에 대한 확신만큼이나 강한 확신에 따라 받아들이게 되었다. 그러나 계속해서 제시되는 증거들이 과연 이 모델을 확증하는가? 그렇지 않다면 이에 대해 과학계는 어떻게 대응해 왔는가?

현재의 이론: 빅뱅

우주의 기원에 대해 빅뱅 모델이 만족할 만한 설명을 하는지 알아보려면 그 이론적 토대부터 살펴볼 필요가 있다.

이론적 토대

통상적인 과학 방법론*과 달리 빅뱅 이론은 관측에서부터 도출되지 않았다. 아인슈타인의 일반 상대성 이론의 방정식을 풀어 나가는 과정에서 나왔는데, 그 해법 중 하나가 관측 결과와 가장 잘 부합했기 때문이었다.

아인슈타인은 관찰하는 대상과 관련해서 관찰자 자신의 특정 방식의 움직임과는 상관없는 운동의 법칙을 도출했다. 아인슈타인은 빛의 속도(c)는 일정하고, 그 속도는 우주 내 언제 어디서나 동일하며, 빛보다 빠른 것은 없다고 가정한다. 1905년 발표된 그의 특수 상대성 이론은 공간과 시간이 서로 독립적이며 절대적이라는 생각을 폐기시켰다. 그 대신 4차원의 시공간 매트릭스를 제시했는데, 그 안에서 공간이나 시간은 관찰자의 운동에 따라 팽창하거나 축소되지만, 시공간 자체는 모든 이에게 동일하다.

그의 특수 상대성 이론에 의하면 질량(m)과 에너지(E)는 서로 대응되며, 저 유명한 방정식 $E = mc^2$으로 연결되어 있다.

* 이에 대한 전반적인 서술은 용어 해설 참고.

아인슈타인이 운동 법칙 속에 중력을 포함시켜 일반 상대성 이론을 도출할 때, 그는 중력이 뉴턴 법칙이 말하듯 질량 있는 물체들 간에 직접적으로 작용하는 힘이 아니라, 물체 때문에 시공간 구조에서 발생하는 왜곡이라고 봤고, 질량이 클수록 이 왜곡은 심해진다고 생각했다. 이 왜곡은 다른 물체들이 시공간 속에서 어떻게 움직일지 결정한다. 존 아치볼드 휠러John Archibald Wheeler의 말을 조금 변형하자면, 물체는 시공간에게 어떻게 구부러질지 알려 주고, 시공간은 물체에게 어떻게 움직여야 할지 알려 준다.

이 개념을 수량화하여 예측이 가능하게 만들기 위해 아인슈타인은 구부러진 표면을 다룰 때 쓰는 미분기하학이라는 어려운 수학 분야를 활용했다. 마침내 그는 오늘날 아인슈타인의 장 방정식들이라고 알려진 방정식을 만들어 냈다. 방정식이 복수로 표현된 까닭은 하나의 방정식이지만 여기에 텐서tensors*가 있고 이 텐서에는 열 개의 가능성이 있어서 실제로는 열 개의 방정식을 이루기 때문이다. 이들 방정식에서 나올 수 있는 무수히 많은 해는 이론적으로 무수히 많은 우주를 가능케 하기에 관측으로 얻은 데이터에 가장 잘 부합하는 해를 찾아내는 일이 관건이다.

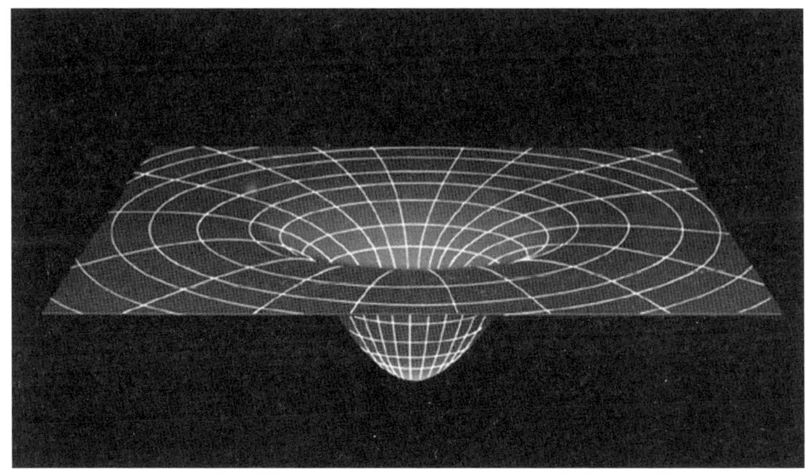

그림 3.1 별과 같은 구(球) 형태의 질량 주위 시공간 곡률의 2차원적 표현

* 텐서란 공간의 한 좌표에서 다른 좌표로 변환되는 요소들의 배열을 말한다.

이 방정식을 푸는 것은 사실 매우 어렵다. 이를 풀려는 시도를 4명이 주도했다. 아인슈타인과 르메트르 외에 나머지 두 명은 네덜란드 천문학자 빌렘 드 지터Willem de Sitter와 러시아 기상학자 알렉산더 프리드만Alexander Friedmann이다.

단순화시킨 가정: 등방성isotropy과 전全중심주의omnicentrism

그들 모두는 단순화시킨 가정 두 가지를 전제했다. 우리가 어느 시점에 어느 쪽으로 보더라도 우주는 같은 모양이며(등방성isotropic), 이는 우리가 어느 지점에서 우주를 관찰하더라도 그러하다(전중심omnicentric)는 가정이다. 이 두 가지 가정은 필연적으로 우주가 어느 부분에서도 동일하다는 것을 의미한다(균질homogeneous).*

등방성의 가정은 완전히 유효하지는 않다. 즉 우리 은하계의 별들은 밤하늘에서 우리가 은하수라고 부르는, 뚜렷하게 구분되는 빛의 띠를 갖고 있다. 그런데도 이렇게 가정하는 데는 세 가지 이유가 있다. (a)우주 규모에 관한 좋은 근사치라는 직감 (b)태양계 내에서 우리가 특별한 위치에 있지 않다는 것을 증명한 코페르니쿠스처럼, 우리가 우주 속에서 독특하거나 우월한 자리를 차지하지 않고 있다는 믿음 (c)수학적인 편의상 이렇게 하면 나타날 수 있는 다양한 형태의 우주를 묘사하는 기하학적 구조나 도출되는 시공간 구조의 수를 과감하게 줄일 수 있기 때문인데, 만약 물체가 곡률을 일으키고 우주가 균질하다면, 우주의 곡률은 어디에서도 동일하다.

프리드만은 이런 가정의 결과 우주는 오직 세 가지 기하학적 구조만 가능하다고 봤다. 이는 닫힌(구체) 구조, 열린(쌍곡선) 구조, 평면 구조이며, 각

* 등방성이란 우주가 관찰자에게는 어떤 방향으로 보더라도 동일한 모습으로 보인다는 뜻이다. 균질은 우주가 모든 지점에서 똑같다는 뜻이다. 이들이 물론 동일한 의미는 아니다. 예를 들어, 동일한 자기장을 가진 우주는 모든 지점에서 똑같기에 균질적이지만, 관찰자가 서로 다른 방향에서 상이한 자기장 선을 본다는 점에서 등방성은 없다. 뒤집어 말해, 구 모양의 조화롭게 분포된 물체는 그 중심부에서 보면 등방성이 있지만 그렇다고 반드시 균질한 것은 아니다. 같은 방향으로 봤을 때 한 지점과 또 다른 지점에서의 실제 물체는 동일하지 않기 때문이다. 그러나 만약 모든 지점에서 봤을 때 물체가 등방성 있게 분포되어 있다고 가정한다면 필연적으로 그 우주는 균질하다.

각은 우주의 규모 혹은 팽창 요소와 함께 시간이 가면서 변한다. 3차원적 기하학 구조와 시간에 종속된 규모의 요소, 이것이 아인슈타인 장 방정식에 따라 물체에 의해 구부러지는 시공간을 규정하는 전부다.

이렇게 변해 가는 4차원의 수학적 매트릭스를 시각화하는 일은 어렵다. 그림 3.2는 시간이 가면서 변하는 3차원 공간을 2차원적으로 표현한다.

프리드만에 의하면 이들 세 가지 기하학적 우주는 서로 다른 종말을 맞이한다. 닫힌(구체) 우주는 빅뱅으로부터 팽창되어 나오지만, 그 물체의 인

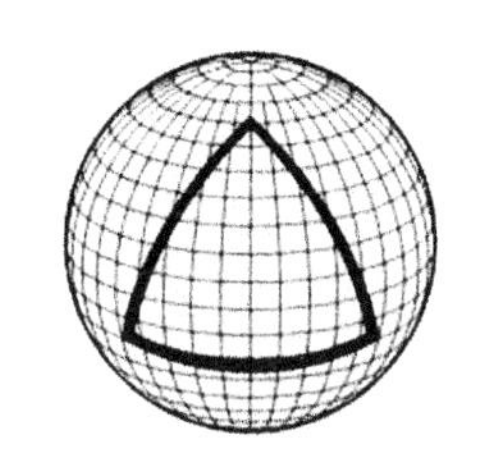

닫힌 기하학 구조

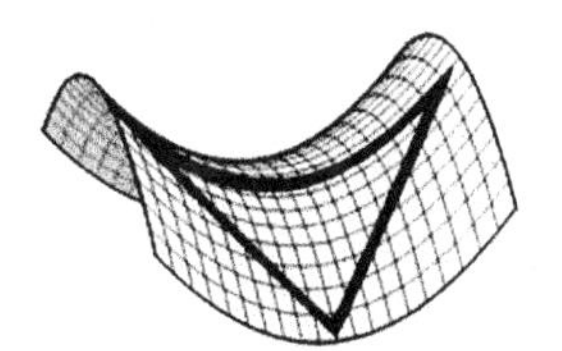

열린 기하학 구조

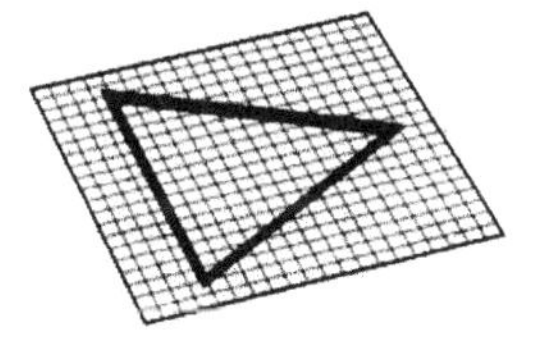

편평한 기하학 구조

그림 3.2 프리드만 우주 기하학 구조의 2차원적 표현 (임의의 우주상수는 없다)
닫힌 기하학 구조는 구체의 표면과 유사한 3차원적 형태이다. 여기서 삼각형은 180도 이상이고, 원 둘레는 π 곱하기 지름보다 짧다. 열린 기하학 구조는 쌍곡선 혹은 안장 모양의 표면을 닮았다. 삼각형은 180도 이하이며, 원 둘레는 π 곱하기 지름보다 길다. 평면 기하학 구조는 우리가 익숙한 유클리드 기하학 구조이며, 삼각형은 180도, 원 둘레는 정확히 π 곱하기 지름이다. 공간의 기하학적 구조는 우주의 규모 혹은 팽창 요소에 따라 시간이 가면서 변한다. 그러나 제로가 아닌 우주상수를 도입하면, 설령 어떠한 시간 진화 과정이 일어나더라도 그 어떤 기하학적 구조도 발생할 수 있다.

력 효과로 인해 그 팽창이 느려지다 멈춘 뒤에는 역으로 줄어들기 시작하며 종국에는 빅 크런치(대붕괴, Big Crunch)로 끝난다. 열린(쌍곡선) 우주는 빅뱅에서부터 팽창되어 나온 뒤 그 물체의 인력 효과가 약해서 팽창을 멈출 수 없다. 그러기에 일정한 비율로 한없이 팽창하다가 그 구성 요소 간에 더 이상 접촉이 없어지고 끝내 텅 빈 우주로 끝난다. 평면 우주는 빅뱅에서부터 팽창하여 나오고, 그 모든 물체를 끌어당기는 인력 효과가 그 팽창의 운동 에너지와 정확하게 대응되기에 팽창 속도는 점점 줄어들지만, 팽창이 멈추지는 않고 계속해서 감속하면서도 영원히 이어진다.

단순화시킨 가정의 결과, 평면 우주와 열린 우주의 범위는 무한하다. 양쪽 다 그 가장자리에 이르면 이 우주가 모든 지점에서 동일하게 보인다는 가정과 모순되게 된다. 구체의 우주는 그렇지 않은데, 완전한 구체는 그 표면의 어느 지점에서 봐도 동일하기 때문이다.

아인슈타인과 달리 프리드만은 자신이 원하는 결과를 얻기 위해 임의의 상수 람다를 도입하지 않았다. 그의 수학 모델에서는 물체를 수축시키는 인력은 팽창의 운동 에너지에 대비되며, 이는 밀도 계수 오메가(Ω)로 표시된다. 닫힌 우주에서는 오메가가 1보다 크다. 열린 우주에서 오메가는 1보다 작다. 평면 우주에서 오메가는 정확히 1이다.

허블이 자신의 데이터를 발표한 이후 대부분의 과학자들은 매우 뜨거운 빅뱅에서부터 출발한 평면 우주가 관측 결과에 가장 잘 부합한다고 결론 내렸고, 이에 프리드만-르메트르의 수학 모델이 정설로 받아들여졌다.[7]

빅뱅 이론의 문제점

과학적 탐구 대상으로서의 우주는 더 이상 관측과 이론 위주의 천문학이 독점할 수 있는 분야가 아니다. 우주론이라는 새로운 과학 분야가 생겨났고, 이를 정의하자면 아래와 같다.

우주론 물리적 우주의 기원, 본질, 대규모 구조에 대한 연구를 말하며, 이 연구에는 은하군과 준항성체를 포함한 모든 은하의 분포와 상호 관계까지 포함된다.

천문학이 전통적으로 개개의 별과 은하에 집중했던 데 반해, 상대성 이론은 우주를 전체적으로 탐구하는 데 대단히 큰 역할을 했다. 이론 입자 물리학과 실험 입자 물리학, 플라스마 물리학, 양자 물리학은 빅뱅이 일어났던 시점과 그 직후 우주가 믿을 수 없을 만큼 작고 뜨거웠을 당시에 무슨 일이 있었는지 살피는 데 활용되었다. 과학자들이 이들 분과 학문을 빅뱅 모델에 적용하면서 4가지 문제점이 발생했다.

우주상수 없는 상태에서 팽창을 되돌릴 만큼 충분이 높은 질량 밀도가 있으면 닫힌 우주에 이른다. 팽창을 되돌리기에는 부족한 낮은 질량 밀도가 있으면 일정한 속도로 나아가는 열린 우주가 된다. 이 둘의 경계선상의 임계 질량 밀도가 있으면 평면 기하학적 구조를 이루는데 이는 영원히 팽창하

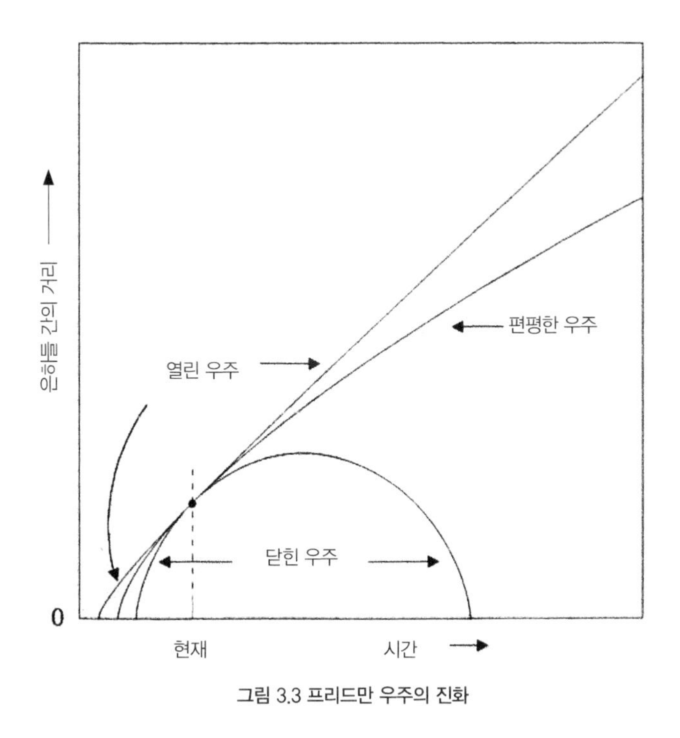

그림 3.3 프리드만 우주의 진화

지만, 그 팽창 속도는 계속해서 줄어든다.

자기 단극

입자 물리학과 플라스마 물리학은 빅뱅 직후 극히 높은 온도와 에너지 상태인 플라스마에서는 단극 입자가 생긴다고 보는데, 이는 통상의 경우 입자가 자기적으로 양극이 있는 것에 반해 하나의 극만 가진 입자들을 뜻한다. 상대성 이론을 사용하여 계산해 보니 빅뱅 당시는 현재 우주의 에너지 밀도보다 백배 높은 에너지가 방출되었다는 것이다.[8]

우주에서 단극 입자는 하나도 발견된 적이 없다.

균질성

정통 모델이 전제하는 두 개의 가설은 균질적인, 다시 말해 전적으로 균일한 우주를 상정하지만 이런 가설 없이 다른 해법으로 아인슈타인의 장 방정식을 풀면 불규칙한 우주가 나온다.

그 모델의 주장과 달리, 우리가 관찰하는 우주는 전적으로 균일하지 않다. 우주에는 태양계, 은하, 은하 집단, 초은하 집단들이 있고 이들은 물질이 거의 없는 거대한 공간에 의해 갈라져 있다. 지구는 우주 전체 평균보다 대략 10^{30} 이상 질량 밀도가 높고, 우리가 숨쉬는 대기는 평균보다 10^{26} 이상, 우리 은하의 평균 질량 밀도는 10^{6} 이상, 은하 속 우리 지역은 200배 이상 높은데, 초은하 집단 사이의 빈 공간은 가로지르는 데만 1억 5천만 광년이 걸린다.[9]

만약 우주가 완전히 균질하다면 우리는 여기서 우주를 관찰할 수 없을 것이다.

그럼에도 우주론자들은 우주 전체 규모에서 보자면 균질성의 오차는 십만분의 일 정도라고 본다.

빅뱅 모델은 이 우주가 어째서 인류가 진화하며 살고 있는 지구와 같은 행성들이 분포된 태양계 같은 구조를 만들어 내면서, 또한 완전한 균질성에 그렇게 가까이 근접하면서도 완전한 균질성을 이루지 않는지 그 이유는 밝히지 못한다.

우주 마이크로파 배경의 등방성(지평선 문제)

빅뱅 모델에 의하면, 우주 마이크로파 배경(Cosmic Microwave Background, CMB)은 빅뱅이 있고 나서 380,000년 후에 (수정된 계측에 의함) 플라스마 물질에서 분리되어 나온 복사radiation로서, 우주가 팽창하는 동안 에너지를 잃고 식어서 현재의 2.73K 온도에 이르렀다.

우주배경탐사선(Cosmic Background Explorer, COBE)이나 윌킨슨 마이크로파 비등방성 탐색(Wilkinson Microwave Anisotropy Probe, WMAP) 위성의 계측기에 의하면 이 온도는 극히 등방성을 띤다. 다시 말해 모든 방향에서 동일하다. 이 정도의 균일한 온도가 되려면 복사된 모든 입자(광자)가 플라스마에서 분리된 후에 무수히 많은 충돌을 거듭해서 섞여야 한다.

상대성 이론에 의하면 빛보다 빠른 물질은 없다. 그러므로 모든 광자가 섞이려면 빛의 속도로 주파할 수 있는 거리보다 멀리 떨어져서는 안 된다. 이 거리를 광자의 접촉 지평선photon's contact horizon이라고 한다.

그런데, 빅뱅 모델은 우주 팽창 속도가 느려지고 있다고 주장한다. 그렇다면 우주가 지금보다 아주 어렸을 때는 광자의 접촉 지평선이 몹시 짧았다. 그러므로 플라스마에서 분리된 직후 각각의 광자가 다른 광자들과 부딪히는 것은 불가능했다. 따라서 그때 광자의 에너지는 서로 달랐으니 서로 다른 방향에서 측정한 우주 마이크로파 배경의 온도도 서로 다르게 나와야 한다.

빅뱅 이론은 실제 관측 결과와 부합하지 않는 이런 문제를 제대로 설명하지 못한다.

편평함(오메가)

편평한 우주는 본질적으로 불안정하다. 그 우주는 팽창하려는 운동 에너지와 물질을 끌어당기는 인력의 에너지 간에 달성하기 쉽지 않은 균형이 이루어져서 오메가=1이 되어야 하기 때문이다. 그런데 빅뱅 모델의 수학에 따르면 오메가는 극도로 민감하며 초기 우주에서는 더욱더 그러하다. 그 통합에서 어느 쪽으로든 미세하게 벗어나기만 해도 그 차이는 즉각 심각해져서 닫히거나 열린 구조로 만들어 버린다. 디키의 계산 결과 우주가 탄생한 지 1초 되었을 때 오메가 값은 0.99999999999999999과 1.00000000000000001 사이여야 하며, 이는 다시 말해 $\pm 1^{-17}$의 민감도를 뜻한다. 만약 오메가가 이보다 더 큰 폭으로 변하면, 우주는 태양계와 행성이 형성되기 이전에 빅 크런치에 이르거나 한없이 팽창되어 텅 비게 되므로 지금 우리가 여기서 빅뱅에 관해 논의할 수도 없었을 것이다.

대부분의 우주론자들은 관측에 의지하기보다는 이론적인 근거로부터 우주가 탄생 후 10^{-43}초* 후부터 팽창하기 시작했다고 추론한다(이 추론에 다른 근거는 없고 단지 양자 이론**이 이 시간 이전에는 무너지기 때문이다). 만약 그게 사실이라면 오메가의 값은 균형 상태에서 10^{-64} 이상으로는 변할 수가 없는 셈인데, 이는 도저히 상상할 수 없을 만큼 민감한 상태라 하겠다.[10]

그러나 오메가는 처음부터 정확하게 1이었을 리가 없는데, 그렇지 않았다면 우주의 팽창 자체가 불가능했기 때문이다.

빅뱅 모델은 우주가 안정적으로 팽창하기 위해 오메가의 값이 1에 한없이 근사하면서도 정확하게 1은 아니었던 이유를 규명하지 못한다.

대다수의 우주론자들이 다루지 않지만 보다 근본적이라 할 다섯 번째 문제가 있다. 방 안의 코끼리처럼 명백하면서도 난감한 이 문제는 수정된 모델 역시 설명이 부족하다는 점을 검토하는 다음 장에서 다루겠다.

* 이것이 플랑크 시간이다. 여기에 대한 설명은 용어 해설을 참고하라.

** 양자 이론의 정의는 용어 해설을, 보다 깊은 논의는 161쪽을 참고.

급팽창(인플레이션) 이론 해법

네 가지 문제를 단박에 해결할 수 있다는 아이디어가 나왔다.

누가 이 아이디어를 처음 착안했는지는 아직도 논쟁 중이다. 매사추세츠 공과대학교의 앨런 거스Alan Guth는 “내가 알기로 급팽창 이론의 공식 데뷔는 1980년 1월 23일 SLAC에서 내가 인도한 세미나였다”라고 한다. 그러나 현재 캘리포니아 스탠퍼드대학교에 있는 러시아인 안드레이 린데Andrei Linde는 급팽창에 관한 핵심적인 아이디어는 거스보다 앞서서 알렉세이 스타로빈스키Alexei Starobinsky, 데이비드 키르즈니츠David Kirzhnits, 그리고 자신이 그 당시 소련에서 발전시켰다고 주장한다.[12]

1981년에 거스가 출간한 책에 보면, 빅뱅 직후 우주는 거대하면서도 즉각적으로, 1초의 1조분의 1조분의 1도 안 되는 시간 동안 수조 배의 크기로 급팽창했다. 이 이론을 위해서는 우주가 불안정하고 과냉각 상태에 있어야 한다. 이게 약해지면서 급팽창은 멈추고, 이제는 거대해진 우주가 기본적인 빅뱅 모델이 예측하듯, 속도가 줄어드는 팽창을 시작한다.[13]

급팽창 후 우주는 매우 방대해졌기에 지금 우리가 보는 모든 것들은 그저 우주의 작은 조각에 불과하다. 이것이 마치 거대한 풍선 표면 위의 작은 부위처럼 우리가 있는 부분이 평평하게 보이는 이유다. 다르게 표현하자면, 빅뱅 시의 팽창하는 폭발 에너지와 물질을 끌어당기는 인력 에너지 간에 생기는 불균형은 급팽창으로 인해 희석되기에, 급팽창 이후의 우주가 안정적으로 감속 팽창을 이어갈 수 있게 하는, 좀처럼 성취하기 어려운 균형을 획득한다. 급팽창 후 오메가는 정확히 1이 되고, 우주는 급속히 팽창되어 텅 비거나, 급속히 수축되어 붕괴되지 않고 편평한 우주의 수학적 모델을 따라간다. 이렇게 편평성 문제를 해결할 수 있다.

폭발하는 빅뱅 이론에서 일어나는 다른 불규칙성은 거대한 급팽창에 의해 유사하게 희석되었다. 이렇게 균질성 문제도 해결된다.

같은 방식으로, 이 거대한 우주 어딘가에는 전기적 단극 입자들이 분포해 있지만, 우리가 있는 지역은 아주 작기 때문에 그 입자들을 포함하고 있지 않다. 이렇게 자기 단극 문제도 해결된다.

우리가 지금 볼 수 있는 우주는 그 가장 먼 곳이 빛의 속도와 우주의 나이에 의해 결정되는데, 이 우주는 급팽창된 우주의 매우 작은 부분 중에서도 급팽창 이후에 정상적으로 팽창된 지역이다. 이 조그만 부분에서는 모든 광자가 서로 충돌하여 동일한 온도를 만들 수 있다. 이것이 우주 마이크로파 배경의 등방성 문제를 해결한다.

그러나 거스의 급팽창 추정에는 치명적인 결함이 있었다. 우주가 기본적인 프리드만-르메트르의 편평한 우주 모델을 따라 감속 팽창을 시작할 수 있도록 급격한 팽창을 끝내는 그의 메커니즘은 우주에 심각한 비균질성을 가져왔다. 이는 관찰에 의해 틀렸음이 입증되었다. 거스는 일 년 후에 철회하였다.

안드레아스 알브레히트Andreas Albrecht와 폴 스타인하르트Paul Steinhardt, 그리고 그들과 별도로 린데가 수정된 이론을 내놓았다.

그러나 린데에 따르면, 수정된 이론들 역시 제대로 작동하지 않았다. 그는 급팽창에 관한 추정이 가진 문제점은 1983년에 자신이 제안한 새롭고 한결 간단한 해법으로라야 해결된다고 주장했는데, 그 해법에서 그는 과냉각되는 양자 중력 효과를 포기했을 뿐 아니라 심지어 우주가 애초에는 뜨거웠다는 기본 가정까지 포기한다. 그 대신에 그는 그저 스칼라장scalar fields만을 고려했다. 스칼라장이란 공간 속 모든 지점이 질량, 길이, 속도처럼 크기만 가지는 수량인 스칼라와 관련되어 있는 수학적 개념이다.* 린데는 우주가 모든 가능한 스칼라장을 가지고 있으며 그 각각은 모든 가능한 값을 가진다고 간명하게 생각했다. 이렇게 되면 가능성이 무한히 많은 수학 모델이 나오고, 우주의 어떤 영역은 작지만 다른 영역은 기하급수적인 급팽창이 이론적으로 가능해진다. 이런 임의적 특징 때문에 그는 이를 "혼돈 급팽창chaotic

* 상세한 정의는 용어 해설 참고.

inflation"이라고 불렀다. 이것이 급팽창 이론 중에서도 인기를 얻었고, 그 이후로 다른 이론들이 개발되었다.[14]

급팽창 가설은 방 안의 코끼리 같은 심각한 문제를 해결하지 못하며 심지어 더 큰 문제를 일으킨다. 그러나 우주론자들은 이 가설이 자신들이 당면한 네 가지 문제점을 해결해 준다고 여겨 열렬히 받아들였다. 그래서 여기에 급팽창 이론이라는 정식 타이틀을 붙였고, 급팽창하는 빅뱅 모델은 과학계의 정설이 되었다.

급팽창 빅뱅 모델의 유효성

우주론의 수정된 정통 이론이 우주의 기원에 대해 과연 과학적인 설명을 제공하느냐는 문제는 애초의 기본 이론과 여기에 급팽창이라는 요소를 더한 이론이 두 가지 점에서 유효한가를 따져 봐야 알 수 있다. (a)이 이론이 신뢰할 만한가? (b)관측과 실험에 의해 지지되는가?

기본 이론의 신뢰성

빅뱅 기본 이론은 두 부분으로 되어 있다. 첫 번째는 우주가 전全중심적이고 등방성을 띠며 (따라서 균질적이며) 기하학적으로 편평한 우주를 상정하는 아인슈타인의 장 방정식을 만족시키는 해이다. 두 번째 부분은 입자 물리학의 표준 모델이다.

전중심적이라는 가정은 실험으로 확정할 수 없다. 먼 은하에 있는 발달된 문명 세계가 자신들이 본 우주의 모습을 우리에게 보내 온다고 하더라도 그것이 도착했을 때는 이미 너무 오래전의 자료가 된다.

우주는 태양계, 은하들, 은하군, 은하단, 거대한 빈 공간에 의해 갈라져 있는 초은하단 등으로 이루어져 있기에 등방성과 균질성이라는 가정이 온전히 유효하지 않은데도, 우주론자들은 우주 전체적으로는 이 가정이 유효하다고 본다. 그러나 보다 발전한 기구를 사용하여 우주의 보다 먼 곳에 있는 넓은 지역을 관측할 때마다 관측 규모에 비례하여 커다란 구조들을 발견하게 된다. 1989년 겔러Geller와 후크라Huchra는 대략 길이가 6억 5천만 광년 정도 되는 2차원적인 구조를 발견했고, 여기에다 만리장성Great Wall이라고 별명을 붙였다. 2005년에 고트Gott와 그의 동료는 이 슬론 만리장성Sloan Great Wall의 길이가 실은 그 두 배인 13억 광년 정도이며, 10억 광년 정도 떨어져 있다는 것을 발견했다. 2013년 로저 클로위즈Roger Clowes와 그의 동료들은 80억에서 90억 광년 정도 떨어져 있는 곳에 있는 40억 광년 길이의 고등급 퀘이사군을 발견했다.[15] 2014년 이슈트반 호르바트István Horváth와 그의 동료들은 2013년에 자신들이 발견한 물체가 슬론 만리장성보다 6배가 크며, 길이가 70억에서 100억 광년에, 대략 100억 광년 떨어져 있다고 보고했다.[16] 이들 물체들의 크기는 등방성과 균질성의 가설과 모순된다.

편평한 우주론을 선택하면 도출되는 결론인 우주가 무한히 커진다는 점은 우리로서는 검증할 수가 없다.

게다가, 시공간을 포함한 이 우주가 무에서부터 빅뱅을 통해 생겨났다는 생각은 팽창하는 우주를 시간적으로 거슬러 올라가서 시간이 제로일 때를 추정해서 나왔다. 그러나 양자 이론은 그 시간에서는 무너진다. 불확정성의 원리에 따르면, 플랑크 시간*이라고 알려져 있는 10^{-43} 초보다 짧은 시간 동안에는 아무것도 확정할 수 없기 때문이다. 또한 이 추정은 우주를 이루 말할 수 없이 높은 밀도의 한 점으로 응축시킨다. 거기서 시공간은 한없이 구부러지고, 상대성 이론은 무너진다.[17] 거스가 말했듯 "임의의 고온을 상정하는 것은 우리가 이해할 수 있는 물리학의 범위를 넘어서며, 이를 신뢰해야 할 이유는 없다. 시간이 제로인 't=0' 지점의 우주의 역사는 여전히 신비로 남아 있다."[18]

* 플랑크 시간과 불확정성의 원리에 대해서는 용어해설 참고.

근거가 되는 이론들은 무너지고, 그 단순화한 가정들 중 하나는 검증할 수가 없고, 나머지 가정들은 천문학적 관측 결과와 모순되는 신비에 근거한 이론이라면 도무지 신뢰할 수 없는 노릇이다.

기본 빅뱅 이론의 두 번째 부분은 입자 물리학의 표준 모델이다. 이는 양자장 이론을 활용해 어떻게 빅뱅 시 방출된 에너지가 대칭적 분열이라는 메커니즘을 통해 원자보다 작은 입자들을 형성하는지 설명한다.

> **입자 물리학의 표준 모델** 이 모델은 우주의 기본 입자들과 그 운동을 살펴서 중력을 제외하고 우리가 관측할 수 있는 모든 존재와 그들의 상관관계를 규명하고자 한다. 현재까지 규명된 기본 입자는 쿼크quark, 렙톤lepton, 혹은 보손boson 입자 등으로 분류되는 17가지 유형이 있다. 이에 대응하는 반입자와 보손 변형 입자까지 포함하면 기본 입자들은 61개이다.

이 모델에 의하면, 서로 다른 쿼크 입자들이 합쳐져서 양성자와 중성자(이들의 서로 다른 조합이 모든 원자의 핵을 이룬다)를 만든다. 이들 기본 입자 중 12개 유형 간의 상호작용은 5개의 다른 기본 입자들, 즉 쿼크를 서로 연결하는 힘을 제공하는 글루온gluon처럼 힘을 전달하는force carriers 보손 입자들의 운동이다.*

이 모델은 그 이후에 실험과 관측에 의해 직접적으로, 혹은 쿼크처럼 추론에 의해 발견된 입자들의 존재를 제대로 예측했다. 그중 중요한 예측이 힉스 보손Higgs boson이라고 알려진 입자의 존재를 예측한 일인데, 이는 광자와 글루온을 제외한 나머지 16개 유형의 기본 입자들이 왜 질량을 가지는지 설명하는 데 필수적이다. 2012년 프랑스와 스위스 국경 지역에 유럽 입자 물리 연구소CERN가 세운 대형 강입자 충돌기(Large Hadron Collider, LHC)를 사용한 두 개의 실험을 통해 찰나적으로 존재했던 힉스 보손의 존재 혹은 힉

* 쿼크, 렙톤, 보손의 정의는 용어해설 참고.

스 보손 군群의 존재가 확인되었는데, 후자의 경우에는 표준 모델이 수정되어야 한다.

만약 2015년에 좀 더 높은 수준의 에너지를 갖춘 LHC가 다시 문을 연 뒤에 한 개의 힉스 보손만 확인된다 하더라도 심각한 문제는 여전히 남는다. 표준 모델에는 19개의 변수가 있었는데, 1998년에 와서는 그 이전까지의 모델에서는 예측하지 못했던 중성미자에도 질량이 있다는 사실을 추가하여 29개로 변경되었다. 이 변수들은 자유롭게 그 값을 정할 수 있는 변경 가능한 상수이다. 그 값이 무엇이 되더라도 이론은 수학적으로 일관되게 나타난다. 이들 상수들은 전자의 전하값, 양성자의 질량, 입자들 간의 상호작용의 강도를 나타내는 수치인 결합상수 같은 물질의 특성을 나타낸다. 이들 상수값은 실험을 통해 측정된 후에 그 모델 안에 말 그대로 "손으로" 기입된다. 거스도 인정했듯 "[표준 모델에 따르면] W^+ 입자와 전자의 질량은 본질적으로 똑같은 방식으로 생성되며, 따라서 전자의 질량이 160,000분의 1밖에 안 된다는 사실은 그저 변수들을 조작해서 이론에 도입했을 뿐이다."[19] 이런 이론은 예측한 바가 실험이나 관측을 통해 확인되는 이론에 비해 본질적으로 신뢰하기 어렵다.

대응되는 반입자들과 보손 변형 입자들까지 포함하면 입자의 수는 61개가 되는데[20] 이는 기본 입자, 혹은 더 줄일 수 없는 입자로 분류하기에는 꽤 많은 숫자이다. 게다가 현재의 표준 모델은 중력은 고려하지 않고 있기에 필연적으로 불완전할 수밖에 없다. 만약 중력까지 고려한다면, 중력자graviton와 같은 가설적인 기본 입자도 필요하다.

빅뱅 기본 이론의 신뢰성은 실제 현실과 얼마나 부합하느냐에 달려 있다. 우주론자들은 아인슈타인의 장 방정식에 프리드만이 내놓은 수학적 해답의 해석을 받아들였다. 그들은 별들(후에는 은하로, 나중에는 은하군으로 수정됨)은 움직이지 않는다고 본다. 별들은 공간에 아로새겨져 있고 팽창하는 것은 그 은하 사이의 공간이다. 이 이론의 수학적 논리는 훌륭할지 몰라도, 우주론자가 아닌 이들에게 그런 해석은 궤변일 뿐이다. 실제 현실에서는 시간이

가면서 두 은하 간의 거리가 늘어나면, 그 시간 동안 은하는 서로 멀리 이동한다. 실제로 우주론자들은 은하가 우리 은하로부터 멀어지는 속도만큼의 적색편이를 관측하고 있다.

기본 이론을 뒷받침한다고 제시되는 증거들

대다수 우주론자들은 세 가지 증거가 기본 빅뱅 이론을 강력하게 지지한다고 주장한다. (a)우주가 팽창하고 있음을 보여 주는 은하들의 분명한 적색편이 (b)우주 마이크로파 배경의 존재와 그 흑체 형태 (c)관측된 빛의 원소들 간의 상대적인 양.

우주론적 적색편이

천체들이 우리에게서 멀어지면서 나타나는 적색편이와 그들이 멀리 있을수록 더 빨리 멀어지는 사실을 해석하기 위해 도입된 허블 상수는 거리에 비례하여 멀어지는 비율을 가리킨다. 그런데 이 상수값을 계산하는 일은 지독히 어려운데, 거리를 계산한다는 게 실은 매우 곤란하기 때문이다.* 그러나 정통을 지지하는 우주론자들은 은하 속의 우리가 있는 지역보다 먼 곳에 있는 물체의 적색편이는 우주가 팽창하기에 나타난다고 가정하고, 이 적색편이가 거리를 측정하는 수단이 된다고 생각한다.

몇 명의 저명한 우주론자들이 이 가설에 의문을 제기했고, 상당히 많은 적색편이가 다른 원인으로 인해 생긴다고 주장했다. 이 대립적인 주장은 설명의 방식으로서의 우주론이 지니고 있는 문제점을 다루는 6장에서 좀 더 자세히 검토하겠다. 그러나 만약 그들의 데이터 해석**이 옳다면, 적색편이 자체—특히 별빛의 흡수, 혹은 방출 스펙트럼에서부터 나왔다는 증거가 없

* 143쪽 참고.

** 이 데이터 해석에 대한 추가 논의를 위해 147쪽 참고.

는 강한 적색편이—는 우주의 거리나 멀어지는 속도, 그리고 그에 따르는 우주의 나이를 알려 주는 신뢰할 만한 지표가 아니다. 그리고 이는 정통 우주론의 빅뱅 모델을 떠받치는 세 가지 항목 중 하나를 허물어뜨린다.

우주 마이크로파 배경

우주 마이크로파 배경(CMB)의 2.73K 온도는 빅뱅 초기에 물질에서 방출되고 우주로 퍼져가면서 식었던 복사와 조화를 이룬다. 또한 이 복사는 플랑크 흑체 스펙트럼으로 알려진 스펙트럼을 보인다. 1989년에 발사된 COBE 위성 역시 이 스펙트럼을 발견했고, 이는 정통 모델을 뒷받침하는 강력한 근거를 제시했다.[21]

그러나 데이터의 해석을 다루는 6장에서 언급하겠지만, 다른 우주론 모델을 지지하는 이들은 CMB의 존재와 특성이 자신들의 가설과도 부합한다고 주장한다.

빛의 원소들의 상대적인 양

가모프, 앨퍼, 헤르만은 빅뱅 후 최초 수 분 동안 존재했던 지극히 뜨거운 플라스마에서 헬륨, 중수소, 리듐의 핵이 양성자와 중성자의 핵융합을 통해 어떻게 만들어지는지 규명했다.* 팽창 및 핵합성 과정이 식으면서 끝나기 이전에 생겨났던 빛의 원소들의 상대적인 양은 오늘날 우주에서도 거의 변하지 않은 채일 것이다. 앨퍼와 헤르만의 예측치인 25퍼센트 헬륨 질량 대비 75퍼센트의 수소의 비율은 관찰 결과와 동일하며, 이에 뜨거운 빅뱅에 대한 강력한 증거로 인용된다.

앞서 언급했듯, 바비지는 앨퍼와 허만이 그때까지 관찰되던 헬륨과 수소 비율에 들어맞는 값을 내놓을 수 있도록 복사 밀도 대비 중입자baryons의 밀도 값을 계산해서 자신들의 방정식에 집어넣었다고 지적했는데, 이렇게 되

* 61쪽 참고.

면 예측이라고 할 수 없다.* 물론 그는 이렇게 설정된 변수가 수소와 중수소의 관찰된 비율과 일치하는 값을 내놓으며, 이는 빅뱅 가설을 지지한다는 점을 인정했다.

그러나 2004년 당시 런던 소재 임피리얼대학의 천체물리학 교수이자 왕립 천체물리학회 회장이었던 마이클 로완-로빈슨Michael Rowan-Robinson은 근래에 티틀러Tytler와 그의 동료들이 고적색편이 퀘이사high-redshift quasars까지의 시야 속에 나타나는 흡수선에서의 중수소의 양을 다시 측정한 결과에 따르자면, 중입자 밀도 값을 수정해야 한다고 주장했다. 이렇게 나온 새로운 값은 우주 마이크로파 배경의 변동폭을 분석한 결과 값과 부합한다. 그런데 이는 헬륨의 함량비와는 조화되지 않는다.[22]

이를 모두 고려하면, 빅뱅에 대한 이 증거 항목은 대부분의 우주론자들이 주장하듯 그리 근거가 확실한 것이 아니다.

호일과 버비지가 내세우는 대안적인 가설에 따르면, 모든 원소들이 별 내부의 핵합성을 통해 생겨난다. 이를 뒷받침하기 위해 그들은 만약 헬륨이 이런 식으로 수소에서부터 생겨난다면, 열중성자화가 되어 방출되는 에너지가 2.76K 온도의 흑체 CMB를 만든다고 주장하는데, 이는 관측 결과와 거의 동일하다. 그들은 다른 빛의 원소들이 태양이나 다른 별에서 일어나듯 별 표면의 플레어flare 활동을 통해서 만들어지거나, 내부에서의 불완전 수소 연소로 생겨날 수 있다고 주장한다.[23]

젊은 은하 속에 오래된 물체들?

저명한 천문학자들에 의하면, 높은 적색편이를 보이는 은하들은 정통 모델이 젊다고 판단하지만, 실제로는 적색거성이나 철 혹은 다른 물질처럼 매우 오래된 물체를 포함하고 있다. 그들 천문학자들은 은하가 자기 자신보다 더 오래된 물체를 가지고 있을 수는 없으므로, 정통 빅뱅 이론이 틀렸다고

* 63쪽 참고.

주장한다. 이런 주장에 관해서는 우주에서의 물체의 진화를 다루는 8장에서 좀 더 자세히 살펴보겠다.

관측 증거와 부딪치는 보다 작은 문제들은 앞서 언급했던 다섯 가지 문제 중 세 가지와 관련 있다. 즉 자기적 단극의 부재, 균질성이 100,000분의 1가량 어긋나는 문제, 우주 마이크로파 배경의 등방성 문제이다. 이들 세 가지 불일치와 빅뱅 모델에서의 편평성 문제가 있었기에 대다수 우주론자들은 급팽창 이론을 통한 해결책이 우주의 정통 모델 문제를 해결한다고 여겼다. 따라서 빅뱅 기본 이론에 이 추가가 유효한지 살펴볼 필요가 있다.

급팽창 이론의 신뢰성

린데는 "만약 급팽창이 시작될 때의 우주가 10^{-33}센티미터만큼 작았다면, 급팽창 10^{-35}초* 후에는 믿을 수 없는 크기가 된다. 일부 급팽창 모델을 따르면, 이 크기는 센티미터로 $(10^{10})^{12}$", 즉 $10^{1000000000000}$센티미터[24]가 된다. 급팽창 이론의 최초 주창자 중 한 명의 말에 따르자면, 100×1000×100만×100만×100만×100만×100만분의 1초라는 시간 내에 지름이 1000×100만×100만×100만×100만×100만분의 1센티미터인 우주가 지금 우리가 보는 우주보다 무려 백억 배 이상의 크기로 커졌다. 린데가 말하는 "믿을 수 없는"이라는 표현이 전혀 모자라지 않는 크기다.

믿을 수 없다는 점이 과학적으로 유효하지 않은 추정을 의미하지는 않는다. 그러나 짧은 시간에 그렇게 커지려면 우주가 빛의 속도보다 훨씬 더 빠르게 커져야 한다. 급팽창주의자들은 이런 가설이 상대성 이론을 훼손하지 않는다고 주장한다. 프리드만의 해석에 근거하면, 빛보다 빠른 속도로 움직인 것은 우주 내의 물체가 아닌 물체와 물체 사이의 공간이다. 상대성 이론은 공간이 아닌 물질과 정보만이 빛보다 빨리 움직일 수 없다고 본다.

* 양자 이론이 무너지는 길이에 기초한 가정.

이제 대다수 급팽창주의자들은 빅뱅이 급팽창 이후에 발생했다고 보는데, 그 말은 급팽창되었던 것은 질료—물체와 복사—가 아니라 단지 빈 공간의 거품bubble of vacuum이었으며, 급팽창 뒤에 이것이 에너지와 물질로 변했다는 뜻이다. 그러나 급팽창주의자들은 급팽창했던 우주 공간, 혹은 진공이 기저 상태 에너지는 가지고 있다고 보지만 에너지와 질량은 서로 상응하며, 우주 공간 혹은 진공의 질량 에너지가 빛보다 몇 배 빠른 속도로 이동한 것이니, 이는 상대성 이론과 충돌한다.

제시된 우주의 급팽창이 언제 어떻게 시작되었는지는 아직도 해결되지 않은 문제다. 거스가 최초로 제시한 이론은 입자 물리학의 대통일이론(grand unified theories, GUTs)에 근거하며, 빅뱅 후 10^{-35}초 후에 급팽창이 시작되었다고 본다. 그 이후 백 가지가 넘는 급팽창 이론이 제기되었는데, 그 이론들은 일반적으로 인플레이션장이라고 불리우는, 스칼라장 형태를 끌어들인 다양한 메커니즘에 근거하고 있다. 여기에는 혼돈 급팽창, 이중 급팽창, 삼중 급팽창, 하이브리드 급팽창, 중력 사용 급팽창, 스핀 급팽창, 벡터장 급팽창, 끈 이론의 막을 사용한 급팽창 등이 있다.* 이들은 모두 서로 다른 시작점을 설정하며, 빛보다 빠른 기하급수적 급팽창이 지속된 시간도 서로 다르고, 끝나는 시간도 다르며, 만들어지는 우주의 크기도 크게 차이가 난다. 그러나 이들은 모두 그렇게 급팽창한 끝에 오메가=1이 되는 좀체 도달하기 어려운 임계 질량 밀도를 가지는 우주가 되며, 그 결과 안정적이고 점점 속도가 줄어들면서 팽창해 가는 평탄 우주가 된다.

우주가 급팽창한 후에야 빅뱅이 생겼다면, 급팽창 이전에는 무엇이 있었으며, 급팽창이 왜, 어떻게, 언제 시작되었느냐는 의문이 자연스럽게 뒤따라온다. 그러나 거스는 여기에 별로 신경 쓰지 않았다. "급팽창 이론은 급팽창 이전의 우주의 상태에 관해 매우 폭넓은 가정을 허용한다"[25] 혹은 "급팽창이 일어날 가능성이 희박해 보이더라도, 외부로의 기하급수적인 성장은 이

* 주요한 이론은 204페이지 이후에서 좀 더 자세히 다룬다.

를 충분히 만회한다"[26]는 식이다. 이런 모호한 답변은 신뢰할 만한 이론의 보증이 아니다.

급팽창 이론이 제기하는 또 다른 질문은 "무엇이 이 초고밀도의 원시 우주를 아무것도 빠져나갈 수 없는 블랙홀에 붕괴될 것으로 예상되는 거대한 중력장에 맞서 기하급수적으로 급팽창하도록 다른 메커니즘을 움직이는가?"이다. 여기에 답하기 위해 대다수 이론가들은 아인슈타인이 실수라며 폐기했던 임의의 상수 람다를 방정식에 다시 도입했다. 이 임의의 상수에 아인슈타인이 애초에 부여했던 값보다 훨씬 큰 양의 값을 부여함으로써 자신들이 상정했던 인플레이션장에 매우 큰 음陰의 (혹은 밀어내는) 중력 에너지를 줄 수 있었고, 이는 거대한 일반 중력장을 하찮게 만들었다.

단지 방정식에서 원하는 해를 얻기 위해 도입된 임의의 수학적 상수와 구분되는 람다가 물리적 현실에서 어떤 것인지에 관한 다양한 의견은 4장에서 다루려 하는데, 이는 급팽창 가설이 제기된 후 15년이 지난 후에 우주론자들이—물론 매우 다른 값을 주기는 했지만—빅뱅 모델과 충돌하는 천문학적 관찰 결과를 설명하기 위해 람다를 다시 거론했기 때문이다.

급팽창에 대해 서로 차이를 갖는 버전 모두가 참일 수는 없다는 점은 분명한데, 거스는 "지금껏 제기된 급팽창에 대한 수많은 버전으로부터 몇 가지 결론을 도출할 수 있다……급팽창은 그저 가진공false vacuum의 역할을 할 **'어떤'** 상태를 필요로 하며, 급팽창이 끝난 뒤 우주의 중입자들(예를 들어 양성자와 중성자)을 만들어 낼 수 있는 **'어떤'** 메커니즘이 있다. 그러므로 설령 대통일이론이 잘못되었다 하더라도 급팽창은 살아남는다[강조는 저자][27]" 고 하였다. 이런 주장은 과학에서 말하는 이론의 정의라 할 수 없고, 단지 물리적 세계에서 의미가 없는 매우 추상적이고 일반적인 추정을 합쳐 놓은 것에 불과하다.

이러한 정의의 문제가 대두되는 이유는 우주론이 수학을 주된 도구로 사용하는 이론가들에 의해 전개되고 있기 때문이다. 수학은 한 가지 주제에서 가설과 공리의 체계로부터 연역적 추론으로 증명 가능하고 기호와 공식으로 표현될 수 있는 명제들의 집합을 "이론"이라고 부른다. 수학 이론은 물리 현상계와 관련이 없어도 된다. 아인슈타인은 대놓고 이렇게 말했다. "회의론자는 '이 방정식 체계가 논리적인 관점에서 합리적이지만 현실에 부합한다는 것은 증명하지 못한다'고 할 것이다. 당신이 옳다. 회의론자여. 경험만으로 진리를 결정할 수 있다."

대다수 우주론자들은 자신들의 학문이 과학이라고 주장하고, 그중 많은 이들은 수학 이론과 과학 이론을 통합하려 하지만, 이들은 매우 다르다. 과학은 경험적 학문이며, 과학 이론은 현상 체계에 대한 규명으로서 독립적으로 진행한 여러 실험과 관측에 의해 입증되어야 하고, 현상에 대한 정확한 예측과 역행추론을 위해 사용된다.

급팽창 이론에 대한 증거로 제시되는 주장

급팽창 가설은 증거에 의해 확인된 구체적인 예측을 내놓은 적이 있는가? 1997년에 거스는 "급팽창 이론은 아직 증명되지는 않았지만, 나는 단지 설득력 있는 가설에서부터 출발했던 이 이론이 이제는 확정적인 사실로 굳어져 가고 있다는 느낌이 든다"[28]고 썼다. 그리고 2004년에는 다시 "급팽창 이론의 예측은 우주 마이크로파 배경에서 실제로 측정한 결과와 아주 멋지게 들어맞는다"[29]고 주장했다. 실제로 우주에 설치한 윌킨슨 마이크로파 비등방성 탐색기(Wilkinson Microwave Anisotropy Probe, WMAP)를 운영하던 과학자 그룹은 2006년에 이르러 우주 마이크로파 배경(CMB)에서 탐지되는 파장이 가장 단순한 급팽창론과 잘 부합한다고 발표했는데, 이로 인해 급팽창 이론은 우주 기원에 대한 정통 우주론의 필수 요소로 받아들여지게 되었다.

거기에 더해 2014년에는 남극 주변의 1도에서 5도 사이의 하늘(보름달의 폭보다 두 배에서 열 배 더 큰 폭)을 관찰하던 팀은—이는 BICEP2 프로젝트라고 불렸는데—급팽창의 직접적인 증거를 발견했다고 발표했다.[30]

그들이 실제로 발견했던 것은 우주 마이크로파 배경에서 생기는 B-모드 편광 신호였다. BICEP2 팀은 이 신호가 우주가 팽창하면서 생겨나는 원시 중력파에 의해 만들어졌다고 결론 내렸다. 발견 직후에는 흥분하며 노벨상 수상 가능성에 대한 이야기까지 나왔지만, 그 이후에 수행된 BICEP2 데이터에 대한 2가지 상호 독립된 연구들은 이 신호가 우리 은하의 먼지와 은하 자기장에 의해 생겨난 것으로 쉽게 설명할 수 있다고 봤다.[31] 더구나 그 신호는 예상했던 것보다 훨씬 센 편이었고, WMAP와 플랑크 망원경에서 얻은 데이터와도 조화되지 않았다.

급팽창 이론이 실제로 예측을 할 수 있는지 그리고 그 장 방정식의 변수들이 관찰 결과와 조화되는 계산값을 내놓을 수 있는지는 8장에서 다룰 생각이다. 또한 우주론 분야의 문헌들은 CMB 파장이 다른 가설들, 예를 들어 우주의 구형 대칭 비균질 모델, 순환 에크파이로틱 우주론, 준정상 우주론, 플라스마 우주론의 영원한 우주 모델 등과도 부합한다는 사실은 잘 다루지 않는다.

이들 주장들과 WMAP 데이터는 6장에서 데이터 해석 문제를 다룰 때 좀 더 상세히 검토하려 한다. 여기서는 노팅엄대학교(영국) 천문학 교수인 피터 콜스Peter Coles가 이론상으로는 아무런 구조물이 없어야 하는 고온 지점과 저온 지점 내에 요소들이 배열되어 있다는 설명하기 어려운 사실을 근거로 WMAP 데이터와 급팽창론의 부조화를 강조했다는 점만 언급하는 것으로 충분할 듯하다. 그가 내린 결론은 이러하다.

> 급팽창이 실제로 일어났다는 직접적인 증거가 희박하다. 우주 마이크로파 배경의 관측 결과는……급팽창이 일어났다는 견해와는 일치되지만, 그렇다고 실제로 일어났다는 뜻은 아니다. 게다가 우리는 실제로 급팽창이 일어났다면 그 이유가 무엇이었는지 전혀 알지 못한다.[32]

이 결론은 로완-로빈슨의 결론을 생각나게 한다.

> 지금까지 다양한 급팽창 이론이 제시되었다. 그들의 공통된 특징은 초기 우주에

서 기하급수적 팽창의 시간이 있었다는 점인데, 이를 통해 지평선 문제와 편평성 문제가 해결된다. 그러나 문제는 그런 시기가 있었다는 증거가 없고, 그런 증거를 발견할 가능성도 매우 희박하다는 데 있다.[33]

엘리스는 급팽창 이론이 설명력과 예측력이 약하다는 점을 지적한다.

초기 우주에서 해결하고자 하는 문제만 해결하고 다른 것은 해결할 수 없는 가설이라면, 그 가설은 설명력이 부족하다고 볼 수밖에 없다. 그리고 실제 그것은 이미 알려진 상황에 대한 대안적(혹은 이론적으로 선호되는) 서술일 뿐……초기 우주가 급속도로 팽창하던 시기에 있었다고 상정되는 인플라톤장inflaton field은 확인되지 않았으며, 그 어떤 실험실의 실험으로도 그 존재가 증명되지 않았다. 이 장 φ가 알려지지 않았으니 거기에 누구든 임의의 퍼텐셜 $V(\varphi)$를 부여할 수 있다……이 퍼텐셜을 잘 선택하기만 하면 원하는 규모만큼의 우주의 진화 $S(t)$를 얼마든지 만들어 낼 수 있다. 그리고 원하는 만큼의 변동 스펙트럼perturbation spectrum [CMB 파동을 만들어 낸다고 간주되는] 역시 변경할 수 있는 퍼텐셜을 잘 선택하기만 하면 얼마든지 얻을 수 있다. 이들 모든 경우, 원하는 결과를 얻기 위해서라면 수학적 계산을 거꾸로 돌려서 필요한 퍼텐셜 $V(\varphi)$을 정하면 된다.[34]

마지막으로, 가설이 과학 이론이 되려면 테스트를 거쳐야만 한다. 다양한 급팽창론 가설들이 내세우는 핵심 주장은 지금 우리가 보는 우주가 실은 전체 우주의 매우 작은 작은 부분에 불과하다고 본다. 빛의 속도보다 빠르게 움직이는 정보가 없다면, 이 우주의 다른 곳과는 의사소통은 물론이고 그 어떤 정보도 얻을 수가 없는 셈이다. 다양한 팽창론 제안자들이 현재 우리가 의사소통과 정보 취득을 할 수 없는 어떤 존재를 증명하는 분명한 방법을 고안하지 않는 한, 그들의 주장은 검증되지 않았을 뿐만 아니라 검증할 수도 없다. 따라서 나는 이들의 주장을 급팽창에 대한 추정이라고 부르려 한다.

23년간 네이처 잡지의 수석 편집장으로 있었던 존 매덕스John Maddox는 말한다. "이 대담하고 독창적인 이론에게 관대한 아량을 보여 온 반면 늘 견지해 왔던 건강한 비판은 가해지지 않았다는 말은 연구 공동체의 관습에 대한 예리한 지적이라 하겠다."[35]

결론

우주론의 정통 이론이 상정하는 가설들은 유효성이 부족하고, 관측 결과와 일치시키기 위해 임의의 변수값을 상정해 그 값을 수정하기 때문에, 신뢰하기 어렵다. 게다가 기본 빅뱅 모델과 관측된 결과물 간의 모순을 해결하기 위해 도입한 여러 급팽창 모델은 신뢰성이 부족할 뿐 아니라 그 핵심 주장은 검증할 수 없다.

나아가 다음 장에서 다루려는 몇 가지 중요 이슈는 제대로 다루거나 설명하지도 못한다.

Chapter 4

정통 과학 이론이 설명하지 못하는 부분

일반적인 과학 원리로 말하자면, 관측 가능한 것을 설명하기 위해
관측할 수 없는 것에 결정적으로 의존함은 바람직하지 않다.

-할턴 아프Halton Arp, 1990년

우리는 대부분의 우주가 무엇으로 구성되어 있는지 모를 뿐 아니라,
우리들 자신은 우주 대부분을 구성하는 것들로 이루어져 있지도 않다.

-베르나르 사둘레Bernard Sadoulet, ~1993년

과학의 정통 이론인 급팽창 빅뱅 모델이 우리를 구성하고 있는 물질의 기원에 대해 설득력 있는 견해를 제공하려면, 여섯 가지 핵심 질문에 대해 만족스러운 답을 제시해야 한다.

특이점

빅뱅 모델에 따르면, 우주 팽창의 시간을 거꾸로 되돌리면 마침내 특이점에 이른다. 이론 물리학자들은 블랙홀을 설명하면서 특이점에 대한 생각을 고안했다. 특이점의 정의는 이러하다.

특이점 중력으로 인해 유한한 질량이 무한히 작은 부피로 압축되어 무한 밀도를 가지며, 공간 시간이 무한히 왜곡되는 시공간에서의 가상 지점.

1970년에 스티븐 호킹Stephen Hawking과 로저 펜로즈Roger Penrose는 단지 일반 상대성 이론이 올바르고 우주가 우리가 관찰하는 만큼의 물질을 포함하고 있다면 빅뱅 특이점이 있었을 것이라는 수학적 증거를 출간하였다. 이것은 정통 이론이 되었다.

그러나 그 이후 호킹은 생각을 바꿔 양자 효과까지 고려한다면 특이점이 사라진다고 주장하였다(다음 장 하틀-호킹의 무경계 우주론 참고).

과연 빅뱅 당시 특이점이 있었는가? 만약 있었다면 그 지점의 우주에 대해 우리는 얼마나 알 수 있는가?

정통 이론은 질문의 첫 번째 부분에 대해 불분명하다. 그리고 두 번째 부분에 대해서는 만약 빅뱅 특이점이 있더라도 아무것도 말하지 않는다. 그것은 앞 장에서 이미 살펴봤듯이* 정통 이론을 받치고 있는 상대성 이론과 양자 이론이 무너지기 때문이다. 10^{-43}초의 시간은 그 어떤 것도 확인할 수 없을 정도의 믿을 수 없이 짧은 시간이지만, 다양한 팽창 모델들은 빅뱅 이후의 이 짧은 시간 동안 매우 중대한 일들이 일어났다고 추정한다.

관측된 물질과 복사 비율

물질의 기원에 관한 정통 이론은 빅뱅 당시 폭발적으로 분출된 에너지에서부터 물체가 생성되는 과정을 설명하기 위해 분자 물리학의 표준 이론을 도입한다.

표준 이론에 따르면, 에너지장 속에서 물질의 기본 입자는 같은 질량과

* 75쪽 참고.

스핀을 가지고 있으면서 전하는 서로 반대인 반물질과 함께 즉각적으로 생성된다. 따라서 전자(음의 전하값을 가진)는 양전자(양의 값을 가진)와, 양성자(양의 값을 가진)는 반양성자(음의 값을 가진)와 함께 나타난다. 실험실 환경에서 이들 입자와 반입자들은 전기전자장에 의해 분리되어서 따로 담을 수 있다. 그러나 외부의 장이 없으면 이들 기본 입자와 반입자들의 수명은 매우 짧아서 10^{-21}초 후에는 폭발적인 에너지를 뿜어내며 서로를 소멸시킨다. 이들이 만들어질 때와 정반대로 진행되는 과정이라 하겠다.

이에 급팽창 빅뱅 이론은 다음 질문에 대한 답을 내놓아야 한다. (a)빅뱅 이후 매우 높은 밀도 속에서 생성된 입자-반입자 쌍은 서로 바짝 붙어 있는 상태인데, 이 모든 입자와 반입자가 왜 서로를 소멸시키지 않았는가? (b)우주 속에는 아주 많은 물질이 있다는 것을 우리가 알고 있는데, 그렇다면 이에 상응하는 반물질은 어디에 있는가?

반은하anti-galaxies에 대한 추측은 우주 속의 양성자 대비 광양자의 비율에 대한 관찰 결과에 의해 무너졌는데, 이 비율은 대략 1대 20억이었다. 이에 이론가들은 빅뱅에서 나온 반입자—반양성자와 양전자—10억 개당 이에 상응하는 양성자와 전자 입자 10억 1개가 생긴다고 결론 내렸다. 입자 10억 개와 반입자 10억 개는 폭발적인 에너지를 뿜으며 서로를 소멸시키면서 20억 개의 광양자를 내놓는데 이게 전자기 에너지의 양자量子이다. 빅뱅 모델에 따르면 이 에너지가 이제는 팽창하고 식어서 오늘날 우리가 관찰하는 우주 마이크로파 배경 복사 에너지를 이룬다. 짝이 없었던 10억 1번째의 양성자와 전자는 살아남아 결합하여 우주의 모든 물질—모든 행성, 수많은 태양계, 은하들, 은하단들—을 이룬다.

그러나 이는 입자 물리학의 표준 이론과 상충되는데, 그 이론은 대칭의 법칙에 따라 오직 입자와 반입자의 쌍들만 만들어진다고 본다.

이렇게 상충되는 이유가 무엇인지는 이론 물리학이 풀어야 할 과제였다. 1970년대 중반에 와서 이론 물리학자들은 빅뱅 당시의 초고온 환경에서는 자연의 3가지 기본 힘—전자기력, 약한 핵력, 강한 핵력*—모두가 실은 한 가지 힘의 다른 양상이라고 추정하게 되었다. 이들은 대통일이론GUTs이라는 서로 다른 수학 모델들을 고안해 냈지만, 실제 실험 데이터는 애초의 GUT가 틀렸으며, 그 이후의 다른 GUT 모두 유효하지 않다는 결론에 이르렀다. 이런 추정은 모든 유형의 기본 입자들이 다른 입자들과 서로 상호작용하고 다른 입자로 변해 가는 것을 상정한다. 그에 따라 이론 물리학자들은 물질과 반물질 사이에 꼭 대칭이 존재해야 할 필요는 없다는 생각을 하기에 이른다. 이에 표준 모델을 조정하여 비대칭이 일어날 수 있는 여지를 만들었다. 이런 조정이 비대칭이 얼마나 일어나는지는 예측하지 못하지만, 전자의 전하값 같은 관측한 값을 모델에 집어넣어 그 모델이 관측 결과와 부합하도록 만들 필요가 있었다.

1970년대의 기대와는 어긋나게도, 실험실에서 물질—반물질의 비대칭은 확인되거나 측정되지 못했는데, 2001년에 와서야 B 중간자-바텀 쿼크bottom quark와 안티 다운 쿼크anti-down quark를 가지고 있다고 가정되는 입자—와 반 B 중간자가 생겨나서 10^{-12}초 동안 지속되는 것을 관찰했다. 그러나 이렇게 관찰된 비대칭 사태는 우주에 존재하는 에너지와 물질 간의 실제 측정 비율을 설명할 수 있을 만큼 충분히 크지 않다.[1]

결국 물질의 기원에 관한 현재 과학 정통 이론의 과제는 빅뱅에서 나온 에너지로부터 물질이 어떻게 생성되어 오늘날 우주에서 관찰할 수 있는 에너지와 물질의 비율을 이루었는지에 대한 답을 내놓는 일이다.

암흑 물질과 오메가

두 가지 문제가 대두된다.

* 이들 여러 힘들에 대한 설명은 용어해설 참고.

첫째, 광도를 측정해서 은하의 질량을 계산하는 전통적인 방식으로 측정해 보면, 그 질량의 중력은 모든 별이 그 중심부 주변 궤도를 도는 데 필요한 인력의 10분의 1밖에 되지 않는다. 또한 광도를 통해 측정한 은하군의 질량이 가진 중력 역시 그 은하들을 뭉쳐 있게 만드는 데 필요한 인력의 10분의 1에 불과하다.

전통적인 방식은 단지 방출되는 빛만 측정하기 때문에 이런 결과가 나온다는 점에서 딱히 놀랄 일은 아니다. 별과 은하들은 그 광도나 우리에게서 떨어져 있는 거리에 따라서 질량이 달라지며, 보다 먼 곳에 있는 것들은 우리와 그 별 사이에 있는 가스나 먼지 때문에 빛이 흐려지고, 우리에게 보다 가까이 있는 별과 은하들의 빛에 의해 가려지기도 한다. 따라서 질량 측정은 "알려진" 값을 평균하여 대충 측정한 것에 불과하다.

보다 심각한 점은 전통적인 방식은 빛을 방출하거나 반사하지 않는 물체의 질량은 측정하지 못한다는 데 있다. 일반 상대성 이론이 옳다면, 은하가 흩어져 버리는 것을 막기 위해서는 보이는 은하의 반경 너머로 비발광 물질—암흑 물질—이 열 배 정도 있어야 한다. 그와 같이, 은하군을 둘러싸고 있는 빈 공간으로 생각되는 부분에도 암흑 물질이 열 배는 있어야 한다.

이 암흑 물질이 어떻게 구성되어 있는가에 대한 추정은 크게 두 가지 타입으로 나뉜다.

마초MACHOs 거대 고밀도 헤일로 질량체Massive Compact Halo Objects는 블랙홀, 갈색 왜성, 다른 흐릿한 별과 같이 밀도 높은 물체의 형태를 말하며, 천체물리학자들이 암흑 물질을 설명할 때 애호한다.

윔프WIMPs 서로 약하게 상호작용하는 거대 입자들Weakly Interacting Massive Particles이란 빅뱅 이후 남은 입자들로서 양성자의 백배 질량을 가진 중성 미립자 등을 가리키는데, 이는 입자 물리학자들이 암흑 물질을 설명할 때 선호한다.

암흑 물질의 존재는 그 인력 효과로 인해 추론되었는데, 30년 이상 연구했음에도 암흑 물질의 본질을 밝혀내지 못했고, 윔프가 실제 존재하는지도 실험적으로 확정하지 못했다. 수많은 입자 물리학자들은 그 전까지의 충돌 에너지 수준보다 두 배를 높여 2015년부터 재가동되는 강입자 충돌기가 윔프의 존재를 증명해 줄 수 있으리라 기대하고 있다.

두 번째 문제는 은하에서 별이 궤도를 돌게 하고 은하가 군을 이루는 데 필요한 암흑 물질을 가시적이고 측정 가능한 물질과 합치더라도 여전히 그 총량은 정통 급팽창 빅뱅 모델에 따라 팽창하는 우주의 운동 에너지를 상쇄할 만큼의 인력을 제공하기에는 터무니없이 작다는 점이다. 측정해 본 결과 밀도 계수 오메가 값은 0.3으로 나왔고,[2] 이는 프리드만-르메트르의 정통 모델이 상정하고 급팽창 이론에 의해 타당하다고 인정되었던 계수 값 1.0에 크게 못 미친다.

따라서 물질의 기원에 관한 과학의 정통 이론은 다음 사항에 대한 답을 하지 못한다. (a)별이 궤도를 돌게 하고 은하가 군집을 이루게 하는 암흑 물질은 무엇인가? (b)우주의 정통 모델과 부합하기 위해 필요한 추가적인 암흑 물질은 무엇이며 어디서 찾을 수 있는가?

암흑 에너지

정통 모델에 이 정도만 해도 심각한데, 1998년 천문학자들은 보다 중요한 것을 발견했다고 발표한다.

기술과 천체물리학 이론이 발전하면서 각국의 천문학자들로 구성된 두 팀이 큰 적색편이를 가진 제1형 초신성Type 1a supernovae에서부터 데이터를 모을 수 있었다. 그들은 백색왜성들에서 나오는 이 격렬한 폭발이 표준 광도를 가진다고 보았다. 정통 우주론에 따르자면 적색편이는 거리가 멀수록 커지므로 이 폭발은 우주의 나이가 젊었을 때, 대략 90억 년에서 100억 년 사이였던 때에 일어났어야 한다. 그런데 그 빛은 예상보다 훨씬 침침했다. 이에 우주론자들은 우주 팽창의 속도가 점점 줄고 있다고 보는 프리드만-르메트르 기하학 모델에 따라 측정한 것보다 이들이 훨씬 더 멀리 있다고 결론 내렸다. 결국 그들은 우주 팽창을 가속화시킨 무엇인가가 있다고 봤다. 그들은 이 알려지지 않은 요소를 "암흑 에너지"라고 불렀다.[3]

정통 이론의 가정과 천문학 데이터에 대한 해석에 근거해서, 2003년 윌킨슨 마이크로파 비등방성 탐색기로 연구하던 과학자들은 우주가 알려져 있는 물질 4퍼센트, 알려지지 않은 암흑 물질 23퍼센트, 이 신비로운 암흑 에너지 73퍼센트로 이루어져 있다고 발표했다.* 다른 말로 하자면, 알려지지 않은 암흑 물질이 우리가 알고 있는 물질보다 월등히 많은데, 이 암흑 물질보다 알려지지 않은 암흑 에너지가 월등히 많아서 우주의 3분의 2 이상을 차지한다. 이 장 맨 앞에 인용했던 베르나르 사둘레의 말은 이렇게 바뀌어야 할지 모른다. "우리는 우주의 대부분을 구성하는 것들로 이루어지지 않았을 뿐 아니라, 우주의 대부분을 구성하는 것이 무엇인지도 모른다."

그림 4.1은 우주 역사의 수정된 정통 버전의 견해다.

과학자들은 이 암흑 에너지가 무엇인지 규명하려고 한다. 이론 우주론자들은 아인슈타인의 장 방정식에 람다를 다시 도입하면, 비교적 최근에 일어난 우주의 팽창률 증가를 설명할 수 있다고 본다.

3장에서 다루었듯, 아인슈타인은 이 우주상수를 자신의 최대 실책이라고 인정하고 폐기했다. 이 상수는 기본 빅뱅 모델에 사용된 프리드만 방정식에도 나타나지 않았지만, 대부분의 팽창 이론 모델에서는 아인슈타인의 상수보다 훨씬 큰 값으로 아주 짧은 시기 동안만 도입되었다. 이는 안정적으로 감속하는 팽창을 설명하는 데 필요한 오메가=1의 임계 질량 밀도를 달성하면서 원시 우주가 팽창하도록 하기 위해서였다. (이 우주상수는 임의의 상수이

* 2013년에 유럽 우주연구소의 플랑크 우주망원경이 수집한 데이터에 따라 이 비율은 알려진 물질 4.3퍼센트, 암흑 물질 26.8퍼센트, 암흑 에너지 68.3퍼센트로 수정된다.

므로 우주론자는 여기에 양의 값이든 음의 값이든 영이든 원하는 대로 줄 수 있다.)

이론가들은 우주상수를 다시 도입했고 이번에는 아인슈타인이나 팽창주의자들의 값과는 꽤 차이가 나는 값을 주어, 팽창할 때의 가속보다는 훨씬 작은 가속을 설명하려 했다. 시카고대학 우주론자 로키 콜브Rocky Kolbe가 이를 우주의 비논리적 상수라고 농담처럼 언급한 것도 무리가 아니다.

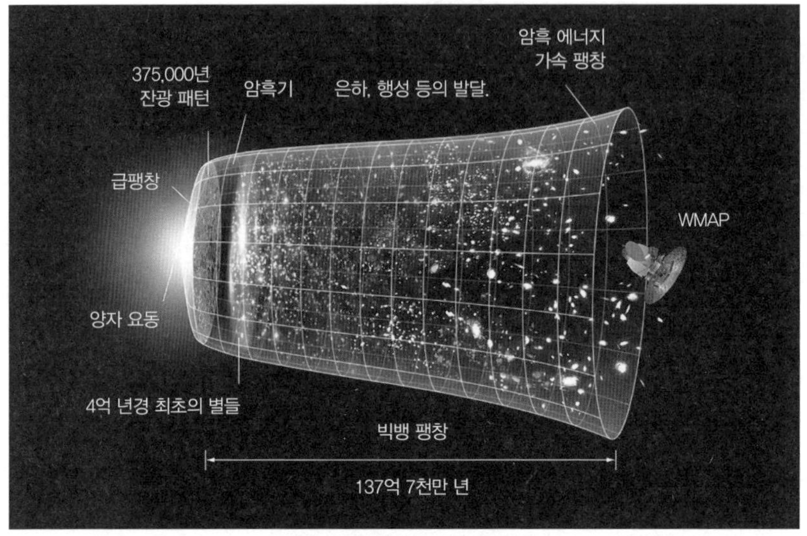

그림 4.1 정통 우주론의 우주 역사

그러나 이 상수가 그저 관찰 결과와 맞추기 위해 이론가들이 임의로 값을 만지작거려 방정식에 도입하는 수학적 상수 이상이 되려면, 현실 세계에서 분명한 뭔가를 가리켜야 한다. 입자 물리학자들은 이것이 우주의 최초 지점, 혹은 양자 공학적인 근원 상태의 에너지를 가리킨다고 본다. 다시 말해 우주 공간 속 빈 공간의 에너지, 즉 우주의 가장 낮은 에너지 말이다. 그런데 이런 식으로 그 값을 측정해 보니, 천문학자들이 실제 관측한 것보다 10의 120제곱만큼 큰 값이 나왔다.[4]

이론 물리학자 마르틴 쿤츠Martin Kunz와 그의 동료들은 첫째, 천문학 데이터는 매우 폭넓고 다양하며, 둘째, 암흑 에너지의 특성에 대해 어떤 가정을 하느냐에 따라 그 데이터의 해석이 극명하게 달라진다는 이유를 내세워서 람다를 둘러싼 논의를 곤란하게 했다. 그들은 행성물리학적 현상 범위의 데이터를 비교하면 암흑 에너지의 기원으로서의 우주상수를 없앨 수 있다고 본다.[5]

입자 물리학자인 CERN의 사익시 라사넨Syksy Rasanen은 우주의 팽창 속도가 점점 빨라지는 까닭은 정체를 알 수 없는 암흑 물질 때문이 아니라, 역설적이게도, 우주 내에서 물질이 들어 있는 작은 지역들의 팽창 속도가 줄어들고 있기 때문이라고 말해서 논의를 한층 더 복잡하게 만들었다. 이들 지역이 그 인력 작용으로 물질을 더 많이 빨아들일수록 응축되면서 점점 더 작아져 우주 전체 대비 차지하는 비율이 줄어들고 사소해진다. 빈 공간은 우주 전체 대비 점점 더 많은 비율을 차지하면서 방해받지 않고 팽창된다. 라사넨에 의하면, 이 모든 작용으로 인해 암흑 에너지 없이도 우주의 평균 팽창 속도는 증가한다.[6]

2011년 제네바대학교의 이론 물리학자 루스 뒤러Ruth Durrer는 암흑 에너지의 연대를 추정하는 다양한 증거들은 정통 모델에서 예상한 것보다 더 큰 적색편이에 따라 계산한 거리에 근거해서 나왔다는 점을 지적했다.[7] 앨라배마의 행성물리학 교수인 리처드 류Richard Lieu는 거기서 더 나아가, 현재 암흑 물질과 암흑 에너지를 고려하는 정통 모델들의 대부분은 "반대되는 증거를 묵살하고, 경합하는 다른 모델을 짓누르는 놀랄 만큼 방대한 선전(宣傳, propaganda)에 의해 지지되어 왔다"고 말한다. 그는 경합할 만한 다른 모델 두 가지를 제시하는데, 하나는 암흑 물질을 제거했고, 다른 하나는 암흑 물질과 암흑 에너지 모두 제거한 모델이며, 이들 둘 모두 증거에 부합하는 정도에서 딱히 뒤지지 않는다. 이에 그는 현재 연구자금 지원 기관들을 지배하고 있는 정통 모델 진영 사람들은 알려지지 않은 암흑 성분을 찾는 데 실패하면 할수록 더욱 찾고자 혈안이 되어 세금을 쏟아붓고 있으며, 다른 대안적 접근법은 철저히 봉쇄하고 있다고 단언한다.[8]

엘리스 역시 천문학적 데이터에 대한 대안적 해석이 얼마든지 가능하다고 본다. 그 해석은 구형의 대칭적 비균질 우주 모델spherically symmetric inhomogeneous universe model에 부합하며, 이는 우주 팽창에 비균질성이 끼친 반작용에 기인하거나 그 작용하는 지역에 비균질성이 미친 효과에 기인한다.[9]

우주론자 로런스 크라우스Lawrence Krauss는 "우주가 확실히 가속화되어 팽창하고 있는 원인이 되는 '암흑 에너지'의 본질이야말로 물리학과 천문학의 가장 큰 미스터리라는 점은 명백하다"라고 결론 내린다.[10]

결국, 물질의 기원에 관한 과학의 정통 이론이 설득력이 있으려면 다음의 문제들에 답을 제시해야 한다. (a)우주의 팽창이 가속되고 있는가 아닌가? (b)가속되고 있다면, 애초에 팽창이 감속되다가 언제부터 가속되었는가? (c)이 가속을 일으키는 검증 가능한 요소는 무엇인가?

우주론적 변수의 미세 조정

3장에서 빅뱅 기본 모델의 편평성 문제를 다룰 때 살펴봤듯이, 오메가—팽창 에너지와 비교한 우주에서 물질에 대한 중력의 끌림 척도—의 값이 아주 조금만 달라져도 완전히 다른 유형의 우주가 나온다.

2000년 영국 왕실 천문학자인 마틴 리스Martin Rees는 만약 오메가 만이 아니라 다른 다섯 가지 우주론적 변수의 값이 아주 조금만 달라졌어도 우리 우주가 우주의 기원에 대해 고심하는 우리와 같은 인간이 있는 현재 상태의 우주로 진화하지는 못했다고 주장했다.

리스가 말한 여섯 개 외에 추가로 여러 변수값을 미세 조정해야만 인류 진화가 가능해지는데, 이 문제는 나중에 "인류 우주anthropic universe"라는 주제를 다루는 장에서 다루고자 한다. 지금 여기서는 우주론의 정통 이론이 빅뱅 이후 출현한 이 우주가 취할 수 있었던 수많은 다른 형태 중에서 어떻게 지금의 이 형태를 갖추게 되었는가에 대해 제대로 설명하지 못하고 있다는 점만 말해 두고자 한다.

무로부터의 창조

이 문제는 방 안의 코끼리처럼 명백하지만 다루기 어려워 금기시되는 주제다. 그러나 이는 물질의 기원을 다루는 우주론의 정통 이론이 반드시 답해야 하는 가장 중대한 문제이기도 하다. 간단히 말해, 도대체 만물은 어디에서부터 왔는가?

구체적으로 말하면, 이 우주를 탄생시켰을 뿐 아니라, 우주 탄생 때 생겨났던 초고밀도 물질—만약 우주가 특이점에서부터 시작했다면 무한히 높은 밀도였던 물질—이 가지고 있던 막대한 인력을 상쇄하고 이 우주를 현재의 크기로 팽창시킨 그 에너지는 어디에서부터 왔는가?

수많은 우주론자들은 그 에너지는 우주가 에너지 완전 제로 상태일 때부터 생겨났다는 생각을 지지한다. 아인슈타인의 특수 상대성 이론에 따르면, 모든 질량 m은 그에 상응하는 에너지를 가지고 이는 $E=mc^2$ 공식에 따라 측정되는데, 이런 물질의 질량 에너지는 전통적으로 양의 값을 가진다. 구스는 중력장의 에너지는 음의 값을 가진다고 본다. 1934년 리차드 톨먼Richard Tolman에 의해 최초로 주창되었다고 여겨지는 아이디어에 근거해서,[11] 거스는 에너지 완전 제로 상태에서의 무로부터의 창조를 설명하면서 다음과 같이 요약한다.

1. 에너지 보존의 법칙이 우주에도 적용된다면, 우주는 창조될 때의 에너지와 같은 동일한 에너지를 지금도 가지고 있다.
2. 우주가 무로부터 창조되었다면, 우주의 현재 에너지 총량도 제로여야 한다.
3. 우리가 관측한 우주는 측정할 수 없는 방대한 질량 에너지를 지닌 채 팽창 중인 은하가 수백조 개 있으므로, 이는 다른 어떤 에너지로 상쇄되어야만 한다.
4. 중력장의 에너지는 음의 값을 가지므로, 우리가 우주에서 관측할 수

있는 방대한 에너지는 중력장이 가진 동일하게 방대한 규모의 음의 값으로 상쇄되어야 한다.

5. 중력장의 에너지 규모에는 제한이 없으므로, 그것이 상쇄시킬 질량 에너지에도 제한이 없다.
6. 그러므로 이 우주는 알려져 있는 모든 보존의 법칙에 부합하는 방식으로, 완전한 무에서부터 진화해 왔을 것이다.[12]

요약 2는 우주가 실제로 무에서 창조된 것을 전제로 한다. 이는 결코 자명한 진실이 아니다. 따라서 이 항목의 타당성은 확정적이지 않다.

요약 5는 그 가정이 문제가 된다. 나는 6장에서 물리적 우주 속에서의 무한함을 다루면서 "제한이 없는" 혹은 "끝이 없는" 같은 용어도 검토하려 한다.

그러나 설령 우리가 이렇게 문제가 있는 항목을 다 받아들인다고 하더라도, 이 논의는 그저 우주가 무로부터 어떻게 진화해 왔는지 '이론적으로' 규명하는 것이지, '실제로' 우주가 어떻게 진화해 왔는지 알려 주는 것은 아니다.

에드워드 트리언Edward Tryon은 1973년에 "진공 양자 요동"이라는 답을 들고 나왔다. 양자 이론의 불확정성의 원리에 따르면, 우리는 어느 정확한 한 시점에서의 한 체계의 정확한 에너지를 측정할 수 없다. 따라서 양자 이론은 모든 물질이 배제된 공간인 진공조차도 제로 포인트 혹은 기저 상태이지만 요동치는 에너지를 가지고 있으며, 여기서부터 물질과 반물질 입자 쌍이 동시에 생겨나와 믿을 수 없을 만큼 짧은 시간 동안 존재했다가 사라진다고 추정한다. 트리언은 이런 양자 요동quantum fluctuation에 의해서 진공에서부터 우주가 형성되었다고 주장한다.[13]

그러나 양자 이론에서 물질이 진공에서부터 형성될 가능성은 그 질량과 복잡성에 비례해서 급속히 줄어들기 때문에, 대략 태양 질량보다 무려 1만×10억×10억 배의 질량을 가지고 있고, 나이가 140억 년이나 된 이 복잡한 우주가 그런 식으로 형성될 가능성은 현실적으로 거의 없다고 봐야 한다. 트리언의 주장은 나중에 팽창론이 대두되어 도와주기 전까지는 거의 진지하게 다루어지지 않았다.

거스와 다른 이들은 그 진공 양자 요동의 지극히 짧은 찰나 동안 순간적으로, 물질을 뭉개어 없애 버릴 정도의 막강한 중력장을 이겨내고, 10의 50제곱 배 이상으로 팽창한 원시 우주proto-universe가 생겼다고 추론한다.

그러나 이렇게 되면 두 가지 문제가 생긴다. 첫째, 3장에서 살펴봤듯이, 팽창론자들이 아무리 다르게 얘기하려고 하더라도, 질량-에너지가 빛보다 빨리 나가게 되면 상대성 이론과 충돌하지 않을 수 없다.*

둘째, 앞 장에서 봤듯, 백여 가지가 넘는 급팽창 버전이 있으며, 그들 대부분은 린데를 따라서 메커니즘을 일종의 스칼라장으로 가정하는데, 일반적으로 인플레이션장이라고 불린다. 그러나 탐지되고 측정 가능한 전자기장과 달리 인플레이션장은 아직까지 그 누구도 탐지하거나 측정하지 못했다. 이토록 중요한 추정에 경험적 증거가 부족한 것이다.

이렇게 추정된 팽창권을 형성하는 에너지는 우주의 완전 제로 상태의 에너지에서부터 왔다고 본다. 리스는 이런 생각을 신중하게도 "추정"이라고 부르지만,[14] 호킹은 그런 신중함도 없다. 그는 공간이 거의 균일한 우주에서는 음의 인력 에너지가 물질의 양의 에너지를 상쇄한다고 본다. 그렇기에 우주 전체 에너지는 제로이다. "제로가 두 개 있으면 역시 제로이다. 그러므로 에너지 보존 법칙을 깨뜨리지 않고서도 얼마든지 우주에서 양의 물질 에너지와 인력 에너지를 두 배로 만들 수 있다……팽창하는 단계에서 우주는 그 크기가 놀라울 만큼 커진다. 입자를 만들 수 있는 에너지의 양도 놀랄 만큼 커진다. 거스가 말했듯 "공짜 점심 따위는 없다고들 한다. 그러나 우주는 궁극적으로는 공짜 점심이다"[15]

나는 우주론자 이외의 과학자들 중에 공짜 점심이 있다고 믿는 이들이 얼마나 되는지는 알지 못한다. 그러나 설령 우주가 공짜 점심이라고 하더라도, 이런 생각은 우주의 구성원소들이 어디서 왔는지에 대해서는 말하지 못

* 83쪽 참고.

한다. 특히 무작위적인 양자의 요동이 일어나는 기저 상태 에너지를 가진 진공에는 아무것도 없는 것이 아니다. 이 진공은 어디서부터 나왔는가? 게다가, 이런 추정이 도대체 어떻게 검증될 수 있다는 말인가?

정통 우주론이 이런 문제들에 답을 내놓을 수 있어야만 무로부터의 창조라는 추정이 과학 이론으로 대우받을 수 있다.

결론

3장에서 내린 결론은 우주론의 정통 이론을 믿을 수 없으며, 관측 결과와 상충되는 증거를 설명하기 위해 도입된 급팽창의 핵심 주장도 좀체 검증할 수가 없다는 것이었다.

이 장의 결론은, 추가로 두 가지 주요 요소—암흑 물질과 암흑 에너지—를 더하더라도 현재의 이론이 다음과 같은 여섯 가지 질문에 대해 확실한 답을 내놓지 못한다는 것이다. 즉 우주가 과연 특이점에서부터 발생했는지 아닌지, 만약 발생했다면 어떻게 발생했는지; 어떻게 빅뱅이 방출한 에너지로부터 물질이 형성되어, 오늘날 관측되는 물질과 에너지 간의 비율이 생성되었는지; 은하와 은하군이 흩어지지 않도록 하는 데 필요한 암흑 물질은 과연 무엇이며, 우주가 팽창되는 속도가 이론에 의해 예측된 속도와 부합하기 위해 필요하다는 추가적인 암흑 물질은 무엇이고 어디에 있는지; 팽창 속도가 느려지다가 어떻게 그리고 언제부터 빨라지기 시작했으며, 그런 변화를 일으킨 암흑 에너지란 무엇인지; 수많은 형태가 가능했는데 우주가 왜 지금의 형태를 취하게 되었는지; 그리고 중요한 사항이지만, 애초의 진공 버블은 기저 상태 에너지가 있었고 아무것도 아닌 게 아니었는데, 어떻게 만물이 무로부터 나왔는지 등이다.

1989년 네이처지는 빅뱅 모델은 "받아들일 수 없다"는 내용의 논설을 실었고 "향후 십 년을 버티기 어렵다"[16]고 예측했지만 그보다는 더 오래 존속해 왔다. 급팽창하는 뜨거운 빅뱅은 여전히 우주 기원에 관한 우주론의 정설로 남아 있다. 그러나 과연 얼마나 더 오래 갈 수 있을까?

정통 모델을 수정하거나 대체하려는 또 다른 많은 가설들이 경합하고 있다. 그들은 우주의 기원에 대해 과학적으로 엄밀하게 설명하고 있을까?

Chapter 5

우주론의 또 다른 추정 가설들

〔정통 모델에 대한〕 대안을 추구하는 것은 명백히 올바른 과학이라 하겠다. 과학은 두 개 이상의 경합하는 사상이 있을 때 빠르게 발전한다.

-폴 스타인하르트, 2004년

오늘날 활동 중인 이론가들 대다수는 그들의 가설이 결국은 객관적이고 현실적인 관찰 결과와 대면해야 한다는 점을 생각하지 못하고 있는 듯하다.

-마이클 라이어든Michael Riordan, 2003년

교황들과 달리 어떤 우주론자들은 우주가 무에서부터 폭발하여 생겨났다는 견해에 불만족스러워하며, 우주가 영원하다는 견해를 더 설득력 있게 여긴다. 정통적인 급팽창 빅뱅 모델에 대비되는 다른 대안들과 그들의 견해를 평가하기 어려운 점은 종교 문헌들이 그 특정 종교를 믿는 이들에 의해 쓰였듯이 우주론적 추정에 대한 문헌 역시 특정한 가설을 신봉하는 이들에 의해 쓰여진다는 점이다. 종교 분야의 저자들처럼 과학 분야의 저자들 역시 자신들의 가설을 제시하고 그 가설을 뒷받침하는 증거를 선택하고 해석할 때 때로는 객관적이지가 않다.

내가 보기에 아주 중요한 착상이라고 할 만한 것들을 몇 가지 골라봤다.

하틀-호킹의 무경계 우주

스티븐 호킹은 앞 장에서 제기된 첫 번째 문제—시간과 공간을 포함해 이 우주가 과연 알려져 있는 모든 물리 법칙이 적용되지 않는 특이점에서부터 발생했는가—를 다루기 위해 양자 이론이 초기 우주에 적용될 수 있는 방법을 검토했다. 자신의 방정식에서 3차원 공간과 1차원 시간을 구분하지 않고 여기에다 가상의 시간을 도입했다. 이는 수학에도 받아들여진 허수 개념에 대응된다. 실수 2를 제곱하면 그 값은 양의 값 4가 된다. 그리고 -2 곱하기 -2는 4가 되듯, 음수를 제곱해도 같은 결과가 나온다. 허수란 제곱하면 음수가 되는 수를 말한다. 예를 들어 i를 제곱하면 -1, 2i를 제곱하면 -4가 된다.

그가 1983년에 짐 하틀Jim Hartle과 함께 전개한 작업의 결과, 시간과 공간이 유한하긴 하지만 경계가 없는 우주를 상정하게 된다.[1] 하틀-호킹의 4차원 시공간 우주를 2차원적으로 단순화시키면 지구의 표면처럼 유한하면서도 경계가 없는 모양이 나오는데, 이는 그림 5.1에 보이는 것과 같다.

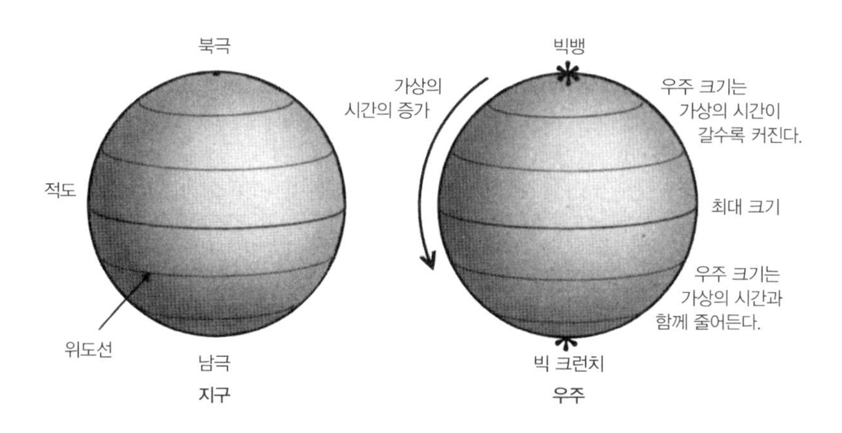

그림 5.1 지구 표면과 비교되는 하틀-호킹 우주 표면의 단순화된 이차원적 모습

여기서 우주는 크기 제로인 빅뱅에서 출발하는데 이는 북극에 대응되며, 가상의 시간 동안 팽창하여 적도에 대응하는 최대 크기로 커진다. 그리고 계속되는 가상의 시간 동안 줄어들어서 크기 제로인 빅 크런치에 이르며 이는 남극에 대응된다. 물리학 법칙이 지구 표면의 북극에서도 작동되듯 가상의 시간 제로 지점에서도 작동된다.

이 해법은 호킹을 따라, 다음과 같이 우주를 묘사한다. "과학 법칙이 무너지는 특이점들이란 없고, 공간과 시간도 끝이 없다……. 우주의 경계 조건은 경계가 없다는 것이다. 우주는…… 창조되지도 파괴되지도 않는다. 그냥 거기 있을 뿐이다."

물론 호킹은 우리가 살고 있는 실제 시간으로 돌아오면 특이점이 분명히 있다는 것을 인정하지만, 우리가 가상의 시간이라고 부르는 것이 실은 실제 시간이며, 우리가 실제 시간이라고 부르는 것을 단지 우리 상상력의 한 조각이라고 본다.

이 독창적인 주장은 우주론의 정통 모델의 여러 문제를 해결했는데, 특히 무로부터의 창조 같은 어려운 문제까지 해결한 셈이다. 그러나 호킹과 함께 일반 상대성 이론이 맞다면 빅뱅 특이점이 존재했으리라는 수학적 증거를 공동 집필한 로저 펜로즈Roger Penrose는, 이 모델이 일관된 양자장 이론을 도출하기 위한 "영리한 트릭"일 뿐이고, 방정식을 푸는 데 필요한 근사치 값과 함께 사용하면 "심각한 문제들"을 일으킨다고 봤다.[2]

이 이론이 우리가 경험하는 세상을 잘 드러내고 있는지 확인하려면, 검증을 거쳐야 한다. 호킹은 이 이론이 마이크로 배경복사 파동의 진폭과 스펙트럼 이 두 가지 예측에서 관찰 결과와 부합한다고 주장한다. 그러나 팽창 이론과 같이, 이 "예측" 역시 무경계 모델의 실제 예측이 아니라 스칼라장을 임의로 선택한 결과 나온 값이다.

이 모델은 개념적으로는 매력적이긴 해도, 30년 이상 세월이 지나갈 동안에도 호킹은 자신의 수학적 계산이 실제로 유효하다는 것과 그가 말한 가상의 시간이 실제 시간이라는 점을 설득력 있게 제시하지 못했다. 게다가 그 모델은 관찰 결과에 의해 지지될 만한 특별한 예측을 하지도 못했다.

영원한 혼돈의 급팽창

근래에 대다수 우주론자들이 지지하듯 급팽창이 있고 난 후에 빅뱅이 있었다면, 그 앞에는 무엇이 있었느냐는 문제가 대두된다. 이에 린데는 1986년에 "영원히 존재하며 스스로 다시 만들어지는 혼돈의 급팽창 우주" 모델을 제안했다.[3]

빅뱅 이론을 유일한 우주론으로 가르쳤던 1965년 이후에 교육을 받은 우주론자들은 거의 간파하기 어렵겠지만, 이 모델은 준정상 우주론quasi-steady state cosmology으로 알려진 안정 상태 이론의 최신 이론과 많은 부분이 유사하다.* 린데는 혼돈의 급팽창이 이 우주 공간에 이질적인 특성을 가진 영역을 만들면서 영원히 계속된다고 본다. 이들 지역의 어떤 부분은 우리가 관측 가능한 우주 전체만큼 클 수도 있다. "영원한 팽창이 있기에 비록 우주 전체가 하나의 우주일지라도 그 부분 부분은 서로에게서 멀리 떨어져 있으므로, 실제적인 목적을 위해서 이들을 서로 다른 우주라고 말할 수도 있다."[4]

이 모델에 따르면, 이 지역들이 팽창한 후에는 필연적으로 그 안에 다시 팽창하게 될 작은 부분들이 생기고, 이 부분들이 팽창한 후에는 다시 그 안에 팽창하게 될 작은 부분이 생긴다. 이렇게 팽창 과정은 영원히 자기 반복된다.

거스는 이 이론을 열렬히 지지하면서 "영원한 급팽창은 급팽창이 시작된 것이 얼마나 이치에 맞는지 결정하는 어려운 질문을 잠재운다"고 본다. 이에 더하여 이렇게 말한다.

* 115쪽 참고.

> 만약 영원한 급팽창이 옳다면, 빅뱅은 창조 과정의 특이한 사건이 아니라 세포 분화 같은 생물학적 과정이라 하겠다……영원한 급팽창의 설득력을 인정한다면, 나는 앞으로 우주의 영원한 재생산을 지지하지 않는 우주론은 재생산하지 못하는 박테리아 종처럼 상상력이 부족한 이론으로 간주되리라 믿는다.[5]

거스가 이 견해를 과학적 결론이 아니라 믿음이라고 표현한 것은 온당하다.

대체적으로는 이 추정은 우주에서 우리가 있는 지역 혹은 거품의 기원에 관한 질문에 답한다. 즉 시작은 있고, 끝은 있을 수도 없을 수도 있지만 이 모든 과정은 끝이 없다. 이 모든 과정이 어떻게 시작되었는가에 대해서는 린데는 명확하게 말하지 못한다. 2001년에 그는 "우주의 모든 부분이 애초의 빅뱅 특이점에서부터 동시에 생겨났을 가능성은 있다. 그러나 이런 가설이 꼭 필요한가는 더 이상 확실하지 않다"고 썼다.[6]

그보다 칠 년 전에, 우주론자 어빈드 보드Arvind Borde와 알렉산더 빌렌킨Alexander Vilenkin은 보다 명확한 결론에 도달했다. 그들은 몇 가지 기술적인 가정만 받아들여진다면, 영원히 팽창하면서 미래로 뻗어 나갈 수 있는 물리적으로 가능한 시공간이 특이점에서부터 시작되었을 수 있다고 주장했다.[7]

논의의 핵심은 결국 "영원한" 혼돈의 급팽창이 영원한 것이 아니라는 결론이라 하겠다. 혼돈의 급팽창이 비록 미래에는 영원히 계속 이어지겠지만, 애초의 시작점은 있었다는 말이다. 따라서 이는 만물이 어디에서부터 나왔느냐는 질문에 답을 하지 못하고 있을 뿐 아니라, 팽창이 있었다는 게 얼마나 설득력 있는지 결정하는 어려운 문제를 해결하는 것도 아니다. 또한 그 주장의 요체는 급팽창의 다른 모든 논의를 과학의 범위를 벗어나는 철학적 추론의 영역으로 밀어 넣고 있어서 검증할 수가 없다는 동일한 문제를 안고 있다.

가변적인 빛의 속도

그때 당시 왕립 연구회 회원이었던 젊은 우주론자 주앙 마게이주João Magueijo는 급팽창 추론의 대안을 제시했는데, 그는 이 대안이 미국 우주론자들 사이에서는 신성불가침의 위치를 얻었다고 주장한다. 그의 주장의 핵심은 탄생 직후의 우주에서는 빛이 지금보다 몇 배는 더 빨랐다는 것이다. 이 추론은 급팽창 이론이 해결하는 문제를 자신도 해결할 뿐 아니라, 설령 인플라톤 입자inflaton particle와 그에 대응하는 팽창 영역대에 대한 증거는 아직 찾을 수 없다 하더라도, 마게이주가 주장하듯 매우 젊은 별에서 관측한 증거들은 빛의 속도가 변한다는 그 자신과 안드레아스 알브레히트Andreas Albrecht가 내세운 가설을 지지한다. (알브레히트는 초기의 변형된 급팽창 추론 중 하나를 제시했던 공동 저자 중 한 명. 74쪽 참고). 물론 이런 생각은 빛보다 빨리 움직이는 것은 없다는 아인슈타인 상대성 이론의 주요 강령 중 하나를 위반하기에, 마게이주는 아인슈타인 방정식을 고쳐 쓰려고 애쓰고 있다.

(아인슈타인의 상대성 이론이 무너지는) 빅뱅 직후에, 빛의 속도가 지금보다 수천 배 빨랐다고 추정하는 것은 진공의 질량 에너지가 빛의 속도보다 수천 배 더 빨리 팽창했다고 추정하는 것만큼 불합리해 보이지 않는다. 그럼에도 마게이주와 알브레히트는 자신들의 논문을 발표할 수가 없었는데, 이는 우주론 정설과 다른 가설을 내세운 호일과 다른 이들이 그러했던 것과 같다.

자신들의 시도와 자신의 논문에 대한 심사위원들의 반응을 담고 있는 마게이주의 기록을 보면, 소위 우수하다고 간주되는 과학계 동료들의 리뷰 과정이 실은 마치 정통 교리를 지지하는 주교들이 자신의 명성에 기초가 되는 가설에 문제를 제기하는 이단적 관점을 가차 없이 날리는 듯한 모습이라는 것을 확인할 수 있다. 전체 내용을 보기 위해 미국판을 사야했기에, 나는 네이처지에 씁쓸한 감정을 가지고 있다. 네이처지는 영국 출판사에게 만약 첫 번째 판의 내용을 없앤 삭제판을 내지 않으면 법률 소송도 불사하겠다고 위협했다. 다른 무엇보다도, 마게이주는 자신의 연구 분야 사람들 누구나 네이처지의 우주론 편집자가 그런 일을 할 수 있는 권리가 없다는 것을 알고 있었음에도, 자신의 동료들은 자기들의 경력에 해가 갈까 봐 무서워서 아무런 말도 못했다고 지적한다. 그는 감정이 격해져서 그 편집자를 "최상급 멍청이"라거나 남근 선망 경향을 가진 "실패한 과학자"라는 말까지 썼다. 이런 용어는 그의 정당성을 훼손하긴 한다. 물론 네이처지가 종교 재판소 같이 행동하기를 멈추고, 마게이주의 이론이 과연 미성숙하고 오류투성이에 병적으로 자기 중심적인 사람이 내놓은 이론인지 아니면 이성적인 사람이 좌절해서 내놓은 의견인지 독자들이 직접 읽고 판단하게 했다면 한결 과학의 이상적인 모습에 어울렸을 것이다.[8]

마게이주와 알브레히트의 논문은 마침내 1999년에 「피지컬 리뷰 *physical Review*」에 의해 출간되었다. 그들이 내놓은 예측을 관측 결과에 따라 검증할 수 있다면 그들의 가설은 보다 탄탄한 이론으로 발전할 수 있지만, 이에 대한 판단은 보다 많은 이론적 작업과 관측 결과가 쌓인 이후에야 가능할 듯하다.

주기적으로 진동하는 우주

빅뱅은 그보다 앞에 존재했던 우주가 무너진 자리에서 일어났다는 가설은 비교적 이른 1934년에 칼테크의 리차드 톨먼에 의해 제기되었다. 그는 우주에 적용할 아인슈타인의 상대성 이론 방정식에 대한 또 다른 해법에 근거해서 이 가설을 제기했는데, 그 또한 우주는 등방성이 있고 전중심적이며, 평면이 아니라 닫혀 있다고 봤다. 이 해에 따르면 우주는 진동하는 우주인데, 팽창했다가, 수축하여 빅 크런치에 이르고, 다시 팽창하는 과정을 무한히 이어간다. 톨먼은 이 모델에 열역학 제2법칙을 적용하면 진동하는 우주 각각의 주기는 앞선 주기보다 점점 더 커지고 길어진다고 봤다.[9]

이 이론은 여러 이유로 외면 받았는데, 무엇보다 우주론자들은 관측을 통해 나온 증거들이 평면 우주 모델을 지지한다고 결론을 내렸기 때문이었다.

그러나 우리가 앞서 살펴봤듯이 평면 우주 모델은 관찰 결과와 심각하게 모순되었기에, 여기에 급팽창 가설은 물론 거대한 양의 암흑 물질과 암흑 에너지까지 끌어와야 했다.

톨먼의 가설은 특이점 문제를 해결하는 듯 보인다. 그러나 만약 진동하는 우주의 그 각각의 주기가 갈수록 커지고 길어진다면, 그 앞선 주기는 더 작고 더 짧게 지속된다는 말이 된다. 시계를 거꾸로 돌리면 이 주기는 결국 시간이 영(0)이 되는 때의 무한히 작고 무한히 높은 밀도를 가진 한 점에 이르게 되고, 이 조건은 결국 빅뱅 기본 이론이 말하는 특이점에 도달하게 된다. 결국 이 모델 역시 영원한 것이 못 되며, 우주의 기원에 대한 근본 문제에서 벗어날 수 없다. 왜 그리고 어떻게 그토록 작고 지극히 높은 밀도를 가진 특이점에 존재하게 되었느냐 하는 문제 말이다.

그리고 이 주기상 앞서 있었던 우주가 실제로 존재했다는 것을 관찰하거나 검증할 수 있는 방법을 만들어 낸 사람이 아직 아무도 없다. 누군가 이 일을 해내기 전까지는 이 추정 역시 지금 우리가 받아들이는 과학의 범주에는 속할 수 없다.

우주들의 자연 선택

리 스몰린Lee Smolin은 정통 이론의 제한된 상자를 벗어나서 사고하려고 할 뿐 아니라 그렇게 해야만 물리학이 발전한다고 믿는 이론가이다. 자연 선택을 거쳐 우주가 진화한다는 그의 추정은 과학계의 여러 분야에서 진지하게 받아들여졌기에 여기서 조금 자세히 살펴보려 한다.

1974년 존 휠러John Wheeler는 우주가 붕괴되어 빅 크런치에 이르면 이는 다시 빅 바운스Big Bounce로 이어져 새로운 우주가 형성되며, 그 우주에서는 물리학 법칙들은 동일하지만, 양성자의 질량이나 전자의 전하값처럼 법칙에 의해 예측될 수 없는 물리학적 변수들의 값은 달라진다고 추정했다. 앞 장에서 우주론의 변수를 미세 조정하는 문제를 다룰 때 살펴봤듯이, 아주 조금만 값이 변해도 완전히 다른 우주가 나온다. 예를 들어 양성자가 0.2퍼센트만 무거워져도 안정적인 원자는 생기지 않고 우주는 여전히 플라스마로만 남게 되며 거기서는 인간과 같은 복잡한 물질이 생길 수 없다.

이 개념을 좀 더 끌고 나가서 스몰린은 단지 붕괴되어 빅 크런치에 이르는 우주만이 빅 바운스를 통해 다른 변수값을 가진 새로운 우주를 만들어 내는 것이 아니고 붕괴되어 블랙홀이 되는 별 또한 블랙홀 반대쪽에 다른 변수값을 가진 새로운 우주를 만들어 낸다고 추정한다. 이런 식으로 다른 변수값을 가진 원형 우주로부터 새롭게 생성되는 우주들은 생물학에서 볼 수 있는 자연 선택 과정*을 거쳐 생존에 적합한 우주만 남게 되고, 지능 있는 생명체의 진화도 가능해진다.[10]

이런 추론이 성립하려면 여덟 가지 가설이 필요하다.

1. 우주가 빅 크런치로 붕괴되거나 별이 블랙홀이 될 때 시간이 시작되고 멈추는 특이점이 생성되는 것은 양자 효과가 막기 때문에, 최초의 시점에서 모체 우주와 연결된 시공간의 새로운 지역으로 시간이 계속 흘러 들어간다.
2. 이렇게 별이 붕괴되어 블랙홀이 된 후에도 시간이 이어지는 시공간상의 새로운 지역은 필연적으로 우리에게는 접근할 수도 없지만, "우리가 볼 수 있는 우주만큼이나 크고 다양할 수 있다."
3. 우리가 볼 수 있는 우주에는 믿을 수 없이 많은 블랙홀이 있으니 "다른 우주들 역시 수없이 많을 것이다……적어도 우리 우주 속의 블랙홀 숫자만큼은 있을 것이다……[게다가] 그보다 더 많을 수도 있는데, 이 우

* 한 종의 개체들이 세대를 이어갈 때 생기는 작은 유전적인 변화가 축적되어 나타나는 효과를 말하며, 경쟁과 생존에 가장 적합하게 변화한 개체들이 점점 우세해진다. 이 변화는 결국 새로운 종을 낳게 되는데, 새로운 종의 개체들은 원래 종의 개체들과는 번식하지 않는다.

주들 각각에도 블랙홀로 변해서 다른 우주를 낳는 별들이 없다고 누가 말할 수 있단 말인가?"

4. 최초의 우주의 변수들은 적어도 하나의 자식 우주를 만들어 낼 수 있는 변수값이어야 한다.
5. 이어져 생기는 자식 우주 각각은 적어도 하나의 자손을 만들어 낸다.
6. 우주나 별의 붕괴로 생기는 새로운 우주의 변수값들은 자기 모체 우주의 값들과는 약간씩 다르다.
7. 자연 선택의 법칙이 적용된다. 자녀 우주의 변수에서 무작위로 일어나는 작은 변화들이 결국은 많은 블랙홀—즉 많은 자손—이 생기는 데 적합한 변수를 가진 우주를 만들어서 마침내 10^{18}개 남짓의 블랙홀이 있는, 우리 우주 같은 우주들을 낳는다.
8. 우리 우주처럼 많은 블랙홀을 가진 우주의 변수들은 지능을 가진 생명체의 진화에 적합하도록 미세 조정되어 있다.

이런 가정은 결코 자명하다고 할 수 없다.

가설 1은 다른 이론가들 역시 가정하는 것이지만, 스몰린 자신도 인정하듯 이 가정이 현실에 부합하느냐는 중력의 양자 이론의 세부 내용에 달려 있는데, 이 이론은 아직 완성되지도 않았다.

가설 2는 합리적이지 않다. 현재 단계의 블랙홀 이론이 맞다면, 블랙홀은 무한하지 않더라도 매우 큰 밀도를 가지면서도 그 질량은 한정되어 있다. 예를 들면, 블랙홀은 태양의 3배는 되는 질량을 가진 별이 붕괴될 때의 인력에 의해 만들어진다.

우주에서 빛을 내면서 암흑 물질이라고 추정되는 것의 질량은 대략 태양 질량의 1만×10억×10억 배가 넘는다. 우주가 팽창하는 데 필요한 에너지는 고려하지 않더라도, 태양 5배의 질량을 가진 물체가 붕괴되어 블랙홀이

* 99쪽 우주의 에너지 완전 제로 상태에 대한 거스의 주장 참고.

된 후에 폭발해서 그 반대편으로 태양의 1만×10억×10억 배의 질량을 가진 물체가 나온다는 것은 비논리적이다. 아마 스몰린도 거스나 다른 이론가들*처럼 톨먼의 생각을 따르는 듯한데, 그는 그들보다는 패기가 덜한 편이어서인지 우주를 무로부터 만들어 내지는 못하고 태양 5배의 질량체에서부터 만들어 낸다.

가정 4에 관해서 스몰린은 만약 첫 번째 우주의 변수값이 임의로 정해진다면 아마 "확실히"(내 생각에는 지극히 확정적이라는 표현이 더 적당하다) 이 첫 번째 우주는 백만 분의 일 초 내에 팽창해서 빈 공간이 되거나 붕괴될 것이라는 점을 인정한다. 그렇게 되면 진화의 과정은 아예 시작도 안 된다. 이를 피하기 위해서 스몰린은 첫 번째와 그 이후의 우주들의 변수값이 적어도 한 번의 바운스는 일어날 수 있도록 미세 조정되어 있다고 가정한다. 그러나 그는 단지 자신의 추정이 제대로 작동하기 위해서 이런 가정이 필요하다는 이유 외의 다른 이유는 제시하지 못한다. 무엇보다 이런 추정은 일차적으로 애초의 그 원형 우주가 어떻게 존재하게 되었는지를 설명할 수 없다. 이래서는 이 추정의 설명력이 기존의 정통 급팽창 빅뱅 모델보다 더 낫다고 말하기 어렵다.

가정 8은 블랙홀을 많이 만들어 낼 수 있는 물리학이 생명의 진화를 가능하게 하는 물리학이라고 상정하는 것인데 스몰린은 이런 가정에 근거를 제시하지는 못한다.

경험적인 근거를 제시하기 위해 이 추정은 이제는 사라졌거나 혹은 아직 존재하더라도 우리가 소통할 수 없는 무수히 많은 수의 우주들이 있다고 상정한다. 스몰린은 또한 자신의 추정은 기본 입자 물리학 법칙의 변수값이 우리 우주에서의 블랙홀의 숫자를 최대화하는 값에 가까워지는 것을 예측할 수 있다는 점에서 그 추정이 검증 가능한 것이라고 주장한다. 이렇게 되면 논의는 계속 돌고 돌 뿐이다. 이 추정은 확인할 만한 방법이 없기에 검증 불가능하며, 그러하기에 과학이 아닌 철학적인 추론일 뿐이다.

루프 양자 중력

빅뱅 모델에 대한 대안으로 제기되는 가설의 대부분은 스몰린의 추론과 유사한데, 만약 우주가 팽창되어 온 시간을 거꾸로 돌리면 양자 효과가 시간이 시작되거나 멈추는 특이점의 형성에 방해된다고 추정함으로써 특이점 문제를 해소하려고 한다. 그 가설들은 양자 이론과 상대성 이론을 통합하여, 빅뱅의 반대편에는 붕괴되는 우주가 있고 그 우주에 우리 우주가 양자 터널quantum tunnel로 연결되어 있다고 제시한다. 이렇게 되면 이것은 빅뱅 모델의 주요한 주장, 즉 공간과 시간이 빅뱅 시에 무에서부터 창조되었다는 주장을 무너뜨리게 된다.

스몰린과 다른 우주론자들이 다 인정하듯이, 이 주장의 가장 중요한 문제점은 우리가 아직도 양자 중력에 대해 제대로 된 이론을 갖고 있지 않다는 점이다.

> **양자 중력** 중력 에너지를 에너지의 다른 형태들과 통합하여 단일한 양자 이론의 틀로 만들어 내려는 중력의 양자 이론.

> **양자 이론** 에너지는 아주 작게 구분되는 양자quantum라고 불리는 양 단위로 물질에서부터 방출되고 흡수되며, 각각의 양자는 에너지의 복사 주파수와 관련되어 입자와 파동의 특성을 동시에 가진다는 이론. 이 이론으로부터 양자역학이 생겨났다. 이 용어는 이제 이후의 모든 이론적 발전을 가리키는 일반적인 의미로 사용되었다.

그런데 아브헤이 아쉬테카Abhay Ashtekar는 자신과 펜실베이니아 주립 중력 물리학과 기하학 협회 소속 동료들이 붕괴된 우주의 존재와 그 우주의 시공간 기하학적 특성을 조직적으로 밝히는 수학적 설명을 제시한 최초의 학자라고 당차게 선언하였다. 아쉬테카와 그의 팀은 루프 양자 중력이라는 접근법을 사용했는데, 여기서는 전통적인 빅뱅 대신 양자 바운스를 도입하고 그 반대쪽 면에는 우리 우주와 같은 전통적인 우주가 있다고 주장한다.

아쉬테카는 물론 한 가지 제약 조건, 즉 우주가 균질하며 등방성을 가진다고 가정한다는 점은 인정한다. "이것은 우주론의 추정이다. 실제 우주가 그렇지 않다는 것을 알고 있지만 말이다. 결국 문제는 이 모델을 어떻게 하면 점점 더 현실적으로 만들 것인가이다. 이는 지금도 계속 이어지고 있는 작업이다."[11]

과학계는 현재 그 수학 모델을 검토 중인데, 설령 "증명된다"고 판단하게 되더라도 과학은 수학적 증명을 지지할 수 있는 물리적 증거를 필요로 한다. 하지만 아직 그 누구도 그 증거를 얻을 수 있는 방법을 알지 못한다.

준정상 우주론

1993년 프레드 호일, 제프리 버비지Geoffrey Burbidge, 자얀트 날리카르Jayant Narlikar는 관찰 결과에 근거해서 정상 우주론을 수정했고 이를 준정상 우주론(quasi-steady state cosmology, QSSC)이라고 이름 붙였다. 이 이론에 따르면 1조 년의 시간 전체로 놓고 보자면 우주는 안정적인 상태로 팽창하지만, 그 안에서 500억 년 주기로 팽창과 수축을 이어 가며 수축되더라도 제로, 즉 특이점에 도달하지는 않는다.

이들 천문학자와 행성물리학자들은 물질이 계속 생겨나고 우주가 팽창하기 위해서는 우주 창조의 장(universal creation field: C-필드)이 필요하다고 상정한다. C-필드는 음의 에너지를 가지며, 생길 수 있는 가장 큰 기본 입자인 플랑크 입자 형태로 물질을 만들어 낸다. 이보다 질량이 커지면 기본 입자는 그 자체의 중력에 의해 붕괴되어 블랙홀이 된다.*

* 플랑크 질량에 대한 보다 자세한 설명은 용어 해설 참고.

C-필드는 은하 중심부에 인접 블랙홀(near black holes, NBHs)이라고 부르는 매우 거대하고, 조밀하며, 고밀도 물체 근처에서 플랑크 입자를 만들 만큼 강하다. 이 입자들은 수축하던 천체가 반경 $2GM/c^2$에 도달하지 못하도록 점점 강력해지는 C-필드의 힘이 막고 있을 때 형성되는데, 반경이 그 크기에 이르면 천체는 블랙홀이 된다. 그 대신, 줄어들던 물체는 점점 속도가 줄어 멈추게 되고, NBH 반경에서는 다시 회복되기 시작한다.

이때 C-필드의 힘은 대략 십만 분의 일 그램 정도인 플랑크 입자를 특이점 폭발이 아닌 작은 빅뱅, 즉 물질 생성 사건(matter creation event: MCE)을 통해 만들어 낼 정도로 크다. 이 입자들은 다시 보다 작은 입자들로 변해 가고 거기에는 중입자(양성자와 중성자 같은)와 경입자(전자와 중성미자 같은)가 포함되는데, 이들은 복사를 만들어 내면서 물질을 형성하며 여기서 은하가 생겨난다.

C-필드는 물질을 만들면서 물질과 복사를 더 많이 만들어 낼수록 점점 힘이 커진다. 그러나 C-필드의 음의 에너지는 이렇게 생성된 물질과 복사를 NBH로부터 방출시키는 척력repulsive force으로 작용하며, 이것이 "화이트홀"이라고 추정되었다.

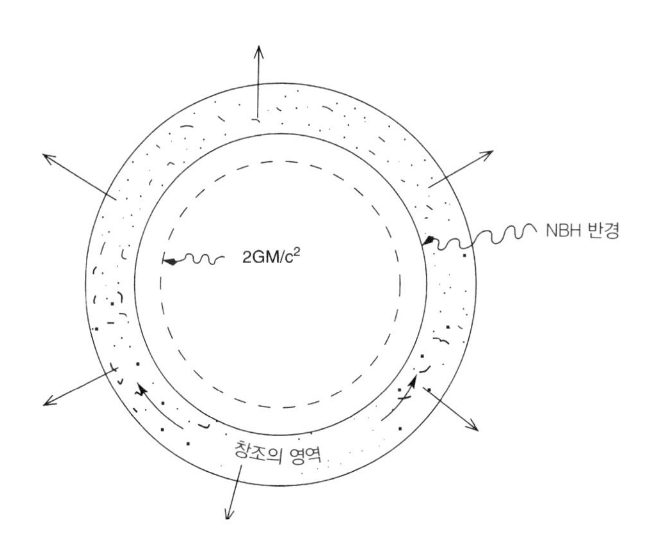

그림 5.2 블랙홀 인접(NBH) 영역에서의 물질 생성

C-필드의 힘이 점점 커지면서 수축하는 천체가 반경 $2GM/c^2$에 이르지 못하게 하는데, 그 이후에는 블랙홀이 된다.

정통 모델에서는 우주상수가 양의 값인데 반해, QSSC 모델에서 우주상수는 음의 값이다. 따라서 새롭게 만들어진 물질과 복사는 인력과 우주상수라는 두가지 인력과 C-필드의 척력을 받는다. 처음에는 척력이 우세하기에 물질과 복사는 매우 높은 속도로 NBH에서 방출되며 이것이 우주의 팽창을 일으킨다.

물질이 팽창되면서 밀도는 떨어지고, 이와 함께 C-필드의 힘도 더 이상 플랑크 입자를 만들어 낼 수 없는 수준까지 떨어진다. 그러면 중력과 우주상수의 인력이 우세하게 되어 우주는 수축한다. 수축해서 충분히 높은 밀도에 도달하면 C-필드는 새로운 물질을 만들어 낼 만큼 다시 강해지면서 새로운 주기가 시작된다.[12]

이 가설의 이론적 토대가 공격을 받자, 1994년 12월 런던에서 열린 왕립천문학회의 미팅에서 호일은 그저 그리스문자 "Φ"만 "C"로 대체하면 QSSC의 방정식은 팽창 이론의 방정식과 같다고 약간 비꼬듯이 말했다.

QSSC를 주장하는 이들은 이 이론이 C-필드라는 단 한 가지 가정만 필요하며 나머지는 관측이나 일반적인 물리학에 의해 설명된다고 한다. 이는 정통 모델이 빅뱅이라는 아이디어를 보존하고 관측 결과와 맞추기 위해 양자 중력의 시기, 인플레이션장, 대통일이론, 알 수 없는 암흑 물질이나 암흑 에너지 같은 생각들을 도입해야 하는 것과 대조된다.

게다가, 빅뱅은 딱 한 번 발생하며 관찰도 안 되는데 반해, MCE는 꾸준히 일어날 뿐 아니라 전파원에서부터 나오는 플라스마 분출물과 은하의 중심부 근방에서 전파, 근적외선, 가시광선, 자외선, 감마선의 형태로 분출되는 에너지의 폭발에서 관측된다. (반면 정통 우주론은 이 관측 결과가 아주 멀리 있고 다시 말해 아주 젊은 은하의 중심부에서 물질이 블랙홀에 빨려 들어갈 때 퀘이사에서 방출되는 것이라고 해석한다. 149쪽 참고)

이들은 더 나아가서 다른 관측 결과에 대해서도 QSSC가 정통 모델보다 나은 설명을 내놓는다고 본다. 예를 들면, 정통 우주론은 리튬 이후의 모든 원소가 어떻게 별에서 만들어지는지 규명하기 위해서 호일과 그의 동료들이 전개한 별에서의 핵합성 이론은 수용하지만, 오직 정통 모델만이 어떻게 빅뱅의 불덩어리 속에서 만들어진 헬륨이 현재 관측되는 양만큼 생겨났는지 설명할 수 있다고 주장한다. 이에 대해 버비지와 호일은 헬륨만이 다른 방식으로 만들어진다고 생각하는 것은 비논리적이라고 반박한다. 즉 모든 원소는 별에서 만들어지며, 오늘날 관측되는 헬륨의 양에는 정통 우주론이 제시하는 137억 년보다 훨씬 긴, QSSC가 제시하는 시간대 속에서 나온 헬륨이 포함되어 있다는 것이다.

또한, 관측해 보니 별에서 만들어진 헬륨에서 복사된 에너지가 열중성자화되면 우주 마이크로파 배경CMB의 2.73K 흑체 온도와 거의 일치한다.* 열중성자화는 은하 간의 매개체 속에 있는 철 단결정whiskers of iron이 이렇게 복사된 에너지를 밀리미터 파장대에서 흡수하고 방출할 때 일어난다. 이 단결정은 초신성이 폭발하면서 수증기처럼 철분 원자를 방출할 때 원자들이 식어서 공 모양이라기보다는 작고 고운 단결정 형태로 응축되면서 만들어지는데, 이는 실험적으로 증명되었다. 이 단결정 먼지가 밀리미터 파장대에서 복사를 효과적으로 흡수하고 방출한다.

단결정 먼지에 대한 증거는 게 펄서Crab Pulsar에서 나오는 복사에서 확인되는데, 그 스펙트럼상 밀리미터 파장대에서 공백이 나타난다. QSSC는 이 공백이 나중에 게 펄서가 되는 게 초신성Crab Supernova에 의해 생성된 단결정 먼지가 흡수해서 생겼다고 본다. 이와 유사한 공백이 초신성 활동이 활발하다고 추측되는 우리 은하 중심부에서 방출되는 스펙트럼에서도 나타난다.

QSSC는 우주 마이크로파 배경에서 작은 규모로 나타나는 비균질성은 앞선 주기의 최소 수축 단계에서 만들어지는 은하군 분포상 비균질성을 드러낸다고 본다.

정통 우주론은 적색편이를 보이는 1a 타입 초신성을 설명하기 위해서 양의 우주상수값을 임의로 바꿔야 하지만, QSSC에서는 음의 우주상수값은

* 80쪽 참고.

일정하며, 이 초신성들은 예상보다 흐릿하게 보이는데 이는 그들의 빛이 철 단결정 먼지에 의해 흡수되기 때문이다.

날리카와 버비지는 어느 모델이 현실을 잘 반영하는지는 천문학적 관찰 결과로 알 수 있다고 주장했다. QSSC는 청색편이를 가진 매우 흐릿한 물체를 예측하는데 우주가 지금보다 더 컸던 지난 주기에는 이것이 빛의 원천이었다. 정통 모델은 이들을 예측하지 못한다.

QSSC는 또한 꽤 가까이에 있는 매우 젊은 은하의 존재도 예측했는데, 이 은하들은 물질 생성 사건MCE 때 C-필드에서 생겨난 물질로부터 만들어졌다. 반면에 빅뱅 모델에 따르면 매우 젊은 은하는 우주 초기에 만들어지므로 반드시 매우 멀리 있을 수밖에 없다. 날리카와 버비지는 천문학적 관측 결과가 QSSC의 예측을 뒷받침한다고 주장한다. 그러나 이는 적색편이에 대한 해석에 따라 얼마든지 달라질 수 있다.*

QSSC는 또한 이전 주기에서 형성된 매우 오래된 별의 존재 가능성도 예측한다. 예를 들어, 태양 질량의 절반 정도 질량을 가진 별이 400억-500억 년 이전에 만들어졌다면 이 별은 지금은 적색거성이 되어 있어야만 한다. 그러므로 질량이 작은 적생거성이 관측되기만 한다면 이는 QSSC를 지지하는 셈이다. 반면에 정통 이론은 137억 년 전에 있었던 빅뱅 이전에는 어떤 물질도 없었다고 본다.

날리카와 버비지는 QSSC를 주장하는 이들에게는 그들의 주장을 검증할 수 있도록 허블 망원경 같은 도구를 사용할 시간이 주어지지 않는다는 불만을 제기한다. 정통 빅뱅을 지지하는 천문학자들만이 이런 기구를 독점하고 있으며 이는 열린 과학 탐구에는 어울리지 않는다는 것이다.

우주론의 정통 모델을 주장하는 이들은 QSSC를 인정하지 않는다. UCLA의 천문학 교수이자 COBE와 WMAP 프로젝트 수행 과학자인 네드 라이트Ned Wright는 QSSC 모델은 특히 밝은 전파 근원의 숫자와 같은 관측 데

* 147쪽 참고.

이터 값과 부합하지 않고, 이 모델이 CMB에 잘 들어맞는다는 말은 거짓말이라고 주장한다. 또한 QSSC 모델이 1a 타입 초신성의 데이터를 더 잘 설명한다는 2002년에 나온 논문은 우주를 관측하는 큰 광학적 불투명도를 요구하는데 반해, 같은 해에 나온 CMB 비등방성과의 적합성을 다룬 논문은 낮은 광학적 불투명도를 필요로 한다. "이들 아티클은 각각 다른 저널에 기고되었고 서로를 QSSC 모델을 통한 성공적인 관측이라고 평가하지만, 실은 서로 모순된다. 아마 이는 예사로운 독자들을 속이려는 교묘한 술책이 아닐까 싶다."[13]

날리카와 버비지가 속였다는 식으로 불필요한 공격을 하는 것은 특정한 우주론적 모델을 신봉하는 이들이 곧잘 취하는 태도이다. 이러한 주장은 분명 그것을 신봉하는 이들이 살아 있는 한 계속될 것이지만 그리 오래 가지는 않을 듯하다. 프레드 호일은 2001년에, 제프리 버비지는 2010년에 세상을 떠났으며, 할턴 아프는 1927년생, 자얀트 날리카르는 1938년생이었다. 젊은 우주론자 세대들은 정통 신념을 교육받았다. 그들 대다수에게 대안적인 이론 연구는 우주론에서 학문적 경력을 위한 선택 사항이 되지 못했다.

플라스마 우주론

플라스마 물리학자 에릭 러너Eric Lerner는 1991년에 출간한 자신의 책 『빅뱅은 일어나지 않았다 *The Big Bang Never Happened*』에서 정통 우주론 모델과 모순되는 관측 결과들을 모아 놓았다. 그의 말에 따르면, 이 모델은 우주가 무에서부터 창조되었다는 신화를 재가공한 것으로서, 이미 확실하게 검증된 물리학 법칙 중 하나인 에너지 보존의 법칙에 위배된다. 게다가 수학적 모델을 관찰 결과와 맞추기 위해서는 세 가지 중대한 추정—인플레이션장, 암흑 물질, 암흑 에너지—까지 필요한데, 이들은 실증적인 근거가 없다.

플라스마 물리학자이자 노벨상 수상자 한네스 알벤Hannese Alfvén의 연구에 근거해서 러너는 실증적으로 확증된 플라스마 물리학과 중력으로 천문학적 관측 결과를 설명할 수 있는 우주론을 제시했다. 그는 정통 모델을 주장하는 이들처럼 유클리드 혹은 편평한 기하학적 모델—우리가 이미 익숙한 유형(그림 3.2 참고)—의 우주를 상정하고, 그 우주는 시작도 없고 끝도 없고 팽창하지도 않는다고 본다.

러너에 의하면, 이 팽창하지 않는 우주에서는 플라스마 필라멘테이션 이론에 따라 은하가 생길 때 중간 범위의 질량을 가진 별이 생기는 것과 관측으로 확인되는 빛의 원소들의 양을 예측할 수 있다. 은하, 은하단, 초은하단 같은 큰 규모의 구조는 자기 밀폐형 소용돌이 필라멘트로부터 만들어진다. 이 추정은 우주의 시작을 제안하지 않기에, 관측된 대규모 은하 구조들은 초기 무질서 플라스마에서 진화하는 데 걸리는 시간에 제한이 없다.

별의 초기 세대로부터 방출된 복사는 CMB를 위한 에너지를 제공한다. 이 에너지는 은하계 매체에 퍼져 있는 고밀도의 자기 밀폐형 플라스마 필라멘트에 의해 열중성자화되고 등방성을 가진다. 이는 CMB 스펙트럼과 정확하게 부합하고 관측된 전파의 흡수 현상도 예측한다. 게다가, 정통 우주론과는 배치되는 CMB 비등방성의 배열도 지역적 초은하군의 축을 따라 위치적으로 높고, 이 축의 직각 영역에서 낮게 위치한 흡수 필라멘트의 밀도에 의해 잘 설명된다.[14]

많은 정통 우주론자들은 러너를 본격적인 과학자는 아니라고 폄하하는데, 내가 보기에 이는 그가 학자가 아니기 때문인 듯하다. 그는 로렌스빌 플라스마 물리학 주식회사(퓨전 에너지를 연구하는 곳)의 대표이며, 전기전자공학회, 미국 물리학회, 미국 천문학회의 회원이기도 하고, 600편이 넘는 아티클을 썼다. 그가 인용하는 증거들은 학술적 천문학자들의 논문도 포함되어 있다. 2014년에는 그런 천문학자 두 명과 공동으로 연구하여 가까운 곳과 아주 먼 곳에 있는 천 개의 은하들의 크기와 밝기를 비교한 논문도 발표했다.[15] 그는 이들 결과가 팽창하는 우주론이 예측하는 표면 밝기와는 맞지 않고, 비팽창 우주론과 잘 부합한다고 주장한다.

플라스마 우주론의 안정적인 진화론적 우주 모델이라고 이름 붙일 수 있는 이 이론은 영원한 우주를 상정하며, QSSC와 달리 무로부터의 창조를 필요로 하지 않는다. 이 모델은 관측된 우주의 진화 과정을 이미 알려져 있는 물리력—전자기, 중력, 별 내부와 우주선cosmic rays에 의한 핵반응—의 상호작용으로 설명한다. 그러나 근래에 발전하였기에 무엇이 영원한 우주의 초기 무질서 플라스마를 존재하게 했는지, 그리고 무엇이 알려진 물리적인 힘을 존재하게 하며 상호작용하여 결과적으로 더 정돈되고 복잡한 물질의 상태를 이어서 만들어 냈는지에 대해 설명하지 못한다.

퀸테센스(Quintessence: 5대 원소, 정수)

프린스턴대학교의 알베르트 아인슈타인 석좌교수인 폴 스타인하르트는 정통 이론의 틀을 벗어나서 사고하려는 또 다른 우주론자이다. 그는 아인슈타인이 폐기했던 임의 상수 람다나 급팽창론자들이 지극히 짧은 시간 동안 적용했던 람다를 모두 제거하고, 우주의 명백한 팽창률을 설명하기 위해 도입된 암흑 에너지가 실은 우주의 새로운 구성 요소라고 말하였다.

그전까지 우주론자들은 우주의 진화는 4가지 요소—중입자,* 경입자,** 광자,*** 암흑 물질****—에 좌우된다고 봤지만, 스타인하르트는 다섯 번째 요소를 퀸테센스라고 불렀다. 이는 천체가 만들어질 때 4가지 기본 요소인 흙, 공기, 불, 물 외에 다섯 번째이자 가장 고귀한 요소인 퀸테센스가 필요하다고 믿었던 고대 그리스인들에게서 가져왔다.

람다와의 주요 차이점은 우주상수가 우주 어디에서나 같은 값을 가지며

* 양성자와 중성자처럼 원자보다 작은 무거운 입자.
** 전자처럼 강한 핵력을 통해 상호작용하지 않으며, 가볍고 질량이 거의 없는 기본 입자.
*** 질량 없는 전자기 에너지량.
**** 알 수 없는 형태의 비복사 물질로서 이론과 관찰 결과를 부합시키기 위해 도입되었다.

비활성인 반면, 퀸테센스 밀도는 시간에 따라 천천히 감소하고 공간에서의 분포가 균일하지 않다는 데 있다.

정통 우주론자들은 지금까지의 관측은 암흑 에너지의 시간이나 공간적 변이의 증거를 보여 주지 않는다고 지적하며 퀸테센스를 비판했다. 이는 일부 퀸테센스 모델을 배제하지만, 스타인하르트에 따르면 유의미한 가능성의 영역은 아직도 인정받고 있다.[16]

급팽창 임의 상수 람다보다 10의 50제곱 작은 임의 상수 람다를 제거한 새 모델이 보다 정교하다. 그러나 정통 모델과 마찬가지로 퀸테센스 모델 역시 그 균일하지 않은 암흑 에너지가 어디서부터 나왔는지를 밝히지 못하고 있다.

이에 스타인하르트와 다른 이들은 그 부분을 설명할 수 있는 다른 우주론을 전개했다. 지금부터는 그것을 다루려 한다.

순환 에크파이로틱 우주(Cyclic ekpyrotic universe)*

이 이론은 정통 우주론 모델에 대한 대안으로서 제시되었는데, 우주의 만물은 무한히 작은 에너지 끈들로 환원된다는, 끈 이론string theory의 최신 버전인 M-이론에 근거한다. 기본 입자—전자, 중성미자, 쿼크 등—와 네 가지 자연계의 힘—강력, 약력, 전자기력, 중력—에 관련된 힘 입자들이 가지고 있는 상이한 질량과 특징은 실은 이 작은 1차원적 끈이 진동하는 다양한 방식을 나타낼 뿐이다.

M-이론에 따르면 이 끈들의 확장을 허용하며, 확장된 끈은 "막brane"(membrane의 축약형)으로 알려져 있다. 이 막들은 0, 1, 2, 3차원, 혹은 그 이상의 차

* 스타인하르트는 이 모델을 주기적 우주론이라고 불렀지만 나는 순환 에크파이로틱 우주라는 용어를 사용한다. 이는 톨먼이 제시하는 순환 바운싱 우주나 QSSC의 주기 등 다른 주기적 모델과 구분하기 위함이다.

원을 가진다. 에너지가 충분하기에 이 막은 우리 지구와 같은 거대한 크기로도 자랄 수 있다.

1999년에 스타인하르트와 케임브리지대학교 수학 물리학 교수인 닐 튜록Neil Turok은 케임브리지대학교에서 열린 우주론 학회에 참석했는데, 그곳에서 펜실베이니아대학교의 끈 이론가인 버트 오브루트Burt Ovrut는 우주 구성에 관한 주장을 제시하였다. 그것은 우리 우주가 막 위에 관찰할 수 있는 큰 세 가지 차원(높이, 넓이, 길이)과, 또한 관측할 수 없을 만큼 작고 구부러진curled-up 여섯 가지 공간 차원, 그리고 이 막을 다른 우주의 막과 나누는 열 번째 공간 차원—유한한 직선—으로 구성되며, 다른 우주 역시 큰 셋과 작은 여섯의 구부러진 공간 차원들을 갖고 있다는 것이었다. 그리고 다른 우주는 상이한 차원들을 가지고 있기 때문에 우리가 인식할 수 없다고 하였다. 이 주장은 그러한 두 우주가 어떻게 상호작용할 수 있는지 의문을 불러일으켰다.

스타인하르트와 튜록은 만약 두 우주를 분리하고 있는 열 번째 공간 차원이 제로로 축소되면, 그 상호작용을 통해 빅뱅시 방출된 에너지 같은 거대한 에너지가 방출할 것이라고 결론을 내렸다: 더욱이 충돌하는 우주 시나리오는 정통 우주론의 급팽창 빅뱅 모델이 안고 있던 문제점들 중 몇 가지를 해결할 수 있다. 이들 세 명과 스타인하르트가 가르치던 대학원생 저스틴 코우리Justin Khoury는 그 이후에 순환 에크파이로틱 우주 모델을 발전시켰다. 이는 '불 속에서'라는 그리스어에서 유래되었는데, 우주가 불 속에서 탄생하고, 식고, 다시 탄생하는 끊임없는 순환을 계속하고 있다는 고대 스토아 학파의 우주론을 묘사한다.

이 에크파이로틱 모델이 문제에 직면하자 스타인하르트와 튜록은 순환 버전을 만들어 발전시켰다. 이들은 이 이론으로 "효율적이며 통합된 접근 방식으로 과거와 미래까지 포함한 우주 전체 역사를"[17] 규명하겠다는 야심찬 목표를 세웠다. 그들은 세 가지 아이디어에 근거를 두고 있다.

a. 빅뱅은 시간의 시작이 아니라 초기 진화 단계로부터의 천이(遷移, transition)다.

(양자역학에서 '천이'는 입자가 어떤 에너지의 정상 상태에서 에너지가 다른 정상 상태로 옮겨 가는 것을 의미한다.—옮긴이)

b. 우주 진화는 순환적이다.

c. 우주의 구조를 형성한 주요 사건은 빅뱅 이후 급격히 짧은 급팽창 기간이 아닌 빅뱅 이전 열 번째 차원의 느린 수축 단계에서 발생한다.

그들은 수학적 모델을 구성하면서 세 가지를 가정했다. 처음 둘은 다음과 같다.

1. M-이론은 유효하다. 특히, 우리의 우주 내에서 관측 가능한 입자들—양성자, 전자 등—은 우리의 막 위에 놓여 있다. 다른 우주-막 위에 있는 모든 입자는 우리의 막에 있는 입자와 중력적으로 상호작용할 수 있지만 전자기적으로나 다른 방식으로는 상호작용하지 않는다.
2. 이 두 막은 우주 진화 상 현재의 국면처럼 수천 플랑크 거리 (물론 아직도 대단히 짧은 거리이지만) 정도 떨어져 있을 때는 매우 약한 스프링 같은 힘에 의해 서로에게 끌리는데, 두 막이 더 가까워질수록 이 힘은 강해진다.

그림 5.3은 이 주기를 그림으로 보여 준다.

"당신은 여기에"가 순환의 현재 단계(오른쪽 막이 우리 우주의 관측 가능한 3차원을 2차원적으로 표현한 것이다)를 나타낸다. 역동적인 암흑 에너지(퀸테센스)가 우주가 팽창하는 속도를 높여서 다음 1조 년 동안 모든 물질matter과 복사radiation는 기하급수적으로 옅어지며, 결국은 1000조 입방 광년의 공간당 한 개 이하의 전자가 남아 있을 만큼 평균 물질 밀도가 떨어진다. 실질적으로 각각의 막은 완전한 진공이 되고 완전히 평평하게 된다.

이렇게 되면 막과 막 사이의 인력이 우세해진다. 인력이 두 막을 서로 끌

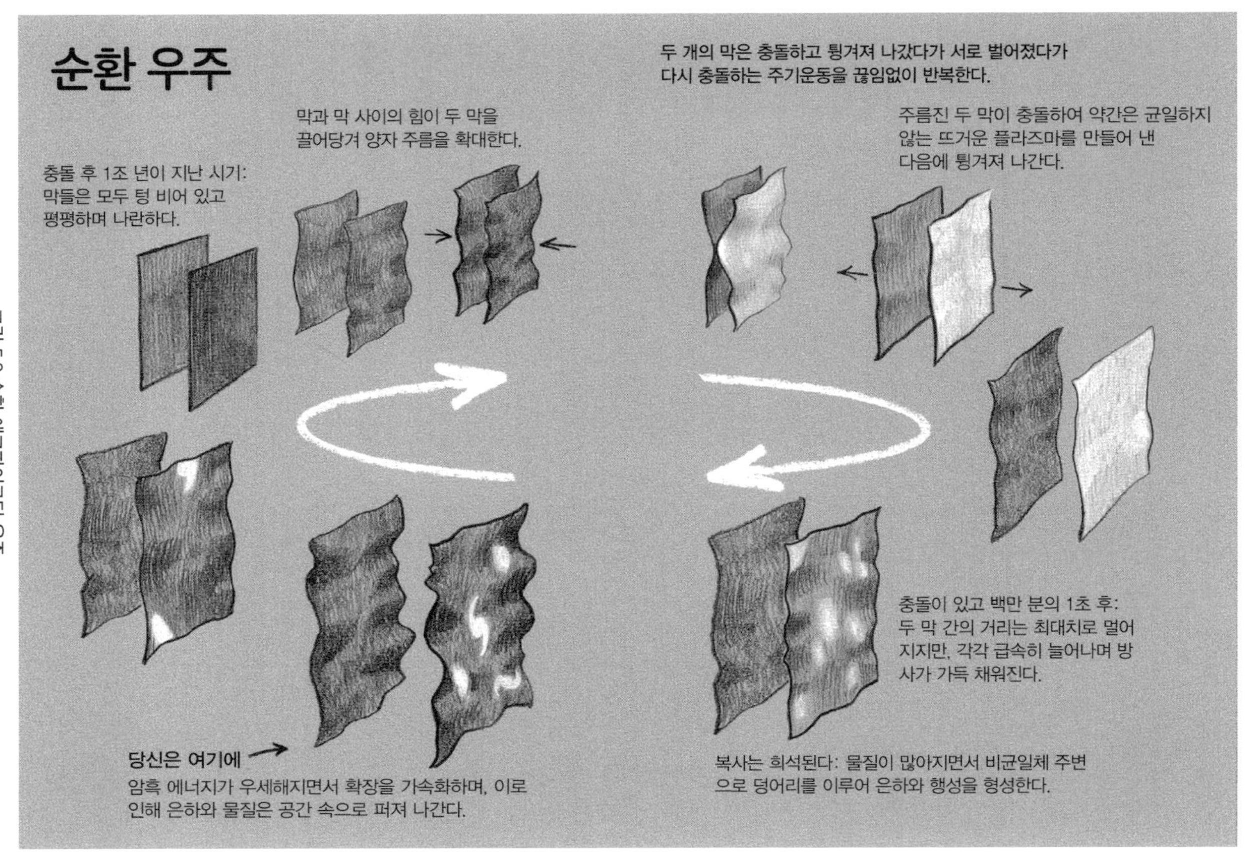

그림 5.3 순환 에크파이로틱 우주

어당기면서 그 힘은 커지고 각각의 막이 확장하는 것을 막는다. 각각의 막의 세 가지 큰 차원은 수축되지 않지만, 그 사이의 열 번째 차원(선)은 수축된다. 각각의 막은 완전한 진공에 가깝지만, 그 각각은 놀라울 만큼 큰 진공 에너지를 가지고 있다. 이들이 가까워질수록 양자 효과로 인해 이 편평한 막들은 주름이 생겨서 접촉하게 되고 빅뱅의 막대한 에너지가 터져 나오면서 서로에게서 물러나게 된다. 튕겨져 나간 두 막은 즉시 최대치로 멀어진다. 주름의 봉우리 사이에 먼저 접촉이 일어나기 때문에 에너지 폭발은 정확하게 균질하지 않다: 주름의 봉우리는 열점hot spots이 되고 골 부분은 냉점cold spots이 된다. 각 막에서 방출되는 에너지의 뜨거운 불덩어리가 팽창하고 냉각되면서 물질은 열점에서 응축되어 은하단으로 진화하며, 냉점은 그 사이의 공동(空洞, 빈 공간)을 형성한다.

각 막은 빅뱅 모델과 마찬가지로 에너지 밀도가 충분히 희석되어 양의 막 사이interbrane 퍼텐셜potential 에너지 밀도가 커질 때까지 감소 속도로 팽창한다. 이것이 암흑 에너지의 원천이 되어 막의 확장을 가속화시켜 우리가 출발했던 곳에 이르게 하며, 이렇게 되면 다시 순환이 반복된다.

톨먼의 순환과는 달리, 어떤 물질도 재활용되지 않으며, 엔트로피는 매번 증가되지 않는다; 수조 년의 에크파이로틱 순환이 끝없이 반복된다.

이 모델이 작동하려면 세 번째 가정이 필요하다.

3. 막은 충돌 후에도 계속 존재한다. 이 충돌은 한 차원이 순간적으로 사라지지만 다른 차원들은 충돌 전, 도중, 그리고 후에도 존재한다는 점에서 특이점이다.

스타인하르트와 튜록은 자신들의 수학적 모델이 정통 급팽창 빅뱅 모델의 모든 이점을 가지고 있다고 주장한다. 그것은 오늘날 발견되는 비율의 원소 생성을 예측하며, 거의 균질하지만 물질의 중력 끌림gravitational attraction에 의해 은하단이 형성되기에 충분한 비균질성을 가진 관측 가능한 우주를 예측하고,

등방성의 우주 마이크로파 배경에서 관측되는 파문을 예측하기 때문이다.

그들은 이 이론이 간명성parsimony이라는 추가적인 이점도 있다고 주장한다: 기본 빅뱅 모델에 최소한의 수정만 가해도 관측 결과와 부합할 수 있다. 물질과 복사 에너지의 파문은 팽창론처럼 임의의 우주상수를 도입해서 생기는 것이 아니라, 두 개의 차갑고 텅 빈 우주 막이 서로 접촉하기 전 다가가는 시기에 막이 물결칠 때의 빅뱅 에너지 방출에서부터 생긴다. 암흑 에너지는 규명되지 않았던 우주상수가, 비록 훨씬 작은 값을 지니긴 하지만, 다시 등장한 것이 아니다. 그것은 역동적으로 진화하는 퀸테센스로서, 각각의 주기에서 필요 불가결한 역할을 한다. 막의 충돌에서 빅뱅으로 이행하면서도 밀도와 온도가 무한에 이르지도 않으니 특이점 문제도 없다.

더욱이 이 모델은 빅뱅에서부터 어떻게 시간과 공간이 시작되는가 하는 질문에도 답을 내놓는다. 그것들은 시작되지 않았다는 것이다. 우리처럼 3차원의 공간과 1차원의 시간 속에서 보면 시간과 공간이 시작되는 것처럼 보이지만, 우리의 관측 가능한 3차원 막이 내포되어 있는 10차원의 다원적 우주에서는 공간은 무한하고 시간은 끊임없이 흐른다. 그리고 주기는 영원히 계속된다.

문제를 해결하는 듯이 보이는 이 가설에 대한 반응은 꽤 흥미로웠는데, 스타인하르트가 실은 초기 급팽창 모델*의 개발자인 까닭이었다. 어느 학회에서 에크파이로틱 모델에 이의를 제기하고 있는 급팽창 가설의 창시자 안드레이 린데는 튜록이 사용하는 핵심적인 U자형 그래프의 캐리커처를 그린 후에 그 U 가운데를 쭉 그어버렸다. 2006년 미국 국립과학원 컨퍼런스에서 팽창론의 또다른 창안자 앨런 거스는 튜록의 발표를 들은 후 원숭이 사진을 보여 주는 것으로 응수했다.[18] 이는 합리적인 논쟁과는 거리가 먼 모습이다.

* 73쪽 참고.

다른 이론가들은 순환 에크파이로틱 우주 모델이 결함이 있음을 지적하면서, 세 번째 가정이 유효하지 않다고 주장한다. 막들이 서로 접촉하면 두 막을 가르고 있던 하나의 차원이 작아지다 못해 사라지고 특이점이 생겨나 기본 빅뱅 모델에서와 같이 물리학 법칙은 모두 붕괴한다는 것이다.

이에 대해 스타인하르트는 두 개의 막이 충돌할 때의 특별한 조건 때문에 특이점이 생기지 않는다고 받아친다. 반면 다른 이론가들은 충돌 전에 두 막이 튕겨져 떨어지므로 특이점이 생기지 않는다고 추정한다.

어느 쪽이 옳은지는 수학적으로나 다른 어떤 근거로도 확정할 수 없는데, 이것은 기본 빅뱅 모델에서 특이점이 있는지 없는지를 규명할 수 없는 것과 마찬가지이다.

순환 에크파이로틱 우주 모델이 우주의 과거와 미래의 전 역사를 효과적이고 통합된 방식으로 설명하겠다는 야심 찬 목표를 달성하기 위해서는 다섯 가지 질문에 답해야 한다.

첫째, 에너지는 보존되는가? 두 막—이들 중 하나가 현재 우리가 볼 수 있는 우주를 형성한다는—이 충돌할 때 나오는 물질과 복사 에너지는 다른 어떤 것으로 변환되지 않는다. 이들은 주기의 끝에는 비록 몹시 희석되어서 그 성분들이 서로 접촉할 수 있는 거리를 벗어나 있겠지만 여전히 막 안에 남아 있게 된다. 다음 주기에 막이 충돌하면서 앞선 주기에서 만들어졌던 것보다 기하급수적으로 더 큰 질량-에너지를 만들어 낸다.

스타인하르트와 튜록에 의하면 이것은 에너지 보존 법칙을 위반하지는 않는다. 플라스마 우주론을 제외한 다른 모든 우주론들과 마찬가지로, 순환 에크파이로틱 우주 모델은 중력에 근거하여 작동한다. 끊임없이 새로운 물질과 복사 에너지를 생산하는 데 필요한 에너지는, 구성 요소들 간에 상호작용하는 인력을 이겨내고 이 초고밀도의 물질을 팽창시키는 데 필요한 양의 운동 에너지와 함께, 매 주기마다 증가하는 음의 중력 에너지장에서부터 나온다는 것이다. 나는 4장에서 우주의 에너지 완전 제로 문제를 다룰 때 이런 주장의 타당성에 대해 제기했었다.*

두 번째, 순환 에크파이로틱 우주 모델은 영원한 우주를 상정하는가? 두 가지 가정만 추가된다면 그렇게 상정하는 것처럼 보인다.

4. 우리가 관찰할 수 있는 공간 3차원은 다음 주기에서 늘어나거나 멈추거나 더 늘어날 수 있고, 거리의 제약은 없다.
5. 주기의 횟수에는 제한이 없다.

방정식으로는 이런 가정이 수용된다. 그러나, 그것은 증거에 기반한 물리학 이론을 검증 가능한 영역 너머까지 적용하는 일이다. 다시 말해 이 모델은 과학의 영역을 벗어나 철학적 추론으로 넘어간다.

게다가 네 번째와 다섯 번째 가정은 만약 시간을 거꾸로 되돌려서 이 팽창이 시작된 시점까지 가면 어떻게 되느냐는 문제를 낳는다. 2004년에 스타인하르트와 튜록은 "가장 가능성 있는 이야기는 그 주기 앞에는 특이점 같은 시작점이 있다는 것이다" 라고 했는데, 물론 나중에 스타인하르트는 자신의 논리가 결함이 있다는 이유로 "가장 가능성 있는"이라는 말을 철회하긴 했다. 과연 그 모델이 영원한가는 여전히 답이 없는 문제이다. 그러나 그것은 영원할 수는 없다. 만약 우주가 매 주기마다 커진다면, 시계를 거꾸로 돌리면 팽창이 무한히 작았던 시점에 도달하기 때문이다. 이는 초기 특이점을 생성한다.

만약 특이점에서 시작되었다면, 스타인하르트와 튜록은 "무無로부터의 터널링"으로 불리는 효과를 고려하는데, 이는 양자가 공간, 시간, 물질, 에너지를 한 번에 생성하는 방법이다. 그러나 이는 아무것도 없는 상태에 양자장이 먼저 있어야 한다는 말이 된다.

세 번째 질문은, 존재한다고 가정한 10번째 차원에 작용하는 막 내부의 스프링 같은 힘의 본질은 무엇이며 이 힘을 어떻게 검증하느냐는 것이다.

* 99쪽 참고.

이에 대해 우리는 아무런 정보가 없다.

네 번째 질문은 서로 다른 두 개의 우주 막이 왜 그렇게 서로 평행하게 가까이 붙어 있어야 하느냐는 점이다. 이것은 M-이론 때문에 수학적으로 필요한 것인데, M-이론상 공간의 10번째 차원은 두 개의 막을 결합하고 있는 선이며 이 선은 서로 다른 회전을 가진 입자들이 존재하는 데 필요하다. 실제로 이 두 우주막은 이 10번째 차원을 공유한다. 이 말은 우주가 필연적으로 쌍으로 존재한다는 뜻이다. 그러나 단지 서로 다른 회전을 가진 입자들이 존재한다는 분명한 증거와 M-이론을 부합시키기 위한 이유 외에 왜 우주가 쌍으로 존재해야 하는가? 원칙적으로는 이 10번째 차원인 선의 길이에는 제한이 없다. 하지만 실제로는 M-이론이 관측 결과와 부합하는 중력 효과를 만들어 내려면 1밀리미터 이상일 수가 없다. 위튼Witten과 호라바Horava는 M-이론이 관측 결과와 부합하기 위해서는 이 차원이 10,000플랑크 길이(10^{-28}cm) 정도여야 한다고 주장했는데, 스타인하르트와 튜록은 이것이 합당한 가정이라고 봤다. 그들은 하나의 우주가 다른 우주 속으로 굽혀져 들어가려면 많은 에너지가 필요하기에 두 개의 우주가 평행하며, 주기가 반복되면서 이 배열이 유지된다고 주장한다.[23]

네 번째 질문에 대한 답은 다음과 같은 다섯 번째 질문에 달려 있다. 근거가 되는 M-이론이 과연 유효한가? 이 문제는 다음 섹션 이후에 다루려 한다.

스타인하르트와 튜록은 자신들의 모델이 M-이론에 근거하지 않았다고 주장해 왔다. 너무 작아서 관측할 수 없는 여섯 개의 구부러진 공간 차원은 제거하고, 열번째 차원(M-이론의 막 사이의 거리)을 같은 역할을 하는 스칼라장으로 대체하면, 자신들의 모델이 작동한다는 것이다. 이렇게 되면 급팽창 모델과 같이 그리 낯설지 않은 수학적 모델이 된다.[24] 그러나 그와 유사한 스칼라장에 근거한 수많은 급팽창 모델처럼 이 모델 역시 실증적으로 검증할 수 없는 건 마찬가지다.

끈 이론의 가능성의 풍경

또 다른 추정은 끈 이론에서부터 나왔다. 레너드 서스킨드Leonard Susskind는 근본 에너지 끈들이 단지 우리가 관찰할 수 있는 입자와 힘만 만들어 내는 방식으로 진동해야 할 이유는 없다고 본다. 무수히 많은 우주 속에서 끈들은 무수히 많은 방식으로 진동해서 무수히 많은 입자와 힘을 만들어 내며, 따라서 무수히 많은 물리학 법칙과 우주상수가 나온다는 식이다. 서스킨드는 이것을 "끈 이론의 가능성의 풍경String Theory's landscape of possibilities"[25*]이라고 불렀다.

이 이론은 우주의 변수들을 미세 조정하는 문제를 해결한다. 왜 우리 우주가 다르게 만들어질 수도 있었는데 지금의 모습으로 만들어졌는가 하는 문제 말이다. 끈 이론의 가능성의 풍경에 따르면 우리 우주에는 특별한 것이 없다. 우리는 어쩌다 보니 우리가 관측할 수 있는 물리학 법칙과 입자들을 만들어 내는 식으로 끈들이 진동하는 이 우주 속에 존재하게 되었다. 다른 무수히 많은 우주 속에서는 법칙과 입자들도 달라질 뿐이다.

끈 이론의 문제점

입자들은 물론이고 중력을 포함한 기본적인 힘, 게다가 양자 이론과 상대성 이론까지 다 통합하는 이론은 물리학이 추구하는 성배聖杯라 하겠다. 에너지 끈으로 입자 물리학 표준 모델의 61개의 "기본" 입자들을 대체할 수 있으며 중력까지 통합할 수 있다는 끈 이론은 지금까지 이론 물리학계의 수없이 많은 명석한 이들을 매혹시켜 왔는데, 그 까닭은 그 이론이 가진 명확한

* 서스킨드는 이를 "거대우주megaverse"라고 불렀는데, 나는 이 용어를 초끈 이론이 제시하는 10차원 이상의 공간을 가진 더 큰 우주를 가리키는 데 사용해 왔고, 또한 서스킨드는 그런 거대우주가 수없이 많다는 뜻으로 말했으니, 나는 그의 개념을 전체 우주에 대한 하나의 추정이라고 명명하려 한다.

개념적인 매력만이 아니라 그 수학적 정밀함 때문이었다. 이 이론은 물리학에 새로운 시대를 열어준 것처럼 보였기에, 하버드에서 열린 한 학회는 포스트모던 물리학 세미나라고 이름 붙일 지경이었고, 그 학회에서 끈 이론을 주장하는 이들 중 몇 명은 자신들의 이론을 너무 확신한 나머지 실증적 검증이나 관측을 통한 검증은 제쳐 두고 그저 수학적인 증명만을 추구했을 정도였다.

그러나 이것 역시 우리가 앞서 만났던 문제와 마주친다. 우리가 지각할 수 있는 3차원 공간과 1차원 시간보다 많거나 적은 차원을 도입하는 그 다양한 수학적 모델들이 과연 과학적 이론으로 성립할 수 있느냐는 문제 말이다. 수많은 이론가들은 그렇지 않다고 보는데, 여기에는 노벨 물리학상 수상자 셸던 글래쇼Sheldon Glashow, 수학적 우주론자 로저 펜로즈 경, 이론 물리학자이자 한때는 끈 이론 주장자였던 리 스몰린 등이 포함된다. 그렇게 생각하는 이유는 다음과 같다.

이론의 부적절성

초창기 끈 이론은 공간의 25차원, 빛보다 빠르게 움직이는 입자, 안정화될 수 없는 입자들을 필요로 했다. 우리가 보는 세계와 이렇게 차이가 난다면 이론으로서는 중대한 결함이 있다고 말할 수 있다.

이론 물리학계의 회의론에 대응하기 위해 끈 이론 개척자들은 1970년대부터 1984년까지 끈 이론을 꾸준히 발전시켰는데, 마침내 존 슈워츠John Schwarz와 마이클 그린Michael Green은 9개의 차원을 가진 공간과 초대칭성을 활용한 끈 이론—이로 인해 "초끈superstring"이라는 말이 나왔지만—이야말로 만물의 통합 이론이 되기에 훌륭한 후보라는 점에 관해 당대의 선도적 수학물리학자 에드워드 위튼Ed Witten을 설득하게 된다. 어느덧 초끈 이론이 별안간 이론 물리학계의 뜨거운 논쟁거리가 되었다.

그러나 수학적으로 일관된 다섯 개의 끈 이론들이 나왔고, 그 각각은 10

차원을 상정하는데, 1차원의 시간, 우리가 관측할 수 있는 3차원의 공간, 너무 작아서 관측할 수 없는 구부러진 공간상 여섯 개의 차원이 그것이다. 그러나 어떤 대칭성에 따르게 되면 끈 이론은 양자 이론에서 요구하는 왼쪽 혹은 오른쪽 스핀 속성(카이랄성chirality이라고 한다[손을 가리키는 그리스어에서 유래한 단어로 왼손과 오른손 관계와 유사함을 가리키며, 과학에서는 비대칭성의 의미로 사용된다—옮긴이])을 가진 전자나 중성미자 같은 물질입자의 존재를 설명할 수 없다. 또한 다섯 개의 서로 다른 끈 이론이 존재한다는 것은 뭔가 잘못되어 있다는 뜻이기도 했다. 이에 끈 이론은 외면받게 되었다.

위튼은 이 두 번째 문제를 "해결"하기 위해 1995년에, 11번째 차원을 추가하면 그 다섯 개의 서로 다른 이론이 보다 근본적인 M-이론에 의해 통합될 수 있다고 주장했다. 이로 인해 끈들은 막으로 확장되었고, 막은 얼마든지 많은 차원을 가질 수 있다.* 경계선 영역에서는 대칭적 조건이 존재하지 않는데, 이로 인해 왼쪽 혹은 오른쪽 스핀 속성을 갖춘 입자들을 가진 우주가 막에 존재할 수 있게 된다. 끈 이론이 다시 대두되는 것이다.

그런데 위튼이나 다른 어떤 이도 아직 그렇게 근본적인 M-이론을 만들어 내지 못했다. 당시 런던 임피리얼대학교 물리학 교수였던 주앙 마게이주는 특유의 통명스러움을 담아 이렇게 말한다. "M-이론을 주장하는 이들이 하도 종교적인 열정을 담아서 [모든 끈 이론과 막 이론이 하나의 M-이론으로 합쳐졌다고] 말하기 때문에 우리는 실은 M-이론이 아직 존재하지 않는다는 사실을 잊기 쉽다. 이것은 어느 누구도 어떻게 구축해야 할지 모르는 가설적 이론을 가리킬 뿐이다."[27] 노벨상 수상자이자 선도적 끈 이론가이며 위튼의 멘토이기도 한 데이비드 그로스David Gross 역시 "끈 이론이 정확히 무엇인지 알려면 아직 한참 멀었다"[28]고 인정한다.

세 번째 문제는 1998년 대다수 우주론자들이 높은 적색편이 1a형 초신성의 흐릿함을 해석하면서 우주는 약 100억 년 후에 가속 팽창이 시작되었고,

* 점으로서의 입자는 0차원의 막, 끈은 1차원의 막, 막은 2차원의 막, 이렇게 된다.

이것은 정통 수학 모델에 도입되기 위해 양의 값을 가진 우주상수를 필요로 했다.* 수정된 초끈 이론은 이를 예측도 못 했을 뿐 아니라, 당시 그들이 내린 결론 중 하나가 우주상수는 오직 제로이거나 음의 값을 가져야 한다고 하였다. 2001년에 위튼은 "나는 끈 이론이나 M-이론에서부터 드 지터 공간de Sitter space [양의 우주상수를 가지는 우주]에 이르는 명확한 방법을 모른다"고 인정하기에 이른다.

스탠포드의 이론가들은 2003년 초에 이 세 번째 문제를 "해결"하기 위해 또 다른 버전의 이론을 제시했는데, 이것은 다른 무엇보다도 이론적으로 관측할 수 없는 여섯 개의 구부러진 차원을 반막(反膜, antibranes)으로 감싸고, 양의 우주상수를 생성하는 매개변수값을 선택하는 것이었다.

그러나 이 버전과 다른 연구의 결과에 따르면, 끈 이론은 무한히 많지는 않지만 무려 10^{500}개가 나올 수 있다. 서스킨드 역시 "[이러한 끈 이론의 풍경에서부터] 수학적으로 유일한 해법이 나올 수 있다는 희망은 ID[Intelligent Design: 지적설계론]와 마찬가지로 믿음에 근거한 것이다"[30]라고 인정했다. M-이론에 대한 추론은 과학이 아닌 신념의 영역에 놓여 있다. 초끈 이론 역시 만약 무한히 많은 버전이 가능하다면 어떤 버전도 반증될 수 없고, 그렇게 되면 과학적 가설에 대해 일반적으로 받아들여지는 칼 포퍼 검증에서 탈락할 수밖에 없다.

1985년부터 끈 이론가였던 댄 프리단Dan Friedan은 2003년에 이르러서는 "현재까지의 끈 이론으로는 현실 세계에 관해 알게 된 지식을 명확히 설명할 수 없고, 그 어떤 명확한 예측도 불가능하다. 끈 이론의 신뢰성은 측정할 수 없고, 확정하기는 더욱더 어렵다. 현재까지의 끈 이론은 물리학 이론의 후보로 올리기에는 신뢰도가 없다"[31]는 결론에 이르렀다.

스몰린에 의하면 끈 이론은 "단일하고 유일하며 통합된 자연 이론을 추구하다 보니 무한히 많은 이론을 추론하게 되었고, 그중 어느 것도 자세히

* 93쪽 참고.

기록할 수 없게 되었다. 만일 일관성을 계속 추구하게 되면, 존재 가능한 우주가 무한히 많아져 버린다. 게다가 우리가 자세히 연구할 수 있는 이론의 모든 버전은 관찰 결과와 들어맞지 않는다…… 이 추론들을 사실로 믿는 이들은 실재적 증거가 지지하는 이론만 받아들이는 이들과 완전히 다른 지적 세계에 살고 있다."[32]

이렇게 서로 다른 우주론들은 경험적 증거의 필요성에 대한 의견 차이 이상으로 갈라져 있다. 스몰린과 피터 보이트Peter Woit에 의하면,[33] 미국내 이론 물리학계에서 교수 자리나 연구 보조금을 결정하는 위원회들을 끈 이론가들이 장악하면서 다른 접근법을 시도하려는 이들은 연구비 지원을 받기가 매우 어려워졌다. 스몰린과 보이트는 다른 물리학자들이 제기하는 반대 의견을 억압하는 이들의 수상쩍은 행태가 마치 이단의 모습 같다고 묘사한다. 끈 이론가들과 거기에 반대하는 이들 간의 갈등이 얼마나 심각한지는 2006년 출간된 스몰린의 책 『물리학의 문제 *The Trouble with Physics*』에 대해 하버드의 조교수 루보시 모틀Luboš Motl이 아마존닷컴 소비자 리뷰 섹션에 완전히 평가절하하는 말을 남긴 것에서 잘 드러난다. 이에 대해 보이트는 리뷰를 통해 반박했는데, 그는 모틀의 리뷰가 정직하지 못할 뿐 아니라, 보이트 자신이 쓴 책에 대해 별 하나짜리 리뷰를 남기는 이들에게 모틀이 20달러를 제공했다고 비난했다. 아마존은 이 두 리뷰 모두를 일주일만에 삭제했다.

실증적 증거의 부족

물리학계의 탁월한 이들에 의해 30년 이상 발전한 이론이라면 유의미한 경험적 증거를 확보했으리라고 기대할 수 있다. 그러나 각 끈은 원자핵 속의 양성자보다 100×10억×10억 배가 작다. 다시 말해, 원자가 태양계 같다면, 끈은 집 하나 정도이다. 이 말은 우리가 끈을 탐지할 수 있는 예측 가능한 방법이 없다는 뜻이다.

그럼에도 브라이언 그린Brian Greene을 비롯하여 끈 이론 주장자들은 그들의 예측이 유효하다고 믿는다. 그들은 책이나 인터뷰에서 우리가 과학 문헌에서 예상하는 수준보다 훨씬 더 많이 "믿는다"는 말을 사용한다. 초끈 이론의 필수적인 조건 중 하나가 초대칭성supersymmetry으로, 전자나 양성자처럼 우리가 익숙한 원자보다 작은 입자는 그보다 무거운 초대칭 짝이 있다고 말한다. 그러나 초대칭성은 끈 이론에 의존하지 않으며, 표준 모델과 루프 양자 중력에서 말하는 최소 초대칭적 확장 같은 다른 가설들도 초대칭성을 요구하거나 양립할 수 있기 때문에, 초대칭성에 대한 예측이 확인된다고 해서 끈 이론이 유효한 것은 아니다. 게다가 아직 아무도 초대칭 짝을 발견하지 못했다. 몇몇 연구가들은 여전히 희망을 갖고 있지만, 훨씬 높은 에너지를 갖추고 2015년부터 재가동되는 개량된 대형 강입자 충돌기Large Hadron Collider로도 찾기는 어려울 듯하다.

우주의 기원에 대한 초끈 이론의 핵심적인 예측은 우주에는 우리가 소통할 수 없는 차원들이 존재한다는 것이다. 그린은 초끈 이론의 또다른 예측인 중력자gravitons—중력을 전달한다고 생각되는 질량 없는 입자—를 활용하면, 이 예측이 확인되지는 못하더라도 입증할 수 있다고 믿는다. 초끈 이론은 우리 우주 내의 중력이 자연계의 다른 힘에 비해 매우 약하다고 주장하는데, 이는 중력자로 이루어지는 끈들이 3개의 관측 가능한 공간 차원에 존재하는 우리 우주의 막에 국한되지 않는 닫힌 고리이기 때문이다: 중력자는 다른 차원으로 이동할 수 있다. 따라서 입자 탐색기를 통해 중력자가 갑자기 사라지는 것을 관측한다면, 이는 끈 이론이 예측하는 또 다른 차원들의 존재를 실증적으로 확정할 수 있다고 본다. 그러나 아직 그 누구도 중력자가 갑자기 사라지는 것을 목격한 적이 없다는 점은 말할 것도 없고, 중력자를 확인한 사람조차 아무도 없다.

결국 우리는 초끈 이론의 주장을 확인할 만한 예상 가능한 방법이 없으며, 따라서 그들의 주장은 사실상 검증 불가능하다고 결론을 내릴 수밖에 없다.

직관적으로 볼 때, 모든 에너지와 물질이 궁극적으로 에너지의 끈으로 이루어져 있다는 아이디어는 61개의 기본 입자로 되어 있다는 아이디어보다 분명 매력적이지만, 현재 단계에서는 그저 수학적으로 다양하게 표현된 생각에 불과하다고 보는 것이 정확하다. 앞으로 나는 이 아이디어가 현대 과학 이론으로 인정받기 위해 필요한 중요한 기준을 충족하지 못한다는 의미에서 끈 추론이나 끈 "이론"이라는 용어로 표현하고자 한다.

우주에 대한 정의

앞에서 봤듯, "우주"라는 용어는 오늘날 매우 다양한 의미로 사용된다. 오해를 피하기 위해, 이 용어를 포함하여 다른 관련된 용어를 내가 어떻게 사용하는지 정의를 내리려 한다.

우주universe 우리의 감각으로 확인할 수 있는 1차원의 시간과 3차원의 공간에 존재하는 모든 물질과 에너지.

관측 가능한 우주observable universe 천체 관측으로 탐지할 수 있는 물질을 포함하고 있는 우주의 일부분. 현재의 정통 우주론에 따르면 이는 빅뱅으로 우주가 존재하고 약 380,000년 후, 물질과 복사가 분리된 이후 시간과 빛의 속도에 의해 제한된다.

거대우주megaverse 3차원의 우리 우주를 내포하고 있다고 추정되는 보다 고차원의 우주. 거대우주가 여러 개 모여서 코스모스를 이룬다고 추정하는 이들도 있다.

코스모스cosmos 우리가 감각적으로 인식할 수 있는 3차원의 공간과 1차원의 시간을 넘어선다고 추정하는 다른 차원들은 물론이고, 우리가 물리적으로 접촉할 수 없고 관측하거나 실증적인 정보를 얻을 수 없는 다른 우주들까지 다 포괄하는, 존재하는 모든 것들.

다중우주multivers 우리 우주만이 아니라 우리가 물리적으로 접촉할 수 없고 관측이나 실증적 정보를 얻을 수도 없는 아주 많은 다른 우주들—무한히 많지는 않더라도—까지 포함하여 존재한다고 상정되는 코스모스. 각각 독특한 특성을 지닌 다양한 유형의 다중우주들이 제시되어 왔다.

결론

급팽창 빅뱅 모델의 수정 이론은 물론이고 경합하는 다른 추론들 역시 우리를 구성하고 있는 물질의 기원이나 왜 우주가 다른 형태가 아닌 지금의 이 형태를 가져 마침내 인간이 진화될 수 있었는가에 대해 수학적인 설명 외에는 만족할 만한 과학적인 규명을 아직까지 하지 못하고 있다.

규명하는 이론이 분명히 있을 것이지만—앞서 본 추정 중에 하나가 그럴 수도 있고—우주론이 추정이나 믿음과 구별되는 과학이 되기 위해서는 일반적으로 인정되는 검증을 통과해야 하는 문제들이 몇 가지 있다. 다음 장에서는 이들을 다루려 한다.

Chapter 6

해석 수단으로서 우주론이 직면한 문제들

과학자들은 이론적 사유를 전개할 때는 대담하게 급진적이어야 하지만, 증거를 해석해야 할 때는 우리 모두 지극히 보수적이어야 한다.

–피터 콜스Peter Coles, 2007년

이론에 대한 신념이 증거를 이기곤 한다.

–조지 엘리스George Ellis, 2005년

하나의 해석이 과학적이기 위해서는 반드시 검증 가능해야 한다. 특히 통상적으로 인정받는 과학 기준에 따르면, 한 대상에 관한 해석의 유효성은 탐사를 통해 자료를 수집하고 가능하다면 측정할 수도 있는지, 그리고 그 데이터를 정확히 해석할 수 있는지, 그리고 그 데이터에 기반해서 잠정적인 결론이나 가정을 도출하여 향후를 예측하거나 역행추론하고 그 예측과 역행추론을 관찰이나 실험을 통해 검증할 수 있는지, 그리고 그 예측과 추론을 다른 독립적인 검증자가 확정하거나 반박할 수 있는지에 따라 확보된다.

우주론은 화학이나 생물학 같은 과학의 다른 분야와 세 가지 측면에서 차이가 있다: 첫째, 우리에게 오직 하나의 우주만 있다. 둘째, 우리는 그 우주의 일부이다. 셋째, 그것은 비교할 수 없을 만큼 거대하다. 예를 들자면 그 온도나 압력 혹은 초기 조건을 변경하여 실험을 할 수도 있고, 이 우주가 우리의 감각으로 확인할 수 있는 유일한 우주라는 점에서 다른 우주들과 비교할 수도 없다. 우리는 이 우주를 바깥에서 관찰할 수도 없다. 그 규모만으로도 숨막히는 장벽처럼 다가온다. 이러한 요인들은 우주론이 물질의 기원과 진화를 설명할 때 직면하는 서로 연관된 네 가지 문제에서 큰 비중을 차지한다: 현실적 어려움, 데이터 해석, 적합하지 못한 이론, 본질적 한계.

현실적 어려움

현실적인 어려움에는 두 범주가 있다: 탐지의 한계와 측정의 문제.

탐지의 한계

상대성 이론이 타당하다면, 우주에서는 빛보다 빠른 속도로 움직이는 것은 없다. 이에 따라 입자 지평선이 생겨난다.

> **입자 지평선**particle horizon 시간이 시작된 이후 빛보다 빠르게 멀어져간 입자들은 그 질량이 양의 값이든 제로이든 간에 우리에게 영향을 미칠 수 없고 우리는 그 입자에 대한 정보를 얻을 수 없으며 따라서 탐지할 수가 없다.

현재의 정통 우주론이 유효하다면 탐지 두 번째 한계에 봉착한다.

> **안시 지평선**visual horizon 빅뱅 모델에 따르면, 물질과 전자기 복사가 분리되어 나오는 시간—현재로서는 빅뱅 이후 380,000년경으로 추정된다—까지는 거슬러 올라갈 수 있는데, 그 이전에는 광자가 초기 플라스마와 끊임없이 상호작용해 흩어져 우주를 불투명하게 만들었기 때문이다.

이 말은 그보다 앞선 시기에 방출된 전자기 복사는 탐지할 수 없다는 뜻이다.

측정의 문제

1960년대 이후의 기술 발전으로 인해 우주 현상을 관측하는 보다 폭넓은 수단과 정교한 방법들이 많이 도입되었다. 이제는 눈으로 관측할 수 있게 되었을 뿐 아니라 전파, 마이크로파, 적외선, 가시광선, 자외선, 엑스레이선, 감마선 등 전자기 스펙트럼 전 영역에서 방출되는 것까지 탐지할 수 있다. 전하 결합 소자나 광섬유 장비만이 아니라 관측기를 지구 대기 너머의 우주 공간에 갖다 놓을 수 있는 역량 등이 갖춰지면서 측정은 보다 정교해졌다. 이로 인해 지난 50년 간 어마어마한 데이터가 축적되었다. 그럼에도 우주론자 조지 엘리스에 의하면 "모든 천문학의 근본적인 문제는 관측된 천체까지의 거리를 결정하는 것이다."[1]

천체의 나이나 우주의 나이와 팽창률과 같은 우주론의 중요한 변수들은 거리를 어떻게 결정하느냐에 따라 달라진다. 그러나 천문학자들은 지구상의 물체 거리를 측정하듯 직접적으로 천체까지의 거리를 측정할 수 없고, 밝기를 거리 측정의 수단으로 사용할 수도 없는데, 별과 은하가 멀리 있을수록 흐릿하긴 하지만, 본래 가지고 있는 밝기 즉 광도가 다 다르기 때문이다. 이에 천문학자들은 가까이 있는 별들은 시차parallax를 통해 거리를 측정하는데, 시차란 지구가 태양 주위를 회전하는 동안 서로 다른 위치에서 별을 대하는 각도로부터 거리를 측정하는 일종의 논리적 삼각법이다. 보다 먼 곳에 있는 천체들은 흔히 "표준 촉광standard candles"이라고 하는, 거리를 측정하는 일련의 지표를 통해 거리를 측정한다. 천문학자들은 이들은 이미 알려진 광도를 가지고 있다고 간주한다. 표준 촉광에서 실제 관측된 광도를 알려진 광도와 비교함으로써 우리에게서 떨어져 있는 거리를 계산하며, 이에 따라 그 천체가 포함된 은하와 같이 보다 큰 대상까지의 거리를 계산한다. 가장 많이 사용되는 표준 촉광은 일정하게 밝아졌다 흐려졌다 반복하며 본래 밝기에 따라 그 변동의 주기가 달라지는 황색거성인 세페이드 변광성들Cepheid variables이다. 그보다 먼 곳에 있는 천체들까지의 거리는 스펙트럼의 붉은 쪽으로 복사의 파장이 이동하는 적색편이를 통해서 측정한다.

그러나 이들 표준 촉광들은 실측정한 사례 몇 가지가 보여 주듯 표준에 미달한다. 예를 들어, 1956년에 천문학자들은 세페이드 변광성이 두 가지 타입이 있고 그 전까지 생각했던 것보다 훨씬 변화가 많다는 것을 발견했다. 관측 기법이 발전하고 데이터가 축적되면서, 다른 가정과 해석도 오류로 판명되지 않으리라고 생각한다면 과학적인 태도라 할 수 없다.

게다가, 먼 곳에 있는 표준 촉광에서 관측된 광도는 성간 가스와 먼지에 의해 흐려질 수 있고, 그것과 우리의 시선 사이에 들어와 있는 다른 별과 은하에서 나오는 빛에 의해 가려질 수도 있다. 이들 요소들을 고려해서 조정하는 일은 결코 쉬운 일이 아니며, 아무리 잘해도 빈틈이 없을 수 없는 가정들을 필요로 한다.

또한 천문학자들은 지구가 태양 주위를 초속 30km로 회전하고, 태양은 우리 은하의 중심부를 초속 220km로, 우리 은하는 지역 은하단의 중심부를 초속 200km로 돈다는 걸 발견했는데, 이 지역 은하단은 대략 그와 비슷한 속도이지만 반대 방향으로 지역 초은하단 중심부 주위를 회전하고 있으리라 추정된다.[2] 이들 각각의 발견이 나올 때면 적색편이를 통해 지구에서 떨어져 있는 천체 속도를 계산했던 값이 조정되었다. 정통 우주론자들은 매우 먼 거리에 있고 따라서 매우 젊은 천체까지의 거리를 계산하기 위해 적색편이를 활용할 뿐 아니라 우주의 팽창률 및 우주의 나이를 계산할 때도 적색편이를 활용한다.

우주의 나이 측정

이러한 측정 문제의 결과 중 하나는 우주의 나이의 추정치에 차이가 있다는 것이다. 허블이 처음 내놓은 우주 나이는 5억 년 미만이었다. 1950년대에 와서도 천문학자들은 우주의 나이를 20억 년 정도로 잡았는데, 방사성 연대 측정법radioactive dating으로 암석의 나이를 계산해 본 결과 지구의 나이만도 적어도 30억 년 이상이었다. 윌슨산 연구소에 허블의 후임자로 온 앨런 샌디지Allan Sandage는 200억 년, 텍사스대학교의 제라르 드 보쿨뢰르Gérard de Vaucouleurs는 100억 년이라고 추정했다.

1994년 전 세계 천문학자들이 모여서 허블 우주망원경으로 그 당시로서는 꽤 높은 정확도로 먼 곳에 있는 은하 M100을 관측한 후, 우주의 나이는 80억 년에서 100억 년 사이라고 결론을 내렸다.[4]

2003년에 와서, 탐사 책임자 찰스 베넷Charles L. Bennet은 우주 공간에 배치한 윌킨슨 마이크로파 비등방성 탐색기WMAP로 전체 하늘을 관측한 결과를 따라, 우주 나이가 137억 년이며 오차범위는 1퍼센트에 불과하다고 자신 있게 선언한다.[5] 대다수 우주론자들은 전례 없이 정확한 이 수치를 사실로 받아들였다. 그러나 2013년에 와서는 플랑크 우주 망원경의 관측 데이터를 근거로 138억 2천만 년으로 수정된다.[6]

수치를 산출하기 위한 탐측과 데이터 측정이 현실적으로 매우 어려운 현재까지 확정된 이 수치가 미래의 발견을 통해 얼마든지 변경될 수 있으리라는 점을 예상하지 못하는 과학자는 현명하다 할 수 없다. 또한 이 데이터는 해석 여하에 따라 전혀 다른 의미를 가지기도 한다.

데이터 해석

갈릴레오가 1610년에 망원경을 사용하여 행성을 관측하기 전에는 태양과 행성을 관측한 결과 지구를 포함한 행성들이 태양 주위를 돈다고 해석하거나 태양과 행성들이 지구 주위를 돈다고 해석할 수 있었다. 두 이론 모두 데이터와 부합했다. 거의 모든 관측자는 후자 쪽 해석을 택했다. 물론 그들은 틀렸지만, 종교적 신념이 그들의 해석을 결정했던 것이다.

현재 대다수의 우주론의 연구 결과들 역시 신념에 기반한 해석이라는 느낌을 지울 수 없다. 서로 다른 가설적 우주론의 지지자들은 자신들의 신념을 확정해 주는 증거를 선택하거나 신념을 확정하는 쪽으로 증거를 해석하려 한다. 이런 경향은 정통 해석을 지지하는 이들만 아니라 그에 도전하는 이들에게서도 나타난다.

우리는 내려질 결론을 애초부터 결정하고 들어가는 가설—종종 명확하게 표현되지도 않는 가설—보다는 관측 결과로부터 도출되는 결론에 집중하려 한다. 우주론에서 그런 가설은 늘 문제를 일으킨다.

우주의 나이

2003년에 베네트와 NASA의 팀은 WMAP 데이터에 따라 우주 나이가 137억 년 ± 1퍼센트 오차라고 결론 내렸는데, 이 결론에 이르려면 몇 가지 가정이 충족되어야 한다. 그 가정 중 하나가 허블 상수값이다. 로완-로빈슨에 의하면, 이 상수의 값은 "지난 30년간 계속해서 맹렬한 논쟁을 불러 일으켰다."[7] 베네트의 선언이 있고 3년이 지났을 때, 워싱턴 카네기 협회의 알세스트 보나노스Alceste Bonanos가 이끄는 연구팀은 M33 은하까지의 거리를 보다 정확히 측정한 값을 대입하여 허블 상수값을 15퍼센트 줄였는데, 이렇게 되면 우주의 나이는 158억 년으로 늘어난다.[8] 이는 지금도 여전히 정확한 우주 나이를 산출할 필요가 있다는 로완-로빈슨의 결론을 확정하는 꼴이 되었다.[9]

통상적으로 인정받는 이 우주 나이의 문제 제기는 주로 정통 우주론자들로부터 나오지만, 우주 나이를 계산하기 위해 정통 우주론이 제시하는 데이터에 대한 해석과 가정에 대해서도 반론이 끊임없이 제기된다. 예를 들어 플라스마 물리학자 에릭 러너Eric Lerner는 우리가 우주에서 관측할 수 있는 만리장성과 같은 거대 시트 형상의 초은하군들superclusters과 그 은하군들 사이의 거대 보이드(void, 공동)가 만들어지려면 1,000억 년은 필요하다고 본다.[10] 데이터에 대한 그의 해석은 현재 우주론의 정통 이론을 굳건히 지지하는 네드 라이트Ned Wright에 의해 다시 반박된다.[11]

적색편이 1a형 초신성

4장에서 살펴봤듯, 정통 우주론자들은 높은 적색편이 1a형 초신성-매우 밝고 짧게 생존했다가 폭발했으리라 여겨지는 백색왜성-이 예상보다 침침하다는 점이 빅뱅 이후 감소하던 우주 팽창 비율이 증가세로 돌아선 증거라고 해석한다. 이 주장을 뒷받침하려는 많은 연구 결과가 나왔는데, 그들은 모든 적색편이를 거리 측정의 수단으로 간주한다(아래 참고). 그리고 1a형 초신성의 밝기가 흐려지는 것은 준정상 우주론(QSSC)이 주장하듯 성간 먼지 때문일 수도 있고,* 세페이드 변광성의 경우처럼 그 광도가 천문학자들이 생각하는 것보다 그다지 표준적이지 않은 까닭일 수도 있다.

우주 팽창 비율의 뚜렷한 증가세

4장에서 봤듯, 정통 우주론자들은 이처럼 빛이 흐려지는 현상은 알려지지 않은 암흑 에너지로 인해 우주 팽창 속도가 점점 빨라지는 데 기인한다고 해석한다. 그들은 이를 수학적으로 설명하기 위해 임의의 우주상수 람다를 재도입하는데, 여기에다가 아인슈타인이 폐기했던 상수값이나 급팽창론자들이 부여한 값과는 전혀 다른 값을 부여했다. 그들은 이것을 우주의 양자역학장 에너지에서의 제로 포인트라고 생각하지만, 계산해 본 결과 그 값은 그들이 말하는 우주 팽창 비율에 부합하는 값보다 무려 10^{120}배나 크게 나온다.

쿤츠Kunz와 그의 동료 래사넌Rasanen과 류Lieu는 각각 암흑 에너지를 고려하

* 119쪽 참고.

지 않고 데이터를 해석했고, 엘리스Ellis 역시 또 다른 해석을 제시하면서 "현재의 정통 우주론은 이런 제안들이 전혀 매력적이지 않다고 생각한다. 그러나 그런다고 이런 해석이 틀렸다는 증명이 되는 건 아니다"[12]라고 덧붙인다.

5장에서 다루었듯, 스타인하르트와 튜록은 암흑 물질이 임의의 상수가 아니라 우주의 역동적으로 변하는 기본 요소인 퀸테센스라고 제시하는 데 반해,* 준정상 우주론은 초신성에서 나온 데이터는 알 수 없는 암흑 에너지** 를 도입하지 않고서도 QSSC 이론에 의해 얼마든지 동일하게 설명될 수 있다고 주장한다.

적색편이

데이터에 대한 가장 중대한 해석은 적색편이 자체가 '언제나' 거리를 측정하는 수단이 된다는 것, 그리고 허블 상수와 합치면 해당 천체가 멀어지는 속도, 그리고 그에 따라 천체의 나이를 측정하는 수단이 된다는 것이다. 3장에서는 이런 해석에 대해 할턴 아프, 제프리 버비지, 그리고 다른 이들이 제기했던 반론을 다루었다.***

이런 해석상의 갈등이 생기는 주요 이유는 다른 말로는 준항성체quasi-stellar objects 즉 QSOs라고 알려져 있는 퀘이사들의 특징 때문이다. 변동하는 전파를 방출하는 이 강력한 천체들은 1961년에 발견되었다. 처음에는 우리 은하 내의 관측 가능한 작은 별이라고 생각되었지만, 빛의 스펙트럼을 분석해 보니 그들은 매우 큰 적색편이를 보였다. 이에 반해 크기가 작으며, 높은 적색편이를 가진 다른 물체들이 관측되었는데, 그 물체들은 전파를 방출하지 않고 며칠 주기로 변광하는 푸른 빛의 가시광선을 방출하며, 그들 중 대부분은 몇 시간 주기로 변광하는 강한 X선을 방출하는데, 이는 몇 년에서 몇 달

* 120쪽 참고.
** 119쪽 참고.
*** 78쪽 참고.

주기로 변광하며 전파를 방출하는 천체들과 대조된다.

정통 우주론자들은 큰 적색편이를, 이들 퀘이사들이 매우 멀리 있으며 광속의 95퍼센트 속도로 우리에게서 멀어지고 있다는 의미로 해석하였다. 그 빛이 우리에게 도착하기까지의 시간을 고려하면 우리가 지금 보고 있는 빛은 그 퀘이사들이—그리고 우주가—매우 젊었을 때의 빛이다. 문제는 그렇게 긴 거리를 고려하면 그들의 전자기적 방출량은 수천 개의 은하들이 합쳐야 낼 수 있는 양인데 반해, 방출 변광 주기가 짧다는 건 그 빛의 원천이 매우 작다는 뜻인데 이를 어떻게 설명할 것이냐는 점이다. 더욱이 그들 중 20분의 1가량만이 전파를 방출하고, 대부분은 가시광선과 X선 그리고 약간의 감마선을 방출한다는 점도 생각해야 한다.

1980년대에 이르러 정통 우주론자들은 합리적인 합의 해석에 도달했다. 어린 은하의 중심에 있는 거대한 블랙홀 주변을 돌며 빨려 들어가는 아주 뜨거운 가스와 먼지 원반에서 다량의 가시광선과 X선이 방출된다. 반면, 상대론적 전파 방출은, 항성 형성에서 관측되는 바와 같이, 회전축을 따라서 나오는 제트 때문이다. 단순히 우리의 시야각은 강한 가시광선 및 X선 원천과 강한 전파 원천을 구별한다.[13]

그러나 이에 반해 아프, 버비지, 그리고 다른 이들의 연구 결과 높은 적색편이 퀘이사high-redshift quasars 중 상당수는 근처 활성 은하들 한쪽에 배열되어 있으며, 때로는 그 은하들과 물리적으로 연결되어 있다. 또한 분석 결과 모체 은하로부터 멀어질수록 밝기는 증가하고 적색편이는 감소한다. 그들은 이 데이터를 통해, 퀘이사들은 활동 은하의 핵 부분에 있는 블랙홀 인접 영역에서부터 빛의 속도에 가까운 빠르기로 방출되어 나오는 작은 원시 은하들이며, 이들은 은하로 진화하면서 밝아지는데, 모체 은하로부터 거리가 멀어지면서 속도는 점점 감속한다고 해석한다.

2007년 왕립 천문학회 의장인 마이클 로완-로빈슨은 이런 견해를 즉시 거부했다. "적색편이 비정상의 역사는 30년이 넘었다. 이러한 연관성 중 일부는 우연이었고, 다른 연관성은 중력 렌즈 때문이었다."[14] 그러나 버비지는 지난

30년간 축적된 데이터가 자신들의 해석을 더욱더 강화한다고 주장한다.

> 만약 밝은 은하들 주변의 암흑 물질이 중력 렌즈 효과를 통해 먼 곳에 있는 흐릿한 QSO(퀘이사)를 밝힌다는 식으로 해석이 되지 않는다면, 그 외의 만족할 만한 중력 모델은 성립하기 어렵다. 게다가 대부분의 MSO들은 그리 멀리 있지 않다. 관습에 사로잡힌 이들이 내놓을 수 있는 다른 주장은 이 모든 수치가 우연이거나 통계가 잘못되었다는 것이다……데이터는 계속 축적되고 있다. 2005년 버비지와 그녀의 동료들은 2.1의 적색편이를 갖고 X선을 방출하는 QSO가 근처의 활동은하(보통의 은하에 비해 활동이 활발하여 짧은 시간 동안 많은 양의 에너지를 방출하고 있는 은하를 통칭—옮긴이) NGC 7619에서 불과 8각초(arc second) 거리에 있다는 것을 보여 주었다. 이것이 우연일 가능성은 1만분의 1이다. 또한 이것 이외에도 너무나 많은 사례들이 보고되고 있다.[15]

그러나 아프의 말에 의하면, 그렇게 많은 사례들이 있는 것은 아니다. 그는 자신의 논문을 과학 저널에 싣는 게 쉽지 않다고 말한다. 1998년에 그는 자신이 익명의 심사위원과 나눈 얘기를 공개했는데, 그에 따르면 그 심사위원은 "교묘하고 음흉하며 모욕적이고 거만했으며 무엇보다 화가 잔뜩 나 있었다."[16] 이런 시각은 버비지도 가지고 있었는데, 그는 우주론이 관측을 중시하는 과학자들이 아닌 데이터에 부차적인 관심만 갖는 수학 이론가들에 의해 지배되고 있다고 본다. "우주론에 대한 우리의 견해는 대부분 무시되고 있다. 지난 20년간 우리의 논문 발표를 막고, 우주 학회에서의 활동을 막으려는 성공적인 시도가 있어 왔다. 아마도 우리에게 발표 기회가 주어지면 상당히 설득력이 있기 때문이 아닐까 한다."[17]

이들은 저명한 과학자들이다. 아프는 은하계 밖을 관측하는 천문학자 중에서는 가장 경험이 풍부한 이일 것이다. 29년간 그는 팔로마 관측소의 스텝이었고 그 이후에는 독일의 저명한 막스 플랑크 협회로 들어갔다. 또한 미국 천문학회가 주는 헬렌 B. 워너상도 수상했다. 버비지는 샌디에고 캘리포니아대학교 행성물리학 교수이며 2005년에는 왕립 천문학회의 금메달을 수상했다. 정통 관점에 대한 대안 이론에 가해지는 억압의 부당성을 지적하는 그들의 불만에 리차드 류도 동조한다.*

일부 적색편이에 대한 대안적 해석과 관련하여 나는 한 가지 이해가 안 되는 부분이 있다. 만약 원시은하가 현존하는 활동은하 중심으로부터 거의 광속으로 방출된다면, 왜 멀리 떨어져 있는 만큼 우리를 향해 원시은하가 무작위로 방출되지 않고, 높은 적색편이와 높은 청색편이를 생성하는가?

아프는 2008년에 나온 2dF 은하 적색편이 탐사Two-degree-Field Galaxy Redshift Survey 속의 AM 2330-284 은하 주변 14개의 높은 적색편이 퀘이사들을 분석한 자신의 자료를 제시한다.[18] 그는 이들의 적색편이가 은하의 퇴각 속도와 얼마 차이 안 나는 범위에 있다고 주장한다. 이들이 모체 은하로부터 무작위로 대략 초속 1,800킬로미터 속도로 방출된 증거라는 것이다. 이것은 빛의 속도보다 현저히 작은데, 이는 각각의 방출된 물체의 질량이 시간이 가면서 증가하기에 그 운동력을 유지하기 위해 속도가 줄어들기 때문이다.[19] 아프의 해석은 호일-날리카의 등각 중력 이론에 관한 변동 질량 가설에 근거하는데, 이에 따르면 새롭게 만들어진 물질은 제로의 질량에서 시작해서 시간이 가면서 우주 내 다른 물질들과 상호작용을 통해 질량이 점점 늘어난다.[20]

아프 역시 적색편이에 대한 정통적 해석에 의문을 제기하는 버비지와 다른 이들처럼 틀렸을 수도 있다. 그러나 정통 우주론자들이 데이터 해석을 달리하는 아프나 다른 저명한 과학자들을 무시하거나 폄하하는 대신 합리적인 논의를 시작하지 않는 한 모든 적색편이에 대한 정통 해석과 나아가 빅뱅 모델에 대한 정통 해석은 물음표가 계속 붙을 수밖에 없다.

* 97쪽 참고.

우주 마이크로파 배경 속의 파문

관측 결과를 발표할 때 종종 언어에 이성보다는 신념이 반영되기도 한다. 예를 들어, 탐사 팀장이었던 조지 스무트George Smoot는 1992년 우주 공간에 설치한 우주배경탐사선(COBE)의 탐지기를 통해 우주 마이크로파 배경(CMB) 속에서 0.001퍼센트 가량의 긴 밀도 파문을 발견했다고 보고할 때, 마치 "신의 얼굴을 보는 듯했다"고 말했다. 스티븐 호킹은 COBE가 "모든 시대를 통틀어서는 아니더라도 이번 세기 최대의 발견"[21]을 했다고 말했다. 시카코의 천문학자 마이클 터너Michael Turner는 워싱턴에서 열린 미국 물리학회에서 이 발견이 소개되자 "그들이 우주론 분야의 성배를 발견했다"고 찬사를 보냈다.[22]

이토록 찬사를 보내는 까닭은 대다수의 우주론자들은 이 파문이 초기 플라스마에서 광자가 분리될 당시의 그 플라스마 속의 불균등한 상태를 나타낸다고 해석하여 COBE에서 얻은 데이터가 정통 이론의 급팽창 빅뱅 모델을 뒷받침하는 증거라고 보기 때문이다. 그들은 이 비균질성이 빅뱅 당시 양자 요동이 급팽창으로 팽창할 때 생겨났으며, 거대한 빈 공간에 의해 서로 떨어져 있는 은하와 은하단 및 초은하단 구조를 형성했던 씨앗이라고 본다. 스무트와 그의 동료인 고다드 비행 센터 소속 존 매더John Mather는 파문을 관측한 공로로 2006년 노벨 물리학상을 공동 수상했다.

찬사가 쏟아진 다음 주에 나온 네이처지의 사설은 좀 더 냉정한 입장을 견지했다:

> 지금까지 확인된 데이터가 빅뱅의 신조와 일치한다는 단순한 결론이 신문과 방송을 통해 우주가 어떻게 시작됐는지 "우리가 이제 알게 되었다"는 증거로 증폭되었다. 이런 사태는 꽤 놀랍다.

사설은 더 나아가서 그 파문으로 오늘날 우리가 볼 수 있는 우주 구조를 설명할 때 생기는 문제점과 정통 우주론의 해석 방식의 문제점을 다루는 데

"암흑 물질이나 급팽창에 관해서는 제대로 된 별개의 증거가 없다"[23]는 점도 지적한다.

그러나 우주론 분야의 저작들은 CMB에서 이 파문이 다른 모델들과도 부합한다는 점을 좀체 언급하지 않는다. 엘리스는 구형의 대칭적 비균질 우주 모델이 유사한 파문을 만들어 낼 수 있다고 주장한다. 준정상 우주론은 마이크로 배경복사가 별 속에서 헬륨이 만들어질 때 나오는 에너지가 열중성자화 되면서 생기며, 파문은 거기서 국지적으로 생기는 결과물이라고 해석한다.[24] 플라스마 우주론의 영원한 우주 모델도 배경복사 에너지에 대해 유사한 설명을 내놓고 있으며, 파문은 은하 중간에 밀집해 있는 자기 밀폐 플라스마 필라멘트의 덤불에 의해 이 에너지가 불완전하게 등방성화될 때 생겨나온다고 해석한다.* 순환 에크파이로틱 우주 모델은 두 개의 거의 텅 빈 우주막이 서로에게 가까이 갈 때 생기는 주름에 의해 빅뱅 시의 방출 에너지 위에 새겨지듯이 파문이 만들어진다고 해석한다.**

어떤 우주론 교수는 나에게 CMB 파문이야말로 뜨거운 빅뱅 발생 1초 이후를 설명하는 정통 우주 모델의 정확성을 "거의 확실하게" 만들었다고 주장했다. 그는 CMB 파문에 대한 다른 해석은 고려할 가치가 없다고 일축했고, 나는 그 이유를 물어봤다. 그러나 그는 관련된 논문은 하나도 읽은 적이 없다고 인정했다. 자신은 출판되는 모든 논문을 읽어 볼 시간이 없었으며, 대부분의 우주론자 사정도 마찬가지라고 하였다. 만약 그렇다면 그들은 어떻게 읽어 보지도 않은 해석을 묵살할 수 있다는 말인가? 그의 설명에 따르면, 안건을 설정하고 데이터에 가장 잘 부합하는 견해를 수립하는 것은 대여섯 명이 안 되는 우주론자들이 맡고 있다고 한다.

그는 진지하고 정직한 사람이어서 이들 대여섯 명의 우주론자들이 그들이 평생 연구하고 믿고 있는 모델에만 적합하도록 데이터를 해석하는 기득

* 122쪽 참고.

** 124쪽 참고.

권을—의식했든 그렇지 않았든 간에—갖는 것에 의문을 제기할 생각은 하지 않았던 듯하다. 나는 정통론을 옹호하는 주교가 우주론 분야의 추기경단에게 기쁜 마음으로 경의를 표하는 듯한 느낌을 받았다.

과장된 주장

이성보다는 신념이 과장된 주장을 만들어 낸다. COBE 십 년 후에 보다 정교한 기구를 싣고 우주 공간에 쏘아 올린 윌킨슨 마이크로파 비등방성 탐색기(WMAP)가 3년 동안 발견한 내용을 전하기 위해 2006년 3월 16일 NASA에서 내놓은 뉴스의 제목은 "NASA 위성 우주 최초의 1조 분의 1초"였다. 그 뉴스에는 탐사 팀장인 찰스 베넷이 했던 "이제 우리는 우주 최초의 1조분의 1초 안에 생긴 일에 대한 다양한 의견을 구분할 수 있다"는 말도 인용되고 있다.[25]

슬프게도, 정치가만 허망한 말을 늘어놓는 것이 아니다. 베넷은 정통 우주론자이기에 우리가 시간을 거꾸로 올라가더라도 빅뱅 이후 380,000년이 지나 물질에서 복사가 분리되어 나왔던 안시 지평선visual horizon 너머로는 볼 수 없다는 점을 알고 있다.*

데이터를 자세히 들여다보면 WMAP의 기구들이 실제로 기록한 것은 마이크로 배경복사의 온도 변화와 편광polarization인데, 탐사가들은 이것이 빅뱅 이후 380,000년이 지났을 때 생겼다고 "추정한다." 얼기설기 엮은 수많은 가정 위에서 WMAP 과학자들은 이 편광이 최초의 1조분의 1초 동안 일어났다고 추정되는 사건들이 발생했다고 추론한다. 이렇듯 인정할 수 없는 추정을 사실로 내세우는 일은 최선의 과학적 성과로는 함량 미달이다.

* 143쪽 참고.

WMAP 데이터

WMAP 프로젝트에 참여했던 과학자들은 열점과 냉점의 패턴이 너무도 단순히 급팽창 예측과 부합한다는 이유로, 자신들이 얻은 데이터가 정통 급팽창 빅뱅 모델을 한층 더 확증한다고 해석한다.

그러나 2005년에 다른 우주론을 지지하는 이들이 WMAP 1차 데이터를 분석한 후 심각한 문제를 제기했다. 리처드 류와 헌츠빌 앨라배마대학교의 조너선 미타즈Jonathan Mittaz는 WMAP 데이터가 WMAP 프로젝트 참여 과학자들의 해석보다 더 많은 물질을 가진—그러므로 더 큰 중력장을 가진—약한 "초임계super critical" 우주를 제시한다고 봤는데, 이렇게 되면 급팽창 추정이 성립하는 데 중대한 문제가 발생한다.[26] 그들은 또한 표준 빅뱅 모델에서 예측하는 우주 마이크로파 배경에서 중력 렌즈 효과가 보이지 않는다는 점도 지적했다. 그들은 마이크로파 배경에서 냉점들이 우주 가장자리에서 지구까지 140억 광년을 날아왔다고 보기에는 그 크기가 지나치게 일정하다고 주장하였다. 그 결과 여러가지 대안적인 설명 방법이 제시되었다. 가장 보수적인 설명은 허블 상수를 포함한 정통 모델에서 우주론적 변수들이 모두 잘못되었다는 것이다. 가장 논쟁적인 가능성은 마이크로파 배경복사 자체가 빅뱅의 남은 흔적이 아니며, 전혀 다른 과정, 즉 지구 가까이에서 일어났기에 그 복사가 어떤 중력 렌즈 가까이에도 가지 않고 우리 망원경에 도착할 정도로 근방에서 진행된 과정을 통해 발생했다는 설명이다.

데이비드 라르손David Larson과 일리노이대학교의 벤저민 반델트Benjamin Wandelt는 급팽창에 의해 예측되는 열점과 냉점의 정규분포가 실제와는 통계적으로 유의미한 편차가 있다는 점을 발견했다.[27] 케이트 랜드Kate Land와 런던 임피리얼대학교의 주앙 마게이주는 마이크로 배경복사의 세 가지 요소를 분석한 뒤 그중 두 가지 요소—사중극자quadrupole와 팔중극자octupole—를 볼 때 마게이주가 "악의 축"이라고 별명을 붙인 지역을 따라 열점과 냉점이 배열되는 방향이 있으며, 이는 급팽창이 예측한 무작위 방향과 모순된다. 마게이주는 이것은 우주가 편평한 판이나 베이글 모양이거나 회전하고 있기 때문에 생기며, 이 모든 경우는 정통 모델이 근거로 삼고 있는 등방성과 전(全) 중심성의 가정과 부합하지 않는다고 주장한다.[28]

그렇지만 대부분의 우주론자들은 이런 비무작위 방향은 백 번 측정의 평균 값에서 일반적으로 인정되는 통계적 편차에 속한다고 해석한다.[29]

WMAP 원데이터에 문제를 발견한 이들과 다른 과학자들이 옳은지 그른지 간에—후기 플랑크 데이터는 그들이 옳다는 것을 강하게 암시한다(아래 섹션 참고)—데이터를 열린 마음으로 분석하고 대안적 해석을 찾아보려는 그들의 자세는 프로젝트를 수행하는 과학자들과 대조된다. 그들은 그저 자신들의 가설을 뒷받침하는 결론만 도출하려 한다.

모순되는 증거에 관한 플랑크 망원경의 확증

2013년 3월, 유럽 우주연구소의 플랑크 망원경에서 얻은 첫 15개월간의 데이터를 발표하면서, 프로젝트 참여 과학자 얀 타우버Jan Tauber는 WMAP 담당자의 의견에 동조하여 "우리는 표준 우주 모델에 거의 완전하게 부합하는 자료를 얻었다"고 말했지만 이어서 "그러나 우리의 기본 가설 중 일부를 다시 생각하게 하는 묘한 증거들도 얻었다"[30]라고 자신의 말과 모순되는 발언을 덧붙였다.

플랑크 망원경은 그 전보다 높은 해상도와 민감도를 가지고 우주 마이크로파 배경CMB을 관측했다. 정통 급팽창 빅뱅 모델을 흔드는 많은 현상도 포착했다. 우주의 나이뿐 아니라 추정해 왔던 암흑 물질과 암흑 에너지의 비율까지 재조정해야 했고, 예상보다 넓은 면적의 하늘에 펼쳐 있는 냉점들, 예측했던 바와 부합하지 않는 CMB 온도의 변동폭까지 고려하게 만들었다. 그 데이터는 열점과 냉점의 분포가 통계적 편차 수준으로 넘길 일이 아니라 실제로 축을 따라 배열되어 있으며, 이는 그들이 등방성, 즉 어느 방향으로 보더라도 유사하게 보여야 한다는 정통 모델의 예측을 반박한다는 점을 확인시켜 준다.

데이터 선택

과학자들이 증거를 객관적으로 검토하기보다는 하나의 가설을 정당화하려고 할 때, 해석뿐만 아니라 데이터 자체를 선택하는 사태가 발생한다.

앞서서 나는 끈 이론가인 레너드 서스킨드가 말했던 바 다중우주를 가능하게 하는 가능성의 풍경을 언급했었다.* 서스킨드의 저서 『우주의 풍경 *The Cosmic Landscape*』을 리뷰하면서, 엘리스는 이 다중우주론이 양자 터널에서라야 가능하며 이는 공간적으로 균질하고 등방성을 갖추고 음의 공간 곡률을 가진 우주에 이르고, 따라서 오메가 값은 1 이하가 된다고 본다.** 관측상 선택할 수 있는 최적의 오메가 값은 $\Omega=1.02\pm0.02$이다. 통계적 불확실성을 고려한다면 이 수치는 서스킨드의 추정과 확실하게 부딪치는 것은 아니지만 지지하지는 않는다. 그러나 서스킨드는 썩 반갑지 않은 이 데이터에 대해서는 언급조차 하지 않는다. 엘리스는 이것이 "이론에 대한 신념이 증거를 이기곤 하는 현대 우주론의 실상을 드러내는 징후"[31]라고 본다.

데이터 해석의 법칙

나는 지금까지 천문학의 데이터에 대해 저명한 과학자들이 내놓은 대안적 해석을 소개하는 데 많은 공간을 할애했다. 이들 대안이 우주론 학계 밖에서는 좀체 들리지 않고, 심지어 많은 경우에 학계 내부에서도 들리지 않기 때문이다. 이 학계란 우주론을 배우는 이들이 현재의 정통 우주론을 주장하는 이들에게 가르침을 받고, 자신들의 논문 출간이나 장학금, 심지어 진로까지 그들에게 좌우되는 인간 제도를 가리킨다. 어떤 인간 제도에서든 순응 압박은 상당하다.

더욱이 우주론은 수년에 걸친 시간의 투자를 요구한다. 특정 탐사를 제안

* 133쪽 참고.

** 오메가와 그와 관련된 우주의 기하학의 해설에 관해 67쪽 참고.

하고, 탐사 자금을 얻기 위해 신청한다. 그리고 자금을 제공할 기관을 설득해 지원을 얻어낸 뒤, 예를 들자면 COBE 위성의 경우처럼 NASA가 위성을 쏘아 올리고 그 일차 데이터를 분석해 해석하기까지 18년이 걸렸다. 이와 비슷하게 입자 물리학자들은 입자가속기를 돌릴 자금을 지원해 줄 여러 나라의 정부와 협력하면서 연구를 수행하기 위해 자기 경력에서 수십 년의 세월을 투자해야 한다. 과학자들도 인간인지라 당연히 그런 개인 투자가 가치가 있는지 보고 싶어한다.

발표된 결과를 엘리스와 로완-로빈슨 같은 소수파 우주론자들의 균형 잡힌 의견과 비교해 보면 아래와 같은 법칙이 도출된다.

> **데이터 해석의 법칙** 과학자가 자신의 탐구 결과로 나온 데이터를 얼마나 객관적으로 해석하느냐의 정도는 다음 4가지 요소 간의 함수와 같다. 하나의 가설을 확장하거나 하나의 이론을 확증하려는 그의 확고한 의지, 그 연구가 그의 인생에서 차지한 시간, 그 프로젝트에 대한 그의 정서적 관여 정도, 그리고 중대한 논문을 출간하거나 자신의 명성을 지켜야 한다는 그의 경력상의 필요.

부적합한 이론

3장과 4장에서는 우주론의 뜨거운 급팽창 빅뱅 모델의 중대한 문제점들을 다루었고, 5장에서는 이 정통 모델을 수정하거나 대체하려는 다른 추정들이 아직까지는 우주의 기원에 대한 과학적인 규명을 제대로 내놓지 못하고 있다고 결론을 내렸다. 그들의 주요 주장은 검증되지 않았을 뿐 아니라, 그들 대부분은 도저히 검증할 수도 없는 까닭이다.

여기서는 정통 우주 모델과 주요 대안 모델들에 깔려 있는 보다 깊은 이론적 문제를 다루려 한다.

양자 이론과 상대성 이론의 불완전성

양자 이론과 상대성 이론은 빅뱅 모델은 물론 그와 경합하는 다른 모델들의 근간을 이룬다. 이들 각각은 자신의 영역, 즉 양자 이론은 극히 작은—원자보다 작은—것들의 영역에서, 상대성 이론은 지극히 큰—별의 질량이나 빛에 가까운 속도를 가진 물체와 같은—영역에서 놀라울 만큼 성공적인 예측을 수행했고, 이 예측은 관찰과 실험을 통해 확증되었다. 그러나 이들 각각은 상대 영역 속에서 현상을 설명하는 데는 필연적으로 불완전할 수밖에 없다.* 이것은 이들 각각이 자연에 대한 보다 깊고 완전한 이론을 만드는 데 제약조건이 된다는 뜻이다.

양자론과 상대성 이론을 통합하려는 많은 시도가 있었지만—예를 들면 끈 "이론"과 루프 양자 중력—우리가 살펴본 대로 이들은 아직 과학적으로 검증되지 않았다. 게다가 이들도 각각 자신들의 문제점을 야기했다. 전체 우주를 예측하고 묘사할 때의 일반 상대성 이론의 적합성, 양자 이론에서 대두되는 실재의 본질 문제가 그것이다.

일반 상대성 이론의 적합성

천문학자와 물리학자들은 아인슈타인의 일반 상대성 이론을 채택하는데, 이 이론은 특수 상대성 이론에 중력을 도입함으로써 알려져 있는 모든 힘을 설명할 수 있고, 태양에 화성이 가장 근접할 때의 변칙적인 세차운동preces-

* 예를 들어, 볼프강 티텔(Wolfgang Tittel)과 동료들에 의하면 양자가 얽혀 있는 두 개의 광자가 10km 이상 떨어져 있을 때, 대안적이고 동일한 가능성을 가진 경로들 앞에서 동일한 방식으로 움직이는데, 이것은 빛보다 정보가 빠르게 움직일 수 없다는 아인슈타인의 특수 상대성 이론에 위배된다[Tittel, W, et al. (1998) "Violation of Bell Inequalities by Photons More Than 10km Apart" *Physical Review* Letters 81: 17, 3563-3566]. 그러나 상대성 이론이 적용되지 않는 것은 아원자(subatomic) (원자보다 작은) 영역에서만이 아니다. 레이너 블라트(Rainer Blatt)와 동료들 [Riebe, M, et al. (2004) "Deterministic Quantum Teleportation with Atoms" *Nature* 429: 6993, 734-737]D J 와인랜드(D J Wineland)와 동료들 [Barrett, M D, et al. (2004) "Deterministic Quantum Teleportation of Atomic Qubits" *Nature* 429: 6993, 737-739] 이들은 각각 칼슘 이온과 베릴륨 이온의 양자 상태가 거의 즉각적으로 전달되는 것을 확인했다.

sion(회전하는 강체의 회전축이 변하는 운동—옮긴이)까지 설명하기 때문이다. 반면에 뉴턴 역학은 이를 설명하지 못한다. 그러나 과연 전체 우주를 예측하고 묘사하는 데도 이 이론이 적합할까?

일반 이론은 구체적인 초기 상태에 대한 특정한 결과치를 예측하는 방정식이 아니고, 열 개의 장 방정식의 세트로 이루어져 있으며 그 안에는 임의의 스칼라장, 매개변수들, 그리고 그 매개변수들의 값이 삽입된다. 이 방정식에서 아인슈타인은 하나의 매개변수와 그 변수값을 선택해서 안정적인 우주를 만들었고, 다른 여러 우주론자들은 다양한 값을 가진 개념상의 스칼라장을 택해서 다양한 급팽창 우주를 만들었다. 호일과 그의 동료들은 같은 스칼라장을 택하되 다른 변수들과 값을 선택하여 준정상 우주를, 스타인하르트와 튜록은 또 다른 스칼라장과 변수, 값을 택해서 순환하는 우주를 만들었는데, 여기서 암흑 에너지는 하나의 상수가 아니며 역동적으로 진화한다.

다들 자신들의 우주가 관찰 데이터와 부합한다고 주장하지만, 팽창이나 창조, 암흑 에너지 스칼라장의 존재에 관련해서는 전기적 스칼라장을 확증하는 증거와 같은 명확한 증거가 없다. 엘리스가 지적하듯* 실은 수학적 계산을 거꾸로 돌리면 원하는 결과를 도출할 수 있는 변수를 선택하는 게 완벽하게 가능하다. 루이스 캐럴의 작품 『거울 나라의 앨리스』 속 험프티 덤프티의 말을 바꾸어 표현하자면, 스칼라장과 변수들 그리고 그들의 값을 잘 선택하면 일반 상대성 이론의 방정식은, 모자라지도 넘치지도 않고, 내가 그 방정식이 내놓기를 원하는 값을 정확히 내놓을 수 있다. (캐럴 역시 수학자였다.)

일련의 방정식에서 중력을 활용하면 급팽창 우주론, 주기 우주론, 준정상 우주론, 그 외의 다른 모델의 우주론 모두 물질을 형성하는 에너지의 무한한 원천을 만들어 낼 수 있고, 초고밀도 물질이 가진 막대한 중력 인력을 이

* 87쪽 참고.

겨 내고 팽창하는 데 필요한 힘도 만들어 낼 수 있다.* 에너지의 무한한 원천—그리고 유니콘과 신들도—은 개념상 세계에서는 얼마든지 존재할 수 있고 수학은 그 세계의 일부이지만, 유니콘이나 신들이나 무한한 에너지의 원천이 물리적 현실 속에서 존재할 수 있느냐는 점에 관해서는 의심할 수밖에 없다.

양자 세계의 실체

논리적으로 일관된 수학적 표현이 현실 세계를 얼마만큼 잘 표현하느냐는 문제는 과학에서 가장 어렵고 전문적인 개념 중 하나인 양자 이론을 다룰 때 다시 대두된다.

양자 이론을 구성하는 방정식과 원칙은 실험적으로 검증되는 예측에서 놀라울 정도로 정확한데, 특히 존재할 수 있는 원소의 숫자와 그 원자 구조 그리고 그 원자들이 어떻게 뭉쳐져서 분자를 이루는가에 대해 설명할 때 그러하다. 따라서 이런 예측을 통해 화학의 이론적 토대를 갖출 수 있었다. 그러나 양자 이론은 과학으로 현실을 설명하는 데 철학의 현실주의적 견해에 의존하는 아인슈타인, 에드빈 슈뢰딩거, 루이 드 브로이 등 그 이론의 주창자들을 불편하게 했다. 그 이유는 양자 이론이 묘사하는 세계는 모순적이고, 본질적으로 불확실하며, 측정법에 좌우되고, 비결정론적 즉 원인이 없이 결과를 인정하기 때문이다.

이 이론은 그 방정식이 무엇을 의미하는가에 관한 수많은 해석을 낳았다. 예를 들어 양자 이론은 전자가 입자와 파동의 성격을 동시에 가지고 있다고 본다. 빛도 마찬가지이다. 이 파동은 바다의 파도와 같은 물리적 파도가 아닌 정보의 파도를 의미한다. 이는 어떤 특정한 범죄가 일어날 확률이 높다고 말할 때 쓰는 말인 범죄의 파동crime wave이란 말에 비유할 수 있다. 양자 파

* 뉴턴의 중력 방정식도 마찬가지로 점 질량 사이의 분리가 무한하다는 전제하에 이것을 허용한다.

도는 입자가 존재할 확률, 그 입자가 회전이나 에너지 등의 특성을 보유할 확률을 가리킨다. 공간적으로 어디 있는지는 확정할 수 없다. 존재할 수 있는 범위는 무한하며 양자로서 가능한 모든 존재의 상태를 포함한다. 따라서 전자는 어디에나 존재할 가능성이 있다.

표준(보어Bohr 혹은 코펜하겐Copenhagen으로 알려진) 해석에 따르면, 측정할 수 없는 것은 물리적으로 존재할 수 없다. 측정될 때만 파동함수는 특정 위치, 운동량 및 에너지를 갖는 물리적 입자의 확률로 붕괴된다. 그러나 입자의 정확한 위치와 그 정확한 운동량은 동시에 측정할 수 없고, 한 시점에서의 그 정확한 에너지도 측정할 수 없다.

표준 해석은 일반적인 물리적 의미에서 독립된 실체를 양자 현상이나 측정하는 사람의 탓으로 돌릴 수 없다고 말한다. 노벨상 수상자 유진 위그너Eugene Wigner처럼 표준 해석을 지지하는 이들은 측정을 위해서는 의식을 가진 관측자가 필요하다는 입장이다. 예를 들어 안에 틈이 배열되어 있는 판에 부딪친 빛이 분산되어 나오는 패턴을 측정할 때는 큰 문제가 없다. 그러나 우주의 실체, 즉 빅뱅에서부터 만들어져 나온 전자, 중입자, 광자의 실체를 다룰 때는 문제가 생긴다.

아인슈타인이 노년에 함께 작업했던 유명한 이론 물리학자 존 휠러는 물리적 실체에 관해 의식-의존적 관점을 논리적 결론으로 취하였다. 그는 오늘날만 아니라 빅뱅에까지 소급해서 올라 가더라도 우주가 존재하려면 그것을 실재라고 인식할 의식 있는 관찰자가 필요하다고 주장한다. 의식을 가진 존재가 관찰해 그 우주 전체에 관한 파동함수를 물리적 실체로 변환하기 전까지 우주는 아직 결정되지 않고 단지 개연성을 가진 유령과 같은 상태에 있다는 것이다.

이 문제를 해결하기 위해 에버렛Everett의 양자 다중우주quantum multiverse(이것은 다음 장에서 살펴보려 한다)를 비롯한 무수히 많은 해석들이 제시되었지만 이들은 또 다른 문제들을 낳았다.

물리적 우주에서의 무한

양자 이론은 무한에도 문제가 있다. 양자역학이 전자기장 같은 장을 설명할 때는 공간상의 모든 지점에 값을 부여한다. 이렇게 되면 한정된 공간에서도 무한히 많은 변수가 생긴다. 양자 이론에 따르면 이 각각의 값은 통제할 수 없이 변동을 거듭한다. 스몰린의 설명에 의하면, 이렇게 되면 어떠한 사건이 일어날 확률이나 어떤 힘의 크기 예측에 무한히 많은 경우의 수가 생긴다.

일반 상대성 이론은 무한과 관련해서는 무한히 많은 에너지의 원천을 만들어 낼 뿐만 아니라 또 다른 문제를 양산한다. 4장에서 살펴봤듯* 블랙홀 안에서는 물질의 밀도나 중력장의 크기가 무한하게 커지는데, 일반적으로는 우주 팽창을 거꾸로 돌려 블랙홀에 이르러도 같은 사태가 일어난다고 간주된다. 그러나 밀도가 무한히 커진다면 일반 상대성 이론의 방정식은 붕괴된다.

일반 상대성 이론 방정식을 풀기 위해 도입된 단순화한 가정의 결과 편평한 우주(정통 우주론의 모델)와 쌍곡선 우주 모델 모두 필연적으로 무한히 커진다. 그리고 그 둘 모두 그 우주 가장자리에 이르면 우주가 모든 지점에서 동일하게 보여야 한다는 가정과 모순이 일어난다.** 대부분의 우주론자들은 이걸 문제라고 생각하지 않는다. 막스 테그마크Max Tegmark는 "어떻게 우주가 무한하지 않을 수 있는가?"[32]라고 말한다.

다른 이들은 모든 존재 가능한 우주를 다 포함하고 있는 다중우주에서는 필연적으로 무한히 많은 수의 우주가 존재한다고 주장한다.

그러나 무한은 아주 많은 수와 전혀 개념이 다르다. 20세기 수학의 토대를 놓는데 큰 기여를 한 데이비드 힐버트David Hilbert는 아래와 같이 말한다.

> 우리의 주된 결론은 현실에서 무한은 어디에도 없다는 것이다. 무한은 자연 속에서도 존재하지 않고 합리적 사고를 위한 온당한 토대도 될 수 없다.[33]

* 89쪽 참고.

** 구형 우주에는 적용되지 않는다. 완전한 구체는 그 표면 위 어느 지점에서도 동일하게 보인다.

만약 힐버트가 맞다면 물리적 세계를 묘사하기 위해 무한을 도입하는 가설들은 모두 유효하지 않다.

만약 무한의 수학적 구조가 물리적 현실 세계에서 일치하지만, 유한한 존재로서 우리가 그것을 인지할 수 없다는 정도에서 힐버트가 틀린 것이라면, 과학적인 방법으로는 그런 가설을 검증하거나 반증할 수도 없다.

만약 힐버트가 완전히 틀렸고 우리에게 무한을 포함해 가설을 경험적으로 검증할 능력이 아직 없다 하더라도, 그런 가설은 여전히 문제가 많다. 예를 들어 5장에서 살펴본 다양한 대안적 우주론들은 우주가 영원하다고 주장한다. 엘리스가 지적하듯, 만약 시간의 한 지점에서 어떤 사건이 일어난다면 그 우주론은 왜 그 사건이 이전에 일어나지 않았는지도 설명해야 한다. 왜냐하면 그 사건이 그 전에 일어날 수 있었던 무한히 많은 시간이 있었기 때문이다.[34]

나중에 물질의 진화를 살펴볼 때 엔트로피 증가의 법칙에 대해서 다루려 한다. 여기서는 일단 이 물리적 법칙에 따라서 고립된 체계 안에서 일어나는 어떤 과정에서든 평형 상태에 도달할 때까지 혼잡도가 증가한다는 점을 언급해 둔다. 명확히 정의하자면 우주는 궁극적으로 고립된 체계이기에 존재하는 모든 물질과 에너지를 그 안에 가지고 있거나, 상정한 다중우주 속 다른 우주들과 분리되어 있어야 한다. 이 물리적 법칙이 우주에서도 유효하고 우주가 영원히 존재한다면, 무한히 오래전에 이미 평형 상태에 도달했어야 했고 우리가 지금처럼 존재하면서 이 질문을 깊이 생각할 수는 없었을 것이다.

수학의 부적절성

뉴턴은 미적분이라는 새로운 형태의 수학을 발전시켰는데, 이는 그가 물리 법칙을 발전시킬 때 결정적인 역할을 했다. 아인슈타인 이래 이론 물리학자들과 우주론자들은 우주의 기원과 진화에 대한 자신들의 생각을 표현하고 정량화하기 위해 당대의 수학—4차원 미분기하학, 게이지 이론, 스칼라장 등—을 빌려 오거나 응용했다. 앞서 살펴봤듯, 이런 생각의 수학적 표현은 우주의 기원에 소급해 올라가거나 우리가 감지한 현실과 일치하지 않을 때 허물어진다. 우주 기원과 진화의 완전한 이론을 표현하고 정량화하기 위해서는 새로운 수학이 필요하다. 그 이론은 상대성 이론이 큰 범위로 설명하는 모두와 양자 이론이 아원자 범위로 설명하는 모두를 설명할 수 있어야 한다.

과학에 내재되어 있는 한계

앞에서 봤듯 우주의 기원을 설명하기 위해 제시된 수많은 추정들은 검증되지 않았을 뿐 아니라 검증할 수도 없다. 만일 우리가 어떤 현상, 혹은 우리가 파악할 수 있는 어떤 것에 기인하는 효과를 파악할 수 없다면, 우리는 그것을 검증할 수 없다. 이렇듯 검증할 수 없는 추정은 필연적으로 과학이라는 실증적인 학문의 영역에서 벗어나 있다.

결론

큰 비용과 오랜 관측으로 얻은 데이터를 분석한 뒤 프로젝트 담당 과학자들이 내놓는 낙관적이고 때로는 승리에 도취된 듯한 선언에도 불구하고, 우주론은 실제적으로 상당한 어려움에 직면해 있다. 또한 원데이터를 해석하는 데 있어서 문제에 직면해 있는데, 여기에는 종종 표현되지 않은 기본 가정의 의심이 포함된다. 그 결과 우리는 허블 상수나 우주의 밀도와 같은 많은 핵심 매개변수들의 값을 확실히 알 수 없고, 따라서 우주의 나이와 우주의 팽창률도 확실히 알 수 없다. 꽤 많이 수정된 정통 빅뱅 모델이나 그와 경합하는 추정들 모두는 우주의 기원과 형태에 관한 과학적으로 탄탄한 이론을 제시하지 못한다. 게다가 모든 우주론 모델을 뒷받침하는 두 개의 이론—상대성 이론과 양자 이론—모두 불완전하고 그 자체로 문제가 있다.

탐사 기술이 발전하고 새로운 데이터와 새로운 사고에 따라 해석과 이론이 발전하면서 실제적인 해석과 이론의 한계 역시 극복되고, 우주의 기원과 우리를 구성하고 있는 물질의 기원에 대해 한결 분명한 우주론적 이해가 가능해질 것이다.

그러나 우주론자들이 과학과 과학적 방법에 대해 과학계뿐만 아니라 더 넓은 지적인 독자층 모두가 받아들이기에 충분한 새로운 정의를 내놓기까지, 수많은 우주론적 "이론들"은 검증되지 않은 추정으로 분류되어야 하며, 따라서 과학의 영역 밖에 머물러 있어야 한다.

물론 우주론은 이 장 앞부분에서 나열한 대로 세 가지 측면에서 다른 과학 분야와 다르다. 따라서 우주론이 전통적인 과학적 방법론에 의해 제약을 받는다면 설명적인 힘을 거의 갖지 못할 것이다. 이런 논리는 우주를 설명하기 위해 과학의 관례를 넘어서는 우주론자들을 정당화하는 데 사용될 수 있다. 이에 나는 다음 장에서 우주론적 추정이 과학의 엄격한 검증을 통과하지 못하더라도 설득력 있는 추론을 만들어 낼지 살피려고 한다.

Chapter 7

우주론적 추정의 합리성

공간을 통해 우주는 나를 움켜잡고 마치 작은 알갱이인 것처럼 나를 삼키고, 나는 사유를 통해 그 우주를 움켜잡는다.

–블레즈 파스칼Blaise Pascal, 1670년

이성은 자연의 계시이다.

–존 로크John Locke, 1690년

실증적 과학의 영역 밖에 있는 우주론적 설명의 타당성을 평가하기 위해 물어야 할 두 질문은 그 추정의 범위가 무엇인가와 그 추정의 합리성을 어떻게 검증할 것인가이다. 이들 질문의 답을 찾기 위해 나는 우주의 기원과 우주의 형태라는 두 가지 영역에서 제기된 우주론적 추정들을 살펴보려 한다. 그것은 이 두 가지 모두 우리가 존재하고 있는 물질의 출현을 이해하는 데 중요하기 때문이다.

우주론의 추정 범위

우주론의 추정은 오직 우주의 물질 요소에만 한정되어야 할까?

많은 과학자들은 유물론자들이고 그들에게 이것은 사소한 문제다. 왜냐하면 그들은 물질적인 우주만이 존재하는 모든 것이고, 의식과 정신 등은 물질과 그 물질의 상호 관계의 관점에서 과학에 의해 설명된다고 믿기 때문이다. 그러나 바로 그와 같은 견해는 결코 반증할 수 없으므로 포퍼의 기준에 따르면 비과학적이다.

나는 물질적 우주의 기원과 진화에 직접적으로 관련된 비물질적인 것들을 검토함으로써 범위를 확대하는 편이 합리적이라고 생각한다. 이것은 서로 관계가 있는 일련의 형이상학적 질문들을 제기한다. 이들은 같은 질문의 다른 측면으로 간주될 수 있지만, 우선 이들을 세 가지 범주로 구별하는 것이 도움이 될 듯하다. 비록 이 구분이 자의적이며 스며들 수 있다 하더라도 말이다.

물리학 법칙의 원인

대부분의 우주론 설명들은 물질이 물리학 법칙에 따라 움직이며 진화한다고 주장하거나 그렇게 가정한다. 그렇다면 이들 법칙이 존재하게 하는 원인이 무엇이냐는 근본적인 질문이 생긴다.

28장에서 철학적 사고의 발전을 살펴볼 때 다루겠지만, 여기에 대한 분명한 답은 없다. 합리주의자의 원형인 아리스토텔레스조차도 원인의 사슬을 따라가다 보면 결국 첫 번째 원인자는 자기 원인self-causing이고 영원하며 불변하고 물리적 특성이 없으며 따라서 신과 같다고 결론 내릴 수밖에 없었다.

물리학 법칙의 본질

이 근본적인 질문에서 한 단계 더 올라간 질문은 물리학 법칙들의 본질은 무엇이냐는 것이다. 이 질문은 세 가지 하위 질문으로 나누어진다.[1]

1. 이들은 기술적인가? 규범적인가?

이들이 단지 사물의 상태를 기술할 뿐이라면, 왜 모든 물질과 그들의 상호작용들(힘들)은 관찰 가능한 우주 내의 어디에서나 동일한 특징을 가지는가? 왜 모든 전자는 동일한가? 왜 전자기력은 어디에서나 같은 방식으로 계산되는가? 그러나 그와 달리, 이들 법칙이 만물이 존재하는 바를 결정한다면, 그 법칙 자체가 불변한다는 가정하에, 물질은 필연적으로 어디에서나 동일해야 한다. 그렇다면 어떻게 이론적 법칙이 우주 내의 물질에게 자신을 부과할 수 있는가?

2. 이들은 우주보다 앞서 존재했고 우주가 존재하도록 컨트롤했는가? 아니면 우주와 함께 존재하는가? 아니면 영원한 우주와 공존하는가?

빅뱅이 만물의 시작이라면, 법칙이 없는 창조 사건 속에서 어떻게 그런 법칙이 만들어질 수 있는가? 빅뱅이 만물의 시작이 아니라면, 어떻게 법칙이 우주보다 앞서 존재할 수 있는가? 우주가 영원하다면, 물리학 법칙도 불변하고 우주와 함께 영원히 공존하는가? 아니면 무한한 시간의 흐름 속에서 변해 가는가?

3. 왜 이들 법칙은 대부분의 경우 매우 단순한 수학 공식으로 표현되는가?

일반 상대성 이론과 같은 유명한 예외를 제외하면, 대부분의 물리학 법칙은 전자기력의 역제곱 법칙처럼 매우 단순한 방정식으로 표현된다. 왜 그런 것인가? 수학은 물리학 법칙을 기술하는가 아니면 결정하는가? 수학의 본질은 무엇인가?

수학의 본질

매사추세츠공과대학의 우주론자 막스 테그마크는 수학적 구조를 "공간과 시간 바깥에 존재하는 추상적이고 변함없는 실체"[2]라고 본다. (이런 추정은 물질주의를 부정하는 의미를 내포한다.)

이와 비슷하게 로저 펜로즈는 플라톤을 따라 수학적 형상이 물리적 세계 밖에서 객관적인 실체를 가지고 있는 "강력한 (물론 불완전한) 증거"에 대해 논한다. 이 수학의 세계의 극히 일부만이 우리가 그 일부인 물리적 세계와 관련이 있지만, 전체 물리적 세계는 수학의 법칙에 지배를 받는다. 만약 그렇다면, "우리 자신의 물리적인 행동 역시 그 궁극적인 수학의 통제를 받으며, 이 '통제'는 엄격한 개연성의 원리에 지배되는 일부 임의의 행동을 허용할 수 있다."[3]

수학적 형상들이 물리적 우주 너머 초월적인 실체이며, 이들 형상이 우주를 존재케 하고 지배한다는 추정은 어떻게 수학적 형상이 물질적인 우주를 만들고 통제하는지를 설명해야 한다.

오래전에 기독교 교회는 이 독특한 플라톤적 개념을 흡수해 비슷한 설명을 내놓았다: 그 초월적인 실체가 하나님이다. 이로 인해 서양의 주요한 과학자들 대다수는 16세기 중반의 첫 번째 과학 혁명을 지나 18세기를 거쳐 20세기 초반까지—코페르니쿠스, 케플러, 뉴턴, 데카르트, 그리고 아인슈타인까지—우리 우주를 지배하는 수학의 법칙을 찾는 것을 마치 스티븐 호킹의 유명한 표현처럼 '신의 생각'을 발견하는 일인 듯이 추구했다.

영국 국교회의 성직자이자 옥스퍼드 신학부의 전前 신학 흠정 교수Regius Professor of Divinity였던 키스 워드Keith Ward는 수학적인 필연성이 어떤 의식에 의해 잉태되었을 때만 완전히 존재한다고 주장함으로써 합리적인 설명을 시도한다. 만물의 수학적 이론이 성립하려면 그 의식은 필연적으로 신, 즉 생각을 가진 최고의 존재이자 자존하는 이의 속성을 가져야 한다.[4]

신비주의자이자 환경론자인 두에인 엘긴Duane Elgin은 우주를 다스리는 초월적인 수학적 형상에 관한 비종교적인 견해를 논리적으로 전개했다. 그는 "차원적인 진화dimensional evolution"를 제시하는데 그에 의하면 우주는 "정교한 미묘함, 깊은 디자인, 우아한 목적으로 이루어진 성스러운 기하학"에 의해 긴밀하게 붙들려 있는 살아 있는 시스템이다. 이 기하학이 우주 전체에 스며들어 있고, 이 물질적인 우주가 질서정연하게 드러날 수 있는 유기적인 틀을 제공할 뿐 아니라 생명이 진화할 수 있는 유기적 맥락까지 제공한다. 이 성스러운 기하학은 "초우주Meta-universe"의 창조물이다. 그것은 "상상할 수 없을 정도로 거대하고, 이해할 수 없을 정도로 지적이며, 무한히 창조적인 생명력으로, 우리 우주를 명백한 존재로 만들기로 선택했다."[5] 이 초우주가 유대-기독교-이슬람 신앙에서 말하는 인격적으로 개입하시는 하나님이 아니라면, 고대인들이 말하는 브라만이나 도道와 놀랍게 닮았다.*

반면에 리 스몰린은 두 번째 과학 혁명이야 말로 이런 영적인 세계관에서부터 과학을 해방시켜주었다고 믿는다. "일반 상대성 이론, 양자 이론, 자연 선택, 그리고 복잡계와 자기조직화 시스템 이론을 하나로 묶는 것은 이들이 창조자나 조성자 혹은 외부의 관찰자와 같은 외부의 지성을 도입하지 않고서도 다양한 방식으로 이 세상을 하나의 완전체로 묘사한다는 이유 때문이다."[6] 여기에 새로 도입되는 요소는 자연선택, 복잡성, 자기조직화 시스템 이론 등이다. 이들은 대체로 생명의 출현을 설명할 때 언급되는 이론들이므로 이들에 대해서는 2부에서 다루려 한다.*

우주론적 추정의 검증

실험이나 관측을 통해 우주론의 추정을 검증할 수 있는 예측 가능한 방법이 없다면, 우주가 알에서부터 나왔다고 하는 신화와 비교하여 평가하고 합리성을 결정하기 위해 어떤 검증 방식을 동원해야 할까?

주로 사용되는 것은 다음과 같다.

* 이에 대한 정의는 용어 해설 참고, 이에 대한 설명은 44쪽 참고.

아름다움

이론 물리학자들은 자신들의 이론과 방정식에서 곧잘 미학을 추구한다. 양자 이론가인 폴 디락Paul Dirac은 "방정식은 실험 결과와 부합하는 것보다는 아름다움이 있느냐가 더 중요하다"고 말한다. 노벨상 수상자이자 이론 입자 물리학자인 스티븐 와인버그Steven Weinberg는 이렇게 말한다. "물리학자들은 새로운 이론을 개발할 때만이 아니라 개발된 물리 이론의 유효성을 판단할 때도 거듭거듭 자신들의 미적 감각에 인도된다."[7]

그러나 아름다움은 주관적이다. 많은 방정식의 상수이며 그 값이 3.141592653……(그 정확한 값은 계산할 수 없다)인 π가 아름다운가? 내 가설이나 방정식이 당신의 것들보다 아름다운가? 창세기 1장에 나오는 창조 이야기가 아름다운가?

이런 주장을 내세우는 이론가들이 실은 자신들이 어떤 현상 체계를 아름답게 해석할 수 있는 통찰을 가지고 있다는 말을 하고자 하는 것이라면, 이것은 전혀 다른 문제가 된다. 이성적 추론 이외에 지식을 얻은 다른 방법에 대해서는 다른 곳에서 다루어 보려 한다. 그러나 일단 나는 아름다움이 추론의 합리성을 검증하는 적절한 방법이라고 생각하지는 않는다.

간명성

이것은 다른 말로는 경제성, 오컴의 면도날, 단순성 등으로 다양하게 불린다. 데이터에 관해 경합하는 여러 해석 중에서 가장 덜 복잡한 것이 가장 좋다는 것이 간명성 기준의 요점이다.

나는 이것이 경험적으로는 유용한 법칙이라고 생각하지만 이 기준을 사용하려면 신중해야 하고 다른 검증 방법과 함께 사용해야 하는데, 다른 설명이 이 검증 기준에 더 잘 부합하느냐의 여부가 논란거리가 될 수 있기 때문이다. 예를 들어 물리학 법칙에 대한 가장 단순한 설명은 하느님 혹은 어느 신이 그렇게 설계했다는 설명이다.

내적인 일관성

추론은 조리가 있어야 하며, 그 말은 그 각각의 부분이 합쳐져서 하나의 조화로운 전체를 이루어 내는 내적인 논리적 일관성이 있어야 한다는 뜻이다. 내적인 모순이 발생한다면 그 추정은 합리적이라고 할 수 없으므로 이것은 필수적인 검증에 해당한다.

증거와의 외적인 일관성

설령 독립적으로 검증할 수 있는 예측이나 사후 추정은 하지 못한다 하더라도, 최소한 알려진 증거들과는 그 추정이 부합해야 한다는 뜻이다.

이것은 유용한 검증 방법이긴 하지만 과학적 유효성을 확정하기는 어렵다.

다른 과학 분야의 가르침과의 외적인 일관성

이것은 에드워드 윌슨Edward O. Wilson이 19세기 철학자 윌리엄 휴얼William Whewell을 인용하면서 거론하는 통섭統攝, consilience을 뜻한다. 설명을 위한 공통의 근거를 마련하기 위해서 하나의 추정은 다른 과학 분야에서 이미 검증된 지식과 부합해야 한다는 의미이다.

어느 추정이 자신의 분야에서 나오는 증거들과 맞아 들어가는지 확인할 수 없을 때, 현대 과학의 다른 주요 가르침과의 일관성을 검토하는 것은 유용한 검증 방법이다.

우주의 기원

우주의 기원에 관한 우주론의 주된 추정들은 우주의 시작점을 논하는 이론과 우주가 영원하다고 주장하는 쪽으로 양분된다.

정통 모델: 빅뱅

첫 번째 범주의 가장 중요한 예는 현재의 정통 모델인데, 이 이론은 4장에서 살펴봤듯이 물질이 어떻게 무로부터 탄생했는지 규명하지 못한다. 이를 규명하려는 시도는 결국 우주의 순 제로 에너지net zero energy 상태에 대한 추정에 이르는데, 이에 의하면 음의 인력 에너지는 물질과 복사에서부터 나오는 정지 질량과 운동 에너지가 가진 양의 에너지를 정확하게 상쇄한다.* 이 추정에 입각해서 거스Guth는 우주를 공짜 점심이라고 불렀다.

그러나 빅뱅이 시공간을 포함한 만물의 시작점이라면, 그 뒤에 생겨나는 만물에게 에너지를 제공하는 순 제로 에너지를 가진 우주는 존재하지 않으며, 양자 이론 법칙을 따르는 선재先在하는 진공도 있을 수 없다. 결국 이 추정은 내적인 일관성이라는 필수적 검증 기준을 충족하지 못한다.

만약 근래에 팽창주의자들이 선호하듯 팽창 이후에 빅뱅이 있었다면, 이것은 기본 모델에 추가되는 정도가 아니라 기본모델의 근간과 정면으로 배치되는 것이다. 아무리 우주론자라고 하더라도 공짜 점심을 먹으면서 동시에 손에 쥐고 있을 수는 없다. 빅뱅이 만물의 시작이든지 아니든지 해야 한다.

우주론자들은 현재의 정통 모델을 표준 우주 모델Standard Cosmological Model 혹은 조화 모델Concordance Model로 부르지만, 그 우주론은 좀 더 정확히 표현하자면 "급팽창의 양자 요동 그룹 추정 또는 뜨거운 빅뱅 이전 혹은 이후 미지의 27퍼센트 암흑 물질, 미지의 68퍼센트 암흑 에너지 모델"이라고 불러야 할 것이다.

빅뱅 전에 급팽창이 일어난다는 견해들은 빅뱅이 만물의 시작이라는 견해들이나 내적인 일관성 없는 유대-기독교와 이슬람 신의 창조 신화보다 내적으로 더 일관적이다.** 그러나 암흑 물질과 암흑 에너지가 무엇인지 확실히 설명하지 못할 뿐 아니라, 우주에서 관측 가능한 작은 부분 중에서도

* 99쪽 참고.

** 48쪽 참고.

95퍼센트는 여전히 규명하지 못하고 남겨두고 있기 때문에, 그들은 간명성의 원칙을 충족했다거나 큰 설득력을 가졌다고 주장하기는 어렵다. 또한 이들 이론은 양자 진공, 양자역학 법칙, 인플레이션장이 어디서부터 생겨났는지 설명하지 못한다. 브라만이나 도道가 시공간을 벗어나 있는 궁극적 실체이며 그 실체로부터 만물이 나왔고, 만물이 그것으로 구성되어 있다는 통찰보다 이들 이론이 더 합리적이라고 주장하기는 어려운 지경이다.

다중우주 추정들

정통 우주론의 설명에 불만을 느낀 다른 이론들, 예를 들면 린데의 혼돈 급팽창 모델, 스몰린의 블랙홀 우주의 자연선택, 끈 이론이 제시하는 가능성의 풍경 등은 우리 우주가 다중우주에 있는 다른 우주, 즉 무한은 아니더라도 수없이 많은 우주 중 하나라고 추정한다.

그들은 우리 우주가 어디서 어떻게 생겨났는지를 설명하지만, 기원에 관한 문제는 그저 미루고 있을 뿐이다. 그들은 다중우주, 즉 스몰린의 원형우주progenitor universe가 어떻게 왜 어디에 존재하게 되었는지 설명하지 못한다. 다중우주가 영원하다고 본다면, 어떻게 그리고 왜 우리 우주라는 특정한 우주가 그 영원한 시간 속의 앞선 다른 시점은 놔두고 어느 한 특정한 시점부터 존재하게 되었는지 설명할 수가 없다.

여러 다중우주론의 합리성은 다음에 나오는 "우주의 형태" 부분에서 다룰 때 살펴보겠다.

"영원한 우주" 모델

5장에서는 영원한 혼돈 급팽창론, 주기적으로 진동하는 우주론, 순환 에크파이로틱 우주론 등 자칭 영원한 우주론 모델을 다루었다. 수학적으로 이들 모두 미래에는 영원히 이어지지만, 이들의 우주에는 하나같이 시작점이 있다. 논리적으로 생각해서 시작은 있는데 끝이 없는 "반만 영원한" 우주는 성립할 수 없고, 내적인 일관성 검증 기준을 충족하지 못한다.

5장에서는 호일과 그의 동료들이 왜 원래의 정상우주론 모델을 수정하여 준정상 우주론(QSSC)을 만들었는지도 설명하였다. 이것의 중심적인 사상은 우주가 영원하며 무한히 팽창하고 있다는 것이다. 즉 시간과 공간 모두 무한하다는 뜻이다.

계속해서 팽창하고 있는 무한 공간에는 논리적 모순이 없으므로 이러한 추론은 내적인 일관성을 갖는다.

그러나 QSSC는 관측된 데이터와의 외적인 일관성을 획득하기 위해, 특이점이 아닌 작은 빅뱅들이 끊임없이 새로운 물질이 생기는 지역을 주기적으로 만들어 내고 이것이 장기적으로 정상우주의 팽창을 가능하게 한다고 주장한다. 작은 빅뱅을 통해 무에서부터의 창조가 끊임없이 이루어진다는 말은 한 번의 빅뱅을 통해 무에서부터 창조된다는 말처럼 비합리적이다. 게다가 QSSC는 각각의 주기에서 특이점 문제를 회피하지만, 우주의 전체적인 팽창을 소급해 올라가보면 점점 더 작은 우주에 이르게 되고 결국은 특이점과 구별할 수 없게 된다. 틀림없이 이것이 우주의 시작을 구성하므로 우주는 영원할 수 없다.

우주의 형태

논리적으로 생각해 보면 우주는 얼마든지 다른 형태일 수 있다. 그런데 어떻게 다른 형태가 아닌 한 특정한 형태로 존재할 수 있을까? 이들 다른 형태들은 물리적 상수나, 물리적 법칙 그리고 차원의 수 등을 가진 다른 우주를 포함시킨다. 이 질문은 보다 폭넓은 인류학적 질문의 필수적인 요소이기도 하다: 왜 우리 우주는 인류의 진화가 가능하도록 미세 조정되어 있는가?

우주론적 변수의 미세 조정

4장에서 살펴봤듯, 마틴 리스Martin Rees는 여섯 개의 우주론적 변수 중 한 개라도 측정값에서 아주 미세하게 틀어졌다면 이 우주는 우리처럼 탄소 기반의 사유하는 인간 출현을 가능하게 진화할 수 없었을 것이라고 주장했다. 물리학 법칙은 이들 변수값을 예측하지 못하고, 우주론의 현재 정통 모델은 이들 변수가 어떻게 그리고 왜 이렇게 미세 조정되었는지 설명하지 못한다.

이 여섯 개의 변수는 다음과 같다.

1. 오메가(Ω): 우주 팽창 에너지에 대비되는 우주 내 중력 끌림을 측정한 값

빅뱅이 있었다면, 우주가 태어난 지 1초가 되었을 때 오메가 값은 0.99999999999999999와 1.00000000000000001 사이의 값을 취해야 한다. 그렇지 않으면 우주는 빅 크런치를 겪던가 팽창하여 완전한 공백이 되고 만다.*

2. 람다(Λ): 우주상수

4장에서 봤듯, 알려지지 않은 반중력 암흑 에너지를 나타내는 이 추정 상수는 추정의 기초가 되는 많은 가정과 마찬가지로 의문의 여지가 있다. 그럼에도 이는 현재 정통 우주론의 핵심 요소이며, 천문학자들이 부여한 값은 매우 작아서, 입방 센티미터당 10^{-29}그램이다. 리스의 주장에 따르면, 그 값이 이렇게 작지 않았다면 그 효과가 은하와 별의 형성을 막았을 것이며 우주의 진화가 시작되기도 전에 억제되었을 것이다.

3. 뉴(N): 중력의 크기에 대비되는 전자기력 크기의 비율

이 값은 대략 10^{36}(1,000,000,000,000,000,000,000,000,000,000,000,000)이다. 전자기력은 서로 다른 전하를 가진 핵과 전자의 인력과 척력을 상쇄함으

* 72쪽 참고.

로써 원자와 분자에게 안정성을 제공한다. 이 규모에서는 상대적으로 작은 값인 중력을 무시할 수 있다. 그러나 거의 전기적으로 중성인 행성 사이즈에서는 중력이 강해진다. N값에서 영이 몇 개만 적어져도, 상대적으로 강한 중력으로 인해 우주는 단명하는 초소형 우주가 되어 복잡한 구조가 형성될 수 없게 되고, 생물학적인 진화를 위한 시간도 생기지 않는다.

4. Q: 별, 은하, 은하군, 은하단, 초은하단 같은 구조물이 서로 단단하게 붙들려 있는 정도를 측정한 값

이것은 두 개의 에너지 간의 비율이다. 우주 구조물을 해체해서 흩어지게 하는 에너지와 그에 대비되는 $E=mc^2$ 공식으로 산출되는 전체 정지 질량-에너지의 비율을 말한다. 값을 계산해 보면 대략 10^{-5} 즉 0.00001이다. Q가 이보다 작으면 우주는 활성화되지 않고 구조가 아예 만들어지지 않는다. Q가 이보다 크면 별과 태양계 모두 살아남을 수 없다. 다시 말해 우주가 블랙홀에 뒤덮인다.

5. 입실론(ε): 헬륨핵들이 서로 강하게 붙들려 있는 정도에 대한 측정값

모든 원소를 만들어 내고 별을 작동시키는 데 필요한 중요 핵 연쇄 반응은 두 개의 양성자(수소핵들)와 두 개의 중성자가 융합하여 헬륨핵이 되는 반응이다.* 수소핵 하나의 질량은 그 구성 요소들 질량의 합보다 0.7퍼센트 작다. 그 질량의 0.007에 대해 주로 열로 바뀌는 이러한 에너지로의 변환은, $E=mc^2$ 방정식에 의거하면, 헬륨핵들이 두 양의 전하값들의 상호 밀어내는 전기력을 극복하고 그 구성 요소들을 합치는 힘을 나타낸다.

만약 이 변환되는 부분이 더 작아져서 예를 들어 0.006이 되면, 첫 번째 연쇄 반응 즉 하나의 양성자와 하나의 중성자가 합쳐지는 반응이 아예 일어나지 않아서 헬륨이 만들어지지 않고, 우주는 오직 수소로만 이루어

* 보다 자세한 설명은 9장 참고.

지게 된다. 더 커져서 예를 들어 0.008이 되면, 두 양성자는 즉각 결합하여 헬륨이 되고, 흔히 볼 수 있는 오래 생존하는 별들의 생존에 필요한 수소나 인간의 삶에 필수적인 물 같은 분자를 만들어 낼 만한 수소가 남아 있지 못하게 된다.

6. D: 우주 속 공간 차원의 수

우주는 3차원이다(그리고 1차원의 시간이 있다). 리스에 의하면, 이로 인해 중력과 전기력 같은 힘은 역제곱 법칙을 따른다. 질량을 가진 물체나 전하를 가진 입자들 간의 거리가 두 배로 멀어지면 그들 간의 힘은 네 배로 약해지고, 그 거리가 세 배로 멀어지면 힘은 아홉 배로 약해지는 식이다. 이로 인해 행성의 원심력과 태양이 잡아 끄는 중력으로 구심력 간에 균형 잡힌 관계가 형성되어 안정적인 궤도를 그리며 돈다. 만약 공간이 4차원으로 존재한다면, 힘은 역세제곱 법칙을 따르게 되고 구조는 불안정해진다. 궤도를 돌던 행성이 조금만 속도가 줄어들어도 태양 속으로 돌진하게 되고, 조금만 속도가 높아져도 나선형으로 회전해 튕겨 나가 암흑 속으로 사라질 것이다. 공간의 차원이 셋보다 작아지면 복잡한 구조물이 존재할 수 없다.

존 배로John Barrow와 프랭크 티플러Frank Tipler는 리스가 말하는 여섯 개의 변수 외에 인간의 진화를 위해 추가적으로 필요한 변수들이 있다고 주장하는데, "인류 우주anthropic universe" 문제는 이 탐구 여정 중에 부각되어 나올 때 다루어 보려 한다. 여기서는 일단 하나님이나 신들 중 하나가 이렇게 만들었다는 믿음과 대비되는 차원에서, 지금의 우주가 어떻게 그리고 왜 이런 형태를 띠게 되었는가 하는 구체적인 질문에 대한 답으로 제시되는 우주론의 추정들이 얼마나 합리적인지를 살펴보려 한다.

다중우주 해석

리스와 대다수 우주론자들이 선호하는 추정은 다중우주 해석이다. 이 이론은 언뜻 보기에 매우 합리적인 것 같다. 추정된 다중우주는 코스모스에 개연성을 부여함으로써 우리가 살고 있는 우주의 독특성을 부정한다. 이 이론의 본질적인 주장은 모든 것이 가능하다는 점이다. 그래서 상상할 수 없이 많은 우주나 심지어 무한히 많은 우주로 구성되어 있는 코스모스 속에서는 각각의 우주가 자신만의 독특한 특징이 있으며, 우리 우주의 특징을 가진 우주가 존재할 가능성도 상당히 높다는 것이다. 우리는 어쩌다 보니 그런 우주 속에 존재하게 된 셈이다.

그러나 좀 더 살펴보면 여러 가지 문제점이 대두된다. 그중 첫 번째 문제는 그 다중우주의 정체가 무엇이냐 하는 점이다. 하나의 다중우주 속에 존재하리라 추정되는 우주가 무수히 많고, 존재할 수 있다고 추정되는 다중우주의 형태도 너무 많다. 이들은 4가지 주요한 범주에 따라 묶일 수 있다.

1. 양자 다중우주

1957년 대학원생인 휴 에버렛이 제시한 양자 이론의 해석은 표준 혹은 코펜하겐 해석*과 상충된다. 여기서, 양자 레벨에서 각 사건의 가능한 모든 결과는 무한 차원의 공간에서 다른 양자 가지 위의 단절된 실재의 대안 버전이며, 이는 평행하게 존재하는 대안적인 우주들을 생성한다. 이 이론의 초창기 버전은 그런 우주들이 우리 우주와 같은 차원의 시공간을 가지고 있고 동일한 상수를 가진 동일한 물리학 법칙에 따라 서술될 수 있다고 봤다. 단지 각 사건의 결과가 다를 뿐이다. 예를 들어, 여자의 아원자 양자 레벨에서 일어나는 사건의 모든 결과는 남자에 의한 질문, 나와 결혼할래요?라는 거시적 레벨에서 다른 결과로 이어진다. 무엇보다, 이는 그녀가 그 남자와 결혼하는 우주와 결혼하지 않는 우주를 생성하게

* 161쪽 참고.

된다. 그 이론의 이후 버전은 실제 속의 대안적 양자 가지 내에서는 물리학 법칙들도 달라진다고 본다.

양자 다중우주 추정이 내적으로 일관성이 있는지는 의심스럽다. 논리적으로 따지자면, 이 이론에 따르면 에버렛이 자신의 추정을 생각해 내고 믿는 우주와 그가 그렇게 하지 못하는 우주가 생겨난다. 더욱이, 우리가 살고 있는 이 하나의 우주를 설명하기 위해 그렇게 수많은 우주를 만들어 내야 한다는 것은 간명성*의 기준에 비춰봐도 실격이다. 모든 다중우주 추정들 역시 마찬가지이다. 화학의 아원자 기초를 설명하는 양자 이론의 탁월한 실증적인 성공과 함께 외적인 일관성에 관한 주장은 매력적이지만, 양자 이론을 이루는 방정식과 원리들이 실제로 무엇을 의미하느냐는 문제나 그들이 아원자 영역에서부터 추론하여 우주라는 큰 영역까지 해석할 수 있는가 하는 문제는 물리학과 철학계의 최고의 지성들도 아직 풀지 못한 상태이다.

2. 약한 우주론적 다중우주

이 다중우주는 인간이 진화할 수 있는 물리 화학적 환경을 갖춘 우주, 흔히 말하는 "인류 우주"를 만들어 내는 데 필요한 주요 물리학적 변수들을 미세 조정하기 위해 정통 우주론자들이 도입했다. 이런 추정의 대다수는 다른 우주들은 단명했거나, 우리 우주와 같은 3차원의 공간을 가지고 있지만 우리가 볼 수 있는 지평 너머 먼 곳에 있다고 본다. (이와 대조되는 양자 다중우주에서는 양자 가지에 평행하게 존재하는 우주 사이에 물리적 거리가 없다.)

나는 이런 추정들을 "약하다"고 이름 붙였는데, 여기서는 전자의 전하나 중력상수값 같은 물리상수나 변수값만 변한다고 보기 때문이다. 이런 추정을 내세우는 이들은 왜 모든 것이 가능한 다중우주에서 물리상수만 변

* 빅뱅 이후 양자 수준의 사태에서 발생하는 대안적 결과들의 숫자가 상상할 수 없을 만큼 많아지므로, 폴 데이비스(Paul Davies)는 이 추정을 "가정은 싸구려지만 우주에 미치는 여파는 값비싸다"고 언급한다.

하고 물리학 법칙은 동일한지 이유를 대지 못한다. 우리 우주의 아주 작은 일부에서 관측되는 물리학 법칙이 우리가 좀체 알지 못하는 다른 우주에서도 동일할 것이라고 가정하는 것은 합리적이라 할 수 없다.

다른 추정들과 달리, 블랙홀 우주들의 우주적 자연 선택을 거쳐 진화한 스몰린의 다중우주 추정은 자연 선택 과정이 생물학에서도 작동하므로 다른 과학 분야의 가르침과의 외적인 일관성이 있다고 주장한다. 생물학적 진화에서 자연 선택이 과학적으로 증명이 되었는가 하는 문제는 2부에서 다루겠지만, 일단은 타당한 주장으로 보인다. 그러나 이 추정 역시 문제가 많은 일련의 가정에 의거하고 있으며, 5장에서 살펴봤듯이, 그중에 적어도 세 가지는 비합리적이다.*

3. 온건한 우주론적 다중우주

물리상수 외에 다른 요소들도 변한다고 보는 입장이다. 예를 들면, 차원이 다른 우주들을 상정한다. 끈 이론은 우리가 지각하는 3차원 공간의 우주가 11차원의 거대우주 일부라고 본다(이 숫자는 과거에는 달랐고, 앞으로도 바뀔 가능성이 있다).**

또 다른 예는 가능한 모든 거대우주가 다른 상수와 물리학 법칙뿐만 아니라 다른 차원을 가지고 있는 가능성의 끈 추론 풍경에서 비롯된 것이다.***

이 추론은 약한 우주론보다는 많은 변수를 허용하지만, 끈 "이론"에 지배되지 않는 우주를 인정하지 않으며, 왜 그런지는 설명하지 못한다.

그 뿐 아니라, 끈 이론의 문제점****을 검토할 때 살펴봤듯이, 각각의 끈 이론이 내적으로 일관되지만, 스몰린은 "우리가 자세히 검토할 수 있는 모든 버전들은 관찰 결과와 일치하지 않는다"고 결론을 내리면서, 증거와

* 111쪽 참고.

** 125쪽과 133쪽 참고.

*** 133쪽 참고.

**** 133쪽 참고.

부합해야 하는 외적인 일관성에 문제가 생긴다고 강하게 지적한다. 그는 또한 이것이 외적으로 상대성 이론의 과학적 원리와도 크게 어긋난다고 본다. "시간 공간의 기학학적 구조가 역동적이라는 아인슈타인의 발견이 끈 이론에 제대로 녹아 들어가지 않았다."

과학적 추론(수학적인 추론과 구분되는)의 합리성 검증에서 긍정적인 결과를 얻지 못한다면, 다른 차원들의 추정된 존재가 어떻게 31개의 구별된 존재 영역이 있다는 여러 불교 학파들의 믿음보다 더 오래 유지할 수 있을지 의문이다. 또한, 우주의 물질이 기본 입자들이 아니라 에너지 끈으로 환원된다는 검증할 수 없는 주장은 프라나(생명의 에너지)가 모든 에너지 뿐만 아니라, 그 철학의 수많은 주석들이 말하듯이 모든 물질의 필수적 기저를 이룬다는 우파니샤드 철학보다 더 합리적이라고 말할 수 없다.*

4. 강한 우주론적 다중우주

모든 것이 가능한 우주라는 추정을 논리적 결론으로 받아들인다.

테그마크는 이 입장을 강력하게 지지하는데, 이를 제IV단계 우주라고 부르며, "어떤 것도 구체적으로 규명할 필요가 없다"고 본다.

플라톤적인 사유방식에 따라 그는 수학적인 구성이야말로 누가 그것을 연구하든지 동일하기 때문에 객관적인 실체를 위한 필수적인 기준을 충족한다고 주장한다. "정리定理는 인간이 증명하든, 컴퓨터나 지능 높은 돌고래가 증명하든 언제나 참이다."

나아가 그는 "모든 수학적 구조는 물리적으로도 존재한다. 각각의 수학적 구조는 그에 평행하여 존재하는 우주에 대응된다. 이 다중우주 속의 원소들은 동일한 공간 속에 있지 않고 시공간 바깥에 존재한다"고 주장한다. 그러나 그는 이런 수학적 구조들이 어떻게 생겨났는지는 말하지 못하고 있다.

* 보다 많은 설명을 위해서는 용어 해설 참고.

그는 물론 우리 우주에 정확하게 대응되는 수학적 구조는 아직 알려지지 않았다고 인정하지만, 언젠가는 찾을 수 있거나 아니면 "수학의 비합리적인 유효성이라는 한계에 부딪혀" 이 수준을 포기하게 될 것이라고 결론 내린다.

그는 다중우주 개념은 간명성의 검증 기준에서도 실격이 아니라고 주장한다. 실격은커녕 자연은 우리가 관찰해 본적도 없는 다른 세계의 무한함에 빠져들 정도로 낭비적이지 않다는 주장이 다중우주를 주장하기 위해 반전될 수 있다고 한다. 그것은 전체가 각각의 구성 요소보다 단순하기 때문이다. 예를 들어 아인슈타인의 장 방정식들에 가능한 모든 해들의 집합은 구체적인 하나의 해보다 더 단순하다. "이런 의미에서 더 높은 수준의 다중우주가 더 단순하다" "제IV단계 다중우주는 뭔가를 구체적으로 규명해야 할 필요가 없어진다…… 다중우주는 이보다 더 단순해질 수가 없다."

나는 만약 무엇이든 구체적으로 규명하지 않는다면, 다중우주가 더는 무의미할 수 없음을 주장할 수 있다고 생각한다.

그와 동일하게, 구체성의 결여는 증거나 다른 과학적인 원리와 의미 있는 외적인 일관성을 증명할 수 없다는 의미다.

더욱이 테그마크는 왜 수학적 구조에서 멈추는가에 대한 이유를 제시하지 못한다. 만약 모든 것이 가능하다면, 하나의 가능한 우주가 수학적 구조가 아닌 하나님에 의해 결정되는 특성을 가지며, 그것도 인간의 진화가 필연적인 결과로 나타나게 되는 방식으로 그렇게 된다는 뜻이 된다. 이는 바로 다중우주 옹호자들이 반박하려고 하는 신이 디자인한 인류 우주다.

결론

과학이나 이성 모두 우주의 기원과 형태에 대한 설득력 있는 설명을 내놓지 못한다. 우리를 구성하는 물질과 에너지의 기원에 대해서도 그러하다. 이 일은 그들의 역량을 넘어서는 일이 아닌가 생각된다. 엘리스의 견해에 따르면, 근본적인 질문에 대답할 수 있는 과학의 역량은 지극히 한정되어 있다. 지금까지 이어 온 이 탐구에서 얻은 증거는 그가 말하는 "기본 물리학과 우주론만이 아니라 철학과 심지어 난공불락의 보루인 수학까지 포함하여 생명의 전 영역에 걸치는 지식의 근본적인 차원에서 확실한 지식을 얻을 수는 없다는 중대한 결론"을 뒷받침한다. 이것은 절망이나 비관에서 나오는 조언이 아니다. 과학과 이성의 한계를 받아들일 때 "우주와 그 우주가 작동하는 양상에 대해 만족스럽고 심오한 이해에 이를 수 있으며, 이는 언제나 잠정적이라고 간주되지만 그럼에도 여전히 충분히 만족할 만한 세계관과 행동의 토대를 제공한다."

기대하기로는, 물질의 출현에서 그 진화로 넘어가서는 과학이 보다 큰 설명력을 가질 수 있었으면 한다.

Chapter 8

큰 규모에서의 물질의 진화

우리는 왜 우주가 큰 규모 차원에서는 그렇게 균일한지 설명해야 하며
그와 동시에 은하들을 만들어 낸 메커니즘도 제시해야 한다.
-안드레이 린데, 2001년

아무리 인상적인 우주론이라 하더라도,
우리가 하늘에서 실제로 보는 것들과 일치해야 한다.
-마이클 로완-로빈슨, 1991년

앞에서 살펴봤듯 물질의 기원에 관한 현재 우주론의 정통은 물론이고 그와 경합하는 다른 설명들 역시 증거에 의해 확정된 과학 이론이 아닌 추정에 불과하다. 이제는 물질이 원시 상태에서 진화해서 보다 복잡한 형태가 되고 인간까지 만들어 내는 과정에 대해 과학이 내놓는 설명을 검토해 보려 한다.

> **진화** 무엇인가가 단순한 상태에서 복잡한 상태로 변해 가는 일련의 과정

진화는 단지 생물학적 진화만이 아니라 우주 전체에서 감지할 수 있는 현상에도 해당한다는 점을 분명히 하기 위해 이런 의미로 사용하려 한다.

물질의 진화는 물질의 서로 다른 요소들이 상호작용하는 방식에 따라 일어나므로, 우선 우리가 알고 있는 모든 자연계의 힘이 환원되는 네 개의 근

본 상호작용에 대해 현재 과학이 어떻게 이해하는지 검토해 보자. 그 다음으로 큰 규모에서의 물질의 진화에 대한 우주론의 현대 전통적 해석을 요약하되, 추정과 가설은 증거에 의해 사실로 확정된 이론과 구분하고, 필요한 곳에서는 합리적인 문제 제기와 과학에서 내놓는 대안적 설명을 다루려 한다. 다음 장에서는 작은 규모에서 평행적으로 일어나는 물질의 진화를 다룬다.

자연계의 근본적인 힘

현재 오클라호마 주립대 컴퓨터 과학부 학장이자 학생처장인 수바시 카크Subhash Kak는 고대 인도인들이 중력을 이해했다고 주장한다.[1] 기원전 4세기 아리스토텔레스 이래 철학자들은 행성을 움직이게 하는 힘뿐만 아니라 물체가 지구로 떨어지게 하는 힘에 대해 생각했다. 그러나 일반적으로는 아이작 뉴턴이 물체가 지구에 붙어 있게 하는 힘과, 달과 행성이 궤도를 돌게 하는 힘에 적용되는 만유인력의 법칙을 처음 만든 이로 받아들여지는데, 이 내용은 1687년 그가 출간한 『프린키피아(수학 원리) *Principia Mathematica*』에 실렸다.

자기력은 적어도 기원전 5세기 초에는 알려졌고, 정전기는 기원전 600년경 탈레스Thales가 분명히 언급했으며, 전류는 1747년 윌리엄 왓슨William Watson이 발견했다. 1820년 한스 외르스테드Hans Ørsted가 자기장은 전류가 만들어낸다는 것을 발견하면서 전기력과 자기력이 동일하다는 것을 알게 되었다. 1831년 마이클 패러데이Michael Faraday는 자기장을 변화시키면 전류가 유도된다는 것을 증명했다. 1856년부터 1873년까지 제임스 클러크 맥스웰James Clerk Maxwell은 수학을 기반으로 전자기장 이론을 개발하고 전자기장 법칙을 도출하였으며 빛이 전자기적 특성을 가지고 있다는 것을 발견했다.

1932년 중성자의 발견 이후 1935년에 유카와 히데키湯川秀樹는 핵자* 간에도 힘이 존재하며, 이는 보손이라고 하는 질량을 가진 입자 간의 교환이라는 형태로 일어난다고 주장했다. 이 생각은 1970년대 후반에 입자 물리학자들이 핵자가 아니라 쿼크가 기본 입자라고 결론을 내리면서 한층 발전했는데, 이들 입자 간의 상호작용—"강력"—이 자연계의 근본적인 힘이며, 핵력은 이 강한 힘의 "잔여물"에 해당한다.

앙리 베크럴Henri Becquerel은 1896년 "우라늄선"을 발견했지만, 수십 년이 지나서야 과학자들은 불안정한 원자 속 핵이 입자나 전자기적 파동의 형태로 방사선을 방출하면서 에너지를 잃는 방사성 붕괴의 다양한 과정을 이해하게 된다. "약력"은 방사성 붕괴의 한 유형으로서, 1956년 양첸닝楊振寧과 리청다오李政道가 처음 제대로 확인했는데, 그들은 반전성 보존의 법칙law of conservation of parity**—그때까지는 보편적이라고 여겨졌다—이 약한 상호작용 속에서는 붕괴한다고 예측했다. 그들의 가설은 그 후 일 년이 못 되어 우치엔슝Chien-Shiung Wu에 의해 실증적으로 확인되었다.

모든 물체를 이루고 있는 기본 입자들 간에 작용하는 이들 네 가지 근본 힘은 네 가지 근본적인 상호작용이라고 불린다. 이들에 대해 현재 과학이 이해한 바는 다음과 같다.

중력 상호작용

뉴턴 물리학에서 중력은 질량을 가진 모든 입자들 간에 일어나는 즉각적인 상호작용의 힘이다. 이는 네 가지 근본적인 상호작용 중에서 유일하게 보편적으로 존재하는 힘이다. 범위는 무한하고, 항상 끌어당긴다. 그 힘은 질량들의 곱을 그 입자 중심부 간의 거리의 제곱으로 나누고, 뉴턴의 중력상수라고 불리는 보편상수 G를 곱한 값으로 표기된다. 수학적으로 표기하면 다음과 같다.

* 핵자nucleon는 원자핵을 이루는 입자들인 양성자와 중성자를 합친 이름이다.

** 이 법칙은 원자 내부 단계에서는 대칭성이 보존된다는 것이다. 즉 핵반응이나 붕괴가 일어나면 그에 대응되는 미러 이미지mirror image 역시 같은 빈도로 발생한다고 본다.

$$F = G\frac{m_1 m_2}{r^2}$$

F는 중력, m_1과 m_2는 질량, r은 그 질량체 중심부 간의 거리이며, 상수 G는 대단히 작아서 $6.67 \times 10^{-11}\ m^3kg^{-1}s^2$이다.

물리학자들과 공학자들은 이 공식을 아직도 사용하고 있다. 우리가 경험하는 대부분의 질량과 속도에서 실제 데이터와 아주 잘 들어맞기 때문이다. 예를 들면 우주 발사체의 탄도를 계산할 때 이 공식이 사용된다. 그렇지만 현대 과학 이론은 이 방정식을 그저 좋은 근사치라고 본다. 아인슈타인의 일반 상대성 이론이 중력의 개념을 바꾸어 놓았다. 중력은 질량체 간의 상호작용의 힘이 아닌 질량에 의해 시공간 구조가 휘는 현상으로 보며, 즉각적으로 일어나는 것도 아니라고 본다.*

양자장 이론에 따르면, 질량체에 의해 생기는 중력장은 양자화된다. 다시 말하면 빛의 에너지가 이산값을 가지는discrete 양자인 광자로 표시되듯 중력장의 에너지도 중력자라고 불리는 이산값을 가지는 양자로 나타나야 하는데, 지극히 높은 온도에서는 (따라서 매우 짧은 파장대에서는) 이 법칙이 붕괴된다.

가속되는 전하가 전자기파를 방출하듯, 가속되는 질량체는 중력파를 방출하며, 이것이 중력장을 만든다. 2016년에 루이지애나 리빙스턴과 워싱턴 핸포드에 있는 레이저 간섭계 중력파 관측소(Laser Interferometer Gravitational-wave Observatory, LIGO)의 쌍둥이 탐지기를 통해 과학자들은 블랙홀 두 개가 합쳐져서 하나의 더 큰 질량을 가지고 회전하는 블랙홀이 만들어질 때 그 마지막 몇 분의 일 초 동안 중력파가 탐지되었다고 발표했다. 중력자는 아직 확인된 바가 없다.

* 65쪽 그림 참고.

전자기 상호작용

전자기 상호작용은 하나의 전자기장에서 발현되는 전기장과 자기장에 관련된다. 이것이 양자나 전자처럼 전하를 띠는 두 개의 입자들 간의 상호작용을 지배하고, 화학적 상호작용과 빛의 전파를 담당한다.

이것 역시 중력의 상호작용처럼 범위가 무한하고 그 힘의 크기는 입자 간의 거리의 제곱에 반비례한다. 중력의 상호작용과 달리 이 힘은 두 전하가 서로 다르면(양과 음) 끌어당기고, 같으면(둘 다 음이거나 둘 다 양) 밀어낸다. 원자 사이의 전자기 상호작용은 중력의 상호작용보다 10^{36}배 강한데, 다시 말해 100만×10억×10억×10억×10억 배 강하다는 뜻이다.

입자 물리학의 표준 모델에 따르면 이 힘은 전하를 띠는 두 입자 간에 메신저 입자 혹은 수송하는 입자 역할을 하는 질량 없는 광양자가 교환됨으로써 작용한다. 광양자는 입자와 파동의 특성을 모두 가진 전자기적 에너지의 양자다. 이 광양자의 존재는 고전 물리학에서는 설명되지 않지만 아인슈타인의 광양자 이론에 의해서는 설명되듯이 빛이 금속에 조사될 때 그 금속에서부터 전자가 튀어나오는 광전 효과photoelectric effect에 의해 증명되었다.

원자와 분자 단위에서는 전자기 상호작용이 우위에 서기 때문에 원자들을 함께 붙들고 있게 된다. 수소 원자는 양의 전하값을 가진 양자, 그리고 전자기 상호작용에 의해 그 양자 주변 궤도를 도는 음의 값을 가진 전자로 이루어져 있다. 두 개의 수소 원자가 뭉쳐져 분자가 되면, 두 양자 사이의 척력은 주변을 회전하는 전자 간의 인력에 의해 상쇄되어 그 분자는 전기적으로 중성이 되고 안정된다.

양자 이론에 따르면, 전자는 입자와 파동의 성질을 모두 가지고 있기에, 양의 전하값을 가진 핵 주변을 회전할 때 태양 주변을 지구가 회전하듯이 한 평면으로만 회전하는 것이 아니다. 그들은 조개 같은 궤도에서 얼룩지듯 나타난다. 이 말은 원자나 분자 외부에 음의 전하가 광범위하게 퍼져 있다는 뜻이다. 따라서 움직이는 두 개의 분자가 충돌하면, 음의 전하값을 가지는 두 외곽 간에 작용하는 척력이 두 분자를 서로에게서 튕겨져 나가게 한다. 이 전자기 상호작용이 중력 상호작용보다 10^{36}배나 강하기에, 원자나 분자 단위에서 중력 상호작용은 무시해도 된다.

예를 들어 설명하자면, 당신이 엠파이어 스테이트 빌딩 꼭대기에서 뛰어내린다면 당신과 지구 중심 간의 중력 상호작용으로 당신은 지구 중심을 향해 가속해서 돌진한다. 그러나 당신 몸의 가장 바깥 층 분자 주변의 음의 전하값을 가진 전자들과 도로의 가장 바깥층 분자 주변의 음의 전하값을 가진 전자들 간의 척력으로 인해서 당신은 거기에 다다를 수 없다. 단지 충돌해서 당신이 산산이 깨질 뿐이다.

큰 규모의 행성 단위의 질량체에서는 중력이 더 우위에 선다. 그 이유는 중력이 언제나 끌어당기는 힘이기 때문이다. 질량이 두 배로 늘면 중력의 끌어당기는 힘도 두 배가 된다. 그러나 두 개의 전하가 만약 둘 다 양이거나 둘 다 음이면, 하나의 힘만 두 배로 늘어난다. 지구와 같이 큰 물체는 거의 같은 수의 양전하와 음전하로 이루어져 있다. 그래서 각각의 입자 간에 끌어당기는 상호작용과 밀어내는 상호작용이 서로 상쇄되고, 남아 있는 전자기 상호작용은 거의 없다. 작은 행성이나 그 이상의 크기 (우리가 가지고 있는 놀랍도록 큰 달을 포함해서) 단위가 되면 중력이 전자기력보다 우위에 서고, 구체의 모양을 만들어 낸다.

강한 상호작용

강한 상호작용은 쿼크들을 한데 붙잡아서 양성자, 중성자, 그리고 다른 강입자들을 형성하고, 양성자와 중성자를 결합시켜 원자핵을 형성함으로써, 양의 전하값을 가진 양성자들의 전기적 척력을 극복하는 힘이다. 그러므로 물체의 안정성을 맡고 있는 셈이다.

이 힘은 대략 원자핵 범위에 미치며, 그런 거리에서 힘의 크기는 전자기 상호작용보다 100배는 크다. 만약 그보다 더 강하다면, 핵이 분열할 수 없고 그렇게 되면 별 속에서 일어나는 핵의 연쇄 반응이 불가능해지기에 리튬을 넘어선 어떤 원소도 생성되지 않을 것이다. 그보다 더 약하다면, 하나 이상의 양성자를 가진 원자핵은 안정화될 수가 없고 수소를 넘어선 어떤 원소도 없을 것이다. 만약 전자에 작용한다면 전자를 핵 속으로 끌어당겨, 분자도 없고 화학이 불가능하게 된다. 이 힘이 미치는 범위가 중력이나 전자기력처럼 무한하다면, 우주 내의 모든 양성자와 중성자를 끌어당겨서 하나의 거대한 핵을 이룰 것이다.

분자 물리학의 표준 모델에 따르면, 이 힘은 양성자와 중성자를 구성하고 있다고 여겨지는 쿼크들 사이에 질량이 없는 글루온—메신저 입자 혹은 매개 입자—이 교환되면서 작동된다. 자유 글루온에는 8가지 타입이 있으리라 추정되지만 아직까지 관찰되지는 않았다. 1979년 함부르크에 있는 DESY 입자 가속기에서 전자-양전자 충돌 실험을 할 때 글루온의 존재가 추론되기 시작했다.

약한 상호작용

약한 상호작용은 물질의 기본 입자 간에 존재하는 근본적인 힘으로, 예를 들어 한 유형의 방사성 붕괴를 통해 입자를 다른 입자로 변환하는 데 중요한 역할을 한다. 전자와 양성자가 중성자와 중성미자로 변해 갈 때 역할을 감당하며, 이 단계는 항성 속에서 일어나는 핵 연쇄 반응의 필수적인 단계이다.

이 힘은 중성미자처럼 $\frac{1}{2}$ 기본 스핀 입자들 간에 작용하며, 광양자처럼 0,1, 혹은 2 스핀 입자들 간에는 작용하지 않는다. 전자기 상호작용보다 몇백 배 약하고 강한 상호작용에 비교해서도 매우 약하다. 그 범위는 원자핵 직경의 약 천분의 일이다.

분자 물리학의 표준 모델에 의하면 이 힘은 전하를 띠는 무거운 W^+와 W^- 그리고 중성인 Z 보손 등 메신저 입자들의 교환에 의해 일어난다. 이들 입자들은 1983년 제네바에 있는 CERN 입자 가속기에 의해 탐지되었다.

이들 두 가지 상호작용은 최근 80년 이래 겨우 발견되고 확정되었으니 미래에 또 다른 힘이나 상호작용이 발견되지 않으리라고 예상하는 것은 현명하지 않다. 실제로 인간의 의식 연구에서 한두 개의 다른 힘을 더 발견했다고 주장하는 이들도 있다. 이 탐구의 적절한 부분에서 이들 주장의 합리성을 검토해 보겠지만, 물질의 진화를 다루는 우주론과는 직접적인 관련이 없다.

물질의 진화에 대한 현대 우주론의 정통적 설명

앞선 장들에서 논의된 가설과 추정을 합치고 이를 다른 출처에 근거해 팽창하면, 물질이 어떻게 진화했는가에 관해 우주론의 현대 정통 해설이 제시하는 시간표가 만들어진다.

뜨거운 빅뱅

시간: 0; 온도: 무한? 우주 반경: 0

시간과 공간 그리고 단일 자연계의 힘을 포함한 우주가 뜨거운 빅뱅에서 하나의 점과 같은 복사의 불덩어리로 무로부터 폭발한다.

그러나 일반 상대성 이론을 사용하여 우주의 시간을 거꾸로 되돌아가면, 무한한 밀도와 무한한 온도를 가진 지점인 특이점에 이르고, 여기서부터는 상대성 이론이 무너진다. 양자 이론의 불확정성 원리에 따르면, 시간이 시작되고 10^{-43} 초가 되기 전에는 어떤 유의미한 것도 논할 수 없다.* 현재까지 알려진 물리학이 시간 t=0에 대해 내놓는 이런 추론을 신뢰하기는 어렵

* 77쪽 참고.

다.* 물질의 기원에 대한 이런 설명은 추정에 불과하다.

시간: 10^{-43}초; 온도: 10^{32}K; 우주 반경: 10^{-33}cm

우주의 반경은 양자 이론이 적용될 수 있는, 빛의 속도로 나갈 수 있는 가장 짧은 거리(플랑크 길이**)다. 중력이 우주의 힘에서부터 분리되고, 대통일력 grand unified force이 남는다.

우주는 급속도로 팽창하지만 우주의 팽창 속도는 느려진다. 우주가 팽창하고 식어감에 따라 빅뱅에서 나온 복사는 기본 입자와 반입자를 생성하는데, 이들은 서로 소멸시키며 복사로 환원된다. 팽창하는 우주는 마치 복사 에너지로 끓고 있는 수프와 같은데, 이는 광자와 광자보다 적은 비중의 전자, 쿼크, 글루온, 그리고 다른 기본 입자들과 그에 대응되는 반입자들 등 분자 물리학의 표준 모델에서 존재한다고 예측하는 모든 입자들로 이루어져 있다.

개별 쿼크들(그리고 이에 대응하여 나타나는, 쿼크 사이의 강한 상호작용을 전달하는 입자라고 추정되는 글루온)은 아직까지 관측된 적이 없다. 그들의 존재는 1960년대 후반에 스탠퍼드 선형 가속기 센터(Stanford Linear Accelerator Center, SLAC)에서 있었던 실험을 통해 전자가 원자핵에 쏘였을 때 흩어져 나가는 패턴을 보고 추론되었을 뿐이다. 왜 개별 쿼크는 관측된 적이 없는가에 대해 입자 물리학자들은 쿼크가 중이온(세 개의 쿼크)과 중간자(쿼크 하나와 반쿼크 하나) 속에 들어 있기 때문이라고 추정한다. 만약 중이온을 쪼개어 쿼크를 꺼낼 만한 에너지가 가해진다면, 쿼크는 쿼크-반쿼크 쌍으로 변형된다고 본다. 단일한 우주의 힘에서부터 중력이 분리된다는 추론은 모든 것에 대한 이론(Theory of Everything, ToE)에 기반하는데, 이는 입자 물리학의 대통일이론(grand unified theories, GUTs)이 제시하는 대칭이 깨진다는 이론(아래 참고)에서

* 82쪽 참고.
** 이에 대한 정의는 용어 해설 참고.

부터 수억 배나 더 멀리 시간을 소급해 올라가지만, 대통일이론 역시 문제가 많다. 이 추론도 아직 뒷받침하는 증거가 없으며, 따라서 추정일 뿐이다.

시간: 10^{-35}초; 온도: 10^{27}K; 우주 반경: 10^{-17} cm

대통일이론GUTs에 의하면, 팽창하는 우주가 식어서 10^{27}K(10억×10억×10억 도)에 이르면, 강력과 약력 모두에 영향을 받는 캐리어 혹은 메신저 입자들이 더 이상 복사로부터 만들어지지 않는다. 이들 입자들은 붕괴하고, 강력—쿼크를 붙들고 있어서 결국 양자와 중성자를 붙들고 있는—과 약전자기력electroweak forces은 대통일력에서부터 분리된다. 이렇게 국면이 바뀌면서 상대적으로 큰 기본 입자들-양전하를 띤 쿼크와 음전하를 띤 반쿼크-은 상대적으로 작은 경입자들-음전하를 띤 전자와 중성미자—에서 분리된다. 우주 속에 반물질이 없는 이유는 바로 이렇게 대칭이 무너지기 때문이라고 추정된다.* 입자 물리학 표준 모델은 10^{15}K 이상의 온도에서는 이들 기본 물질 입자들—쿼크와 경입자들 그리고 그에 대응되는 반물질 입자들—은 질량이 없다고 추정한다.

최초의 간결한 GUT는 하워드 게오르기Howard Georgi와 셸던 글래쇼Sheldon Glashow가 1974년에 제안했다. 이는 SU(5)로 알려졌는데, 수학적으로 명확하고 논리적이며 양성자의 붕괴에 관한 정교한 예측을 제공한다. 그러나 25년 이상의 섬세한 실험에도 불구하고 통계적으로 양성자 붕괴에 대한 증거를 발견하지 못했다. 결국 SU(5)는 틀렸다고 판명되었다. 다른 GUTs가 개발되면서 더 많은 대칭과 입자들이 추가되고, 결과를 보정하기 위해 더 많은 상수들이 도입되어 양성자 붕괴율을 변경할 수 있게 했는데, 이론 물리학자 리 스몰린의 말을 빌리자면, 이것은 이론가들에게 "그 이론이 실험적인 증명을 실패하지 않도록 하는 손쉬운 방법"이 되는 셈이다. 이런 GUTs는 "더

* 91쪽 참고.

이상 설명이 필요하지 않다." 이들 역시 추정일 뿐이다.

여러 모델에서 급팽창은 우주에 대한 이 추측된 상전이phase transition에서 시작되거나 종료된다. 근래에 선호되는 추정에 따르면 팽창은 우주가 식어서 10^{27}K에 이르는 시점, 즉 강력과 약전자기력이 분리되는 시점 이전인 뜨거운 빅뱅 단계에서 시작되었다가 끝난다.* 여전히 추정의 영역이라 하겠다.

시간: 0에서 10^{-11}초 사이의 어떤 때; 온도: ?; 우주 반경: 대략 10^{10}cm에서 $(10^{10})^{12}$cm 사이로 급팽창

백 가지가 넘는 급팽창 추정 중 어떤 것을 선택하느냐에 따라 과거의 어느 시간, 즉 시공간이 시작된 후 0에서 10^{-11}초 사이에 우주는 불확실하지만 믿을 수 없을 정도로 짧은 시간 동안 기하급수적인 급팽창을 겪고, 우주의 반경이 10^{10}cm에서 $10^{1000000000000}$cm 사이에 이르게 된다.** (관측되는 우주의 현재의 반경은 10^{28}cm 정도로 추정한다.) 우주 반경에 이렇게 편차가 큰 이유는 추정된 급팽창 기간과 추정된 최초 반경 차이 때문이다. 어떤 버전은 반경이 플랑크 길이보다 작았고, 급팽창이 시작 후 플랑크 시간, 즉 10^{-43}초보다 훨씬 작은 시간에 일어났다고 본다. 이런 버전은 이론적 문제를 일으키는데, 양자 이론은 10^{-43}초보다 작을 때 무너지기 때문이다.

근래에는 우주의 탄생에 이어서 가假 진공false vacuum의 몹시 빠른 기하급수적인 급팽창이 일어나고, 진공 거품이 다시 뜨거워져서 빅뱅에 이르며, 거기서부터 위에서 본 것처럼 우주가 팽창하면서 그 속도가 느려진다는 이론이 선호된다.

대부분의 우주론자들은 급팽창 빅뱅 모델을 우주 진화의 유일한 설명으로 제시하지만, 그 급팽창이 언제 어떻게 시작되어 끝나는지 그들은 서로

* 83쪽 참고.

** 82쪽 참고.

합의에 이르지 못했으며, 여전히 혼란스럽다. 이들 이론 중 어느 버전도 증거를 통해 사실로 확증되지 못했고, 어느 버전이 다른 버전보다 낫다는 증거 역시 아직 나오지 않았다.*

시간: 10^{-10}초; 온도: 10^{15}K; 우주에서 우리가 있는 부분의 반경: 3cm

우주가 팽창하면서 평균 입자 에너지는 약력이 전자기력에서 분리될 때의 온도인 10^{15}K에 해당하는 에너지 수준으로 떨어진다.

이 온도 이상에서 이 두 힘이 동일하다—약전자기력—는 이론은 1960년대 셸던 글래쇼, 스티븐 와인버그Steven Weinberg, 압두스 살람Abdus Salam에 의해 개발되었는데, 이로 인해 이들은 노벨상을 받았다. 1983년에 예측한 여러 기본 입자 중 세 가지를 발견하여 지지를 얻었고, 이는 입자 물리학 표준 모델의 토대가 되었다.

약전자기력 이론이 제시하는 여러 예측들은 매우 정교한 수준에서 검증되었다. 핵심적인 예측이 바로 메신저 입자인 힉스 보손 입자의 존재인데, 힉스 보손은 쿼크와 경입자들과 상호작용하면서 이들 기본 입자들-그리고 우주 내의 질량을 가진 모든 입자들-에게 질량을 제공하는 역할을 한다. 2012년 제네바의 대형 강입자 충돌기로 수행한 두 가지 실험을 통해 힉스 보손 입자 존재를 찰나적으로 확인했는데, 이것은 아마 힉스 보손 입자 족族일 수도 있으며 이 경우라면 표준 모델은 수정되어야 한다.**

시간: 10^{-4}초; 온도: 10^{11}K; 우주에서 우리가 있는 부분의 반경: 10^{6}cm

우주가 팽창하고 식어 가서 삼중 쿼크가 강입자들이라고 불리는 영역

* 85쪽에서 88쪽 참고.

** 77쪽 참고.

의 입자들 속에 갇히게 되는데, 이들 중 안정된 양성자와 중성자가 우리에게 익숙한 물질을 만들어 내는 기본 구성 요소가 된다. 양성자는 전자와 동일한 크기의 전하값을 가지고 있지만 전자가 음의 전하값을 가지는 데 비해 양성자는 양의 전하값을 가지며, 질량은 전자보다 1836배 무겁다. 양성자는 수소 이온이라고도 한다.* 애초에는 양성자와 중성자의 수는 같다. 그러나 중성자의 질량은 양성자 질량보다 약간 더 무겁고, 따라서 중성자를 만들려면 에너지가 좀 더 필요하다.

시간: 1초; 온도: 10^{10}K; 우주에서 우리가 있는 부분의 반경: 10^{10}cm

적은 중성자들이 이제 생성되는데, 질량이 클수록 더 많은 에너지가 필요하기 때문이다. 분리되어 나오는 양성자와 중성자의 비율은 7:1이다.

시간: 100–210초; 온도: 10^9K → 10^8K; 우주에서 우리가 있는 부분의 반경: ~ 10^{12}cm

이 지점에서 중성자와 양성자가 서로 충돌하여 강한 상호작용에 의해 융합되면서 에너지의 광자가 방출된다. 융합된 입자와 충돌해도 광자의 에너지는 핵을 붙들고 있는 에너지보다 크지 않기 때문에, 광자가 그 입자를 깨뜨리지 못한다.

양성자-중성자의 짝을 중수소의 핵이라고 부르는데, 이것은 수소의 동위원소다.** 중수소핵은 다른 핵과, 또한 다른 융합물과 함께 융합되어 헬륨-3,

* 원자는 전기적으로 중성이다. 원자가 하나 이상의 전자를 잃거나 얻으면 이온이라 하며, 이온은 양이나 음의 전하를 띤다. 수소 원자는 양성자 하나와 전자 하나로 이루어져 있다. 따라서 양성자는 양의 전하를 띠는 수소 이온과 같다.

** 한 원소는 원자의 핵에 다른 수의 양성자를 가짐으로써 다른 원소와 구별된다; 이것은 원자의 화학적 활동을 결정한다. 가장 일반적으로 존재하는 원소 형태는 양성자와 중성자로 구성된 가장 안정적인 핵을 가진 원소이다. 이 경우 가장 안정적인 형태의 수소는 핵에 중성자가 없다. 양자의 수는 같지만 중성자의 수가 다른 형태를 원소의 동위원소라고 부른다. 따라서 중수소는 수소의 동위원소이다. 원자, 원소, 동위원소 및 원자 번호는 용어집을 참조하라.

헬륨-4, 삼중수소, 리튬-7의 핵을 만들어 낸다(그림 8.1 참고). 이렇게 다단계로 일어나는 매우 빠른 핵융합 과정을 핵합성nucleosynthesis이라고 부른다.

드문 충돌로 인해 소량의 리튬-7 핵이 생성된다. 이 외에도, 5개의 입자를 가진 안정적인 핵이 없으므로, 빅뱅 핵합성 모델은 2개의 양성자와 2개의 중성자로 구성된 헬륨-4보다 큰 핵을 생성하지 못한다. 이것이 5 이하의 질량수(핵자의 수)를 가진 핵 중에서 가장 높은 결합 에너지를 가지고 있는 입자이며, 빅뱅 핵합성의 가장 중요한 산물이다.

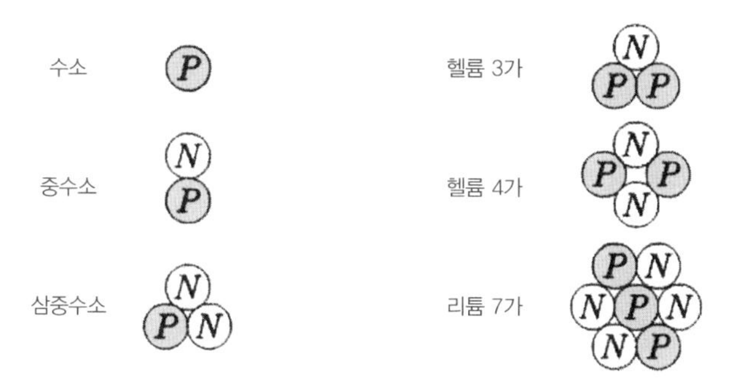

그림 8.1 빅뱅 핵합성의 산물
수소의 동위 원소들에게는 고유의 이름이 주어진다. 수소-2는 중수소, 수소-3은 삼중수소라고 한다.

우주가 팽창했다가 식으면서 온도가 1억 도(10^8K) 아래로 내려갈 때, 온도는 핵융합을 일으킬 정도로 뜨겁지 않아 핵합성이 중단되고, 핵의 95퍼센트는 안정적인 양성자로(수소-1), 5퍼센트는 안정화된 헬륨-4 핵으로 남게 되며, 중수소, 헬륨 3, 리튬-7 핵들은 흔적만이 남는다.

이들 원소들이 오늘날 우주에 상대적으로 풍부하다는 사실이* 빅뱅 모델의 강력한 증거라고 주장되고 있지만, 이 가설은 계속해서 공격을 받아왔다.** 우리는 여전히 추정의 영역 속에 있다.

* 비교적 많다는 것은 숫자가 아닌 질량의 비중상 그렇다는 의미다. 75퍼센트의 수소, 25퍼센트의 헬륨-4(수소보다 4배 무겁다), 그리고 다른 것들의 흔적이 보인다.

** 80쪽 참고.

이때가 되면 물질의 평균 밀도는 오늘날 물의 밀도와 같다.

시간: 3 ½분에서 380,000년; 온도: 10^8K → 10^4K; 우주에서 우리가 있는 부분의 반경: 10^{13}cm → 10^{23}cm

다음 380,000년 동안, 팽창하고 식어 가던 우주는 양의 전하를 가진 핵과 음의 전하를 가진 전자가 합쳐져 중성의 광자 복사를 내는 플라스마로 구성된다. 초기에는 광자의 에너지 밀도가 물질의 에너지 밀도보다 훨씬 크기 때문에 복사가 강하게 나타난다. 그러나 우주가 계속해서 팽창하고 냉각됨에 따라 물질 에너지 밀도는 복사 에너지 밀도보다 감소한다: 광자와 물질 입자 밀도는 우주의 부피에 비례하여 감소하지만, 물질 입자는 질량 에너지를 유지한다($E=mc^2$의 공식으로 계산된다). 이에 반해 각 광자는 더 긴 파장으로 늘어나 추가적으로 에너지를 상실한다.

시간: 380,000년; 온도: 3,000K; 우주에서 우리가 있는 부분의 반경: 10^{23}cm

우주는 음의 전하를 띤 전자가 양의 전하를 띤 핵에 의해 포착되어, 안정적인 수소 이원자 분자(H_2)뿐만 아니라 극미량의 중수소(D_2와 HD) 그리고 헬륨 원자(He)와 극미량의 리튬(Li)이 함께 전기적으로 중성을 형성할 때까지 냉각된다. 전자기 복사는 물질로부터 분리되어 팽창하고 냉각된 우주로 퍼져 오늘날 우리가 감지하는 우주 마이크로파 배경을 형성한다.

시간: 약 2억–5억 년; 온도: 가변적; 관측 가능한 우주의 반경: 1026cm (현재 반경의 1퍼센트)에서 10^{27}cm (현재 반경의 10퍼센트)

팽창하는 분자 구름—대부분 수소 가스—의 밀도 차이는 중력장을 생성하는데, 이는 그들이 몇 광년 서로 다른 구름으로 갈라져 나갈 때까지 밀도 높은 영역의 속도를 늦춰 그들 자신의 중력 아래 수축하기를 지속한다. 이들의 중심부는 중력의 위치 에너지(potential energy: 물체가 그 위치에서 잠재적으

로 지니는 에너지-옮긴이)가 안으로 떨어지는 분자의 운동 에너지로 변환되면서 중심부 또는 핵의 온도를 증가시키는 탓에 뜨거워진다. 그리고 구름 간의 공간은 점점 더 팽창한다.

빅뱅 후 2억-5억 년이 되면 이들 구름 중 일부는 너무 많이 수축되고 그들의 핵은 몹시 뜨거워져—500만 켈빈—수소 융합을 거쳐 발화하여 핵에서부터 뜨겁고 밝은 복사를 방출하며 이것이 중력에 따른 추가적인 붕괴를 막는다. 이렇게 되어 첫 번째 세대의 항성이 만들어지고, 은하 역시 정체가 알려지지 않은 암흑 물질의 중력의 영향 아래서 형성되어 간다.

우주에 있는 원소는 수소, 헬륨, 극미량의 리튬뿐이다.

시간: 대략 5억 년에서 138억 년; 온도: 가변적; 관측 가능한 우주의 반경은 138억 광년으로 늘어난다

제1세대 큰 항성들은 그들의 수소를 소비하고, 증가된 온도가 헬륨 융합을 발생시켜 탄소를 생성하는 지점까지 중력 붕괴를 겪는다. 이 과정은 계속 진행되며 붕괴와 핵융합을 통해 연속적으로 무거운 원소들을 생산한다. 핵연료를 태워서 중력에 대응하는 복사 방출이 불충분했을 때, 큰 항성들은 붕괴된 후 초신성으로 폭발하여 무거운 원소를 성간 공간으로 방출한다. 2, 3세대 항성은 초신성 먼지와 가스가 섞인 성간 수소 가스의 구름에서 형성되는 반면, 은하계는 진화해서 오늘날 우리가 보는 구조를 만들어 낸다.

우주에 관한 이러한 정통 역사는 그림 4.1에서 도해에서 보여 준다(96쪽).

우주의 구조

3장에서 보았듯이 아인슈타인의 일반 상대성 이론의 장 방정식들을 풀기 위해 고안된 단순한 가정에 따르면 우주는 균질해야 하지만 실제 관찰해 본 결과 그렇지 않았다: 우주는 많은 다른 구조로 구성되어 있다. 이제 이 구조들을 보다 자세히 살펴보고, 그 구조들이 어떻게 진화해 왔는지를 살필 것이다.

은하는 중심부 주변을 돌고 있는 별들로 구성되는데, 우리 은하수 은하처럼 한 은하에는 약 천억 개의 별이 있으며 지름은 약 100,000광년이다. 가장자리에서 보면 계란 프라이처럼 생겼는데, 그 주변을 백 개가 넘는 밝은 점들이 둘러싸고 있다. 이 점들은 구상성단들로, 수십만 개의 늙은 별들이 빽빽하게 무리 짓고 있다(그림 8.2 참고). 중간의 불룩한 부분에는 늙은 별들이 있다. 이를 위에서 보면 나선형 모양인데, 젊은 별들과 가스와 먼지로 되어 있다(그림 8.3 참고). 우리 은하와 같은 나선형 은하 외에 타원형 은하—회전 타원체로 생각된다—혹은 불규칙 은하 같은 다른 형태의 은하들도 관측되었다. 이들 은하 중 일부는 그 전까지 서로 떨어져 있던 은하들이 충돌하여 생긴다는 것이 확인되었다.[1]

그보다 상위 단계에서 은하들은 국부 은하군local groups을 이루는데, 우리가 속한 국부 은하군은 그 직경이 수백만 광년 정도이며, 우리 은하, 우리 은하가 그 쪽을 향해 움직이고 있는 보다 큰 나선 은하인 안드로메다, 그리고 30개 이상의 작은 은하들로 이루어져 있다. 우리 국부 은하군은 처녀자리 은하단Virgo Cluster의 가장자리에 있는데, 처녀자리 은하단은 천 개 이상의 은하

그림 8.2 옆에서 본 우리 은하
가운데 불룩한 부분은 오래된 별들인데, 그 중심에는 거대한 블랙홀이 있을 것으로 추정된다. 전체 원반은 젊은 별들과 가스, 먼지로 가득 차 있고, 공 모양의 성단이나 암흑 물질이라고 추정되는 것들이 원반 주변을 둘러싸고 있다.

그림 8.3 위에서 본 은하수 같은 우리 은하
우리 은하에서 태양은 나선팔 중 하나에서 조금 떨어져 있는 곳, 은하 중심부에서부터 가장자리까지의 눈에 보이는 물질로 이루어진 영역의 중간 정도 되는 곳에 있고, 중심부 주변을 초속 220km로 공전하며, 한 번 공전하는 데 2억 년이 걸린다.

들로 이루어져 있고, 그 중심부는 우리에게서 5천만 광년 떨어져 있다.

3장에서 살펴봤듯이, 1989년 천문학자들은 또 다른 차원의 구조를 발견했다. 즉 거대한 거품형 보이드(void, 공동)에 의해 분리되어 있는 대규모의 시트형 초은하단superclusters의 구조가 그것이다. 더 정밀한 기구로 우주의 더 크고 먼 부분을 관찰한 결과, 최대 100억 광년 길이의 더 큰 규모의 초은하단들이 발견되었는데, 그 크기는 조사의 규모에 의해서만 제한된다.* 이런 결과는 큰 규모에서 보자면 우주가 등방성과 균질을 가진다는 정통 우주론의 가정과는 모순된다.

* 79쪽 참고.

우주 속에서 구조가 형성되는 이유

우주론자들은 우주 속에서 구조가 형성되는 이유를 중력의 불안정성 때문이라고 설명한다. 이에 따르면, 초기 우주의 물질(주로 수소 분자) 속에 생기는 작은 비균질성으로 나머지 부분에 비해 아주 약간 밀도가 높은 지역이 만들어진다. 약간 밀도가 높은 지역 각각의 중력장이 다른 물질을 끌어당겨서 점점 더 밀도가 높아지고, 이로 인해 더 큰 중력장이 생겨서 더 많은 물질을 끌어당기는 식이 된다.

이런 설명은 합리적으로 들리지만, 두 가지 문제점이 있다. (a) 애초의 비균질성은 어떻게 생겼는가? (b) 그 비균질성이 오늘날 우리가 관찰하는 구조들을 어떻게 만들어 냈는가?

초기 비균질성의 원인

정통적 설명에 따르면 빅뱅에 의해 생겨난 물질 속 원자 내부의 양자 진동이 팽창을 통해 은하나 그보다 더 큰 크기로 커졌다. 1992년 COBE에 의해 발견된 우주 마이크로파 복사 속 정확한 패턴을 보이는 파문이 이에 대한 증거라고 간주되었다.*

그러나 이 설명을 좀 더 자세히 검토해 보면 애초와 달리 설득력이 부족하다는 것을 알 수 있다.

거스Guth가 내놓은 첫 번째 버전 급팽창은 무작위로 형성된 진공 버블이 서로 충돌하는 1차 상전이로 끝난다. 거스는 이것이 필수적인 비균질성을 만들어 낸다고 봤지만, 계산했을 때 결과적으로 비균질성이 너무 크다는 것을 보여 준다.

두 번째 버전에서는 관측 가능한 전체 우주가 한 개의 버블 속에 깊이 담

* 152쪽 참고.

겨 있기에, 버블 간의 충돌은 우리가 관측할 만한 효과를 도출하기에는 그 힘이 미미하다. 급팽창이 시작되기 전에 물질이 매우 덩어리져 있더라도, 급팽창은 평탄한 우주를 만들어 낼 것이다. 그러나 이것으로 비균질성이 발생하는 이유를 설명할 수는 없다.

해결책을 제시하기 위해 대통일장이론grand unified field theories을 활용하여 구스, 스타인하르트, 호킹, 그리고 다른 이들까지 공동 연구에 나섰다. 이 시나리오에 따르면, 급팽창은 우주 속 힉스장Higgs field의 자발적 대칭성 붕괴spontaneous symmetry-breaking와 함께 끝난다. 힉스장이란 기본 입자들에게 질량을 주는 힉스 보손에 의해 매개된다고 추정되는 스칼라 에너지장이다. 거스와 다른 공동 연구가들은 밀도 변동—진동하는 비균질성—의 스펙트럼이 규모 불변의 단순한 형태를 띠기에 각각의 파장이 같은 힘을 가진다고 본다. 이는 우주 마이크로파 배경에서 발견되었고, 이것은 빅뱅 이후 300,000년경 물질에서 복사가 분리되어 나왔을 때의 흔적이라고 해석되었다. 그러나 분리 시의 변동의 크기를 계산해 본 결과 그 값은 오늘날 우리가 관찰할 수 있는 구조를 만들어 내기에는 너무 크다.

그들은 개념이 옳다고 확신했지만 우주 속 힉스 에너지장으로 인해 값이 틀어지므로, 바른 값을 얻기 위해서는 또 다른 우주의 스칼라 에너지장, 즉 인플라톤 입자에 의해 매개된다고 추정되는 인플레이션장inflation field을 도입함으로써 해결해야 한다고 확신했다. 거스가 인정하듯 "이런 종류의 이론은 바른 값을 얻기 위해 밀도 변동을 조율할 목적으로 고안해 낸 것이다"[2]

그 이후 버전에서는 양자 변동이 앞서 존재하고 있던 진공 속에서 발생하며 인플레이션장에 의해 팽창하여 뜨거운 빅뱅 때 비균질 물질로 변환되었다고 본다.

2014년 스타인하르트는 급팽창 모델은 워낙 신축적이어서 "기본적으로 검증이 안 되고 따라서 과학적으로 의미가 없다"[3]라고 결론내렸다. 더욱이 6장에서 봤듯이, 몇 명의 우주론자들이 주장하듯, COBE보다 10년 뒤에 우주 공간에 설치되었고 45배 더 정밀한 WMAP를 통해 확인한 파문을 분석해 본 결과, 급팽창 모델과는 심각하게 어긋난다는 것을 확인할 수 있었고, 이 주장은 2013년에 더 정밀한 플랑크 망원경을 통해 얻은 데이터에서도 재차 확인되었다.* 우주 마이크로파 배경에서 나타나는 밀도 파문에 대해서는 우주론의 다른 추정 이론들 역시 설명할 수 있다고 주장한다.**

우리가 내릴 수 있는 합리적인 결론은 이 최초의 비균질성이 어떻게 생겨났는지 우리는 모른다는 것이다. 현재의 정통 설명은 수학적으로 고안해 낸 모델일 뿐이고 이는 여전히 관측한 결과치와 차이가 난다.

큰 구조들의 원인

이러한 초기 비균질성이 오늘날 관찰된 큰 구조들을 어떻게 만들어 내는지에 대해, 대부분의 연구는 은하 레벨에서 진행되었고, 우리 은하와 가까운 은하를 증거로 삼았다. 그 이유는 비교적 최근까지도 이들이 관측으로 확인할 수 있는 주요 구조물이었기 때문이었다.

과거에는 두 모델이 경합했다. 1962년 에겐Eggen, 린덴-벨Linden-Bell, 샌디지Sandage가 발전시킨 하향식 모델Top-down models은 은하 구름 같은 상위 레벨 구조higher-level structure가 먼저 생겨나고 이것이 일억 년에 걸쳐 별을 생성하는 항성 구름stellar clouds으로 붕괴된다고 제안한다.[4] 1978년 설Searle과 진Zinn의 상향식 모델Bottom-up models은 별이 먼저 형성되고, 이들이 인력에 의해 구상성단이 되어 결국 은하로 만들어진다고 제안한다.[5]

1992년 나온 COBE의 데이터에 따르면 두 모델 모두 적절하지 않다. 그 당시 정통 해석에 따르면 빅뱅 후 300,000년 지났을 무렵 물질의 비균질성은 10만분의 1 정도인데, 이는 중력 불안정성이 어떤 구조물을 형성하기엔 밀도의 변화가 너무 작다.

* 155쪽 참고.
** 152쪽 참고.

구조 형성에 관해서 여러 추정이 진행되었는데, 여기에는(보다 높은 물질 밀도 지역을 만드는) 퀘이사로 인해 발생된 우주의 끈(대통일이론에서 제시하는, 매우 어린 우주의 시공간 구조 속에서 생겨난 위상적 결함topological defects인 긴 스파게티 모양의 필라멘트)과 충격파가 포함된다. 그러나 후자는 고에너지 방출 퀘이사나 그 퀘이사를 생성한다고 추정되는 블랙홀이 애초에 어떻게 만들어지는지를 설명하지 못한다.

많은 우주론자들은 1933년에 프리츠 츠비키Fritz Zwicky가 처음 제시했던 암흑 물질론을 다시 끄집어 냈다.* 관찰되는 구조들을 만들어 내려면 이 암흑 물질이 우주 내의 모든 물질 중 90퍼센트 이상을 차지해야 한다.

두 가지 추정 이론이 제시되었다. 하향식 뜨거운 암흑 물질 모델은 암흑 물질이 빛의 속도에 가깝게 움직이는 입자들로 구성되어 있다고 본다. 그중 하나가 중성미자들이다. 물리학자들은 이 입자들이 질량이 없고 정확히 빛의 속도로 움직인다고 생각했지만, 지금은 중성미자가 작은 질량을 가지고 있고 빛보다는 약간 덜한 속도로 움직인다는 가능성을 배제하지 않는다. 이들은 대규모의 구조를 형성하고 붕괴되어 팬케이크 모양의 집합체를 만들어 내고, 그로부터 은하가 형성된다. 그러나 이런 하향식의 그림은 현재의 은하단 분포와 잘 부합하지 않는다.

보다 선호되는 모델은 상향식 차가운 암흑 물질 모델인데, 이 모델에 따르면 암흑 물질은 천천히 움직이며—따라서 차갑고—약하게 상호작용하는 무거운 입자들(weakly interacting massive particles, WIMPs)로, 빅뱅으로부터 남겨진 것이다. 이 모델에 부합하는 필수적 특성을 가진 입자는 아직까지 알려지지 않았지만, 입자 물리학자들이 제시하는 몇 가지 후보가 있다. 그중 하나로는 질량 없는 광자의 초중超重 입자를 뜻하는 포티노photino가 있다. 약하게 상호작용하는 이들 초소립자들은 복사에서부터 중입자(우리가 관측하는 물질을 이루고 있는 양성자와 중성자)보다 먼저 분리되어 나왔을 것이다. 이들은

* 93쪽 참고.

천천히 움직이기 때문에 중력의 영향하에 뭉쳐져서 거대한 은하의 질량을 이루었을 것이다. 중입자가 복사에서부터 분리되면 중력장에 의해 암흑 은하 질량의 중심부로 끌려가서 눈에 보이는 은하가 되고, 이 은하는 눈에 보이지 않는 거대한 차가운 암흑 물질의 헤일로에 둘러싸여 있다. 이 초질량의 은하들—우리가 보는 것의 열 배—은 인력에 의해 뭉쳐져서 은하단과 초은하단이 된다. 그러나 이 모델은 차가운 암흑 물질의 밀도가 예외적으로 큰 변동폭을 가지는 곳에서만 은하가 만들어지는 "편향된" 은하 형성을 전제해야 한다.

그럼에도 불구하고 암흑의 헤일로를 포함한 모든 은하의 추정 질량이 우주의 평균 질량 밀도를 제공하도록 계산되었을 때, 팽창 운동 에너지가 물질의 중력 끌림과 일치하는 정통 모델이 추정한 임계 밀도의 10퍼센트에 지나지 않았다.*

그래서 우주론자들은 이 임계 밀도에 도달하기 위해서는 우주 속 암흑 물질이 많이—아주 많이—필요하다고 본다. 이 가정 위에서라야 상향식 차가운 암흑 물질(cold dark matter, CDM) 모델이 정통 모델의 일부가 될 수 있다.

그러나 1989년 겔러Geller와 후크라Huchra가 확인한 거대 구조물과 거대 공간은 CDM 모델에 대한 심각한 회의를 불러 일으켰다. 그리고 마이클 로완-로빈슨에 따르면 1991년에 나온 하나의 논문이 결정타를 날렸다.[6] 윌 손더스Will Saunders, 그리고 로완-로빈슨Rowan-Robinson을 포함한 아홉 명의 공동 연구가들은 적외선 천문학 위성을 통해 하늘에 있는 모든 은하의 적색편이를 조사한 결과 CDM 모델이 예측하는 것보다 훨씬 많은 대규모 조직들이 있다는 것을 증명했다.[7] 이로 인해 네이처지의 부편집장인 데이비드 린들리David Lindley는 "차가운 암흑 물질론이 출구를 마련하다"라는 사설을 통해 CDM 모델 비판이 오랫동안 지지해 왔던 이들 몇 명을 포함하는 그룹에서부터 나왔다는 점을 지적한다. 그는 이 모델을 살려 볼 생각으로 우주상수 같은 또

* 67쪽 참고.

다른 변수들을 도입하려는 시도를 프톨레마이오스가 지동설을 유지하기 위해 이론을 수정하며 애썼던 노력에 비견한다.[8]

그런데 이런 일이 실제로 일어났다. 2005년 폴커 스프링겔Volker Springel과 동료들에 따르면 "지난 20여 년 간 암흑 물질장(우주상수 Λ의 형태를 가진다)에 의해 확대된 차가운 암흑 물질(CDM) 모델은 은하 형성에 관한 표준 이론으로 발전했다."[9]

정통 모델을 지지하는 증거

이 모델을 지지하는 증거는 주로 두 가지 원천에서부터 나온다.

첫째, 우주론자들은 2005년에 있었던 정교하게 조정된 컴퓨터 시뮬레이션인 밀레니엄 런Millennium Run을 운영한 결과, 정통 모델에 부합하는 데이터가 나왔다고 주장한다. 그러나 다른 컴퓨터 시뮬레이션과 마찬가지로, 이것 역시 정통 우주론의 편평한 우주와 급팽창 추정을 부합시키는 데 필요한 가시 물질visible matter, 암흑 물질dark matter, 그리고 암흑 에너지dark energy의 밀도 등에 관한 많은 가정에 근거한다. 이는 또한 "은하 형성 물리학의 사후 모델링post hoc modelling of galaxy formation physics"[10]에 의존한다. 거기에다가 관찰 결과에 근거해서 모델을 조정했기에 결과가 관측 결과와 부합할 수밖에 없었다. 따라서 이것은 예측이 아니다.

둘째, 암흑 물질의 존재—비록 그것이 어떤 구성인지는 모르더라도—는 중력 렌즈 효과에 의해 증명된다고 주장하는데, 일반 상대성에 의하면, 추정된 암흑 물질의 중력장은 너 번 물체의 빛을 굴절시켜 이들 물체의 다중 이미지를 만들어 낸다.[11] 그러나 이런 효과는 작은 우주론이나 구체의 대칭적 비균질 우주론 등 다른 수학적 대안 모델에 의해서도 설명된다.[12]

정통 모델에 반하는 증거

리카르도 스카르파Riccardo Scarpa에 의하면, 암흑 물질은 빛이나 다른 전자기 복사를 방출할 수 없기 때문에 소규모 구상성단을 위한 중력수축의 필수인 내부 열을 방출할 수 없다. 따라서 암흑 물질은 우리 은하와 다른 은하들 속에서 궤도를 돌고 있는 별들의 매듭에서는 발견될 수 없다. 그러나 스카르파와 그의 동료들은 2003년 칠레에 있는 유럽 남반구 천문대에서 세 개의 구상성단의 별들이 가시 물질의 중력으로 설명할 수 있는 것보다 더 빠르게 움직이고 있다는 증거를 발견했다.

스카르파는 굳이 우주 내에 암흑 물질이 있다고 추정해야 할 필요는 없다고 주장한다. 20여 년 전에 모르더하이 밀그롬Mordehai Milgrom이 처음 내놓은 설명에 따르면, 뉴턴의 중력 법칙은 임계 가속도 이상일 때에만 유효하다. 제이컵 베켄슈타인Jacob Beckenstein은 밀그롬이 수정한 뉴턴 역학의 상대성 버전을 전개했고 이것을 옥스퍼드대학교의 콘스탄티노스 스코르디스Constantinos Skordis가 활용하여 2005년에 우주 마이크로파 배경의 파문과 우주 전반의 은하들의 분포를 설명했다.[13]

또한 슬론 디지털 스카이 서베이Sloan Digital Sky Survey를 통해 매우 큰 적색편이를 보이는 아주 밝은 퀘이사를 발견했다. 이 적색편이에 대한 정통적 해석에 따르면 이들 퀘이사는 우주가 현재 나이의 십분의 일 정도였을 때 생겨났기에 지금은 우주의 매우 먼 곳에 있다.* 대다수 우주론자들은 그렇게 거대한 복사 방출은 퀘이사가 은하 중심에 있는 거대한 블랙홀에 빨려 들어가기 전 막대한 양의 매우 뜨거운 가스에 의해 생겼다고 본다. 계산해 보니 한 개의 퀘이사가 10조 개의 태양에 해당하는 빛을 뿜어내며, 이는 대략 태양 질량의 10억 배에 이르는 블랙홀에 대응하고, 빅뱅 이후 불과 8억 5천만 년이 지난 후 생겨났을 것으로 추정된다. 이런 발견에 따르자면, 그토록 거대한 구조가 상향식 모델을 따라 그렇게 단기간에 만들어 질 수 있냐는 의문이 제기된다.

그러나 스프링겔과 그의 동료들은 여전히 밀레니엄 런 컴퓨터 시뮬레이션에 의하면 블랙홀이 초기 단계 우주에서 형성된다고 주장한다.[14] 그러나

* 6장에서 다루었듯, 퀘이사의 적색편이에 대한 이런 해석은 논란의 여지가 있다. 147쪽 참고.

컴퓨터 시뮬레이션을 현실과 동일시해서는 안 되며 신중해야 한다. 특히 이 시뮬레이션은 무수한 가정과 앞에서 언급했던 사후 모델링에 근거하고 있기에 더욱 그렇다. 또한 2013년에 초기 우주에서 생긴 가장 큰 구조로 보이는 거대한 퀘이사군이 발견되면서 신중하게 접근해야 한다는 점이 한 번 더 확인되었다. 이를 발견한 이들에 의하면, 그 퀘이사군의 규모를 볼 때 정통 우주론이 내세우는 가정에는 문제가 있다.[15]

또한 NASA가 2003년 우주에 설치한 스피처 적외선 우주 망원경Spitzer space-based infrared telescope이 고도의 적색편이를 보이는 은하들을 발견했는데, 이는 빅뱅 이후 6억 년에서 10억 년 사이에 만들어진 것으로 추정된다. 이 젊은 은하들은 젊은 별들로만 이루어져 있어야 하지만, 실은 우리 은하처럼 적색거성들도 가지고 있다. 천체물리학자들에 의하면 적색거성은 별이 수십억 년에 걸쳐 중심핵의 수소를 태우고, 그 후 중력 붕괴를 겪으며, 외부층이 융합 지점까지 달아올라 부풀어 오르고 붉은 빛을 발산하게 된다. 스피처 망원경의 데이터 해석은 아직 논란 거리다. 일부 천체물리학자들은 이 적색거성이 젊은 별이라고 주장하기까지 한다.

그러나 이들 젊은 은하들에 철과 다른 광물도 포함되어 있는 것으로 보인다. 정통 모델에 의하면 젊은 우주는 오직 수소와 헬륨과 미량의 리튬으로 구성된다.* 철은 철과 다른 금속들이 분산하는 초신성의 붕괴와 폭발 전, 거대한 1세대 별이 수소뿐만 아니라 헬륨과 탄소, 네온, 산소, 실리콘을 연속적으로 태워 버린 후에야 생성된다.

별의 형성 원인

별 형성에 대한 증거는 우리 태양계 관측, 먼지와 가스 원반discs에 둘러싸여 있는 젊은 별 관측, 우리 은하의 거대한 분자 구름 관측, 그리고 컴퓨터

* 200쪽 참고.

모델링에서 비롯된다.

이들 연구는 초신성 폭발로 핵과 전자가 성간 공간의 여러 방향으로 방출되어 거기 존재하던 성간 가스—주로 수소로 되어 있는—와 섞인다는 성운 가설nebular hypothesis을 이끌어 냈다. 이들이 냉각될 때 다른 속도와 각운동량角運動量, angular momenta을 가진 원자와 단순한 가스 및 먼지 분자를 형성한다. 중력장은 초신성 파편과 성간 가스의 거친 혼합을 대략 구 모양을 띤 구름으로 분리한다.

각각의 역동적인 성운은 자체의 중력장에 의해 수축한다. 그렇게 되면 세 가지 과정이 일어난다. 중심부는 중력으로 인해 안으로 낙하하는 물질의 위치 에너지가 운동(열) 에너지로 바뀌기에 뜨거워진다. 반경이 줄어들면서 각운동량을 보존하기 위해 성운은 더 빨리 회전한다. 가스와 먼지 입자들이 충돌하면서 순각운동량net angular momentum의 방향을 좋게 하기 위해 움직임을 평균화시키면서 성운이 편평해진다.

이러한 축소와 편평한 구름의 대부분은 밀도가 높아지고 거대한 중력중심을 향해 나선형으로 소용돌이치며 들어간다. 그리고 그 중심부는 뜨거워지며 핵융합이 일어나면서 2세대 별이 탄생한다. 남아 있는 가스의 대부분은 회전축을 따라 성간 공간 속으로 거대한 제트 기류 형태로 다시 방출되어 나간다. 이제 편평한 형태로 회전하는 원반은 더 무거운 먼지—주로 규산염과 얼음 결정—와 별에 비교적 가까운 가스로 구성되며, 더 가벼운 수소와 헬륨 가스는 항성풍에 의해 원반 바깥쪽으로 밀려나간다. 이 원반은 밀도가 일정하지 않아서 다양한 중력장을 만들어 낸다. 이들이 격렬한 충돌과 집적을 통해 미행성들planetesimals을 만들고, 수억 년 안에 이들은 남아 있는 가스와 먼지의 대부분을 휩쓸고 있는 행성으로 합쳐져 원반의 평면에서 별 주위를 돌게 된다.[16] 그림 8.4를 참고하라.

그러나 이 정통 이론의 설명을 좀 더 살펴보면 두 가지 문제점이 대두된다.

첫째, 분자 구름의 가장 밀도 높은 부분—덩어리clump라고 한다—이 붕괴

그림 8.4 소용돌이치는 성운에서부터 별과 행성이 형성되는 과정에 대한 추정

되어 별이 될 무렵에는 입방 센티미터당 만 개에서 백만 개의 수소 분자를 갖고 있다.[17] 이는 우리가 호흡하는 공기 밀도인 입방 센티미터 당 10×10억×10억 개의 분자 밀도와 대조된다. 아무리 잘해 봐야 공기 밀도의 1만×10억 분의 1정도 밀도밖에 안 되는데, 여기서 어떻게 중력장의 힘으로 별이 만들어질 수 있는가?

우리 은하 내에 있는 거대한 먼지 분자 구름을 관측해 보면 고밀도의 덩어리 혹은 밀도 높은 원시별protostars 혹은 새로 생겨난 별들이 보이지만, 덩어리의 중력 붕괴를 일으키는 것이 무엇인지는 알 수 없고, 애초에 이들 덩어리가 어떻게 생겨났는지는 더욱더 알 길이 없다. 주변을 둘러싸고 있는 암흑 물질의 거대한 헤일로를 원인으로 거론하기에는 그 규모가 너무 작으니 논리적으로 적절하지 않다.

둘째, 이들 관측 결과, 구름이 중력에 의해 붕괴되는 것을 방해하는 힘이 관찰되었는데, 특히 아래의 것들이다.

1. 큰 소용돌이
2. 구름 속에 있으면서 이온화된 물질이 자기장선을 따라 흐르게 하는 이온(주로 양성자 혹은 수소 이온)과 전자를 포함한 균일하지 못한 자기장.

행성물리학자들은 이들 대항력counter-force을 극복하기 위해 유체정역학hydrostatics에 근거한 컴퓨터 모델을 고안했는데, 알려지지 않는 값을 가진 변수들이 너무 많이 도입되었기에 작업이 지독히 난해해졌고, 결국 이 모델이 작동하려면 단순화시킨 가정이 아주 많이 필요하게 된다.

초기 고밀도 지역과 이후의 중력 붕괴 이유에 대한 합리적인 추정 중 하나는, 그들이 거대한 분자 구름 속에서 큰 소용돌이를 일으키는 초신성 폭풍파로 생성된 압축 때문에 생긴다는 것이다. 그러나 이를 1세대 초신성으로 끝난 1세대 별의 형성 원인으로 제시하기 어렵다.

2005년 카슐린스키Kashlinsky와 그의 동료들이 내세운 주장에 따르면 "근래의 우주 마이크로파 배경 복사의 양극화를 측정한 결과, 별은 초기 그러니까 우주가 2억 년 정도 되었을 때 만들어지기 시작했다."[18] 1세대 별이 어떻게 만들어졌는가 하는 문제를 다루다 보면 정통 이론이 제시하는 뜨거운 빅뱅 모델이 옳다면 우주에서 생겨난 첫 번째 구조물이 무엇이냐 하는 문제가 다시 소환된다. 이에 관해서 지난 50여 년 간 여러 우주론자들은 구상성단, 초대질량 블랙홀, 저질량 별을 제시했다.

오늘날 언론 기사나 대중적인 과학 서적, TV프로그램에서는 별의 형성 과정을 마치 확정된 듯이 다루고 있지만, 나는 카디프대학교의 행성물리학자 데릭 워드-톰슨Derek Ward-Thompson의 말에 동의하지 않는 것이 어렵다고 본다. 문헌들을 검토한 후 그는 "별이 우주의 기초적인 구성 요소 중 하나이지만 형성 과정은 이해되지 않는다"[19]고 결론내렸다. 이와 비슷하게 2002년 영국의 당시 왕립천문학자였던 마틴 리스Martin Rees는 "아직까지도 별의 형성에 관련한 우리의 이해는 부실하다"[20]고 단언했다.

물론 이 말은 과학이 현재 별이 어떻게 형성되는지 또는 첫 번째 별이 어떻게 형성되었는지를 결코 알 수 없다는 것을 의미하지는 않는다. 그러나 첫 번째 별과 관련해서 말하자면, 정통적 이론이 제시하는 뜨거운 빅뱅 모델이 옳다면 다양한 주장들의 참·거짓을 판별할 수 있는 실증적인 증거는 얻기 힘들 것이다. 이 모델에 따르면 빅뱅 이후 대략 50만 년이 지나서 온도는

3,000K 이하로 내려갔다. 원시 흑체 복사는 적외선 영역으로 옮겨 갔고, 우주는 10억 년 동안 어둡게 남아 있었다.[21] 이 기간을 우주의 암흑기라고 하는데, 이 시기 각각의 별들은 어떠한 기술로도 탐지할 수 없을 만큼 빛이 약하다.

대안적인 설명

버비지Burbidge는 현재 정통 우주 구조 모델은 무수히 많은 가정 위에 세워져 있다고 지적한다. 그 가정에는 다음과 같은 내용도 포함되어 있다.

1. 우주는 예전에 무한하거나 무한에 가까운 밀도를 가진 한 개의 점으로 압축되어 있었다.
2. 우주는 기하급수적으로 급팽창하고 그 다음 감속 팽창이 다시 시작되었다.
3. 초기 물질 속에 밀도의 변동이 있었다.
4. 우주 내 물질의 대부분은 알려지지 않은 암흑 물질이다.
5. 퀘이사의 스펙트럼에서 적색편이는 오직 우주의 팽창으로 인해 발생하고, 흡수스펙트럼absorption spectra은 가스의 간섭 때문에 발생한다.

그는 준안정 우주론QSSC이 이런 가정 없이도 한결 더 설득력 있는 설명을 제공한다고 주장한다.*

공정하게 평가하자면, 원시 물질에서 비균질성이 처음에 어떻게 만들어지는가에 대한 현재 정통 우주론의 설명은 실증적 증거가 있는 이론이라 할 수 없는 추정일 뿐이다. 또한 정통 우주론은 이런 비균질성이 오늘날 관측할 수 있는 거품과 같은 보이드로 분리된 별과 은하들, 국부 은하군, 은하단, 시트 형태의 초은하단들을 어떻게 생성했는지에 관해 아직까지 과학적으로

* 116쪽 참고.

설명하지 못한다. QSSC가 제시하는 대안적 설명은 보다 간명하다는 이점은 있지만, 이 또한 탄탄한 과학적 이론을 제공하지 못한다.

지속 중인 진화?

현재 정통 우주론의 설명에 따르면 물질은 매우 뜨거운 복사로부터 형성되고 소멸되는 기본 입자들의 무질서한 원시 수프primordial soup로부터 오늘날 우리가 관측하는 복잡한 계층 구조로 진화해 왔다. 그러나 이렇게 안티엔트로피적인antientropic 방식으로 계속 진화하는 것일까?*

우주의 미래에 대한 아래의 다섯 가지 추정은 대규모 차원에서의 물질 진화에 관해 서로 대비되는 의견을 제시한다.

항구적인 자기유지 은하들

리 스몰린은 생물학의 자기조직화 시스템 이론self-organizing systems theory을 빌려 와서, 우리 은하와 같은 은하들은 항구적인 자기유지 생태계self-sustaining ecosystems를 이루고 있다고 추정한다. 서로 다른 초신성에서부터 나오는 파장은 십자 무늬를 이루면서 성간 가스와 먼지를 휩쓸어 붕괴하는 구름을 이루고 새로운 별들을 만들어 낸다. 이 별들은 수십억 년 간의 핵융합 후 가스와 먼지를 성간 공간 속으로 방출하는 초신성이 되어 폭발함으로써 죽음을 맞이한다. 그리고 그렇게 주기가 계속된다. 피드백 매커니즘feedback mechanism으로 인해 구름은 주계열 별들을 만들어 내는 최적의 조건이 되고, 구름의 밀도와 각 세대에 만들어지는 별과 초신성의 숫자 간에 균형이 잡힌다. 이렇게

* 엔트로피는 한 시스템 속에서 그 구성 요소들의 혼잡도를 측정한 것을 말한다. 이 개념과 물질 진화와의 연관성에 대한 자세한 논의는 10장을 참고하라.

자기조직화 시스템은 별빛에서부터 초신성 폭발까지의 에너지 흐름상의 열역학적 평형 상태와는 거리가 먼 생태를 유지한다. "우리 은하 같은 나선형 은하에서 이 과정은 나선형 은하의 매질medium 속을 훑어 나가는 별 형성 파동waves of star formation을 계속 만들어 내면서 항구적으로 이어지고"[22] 현재 수준의 복잡성을 유지한다.

그러나 자기조직화 시스템 이론에서 시스템은 그 시스템 외부에서부터 투입되는 에너지와 물질에 의해 동적불균형상태dynamic far-from-equilibrium state로 유지되는 것이지 내부에서 공급이 일어나는 것은 아니다.*

프렉탈 우주Fractal universe

또 다른 추정은 우주가 프렉탈 구조, 즉 계층 구조상 각각의 레벨에 있는 복잡한 형태가 상위 레벨에서 좀 더 큰 규모로 동일하게 반복되며, 이것이 끝없이 이어지는 구조라고 본다. 그러나 리스Rees의 설명에 따르면, 겔러와 후크라가 확인한 시트 형태의 초은하단보다 상위 레벨의 구조가 존재한다는 증거는 없다.[23] 게다가 태양계, 은하, 은하단, 초은하단 레벨에서 나오는 형태들이 동일하지도 않다.

빅 크런치(대붕괴)Big Crunch

아직 밝혀지지 않은 암흑 물실이 가시석 물질보다 약 열 배나 많다는 추정은 우주 내의 모든 물질의 중력 끌림이 우주 팽창을 늦추다가 반전시키기에 충분할 것이라는 견해를 불러 일으켰다. 이렇게 수축하는 우주는 복잡성이 줄어들고 결국 빅 크런치에 이르며, 빅뱅을 위한 고도의 엔트로피, 즉 혼잡도를 다시 만들어 낸다.

* 248쪽 참고.

장기간의 열죽음heat death

이와 대조적으로, 미시간대학교의 물리학 교수인 프레드 애덤스Fred Adams와 NASA 소속 과학자 그렉 로플린Greg Laughlin은 1999년에, 대규모에서 우주의 물질은 엔트로피 최대치에 이르는 과정을 거쳐서 결국 열죽음에 이른다고 주장했다.

그들은 은하 속에서 별이 만들어지는 일은 나선형 팔 속의 성간 수소로 이루어진 분자 구름이 충분한 밀도를 이루고 있을 동안에만 계속된다고 본다. 별을 만들어 내는 물질의 양은 유한하므로, 가용 가능한 수소를 보다 무거운 원소들로 바꾼 이후에는 더 이상 새로운 별이 만들어지지 않으며, 이것은 성간 수소 가스가 거의 없고 새로운 별도 만들어 내지 않는 타원형 은하에 의해 증명된다고 본다(이는 스몰린의 추정과 대조된다).

그들은 현재처럼 별이 만들어지는 시대는 1천억 년 정도 지속될 것이며 그 후 별이 만들어지는 시대는 10조 년에서 100조 년(10^{13}년에서 10^{14}년) 사이에 서서히 멈추게 되는데, 가장 작고 가장 오래된 별인 적색왜성이 사라지면서 더 이상 어떤 별도 빛나지 않게 된다.

별이 만들어지지 않는 시대는 그 이후 10^{25}년간 더 이어지며, 이 시기에는 은하들은 단순한 물체 즉 갈색왜성, 점점 식어 가거나 이미 차가운 백색왜성(흑색왜성), 중성자별, 그리고 블랙홀 등으로 구성된다. 백색왜성은 암흑물질 대부분을 말아 올리고 은하들이 이들을 성간 공간 속으로 증발시키면서 쇠퇴해간다. 마지막으로 백색왜성과 중성자별은 양성자와 중성자 붕괴로 인해 쇠퇴한다.*

그 다음에는 블랙홀 시대가 도래하며, 이 시대에는 별이라고 할 수 있는 물체는 블랙홀들뿐이다. 이들은 호킹 복사Hawking radiation라고 알려진 양자 과정을 통해 증발하는데, 이 과정은 우주가 10^{100}년이 될 때까지 이어진다.

이토록 상상할 수 없을 만큼 기나긴 세월 너머에는 마지막으로 암흑기의

* 대통일이론이 예측하는 내용인데, 아직까지 이를 지지하는 어떤 증거도 나온 바 없다.

폐허가 있는데, 이 시기에는 그 이전까지의 행성물리학적인 과정의 잔여물만 남아 있는 셈이 된다. 엄청나게 큰 파장대의 광자, 중성미자, 전자, 양전자 그리고 아마 여전히 상호 관계하고 있을 암흑 물질 입자들과 다른 이질적인 잔여물들 말이다. 저준위의 소멸 과정은 계속 발생하며 이윽고 우주는 엔트로피(혼잡도)가 최대치에 이르면 열죽음에 이른다. 이제 우주는 평형 상태가 되며 더 이상 사용할 수 있는 에너지가 남아 있지 않게 된다.[24]

단기간의 열죽음

1990년대 후반부터 대부분의 우주론자들은 적색편이를 보이는 1a 타입 초신성 데이터의 정통 해석 이면을 파고들었다. 그들은 우주가 약 90억 년 후 감속 팽창을 멈추고 가속 팽창을 시작하여 열죽음에 이르며, 그 속도는 아담스와 로글린이 계산한 것보다 빠르다고 믿었다. 4장에서 살펴봤듯이, 우주의 이 신비로운 작용을 설명하기 위해 그들은 반중력anti-gravity 암흑 에너지를 도입했고, 또 다른 임의의 값을 가진 우주상수 Λ를 다시 도입하여 수학적 모델mathematical models을 설명했다.*

존 배로에 의하면, 이런 가속 팽창으로 물질은 중력의 영향으로 뭉쳐지지 않고, 은하와 성단의 형성도 중단된다. 그는 이 미지의 암흑 에너지가 조금만 더 일찍 활성화되었더라도 어떠한 은하나 은하단도 만들어지지 않았고, 우리가 여기 존재하며 우주의 미래를 생각할 수도 없었을 것이라고 말한다.[25]

그러나 로런스 크라우스Lawrence Krauss와 마이클 터너Michael Turner는 이런 자료를 근거로 예측하는 것은 조심해야 한다고 말한다. 기하학과 우주의 운명 간의 관련성에 대해 표준적 개념들을 재검토한 뒤, 그들이 내린 결론은 "우주의 궁극적인 운명에 대해 확실히 말해 줄 수 있는 우주론적 관측 결과는

* 93쪽 참고.

아무것도 없다"[26]였다.

결론

1. 정통 우주론이 제시하는, 급팽창하는 뜨거운 빅뱅 상향식 차가운 암흑 물질 모델이나 다른 대안적 모델 역시 어느 쪽도 현재로서는 대규모 차원에서의 물질 진화에 대해 과학적으로 탄탄한 설명을 제시하지 못한다.
2. 원시 물질이 현재 정통 이론이 주장하듯 복사 에너지로부터 자발적으로 발생하여 소멸되는 기본 입자(고밀도에 뜨거우며 끓고 있는 무질서한 플라스마)로 이루어져 있다면, 그것은 거품 형태의 보이드에 의해 갈려져 은하들, 국부 은하군, 은하단을 거쳐 초은하단에 이르는 거대한 항성계 구조를 이루었을 것이다.
3. 운동 에너지를 가진 채 물질과 상호작용하는 중력장이 이러한 안티엔트로피적인 과정을 만들어 낸다고 추정되는데, 이 운동 에너지와 중력장을 만들어 내는 궁극적인 원인에 대해서는 아직 알려진 바가 없다. 여러 경합하는 추정적 이론들이 제시되었지만, 이들 복잡한 구조들—별에서부터 초은하단에 이르는—이 어떻게 형성되었는가에 대해 만족할 만한 과학적 설명을 제시하는 이론은 아직 없고, 애초의 원시 플라스마에서 어떤 것이 먼저 생겨났는지도 우리는 알지 못한다.
4. 은하와 같은 각각의 구조는 같은 레벨의 다른 구조와 동일하지 않다(예를 들어, 실리콘 결정체silicon crystals는 서로 동일하다). 국부 은하군과 같은 더 높은 단위의 구조는 더 낮은 레벨(여기서는 은하)의 구조가 큰 규모로 반복된 것도 아니다. 우주는 하나의 복잡한 전체를 이루고 있다.
5. 우주는 역동적이다. 별은 자신의 연료를 태우고 폭발하며 새로운 별이 탄생된다. 태양계, 은하들, 국부 은하군, 은하단 그리고 초은하단까지도

모두 서로 관련하여 움직인다. 즉 은하들은 국부 은하단 속의 다른 은하들로부터는 멀어지고 다른 은하들을 향해 다가가서 충돌도 일어난다.

6. 우주가 감속 팽창하다가 90억 년경부터는 신비하게 변해 가속 팽창을 시작했다는 현재의 정통 우주론에 따르자면, 대규모 차원에서 물질이 복잡해지는 안티엔트로피적인 과정이 멈추었다는 뜻이 된다.
7. 우주가 영원히 동적 복잡성의 단계에 머물러 있는지, 준정상 우주론이 주장하듯 영원한 주기를 통해 이런 단계로 보존되어 있는지, 최대치의 무질서에 이르는 과정을 거쳐서 열죽음하게 되는지, 수축되어 최대치의 무질서에 이르러 빅 크런치의 특이점에 이르는지에 관한 것들은 모두 추정일 뿐이며, 우주론적인 관측을 통해 이들 추정을 뒷받침할 명확한 증거를 얻기는 힘들어 보인다.

우리를 구성하고 있는 물질에 대해 과학이 말할 수 있는 것이 무엇인지 알기 위해서는 이에 상응할 뿐 아니라 상호 연관되어 있는 작은 규모에서의 물질의 진화에 대해 검토해야 한다. 다음 장에서는 이것을 중점적으로 다루겠다.

Chapter 9

작은 규모에서의 물질의 진화

우리는 별가루이다.

–존 미첼Joni Mitchell, 1970년

마른 체형에 70킬로그램 정도 나가는 남자는 대략 7×10^{27}개의 원자로 이루어져 있는데, 이는 10×10억×10억×10억 개의 원자로 이루어져 있다는 뜻이다. 이 중에 대략 63퍼센트가 수소 원자, 24퍼센트가 산소 원자, 12퍼센트가 탄소 원자, 0.6퍼센트가 질소 원자이며, 나머지 0.4퍼센트가 37가지 정도의 다른 원소들로 구성되어 있다.[1] 이들 원자는 어떻게 만들어졌고, 그것들이 우리를 어떻게 만드는가 하는 것이 이 탐구의 중요한 부분을 차지한다.

원소의 핵의 진화[2]

빅뱅 모델로는 우주가 팽창되고 식으면서 융합 과정이 멈추기 전까지, 극소량의 리튬을 제외하고 헬륨 이후의 원소들의 핵이 빅뱅의 에너지로 발생한 쿼크와 전자와 양성자의 작고 뜨거운 수프에서부터 어떻게 생성되는지 설명할 수 없다는 점을 이미 살펴봤다.*

1950년 마틴 슈바르츠쉴트와 바바라 슈바르츠쉴트Martin and Barbara Schwarzchild가 오래된 별들이 젊은 별들보다 무거운 원소를 훨씬 더 많이 가지고 있다는 사실을 발견함으로써 보다 큰 핵이 어떻게 형성되는가 하는 문제의 실마리를 찾았다.

1957년 호일과 그의 동료들은 헬륨보다 무거운 자연 발생적 원소들이 별에서 어떻게 만들어지는지에 대한 현재의 정통 우주론적 설명을 확정하는 중요한 논문을 발표했다. 그들의 결론은 이러하다.

> 별의 기원 이론이 원소 합성의 유력한 설명을 제공하는 듯이 보이는 근본적인 이유는 그들 원소가 진화할 동안 변해 가는 별의 구조가 핵융합 과정이 발생할 수 있는 일련의 환경을 제시하기 때문이다. 내부 온도는 pp(양성자-양성자) 체인이 첫 번째로 작동할 수 있는 수백만 도에서부터, 초신성 폭발이 일어날 수 있는 10^9에서 10^{10}도까지 이른다. 중심부의 밀도는 수백만 가지 원인으로 인해 달라진다. 시간의 규모 역시 태양의 질량 정도인 주계열 별의 수명인 수십억 년에서부터 폭발이 일어날 수 있는 날, 분, 초 단위까지 펼쳐진다.[3]

그 이후로 세부적인 내용을 정교하게 다듬어 왔지만 문제를 제기하는 우주론자는 없으며, 이 이론은 분광기를 통해 얻은 증거들에 의해서도 지지된다. 헬륨 이후의 자연에서 발생하는 모든 원소들은 다음과 같은 별 내부의 핵합성 과정을 통해 생겨난다고 결론을 내리는 것이 합리적이라 하겠다.

* 198쪽 참고.

헬륨에서 철까지의 원소들

별들의 질량은 태양 질량의 10분의 1에서부터 60배에 이른다. 그보다 작은 원시성은 핵융합이 일어날 수 있을 만큼 충분히 뜨거워지지 않고, 그보다 더 큰 질량을 가진 별들은 너무 빨리 타오르기에 안정적인 별이 될 수 없다. 별의 크기가 핵융합을 결정하는 것이다.

태양 질량의 8배까지의 작고 적당한 크기의 별의 경우, 헬륨은 양성자-양성자 체인이라는 일련의 핵융합을 통해 그 중심부에서 생성되는데, 여기서 양성자—수소의 핵—는 연쇄 반응을 통해 융합되어 헬륨-4와 열과 빛의 형태로 에너지를 생성한다. 이 에너지의 외부 방출은 내부로 수축하는 중력과 균형을 이루기에 별은 그림 9.1처럼 안정화되어 수십억 년간 유지할 수 있다.

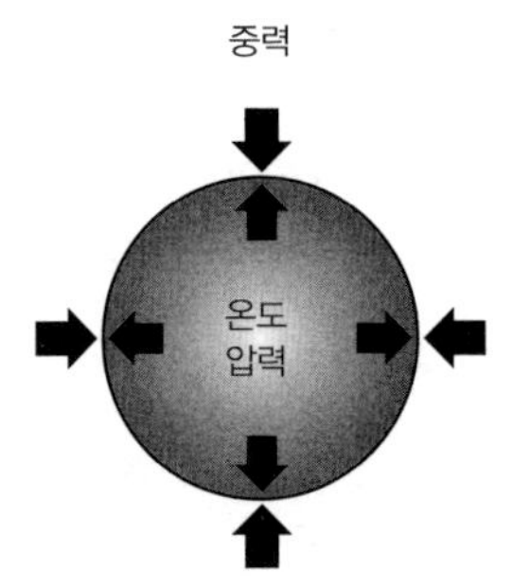

그림 9.1 외부로 뻗어 나가는 열의 압력이 내부로 끌어당기는 중력과 동일한 안정화된 별

중심부에 있는 수소가 모두 연소되고 나면, 중력을 대응할 만한 융합 에너지가 나오지 않으므로 별은 붕괴하기 시작한다. 중력의 위치 에너지는 운동 에너지로 바뀌면서, 수축하고 있는—따라서 밀도가 높아지는—별을 데우기 시작한다. 별의 중간층에 있던 수소는 뜨거워지면서 융합하여 헬륨 껍질이 되고 이것이 헬륨 중심부를 둘러싼다. 이 반응으로 인한 열은 별의 바깥층으로 팽창되어 나가면서 별은 그 전보다 한층 부풀어 오른다. 팽창되면서 바깥층은 식게 되고, 방출하는 빛의 파장은 길어진다. 별은 적색거성이

된다.

별의 헬륨핵은 붕괴하여 온도가 1억 켈빈까지 상승한다. 이 온도에서는 헬륨이 융합되어 탄소가 되며, 추가적인 중력 붕괴를 멈출 만한 에너지를 방출하면서 다시 안정화 단계에 이른다. 별의 크기에 따라—다시 말해 중력 수축을 통해 핵의 온도를 상승시킬 수 있는 퍼텐셜에 따라—이 과정은 멈추기도 하고 계속 이어지기도 한다.

태양 질량의 2배에서 8배 사이의 질량을 가진 별의 경우, 핵과 그 외의 여러 층에서 다양한 온도 상태가 만들어지며 이로 인해 다양한 융합물이 생성되고, 바깥층은 항성풍stellar wind이 되어 날라간다. 태양 질량의 8배 정도 되는 별에서는 열핵반응thermonuclear reaction을 통해 탄소가 질소로, 질소는 산소로 계속해서 원소가 더 높은 원자값을 가진 원소로 변해 가면서, 마지막으로 철이 된다.

철-56은 모든 원소들 중 가장 안정적이기에, 그 앞의 원소들과는 달리 융합되더라도 에너지를 방출하지 않는다. 따라서 중심부가 철로 이루어지면 중력적 수축을 멈출 만한 에너지가 없다. 보다 큰 별이 이 단계에 이르거나, 작은 별의 경우 핵연료를 다 태워 없애고 나서 중력 수축을 통해 추가적 융합을 일으킬 만한 충분한 온도를 만들어 내지 못하게 되면, 그 별은 붕괴한다. 작은 별에서는 전자electron가 모두 으깨져 백색왜성이 되고, 중간 크기의 별은 계속 붕괴하여 중성자들이 모두 으깨져 중성자별이 되고, 보다 큰 별은 더욱더 붕괴되어 블랙홀이 된다.

이런 중력 붕괴를 통해 만들어진 거대한 에너지와 충격파가 폭발적으로 별의 질량의 대부분을 공간 속으로 날려보내면서 순간적으로 별의 밝기는 그 전의 밝기보다 수억 배 밝아진다. 이를 초신성supernova이라고 부른다.

태양 질량의 8배에서 60배 이상인 별들은 이와 유사하면서도 좀 더 빠르게 진행되는 핵합성을 통해 적색거성red supergiant이 되는데, 그 융합 결과물들이 층을 이루며 마치 그림 9.2와 같은 양파 모양을 이룬다.

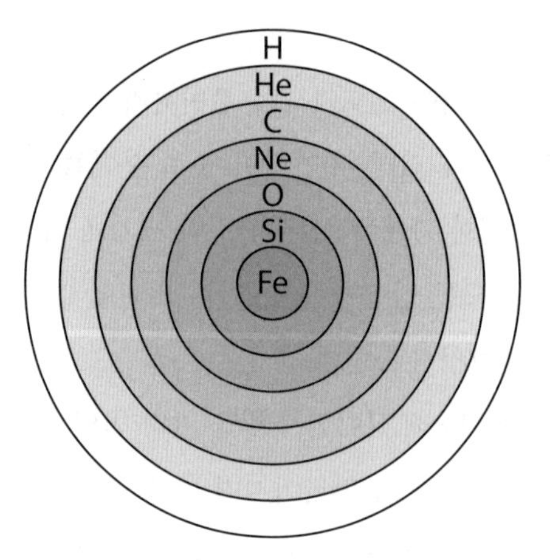

그림 9.2 적색거성의 "양파 껍질" 모델
H는 수소, He는 헬륨, C는 탄소, Ne는 네온, O는 산소, Si는 실리콘, Fe은 철을 가리킨다

중심부가 철로만 이루어지고 나면 적색거성도 초신성이 된다.

표 9.1은 별 속의 핵융합을 통해 만들어지는 일차 원소와 이차 원소, 그 반응이 일어나는 온도, 그리고 그 온도에서 가용 가능한 핵연료를 다 소진하는 데 얼마나 오래 걸리는지를 요약해서 보여 준다.

연료	일차 산물	이차 산물	온도 지속 (10억 켈빈)	기간 (년)
H	He	N	0.03	$1x10^7$
He	C, O	Ne	0.2	$1x10^6$
C	Ne, Mg	Na	0.8	$1x10^3$
Ne	O, Mg	Al, P	1.5	0.1
O	Si, S	Cl, Ar, K, Ca	2.0	2.0
Si	Fe	Ti, V, Cr, Mn, Co, Ni	3.3	0.01

표 9.1 큰 별 속에서 연쇄적으로 일어나는 원소들의 핵융합
출처: Lochner, James C et al. (2005)

철보다 무거운 원소들

양성자가 철-56과 융합하여 다음 원소인 코발트를 생산할 수 없지만, 철-56은 수천 년에 걸쳐 세 개의 중성자를 포획하여 불완전한 동위 원소인 철-59를 생성할 수 있으며, 그 결과 중성자 1개가 붕괴되어 양성자와 전자가 되면서 보다 안정적인 코발트를 만들 수 있다. 이렇게 별 속에서 느린 중성자 포획 과정을 통해 철보다 무거운 원소들이 많이 생성된다.

초신성의 강력한 열은 거대 중성자 다발large flux of neutrons을 만들며, 이는 핵에 의해 급히 포획되어 더 무겁고 불안정한 핵이 된다. 이들은 금과 같이 다른 안정된 원소와 토륨과 우라늄 같이 자연적으로 발생하는 방사성 원소로 붕괴되어, 폭발에 의해 차가운 우주 공간 속으로 던져진다.

원소들의 우주선cosmic rays 생성

헬륨과 탄소 사이 원소들의 핵은 그리 안정적이지 않으므로—그래서 다섯—핵자 간격—미량의 리튬, 베릴륨, 보론이 별 속에서 만들어진다. 이들은 우주선—초신성에서 빛에 가까운 속도로 방출되어 나오는 전자와 핵이라고 간주된다—이 성간 가스와 먼지와 충돌할 때 만들어진다고 생각된다. 이 충돌로 인해 파편이 떨어져 나오면서 더 작은 원소들의 핵이 만들어진다.

2세대 3세대 별

정통 우주론은 초신성과 항성풍으로 생성된 성간 가스와 먼지의 구름이 중력에 의해 붕괴 과정을 겪는다고 말하지만, 그 메커니즘은 이해되지 않는다.* 이는 처음 수소 분자로 구성된 1세대 별보다는 더 복잡한 물질을 가진 2세대 별을 생성하는데, 결과적으로 융합 과정은 더욱 복잡하다. 이들도 초

* 211쪽부터 이어지는 페이지 참고.

신성으로 끝나며, 그들이 만들어 낸 산물의 일부를 우주 공간으로 방출한다. 3세대 별도 이와 유사하게 생겨났으리라 생각된다.

생성된 원소들

따라서 이런 모든 과정은 간단한 수소핵으로부터 연속적으로 보다 크고 복잡한 핵을 생성하며, 우주에서 자연적으로 발생하는 약 95개의 원소들을 초래한다.* 이들 중에 수소(75퍼센트)와 헬륨(23퍼센트) 2가지가 우주 질량의 거의 대부분을 차지한다.

95개의 원소 중 8개가 지구 표면 질량의 98퍼센트를 차지하는데, 그중에서도 산소(47퍼센트), 실리콘(28퍼센트), 알루미늄(8퍼센트), 철(5퍼센트)이 대부분이다. 바다는 주로 산소(86퍼센트)와 수소(11퍼센트)로 이루어져 있다.[4]

우리 몸은 41개의 원소로 되어 있는데, 평균적으로 인간 몸의 질량 중 99퍼센트는 6개의 원소가 차지한다. 그 6개는 산소(질량의 65퍼센트), 탄소(질량의 18퍼센트), 수소(질량의 10퍼센트), 질소(질량의 3퍼센트), 칼슘(질량의 2퍼센트), 인(질량의 1퍼센트)이다.[5]

더 무거운 원소들은 비록 극소량이 존재할 뿐이지만, 인류의 진화에서 중요한 역할을 한다. 예를 들어, 우라늄uranium, 토륨thorium, 포타슘potassium-40은 방사성 붕괴를 통해 지각 내의 열을 발생시켜 판구조론을 일으키는데, 이것은 나중에 살펴보겠지만 생물권을 만드는 데 반드시 필요하다. 그리고 몰리브덴molybdenum은 동식물의 물질대사에 반드시 필요한 질소 고정에 필요하다.

* 예전에는 91개 원소가 자연적으로 발생하였고, 나머지 27개는 인공적으로 합성된다고 봤다. 그러나 2014년에 이들 중 7개가 자연 속에서 미량이지만 발견된다고 알려졌다. 나는 "약 95개"라고 표현하려 한다.

핵 변수의 미세 조정

그 이유는 나중에 살펴보겠지만, 인간과 모든 생명체에게 필수적인 한 원소가 바로 탄소, 좀 더 정확히 말하면 안정적인 동위원소인 탄소-12이다. 그러나 호일이 지적했듯, 별 속에서 탄소-12가 충분히 만들어지려면 세 가지 변수가 미세하게 조정되어야 한다.

178쪽에서 봤듯이, 헬륨핵이 얼마나 견고히 함께 결합되어 있는가를 측정하는 입실론의 미세조정이 있어야만 원소들을 만들어 내는 연쇄 반응이 일어날 수 있고, 나아가 생명에 필요한 원자와 분자를 만들 수 있다. 호일이 말한 세가지 변수는 탄소가 만들어지기까지 핵의 연쇄반응이 일어나기 위해서 얼마나 정확한 값이 필요한지 보여 준다. 그 반응은 아래 방정식에 나타난다.

$$2He^{4} + 0.99MeV \rightarrow Be^{8}$$

$$Be^{8} + He^{4} + 7.3667MeV \rightarrow C^{12} + 2\gamma$$

이 방정식들은 0.099 백만 전자-볼트의 에너지가 두 개의 헬륨-4 핵과 융합해서 불안정한 동위 원소 베릴륨-8이 만들어진다는 뜻이다. 그 다음에 베릴륨-8와 헬륨-4 핵과 합쳐져서 안정적인 탄소-12 핵과 가장 높은 광자 에너지를 가지는 광자인 감마선 2개를 만든다. 이런 반응이 일어나려면 세 가지 조건이 충족되어야 한다.

1. Be^{8}의 수명($\sim 10^{-17}$ch)은 He^{4} + He^{4}의 충돌 시간(10^{-21}ch)보다 반드시 길어서 첫 번째 연쇄 반응이 일어날 수 있어야 하고, 또한 연쇄 반응이 멈추지 않으려면 안정적이지 않아야 한다. 실제로 그렇다.
2. 호일은 반응이 공명되지 않는 한 탄소-12 핵의 중요한 공명 수준이 7.7 MeV에 가깝지 않다면 탄소 산출은 무시할 수 있다고 제안했다. 핵융합의 공명은 반응이 최대 효율인 에너지 정점이다. 나중에 실험을 통해

알게 된 바로는 탄소-12 핵의 공명 준위는 7.6549MeV이다. 이는 헬륨-4와 베릴륨-8을 융합하는 데 필요한 7.3667MeV 에너지 바로 위에 놓여 있기 때문에 이 반응이 진행될 수 있다.

3. 탄소-12가 다른 헬륨-4핵과 융합되면 산소핵을 만든다. 그러나 산소-16핵은 공명 준위가 7.1187MeV이다. 이것은 탄소-12와 헬륨-4가 합쳐진 에너지인 7.1616MeV보다 살짝 '낮은' 정도다. 만약 그것이 더 높았더라면, 거의 모든 탄소는 산소로 전환함으로써 항성 내부에서 빠르게 제거되었을 것이다.[6]

이렇듯 충분한 탄소가 만들어지고 그로 인해 우주 내에서 인류와 다른 모든 생명체가 존재할 수 있는 분자가 만들어지려면, 이런 변수들의 연쇄적 체인—불안정한 베릴륨-8의 긴 수명, 탄소-12의 유리한 공명 수준의 존재, 산소-16의 유리한 공명 수준의 부재—이 필요할 뿐 아니라 아주 미세하게 조정되어야 한다.

다음에는 이렇게 양의 전하를 띤 원소들이 어떻게 분자로 진화하는지 살펴보려 한다. 그 첫 단계는 원자의 형성이다.

원자의 형성[7]

고온, 다시 말해 높은 에너지에서 별은 양전하를 띤 원소핵, 음전하를 띤 전자, 중성의 중성자와 전자기 에너지를 가진 광자로 이루어진 혼돈의 가스인 플라스마로 구성된다. 별이 자신의 핵연료를 다 태워 소진하고 중력 붕괴를 겪고 나면 초신성이 되어 차가운 성간 공간 속으로 이 플라스마의 대부분을 내보낸다. 플라스마의 온도가 3,000K로 떨어지면 원소의 핵은 전자를 붙잡아서 에너지 보존의 원리와 전하 보존의 원리 그리고 전자기 상호작용의 법칙에 따라, 중성을 띠는 안정적인 원자와 분자를 이룬다.*

이들 보존의 원리와 법칙이 필요하긴 하지만 이들은 왜 음의 전하를 가진 전자가 양의 전하를 가진 핵에 끌려가지 않는지를 설명하기에는 부족하다. 여기서 양자 이론은 작은 규모에서의 물질에 대한 우리의 이해를 혁명적으로 바꾸어 놓았다. 양자역학의 법칙들과 파울리 배타 원리를 통해 현대 과학은 냉각된 항성 플라스마가 어떻게 인간의 기본 요소를 형성하는가를 설명한다.

양자역학의 법칙

양자 이론에 따르면 전자만큼 작은 것이 입자이면서 파동인 것처럼 움직인다. 음의 전하를 가진 전자는 양의 전하를 가진 핵 주변의 오비탈orbital이라 부르는, 껍질 모양의 궤도를 회전하면서 상호작용하는데, 여기서는 불연속 에너지 E_2를 가진다. 이보다 낮은 에너지의 궤도로 떨어질 때 E_1 에너지가 되면서 양자 에너지 E를 방출하는데, 이는 아래 방정식으로 표현된다.

$$E = E_2 - E_1 = h\nu$$

여기서 h는 플랑크 상수, ν는 전자기 복사로 상실되는 에너지 주파수다.

반대로 말하면, 전자는 에너지의 양자를 흡수하여 낮은 에너지 궤도에서 높은 에너지 궤도로 올라가면서 에너지가 커진다는 의미다.

h의 값은 대략 4.136×10^{-15}전자볼트·초이다. 왜 그렇게 되는지는 어떤 이론도 제대로 설명하지 못한다. 궤도를 도는 전자가 가진 이 불연속적인 에너지값이 없다면 개개의 원자는 모두 서로 다를 수밖에 없고, 안정된 원자는 하나도 없을 것이다.

각각의 오비탈은 핵에서부터 전자까지의 거리 함수인 주양자수principal quan-

* 190쪽 참고.

tum number인 n에 의해 확정된다. 이와 다른 세 가지 양자수가 전자와 핵의 상관관계를 설명하는데, 각 양자수angular quantum number인 l은 오비탈의 모양을 정하며, 자기양자수Magnetic quantum number인 m_l은 오비탈의 방향을, 스핀양자수spin quantum number인 m_S는 방향축에서 전자의 회전 방향을 가리킨다.

이들 상호작용에 대한 양자역학 방정식의 해들은 핵 주위의 전자 분포의 확률을 표현한다. 그러나 이런 방정식으로는 여전히 각각의 원소별 원자에도 서로 다른 에너지 준위를 가진 다양한 유형들이 너무 많이 나타난다. 1925년 볼프강 파울리Wolfgang Pauli가 제시한 가설에서는 동일한 원소의 모든 원자가 동일하다는 설명과 함께 예측도 내놓았는데 이는 후에 실험으로 확정되었고, 이것이 현재 우리의 화학적 지식의 근간을 이룬다.

파울리 배타 원리

파울리 배타 원리에 따르면 원자나 분자 속의 어떠한 두 개의 전자도 동일한 네 개의 양자수를 가질 수 없다.* 여기서 또 한 번, 왜 그렇게 되는지 어떤 이론도 설명할 수 없지만, 발전하는 양자장 이론이 관찰과 실험 결과와 부합하게 만들 수 있었던 것은 파울리의 통찰이었다고 말할 수밖에 없다.

이 원리가 다른 물리법칙과 다른 점은 비동적非動的—거리나 시간의 함수와 상관없다—이라는 것이며, 개개의 전자의 행동에 대해서 알려 주는 바는 없고 오직 두 개 이상의 전자로 이루어진 시스템에만 적용된다. 이 보편적인 법칙은 무수히 많은 가능성 중에서도 몇 개의 정해진 물질의 에너지 상태를 선택한다. 동일한 원소의 원자는 모두 동일하다고 보고, 하나의 원자가 어떤 식으로 동일한 원소나 다른 원소의 원자와 결합하는지를 설명한다. 이렇게 해서 원소의 상태—이것이 가스이든, 액상이든 고체이든, 고체라면

* 이 원리는 그 이후, 주어진 체계 속에서 어떠한 두 가지 타입의 페르미온fermion(전자, 양성자, 중성자를 포함하는 입자군)도 동시에 동일한 양자수를 가진 상태로 존재할 수 없다는 설명으로 확장되었다.

Periodic Table of the Elements

Key: atomic number / **Symbol** / name / standard atomic weight

1	2	3	4	5	6	7	8	9	10	11	12	13	14	15	16	17	18
1 **H** hydrogen [1.007, 1.009]																	2 **He** helium 4.003
3 **Li** lithium [6.938, 6.997]	4 **Be** beryllium 9.012											5 **B** boron [10.80, 10.83]	6 **C** carbon [12.00, 12.02]	7 **N** nitrogen [14.00, 14.01]	8 **O** oxygen [15.99, 16.00]	9 **F** fluorine 19.00	10 **Ne** neon 20.18
11 **Na** sodium 22.99	12 **Mg** magnesium [24.30, 24.31]											13 **Al** aluminium 26.98	14 **Si** silicon [28.08, 28.09]	15 **P** phosphorus 30.97	16 **S** sulfur [32.05, 32.08]	17 **Cl** chlorine [35.44, 35.46]	18 **Ar** argon 39.95
19 **K** potassium 39.10	20 **Ca** calcium 40.08	21 **Sc** scandium 44.96	22 **Ti** titanium 47.87	23 **V** vanadium 50.94	24 **Cr** chromium 52.00	25 **Mn** manganese 54.94	26 **Fe** iron 55.85	27 **Co** cobalt 58.93	28 **Ni** nickel 58.69	29 **Cu** copper 63.55	30 **Zn** zinc 65.38(2)	31 **Ga** gallium 69.72	32 **Ge** germanium 72.63	33 **As** arsenic 74.92	34 **Se** selenium 78.96(3)	35 **Br** bromine [79.90, 79.91]	36 **Kr** krypton 83.80
37 **Rb** rubidium 85.47	38 **Sr** strontium 87.62	39 **Y** yttrium 88.91	40 **Zr** zirconium 91.22	41 **Nb** niobium 92.91	42 **Mo** molybdenum 95.96(2)	43 **Tc** technetium	44 **Ru** ruthenium 101.1	45 **Rh** rhodium 102.9	46 **Pd** palladium 106.4	47 **Ag** silver 107.9	48 **Cd** cadmium 112.4	49 **In** indium 114.8	50 **Sn** tin 118.7	51 **Sb** antimony 121.8	52 **Te** tellurium 127.6	53 **I** iodine 126.9	54 **Xe** xenon 131.3
55 **Cs** caesium 132.9	56 **Ba** barium 137.3	57-71 lanthanoids	72 **Hf** hafnium 178.5	73 **Ta** tantalum 180.9	74 **W** tungsten 183.8	75 **Re** rhenium 186.2	76 **Os** osmium 190.2	77 **Ir** iridium 192.2	78 **Pt** platinum 195.1	79 **Au** gold 197.0	80 **Hg** mercury 200.6	81 **Tl** thallium [204.3, 204.4]	82 **Pb** lead 207.2	83 **Bi** bismuth 209.0	84 **Po** polonium	85 **At** astatine	86 **Rn** radon
87 **Fr** francium	88 **Ra** radium	89-103 actinoids	104 **Rf** rutherfordium	105 **Db** dubnium	106 **Sg** seaborgium	107 **Bh** bohrium	108 **Hs** hassium	109 **Mt** meitnerium	110 **Ds** darmstadtium	111 **Rg** roentgenium	112 **Cn** copernicium		114 **Fl** flerovium		116 **Lv** livermorium		

57 **La** lanthanum 138.9	58 **Ce** cerium 140.1	59 **Pr** praseodymium 140.9	60 **Nd** neodymium 144.2	61 **Pm** promethium	62 **Sm** samarium 150.4	63 **Eu** europium 152.0	64 **Gd** gadolinium 157.3	65 **Tb** terbium 158.9	66 **Dy** dysprosium 162.5	67 **Ho** holmium 164.9	68 **Er** erbium 167.3	69 **Tm** thulium 168.9	70 **Yb** ytterbium 173.1	71 **Lu** lutetium 175.0
89 **Ac** actinium	90 **Th** thorium 232.0	91 **Pa** protactinium 231.0	92 **U** uranium 238.0	93 **Np** neptunium	94 **Pu** plutonium	95 **Am** americium	96 **Cm** curium	97 **Bk** berkelium	98 **Cf** californium	99 **Es** einsteinium	100 **Fm** fermium	101 **Md** mendelevium	102 **No** nobelium	103 **Lr** lawrencium

그림 9.3 주기율표

2016년 국제 순수 응용 화학 연합에서 제정

금속이거나 결정체이든—뿐만 아니라 그림 9.3에서처럼 원소들이 그 물리화학적 특성에 따라 묶이는 주기율표를 설명한다.

118개의 원소는 원자 수와 원자핵 속의 양성자 수에 따라 가로행을 따라 배열되어 있다. 행을 따라 거의 동일한 화학적 특성을 가진 원소들인 동일한 세로단(그룹)에 배치되며, 각각의 행은 외각의 원자가valence 궤도가 파울리 배타 원리를 따라 허용되는 최대한의 전자 수를 가지고 있고 매우 안정적이어서, 활동성이 없는 비활성 가스 원소로 끝나게 되어 있다. 화학자들은 주기율표의 원소 위치를 통해 그 원소의 원자로 이루어진 분자가 어떤 특성을 가지는지 알 수 있으며, 단순한 원자가 우리 인간을 만들어 내는 보다 복잡한 분자로 진화하는 과정도 알 수 있다.

원자 변수의 미세 조정

안정적인 원자와 분자가 만들어질 때는 양자역학의 법칙이나 파울리 배타 원리만이 아니라 두 개의 무차원 변수값에 좌우된다.

미세 구조 상수 α는 결합상수, 다르게 말하자면 전자처럼 전기를 띤 기본 입자가 어떻게 빛의 광자와 상호작용하는지 결정하는 전자기력의 크기에 대한 측정값이다. 그 값은 0.0072973525376이며 이 값은 전하를 측정하는데 어떤 단위를 쓰든 상관없다.

이와 비슷하게, 전자 질량 대비 양성자의 비율을 말하는 β는 무차원값 1836.15267247이다. 이 두 수치가 어떻게 이렇게 나오는지 제대로 설명해 주는 이론은 없다. 이 값들이 크게 달라지면 안정적인 원자나 분자가 만들어지지 않는다.[34]

원자의 진화

성간 공간에 방출되어 나와 있고, 핵과 전자로 이루어져 있는 냉각된 플라스마에서 생겨나는 원자들은 결합하여 보다 복잡한 형태로 진화한다. 이 과정은 가능한 한 가장 낮은 에너지를 가진 안정 상태에 도달할 때까지 계속된다. 이 말은 구체적으로는, 밸런스 궤도층이 파울리 배타 원리가 허락하는 최대치 숫자의 전자를 포함하는 상태에 가까워지는 전기적 배열 상태에 이른다는 뜻이다.

비활성 가스 원소들의 원자들은 자연 상태에서 이 배열을 갖고 있기에 안정적이다. 다른 원자들은 네 가지 방식 중 어느 한 가지 방식으로, 자신과 동일한 원자나 다른 원자들과 결합함으로써 안정성을 얻는다.

결합의 방식

이온 결합(전자의 교환)

원자가 자신이 가진 한두 개의 밸런스 전자를 (밸런스 껍질 속의) 전자가 부족한 원소의 원자에게 준다. 예를 들어 안정된 보통(식탁용) 소금이 만들어지는 과정을 보면, 매우 화학반응을 잘하는 소듐 원자 Na는 매우 화학반응을 잘하는 염소 원자 Cl과 반응하면서, 자신의 밸런스 전자 하나를 주고 양의 전하를 가진 안정된 소듐 이온이 된다. 그러면 새로 형성된 낮은 궤도의 밸런스 껍질은 여덟 개의 전자로 채워져서 비활성 가스인 네온과 같아지며, 음의 전하를 띠게 된 안정적인 염소 이온도 아르곤처럼 밸런스 껍질이 다 차게 된다. 이렇게 하여 만들어진 산물이 $Na^{+}Cl^{-}$이다. 전자를 준 양이온과 받은 음이온은 전기력에 의해 서로를 끌어당긴다.

공유 결합(전자의 공유)

다른 원소의 원자로부터 전자를 받는 대신 염소 원자는 다른 염소 원자와 함께 전자를 공유하여 이원자diatomic 염소 분자* Cl_2가 될 수 있다. 공유함으로써 밸런스 궤도층을 채우는 경우는 배타적으로 전자를 가져와서 채우는 경우보다는 불안정한 상태가 되므로 염소 가스 분자는 소금보다는 화학반응을 더 잘한다.

한 원소의 원자들은 다른 원소의 원자들과 한 두 개의 전자를 공유하여 복합 분자를 만들어 낼 수 있다. 수소 원자는 밸런스 껍질에 하나의 전자를 가지고 있는데 파울리 배타 원리에 의해 두 개의 원자까지 가능하다. 산소 원자는 밸런스 껍질에 여섯 개의 전자를 가지고 있는데, 여덟 개까지 가능하다. 두 개의 수소 원자가 자신의 전자들을 산소 원자의 밸런스 껍질에 있는 여섯 개의 전자와 함께 공유하면서 안정된 물 분자 H_2O가 나온다.

금속 결합

이 결합은 동일한 원소의 원자들이 각각 전자를 하나씩 잃고, 자유전자free electrons의 풀pool에 의해 붙들린 양전하 이온들이 격자 구조를 이루면서 생긴다. 공유 결합 때와는 달리 전자들이 자유롭게 움직이므로 금속 결합된 물체는 전류를 흐르게 한다.

반데르발스 결합Van der Waals bonding

전기적으로 중성인 분자들 간에 일어나는 정전기적인 결합으로, 분자의 형태 때문에 전기 전하의 분포가 대칭적이지 못할 때 생겨난다. 양전하와 음전하 중심이 미세하게 분리되면서 한 분자의 양전하 끝이 다른 분자의 음전하 끝을 끌어당기는 방식으로 일어난다. 섭씨 0도에서 100도 사이의 정상

* 분자는 독립적으로 존재할 수 있는 실체의 가장 작은 물리적 단위로서 하나 혹은 그 이상의 원자가 그들이 공유하는 전자로 결합된 상태이다. 분자, 원자, 이온, 원소 간의 구별에 대해서는 용어 설명 참고.

적인 기압에서는 반데르발스 결합으로 인해 물 분자는 서로 결합하여 액상인 물이 된다. 보다 높은 온도에서는 에너지가 더 높기에 이들 결합이 깨져서 물 분자는 서로 분리되어 기체 상태인 증기가 된다. 더 낮은 온도에서는 온도에 의한 교란이 덜하기에 분자를 서로 붙들고 있는 결합이 충분해서 고형의 결정체인 얼음이 된다.

이렇듯 결합으로 인해 물질의 화학적 특성—원자가 다른 원자와 어떻게 상호작용하느냐—만이 아니라 물리적 구조까지 만들어진다.

결정구조Crystalline structures

헬륨을 제외한 모든 원자, 분자, 이온은 적절한 온도에서는 대체로 결정구조인 고체 상태이며, 이때 원자, 분자, 이온은 두 개만 서로 결합되어 있는 것이 아니라 여러 개가 함께 결합되어, 일정한 모양에 3차원 공간으로 계속해서 반복되는 패턴의 격자구조lattice structure를 이룬다. 결합의 4가지 유형 모두 결정구조를 만들고, 어떤 구조에 어떻게 결합하느냐의 방식에 따라 고체의 물리적 특성이 결정된다. 예를 들어 이온 결합된 소듐과 염소 이온 간의 결합을 통해 일반(식용) 소금의 결정이 생기고, 공유 결합된 탄소 원자들은 부드러운 흑연이나 단단한 다이아몬드로 존재한다.

탄소의 독특성

우주 내에서 네 번째로 풍부한 원소인 탄소는 독특한 결합적 특성이 있다. 이들 특성은 부분적으로는 탄소가 가진 매우 높은 전기 음성도electronegativity, 즉 밸런스 전자를 끌어당기는 원자의 상대적인 힘 때문에 생긴다. 탄소 원자는 외곽의 밸런스 층에 네 개의 전자를 가지고 있고 파울리 배타 원리에 의해 여덟 개까지 가능하다. 따라서 네 개의 다른 원자들과 한꺼번에 결합할 수 있다. 공유 결합을 하려는 경향이 매우 강할 뿐 아니라, 특히 자기 자신과 결합하려는 경향이 강해서, 밸런스 전자 하나를 공유하는 한 쌍이 나오는 단일 결합만이 아니라 이중 결합(두 쌍), 심지어 삼중 결합(세 쌍)까지 이룬다. 탄소가 가진 또 다른 특성은 시트 혹은 링 구조, 탄소와 다른 원자들로 이루어지는 끈을 이루는 긴 사슬 구조로 결합하는 능력이다.

이런 특징이 있기에 생체 분자organic molecules라고 불리는 특이하고 방대하고 복잡한 구조를 만들어 낼 수 있고, 이들 구조 중 상당수가 현재까지 확인된 생명체 속에서 발견되었다. 따라서 탄소는 우리가 알고 있는 생명체를 위해서는 필수적이며, 탄소가 없다면 우리도 존재할 수 없다.

우주 공간 속 분자

분광기를 통한 분석 결과, 성간 공간에서 초신성에 의해 방출된 핵과 전자가 복잡한 분자로 진화해 나가는 데는 제약 조건이 많다. 발견된 분자로는 수소 H_2 같은 단순 이원자 분자나 일산화탄소 CO에서부터, 생체 분자로는 13개의 원자를 가진 아세톤 $(CH_3)_2CO$,[9] 트랜스-에틸 메틸 에테르 CH_3OC_2H5,[10] 시아노데카펜타인 $HC_{10}CN$,[11]까지 있지만, 더 복잡한 분자 구조는 아직까지 발견되지 않았다. 이들 성간 원자와 분자는 우주 공간 속의 지역별 온도에 따라 기체 상태나 고체 상태("성간 먼지")로 발견된다.

유사한 정도의 복잡성을 가진 분자 구조가 우리 태양계 내의 탄소질 콘드라이트carbonaceous chondrites라고 알려져 있는 운석류에서도 발견된다. 방사성 탄소 연대 측정을 해 보면 이들은 45억 년에서 46억 년 정도 되었고, 소행성 벨트에서부터 나온 물질을 담고 있다고 간주된다. 주로 규산염으로 되어 있는 이들 암석들은 단백질을 만드는 단순 아미노산을 포함한 다양한 유형의 생체 분자들도 가지고 있다.[12]

가장 복잡한 분자물은 한 행성에서 발견된다. 지구 표면의 조건은 지금까지 알려진 가장 복잡한 분자 시스템인 인간의 진화에 유리한 환경을 제공했다. 그 과정은 2부 생명의 출현과 진화에서 살펴보려 한다.

결론

1. 헬륨 원자가 만들어지는 과정은 여전히 논란거리이지만, 분광기 관찰 결과로 지지 받는 일반적인 과학 이론에 따르자면, 단순한 수소핵은 별 내부와 초신성에서 일어나는 연쇄 융합 과정, 중성자 포획, 붕괴 과정을 거치면서 자연에서 발견되는 다른 원소의 핵으로 진화했다. 이 과정은 연쇄 반응 각 단계의 융합 연료와, 핵연료를 다 써버린 별들이 초신성으로 변하면서 중력에 의해 파멸적으로 붕괴될 때 나오는 에너지가 다 타버린 뒤에, 서로 다른 크기의 별들이 수축할 때 중력 위치 에너지가 운동 에너지로 변해 가는 일련의 과정을 따라 일어난다.
2. 초신성에 의해 양전하를 띠는 핵과 음전하를 가진 전자가 차가운 성간 공간 속으로 던져진다. 거기서 중성 원자와 분자로 진화되는데, 이때는 에너지 보존 원리와 전하 보존의 원리 그리고 전자기력의 법칙에 부합하는 에너지 흐름에 지배되며, 양자역학과 파울리 배타 원리도 영향을 끼친다.
3. 이들 두 가지 원리는 자명하다고 받아들여지지만, 양자 법칙과 파울리 배타 원리는 그렇지 않다. 많은 경우에 양자 이론은 직관에 배치된다. 그러나 이 이론은 성간 공간 속에서, 우리 태양계 내의 소행성 벨트에서 나오는 운석과 지구 표면에서 원자가 어떻게 형성되어 일련의 복잡한 분자로 진화해 가는지 아주 잘 설명한다.
4. 보존의 원리들과 양자 이론은 필요하긴 해도, 우리 자신과 다른 모든 생명체를 구성하고 있는 복잡한 생체 분자들이 어떻게 진화해 왔는지 설명하기에는 충분하지 않다. 세 개의 핵 변수값이 조금만 달라져도 별 속에서 유기 분자를 만들어 낼 수 있는 탄소의 양이 부족해지고, 두 개의 무차원 상수값—미세 구조 상수와 양성자 대 전자 질량 간의 비율—이 조금만 달라져도 원자와 분자는 아예 만들어지지 않는다. 이들 변수들이 왜 그 값을 가지게 되는지를 제대로 설명하는 이론은 아직 나

오지 않았다.

5. 작은 규모에서 물질은 단순한 상태에서 일련의 복잡한 상태로 진화해 왔다.

다음 장에서는 이렇게 확연히 드러나는 복잡도의 증가 패턴을 보다 자세히 다루고, 특히 그 복잡도를 일으킨 원인과 달성하는 메커니즘에 대해 다루려 한다.

Chapter 10

물질 진화의 패턴

만약 당신의 이론이 열역학 제2법칙에 반한다면, 더 이상 다른 희망은 없다.
큰 치욕 속에서 무너져 내리는 수밖에.
–아서 에딩턴 경Sir Arthur Eddington, 1929년

8장에서 보았듯이, 만약 현재의 정통 우주론이 맞다면, 초기 극한의 밀도와 고온의 복사 폭발로부터, 물질은 복사 에너지에서 자발적으로 형성되고 소멸되는 기본 입자의 펄펄 끓는 무질서한 플라스마 형태로 생겨났다. 이것이 진화해서 우주 차원에서는 거품 같은 보이드를 사이에 두고 떨어져 있는 은하, 은하들의 지역단, 은하단 초은하단 등 복잡한 항성계들의 계층 구조hierarchy를 이룬다. 각 수준의 원소들은 동일하지 않고, 각 상위 수준의 차수는 단순히 하위 수준의 더 큰 버전이 아니다. 우주는 복잡하고 역동적인 하나의 전체이다. 1990년대 후반부터 정통 우주론은 감속 팽창하던 우주가 약 90억 년부터 가속 팽창으로 바뀌었다고 주장하는데, 이 말은 이 시점, 즉 지금으로부터 50억 년 전부터는 큰 규모의 복잡화 과정이 멈추었다는 뜻이 된다.

9장에서는 확정된 과학적 설명을 대략적으로 살펴봤는데, 작은 규모에서

는 단순 수소핵이 대략 95개 원소의 복잡한 구조로 진화했고, 이는 다시 점점 복잡한 원자와 분자로 진화했다. 그리고 복잡화complexification는 계속되어 알려진 우주에서 가장 복잡한 물체, 즉 인간을 만들었다.

이제는 오랜 시간 모든 물질—작은 규모와 큰 규모 모두—에 관련해서 이어져 온 이 복잡화의 패턴이 우리에게 알려진 과학 법칙과 부합하는지 살펴보려 한다. 이는 과연 무엇이 이 복잡화를 일으켰고 이루었는지 알기 위함이다.

알려진 과학 법칙과의 일관성

에너지 보존의 원리

에너지 보존 원리는 열역학 제1법칙에서부터 나왔는데, 이 법칙은 19세기에 제임스 프레스콧 줄James Prescott Joule과 다른 이들이 열 기관으로 실험을 진행하던 중에 개발되었다. 열역학이란 열의 운동을 뜻하며, 이 법칙에 따르면 그 운동 중에 에너지는 항상 보존된다. 좀 더 정확하게 말하자면 다음과 같다.

> **열역학 제1법칙** 열을 사용하거나 생산하는 시스템의 내부 에너지 증가는 그 시스템에 추가된 열 에너지의 양에서 그 시스템이 주변에서 수행한 일을 뺀 값과 동일하다.

그 이후로 이 법칙은 지금까지 알려져 있는 세 가지 형태의 에너지를 모두 포괄하게 되었다.

1. 동작 에너지 이것은 움직이는 물체의 운동 에너지, 열(물체 분자의 운동

에 의해 발생한다), 전기 에너지(전자의 운동에 의해 발생한다)와 복사 에너지(전자기파와 특정한 입자들의 운동에 의해 발생한다)를 포함한다.

2. **저장된 에너지(위치 에너지)** 이것은 다음과 같은 에너지를 포함하고 있다. 잡아 늘린 용수철에서 손을 떼면 운동 에너지로 변하게 되는 탄성 에너지; 질량체가 중력장에 의해 낙하하여 다른 질량체를 향해 떨어질 때 운동 에너지로 변환되는 중력 위치 에너지; 화학 반응을 통해 열로 변환될 수 있는 화학적 결합 속의 에너지.

3. **정지 에너지($E = mc^2$).** 이것은 아인슈타인의 특수 상대성 이론에서부터 나왔다. 별의 중심에서 핵융합이 일어날 때, 예를 들어 양성자-양성자 연쇄 반응에서 네 개의 양성자의 정지 질량이 보다 작은 헬륨-4의 정지 질량으로 융합되면서 그 차이가 열과 빛 복사 에너지 형태로 변환되듯, 이것은 운동 에너지로 변환될 수 있다.

모든 유형의 현상에 적용될 수 있는 법칙은 원리라고 부르는 편이 낫다. 그 둘 사이의 경계는 때론 애매한 편인데, 다음과 같은 정의가 둘 사이를 구분할 수 있게 한다.

> **과학적 혹은 자연적 법칙** 관찰과 실험을 통해 검증될 수 있는 간결하면서도 일반적인 서술로서 이에 반하는 결과가 반복해서 나오지 않으며, 그 서술에 따른 구체적인 제약 조건 안에서는 일련의 자연 현상이 똑같은 방식으로 일어난다. 전형적으로는 하나의 수학 방정식으로 표현된다. 이 법칙을 적용한 결과치는 구체적인 현상을 명시한 변수값을 알면 예측할 수 있다.

예를 들어, 뉴턴의 제2의 운동 법칙에 따르면 물체의 가속도는 그 물체에 가해진 힘에 비례하고 질량에 반비례한다. 물체의 질량과 그 물체에 가해지는 힘을 알면 이 법칙을 적용해서 그 물체의 가속도를 구할 수 있다. 다만 아인슈타인의 특수 상대성 이론은 물체에 가해지는 힘이 아무리 세더라도 그 물체가 빛의 속도나 그 속도 이상으로 가속될 수는 없다는 한계를 설정했다.

과학적 혹은 자연적 원리 근간이 되며 보편적으로 타당하다고 간주되는 법칙.

열역학 제1법칙은 열 에너지와 그 에너지가 하는 일(그 열 에너지가 바뀐 운동 에너지)를 다루지만, 에너지 보존의 원리는 모든 형태의 에너지에 적용된다.

에너지 보존의 원리 에너지는 만들어지지도 없어지지도 않는다. 고립된 시스템 내부 에너지는 형태가 변할 수는 있어도 에너지 총량은 언제나 일정하다.

따라서 상호작용의 조건에 상관없이 계산만 정확하게 한다면, 고립된 시스템 속에서의 에너지 총량은 상호작용 전과 후가 동일하다.

그런데 이 원리를 우주 전체의 물질의 복잡성을 증가시키는 에너지 변화에 적용하면 세 가지 문제가 생긴다.

질문 1: 에너지의 최초값은 얼마인가?

정통 우주론인 빅뱅 이론에 따르면 우주는 무로부터 창조되었고 따라서 최초 에너지는 제로였다. 그런데 그와 동시에 우주는 방대한 에너지 폭발로 생겨났다. 에너지 제로에서 출발해서 이 모순을 해결하려는 시도는 결국 논리적 모순에 이른다.* 빅뱅 이전에 붕괴된 우주를 상정하거나 그와 유사한 식으로 설명하려는 시도는 검증될 수 없고, 최초 에너지의 값은 더욱더 알 길이 없다. 우주 전체의 에너지 변천을 설명할 때 우리가 우주의 최초 에너

* 101쪽과 174쪽 참고.

지 값을 경험적 합리적으로 알 수 있는 길이 없다는 점은 부정할 수 없는 사실이다.

질문 2: 에너지의 최후값은 얼마인가?

빅뱅 모델의 편평한 기하학적 구조론에 따르면 우주는 그 범위가 무한하므로 그 최후 에너지 값을 확정하는 것은 불가능하다. 이 점은 우주의 팽창 범위가 무한하다는 다른 추정에서도 동일하게 적용된다. 우주 팽창의 가속도가 다시 증가한다는 점을 설명하기 위해 임의로 도입된 미지의 암흑 에너지로 인해 이 문제에 대한 답은 찾을 수는 있다 치더라도, 한결 찾기 어려워졌다.

우주가 빅 크런치로 끝난다는 닫힌 기하학적 구조론 모델에 따르면 우주의 최후 에너지 값은 최초 에너지 값과 동일하겠지만, 이 모델은 아직까지는 제대로 발전하지 못했다. 정통 우주론자들에게 이 모델은 임의로 상정한 미지의 암흑 에너지를 상쇄하는 미지의 암흑 물질이 우주에 훨씬 더 많이 존재한다는 뜻이 된다.

우리가 내릴 수 있는 유일한 합리적 결론은 에너지 보존의 원리가 우주에 어떻게 적용될지 우리로서는 알 수 없다는 것이다.

최초값과 최후값을 고려하지 않는다면, 우주 내에서의 고립된 과정들은 이 원리에 부합한다는 사실을 관찰을 통해 확정할 수 있다. 이는 세 번째 질문을 낳는다.

질문 3: 이들 에너지 변천은 가역적인가?

에너지 보존의 원리는 대칭적이다. 이 원리에 따라 차가운 공기의 분자는 유리 잔 속 뜨거운 물 분자와 접하면서 물 분자로부터 운동 에너지를 획득하여 유리잔 주변의 공기는 데워지고 물은 식는다. 또한 이 원리에 따라 이 차가운 공기 분자는 운동 에너지의 일부를 뜨거운 물 분자에 전이하면서 물을 더욱 뜨겁게 하고, 유리잔 주변의 공기는 더욱 차가워진다. 이 원리에 따라 핵폭탄의 질량 에너지가 폭발에 의해 열과 복사 에너지로 변하게 되며,

그 열과 복사 에너지는 질량 에너지로 변환된다면 다시 재배열되어 핵폭탄이 될 수 있다. 이 가역 반응은 자연 상태에서는 발견되지 않는다. 이로 인해 엔트로피 증가의 원리가 나온다.

엔트로피 증가의 원리

이 원리는 열역학 제2법칙에서부터 나오는데, 이 법칙은 열역학 제1법칙이 관찰되는 영역에만 한정시켜 적용하기 위해 19세기에 다양한 방식으로 공식화되었다. 이 법칙은 다음과 같이 표현될 수 있다.

> **열역학 제2법칙** 열은 절대 자발적으로 차가운 물체에서 뜨거운 물체로 옮겨가지 않는다. 즉 에너지는 언제나 사용 가능한 형태에서 덜 사용 가능한 형태 쪽으로 흐른다.

이것은 통계적인 개연성의 법칙이라서 개별 입자의 행동에 관한 것은 아니다. 예를 들어, 이 법칙은 차가운 공기 분자가 뜨거운 물 분자와 충돌할 때 운동 에너지를 잃지 않는다는 말이 아니다. 그러나 이런 상호작용이 일어날 가능성, 따라서 뜨거운 물을 더욱더 가열하고 주변의 차가운 공기는 더 차갑게 식힐 가능성을 무시할 수 있다고 말한다.

1877년에 루트비히 볼츠만Ludwig Boltzmann은 1862년 루돌프 클라시우스Rudolf Clausius가 도입한 엔트로피 개념을 사용해서 이를 방정식으로 표현했다. 그 이후로 이 개념은 계속 발전하여 열역학 시스템을 넘어서는 보다 보편적인 현상을 포괄하게 되었다. 또한 시스템의 구성이 그 시스템에 대한 정보를 준다는 생각을 형성하기에 이른다. 이 개념의 정의를 내리자면 다음과 같다.

> **엔트로피** 폐쇄된 시스템 구성 부분의 무질서 정도나 혼잡도를 말한다. 즉 사용

할 수 없는 에너지를 측정한 값이다. 엔트로피가 낮을수록 구성 부분의 조직된 정도가 높고, 사용할 수 있는 에너지가 많다. 그리고 배열된 상태를 관찰해 얻을 수 있는 정보도 많다. 최대 엔트로피에서 배열은 임의적이고 균일하며, 구조도 사용할 수 있는 에너지도 없다. 이는 시스템이 평형 상태에 도달했을 때 생긴다.*

이상적인 순환 시스템 안에서 에너지 변천은 가역적이다. 이 경우 수학적 방정식에 따르면 각 주기 끝에 엔트로피는 최초의 값으로 돌아가며 따라서 동일하게 유지된다. 그러나 관측되는 모든 에너지 변천은 비가역적이며 엔트로피는 증가한다.

열과 역학적 에너지 변화에 적용되는 열역학 제2법칙은 엔트로피를 사용해서 모든 에너지 변화를 설명하는 포괄적인 원리로 확대될 수 있다. 이는 다음과 같은 비수학적인 용어로 표현할 수 있다.

엔트로피 증가의 원리 고립된 시스템에서 일어나는 어떠한 과정 중에 엔트로피는 동일하거나, 대체로 증가한다. 즉, 무질서가 증가하고 사용 가능한 에너지는 감소하며, 시스템은 평형 상태로 이동함에 따라 정보는 시간이 지나면서 줄어든다.

간단히 말해, 다른 물질이나 에너지로부터 고립된 시스템의 모든 변화는 결과적으로 사용 가능한 에너지와 정보의 상실로, 점점 그 가능성이 높아진다.

그러나 모든 증거를 검토해 보면, 큰 규모에서는 물론이고 작은 규모에서 일어나는 물질의 진화는 이 원리와 상충된다.

* 엔트로피에 대한 자세한 설명과 방정식을 보려면 용어해설 참고.

엔트로피 증가 원리와의 상충

국지적 시스템

과학자들은 질서와 복잡성의 증가는 고립된 시스템이 아니라 국지적인 개방 시스템에서 일어난다고 설명한다. 그러한 지역적 엔트로피의 감소는 우주 내의 다른 곳에서의 엔트로피 증가로 상쇄된다는 것이다. 지구 생물권은 유기 분자들이 복잡해지면서 세포가 되고 나아가 더 복잡한 생명체가 되며 궁극적으로는 우주 내에서 가장 복잡한 물체인 인간으로 진화할 수 있었던 시스템이다. 이 지구 생물권은 개방 시스템으로 그 지역의 질서 증가—즉 엔트로피의 감소—는 주로 태양에서부터 나온 열과 빛 에너지에 의해 일어나며, 태양은 자신의 핵연료를 비가역적으로 태워 없애면서 에너지를 잃고 엔트로피가 증가한다.

이러한 엔트로피 감소의 메커니즘을 설명하려는 시도를 통해 다양한 복잡성 이론과 시스템 이론들이 나왔다. 이들은 1955년에서 1975년 사이에 브뤼셀대학교의 화학자이자 노벨상 수상자인 일리야 프리고진Ilya Prigogine이 수행한 자기조직화 시스템 연구와 1970년대에 또 다른 화학자이자 괴팅겐의 막스 플랑크 물리 화학 연구소에서 일했던 만프레트 아이겐Manfred Eigen의 연구에 많은 부분을 의존한다. 그들의 주장을 간단하게 말하자면, 복잡한 구조는 그 시스템을 통해 에너지와 물질의 흐름에 의해 개방된 무질서한 시스템에서 나타날 수 있으며, 그 흐름은 지속적인 변화에도 불구하고 그 복잡한 구조를 평형 상태는 아니지만 안정된—고정된 상태는 아닌—상태로 유지한다는 것이다. 이런 상태에서 이 시스템은 작은 변화에도 민감하다. 즉 흐름이 증가되면 구조는 다시 불안정해지고 그 불안정성에서부터 보다 복잡한 구조가 새로 생기는데, 이는 평형 상태로부터 더욱더 멀어진다.

유체의 소용돌이는 이에 대한 증거를 제시한다. 지구 대기 속의 열대성 폭풍과 목성 표면의 정교한 패턴이 여기에 포함된다. 그림 10.1은 비행기 날

그림 10.1 비행기 날개에서 생성된 소용돌이.
색을 입힌 연기가 땅에서 일어나게 하는 기법을 통해 가시화하였다.

개의 공기 흐름에서 생성된 소용돌이이다.

이 그림은 별을 생성한다고 알려진 나선형 성운과 그 행성계, 그리고 나선형 은하의 모습과 매우 유사하다. 같은 패턴을 가지고 있다고 해서 같은 원인이라고 단언할 수는 없지만, 이를 연상시키긴 한다.

우주

정의에 따르면 우주는 존재하는 모든 물질과 에너지로 구성된다. 설령 다중우주 속에 다른 우주들이 있다고 상정한다 하더라도, 그 우주들과 우리 우주는 물리적 접촉이 없으므로 우리 우주는 고립된 시스템이다. 따라서 국지적 개방 시스템 속에서 엔트로피가 감소하는 것은 우주 내 어딘가의 엔트로피 증가로 상쇄된다는 설명은 우주 내의 복잡도가 증가하는 관찰 결과를 해석하는 데 사용할 수가 없다.

우주 단위 규모에서의 물질의 진화에서 복잡도 증가가 엔트로피 증가 원리와 부합하는가를 결정하는 일은 현대 정통 우주론 모델에 관련해서 네 가지 질문을 일으킨다.

질문 1: 초기 상태는 무엇이었는가, 즉 우주는 최대 엔트로피로 시작되었는가 최소 엔트로피로 시작되었는가?

당시 영국 뉴캐슬대학교 이론 물리학과 교수였던 폴 데이비스Paul Davies에 의하면, "[빅뱅] 특이점에서부터 나온 것은 전적으로 혼돈스럽고 무질서하거나, 가지런하고 잘 구성되어 있다."[1] 데이비스가 여러 가능성을 동시에 언급하여 위험을 줄이려 한다고 생각한다면, 그가 앞서 여섯 쪽에 걸쳐 언급했던 내용을 살펴보는 것이 좋다. 거기서 그는 빅뱅의 특이점에서부터 나온 우주는 "최대치로 구성된 우주가 아닌 단순하고 평형 상태를 갖춘 우주였다"고 명확하게 밝힌다. 이 말은 엔트로피가 최대치인 상태를 의미한다. 그런데도 데이비스가 여러 가능성을 동시에 언급하는 이유는 로저 펜로즈가 다음과 같이 정반대의 결론에 도달했기 때문일 듯하다. "[빅뱅]이 믿을 수 없이 낮은 엔트로피 [매우 질서정연한 상태] 상태였다는 점은 열역학 제2법칙에서 이미 명백하게 밝혀진 사실이다"[2] 펜로즈는 열역학 제2법칙(좀 더 정확하게는 엔트로피 증가의 원리)가 우주에도 적용되므로, 최초의 상태는 틀림없이 최소 엔트로피 상태였다고 가정한다. 이는 순환 논리이며 유효하지 않다. 더욱이 열역학 제3법칙과도 모순된다.

> **열역학 제3법칙** 절대 온도 제로에서 완전한 구조를 갖춘 결정체의 엔트로피는 제로다.

현대 정통 우주론 모델에서 우주의 초기 물질이 복사 에너지로부터 자발적으로 형성되고 소멸해 들어가는 기본 입자의 끓어 넘치는 무질서한 플라스마로서, 너무 뜨거워서 질서 정연한 구조물이 만들어질 수 없는 상태라고 본다. 이것은 명백히 매우 높은 엔트로피 상태 즉, 최대치의 엔트로피를 가진 빅뱅 특이점에 이어 거의 무한한 온도에서 이루어지는 물질과 에너지의 전반적인 균형 또는 평형 상태를 가리키는데, 데이비스가 애초에 말했던 내용이다.

질문 2: 우주 단위에서의 물질의 진화는 엔트로피적인가 아니면 반反엔트로피적인가, 다시 말해 엔트로피는 증가하는가 줄어드는가?

그림 10.2는 현재 정통 우주론 모델이 직면하고 있는 딜레마를 그림으로 나타낸다.

그림 10.2 (a)는 일정 영역 내의 정렬된 배열 속에 갇혀 있는 가스 분자들, 다시 말해 낮은 엔트로피 상태를 보여 준다. 그 제약 조건에서 풀려나서, 온도도 절대 영점보다 높게 되면, 이들 분자들은 각각 다른 속도로 움직이며 서로 충돌한다. 각각의 분자 외곽의 음의 전하를 띤 전자들의 척력은 분자 간의 인력보다 크기에 이런 충돌은 결국 분자를 퍼트려 구 전 영역을 채우고, 영역 (b)에서처럼 일정한 온도로 열역학적 평형을 이루게 된다. 이것이 최대 엔트로피 상태이다.

영역 (c)는 빅뱅 직후 초창기 분자들(질량 기준으로 75퍼센트의 수소와 25퍼센트의 헬륨)의 모습이다. 이들이 우주 내 모든 물질로서 그 당시 존재하는 모든 영역에 걸쳐 퍼져 있다. 이들은 지극히 높은 엔트로피(무질서) 상태이며, 이들 사이의 공간은 확대되고 있다. 만약 열역학적인 평형을 이루고 있다면, 최대 엔트로피 상태인 것이다.

204쪽에서 216쪽에서는 이 초기 분자 구름이 인력에 의해 영역 (d)에서와 같이 은하, 지역 은하군, 은하단, 초은하단 등의 구조물로 진화해 가는 과정에 대한 정통 이론의 설명과 그에 대한 비평을 다루었다.

영역 (c) → 영역 (d)로의 과정은 영역 (a) → 영역 (b)로의 과정과 정반대이다. 다시 말해 엔트로피가 감소되는 과정이다.

그러나 펜로즈는 이 과정이 엔트로피가 증가되는 과정이라고 주장한다.

그와 스티븐 호킹 두 사람[3]은 인력으로 끌어당기는 물체들이 "군집을 이

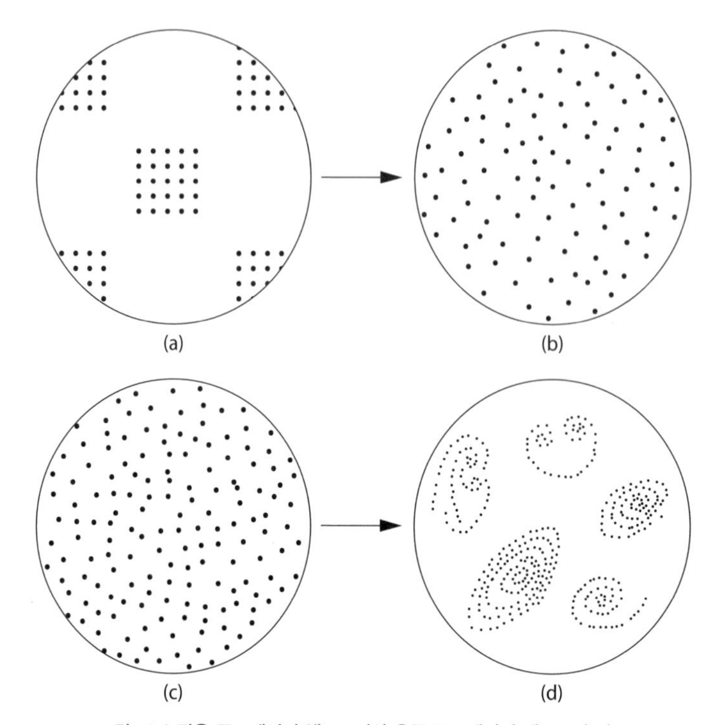

그림 10.2 작은 규모에서의 엔트로피와 우주 규모에서의 엔트로피 비교

영역 (a)는 질서 있게 배열된 (낮은 엔트로피) 가스 분자들을 포함하고 있으며, 이는 곧 영역 (b)가 보여 주듯 엔트로피 증가 원리에 따라 분자간의 충돌로 인해 무질서한 평형 상태(높은 엔트로피)에 이른다. 영역 (c)는 정반대 행로를 보이는 초기 분자들을 담고 있다. 이들은 초기 무질서 상태(높은 엔트로피)에서, 우주가 팽창함에도 영역 (d)와 같이 더 큰 규모로 위계 구조를 이루는 패턴—은하, 지역 은하군 등—을 만든다(낮은 엔트로피).

루어" 무질서도가 증가한다고 본다. 하지만 실제로 관찰해 보면, 은하들과 그 이상의 구조물들은 그들이 만들어져 나왔던 물질의 구름보다 훨씬 더 질서정연하고 잘 조직되어 있다.

펜로즈는 "인력으로 끌어당기는 물체들이 초기에 균일하게 흩어져 있었던 시스템은 상대적으로 낮은 엔트로피를 가지고 있으며, 군집을 이루면서 엔트로피는 증가한다. 마지막으로, 블랙홀이 만들어지면서 엔트로피가 대단히 커지고 대부분의 물질을 삼킨다"[4]고 결론내린다.

여기서 펜로즈는 인력을 가진 물체에 대한 "엔트로피"의 의미를 인력을 가지지 않은 물체에 대해 사용할 때와는 정반대로 사용하고 있다. 그의 논리는 "인력이 달라진 듯하다"[5]는 주장에 의거하고 있다. 여기서 우리는 또 다시 거울을 통과하는 앨리스의 이야기와 같이 말이 "그저 그 말에 갖다 붙인 의미를 가질 뿐이고, 그 이상도 이하도 아닌" 위험에 빠질 수 있다.

게다가 블랙홀이 생기면서 엔트로피가 크게 증가하고, 그와 호킹이 주장하듯[6] 우주의 팽창을 거꾸로 되돌려서 빅뱅 당시의 물질의 조건이 블랙홀의 상태와 유사하다고 한다면, 빅뱅은 최대치는 아니더라도 매우 높은 엔트로피를 가지고 있는 셈이다. 이는 빅뱅이 "믿을 수 없이 낮은 엔트로피"를 가지고 있었다는 조금 전의 그의 주장과 정확하게 모순된다.

엘리스의 말은 이러하다.

> 열역학 제2법칙을 논할 때 자주 언급되듯, 그냥 내버려 둔다면 물질은 항상 무질서도가 증가하는 방향으로 나아간다는 주장과 달리, 실제 우주의 역사에서는 정반대의 일이 일어난다. 자연 발생적인 과정을 통해, 첫 번째로 형성된 구조물(별들과 은하들)은 인력에 의해 서로 끌어당기는 과정을 거친다. 그리고 제2세대의 별과 행성들이 생겨나면서 생명체에 적합한 거주지를 제공한다. (……) 그러므로 실제로는 물질이 질서를 창조하고, 위계 질서상 점점 더 높은 수준의 구조물을 자연 발생적으로 만들면서, 그에 수반되어 계속해서 질서를 만드는 경이로운 경향성을 띤다.[7]

이것은 엔트로피라는 말의 일반적인 정의에 따르자면 반反엔트로피적인 과정이다.

정통 빅뱅 모델의 추정과 실제 관측 결과 간의 이러한 모순은 우주가 영원하고 범위도 무한하다는 가설과는 배치되지 않는다. 그러한 상태는 우주의 규모에서 엔트로피가 일정하며 엔트로피 증가의 원리("동일하거나, 많은 경우에는 증가하며", 247쪽의 정의를 참고하라)와 부합하기 때문이다.

질문 3: 우주 규모에서 이러한 복잡도의 증가(엔트로피 감소)를 일으키는 원인은 무엇

인가?

데이비스는 궁극적으로는 우주의 중력장이 우주 팽창 속에서 질서를 만들어 내는 원인이라고 본다. 그는 다음과 같이 결론을 내린다.

> 중력장은 아마 [질서를 만들어 내는 활동의] 결과로서 무질서해지는 경향을 가질 수 있다. (……) 그러나 애초에 중력장에서 나타나는 질서들이 어떻게 만들어지는지를 설명해야 한다. (……) 관건은 열역학 제2법칙이 물질뿐 아니라 중력에도 적용되느냐 아니냐에 달려 있다. 이를 아는 사람은 아무도 없다. 최근의 [제이컵 베킨슈타인Jacob Beckenstein과 스티븐 호킹이 수행한] 블랙홀 연구에 의하면 적용할 수 있다고 본다.[8]

엔트로피 증가의 원리가 중력에도 적용되는지에 관해 현재 과학은 질량으로 인해 시공간 구조space-time fabric에 생긴 왜곡으로 설명하고 있는데, 유일한 합리적 결론은 엘리스에 의해 도출되었다.

> 아직 풀리지 않은 문제는 중력 엔트로피의 본질 문제다 (……) 일반적으로 적용할 수 있는 중력 엔트로피에 대한 정의는 아직 나오지 못했는데, 그 정의가 나오기 전까지는 엔트로피 개념에 기반한 우주론 논의는 근거가 부족하다고 할 수밖에 없다.[9]

이 문제에 대한 올바른 대답은 우주가 팽창하면서도 실제로 관측되고 있듯이 복잡도가 증가하고 엔트로피가 감소되는 이유가 무엇인지 현재로서는 알 수 없다는 것이다.

질문 4: 마지막 상태는 무엇인가, 즉 우주는 무질서하게 끝나는가?

질문 2에 대한 대답 끝부분에서 봤듯이 현재의 정통 우주론 모델과 상반되는 증거 문제는 지금까지 복잡도와 질서가 증가했지만 우주가 무질서하게 끝나는 경우라면 해결될 수 있을 것이다. 즉, 지금까지 우주에서의 물질의 진화는 반反엔트로피적 과정이었지만, 결국 엔트로피적임을 증명할 것이다.

그러나 8장의 결론에서 다루었듯, 우주가 현재 수준의 역동적인 복잡성을 계속 유지하게 될지, 준정상 우주론이 제시하듯 영원히 이어지는 주기를 통해 이 수준을 유지할 수 있을지, 이미 엔트로피 과정이 시작되어 종국에는 최대 엔트로피에 도달하여 타서 소멸하게 될지, 아니면 수축하여 최대 엔트로피를 가진 빅 크런치의 특이점에 도달하게 될지는 여전히 답이 없는 문제다.

대략 85년 전만 해도 과학계는 그 당시까지 얻은 증거를 토대로 우주가 영원불변한다고 결론을 내렸다. 그다음 35년간은 새로운 증거에 따라, 우주가 영원하고 무한하며 끊임없이 팽창하고 있다는 쪽과 우주는 한 점에서부터 빅뱅을 통해 폭발하여 생겨났고 그 이후로는 감속 팽창 중이라는 쪽으로 갈라졌다. 50년 전에는 그다지 새로운 증거는 아니었지만 나온 증거에 따라 빅뱅 이론을 정통 우주론으로 채택했다. 그 후 20년이 지나 빅뱅 모델과 상충하는 증거들이 나타나자 정통 우주론은 원시 우주가 믿을 수 없이 짧은 순간 동안 믿을 수 없이 거대한 인플레이션 팽창을 거친 후 매우 적게 감속 팽창을 하고 있다고 결론 내렸다. 그 후 15년이 지나서 정통 우주론은 그때까지 나온 증거를 해석하여, 감속 팽창하던 우주가 자기 나이의 2/3가 넘은 이후에는 원인을 알 수 없는 이유로 인해 다시 가속 팽창을 시작했다고 결론을 내렸는데, 물론 인플레이션율보다는 낮다고 본다.

대규모 차원에서의 물질의 진화에 관해 정통 우주론이 앞으로 10년 내에 어떤 결론을 내릴지 단언하려면 우주론자에게는 각별한 용기가 필요하다. 100년 후나 1,000년 후는 더욱더 그러한데, 이 시간은 정통 우주론이 우주의 나이로 계산한 138억 년에 비교하자면 너무나 미미한 세월이지만 말이다.

우주의 운명이 어떻게 될지 예상하는 일은 순전히 추정에 속하며 우주론은 이 질문에 답할 수 없다. 따라서 현재의 정통 우주론은 엔트로피 증가의 원리가 우주 전체에 적용될 수 있을지에 관해서 어떤 말도 할 수 없다.

이 장에서 도달한 결론은 다음 장에서 1부 전체의 결론을 다루면서 정리하려 한다.

Chapter 11

물질의 출현과 진화에 관한 통찰과 결론

우주론자들은 곧잘 틀리지만 한 번도 의심하지 않는다.

-레프 란다우Lev Landau(1908~1968)의 말로 알려져 있다.

통찰

이 탐구를 시작할 때 나는 빅뱅 이론이 증거로 탄탄하게 지지를 받는 과학 이론이라고 생각했기에 무생물 물질의 출현과 진화에 관한 우리가 알고 있는 바의 확증이 비교적 간명할 것이라고 확신했다. 그러나 질문을 하면 할수록 애초의 나의 추정이 잘못되었음을 알게 되었다.

이것은 나쁜 일이라 할 수는 없다. 나는 이 주제를 열린 마음으로 접근했고, 관찰과 실험을 통해 우리가 알고 있으며 합리적으로 추론할 수 있는 것을 가설, 추론, 신념과 구분하려 애썼다. 내 추정을 지지하지 않거나 모순되는 실증적 증거가 나올 때도 있지만, 과학은 바로 그런 식으로 작동한다. 과학적 이해는 돌에 새겨져 있듯 고착된 것이 아니다. 증거가 나타나고 사고가 발전하며 점점 진화한다.

그러나 원고가 나왔을 때, 사실 관계의 오류나 빠진 부분, 혹은 확증할 수 없는 결론이 없는지 살펴봐 달라고 요청했던 우주론자들 중 일부가 매우 방어적으로 나왔다는 사실이 나를 불편하게 했다. 어떤 우주론자는 겨우 한 장의 절반만 읽고서 "내 생각에, 일반 대중은 과학이 달성한 부분과 달성하지 못한 부분에 관해 이처럼 삐딱한 견해를 접해서는 안 된다"라고 말했을 정도다.

또 다른 이는 "나는 물리학과 수학의 세부적인 사항을 충분히 고려하여 우주론을 배우지 못한 사람이 현대 우주론에 대한 신뢰할 만한 비평서를 쓸 수 있다고는 생각하지 않는다"라는 답을 보내왔다. 나는 그 원고에 현대 우주론에 대해 여러 저명한 우주론자들이 제기한 비평이 담겨 있다고 답했다. 그러자 그는 대뜸 그중 두 가지는 "우주론 분야에서 더 이상 신뢰도가 없다"고 일갈했다. 두 가지 중 하나는 이미 2년 전에 왕립 천문학회로부터 금메달을 수상했는데 말이다.

그 원고가 "근본적으로 문제가 있다"는 자신의 말을 증명하기 위해, 그는 원고에서 급팽창 이론이 WMAP 우주 망원경에서 나온 데이터에 의해 확증되지 못한다고 결론을 내린 부분을 지적했다. 그는 "대부분의 사람들은 WMAP가 급팽창과 매우 잘 부합한다고 생각한다"고 말했다. 내가 내 결론을 위해 인용했던 자료만 확인해 봤더라도 그 자료에는 교과서, 그리고 내 결론과 같은 결론에 이르렀던 그가 네이처지에 기고했던 아티클이 포함되어 있었다는 것을 알았을 것이다. 그는 우주론을 공격하는 일을 돕는 데 더 이상 시간을 쓰고 싶지 않다는 말로 끝을 맺었다.

나는 우주론 내부와 외부에서 제기된 질문에 대해 다소 서글프고 방어적인 반응의 이유가 6장에서 살펴봤듯 설명의 수단으로서 우주론이 직면한 문제에 있다고 생각한다. 또한 우주론이라는 학문이 수학 이론—우주에 적용된 아인슈타인 일반 상대성 이론의 장 방정식—에서부터 시작되었고, 주로 수학을 도구로 사용하는 이론가들이 주도하고 있기 때문일 것이다. 어떤 이들은 수학적 증명과 과학적 증명을 융합하려 하지만 과학적 증명은 수학적 증명과 완전히 이질적이다. 방정식에 그 값을 자유롭게 조정할 수 있는 임의의 변수들을 도입해서 관찰 결과와 부합시켜 가는 방식은 이론가들이 수학 모델을 개발할 때는 합리적일지 모르지만 과학계가 일반적으로 인정하는 실증적인 증명과는 거리가 멀다. 이런 현상은 서로 모순되는 모델들이 동일한 관찰 데이터에 서로 부합한다고 주장하는 데서 한층 뚜렷하게 나타난다.

하나의 가설을 명쾌하게 확정하거나 부정할 수 있는 관찰 결과나 실험 결과가 없는 상태에서, 각각의 이론의 지지자들은 그들이 감각적으로 경험하는 현실을 제대로 반영하고 있다고 믿는 일관된 수학적 방정식 체계를 가지고 있다. 이들은 다른 신념을 고수하는 이들과 다를 바 없이 행동한다. 즉 그들은 자신들의 이론에 동의하지 않는 자를 제대로 이해하지 못했거나 틀렸으며 신뢰할 수 없는 자들이라고 하였던 것이다. (반감을 표시하는 저 마지막 말이 과학자의 입에서 나온다는 점이 상당히 흥미롭다.) 다수의 신념을 지지하는 사람들이 견습 우주론자들을 훈련시키며 누구에게 연구직을 줄지, 어떤 연구에 연구비를 지원할지, 어떤 논문을 출판할지를 결정함으로써 학계에서 권력을 얻게 되면, 그 신념은 제도화된다. 다른 제도적 기관에서 그렇듯 앞길이 막히지 않으려면 현재의 정통 이론에 순응하라는 압력이 커진다. 그 결과 문제에 대한 또 다른 접근법이 제대로 검토되지 못하고, 이론 물리학이자 리 스몰린의 표현대로 "집단사고" 속에서 사고의 혁신은 막혀 버리며 (내가 도달한 결론에 대해 "대다수의 생각은 다르다"는 식으로 반론을 제기하는 데서 잘 나타나듯), 과학적 진보는 정체된다.

과학적 진보의 패턴을 살펴보면, 결국 특출한 이가 나타나 돌파구를 만들고, 쿤이 말했던 패러다임 시프트가 일어난다.* 그러나 우주론 분야에서는

* 과학철학자 토머스 쿤Thomas Kuhn에 따르면 과학자가 고수하고 있던 기존 이론을 버리고 혁신적인 새로운 이론을 받아들이는 데는 사회적 심리학적 요소가 큰 영향을 끼친다. 쿤Kuhn(2012) 참고.

실증적 검증을 하려면 인공 위성용 탐지기나 입자 충돌기를 설치하는 등 막대한 비용이 들기에 아인슈타인처럼 학문 차원에서 거부를 할 수 있는 기회는 그리 많지 않다.

> **패러다임** 연구가 수행되고 결과가 해석되는 과학 분야에서 대체로 의심의 여지 없이 수납되는 생각과 가설의 일반적인 패턴을 의미한다.

그간 정통 우주론은 과학이 아닌 종교처럼 행동하는 경향이 있다. 내부의 반대자들이나 외부의 믿음이 부족한 자들에게 물리적인 폭력을 가하기 직전까지 간다. 3장과 5장에서 현대 정통 우주론에 대한 대안을 다룰 때, 정통 우주론적 신념 혹은 그 신념을 떠받치고 있는 무언의 가정, 그리고 데이터에 대한 정통 우주론의 해석에 동의하지 않는 우주론자들이 어떤 대우를 받았는지 그 사례를 살펴봤다. 스몰린은 그의 책 『물리학의 문제*The Trouble with Physics*』에서 더 많은 사례를 제시한다. 내가 이렇게 하는 이유는 우주론을 공격하기 위해서가 아니라, 우주론이 실제로 어떻게 전개되고 있는지 보여 주고, 현재의 관행이 과학의 정신에 역행한다는 점을 말하기 위함이다. 더욱 큰 문제는, 우주론적 추정이 확정된 과학 이론이라고 주장하게 되면 과학이라는 허울을 정당화하기 위해 더욱더 기묘한 추론과 신념을 동원하게 된다는 점이다.

개별 우주론자들을 비난할 의도도 없다. 그들 중에는 과학과 수학 분야에서 가장 영민한 이들도 포함되어 있었다. 그러나 지적인 우수함은 뉴턴과 무수히 많은 다른 위대한 과학자의 다른 과학자들을 향한 매우 부적절한 처신을 막지 못했다.

여기까지 말했으니, 이제 내 초기 원고의 오류와 빠진 내용, 확증할 수 없는 결론을 바로잡아 준 우주론자들에게 깊은 감사를 표한다. 감사의 말에서 언급한 이들은 우주론 분야에서 가장 빼어난 이들이다. 아직 남아 있는 오류는 당연히 내 잘못이며, 내가 그들에게 큰 신세를 졌다는 말은 내가 내린 모든 결론에 그들이 모두 동의한다는 뜻도, 그들 서로 의견이 일치한다는 뜻도 아니라는 점을 분명히 밝힌다. 그러나 논리 정연한 논쟁을 벌였던 것은 즐거우면서도 자극이 되는 경험이었다. 나는 그 논쟁으로부터 많은 유익을 얻어 이 책을 썼다.

물질의 출현과 진화에 관해 관찰과 실험을 통해 알 수 있고 합리적으로 추론할 수 있는 점이 무엇인지 내 입장에서 공정한 평가를 시도하자면 아래와 같다.

결론

1. 우주의 기원과 본질, 그리고 형태를 연구하는 과학의 한 분야인 우주론은 빅뱅 모델을 정통 이론으로 내세운다. 그러나 그 기본 모델이 탄탄한 이론으로 수납되기 위해 통과해야 하는 과학적 검증은 충족하지 못하였는데, 이는 다른 무엇보다 실제 관찰 결과와 상충되기 때문이다. (3장)
2. 상충되는 문제를 해결하기 위해 기본 모델에 중요한 두 가지 수정이 가해져서 양자 요동 급팽창 빅뱅 모델이 만들어졌는데, 이 수정 내용 중 핵심 주장은 어떤 방법으로도 검증할 수가 없다. (3장) 게다가 이런 수정으로 인해, 빅뱅이 만물의 시작이라고 치면 논리적으로 맞지 않는 모델이 나온다. 또한 뜨거운 빅뱅 이전에 양자 진공과 인플레이션장이 있었다고 치면 빅뱅이 만물의 시초라는 근본 주장에 배치되는 모델이 나오고 만다. (4, 7장)
3. 더욱 심각한 것은, 이 수정된 모델은 빅뱅이 특이점, 즉 무한히 작은 부피에 무한히 큰 밀도를 가진 한 점이었는지 아닌지, 그리고 어떻게 그렇게 되는지 제대로 설명하지 못한다. 또한 우주에서 관측되는 물질과 복사의 비율이나, 관찰 결과 나온 데이터에 관한 정통 모델의 해석과 정

통 모델을 조화시키기 위해 추가적으로 덧붙인 두 가지 사항인 "암흑 물질"(우주의 27퍼센트를 차지하고 있다고 믿고 있는)과 신비한 반중력적 "암흑 에너지"(우주의 68퍼센트를 차지하면서 우주가 감속 팽창을 하다가 우주 나이의 2/3 정도에 이르러서는 가속 팽창으로 변하게 된 원인이라고 믿고 있는)의 본질 등에 대해 제대로 설명하지 못하고, 예측은 더욱더 불가능하다. (4장)

4. 이렇게 수정된 모델은 다른 형태들도 가능했는데 어째서 우주가 지금의 형태를 띠게 되었는지(7장) 그리고 결정적으로, 만물이 어디로부터 나왔는지 제대로 설명하지 못한다. (4, 7장)
5. 관찰 결과에 대한 현재의 정통 해석은 우주가 팽창하고 있다고 주장하지만, 이 팽창이 거꾸로 되짚어 올라가면 최초의 한 점에서 창조되었는지 아니면 주기적으로 순환하는 영원한 우주의 한 국면에 해당하는지 결정하는 일은 현재 알려져 있는 물리학의 한계를 넘어 추론적으로 적용해야 가능할 뿐 아니라 원 데이터를 해석할 때 전제하는 문제의 소지가 많은 가정도 활용해야만 가능하다. (3, 5, 6장)
6. 정통 모델을 좀 더 수정하거나 대체하기 위해 제시된 다른 가설들은 이미 알려져 있는 어떠한 방법으로도 검증되지 않았거나 검증될 수가 없다. (5장) 우주가 어떻게 생성되었는지 설명하기 위해 이 우주보다 앞서 존재했던 우주가 붕괴해서 만들어졌다거나 다중우주론으로 설명하려는 이들은 그 앞서 존재했던 우주나 다중우주가 어디서 나왔는지 설명하지 못하고 있으므로, 우주의 기원 문제에 대한 답을 내놓은 것이 아니다. (3, 5장)
7. 에너지와 물질이 계속해서 순환하는 영원한 우주론은 무에서부터 창조되었다는 이론보다는 합리적인 설명을 제공하며, 실제로 그러한 추론이 여러 차례 제시되었다. 다양한 순환 모델은 순환 주기가 점점 길어지고 우주의 질량은 점점 커지면서 무한히 반복된다는 우주론을 제시하지만, 그들의 논리에 따라 시계를 거꾸로 되돌리면 그 순환의 최초의 시작점에 이르게 되므로 결국은 영원할 수 없다. 준정상 우주론 모

델은 이런 문제를 피해가지만, 특이점이 아닌 소규모 폭발이 시리즈로 연속해서 일어나면서 물질과 에너지가 계속 만들어진다고 주장한다. 그러나 이러한 소규모 폭발에 필요한 에너지의 원천에 대한 추정은 우주가 빅뱅을 통해 무에서부터 창조되었다는 추정과 마찬가지로 비합리적이다. 안정적으로 진화하는 플라스마 우주론 모델은 에너지-물질이 무에서 나올 필요가 없는 영원한 우주를 제시하지만, 영원한 우주에 최초의 무질서한 플라스마가 왜 생겨났는지, 알려져 있는 물리력이 왜 생겨나서 왜 그러하게 상호작용하여 일련의 질서를 갖추어 복잡하게 변해 가는 물질을 만들어 내게 되었는지를 설명하지 못한다. (5, 7장)

8. 우리는 오직 하나의 우주만 가지고 있고, 그 우주는 달리 비교할 수 없을 만큼 크고, 우리는 그 일부라는 점에서 우주론은 과학의 다른 분야와는 다르다. 이런 차이로 인해 탐사의 한계와 측정상의 어려움, 데이터 해석이나 기본 전제의 타당성에 관련한 문제, 그리고 우주 이론과 그 전제가 되는 상대성 이론, 양자역학, 입자 물리학을 우주 전체로 적용했을 때의 부적합성 등 현실적인 문제들이 양산된다. 결국 우리는 우주의 나이나 그 팽창의 속도 등에 대해서 확실하게 말할 수 없다. (6장)
9. 이런 심각한 문제점들에도 불구하고 우주론자들은 과학적으로 정당화하기 힘든 주장을 계속 내놓고 있다. 그들의 언어는 종종 과학의 언어라기보다는 신념 체계에 가까우며, 데이터를 다르게 해석하거나 대안적인 추론을 제시하는 과학자들을 향해 제도권 내의 우주론자들이 드러내는 반응은 줄곧 반대파를 대하는 교회의 모습을 연상시킨다. (3, 5, 6장)
10. 탐사 기술과 함께 새로운 데이터와 새로운 사고방식에 따른 해석과 이론이 발전하면서, 실제적인 해석학적 이론의 한계도 많이 극복될 것이다. 또한 우주론은 우리를 구성하고 있는 물질과 에너지의 기원에 대해 보다 폭넓은 이해를 제공할 것이다. 그러나 과학과 과학적 방법에 대해 과학계는 물론이고 보다 넓은 지적 공동체가 수납할 수 있는 새로운 정의를 내리지 않는 한, 수많은 우주론적 "이론들"은 검증할 수

없는 추정의 범주에 속할 수밖에 없고, 과학이라기보다는 철학적인 영역에 머물게 된다. (6장)

11. 특히 이론적인 문제는 공간과 시간상의 무한이라는 개념이다. 이 수학적인 개념이 우리 같은 유한한 존재의 감각으로 받아들일 수 있는 물리적 세계의 현실에 부합하는지의 여부는 형이상학적인 문제다. 무한의 개념을 도입하는 어떠한 이론도 조직적인 관찰과 실험을 통해 검증되지 못한다면 오늘날 우리가 이해하는 과학의 영역을 벗어나게 된다. (6, 7장)
12. 과학은 물질적 우주를 이해하는 데 관심이 있지만, 물질 이외의 존재 형태—예를 들면, 물리학적 법칙—는 물질 우주가 어떻게 존재하는지 그리고 어떻게 기능하는지를 설명하거나 규정한다. 이들 법칙은 수학적 관련성으로 표현된다. 따라서 어떤 이론 물리학자들은 수학적 형태가 시공간 밖에 객관적인 현실로 존재하면서 물질적 우주의 형성과 작동을 조정한다고 추론한다. 이러한 추론은 과학의 영역을 넘어서는 일이다. 이는 만물이 거기서부터 나오고 그에 따라 자연 세계가 운행되는, 시공간 밖에 존재하는 궁극적인 실체로서 브라만을 제시하는 고대 우파니샤드의 통찰이나 도道를 논하는 고대 중국 사상과 구분하기 어려울 지경이다. (6, 7장)
13. 우주론이 가지고 있는 독특한 문제점들을 인정하고, 다양한 우주론적 추론을 보다 엄격한 실증적 검증이 아니라 이성의 검증에 맡기더라도, 어떤 것도 설득력이 없으며, 어떤 것은 내부의 모순에 의해 결함이 드러나고, 어떤 것들은 과학이 미신이라고 간주하는 신념보다 특별히 나을 바 없을 정도로 비합리적이다. (7장)
14. 과학은 물론이고 합리적인 사유 역시 우주의 기원에 대해 그리고 우리를 구성하고 있는 물질과 에너지의 기원에 대해 명쾌한 설명을 해내지 못한다. 이것들은 그들의 역량을 넘어서는 일이라고 보는 게 맞을 듯하다. 그럼에도 불구하고 과학은 큰 규모와 작은 규모에서 우주

가 어떻게 작동하느냐는 문제에 대해 잠정적인 설명을 끊임없이 내놓고 있다. 물론 그 이후에 나올 발견과 사색을 통해 변경되겠지만 말이다. (7장)

15. 원시 우주가 복사 에너지로부터 생겨나서 다시 복사 에너지 속으로 소멸해 들어가는 기본 입자들이 이루는 매우 높은 밀도의, 뜨겁고, 끓어 넘치는, 무질서한 플라스마로 되어 있다면, 대규모 차원에서는 행성을 공전하는 항성계로부터 회전하는 은하들, 즉 회전하는 지역 은하군과 은하단에 이르기까지, 거품 형태의 보이드에 의해 분리된 시트 형태의 초은하단의 계층 구조로 복합적이고 역동적인 구조물을 형성하도록 진화한다. (8장)

16. 그와 동시에, 주목할 만한 관측 결과에 의하면, 작은 규모 차원에서 물질은 수소 원자의 간단한 핵에서부터 시작해서 성간 우주 공간 속에서 발견되는 13가지의 원자로 이루어진 유기적(탄소 기반의) 분자물, 그리고 우리 태양계 내의 소행성들에서 발견되는 거의 같은 수의 원자로 이루어진 아미노산으로 변해 가는 복잡한 패턴을 따라 진화했다. (9장)

17. 지금까지 과학은 관측 가능한 우주 속에서 다양한 방식으로 이루어지는 물질 간의 상호작용을 서술하고 결정하는 물리 화학 법칙을 추출해 냈다. 이들 법칙에 따르지 않고서는 물질이 인간이라는 복잡한 형태로 진화할 수 없었을 것이다. (6, 7, 8, 9, 10장)

18. 이런 물리 화학 법칙 외에도 여섯 개의 우주론적 매개변수값이 미세 조정되어야 물질이 인간을 만들어 내는 복잡한 원자와 분자 구조로 진화할 수 있다. 또한, 무차원적인 두 개의 상수값이 미세 조정되어야 어떠한 원자나 분자도 진화할 수 있다. 별 내부 핵융합의 세 개 변수값도 미세 조정되어야 인간과 다른 모든 생명체를 만드는 데 필요한 유기 분자를 형성할 수 있는 충분한 탄소를 만들어 낼 수 있다. (7, 9장)

19. 이들 법칙이 어떻게 생겨났고, 이들 매개변수가 왜 그렇게 중차대한

값을 갖게 되었는지 설명할 수 있는 이론은 없다. 다중우주를 추정하는 이론들 중 일부는 상상할 수 없이 많은, 혹은 무한한 수의 우주로 이루어져 있는 코스모스 속에서라면 우리의 우주와 같은 특성을 갖춘 우주가 생겨날 수 있는 가능성이 매우 크다고 주장하며, 마침 우리는 바로 그런 우주(인류 발생을 위한 우주) 속에 살게 되었다고 본다. 이런 추정은 관찰이나 실험을 통해 확정되거나 폐기될 수 없으니 과학의 영역을 벗어난다. 또한 현재의 모든 다중우주론적 추정은 문제의 소지가 많은 논리에 기반하고 있다. (7장)

20. 초창기에 작은 규모에서 진행된 95개의 자연발생적 원소를 만들어 내는 복잡화 과정은 별 내부에서, 특히 인력에 따른 위치 에너지와 정지 질량, 운동 에너지, 열 에너지, 빛 에너지 간의 에너지 변환에 의해 이루어졌다. 양자 이론의 제약을 받아 이루어진 그 이후의 에너지 변화는 보다 복잡한 원자들을 만들어 냈고, 이들 원자들은 결합하여 분자가 되었다. 자기조직화 시스템에 기반한 가설들은 일부 실증적 증거들을 힘입어, 분자들로 이루어진 열린 시스템이 그 시스템 전체를 통해 진행되는 에너지와 물질의 흐름에 의해 어떤 식으로 한층 더 복잡해져서 평형과는 거리가 먼 안정적인 시스템에 이르는지 설명한다. (9, 10장)

21. 아직까지 정통 우주론은 우주 단위에서 복잡화가 일어난 원인에 대해 만족할 만한 설명을 내놓지 못했다. 이 우주론이 초기에 물질에서의 비균질성이 어떻게 일어났는지 설명하는 내용—빅뱅 혹은 그 이전에 존재했던 진공에서 양자 파동에 따른 인플레이션 팽창에 따라 일어났다는 추정—은 매우 유동적이어서 검증이 불가능하고, 우주 마이크로파 배경에서 관측되는 밀도가 다른 파문들을 통해 자신들의 이론이 사실로 확증된다는 정통 우주론의 주장은 명망 있는 다른 수많은 우주론자가 제기한 심각한 반론에 직면했다. 정통 우주론이 설명하듯 애초의 비균질성으로 인해 초기 원자와 분자 구름 속에서 매

우 강한 힘을 가진 중력장이 만들어졌고, 이로 인해 회전하는 항성계와 지역 은하군과 은하단, 그리고 시트 모양의 초은하단 등이 거품 형태의 보이드에 의해 갈라지면서 생겼다는 이론은 상향식의 알려지지 않은 차가운 암흑 물질과 알려지지 않은 암흑 에너지에 기반한 모델이다. 그 모델에 따르자면 매우 젊은 편인 은하 속에서 관측되는 적색거성과 철과 다른 금속류, 그리고 예측보다 훨씬 큰 구조물을 관측한 결과들은 이 모델에 대해 심각한 의문을 제기한다. 더군다나, 제1세대 별이 어떻게 만들어졌고, 우주의 첫 번째 구조물이 무엇이냐는 점에 대해 우주론자들 간에도 아직 합의에 이르지 못했다. 그저 구상성단, 초거대 블랙홀, 저질량 항성 등이 그 후보로 제시되는 정도일 뿐이다. (8, 10장)

22. 복잡도가 증가하는 이러한 패턴은 엔트로피(무질서) 증가의 과학 원리와 모순된다. 현재의 정통 우주론은 국지적인 열린 시스템 속에서의 복잡도의 증가(엔트로피 감소)는 우주 내 다른 곳에서의 엔트로피 증가로 충분히 상쇄된다고 본다. 그러나 우주는 고립되어 있기에 닫힌 시스템이므로 이런 이론으로는 우주 전체적인 복잡도의 증가(엔트로피 감소)를 제대로 설명할 수 없다. 이런 문제는 무한한 우주가 끊임없이 순환적인 국면을 거쳐 나간다고 보는 준정상 우주론 모델에서는 일어나지 않는데, 그 모델에서 엔트로피는 각 순환의 처음과 끝에서 동일하기 때문이다. 그러나 무에서부터 물질-에너지가 창조되는 소규모 폭발을 상정하다 보니, 정통 모델과 마찬가지로 이 모델은 에너지 보존의 원리와 충돌한다. 플라스마 우주론은 영원한 우주를 제시하지만, 이 우주는 무질서한 플라스마 상태에서부터 시작하거나 정확히 파악할 수 없는 보다 앞선 상태에서부터 생겨나는 우주로서, 그 이후에 자기적으로 제약된 소용돌이 필라멘트로부터 은하나 은하단, 초은하단 등의 보다 복잡한 물질 상태로 진화한다. 정통 모델과 같이 이것도 엔트로피 증가 원리와 부딪치는 반-엔트로피한 과정이다. 또한 시

작이 있는 우주가 어떻게 영원할 수 있다는 것인지 명확하게 밝히지 못한다. (5, 10장)

23. 현재 정통 우주론 모델이 일으키는 문제가 해결되려면,
    a. 복잡화 과정이 멈추고, 반전되어, 최대치 무질서도의 빅 크런치로 끝나거나, 열에 의한 사멸에 의해 질서가 아예 없는 열역학적인 평형 상태에 도달하면 된다. 그러나 우주의 최종 운명에 대한 예측은 지난 백여 년 동안 근본적인 변화만 수차례 겪었던 추론에 불과하다. 혹은
    b. 우주가 그 전체를 통해 흐르는 에너지 흐름으로 인해 평형 상태와는 거리가 먼 채 유지되는 열린 시스템이라면 가능하다. 그러나 그러려면 우주가 존재하는 모든 것으로 이루어진 것이 아니어야 하며, 이렇게 되면 이 에너지가 어디서 왔는지 설명할 수가 없다. 혹은
    c. 에너지 전환이나 복잡화와 관련된 변화 과정에 우주론이 아직 확인하지 못한 에너지의 형태(혹은 형태들)가 연루되어 있다면 가능하다.

2부
생명의 출현과 진화

Chapter 12

생명체에 적합한 별

이번 세기에 들어와서 생물권은 완전히 새로운 의미를 갖게 되었다.
즉 우주적 의미를 가진 행성 차원의 현상이 된 것이다.
–블라디미르 베르나츠키Vladimir Vernadsky, 1945년

우주에서 다양하고 이국적인 여러 생명체가 나타날 수 있을까 하는 광범위한 질문은 이 탐구 영역을 벗어난다. 우리는 인간이 어떻게 진화해 왔는지에 관한 확립된 과학 이론과 증거를 뒷받침하는 데 초점을 맞추고 있기 때문이다. 따라서 2부에서는 지구에 어떻게 생명체가 출현해서 진화했는지 다루고자 한다.

1부에서 살펴봤듯 현재 성간 공간에서 소규모로, 그리고 우리 태양계의 소행성에서 진화해 온 것으로 알려진 가장 복잡한 물질은 최대 13개 원자의 유기적 분자로 구성되어 있다. 이와 대조적으로 지구는 우주에서 알려져 있는 가장 복잡한 사물인 인간의 터전이다. 그러나 인간과 다른 생명체는 이 지구의 지극히 작은 영역—지구 표면의 위와 바로 아래 그리고 바로 위—에서만 존재한다. 이를 생물권biosphere이라고 하고, 보다 나은 표현으로는 생물

층biolayer이라고 한다.

2부는 우리가 알고 있는 생명의 출현과 진화에 필요한 조건이 무엇인지 살펴보고, 그런 조건이 어떻게 지구에 전개되어 생물권을 형성하게 되었는가에 관한 과학 이론을 검토하는 것으로 시작하려 한다.

알려진 생명체를 위한 필요조건

과학자들은 우리에게 알려져 있는 생명체가 출현하여 진화하는 데 필요한 다양한 조건을 여섯 가지로 묶어 제시한다. 필수적인 원소와 분자, 지구라는 행성의 질량, 온도의 범위, 에너지의 원천, 위험한 복사와 충격으로부터의 보호, 그리고 안정성이 그것이다.

필수적인 원소와 분자

알려져 있는 모든 생명체는 매우 복잡하고 다양한 분자들로 이루어져 있다. 그러한 복잡한 분자들을 형성할 수 있는 유일한 원소는 탄소이므로* 생명은, 적어도 생명이 시작될 때 탄소 원소를 필요로 한다.

모든 생물학자들은 액체 상태의 물이 생명에 필수적이라고 본다. 그 이유는 그림 12.1에서 볼 수 있듯 물 분자 속의 전하들의 크기와 형태와 독특한 분포에서 찾을 수 있다.

물 분자는 전기적으로 중성이지만 분자 내의 전하는 고르지 못하게 분포되어 있다. 산소 원자는 많은 전하를 끌어당겨 전기적으로 음성이다. 그에 비해 두 개의 수소 원자는 전기적으로 양성이다. 양극 전하로 인해 물 분자 속의 양성의 수소 원자는 다른 분자 속의 음성을 가진 원자들을 끌어당겨

* 234-238쪽 참고.

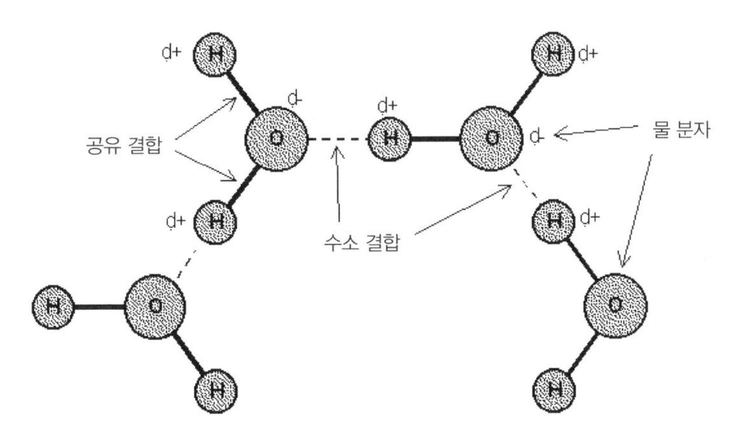

그림 12.1 액체 상태의 물 분자들 간의 수소 결합
d+와 d−는 양극 전하를 가리킨다.

강력한 반데르발스 결합*을 한다. 이것이 수소 결합hydrogen bond이라고 알려져 있다. 그림 12.1은 다른 물 분자들과의 수소 결합을 나타낸다. 이 결합의 힘으로 인해 물은 메탄이나 이산화탄소, 암모니아 등 다른 작은 분자들이라면 개별 분자 형태인 기체로 분해될 만한 높은 온도에서도 액체로 남아 있을 수 있다. 물은 보통의 기압에 섭씨 0°에서 100°사이(273켈빈에서 373켈빈 사이)의 꽤 넓은 온도 범위에 걸쳐 액체로 존재하며, 이는 생명체의 재생산과 보존에 필수적인 생화학적 반응이 일어나는 데 이상적인 온도 범위다.

이들 작은 분자들이 수소 결합을 일으킬 수 있는 능력은 또한 액체 상태의 '물'을 소금 같은 '이온 화합물'과 아미노산 같은 불균일한 전하 분포를 가진 '유기 분자' 모두를 강력한 용매로 만들어 주는데, 이것은 알려진 생명체의 근본이기에 생명의 구성 요소the building blocks of life라고 불린다.

수소 결합은 산소 원자 하나와 두 개의 수소 원자를 결합하는 공유 결합covalent bond보다 더 강하기에, 공유 결합을 깨트려 두 개의 액상 물 분자는 양의 전하를 띤 하이드로늄 이온 H_3O^+와 음의 전하를 가진 하이드록실 이온

* 236쪽 참고.

OH^-을 만들어 낸다.

$$H_2O + H_2O \rightarrow H_3O^+ + OH^-$$

이들 이온으로 인해 액체 상태의 물은 좋은 전도체가 된다.

이러한 용매와 전도체로서의 특징으로 인해 물은 필수적인 생화학적 작용이 일어날 수 있는 훌륭한 매개체 역할을 하는데, 예를 들면 영양소를 녹여서 살아 있는 유기체 내의 반 투과성 세포막으로 흡수시키고, 반대로 노폐물은 녹여서 배출시킨다.

생명을 유지하는 데 필수적인 원소는 수소, 산소, 탄소 등 가벼운 원소에서부터 무거운 원소까지 포함되어 있다. 예를 들어 몰리브덴은 일반적으로 비활성 질소 분자가 활성 질소 화합물로 변하는 생화학적 반응인 질소 고정nitrogen fixation을 돕는데, 이는 존재를 유지하기 위해 에너지와 영양분을 얻는 일련의 생화학 반응 시리즈로 상호 관계를 갖고 있다. 동물은 식물을 먹고, 인간은 식물과 동물을 먹으니, 질소 고정은 동물과 인간의 물질대사의 연쇄 사슬에서 키를 쥐고 있는 셈이다.

우라늄과 토륨처럼 보다 무거운 방사성 원소들은 방사성 붕괴를 통해 열을 만들어 낸다. 대부분의 지구물리학자들은 이들 원소들에서부터 나온 열이 지각 표층의 이동과 그로 인해 생기는 대륙의 이동을 초래하며, 이는 생명 진화에 중요한 역할을 한다고 본다.

행성의 질량

이 요소는 수량으로 나타내기 어려운데, 항성으로부터의 거리나 항성의 밝기 그리고 그 행성의 크기와 밀도 등 다른 많은 요소에 좌우되기 때문이다.

대체적으로 말하자면, 행성의 질량이 너무 작으면 대기를 이룰 수 있는 기체나 액상의 물처럼 휘발하기 쉬운 물질을 붙잡아 둘만큼 중력장이 강하지 못하게 된다. 저질량의 행성은 형성된 이후에 비교적 빨리 식어버리고, 생물학적 진화를 이룰 수 있는 지질 구조 차원의 활동도 결여될 수밖에 없다. 대다수의 과학자들은 행성의 질량이 지구 질량의 3분의 1보다 작아서는 안 된다는 데 동의한다.[1]

상한선에 대해서는 아직 의견 일치가 덜 이루어졌다. 전통적인 견해에 따르면, 지구 질량의 10배가 넘는 행성은 그 주위의 성운 원반으로부터 상당히 많은 기체를 받아들여 과열 성장하게 됨으로써 생명체가 생기기에는 해로운 환경인 가스 거대 혹성gas giant으로 변하고 만다.[2] 반면 나사NASA의 지구형 행성 찾기 프로젝트의 과학기술정의팀Science and Technology Definition Team은 행성의 생명체 거주 가능성은 질량이 크더라도 크게 영향을 받지 않는다고 결론을 내렸다.[3]

온도의 범위

온도는 너무 높으면 복잡한 유기 분자 내의 결합이 파괴되고, 너무 낮으면 보다 복잡한 분자를 만들어 내는 데 필수적인 생화학적 작용이 너무 느리게 진행되며, 필수적인 물질대사도 이어지기 어렵다. 생물물리학자 해럴드 모로비츠Harold Morowitz는 섭씨 500도 정도의 온도 범위를 상정한다.[4] 그러나 생물학자들은 생명체에게 액상의 물이 필수적이라고 간주하므로, 이렇게 되면 그 범위는 매우 줄어든다. 지구의 일반적인 기압에서 액체 상태의 물은 서로 다른 압력과 특정한 다른 상황에 대략 섭씨 0도에서 100도 내외의 영역에서 존재할 수 있다.

에너지의 원천

행성은 생명체를 보존하는 데 필요한 온도를 유지하기 위해 에너지의 원천이 있어야 한다. 표면 부위의 주요 원천은 항성에서부터 복사되는 전자기

에너지이다. 초기 계산법으로는 항성의 광도(1초당 복사되는 에너지)와 그 항성에서부터 행성까지의 거리를 곱해서 표면 온도를 측정했다. 표면 온도를 섭씨 0도에서 100도 사이로 만들어 낼 수 있을 만큼 항성에서부터 떨어져 있는 거리의 범위를 생명체 거주 가능 지역(circumstellar habitable zone, CHZ)이라고 이라고 부른다.

그러나 이것은 너무 단순화한 이야기이다. 첫째, 행성에 닿는 복사 중 일부(알베도albedo라고 한다)는 구름이나 얼음 등에 의해 반사되어 나간다. 둘째, 표면에 도달하는 에너지량은 그 표면이 항성을 얼마나 오래 대면하고 있느냐에 달려 있는데 이것은 그 행성이 자신의 축 주위로 자전하는 주기에 달려 있다. 가시광선 영역에서 도달하여 행성 표면을 데우는 태양열 에너지의 일부는 행성이 항성을 대면하지 않을 때, 보다 긴 파장의 형태로 차가운 밤하늘로 복사되어 나간다. 셋째, 복사되어 나가는 에너지량은 행성의 대기 중의 기체가 무엇이냐에 달려 있는데, 이산화탄소, 수증기, 메탄 같은 기체는 이러한 온도 에너지를 흡수한 후 그 일부를 복사하여 온실 효과를 유발한다.

또한, 또 다른 에너지 원천도 존재할 수 있는데, 방사성 붕괴로부터 나오는 열이나 행성 형성 과정에서 남은 열 등 행성의 내부에서부터 나오는 열이 있다. 이런 지열이 표면에 미치는 직접적인 영향은 작지만, 화산 활동을 유발할 수 있고, 이것이 행성의 대기에 이산화탄소를 공급하여 온실 효과를 증가시킨다.

위험한 복사와 충격으로부터의 보호

항성에서부터 나오는 모든 복사가 필수적인 생화학 작용을 촉진하는 데 쓰이는 것은 아니다. 일정한 강도 이상이 되면 자외선 같은 방사선의 주파수는 유기체를 회복할 수 없도록 손상시킬 수 있고, 태양 내부의 플레어flare—전자기적 복사와 고에너지 전자와 양성자, 다른 이온들의 격렬한 폭발—는 행성의 대기를 벗겨 낼 수 있다. 생명체가 존재하려면 생물권이 이러한 위험한 복사로부터 보호되어야 한다.

또한 생물권은 복잡한 생명체를 멸절할 수 있는 크기의 혜성이나 소행성의 충격으로부터 보호되어야 한다.

안정성

이러한 조건은 필수적인 분자로부터 단순한 유기체가 생겨나서 인간과 같은 복잡한 생명체로 진화할 수 있도록 충분히 오랜 시간 동안 안정적으로 유지되어야 한다.

지구와 그 생물권의 형성

우선 지구와 그 생물권에 대해 과학이 말하는 바를 요약한 후, 어떻게 그들이 만들어졌는지 설명하는 이론들을 검토해 보려 한다.

지구의 특징

지구는 대체로 구체인데, 적도 지역에서는 약간 불룩하고, 평균 지름은 12,700 킬로미터이다. 대략 6×10^{24}킬로그램의 질량에 강한 자기장을 가지고 있다. 자신의 항성인 태양 주변을 평균 149백만 킬로미터 떨어진 거리에서 약간 타원형의 궤도를 따라 365일과 4분의 1일에 한 번 주기로 공전한다. 자신의 축을 따라 24시간에 한 번 자전하는데, 이 축은 그림 12.2에서 보듯 공전하는 타원형 평면에 대한 직각에서 약 23.5도 기울어져 있다.

지구의 유일한 자연적 위성인 달은 평균 거리 384,400킬로미터 떨어져서 지구 주위를 공전한다. 지구 지름의 4분의 1 조금 더 되는 정도의 지름(화성

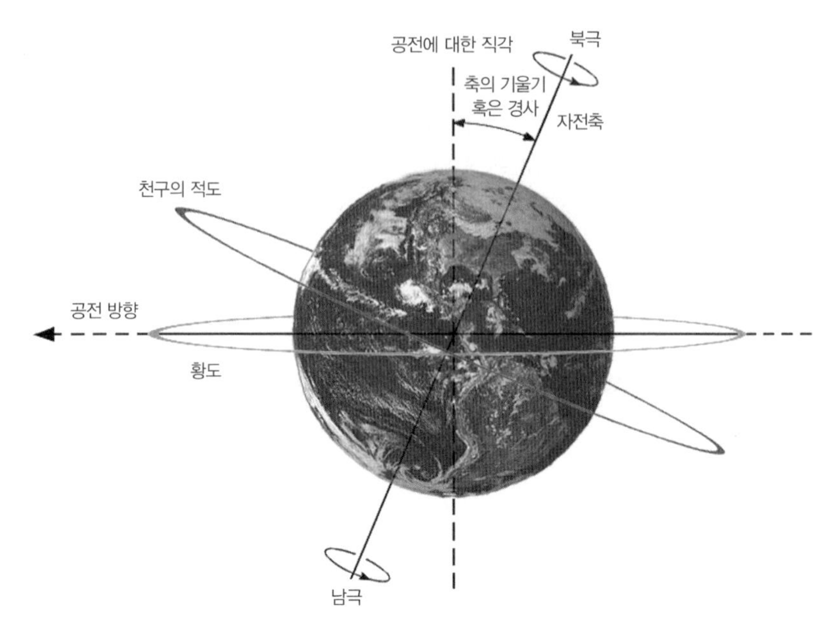

그림 12.2 공전 평면 수직에서 23.5도 기울어진 자전축을 가진 지구

의 지름의 4분의 3 정도)을 가진 달은 자신의 행성에 비하면 의외로 크다.

내부 구조

지구 내부는 그 어디에도 직접 접근할 수 없을 뿐 아니라 지진파 등의 데이터에 대한 해석도 다르기에 지질학의 일부 분야에서는 아직도 논쟁이 진행 중이다. 그림 12.3은 현재까지 의견이 일치된 지구 내부 구조를 보여 준다.

수권Hydrosphere

지구 표면의 3분의 2가량은 대양, 바다, 강의 형태로 존재하는 물에 덮여 있다. 이 수권의 깊이는 0에서 5킬로미터로 다양하다.

대기권Atmosphere

지구에서 기체로 되어 있는 층은 고체와 액체로 되어 있는 표면에서부터

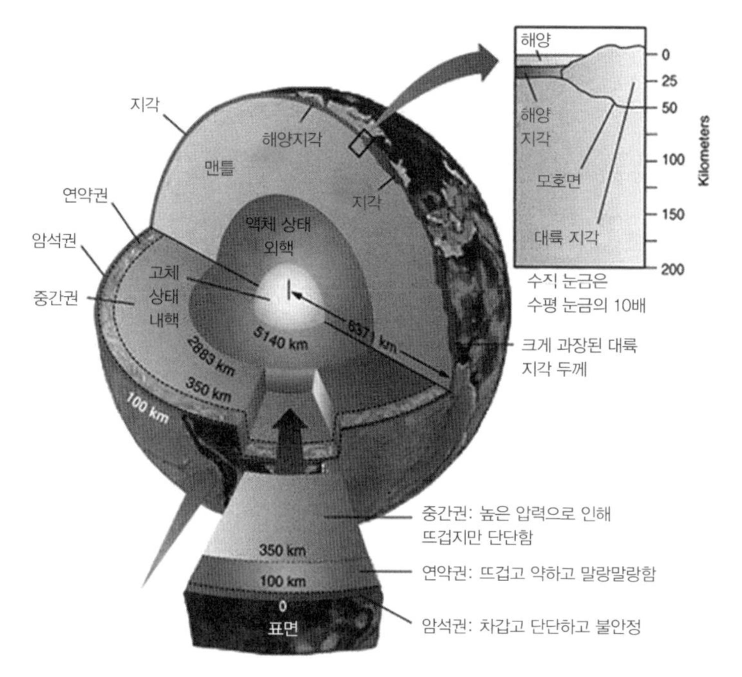

그림 12.3 지구 구조 도해

10,000킬로미터 상공까지 퍼져 있지만, 가장 아래쪽 65-80킬로미터 사이에 지구 대기 전체 질량의 99퍼센트가 몰려 있다. 밀도상 대략 78퍼센트는 질소, 20퍼센트는 산소, 1퍼센트는 아르곤이며, 나머지 다른 기체가 1퍼센트를 차지하는데 여기에는 온도에 따라 밀집도가 증가하는 수증기와 0.003퍼센트의 이산화탄소가 포함되어 있다. 표면에서 19-50킬로미터 상공층에는 분자당 두 개가 아니라 세 개의 원자를 가진 산소의 한 형태인 오존이 포함되어 있다.

자기권Magnetosphere

원리적으로 자기장은 무한히 펼쳐진다. 실제로 지구의 자기장은 그 표면에서부터 수만 킬로미터 상공까지 큰 영향을 끼치며, 이를 자기권이라 부른다. 그림 12.4에 나타나듯, 태양풍은 일반적인 자기장의 대칭 모양을 변형시킨다.

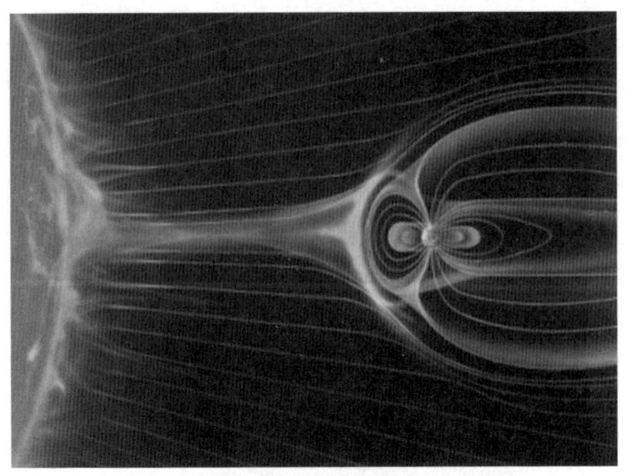

그림 12.4 태양풍에 의해 일그러지는 지구 자기권의 모습

생물권Biosphere

생물권은 우리가 알고 있는 생명체를 유지할 수 있는 모든 환경을 포괄한다. 해수면 위 5킬로미터에서 해수면 아래 5킬로미터까지의 얇은 층이 암석권lithosphere(지구의 단단한 외부층)의 일부와 수권의 대부분, 그리고 대기권의 일부를 이룬다.

형성

증거

지구와 그 외곽의 층이 어떻게 발달되었는지에 관한 증거를 찾기 어렵다. 지구 형성으로 표면에 어떤 것도 남아 있지 않다. 바위는 날씨에 의해 풍화되거나, 열과 압력에 의해 변형되어 구조적 화학적 변화가 생기고, 섭입攝入, subduction이라고 부르는 과정에 의해 내부로 밀려 들어갈 때 발생하는 뜨거운 열에 의해 녹아 버린다. 표면에 있는 오래된 암석의 나이 계산은 논란의 여지가 있긴 하지만 가장 오래된 암석은 대략 38억 년 정도 되었다고 보는데, 이는 지구가 만들어졌을 때보다는 7억 년가량 젊은 셈이다. 수권은 수증기 증발과 비, 우박, 눈 등의 강수를 통해 끊임없이 순환해 왔다. 대기권은 생물학적 과정을 거치면서 완전히 바뀌었다. 나중에 다시 다루고자 한다.

과학자들은 주로 우리 은하 내의 다른 곳에 있는 여러 단계에 처한 별 형성 연구, 지구를 형성하기 위해 모인 미행성체들planetesimals을 대표한다고 생각되는 운석 연구, 지구 표면의 암석과 다른 복합물들 그리고 그 내부에서 쏟아져 나온 용암의 연대 측정, 달과 화성에서 가져온 암석에 대한 물리 화학적 분석과 연대 측정, 우리 태양계 내의 여러 행성을 탐사하여 나온 데이터 검토 등에서부터 추론하여 지구가 만들어진 과정에 대한 가설을 전개해 왔다.

진화 과정을 확정하기 위해서는 정확한 연대 측정이 중요하다. 시간에 따라 태양의 크기와 광도가 변해 가는 것을 설명하기 위해서는 다양한 진화 단계의 별들을 관찰하고 이를 핵융합 연구와 결합한 비교 연대 측정법이 사용된다.

방사성 분석(또 다른 표현으로는 방사성 동위원소에 따르는) 연대 측정법은 여러 변수들의 값만 확정된다면 그 표본의 절대적인 연대를 아주 정확하게 측정할 수 있는 방법이다. 예를 들면, 과학자들은 실험을 통해 탄소-14의 반감기를 5,730년으로 확정했다. 이 말은 방사성 붕괴를 통해 일정한 양의 탄소-14의 절반이 안정적인 질소-14로 변하는 데 5,730년이 걸린다는 뜻이다. 과학자들은 또한 자연 상태에서 발생하는 탄소 복합물 속에서 탄소-14와 보다 흔하고 안정적인 동위원소 탄소-12간의 비율도 확정했다. 표본 암석 속의 비율을 살펴보면 얼마나 많은 탄소-14가 방사성 붕괴를 통해 소실되었는지 알 수 있다. 그리고 간단히 계산해 보면 이 과정이 얼마나 오래 걸렸고 이 표본이 얼마나 오래되었는지 알 수 있다. 이와 유사한 기법이 반감기 46억 년인 우라늄-238이나 반감기 140억 년인 토륨-232 같은 방사성 원소에도 적용된다.

이러한 관측과 실험 데이터와 컴퓨터 모델링을 통해 지구와 지구 내의 여러 영역의 형성에 관해 도출된 가설은 다음과 같다.

행성

8장에서 살펴봤던 성운 관련 가설*은 행성이 만들어지는 과정에 대한 설명을 제공한다. 지구의 형성과 관련해서 보자면, 대략 46억 년 전에 폭이 240억 킬로미터 정도에 회전하는 성운 원반이 나선형으로 소용돌이쳐서 수소로 만들어진 거대한 구체로 변해 가고, 그 밀도와 온도가 상승하다가 중심부에서 핵융합을 통한 폭발이 일어나면서 태양이 만들어졌다.

이 원반의 형성은 완전하지는 않았다. 그 격렬히 요동치는 상태 중에 주로 얼음과 먼지로 이루어진 물질 덩어리들이 원반과는 비스듬한 각도로 태양 주위를 계속해서 제멋대로 회전했다. 이들이 혜성이다.

회전하는 원반 내의 남아 있는 물질 중에서는 태양풍—타오르는 태양에서부터 복사되어 나오는 이온과 전자—이 가벼운 수소와 헬륨 기체를 원반 외부의 차가운 지역으로 밀어내게 되고, 거기서 그들은 행성 모양의 성운들—융합이 일어날 만큼 밀도가 높거나 뜨겁지는 않은—이 되고 이들이 마침내 외곽에 네 개의 가스상 거대 행성을 이룬다.

메탄(CH_4), 수증기(H_2O), 황화수소(H_2S)처럼 수소와 다른 원소들이 결합된 무거운 분자들은 원반의 내부에 남아 있는데, 거기서 주로 규산염으로 이루어진 먼지 알갱이들이 충돌하면서 때로는 서로 부딪쳐 튕겨 나가고 때로는 서로 들러붙는다. 들러붙게 되면 보다 큰 중력장을 가진 보다 더 무거운 알갱이가 되어 가벼운 알갱이와 기체 분자를 끌어당긴다. 조약돌만 한 덩어리들이 만들어지면서 그 펼쳐진 길이만 몇 킬로미터 이상 되는 미행성체**군을 이루게 된다. 미행성체 간에 무차별적으로 일어나는 충돌로 인해 일부는 쪼개지고 일부는 융합되어 더 큰 물체가 된다.

내부와 외부의 경계 지역에서 미행성체들은 넓게 펼쳐져 있으면서 가장 가까운 가스 거대 행성인 목성에서는 너무 멀리 떨어져 있어서 그 궤도 안

* 211-212쪽 참고.

** 미행성체란 단순히 태양계 내의 작은 물체를 말하는 것이 아니라 주로 행성 형성 초기 단계에서 만들어지는 작은 물체들을 가리킨다.

으로 편입되지 못하고 태양 주위를 도는 소행성 벨트가 된다.

태양과 좀 더 가까운 지역에서는 미행성체들이 서로 가까이 있어서 더 많은 충돌이 일어나고, 암석으로 되어 있는 4개의 원시 행성protoplanets이 점점 질량이 늘어나면서 원반 속의 궤도를 차지한다. 그 각각의 행성은 태양 주변을 돌면서, 점점 커지는 자신의 중력장을 통해 인근 지역의 미행성체들을 탐욕스럽게 끌어당겨 부착해 가는 격렬한 과정을 겪으면서 계속 커진다. 이 미행성체들은 원시 행성과 충돌하고 융합하면서 뜨거운 열을 만들어 낸다. 이것은 미행성체의 구성 원소들 중 일부인 우라늄과 토륨이 방사성 붕괴를 하면서 내놓은 열과 합쳐지고, 기체 상태의 물질이 압축되면서 중력의 위치 에너지가 전환되어 생기는 열, 그리고 태양에서부터 온 열까지 합쳐지면서 각각의 원시 행성을 녹이기에 충분해진다. 자신의 벨트 내의 미행성체 대부분을 삼키고 나서야 부착해 가는 과정이 끝나는데, 대략 태양이 폭발하고서 4억 년에서 7억 년 정도 지났을 때이다. 이제 규산염의 수증기가 채워져 있는 대기를 가진, 녹아 버린 암석이 많은 행성이 생긴다.* 태양에서 세 번째로 떨어져 있는 행성인 지구는 45억 6천만 년 전에 부착을 통해 커져가는 명왕누대冥王累代, Hadean Eon에 돌입했고, 40억 년에서 39억 년 전쯤에 지금의 질량을 가진 행성이 되었다.[5]

철핵Iron core

지구의 부착 단계에서 미행성체의 충격으로 열이 발생하여 녹은 혼합물을 분류한다. 무거운 원소는 행성의 중심부로 가라앉는다. 이 중에서 철이 가장 큰 비중을 차지한다. 이로 인해 행성의 핵은 거의 철로 이루어지고, 무거운 원소 중에 그 다음으로 풍부한 니켈이 일부를 이룬다. 철이 풍부한 운석의 분석과 지진 데이터에서 추론된 밀도는 이 가설을 뒷받침한다.[6]

* 원시행성은 자기 궤도 내부의 미행성체와 다른 잔해들을 다 쓸어 담아 일정한 질량과 크기를 갖추고 나면 행성이 된다. 행성에 대한 보다 자세한 정의는 2006년에 국제 천문학 연합이 재정의한 내용까지 포함한 용어 해설을 참고하라.

열이 발생하는 이 부착기가 끝나면, 핵은 중심부에서 식으면서 막대한 압력을 받아 굳어지지만, 외핵outer core은 녹아 있는 상태로 유지된다.

자기장

표면의 암석에서 나온 증거에 의하면 최근 3억 3천만 년 동안 지구의 자기장은 400번 이상 뒤집혔다. 즉 북극이 남극이 되고, 남극이 북극이 되었다는 뜻이다. 뒤바뀌는 간격은 100,000년 이하에서 수천만 년까지 다양한데, 마지막으로 뒤바뀐 것은 780,000년 전이었다.

지난 세기에 자기상의 북극은 1,100킬로미터 이동했다. 1970년 이후로 매년 이동을 측정해 보니 이 이동 속도는 점점 빨라진다. 지금도 극은 매년 40킬로미터 이상씩 움직이고 있다.[7]

과학자들은 실제로 자기장이 어떻게 만들어졌는지 이해하지 못하고 있다. 행성지질학자들 대다수는 다이나모 가설dynamo hypothesis을 지지하는데, 이에 따르면 전기를 흐르게 하는 물질이 현재 존재하고 있는 자기장을 통과하면 애초의 자기장은 더 강해진다. 이렇게 되면 지구의 자전으로 인해 전기 도체인 액체 상태의 철 외핵이 자전축 주변으로 회전하게 되면서 축의(지질적으로) 북극을 북극으로, 축의 남극을 남극으로 하는 자기장을 형성하게 된다. 그러나 이것만으로 자극이 왜 그렇게 불규칙하게 뒤바뀌고 축은 왜 점점 빨라지는 속도로 움직이는지 설명할 수 없다. 펜실베이니아주립대학교의 대기 과학자 제임스 캐스팅James Kasting은 다이나모가 혼돈 체계라서 그렇다고 주장한다.[8]

그러나 2009년 일리노이 노스웨스턴대학교의 화학 생명공학 조교수인 그레고리 리스킨Gregory Ryskin은 지구 자기장의 변동은 대양의 움직임 때문에 유발된다는 논쟁적인 가설을 제시했다. 바닷물 속의 소금은 바닷물이 전기를 전달할 수 있게 하여 전기장과 자기장을 만들어 낸다. 북대서양에서의 해류의 변화는 서부 유럽 쪽 자기장의 변화와 관련되어 있다.[9] 역사적으로 볼 때, 지질 구조판의 운동이 대양 해류의 흐름에 변화를 일으키고, 이로 인해 자극이 바뀌었을 수 있다.

지각, 암석권, 맨틀

지구는 부착 단계가 끝날 즈음에는 미행성체의 폭격에 의해 가열되던 사태가 멈추고, 태양으로부터 멀리 회전하며 자신의 열을 밤하늘로 복사해서 내보내어 표면이 식는다.

수증기 상태의 녹은 규산염이 농축되면서 가벼운 규산염은 위로 가고, 무거운 원소가 많은 규산염은 아래로 이동한다. 외부의 가벼운 규산염은 식으면서 단단해져서 딱딱한 지각을 형성하고, 그 후에는 지각과 외핵 사이에 있는 맨틀의 상부가 식어서 딱딱해진다. 맨틀의 대부분은 뜨거운 상태이나 그 위에 있는 물질의 압력으로 인해 연성 형태이지만 고체화된다.

녹아 있던 구체가 바깥쪽부터 균일하게 식어 가면, 지각, 맨틀 상부, 그리고 그 다음 등의 순서를 따라 일관된 깊이로 층이 쌓여야 한다. 그러나 현실에서는 표층에 산, 계곡, 화산, 평원 등이 있고 이 모든 것들이 거대하고 깊은 대양에 의해 갈라져 있다. 이런 지형학적 특징을 설명하기 위해 여러 의견이 제시되었다. 19세기 말 지질학자들은 자신들 중에서도 가장 저명한 학자였던 오스트리아인 에두아르트 쥐스Eduard Suess의 생각을 받아들였다. 즉 지구는 마치 오븐에 구운 사과처럼 식어 가면서 쪼글쪼글해졌다는 것이다. 위아래 방향으로의 운동도 있었지만, 대륙과 대양이 지구 표면에 영구적으로 남아 있는 특징이라는 의견이 지질학의 정설이 되었다.

대륙들이 서로 들어맞는 조각 모양으로 이루어져 있다는 그 전까지의 관찰 결과를 토대로 32살의 오스트리아인 알프레드 베게너Alfred Wegener는 1912년에 초대륙 판게아Pangaea가 현재의 대륙들 크기로 깨져서 이동했다는 대륙이동설이라는 대안적 가설을 제시했다. 정설 지질학은 이를 터무니없는 소리라고 일축했다.

베게너는 자신의 이론을 연구해서 1921년 자신의 가설을 정당화하는 책을 개정 확장해서 출간했다. 여기에는 남미의 동부 해안과 아프리카 서부

해안이 일치하는 지리적 구조에 대한 증거와 멀리 떨어져 있는 대륙에서도 동일한 화석 유적이 발견되었다는 증거가 포함되어 있었다. 정통학설을 지지하는 이들은 그가 내놓은 지질학적 증거를 무시하거나 일축했다. 어쨌든 베게너의 직업이 기상학자였기 때문이다. 화석 증거와 관련해 학계는 대륙 간에 지금은 흔적 없이 사라져 버린 다리 같은 땅이 존재했다는 의견을 제시하였다. 베게너의 견해는 분명 불합리했다. 대륙처럼 거대한 덩어리를 움직이게 할 힘이 도대체 어디 있다는 말인가?

1944년 영국 지질학자 아서 홈즈Arthur Holmes는 설명을 제시했다. 지구 내부에서 원소들의 방사성 붕괴로 인해 생겨난 열이 대륙들로 쪼개져 이동하게 하는 에너지를 제공했다는 것이다. 대륙 이동설을 지지하는 소수를 제외하고, 대다수의 지질학자들은 여전히 정설을 고수했고 대륙 이동설을 공상에 가까운 헛소리라고 여겼다.

세월이 가면서 증거는 쌓였다. 해양학자들은 대륙의 지각의 나이가 평균 23억 년에 일부 암석은 38억 년까지 가는데 비해 해양 지각이 평균 나이 55백만 년으로 놀랄 만큼 젊다는 사실을 발견했다. 그리고 일련의 거대한 산등성이가 마치 야구공의 실밥처럼 해양의 바닥에서부터 출발해서 솟아올라서 지구 주위를 50,000킬로미터 이상 휘감고 있다는 걸 확인했다. 바닷속 산등성이의 산마루는 가장 젊은 암석으로 되어 있는데, 이것은 오늘날 우리가 알고 있는 자기적 극성을 나타낸다. 한쪽에는 자기의 극성을 따라 암석의 줄무늬들이 번갈아 나타난다. 이들은 자기가 뒤바뀌어 온 일련의 과정과 동일하며, 이 과정은 대륙에서 흘러나오는 용암을 통해 확인할 수 있다. 그리고 이들은 암석의 줄무늬가 생긴 연대를 측정하는 데 사용되며, 산마루에서 멀리 있는 암석일수록 나이가 많다(그림 12.5 참고). 자기장이 뒤집히는 시간 순서를 보면 내부의 마그마가 바닷속 산등성이의 산마루를 뚫고 나와서 그 이전의 산마루를 둘로 쪼개서 산등성이에서부터 옆으로 밀어낸다는 추론을 뒷받침한다. 이것이 식으면서 그 당시의 지구의 자기적 극성을 기록하게 되는 셈이다.

캐나다의 지질학자 로런스 몰리Lawrence Morley는 일련의 증거들을 종합해서 모든 데이터를 일관되게 설명하는 이론을 만들었지만 과학 저널들은 정설에만 집착하고 있었기에 1963년에 그가 내놓은 논문을 거절했다. 「지구물리학 연구지 *Journal of Geophysical Research*」는 그의 논문을 "진지한 과학의 후원 아래서 도무지 출간해서는 안 되는 부류"[10]라며 묵살했다.

케임브리지대학교의 드러몬드 매튜스Drummond Matthews와 그의 대학원 학생인 프레드 바인Fred Vine은 그보다는 나은 편이었다. 몰리와는 별개로 연구를 진행한 끝에 그들은 동일한 결론에 이르렀고 1963년에 네이처지는 그들의 연구 성과를 실어줬다. 바인과 매튜스는 "대륙이동"이라는 문구는 뺐는데, 단지 대륙만 움직인 게 아니라는 점이 분명해졌기 때문이었다. 1968년에 이들의 이론은 "판구조론plate tectonics"이라는 이름을 얻었고, 토머스 쿤이 말했던 패러다임 변화라고 할 정도로 대다수의 지질학자들이 이 이론을 새로운 정설로 빠르게 채택했다.[11]

이 이론은 아직도 발전 중이며 몇 가지 요소는 여전히 열린 질문으로 남

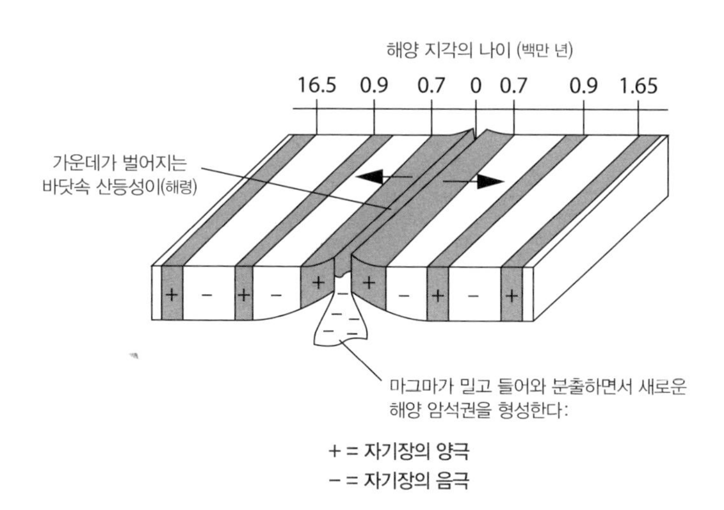

그림 12.5 해령(海嶺)의 양편, 자기장의 양극이 교차하는 암석 줄무늬
자기장이 뒤바뀌는 순서는 대륙 용암 흐름에서 볼 수 있는 순서와 동일하며, 이는 암석 줄무늬의 연대를 측정하는 데 사용된다.

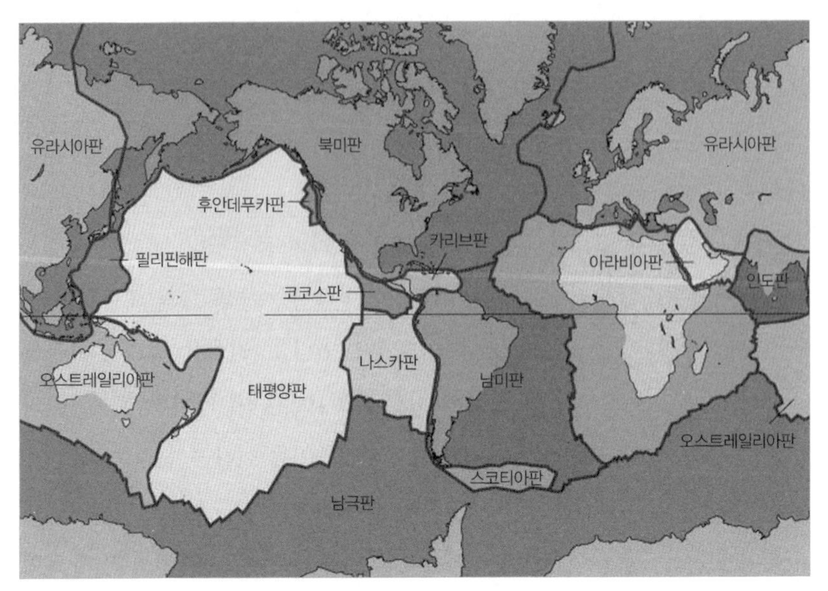

그림 12.6 지구의 지질구조판

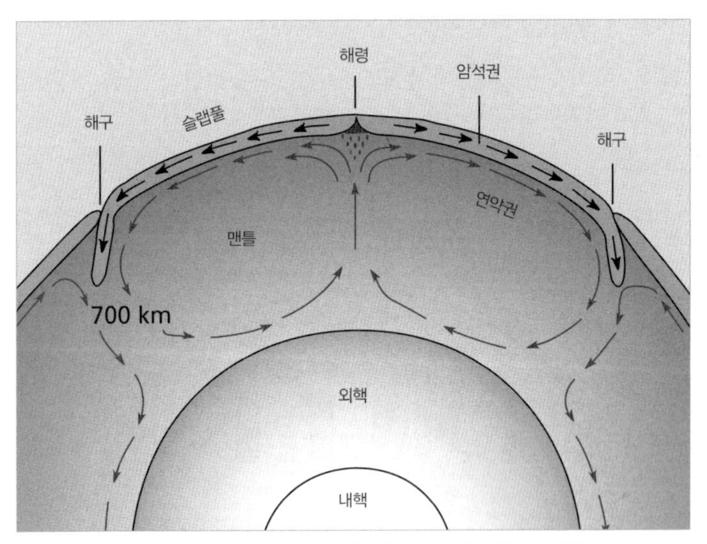

그림 12.7 지질구조판을 이동시킨다고 생각되는 맨틀 속 대류

아 있다. 그러나 우주론의 정통 모델과는 다르게 이 이론은 과학 이론의 자격을 갖추고 있다. 예를 들자면, 어느 시대에 발생한 동일 화석들이 발견될 만한 곳을 추론하는 독특한 사후 추론을 내놓았는데 실제 탐사 결과 사실로

확인되었으며, 지진과 화산대, 대륙의 이동에 관한 독특한 예측 또한 관찰 결과 확인되었다.

고생물학, 해양학, 지질학, 최근에는 정지궤도위성(Geostationary Satellite, GEOSAT) 측정법 등 다양한 분야의 증거에 입각해 만든 이 통합 이론은 단단한 암석권lithosphere에 일곱 개의 큰 블록과 일곱 개의 작은 블록이 형성되며 이동하고 상호작용하면서 지질학적 현상이 일어난다고 설명한다. 이들은 지질구조판tectonic plates이라고 부르는데 연약권asthenosphere 위에 떠 있다(그림 12.6 참고).

예를 들어 태평양판은 매년 평균 5센티미터의 비율로 북미판을 갈면서 지나간다. 이로 인해 샌안드레아스 단층대가 만들어지는데 이 단층대는 1,300킬로미터 길이에 폭이 수십 킬로미터 이상 펼쳐져 있는 곳도 더러 있으며, 캘리포니아의 2/3 정도를 가르면서 지나간다.[12]

직접적인 증거는 없지만 대부분의 지질학자들은 단단한 판 아래에 있는 뜨겁고 연성 상태인 맨틀의 느린 움직임으로 인해 판들이 이동한다고 본다. 맨틀은 주로 우라늄과 토륨 같은 원소들의 방사성 붕괴로 생기는 열로 인해 그림 12.7처럼 원형 대류하며 돌아다닌다고 추정된다.

지질학적 현상들은 판들의 충돌로 생겨난다. 그림 12.8은 대양판이 대륙판과 서서히 충돌하는 모습을 나타낸다.

예를 들면, 내부의 뜨거운 마그마가 대양의 나즈카판의 단층대를 뚫고 나와서 바닷속의 산맥을 만들고 판을 옆으로 밀어낸다. 이 판의 동쪽 부분은 대륙판인 남미판의 서쪽 부분과 서서히 충돌한다. 그러면서 남미판의 밑으로 밀고 들어가는데, 이 과정을 섭입이라 한다. 이 판은 대양의 동쪽 끝 쪽인 페루-칠레 해구 밑으로 사라져서 마침내 맨틀 속으로 들어서면 열에 의해 녹는다. 이게 남미판의 밑으로 밀고 들어가면서 남미판을 솟아오르게 하여 대륙의 등뼈에 해당하는 안데스 산맥을 만들고, 이 경계 지역을 따라 판이 약해지면서 강력하고 파괴적인 지진이나 산맥의 급작스러운 융기가 곧잘 일어나는 지역이 생긴다.

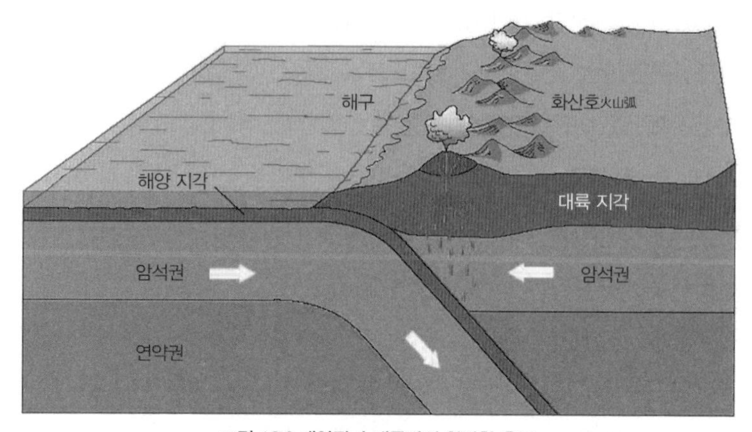

그림 12.8 대양판과 대륙판의 완만한 충돌

대양판은 대륙판 밑으로 섭입되어 (다시 말해 끌려 내려가서) 대양의 바닥에 해구를 만들고, 대륙판을 밀어 올려 산맥을 형성하고 화산활동을 일으킨다.

따라서 오래된 영역은 대륙판 아래로 밀려 들어가면서 내부에서 녹아 버리고, 그 대신에 대양 속 산등성이의 산마루에 해당하는 단층대를 통해서 내부에서부터 녹아 있는 암석이 올라오기를 계속해서 새로 교체되는 해양 지각은 젊은 편이다.[13]

현재 지질학의 정통 이론은 225백만 년에서 200백만 년 전에 판게아 초거대 판이 쪼개진 후에 암석권이 형성되고 진화한 내용에 대해 증거에 입각하여 설명하고 있다. 판게아가 애초에 어떻게 만들어졌는가에 대해서는, 30억 년 이전부터 시작된 초거대 대륙의 형성과 붕괴, 그리고 또다시 이어진 형성과 붕괴를 거치는 주기 끝에 나온 최후의 대륙이라는 주장이 제기되었다.

이렇게 설명하더라도 지각과 암석권이 처음에 어떻게 만들어졌는가 하는 점에 대해서는 여전히 의문이 남는다. 미국 아폴로호 우주인들이 1969년 달에 설치한 반사 집적체에 나타나는 레이저 파동을 계산해 보니 달은 매년 3.8센티미터씩 지구로부터 멀어지고 있다.[14] 이 말은 45억 년 전에는 달이 지구에 아주 가까이 있었다는 뜻이 된다. 한층 가까이 있었던 달이 가진 보다 강한 중력으로 인해 가벼운 규산염은 한데 뭉쳐져서 적도 가까운 쪽에 최초의 초대륙을 만들었을 수 있다. 그러나 이런 생각 역시 증거가 없으니 추정으로만 남는다.

지금껏 판구조론 설명에 많은 부분을 할애했는데 그 이유는, 나중에 살펴보겠지만, 꽤 많은 과학자들이 판들의 움직임과 그에 따르는 대륙의 이동이 생물학적 진화에 결정적인 역할을 한다고 생각하기 때문이다.

수권과 대기권

미행성체가 폭탄처럼 쏟아지는 시기가 끝나고 지구 표면이 식어갔을 때, 수증기 상태의 규산염을 어떤 대기가 대체했는가 하는 부분에 대해서는 증거가 남아 있지 않다. 2001년 스티븐 모지스Stephen Mojzsis와 그의 동료들은 호주 서부 잭 힐스 지역의 암석 속 작은 지르콘 결정체를 분석한 결과, 액상의 물이 43억 년 전 다시 말해 지구가 형성되고 나서 2억 년쯤 지났을 때부터 존재했다고 주장했다.[15] 2005년 뉴욕 트로이 소재 렌셀러폴리테크닉대학교의 왓슨E B Watson과 캔버라에 있는 호주국립대학교의 해리슨T M Harrison 두 명의 지구과학자들은 지르콘 분석을 통해 그보다 더 이른 시기인 43억 5천만 년 전부터 물이 존재했다고 주장했다.[16] 자료에 대한 이들의 해석에 대해 캔버라 소재 호주국립대학교의 앨런 너트먼Allen Nutman[17]과 앤드루 글릭슨Andrew Glikson[18] 두 명의 지구과학자들이 각각 의문을 제기했다. 이러한 주장들이 나오기 이전에도, 지구상의 오래된 퇴적암이 열과 압력에 의해 변형되었다는 사실은 대략 38억 년 전에 액상의 물이 지구 표면에 존재했다는 것을 뜻한다.

수권과 대기권이 정확하게 어떻게 만들어졌는가 하는 문제는 지금까지 긴 세월을 두고 논쟁이 이어졌다. 1950년대에서 1960년대의 지질학자들은 지구가 만들어질 당시 지구 내부에 휘발성 물질이 갇혀 들어갔고, 가스 분출outgassing이라고 이름 붙여진 화산 분출을 통해 밖으로 나와 대양과 대기 기체를 만들었다는 윌리엄 루베이William Rubey의 의견을 받아들였다.

현재 각광받고 있는 행성 과학 분야의 학자들은 원시 지구가 공전하던 지역은 태양과 너무 가까워서 원시 지구를 만들어 낸 미행성체들이 휘발성 물질을 가지고 있을 수 없을 만큼 뜨거웠다고 본다. 그래서 그들은 지구 표면의 대부분의 물이 지구 외부로부터 왔다는 견해를 선호한다. 대양에는 물이 대략 십억×일조(10^{21}) 킬로그램이 담겨 있다. 전형적인 혜성은 대략 얼음이 백만×십억(10^{15}) 킬로그램 정도 담겨 있으니 백만×십억(10^{15}) 정도의 혜성이 지구를 때리고 그 충돌로 인해 생긴 열에 의해 얼음이 녹으면 대양을 만들어 낼 수 있다.[19]

이 견해는 초기 지구가 그 공전 궤도에서 단지 잔해물만이 아니라 태양에서 더 멀리 떨어져 있는 미행성체들과 혜성들의 폭격도 받았다는 식의, 행성 부착에 관한 컴퓨터 모델에 의해서도 지지된다. 혜성 속의 얼음 가설은 지구 대양의 기원에 대한 정통적 설명이 되었다.

그러나 2000년 핼리Halley, 햐쿠타케Hyakutake, 헤일밥Hale-Bopp 혜성 등을 조사해 본 결과, 이들 혜성은 지구 대양 속 바닷물이 얼었을 때의 수소와 비교해 볼 때 중수소(수소의 동위원소)를 두 배 이상 가지고 있었다. 이렇게 되면 혜성 가설은 배제해야 할 듯하다. 그럼에도 NASA의 혜성 연구학자 마이클 머마Michael Mumma처럼 이 가설을 지지하는 이들은 좀체 흔들림이 없다. 그는 이들 혜성이 태양계 내의 잘못된 지역에서부터 날아왔을 뿐이고, 목성 지역에서 날아온 혜성은 정확한 비율을 가지고 있다고 주장한다. 이 가설은 앞으로 검증을 받아야 한다.

수소와 중수소의 비율을 설명하려는 대안적인 가설은 지구상 물의 대부분은 소행성 벨트 외부에서 생겨나서 지구가 최종적으로 형성될 때 지구에 부착된 몇 개의 큰 배아 단계의 행성들로부터 왔다고 본다.[20]

초기 대기에 관해서 살펴보자면, 오늘날 화산은 맨틀에서 기체를 방출한다. 이 기체는 섭입해 들어갔던 표층부의 암석이 순환해서 나온 것일 수도 있다. 즉, 석회암과 백악질 등이 맨틀 속으로 밀려 들어가면 열로 인해 탄산칼슘이 분해되어 이산화탄소가 생기는 것처럼 말이다. 그러나 화산 가스 속에 상대적으로 압축되어 있는 비활성 기체는 대기 속의 기체와 거의 동일하다. 이 말은 황화수소, 이산화황, 이산화탄소, 수증기, 질소, 암모니아 같은 기체는 행성이 형성될 때 내부에 갇혀 들어갔거나, 뜨거운 열로 인해 탄산칼슘 같은 복합 분자가 분해되어 내부 속으로 흘러 들어갔다는 뜻이 된다. 지구 표면이 식으면서 이들 기체는 암석권의 단층대에 의해 생겨난 배출구를 통해 뿜어져 나온다. 이러한 초기 대기 속에는 유리 산소free oxygen나 오존은 없었을 것이다.

이 과정은 수권에 대해서도 설명할 수 있다. 열이 식는 과정이 이어지면서 가스 분출을 통해 나온 수증기는 응결되고, 격렬한 폭풍 속에서 액체 상태의 물은 강과 대양을 만드는 식으로 말이다.

그러나 직접적인 증거가 없다면 이런 생각들 모두 가설로 남아 있을 뿐이다.

달

긴 세월 동안 지구가 어떻게 해서 저렇게 의외의 큰 달을 가지게 되었는지 설명하는 이론은 세 가지 정도 있었다. 첫째는 그저 우연히 큰 미행성체가 만들어져서 원시 지구의 부착 과정으로 인해 커졌다는 것이다. 둘째는 지구 중력장이 지나가는 커다란 미행성체를 붙잡아서 지금의 궤도를 돌게 만들었다고 본다. 셋째는 거대한 질량체가 녹은 상태로 공전하고 있던 원시 지구에서 튕겨져 나와 식은 뒤 응축되어 달이 되었다.

1970년대 달에 갔던 아폴로 우주선이 가져온 암석 샘플을 물리화학적으로 분석하고 방사성 연대 측정을 해서 나온 일차적 증거는 이들 세 가지 추정과는 부합하지 않는다. 다른 무엇보다 달에서 가져온 암석은 원시 운석(그러니까 미행성체)보다는 차라리 지구의 맨틀과 유사하고, 지구 맨틀과 비교해 보면 포타슘보다 휘발성이 강한 원소는 현격하게 적은 편이며, 철은 거의 없고, 달 표면의 가장 오래된 암석은 지구 표면 암석보다 더 오래되어 대략 44억 년에서 45억 년 정도 된다.[21]

이러한 증거로 인해 두 그룹의 과학자들은 1975년에 와서 거대 충격 가설을 제시하게 되는데, 그 이후 이 가설을 발전시키기 위해 10년간 컴퓨터 시뮬레이션을 이어갔다. 이 가설에 따르면 화성 크기의 거대한 미행성체가 원시 지구와 충돌해서 하나로 합쳐졌다. 충돌로 인한 열에 의해 철로 되어 있는 이 둘의 핵은 물방울 두 개처럼 하나로 합쳐져서 원시 지구의 가운데 쪽으로 가라앉았고, 이 충돌로 인해 지구 표면 물질 중 70퍼센트가량은 우주 공간으로 날아가서, 더 커진 새로운 원시 지구의 중력장에 붙잡히게 되었다. 녹아 있는 상태의 이 잔해들은 일 년 미만의 대단히 짧은 시간 안에 중력장 안에서 뭉쳐져서 달을 만들어 냈다.[22]

이 가설은 모행성에 비해 달이 비정상적으로 큰 사실과 달의 화학적 구성과 낮은 밀도까지 잘 설명할 뿐 아니라, 왜 지구가 태양계 내에서 가장 높은 밀도를 가진 행성인지, 철로 되어 있는 지구의 핵이 우리가 추론할 수 있는 증거에 기반해서 판단해 볼 때 금성과 화성처럼 비슷한 크기의 다른 행성에 비해 왜 더 큰지 설명할 수 있으며, 이들 두 행성에 비해 지구가 왜 더 얇은 지각을 가지고 있는지까지도 설명해 낸다.

아직 답을 내놓지 못한 질문들이 몇 가지 남아 있긴 하지만, 거대 충격 가설은 현재로서는 과학계의 정설이다.

생물권

이 장의 초반부에서 우리가 알고 있는 생명체의 출현과 진화에 필요한 여섯 가지 조건을 제시했다. 이 조건들이 지구상의 생물권을 형성해 온 과정에 대해 현재의 과학은 다음과 같이 설명한다.

1. 필수적인 원소와 분자

성간 성운 가설은 필수적 원소들의 존재를 설명할 수 있고, 다른 가설들, 특히 물이 가득 들어 있는 혜성 혹은 소행성 혹은 원시행성 등이 폭탄처럼 쏟아지는 명왕누대를 상정하는 가설은 지구가 어떻게 해서 표면에 이토록 많은 물을 가지고 있는지 설명한다.

일부 행성과학자들은 혜성과 운석이 표면과 충돌할 때 그들 속의 상당한 분량의 유기물 분자가 훼손되지 않고 생존했으며 그래서 초창기의 물 속에는 유기 화합물의 씨가 들어 있었다고 주장한다.[23] 아미노산 같은 유기물 분자가 혜성과 소행성* 속에서 만들어진다는 사실은 우리가 알고 있으니, 이들이 지구에서도 독립적으로 형성되었으리라는 주장에는 설득력이 있다. 다만 애초의 지구 표면에 있던 것은 지금 하나도 남아 있지 않고, 혜성과 소행성은 만들어진 이후로 거의 변화가 없으니, 증거는 없는 셈이다.

2. 행성의 질량

성운 가설은 외부 원반에서 너무 커서 생물체가 살 수 없는 거대 가스 행성 형성과 내부 원반에서 암석 행성 형성을 설명하지만, 어째서 지구는 생명을 유지할 수 있는 행성으로 성장했는데 반해 또 다른 암석 행성인 화성은 그 크기가 0.055배 정도로 작게 끝났는지 설명하지 못한다. 2004년 콜로라도대학교 션 레이먼드Sean Raymond가 고안한 지구형 행성의 형성 과정에 대한 컴퓨터 시뮬레이션 결과에 따르면 행성의 크기는 부착 과정의 임의적인 특징이다.

3. 위험한 복사나 충격으로부터의 보호

새로 생긴 지구를 해로운 복사로부터 보호하는 일은 대기권과 강력한 자기장이 맡아서 해냈다. 그림 12.4에서처럼 자기권은 태양에서부터 온 이온화된 복사의 방향을 틀어서 멀리 보낸다. 초기 지구에는 보호 역할이 없었지만, 현재는 대기권의 오존층이 치명적인 강한 자외선 복사를 막아 나중에 발생한 고차원적 생명체를 보호하고 있다.

지구 질량의 300배 이상 되고, 태양으로부터 거리가 지구보다 5배 이상

* 혜성, 운석, 소행성의 구분은 용어 해설 참고.

멀리 떨어져 있는 거대 가스 행성인 목성의 중력장은 지구와 나머지 지구형 행성들을 수많은 혜성의 충돌로부터 보호하고 있다. 카네기대학교의 지구 자기력 학부 명예교수인 조지 웨더릴George Wetherill은 목성이 현재의 질량과 위치를 갖지 않았다면 지구는 지금보다 1,000배에서 10,000배 더 많은 혜성들과 충돌하게 된다고 계산했다.[24]

4. 에너지의 원천

필수적인 생화학적 과정을 일으키는 데는 네 가지 에너지 원천이 동원되었다. 미행성체들이 지구 표면에 부딪치면서 그 운동 에너지가 열 에너지로 전환; 녹아 있는 물질이 지구 중심부로 끌려가면서 중력 위치 에너지가 열 에너지로 전환; 우라늄과 토륨 같은 원소들이 방사성 붕괴하면서 발생되는 에너지; 태양에서 복사되는 에너지.

5. 온도의 범위

지구 표면과 그 주변의 온도는 네 가지 에너지 원천의 영향을 받아서 형성된다. 온도 범위는 장기적으로는 태양의 복사에 지배되는데, 태양 복사는 다섯 가지 요소를 고려해야 한다.

첫째는 태양에서 방출되는 에너지의 양이다(광도).

둘째는 태양으로부터 지구까지의 거리인데, 365.25일 동안 지구가 타원형으로 태양 주위를 공전하기에 거리는 1억 4천 7백만 킬로미터에서 1억 5천 2백만 킬로미터까지 달라진다.

셋째, 반사되어 나가는 태양 복사의 양, 즉 알베도albedo가 달라진다. 얇은 층운은 알베도도 작지만 두꺼운 층적운은 알베도가 80퍼센트 이상 될 때도 있고, 새 눈이 40-70퍼센트, 마른 모래가 35-40퍼센트에 이른다. 현재 지구의 평균 알베도는 35퍼센트이다. 그러나 지구가 생겨나고 최초 20억 년 동안 알베도가 어떠했는지는 알 수 없다.

넷째, 지구 표면에 도달하는 태양 에너지 중에서 일부는 흡수되어 보다 긴 파장의 열로 복사되어 나가는데, 이는 지표가 차가운 밤하늘을 대하고 있는 시간의 길이에 좌우되고, 그 시간은 지구가 그 축을 중심으로 24시간 자전하는 주기에 좌우되며, 특정한 지역에서는 위도나 지구 축이 23.5도 기울어져 있는 사실도 영향을 끼친다.

다섯째, 이렇게 복사되어 나갔던 열 에너지의 일부는 다시 반사되어 돌아와서 지구 표면을 데우는데, 이 반사는 대기를 구성하고 있는 기체들 때문에 일어난다. 현재 대기 중 0.003퍼센트를 차지하고 있는 이산화탄소가 복사된 에너지를 다시 반사해서 지구로 되돌아가게 함으로써 온화한 온실 효과를 일으킨다.

이들 다섯 가지 요인의 작용에 의해 연간 지역에 따라 그리고 지표에서부터의 거리에 따라 섭씨 -50도에서 +50도 범위에서 생물권의 온도가 만들어지며, 대양 표면의 연간 평균 온도는 섭씨 15도 정도이다.[25] 그렇기에 일년 중 대부분의 시간 동안 지구 표면이나 그 바로 아래, 그리고 바로 위 지역은 우리가 알고 있는 생명체를 만들고 유지하는 생화학적 반응이 일어나기에 적합한 온도가 된다.

6. 안정성

마지막 조건인 안정성은 생물권에서 지구 표면은 물이 액체 상태로 존재할 수 있는 온도 범위가 유지되고, 원시 생명체가 보다 복잡한 형태로 진화하여 마침내 인간이 될 때까지의 긴 시간 동안 위험한 복사와 충격으로부터 보호받아야 한다는 뜻이다. 이러한 안정성이 지구 생물권에서 40억 년 이상 지속된 것은 여러 요인 덕분에 가능했다.

행성의 형성에 관해 컴퓨터 모델링을 해 보면 주요 행성들은 형성된 후에는 각운동량 보존의 법칙에 의해 태양 주위를 비교적 안정되게 공전한다. 그러나 그 정도만으로는 생물권의 온도 범위를 안정적으로 유지할 수 없는데, 초기 태양은 지금보다 상당히 빛이 약했고 온도가 낮았기 때문이다. 별의 형성과 우리 은하 속 다른 지역에 있는 별 진화의 여러 단계, 그리고 에너지를 만들어 내는 태양의 핵융합 등에 대한 연구에 기반하여 계산해 보면, 38억 년 전인 지구의 시생대 초기에 태양은 지금보다 25퍼센트 적은 에너지를 복사했다. 다른 모든 것이 동일하다면, 그때 지구 표면의 온도는 -18도 정도였을 것이다.[26] 모든 물은 얼음 상태였으니 생명체를 재생산하고 유지하는 데 필수적인 생화학적 과정에 필요한 액체 상태의 물이 없었다.

이 시대 생명체의 존재와 진화에 대해 설명하려면 생명권을 데워 줄 추가적인 에너지 원천이 필요하다. 이런 원천으로는 행성이 만들어지는 과정 중에 잔존한 열, 지구 내부 원소들의 방사성 붕괴에서 나오는 보다 많은 열, 지구 대기에서 재반사되어 돌아와 온실효과를 만드는 복사열 등이 있다.

시생대 당시의 지구 대기가 어떻게 구성되어 있었는지는 알 수 없지만 45억 년 지구가 생겨날 때의 대기는 오늘날 질소 78퍼센트와 산소 21퍼센트의 구성과는 분명히 크게 달랐을 것이며(위의 수권과 대기권 항목 참고), 38억 년 전의 대기는 전자 쪽에 보다 가까웠으리라고 보는 게 합리적이다. 이산화탄소나 메탄 등 온실효과를 유발하는 기체는 생명권을 충분히 데워서 액상의 물이 존재하게 했을 수 있다. 그러나 대기 구성이 다르면 알베도도 달라지니 이 요소 역시 계산에 고려되어야 한다.

또한 만약 태양이 에너지를 25퍼센트 덜 복사할 때 지구에 액체 상태의 물이 만들어질 수 있을 만큼 충분히 많은 온실효과를 유발하는 대기가 있었다고 한다면, 이는 지난 40억 년간 태양의 복사 에너지가 증가하는 동안 온실효과를 줄여가는 미세조정도 있었다는 뜻이 된다.

이런 현상을 설명하기 위해 여러 이론이 제시되었는데 그중 하나는 1960년대 독립적으로 연구를 수행하던 영국 과학자 제임스 러브록James Lovelock이 처음으로 제시한 대로 생물의 피드백을 고려하는 가이아Gaia 가설이다. 예를 들어 대양 속에서 광합성을 하는 박테리아는 태양빛과 기온이 높아지면 대기에서부터 이산화탄소를 흡수하여 번식하면서 온실효과를 줄인다. 반면에 온도가 떨어지면 번식율도 줄어들어 대기 중에 이산화탄소를 많이 남겨서 온실효과와 지구 표면의 온도를 높인다. 이 가설은 남극 빙하층에 구멍을 뚫어 얻은 긴 얼음핵들을 화학적으로 분석한 결과에 의해 실증적으로 확인되었다.[27]

그러나 캐스팅James Kasting은 생명권에는 그렇게 많은 탄소가 들어 있지 않으니 생물의 피드백이라는 메커니즘이 온도를 조정하는 가장 중요한 요인은 아니라고 본다. 그는 온실효과에 의한 표면 온도의 장기 조정이 가장 중요하다고 주장한다. 이는 탄산염-규산염 순환carbonate-silicate cycle으로 알려진 대기 중 이산화탄소와 표면 온도 간에 존재하는 음의 피드백에 의해 생긴다. 여기에서 이산화탄소가 물에 용해되고 풍화 작용을 통해 규산염 암석이 분해된다. 이때 생겨난 산물을 강이 바다로 실어가서 대양의 구조판을 이루고, 이것이 다시 대륙판 밑으로 들어간 다음에는 화산 활동에 의해 이산화탄소가 다시 대기 중으로 방출된다.[28]

어느 쪽 설명이 정확하든지 간에 하나 이상의 피드백 메커니즘을 통해 생명권 내의 안정적인 온도 범위를 만들게 된다.

이 범위 안에서 온도는 하루 중에도 달라지며, 지표의 지역에 따라서도 달라지고, 지표로부터의 고도에 따라서도 달라지며, 연중의 날짜에 따라서도 달라진다. 이러한 기후 변화가 서로 다른 지역에서 매일의 날씨 변화와 계절에 따른 날씨 변화의 패턴을 만든다. 그리고 지구 자전축이 기울어져 있는 정도와 공전 타원율이 변하는 것에도 영향을 받을 뿐만 아니라 태양의 복사량과 지구 대기 구성도 극적으로 변해 왔기에 수만 년의 세월 동안 기후 변화가 초래되었다.

지구 내 생명권은 안정적인 상태이지만, 지난 40억 년간 열역학적인 평형 상태와는 거리가 멀다.

지구는 특별한가?

정통적 견해

갈릴레오가 망원경을 사용해서 지구는 우주의 중심이 아니며, 지구와 다른 행성들이 태양 주변을 돈다는 코페르니쿠스의 가설을 사실로 확인한 이래로 과학자들은 지구가 특별하다고 생각하지 않았다.

보다 정교한 기구들이 나오면서 우주가 어떻게 되어 있는지 보다 깊이 이해하게 되었고, 오늘날 정통적인 견해에 따르자면 지구는 평범한 주계열 별 주변을 돌고 있는 평범한 행성이며, 이 주계열 별 역시 대략 천억 개의 별로 되어 있는 평범한 은하의 중심부를 공전하고 있고, 이 은하는 평범한 은하단 내의 지역 은하군의 일부이며, 이 은하단은 또한 평범한 초은하단의 중심부 주변을 돌고 있고, 이 초은하단은 대략 천억 개 이상의 은하로 되어 있는 관측 가능한 우주의 일부이며, 이 관측 가능한 우주는 우리가 볼 수 있는 지평 저 너머로 펼쳐져 있다. 정통적 우주론자들은 심지어 이 우주조차도 팽창된 우주의 지극히 작은 일부라고 본다.

지구를 우주 내에서 더 하찮은 지위로 격하시키기도 쉽지 않다.

지구가 특별한 행성은 아니라는 강한 신념과 이 지구가 지적인 생명체의 터전이라는 깨달음이 합쳐져서 1961년 전파 천문학자인 프랭크 드레이크Frank Drake는 우리 은하에 한정해서 지적인 문명이 얼마나 있을지 그 숫자를 계산해 봤다. 그는 7개의 변수가 곱해진 방정식을 만들어 냈다. 이 변수 중 첫 번째 변수인 지적인 생명체가 나올 수 있을 만한 별의 형성 비율에 대해 그가 책정한 값은 지나치게 단순화시킨 값은 아니지만, 여전히 대강 어림잡은 값이다. 다른 변수들 값은 그때까지 알려져 있는 지적 문명의 유일한 사례인 지구에 관해 알려져 있던 견해에 입각해서 추정한 값이다. 이들 값을 곱해 보니 이 은하 속에는 전파와 텔레비전 신호를 통해 탐지할 수 있는 문명이 10개가 있다는 계산이 나왔다. 물론 이 숫자는 증거에 입각해서 나온 게 아니라 일련의 추측을 통해 도달한 값이지만 "방정식"이라는 말로 인해 과학적인 신뢰성의 아우라를 얻을 수 있었다. 오늘날 드레이크의 방정식이라고 알려진 이 공식은 큰 흥분을 불러 일으켜서 심지어 외계 문명 탐사(Search for Extraterrestrial Intelligence, SETI) 계획을 추진하기까지 이른다. 이 계획은 NASA가 채택했을 뿐 아니라 한때는 미국 의회의 예산 지원까지 받았다.[29]

문명이 있을 법한 지역을 50년 이상 탐사했지만 지적 생명체의 증거는 하나도 나오지 않았다. 현재까지 진행된 다른 여러 탐사 역시 우리 태양계와 그 외의 지역을 통틀어 그 어떤 생명체의 흔적을, 하다 못해 원시적인 단계일지라도 발견하지 못했다.

그럼에도 현재의 정통적 견해는 그때 당시 왕립 천문학회장이었던 마이클 로완-로빈슨Michael Rowan-Robinson이 2004년에 출간한 자신의 책 『우주론 *Cosmology*』에서 했던 다음의 말에 요약되어 있다고 하겠다.

> 인류 역사 속에서 코페르니쿠스 이후 제대로 교육받은 합리적인 사람이라면 지구가 우주에서 특별한 자리를 차지하고 있다고 상상할 사람은 아무도 없다. 우리는 이 중대한 철학적 발견을 코페르니쿠스의 원리라고 부를 것이다.[30]

정통적 견해에 의문을 제기하는 증거

로완-로빈슨의 책이 나오기 여러 해 전부터 설령 이 지구가 독특하지는 않다 하더라도 우리가 알고 있는 복잡한 생명체가 출현하고 진화하려면 여러 요인들이 매우 특별한 방식으로 동시에 성립해야 한다는 증거가 계속 축적되고 있었다.

은하 내 생존 가능 영역

가장 최근에 제시된 요인은 은하 내 생존 가능 영역galactic habitable zone, GHZ에서의 위치이다. 이 의견은 2000년 워싱턴대학교의 고생물학자이자 생물학 및 지구 우주과학 교수인 피터 워드Peter Ward와 천문학 교수인 돈 브라운리Don Brownlee 두 명이 제시했고,[31] 나중에는 그들과 다른 이들 특히 워싱턴대학교를 거쳐 현재 인디아나 볼주립대학교에 있는 천문학자 기예르모 곤잘레즈Guillermo Gonzalez에 의해 심화 발전되었다.[32]

거대 분자 구름과 은하 내 다른 지역 속의 별의 형성 그리고 복사 활동에 대한 연구 등에 근거한 이 가설은 항성 주위 생명체 거주 가능 영역circumstellar habitable zone, CHZ에 대한 생각을 은하에다 적용한다. 이 이론에 따르면 복잡한 생명체가 진화할 수 있는 지역은 매우 한정적일 뿐 아니라 시간에 따라 변한다.

은하의 외부 지역은 암석 많은 행성이 생명체의 요소를 만들어 내는 데 필요한 원소와 분자가 충분하지 않다. 이들 원소는 은하 중심부 가까이에 존재하지만, 그 중심부의 혼돈스러운 중력의 상호작용 속에서는 행성의 생명권이 만들어지기 어려운 불안정한 상태가 이어진다. 게다가 복잡한 탄소 기반 생명체가 진화하는 데 필요한 수십억 년의 세월 동안 별은 물론이고 다른 행성 시스템 역시 초신성 폭발과 물체에서 뿜어져 나오는 복사에 의해 치명적인 타격을 받게 되며, 그 이후에는 은하의 핵 부분에 있으리라 추정되는 거대한 블랙홀 속으로 빨려 들어간다. 이 치명적인 복사의 영역은 시간이 갈수록 줄어드는데, 이러한 폭발은 은하의 초기 단계에 더 흔하기 때문이다.

은하의 나선 팔 부분도 생명체에는 해롭다. 이 지역은 별의 형성이 활발하게 일어나고 있는 곳으로서, 거대한 분자 구름이 무질서하게 압축되면서 별들을 만든다. 거대한 젊은 별에서 나오는 강력한 자외선 복사는 행성이 만들어지는 과정이 시작하기 전에 그 근처의 기체와 먼지 원반을 증발시켜 버리는데, 이들 거대한 별은 비교적 빠른 시기에 초신성 폭발로 삶을 마감한다.

생명체의 진화가 일어날 수 있게 충분히 긴 시간 동안 안정적인 조건을 확보할 수 있는 유일한 지역은 현재 우리 태양계가 위치하고 있듯 은하의 중심과 그 은하 원반 외곽의 눈으로 확인되는 가장자리와의 중간 지역으로서, 은하 원반의 평면상 나선형 팔과 팔 사이이다. 이들 지역 내의 별들은 나선형 팔과 마찬가지로 은하의 중심 주변을 공전하지만 같은 평면에 있지도 않고 속도도 다르기에, 이들 지역이 정확히 어디쯤인지 계산하는 일은 상당히 복잡하다.

파리 천문학회의 니코스 프란초스Nikos Prantzos는 이 가설이 부정확할 뿐 아니라 수량화할 수도 없다는 이유로 비판했다. 항성 주위 생명체 거주 가능 영역에 대한 애초의 계측이 지나치게 단순하고 문제가 많아서 행성 표면의 온도를 결정하는 여러 요소들을 고려하지 못했다는 것을 우리는 이미 알고 있다. 은하 단위에서 보더라도 여러 변수들이 제대로 소화되지 않았고, 그들을 계량화하는 일은 현재의 행성물리학 수준을 넘어선다. 솔직히 말하자면, 이 가설을 제안한 이들조차 이 가설이 아직 개발 단계에 있다는 점을 분명하게 밝힌다. 그렇지만 기본 주장은 건전하다. 즉 우리가 알고 있는 복잡한 생명체가 출현해서 진화하는 데 필요한 여섯 가지 조건을 충족시키는 지역은 우리 은하 내에서 극히 일부에서만 나타나며, 은하가 진화하고 있기에 그런 지역의 실제 위치는 시간이 가면서 달라진다.

지구는 그런 지역 내에 45억 년간 존재하고 있었으니, 그저 전형적인 은하 주변을 전형적인 궤도로 돌며 전형적인 주계열 별 주변을 공전하는 전형적인 한 행성으로 간주될 수 없다.

별의 적합성

항성계가 설령 은하 내 생존 가능 지역에 속해 있다고 하더라도, 이 사실만으로는 탄소 기반 생명체의 출현과 진화에 적합한 별이라 할 수 없다. 항성은 크기에 따라 문자 O, B, A, F, G, K, M으로 분류한다. 각각의 범주 내에서는 숫자를 사용해 세부 분류한다. 우리 태양은 G2 항성이다.

모든 항성 중 2퍼센트에서 5퍼센트만이 태양 정도의 크기이다. K5보다 작은 크기의 항성 주변을 도는 행성은 조석 고정潮汐固定, Tidal locking을 하는데, 항상 항성의 한쪽 면만 보고 있다는 뜻이다. 따라서 바라보고 있는 면은 너무 뜨겁고 어두운 면은 너무 추워서 복잡한 생명체가 진화하기 어렵다. 또한 F0보다 더 큰 항성 주변을 도는 행성에서도 복잡한 생명체가 나타나기 어려운데, 이는 이들 주계열상의 큰 별의 수명이 비교적 짧을 뿐만 아니라 많은 양의 치명적인 자외선 복사를 방출하기 때문이다.

이렇게 되면 주계열 별 중에서 20퍼센트 정도만 적합한 질량의 범위에 남게 된다. 그러나 모든 별 중 2/3 정도는 쌍성계binary star system 혹은 다중성계multiple star system로 존재한다.[33] 쌍성계, 그중에서도 특히 두 항성이 서로에게 상당히 가깝게 붙어 있는 경우는 생명체에 적합하지 않다. 행성들이 매우 큰 타원형 궤도로 공전하면서 표면 온도가 매우 뜨거운 상태에서부터 매우 차가운 상태로 변해 가므로 이 두 별 주변을 회전하는 동안 생명체를 보존할 수가 없기 때문이다.

항성 주위 생명체 거주 가능 영역

은하 내 생존 가능 영역 속에 오래 머물고 있는 적합한 항성과 관련해서 보자면, 우리가 알고 있는 생명체가 출현하여 진화하려면 그 항성이 하나 이상의 행성을 가지고 있고, 그 행성은 액상의 물이 존재할 수 있을 만큼 표면 온도를 유지할 수 있는 지역에 충분히 오랜 시간 머물러 있어야 하는데, 이를 일반적으로 항성 주위 생명체 거주 가능 영역circumstellar habitable zone, CHZ이라고 부른다. 앞서 살펴봤듯 이 영역을 확정하려는 시도는 지나치게 단순했다.

1993년 행성의 거주 가능성 분야의 권위자로 인정받던 대기 과학자 제임스 캐스팅이 대니얼 휘트마이어Daniel Whitmire, 레이 레이놀즈Ray Reynolds와 함께 작업해서 보다 정교한 시도를 했다. 그들의 일차원적 기후 모델climate model은 반사되어 나가는 태양 에너지(알베도 효과)와 온실 효과, 그리고 다른 요소들은 고려했지만, 지구 표면이 받아들였다가 다시 복사하는 태양 에너지의 양에 미치는 행성 자전 주기의 영향은 고려하지 않았다.[34] 앞선 모델들에 비해서는 주목할 만큼 개선이 이루어졌지만, 여전히 이 모델이 가지고 있는 가설과 추정은 기후 관련 피드백 과정에 관여되어 있는 복잡하고 상호 관계적인 시스템을 수량화하는 일이 얼마나 어려운지 여전히 잘 보여 준다. 나사 지구형 행성 탐사 프로젝트의 과학기술정의팀Science and Technology Definition Team은 일차원적 기후 모델로는 행성의 복사에 구름(수증기나 이산화탄소)이 미치는 영향을 정확하게 계산하기 어렵고, 따라서 신뢰할 수 없다고 결론을 내렸다. 그러나 캐스팅의 모델을 좀 더 정교화해서 적용하면, 다른 항성에 관해서는 조정이 필요하지만, 태양의 경우에는 0.75AU에서 1.8AU* 사이에서 CHZ가 존재할 수 있다.[35]

외계행성

1992년 두 명의 전파 천문학자가 태양계 밖에서 최초로 행성들을 발견했다는 발표가 있고 나서 1994년에 사실로 확정되었다. 지구 질량의 세 배 정도 되는 행성 두 개와 달의 질량 정도 되는 물체가 오래되고 빠르게 회전 중인 중성자 별 주변으로 돌고 있는데, 이 중성자 별은 최후의 중력 붕괴와 초신성 폭발을 통해 그 주계열 수명이 끝난 거대한 별에서 나온 작고 조밀한 잔해이다.[36] 이 부근은 천문학자들이 행성을 발견할 수 있으리라고 생각하지 않았던 지역으로서, 강력한 복사를 내뿜고 있는 중성자 별 가까이에 놓여 있기 때문에 우리가 알고 있는 생명체가 진화하는 데 필요한 여섯 가지 조건이 충족되기는 어렵다.

주계열성 주변을 돌고 있는 행성은 그 다음 해에 처음으로 발견되었다. 망원경은 해상도가 낮아서 그 행성을 직접적으로 포착하지는 못했지만, 천문학자들은 행성이 별의 앞에서부터 그 주변을 돌아 뒤로 갈 때, 지구에서 그 별까지의 거리 사이에 중력장으로 인해 일어나는 흔들림을 근거로 해서 별에서부터 그 행성까지의 거리를 계산했다. 페가수스자리 51b는 목성 같은 거대 가스 행성으로서 51 페가수스 주변을 4일에 공전하는데, 이 말은 우리 태양계 내의 가장 안쪽에 있는 행성인 수성과 태양 간의 거리보다 더 가까운 거리에서 자신의 별 주위로 돌고 있다는 뜻이다.

* AU는 천문단위(Astronomical Unit)의 약자로서 지구에서 태양까지의 평균 거리를 뜻한다.

2008년 말 천문학자들은 태양계 너머에 330개의 행성이 있다는 것을 확인했고, 이들을 외계행성Exoplanets이라고 이름 붙였다. 이들은 행성들이 자신의 항성의 적도 주위를 거의 원형 궤도를 따라 같은 방향으로 돌고 있으며, 안쪽의 비교적 작고 밀도가 높은 행성들(수성, 금성, 지구, 화성)은 주로 암석과 철로 이루어져 있고, 훨씬 먼 거리에 있는 거대한 가스 행성들(목성, 토성, 천왕성, 명왕성)은 대부분 수소와 헬륨으로 이루어져 있다고 예측하는 행성 형성의 성운 모델을 손상시켰다. 이들 중에는 "뜨거운 목성"hot Jupiters—태양과 수성 간의 거리보다 더 가깝게 항성 주위를 빠르게 움직이며 얼음과 가스가 행성 핵을 형성하기에 온도가 너무 높은 거대 가스 행성—뿐만 아니라 제멋대로 타원형 궤도로 돌고 있는 다른 행성들도 있는데, 이 행성은 항성의 적도 대신에 극 지역을 돌고 있고, 다른 행성은 그 항성의 회전 방향과 반대 방향으로 돌아가는 식이다.

그 이후 나사에서 우주 공간에 설치한 케플러 망원경을 통해 행성이 항성 앞을 지나갈 때 항성의 빛이 살짝 흐려지는 것을 관측할 수 있었는데, 이로 인해 이전까지의 기술로는 관측하기 어려웠던 보다 작은 행성들도 포착할 수 있게 되었다. 2004년 8월 이 망원경을 통해 421개의 항성 주위를 돌고 있는 978개 행성을 찾아냈고, 4,234개의 후보 행성은 아직 확정 여부가 결정되지 않은 상태이다.[37]

이러한 결과로 인해 지구는 딱히 특별할 게 없고, 수천억 개의 별이 있는 은하 속에는 거주할 수 있는 행성이 무수히 많아서 그중 일부에는 지적 생명체도 있으리라는 믿음이 퍼져 나갔다.

그러나 케플러 망원경을 통해 확인한 행성 시스템은 행성 형성의 성운 모델을 한층 더 무너뜨렸다. 그 망원경을 통해 뜨거운 목성만이 아니라 특이한 궤도로 돌고 있는 거대 행성들도 많이 찾아냈는데, 태양과 유사한 항성들 중에서 40퍼센트가량의 항성 주변을 돌고 있는 일반적인 행성들을 슈퍼지구Super-Earths—지구보다는 크고 해왕성(지구의 17배)보다는 작은 크기의 행성—라고 부르는데, 이들 대부분은 항성에 너무 가까이 붙어서 돌고 있어 생명체가 존재할 수 없다.

행성물리학자들은 이러한 증거에 비추어 행성 형성의 성운 모델을 수정하기 위해 다양한 가설을 내놓았다. 그중에는 원반의 끈끈한 기체들이 행성의 공전을 막아 느리게 하면서 성운의 원반 중간부터 외부에 이르는 영역에서 모든 유형의 행성들이 충분히 성장하며 안으로 회전해 들어간다는 추정도 제시되었다. 뜨거운 목성도 이런 식으로 설명될 수 있다. 그러나 시뮬레이션 모델링을 해 본 결과, 이렇게 이동하는 행성들은 계속 그들의 별을 향해 나선형으로 움직이고 있음을 볼 수 있다. 어째서 그들이 죽음의 나선형 움직임을 멈추고, 현재 관찰되는 궤도에서 안정적으로 공전하게 되었는지는 아직 그 누구도 설명하지 못하고 있다.[38] 우리가 그들을 충분히 오랜 기간 동안 자세히 살펴보지 못했으니, 그들은 지금도 여전히 안쪽으로의 나선형 움직임을 하고 있는 중인지도 모른다. 그리고 이 모델링은 그저 우리 원반 내의 성운 기체가 외부 거대 가스 행성이 나선형으로 들어가게 할 만큼 충분한 점성이 없다는 막연한 추정 외에는 우리 태양계가 어떤 차별성이 있는지 설명하지 못한다.

현재 기술 수준으로는 대다수의 항성 주변을 돌고 있는 지구 질량 정도의 행성을 발견할 수 없다. 보다 정교한 장비가 나온다면 질량과 크기 면에서 지구와 유사하면서 안정적으로 항성 주위 생명체 거주 가능 궤도에서 돌고 있는 행성을 발견할 수 있을 것이다.

반면 현재까지 가장 많이 발견된 슈퍼지구는 우리 태양계에 존재하지 않는다. 아마 우리 지구처럼 지난 40억 년간 그 항성으로부터 최적 거리의 안정적인 궤도—목성과 같은 외부의 거대 가스 행성의 중력 작용으로 혜성 폭격을 막아 주기 때문에 그러하다—에 머물면서 복잡한 생명체가 진화할 수 있게 된 작은 암석 행성은 매우 드물다고 봐야 한다.

화성만한 미행성체 충돌

화성만 한 미행성체가 지구에 충돌해 의외로 커다란 달을 만들어 냈다는 것이 과학계의 정설이다.

최근 연구에 따르면 네 개의 암석형 원시행성protoplanets이 자신의 궤도를 쓸고 다니며 그 영역 속에 남아 있던 거대한 미행성체들을 부착해 가는 마지막 단계에서 큰 충돌은 드문 사태가 아니라고 한다. 그럼에도 불구하고 지구는 적절한 상대 속도와 적절한 각도로 충분한 질량을 가진 한 미행성체의 충돌을 필요로 한다. 그것은 지구에 비정상적으로 큰 철핵과 비정상적으로 얇은 지각을 만들고, 지구를 보다 빠르게 회전시키며, 지구의 자전축을 22도에서 24도 사이가 되게 하고, 또한 비정상적으로 큰 달을 만들어 이 달이 지구의 축이 기울어진 채 안정화되게 하고, 지구 자전의 속도를 늦추며, 조류가 생기게 하기 위해서이다. 이 일련의 사태가 생명체의 출현과 진화에 중대한 영향을 끼친다.

a. 비정상적으로 큰 철핵

비정상적으로 큰 철핵은 내핵이 식어서 고체 상태가 되고, 거대한 액상 외핵은 45억 년간 강력한 자기권을 형성해서 이온화된 치명적인 복사로부터 지구 표면을 보호하고, 태양풍으로부터 대기권을 보호한다.

화성에 착륙해서 가져온 암석을 분석한 결과에 따르면 화성도 예전에는 자기권이 있었지만 지금은 없다. 이 결과에 따르자면 예전에 화성은 지구의 핵처럼 액상의 철로 된 핵이 있었으나 식어서 굳어졌다는 가설이 성립한다. 보호해 주는 자기권이 없어지면서 화성의 거의 모든 대기는 태양풍에 의해 날아가 버렸다. 금성을 탐사해 봐도 자기장은 나타나지 않았다(금성은 표면 온도가 높아서 지구에서는 액상이었을 물과 같은 복합물을 다 휘발시켜 조밀한 대기를 유지하고 있을 것으로 추정된다).

b. 비정상적으로 얇은 지각

지구의 지각은 비정상적으로 얇아서 구조판의 이동이 가능한데, 이는 태양계 내에서도 독특하다.[39] 금성 탐사의 증거는 금성의 구조판이 고정되어 있다는 것을 암시한다.

앞서 봤듯, 캐스팅은 태양 복사 에너지가 증가했음에도 판구조론의 메커니즘에 의해 이산화탄소의 온실효과가 조정되면서 생명권이 형성되는 데 적합한 범위의 온도가 수십억 년간 유지되었다고 본다.

그리고 동일한 종의 개체들이 판구조론에 의해 대륙이 이동하면서 서로 떨어진 곳에서 지내게 되면 서로 다른 물리적 기후 조건 속에 처하게 되고 이들은 서로 다른 환경 속에서 서로 다른 방향으로 진화한다.

이런 방식으로 얇은 지각은 종의 진화를 초래한다.

c. 자전의 변화

컴퓨터 모델링을 해 보니 거대한 충돌로 인해 지구는 자전축 주위로 5시간에 한 번 꼴로 자전을 보다 빨리 하게 되었고, 새로 생겨난 달도 훨씬 가까이 있게 되었다.

거대한 달이 가까이 있었기에 막대한 인력이 지구 표면에 작용하였고, 달이 상공에 왔을 때는 지각이 거의 60미터 솟아올랐다가 가라앉았다. 지각이 이렇게 끌리게 되면서 자전 속도는 느려지고 달은 점점 멀어져 갔는데, 이는 나사의 레이저 관측을 통해 확인되었다.* 현재 지구의 자전은 24시간에 한 번 꼴이다. 그렇게 길어졌다는 말은 지구 표면이 낮에는 더 많은 태양 에너지를 받아들이고 밤에는 더 많은 열을 복사를 통해 내보낸다는 뜻이다. 이로 인해 더 빨리 회전하는 행성에 비해 지구 표면 온도는 그 평균값에 대비해서 매우 다양하게 분포되어 있다. 이로 인한 생화학적 반응도 다양한데, 그럼에도 여전히 액체 상태의 물이 존재할 수 있는 범위 안에 놓여 있으며, 이로 인해 복잡한 분자 구조물이 생겨나 더 복잡한 분자 구조물도 나올 수 있다. 생명체가 생겨난 후에도 동일한 영향으로 인해 다양한 환경이 형성되었고, 그에 따라 진화도 다양하게 일어났다.

* 290쪽 참고.

이와 대조적으로 지구의 '자매 행성'이자 거의 비슷한 질량을 가진 금성은 자신의 자전축 주위로 243일에 한 번 자전한다. 이를 태양 주위로의 공전 주기와 합쳐서 보면 금성에서의 하루는 지구의 117일에 해당한다. 태양 복사를 이렇게 길게 받게 되면 온실 효과 폭주가 일어나서 그 표면 온도는 밤낮으로 섭씨 470도 근방으로 유지되어 납을 녹일 만큼 뜨겁다.[40]

d. 23.5도 기울어진 자전축

지구 자전축이 23.5도 기울어져 있기에(그림 12.2 참고) 기온은 계절에 따라 변하며 위도에 따라서도 달라지지만 여전히 생명권 범위 안에서 변동한다. 지표의 여러 지역에서 생기는 계절적인 기후 변화는 환경의 변화를 일으키며, 이는 생물학적 진화의 다양성을 낳는다.

e. 기울어진 자전축의 안정화

비정상적으로 큰 달이 가까이에서 공전하기에 강한 중력장이 형성되어 지구의 기울어진 자전축이 안정적으로 유지된다.

이 안정화는 완벽하지는 않다. 기울어진 정도는 지난 41,000년간[41] 22도에서 24도 사이에서 변동이 있었기에 밀란코비치 가설Milankovitch hypothesis에서 알려져 있듯 지구에 정기적인 빙하기를 초래했다. 그러나 이 정도 변동은 작은 것이다. 1993년의 연구 결과에 따르면 달이 없었다면 자전축은 수천만 년 동안 0도에서 85도 사이에서 난폭하게 움직였을 것이고, 이는 지구 기후에 대재앙을 초래했을 것이다. 2011년의 컴퓨터 시뮬레이션 결과는 여기에 대해 의문을 제기하면서 기울어진 정도가 40억 년간 10도에서 50도 사이에서 움직였을 것이라고 주장했다.[42] 그러나 그 정도의 기울기 변화로도 대규모의 기후 변화가 초래되기에 복잡한 생명체가 진화하기는 매우 어려워진다.

f. 조수 변화

달의 강력한 중력장으로 지구의 대양과 바다에 조수의 변화가 생긴다. 이러한 조수는 해안선을 잠식해서 물리적 환경 변화—그리하여 생물학적 진화의 다양성까지—를 초래할 뿐 아니라, 바다에서 해안으로 물질을 옮기고 해안에서 바닷속으로 물질을 이동시켜 역동적인 생태계를 형성한다.

이 모든 요소가 태양 복사 에너지의 증가나 지구 대기의 구성 변화와 함께 작용한 결과 지난 40억 년간 열역학적 평형 상태와는 거리가 멀지만 안정적인 상태에 있었던 시스템 전체 속에서 변동하는 에너지의 흐름이 만들어졌다. 일리야 프리고진의 연구 결과에 근거해서 모로비츠와 다른 이들은 이런 시스템이 물리화학적 복잡화를 만들어 냈으며 이에 의해 생명체의 출현과 그 이후의 진화가 가능했다고 주장한다.[43]

결론

1부에서는 우주에서 물질이 우리가 알고 있는 생명체로 진화하려면 물질의 상호작용을 기술하거나 결정하는 일련의 물리화학적 법칙이 필요하고, 6개의 우주론적 변수와 두 개의 크기가 없는 상수값이 미세 조정되어야 할 뿐 아니라, 생명에 필요한 유기물 분자를 만들 만큼의 충분한 탄소를 만드는 데 필요한 성간 핵융합상의 3개의 변수도 미세 조정되어야 한다는 결론에 도달했다.

이 장에서는 다음과 같은 결론이 도출된다.

1. 성간 공간이나 소행성에서 발견되는 13가지 원자로 이루어진 유기물 분자를 만드는 데 필요한 여섯 가지 조건이 충족되어야 인간과 같이 복잡한 생명체가 진화할 수 있다. 즉 필수적인 원소와 분자가 있는 행성

의 존재, 에너지 원천의 존재, 최소 질량과 최대 질량의 확보, 해로운 복사와 충격으로부터의 보호, 표면과 그 아래 그리고 그 위쪽에서 온도 변화가 작은 폭으로 유지될 것, 이러한 생명권이 수십억 년간 안정적으로 유지될 것 등이 그것이다.

2. 은하와 성간 그리고 행성 차원에서 여러 요소들이 동시에 충족되면서 지구에서는 이들 여섯 가지 조건이 갖춰졌다.

   2.1 지구는 모항성parent star이 하나였고, 그 모항성은 45억 년간 안정성을 유지할 수 있는 좁은 영역대의 질량을 가지고 있었으며, 그 기간 동안 계속 변해 가는 상대적으로 좁은 은하 내 생존 가능 지역에 위치하고 있다.

   2.2 지구는 생명에 필수적인 원소와 분자로 이루어졌거나 혹은 나중에 그들을 획득할 수 있었던 암석 많은 행성으로서 형성되었다.

   2.3 지구의 질량은 생명권을 보존할 수 있는 범위 내에 있다.

   2.4 지구는 좁은 항성 주위 생명체 거주 가능 영역에 자리하고 있었으며, 외부의 거대 가스 행성의 중력 효과로 인해 생명체에 치명적인 혜성의 폭격으로부터 45억 년간 이례적인 보호를 받았다.

   2.5 지구가 형성될 당시에 충분한 질량의 미행성체 하나가 적절한 속도와 각도에서 부딪쳤기에 복잡한 생명체가 진화하는 데 필요한 몇 가지 특징이 충족되었다. 즉 비정상적으로 큰 철핵이 있어서 보호하는 강력한 자기권을 형성했고, 비정상적으로 얇은 지각이 구조판의 이동을 가능하게 했으며, 비정상적으로 큰 달이 있어서 최적의 자전, 안정적으로 기울어진 채 유지되는 자전축, 대양의 조수 변화가 가능했다.

   2.6 이 행성에는 생화학적 반응에 유리한 표면 온도 범위를 유지하는 피드백 메커니즘이 한 개 이상 작동하고 있어서, 진화를 계속하고 있는 모항성에서 복사되는 에너지가 한없이 늘어났음에도 불구하고 그 표면에 액상의 물이 40억 년 이상 존재할 수 있었다.

3. 이들 요소가 함께 작동해서 지난 40억 년 동안 열역학적 평형은 아니지만 안정적이었던 물리화학적 시스템이 작동했고, 그 속에서 변동하는 에너지의 흐름이 만들어졌으며, 이로 인해 다양한 생명체의 출현과 진화에 필요한 복잡화 과정이 구현될 수 있었다.
4. 이러한 요소들은 지구가 수천억 개의 은하로 이루어져 있는 관측 가능한 우주 속의 일부인 수천 억 개의 항성을 가진 평범한 은하 속의 평범한 항성 주변을 돌고 있는 평범한 행성이라는 정통 우주론과는 모순된다.
5. 지구는 우주 전체는 아니라고 하더라도 적어도 이 은하 내에서는 설령 독특하지는 않더라도 희귀한 위치에 있으며, 인간과 같이 복잡한 생명체가 출현하고 진화하는 데 필요한 조건을 갖추고 있다.

지구는 뜨거운 표면에다가 인간에게 해로울 뿐 아니라 자외선 복사도 막아 줄 수 없는 황화수소, 이산화황, 이산화탄소, 수증기, 질소, 암모니아 등으로 구성된 대기를 가진 행성으로부터 연중 평균 15도 내외의 표면 온도를 유지하고, 푸른 바다와 폭신한 구름, 질소와 산소 그리고 해로운 자외선 복사를 막아 주는 오존층을 가진 대기권까지 갖춰져서 그 표면에서 생명이 출현하고 진화할 수 있는 행성으로 진화했다. 그러면 생명이란 무엇인가?

Chapter 13

생명

그렇다면, 생명이란 무엇인가? 나는 울고 말았다.

-퍼시 바이스 셸리Percy Bysshe Shelley, 1822년

생명이란 본질적으로 말하자면, 엄청난 규모에서 일어난,

통계상으로는 일어날 수 없는 일이다.

-리처드 도킨스Richard Dawkins, 1986년

지구상에서 생명이 어떻게 출현했는지 알아보려면 생명이 무엇인지부터 알아야 한다. 대부분의 사람들에게 이는 자명한 이야기처럼 들린다. 내 다리에 몸을 비비고 있는 이 고양이는 살아 있다. 내 앞에 놓인 접시 위의 불에 탄 토스트 조각은 살아 있지 않다. 그러나 살아 있는 것과 죽어 있는 것을 가르는 것이 무엇인지 확정하는 일은 그리 쉽지 않다.

9장에서 살펴보았듯, 우리 인간은 주로 수소, 산소, 탄소, 질소 원소로 구성되어 있다. 그런데 이들 원소는 물, 공기, 그리고 불에 탄 토스트 속에 들어 있는 수소, 산소, 탄소, 질소 원소와 다를 바 없다. 우리가 숨을 쉬고 물을 마시며 먹고 땀 흘리며 소변을 보고 대변을 배출할 때, 이들 원자들의 흐름이 우리 안으로 들어오고 나간다.

살아 있는 존재가 다른 원소를 가지고 있는 게 아니라면, 복잡한 분자 속

의 원자들의 배열이 달라서 그런 것일까? 그러나 방금 숨을 거둔 사람은 숨을 거두기 전과 똑같이 복잡한 분자 구조를 가지고 있다.

생명이 무엇인지 이해하기 위해 나는 고대인들이 생명을 어떻게 이해했고, 과학은 어떻게 설명하며, 고대인의 시각과 현대 과학을 결합했다고 주장하는 현대의 설명은 무엇이고, 그에 대한 정통 과학의 입장은 무엇인지, 그리고 현재 정통 과학이 제시하는 생명의 특질은 어떤 것들이 있으며, 생명에 대한 중요한 정의는 무엇인지 등을 살펴보려 한다.

생명에 대한 고대 세계의 이해

생명의 본질을 이해하려는 최초의 시도는 인도에서 있었다. 예언자들은 명상—탐구 대상과의 합일을 통해 깨달음을 추구하는 고도의 내적 성찰—을 사용했고, 그들의 통찰은 우파니샤드에 기록되었다. 여러 우파니샤드는 생명을 "프라나prana"라고 불렀다.

이 산스크리트어는 돌출의 의미를 가진 접두어 pra-(아마 여기서는 강조의 의미로 사용되었을 것)에 숨결을 뜻하는 어근 na가 결합하여 나왔을 것으로 추정된다.[1] 문자적으로는 숨결이라고 번역될 수 있는데, 프라슈나 우파니샤드Prashna Upanishad가 그 의미를 보다 충분하게 설명한다. 진리를 찾던 여섯 명의 구도자가 각각 예언자 피팔다Pippalda에게 질문했다. 우주를 누가 만들었냐는 첫 번째 질문에 대해 피팔다는 창조주가 명상을 하고 나서 프라나와 라이rayi(물질)를 만들었고, 이 둘을 통해 남자와 여자, 태양과 달, 빛과 어둠의 쌍이 생겨났다고 하였다. 다른 우파니샤드들과 마찬가지로 프라슈나 우파니샤드 역시 은유, 직유, 비유 등의 방식을 통해 프라나가 우주 전체의 근본적인 생명 에너지일 뿐 아니라 개개인에게도 작용하는 근본적인 생명 에너지라고 가르친다.[2] 아유르베다 의술은 프라나의 균형을 추구하고, 요가는 몸 전체 프라나의 흐름을 원활하게 만들고자 한다.

버클리 캘리포니아대학교 고전 및 비교 문학 명예교수인 마이클 네이글러Michael Nagler는 프라나가 살아 있는 에너지를 뜻하며, 생명이 있다는 걸 확인할 수 있게 외부로 나타나는 모든 징표들은 고도로 복잡한 수준에서 에너지를 활용하고 보존하고 사용하는 몸의 능력을 드러내는 증거라고 본다. 이것은 생물학적 관점에서 바라본 생명이라고 하겠다.[3]

생기론vitalism을 부정하는 현대 과학을 향해 그는 묻는다. 에너지가 생명이 아니라면, 도대체 무엇이 생명인가?

이와 유사한 관점은 기원전 6세기경부터 수집된 통찰과 철학적 사유를 담은 중국 도교 문헌에서도 발견된다. 거기서 한자인 氣, qi(서구의 관습적 표현으로는 chi라고도 쓴다)는 숨결breath과 생명을 주는 영life-giving spirit 두 가지 모두를 뜻한다.[4] 몸의 생명 에너지인 qi의 흐름을 잘 관리하는 것이 전통 중국 의학의 핵심이다.

이런 지식은 일본이 중국 문화를 흡수할 때 전수되었다. 숨결과 영을 뜻하는 일본어는 키ki다.

히브리인들도 두 가지 의미를 가진 한 단어를 사용한다. 바람이나 영을 뜻하는 루아흐ruach라는 말이다. 그들의 경전인 구약 성경에서 이 말은 하나님의 영을 뜻하는 말로 쓰였다.

기원전 8세기경 그리스의 호머가 쓴 시에서 프시케psyche는 영웅이 죽으면 그 영웅의 몸에서 떠나는 숨결이나 영을 뜻했다.[5] 기원전 3세기경부터 기원후 1세기까지 스토아학파에서는 프뉴마pneuma(숨결, 영혼, 혹은 생명의 영)와 신 그리고 자연의 구성 원리가 근본적으로 동일하다고 봤고, 이는 헤라클레이토스Heraclitus가 말했던 바 우주를 살아 있게 하는 불꽃 같은 지성, 혹은 영혼을 떠올리게 한다.[6]

이와 유사하게 로마인들은 숨결과 영을 뜻하는 라틴어 스피리투스spiritus를 사용했다. 서구 기독교회가 이 단어를 가져다가 성 삼위 하나님 중 세 번째 위격인 성령을 가리키는 말로 사용했다.

이렇듯 고대 사회에서는 물질을 살아나게 만드는(문자적으로는 '숨결을 불어

넣는') 살아 있는 영이나 생명의 에너지가 있어서, 이로 인해 생물이 무생물과 구분된다는 사상이 널리 퍼졌다. 그리고 이 생명의 에너지—대개 생기론이라고 부른다—가 우주 내 모든 에너지의 원천이 된다.

여러 문화와 종교 속에서 이 생명의 에너지는 모든 형상을 넘어선 최고의 신이 만들어 낸 창조물이나 신 자체, 혹은 신의 한 양상, 또는 신이나 신들 중 하나가 진흙 같은 무생물에 불어넣어 살아나게 한 것이라고 해석되었다.

생기론은 신비주의적 통찰일 뿐만 아니라 초창기 과학이 추론한 결과이기도 했다.

생명에 대한 과학적 설명의 발전

서양 과학과 의학의 대부분은 12세기 이래로 재발견된 아리스토텔레스에게 뿌리를 두고 있다. 피타고라스와 헤라클레이토스와 같은 수많은 다른 고대 그리스 사상가들과는 달리 아리스토텔레스는 신비주의자가 아니었다. 그는 무생물인 광물을 식물이나 동물과 구별하면서, 후자의 생명은 그 프시케, 혹은 영혼에 있다고 봤다. 그러나 아리스토텔레스에게 프시케란 신묘한 영이 아니었다. 프시케는 물리적 특성들의 형상이나 그 구성을 뜻하는 말로서 그들에게 생명과 목적을 부여한다. 즉 영혼과 몸은 단일한 생명체의 두 가지 측면에 해당한다. 그러나 중세의 주석가들은 아리스토텔레스의 번역본(주로 아랍어 번역)을 해석하면서 덜 물질적인 생기론을 내세웠다.[7]

이러한 생기론은 16세기에서 17세기에 걸쳐 근대 과학이 태동할 즈음, 유기체를 그저 하나의 기계로 보는 데카르트의 기계론이 생물학 분야에까지 퍼지는 것을 반대하는 쪽에서 옹호했다. 생기론자들은 물질로는 운동, 지각, 발전 혹은 생명을 설명할 수 없다고 본다. 심지어 18세기 기계론자인 존 니덤John Needham이나 뷔퐁 백작Comte de Buffon조차도 발전 생물학상 자신들의 실험 결과에 따라 중력, 혹은 자기력과 비슷한 생명력을 언급하지 않을 수 없을 지경이었다.

생기론은 18세기에서 19세기 초반에 걸쳐 화학 분야의 발전에 중대한 역할을 했다. 그로 인해 유기체인 본체(동물과 식물에서 추출한)와 비유기체(광물) 간의 아리스토텔레스적인 구분이 생겼다. 게오르크 슈탈Georg Stahl은 나무를 태우면 나무와 재 사이에 무게 차이가 나는 이유가 회복할 수 없이 상실된 생명력 때문이라고 주장했다.

생기론에 대한 반론은 19세기 중반부터 기계론적 유물론을 옹호하는 물리학자와 생리학자들, 그리고 자연에서 발견되는 복합물을 그 구성 화학물질들을 써서 합성해 내는데 성공하여 슈탈의 주장을 반박했던 화학자들에 의해 꾸준히 제기되었다.

그러나 생기론은 19세기 들어서도 발효가 "생명의 활동"이라고 결론 내린 루이 파스퇴르Louis Pasteur 같은 저명한 과학자들에 의해 여전히 지지를 받았다. 그러나 20세기 초에 오면 정통 의학과 생물학, 그리고 화학 분야에서는 그러한 모든 사태가 물리 화학 법칙에 따르는 물리 화학적 요소들로 환원되어도 충분히 설명될 수 있었기에 생기론을 거부하기에 이른다. 그럼에도 생기론은 20세기 전반에도 프랑스 철학자이자 노벨문학상 수상자 앙리 베르그송Henr Bergson이나 독일의 저명한 발생학자 한스 드리슈Hans Driesch 등의 강력한 지지를 받았다.[8]

고대 지혜와 현대 과학 간의 화해를 위한 시도

대안 의학

지난 오십 년간 서양에서는 고대 동양의 치료법에 기반한 대안 의학이 성장했다. 막혀 있는 기의 흐름을 다시 풀어내는 침술과 지압 등의 치료법은 물론이고 환자에게 우주의 생명 에너지를 전달하기 위해 환자의 몸에 시술자가 손을 대거나 몸 가까이에서 손을 움직이는 레이키reiki, 靈氣("레이"는 "보이지 않는" 혹은 "영적인"의 의미, "키"는 생명의 에너지, 합쳐서 "우주의 생명 에너지") 같은 치료법이 도입되었다.

서양의 의학 저널이 큰 외과수술 시 약물 마취 대신 사용할 수 있는 진통제로서 중국 침술을 처음으로 소개했던 1972년 이후로 서양 의학은 격심한 만성 통증 관리나 뇌졸중 이후 마비에서의 회복, 호흡계 질환의 완화 등 다양한 조건에서 침술을 성공적으로 활용해 왔다. 침술이 어떻게 작용하는지는 여전히 규명이 안 된 문제이다.

동양의 전체론적 접근법holistic approach은 서양의 간호학 분야에서도 상당한 부분 수용되었다. 가장 잘 알려져 있고, 백 개가 넘는 미국과 캐나다 간호학부와 의학부에서 가르쳐진 치료법으로는 촉수 요법이 있다. 여기서 만지는 것은 환자의 몸이 아니라 환자의 몸 주변 몇 인치에서 몇 피트 정도에 걸쳐 퍼져 있는 생명 에너지의 장 혹은 아우라를 만지는 것이다. 여기 동원되는 테크닉은 레이키 치료법과 크게 구분되지 않는데, 주로 치유, 영적 치유, 심리 치유 등 다양한 이름으로 시행되고 있다.

나는 이 치료를 두 번 받았다. 처음 받았을 때 따뜻한 느낌이 있었고 두 번째 받았을 때는 시술자가 내 몸 위로 그녀의 손을 움직이자 따끔거리는 느낌이 있었다. 나로서는 이런 느낌의 본질이 무엇인지 모르지만, 이런 느낌이 이 치료의 특성이라고 한다.

촉수 요법의 창시자인 뉴욕대학교 간호학과 교수 돌로레스 크리거Dolores Krieger는 이 에너지를 프라나와 동일시했다. 그녀는 촉수 요법이 최면 요법처럼 자율신경계에 효과적으로 작용한다고 주장한다. "궁극적으로 보자면 치료받는 이(고객)가 자기 스스로를 치료한다."[9] 이 견해에 따르자면, 치유하는 자 혹은 치료사는 치료받는 사람 자신의 면역 시스템이 강해져서 주도적으로 나설 수 있을 때까지 에너지를 지원하는 인간 에너지 시스템 역할을 한다.

성공이라고 주장되는 사례들은 딱히 입증되지는 않았는데, 체계적인 시도도 많지 않다. 1973년에 크리거는 촉수 요법 시행 후 46명의 환자의 평균

헤모글로빈 수치가 증가되었고 이는 대조군 29명의 수치가 유의미하게 변하지 않은 것과 비교된다고 주장한다.[10] 1998년 피츠버그대학교 메디컬 센터는 무릎 골관절염을 앓는 환자들이 촉수 요법을 받은 후 플라시보 그룹이나 대조 그룹에 비해 그 기능과 통증 완화 측면에서 유의미한 개선이 있었다고 보고했는데, 다만 25명의 환자만이 끝까지 이 연구에 참여했다.[11]

한편 1998년 4월 1일 미국 의학협회 저널은 알려진 대로라면 11살짜리 에밀리 로사Emily Rosa가 설계한 유명한 실험에 대해 출판했다. 그녀는 21명의 촉수 요법 치료사들을 초대해서 각자 자신의 양손을 칸막이 구멍에 밀어 넣어 그녀의 생체 에너지를 감지하여 그녀가 동전을 던져 결정한 후에 어느 손 근처에 자신의 손을 가져다 놓았는지 알아맞추게 했다. 치료사들은 44퍼센트의 정답율을 기록했는데, 이는 순전히 운에 따라 선택할 때 기대할 수 있는 50퍼센트의 성공률에 가깝다.[12]

장 가설

같은 시기에 몇 명의 과학자와 철학자들은 정통 생물학이 여전히 19세기 물리학을 지배했던 뉴턴의 기계론적 접근법을 계속 고수하고, 20세기 초에 나온 물리학, 특히 장field이나 비국지성non-localization 개념의 혁신적 양자 이론을 수용하지 않고 있다는 입장을 내놓았다. 그들은 우주가 하나의 전체이며 우주의 모든 부분은 역동적이면서 긴밀히 연결되어 상호의존적으로 존재하고 있다는 생각에 매료되었다.

인도의 신비주의자이자 철학자인 지두 크리슈나무르티Jiddu Krishnamurti에게 영향을 받은 양자 이론가 데이비드 봄David Bohm은 과학 원리에 기반한 전체론적 우주론을 전개한 최초의 이론가 중 하나이다. 그는 이 모델을 "흐름 속에서 나누어지지 않는 전체"라고 불렀는데, "그 흐름은 어떤 의미에서는 이 흐름 속에서 형성되고 해체되는, 보이는 '물체들'보다 앞서 존재한다." 나아가 그는 "생명이란 어떤 의미에서는 총체성의 일부로 이해되어야 한다"면

서, 따라서 생명은 전체 시스템 속에 "싸여져" 있다고 주장했다.[13]

전직 철학과 교수이자 시스템 이론가이며 고전 피아니스트였던 어빈 라즐로Ervin László는 자연 과학의 최근의 발견 내용 속에서 우주의 만물을 즉각적으로 연결하고 관계를 맺게 하는 장에 대한 증거를 찾을 수 있다고 주장했다. 이것은 아카샤akasha(공간을 뜻하는 산스크리트어)에 대한 고대의 신비주의적 이해의 재발견이라고 할 수 있는데, 아카샤는 우주의 다섯 가지 원소 중 하나로서 나머지 네 가지(공기, 불, 물, 흙)를 자기 안에 담고 있을 뿐 아니라 그들 외부에 존재하는 가장 근본적인 원소이다. 그는 아카샤로서의 장이 우주의 근본 매개체라고 보고, 이를 우주의 양자 진공*과 동일시했는데, 정통 양자 이론가들은 양자 진공을 물질이 자발적으로 출현할 수 있는 최초 에너지 상태라고 생각했다.[14] 라즐로에 의하면, 아카샤장이 우주의 모든 만물을 생성하는 토대로서 모든 생명체의 원천이며 모든 생명을 연결한다.

식물생물학자 루퍼트 셸드레이크Rupert Sheldrake는 7년 간 케임브리지대학교 클레어 칼리지의 생화학 및 세포 생물학 과장이었다. 그는 인도로 가서 작물 생리학을 연구하고, 크리슈나무르티와 토론도 하고, 베드 그리피트의 아슈람ashram(힌두교도들이 거주하며 수행하는 곳-옮긴이)에서 18개월간 지내기도 했다. 또한 그는 베르그송과 드리슈 등 생기론자들의 사상도 흡수하여 만물을 형성하는 원인에 대한 자신의 가설을 발전시켰는데, 이 가설에 따르면 자연 속에는 기억이 내재되어 있다. 우리가 알고 있는 대부분의 자연 법칙은 비국지적으로non-local 유사성을 강화하는 일종의 습관과 같다고 보는 것이다.[15]

셸드레이크는 모든 레벨의 복잡도—원자, 분자, 결정, 세포, 조직, 기관, 유기체, 그리고 유기체들의 군집까지—에서 나타나는 자연 속의 시스템이나 형태의 단위들은 내재적 기억을 가지고 있는 비국지적인 형태장morphic fields에 의해 생기를 받아서 조직되고 조정된다. 이미 과거의 행동 패턴을 통

* 90쪽-100쪽 참고.

해 집단적인 형태의 장을 확정한 상태의 형태적 그룹(예를 들어, 간세포들) 내의 한 개의 표본(하나의 세포)은 그 그룹의 형태장 속으로 잘 조화되어 들어가서, 그 표본의 성장을 인도해 가는 형태공명morphic resonance 과정을 통해 그 집단적 정보를 읽어 낸다. 이 성장은 공명에 의한 피드백을 그 그룹의 형태장에게 전달하여 자신의 경험으로 이 그룹을 강화시키고 새로운 정보를 추가적으로 제공함으로써 그 장이 진화할 수 있게 된다.

셀드레이크는 형태의 장에 형태 발생의 장, 행동의 장, 정신의 장, 사회문화적 장 등을 포함하는 일련의 스펙트럼이 있다고 본다. 따라서 형태의 장은 살아 있는 방식뿐 아니라 정신적인 방식을 위해서도 진화하는 우주 데이터베이스로 작동하며, 고유한 기억을 가진 살아 있고 진화하는 우주의 비전으로 이어진다.

이런 다양한 아이디어들—의학이나 생물학 분야의—은 축소주의적 정통 과학으로는 생명이 무엇인지 규명할 수 없다는 관점, 이 우주는 고대 신비주의자들이 깨우쳤던 내용과 유사한 우주적 에너지장에 의해 서로 연결된 상호 의존적인 부분들로 이루어져 있는 역동적 전체라는 믿음, 살아 있는 유기체는 이 장과 상호 의존적인 관계로 연결되어 있다는 믿음, 이런 생각은 증거에 의해 확인되며 첨단 과학 원리 특히 양자장 이론과 양립할 수 있다는 확신 등을 공유하고 있다.

정통 과학의 응답

생물학에서 제시된 이러한 제안들에 대한 정통 과학의 응답은 셀드레이크의 가설에 관해 1981년에 당시 네이처지의 편집자였던 존 매덕스John Maddox가 표명한 의견에 요약되어 있다.

셀드레이크의 주장은 조금도 과학적 논증이라고 볼 수 없고, 차라리 유사 과학의 전개에 해당한다. 터무니없게도 그는 자신의 가설이 검증될 수 있다고—다시 말해 칼 포퍼가 말했던 의미에서 반증 가능하다고—주장하는데, 실제로 그 문서에는 가설로 제시되는 내용처럼 만물에 스며들어 있다고 간주되는 형태 발생의 장에 의해 물질의 집적물이 정말로 형성되는지 검증하는 실험을 위한 연구계획서들이 여러 개 포함되어 있다. 이들 실험은 대단히 시간이 오래 걸리고 결론이 모호하다는 공통된 특징을 가지고 있으며 (……) 비현실적이기 때문에, 자존심 있고 자금을 댈 만한 기관 중에 누가 이들 연구계획서들을 진지하게 대할지 의문이다. 그의 주장에 대한 더 심각한 반론은 바로 그의 주장이 형태 발생의 장의 본질이나 기원과 관련한 중대한 사안에 대해서는 아무것도 말하지 못하고, 이들 장이 확장되어 가는 방편에 대해서는 어떤 연구계획서도 포함하고 있지 않다는 것이다. 수많은 독자들은 셸드레이크가 과학적 토론 속에 마술을 위한 자리를 만들어 냈다는 인상을 받았을 것이다.[16]

의학계에서 이러한 전체론적 장 관련 사고 방식에 대한 반론을 주도한 이들 중에는 조숙한 에밀리 로사의 어머니인 린다 로사Linda Rosa도 있었다. 에밀리의 실험이 출간되기 2년 전 (그 논문은 에밀리 외에 그녀의 어머니와 다른 두 명이 함께 작성했다) 그녀는 『촉수 치료 "연구" 개관 *Survey of Therapeutic Touch "Research"*』이라는 책을 출간했는데, 여기서 모든 실증적 연구의 방법론적인 결함과 다른 문제들을 제기했다.

하와이대학교의 명예교수 빅터 스텐저Victor Stenger 또한 열렬한 유물론자로서 서양 의학계에서 동원하고 있는 유사 과학에 대한 공격을 퍼부었다. 그는 생명 에너지나 생명 에너지장의 존재를 증명할 수 있는 증거는 한 톨도 없다고 결론 내렸다. 모든 것은 충분히 검증된 정통 물리학과 화학으로 설명될 수 있는 전자기 상호작용으로 환원된다. 물리학에서 요구되는 실험적 중요도에 부합하는 수준에서 이것이 잘못이라는 점이 확증될 때까지는 간명성 원리에 따라 다른 증거의 설명은 배척되어야 한다는 것이다.[17]

나는 여러 주장들이 반론의 여지가 있고, 현재까지 이 책의 탐구 과정에서 살펴본 증거들은 우주의 장을 통해 생명 현상을 설명하려는 다른 주장들을 뒷받침하기에 불충분하다는 점에서 스텐저가 옳다고 본다.

그러나 증거가 없다는 말은 존재하지 않는다는 증거가 될 수 없다. 존 매덕스가 18세기에 살았다면 아마 전기적 자기적 현상을 설명하는 우주의 장도 터무니없다고 일축했을 것이다(현재 과학은 전자기장은 그 범위가 무한히 펼쳐져 있다고 본다). 게다가 정통 과학은 우주의 양자 진공장의 존재는 사실로 받아들이고 있는데, 그 본질에 대해서는 아직 제대로 설명하지 못한다.

생명을 정의하는 정통 과학의 접근법

그렇다면 현재의 정통 과학은 생명을 어떻게 정의하느냐라는 문제를 생각해 봐야 한다. 에드워드 윌슨은 자신의 전공 분야인 개미 연구를 넘어 과학에 대해 깊게 고민해 본 몇 안 되는 세계적 석학 중 한 명인데, 그에 의하면 "환원주의reductionism야말로 과학의 최우선적이고 필수적인 활동이다."[18]

서구에서 1차 과학 혁명 이후 자연에 대해 우리가 갖게 된 방대한 지식의 대부분은 사물을 그 구성 요소별로 쪼개고 그 요소들을 연구하는 방식의 환원주의적 분석 기법으로 산출되었다. 이것이 없었다면, 지금 우리가 읽고 있는 이 책의 지금 이 페이지가 주로 섬유소로 되어 있고, 그 섬유소는 또한 탄소, 산소, 수소로 이루어져 있는 분자들의 선형 중합체linear polymer이며, 그들 각각은 양의 전하를 가진 핵과 그 주변으로 상대적으로 먼 거리에서 공전하는 음의 전하를 가진 전자들의 얼룩으로 되어 있으며, 자유 전하의 움직임으로 인해 전기장과 자기장이 유발된다는 사실을 알지 못했을 것이다.

19세기에서 20세기 초반 물리학에서 환원주의가 거둔 놀라운 성공은 1953년 생물학 분야에서는 제임스 왓슨James Watson과 프란시스 크릭Francis Crick이 DNA(데옥시리보핵산) 분자의 이중나선 구조로 유전에 대해 설명할 수 있다는 것을 밝혔을 때 또다시 확인되었다.

그러나 세익스피어 희곡을 그 구성하는 낱말들로 쪼개고, 그 낱말을 다시 알파벳으로 쪼개 들어가서는 작품의 인물이나 감정, 드라마를 설명할 수 없듯, 환원주의로는 생명에 대한 설명을 내놓을 수가 없다.

우리는 인간이 살아 있다는 점은 인정할 수 있다. 그리고 인간을 구성하고 있는 백조 개의 세포 각각이 살아 있다는 점도 인정할 수 있다. 그러나 각각의 세포를 이루는 요소들을 살펴본다면, 각각의 염색체나 각각의 단백질은 살아 있는 것인가? 이에 대한 대답은 분명히 "아니요"이고, 각각의 단백질을 구성하고 있는 개별 원자들에 대해서도 마찬가지이다.

환원주의로는 생명을 설명하는 데 실패했기에* 과학자들은 출현emergence이라는 개념에 주목했는데 이 개념은 1843년 영국 철학자 존 스튜어트 밀John Stuart Mill이 제시했고 그 이후 수백 가지 버전으로 발전해 나갔다. 간단하게 말하자면 출현은 마치 조각 퍼즐 전부를 정확하게 맞춰야만 그림이 완성되어 나타나듯이, 전체는 그 부분의 합보다 크다는 뜻이다.

아래의 정의는 이 탐구가 대답하려는 질문들과 연관되어 있는 세 개의 넓은 범주를 통합하면서, 내가 사용하려는 의미를 드러낸다 (다른 이들은 동일한 말을 가져와서 다양한 방법으로 정의하고 분류한다).

> **출현** 복잡한 전체 속에서, 그 구성 요소들이 가지고 있지 않은 새로운 속성이 하나 이상 새로 나타나는 것을 말한다.
>
> "약한 출현"은 보다 높은 수준에서 나타나는 새로운 속성이 구성 요소들 간의 상호작용에 의해서만 규명되는 경우를 말한다.
>
> "강한 출현"은 보다 높은 수준에서 새로 생겨난 속성이 구성 요소들 간의 상호작용으로 환원되지도 않고, 그 상호작용에 의해 예측되지도 않은 경우를 말한다.
>
> "시스템 출현"은 보다 높은 수준에서 새로 생겨나는 속성이 보다 낮은 단계의 속성과의 인과적인 상호작용을 통해 생겨나는 경우이다. 이때 하향식 인과 관계는

* 나는 형이상학적 환원주의가 아니라 과학적 의미에서 환원주의라는 용어를 사용한다.

물론이고 상향식 인과 관계 또한 시스템적 접근법의 일부를 이루는데, 이 접근법은 환원주의적 접근법과는 대조적으로, 각각의 요소를 서로 상호작용하는 전체의 일부로 간주한다.

잘 알려진 환원주의 과학자인 프란시스 크릭은 출현을 고려함이 필요하다고 인정했지만, 생명을 설명하기 위해서는 약한 출현이면 충분하다고 주장했다.

> 물론 전체는 그 각각의 부분의 단순한 총합은 아니지만, 그 전체의 행동은 최소한 원리상으로 그 구성 요소들의 본성과 행동을 이해하고, 이들 부분들이 어떻게 상호작용하는지를 알면 이해할 수 있다.[19]

이론 물리학자이자 우주론자이면서 현재 애리조나주립대학교의 과학 근본 개념 연구 센터의 소장을 맡고 있는 폴 데이비스Paul Davies는 이를 생명에 적용시켜서 다음과 같이 주장한다.

> 생명의 비밀은 원자 속에서는 발견되지 않을지 몰라도, 그들이 연관되는 패턴 즉 결합하는 방식을 보면 알 수 있다 (……) 생명을 만들어 내려면 원자가 "생명을 부여받아야animated" 하는 것은 아니고, 단지 적합하고 복잡한 방식으로 배열되기만 하면 된다.[20]

그러나 이에 앞서 영국의 신경생물학자 도널드 맥케이Donald Mackay는 색깔이 다양한 전구들이 프로그램 되어 있는 대로 불이 켜졌다 꺼졌다 하면서 "코카콜라를 마시면 일이 더 잘 돼요"라는 메시지를 보여 주는 뉴욕 타임 스퀘어의 광고판 같은 예를 가져와서 약한 출현론에 반론을 제기했다. 전기 엔지니어라면 이 프로그램 시스템을 그 구성 요소별로 분해할 수 있고 각각의 전구가 어떻게 빛을 내고 전구들은 어떻게 조정되는지 설명할 수 있다.

그러나 각각의 전기적 요소들이 상호작용하는 방식을 이해한다는 것이 콜라를 마시면 더 나아진다는 메시지가 나오는 것을 이해할 수 있게 하지는 못하고, 그런 메시지를 예측하기는 더더욱 불가능하다. 이는 또 다른 수준의 설명을 요구한다. 강한 출현론의 사례라 하겠다.[21]

생명에 관한 데이비스의 설명은 불충분하다. 살아 있는 인간의 몸 속 수백 조의 세포는 그저 적합하고 복잡한 방식으로 배열되어 있는 것이 아니다. 하나의 살아 있는 인간을 형성하기 위해 세포들은 서로 상호작용하고 서로에게 의존한다. 이 논리를 따라가자면, 생명은 시스템 출현에 해당하는 속성이라 하겠다.

그러나 이 말은 이런 출현에 해당하는 속성이 무엇인지는 알려 주지 않는다. 좀 더 구체적으로, 우리가 생명이라고 부르는 이 출현에 해당하는 속성을 생명 아닌 것과 구별하는 특징은 무엇인가?

생명의 특징이라고 불리는 것들

직관적으로는 명백하지만 생명의 특징이 무엇이냐는 점에 관해 과학자들이나 철학자들 간에는 아직 합의가 이루어지지 않았다. 대부분의 사람들은 체크리스트를 제시한다. 다음에 나오는 항목들은 대부분의 리스트에 한 개 이상 올라와 있고, 학자들 각각의 체크리스트에 포함되어 있는 항목의 숫자는 상당히 차이가 난다.

a. 재생산

b. 진화

c. 민감도(자극에 대한 반응)

d. 물질대사

e. 조직

f. 복잡도

이 말들은 사람마다 서로 다른 의미로 사용하기에 생명이 무엇인지 확정하는 데 필요하거나, 충분한 항목이 무엇인지 결정하려면 우선 이들 특징이 정확하게 무슨 의미인지 규정하는 일이 필요하다.

재생산

재생산은 대부분의 리스트에서 나타난다. 하지만 이것은 충분 조건이 아니다. 포화된 식염수에 소금 결정을 하나 떨어뜨리면 이 결정은 재생산을 한다. 즉 더 큰 결정으로 자라면서 애초의 결정과 동일한 구조를 만들어 낸다.

또한 재생산은 필수적인 조건도 아니다. 노새는 재생산하지 않는다. 일개미도 그렇고, 여러 종의 정원 식물도 그렇다. 그럼에도 그들은 살아 있다.

그러므로 재생산은 생명의 필연적인 특징도 아니고 충분한 특징도 아니다.

진화

진화 역시 여러 리스트상에서 나타나지만 너무 막연한 개념이라서 유용하지 않다. 해안선은 시간이 지나면서 바다와 바람과 비에 의한 풍화작용을 거치면서 진화하지만 해안선이 살아 있다고 말하는 사람은 아무도 없다. 그렇기에 "적응"이라는 말을 선호하는 이들도 더러 있다. 그러나 해안선은 변화되는 환경에 적응한다고 할 수 있다.

나사의 우주생물학 프로그램에서는 좀 더 정교하게 생명을 "다윈 진화를 이어갈 수 있는 자생적인 화학적 시스템"[22]이라고 정의했다. 그러나 시아노박테리아cyanobacteria, 실러캔스coelacanth, 악어의 여러 종류 등을 포함한 수많은 종은 적어도 지난 수억 년 동안 그 물리적 특성에 특별한 변화가 없었다. 나사의 우주 탐사선이 지구를 관찰한다면 얼마나 오래 기다려야만 악어가 다윈 진화를 할 수 있다고 결론 내릴 수 있을까? 진화가 정체된 종에 속해 있는 개체들도 살아 있으니 자연선택에 따른 진화가 생명의 필연적이거나 충분한 특징이라고 할 수는 없다.

민감도(자극에 대한 반응)

노출계는 자신에게 도달한 빛을 감지하여 그 계기판의 루멘lumen 수치의 변화를 표시한다. 수많은 관측기들도 그런 식이다. 그러므로 민감도를 생명의 특징이라고 말하기는 충분하지 않다.

깊은 혼수상태에 빠진 사람이나 동면에 들어간 동물은 자극에 반응하지 않을 수 있으니 민감도를 필연적인 특징이라고 보기 어렵다.

물질대사

대다수가 말하는 물질대사는 살아 있는 유기체 내의 생화학적 과정을 뜻한다. 물질대사를 정의하는 데 살아 있는 유기체가 필요하다면, 물질대사가 생명의 특징이라고 말하는 것은 순환 논리에 해당한다.

이 과정을 살아 있는 유기체에서 추려낼 수 있다면 이것이 생명의 특징이라고 할 수 있지만(이런 시도는 나중에 중요한 정의를 다룰 때 검토해 보려 한다), 물질대사 자체를 생명의 특징이라고 하기에는 무의미하다.

조직

조직은 여러 체크리스트에 나오긴 하지만 너무 막연한 용어라서 유용하지는 않다. 이 말은 결정 속의 이온들 같은 전체 요소들이 이루고 있는 정적인 배열이나, 포드 자동차 회사의 부문들과 인력이 작동하는 것처럼 시스템적인 전체 내의 개별 요소들이 역동적으로 배치되어 있는 것을 의미할 수 있다. 대체로 결정체나 포드 자동차 회사가 생명체라고 보지는 않으니 조직을 생명의 충분한 특징이라고 할 수는 없다.

조직은 생명의 필요 조건이라고 할 수는 있지만 그렇게 말하자면 카오스가 아닌 모든 것의 필요 조건이라고 할 수 있다. 결국 조직 자체로는 사소한 의미 외에는 생명의 필요 조건이라고 말할 수 없다.

복잡도

복잡도 역시 여러 체크리스트에 올라와 있지만 조직과 마찬가지로 생명의 특징으로서는 많은 문제점을 가지고 있다. 죽은 생명체나 골든 게이트 다리 모두 복잡하지만 살아 있는 것은 아니다. 복잡도는 그 자체로는 충분 조건이 아니며, 사소한 의미 외에는 필요 조건도 아닌데, 이는 복잡도는 결국 지극히 단순한 것을 제외한 모든 것들의 조건이기 때문이다.

이들 특징 중 어떤 것도 그 자체로 필요하거나 충분하지 않다면, 두 가지 이상을 조합하면 생명의 정의가 될까? 데이비스는 "살아 있는 시스템의 두 가지 특징은 복잡도와 조직"[23]이라고 주장한다. 그러나 이렇게 말해도 딱히 진전이 있는 것은 아니다. 포드 자동차 회사도 복잡도와 조직이라는 특징을 가지고 있다.

여섯 페이지 후에 데이비스는 이렇게 말한다.

> [물질대사에서] 일어나는 일은 몸 전체를 통해 에너지의 흐름이 있다는 것이다. 이 흐름은 소비된 에너지의 질서정연함, 다시 말해 음의 엔트로피에 의해 이루어진다. 생명 유지에 중대한 요소는 결국 음의 엔트로피인 셈이다.[24]

내가 생각하기에 그는 프리고진*을 따라, 살아 있는 시스템을 통한 에너지의 흐름이 엔트로피 증가의 원리**와 반대로 열역학적 평형과는 거리가 먼 역동적이면서도 안정된 상태로 복잡한 구조를 유지한다는 것으로, 이 반엔트로피적인 요소가 생명의 특징이라고 보았던 것이다. 그러나 이것은 유체 속의 소용돌이처럼 무생물 시스템의 특징이기도 하다.*** 더욱이 엔트로피는 고립된 시스템 내의 무질서도 측정한 것이다; 살아 있는 생명체는 열려 있는 시스템이며 그 안에 에너지가 흐르고 있다.

생명에 대한 정의

2004년에 네이처지의 자문 편집인이었던 필립 볼Philip Ball은 생명을 정의하려는 모든 노력은 무의미할 뿐 아니라 철학자와 과학자의 시간 낭비라고 보았다. 살아 있는 것과 살아 있지 않은 것 사이의 경계가 없다는 점을 강조하기 위해 그는 바이러스의 사례를 거론한다. 바이러스는 재생산하고 진화하고 조직되고 복잡하지만(아미노산과 비교했을 때) 이들은 기생한다. 바이러스는 살아 있는 세포 바깥에서 활동하지 않는다. 오직 적절한 숙주 세포 속에서라야 활동하며, 그 세포의 대사 과정을 장악해서 새로운 바이러스 입자를 재생산하고 이것이 다른 세포를 감염시킨다.

바이러스는 숙주 세포에 의존해서라야 활동할 수 있으니 지구상에 처음 출현한 생명체 후보로는 적합하지 않을 뿐 아니라 독립적인 생명체도 아니다. "바이러스가 살아 있는지 죽어 있는지 아무도 알지 못한다"[25]라는 볼의 견해와 대조적으로 대부분의 자료들은 바이러스를 살아 있다거나 죽어 있다는 말 대신 활동적이거나 비활동적인 입자라고 정의하고 있다.[26]

* 248쪽 참고.
** 247쪽 참고.
*** 248-249쪽 참고.

볼에 의하면 2002년 8월에 뉴욕주립대학교의 에카르트 위머Eckard Wimmer와 동료들은 인터넷에서 소아마비 바이러스 게놈의 화학 구조를 보고 나서 DNA를 합성하는 회사에 유전자 물질 일부를 주문한 후에 이들을 결합해서 완전한 게놈을 만들었다. 이들을 적절한 효소와 섞었더니 합성된 DNA가 소아마비 바이러스 입자를 만들어 내는 시드를 공급할 수 있었다. 그는 머지않아 생물학자들은 살아 있는 세포도 만들어 낼 수 있다는 점을 의심하지 않았고, 이런 상황이니 생명을 정의한다는 것은 무의미하다는 견해를 새삼 확인할 수밖에 없다고 봤다.

물론 상당히 애매모호한 체크리스트 박스 안에 기계적으로 체크하는 일이 그리 생산적이지는 않지만, 살아 있는 것과 살아 있지 않은 것 간의 경계를 정하는 것이 불가능하지는 않다. 일정한 방식으로 외부 환경과 상호작용하는 시스템이라는 관점에서 생명을 정의하려는 시도는 꽤 유망한데, 이제부터 내가 보기에 가장 유의미하다 싶은 정의들을 몇 가지 살펴보려 한다. (흥미롭게도 하나는 이론 물리학자가, 또 다른 하나는 예전의 이론 물리학자가, 다른 하나는 이론 물리학에 기반한 생물학자가 제시했다. 요즈음 대개 생명 과학이라고 부르는 대학 분과에서 연구하는 대부분의 생물학자들은 생물학의 아주 좁은 하위 분과 내에서도 더 좁게 들어간 영역, 예를 들어 분자생물학 분야 속의 레트로바이러스 벡터retroviral vectors 연구 같은 분야에 집중하고 있기에 자신들의 과학 분야를 정의하는 일에는 그다지 흥미를 보이지 않는다.)

스몰린의 자기조직화 시스템

이론 물리학자인 리 스몰린은 일리야 프리고진, 존 홀랜드, 해럴드 모로비츠, 퍼 백Per Bak, 스튜어트 카우프만Stuart Kauffman 등이 제시한 자기조직화 복잡성 시스템을 가져와서, 그가 생명을 정의하는 발전적인 이론이라 부르는 이론을 구축했다. (이들 근간을 이루는 아이디어 중에 일부를 다음 장에서 다루어 보고자 하는데, 이들이 생명의 출현에 대해 설명하고 있다고 주장하는 까닭이다.)

이 이론에 따라 그는 지구상의 생명을 다음과 같이 정의한다.

1. 자기조직화 비평형적 시스템으로서
2. 그 과정은 DNA와 RNA(DNA와 같은 핵산이면서 뉴클레오타이드를 한 줄만 형성한다) 구조 속에 상징적으로 저장되어 있는 프로그램에 의해 지배되며
3. 그 프로그램을 포함해서 자신을 재생산할 수 있다.[27]

그러나 단일 세포의 유기체만이 자기 자신을 재생산한다. 예를 들어 동물은 자기 자신과 DNA 프로그램을 재생산하지 않는다. 짝과 교미하여 후손을 낳으면 이 후손은 부모 어느 쪽과도 동일하지 않고, 그 DNA 프로그램도 다르다. 앞서 살펴봤듯 노새나 일개미 같은 종들은 기준 (1)과 (2)를 충족하면서도 후손을 전혀 낳지 못한다. 그러므로 이 이론은 포괄적이라고 할 수가 없다.

카프라의 생명의 망

생명을 설명하는 방식으로서의 환원주의를 거부하고, 전 이론 물리학자인 프리초프 카프라Fritjof Capra는 시스템 이론을 종합하고자 시도했는데, 이러한 종합은 러시아의 의사이자 철학자, 경제학자, 혁명가였던 알렉산더 보그다노프Alexander Bogdanov가 제1차 세계대전 이전에 제시했던 혁신적인 아이디어(서방 세계는 한참 후에야 이를 배우게 된다), 자가 조직에 관한 스몰린의 이론, 피드백 개념을 지탱하고 있는 순환적 인과 관계에 대한 인공 두뇌학의 패턴, 생명에 대한 "출현 이론"(발전적인 가설이라는 표현이 더 낫다)에 관련된 복잡한 수학 등으로부터 도출되었다. 그의 사유에는 칠레의 신경과학자 움베르토 마투라나Humberto Maturana와 프란시스코 바렐라Francisco Varela의 연구 결과가 큰 영향을 끼쳤다.[28]

카프라는 살아 있는 시스템은 완전히 상호 의존적인 세 가지 범주로 정의할 수 있다고 봤다. 그 세 가지는 조직 패턴, 구조, 생명의 과정이다.

조직 패턴

조직 패턴이란 그 시스템에 필수적인 특징을 결정하는 상관관계의 구성을 뜻한다. 생명체에게 이 패턴은 자기생산autopoiesis을 뜻한다. 어원학적으로 이 말은 자기창출, 혹은 자기생산을 말하는데, 카프라는 1973년의 마투라나와 발레라가 내놓은 "네트워크 전체의 순환은 보존되면서, 그 각각의 요소가 다른 요소를 생산하고 변형시키는 작용을 하는 네트워크 패턴"[29]이라는 정의를 사용한다. 나는 이 정의가 자기를 보존하면서 그 과정은 진행되는 폐쇄적인 네트워크를 뜻하는 것이 아닌가 생각한다.

구조

구조란 시스템이 갖고 있는 조직 패턴이 물리적으로 드러난 형태라고 하겠다. 프리고진에 따르면 생명체의 경우 이 구조는 산일구조散逸構造, dissipative structure, 다시 말해 에너지 흐름에 의해 열역학적 평형과는 거리가 먼 안정된 상태로 유지되는 시스템이다. 자기생산적인 네트워크는 조직적으로 폐쇄되어 있는데 반해 이는 구조적으로 개방되어 있고 물질과 에너지가 그 속에서 끊임없이 흐른다.

생명의 과정

생명의 과정이란 산일구조 속에서 자기생산적인 조직의 패턴이 끊임없이 만들어지는 활동을 뜻한다. 이것은 1970년대 인류학자이자 언어학자, 인공두뇌학자인 그레고리 베이슨Gregory Bateson이 처음으로 정의하고, 마투라나와 발레라가 좀 더 본격적으로 제시했던 대로 앎의 과정이라는 뜻에서, 인식cognition이라고 말할 수 있다.

자기생산과 인식은 그러므로 같은 생명 현상의 두 가지 측면이다. 모든 살아 있는 시스템은 인식하는 시스템이며, 인식은 항상 자기생산적인 네트워크를 전제로 한다.

카프라는 자기생산이 생명을 규정하는 결정적 특징이라고 본다. 문제는 마투라나와 발레라가 살아 있는 시스템 중에서 가장 단순한 형태인 세포를 정의하기 위해 일반 시스템 이론과 수학 모델의 전문 용어를 가져와서 추상적이고 일반론적인 묘사를 했다는 데 있다. 내가 보기에 순환 논리에 이르고 마는("물질대사"의 경우처럼) 너무 구체적인 특징은 피해야 하겠지만, 마투라나와 발레라는 살아 있는 시스템의 고정적인 요소를 정의하기 위해 자기생산이라는 말을 지나치게 추상적으로 사용할 뿐 아니라 그 기능이나 목적에 대해서는 고려하지 않았다. 그들은 시스템의 행동이란 그 환경과의 상호작용 속에서 관찰하고 있는 누군가에 의해 묘사되는 것이지 그 시스템 자체의 특징은 아니라고 주장한다.

그러나 만약 어떤 시스템이 그 환경과 특정한 상호작용을 변함없이 주고받는다면 이것은 그 시스템의 특징이 분명하다. 이렇게 되면 마투라나와 발레라의 표현을 빌리자면 자기생산적인 시스템이 그 환경과 주고받는 변함없는 상호작용은 그 시스템을 수리하고 보존하려는 목적을 가지고 있다고 하겠다. 이러한 목적이 없다면 생명체는 죽는다.

목적론의 회피

생명체의 특징으로서 목적에 대한 언급을 회피하는 경향은 과학자들 사이에 널리 퍼져 있다. 목적은 목록에서 설령 언급된다고 해도 아주 희소하게 나타난다. 일부 과학자들은 사태를 그 목적과 연관시켜 설명하는 목적론을 신학과 혼동하기에, 목적을 가진 신적인 설계자를 언급한다는 비난을 받을까 싶어서 그 용어를 쓰기 꺼려하는 듯하다. 그러나 이 용어는 그런 의미가 아니다. 또 다른 이들은 목적이라 하면 대체로 의도를 뜻한다고 보기에 이 용어를 쓰기 부끄러워한다. 당신이 이 책의 내용을 읽기 위해 페이지를 넘기거나, 쥐를 잡기 위해 매가 빠르게 하강하는 것처럼, 동물의 행동은 의도적이다. 그러나 광합성을 통해 에너지를 만들기 위해 태양을 향해 잎을 여는 식물이나 먹이를 향해 헤엄쳐 나아가는 박테리아처럼 보다 원시적인 생명체의 경우는 의도를 가진 행동이라고 말하기보다는 내적으로 방향이 결정되어 있다거나 자극에 대해 본능적으로 반응한다고 본다. 그러므로 모든 생명체의 특징으로는 차라리 "내적으로 결정된 행동internally determined action"이라는 용어를 쓰는 편이 더 낫다. 어떠한 물리학적 화학적 법칙도 당신이나 매, 박테리아, 식물이 그런 식으로 행동해야 한다고 말하지 않고, 물과 바위 같은 무생물은 내적으로 결정된 행동을 하지 않는다.

맥패든의 양자 생명

영국 서리대학교 분자유전학 교수인 존조 맥패든Johnjoe McFadden은 이러한 특징을 외면하지 않는 과학자 중 한 명이다. 그는 생명이란 외부의 우세한 힘에 대항해 결정한 행동을 할 수 있는 능력을 뜻한다고 본다.

자신의 주장의 근거로 중력하에서 무생물인 강물의 흐름을 거슬러 올라가는 연어를 들고 있는데, 연어는 상류의 산란처에 이르려는 목적을 가지고 있기 때문이다.

맥패든에 따르면 생명의 어떤 시스템의 현재와 미래의 상태는 그 과거에 의해 결정된다고 보는 뉴턴 역학의 핵심 원리인 결정론을 거부한다. 결정론이란 만약 어떤 시스템의 정확한 배열 상태를 파악하고, 거기에 물리 화학 법칙을 적용한다면, 원리상으로는 그 시스템이 미래에 할 행동을 계산할 수 있다고 본다. 우리는 어떻게 해서 살아 있는 생명체가 연어의 경우처럼 자신의 내적인 계획에 따라 행동을 정하는지 알지 못하는 고전 과학만으로는 생명을 설명할 수 없다.

그가 내놓은 해결책은 생명체에 목적을 부여하는 신적인 설계자divine designer를 상정하는 방식이 아니라, 양자 이론의 비결정적인 법칙에 지배되는 기

본 입자들의 움직임을 통해 생명체가 어떻게 고전적 자연 법칙에 반해서 행동하는지 설명하는 방식이다.[30]

이 아이디어에 대해서는 다음 장에서 좀 더 자세히 다루려 하는데, 맥패든은 생명의 출현과 진화에 관한 양자 이론을 제시하고 있기 때문이다.

생명에 대한 유효한 정의

새롭게 생겨난 지구를 구성하고 있는 원자와 분자로부터 어떻게 생명이 출현하게 되었는지를 이해하려면 생명이 무엇인가부터 분명하게 정해야 한다. 지금까지 살펴봤듯이 납득할 만한 정의를 내리는 일이 쉽지는 않고, 과학자나 철학자 사이에서 합의가 이루어지지도 않았다. 내가 제안하는 정의는 다음과 같다.

> **생명** 한 둘러싸인 실체enclosed entity(세포Cell를 의미한다-옮긴이)가 자신의 내부와 환경의 변화에 반응하며, 환경으로부터 에너지와 물질을 추출하고, 그 에너지와 물질을 자신의 존재를 유지하는 것을 포함하는 내부 지향적 활동으로 변환하는 능력.

생명체는 후손을 만들어 내는 능력을 가질 수는 있지만 이것이 필수적인 특징은 아니다.

결론

이러한 정의는 살아 있는 것과 살아 있지 않은 것 사이에 구별이 없다는 주장을 거부한다. 살아 있지 않은 것들은 필연적으로 둘러싸여 있지 않고, 생명체 특유의 기능과 내부 지향적 활동을 하지 않는다. 바이러스의 경우처럼 그 경계가 명확하지 않다는 것이 경계가 없다는 뜻은 아니다. 무생물에서 생물로의 변화는 그저 정도의 변화가 아니라, 종류의 변화이다. 이 변화는 질적인 차이가 있는데, 이는 끓는 물의 끓어오르는 표면이 분명한 경계선을 보여 주지는 못하더라도 기체 상태의 물은 그저 더 뜨거운 물이 아니라 액상의 물에서 완전히 다른 국면으로 변화한 것과 유사하다.

이런 변화가 어떻게 그리고 언제 일어나는지는 다음 장에서 다루려 한다.

Chapter 14

생명의 출현 1: 증거

만물을 그들의 최초 성장과 기원에서부터 고찰하는 자는……

만물에 관한 가장 명확한 견해를 얻게 될 것이다.

-아리스토텔레스, 기원전 4세기

이제부터는 지구에 생명이 어떻게 출현했는지 확정하려 하는데, 이를 위해 최초로 나타난 생명체 증거를 검토하여, 지구에 생명이 단번에 나타났는지—따라서 현재 모든 생명체가 동일한 한 조상에서부터 나왔는지—혹은 다양한 형태의 생명체가 서로 다른 시간대에 서로 다른 지역에서 나타났는지를 따져 보고, 초기 생명체의 특징이 무엇인지 확인하려 한다. 그리고 다음 장에서는 무생물인 지구에 어떻게 그러한 생명체가 출현했는지 설명하는 다양한 가설들을 평가하려 한다.

직접적인 증거

생명이란 무엇인가에 대한 일반적으로 합의된 정의는 없지만, 초기의 생명체가 가장 단순한 형태의 생물체였다는 점에 대해서는 많은 과학자들이 동의한다. 이를 자충족적인 원핵생물原核生物, prokaryote, 즉 유전 관련 물질을 핵 속에 가지고 있지 않은 세포라고 한다. 생물학자들과 지질학자들은 이러한 생명체의 초창기의 증거를 두 가지 원천에서 찾아내려 하는데, 그 두 가지는 화석fossils, 그리고 초창기 지구 환경과 유사한 극한의 환경 속에서 지금도 살고 있는 유기체인 극한미생물extremophiles이다.

화석

화석은 생명체가 광물화되거나 다른 방식으로 보존된 잔해를 말한다. 대개 퇴적암층에서 발견되지만, 매우 낮은 온도나 건조한 상태 혹은 무산소 환경 등의 분해물 속에 보존되기도 한다.

초기 화석을 발견하려는 과학자들에게 두 가지 문제가 있다. 첫째, 매우 적은 수의 유기체만이 화석화된다는 점이다. 대다수는 다른 유기체에게 먹히거나—죽은 채로 혹은 산 채로—아니면 죽은 후에 분해되고 만다. 둘째, 현재 존재하고 있는 매우 적은 수의 화석은 그 유기체가 죽은 직후 모래나 진흙과 같은 퇴적물에 덮여서 압축된 뒤 퇴적암으로 굳어져야 형성된다. 그런데 지구가 만들어진 후 최초 십억 년의 시기에 만들어진 퇴적암은 매우 희소할 뿐 아니라, 그나마 이들은 화석화되어 남아 있었을 잔해를 다 파괴할 법한 과정을 거쳐오느라 변형되어 버렸다.

1993년까지 나온 초기의 증거는 캐나다 서부 온타리오의 건플린트 산맥에 노출되어 있는 결이 고운 퇴적암인 규질암층에 들어 있었다. 1953년에서 1965년까지 하버드대학교의 식물학자 엘소 바군Elso Barghoorn과 위스콘신대학교의 지질학자 스탠리 타일러Stanley Tyler는 12개의 새로운 종의 형체가 구조적으로 잘 보존된 화석을 발견했는데, 여기에는 복잡하게 분화된 미생물들도 있었으며, 규질암층의 방사성 연대 측정법radioactive dating으로 확인된 이들의 나이는 20억 년 정도였다.[1] 만약 이들 복잡한 구조물이 보다 단순한 생명체로부터 진화한 것이라면 생명은 그들보다 앞서 존재했음이 분명하다.

로스앤젤레스의 캘리포니아대학교 고생물학자인 빌 쇼프Bill Schopf는 더 오래된 생명체를 찾기 위해 서부 호주에 있는 필바라 산맥 속의 더 오래된 퇴적암들을 탐사했는데, 이 암석들의 나이는 대단히 정확한 우라늄-납 방사성 연대 측정법에 따라 측정해 보니 34억 6천5백만 년이었다. 이들 암석은 변형이 되었지만, 그는 1993년에 시아노 박테리아(그전까지는 조류로 분류되던 푸른 빛과 초록빛을 가진 박테리아) 종류라고 생각되는 서로 다른 구조의 11가지 미생물 화석을 발견했다고 발표했다. 그는 그 화석들의 탄소 동위원소 내용 분석으로 자기 주장을 뒷받침했다. 이 기법은 앞서 살펴봤던 방사성 탄소 연대 측정법Radiocarbon dating*과 유사하다. 가장 흔한 동위원소인 탄소-12는 탄소-13보다 더 반응을 잘하며 광합성에 참여하는데, 광합성 중에 대기 중 이산화탄소는 유기체의 대사작용을 통해 유기 탄소 화합물이 된다. 생체 탄소 내의 탄소-12 대비 탄소-13의 비율은 비유기체 내의 탄소보다 3퍼센트 낮은데 이 비율은 미생물 화석을 파괴하는 변화 과정 중에 계속 유지된다. 쇼프는 자신의 표본이 이 전형적인 비율을 가지고 있다고 주장했다.[2]

이 발표는 그 당시만 해도 센세이션을 일으켰다. 틀림없이 보다 덜 복잡한 생명체가 보다 앞선 시기에 존재했다는 말인 셈인데, 그렇게 되면 그 생명체는 행성 형성기를 거치면서 남아 있던 소행성들과 다른 잔여물들이 지구상에 폭탄처럼 쏟아지던 명왕누대 후반부에 살아 있었다는 뜻이 된다.

증거를 찾기 위한 노력은 계속되었다. 샌디에이고 캘리포니아대학교의 스크립스 해양학회 박사 과정 학생이었던 스티븐 모지스Stephen Mojzsis는 38억 년 전에 형성된 것으로 추정되는 서부 그린란드의 이수아 암석층을 찾아 갔

* 281쪽 참고.

다. 이 암석은 필바라 암석보다 심하게 변형되었다. 측정 결과 퇴적된 지 10억 년 내에 이들 퇴적물은 섭씨 500도에 5,000기압 이상의 압력을 받았고, 이렇게 되면 어떤 화석도 남아 있을 수 없게 된다. 그러나 모지스와 그의 팀은 1996년에 이들 암석에서는 물론이고 그 근처의 아킬리아 섬의 5천만 년 더 오래된 암석에서도 생명체의 증거를 확인했다고 발표했는데, 이렇게 되면 초기 생명체의 생존 연대는 38억 5천만 년 전으로 올라가고, 이 시기는 명왕누대에 해당한다.

탄소의 흔적은 믿을 수 없이 작은 포자—1그램의 1조분의 1—에 의해 확인되는데, 모지스는 이온 마이크로프로브ion-microprobe를 사용하였고, 자기섹터 질량분석기magnetic-sector mass spectroscopy를 통해 동위원소 구성을 계산했다. 이들을 통해 전형적인 탄소-13의 감소가 분명히 확인되었다. 또한 이 연구팀은 이러한 탄소의 흔적이 인회석 내부 속에도 남아 있다는 것을 확인했다. 이 광물은 암석을 구성하는 흔한 미량의 성분이지만 유기체 속에서도 발견되므로 이들은 생명체에 대해 이중의 증거를 제시하는 셈이다.[3]

아킬리아 암석의 연대에 대해서는 많은 의문이 제기되었지만 6년 동안 고생물학자들은 명왕누대에 생명체가 존재했다는 증거를 사실로 받아들였다.

그러나 2002년 조지워싱턴대학교 지구환경과학부의 크리스토퍼 페도Christopher Fedo와 스웨덴 자연사 박물관 내 동위원소 지질학 연구소의 마틴 화이트하우스Martin Whitehouse는 호상철광층縞狀鐵鑛層, Banded Iron Formation(얇은 띠 모양의 산화철 퇴적층—옮긴이)으로 알려져 있는 퇴적암층에서 탄소가 발견되었다는 모지스의 주장에 이의를 제기했다. 그들이 암석을 분석한 결과, 이 암석은 고대 화산 활동에 의해 생겨난 화성암igneous이므로 유기체 잔해가 있을 수 없다. 그들은 또한 탄소-13의 감소가 오직 생물학적 활동에 의해서만 발생한다는 생각에도 이의를 제기했다.[4] 이에 모지스와 그의 동료들은 페도와 화이트하우스가 제시하는 데이터와 그에 대한 해석에 다시 이의를 제기했다.[5]

같은 해 옥스퍼드대학교의 마틴 브레이저Martin Brasier와 동료들은 쇼프의 샘플을 자세히 살펴본 결과 그 샘플의 형상이 의심할 바 없는 세포라는 쇼프의 주장은 문제가 있으며, 시아노박테리아cynanobacterial의 세포는 더더욱 아니라고 발표했다. 브레이저는 탄소 방울은 주변 퇴적물 속의 광물에 뜨거운 물이 작용해도 생길 수 있다고 주장했다.[6] 쇼프는 자기 주장을 옹호했으나, 그의 이전 연구 조교였던 보니 패커Bonnie Packer가 나서서 쇼프는 취사선택한 증거들만 제시했을 뿐 아니라 이에 항의하는 자신의 말을 무시했다는 이의를 제기하면서[7] 신뢰성이 많이 훼손되었다.

2006년과 2007년에는 아킬리아 섬 탐사에 참여했던 모지스 팀에서 자신들에 대한 비판에 대해 재반박을 내놓았지만, 해당 분야에서 다학문적 연구 활동을 이어 가는 과학자들 대다수는 38억 5천만 년 전 지구에 생명체가 있었다는 그 팀의 주장을 뒷받침하는 증거는 아직 나오지 않았다고 본다. 현재까지 나온 증거는 단지 지구가 형성되고 나서 10억 년이 지난 후인 35억 년경에는 극한미생물이라는 유기체가 존재했으리라는 가설을 뒷받침하는 정도이다.

극한미생물Extremophiles

후기 대폭격기Late Heavy Bombardment, LHB(명왕누대와 초시생대 사이 수많은 소행성이 충돌했으리라는 가설—옮긴이)에 생명체가 있었다는 모지스의 초기 주장은 극한미생물 연구에 대한 관심을 새롭게 불러 일으켰다. 4가지 종이 그 시기의 극한적인 환경 속에서 존재했을 법한 유기체에 관한 실마리를 제공한다. 표층부의 호열성 미생물, 해저의 호열성 미생물, 동굴 속 호산성 미생물, 땅속 호열성 미생물이 그들이다.

표층부의 호열성 미생물

호열성 미생물thermophiles이란 매우 높은 온도에서 사는 유기체를 말한다. 1967년 위스콘신대학교 미생물학자 토머스 브록Thomas Brock은 와이오밍에 있는 옐로스톤 국립 공원의 화산 온천—빗물이 표면의 암석을 통해 흘러 들어가 그 아래쪽에서 뜨겁게 가열된 물과 증기를 뿜어내는 마그마와 만나서 뜨거운 연못을 만든 곳—표면의 뜨거운 거품에서부터 조류藻類, algae와 박테리아를 분리해 냈다.

해저의 호열성 미생물

1979년 오레곤주립대학교 지질학자 존 코리스John Corliss와 메사추세츠공과대학교의 해양 지질화학자 존 에드먼드John Edmond는 특수 제작한 다이빙벨을 사용해서 태평양 해저를 탐사했다. 그리고 표면에서부터 2.5킬로미터 아래에 있는 갈라파고스 협곡에서부터 올라오는 마그마로 인해 섭씨 400도까지 뜨거워진 바닷물 주변에 분포하는, 상대적으로 차가운 물에서 막대한 압력을 견디면서 캄캄한 암흑 속에 살아가는 말미잘, 홍합, 자이언트 대합조개, 소형 바다가재, 튀어나온 눈에 뱀 모양을 한 핑크색 물고기를 발견했다.[8] 용암이 둘러싸고 있는 굴뚝 지형의 뜨거운 벽에는 여러 종의 박테리아가 섭씨 121도 되는 고온 속에서 살아갈 수 있다.[9] 태양빛이 닿지 않기에 이들은 황화수소로부터 에너지를 얻어 생존한다.

동굴 속 호산성 미생물

호산성 미생물acidophiles은 높은 산성의 환경 속에서 살아가는 유기체이다. 21세기 첫 번째 10년 동안 뉴멕시코대학교 생물학부의 다이애나 노섭Diana Northup과 뉴멕시코 광산공과대학교 지구 및 환경 과학부의 페니 보스턴Penny Boston은 멕시코 타바스코 근방의 비야 루즈 동굴(불 켜진 집의 동굴이라는 뜻)를 탐사했다. 밀도 높은 일산화탄소와 지독한 냄새가 나는 황화수소로 인해 유해한 공기에다 그 벽에서는 강한 배터리 산인 황산이 방울져 흘러내리고 있었다. 동굴 천장의 종유석처럼 달려 있는 박테리아 덩어리를 콧물석snottite이라고 하는데, 콧물이나 점액질 같은 농도를 가지고 있기 때문이다. 유전적인 증거를 살펴봤을 때 이 콧물석은 아주 오래되었다. 이들은 화산에서 나오는 유황 화합물의 화학 합성과 따뜻한 황산 방울에서부터 에너지를 얻는다.[10]

동굴 내의 환경은 초기 지구의 환경과 유사하리라고 생각되기에 미생물학자들 중에는 이들이 최초의 생명체일 것이라고 주장하는 이들도 있다.

땅속 호열성 미생물

해저의 호열성 미생물, 표층부의 호열성 미생물, 혹은 동굴 속 호산성 미생물 등이 지구상에 나타난 최초의 생물형태lifeforms냐는 점에 대해서는 아직 논쟁이 진행 중이다. 첫 번째 부류와 관련해서는 지구에 깊은 바다가 언제 생겨났느냐가 문제가 된다. 모지스는 43억 년 전, 왓슨과 해리슨은 보다 일인 43억 5천만 년 전에 생겼다고 주장하지만, 여기에 대해 이의를 제기하는 이들도 있다.*

프린스턴대학교의 미생물학자인 제임스 홀James Hall은 표층부의 호열성 미생물과 동굴 속 호산성 미생물은 후기 대폭격기를 견뎌낼 수 없으므로 이들은 제2세대 생명체라고 본다. 지구미생물학이라는 새로운 과학 분야(지질학, 지구물리학, 수문학, 지구 화학, 생화학, 미생물학에 기반한)에서 활동하는 그와 또 다른 이들은 생명이 그러한 충격에서부터 보호를 받았을 가능성이 있는 땅속 깊은 곳으로 찾아 들어갔다.

이들은 석유 탐사와 갱도 개발 기술을 활용해서 증거를 찾아간다. 후자를 통해 보다 깊고 보다 풍부한 소스를 찾을 수 있었다. 예를 들어 2006년 프린스턴대학교 지구과학자 툴리스 온스토트Tullis Onstott는 여러 학문 분야의 전문가들로 구성된 팀을 이끌고, 남아프리카 공화국의 서부 란드 지역의 음포농Mponeng 금광을 찾아가, 광산 기술자들과 함께 27억 년 된 암석의 2,825킬로미터 아래로 파고 들어갔다. 드릴이 암석의 틈을 파고 들어가자 역겨운 냄새가 나는 뜨거운 소금물이 쏟아져 나왔는데 그 속에는 산소에 노출되면서 죽어 버리는 호열성 미생물이 들어 있었다. 이들은 태양으로부터 에너지를 얻지 않고, 우라늄, 토륨, 포타슘의 방사성 붕괴에 따라 물이 분해되면서 나오는 황 화합물과 수소로부터 에너지를 얻는다. 이들의 물질대사는 표층부

* 291쪽 참고.

의 미생물에 비해 매우 느리고 효율도 떨어진다. 이 물을 분석해 보니 수백만 년 전에 표층부에서부터 고립되었고, 주변의 탄화수소는 대개의 경우처럼 살아 있는 유기체에서부터 나온 것이 아니었다.[11]

유전자 분석을 해 보니 이들 극한미생물 중 일부는 매우 오래된 것으로 판명되었지만, 그렇다고 이들 생명체가 45억 년 전 지구가 만들어지고 나서 7억 년 정도 이어졌던 명왕누대의 극단적인 환경 속에서 생존했다는 실증적인 증거가 되는 것은 아니다. 이들은 대양이 깊어지는 곳의 마그마가 분출하는 지역 근방의 고온, 고산성, 고압력에 태양빛마저 없는 열악한 환경에 해류에 의해 실려 와서 적응했던 다른 생명체로부터 진화했을 가능성도 있다.

간접적인 증거

반박할 수 없이 명백한 실증적인 증거는 없지만, 이제부터는 지구상 최초의 생명체에 대한 가설을 검토하며, 현재 존재하는 다양한 생명체들이 단일한 조상에서부터 나왔는지 아니면 애초에 여러 생명체가 생겨났었는지를 살펴보려 한다.

여러 과학자들은 생명체가 여러 시대에 걸쳐 생겨났으며, 이들 생명체들은 소행성의 폭격으로 멸종했다고 주장한다. 이를 뒷받침할 증거가 한 조각도 없는 상태에서 이런 생각은 순전히 추측에 불과하다. 게다가 이런 생각은 다양한 생물의 출현이 하나의 공통된 조상에서부터 나온 것인지 아니면 여러 조상에서부터 나온 것인지에 대해서 답을 내놓지 못한다.

유전자 분석

일리노이대학교의 칼 우즈Carl Woese는 리보솜(세포에서 단백질을 만들어 내는 부분)의 RNA를 암호화하는 유전자들이 아주 오래되었고 모든 종류의 유기체 속에 존재한다는 것을 발견했다. 그는 1977년 광범위한 세포들의 리보솜 내 RNA의 세부 단위를 유전적으로 분석하고, 분자의 유사성에 따라 분류한 내용을 출간했다. 그는 진화에 따른 변화로 인해 차이가 생긴다고 보고, 불완전한 화석이나 유기체의 크기와 형태에 따라 주관적으로 판단하는 것보다는 이렇게 생명체의 유전자 나무를 살펴보는 쪽이 후대의 진화 계통을 보다 명확히 알 수 있는 방법이라고 주장했다.*

그림 14.1은 우즈의 것을 업데이트한 생물학자 노먼 페이스Norman Pace의 계통수系統樹, phylogenetic tree로 모든 세포를 세 가지 영역으로 나누어 분류한다.

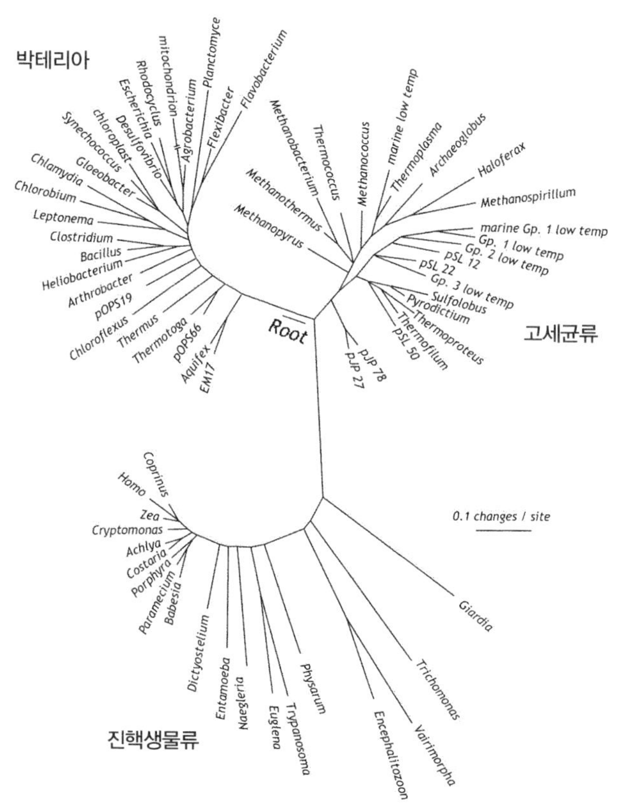

그림 14.1 보편적인 계통수
가지의 위치와 길이는 리보솜의 RNA를 비교하여 결정된다.

* 매사추세츠대학교의 특임교수이자 생물학자 린 마걸리스Lynn Margulis와 다른 이들은 이런 목적으로 단 하나의 형질만 사용할 때의 문제점을 거론했다. 이에 대해서는 생물학적 진화의 증거를 다룰 때 좀 더 자세히 다룰 것이다.

생명체를 나누는 이들 세 그룹의 이름은 저자에 따라 다르다. 나는 우즈의 혁신적인 연구 결과를 따라 원핵생물 중에서도 두 가지 유형을 명확히 구분해 고세균과 박테리아라는 이름을 채택했다. 이 이름들을 일관되게 사용하겠지만, 근래의 일부 진화생물학자들은 나중에 살펴보게 될 완전한 게놈 분석에 입각해 원래의 이름인 고세균archaebacteria과 진정세균eubacteria을 사용하기도 한다.

박테리아Bacteria 이중 가닥 DNA의 접힌 고리 속에 암호화된 유전 정보가 막에 둘러싸인 핵에 에워싸여 있지 않은(그래서 원핵생물原核生物, prokaryotes이라고 한다) 아주 작은 단세포 유기체. 이 핵상체nucleoid 외에도 세포에는 독립적으로 자기 복제할 수 있으면서 유기체의 재생산을 책임지지는 않는 별개의 DNA 원형圓形 가닥인 플라스미드plasmid가 한 개 이상 있을 수 있다. 복제할 때는 대부분 둘로 쪼개져서 똑같은 모양으로 생겨난다. 이들은 구형이나 막대형, 나선형, 콤마형 등 다양한 형태로 나타난다.

고세균Archaea 박테리아와는 그 유전적 구성이나 플라스마 세포막과 세포 벽의 구성에서 차이가 나는 원핵생물. 대부분의 극한미생물이 여기 포함된다. 구조적으로는 박테리아와 유사하지만, 염색체의 DNA와 세포의 작동 과정은 진핵생물에 가깝다.

진핵생물Eukarya 막에 둘러 싸인 핵이 세포의 유전 정보를 가지고 있고, 분명한 기능을 수행하는 별개의 구조로 된 세포기관들도 가지고 있는 유기체. 원핵생물보다 크고 구조적으로나 기능적으로 복잡할 뿐 아니라, 아메바 같은 단세포 유기체와 식물, 동물, 인간 같은 다세포 유기체를 모두 포함한다.
대부분의 진핵생물 세포의 대부분은 자기 복제를 통해 동일한 세포를 만들어 낸다. 그러나 다세포 유기체 속의 생식세포라고 부르는 유형의 세포는 다른 유기체의 생식세포와 결합해서 각각의 부모의 유전적 특징을 가진 딸 유기체를 만들어 낸다. 원핵생물의 무성생식과 대조되는 이 유성생식은 딸 세포 속에 부모의 유전자를 섞어 놓는다.

보편적 공통 조상?

우리가 가진 생물학 지식은 거의 대부분 식물과 동물, 그리고 사람을 분석하여 얻은 것이다. 그러나 위에서 본 보편적인 계통수에서 코프리누스Coprinus로 분류되는 균류, 제아Zea로 분류되는 식물, 동물과 호모Homo라고 분류되는 인간은 진핵생물에서 유전적으로 구별되는 12종 중에 하나인 종에서 나타나는 세 가지 작은 변두리 세부 가지에 해당하며, 그보다 더 많은 가지가 뻗어 나가 있는 박테리아와 고세균 영역과는 구별된다.

현재까지 알려져 있는 모든 유기체는 대략 100개의 유전자를 공통으로 가지고 있는데, 그 계통별 유전자 손실을 분석해 본 결과에 따르면 도표에서 뿌리Root라고 이름 지어진 최후의 보편적 공통 조상(last universal common ancestor, LUCA)은 아마 그보다 열 배는 더 많은 유전자를 가지고 있지 않았을까 추정된다.[12]

루카LUCA의 실체에 대해서는 진화생물학자들 사이에서도 아직 논쟁이 진행 중이다. 우즈는 다음과 같이 결론을 내린다.

> 이 조상은 특정 유기체일 수는 없다 (……) 이 조상은 원시세포들primitive cells이 공통으로 느슨하게 조직된 다양한 복합체로서, 이것이 하나의 단위체로 진화한 뒤, 마침내 어느 단계에 이르러서는 몇 개의 또렷한 구역으로 쪼개지고, 이들이 결국 세 가닥으로 갈라지는 후손의 최초 계보[박테리아, 고세균, 진핵생물]를 이룬다.[13]

20세기가 시작된 이래로 계통수상에서 서로 연관성이 있는 원핵생물 사이에서만이 아니라 서로 긴밀히 상관이 없는 원핵생물 사이에서 중대한 수평적 유전자 전이(horizontal gene transfers, 측면 유전자 전이lateral gene transfers라고도 한

다)가 발견되었다.[14]

2009년에 이르자 여러 진화생물학자들은 보편적인 공통의 조상은 없다고 주장하게 되었다. 생명은 "한 개체군 혹은 다양한 유기체를 포함하고 있는 개체군들로부터 생겨났다. 또한 이들 유기체는 같은 시간대에 존재했던 것도 아니다."[15]

생명의 출현과 관련해서 개체군 발생론이 말하고자 하는 바는 만약 개체군 각각의 구성체가 유기체라면, 다시 말해 일반적으로 우리가 알고 있는 생명체이며 337쪽에서 살펴봤던 생명의 정의와 부합한다면, 이는 이들 각각의 구성체가 무엇으로부터 어떻게 나왔는지 알 수 없다는 뜻이다. 각각의 구성체가 독립적인 생명체가 아니라면 개체군 발생론은 살아 있는 것과 살아 있지 않은 것 사이의 경계선이 불분명하다는 13장의 결론을 재확인하는 셈이다. 그러나 불분명한 경계선도 경계선인 것은 분명하다.

2010년 브랜다이스대학교 생물 정보학자 더글러스 시어벌드Douglas Theobald는 다양한 대안적 가설들을 통계적으로 비교하여 다음과 같이 결론을 내렸다.

> 모델 선택 테스트 결과는 수평적 유전자 전이나 공생 결합 사건 여부와는 상관없이 보편적 공통의 조상이 존재한다는 쪽을 강력하게 지지한다.[16]

이는 생명은 지구상에서 단번에 출현했으며 단일한 공통의 조상이 있었다는 현대 생물학의 정설을 지지하지만, 분자생물학자들은 이 단일한 공통의 조상이 계통수 어디에 위치하며 세 가지 주요 그룹은 그 조상과 어떻게 관련되어 있는지에 관해 여전히 논쟁 중이다. 만장일치는 아니지만 현재의 대체적인 의견은 그 뿌리가 고세균와 박테리아 사이에 있다고 본다.

일부 고세균은 35억 년 전 지구상에 존재했으리라 추측되는 환경 속에서 살아가는 극한미생물이며, 그들의 유전자로 볼 때 그들이 매우 오래되었다는 사실은 최초의 생명체가 고세균이거나 고세균의 조상이 아닐까 추측하게 한다. 옥스퍼드대학교의 분류학자인 톰 카발리어-스미스Tom Cavalier-Smith

는 이 견해를 강하게 반대하면서, 고세균의 세포 내 조직을 볼 때 그들은 박테리아의 먼 후손이라고 주장한다.[17] 이에 대한 결정적인 증거는 없고, 그런 증거가 앞으로 나올 것 같지도 않다.

가장 단순한 세포의 크기, 복잡도, 구조, 작동

지구상에서 어떻게 생명이 출현했는가에 관한 학설들을 평가하려면 일단 초기 지구 표면에서 진화했던 분자들 혹은 지구 표면에 폭탄처럼 쏟아졌던 소행성과 혜성 속에서 진화했던 분자들의 크기, 복잡도, 구조, 작동, 그리고 가장 단순한 독립적 생명체인 단세포 원핵생물의 크기, 복잡도, 구조, 작동 간의 차이를 알아야 한다.

크기

대부분의 원핵생물은 길이가 천분의 일 밀리미터에서 백분의 일 밀리미터이며, 모양은 구형, 막대형, 나선형, 콤마형 등 다양하다.

구성 요소와 구조

그림 14.2는 고세균과 동일한 단순한 박테리아의 구성 요소와 구조를 나타낸다(여기서는 이들 간의 생화학적이고 입체화학적인 차이점은 중요하지 않다).

구성 요소들과 그들 간의 상호작용을 살필 때, 이처럼 단순한 생명체의 작동의 열쇠는 DNA가 쥐고 있다.

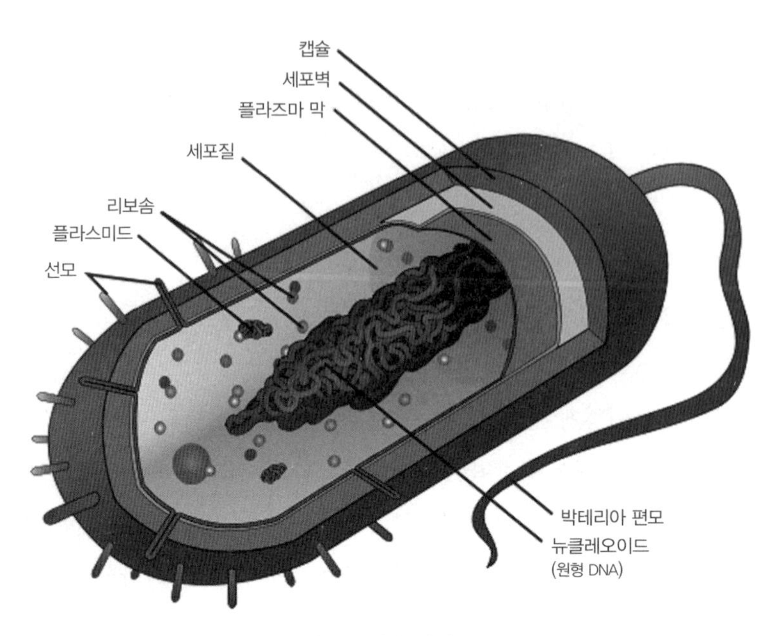

그림 14.2 박테리아의 구조

DNA

DNA 세포 내의 데옥시리보핵산Deoxyribonucleic acid은 알려져 있는 모든 독립적인 유기체와 일부 바이러스의 보존과 재생산에 사용되는 유전적 지침을 가지고 있다. 각각의 DNA 분자는 대개 네 개의 뉴클레오티드nucleotides가 독특한 서열을 이루고 있는 두 개의 긴 체인으로 구성되는데, 이 체인들(일반적으로 가닥이라고 부른다)은 꼬여 있는 두 개의 나선 모양을 이루고, 상호 보조적인 염기인 아데닌(A)과 티민(T) 혹은 시토신(C)과 구아닌(G) 간의 수소 결합에 의해 연결되어 있기에, 그 구조는 꼬인 사다리 모양이다.

세포 속에서 DNA가 복제될 때 그 가닥들은 서로 분리되어 각각의 가닥은 세포 속의 분자들로부터 새로 보완적인 사슬을 만드는 데 필요한 형판形板, template 역할을 한다.

DNA의 가닥들은 또한 또 다른 핵산인 RNA를 매개자로 삼아서 일어나는 메커니즘을 통해 세포 속에 단백질을 합성할 때도 형판 역할을 한다.

RNA 리보핵산Ribonucleic acid은 네 개의 뉴클레오티드가 독특한 서열을 이루고 있다는 점에서 DNA와 유사하지만, 우라실(U)이 티민(T)을 대신하고, 아데닌(A), 시토신(C), 구아닌(G)과 함께 뉴클레오티드의 염기를 이루며, 일부 바이러스를 제외하면 그 가닥이 하나라는 점에서 차이가 있다.

유전자 유전의 기본 입자로서, 일반적으로는 DNA 입자로 이루어져 있다(일부 바이러스는 DNA보다는 RNA 입자로 이루어져 있다): 각각의 유전자 속 염기의 배열이 개개의 유전적인 특징을 결정하는데, 이는 단백질 합성 암호화를 통해 이루어진다. 입자들은 대개 쪼개져 있고, 일부는 염색체에 흩어져 있으면서, 다른 유전자와 겹쳐져 있다.

염색체 세포의 유전적 정보를 담고 있는 구조물. 진핵세포에서는 세포핵 내의 단백질 중심부 주위로 두 개의 나선으로 둘러싸인 실처럼 생긴 DNA 가닥들로 되어 있다. 이러한 핵염색체 외에도 세포는 미토콘드리아 내부에 작은 염색체를 가지고 있을 수 있다. 원핵세포의 경우에는 단단하게 감겨 있는 DNA 고리 하나로 되어 있다. 이 세포에는 플라스미드라고 부르는 작은 원형의 DNA 분자가 한 개 이상 들어 있을 수 있다.

단순한 고세균이나 박테리아의 염색체는 이중의 가닥으로 되어 있는 DNA가 하나의 고리를 이루고 있는 형태인데, 이것이 그림 14.2에서처럼 세포 속에 들어갈 수 있도록 접혀 있다.

물리화학자이자 철학자인 마이클 폴라니Michael Polanyi는 DNA의 염기쌍이 만들어지는 힘(A-T와 C-G)은 순전히 화학법칙에 의해 결정되지만, DNA의 염기서열sequence은 그렇지 않다는 점을 지적한다. DNA는 나올 수 있는 모든 길이와 조성을 가진 염기서열을 만들어 낼 수 있다. 세포가 어떤 식으로 작

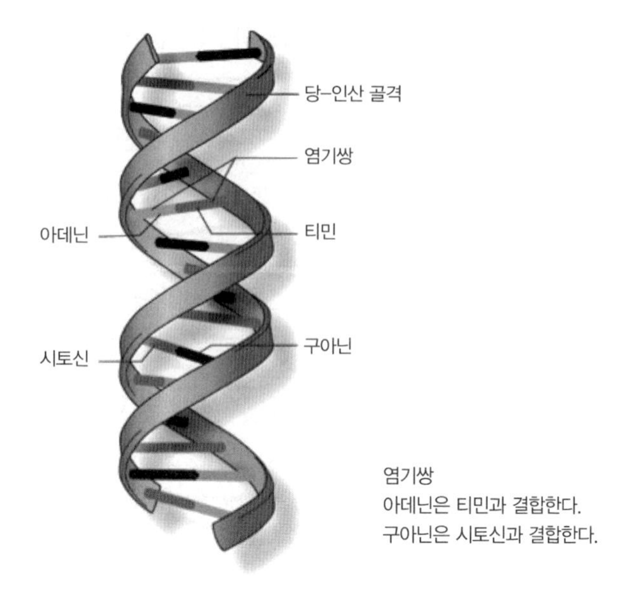

그림 14.3 DNA 구조의 도해
각각의 DNA 분자는 서로를 감아 돌면서 이중나선을 이루는 두 개의 긴 가닥으로 구성되어 있다. 각각의 가닥은 번갈아 나오는 당(데옥시리보스) 그룹과 인산염 그룹의 등뼈가 있다. 각각의 당에는 아데닌, 시토신, 구아닌, 티민, 이들 네 개 중 하나의 염기가 붙어 있다. 아데닌은 티민과, 시토신은 구아닌과 결합하여 염기쌍을 이루는 상호 보완적인 염기들이 수소 결합을 통해 두 개의 가닥을 붙들고 있으며, 전체적으로는 꼬인 사다리 모양의 구조가 된다.

동하고, 자기 자신을 수선하고 복제할지를 결정하는 정보는 그 독특한 서열 속에 포함되어 있는데, 이 서열은 더 이상 바꿀 수 없다. 또한 이것은 세포의 구성 요소나 그 상호작용 방식, 물리 화학적 법칙을 안다고 해서 예측할 수도 없다.[18]

공통의 조상은 대략 800개에서 1,000개의 유전자를 가지고 있었으리라 추정된다. 마이코플라스마 제니탈리움Mycoplasma genitalium 박테리아는 대략 580,000개의 DNA 염기쌍으로 되어 있는 470개의 유전자를 가지고 있다. 그러나 이것은 자신의 생합성 과정 대부분을 다른 세포에 의존해야 하는 기생물이다. 따라서 공통의 조상이었을 가장 단순한 세포가 독립적으로 작동하려면 적어도 600,000개의 DNA 염기쌍을 가지고 있었으리라고 추측하는 것이 합리적이다. 각각의 염기는 염기와 당, 그리고 적어도 30개의 원자로 이루어지는 한 개 이상의 인산염 그룹으로 구성되어 있는 뉴클레오티드의 일부인데, 이 말은 그 염색체가 적어도 3600만 개의 원자가 특별하고 복잡한 형태로 배열되어 있으며, 그 형태는 세포가 작동하면서 변해 간다는 뜻이 된다.

리보솜

세포는 자신을 복원하고 유지하는데 필요한 단백질을 만드는데 이때 DNA 가닥은 세포 속의 분자에서부터 RNA 메신저를 만드는데 필요한 견본 역할을 한다. RNA 메신저는 염기서열 속에 암호화되어 있는 DNA의 유전적 정보를 리보솜으로 실어 나른다.

> **리보솜** RNA와 단백질로 구성되어 있는 세포질 속의 동그란 입자로서 RNA 메신저가 실어온 선형 유전자 코드를 선형의 아미노산 서열로 바꾸어 단백질을 조립하는 구역.

> **단백질** 50개에서 수천 개에 아미노산이 사슬처럼 연결되어 있는 분자물로서 모든 세포 내에서 구조를 만들고, 반응을 일으킨다. 그 사슬을 이루고 있는 20종의 서로 다른 아미노산의 서열과 그 사슬의 삼차원의 형태에 따라 특정한 단백질이 결정된다.

단순한 고세균은 50개에서 300개의 아미노산 길이의 단백질을 합성해 낸다.

> **아미노산** 아미노기(-NH_2)에 결합된 탄소 원자, 카르복실기(-COOH), 수소 원자, 그리고 보통 -R 그룹, 혹은 옆사슬이라고 불리면서 다른 아미노산들과 구분

되는 네 번째 그룹으로 이루어진 분자. 매우 다양한 형태를 가진 -R 그룹은 분자의 화학적 특성의 차이를 만들어 낸다.

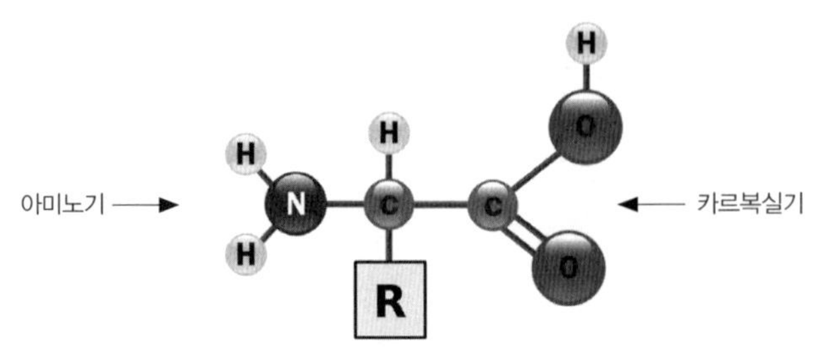

그림 14.4 아미노산의 구조

아미노산은 두 가지 형태 혹은 광학적 이성질체로 나타나는데, -R 그룹과 카르복실기의 위치가 서로 바뀌어 있다. 이런 현상을 분자 비대칭성chirality이라고 하는데, 이중 한 형태를 우선성right-handed 혹은 D형(오른쪽을 뜻하는 라틴어 dexter에서 나왔다), 또 다른 형태를 좌선성left-handed 혹은 L형(왼쪽을 뜻하는 라틴어 laevus에서 나왔다)이라고 부른다. 세포 속 거의 모든 아미노산은 L형이다.

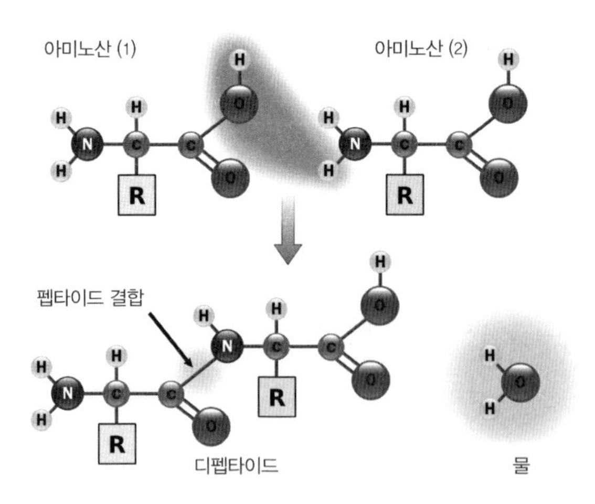

그림 14.5 펩타이드 결합에 따른 두 아미노산의 화학적 연결

아미노산 내의 카르복실기는 펩타이드 결합이라고 부르는 결합을 통해 다른 아미노산의 아미노기와 화학적으로 결합하면서 물 분자를 내놓는다.

> **펩타이드** 한 아미노산 내의 카르복실기와 다른 아미노산의 아미노기가 화학적으로 연결되어 만들어지는 두 개 이상의 아미노산의 연결.

세포 속에서 이 반응은 직접적으로 발생하지는 않고, 효소에 의해 촉발되는 중간 단계의 화학 작용 과정 속에서 일어난다.

> **효소** 화학 반응의 속도를 높여 주면서 그 반응에 의해 소진되지는 않는 생물학적, 혹은 화학적 촉매. 촉매는 그 반응을 활성화시킬 수 있는 에너지(온도 증가로 계측된다)가 투입되지 않았다면 매우 느리게 진행되어 유기체에게 해하거나 파괴하는 과정이 제대로 진행되게 하기 때문에 유기체에게는 꼭 필요하다.
> 거의 대부분의 효소는 62개에서 2,500개의 아미노산이 이어진 사슬로 구성된 단백질이며, 각각의 효소는 자신만의 정교한 삼차원 구조를 가지고 있어서 구체적인 생화학적 반응을 일으키는 촉매 역할을 한다.

폴리펩타이드와 단백질을 구분하는 기준은 사람마다 다르지만, 관습적으로는 50여 개 정도의 아미노산 사슬을 단백질이라고 부른다. 모든 단백질은 현재 알려져 있는 500여 개의 아미노산 중에서 단지 20여 개의 아미노산이 조합되어 만들어진다.

세포질Cytoplasm

이 모든 활동이 세포 속의 세포질에서 일어난다.

> **세포질** 세포핵 바깥에 있으면서 세포막 안쪽에 있는 모든 것들. 젤라틴 같은 액상인 시토졸cytosol로 되어 있는데, 염류, 유기물 분자, 그리고 효소를 포함하고

있으며, 그 속에는 아직 발달하지 않은 세포기관이나 세포의 대사 기전이 들어 있다.

원핵생물은 세포핵이 없고, 주요 세포기관은 DNA와 리보솜이다.

플라스미드Plasmid

그림 14.2에서 보듯 플라스미드는 세포 내에서 염색체 DNA와는 별개로 복제되는 원형의 DNA 분자이다. 많은 원핵생물에서 나타나며, 서로 다른 기능을 수행하는데, 세포의 성장에 필수적인 요소는 아니다.

세포의 층

단순한 세포는 전형적으로 세 개의 층이 둘러싸고 있어서 그 세포질이 외부 환경과 분리된다. "세포 캡슐"은 가장 바깥쪽의 보호층이다. 그 안에는 반강체半鋼體: semi-rigid인 "세포벽"이 있으며, 이것이 세포질을 둘러싸고 있는 "플라스마막(또는 세포막이라고 부른다)"을 안정화한다.

이 층들은 반투과성이어서 물과 기체의 교환을 가능케 하며, 외부와 일어나는 분자 교환을 조절함으로써 유해한 화학물질로부터 세포를 보호하면서 세포가 자신을 수선하고 유지 보존할 수 있게 한다. 이들은 단백질을 포함하고 있는 다양한 분자들로 구성되어 있다. 단백질은 세포 구조의 대부분을 이루고, 이제껏 살펴본 것처럼 DNA에서부터 시작해서 복잡한 과정을 거쳐 만들어진다.

외곽

그림 14.2는 둘러싼 세포의 외곽부에 두 가지를 표시하고 있다. 선모pili는 세포를 같은 종의 다른 세포와 혹은 다른 종의 세포와 연결하는 머리카락 모양의 부속물이다. 선모는 이렇게 연결된 세포들의 세포질을 연결하는 다

리 역할을 한다. 이로 인해 세포 간에 플라스미드가 교환되면서 세포에 새로운 기능이 생긴다.

편모flagellum는 세포가 자신의 생존을 위해 유체 속을 뚫고 에너지의 원천이나 분자를 찾아갈 수 있도록 세포를 추동하는 채찍 모양의 꼬리 부분이다.

단백질 형태의 변화

가장 단순한 세포가 갖고 있는 복잡함에 대해 좀 더 말해보자면, 단지 50개에서 300개의 아미노산이 독특한 서열로 사슬을 이루어 만든 서로 다른 아미노산 20여 개가 다시 조합을 이루어 세포 속의 많은 단백질과 효소를 만드는 것만으로는 안 되고, 제대로 작동을 하려면 각각의 사슬이 정확한 형태도 갖춰야만 한다. 대부분의 단백질은 독특한 삼차원 구조로 접혀 있으며, 이들이 생화학적 반응에 참여할 때는 그 형태가 변한다.

그림 14.6과 그림 14.7은 한 단백질의 복잡한 형태를 나타낸다.

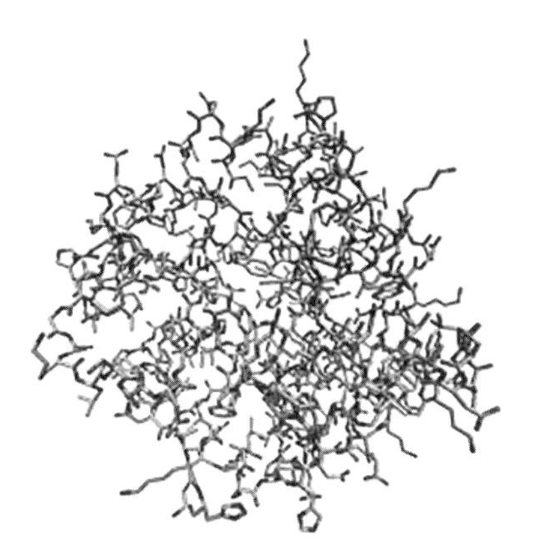

그림 14.6 삼탄당인산 이성화효소triosephosphate isomerase 단백질의 삼차원 구조를 이차원으로 나타낸 도해. 원자들은 진한 정도가 다른 선으로 표현되어 있다.

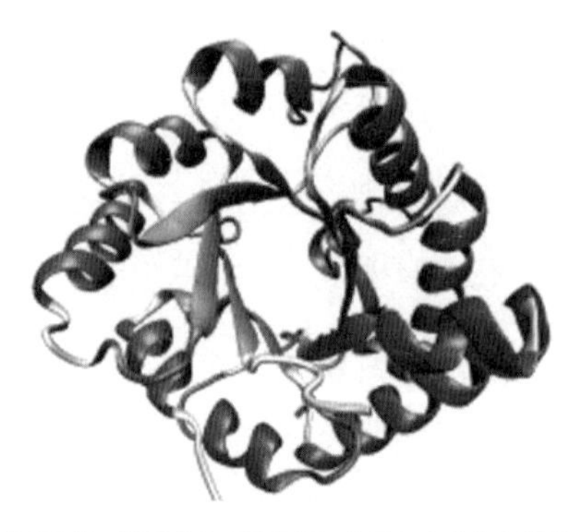

그림 14.7 삼탄당인산 이성화효소 단백질의 뼈대를 나타내기 위해 단순화한 도해

결론

1. 생명에 관한 결정적인 화석 증거라고 할 수 있는 복잡하게 분화된 미생물들은 대략 20억 년 전, 즉 지구가 형성되고 25억 년이 지난 이후의 암석에서 발견되었다. 이들 미생물이 보다 단순한 생명체로부터 진화되었다고 가정한다면, 생명은 분명 이들보다 앞서 존재했어야 한다. 생명의 기원을 35억 년 전, 심지어 38억 년에서 38억 5천만 년 전까지 추정하는 주장들도 많이 대두되었는데, 이렇게 되면 이들 생명체는 태양계가 형성된 이후 남아 있던 소행성이나 다른 잔여물들이 지구에 폭탄처럼 쏟아졌던 명왕누대에 존재했다는 말이 되는데, 이러한 주장을 뒷받침하는 증거나 그에 대한 해석은 여전히 논란거리이다. 현재로서는 35억 년 전으로 추정하는 것이 최선이라 하겠다.
2. 명왕누대와 가장 유사한 환경 속에서 지금도 살고 있는 극한미생물의 발견으로 인해 생명체가 지구 형성 이후 7억 년이 경과한 그 명왕누대에 살았다는 주장도 나왔지만, 이 주장을 사실로 증명하기는 어렵다.
3. 화석 기록이 전체적으로 희소하고, 초기 20억 년 간에 생성된 퇴적암은 거의 모두 판 밑으로 들어가거나 변형되어 버렸으므로, 최초 생명체의 정체가 무엇이며 그것이 언제 지구상에 출현했는가에 관한 증거를

앞으로도 영영 찾을 수 없으리라는 점은 거의 확실하다.

4. 가장 단순하고, 아마 가장 먼저 출현한 생명체는 단세포로서 그 DNA 속에 저장되어 있는 유전 정보가 세포 내의 핵 속에 포함되어 있지 않는 독립적인 원핵생물이다.
5. 광범위한 세포들의 유전자 분석 결과를 보자면, 지구상에서 생명은 단 한 번에 자연스럽게 출현했으며, 현재 알려져 있는 모든 생명체—다양한 형태의 박테리아에서부터 인간에 이르는—가 단일한 공통의 조상에서부터 진화해 왔다는 점을 강력하게 시사하지만, 증명되지는 않는다.
6. 독립적으로 기능하려면 단순한 원핵생물은 적어도 3600만 개의 원자가 독특한 구조로 배열되어 있는 DNA 이중나선형 가닥이 접혀 있는 고리 형태의 염색체가 필요하다. 이 가닥들이 풀어져서 동일한 DNA 가닥을 합성해 내는 견본 역할을 해야 세포들이 복제가 되고, 세포 자신을 수선하고 보존할 수 있는 단백질을 합성할 수 있다. 이 단백질 합성은 뉴클레오티드 염기서열 속에 암호화되어 있는 DNA의 유전 정보를 RNA와 단백질로 구성되어 있는 세포 내 유액 속의 조립 생산지인 리보솜에 전달하는 메신저 RNA 가닥을 만들어 내는 복잡한 과정이다. 리보솜은 이 유전 정보를 사용해서 세포 속 분자들로부터 아미노산을 만든다. 아미노산은 전형적인 이성체 중 한 가지 형태인 L 형태로만 되어 있어서 효소에 의해 촉진되는 화학 작용을 거쳐 서로 연결되며, 이 때의 효소는 복잡한 단백질이다. 단백질은 현재 알려져 있는 500개의 아미노산 중에서 대략 20개의 아미노산이 조합되어 생긴다. 서로 다른 아미노산 사슬은 서로 다른 단백질을 이루며, 이들 단백질은 촉매로 작용하거나 DNA를 포함하여 세포를 수리하고 보존하는 역할을 한다. 단순한 원핵생물은 이들 제한된 형태의 아미노산 50개에서 300여 개가 특수한 서열로 배치된 사슬 형태의 단백질로 되어 있고, 제대로 작동하기 위해서는 각각의 사슬이 구조를 바꾸면서 필요한 생산물을 만들어 내야 한다. 이 모든 것들은 세포를 외부와 분리시키는 단백질과 다른

복잡한 분자들로 이루어진 반투과성 층들에 의해 갇혀 있으며, 이 층들은 해로운 분자들이 세포 내로 들어오지 못하게 막아 줄 뿐 아니라, 세포가 합성 과정 중에 필요한 분자들은 들어오게 하고, 버려야 하는 분자들은 나가게 해 준다.

7. 생명의 출현에 관한 어떠한 가설이라도 이토록 복잡한 요소와 기능, 변화하는 형태를 가진 세포가 어떤 방식으로 원자들과 분자들—새롭게 만들어진 지구 표층의 13가지 원자들로 구성된—의 상호 관계 속에서 출현하게 되었는지를 설명할 수 있어야 한다.

Chapter 15

생명의 출현 2: 가설

당신에게 34억 5천만 년 전에 지구상에서 생명이 어떻게 시작되었는지 말할 수 있다고 주장하는 이가 있다면 그는 얼간이이거나 사기꾼이다.

-스튜어트 카우프만Stuart Kauffman, 1995년

지구상에 생명이 어떻게 출현했는지 알아보려고 하는 것이 나를 얼간이나 사기꾼으로 만든다고 해도, 나는 그것을 알 수 있다고 생각하는 이들과 한 편에 서고 싶다.

지구의 생명 출현에 관한 어떤 과학적 가설이라도 성간 공간과 소행성에서 발견되는 13개의 원자들—그러니까 초기 지구에서 발견되거나 지구에 와서 쌓였을 것으로 추정되는—로 만들어지는 복잡한 분자들이 어떻게 해서 앞장에서 살펴본 것처럼 그런 크기와 복잡도와 구조와 기능을 가진 단순한 생명체로 진화할 수 있었는지를 설명할 수 있어야 한다. 이것이 바로 무생물체가 생물이 되는 길이니까 말이다.

오파린-홀데인 원시 수프 복제자primordial soup replicator

기본적인 정통 설명은 1924년 러시아 생화학자 알렉산더 오파린Alexander Oparin과 1929년 영국 유전학자 홀데인J. B. S. Haldane이 서로 독립적으로 제시한 이론이다.

오파린에 의하면 초기 지구의 대기는 수소, 메탄, 암모니아, 수증기로 이루어져 있었다. 태양빛과 번개에서 나오는 에너지로 인해 이러한 분자들이 합쳐져서 단순한 유기적 화합물 조직을 형성하게 됐다. 수천 년간 이러한 화합물이 바닷속에 축적되면서 따뜻하고 묽은 원시 수프를 만들고 이것이 마침내 새로운 종류의 분자를 만들어 내고, 이 분자는 스스로 복제할 수 있었다.

이 복제는 비효율적이었고, 다양한 변종을 낳았다. 이러한 변종으로부터 초다윈주의적인UltraDarwinian 메커니즘을 통해 가장 효율적으로 자기 복제를 할 수 있는 것들이 선택되었다. (나는 자연 선택이 종의 진화에 관한 다윈주의적 개념을 넘어서거나 그 사용 범위 밖에서 거론될 때를 가리키기 위해 초다윈주의적인 메커니즘이라는 용어를 사용하려 한다.) 이러한 자기 복제자들은 단백질을 끌어 모아서 보다 효율적으로 복제해 나가다가 마침내 최초의 세포를 둘러싸고 있는 세포막을 만들어 냈다.

1953년 시카고대학교의 화학자 해럴드 유리Harold Urey의 실험실에 있던 연구 조교 스탠리 밀러Stanley Miller는 이 가설을 증명하기 위해 실험을 수행하였다. 수소, 메탄, 암모니아를 채워 넣은 플라스크에 물을 넣고 끓였다. 번개와 태양에서부터 얻는 에너지를 모방하기 위해서 그 혼합물을 전기 방전에 노출시켰다. 일주일 후에 그 플라스크에는 얼룩진 침전물과 적어도 세 개의 아미노산의 흔적이 생겼다.[1] 생화학자들은 이것이 오파린-홀데인 가설을 실험적으로 뒷받침하는 증거라고 찬사를 보냈다. 플라스크에서 일주일만에 아미노산이 생성된다면 대양 속에서 수천 년이 넘는 세월 동안 아미노산은 중합되어 펩타이드와 복잡한 단백질을 만들고, 나아가 최초의 세포까지 만들어 낼 수 있었으리라고 본 것이다.

그러나 60년 넘게 여러 원시 수프 레시피를 가지고 서로 다른 조건에서 실험해 봤지만 자기 복제자는 좀체 생기지 않았고, 세포는 더 말할 것도 없었다.

생화학자들은 이러한 실패 이유가 실험실의 실험에서는 복제에 필요한 긴 세월의 시간을 투입할 수 없기 때문이라고 보지만, 존조 맥패든은 다섯 가지 이유를 들어 이런 방식으로는 생명을 만들어 낼 수 없으며, 결국 이 가설은 잘못이라고 주장했다.[2]

첫째, 초기 지구 대기의 구성에 관한 밀러의 가설은 부정확하며, 지금 우리가 초기의 원시적 대기의 조건이었으리라고 상정하는 환경은 그러한 반응이 일어나기에는 한층 더 불리했다.

둘째, 그러한 반응으로 인해 생기는 산물은 주로 탄화수소로 이루어진 걸쭉한 액체인데, 이는 일어날 수 있는 광범위한 반응에 성분들이 가담했을 때 생겨 나오는 결과물이다.

셋째, 초기 지구 환경에 대한 이러한 시뮬레이션 속에서 생기는 아미노산에는 우선성과 좌선성 형태의 혼합물, 즉 광학적 이성질체가 있다. 두 가지 형태가 공존하면 아미노산이 연결되어 펩타이드와 단백질을 만들어 낼 수 없다. 그리고 세포 속에서 아미노산은 오직 좌선성 형태만 나타나는데, 원시 수프 속에서 좌선성 형태의 아미노산이 풍부해지게 된 메커니즘을 밝혀낸 이는 아직까지 아무도 없다.

넷째, 반응은 물 같은 용액 속에서 일어나는데 이 용액은 아미노산이 중합되어, 다시 말해 서로 연결되어 단백질을 만들어 내기가 몹시 어렵다. 그림 14.5에서처럼 펩타이드 결합에 의해 두 아미노산이 화학적으로 연결되려면 물 분자를 내놓아야 한다. 용액 속에 그렇게 많은 물 분자가 있어서는 물 분자들이 가수분해 작용을 통해 펩타이드 결합을 깨는 것이 자연스러운 현상이며, 이는 그림 14.5와는 정반대 현상이다. 그렇기에 생물학적 고분자들은 물 같은 용액 속에서는 천천히 분해되기 마련이다. 세포 속에서 가수분해가 일어나지 않는 까닭은 아미노산의 결합이 직접적으로 일어나지 않고 효소의 촉매 역할로 유발되는 일련의 반응을 거쳐 이루어지기 때문이다. 이들 효소 역시 단백질이므로 최초의 단백질을 만들어 내는 데 사용되었을 리는 없다.

다섯째, 다윈주의가 말하는 자연 선택은 점진주의적이다. 진화의 사다리 하나의 작은 단계는 무작위적 변이를 통해 생겨났고, 그 변이가 살아남아야 후손을 낳을 수 있으며, 환경에 적응하는 측면에서 그 조상들보다 아주 조금 나아졌을 것이다. 앞 장에서 살펴본 단순한 세포, 즉 단세포의 원핵생물(그림 14.2)은 순전히 우연으로는 생겨날 수 없다. 원세포는 어디서부터 왔을까? 자연 선택에 의해 원세포가 생겨났다면 그 조상은 생존했어야 했는데, 원세포의 화석 기록은 전혀 남아 있지 않다.

현재 J. 크레이그 벤터 연구소에서 크레이그 벤터Craig Venter와 그 동료들이 세포의 구성 요소들을 한데 꿰매어 살아 있는 세포를 만드는 실험을 하고 있는데, 그 실험이 설령 성공한다고 해도 이것이 오파린-홀데인 가설을 실험적으로 뒷받침하는 것은 아니라는 점을 짚고 넘어가야 하겠다. 그 실험은 생명이 지적 설계에 의해 생겨날 수 있다는 점을 증명할 뿐이고, 여기서 지적 주체는 벤터다.

자기 복제하는 RNA

원시 수프 속의 단순한 분자가 무작위로 반응해서 자기 복제가 가능한 최초의 독립적인 세포가 만들어질 가능성은 거의 제로에 가깝기 때문에, 생화학자들은 납득할 수 있을 만한 원시 시대의 자기 복제자를 찾아내려 했다. 유력한 후보는 작동하는 데 효소를 필요로 하지 않고 자기 복제하는 RNA 분자이다.

자기 복제하는 RNA 분자는 자기 복제물을 비효율적으로 만들어 낸다. 초다윈주의적 자연 선택은 후손을 만들어 내는 데 가장 효율적인 산물을 선택한다. 마침내 보다 효율적인 개체들이 아미노산 결합에 촉매 작용을 하여 단백질을 만들어 복제를 도울 뿐 아니라 보호하는 역할을 하는 세포막을 형성하고, 이로 인해 보다 한층 더 효율적이 된다. 마침내 이들이 DNA를 만들어 내고, DNA가 유전적 정보를 보다 안전하게 보관할 수 있으므로 최초의 세포를 만든다.

이 가설을 RNA의 세계RNA World라고 부르는데, 바로 이 가설이 현재 지구상의 생명 기원에 대한 정설이다. 이에 대한 실증적 증거는 리보자임ribozymes이라고 하는 RNA의 파편이 많은 생화학적 반응의 촉매 역할을 하는 효소가 될 수 있다는 발견에서 얻을 수 있다. 리보자임은 두 개의 RNA 분자를 결합시킬 수 있고 하나의 RNA 견본에 최대 여섯 개의 활성화된 RNA 염기를 중합할 수 있다. 또한 독감 바이러스 같은 많은 바이러스는 DNA 유전자보다는 RNA를 가지고 있는데, 이 사실은 효소 역할을 하는 RNA 분자가 자신의 복제 시에 촉매 역할을 했고, 현대의 세포 속의 RNA는 애초의 RNA 자기 복제자가 진화하면서 남은 잔여물이라는 점을 암시한다.

그러나 맥패든에 따르면, 이런 가설은 앞에서 살펴봤던 원시 수프 가설이 가지고 있는 문제점을 그대로 가지고 있다. 즉, RNA 중합은 물을 배제하고, 물 같은 용액 속에서는 자연 발생할 수 없다. 또한 리보자임의 촉매 활동에 의한 RNA 중합은 좌선성과 우선성 RNA 뉴클레오티드 염기가 혼합된 상태에서는 일어날 수 없으며, 생물 발생 이전에 비대칭적 RNA 염기들 중 하나가 다른 한쪽보다 더 많아지게 되는 메커니즘에 대해 설명할 수 있는 이는 아직 아무도 없다.

실험적으로는 아직까지 자기 복제하는 RNA 분자를 설계한 이도 없고, 발견한 이도 없다. RNA 분자는 A, U, C, G 염기와 리보스 당, 인산염 그룹, 이렇게 세 부분으로 되어 있다. 이들은 매우 특수한 형태의 구조를 이루고 있는 50여 개의 원자로 되어 있다. 그림 14.3에서 T 대신에 U를 집어넣은 한 가닥을 상정하면 된다. 연구가들은 지금까지 실험을 통해 보다 간단하게 분자에서 염기와 인산염 그룹을 합성해 내는 데는 성공했지만, 자연적인 상태에 가깝게 시뮬레이션을 할 때 생기는 폐기물을 없애기 위해 신중하게 통제된 일련의 반응을 통해서라야 겨우 얻을 수 있었다. 게다가 그들은 리보스 당이 풍부한 용액을 만들어 내지는 못하는 상태이다.

글래스고대학교의 유기화학자이자 분자생물학자인 그레이엄 케언스-스미스Graham Cairns-Smith는 원시 수프에서부터 RNA 복제기가 출현했을 법한 합리적인 가능성은 없다고 단언한다. 그에 따르면, 생물 이전의 간단한 복합물에서부터 RNA 염기 하나가 만들어지기까지는 140여 단계가 필요하다. 그 각각의 단계에서는 원하는 반응 대신에 최소 여섯 가지 이상의 대안적 반응이 생길 수 있다. 결국 원하는 결과가 우연히 나올 확률은 6^{140}에서 10^{109}분의 1이다.[3]

자기 복제하는 펩타이드

그렇기에 다른 생화학자들은 RNA보다 더 단순한 원시 복제기를 찾으려고 했다. 1996년 캘리포니아 스크립 연구원의 데이비드 리David Lee와 동료들은 32개의 아미노산이 연결되어 있는 짧은 펩타이드를 설계했는데, 이는 자신의 조각을 꿰맨 뒤에 복제하는 효소로 작용할 수 있다.[4]

맥패든은 자기 복제하는 펩타이드가 원시 복제기라는 가설을 일축하는데, 왜냐하면 리와 그의 동료들이 타르가 생겨나는 부차적 반응을 최소화하기 위해서 활성화된 펩타이드 조각을 쓰면서도 어떻게 해서 초기 수프에서 그런 활성화된 아미노산이 생겨날 수 있는가에 관해서는 납득할 만한 설명을 내놓지 못하기 때문이다.

이차원적인 기질

정통 생화학에 따르자면 원시 수프 속의 분자들에서 RNA 복제기나 자기 복제하는 펩타이드가 만들어져 나올 확률이 너무 낮기에, 액상의 용액에서가 아니라 이차원적인 평면에서 보다 단순한 자기 복제기가 만들어지는, 좀 더 높은 확률의 경우를 생각하게 되었다.

점토 복제기

케언스-스미스는 이 생각을 1960년대 중반부터 꾸준히 밀고 나가 1985년에 자신의 가설을 전개하는 책을 출간했다.[5]

생명의 특징 중 하나로서 복제를 다룰 때 살펴봤듯 단순한 소금 결정은 그 소금이 포화된 용액 속에서 자기 복제를 한다. 케언스-스미스는 원시 복제기는 그렇게 단순한 소금이었다고 제안한다. 그 정보는 구조 속에 암호화되어 있고, 그 결정 구조가 바로 유기적 유전자의 앞선 물질이라는 것이다.

점토는 알루미늄이 주를 이루는 미네랄과 규산염으로 되어 있는 밀도 높은 침전물로서 초기 지구상에서는 흔했을 것이다. 이들 규산염 결정은 복제를 했을 것이고, 환경을 바꾸고 복제를 좀 더 효율적으로 할 수 있는 돌연변이 결정이 자연 선택 과정을 거쳐 살아남았을 것이다. 이들로 채워져 있는 표면은 아미노산과 뉴클레오타이드 같은 이극성의 유기 분자를 끌어당겼을 것이며, 이들은 단백질은 물론 RNA와 DNA 복합물의 중합을 촉진했을 것이다. 마침내 표면상의 반응에서 생겨난 보다 안정적인 물질인 RNA와 DNA 같은 유기적 중합물이 결정의 정보를 받아들이는 유전자 장악genetic takeover이 일어나고, 그 이후로는 점차 원시 유전자 물질로서의 결정을 대체해 나가는 한편, 단백질 같은 다른 유기적 중합물은 방어하는 세포막을 만든다. 이리하여 원시 결정체로 된 자기 복제기는 점토의 울타리를 벗어나 세포가 된다.

1996년 뉴욕 트로이 소재 렌셀러폴리테크닉대학교의 화학자 제임스 페리스James Ferris는 동료 생물학자들과 함께 광물 표면에서 각각의 아미노산과 뉴클레오타이드 용액을 배양함으로써 실험상의 증거를 제시한 것처럼 보였다. 55개의 단량체單量體, monomers가 이어진 아미노산과 뉴클레오타이드 중합체를 만든 것이다. 광물 표면이 아니었다면 가수분해 작용으로 인해 사슬이 더 길어질 수 없기에 10개 이상의 단량체가 연결된 중합체는 나올 수 없다.[6]

그러나 아미노산과 뉴클레오타이드가 자연적으로 발생한 것이 아니라 인위적으로 활성화되었으니 이것이 실험을 통한 확인이라고 볼 수는 없다.

게다가 반응을 통해 세포가 되는 과정 중에서 최초의 복제기는 점토 복제기였다는 주장에는 실증적인 증거가 없다. 초기 지구의 점토층을 닮은 현재의 점토층이나 어떠한 화석상의 기록에서도 점토 복제기는 나오지 않는다. 20억 년 이전의 세포 화석을 확인하는 문제와 관련해서, 나는 세포보다 앞서 존재했던 점토 화석을 발견하는 일은 불가능하다고 본다.

명확한 증거가 없는 상태에서 점토 복제기 가설은 흥미로운 추정이기는 하다. 그러나 이 추정은 중요한 단계에 대한 명확한 설명을 제시하지 못한다. 결정체의 질서와 균형은 반복되고 주기적인 배열이지만 정보의 내용은 많지 않다. 이와 대조적으로 세포는 비주기적이고, 상호 관계성이 있고, 많은 정보적 내용을 갖춘 복잡한 전체로서, 그 요소에는 RNA, DNA, 단백질 등이 있다. 그 가설로는 어떻게 해서 낮은 정보의 결정에서부터 그렇게 많은 정보를 가진 세포가 나올 수 있는지 설명하지 못한다.

황철광 복제기

화학자였다가 나중에 특허 전문 변호사가 된 군터 바흐터스하우저Günther Wächtershäuser는 1988년에 이차원 평면 아이디어의 발전된 버전을 제시한다. 그는 해저 분화구 근처의 황화물이 풍부한 물속의 철과 황화수소에서 황철광 결정이 만들어지면서 전자가 생성되고, 이 전자는 이산화탄소에 화학적으로 추가되어 유기적 화합물이 만들어진다고 주장한다. 전하를 띠게 된 결정의 표면은 유기적 화합물을 결속해서 다양한 반응을 이끌어 내고, 이 반응을 통해 아미노산과 뉴클레오타이드, 복제기가 만들어져, 마침내 생명이 나타난다.[7]

바흐터스하우저와 리전스부르크 미생물학 연구소의 동료들은 황철광이 형성될 때 아미노산의 중합이 일어난다는 것을 증명했다. 그러나 그들은 여전히 첫 번째 단계, 즉 황철광이 만들어지면서 이산화탄소가 탄소 화합물로 변환되는 과정에 대한 실험적 증거를 내놓아야 하는데,[8] 이것은 여전히 추정으로 남아 있다.

외계 기원설

지구의 원시 수프에서 단순한 독립적 세포가 어떻게 출현했는지 설명하는 문제들은 일부 과학자에 의해 지난 수세기 동안 되풀이되었고, SF 소설에서 대중화된 아이디어로 전환하였다. 1903년 스웨덴 화학자이자 노벨상 수상자인 스반테 아레니우스Svante Arrhenius가 제시하는 범종설汎種說, panspermia에 의하면, 생명체를 가진 행성에서 분출되어 나온 미생물들이 우주 공간을 떠돌다가 지구에 내려앉았다.

또다른 노벨상 수상자이자 DNA의 이중나선 구조를 공동으로 발견한 프랜시스 크릭Francis Crick은 그 당시 솔크 생물학 연구소의 연구 교수이자 나사의 주요 연구원이었던 레슬리 오르겔Leslie Orgel과 함께 연구한 끝에 그런 일이 우연히 일어났을 가능성은 거의 없다고 결론 내렸다. 1973년에 그들은 은하 속의 발전한 문명이 지구와 같은 행성에 미생물을 조준해서 보냈다는 계획된 범종설을 제시했다.[9]

SF를 즐기는 이들에게는 즐거움을 줄지 모르지만, 증거가 없는 상태에서 과학계를 만족시킬 수는 없다. 그러나 1978년에 프레드 호일Fred Hoyle은 그가 이전에 가르쳤던 학생이자 카디프대학교 응용 수학과 천문학부 학장인 찬드라 위크라마싱Chandra Wickramasinghe과 함께 나와서 범종설의 증거를 찾았다고 주장했다. 오랫동안 천문학자들은 성간 먼지 속의 일정 스펙트럼 선들의 영역에 대해 제대로 밝히지 못했는데, 대체로 얼음 결정으로 이루어져 있을 것으로는 추정해 왔다. 호일과 위크라마싱은 이 스펙트럼 선들이 박테리아로 이루어져 있다고 발표했다.[10]

여기서 더 나아가 그들은 질병 중에도 15세기의 매독이나 20세기의 에이즈처럼 인간에게 저항력이 없으면서 국지적 기원을 가진 질병이 갑자기 창궐하는 까닭은 혜성을 통해 지구상에 들어온 박테리아와 바이러스 때문이라고 주장했다. 이것은 혜성이 "통치권의 변화나 역병의 출현"을 미리 알려준다고 봤던 18세기 영국의 역사가이자 수도승 성 비드Saint Bede의 견해와 유사하다. 근래 2003년에 위크라마싱과 그의 동료들은 의학 저널 란셋The Lancet지에 사스SARS가 혜성에서부터 온 미생물로 인해 생겼다는 글을 기고했다.[11] 이 주장을 뒷받침하기 위해 위크라마싱은 2001년 인도 우주연구소가 성층권에서 채집한 대기의 샘플 속에 살아 있는 세포 덩어리가 포함되어 있다는 증거를 제시하면서, 아래쪽의 공기가 일반적으로 고도 41킬로미터 이상까지 올라갈 수 없다는 점을 지적했다.

근래 들어 한층 더 정교한 스펙트럼 분석을 통해 성간 먼지 속의 유기물 분자들이 확인되었다. 그러나 앞서 우리가 봤듯이* 이들은 대부분 13가지 원자로 구성되어 있고 박테리아와는 관계가 없다. 성층권에서 얻은 샘플 속에는 지구상에 있는 2종의 박테리아가 들어 있다. 그러나 합리적으로 생각해 보면, 이들 박테리아는 우주 공간을 수십억 킬로미터나 날아 왔다라기보다는 지구 표면에 운석이 충돌할 때 41킬로미터 위쪽까지 휘몰아쳐 올라갔다고 보는 설명이 한결 간명하고 개연성이 있다. 의학 연구가들은 위크라마싱이 제대로 생각해 보지 못한 보다 설득력 있는 증거를 제시하면서 질병의 외계 기원설을 일축한다.[12]

어느 쪽이든 간에, 다양한 다중우주론이나 원형 우주론이 물질의 기원 문제를 풀지 못하고 계속 연기하기만 했던 것처럼, 이 모든 범종설 부류의 아이디어 역시 지구상의 생명의 기원 문제 해결을 뒤로 미루고 있을 뿐이다.

그러나 2007년에 와서 위크라마싱과 그의 딸, 그리고 카디프대학교의 우주생물학 센터—범종설 연구를 위한 비공식 기관—의 또 다른 동료가 다시 나섰다. 그들은 생명이 혜성 속에서부터 왔다고 주장한다.[13]

이 주장도 문제가 없을 수 없다. 이 주장은 세 가지 가정 위에서 출발한다.

* 238쪽 참고.

1. 혜성에 들어 있는 초신성의 잔해는 방사성 원소를 포함하고 있는데, 이들의 붕괴열은 혜성 안에 액체 상태의 물을 보존한다. 이 가정을 지지하는 증거는 아무것도 없다.
2. 혜성은 또한 진흙을 포함하고 있고, 케언스-스미스의 말처럼 이 진흙에서부터 살아 있는 세포가 진화되어 나온다. 2005년에 있었던 딥-임팩트 미션Deep Impact mission에 의해 9P/템플 혜성에는 물이 있어야 생길 수 있는 진흙과 탄산염이 있었다는 것이 증명되었지만, 케언스-스미스의 추정을 지지하는 증거는 아무것도 없으며, 혜성 내부에서 발생한다는 주장에 대한 증거는 더욱더 그러하다.
3. 혜성 내부에 생물 발생 이전의 친화적인 환경이 유지되는 시간은 지구상의 지역 내에서 유지되는 시간에 비해 10의 4제곱에서 5제곱 더 길다. 이 가정을 지지하는 증거는 아무것도 없다.

이러한 가정에 입각해서 그들은 은하 전체의 혜성의 총 질량은 지구상의 적합한 환경의 총 질량보다 10의 20제곱 이상 더 크므로 G-왜성 크기의 태양 같은 별 주변의 혜성 전체는 초기 지구상의 그 어떤 환경보다도 생명의 출현에 적합한 환경을 제공한다고 주장한다.

그러나 이 모든 혜성의 총 질량과 지구의 질량을 비교하여 이런 가능성을 도출하는 것은 비논리적일 수밖에 없는데, 그 이유는 은하 내의 모든 혜성을 합친 질량에 해당하는 물체의 내부에서 생명이 발생했다고 말하는 것이 아니라, 평균 질량이 지구 질량의 6×10^{10}분의 일, 즉 600억분의 1밖에 안 되는 하나의 혜성 속에서 생명이 발생했다고 주장하고 있는 까닭이다. 비교되어야 할 사항은 하나의 혜성 내부—대다수 과학자들은 단단한 얼음으로 되어 있다고 추론하는—와 원시 지구의 표면 간의 생명 형성을 위한 적합성 여부이다.

이들의 주장이 실려 있는 웹사이트에는 생명이 하나의 혜성에서부터 시작되었고, 이렇게 "출현한 생명은 그 이후 마치 전염병처럼 이 혜성에서 저

혜성으로, 이 항성계에서 저 항성계로, 급속히 전파되어 마침내 전체 우주를 뒤덮었다"라고 기록되어 있다.[14] 그들은 한 별 주위를 돌던 혜성 내부의 생명이 어떻게 해서 다른 혜성으로, 특히 다른 별 주위를 돌고 있는 혜성으로 전파되었는지는 말하지 않는다.

지적 설계

지적 설계라는 용어를 사용할 때의 문제점은 이 용어가 1990년대 중반 이후, 하나님이 생명을 창조하셨다는 걸 증명하려는 기독교인들이 설립하고 자금을 지원한 미국의 씽크 탱크인 디스커버리 연구소로부터 지원을 받았던 과학자들과 그곳 직원들이 과학 이론이라고 내세운 지적설계론과 떼려야 뗄 수 없는 관계가 되었다는 점이다.

나는 하나님에 대한 믿음이든 유물론에 대한 믿음이든 간에, 믿음과 사상은 분리하기 어렵다고 생각한다. 특히 이 경우처럼 증거가 희소할 뿐 아니라 그마저도 다양하게 해석될 수 있는 경우에는 더욱더 그러하다. 따라서 나는 유대-기독교적 하나님을 전제하지 않거나, 그걸 주장하는 이들의 믿음과 충돌하는 지적설계론을 다루는 쪽이 유익하리라고 본다.

컴퓨터 시뮬레이션

옥스퍼드대학교의 철학자 닉 보스트롬Nick Bostrom은 지금 인류가 세상과 사람들의 컴퓨터 시뮬레이션을 만들 수 있듯, 보다 기술적으로 앞서 있는 "인류 이후의" 문명이 완전한 의식을 가진 인간을 시뮬레이션으로 만들 수 있고, 우리가 생명이라고 받아들이는 것이 실은 컴퓨터 시뮬레이션일 수 있다고 말한다.[15] 이 말이 단지 철학자의 일시적 공상이 아니라는 점을 밝히기 위해 보스트롬은 실제로 그런 일이 가능하다고 증명하는 방정식까지 제시한다.

그러나 우리 은하 내의 지능을 가진 문명이 존재할 가능성을 계산하는

드레이크의 방정식처럼,* 보스트롬의 방정식 역시 독립적인 개연성들의 곱셈으로 되어 있고, 그 각각의 가능성 역시 부실한 가정이나 추측에 근거하고 있다. 그리고 지난 60년간 이어져 온 컴퓨터 기술의 발전이 막연한 미래 속으로도 한없이 이어져 가게 한 뒤에, 그는 "이러한 경험적 사실에 근거해 볼 때……"라고 이어서 써 내려간다. 추정은 아무리 합리적이라도—그리고 이 추정은 부실하기까지 한데—경험적 사실일 수 없다.

이것은 물론 일시적 공상이 아닐 수는 있지만, 실증적 테스트를 통해 반증될 수 없는 추론에 불과하다. 크릭과 오르겔이 주장하는 계획된 범종설처럼, 이것 역시 이들 "인류 이후"의 설계자들이 어디서 왔는지는 말하지 못하며, 결국 우리가 알고 있는 지구 생명의 궁극적인 기원에 대해서도 말하지 못한다.

더 이상 단순화시킬 수 없는 복잡성

펜실베이니아 르하이대학교 생화학 교수 마이클 비히Michael Behe는 비록 다윈주의적인 가설이 종과 종 사이의 차이를 설명하지는 못해도 자신은 지구상의 모든 생명체가 공통의 조상에서부터 나왔다고 믿는다고 말한다. 그러나 첫 번째 세포의 구성 요소들, 그리고 그들이 만들어질 때까지 정교하게 상호 연결되는 생화학적 경로들은 더 이상 단순화시킬 수 없다. 그중에 한 부분만 없어져도 그들은 작동하지 않는다. 이들은 [초]다윈주의적인 메커니즘을 따라 진화해 왔을 수가 없는데, 왜냐하면 그 메커니즘은 그 경로상 각각의 단계에서 생기는 다양한 돌연변이들 중에서 자연적인 선택 과정을 필요로 하고, 각각의 단계는 독자적으로 진행되어야 하기 때문이다. 그가 제시하는 증거에는 세포 내의 특정 지역에 단백질을 갖다 놓는 시스템과 박테리아 편모가 포함되어 있다.** 후자는 여러 개의 단백질로 이루어져 있고, 작

* 301쪽 참고.
** 359쪽 참고.

동하는 단위로서의 중간 단계는 없다.

그는 첫 번째 생명체이자 공통의 조상 세포가 지적 설계를 따라 만들어졌다고 결론을 내릴 수밖에 없었다고 말한다. 이것을 생물학적 진화와 조화시키기 위해 그는 첫 번째 세포가 그 이후 진화에 필요한 모든 DNA를 가지고 있었다고 주장한다. 그는 설계자가 누구인지는 명확히 말하지 않는데, 다만 그는 정통 과학은 신학적인 함의 때문에 이런 결론을 수용하지 못하고 있다고 본다.[16]

정통 진화론자들은 비히가 1996년에 쓴 『다윈의 블랙박스: 진화론에 대한 생화학적 도전 *Darwin's Black Box: The Biochemical Challenge to Evolution*』을 즉각 비판했다. 시카고대학교의 진화론적 생물학자 제리 코인Jerry Coyne은 네이처지에 실은 자신의 리뷰에서 비히가 그렇게 생각하는 이유는 그가 로마 가톨릭 신자라서 그렇다고 주장했다. 그러나 대부분의 과학자들은 뉴턴이 연금술을 믿었다고 해서 그가 역학 분야에서 이룬 업적을 무시하지 않고, 케플러가 점성술을 믿었다고 해서 그가 천문학에서 이룬 성과를 폄하하지 않는다. 보다 중요한 비판은 비히가 세포 구성물의 생산을 위한 연속적인 단계 외의 다른 메커니즘, 예를 들면 다른 목적을 위해 진화한 구성물의 동시 선택, 복제된 유전자, 초기의 다기능적인 효소 등을 고려하지 않았다는 지적이다.

박테리아 편모와 관련해서 미생물학자 마크 팰런Mark Pallen과 진화론적 생물학자 니컬러스 매츠키Nicholas Matzke는 오늘날 한 가지 박테리아 편모만 있는 게 아니라 수천, 수백만 가지의 서로 다른 박테리아 편모가 있다는 점을 지적한다. 따라서 "수천 아니 수백만 번의 개별 창조 사건이 있었거나 현재의 지극히 다양한 편모의 생태계 전체가 하나의 공통된 조상으로부터 진화되어 나왔거나 해야 한다." 박테리아 편모의 진화에 대한 증거로는 흔적 편모, 편모의 중간 단계 형태, 그리고 편모의 단백질 서열 패턴의 유사성 등이 있다. 편모의 핵심 단백질 대부분은 편모 아닌 부분의 단백질과 상동관계를 가지고 있는데, 이는 편모가 세포 내에 존재하던 구성 요소들의 조합으로부

터 진화했다는 것을 암시한다.[17]

코인과 브라운대학교 생물학자 케네스 밀러Kenneth Miller는 비히가 최초 세포의 구성 요소 중 일부가 [초]다윈주의적 매커니즘에 의해 진화했다는 것은 인정했지만, 지적 설계가 부정되려면 모든 생화학적 특징이 자연적인 효과에 의거해서 설명되어야 한다고 주장했다는 점을 지적한다. 이러한 증거를 얻는 것은 어려우니, 모든 것이 그렇게 설명할 수 없다는 증명도 불가능하다. 이렇듯, 그들은 비히의 주장은 반증될 수 없으니 과학적일 수 없다고 본다.

과학적 설명의 불가능성

비히의 주장은 보다 포괄적인 문제, 즉 과학이 어떤 현상은 도무지 설명할 수 없다는 사실에서부터 비롯되는 구체적인 사례이다. 이 점은 무신론자로 이미 알려져 있는 프레드 호일에 의해 정교하게 서술되었다. 무신론적 신념 때문에 호일은 빅뱅 이론의 대안을 찾고자 했으나, 지구상에서 생명이 어떻게 출현했는지를 설명할 때 그는 가장 단순한 세포조차 임의로 생겨날 수 있는 가능성이 "고물 집하장에 토네이도가 불어와서 거기 있는 재료들로 보잉 747 비행기를 조립할"[18]확률이라는 유명한 표현을 남겼다.

1982년 왕립 학회의 옴니 강연회에서 강연할 때 그는 이렇게 결론을 내렸다.

> 이 문제에 대해 과학계의 분노를 유발할까 싶어 회피하지 않고 있는 그대로 직접 솔직하게 접근하자면, 이토록 놀라운 질서를 따라 배열되어 있는 생물체들을 살펴 보노라면 이들이 지적 설계의 결과물이라는 결론에 이를 수밖에 없다 (……) [세포 단백질을 구성하고 있는] 사슬 속의 아미노산 서열 같은 질서의 문제는 (……) 지시된 지능이 일단 정황에 들어오면 쉬워지는 문제다.[19]

나는 호일이 종교로 귀의했는지는 알지 못하지만, 그가 후대에 쓴 글을 보면 과학이 설명할 수 없는 현상으로부터 우주를 지배하는 우월한 지능이 존재한다고 추론하고자 했던 점은 알 수 있다. 여기에 문제가 있다고 할 수 있다. 과학이 어떤 현상을 설명하지 못한다고 해서 앞으로도 설명하지 못할 것이라는 결론에 이를 수 없다. 물론 유물주의자인 리처드 도킨스가 주장하듯 과학이 언젠가는 그 현상을 설명할 수 있으리라는 결론에도 이를 수는 없지만 말이다.

지구상의 생명 기원에 관해 지적설계론은 증명될 수도 없고 부정될 수도 없으므로, 가장 합리적인 길은 다른 증거와의 일관성을 검토해 보는 길인데, 이 경우는 자연 현상에 대한 인간의 이해의 패턴과 비교해 보는 것이다. 역사적으로 살펴보면 대부분의 인간은 그 당시 자신들이 이해할 수 없는 자연 현상을 설명하기 위해 초자연적인 원인을 가져왔다. 기원전 10세기에서 5세기 사이 서로 투쟁하던 그리스의 도시 국가 시절에는 천둥과 번개가 왜 생기는지 이해하지 못했기에, 자신들의 사회 위계질서 구조를 반영한 초인간적인 만신전 속의 가장 강력한 신에게 이 강력하고 두려운 사태의 원인을 돌렸다.

기독교가 지배하던 서구 사회 속에서 과학이 발전하면서 실증적 이성이 자연 현상에 대한 우리의 이해의 부족한 부분을 메웠고, 초자연적으로 설명해야 하는 경우는 점점 줄어들었다. 지구는 더 이상 하나님이 창조하신 온 우주의 중심이 아니었고, 태양은 더 이상 어둠과 어둠 사이에 지구를 비추도록 하나님이 창조하신 것이 아니었다.

공백 부분—그러니까 초자연적 신이 필요한 부분—은 과학의 설명력이 커지면서 점점 줄어들었고, 신은 계속 밀려나서 자연 현상의 직접적인 원인에서 궁극적인 원인으로 물러났다. (나는 지금 주류 기독교에서 말하는 하나님의 개념을 사용하고 있다. 과학은 주로 기독교가 지배하던 서양에서 16세기 이후로 발전했기 때문이다. 다른 종교들과 문화권은 하나님이나 신들에 대해 다른 견해를 가지고 있고, 어떤 종교는 창조적인 우주의 영이 초월적인 삼위일체론적 하나님의 한 위격 속에 33년 동안만 내재했던 것이 아니며, 내재적이면서 초월적이라고 주장한다.)

이런 패턴이 계속될지 어떨지는 알 수 없지만 지구상에서의 생명의 출현 문제에 대한 합리적인 접근법은 열린 마음을 갖고 접근하되, 하나님이나 지적 설계 같은 초자연적인 원인을 도입하기보다는 자연적인 설명 방식을 추구하는 것이다.

인간 중심 원리

인간 중심 원리는 1부에서 어디서부터 생겨났는지 알 수 없는 물리학적 법칙이 작동하지 않고, (매우 정교한 값을 가지고 있지만 그 값을 갖게 되는 이유를 설명하는 법칙은 존재하지 않는) 몇 가지 우주 차원의 변수와 차원 없는 상수들이 작동하지 않는다면 인간의 진화를 가능케 하는 우주가 존재할 수가 없다는 논의 때 다루었다. 이제 여기서 또다시 지구의 원시 수프 속의 단순한 분자들로부터 생명의 출현이라는 난감한 문제를 설명하기 위해 인간 중심 원리가 동원된다.

인간 중심의 사고방식은 이론 물리학자 브랜든 카터Brandon Carter가 케임브리지대학교에 있었던 1974년에 처음 제시했다고 본다.[20] 이 주제에 대한 가장 포괄적인 연구는 우주론자 존 배로John Barrow와 프랭크 티플러Frank Tipler가 진행했는데, 그들이 1986년 출간한 책에는 이 사고방식에 관련된 모든 법칙, 변수들, 상수들, 다양한 이론들이 소개되어 있다.[21] 인간 중심 원리의 세 가지 버전에 대한 그들의 설명을 다루어 보자.

약한 인간 중심 원리(Weak Anthropic Principle, WAP)

물리학적 우주론적 차원의 분량이 관측된 모든 값은 동일한 개연성을 가진 것은 아니지만 탄소 기반의 생명체가 진화할 수 있는 지역이 존재하고, 우주는 그 생명체가 지금껏 진화해 올 수 있을 만큼 충분히 오래되어야 한다는 조건의 제약을 받는다.

배로와 티플러는 우주의 나이와 크기를 알기 위해서는 인간처럼 우주를 관찰할 수 있는 탄소 기반 생명체의 진화가 필요하다는 베이즈의 접근법 Bayesian approach 같은 과학적 철학적 논의를 이어간다. 이런 논의가 말하려는 바를 요약하면, 우리가 관측하는 우주의 특징들은 우리가 관측할 수 있는 것들이라는 말이다. 이는 동어반복이며 아무것도 설명하지 못한다.

강한 인간 중심 원리(Strong Anthropic Principle, SAP)

> 우주는 그 발전적 역사의 어느 시점에서 생명체를 만들어 낼 수 있는 특징을 분명히 가지고 있다.

이는 "분명히"라는 말에 의해 "약한 인간 중심 원리"와 구분된다. 배로와 티플러에 의하면 이 원리에 대한 해석은 세 가지가 있다.

a. 지적으로 설계된 우주

> 관찰자를 생성하고 유지하려는 목적으로 설계된 하나의 가능한 우주가 존재한다.

이는 최초 세포에 대한 지적설계론을 우주 전체에 대한 논의로 확장하고 있는데, 우주론에서와 비슷한 반론에 부딪친다. 여기서 그 내용을 반복하지는 않겠지만, 이것은 과학의 실증적 영역을 넘어선다. 우리는 열린 마음을 갖고, 다른 알려지지 않거나 알 수 없는 지적 설계자 또는 신과 같은 초자연적 원인을 도입하지 말고 합당한 설명을 찾아야 한다는 나의 결론을 반복해 둔다.

b. 참여우주

> 우주를 존재하게 하려면 관찰자가 필요하다.

이것은 162쪽에서 다루었듯 인간 의식에 근거해 양자역학을 해석하는 존 휠러John Wheeler의 방식에 근거한다. 이 해석은 말 그대로 뒤집힌 인과론, 즉 효과가 원인보다 시간상 앞설 수 있다는 추론을 내세운다. 철학자들 중에는 이 이론에 대한 옹호와 반대가 모두 존재한다. 그러나 이 이론이 실험이나 관찰에 의해 반증될 수 있는지 아무도 제시하지 못했다. 결국 이것은 과학의 영역을 벗어난다.

참여우주론이란 구석기 시대 우리의 조상들이 우주 파동의 작용을 관측하여 이 우주를 관찰 가능한 현실로 인식하기 전까지 우주가 존재하지 않았다는 의미이다. 즉 구석기 시대 우리 조상들이 관측할 수 있는 우주를 창조했다는 말이다.

이 추론을 합리성에 입각해서 검증하자면, 나는 뒤집힌 인과론은 논리적 모순이며, 참여우주론은 내적으로 모순된다는 앤터니 플루Antony Flew와 다른 철학자들의 입장이 옳다고 본다. 또한 이 추론은 관찰 결과에 의거해서 이 우주가 적어도 100억 년 이상 오래되었다고 해석하는 대다수의 의견과도 모순된다.

c. 다중우주

우리 우주가 존재하려면 다른 우주들의 조화가 필요하다.

강한 인간 중심론의 해석을 적용하자면, 설령 원시 수프 속의 단순 분자들의 상호작용에서부터 첫 번째 세포 출현은 개연성이 많이 떨어지긴 하지만, 그럼에도 불구하고 상상할 수 없이 많은 우주—무한히 많은 우주는 아니지만—중에서 어느 한 우주의 어느 행성에서 반드시 일어나야 하고, 우리는 우연히 이런 일이 일어난 우주 속의 그 행성에 살게 되었다는 것이다.

나는 앞에서 우주는 논리적으로는 다른 수많은 형태가 가능한데도 왜 그중에서도 구체적인 한 가지 형태로 존재하게 되었는가 하는 문제를 다루면서 다중우주론의 네 가지 범주를 검토했다. 그때 나는 이들 중 어느 것도 검증할 수가 없기에, 그 어느 것도 과학이라고 할 수 없다고 결론을 내렸다.* 따라서 지적으로 설계된 세포론은 반증이 안 되므로 과학이라고 할 수 없다고 주장하는 이들이라면, 다중우주론 역시 검증할 방법을 제시하지 못한다면 과학이라고 주장할 수 없다고 보는 것이 논리적이다.

배로와 티플러는 카터가 생각하지 못했던 세 번째 버전을 제시한다.

최종적 인간 중심 원리

> 지적인 정보 형성 과정intelligent information-processing이 우주 속에서 생겨나야 하고, 생겨난 후에는 사라져서는 안 된다.

이것은 미래에 대한 형이상학적 추정이지 물리학적 원리라고 하기는 어렵다.

인간 중심 원리 일반에 대해 제기된 더 강한 반론은 로저 펜로즈에게서 나왔는데, 그는 "이 원리가 관측한 사실을 설명할 만한 충분한 이론이 없을 때마다 이론가들이 곧잘 꺼내 드는 것"[22]이라고 한다.

양자 출현

지금껏 살펴본 수많은 주장들에 대해 맥패든이 제기한 비판을 앞에서 인용했었다. 그는 원시 수프 관련한 가설은 어느 것도 유효하지 않다고 보는데, 이 가설에서는 필연적으로 생겨야 하는 최초의 자기 복제 실체가 열역학을 통해 생긴다는 주장이 그러한 비판의 이유 중 하나이다. 하지만 무작위적

* 180쪽에서 184쪽 참고.

인 분자 운동은 필연적으로 무수히 많은 다양한 반응을 만들어 내므로 여기서 무작위적으로 자기 복제하는 실체가 생겨날 확률은 매우 낮다는 것이다.

예를 들어, 그가 일련의 유리한 가설을 계속 수립한 후에 분자 수프에서 무작위적 반응을 통해 가장 단순하면서 자기 복제하는 펩타이드가 생겨날 확률을 계산해 보니, 그 가능성은 거의 제로에 가까운 10^{41}분의 1이었다.

맥패든은 이런 펩타이드가 만들어지려면 유도되어야 한다고 믿는다. 이 말이 지적 설계자가 필요하다는 뜻은 아니다. 적합한 조건에서 열역학보다는 양자역학의 메커니즘에 의해 달성될 수 있다고 본다.[23]

6장에서 양자의 세계를 살펴볼 때 언급했듯, 양자역학은 원자보다 작은 입자는 입자이자 정보의 파동으로서 그 위치가 확정되지 않는다고 본다. 그 양자 단위의 입자는 지역이 제한되어 있지 않고, 존재할 수 있는 상태가 너무 다양하다. 이를 가리켜 양자의 중첩 상태라고 한다.

맥패든은 에버렛의 다중우주론적 해석*이 간명성의 기준을 심각하게 어기기 때문에 받아들이지 않고, 파동함수가 측정되면 비로소 물리 입자로서의 위치와 모멘텀, 에너지를 가지는 상태로 붕괴되어 우리가 알고 있는 고전역학의 세계로 들어선다는 견해에는 동의한다.

그러나 그는 양자 파동의 측정과 붕괴를 해석하는 데 있어서 코펜하겐 해석**이나 휠러가 말하는 의식 있는 관찰자 기반 해석***도 받아들이지 않는다. 그는 봄Bohm이 제시하는 파일럿 파동 해석pilot wave interpretation (이 해석의 자세한 내용은 여기서 다룰 필요는 없다) 역시 지지하지 않는다.

그 대신에 그는 쥬렉Zurek이 제시하는 결어긋남decoherence 해석을 지지하는데, 이에 따르면 입자들은 그 파동함수들이 결맞음coherent 동안에만 양자 상태에 머물러 있으며, 간섭이 일어나 결어긋남 상태일 때는 붕괴되어 고전적인 현실에 들어선다. 온 세상이 고전적인 역학적 현실로 나타나는 까닭은 모두

* 180쪽 참고.
** 162쪽 참고.
*** 162쪽 참고.

열려 있는 시스템에서 광자, 전자, 그리고 다른 입자들의 끊임없는 폭격이 이어지고, 그렇게 많은 입자들의 양자 얽힘quantum entanglement이 일어나면 결어긋남이 되어 중첩 상태가 붕괴되기 때문이다. 결국 관찰자와의 결부가 아니라 환경과의 얽힘에 의해 양자 시스템이 이루어지고 그 붕괴도 유발된다 하겠다.

양자의 결어긋남이라는 아이디어로 원시 수프에서 자기 복제하는 펩타이드의 출현을 설명하기 위해 맥패든은 세 가지 가정을 제시한다.

1. 원시 분자 수프는 현미경으로 볼만큼 작고, 암석의 구멍이나 기름방울처럼 작은 구조 안에 갇혀 있어서 그 안의 양자 상태의 결맞음을 보호하는 원세포proto-cell 역할을 한다.
2. 새로 공급되는 아미노산 같은 새로운 분자는 이 원세포를 들락거린다.
3. 그 시스템은 양자 상태로 유지되기에 하나의 펩타이드를 만들기 위해 아미노산 하나가 추가되는 고전적 방식이 아니라 아미노산이 하나 추가되면 생겨날 수 있는 모든 펩타이드의 양자 중첩이 일어난다.

아미노산이 추가되는 과정 속에서 각각의 펩타이드는 환경과 결합하여 그 양자 상태는 결어긋남이 되어 고전적인 상태에 들어선다. 따라서

> 그 전에는 다시 양자 중첩의 영역으로 돌아들어 가서 그 다음 측정 단계를 기다릴 수 있었다……. 이렇게 양자 영역으로 들어가고, 측정되며, 고전 [입자] 상태로 붕괴되고, 다시 양자 영역으로 되돌아가는 과정이 계속 반복되면서……. 펩타이드들의 양자 중첩 상태로 계속 길게 늘어지다가 마침내 비가역적으로 그 시스템이 붕괴되어 고전적인 상태에 들어선다.

그러나 이 모든 메커니즘은 맥패든의 다음 가설에 의존한다.

보다 중요한 사항은, 펩타이드가 단일 분자로 있을 동안에는 측정된 후에 "양자 영역으로 언제나 되돌아들어 갈 수 있었다" [맥패든 자신이 강조한 부분].

양자 상태로 이렇게 반복해서 되돌아 갈 수 있었다는 말은 문제적이다. 동일한 분자가 그렇게 할 수는 없다. 펩타이드가 "측정 과정에서 아무런 손상 없이 출현했으리라"고 가정하는 그의 주장과는 달리, 각각의 단계에서는 아미노산이 추가되고, 이로 인해 분자 구조는 달라진다.

맥패든에 의하면, 중첩 상태에서 자기 복제하는 펩타이드가 만들어지면서 이 과정은 비가역적으로 붕괴되어 고전적인 상태가 된다. 그는 이 특정 펩타이드가 중첩 상태의 다른 것들과는 달리 붕괴되어 고전적인 현실 속의 입자가 될 확률이, 선택한 사례 속 분자 수프의 열역학적 조건에서 생성될 확률인 10^{41} 대 1과 같다는 점을 인정한다.

이를 설명하기 위해 그는 앞에서 자신이 "터무니없다"고 평가절하했던 에버렛의 양자 다중우주론을 활용할 수 있다고 주장한다. 가능한 모든 양자 중첩의 붕괴는 각각의 우주에서 일어나며, 우리는 그렇게 만들어져 나온 고전적인 펩타이드가 자기 복제하는 펩타이드인 우주 속에 우연히 존재하게 되었다는 것이다. 그러나 같은 우주 내의 다른 곳에서 이 사태가 발생할 수 있는 확률은 10^{41}에서 1을 뺀 것이다. 따라서 우리 우주 속 다른 곳에서 생명이 발견된다면 (많은 우주생물학자들은 목성의 위성 중 하나인 유로파에서 발견될 수 있다고 생각한다), 이 가설은 무너진다.

또 다른 대안으로 맥패든은 특정 경로를 따라서 시스템의 일련의 밀도 있는 양자 관측을 진행하게 되면, 관측없이 가능한 무수히 많은 경로 대신에 그 경로를 따라서 시스템을 그려낼 수 있는 역逆 양자 제노 효과inverse quantum Zeno effect를 제안한다.

이를 위해 맥패든은 두 가지 가정을 추가한다.

4. 분자 내부와 분자 간에 발생하면서 첫 번째 자기 복제자를 만들어 내

는 화학적 반응을 구성하는 전자와 양자 운동의 시퀀스는 양자 수준에서는 빈 공간에서 움직이는 전자와 광자의 운동과 본질적으로 차이가 없다.

5. 중첩 상태의 펩타이드에 작용하는 원시-효소proto-enzymes의 양자 관측은 광자에 대한 편광 렌즈의 양자 관측과 본질적으로 차이가 없다.

따라서 이들 관측은 10^{41}대 1의 확률에서 첫 번째 자기 복제 펩타이드를 만들어 낼 수 있는 경로 쪽으로 화학적 시스템을 이끌어 간다. 그 이후 효율이 낮은 자기 복제 펩타이드는 변이를 만들어 내고, 이 변이는 초다윈주의적인 자연 선택에 의해 자기 복제에 적합하도록 점진적으로 증가한다. 이들은 지질막lipid membranes을 취득하여 외부 환경으로부터 자신을 보호하면서 보다 효율적인 효소 단백질로 진화해 나가다가 마침내 그보다 더 효율적인 세포가 출현한다.

이들 마지막 두 가지 가정은 실증적으로 증명된 다른 과학 원리들과 부합한다는 점에서 합리적이다. 그러나 전체적인 가설은 실증적인 증거가 부족하다. 이 가설과는 반대로, 연구자들이 실험실에서 이 과정을 따라서 효소를 사용하여 DNA와 RNA 분자를 복제하려 할 때마다 보다 효과적인 복제자는 수백 번의 주기를 거쳐야만 겨우 몇 번 정도 진화해 나갔지만 그들은 보다 작고 단순한 분자들이었다. 그 시스템은 절대로 그 반대 방향인 복잡도가 증가하는 방향, 즉 세포를 형성하고 생물학적 진화가 일어나는 방향으로는 진화하지 않았다. 컴퓨터 시뮬레이션 결과도 마찬가지였다.

그럼에도 맥패든은 흔들리지 않았다. 그는 양자 결맞음을 유지할 수 있도록 그 반응체들을 환경에서부터 분리하는 것이 관건이라고 믿었다. 그는 첫 번째 세포 생명체는 나노미터 단위의 마이크로스피어microspheres에서 자신을 보호하며 존재하는 단순한 자기 복제자였으며, 이는 지구의 지하 암석에서 발견되는 나노박테리아와 그리 다르지 않았을 것이라고 추정한다.

그러므로 실험실에서 실험을 할 때는 양자 결맞음을 유지할 수 있는 조건을 갖추기 위해 탄소 나노 튜브 같은 것을 사용해야 하는데, 이것은 원자 한 개 두께의 탄소 시트가 말려서 실린더에 들어 있어야 하며, 이 실린더는 직경이 사람 머리카락의 50,000분의 1보다도 얇다.

또한 컴퓨터 시뮬레이션 역시 양자 컴퓨터에서만 구현이 가능한데, 양자 컴퓨터는 오늘날의 디지털 스위치 방식이 아니라, 중첩이나 얽힘 같은 양자 역학 현상을 활용하여 데이터를 만들어 낼 수 있다.

이 두 가지 기술 모두 현재는 초기 단계에 있다.

자기조직화 복잡성Self-organizing complexity

생명에 대한 정의를 확정하기 위해 스몰린과 카프라는 의사였다가 생화학자로 전향해서 복잡계 연구를 수행하는 다학문적 연구 기관인 산타페 연구소의 연구원으로 있는 스튜어트 카우프만의 복잡도 이론을 가져왔다.

1995년에 카우프만은 생명이 수십억 개의 다양한 분자들로 이루어진 원시 수프에서 자기조직화 복잡성의 과정을 통해 생겨났다고 주장했다.[24] 그러한 원시 수프에서는 A분자가 다른 B분자가 만들어지는 데 촉매 작용을 하며, 이로 인해 수프 속에서 B분자는 점점 많아진다. B는 다시 C를 만드는 촉매 작용을 하고 C는 D에 촉매 작용을 하는 식으로 전개되어 A→B→C→D→E→F→G의 일련의 과정이 생긴다. 그리고 이 과정에서 예를 들어 F가 A의 생산에 촉매 작용을 하면서 A→B→C→D→E→F→A의 촉매 작용이 완성이 되는데, 이것을 그는 자가 촉매 세트라고 불렀다. 이 과정이 원시 수프 속의 원료 물질들에 끊임없이 작용하고 태양빛과 화산 분출로부터 얻은 에너지가 더해지면서 수프 속의 분자들의 밀도는 점점 높아진다.

그리고 여기에 더하여 그는 이 세트 속의 한 분자, 예를 들어 D가 다른 분자 A와 E의 생산에 촉매작용을 한다고 추정하였다. 이런 식으로 해서 자급하는 자가 촉매 세트의 네트워크가 만들어진다.

그는 자신이 말하고자 하는 이 네트워크의 전형적인 성장 패턴을 설명하기 위해 단추와 실을 비유적으로 사용한다. 두 개의 단추를 무작위로 고르고 이 둘을 실로 연결하라. 무작위로 개별 실을 사용해서 두 개의 단추를 계속 연결하면 어떤 단추는 이미 다른 단추와 연결되어 있는 단추와 다시 연결될 수밖에 없다.

연결된 단추들의 큰 덩어리 속에서 단추의 숫자는 그 시스템이 얼마나 복잡해졌는가를 측정하는 지표이며, 이는 그림 15.1에서처럼 나타나는데, 카우프만은 이 현상을 개략적으로 설명하기 위해 단추를 노드nodes로, 각각의 연결선은 엣지edges라고 명명한다.

대부분의 단추에 연결선이 많지 않은 초기에는 덩어리의 규모가 천천히 커진다. 그러나 실의 숫자가 단추의 숫자의 절반에 이르고 절반을 넘어서면서 가장 큰 덩어리의 크기는 몹시 빠르게 커지는데, 덩어리들 속에 많은 단추들을 놓고 본다면, 새로운 덩어리가 형성되면서 작은 덩어리를 가장 큰 덩어리에 연결시킬 확률이 높아지기 때문이다. 매우 빠른 속도로 하나의 초거대 덩어리가 네트워크를 이루고 그 안에서 매우 많은 단추들이 서로 연결

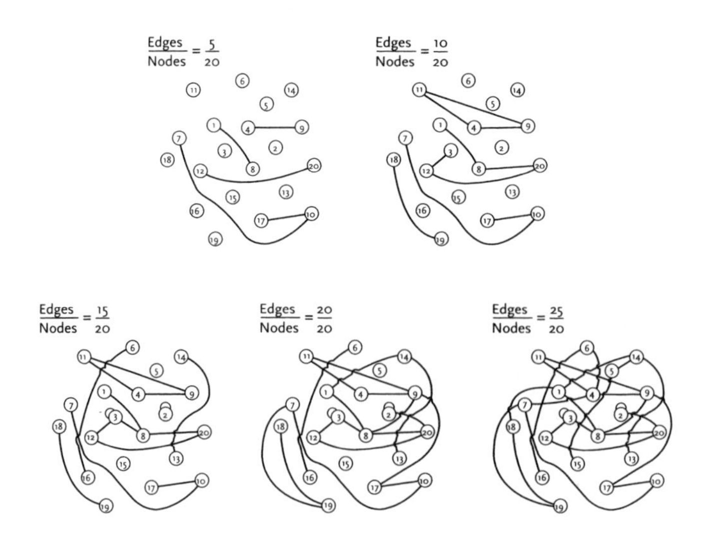

그림 15.1 네트워크 형성에 대한 카우프만의 "단추 모델"
단추는 노드, 엣지는 네트워크 내의 단추를 연결하는 실을 뜻한다.

된다. 그 이후에는 가장 큰 네트워크의 크기가 천천히 커지는데, 이 네트워크에 아직 속하지 않은 단추가 얼마 없기 때문이다.

그림 15.2는 카우프만이 네트워크 상전이相轉移, phase transition라고 부르는 것을 물과 얼음 사이의 상전이에 비유해서 그림으로 나타낸 것이다. 세포의 상호 연결된 부분들의 네트워크처럼 복잡한 시스템은 분자들의 자기 조직적 자가 촉매 네트워크가 연결되어 생기는 세포 내 구성 요소들의 네트워크로부터 나온다. 이 대단히 복잡한 시스템은 더 이상 변화의 여지가 없기에 안정적이다.

카우프만에 의하면 이 메커니즘이 원시 수프에서 작동한다면, 일어날 것 같지 않은 화학 작용이 연쇄적으로 일어났다고 상정할 필요가 없어진다. 생명은 지극히 복잡한 자기 조직적 자가 촉매 세트a super-complex self-sustaining autocatalytic set라고 할 수 있으며, 상전이로서 출현한다. "촉매 종결자 자체가 결정체가 되기에 생명은 분자 다양성이 증가하는 임계 단계에서 결정체로 생긴다."

이러한 가정은 계통수보다는 앞에서 살펴봤던 진화의 네트워크 가설과 부합한다. 그러나 카우프만도 인정하듯 "이 견해를 뒷받침하는 실증적 증거는 아직 없다."

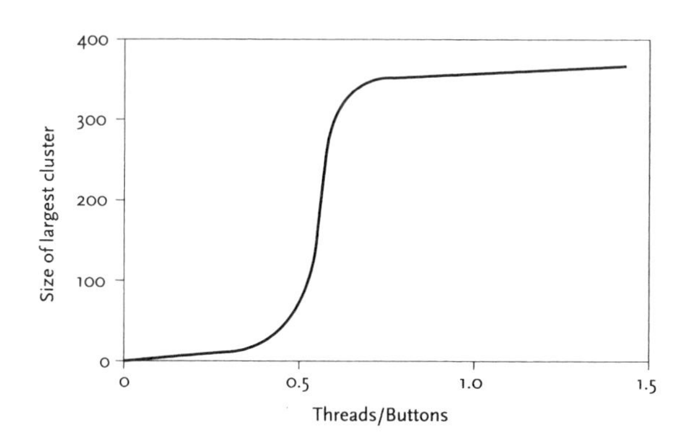

그림 15.2 카우프만의 네트워크 상전이

실(연결선)의 숫자가 증가하면서, 대부분의 단추들이 연결되어 있지도 않고 연결선도 몇 개 안 되던 상태에서 거의 모든 단추가 네트워크의 일부가 되는 상태로 급격한 전이가 발생한다.

합리성의 기준을 적용하자면 자기조직화 복잡성 가설은 내적으로 일관되고 컴퓨터 모델링 결과치와도 부합한다는 점에서 외적으로도 일관된다고 할 수 있다. 그러나 불행하게도, 그게 전부이다.

이 모델은 어떻게 해서 최초에 촉매 분자 A, B, C 등이 생겼는지를 설명하지 못한다. 앞에서 봤듯 아무리 우호적으로 살펴본다고 해도 알려진 가장 단순한 자기조직화 펩타이드가 분자 수프에서 무작위적 반응을 통해 생성될 확률은 10^{41}분의 1이다.

에드워드 윌슨은 설령 복잡화 이론이 올바른 궤도로 가고 있다고 치더라도, 그 이론은 생물학적 세부 사실과 지나치게 큰 괴리가 있다는 점이 문제라고 본다.

> 근본적인 문제를 한 마디로 요약하자면, 확인된 사실이 없다는 점이다. 복잡화 이론은 사이버 공간으로 가져올 만한 정보가 충분하지 않다. 그들이 애초에 상정하는 가설 역시 한층 더 구체화되어야 한다. 현재까지 도달한 결론 역시 너무 막연하고 일반적이어서 차라리 힘차게 전개한 비유에 가깝고, 추상적인 결론은 그다지 새로운 내용을 담고 있지 않다.[25]

맥패든은 이렇게 말한다.

> 자가 촉매 세트가 저절로 생기는 일은 각각의 세트가 자기 주변에서 뒤죽박죽 일어나는 반응에서부터 고립될 수 있는 컴퓨터상에서만 가능하다. 실제 화학 수프에서는 각각의 요소가 수천 가지의 부차적 반응에 엮이게 되므로 출현 가능한 자가 촉매 세트는 희석되어 소멸된다.

그는 여기서 더 나아가서 생명의 출현에 대한 가설로서의 복잡화 이론에 대해 이론적이면서 보다 중요한 반론을 제시한다. 사이클론과 다른 사례들에서 볼 수 있는 자기 조직은 수십억 개의 분자가 무작위로 서로 상호작용하면서 만들어진다. 이는 수많은 입자들로 인해 생성되는 현상이며 육안으로도 볼 수 있는 규모의 구조를 갖추고 있다. 분자 수준에서 보자면 그저 혼돈과 무작위적인 움직임만 있을 뿐이지만 말이다. 그러나 세포는 기본 입자에 이르기까지 질서 정연한 구조를 가지고 있다. 육안으로 볼 수 있는 살아 있는 세포의 구조는 무작위적이고 일관성 없는 움직임을 통해 생성되지 않는다.[26]

현재까지 발전된 자기조직화 복잡성 이론은 너무 추상적일 뿐 아니라 그 가설의 실증적인 증거를 제시하기 위해서는 컴퓨터로 구동하는 모델에 의존해야 한다고 지적하는 윌슨의 주장을 나는 지지한다. 실증적 데이터에 입각해서 이 모델을 보다 정교하게 만들면 무생물에서 생명이 생기는 과정을 설명하는 보다 깊은 새로운 법칙을 찾을 수 있지 않을까 하는 희망은 남아 있다.

출현 이론

스몰린과 카프라는 미국 조지메이슨대학교 생물학과 자연 철학 교수인 해럴드 모로비츠Harold Morowitz가 정교화한 출현 이론에도 의존하는데, 모로비츠는 양자 수준에서 파울리 배타 원리가 원자 내의 전자의 에너지 상태의 도무지 확정할 수 없는 무수히 많은 가능성 중에서도 몇 가지만 선택해서 118개의 원소가 생겨난 것을 설명하듯이, 생화학적 과정에서부터 복잡화가 일어나는 바를 설명할 수 있는 보다 심화된 법칙이 있으리라고 믿었다.*

모로비츠는 물질대사와 같은 반응이 핵심이며, 따라서 생명의 가장 오래된 특징이라고 믿었기에 여러 해에 걸쳐서 살아 있는 유기체가 자신들의 세포 속에서 수행하는 주요 생화학 반응을 통합하는 이론을 만들고자 애썼다.

* 232쪽 참고.

비록 그의 중요한 저서[27]에서는 물질대사나 생명을 정의하지 않았지만 말이다.

내가 이해한 것이 정확하다면, 모로비츠는 원시 분자 속 자가 촉매 세트의 네트워크에 흐르는 에너지 흐름이 물질대사를 만들어 낼 때 (이것이 아마 복잡화 이론가들이 자기 보존적인 자가 촉매 세트라고 부르는 그것이다) 비로소 생명이 출현하는 과정이 시작된다고 추론한다.

모로비츠는 몇 가지 문제점을 확인한다. 우선, "자연 발생적인 20종의 아미노산에서 시작해서 100개의 아미노산의 사슬이 만들어질 확률은 20^{100}분의 1이다…… 이것은 10^{101}보다 큰 값이다…… 이들 서열의 대부분이 광범위한 반응의 촉매로 작용했을 것이다." 이들 중에서 선택해야만 한다.

그 다음으로, 구체적인 기능을 하는 원핵세포와 같은 구조를 만들어 내는 일은 구조적이고(화학 반응이 일어날 곳을 결정하는 삼차원 구조), 화학적이며(어떤 분자들이 선택되고, 이들이 다른 분자들과 어떻게 반응할지), 정보와 관련된(아미노산의 서열이 뉴클레오티드 서열 속에 암호화되는 DNA, RNA가 만들어지는 일련의 과정) 문제이다. 이 모든 기능은 상상할 수 없이 많은 가능성의 영역에서 선택되어야 한다.

따라서 생명의 출현은 지질학적으로 거의 순간적인 시간 동안 "너무나 많고 많은 출현들"이 생기는 사태를 포함하고 있다.

모로비츠는 이런 중간 단계의 출현을 이해하는 것은 "화학적 네트워크, 물리학적 고분자에 대한 물리학적 연구, 시스템 특성에 대한 더 나은 이해 등이 포괄된 실험적이고 이론적인 연구에 달려 있다"고 인정한다. 다시 말해 자신의 제안을 뒷받침하는 실증적인 증거나 적합한 이론이 아직 없다는 뜻이다.

생화학 분야에서 파울리 배타 원리에 대응하는 이론이 무작위적인 단순 분자에서부터 독립적인 생명체 출현에 이르는 길을 설명할 수 있다는 생각은 대단히 매력적이긴 하지만, 모로비츠나 다른 누구도 그러한 보다 깊은 법칙 혹은 법칙들이 무엇인지는 제시하지 못했다. 현재까지 출현 이론은 사태를 설명하는 선택의 원리를 찾아내야 한다는 문제에 대해 조금 다른 방식으로 보다 세련되게 기술한 것 외에는 새로울 게 없다.

결론

1. 새로 생겨난 지구에서 발견되었거나 혹은 퇴적된 13종의 원자로 구성된 복잡한 분자에서 어떻게 생명이 출현했느냐에 관한 생화학적 정설에 의하면, 태양과 번개에서 나온 에너지로 인해 새로 생겨난 지구의 대기 중에 있는 이들 분자들이 20개의 아미노산을 자연 발생시켰고, 이들은 바닷속으로 용해되었다. 수백만 년은 아니더라도 수십만 년 동안 무작위적인 반응이 이어져서 첫 번째 자기 복제자인 RNA 분자를 만들었고, 이것이 자신을 복제하는 촉매가 되었으며, 단백질도 만들었다. 초다윈주의적 자연 선택에 의해 자기 복제에 보다 효율적인 돌연변이 후손이 선택되어 단백질을 끌어와 보호하는 세포막을 만들고, 보다 안정적으로 유전적 정보를 저장할 수 있는 DNA 분자를 만들어 마침내 최초의 세포가 생겼다. 그러나 이러한 가설만이 아니라 원시 복제기가 자기 복제적인 펩타이드라는 가설 역시 어떠한 실증적 증거도 없다. 초기 지구의 환경이었으리라 생각되는 조건 속에서 원시 분자로부터 생명을 만들어 내려고 지난 60년간 시도해 왔지만 살아 있는 세포는커녕 자기 복제자와 약간이라도 닮은 것도 만들지 못했다.
2. 게다가 다른 무엇보다도, 용액 상태에서 일어나는 무작위적인 반응을 통해 자기 복제하는 RNA 분자나 자기 복제하는 펩타이드를 만들 수 있는 확률은 믿을 수 없이 낮다는 점에서, 그리고 세포 내에서 발견되는 좌선성 아미노산 이성체를 만들어 낼 확률은 더욱더 낮다는 점에서, 이러한 가설은 근거가 없다.
3. 최초의 세포가 자기 조직화 복잡성 과정을 통해 생겨났다는 주장 역시

그 제안이 근거로 삼는 촉매 분자가 원시 수프 속 분자들의 무작위적 반응 속에서는 도무지 생겨날 수 있는 확률이 없는데도 어떻게 생겨났다는 것인지 설명하지 못한다. 그 이후의 설명은 현재로서는 지나치게 추상적이고 생물학적 세부 사실과도 큰 격차를 보이고 있어서 생명의 출현에 대한 설득력 있는 이론으로는 부족하다.

4. 초기 지구상의 자기 복제적 진흙 결정에서부터 첫 번째 세포가 생겨났으며, 이 과정이 진흙 결정의 이차원적 표면에서 생기는 반응의 촉매 작용으로 일어났다는 주장은 매우 흥미로운 추정이지만 결정적인 단계에 대한 적절한 설명이 부족하며, 실증적인 증거도 없다. 또한 화석상의 증거를 얻을 확률도 거의 없다. 이런 사정은 바닷속 뜨거운 분출구 근처에서 황철광이 형성될 때 이차원적 촉매 작용에 의해 생명이 생겨났다는 주장에도 똑같이 적용된다. 이 제안에서는 첫 번째 단계에서 이산화탄소가 탄소화합물로 바뀌어야 하는데 현재로서는 이를 뒷받침하는 실증적 증거가 없다.
5. 생명이 박테리아 포자나 혜성 혹은 소행성 내부의 박테리아 형태로 지구 바깥에서부터 왔다는 주장은 그 생명이 어디서 생겨났는지 설명하지 못한다. 또한 이런 가설의 다양한 버전은 모순되는 증거에 의해 잘못으로 판명되거나 아니면 아무런 증거가 없는 매우 불확실한 가정에 입각해 있다. 혜성 안에서 생명이 생겨났다는 주장 역시 사정은 마찬가지이다.
6. 첫 번째 세포는 더 줄일 수 없이 복잡하므로 지적 설계에 의해 생겨났다는 주장은 아무 증거가 없다. 또한 반증할 수도 없으므로 과학적 설명이라고 할 수 없다.
7. 인간 중심 원리를 내세우는 것 역시 과학적 설명이 부족하다. 약한 인간 중심론은 아무것도 설명하지 못한다. 강한 인간 중심론의 세 가지 해석은 검증할 수 없으며, 설득력이 없거나 비합리적이라는 점에서 다른 무수한 비과학적인 신념이나 학설과 다를 바 없다.

8. 최초의 자기 복제자가 열역학이 아니라 양자역학에 의해 미시적인 자연적 폐쇄 상태에 있는 원시 분자로부터 생겨났다는 주장은 양자 이론의 특수하면서 합리적인 해석에 근거하고 있다. 그러나 현재까지 이 주장은 내적인 모순이 있고 실증적 증거도 없다.
9. 생화학 분야에서 파울리 배타 원리의 대응하는 이론이 있으면 무작위적인 단순 분자들에서 세포에 이르는 과정에 놓여 있는 중간 단계를 설명할 수 있다는 생각은 매력적이긴 하지만, 그들 단계가 어떻게 발생하는지 설명하는 보다 근원적인 법칙이나 법칙을 제시한 이는 아직까지 아무도 없다.
10. 물질의 출현과 마찬가지로 생명의 출현 역시 과학으로 설명할 수 있는 범위를 넘어서는 게 분명하다.

과학이 현재로서는 물론이고 앞으로도 생명의 출현에 대해서 설명할 수가 없다면, 생명의 진화에 대해서는 할 말이 있는가?

Chapter 16

생물학적 진화에 대한 과학적 사유의 발전

만약 지금까지 가장 멋진 생각을 한 사람에게 상을 준다면
나는 뉴턴과 아인슈타인을 포함한 다른 그 누구보다도 다윈에게 줄 것이다.
-대니엘 C 데닛Daniel C Dennett, 1995년

과학 분야에서는 어떤 생각을 처음으로 해 낸 사람보다는
그 생각으로 세상을 설득한 사람에게 찬사가 돌아간다.
-프랜시스 다윈 경Sir Francis Darwin, 1914년

생명의 진화에 대한 현재 과학의 설명을 검토하기 전에 우선 내가 말하고자 하는 진화가 무엇인지 다시 확정해야 할 듯하다. 많은 과학자들이 이 용어를 생물학적 진화와 동일하게 쓰고 있기 때문이다. 많은 이들은 생물학적 진화 현상을 진화의 여러 메커니즘 중 하나일 뿐인 자연 선택natural selection과 합쳐 사용한다. 1부 물질의 진화에서 살펴봤을 때처럼 이는 훨씬 더 넓은 의미가 있다.

> **진화** 어떤 사물에서 일어나는 변화의 과정, 특히 단순한 상태에서 복잡한 상태로의 변화를 말한다.

우선 생명에 관한 주요 사유가 어떻게 생물학적 진화라는 현재의 정통

이론으로 발전했는지 살펴보겠다. 그 다음 두 장에서는 현재까지 나온 증거가 무엇을 말하는지 검토하며, 그 이후의 장에서는 현재의 정설을 수정하거나 반박하는 증거와 가설에 대한 현재 정통 이론의 설명에 대해 평가하려 한다.

진화론 이전의 생각

아리스토텔레스

13세기에서 14세기경의 서구는 기원전 4세기에 나온 아리스토텔레스의 사상을 재발견했다. 그는 생물에 관한 광범위한 분류를 시도했다. 식물과 동물을 구분하고, 동물은 피가 있는 동물과 없는 동물로 나누었다(척추동물과 무척추동물에 대한 현대적 분류와 유사하게). 그리고 유사한 특징을 가진 동물은 같은 속屬, genera으로 묶었고 이를 다시 종種, species으로 나누었다.

창조론

과학은 서양의 자연 철학에서부터 발전했으므로 거의 모든 과학자는 기독교인이었다. 18세기 거의 대부분의 과학자들*은 하나님께서 각각의 종을 창조하셨고 이들은 그 이후 변화가 없었다는 유대-기독교 성경의 진리를 받아들였다. 1701년부터 흠정역 성경(킹 제임스 성경)은 그 여백에 그 당시 널리 받아들여지고 있었던 어셔Ussher 대주교의 계산법—천지 창조는 6,000년 전에 일어났다—을 싣고 있었다.**

* 오늘날 우리가 이해하는 "과학자"라는 용어는 19세기 이전에는 사용하지 않았지만, 자연 철학의 개념적 접근이 아닌 실증적 접근법에 입각해서 연구하는 이들로, 지금으로 치면 과학 연구를 수행했던 자들을 가리키는 말로 사용하려 한다.

** 48쪽 참고.

린네

종에 대한 아리스토텔레스의 분류법에는 별다른 개선이 없다가, 1735년에 와서 라틴어 이름인 카롤루스 린나이우스Carolus Linnaeus(거의 모든 과학 논문이 라틴어로 쓰여지던 때)로 알려진 스웨덴의 의사이자 식물학자인 린네Carl von Linné가 표본들을 물리적 특징에 따라 분류한 『자연계 *Systema Naturae*』를 출간했다. 그 이후 이어진 여러 수정 확장판에서 그는 자연 세계를 동물, 식물, 광물의 세 가지 계系에서 출발해서 가장 상위의 종인 인간에 이르는 위계 구조로 분류했다. 표 16.1은 인간이 분류상 어디에 속해 있는지 나타낸다.

여기서 인간은 단지 자연계의 일부이자 원숭이와 가까운 동물로 제시되었으므로 논란이 일어났다.

표 16.1 인간에 대한 린네의 분류법

분류	이름	간단한 설명	사례
Imperium [제국, Empire]		자연계 속의 모든 것	동물, 식물, 광물
Regnum [계(界), Kingdom]	*Animalia* [동물Animals]	움직이는 생명체	포유류, 새, 양서류, 물고기, 곤충, 벌레
Classis [강(綱), Class]	*Mammalia* [포유동물Mammals]	유선에서 생산된 젖으로 새끼를 기르는 동물	인간, 원숭이 유인원, 박쥐, 개, 고양이, 소
Ordo [목(目), Order]	Primates 영장류	자연의 위계 구조상 첫 번째 순서인 포유동물	인간, 원숭이, 유인원, 박쥐
Genus [속(屬)]	*Homo*[인간Human]	모든 인류	현대 인류와 혈거인 (*Homo troglodytes*, 동굴 거주 인류)
Species [종(種)]	*Homo sapiens* [영민한 인간Wise man]	하나님의 창조물 중 최고의 형상	현대 인류
[이름없음]	유(類)	인종의 변이	유럽인, 아메리카인 아시아인, 아프리카인 괴인(알프스의 난쟁이, 파타고니아의 거인 등)

그러나 린네는 하나님이 창조하신 여러 종을 분류하는 것이 자신의 역할이라고 생각했는데, 나중에는 식물의 종간 교배를 통해 이전에 없었던 잡종이 생겨난다는 사실로 인해 곤혹스러워했다. 그는 진화론에는 이르지 못했고, 그러한 잡종은 태초에 하나님이 창조하셨던 종의 산물이라고 결론을 내렸다.[1]

린네의 분류 시스템은 지금도 여전히 사용되고 있는데, 생물학자, 동물학자, 고생물학자, 인류학자, 유전학자, 분자생물학자들이 그 위계 구조를 확장하고, 형태학에 의거해서 분류 기준을 발전시켜 왔다.

진화론 사상의 발전

드 마이예

18세기에 소수의 지식인들은 지구가 성경으로부터 추론한 것보다 훨씬 오래되었다는 지질학자들의 영향을 받아 종이 변했다고 생각했다. 생물학적 진화론과 더불어 근본적으로 전혀 다른 동물들이 공통의 조상에서부터 나왔다고 최초로 주장한 근대인은 아마 많은 곳을 여행하였던 프랑스 외교관이자 자연사 학자인 브누아 드 마이예Benoît de Maillet가 아닌가 한다. 그는 지구의 나이가 24억 년 정도이며 모든 생명은 얕은 물에서부터 생겨났다고 봤는데, 이러한 그의 생각은 그의 사후인 1748년 출간된 『텔리아메드 *Telliamed*』에 실려 있다.[2]

뷔퐁

프랑스의 자연사 학자인 조르주 루이 르클레르Georges Louis Leclerc, 콩트 드 뷔퐁Comte de Buffon은 1749년부터 1788년에 죽을 때까지 44권 분량의 방대한 『자연사 *Histoire Naturelle*』를 집필했는데, 마지막 여덟 권은 동료에 의해 1804

년에 완성되었다. 프랑스 계몽주의의 정신을 이어받은 뷔퐁은 아이작 뉴턴의 사상과 수많은 과학자들의 자세한 관찰 결과에 근거해서, 지구 형성으로부터 수많은 종이 생겨나기까지 전 자연 세계는 자연 법칙에 따르는 자연력에 의해 설명될 수 있는 자연적인 현상의 총화라고 주장했다.

그는 서로 다른 지역에 있는 같은 종간의 차이를 관찰함으로써 그 이후의 생물지질학의 발전을 예표한 인물이라 하겠다. 종의 변화에 관한 그의 생각은 신세계에 있는 동물들은 구세계의 동일 종보다 더 작고 약하다는 그의 기록에 의해 잘 드러나는데, 그의 기록에 대한 증거는 신뢰하기 어렵다. 그는 이러한 퇴화가 기후, 영양 상태, 가축화 등의 영향을 받았다고 봤다. 그러나 이런 생물학적 변화가 새로운 종의 탄생으로 이어지는 것은 아니다.[3]

에라스무스 다윈

찰스 다윈의 할아버지 에라스무스 다윈Erasmus Darwin은 의사이자 시인이며 노예폐지론자이자 급진적 자유사상가로서 의학, 물리학, 기상학, 원예학, 식물학 분야에서 중대한 공헌을 했다. 그는 1794년 출간한 자신의 『동물학 혹은 유기체의 법칙 *Zoonomia, or, the Laws of Organic Life*』의 첫 번째 책에서 "독창적인 뷔퐁 씨"를 포함한 많은 자료들을 인용하여 생물학적 진화에 대한 자신의 견해를 전개했는데, 이는 교황에 의해 금서 목록에 올랐다. 여기서 그는 뷔퐁보다 더 나아가서 모든 온혈 동물은 "동물성과 새로운 부분을 획득할 수 있는 능력을 갖추고…… 자신의 내재된 활기에 의해 끊임없이 개선될 수 있는 역량을 보유하고 있는…… 살아 있는 한 필라멘트"에서 생겨났으며 이렇게 개선된 바는 한 세대에서 다음 세대로 전해진다고 생각했다.[4]

그의 사후인 1803년에 출간되었으며 방대한 각주를 달고 있는 1,928행에 이르는 긴 시 『자연의 성전: 혹은 사회의 기원 *Temple of Nature, or, The Origin of Society*』에서 그는 정신력과 도덕 감각을 포함해 인간이 갖고 있는 영광은 인간이 애초 해저에 있던 최초 미생물의 생명에서부터 생겨나왔다는 데 있다고 묘사했다. 이 생명이 서로 다른 환경에서 완성을 향해 끊임없이 몸부림쳐서 다양한 종으로 진화한다. 시의 마지막 대목에서는 이 우주는 결국 거대한 수축을 통해 끝난 후에 또다시 새로 생겨나서 진화 주기에 들어서며, 이러한 영원한 우주는 "가장 큰 원인 중의 원인이 물질에 영향을 미치는 불변의 법칙"[5]에 의해 작동한다고 노래했다.

허턴

제임스 허턴James Hutton은 지구의 나이를 성경에서 도출된 설명과 반대로, 지질학적 과정이 오랜 시간 동안 어떻게 천천히 일어났는지 혁신적인 견해를 내놓아 유명해졌다. 그가 아마 적자생존이 진화의 원인이라고 제시한 최초의 인물이 아닌가 한다. 다윈의 『종의 기원 *The Origin of Species*』이 나오기 65년 전인 1794년에 그는 에딘버러에서 총 3권 2,138쪽에 이르는 철학적 논문인 『지식의 원리에 대한 고찰 *An Investigation of the Principles of Knowledge*』을 출간했다. 식물과 동물 교배에 관한 자신의 실험 결과에 근거해서 제2권 13부 3장에서 그는 나중에 다윈이 자연 선택natural selection이라고 부른 내용을 서술한다.

> 한 종의 개체에서 나타나는 무수히 많은 다양성을 고려해 볼 때, 최적의 적응 형질에서 멀리 떨어져 있을수록 죽기 쉽고, 반면 당시의 환경에 가장 잘 적응한 형질에 가까우면 가까울수록 적응해서 계속 생존할 수 있을 뿐 아니라 같은 종의 개체를 더 많이 만들어 낼 수 있으리라고 확신할 수 있다.

한 가지 예로서 허턴은 만약 개가 생존을 위해 발이 빠르고 시야가 민첩해야 한다면, 이러한 자질이 부족한 개체는 소멸되고 이를 잘 갖춘 쪽은 적응하여 생존해 같은 종의 개체를 많이 만들어 낼 수 있다고 본다. 만약 생존을 위해 후각이 예리해야 한다면, 동일한 "중요한 변화의 원리"가 적용되기에 자연적인 경향상 "그 동물에 필요한 자질이 바뀌어 빠르게 달려 먹이를 사냥하는 종보다는 냄새를 잘 맡는 하운드 종이 생긴다."[6]

라마르크

프랑스의 무척추동물학자이자 고생물학자인 장-바티스트 라마르크Jean-Baptiste Lamarck는 에라스무스 다윈과 비슷한 생각을 갖고 있었는데, 이 둘이 서로의 책을 알고 있었는지는 명확하지 않다.

자신의 연구 결과에 입각해서 그는 자신의 가장 중요한 책인 『동물철학*Philosophie zoologique*』을 써서 1809년 국립 과학예술원에서 발표했다. 903쪽에 이르는 그 책에는 반복되는 표현도 있고 불명확한 대목도 있지만, 근대 진화론의 중심이 되는 개념이 포함되어 있다. 동물 연구를 통해 그는 다음과 같은 결론에 이르렀다.

1. 무수히 많은 형태의 생명체가 화석으로만 남아 있고 오늘날에는 보이지 않는다는 것으로 보아 지금껏 오랜 시간 동안 대체되어 왔다는 것을 알 수 있는데, 현존하는 생명체들은 화석으로 남아 있지는 않다.
2. 동물은 복잡도의 증가 정도에 따라 분류될 수 있다.
3. 살아 있는 동물들은 그 형태가 매우 다양하다.
4. 살아 있는 동물들은 자신들의 구체적인 환경에 아주 잘 적응하고 있다.

그는 이러한 현상이 일어난 이유는 비유기물에 열, 빛, 습기가 작용하여 살아 있는 물질의 알갱이가 생겨났기 때문이라고 보는데, 이런 설명을 오늘날에는 생명이 없는 물질에서 생명이 생겨났다는 뜻인 자연발생abiogenesis이라고 부른다. 이렇게 살아 있는 물질 속에는 일련의 복잡한 조직을 구축해 가는 내재된 힘이 있다. 자연발생은 오늘날 사람들이 생각하는 것처럼 지구 역사의 독특한 사건이 아니었지만 지속적으로 일어나고 있다. 그리고 우리가 알고 있는 다양한 종들은 각각 다른 시기에 복잡화와 완성 과정을 시작한 다른 계통에서 생겨났다. 호모 사피엔스Homo Sapiens는 복잡화의 가장 높은 수준에 이르렀으므로 가장 오래된 계통이다.

그는 다른 환경에 적응하면서 복잡화가 이어지던 일련의 과정이 끊어져서 각각의 속genus 안에서 다양한 종이 생긴다는 가설을 내세웠다. 이것이 생물변이transformisme 혹은 진화evolution라고 하는 것으로서, 분화되는 가계도에서 단순한 형태로부터 복잡한 형태로 변해 가는 과정을 뜻하며, 그 정점에는 인간이 있다.

이런 유물론적인 주장은 하나님이 모든 생명체를 창조했고 그 창조 세계에서 인간이 독특한 지위를 가지고 있다는 기독교 신앙의 핵심에 도전하는 내용이었다.

자신의 진화론을 뒷받침하기 위해 라마르크의 네 가지 범주의 증거를 제시했는데 이를 찰스 다윈이 50년 후 자신의 『종의 기원』에서 활용한다. 화석 기록, 인간이 기르는 동식물 형태의 다양성(라마르크는 공작 비둘기에 관한 언급도 다윈을 앞섰다), 수많은 동물에게 있는 흔적 기관, 즉 더는 기능이 없는 장기의 존재, 성체에는 대응물을 찾을 수 없는 배아 단계 구조의 존재가 그것이었다.

그러나 라마르크는 그 이후로는 생물학적 진화 현상보다는 그 원인에 집중했고, 자신의 『동물철학 *Philosophie zoologique*』에서 두 가지 법칙을 제시했다. 첫 번째 법칙은 유기체는 변화하는 환경에 적응하면서 변해 간다는 것이다. 환경 변화는 유기체의 생리적 욕구의 변화를 초래하고 이것이 그들의 행동 변화를 초래하며, 이로 인해 그들의 몸의 특정 부분을 더 많이 쓰거나 안 쓰게 만들고 결국 그 부분이 더 커지거나 줄어들게 된다. 두 번째 법칙은 이러한 변화가 유전된다는 점이다. 그 결과 형태학상의 아주 작은 변화가 세대를 거치면서 쌓여 큰 변이를 만들어 낸다. 기린은 자신이 찾을 수 있는 유일한 먹이였던 높은 나무 위의 잎사귀를 따먹기 위해 목을 계속 뻗어야 했고, 이렇게 해서 점점 늘어난 목은 유전되었으며, 세대가 가면서 더 늘어나 지금 우리가 볼 수 있는 종이 되었다.

환경의 영향으로 인해 유기체 내에 유전되는 변화가 일어난다는 생각은 최근에 와서야 후생유전학epigenetics 분야에서 실증적인 증거가 나왔는데, 이 점은 나중에 나오는 장에서 다루려 한다.

라마르크의 생각은 그가 살아 있을 동안에는 무시되거나 조롱을 받았고, 그는 몹시 빈궁한 상태로 1829년에 생을 마감했다.[7]

조프루아

프랑스의 박물학자 에티엔 조프루아 생틸레르Étienne Geoffroy Saint-Hilaire는 이신론자로서, 어떤 신이 우주를 창조했지만 그 이후로는 자연법칙에 따라 운행되도록 할 뿐 개입하지 않는다고 믿었다. 라마르크의 친구이자 동료였던 그는 라마르크의 이론을 옹호하고 확대했다. 그는 비교해부학, 고생물학, 발생학의 증거를 수집하여 유기체의 설계 전체를 관통하는 일관성에 대해 논했다. 단순한 배아가 복잡한 성체로 되어가는 발전 과정에 비유해서, 지질연대 속에서 일어나는 종의 변이를 가리키는 말로서 "진화evolution"라는 용어를 사용했다.[8]

웰스

1813년 스코틀랜드 출신 미국인 의사이자 인쇄업자인 윌리엄 웰스William Wells는 왕립학회에서 논문 하나를 발표했다. 그린J H S Green이 네이처지에 발표한 그의 전기에 의하면, 웰스는 "변이, 선택, 변형된 후손 등에 관한 이론과 인류 인종의 기원에 대한 이론만 제시한 것이 아니라, 선택 시의 질병의 중요성도 알고 있었는데, 이는 다윈이 『종의 기원』에서 다루지 않은 요소였다."[9] 웰스의 논문은 그의 사후 1818년에 출간되었다.

그랜트

여행 경험이 많은 급진적 생물학자이자 조프루아의 친구이기도 했던 로버트 에드먼드 그랜트Robert Edmond Grant는 에딘버러의 플리니우스 학회의 주요 회원이었다. 찰스 다윈은 이 학회에 에딘버러대학교 의과대학 2학년 때인 1826년에 가입했고, 그랜트의 영민한 제자가 되었다. 그랜트는 라마르크와 조프루아가 주장하는 생물변이론의 열렬한 지지자였다. 그는 "생물변이"가 원시 모델에서부터 진화한 모든 유기체에 영향을 끼쳤다고 생각했는데, 이는 결국 동식물이 하나의 기원에서부터 나왔다는 뜻이었다.[10]

매튜

1831년 스코틀랜드의 지주이자 과일 재배업자인 패트릭 매튜Patrick Matthew는 『군함용 목재와 수목 재배에 관하여 *On Naval Timber and Arboriculture*』라는 책을 출간했다. 책의 부록에서 매튜는 재배하는 수목을 개선시키는 인위적인 선택을 자연 선택의 보편적인 법칙으로 확대시켰는데, 그 법칙에 따르면 "동일한 부모에게서 나온 후손들이라도 매우 다른 환경 속에서 여러 세대를 지나면 상이하게 다른 종으로 발전하게 되고, 같이 재배하기가 어려워진다."[11]

월리스[12]

앨프리드 러셀 월리스Alfred Russel Wallace는 영국 남서부 허트포드의 문법학교에서 교육을 받았으나, 14살 때 경제적 어려움 때문에 부모님이 자퇴를 시켰다. 측량사이자 엔지니어로 일하면서 그는 자연 세계에 매혹되었다. 찰스 다윈이 1839년 내놓은 『비글호 항해기』를 포함해서 여러 박물학자들의 연대기에 감명을 받은 그는 1848년에 식물, 곤충, 동물의 표본을 수집하기 위해 남미로 여행을 떠났다.

또한 느린 속도의 진행 중인 과정이 큰 변화를 초래할 수 있다는 것을 보여 준 찰스 라이엘 경Sir Charles Lyell의 『지질학의 원리 *Principles of Geology*』와 1844년 익명으로 출간되어 논쟁을 불러 일으킨 대중 과학 서적으로서 태양계, 지구, 그리고 모든 생명체의 진화론적 기원설을 지지하는 『창조의 자연사적인 자취 *Vestiges of the Natural History of Creation*』*에도 깊은 감명을 받았다. 이런 서적이 그에게 종의 변이 이론에 대한 확신을 주었고 그는 그 원인을 규명하고자 했다. 영국에 돌아와서는 가지고 온 표본을 수집가들에게 팔아서 여행 자금을 충당하려고 했다.

1854년에 마침내 그는 말레이 군도(오늘날 말레이시아와 인도네시아)로 8년간의 여행을 떠났고, 그 기간 중에 다윈과 서신 왕래를 시작했다. 1858년에 그는 다윈에게 「본래 유형에서 무한정 멀어지는 다양화 경향에 대하여 *On the Tendency of Varieties to Depart Indefinitely From the Original Type*」라는 제목의 논문을 보내면서, 검토해 본 후에 가치가 있다고 생각되면 라이엘에게 전달해 달라고 요청했다.

다윈은 큰 충격에 빠졌다. 2년 전만 해도 그는 자기 친구 라이엘에게 "나는 가장 먼저 써내야 한다는 생각은 싫어하지만, 그래도 누군가 내 이론을 나보다 앞서 출간한다면 분명히 화가 날 것 같습니다"[13]고 써서 보냈던 적이 있다. 1858년 6월 18일 그는 그 에세이를 라이엘에게 보내면서 동봉한 편지에서 "이렇게 정확하게 일치하는 경우를 본 적은 없습니다. 월리스가 1842년에 나온 내 원고 스케치를 가지고 있어도 이보다 더 나은 요약은 할 수 없을 겁니다! ……내 모든 독창성이 (……) 다 박살 날 겁니다"[14]라고 썼다.

일주일 후 다윈은 라이엘에게 보내는 또 다른 편지에서 이렇게 말했다.

월리스의 스케치에는 1844년에 출간했고 십여 년 전에 후커가 낭독했던 내 스

* 1884년에 나온 12판에서는 법학박사 로버트 체임버스를 저자라고 표기하고 있다.

케치에 더 풍성하게 기술되지 않은 내용은 없습니다. 일 년 전쯤 내가 아사 그레이Asa Gray에게 간략한 스케치를 보냈고, 그 복사본은 내가 가지고 있으니 내가 월리스의 이론을 훔치지 않았다는 것은 증명이 됩니다 (……) 내가 수년 정도 앞서 있었다는 사실이 그런 식으로 사라진다면 저로서는 받아들이기 힘든 일입니다.

그는 자신의 하찮음에 대해 늘어놓으면서, 라이엘에게 그 자료의 출간이 불쾌한지 의견을 물었고, 또한 그 자료를 자신이 신뢰하는 친구 중 한 명인 식물학자 조지프 후커Joseph Hooker에게 전달해 달라고 요청했다. 그는 후커에게 자신을 낮추는 유사한 어조로 편지를 보냈지만 그럼에도 불구하고 그는 1844년 린네 저널에 발표했던 자신의 스케치를 보다 정확하게 정리하겠다고도 했다.[15]

라이엘과 후커는 다윈의 요청에 암시된 해결책을 제공하였다. 1858년 7월 1일 두 사람은 린네 학회에서 "다양성을 이루려는 종의 경향에 대해, 그리고 자연 선택의 방식으로 유지되는 다양성과 종의 영속성에 대해"라는 제목으로 공동 발표를 했다. 이 발표는 다윈이 1844년에 후커에게 보냈던 스케치의 요약, 1857년에 다윈이 아사 그레이에게 보냈던 편지의 일부, 그리고 월리스가 쓴 20페이지짜리 논문으로 되어 있다. 서론 부분에서 라이엘과 후커는 자신들은 다윈과 월리스 누가 먼저 생각해 낸 것인지에 관심이 있는 것만은 아니며, 과학 전체를 위해 이 자료를 제시한다는 점을 밝혔다.[16] 다윈 자신이 우선권을 주장하지는 않았으나 결과적으로는 원하는 대로 자연선택설은 그가 가장 먼저 제시했다고 공식적으로 인정받게 되었고, 월리스는 그 이후에 독립적으로 같은 의견에 도달했다는 식으로 정리가 되었다.

월리스는 이 일에 대해 의견을 내달라는 요청을 받지 못했지만, 나중에 이 사건에 대해 전해 듣고는 만족했던 듯하다. 대학 교육을 받지 못했고 표본을 수집해 팔아 돈을 벌었던 그가 과학계로부터 인정을 받아 그들과 교류하게 되었던 것이다. 빅토리아 시대 영국의 과학계는 라이엘과 다윈처럼 사유 재산이 있는 상류층 신사들로만 이루어져 있었다.

다윈은 자기보다 어린 월리스를 친구로 받아들였고 월리스는 이에 화답해서 다윈의 열렬한 지지자가 되었으며, 린네 학회 발표 이듬해 다윈이 서둘러 출간한 『자연 선택에 의한 종의 기원, 혹은 생존 투쟁 속에서 선택된 종의 보존 *On the Origin of Species by Means of Natural Selection, or The Preservation of Favoured Races in the Struggle for Life*』을 지지했다.

이 우정에도 불구하고 월리스는 인간이 가진 고차원적인 도덕적 지성적 능력의 발전을 자연선택설이 설명할 수 있는 정도, 성선택sexual selection이 성적 이형sexual dimorphism을 설명하는 정도, 획득 형질의 유전에 대한 다윈의 신념, 다윈이 가지고 있었던 범생설(아래 참고)에 대한 생각 등의 문제에서는 다윈과 의견이 달랐다.

월리스는 1864년에 "자연 선택 이론에서 도출되는 인류의 기원과 인류의 유구함 The Origin of Human Races and the Antiquity of Man Deduced from the Theory of 'Natural Selection'"이라는 논문을 발표했는데 다윈은 이에 대해 공식적으로 거론한 적은 없었고, 1889년에는 자연 선택을 설명하고 옹호하는 책인 『다윈주의 *Darwinism*』를 출간했다. 그 책에서 그는 자연 선택에 의해 두 가지 상이한 품종varieties 간에 교배를 방해하는 장벽이 만들어지고 생식적 격리reproductive isolation가 생김으로써 새로운 종species이 나온다고 주장했다.

찰스 다윈

독창적 사상가?

그의 탄생 200주년이자 『종의 기원』 출간 150주년이 되는 2009년에 찬사를 보내는 이들의 말에서 알 수 있듯, 찰스 다윈은 생물학적 진화를 최초로 주장하고, 그 원인으로 자연 선택을 제안했던 최초의 인물로 간주된다.

비글호에 올라서 온 세상을 돌아다녔던 5년간의 여행이 1836년에 끝난 이후, 23년간 다윈은 자신이 수집한 표본과 자신이 눈으로 관찰한 사실들을 기술하기 위해 다른 박물학자들로부터 더 많은 표본을 얻고, 그들의 의견도 수집하며, 실험도 이어갔으며 무엇보다 치열하게 읽으면서 지냈다. 이 시기에 그가 기록한 노트를 보면 끊임없이 "내 이론"이라는 말이 반복되며, 다른 사람의 생각에 의거했다는 증거는 나오지 않는다. 그러나 카디프대학교의 폴 피어슨Paul Pearson이 지적하듯, 웰스, 매튜, 다윈이 다들 허턴이 살던 곳이자 당시 지식인들의 모임과 급진적인 사상으로 유명했던 에딘버러에서 공부했다는 사실은 단순한 우연일 수 없으며, "비글호 여행 중에 수집한 종과 품종을 관찰한 결과를 설명하기 위해 고심하는 동안, 자신이 학생이었을 때 생각했다가 잊고 있었던 개념이 새롭게 [다윈의] 머리 속에서 되살아났을 가능성이 크다."[17] 또한 그의 훌륭한 친구였던 지질학자 찰스 라이엘 경은 성경과 상반되는 허턴의 동일과정설uniformitarianism*을 열렬히 옹호하고 있었다. 게다가 다윈의 멘토이자 에딘버러에 거주하던 그랜트는 "열렬한 라마르크주의 돌연변이론자로서 젊은 다윈에게 라마르크의 생물변이론transformism과 자신의 무척추동물학invertebrate zoology을 소개했다."[18] 에딘버러를 떠난 지 4년 후 다윈은 비글호 여행을 떠나기 전에 그 당시 새로 설립된 런던대학교**의 비교해부학 교수였던 그랜트에게 자문을 구했다.

다윈은 월리스가 독립적으로 학습하여 동일한 결론에 도달해 출판 권유를 받았다는 점을 인정하는 것 외에도, 『종의 기원』 1판과 2판에서는 진화론과 관련된 그 어떤 다른 이의 이론도 언급하지 않았다. 1861년에 나온 3판 서론에서는 "종의 기원에 관한 근래 의견의 발전" 정도를 간략하게 소개하고 있다. 여기서 그는 자신이 뷔퐁의 글은 알지 못한다고 밝히면서, 라

* 지구가 생겨난 이래 지구 표면은 동일한 물리화학적 과정이 이어졌으며, 이 과정으로 모든 지질학적 현상을 설명할 수 있다는 이론.
** 영국에서 성공회 교인이 아닌 학생들을 받아들이기 위해 1826년 설립되었고, 1836년에 런던대학교 대학(UCL)으로 인가를 받았다.

마르크의 이론을 간략히 제시하고(그것도 라이엘이 그에게 라마르크의 공헌은 제대로 인정해야 한다고 요구한 후에야 겨우 그렇게 했다[19]), 조프루아의 의견에 대해서는 그의 아들에게 들은 바를 따라 묘한 뉘앙스를 담아서 요약했는데, 조프루아는 결론을 내리기 조심스러워 했고 현존하는 종이 형태 변화를 겪고 있다고 생각하지는 않았다고 언급했다.

그는 허턴을 언급하지 않았다. 단지 그의 조부에 대해서는 한 번 언급하는데, 그것도 그가 "잘못된 근거에 입각한 의견과 라마르크의 견해를 보다 앞서서 제시했다"는 식으로 약간은 경멸하듯이 각주에서 다루었을 뿐이다.

역사적 개괄 속에서 그가 언급하는 다른 참고 문헌으로는 그랜트가 1826년 「에딘버러 철학 저널 *Edinburgh Philosophical Journal*」에 실었던 논문의 한 단락이 있는데, 이 논문은 "하나의 종은 다른 종에서부터 나오며 그 형태 변화 속에서 개선된다는 그의 신념을 뚜렷하게 드러낸다."[20]고 하였다.

다윈은 매튜가 1831년에 제시한 의견에 대해 다음과 같이 요약한다.

> 그는 종의 기원에 관해 월리스와 내가 "린네 저널"에서 제시했고 지금 이 책에서 확장해서 전개하는 바와 동일한 의견을 가지고 있었다. 불행하게도 매튜는 다른 주제를 다룬 책의 부록 여기저기에 자신의 견해를 매우 간략하게 제시하였다.

그는 매튜의 편지도 인용한다.

> 나에게는 이러한 자연의 법칙이 자명한 사실로서, 딱히 집중해서 생각해 볼 필요도 없이 직관적으로 다가왔다. 그런 점에서 다윈은 이를 발견하는 역량에서 나보다 더 장점이 많았다 …… 그는 귀납적 추론을 통해 계속 규명하면서, 천천히 그리고 사려 깊게 종합적으로, 사실에서 사실로 나아갔다.[21]

1866년에 나온 4판에서는 웰스가 1813년에 최초로 자연 선택 이론을 언급했다는 점을 인정하면서도 "그러나 그는 이 원리를 오직 인간에게만 그리고 일부 특징에게만 한정해서 적용했다"라고 적었다.

이전의 학자들의 책을 다윈이 쓴 글과 비교해 보면 다윈이 다른 이들의 기여*는 최소화하고, 자연 선택을 원인으로 하는 생물학적 진화론, 혹은 그가 쓰는 표현으로는 형태 변화를 가진 계통 발생론에 대한 자신의 공헌을 부각시키기 위해 19세기 특유의 방식으로 의견을 내놓았다는 결론을 부정하기 어렵다.

다윈의 공헌

생물학적 진화론에 대한 다윈의 기여는 크게 네 가지이다. 첫째, 그는 신이 각각의 종을 따로따로 창조했다는 정설을 뒤집는 증거들을 상당히 많이 수집했고, 하나의 속屬 내의 개별 종은 공통의 조상으로부터 진화했다는 점을 결정적으로는 아니더라도 설득력 있게 논증해 나갔다. 둘째, 그러한 진화의 유일한 원인은 아니지만 가장 중요한 원인은 자연 선택natural selection이라는 가설을 제기했다. 셋째, 성선택sexual selection이 또 다른 원인이라고 주장했다. 넷째, 그가 생물학적 진화 현상을 널리 알리고 그 원인으로 자연선택설을 제시한 것은 과학계가 그 생각을 받아들이는 데 중요한 역할을 했다.

다윈은 비글호 항해에서 돌아온 후 40년 넘게 계속 연구하고 동식물 대상 실험을 이어갔으며, 19권의 책과 수백 편의 과학 논문을 발표했다. 이 방대한 성과 중에서 그를 박물학자로서 유명하게 했을 뿐 아니라 가장 중요하기도 한 것이 통상 『종의 기원』이라 줄여서 부르는 『자연 선택에 의한 종의 기원, 혹은 생존 투쟁 속에서 선택된 종의 보존 *On the Origin of Species by Means of Natural Selection, or the Preservation of Favoured Races in the Struggle for Life*』인데, 이는 1859년에 초판이 나온 뒤 다섯 번의 개정판이 나왔다. 또 다

* 예를 들면, 매튜가 린네 학회 저널에 실은 내용과 비교해 보면 매튜의 견해는 부록에 들어 있긴 했지만, 여기저기 흩어져 있었던 것도 아니고 간소화한 것도 아니다.

른 하나는 『인간의 후손과 성에 따른 선택 *The Descent of Man, and Selection in Relation to Sex*』이며 이것은 1871년 처음 출판되었고 1874년에 개정판이 나온 뒤에, 1876년에는 그가 네이처지에 실었던 아티클 「원숭이에 관련한 성 선택설 *Sexual Selection in Relation to Monkeys*」까지 포함해서 최종판이 나왔다.

증거

『종의 기원』에서 형태 변화(다윈은 "진화"라는 용어를 1872년에 나온 『종의 기원』 최종판에 가서야 비로소 사용한다)가 있는 후손에 관해 제시하는 증거는 아홉 가지 범주로 나눌 수 있다.

1. 사육하는 식물과 가축의 변이, 특히 선택적 번식에 의해 생기는 변이

사육하는 가축과 식물의 특성이 어떤 특정한 특질을 얻기 위해 선별적으로 재배 사육될 경우에 더욱더 빠르게 변해 간다는 사실이 진화를 증명한다. 이렇게 획득된 변이에는 훈련을 받지 않은 리트리버나 양치기 개들이 본능을 따라 나타내는 행동까지 포함한다.

다윈은 비둘기를 선별적으로 길렀는데, 그들에게서 나타나는 다양한 변이가 모두 양비둘기rock pigeon(Columba livia)에서부터 나온 것이라고 주장했다. 그러나 개 품종의 다양성은 서로 다른 야생 동물 조상에서부터 나왔다고 결론을 내렸다.

그가 제시하는 사례는 하나의 종 내부에서 일어나는 변이를 증명하는 것이지 서로 다른 종들의 기원에 대한 증명은 아니다.

2. 자연 속의 변이

식물학자, 동물학자, 박물학자들이 종에 대해 내리는 정의나 분류법이 다양하다는 것을 알고서 다윈은 "종과 변이 사이의 구분이 얼마나 모호하고 제멋대로인지"* 깨달았다. 큰 속 내에서는 하나의 종에 서로 관련 있는 종이 묶여서 일정한 규모의 작은 덩어리를 이룬다. 그렇기에 다윈은 이들 종

이 앞서서 존재했던 변이에서 생겨났다는 생각과 조화되며, 만약 각각의 종이 독립적으로 창조되었다면 이런 패턴은 설명할 수 없다고 봤다.

3. 화석 기록

다윈은 화석이 갑자기 나타나고 그 중간 단계 형태가 나타나지 않는다고 해서 이것이 진화를 부정하는 논거는 될 수 없다고 본다. 그 이유로 그는 화석은 대개 침하될 때만 형성되기에 지질학적 기록은 불완전하다는 점, 그리고 중간 단계의 종은 생존 경쟁에서 보다 잘 적응한 후대에 의해 소멸되었으리라는 점 등 몇 가지를 제시한다.

그는 호주의 포유류 화석과 그 대륙의 현존하는 유대목marsupials 동물 사이에서 볼 수 있듯이 살아 있는 동물과 화석 간에 관련성이 드러나는 사례를 제시하면서, 고대 화석에서부터 현재 존재하는 다양한 종들이 나온 것은 형태 변화가 있는 후손에 대한 가설을 뒷받침한다고 주장한다.

4. 종의 분류

관련된 그룹들 간의 종을 분류하는 일은 "관련된 다양한 형태들이 공통의 조상에서 나왔고, 그들의 형태 변화는 변이와 자연 선택을 통해 생겨나며, 멸종하거나 특성의 변화가 생기는 일이 우연히 일어난다는 사실을 받아들이면, 모두 가능하다."

5. 서로 다른 작용을 하는 유사한 기관들이 같은 강綱, class 내의 종에서 나타나는 현상

인간의 손, 두더지의 손, 말의 다리, 알락돌고래의 지느러미발, 박쥐의 날

* 달리 언급하지 않고 『종의 기원』을 인용할 때는 1872년에 나온 6판을 사용하려 하는데, 이 판이 최종판일 뿐 아니라 다윈의 가장 숙성된 견해를 담고 있기 때문이다. 종의 기원의 모든 판본과 그의 다른 저작들은 온라인으로 볼 수 있는데, 이는 온라인 찰스 다윈 전집 출판 책임자 존 밴 와이John van Wyhe 덕택이다. http://darwin-online.org.uk/

개 등의 기관은 동일한 패턴으로 만들어져 있고, 상대적으로 비슷한 부위에서 비슷한 뼈를 가지고 나타난다. 이 사실은 그들이 모두 공통 조상의 기관에서부터 나왔고, 서로 다른 환경에 적응하면서 변해 왔다는 점을 암시한다.

6. 배아의 유사성

포유류, 새, 도마뱀, 뱀의 초기 배아는 그 전체 형태나 각 부분이 발전하는 양상에서 놀랄 만큼 유사하다. 성체가 되었을 때 나타나는 변이가 보이지 않는다는 말이다. 다윈은 이러한 배아가 그 그룹이 갖고 있는 보다 덜 변형되고 더 오래되고 이제는 거의 멸종해 버린 성인 조상의 모습과 구조적으로 유사하다고 주장하는데, 이에 대한 증거는 없으므로 추론에 불과하긴 하다.

7. 발전상의 변화

다윈은 이 논리를 새끼들의 초기 변화 특히 변이 단계에까지 적용한다. 예를 들어, 그는 새끼들이 부모에게 영양분 공급을 의존하는 동안에는 나중에 적응하면서 생기는 형태 변이가 보이지 않는다고 봤다. 즉 서로 관련된 속 내의 어린 새들의 깃털은 서로 닮아 있다. 그의 추론에는 나방이 나비가 되고 유충이 파리가 되는 변태metamorphoses도 포함한다.

8. 발달하지 못하거나 위축되거나 발육이 부진한 기관

고래 태아의 이빨, 포유류 수컷이 갖고 있는 미발달한 유선, 타조의 날개 등은 모두 그들이 진화해 나온 조상의 특징을 보여 주는 사례이다. 이와 대조적으로 창조론은 이런 특징을 제대로 설명하지 못한다.

9. 종의 지리적 분포

다윈은 이주의 장벽으로 인해 지역적으로 분리된 곳이나 서로 다른 환경

1. Geospiza magnirostris　2. Geospiza fortis
3. Geospiza parvulas　4. Certhidea olivasea

그림 16.1 갈라파고스 제도의 되새류

에서 나타나는 종의 다양성이 형태 변이를 가진 자손과 그 원인에 대한 강력한 증거라고 생각했다.

대표적인 사례가 오늘날 생물지리학에서 다윈의 되새Darwin's finches라고 부르는 것이다. 2008년판 엔카르타 세계 영어 사전은 이를 다음과 같이 정의한다.

> 갈라파고스 섬의 되새들. 찰스 다윈이 그들의 먹이 먹는 습관과 그에 따른 부리 구조의 변화를 관찰하여 자신의 자연 선택 이론의 기반으로 삼은 갈라파고스 섬의 새들. 지오스피지나Geospizinae의 아과亞科.

이는 수많은 학교와 대학에서 확대되어 가르쳐 왔다. 예를 들어 캘리포니아 팔로마대학교의 교본엔 다음과 같이 기록되어 있다.

> 다윈은 갈라파고스 제도에서 13종의 되새를 확인했다. 이들은 모두 거기서 600마일(약 965km) 동쪽에 있는 남아메리카 대륙에서 유래했는데, 그 대륙에서는 단 한 종의 되새만 확인했기에, 이 점은 당황스러운 사실이었다…….

각각의 섬에는 서로 다른 형태에 특히 부리 형태가 다른 그 섬 고유의 되새종이 있었다. 다윈은 이들 되새가 단일한 조상 되새종에서부터 나왔으며, 각각의 섬의 서로 다른 환경으로 인해 되새류가 가진 다양한 특징이 장점으로 작용했다고 생각했다. 즉 어느 섬에는 벌레가 많고 상대적으로 씨앗과 견과류가 부족했다면, 작은 바위틈의 벌레를 파먹을 수 있는 예리한 부리를 가진 되새류가 크고 딱딱한 부리를 가진 되새보다 유리하다. 예리한 부리를 가진 새는 투박한 부리를 가진 새보다 더 많은 새끼를 기를 수 있었고, 새끼들은 어미의 특징을 유전으로 물려받으니 예리한 부리를 가진 새가 그 섬에 많이 퍼지게 된다. 벌레보다 씨앗이 많은 섬에서는 상황이 뒤바뀌어, 씨를 쪼개 먹는 데 유리한 부리를 가진 새가 더 번성한다. 그리고 서로 다른 개체군들은 너무 차이가 나서 교배가 불가능해지고, 마침내 서로 다른 종이 된다.[22]

불행하게도 이것은 또다른 다윈의 신화이다.

비글호 항해 당시 다윈은 자신이 수집한 대부분의 새 표본들은 되새가 아니라고 생각했다. 그는 그중 일부에는 찌르레기, 다른 것들은 "콩새", 또 다른 것들은 굴뚝새 등의 라벨을 붙였는데, 더욱이 그는 그 새들이 어느 섬에서 나왔는지 정확히 라벨을 붙이지 못했다. 그는 이 표본들이 정확히 확인하기 위해 런던 동물학회로 보냈고, 그 학회는 이를 다시 조류학자 존 굴드John Gould에게 보냈다. 이들 표본들은 서로 다른 되새들의 종이라고 확인해 준 것은 굴드였다(그가 그린 그림이 그림 16.1에 나와 있다). 다윈은 그 이후에 비글호에 탑승했던 다른 세 명의 선원들이 가지고 있던 표본들도 검토했는데, 그중에는 선장 피츠로이FitzRoy의 표본도 있었다.[23]

이런 신화는 영국 조류학자 데이비드 랙David Lack이 1947년 출간한 자신의 책 『다윈의 되새들 *Darwin's Finches*』에서 널리 퍼트렸다.[24] 그러나 하버드대학교의 프랭크 설로웨이Frank Sulloway는 1차 자료를 검토했다. 1982년에 그는 다른 무엇보다 랙은 피츠로이가 정확하게 라벨을 부착한 표본들이 다윈의 것이라고 잘못 생각했을 뿐 아니라 몇 개의 표본은 그 채집 장소를 혼동했다고 봤다.

갈라파고스 제도에 도착했을 때 다윈은 각각의 섬에 서로 다른 되새들이 있다는 것을 알지 못했고, 먹이 형태에 따라 부리 형태가 달라진다는 점을 매칭하지도 못했다. 그의 전기를 쓴 에이드리언 데스먼드Adrian Desmond와 제임스 무어James Moore에 따르면

> 영국으로 돌아온 후 다윈은 갈라파고스의 되새들 때문에 당황했고……그들의 부리 형태가 다르다는 중요한 사실을 간파하지 못했다……그는 서로 연관되어 있는 단일한 그룹이 특정한 환경에 특화되어 적응해 나갔다는 생각은 하지 못했다.[25]

이들 되새들의 이미지는『종의 기원』출간 150주년을 기념하는 수많은 행사에서는 상징적인 그림으로 많이 사용되었지만, 정작 다윈은 그 책의 어느 판에서도 이에 대해 언급하지 않았다.

그러나『종의 기원』의 두 장은 월리스가 생물학적 진화에 대한 주요 증거로 내세우는 생물지질학의 사례들을 제시한다. 거기서 다윈은 아메리카 대륙의 광범위한 기후 조건에 걸쳐 나타나는 종의 유사성을 거론하면서, 이들 종이 아프리카와 호주의 대응하는 조건 속에서 살고 있는 종과 얼마나 차이가 나는지 주목한다. 그는 이러한 차이가 생기는 이유가 이주를 막는 자연적인 장벽 때문이라고 봤다.

갈라파고스 제도와 관련해서 다윈은 거의 모든 해양종과 육지종이 거기서 500-600마일 떨어져 있는 남미 대륙의 종들과 비교했을 때 상당한 지리학적 지형학적 기후적 차이에도 불구하고 매우 유사하다는 점을 확인했다. 환경은 비슷하지만, 멀리 서부 아프리카 해안에서 멀리 떨어져 있는 화산 지역인 베르데 곶 제도Cape Verde archipelago 내의 종은 대단히 큰 차이가 있다.

창조론적으로 설명하려면 하나님이 서로 다른 지역의 무수히 많은 다양한 종을 각각 별도로 창조해야 한다. 그러나 이들 각각의 종이 남미 대륙에

서부터 갈라파고스 제도로 이주해 왔고, 이들이 아주 먼 지역 내의 종에서 나타나는 큰 변이와 비교해 봤을 때 상대적으로 조금 변화했다고 보는 쪽이 보다 합리적인 설명이다.

자연 선택

다윈은 이러한 변이의 유일한 이유는 아니지만 주요한 이유는 자연 선택이라고 주장했는데, 자연 선택이란 한 유기체의 개체군 내에서는 가장 좋은 경쟁자라야 생존하여 새끼를 낳아 자신의 특질을 후대에 전해 줄 수 있는 가장 좋은 기회를 갖는다는 원리다.

그가 이러한 견해를 갖게 되는 데는 1826년에 제6판이 나온 영국 성직자이자 경제학자 토머스 맬서스Thomas Malthus가 쓴 『인구론 *the Principles of Population*』의 영향이 컸다. 맬서스는 식량 공급은 산술적으로 증가하는 데 반해 인구는 기하급수적으로 증가하므로, 그냥 방치한다면 인구는 식량 공급량보다 많아져 기근이 생길 거라고 주장했다.

『종의 기원』의 모든 판에는 자연 선택이 어떻게 작동하는지 설명한 그림이 담겨 있다. 늑대 무리에서 가장 빠르고 민첩한 부류라야 사슴을 잘 사냥하고 따라서 생존할 가능성도 가장 높다.[26] 이는 앞에서 살펴봤던 허턴의 적자생존 이론, 즉 발이 빠르고 시야가 예민해야만 생존하는 개들 중에서는 이 자질을 가장 잘 갖춘 개들이 생존에 가장 유리하여 번식할 수 있고, 그렇지 못한 개들은 도태될 것이라는 이론과 대단히 유사하다.

『종의 기원』 최종판에서 다윈은 자연 선택을 다음과 같이 정의한다.

> 이러한 [생존을 위한] 투쟁으로 인해, 비록 사소하더라도 알 수 없는 원인으로 변이가 나타나 그 종의 개체들에게 유리하다면, 그 개체들의 생존에 도움이 되어 이 변이는 대체로 후손에게 유전될 것이다. 그 후손 또한 이로 인해 생존에 더 유리해지는데, 그 종 내에서 정기적으로 태어나는 수많은 개체 중에서 소수만 생존할 수 있기 때문이다. 나는 사소한 변이라도 유용하기만 하면 보존된다는 이러한

원리를 인간의 선택과 관련시켜서 자연 선택이라는 용어로 부르려 한다.[27]

다윈은 이러한 변이가 생기는 원인을 알지 못했지만, 현대의 정통 학설과는 달리 그들이 무작위적으로 생긴다고는 생각하지 않았다.

> 지금까지 나는 종종 이 변이—재배하고 사육하는 모든 생물에서는 흔하고 다양한 형태가 있는 반면에 야생에서는 나타나는 정도가 약한—가 우연히 생긴다고 말해 왔다. 그리고 이것은 완전히 틀린 표현이다.[28]

자연 선택이 이들 변이에 작동한다.

> 우리는 인간이 선택을 통해 많은 수확을 거둘 수 있을 뿐 아니라 자연이 인간에게 준 생물은 사소하지만 유용한 변이를 축적함으로써 특정 용도에 맞게 적응시킬 수 있다는 점을 살펴봤다. 그러나 앞으로 살펴보겠지만 자연 선택은 끊임없이 행동하는 강력한 힘으로서, 예술 작품에 대비되는 자연의 작품처럼 인간의 연약한 노력보다 월등하다.[29]

다윈은 자연 선택이 인간의 인위적 선택보다 월등히 강할 뿐 아니라 (현대의 정통 생물학의 학설과 달리) 진화론적 개선을 일으킨다고 봤다.

> 이것이 생존의 유기적 비유기적 환경과의 관련 속에서 각각의 개체를 개선시키며, 그로 인해 대부분의 경우에 그 조직 구성상 진보라고 봐야 하는 일이 일어난다.[30]

종의 분화

제목과는 달리, 다윈의 가장 유명한 책은 종의 기원을 다루지 않았다고 말할 수 있다. 이는 자연 선택이 매우 느리고 점진적이어서 변이varieties와 종species 사이를 구분하기가 쉽지 않다는 다윈의 생각 때문이다.[31] 그는 같은 속 내의 종과 변이를 구분하는 기준을 명확히 제시하지는 않았으며, 단지 종은 그 중간 단계의 변이가 자연 선택 과정 중에 "대체되고 전멸될" 때 "비교적 정확히 정의된다"고만 표현했다.[32]

적자생존

다윈은 적자생존이라는 말을 모호하게 사용한다. 그는 한편으로는 이 말이 비유적인 표현이라고 말한다.

> 나는 이 용어를 한 개체가 다른 개체에 의존한다거나, (이것이 더 중요한 사항인데) 한 개체의 생존만이 아니라 자손을 남기는 데 성공하는 것까지 다 포함해서 비교적 광범위하고 비유적인 의미로 사용한다.[33]

이 말은 『인간의 후손 *The Descent of Man*』 속의 한 대목에서도 나타나는데, 거기서 동물 종들과 인간에게서 나타나는 사회성과 협력의 여러 사례를 제시한 후 그는 다음과 같이 말한다.

> 서로 교감하는 개체를 가장 많이 가진 공동체가 가장 잘 번성하고, 가장 많은 자손을 기를 수 있다.[34]

그러나 이들 책의 대부분은 생존 투쟁이 단순한 비유가 아니라 현실임을 나타내는 "사실"을 잔뜩 수집해서 보여 준다. 위의 『종의 기원』에서 가져온 인용문에서 9쪽밖에 나가지 않은 대목에서 그는 이렇게 말한다.

> 같은 속 내의 종은 그 습관이나 형질이 똑같지는 않더라도 대체로 유사하고, 그 구조에서는 언제나 유사하며, 그들 간의 투쟁은 서로 다른 속의 종들 간의 투쟁보다 훨씬 더 극심하다.[35]

생존을 위한 이런 경쟁적 투쟁의 양상은 『길들인 동식물에서 나타나는 변이 *The Variation of Animals and Plants under Domestication*』 속에서 분명하게 묘사되는데, 그는 이 책을 진화에 관해 쓰려는 방대한 책의 한 장으로 생각하고 있었고, 『종의 기원』은 그 책의 간략한 스케치 정도였다.

> 모든 자연은 전쟁 중이라는 점이 절실한 사실이다. 가장 강한 자가 결국 이기고 약한 자는 지기 마련이다. 지금까지 지구상에서 수많은 개체들이 사라져갔다는 것을 우리는 알고 있다. 자연 상태에 놓인 생명체에게 조금이라도 변이가 일어난다면……아무리 작은 변이라도 투쟁에 유리한 것이 보존되고 선택되고, 유리하지 않은 변이는 없어지는 식으로, 반복해서 일어나는 극심한 생존 경쟁 자체가 변이를 결정한다.[36]

그리고 또한

> 생존을 위한 투쟁에서 유리하게 작용하는 구조적, 체질적, 본능적 변이가 보존된다는 사실을 나는 자연 선택이라고 불렀다. 허버트 스펜서 씨Mr. Herbert Spencer는 이 생각을 적자생존이라는 말로 보다 잘 표현했다.[37]

이 문학적 해석이 널리 받아들여졌다.

성선택sexual selection

공작의 꼬리털은 한정된 자원을 위한 투쟁에 유리하기보다는 도리어 불리하다는 비판에 대해 다윈은 성선택이 특히 수컷의 생물학적 진화를 일으키는 요인 중 하나라고 봤다.

이 가설에 따르면, 점점 더 크고 화려한 꼬리털을 가질수록 암컷 공작을 매혹할 수 있으므로 그런 형질을 가진 수컷은 덜 화려한 수컷보다 후손을 낳을 수 있는 가능성이 커진다.

인간의 경우에 대해 다윈은 이렇게 말했다.

나는 인종 간에 그리고 어느 정도는 인간과 다른 하등 동물 간에 외관상의 차이를 초래하는 모든 원인 중에서 성선택이 가장 유효한 요인이라는 결론에 도달했다.[38]

라마르크 용불용설

라이엘이 다윈에게 라마르크에 대해서는 제대로 평가를 해야 한다고 요구하자 다윈은 마지 못해 이렇게 라이엘에게 대답했다.

라마르크의 업적을 자주 거론하시는군요. 저는 당신이 어떤 생각을 하시는지 잘 모르지만, 제가 보기에 그의 성과는 매우 빈약합니다. 저는 그의 연구에서 어떤 사실이나 생각도 얻은 바가 없습니다.[39]

하지만 그는 생물학적 진화를 설명하기 위해 라마르크가 사용했던 네 가지 범주의 증거를 채택해서 사용했다. 게다가 『종의 기원』 초판에서는 출처를 밝히지도 않고 "용불용의 영향"에 대해 다음과 같이 논한다.

인간이 기르는 동물의 경우는 사용하면 할수록 그 기관이 강해지고 커지며, 사용하지 않으면 그 기관이 쇠퇴한다는 점에 대해서는 의심의 여지가 없을 것이다. 그런 변화가 유전된다는 점에 대해서도 마찬가지이다. 자연 상태의……많은 동물들에게는 사용하지 않아서 초래된 결과라고 봐야만 설명할 수 있는 구조가 있다.[40]

이것은 분명히 라마르크를 유명하게 만든 그 법칙을 요약한 내용이다. 『인간의 후손과 성에 따른 선택 *The Descent of Man, and Selection in Relation to Sex*』 1882년판의 서문에서 다윈은 이렇게 말한다.

이번 기회에 말을 하자면, 나를 비판하는 이들은 내가 모든 신체적 구조상의 변화와 정신력의 변화의 원인을 오직 자연 선택에 돌린다고 생각하지만, 나는 『종의 기원』 초판 때부터 용불용에 따라 나타나는 효과가 유전된다는 사실을 중요시해야 한다고 명백하게 말했다.[41]

프로모션

라마르크의 『동물철학 *Philosophie zoologique*』과 비교해 보면 『종의 기원』은 한결 간략하고 읽기 수월하다. 또한 그는 라마크르와 마찬가지로 창조론을 무너뜨리면서도 책 제목 아래에 다음과 같은 베이컨의 문장을 인용하는 방식으로 기독교 기득권층을 불편하게 하지 않으려 애썼다.

> 그 누구도 하나님 말씀의 책이나 하나님 사역의 책을 뛰어넘을 만큼 깊이 연구할 수 있다고 생각하거나 주장하지 말라. 신학이든 철학이든 간에

그리고 아래와 같이 창세기의 창조 이야기를 언급하면서 매듭을 짓는다.

> 생명에 대한 이러한 견해는 창조주께서 애초에 여러 형상에게 혹은 하나의 형상에게 불어넣으신 다양한 힘과 함께 장엄함이 깃들어 있다.[42]

그러나 그의 사후에, 그의 아내가 지워버린 종교적 언급 부분까지 복원하여 출간된 자서전에서 그는 이렇게 말한다.

> 지금에 와서 [『종의 기원』 최종판이 나오기 33년 전인 1839년 1월] 나는 구약 성경에 기록된 세상에 관한 명백한 엉터리 역사를 통해 볼 때, 구약 성경은……힌두교 경전이나 야만인들의 신앙처럼 신뢰할 수 없다는 생각에 이르게 되었다.[43]

다윈은 왕립학회, 린네학회, 지질학회 회원으로서의 자신의 지위를 활용해서 과학계의 영향력 있는 인물들과 교분을 맺었다. 『종의 기원』에 대한 지지를 호소하기 위해 그가 보낸 수많은 편지에는 로비스트의 전형을 보여 준

다고 하겠다. 아부에 가까운 공치사, 애정, 자기 비하, 불안, 건강이 악화되어 제대로 쓰지 못해 부끄럽다는 자기 작품에 대한 비판 등등이 가득 담겨 있다.[44] 그의 대적자이자 대영 박물관의 동물학 분야 컬렉션 책임자인 존 그레이John Grey가 씁쓸하게 여기는 바였지만, 이런 것이 실제로 효과가 있었다.

> 당신은 라마르크의 이론을 재탕했을 뿐 그 이상도 이하도 아니며, 라이엘과 다른 이들은 그를 20년간 공격해 왔는데, "당신"(조롱과 비웃음을 담아)이 똑같은 말을 하자 다들 말을 바꾸고 있군요. 이건 정말 우스꽝스러운 부조리가 아닐 수 없어요.[45]

논쟁을 싫어하면서도 자신의 생각은 굽히지 않는 성격이 다윈 자신에게는 유리했다. 다윈은 과학계에서 자신의 주장을 강화하기 위해 라이엘, 후커, 논쟁적인 젊은 해부학자 토머스 헨리 헉슬리Thomas Henry Huxley 등의 지지 발언을 끌어들였다. 하지만 정작 자신은 논쟁에서 멀리 떨어져 켄트에 있는 시골 집에서 지내면서, 예전의 자신의 멘토가 겪었던 운명을 비껴가며 자기 생각을 계속 퍼트릴 수 있었다. 로버트 그랜트Robert Grant는 유물론적 사유에 입각해 기독교 진리를 부정한 탓에 동물학회에서 쫓겨났을 뿐 아니라, 박봉을 받으며 유지했던 런던대학교 대학에서의 교수 생활 내내 기독교 사상이 주류를 이루고 있었던 당시 과학계에게 배척당해야 했다.[46]

이 장의 제목 아래에 인용한 그의 아들의 말처럼, 다윈은 의심할 바 없이 과학계가 새로운 정설로 채택한 생물학적 진화론과 그 원인으로서 제시된 자연 선택론이 형성되어간 과정을 시작한 인물로 인정되어야 한다.

다윈이 내세우는 가설의 문제점들

『종의 기원』은 인기를 얻었고, 나온 지 20년이 지나자 전 세계 과학계는 생물학적 진화 현상—형태 변화를 가진 후손—을 사실로 받아들였다. 그러나 이 현상의 주요 원인으로 다윈이 제시한 자연 선택론을 받아들이는 데는 60년이 걸렸다. 이는 두 가지 이유 때문이다.

첫째, 비록 다윈 자신도 화석의 기록이 자신의 가설의 가장 중요한 부분인 점진주의gradualism를 지지하지 않는다는 점을 밝히고 있지만, 그의 예전의 멘토였던 애덤 세지윅Adam Sedgwick과 하버드 비교동물학 박물관의 창설자이자 책임자 루이 애거시즈Louis Agassiz 같은 주도적인 고생물학자들은 점진적 진화를 지지하는 화석상의 증거는 아예 없다고 주장했다. T H 헉슬리조차도 다윈의 점진론에는 회의적이었다.[47] 19세기 후반에서 20세기 초반 대다수의 고생물학자들은 도약진화saltation를 옹호했다. 지질학적 기록에 따르면 새로운 화석형태가 나타나 대체로 아무런 변화없이 유지되다가 돌연 사라지고 새로운 형태의 화석이 나타나므로 생물학적 진화는 점진적이기보다는 도약하듯 일어난다는 주장이다.

둘째, 유전은 혼합적인 과정이라는 것이 그 당시의 정설이었다. 후손은 부모들의 특징이 한데 섞여 있는 형태를 띤다는 뜻이다. 그러므로 키 큰 아버지와 키 작은 어머니에게서 나온 자손의 키는 중간 크기이다. 이 말은 부모가 모두 유리한 변이를 가지고 있지 않다면, 그 변이의 절반만 후손에게 전수되고, 그 절반의 절반만이 그 후대에게 전수된다. 이런 식으로 변이는 세대를 이어 가면서 희석되는 것이지 종 전체에 퍼질 수가 없게 된다.

이런 반론에 반박하기 위해 다윈은 고대 그리스철학에서 비롯되어 뷔퐁이 제안했던 범생설pangenesis을 제시한다. 다윈의 설명에 따르자면, 몸의 전 부분에 관한 유전적 정보를 가진 배아들, 즉 눈에 보이지 않는 싹들이 합쳐져서 재생산하는 기관이 되고, 유전적인 특징을 전수한다. 그러나 골튼Galton은 토끼의 피 속에서 이런 배아를 찾지 못했고, 이에 과학계는 이 생각을 일축했는데 이는 옳았다. 라마르크가 생명이 없는 물질에서부터 생명이 끊임없이 생겨나고 환경에 적응하면서 복잡화 과정이 끊어진다고 잘못 생각했듯, 다윈은 유리한 형질이 어떻게 유전되어 특정한 환경 속에서 개체군의 변화가 일어나는지에 관해 잘못 생각했다.

다윈주의

다윈은 세속의 성자처럼 여겨졌고 종교적 성자처럼 신화화되었다. 『종의 기원』 초판 출판 150주년을 기념하는 2009년에 나온 수많은 책과 TV 프로그램은 다윈주의 혹은 진화에 대한 다윈의 이론을 마치 뉴턴의 만유인력 이론처럼 명백한 이론인 듯 다루었다. 그러나 실제로 보면 다윈주의와 다윈주의자는 사람마다 다른 뜻으로 해석한다. 이에 나는 찰스 다윈이 실제로 제시한 다윈주의Darwinism를 신다윈주의NeoDarwinism나 초다윈주의UltraDarwinism와 같은 그 이후의 수정되고 확장된 이론과 구별하여 정의를 내리는 게 필요하다고 생각한다.

> **다윈주의** 하나의 속내의 모든 종은 공통된 조상에서부터 진화했다는 가설. 이 생물학적 진화의 가장 중요한 원인은 자연 선택 혹은 적자생존으로서, 이에 의하면 특정 환경 속에서 종 내의 다른 개체보다 생존에 더 유리한 변이를 가진 자손은 덜 적합한 자손보다 더 오래 살아 남고 더 많은 후손을 생산한다. 이 유리한 변이는 유전될 수 있으며 세대를 거치면서 그 환경 내에서 더 많은 개체군을 이루는 반면에 덜 적응된 변이를 가진 이들은 죽임을 당하거나 굶어 죽거나 멸종된다. 짝짓기에 유리한 특징을 가진 이에 대한 성선택, 그리고 기관의 사용 미사용 여부 역시 유전되어 생물학적 진화를 일으킨다.

정향진화

정향진화Orthogenesis 역시 사람마다 다른 뜻으로 해석하는 용어이다. 그 요체는 다음과 같이 정의할 수 있다.

> **정향진화** 생물학적 진화는 내재된 힘에 의해 정해진 방향으로 나아간다는 가설. 이 가설에도 환경에 대한 적응이 종의 진화에 중대한 역할을 한다는 주장에

서부터, 적응은 종 내부에서의 변이를 일으키는 정도의 역할을 한다는 주장, 진화의 방향이 생물학적 진화의 목적을 드러낸다는 주장까지 다양한 버전이 있다.

앞에서 살펴봤듯, 에라스무스 다윈과 장-바티스트 라마르크는 각각 생물학적 진화는 복잡도를 증가시키려는 내적인 경향 때문에 일어난다고 주장했다.

독일 동물학자이자 해부학자인 테오도어 아이머Theodor Eimer는 1895년에 "정향진화"라는 용어를 가져와서 왜 서로 다른 계통에서 비슷한 진화 전개가 일어나는지 설명하고자 했다. 아이머는 적응에 유리하지 않은 진화 형태가 유사한 형태로 광범위하게 퍼져 있으며, 생물학적 진화는 정해지지 않은 자연법칙을 따라 예상할 수 있는 방향으로 전개되는데 이것은 마치 유기체 개체가 배아 상태에서 보다 복잡한 성체로 발전해 가는 과정을 지배하는 자연 법칙과 비슷하다고 생각했다.

다윈의 자연선택설의 수위를 많이 떨어뜨린 이 이론은 미국의 에드워드 코프Edward Cope와 알페우스 하이엇Alpheus Hyatt 같은 고생물학자들에 의해 채택되었는데, 진화 계열에서 나타나는 일련의 개체들은 환경에 적응하는 데 그다지 유리하지 않은 특징이나 심지어 멸종에 이를 수 있는 특징을 갖춰가는 방향으로 줄곧 변이를 이어 가고 있음을 보여 주는 화석 증거를 설명하기 위해서였다. 그들 중 일부는 그 원인으로 내적인 경향성에 관한 라마르크의 이론이나 획득 형질의 유전을 받아들였다.[48]

크로포트킨과 상호부조

표트르 크로포트킨Peter Kropotkin은 서방에서는 무정부주의자에 혁명가로 변신한 러시아의 왕자로 널리 알려져 있다. 그는 또한 과학자이기도 했는데, 1871년 상트페테르부르크에 있는 왕립 지질학회의 비서라는 명망 있는 자리를 제안받았다. 그러나 그는 이를 거절했을 뿐 아니라 자신의 지위도 포기하고, 자신이 수행한 과학적 관찰을 통해 깨달은 지식을 활용하여 차르(제정 러시아 때 황제의 창호—옮긴이)지배하에서 착취당하고 괴롭게 살아가던 러시아 민중을 돕는 일에 헌신했다. 그의 무기는 폭탄이 아니라 펜이었다.

결정적인 관찰

그보다 9년 전인 20세 때 그는 3년 전에 출간되어 그에게 깊은 인상을 남긴 『종의 기원』에서 설파된 생존 투쟁을 직접 목격하고 싶다는 마음에 동시베리아와 북만주로 여행을 떠났다. 그러나 그가 발견한 바에 입각해서 그는 다윈의 진화론적 가설이 왜곡되어져 왔고 특히 다윈의 추종자들에 의해 그렇게 되었다는 결론에 도달했다.

크로포트킨이 동물과 인간의 삶을 자세히 관찰해 본 결과, 같은 종 내의 개체들 간에 무자비한 경쟁이 벌어지는 경우는 별로 없었다. 거친 환경의 고립된 지역 내에서 희소한 자원을 위해 가장 야만적인 차원에서 경쟁이 벌어져야 할 개체군에서 그는 도리어 "내가 보기에는 생명의 유지, 종의 보존, 그리고 진화에 가장 중요한 특징이 아닐까 싶은"[49] 상호부조mutual aid의 현실을 확인했다.

그는 또한 자율적인 공동체를 이루고 있는 시베리아 농부들 사이에서 일어나고 있는 상호부조 역시 확인했고, 이로 인해 이런 시스템의 정부가 억압적이고 인정사정없는 중앙 집권형 국가를 대체해야 한다는 믿음에 이르렀다.

상호부조

감옥에서 지내던 시기인 1883년 그는 상트페테르부르크대학교의 존경받는 동물학자이자 학장인 카를 케슬러Karl Kessler의 강의 내용을 읽었다. 종의 진화에는 경쟁보다는 상호부조가 더 큰 요인으로 작동한다는 것이 그 강의의 요점이었다. 그 내용은 크로포트킨 자신이 발견한 내용과 부합했기에, 감옥에서 나온 이후 그는 영국으로 건너가서 이와 관련된 연구를 계속했고, 다윈이 했던 것처럼 자신의 관찰만이 아니라 수많은 현장 박물학자와 인류학자들의 연구 결과도 두루 종합하기에 이른다.

1888년 다윈의 열렬한 옹호자였던 토머스 헉슬리Thomas Huxley는 자신이 쓴 유명한 논문 "생존을 위한 투쟁 The Struggle for Existence"에서 생명은 "끊임없는 난투극"이며, 같은 종 내의 개체 간에 일어나는 경쟁은 자연의 법칙일 뿐 아니라 진보를 일으키는 동력이라고 주장했다.

> 동물의 세계는 검투사의 쇼와 같은 차원에서 펼쳐진다. 모든 동물은 좋은 대우를 받으면서 싸움을 위해 준비된다. 가장 강하고 가장 빠르고 가장 민첩한 것들은 다음 날의 싸움을 위해 살아간다. 구경꾼들은 엄지를 내릴 필요도 없는데, 어차피 자비란 있을 수 없기 때문이다.[50]

크로포트킨은 비교해부학과 고생물학에 기반한 헉슬리의 견해가 현장 박물학자들과 동물학자들이 제시하는 증거에는 부합하지 않는다고 생각했다. 그는 일련의 논문을 통해 헉슬리에게 답을 했고 이 논문들이 나중에 나올 책의 토대가 되었다. 『상호부조: 진화의 한 요소 *Mutual Aid: A Factor of Evolution*』는 1902년에 처음 나왔고, 개정판은 1904년에 나왔으며, 내가 인용하는 최종판은 1914년에 나왔다.

거기서 크로포트킨은 이렇게 말한다.

> '같은 종 내의 개체들과 변이들 간에 치열하게 벌어지는 생존 경쟁'이라는 (『종의 기원』 속의) 한 문단을 살펴보면, 다윈이 썼던 글에서 우리가 흔히 발견하는 그 풍성한 증거와 도해가 전혀 없다는 점을 알 수 있다. 그 제목하에서 개체 간의 투쟁은 단 한 건도 나와 있지 않다.[51]

크로포트킨은 자연 선택에 대해서는 이의가 없었고, 생존 경쟁이 종의 진화에서 중요한 역할을 한다는 점도 부인하지 않았다. 그는 "삶은 투쟁이다. 그 투쟁에서는 가장 적합한 자들만 살아남는다"[52]라고 분명하게 밝혔다. 그러나 이것은 같은 종 내 개체 간의 경쟁적 투쟁을 뜻하는 것은 아니다. 『상호부조』 안에는 새끼를 기르고, 가르치고, 개체들을 위험에서부터 보호하고, 먹이를 찾는 곤충, 새, 포유류에 대한 필드 연구를 통한 방대한 증거가 축적되어 있었기에 "상호부조의 습관을 터득한 동물들이 [생존하고 진화하는 데] 가장 적합한 자들이라는 점은 의심의 여지가 없다"[53]는 결론을 뒷받침할 수 있었다.

뒷받침하는 증거

수많은 곤충 사례 중에서 크로포트킨은 먹이를 찾기 위해 노동을 분담하여 협력하고 정교한 둥지를 공동으로 건설하고, 그 둥지 내에 아치형 먹이 저장고와 새끼들을 기를 탁아 시설까지 만드는 개미와 흰개미에 대해 서술한다. 서로 다른 종의 개미들은 서로 피나는 전쟁을 치르지만, 한 공동체 내에서는 상호부조 그리고 공동의 안녕을 위해서 필요하다면 자기 희생이 근본 원칙으로 작동한다. 주린 개미가 있을 때 이미 일부 소화된 음식을 다시 토해 내고, 나누지 않는 개미는 적으로 간주된다. 한 군집이 딱정벌레나 심지어 말벌 둥지처럼 강한 곤충의 군집을 이기려면 협력이 필요하다.

벌도 이런 식으로 협력한다. 크로포트킨은 먹이가 너무 없거나 너무 많으면 일부 벌들은 공동의 유익을 위해 일을 하기보다는 훔치는 쪽을 더 좋아하지만, 장기적인 차원에서 종의 생존에는 협력이 훨씬 유리하다고 설명한다.

이런 협력은 대개의 경우 종 전체보다는 벌집이나 둥지나 곤충의 군집에서만 나타나지만, 그는 서로 다른 2종의 흰개미가 이룬 200개 이상의 집으로 이루어진 군집도 관찰되었다는 점과, 남미의 사바나 지역에는 두세 가지 서로 다른 흰개미 종들이 모여 사는 집들로 언덕도 있는데 이들 집은 아치형 갤러리와 회랑에 의해 서로 연결되어 있다는 점도 기록한다.

많은 종류의 새들은 무리 속에 다른 종의 새가 포함되어 있더라도 같이 먹이를 사냥하고 함께 이주하는 사회적 행동을 보이며, 같이 놀기도 한다. 솔개들은 사냥할 때 서로 협력해서 자신들보다 더 힘센 독수리의 먹이도 빼앗는다. 몇 달 동안 넓은 지역에 작은 무리를 이루고 흩어져 살던 새들은 겨울이 오면 특정한 장소에 수천 마리가 모여 들어서는 늦게 오는 이들이 도착할 때까지 며칠이고 기다린다. 그리고 나서 이들은 보다 따뜻하고 먹이도 풍부한 곳을 향해, 힘센 개체가 번갈아 이끌면서 "정확하게 설정한 방향"으로 이주한다. 봄이 오면 같은 곳으로 되돌아와서 흩어지는데, 대개는 자신들이 두고 떠났던 둥지로 돌아간다.

놀이 삼아 몇몇 종의 새들은 공연하듯 노래하기도 한다. 그가 기록한 어느 관찰자의 보고에 의하면 호수를 둘러싸고 자리잡은 500마리 정도 되는 메추라기 떼 중 첫 번째 무리가 삼사 분 동안 노래를 하고 나서 그치면, 다음 무리가 이어받고, 그다음 무리가 이어받는 식으로 호수를 한바퀴 빙 돈 다음에 처음 시작한 무리가 다시 노래를 한다.

크로포트킨은 앵무새가 가장 사회성이 좋고 지능이 뛰어난 새라는 걸 발견했다. 예를 들어 호주의 흰 앵무새들은 옥수수 밭을 찾기 위해 정찰병을 내보낸다. 그들이 돌아오면 무리 전체가 가장 좋은 밭으로 날아가며, 감시병을 세워 두어 농부들을 위협하는 동안 나머지 무리들은 실컷 옥수수를 먹는다. 그는 앵무새가 오래 사는 이유가 그들의 사회 생활 때문이라고 본다.

동정compassion은 같은 종 내에서 일어나는 무자비한 생존 경쟁에서는 기대하기 어려운 자질이지만, 크로포트킨은 동정과 관련된 몇 가지 사례를 제시하는데, 그중에는 눈먼 동료를 위해 50킬로미터 이상의 거리를 날아와 먹이를 갖다 주는 펠리컨 무리의 사례도 있다.

크로포트킨은 이와 유사하면서도 보다 진전된 협업이 설치류에서부터 코끼리 무리나 고래 떼, 그리고 원숭이와 유인원 무리와 같은 포유류에서 일어난다는 점에 주목했다.

다람쥐들은 대체로 혼자 생활하는 부류로서 자기가 먹을 것을 자기가 찾아서 자기 집에 보관하는 편이지만, 다른 다람쥐들과 서로 연락을 주고받으며, 먹이가 떨어지면 그룹을 이루어 이주한다. 캐나다 사향쥐는 갈대가 뒤섞인 진흙을 이겨서 만든 돔 형태의 집으로 이루어진 마을에서 공동체를 이루고 평화롭게 살며 뛰어다니는데, 배설물을 위한 별도의 자리도 마을 구석에 마련해 놓고 있다. 토끼를 닮은 설치류인 비스카차는 10마리에서 100마리에 이르는 개체가 함께 모인 서식지 단위로 평화롭게 살아간다. 밤에는 전체 군집이 서로의 서식지를 방문한다. 농부가 비스카차의 굴을 덮어버리면 다른 곳에 있던 비스카차들이 찾아와서 파묻혀 있던 이들을 꺼내 준다.

포유류는 먹이를 얻기 위해 그리고 포식자로부터 자신들과 약한 개체를 보호하기 위해 협력한다. 늑대는 함께 몰려다니며 사냥하고, 무스탕이나 얼룩말과 같은 야생마 종은 수컷들이 자기 무리를 빙 둘러싸서 늑대, 곰, 사자의 공격으로부터 보호한다. 먹이가 줄어들면 흩어져 있던 반추동물 무리는 한 군데로 모여서 먹이를 찾아 다른 지역으로 이주한다.

이런 패턴은 모든 종에서 전형적으로 발견된다. 협력은 가족 내부에서 가장 강하고, 그다음으로는 그룹 내에서, 그리고 흩어져 있던 그룹들이 공동의 필요를 해결하기 위해 한데 뭉쳐졌을 때 강하게 이루어진다.

크로포트킨에 의하면 다윈주의자들은 생존 투쟁 속에서 개체가 갖출 수 있는 가장 강력한 특질로 지능을 꼽는다. 그에 의하면 지능은 사회성, 커뮤니케이션 수용성, 모방, 축적된 경험 등에 의해 길러지며, 사회성이 결여된 동물들은 이 모든 것이 불가능하다.

그는 진화가 점진적이라고 본다. 하나의 강綱 내에서 가장 진화한 동물은 최대의 사회성과 최대의 지능을 함께 지니고 있다. 곤충 중에서는 개미, 새 중에서는 앵무새, 포유류 중에서는 원숭이와 유인원이 그렇다.

크로포트킨에게 있어 생존을 위한 가장 중요한 투쟁은 맬서스가 생각했듯이 개체 수가 증가하면서 한정된 자원을 차지하기 위해 같은 종 내의 개체들 간에 벌어지는 경쟁이 아니다. 그것은 변화무쌍한 환경, 한정된 먹이,

열악한 기후 조건, 포식자 등 주변 상황과의 투쟁을 말한다. 자연 선택이 선호하는 종—구성원들이 가장 오래 생존하고 가장 많은 새끼를 낳는—은 경쟁을 "회피하는" 전략을 채택하는 종이다. 그들은 개미처럼 자신들의 먹이를 구하거나, 다람쥐처럼 자기 먹이를 저장하거나, 많은 설치류처럼 겨울잠을 자거나, 거주지를 확장하거나, 새로운 거주지로 잠시 혹은 영원히 이주하거나, 식단이나 습관을 바꾸거나, 여러 세대에 걸쳐 진화하여 변화된 환경에 더 잘 적응하는 종으로 변해 간다. 이러한 전략을 채택하지 못한 것들은 생존 투쟁에서 탈락하며, 다윈이 주장한 내용처럼 맬서스가 생각했듯이 경쟁자들에 의해 죽임을 당하거나 굶어 죽지 않더라도 시간이 지나면 자연스레 사라져 간다.

이렇듯 크로포트킨은 종 내의 개체들 간에 일어나는 경쟁이 진화의 유일하고 가장 중요한 원인이라는 생각에 이의를 제기하고, 상호부조가 더 큰 역할을 한다고 주장했다.

공생발생

러시아의 박물학자 크로포트킨이 동물의 행동을 연구하고 영국에서 자신의 생각을 가다듬고 있을 때, 러시아의 식물학자 콘스탄틴 메레슈콥스키Konstantin Mereschkovsky는 러시아에서 이끼를 연구하면서 진화 과정은 공생에서부터 시작한다는 자신의 공생발생symbiogenesis 가설을 발전시키고 있었다.

생물학 역사가인 얀 사프Jan Sapp[54]에 따르면 공생symbiosis은 진화상의 혁명에 이르는 방편으로서 19세기 후반 이래로 논의되어 왔다. 이끼가 갖는 균류와 조류로서의 이원적 특성, 콩과 식물 뿌리혹 속에 있는 질소 고정 박테리아, 숲속의 나무와 난초 뿌리 속의 균류, 원생생물 몸속에 사는 조류 등은 긴밀한 생리학적 관계에 의해 관계가 약한 유기체들이 어떻게 해서 이끼가 보여 주듯 때로는 전혀 새로운 유기체로 진화하는지 보여 준다.

균류와 조류를 연구하던 독일의 안톤 드 바리Anton de Bary는 1878년에 공생이란 비약적인 진화적 변화에 이를 수 있는 "서로 어울리지 않는 유기체들의 공존"이라고 정의했다. 식물학자 안드레아스 심퍼Andreas Schimper는 1883년에 "엽록체"라는 말을 만들어 냈고, 녹색 식물은 공생을 통해 생긴다고 주장했다. 1893년 미국에서 연구하던 일본의 세포생물학자 와타세 쇼자부로渡瀨庄三郞는 이를 활용하여 모든 유핵세포들nucleated cells의 기원을 설명했다. 이 세포들은 서로 다른 기원을 가진 작은 유기체들의 덩어리가 생존을 위한 투쟁 속에서 자신들의 물질대사 결과물을 교환하면서 만들어진다. 이는 세포핵과 세포질 간에 일어나는 깊은 생리학적 상호 의존성에 의해 확인되었다.

1909년 메레슈콥스키는 두 종류의 유기물과 두 종류의 원형질로부터 지구상의 최초의 생명체인 세포핵과 세포질이 나왔다는 이론을 자세하게 제시했다. 그는 또한 세포 내의 엽록체는 청록색의 조류에서부터 생겼다고 주장했는데, 공생하던 서로 다른 두 종류의 유기체가 합쳐져서 새롭고 보다 복잡한 유기체가 되는 과정을 서술하기 위해 "공생발생"이라는 용어를 만들어 냈다. 메레슈콥스키는 공생발생이 다윈의 이론보다 생물학적 진화를 더 잘 설명한다고 주장했다.

세포 속 미토콘드리아가 이와 비슷한 공생발생의 기원을 가지고 있다는 생각은 1890년 독일의 조직학자 리처드 알트만Richard Altmann으로부터 나왔다. 1918년 폴 포티어Paul Portier는 아주 오래된 공생생물로서의 미토콘드리아에 대한 개념을 그의 책 『공생생물 *Les Symbionts*』에서 전개했다. 1927년 미국 생물학자 이반 월린Ivan Wallin은 획득된 미토콘드리아가 새로운 유전자의 원천이 된다는 비슷한 견해를 『공생과 종의 기원 *Symbiontism and the Origin of Species*』에서 전개했다. 월린은 생물학적 진화를 지배하는 세 가지 원리가 있다고 봤다. 공생을 통해 생겨난 종, 그 종의 생존과 멸종을 지배하는 자연 선택, 복잡성이 증가하는 패턴을 결정하는 아직까지 알려지지 않은 원리가 그것이다.

협력보다는 다윈주의적인 경쟁을 더 선호했던 대부분의 생물학자들은 이런 생각을 무시하거나 거부했으며, 공생발생을 지지하는 실증적인 증거가 없다고 봤다.

멘델과 유전력

다윈의 가설을 엉망으로 만들고 있던 문제인 유전력Heritability은 1865년 아우구스티노회 수도사인 그레고르 멘델Gregor Mendel에 의해 해결되었다. 그의 중대한 논문 "식물 교배에 관한 실험 Experiments in Plant Hybridization"은 그 이듬해 보헤미아(지금의 체코 공화국의 브르노)의 「브륀 자연사 학회 회의록」에 실렸는데, 이것이 오늘날 유전학의 토대가 되었다.

실험

멘델은 알려진 바와는 달리 단순한 수도사가 아니라 브륀 수도원의 전통에 입각해 활동한 교사이자 과학자이기도 했다. 1856년에서 1863년 사이에 그는 부모 각각의 특징이 섞여서 그 자손에게서 나타난다는 유전에 관한 정통 이론이 사실인지 확인해 보기로 했다. 이를 위해 그는 완두를 선택했는데, 완두는 그 식물의 크기, 완두콩 씨앗의 색깔, 완두콩 씨앗이 주름져 있느냐 평평하냐 같은 몇 가지 단순한 특징을 가지고 있었다.

그는 늘 노란 완두 씨앗을 낳는 식물과 늘 초록 완두 씨앗을 낳는 식물처

그림 16.2 노란 완두와 녹색 완두에 관한 멘델의 실험 결과

럼 순수 교배한 표본에서 시작했다. 이들 순수 교배한 식물을 교차 교배해서 나오는 첫 번째 세대는 노란 완두콩만 나오게 된다. 이 첫 세대 식물들끼리 교배하여 나오는 두 번째 세대는 노란색 완두콩 식물과 녹색 완두콩 식물의 비율이 3대 1로 나온다.

다른 특질을 가진 콩 식물로 실험을 해도 똑같은 결과가 나왔다. 이에 멘델은 형질characteristics은 섞이는 것이 아니라, 그 각각은 어떤 요소(나중에 유전자라고 부르게 되었다)에 의해 반영되어 번갈아 나타난다(나중에 대립형질alleles이라고 부르게 되었다)는 결론에 이르렀다. 이 실험에서 보자면, 하나의 대립형질이 한 콩에서는 노란색을, 다른 대립형질은 녹색을 만든다. 대립형질은 쌍으로 나타난다. 쌍을 이루는 대립형질이 서로 다른 경우에 "우성" 형질(이 경우는 노란색을 만드는 형질)이 또 다른 한쪽의 "열성" 형질(이 경우는 초록색을 만드는 형질)을 덮는다. 두 개의 열성 형질이 유전되었을 때라야 거기에 부합하는 특질이 나타난다.

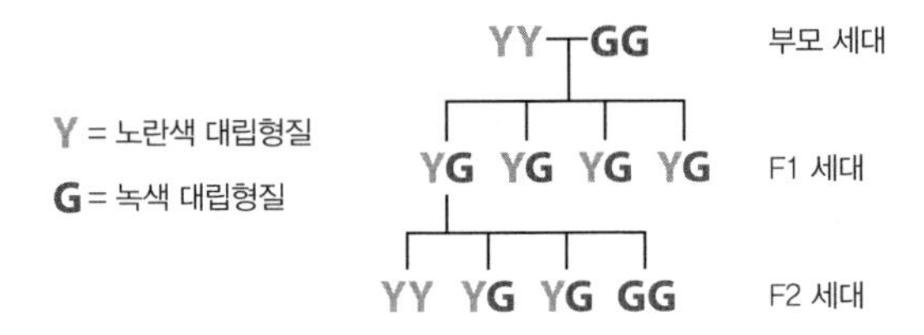

그림 16.3 노란 완두와 녹색 완두에 관한 멘델의 실험에 대한 설명. 노란 형질이 우성인 경우.

멘델의 법칙

자신의 실험을 통해 멘델은 아래와 같이 요약되는 유전 법칙을 도출했다.

1. 개체의 형질은 유전적인 요소(지금은 유전자라고 부르는)에 의해 결정되고, 이는 쌍으로 나타난다.
2. 각각의 유전자 쌍은 번식할 때 분리되며, 부모 각자가 가진 한 쌍의 유전자 중에서 하나의 유전자만이 후손에게 전달된다.

3. 어떤 유전자는 우성이어서 다른 쪽 열성 유전자의 효과를 덮는다.

4. 일부 형질에서는 어느 유전자도 우성이 아니다.

어떤 유전자가 전달될지는 우연의 문제이다. 멘델의 법칙에 따라 유전자의 새로운 조합이 일어나서 부모 중 어느 쪽에서도 나타나지 않았던 형질이 새롭게 조합되어 나타나는 일도 가능하다. 또한 한 개체에게 나타나지 않던 형질이 후대에는 나타날 수 있는데, 이는 형질이 아무런 변형 없이 전달되기 때문이다.

개체에게 유리한 형질을 제공하는 유전자가 변형 없이 유전되고, 이것이 생존 경쟁하는 군집의 선택을 받게 됨으로써 다윈의 가설이 가지고 있던 문제도 해결할 수 있다.

멘델의 논문은 브리태니커 백과사전 속에 호의적인 항목으로 포함되었고, 그 내용은 1881년에 식물학자 빌헬름 올베르스 포크Wilhelm Olbers Focke가 출간한 식물 재배에 관한 책에 수차례 인용되었으며, 다윈도 그 책을 분명히 가지고 있었음에도 불구하고, 다윈과 대다수의 박물학자들은 멘델의 논문을 읽지 않았다.

신다윈주의

멘델의 논문은 1900년에 와서 독립적으로 연구해서 그와 유사한 결론에 이른 세 명의 식물학자들에 의해 재발견되었다.

1920년대에서 1930년대에 영국의 통계학자이자 유전학자인 로널드 피셔Ronald Fisher와 유전학자 J B S 홀데인J B S Haldane, 그리고 미국의 유전학자 슈얼 라이트Sewall Wright는 각각 독립적으로 통계 기법을 활용하여 생물학적 진화에 관한 수학적 기반을 구축했다. 이렇게 형성된 생물학 분야의 하위 분과 학문을 집단유전학population genetics이라고 부른다. 그들의 이론적 틀은 멘델의 유전학을 다윈의 가설에 통합시켜 사소한 변이를 계속 축적하는 자연 선택이 결국 형태나 기능 차원에서 큰 차이를 만들어 내는 과정을 수학적으로 증명하는 것이다.

라이트는 또한 유전적 부동遺傳的浮動, genetic drift 개념을 도입했다.

> **유전적 부동**genetic drift 유한한 크기의 집단 속에서 자연 선택보다는 우연에 따라 나타나는 대립형질(유전자 쌍)의 발현 빈도의 차이. 이로 인해 유전적 특질이 집단 속에서 사라질 수도 있고 퍼질 수도 있으나, 이는 이들 유전적 특질의 보존이나 번식의 가치와 상관없다.

그러나 그들의 연구 성과는 생물학자들에게 큰 반향을 일으키지 못했는데, 그들의 연구 성과가 이론적인 차원에서 이루어졌고 주로 수학적으로 표현되었기 때문이다. 또한 그들의 연구 결과는 종 내에서의 변화만 설명할 뿐이었고, 어떻게 새로운 종이 진화하는지는 설명하지 못했다.

현대 종합Modern Synthesis 혹은 신다윈주의NeoDarwinism*라고 알려진 내용은 1930년대 후반에서 1940년대에 이르러, 1937년에 『유전학과 종의 기원 *Genetics and the Origin of Species*』을 쓴 러시아 태생의 미국 유전학자이자 실험동물학자인 테오도시우스 도브잔스키Theodosius Dobzhansky, 1942년에 『분류학과 종의 기원 *Systematics and the Origin of Species*』을 쓴 집단유전학이자 에른스트 마이어Ernst Mayr, 역시 1942년에 『진화: 현대 종합 *Evolution: The Modern Synthesis*』를 쓴 영국 동물학자이면서 유전학에 대한 수학적 접근을 지지했던 줄리언 헉슬리Julian Huxley, 1944년에 『진화에서의 템포와 모드 *Tempo and Mode in Evolution*』에서 집단유전학의 통계적 기법을 고생물학에 적용한 미

* 마이어는 신다윈주의라는 용어를 초기의 용례에만 한정시키고 싶어했는데, 초기 용례란 획득 형질의 유전을 고려하지 않는 다윈주의를 말하며 이것은 현대 종합과는 구별된다. 그러나 이러한 구별은 받아들여지지 않았고, "현대 종합"이라는 게 비생물학자들에게는 그 뜻이 분명하지 않다. "신다윈주의"는 나중에 다루게 될 "초다윈주의"와 구별하는 게 유용하다.

국의 조지 게이로드 심슨George Gaylord Simpson 등에 의해 발전되었다.

그 목표는 경쟁에서부터 유발되는 다윈주의적인 자연선택설을 이론 유전학과 실증 유전학, 동물학, 고생물학 분야가 거둔 성과와 통합하여 생물학적 진화에 관한 포괄적 이론을 정립하는 것이었다. 이 이론은 진화의 주체를 개별 유기체에서 집단으로 바꾸었다. 도브잔스키가 말했듯 "진화는 집단 내의 유전자 구성의 변화를 말한다. 진화 메커니즘에 대한 연구는 집단 유전학 분야에 해당한다."

신다윈주의NeoDarwinism 다윈의 자연선택설에 멘델유전학과 집단유전학을 종합한 이론으로서, 같은 종 내의 개체에게서 무작위로 생겨나는 유전적 변이 중에도 주변 환경에서 자원을 얻는 경쟁에서 보다 유리한 형질을 갖게 하는 변이가 더 오래 존속하고 보다 많은 후손을 만든다고 보는 이론. 이런 유리한 유전자는 더 많은 수의 개체에 유전되며, 이로 인해 수많은 세대를 지나면서 유전자풀gene pool—집단 내 유전자의 총체—이 점점 변해 가다가 마침내 새로운 종이 나타난다. 이렇듯 적응에 유리한 특징을 만드는 유전자 변이가 없는 개체들은 그 환경 내에서는 죽임을 당하거나 굶어 죽거나 멸종되어 간다.

분자생물학

멘델의 연구를 재발견하면서 이루어진 이러한 거대생물학의 발전에 발맞추어 미생물학자들은 유전자가 무엇이며, 유전 특성의 작용제로서 어떻게 기능하는지 규명하고자 했다.

고속으로 배양할 수 있는 과일 파리인 노랑초파리Drosophila melanogaster를 대상으로 연구한 콜롬비아대학교 실험동물학자 토머스 H. 모건Thomas H. Morgan과 동료들이 1914년에 내놓은 연구 결과에 따르면, 유전자들은 염색체상에 일렬로 배열되어 있다. 그리고 유전자들은 때로는 자발적이고 항구적인 변화 혹은 변이를 겪는데 이로 인해 하얀 눈이나 빨간 눈과 같이 유전적 형질에 변화가 생긴다. 이 연구 결과로 모건은 1933년에 노벨상을 수상했다.[55] 생물학자들은 유전자 변이가 개체의 특질이 달라지는 가장 중요한 원인이라는 생각을 받아들였다.

진핵생물의 염색체가 단백질과 핵산, 대개 DNA로 구성되어 있다는 점은 증명되었으므로 세 가지 가능성이 열려 있다. 유전자는 DNA로 구성되어 있거나 단백질로 구성되어 있거나, 둘의 조합으로 되어 있다. 이 셋 중 어느 쪽이 맞는지 확인하기 위해 과학자들은 유전자가 후손의 특징을 결정하는 정보를 어떻게 전수하고, 또한 유전자가 후손으로 자라나게 될 세포를 어떻게 만드는지 증명할 필요가 있었다.

첫 번째 기능에 관련해서 1943년에 물리학자 에르빈 슈뢰딩거는 모르스 부호 속의 단순한 점과 대시가 엄청난 양의 정보를 전달하듯 유전자 역시 반복해서 나타나는 몇 가지 개체의 부호 속에 유전적 정보를 담고 있다고 생각했다.[56]

그 이듬해 뉴욕 록펠러 재단 병원의 오즈왈드 에이버리Oswald Avery와 동료들인 콜린 매클라우드Colin MacLeod와 매클린 맥카티Maclyn McCarty는 박테리아에 생겨난 변화를 그 다음 세대로 전달하는 주체가 DNA라는 것을 증명했다. 이 말은 유전자가 DNA로 이루어져 있다는 뜻이다.

대부분의 생물학자들은 이에 대해 회의적이었는데, DNA 분자 속의 뉴클레오티드의 서열은 모든 유전적 정보를 전달할 만큼 충분히 다양하지 않기에 유전자는 틀림없이 단백질로 되어 있을 것이라고 생각했기 때문이다. 그러나 1952년 워싱턴 카네기 협회의 유전학 연구소 소속 앨프리드 D 허시Alfred D Hershey와 마사 체이스Martha Chase는 박테리아 세포를 공격해서 죽이는 바이러스의 근본 특질을 담당하는 유전적 물질이 DNA라는 점을 증명했다. 이로 인해 DNA 분자 내 뉴클레오티드 사슬 속의 염기서열이 슈뢰딩거 부호를 구성할 수 있다는 생각이 설득력을 갖게 되었다.

이제 DNA가 어떻게 자기를 복제해서 후손에게 넘겨주고 어떻게 그 후손을 합성해 내는 생화학적 반응을 결정하는지가 분명해졌기에, DNA의 화학적 구성만이 아니라 그 삼차원 구조를 이해하는 일이 필요하게 되었다. DNA가 유전자로서 어떻게 작용하는지 알아내려는 경쟁적 레이스—대단히 가차 없이 진행된 레이스였다—속에서 X-레이 결정학을 활용해서 분자 구조를 발견하려는 이 신생과학 분야에 분자생물학이라는 이름이 붙여졌다.

이 경쟁의 승리는 1953년 박사 학위를 받은 지 얼마 안 되는 미국의 젊은 유전학자 제임스 왓슨James Watson과 그보다는 나이가 많지만 아직 학위를 받지 못한 상태였던 영국의 물리학자 프랜시스 크릭Francis Crick에게 돌아갔다. 그들은 영국 캐임브리지의 캐번디시 연구소에서 한 팀으로 일하면서, 같은 팀으로 일하려고 했지만 그러지는 못했던 킹스 칼리지의 두 명의 물리학자 모리스 윌킨스Maurice Wilkins와 로절린드 프랭클린Rosalind Franklin이 얻어낸 X-레이 회절 결과물을 활용했다. 이 결과로부터 그들은 두 개의 나선형 끈이 서로를 감고 있는 형태의 삼차원 DNA 모델을 만들어 냈고, 이 나선들은 풀어져서 스스로를 복제하는 견본이 된다고 생각했다.[57*]

네이처지 1953년 4월호에 실린 그들의 짧은 논문, 윌킨스와 프랭클린이 따로따로 발표한 논문들, 그들의 생각을 확대해서 좀 더 자세하게 서술한 논문들이 분자생물학의 새로운 시대를 열었다. 그 후 25년간의 생물학계는 유전자의 물리-생화학적 본질에 대한 왓슨과 크릭의 통찰을 보다 자세히 규명하고, 그에 대한 실험적 증거를 제시하는 연구가 지배했다.

모건은 관찰되는 자발적인 유전자 변이가 풀어진 DNA 견본이 자기 복제할 때 희귀하게 일어나는 실수라고 설명했다. DNA상에서 네 가지 뉴클레오티드가 이루는 서로 다른 서열들이 정확하게 어떤 식으로 작용해서 유전 정보를 실어 나르는 슈뢰딩거의 부호로 작용하는지 규명하는 데는 좀 더 시간이 걸렸다. 그리고 DNA의 두 번째 기능, 즉 뉴클레오티드 서열이 어떻게 해서 메신저 RNA 분자를 통해 모든 유기물을 이루는 세포를 구성하는

* 352쪽 도해 참고.

단백질과 다른 생화학물을 만들어 내는지 확인하는 데는 그보다 더 긴 시간이 필요했다.*

그러나 이로써 왓슨과 크릭의 가설은 그 정당성이 입증되었다. 이는 유전자에 집중하는 환원적 방법론reductionist method이 거둔 경이로운 승리였으며, 이 방법론은 지금도 생물학을 지배하고 있다.

1958년에 크릭은 DNA 분자 속 각각의 유전자는 하나의 단백질을 만드는 데 필요한 정보를 가지고 있으며, 이 단백질은 세포 내의 화학적 반응을 조절하는 효소 역할을 하며, 이는 한 방향으로만 전개되는 과정이라는 핵심적인 가설을 정교화했는데, 이를 1970년에 와서는 "분자생물학의 중심 도그마"라고 새롭게 표현했다. 한 방향으로만 전개된다는 말은 정보가 단백질에서 다른 단백질이나 핵산으로 되돌아가지는 않는다는 뜻이다.[58] 이것은 이제는 정보가 환경이나 유기체에서부터 세포 내의 DNA나 RNA로 되돌아가지 않는다는 의미로 받아들여진다.

생물학의 정통 원리

분자생물학의 이러한 주요 결론은 신다윈주의에 흡수되어 현재의 정설을 이루었다.

2006년에 와서 집단유전학과 실증적 동물학파에 속하는 제리 코인Jerry Coyne은 신다윈주의적 종합의 틀을 제시했던 이로 생물학적 진화에 관한 현대의 가설을 요약했다. 아래에 나오는 원리 1, 2, 3과 5는 코인의 요약에서 가져왔고,[59] 원리 4는 그의 다른 저서와 다른 신다윈주의자들의 저서에 분명하게 나타나며, 원리 6은 크릭의 분자생물학 도그마를 업데이트하여 요약한 내용이다. 모든 진화론적 생물학자들이 이 모든 원리에 동의하는 것은

* 이 연구결과는 메신저 RNA의 중간 역할에 대한 내용과 함께 351-359쪽에 서술되어 있다.

아니지만, 이 여섯 가지 원리는 대다수가 지지하는 패러다임*을 형성하고 있다.

1. 현존하는 종들은 과거에 살았던 종의 후손들이다.
2. 단일 계통이 두 가닥으로 갈라지면서 새로운 생명체가 생겨나는데, 이를 종의 분화speciation라고 하며, 한 계통의 개체는 다른 계통의 개체와 교배가 되지 않는다. 이렇게 지속적으로 갈라지면서 종의 계보가 만들어지는데, 이 "생명의 나무"의 뿌리는 최초의 종이며, 그 잔가지들은 현재의 다양한 종을 뜻한다. 현대의 종에서부터 어떠한 잔가지의 쌍이든 역추적하여 그 본가지를 지나면 본가지들이 만나는 마디에 해당하는 공통의 조상에 이른다.
3. 이러한 새로운 종의 진화는 그 종의 개체들이 이루는 집단이 수천 세대를 거쳐 겪어온 점진적인 유전적 변화를 통해 일어난다.
4. 이런 변화는 개체 내에서 임의적으로 일어나는 유전적 변이, 성적 생식을 통해 각각의 부모로부터 전해진 유전자가 섞이면서 서로 다르게 조합되는 유전자를 가진 후손의 출현, 이런 유전적 변이가 여러 세대를 거쳐 그 집단 내의 유전자풀 전체에 퍼져 나가는 확산을 거치면서 일어난다.
5. 이렇게 임의로 생겨난 유전적 변이 중에서도 집단 내 개체들이 특정한 환경 속에서 먹이 경쟁을 하고 더 오래 생존하고 더 많은 자손을 낳는 데 유리한 특징을 만드는 유전적 변이는 자연 선택을 받아 더 많은 수의 자손에게 유전되는 반면에 그 집단이 속한 환경에 적응하는 데 유리한 특징을 만들어 내는 유전적 변이가 없는 개체는 세대를 거치는 동안 죽임을 당하거나, 굶어 죽거나, 멸종된다.
6. 정보는 세포 내 유전자로부터 단백질로 흘러가는 한쪽 방향의 흐름이다.

* 패러다임 정의는 용어해설 참조.

현재의 패러다임이 초래한 결과

경쟁에서부터 자연 선택이 일어난다고 가정하는 유전자 중심 패러다임은 생명의 진화에 관한 과학의 설명에 큰 영향을 끼쳤던 네 가지 중대한 결과를 초래했다.

첫째, 진화를 가능케했을 법한 또 다른 원인들을 거부하거나 무시했다. 그런 원인들은 다음과 같다.

a. 다윈이 옹호했던 성선택
b. 라마르크가 주장했고 다윈도 받아들였던 획득 형질의 유전
c. 슈얼 라이트가 주장했듯 유한한 크기의 집단 속에서 중요 작용을 하는 유전적 부동
d. 메레슈코비치, 월린, 그리고 다른 이들이 주장하듯, 다윈주의 차원의 경쟁과 점진적 자연 선택보다는 서로 다른 유기체가 함께 살면서 서로의 대사 작용에 유익을 주는 방식이 생물학적 혁신과 진화를 더 잘 설명한다고 보는 공생발생 가설
e. 크로포트킨이 야생에서 동물을 실제로 관찰하고 난 후 진화의 원인으로 경쟁보다 더 중요하다고 생각했던 협동
f. 생물학적 진화는 자연법칙이나 내재된 경향에 의해 점점 복잡해지는 방향으로 이어진다는 정향진화. 이 이론은 프랑스 고생물학자이자 선각자이며 예수회 신부였던 테야르 드 샤르댕Teilhard de Chardin도 그의 사후 출간된 『인간 현상 *Le Phénomène Humain*』(1955)을 통해 옹호했다. 1930년대 후반에서 1940년대 초반까지 신다윈주의를 만들어 낸 네 명의 사상적 건축자들 중에서 줄리언 헉슬리가 1959년에 나온 샤르댕의 저서 영문판 서론에서 샤르댕의 사상에서 기독교와의 조화를 꾀했던 부분만 제외하고는 대부분을 지지했다는 사실과 테오도시우스 도브잔스키가 미국 테야르 드 샤르댕 학회의 창립 멤버이자 1968-1971년 동안 회장

을 지냈다는 사실은 주목할 만하다.

둘째, 칼 우즈Carl Woese가 가장 먼저 주장했듯이, 유전자에 집중하는 환원주의적인 방식으로 인해 유전자 분석만이 종의 진화 과정을 설명하는 유일하고 정확한 방법이라는 시각이 생겨났다. 즉 서로 다른 종의 유전자를 관찰하여 확인되는 분자 단위의 차이는 이들 종이 공동의 조상으로부터 후손이 가지처럼 뻗어 나간 진화적 연관성을 나타낸다는 말이다.* 우즈의 표현을 가져오자면 "분자 서열은 고전적인 표현형phenotypic 기준[관찰 가능한 형질]이나 심지어 분자의 기능으로도 설명할 수 없는 진화적 연관성을 설명해 낸다."[60]

셋째, 유기체가 아니라 개별 유전자가 자연 선택의 단위라고 보는 유전자 중심 진화론을 낳았다.

넷째, 1970년대에 와서 인간 게놈의 98퍼센트가 그 당시만 해도 DNA의 단백질 부호의 서열이라고 봤던 유전자로 이루어져 있지 않다는 사실이 발견되었을 때 이것을 "정크junk DNA"라고 불렀는데, 모델에 부합하지 않는 우리 DNA의 대부분을 그렇게 부르는 것은 오만하다고는 할 수 없지만 꽤 대담한 시각이었다.

이어지는 여러 장에서는 이 생물학적 정설과 그로 인해 초래된 네 가지 결과가 어느 정도로 유효한지 검토하고자 한다.

* 347쪽 참고.

Chapter 17

생물학적 진화의 증거 1: 화석

누군가 선캄브리아기의 토끼 화석을 발견한다면
나도 진화에 대한 믿음을 내려놓을 것이다.
-J B S 홀데인

생물학적 진화 현상을 그 원인으로 제시되는 여러 가능성 중에 딱 한 가지 원인과 연결시키면, 증거를 선택하고 해석하는 데 무의식적인 편견이 생기게 된다. 나는 이를 피하기 위해서 오직 현상만 검토하고 그 증거에 어떤 패턴이 있는지 없는지만을 살펴보려 한다. 이어지는 여러 장에서는 신다윈주의적 정통 모델과 그 모델을 수정하는 가설이나 반박하는 가설들이 그러한 패턴을 어느 정도로 설명하는지 다룬다.

이 장에서는 화석 증거를, 다음 장에서는 살아 있는 종을 검토한다. 모든 증거가 종을 언급하고 있으므로 우선 이 용어가 무엇을 말하는지 명확히 해 둘 필요가 있다.

종Species

현존하는 진핵종eukaryotic species은 5백만에서 3천만 개 정도로 추정되며,[1] 그 중 2백만 종 정도에 대해서는 파악이 되어 있다.[2]

원핵종prokaryotic species(박테리아와 고세균) 중에는 4,500종 정도만 파악되어 있는데,[3] 지구 지표 단 1킬로미터 내에 있는 종만 해도 대략 10^8에서 10^{17}(1억에서 10경) 종이 있지 않을까 추정된다.[4] 다른 지역의 원핵종에 대해서는 추정치도 아직 없는데, 생물계에서 이들의 중요성을 일깨울 수 있는 수치를 대자면, 넓은 바닷속 원핵세포의 숫자는 대략 10^{29}(100×1000×1조×1조)개, 땅에는 그 두 배, 대양 깊은 곳과 지표 아래쪽에는 그보다 50배 많은 숫자의 생물이 있을 것으로 추산된다.[5]

추정치가 이렇게 크게 차이가 나는 이유는 종에 대한 정의가 다들 다르기 때문이다. 런던 동물학회의 닉 아이작Nick Isaac이 말했듯 "종의 개념은 종에 대해 논의하려는 생물학자의 수만큼 많다."[6]

다윈처럼 여러 생물학자들은 종은 임의로 만들어 낸 것이라고 본다. 나비 전문가인 런던대학교 대학의 짐 말렛Jim Mallet은 종의 분화에 대해 연구하고 있는데, 그의 표현을 가져오자면 "종의 '실상'은 점진적인 종의 분화에 대해 우리가 알고 있는 바와 충돌하며, 지금은 대다수가 받아들이지도 않는다."[7] 나아가 그는 "근래의 유전학 연구 결과는 변이varieties와 종species 간에 다윈주의적인 연속성이 존재한다는 점을 증명했다"[8]고 주장한다.

진화생물학자 제리 코인Jerry Coyne과 H 알렌 오르H Allen Orr는 2004년에 출간한 그 분야의 포괄적인 개관을 담은 『종의 분화 *Speciation*』라는 자신들의 책에서 이 부분을 다루었다.

신다윈주의 모델의 건축자 중 한 명인 에른스트 마이어Ernst Mayr는 다음과 같이 표현하였다.

소위 말하는 종의 문제는 두 가지 대안 중 하나를 선택하는 문제로 단순화시킬 수 있다. 종은 자연에 존재하는 실재인가 아니면 단순히 인간의 정신이 만들어 낸 생각인가?[9]

인간은 쥐나 금붕어, 대장균 박테리아, 혹은 소나무와는 분명히 다르므로 존재론적인 필요성은 별개로 하더라도 과학자들이 무엇에 대해 말하고 무엇을 연구하는지 확정하는 일은 현실적으로도 필요하다. 이것이 바로 일반적인 특징에서부터 구체적인 특징에 이르기까지 공통의 특징에 따라 이름 붙인 그룹별로 계층적으로 유기체를 분류하는 분류학taxonomy이 발전한 가장 큰 이유이다.

대부분의 과학자들은 종이라는 말에 자신들이 부여한 의미가 서로 다름에도 불구하고, 유기체를 정의하고 그 유기체와 다른 유기체의 관계를 정의하는 말로서 종보다 하위의 분류어인 변이나 종보다 상위의 분류어인 속, 목, 강, 문보다는 종이라는 말을 사용한다. 그러나 분류학자, 체계론자, 박물학자, 세균학자, 식물학자, 곤충학자, 동물학자, 진화생물학자, 분자생물학자, 유전학자, 게놈학자, 생태학자, 그 외의 다른 전공자들이 모두 종에 대해 서로 다른 정의를 내리고 있는데, 이는 종을 규정하는 형질이 무엇인가에 대해 다들 합의에 이르지 못하고 있기 때문이다.

신다윈주의 이론 체계를 수립한 이들은 자신들이 생각하는 종이란 무엇인지 진술할 때 형태론적—구조와 형태—특징에 따라 분류하는 전통적인 분류법이 적합하지 않다고 생각했는데, 많은 종은 형태론적으로 서로 별다른 차이가 없고, 어떤 종은 형태론적으로 매우 광범위한 변화를 가지고 있기 때문이었다. 또한 모든 종에서 암수는 그 크기와 형태 심지어 색깔이 다르고, 새끼와 성체 사이에도 그러하며, 성체들 역시 얻을 수 있는 먹이가 얼마나 되느냐에 따라 그 형태가 달라지곤 한다.

신다윈주의자들이 보기에는 집단 내 개체들이 유전자를 교환하는 능력이 가장 중요한 형질이었다. 집단 내의 유전자 확산gene flow이 종을 정의하고, 유전자 확산이 일어나지 않는 다른 집단과 그 종은 구별되며, 유전자 확산은 후손을 낳기 위해 다른 개체와 서로 짝짓기를 하는 종 내의 개체들에 의해서 일어난다. 에른스트 마이어는 1940년에 이런 관점을 "생물학적 종 개념"이라고 명시했는데, 이 정의에 본질적인 변화를 가하지 않고 50년 후에 "다른 무리와는 생식적으로 고립된 채로 지내면서, 서로 간에는 현재 교배가 일어나고 있거나 교배할 수 있는 자연적 집단의 무리"[10]라고 정의했다.

신다윈주의자들은 특정 환경 내 종 집단 형질에 대한 자연 선택이 생물학적 진화를 초래하는 원인이라고 생각하기에, 지리적 고립이 종의 분화를 일으키는 가장 중요한 이유라고 본다. 마치 3백만 년 전에 파나마 지협이 막히면서 대서양과 태평양 연안에 살던 해양 유기체를 갈라놓은 것처럼 집단의 일부가 이주하거나 집단의 부분과 부분 간에 지질학적 장벽이 생기면서 그 집단은 둘로 갈라진다. 고립된 집단 각각의 유전자풀은 세대를 지나면서 변해 가며, 그들이 처한 환경 속에서의 생존과 번식에 유리한 개체가 자연 선택을 받는다. 마침내 서로 다른 집단의 개체들은 다시 만나게 되더라도 더는 유전자를 교환할 수 없게 된다. 이것을 이소적 종분화異所的種分化, allopatric speciation라고 하는데, 같은 서식지에 살던 집단이 두 종 이상으로 갈라지는 동소적 종분화同所的種分化, sympatric speciation와 구별된다.

신다윈주의의 생물학적 종에 대한 개념은 정설로서 널리 받아들여졌지만 1980년대 들어와서 식물학자들은 그 이론이 식물의 경우에는 적용되지 않는다면서 이의를 제기했다.

고속으로 배양할 수 있는 과일 파리인 노랑초파리를 사용하여 종의 분화를 연구했던 동물학자 코인과 오르는 이소적 종분화가 종의 분화를 일으키는 주요 경로라는 마이어의 주장을 따랐다. 그들은 다윈주의적 종의 분화는 긴 세월이 걸리는 과정이며 명확하게 종과 종을 구분할 수 없는 중간 단계가 있다는 점을 추가하여 그의 정의를 살짝 수정했다. 이들이 갱신한 "비록 다른 집단과의 생식이 완전히 불가능하게 고립된 것은 아니지만 상당히 고립되어 있으며, 서로 간에는 번식할 수 있는 집단의 무리"[11]라는 생물학적 종의 개념은 만장일치로 받아들여진 것은 아니더라도 현재의 정설이 되었다.

고립시키는 여러가지 장벽에 대한 그들의 연구 결과는 교미 이전premating과 교미 이후postmating의 장벽으로 나눌 수 있다. 교미 이전 장벽은 다음과 같다.

a. 생태학적 장벽. 집단들이 서로 다른 거주지에서 살거나 번식한다.
b. 시간적 장벽. 집단들이 하루 중에서 혹은 일 년 중에서 서로 다른 시간에 교미한다.
c. 행태적 장벽. 집단 내 개체가 교미할지 말지를 선택하고, 교미 상대도 선택하는 경우로서, 선택 교미라고도 한다.
d. 역학적 장벽. 형태학적 혹은 생리학적 차이로 인해 교미가 불가능한 경우.

교미 이후의 고립이란 교미로 나온 후손이 생존 불가능한 경우(낙태나 유산), 불임인 경우(말과 당나귀가 교미해서 나온 노새처럼), 또는 부모보다도 생존과 번식에 적합하지 못할 경우를 말하며, 이렇게 되면 후손들은 멸종된다.

그러나 현재의 정설이 따르는 종에 대한 정의에는 중대한 네 가지 문제가 있다.

1. 검증 가능성

종분화에 이르는 가장 중요한 경로가 그 집단의 일부가 지역적으로 분리되는 것이라면, 이 두 집단은 서로에게서 떨어져 있으므로 한 집단의 개체가 다른 집단의 개체와 교미가 가능한지 아닌지 알 수가 없다. 아주 희소한 예외적인 경우는 한 집단의 개체가 다른 집단이 사는 곳으로 돌아가는 경우라 하겠다.

2. 무성생식Asexual reproduction

그 정의는 유성생식에 기대고 있지만, 대부분의 종은 무성생식을 한다. 그 한 방법이 처녀생식이라고도 부르는 단성생식이다.

단성생식parthenogenesis 난자가 수컷의 수정 없이 새끼로 성장.

곤충 같은 대다수의 무척추동물들은 이런 식으로 후손을 만들어 낸다. 예를 들어, 수생 미세 무척추동물인 담륜충擔輪蟲, bdilloidea rotifers은 전부 암컷으로 이루어져 있지만, 생식을 통해 300가지 이상의 종으로 발전해 왔다. 단성생식하는 많은 동물은 유성생식도 한다. 벌과 개미만이 아니라 뱀, 물고기, 양서류, 파충류, 조류 같은 일부 척추동물이 그러한데, 포유류는 여기에 해당되지 않는다. 식물에서는 단성생식은 잘 일어나지 않는데, 장미나 오렌지나무에서는 자연적인 단성생식이 생긴다.

또 다른 무성생식 방식으로는 이분법이 있다.

이분법binary fission 세포가 둘로 쪼개지고, 이렇게 생긴 각각의 세포는 애초의 세포와 동일할 뿐 아니라, 같은 크기로 자라는 현상.

지구상의 거의 모든 종—박테리아와 고세균—이 이런 방식으로 생식한다.

코인과 오르는 박테리아의 생식은 박테리아 간에 수평적인 혹은 측면으로의 유전자 이전에 의해서 유전자 교환이 일어나며 이는 "유전자 이전과 재조합을 희귀하게 발생"하므로 자신들의 정의에 부합한다고 주장한다. 유성생식에 의한 유전자 재조합에 대응하는 이러한 박테리아의 생식은 나아가 "생식상 고립의 한 형태"를 만들어 낸다고 보는 것이다. 그러나 밀레니엄 환경 평가 보고서Millennium Ecosystem Assessment Report에는 이렇게 되어 있다.

> 유전자의 흐름과 그 한계에 근거한 종의 개념, 예를 들자면 생물학적 종의 개념은 무성생식하는 분류군에는 적용되지 않는다. 이 개념은 또한 서로 완전히 다른 유형 사이에서도 유전자의 흐름이 발생하는 일부 박테리아 같은 범성적인pansexual 분류군에도 적용되지 않는다.[12]

3. 성공적인 교잡

현재의 신다윈주의적 정의에 의하면 서로 다른 종의 개체 간의 교미를 통해 생기는 후손은 생존 불가하거나 불임이거나 생존과 번식에 덜 적합하기 때문에 그들의 후손은 멸종된다.

그러나 영국 내 관다발 식물(모든 꽃피는 식물 포함)의 25퍼센트, 유럽 내 나비의 16퍼센트, 전 세계 조류의 9퍼센트, 유럽 내 포유류—사슴 포함—의 6퍼센트는 교잡hybridization을 해도 생식력이 있는 후손이 나왔다.[13]

4. 배수체 교잡Polyploid hybridization

수많은 식물이 성공적인 교잡이 될 뿐 아니라 교잡을 통해서는 수천 세대가 지나지 않더라도 즉시 새로운 종이 생길 수 있다. 다음 장에서는 배수체라고 알려져 있는 이 특이한 형태의 잡종교배를 다루려고 하는데 배수체에서는 그렇게 나온 잡종과 그 후손은 부모에 해당하는 종의 개체와는 번식이 일어나지 않는다.

코인과 오르는 오늘날 종에 관해 적어도 25개 이상의 서로 다른 정의가 사용되고 있다고 본다. 그러나 그 각각의 정의는 현재의 정통적 정의와 마찬가지고 많은 문제점을 안고 있다.

나는 생물학적 진화의 증거를 검토하면서, 관련 전문가들이 제시하는 종의 정의와 그들이 종의 분류 기준으로 제시하는 특질을 모두 받아들이는 길 외의 다른 도리는 없다고 본다. 그러나 이렇게 되면 심각한 불일치를 초래하게 된다. 예를 들자면, 개미의 종을 분류하는 데 사용하는 형질은 나비의 종을 분류하는 기준과 매우 다르다. 어깨까지의 키가 90센티미터인 아이리시 울프하운드Irish wolfhounds는 키가 15센티미터인 치와와와 같은 종Canis lupus familiaris으로 분류되고, 성체의 길이가 39센티미터인 지중해 갈매기Larus melanocephalus는 성체 길이가 41센티미터에 몸체가 좀 더 길고, 다리가 붉고, 여름에만 머리가 검은 일반 갈매기Larus canus와 서로 다른 종으로 분류된다. 만약 화석이 유일한 표본이라면 이 두 갈매기는 구분하기 어려울 것이고, 두 개는 서로 다른 종으로 분류되었을 것이다.

화석

화석상의 증거는 다윈의 시대 이후로 많이 제시되었고 특히 지난 30년간 놀랄 만큼 많이 쏟아져 나왔다. 그러나 생물학적 진화를 설명하기 위해 화석을 평가할 때는 두 가지 큰 문제가 있다.

화석 기록의 부족

14장에서 제시했듯이 초기 생명체의 화석이 부족한 지질학적 생리학적 이유*가 모든 생명체에도 적용된다. 또한 지질 구조의 운동과 침식으로 인해 암석 내의 보다 젊은 층에 있던 젊은 종들의 화석이 많이 파괴되었다.

리처드 리키Richard Leakey와 로저 르윈Roger Lewin은 지난 6억 년 동안 존재했을 300억 종의 진핵생물 중에서 화석 기록이 남아 있는 종은 대략 250,000종에 불과할 것으로 계산한다.[14] 이 정도의 계산으로 따져 보자면 진핵생물 중 12만분의 1정도만이 화석화되어 남아 있는 셈이다. 그보다 훨씬 더 많았을 원핵생물 종은 고려하지 않더라도 말이다.

또한 이들은 대표되는 화석도 아니다. 유기체의 몸 중에서 부드러운 부분보다는 이빨이나 뼈처럼 단단한 부분이 화석화될 가능성이 높다. 화석 기록의 95퍼센트가량은 물 속 특히 얕은 바닷속에서 살았던 생물체의 잔해이다.[15]

* 340쪽 참고.

해석

유기체 몸 전체가 화석으로 남아 있는 희귀한 경우에도, 해석이 가장 큰 문제가 된다. 예를 들어, 1977년 사이먼 콘웨이 모리스Simon Conway Morris는 캄브리아기에 해당하는 버지스Burgess 셰일암 내의 화석을 연구한 후에 25밀리미터 길이의 표본이 그림 17.1에서처럼 등에 나 있는 일곱개의 촉수를 흔들면서 가시 같은 다리로 해저에서 걸어 다녔던 동물의 사체라고 해석했다. 이것은 독특했기에 콘웨이 모리스는 캄브리아기에 나타났다가 다시는 나타나지 않았던 할루시게니아 스파르사Hallucigenia sparsa라는 새로운 종으로 분류했다.

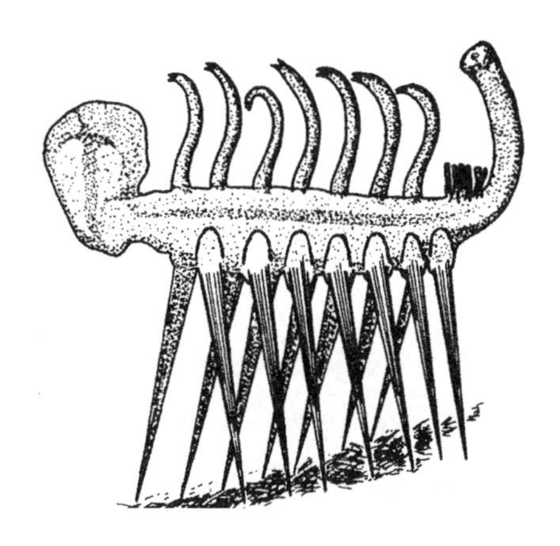

그림 17.1 할루시게니아 스파르사Hallucigenia sparsa의 첫 번째 재현

대안으로 제시된 해석에 의하면 할루시게니아는 자기보다 더 크고, 알려지지 않은 동물의 부속물이었다는 것이다. 그리고 1991년에 와서 라르스 람스쾰트Lars Ramsköld와 후 시앤광侯先光은 중국의 청장 지역에서 발견된 표본을 조사한 후에 콘웨이 모리스의 재현은 위아래가 바뀌었다는 걸 발견했다. 즉 그림 17.2처럼 살아 있는 할루시게니아는 여러 쌍의 촉수 같은 다리로 걸어 다녔고, 등의 날카로운 말뚝으로 자신을 보호했다.

할루시게니아는 유조동물Onychophora문門으로 재분류되었고, 한때 있다 없어진 종이 아니라 지금도 열대 우림 속에 살고 있는 애벌레 비슷한 동물의

면 조상으로 간주되었다.[16] 콘웨이 모리스와 대부분의 고생물학자들은 이 해석을 받아들였는데, 어느 쪽이 머리이고 어느 쪽이 꼬리인지는 아직까지 합의하지 못한 상태이다.

대체로 화석은 동물의 몸 전체가 남아 있는 것이 아니라 뼈나 이빨의 일부만 남아 있기 마련이므로 해석, 재현, 분류의 문제는 더욱더 어려워진다.

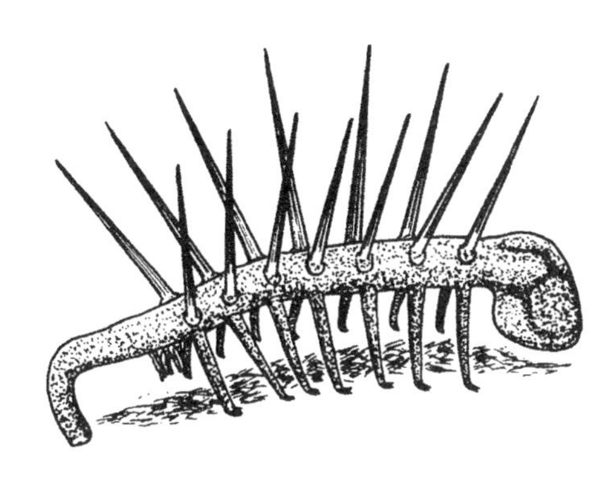

그림 17.2 할루시게니아 스파르사Hallucigenia sparsa의 두 번째 재현

이런 실정은 앞서 6장에서 우주론자들의 주장을 다룰 때 거론했던 데이터 해석의 법칙에 관한 풍성한 근거를 제공한다. 예를 들어 2006년 후반에 고생물학자 요른 후름Jorn Hurum은 오슬로의 자연사 박물관에게 그때까지 자신이 자세히 연구해 보지 못한 작은 화석을 구입하기 위해 백만 달러를 지불하라고 설득했다. 2년이 지날까 말까 한 시점에 TV 자연사 프로그램의 원로 사회자였던 데이비드 애튼버러 경Sir David Attenborough은 뉴욕 시장인 마이클 블룸버그 앞에서 그리고 『링크 *The Link*』라는 책과 연계된 TV 시리즈를 위해 모여 있는 언론사 기자들에게 이제 찾지 못한 링크는 더 이상 없다고 발표했다. 후름은 예외적일 정도로 잘 보존된 4천7백만 년 전의 그 화석을 다위니우스 마실라에Darwinius masillae라고 분류하면서, 이것이 바로 "모든 인간에게 도달하는 첫 번째 링크"라고 설명했다. 그리고 겸손하게 "향후 백 년간 모든 교과서에 이 화석의 사진이 실릴 것"이라고 덧붙였다.

다섯 달이 채 지나지 않아서, 그보다 1천만 년은 더 젊은 유사 화석에 대한 연구를 주도한 후에 네이처지에 발표했던 뉴욕 스토니 브룩대학교의 에릭 사이퍼트Erik Seiffert는 "우리의 분석 결과는 다위니우스가 그보다 고등한 영장류의 기원에 이르는 링크라는 주장을 전혀 지지할 수 없다"[17]고 밝혔다.

다위니우스는 적어도 조작은 아니었지만, 해석상의 문제로 인해 사기꾼을 아무도 눈치채지 못하는 경우가 자주 있다. 1912년에 발굴되었다고 했다가 40년 후에 조작으로 밝혀진 필트다운인Piltdown Man으로 시작해서 일련의 사기 행각이 계속 일어났다. 최근에 있었던 광범위한 사기 사건 중 하나는 그 당시 저명한 인류학자였던 라이너 프로취Reiner Protsch 교수가 2005년 프랑크푸르트대학교에서 쫓겨날 때까지 무려 30년 동안 화석의 연대를 조직적으로 조작해 온 사건이다. 이 사기를 발견했던 고고학자 토머스 터버거Thomas Terberger는 이렇게 말했다.

> 인류학은 40,000년에서 10,000년 전 사이의 근대 인류에 대한 설명을 완전히 새로 써야 할지도 모른다. 프로취 교수의 연구 결과는 해부학적으로 말해서 근대 인류와 네안데르탈인이 함께 살았으며 심지어 아이도 낳았다는 점을 증명하는 듯하다. 이것은 쓰레기 같은 소리다.[18]

3부에서 다루게 되겠지만, 보다 근래에 대두된 유전학적 증거에 의하자면 일부 네안데르탈인들이 초기 인류와 관계하여 자손을 낳았다는 점을 증명하고 있지만, 이것이 프로취가 위조한 화석상의 증거를 사실로 돌려놓지는 못한다.

화석 기록

이런 문제를 고려하면서, 그림 17.3은 12장과 14장 내용 그리고 이 장의 후반부에서 다루는 연구 결과를 종합하여 현재로서 가장 정확하게 측정한

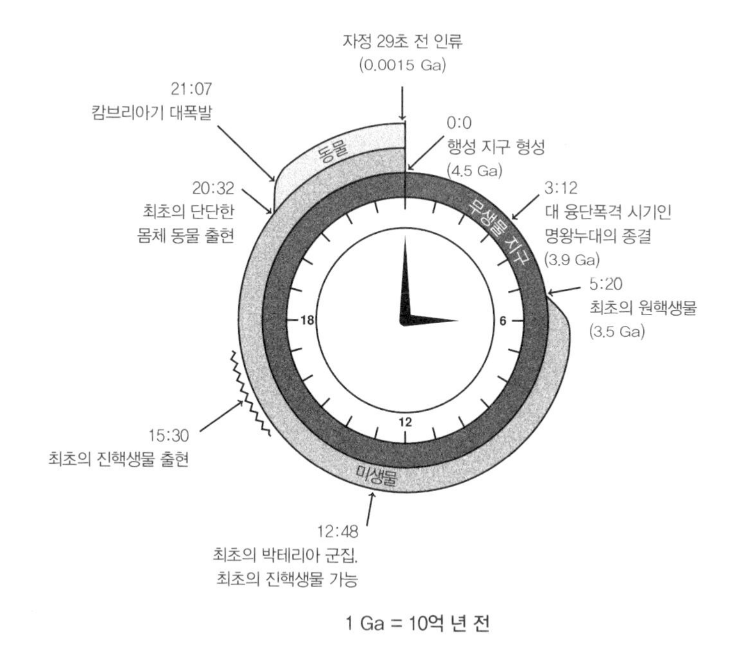

그림 17.3 화석 기록에 따라 24시간 시계 위에 구성한 생명의 진화

화석 기록의 시간표를 24시간이 표시된 시계 형태로 제시한다.

이 전체 그림에 의하면, 지구가 45억 년 전에 만들어졌을 때 시계가 움직이기 시작해서, 유성과 소행성이 폭탄처럼 쏟아졌다고 추정되는 명왕누대는 3시12분(39억 년 전)에 끝난다. 지구 표면상의 비유기非有機 화학물질에서 정확히 언제 생명체가 생겨났는지는 알 수 없으나, 최초의 미생물 화석은 5시 20분(35억 년 전)경의 것이라는 점에 대해서는 별다른 이의가 없는 상태이다. 주로 박테리아와 고세균인 미생물들이 거의 30억 년 간 유일한 생명체였다. 동물은 20시 32분(6억 5천만 년 전)에 와서야 나타났으며, 인간은 자정을 29초 앞두고서야 출현했다.

암석에 대한 화학적 방사성 분석 결과에 의하면 지구 역사의 대부분의 시간 동안 바다나 얕은 바다, 대기, 그 어디든 산소가 거의 없었다(표 17.1 참고).

화석 기록과 관련해서 살펴봤을 때 최초의 미생물은 유황화합물이나 물이 분해되면서 나오는 수소 같은 화학물을 먹고 사는 극한미생물이었다. 그러다가 마침내 태양빛을 에너지의 원천으로 삼는 시아노박테리아cyanobacteria의 조상들이 진화해 나왔다. 호주 서부 지역에는 20억 년에서 10억 년 전 화석 기록의 대부분을 차지하는, 시아노박테리아에 의해 만들어진 얇은 판 형태의 암석 구조물인 스트로마톨라이트stromatolites가 연속적으로 남아 있으며, 이 지역이 연구가 가장 많이 되어 있다.[19]

일부 시아노박테리아는 대사 작용의 산물로 산소를 분비한다. 산소는 초기 박테리아(혐기성 박테리아anaerobic bacteria)에는 치명적이었지만, 일부 종은 적응하여 물질대사에 산소를 사용하기 시작했다(호기성 박테리아aerobic bacteria).

기간(억 년)	심해 속 산소	얕은 바닷속 산소	대기 중 산소(기압)
38.5억~24.4억	부재	작은 포켓 크기로 존재	부재
24.5억~18.5억	부재	연하게 공급	0.02–0.04
18.5억~8.5억	연하게 공급	연하게 공급	0.02–0.04
8.5억~5.4억	거의 없었음	대기와 유사한 수준의 산소 공급	0.2로 상승
5.4억~현재	상당한 변동폭이 있는 산소 공급	산소 공급	0.3으로 상승 현재의 0.2 수준으로 하락

표 17.1 대양과 대기 속 산소의 공급

Source: Holland, Heinrich D (2006) "The Oxygenation of the Atmosphere and Oceans." *Philosophical Transactions of the Royal Society B: Biological Sciences* 361: 1470, 903–915

진핵생물—핵을 가지고 있으며, 미토콘드리아를 포함한 세포기관이 산소를 사용해서 에너지를 만들어 내는 세포—의 화석이라 여겨진 화석이 미국 미시건 주 마케트 근방에 소재한 엠파이어 광산의 21억 년 된 암석 속에서 얇은 탄소막 형태로 발견되었다. 이것은 박테리아 집단 서식지라고 추정할 수도 있었지만 1센티미터가 넘는 크기와 튜브처럼 생긴 모양 때문에 그리파니아 스피랄리스Grypania spiralis, 즉 진핵 조류eukaryotic alga였으리라고 추정되었다.[20]

2010년 프와티에대학교의 아데라자크 엘 알바니Abderrazak El Albani가 이끄는 다학문적인 공동연구팀이 가봉 남동부 지역의 21억 년 된 검은 셰일암 속에서 육안으로 확인할 수 있을 정도로 잘 보존된 250개 이상의 화석을 발견하여 다세포 생명체라고 발표했다. 탄소와 황 동위원소 데이터를 통해 봤을 때 12센티미터가 넘는 크기의 구조물은 유기물이고, 화석 형태로부터 추론한 성장 패턴에 의하면 세포 대 세포 간의 신호가 교류되고 있었으며, 다세포 조직에서 흔히 나타나는 정돈된 반응이 있었다는 것을 알 수 있었다. 또한 철의 종분화iron speciation 분석에 의하면 이 유기체는 산소 호흡을 했던 것으로 보인다. 그리파니아 스피랄리스처럼 이 화석의 연대 역시 얕은 바다와 대기 속의 산소 공급이 시작된 시기와 일치한다(표 17.1 참고). 이 탐사팀은 이 화석이 초기의 다세포 진핵생물이었을 가능성을 배제하지 않는다.[21] 그러나 브리스톨대학교 지구과학부의 필립 도너휴Philip Donoghue와 조너선 앤트클리프Janathan Antcliffe가 지적하듯, 추가적인 증거가 없다면 이것은 박테리아 군집이 틀림없다고 봐야 한다.[22]

초기 진핵생물 화석으로 보다 널리 받아들여지는 증거는 중국 북부 여양현의 해안가 셰일암에 보존되어 있던 거대한 군락을 이루는 구 모양의 미생물 화석들인데, 이 화석군은 16억 년에서 12억 6천만 년 전 경에 생긴 단세포 유기체로서 슈요스파이리디움 마크로레티큘라툼Shuiyousphaeridium macroreticulatum이라 명명되었다.[23]

바다와 대기 중의 산소량은 대략 30억 년 동안 낮게 유지되다가, 8억 5천만 년에서 5억 4천만 년 전 사이에 얕은 바닷속 산소 공급이 눈에 띄게 증가했고, 대기는 현재 수준인 20퍼센트 정도의 산소 함유량을 가지게 되었는데, 이는 아마 산소를 배출하는 시아노박테리아의 증가 때문일 것이다. 또한 이 사실은 6억 년 전 물에서 산소를 추출하여 대사 작용에 사용하는 단순한 해양 생물이 출현하고, 이어서 물고기가 나타나며, 그 이후 대기 중의 산소를 호흡하여 물질대사를 하는 육지 기반 동물이 생겨났던 사실과 부합한다.

2010년 8월 프린스턴대학교 지구과학자 애덤 말루프Adam Maloof와 그의 동료들은 초기에 살았던 단단한 몸체의 무척추동물의 화석을 발견했다고 발표했다. 호주 남부의 빙하 퇴적물 아래쪽에서 조가비 형태의 화석을 발견했던 것인데, 그들은 이것이 6억 5천만 년 전 바다 산호 속에 살았던 스펀지 같은 원시 생물이라고 추정했다. 이게 사실로 확인된다면, 동물은 흔히 전 지구의 대부분을 얼음으로 뒤덮어버린 마리노안 빙기Marinoan glaciation인 혹독한 "눈덩어리 지구" 이전부터 살고 있었으며, 그 시대를 견뎌 냈다는 의미가 된다.[24]

6억 년 이전에 살았을 것으로 추정되는 부드러운 몸체의 원시 동물 화석의 흔적이 세계 여러 곳의 사암층에서 두루 나오고 있다. 이는 1946년 호주 남부 에디아카라 산지에서 발견되었다 하여 이름 붙여진 에디아카라 동물군Ediacaran fauna의 출현을 가리킨다.

5억 4천2백만 년 전부터 화석 기록은 자취를 감추는데, 보다 근래에 발견한 바에 의하면 에디아카라 생물체들 중 일부는 캄브리아기에도 생존했었다. 오늘날에 알려진 어떤 것과도 닮지 않은 생물체인 이 흔적 화석은 현재의 해파리, 이끼, 부드러운 산호, 말미잘, 바다 조름, 환형 동물류와 비슷한 자포동물cnidarians로 추정되는데, 이들이 현존하는 종의 조상인지는 여전히 논쟁 중이다.[25]

고생물학자들은 5억 4천 5백만 년 이후에 해당하는 초기 캄브리아기를 "캄브리아의 폭발적 증가 시대"라고 부르는데, 이 시기에 동물계에 다양한 형태의 부드러운 몸체의 동물과 딱딱한 몸의 동물들—생존을 위해 다른 유기체를 잡아먹고, 산소가 필요한 다세포 진핵 동물—이 폭발적으로 출현하기 시작했으며, 이 시기의 끝인 4억 8천5백만 년 전경에 이르면서 갑자기 그 대부분이 사라져 버렸다. 그러나 지구 역사 중 최근 10퍼센트는 화석 내용물에 의해 연대가 추정되므로, 이는 순환 논리에 해당한다. 근래의 발견과 암석층에 대한 방사성 측정을 종합해 보면, 많은 종과 계통은 그 시간대 이전에도 나타나고, 그 시간대 이후에도 사라졌다.

전환기의 화석

창조론자들은 종과 종 사이의 전환기의 화석이 없다는 점은 생물학적 진화가 틀렸다는 증거라고 주장한다.

이에 대해 리처드 도킨스는 "발견되는 화석은 모두 무엇과 또 다른 무엇 사이의 중간 단계라고 말할 수 있다"라고 반박했다. 이 장의 제목 아래 인용한 홀데인의 말과 공명하듯, 그는 화석 기록상의 그 어떤 것도 생물학적 진화가 틀렸다고 증명하지 못한다고 본다.[26]

진핵생물로 진화한 것들을 제외하고, 박테리아는 30억 년 동안 본질적으로 거의 동일하면서도 비교적 단순한 몸체를 유지해 왔다. 동물의 경우에는 보다 복잡한 종의 화석 기록이 최초로 나타난 연대는 덜 복잡한 종의 화석이 처음 나타난 때를 앞설 수 없다. 하지만 나는 모든 화석 각각이 무엇과 또 다른 무엇 사이의 중간 단계라는 주장은 지나친 단순화가 아닌가 생각한다.

창조론자들의 주장에 대해 진화론적 생물학자들은 화석 기록이 매우 적다는 점을 강조하면서, 자신의 후손들보다 환경 적응도가 떨어지는 전환기 생물은 생존과 번식을 위한 투쟁에서 지기 마련이며, 따라서 지질학적 시간대 속에서 급속히 멸종한다는 다윈의 논증에 기댄다. 그렇기에 성공적으로 적응한 유기체보다는 전환기의 화석을 찾기가 더 어렵다는 것이다.

그럼에도 몇 가지 화석류들은 생물학적 진화를 지지한다. 말과horse family에는 여우만 한 크기에 갈라진 발톱을 가지고 있으며 잡식성에 적합한 이빨을 갖추고 5천만 년 전에 존재했던 포유류 히라코테리움Hyracotherium에서부터, 외발가락에 긴 다리를 가졌으며 풀을 뜯기에 적합한 이빨을 가진 현재 존재하는 유일한 종인 에쿠우스Equus에 이르기까지 상대적으로 많은 화석 기록이 남아 있다. 그림 17.4는 이 혈통의 시대별 해부학적 변화를 그림으로 나타낸다.

이 그림은 단선적인 전개를 뜻하는 것은 아니다. 멸종된 다른 수많은 말과科의 화석이 발견되었는데, 이는 진화의 나무에서 현대의 말에 이르는 혈통의 가지만이 오늘날까지 이어졌다는 점을 알려 준다.

해부학적 변이 과정을 살펴보면 원시 숲의 부드럽고 축축한 땅 위를 걸

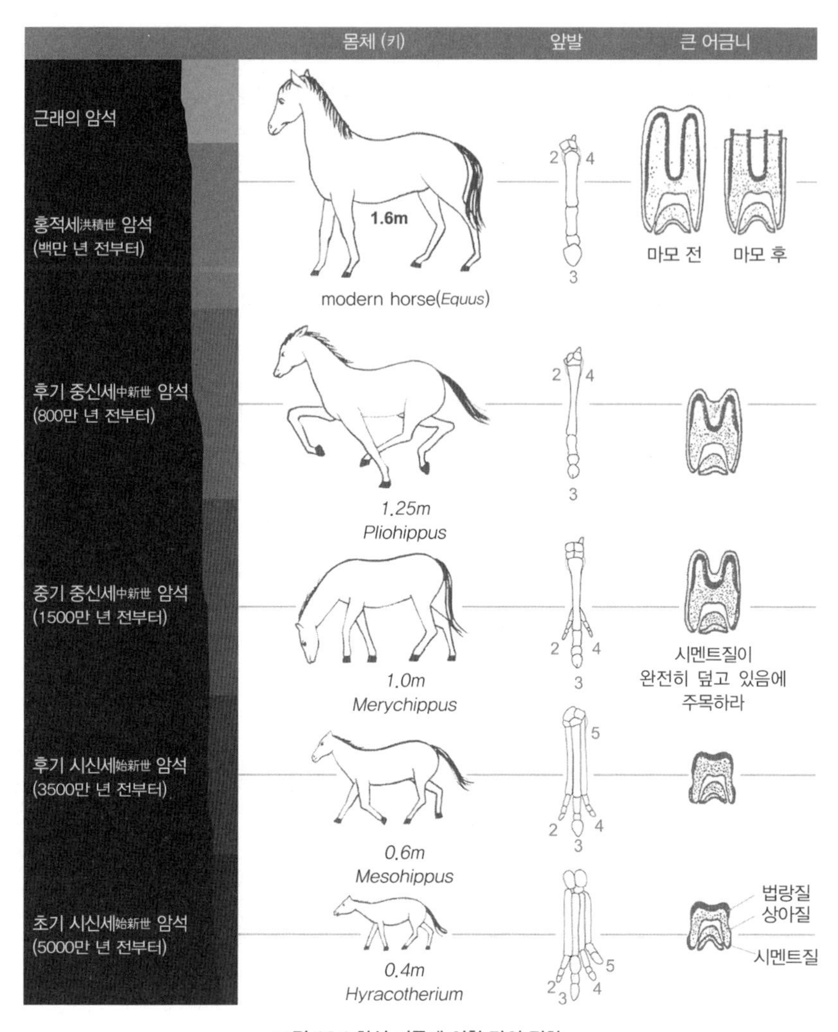

그림 17.4 화석 기록에 의한 말의 진화

기에 적합하고, 부드러운 잎사귀와 과일을 따먹기에 적합한 작은 포유류가 숲이 사바나로 변해 가는 시기를 따라 진화했다는 가설과 잘 부합한다. 사바나에서는 빨리 달릴 수 있는 종이 포식자를 피할 수 있었기에, 더 긴 다리와 외발가락으로 빨리 달릴 수 있었으며 풀을 뜯기에 적합한 이빨을 가진 종이 살아남았다.

고래 역시 생물학적 진화를 지지하는 사례이다. 모든 포유류처럼 고래도 공기 호흡을 하고 젖으로 새끼를 키운다. 그러나 그들은 물 밖으로 나가지 않고, 귀는 닫혀 있고, 다리 대신에 지느러미가 있으며, 산소를 기체가 아니라 화학적 혼합물로 보유하는 대사 작용을 하기에 어떤 종은 물속 1.5킬로미터까지 내려갈 수 있고, 두 시간 이상 수면 아래에 머무를 수 있다. 흰긴수염고래는 150톤까지 몸무게가 나간다.

고래의 물속 적응에 대한 연구의 권위자이자 노스이스턴 오하이오대학교 의과대학의 고생물학자이며 해부학자인 한스 테비슨Hans Thewissen에 따르면, 고래의 최초의 조상은 파키세티다이Pakicetidae(파키스탄 고래)과이며, 여기에는 파키세투스Pakicetus, 익티올레스테스Ichthyolestes, 나라세투스Nalacetus속에 속해 있다. 그와 그의 팀은 초기 발견을 계속 이어 갔고, 파키스탄과 인도 북서부에서 화석화된 뼈를 다량으로 발견했는데, 이 지역은 지질학상 인도판이 키메라 해안과 충돌해서 세상에서 가장 높은 산봉우리들을 만들기 전에 존재했던 고대 테티스해Tethys Sea 근방이었던 것으로 생각된다.

파키세티다이는 같이 발견되었으므로 연대가 똑같다. 암석의 연대 측정은 불확실했기에 테비슨은 그 연대를 50±2백만 년으로 추정하면서 "신뢰도는 낮다"[27]고 덧붙였다.

그림 17.5는 파키세투스와 익티올레스테스의 뼈이며, 그림 17.6은 늑대 크기 정도 되는 전자를 재현한 것이다.

이들은 육지에서 살았으나 테비슨은 이들이 다른 포유류에는 없고 오직 고대와 근래의 고래류(고래, 돌고래, 알락돌고래)에게서 나타나는 특질을 가지고 있다고 본다. 즉, 이빨 위쪽의 씹는 면적이 줄어들고, 턱이 닫히는 속도가 빨라졌으며, 두개골에서 안와 뒤쪽과 측두부가 형성되면서 청각과 시각에 영향을 끼쳤다. 그는 발굽을 가진 이들 포유류가 얕은 물 속을 걸어 다니게 되면서 물속의 먹이를 먹는 식성으로 변해 갔다고 추정한다. 이들은 급속히 빠르게 진화해 갔다. 파키세투스에서 바닷속 포유류로 변해 가는 데 걸린 시간은 8백만 년이 채 안 되는데, 그 사이에는 해안가 늪지대였으리라 생각되는 곳에서 화석이 발견된 3미터 길이의 포유류 악어를 닮은 암불로세투스ambulocetids(걸어 다니는 고래), 더 짧아진 다리를 가진 프로토세투스protocetids, 그 다음은 거대한 뱀처럼 생긴 몸체에 고래 꼬리 같은 꼬리를 가진 바실로사우루스basilosaurids, 그리고 돌고래를 닮은 도루돈투스dorudontids가 이어서 나타났다.[28]

화석으로 나온 뼈를 해석하고 재현함으로써 그 동물이 어떻게 움직였을지를 추정하고, 분자 시계 테크닉을 사용하여 정밀하게 측정한 DNA 분석에서부터 추론하며, 화석 내용물을 통해 암석층 연대를 계산하지만 반론의 여지가 없는 증거를 제시할 수는 없다. 하지만 이렇게 나온 증거는 발굽이 있고 땅에서 살았던 작은 포유류가 바다에 사는 큰 고래가 되었으리라는 진화 가설에 부합한다. 또한 적응 정도는 다르지만 각자 육지와 바다에 적응해 간 수달, 해달, 물개 같은 현재의 포유류와도 부합한다.

전환기의 화석으로 간주될 만한 다른 화석으로는 1990년대에 주로 중국의 이시안층Yixian formation에서 발견된 1억 5천만 년에서 1억 2천만 년 전 화석

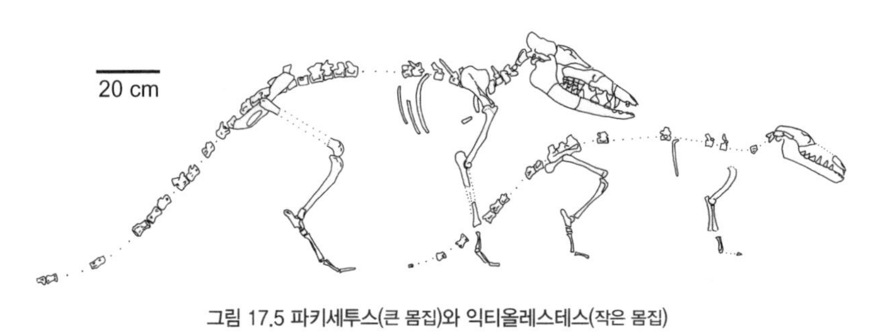

그림 17.5 파키세투스(큰 몸집)와 익티올레스테스(작은 몸집)
비율은 골격의 크기를 나타내며, 이에 따르면 파키세투스는 대략 늑대와 비슷한 크기였다.

그림 17.6 파키세투스의 재현

들이 있는데, 화석화된 털이 남아 있는 20여 속의 공룡 화석이다.[29] 그 이후로 털이 있는 더 큰 공룡들의 화석이 발견되었는데, 2012년에는 길이 7~8미터에 무게가 1,400킬로그램 정도 되는 유티라누스 후알리Yutyrannus huali종도 발견되었다. 그리고 근래에 발견된 티라노사우루스 렉스Tyrannosaurus rex의 화석에서 추출한 콜라겐의 아미노산 서열은 현존하는 닭의 아미노산 서열과 유사하다. 이 모든 증거는 파충류 공룡에서부터 닭이 진화되어 나왔다는 가설과 부합한다.

마지막으로, 화석 기록에 대해 창조론자들이 제시하는 대안적 해석은 반증할 수 있는 증거가 없고, 우리가 가지고 있는 증거와 전혀 부합하지 않는다. 그뿐 아니라 그들의 해석은 내적으로도 모순된다.*

멸종

화석이 초기 암석층에서는 많이 나오는데 후대의 암석층에서는 보이지 않는다면 그 종은 멸종되었다는 뜻이다. 지구상에 존재한 모든 종들 중에서 한때 생존했다가 지금은 멸종된 종의 비율은 99퍼센트[30]에서 99.9퍼센트[31]에 이른다.

그러나 이 장의 첫 대목에서 언급했지만, 종이 무엇이냐는 점에 대해서는 합의가 이루어지지 않은 상태이다. 게다가 오늘날 얼마나 많은 종이 존재하는지, 그 규모의 근사치라도 알고 있는 사람은 아무도 없다. 그러므로 그리 많지도 않는 화석 기록을 근거로 해서 30억 년 전, 10억 년 전, 1억 년 전, 1천만 년 전, 심지어 10만 년 전에 얼마나 많은 종이 존재했는지 계산한다는 것은 그 수학적 모델이 아무리 정교하다 하더라도 비논리적일 수밖에 없다. 그나마 우리가 합리적으로 추론할 수 있는 사실은 아주 많은 숫자의 종들이 멸종했다는 정도이다.

* 48쪽 참고.

게다가 진화론을 따르는 생물학자들 간에도 아래 두 가지 멸종에 대한 의견이 갈라진다.

> **최종적 멸종** 한 종이 그 어떤 형태로든 진화된 후손을 남기지 않고 사라진 경우.

> **계통발생적 멸종 혹은 유사 멸종** 한 종이 하나 이상의 새로운 종으로 진화하고 나서 첫 번째 종은 멸종하지만, 진화하는 그 계통은 계속 이어져 나간다.

과학계는 화석 기록상의 멸종한 종의 대다수는 최종적 멸종이라고 보며, 오늘날 확인된 모든 결과도 그러하다.

개별 종의 멸종

신다윈주의 모델에 따르면, 개별 종의 멸종은 계통발생적이거나 최종적이다. 전자의 경우는

임의로 생겨난 유전자 변이를 축적하면서 점진적으로 일어나는데, 이들 변이는 특정한 환경에 처한 한 종의 집단에서 그 개체들에게 그 특정 환경 속에서의 생존과 번식에 보다 효율적이게 하거나, 다른 환경 속에서는 그 집단이 새로운 종으로 변해 갈 수 있게 하는 형질을 암호화해서 갖고 있다.

최종적 멸종은 한 종의 개체들이 다른 종의 영역을 침범하여 그 종 전체를 다 죽일 때, 그 영역의 환경에 보다 더 잘 적응해 해당 종의 먹이 자원을 빼앗아 원래 종은 굶어 죽거나 약해져 번식이 줄고 세대를 지나 마침내 모두 사라질 때, 그리고 환경 조건의 중대한 변화가 그 종으로 하여금 변화에 적응하여 진화할 수 없을 정도로 급격히 일어날 때 발생한다.

대규모 멸종

고생물학의 정설에 의하면 지구상에는 지질학적으로 매우 짧은 시간 동안 많은 종이 사라져 버린 대규모 멸종기가 열 번 이상 있었다. 표 17.2에 지

난 5억 년 동안 있었다고 추정되는 다섯 번의 대규모 멸종기가 시간 순서로 배열되어 있다.

이 멸종기는 지질학적 시대와 그 다음 지질학적 시대 사이에 발생했는데, 각각의 시대는 화석 내용을 통해 확정된다.

고생물학자들은 이들 대규모 멸종이 일어났었다는 점에는 다들 동의하지만, 급격한 환경 변화 외에는 이들 멸종을 일으킨 원인에 관한 합의가 이루어지지 않았다. 지금까지 제시된 원인으로는 지구 자전축 기울기 변화*로 일어나는 주기적 빙하기와 이때 수반되는 해수면의 하강, 거대한 태양 플레어flare에서 나온 치명적인 고에너지 입자가 지구를 보호하는 자기권을 뒤덮거나, 지구 자기장이 뒤집히면서 지구를 방어하고 있던 자기권이 잠시 사라질 때 생기는 이온화된 복사,** 초신성에서 나온 치명적인 방사성, 지질 구조의 활동, 거대한 화산 폭발로 생긴 구름이 태양빛을 막아서 초래되는 지구 냉각화, 거대한 화산 활동으로 생긴 구름이 온실 효과를 일으켜 초래되는 지구 온난화, 거대한 운석이 충돌하여 생긴 구름이 태양빛을 막아서 생기거나 그리고/혹은 그로 인해 촉발된 거대 화산 활동으로 발생한 지구 냉각화, 30억 년 이상 지구를 지배해 온 혐기성 박테리아와 고세균이 생산한 산소를 사용해서 물질대사를 해 온 동식물들에게 일어난 전 지구적인 중독 등등이 있다. 이들 설명 중 일부는 서로 모순되며, 사실로 확정할 수 있는 증거도 불충분하며, 이들 중 어느 하나를 다른 것보다 더 타당하다고 채택할 증거는 더욱더 불충분하다.

백악기 3기의 멸종은 가장 최근에 일어났으며 이에 관한 증거도 가장 많은 멸종이다. 박물관과 대중 과학 소설은 거대한 소행성이 충돌해 전 지구적인 화재와 지진을 일으키고, 황산이 가득한 먼지 구름이 몇 달 동안 태양빛을 막아 지구 냉각화를 초래하고 산성비를 내리게 하며 먹이 사슬을 파괴

* 310쪽 참고.

** 284쪽 참고.

함으로써 공룡은 물론 다른 수많은 종들이 멸종했다는 것을 과학적으로 확정된 사실인 것처럼 제시한다. 이러한 가설의 공동 주창자인 행성학자 월터 알바레즈Walter Alvarez에 의하면 이 대규모 멸종은 불과 1년에서 10년이라는 짧은 기간 동안 이루어졌다.[32]

멸종 사건	시기(백만 년 전)	사라진 종
오르도비스기-실루리아기 Ordovician-Silurian	440	그 당시 바다에 살던 모든 동식물은 물론, 완족류(腕足類), 극피동물, 삼엽충 등을 포함한 해양 무척추동물의 85퍼센트 이상
데본기 말기 Late Devonian	360	바닷속은 물론 육지에 살던 동식물 전체의 82퍼센트가량. 특히 두족류(頭足類)와 갑주어류(甲冑魚類)를 포함한 해양 동물이 가장 심각한 멸종을 겪었다.
페름기-트라이아스기 Permian-Triassic	250	지구 역사상 가장 큰 멸종 사태로서, 해양종의 95퍼센트, 육지종의 70퍼센트, 곤충목에서는 8퍼센트에서 27퍼센트가 사라졌다.
트라이아스기-쥬라기 Triassic-Jurassic	200	대부분의 해양 파충류와 양서류, 조룡(祖龍)과 공룡의 일부가 포함된 육지의 진화된 파충류 등 모든 종의 75퍼센트가 사라졌다. 그러나 공룡은 살아남았다.
백악기 제3기 Cretaceous-Tertiary (K-T라고 축약되는데, "C"는 캄브리아기의 약어로 사용되기 때문이다)	65	해양종의 75퍼센트 이상, 그리고 모든 동식물의 50퍼센트 이상이 사라졌으며, 여기에는 비조류성 공룡이 전부 포함된다.

표 17.2 고생물학의 주요 대규모 멸종

Sources: American Museum of Natural History; "Mass extinction" *The Columbia Electronic Encyclopedia*, Sixth Edition Accessed 29 October 2008; "Extinction (biology)" *Microsoft Encarta Online Encyclopedia* 2008 Accessed 29 October 2008.

많은 과학자들은 이 설명에 의문을 제기했지만 2010년에 와서 대중 과학계는 이 문제가 해결되었다고 보도했다.[33] 관련 분과의 과학자들이 패널로 모여 20년간의 연구 결과를 검토한 후에 멕시코 유타카 반도에 있는 칙술루브Chicxulub에 떨어진 거대한 소행성이 대규모 멸종을 촉발했다고 결론을 내

렸다.[34]

그러나 지구물리학자 빈센트 쿠티요Vincent Courtillot와 프레더릭 플루토Frédéric Fluteau는 그 리뷰 패널이 "중대한 오류를 범하고 있을 뿐 아니라 우리가 쓴 논문에 대해서는 근본적으로 잘못 설명하고 있다"[35]라고 비판했고, 프린스턴의 지구과학자인 게르타 켈러Gerta Keller와 다른 이들도 그 패널이

> 이 관점을 지지하는 이들의 데이터와 해석만 선택해서 검토했다. 그들은 자신들의 결론과 부합하지 않는 방대한 증거—멸종은 소행성 충돌과 화산 활동, 기후 변화 등의 요인이 합쳐져서 장기간에 걸쳐 일어났다는 시나리오를 입증하는 관련 분과(고생물학, 층위학, 퇴적학, 지구화학, 지구물리학, 화산학) 학자들이 축적한 증거—는 무시했다.[36]

진화생물학자 J 데이비드 아치볼드J David Archibald와 22명의 다른 과학자들은 이 리뷰 패널이 "육지 척추동물 분야 연구가들의 이름을 명백히 빠뜨리고 있으며," 또한 "그 리뷰가 제시하는 단순 멸종 시나리오는 백악기 끝부분에 와서 척추동물은 물론이고 육상과 해상의 유기체들이 어떻게 헤쳐 나갔는지를 다룬 무수히 많은 연구들을 고려하지 않았다"[37]고 지적한다.

K-T기의 대규모 멸종의 원인에 대해서 논란이 있다면, 그 멸종이 일어난 실제 현상은 어떠했는가? 그 당시 존재했으리라 생각되는 수천 종 이상의 공룡 중에 화석으로 남아 있는 것은 극소수이며, K-T 경계 시기의 공룡이 들어 있는 퇴적층의 변이가 검토된 지역은 캐나다 앨버타에서 미국 북서부 지역에 이르는 한 군데밖에 되지 않는다. 백악기 후반 이 지역의 공룡에 대한 기록을 살펴보면, 백악기 마지막 8백만 년 동안 30여 개의 속屬에서 7개의 속으로 그 다양성이 줄어드는데, 이는 좀 더 점진적으로 멸종했다는 뜻이다. 또한 파괴적인 대규모 멸종이 별안간 들이닥쳐 모든 공룡을 멸절했다면, 악어, 도마뱀, 뱀, 거북과 같은 파충류들은 왜 전혀 영향을 받지 않았는가?

해양 유기체의 화석 기록은 풍부한 편이지만, K-T 경계 시대에 관련해서는 부유성 유공충planktonic foraminifera과 석회질 나노플랑크톤에 대한 세부 기록만 알려져 있는데, 이들의 멸종은 그 경계 시대 훨씬 이전부터 그 경계 시대 훨씬 이후까지의 광범위한 시간대에 걸쳐 일어났다. 그 경계 시대에 완족류는 큰 타격을 받았는데, 암모나이트도 사정은 비슷했다고 주장하지만, 암모나이트 화석을 갖고 있는 영역이 그리 많지 않아서 이들의 멸종이 점진적으로 진행되었는지 급작스럽게 진행되었는지 확정할 수는 없다.[38]

K-T 대규모 멸종의 유형이나 원인에 대한 의문이 여전히 남아 있는데, 그보다 앞서 일어난 대규모 멸종에 관해 현재까지 제시되어 있는 세부 내용을 어떻게 신뢰할 수 있겠는가?

정체와 급작스러운 종의 분화

지난 장에서 살펴봤듯 과학계가 다윈의 자연 선택 가설을 받아들이는 데 시간이 걸렸던 이유 중 하나는 다윈주의가 가진 필수적인 점진주의 때문이었는데, 점진주의는 완전히 형성된 종의 모습을 보여 주며 사라질 때까지 변하지 않고 남아 있은 화석 기록의 지지를 얻지 못하는 탓이다. 실제 확인한 증거로는 생물학적 진화가 비약적으로 일어난다는 도약 진화론saltationism과 잘 부합한다.

그러나 1940년대에 들어 생물학자들이 받아들인 신다윈주의는 진화가 다윈주의적 점진주의에 따라 일어난다는 집단유전학자들의 이론적 논증을 한층 공고히 했고, 화석 기록에 대한 해석에도 영향을 끼쳤다.

그러나 1972년 고생물학자 나일스 엘드리지Niles Eldredge와 스티븐 제이 굴드Stephen Jay Gould는 자신들의 논문 "단속 평행: 계통 점진설의 대안 Punctuated Equilibria: An Alternative to Phyletic Gradualism"[39]에서 신다윈주의적 해석의 근거가 되는 증거에 의문을 제기했다. 이로 인해 현재도 계속되고 있는 논쟁은 때로는 분위기가 몹시 험악해질 정도이다. 굴드는 자신들의 결론을 다음과 같이 요약했다.

> 대다수 화석상 종의 역사는 특히 두 가지 점에서 점진주의와 부딪친다. (1)정체: 대부분의 종은 지구에 거주할 동안에는 방향에 변화가 생기지 않는다. 화석 기록상으로는 늘 동일한 모습을 보이며 사라질 때까지도 그러하다. 형태상의 변화는 대개 한정적으로 나타나고 방향도 정해져 있지 않다. (2)급작스러운 출현: 어떤 지역에 있는 종이든 간에 그 조상으로부터 꾸준히 변모해서 생겨나는 것이 아니다. 갑자기 "완전한 형태를 갖추고"[40] 나타난다.

이들이 제시하는 단속 평행 가설은 다음 장에서 다루기로 한다. 여기서는 화석상의 증거가 무엇을 말하는가를 다루고 싶다.

신다윈주의자들은 자신들의 모델을 지지하는 증거를 찾기 위해 1987년 웨일즈 중부의 대략 3백만 년 된 일곱 개의 퇴적암층에서 나온 멸종된 해양 동물인 삼엽충(투구게와 곤충의 먼 친족) 표본 3,458개를 대상으로 한 지질학자 피터 셸든Peter Sheldon의 연구를 가져온다. 이 종을 구별하는 한가지 특징은 항문상판pygidial 갈비뼈(꼬리의 접합부) 숫자이다. 셸든은 삼엽충 8가지 속屬에서 시간이 가면서 항문상판 갈빗대의 숫자가 늘어나는 것을 발견했다. 그는 때로는 잠시 뒤집히기도 하지만 점진적인 변화가 일어나기에 대부분의 표본을 린네 분류법상 특정 종으로 정하기는 불가능하다고 결론내렸다. 분류학자들은 형태론적으로 다양한 유형을 하나의 종으로 포함시키기 때문에 이미 정해진 린네 분류법에 따르면 중단과 정체로 잘못 해석될 소지가 있다.[41]

그러나 엘드리지는 셸든의 데이터에 다른 해석을 제시한다. 첫째, 그는 갈비뼈가 없다는 것은 삼엽충의 꼬리 부분이 사라졌다는 의미가 아니라고 본다. 현존하는 투구게 새끼처럼 꼬리의 바깥 표면으로 나타나지 않았다는 것이다. 둘째, 삼엽충의 두 계통에서는 항문상판 갈비뼈 숫자가 점진적으로 늘어나지 않고 왔다 갔다 하며, 다른 세 가지 계통에서는 여러 층에 걸쳐 갈비뼈 숫자가 동일하게 유지되다가 비약적으로 늘어났다가 안정화되는데, 이것은 서로 연관되어 있지만 종류가 다른 무리가 이주해 들어왔기 때문이라고 본다. 셋째, 이러한 "해부학적으로 사소한 문제인 갈비뼈 숫자의 차이를 매만지는 것은 특정한 누적적인 방향을 알려 주는 것이 아니며, 서로 관련되어 있는 무리들 간의 보다 중대한 해부학적 차이를 설명하지도 못한다."[42]

스미소니언 자연사 박물관의 고생물학자 앨런 치텀Alan Cheetham도 이 입장을 지지했다. 그는 1986년에 천백만 년에서 사백만 년 전에 형성된 퇴적암층에서 나온 해양 고착 무척추동물종인 메트라랍도투스Metrarabdotus 화석을 연구했다. 이 중 일부 종은 오늘날에도 존재하기에 형태학적 비교가 가능하다. 치텀은 각각의 종의 46가지 형태론적 특징을 살펴봤는데, 100개의 군집에서 가져온 총 1,000개의 표본을 대상으로 했다. 그는 대부분의 종이 수백만 년에 걸치는 오랜 시간 동안 변화가 없었으며, 새로운 종은 변이하는 중간 단계의 군집이 없이, 갑자기 나타난다고 결론을 내렸다. 그리고 만약 중간 단계의 형태가 있었다면 평균 16만 년 이하 동안만 존재했다고 본다. 그리고 적어도 7가지 케이스에서는 조상 종은 후손이 생긴 이후에도 존재했다. 그는 이 모든 것이 진화에서의 중단 평행 가설을 지지한다고 주장한다.[43] 나중에 그는 (셸든이 항문상판 갈빗대 숫자를 가지고 그랬듯) 단 한 가지 특징의 변화만 근거로 삼는 것은 조심해야 한다고 경고했다.[44]

엘드리지는 종은 변이를 드러낼 수 있다는 데는 동의하지만, 화석의 기록으로는 오랜 시간에 걸쳐 어떤 한 방향으로의 점진적인 변모를 이어 간다고 보기는 어렵다고 주장한다. 브루스 리버만Bruce Lieberman은 고대 조개류 2종의 진화사를 연구한 결과, 이 두 종은 아주 조금 변했을 뿐이며, 6백만 년 후에 사라졌을 때도 처음 나타났던 화석과 거의 흡사했다. 엘드리지에 의하면 이것은 전형적인 사태이다. "우리가 관찰한 바는 (……) 진동한다oscillation이 사실이다. 변하는 특질은 평균값 주변으로 춤을 추듯 나타난다."[45]또한 그는 화석 기록상 종 내부에서 일어나는 사소하고 점진적인 변화는 너무 느려서 중대한 환경 적응상의 진화론적 변화를 설명할 수 없다고 본다. 초기 박쥐와 고래는 현재의 형태를 갖추기까지 대략 5천 5백만 년이 걸렸다. 이런 변화의 비율을 거꾸로 소급해서 적용해 보면, 박쥐와 고래는 태반을 가진 포유류가 진화해 나오기 훨씬 이전에 원시 육지 포유류에서 갈라져 나왔다.

현재의 여러 견해에 관련하여 미국 과학진보 학회의 전前 회장이었던 프란시스코 호세 아얄라Francisco José Ayala는 2014년 브리태니커 백과사전 온라인판에서 신다윈주의 정통론을 이렇게 제시한다.

> 화석 기록을 살펴보면 형태론적 진화는 대체로 점진적인 과정을 거쳐 이루어진다. 중요한 진화론적 변화는 대개 상대적으로 작은 변화들이 계속 쌓여서 일어난다…… 고생물학자들에 의하면 화석 기록상에서 확인되는 명백한 형태론적 불연속성은 (……) 퇴적층 경계상에 있었던 대단히 큰 시간적 갭에 기인한다. 화석 퇴적이 보다 연속적이었다면 형태적 변화가 점진적으로 전이되는 과정을 볼 수 있었으리라는 것이 지금의 **'가정'**이다 [강조는 저자][46]

분자유전학을 전공한 아얄라는 가정을 하고 있고, 고생물학자인 엘드리지는 이를 단호하게 거부한다.

> 다윈 자신은 (……) 후대의 고생물학자들이 열심히 연구해서 이 갭을 메워 줄 것이라고 예견했다 (……) [그러나] 화석 기록은 다윈의 이러한 예언에 전혀 부합하지 않는다는 점이 명백하다. 문제는 매우 부족한 화석 기록 때문이 아니다. 화석 기록은 이 예측이 잘못되었다는 점을 말하고 있을 뿐이다…… 종은 오랜 시간에 걸쳐 놀라울 정도로 보수적이고 정체되어 있는 실체라는 관찰 결과는 벌거벗은 임금님 이야기의 특징을 모두 다 가지고 있다. 모두가 그 사실을 알고 있으면서 무시하고 있다. 다윈이 예견했던 패턴에 전혀 부합하지 않는 기록이 계속해서 나타나는데도 불구하고 고생물학자들은 다른 곳을 보려고 한다.[47]

화석 기록이 수백만 년 동안 형태적으로 변하지 않은 동물 화석을 많이 포함하고 있다는 점은 명백한 사실이다. 박테리아는 30억 년 이상 그 형태가 전혀 변하지 않았다.

아얄라도 아래와 같이 동의한다.

> 화석 형태는 종종 여러 지층에 걸쳐 변화가 없이 나타나는데 각각의 지층은 형성되는 데 수백만 년이 걸렸을 것이다…… 이에 대한 예로는 "살아 있는 화석"이라는 계통을 들 수 있다. 예를 들자면 완족류(껍질을 가진 무척추동물의 한 문門)의 한 속屬인 린굴라Lingula가 있는데 이는 4억 5천만 년 전인 오르도비스기 이후로 변화가 없으며, 옛도마뱀Sphenodon punctatus 역시 중생대 초기 이후 2억 년간 형태적 진화가 거의 없는 파충류이다.[48]

2억 년 이상 별다른 변화없이 이어져 온 여러 악어류(앨리게이터, 크로커다일, 카이만, 가리얼gharial)도 사정은 마찬가지이며, 2억 2천만 년 동안 이상적으로 보존된 삼엽 갑각류는 현존하는 유럽투구새우Triops cancriformis와 구분하기 어렵다. 이들과 다른 여러 종들은 대규모 멸종 사건을 일으킨 파국적인 환경 변화가 여러 차례 있었음에도 불구하고 지난 수억 년간 변화 없이 이어져 온 종의 사례이다. 수천만 년 단위로 화석 기록을 살펴보면 더 많은 종이 변화 없이 이어져 왔다.

증거가 없다는 말은 없었다는 증거가 아니다. 화석 기록이 많지 않고, 여러 분류학자들이 종을 분류할 때 서로 다른 형태론적 특징을 기준으로 삼고 있고, 완전히 형성된 새로운 종이 갑자기 (지질학적 시간 속에서) 나타나는 것은 새로운 종이 그 지역으로 이주해 왔을 가능성도 있으므로, 그 메커니즘이 점진 평형이든 단속 평형이든 정체되는 패턴이 나타날 수 있다. 그러나 누적되는 점진적인 변화를 통해 새로운 종이 만들어졌던 화석의 사례 중에서 논쟁이 없었던 경우는 없다. 반면에 명백히 진화적 정체를 나타내는 사례는 많이 있다.

동물의 화석 증거의 일반적 패턴은 사소하거나 때로는 왔다 갔다 하는 변화를 동반한 형태론적 정체를 보이며, 지질학적으로 별안간—수만 년—

새로운 종이 나타나서는 화석기록상에서 완전히 사라질 때까지 특별한 변화없이 계속 이어지거나 오늘날 "살아 있는 화석"으로 남아 있다고 결론을 내리는 것이 합리적이다.

동식물의 화석 기록

그림 17.7은 현재 받아들여지고 있는 동식물의 화석 기록의 패턴이며, 대략 6억 5천만 년 전부터 시작된다.

포유류의 진화

여러 진화생물학자들은 대규모 멸종 이후에 종의 폭발이 이어진다고 보는데, 이는 멸종한 종이 지배하고 있던 서식지가 생존자들에게는 아주 좋은 터전을 제공하기 때문이다. 그들은 새로운 서식지에 적응하는 데 유리한 특징을 발전시키면서 진화하므로 다양한 종이 새롭게 나타난다.

K-T 경계기에 비조류성 공룡이 갑자기 멸종한 까닭에 포유류가 폭발적으로 많아졌는지는 아직도 논쟁 중이다. 그러나 현존하는 포유류는 길이 30밀리미터에서 40밀리미터에 무게는 1.5그램에서 2그램 사이인 뒤영벌박쥐bumblebee bat에서부터 인간은 물론이고 무게 100톤에 이르는 흰수염고래에 이르기까지 놀라운 형태론적 다양성을 보인다. 이들은 암컷이 유선에서 나오는 젖으로 새끼를 먹이기에 분류학적으로 같은 강綱에 속한다. 또한 이들은 온혈동물이라는 점에서 다른 척추동물과 구분된다. 이들은 주로 내적인 대사 작용을 통해 주위 환경의 온도와 관계없이 비교적 일정한 체온을 유지하며, 그렇기에 광범위한 환경에서 생존할 수 있다.

이러한 형질은 화석으로 남겨지지 않기에 고생물학자들은 살아 있는 포유류에서부터 다른 식별 기준을 가져온다. 여기에는 중이中耳를 통해 음파를 전달하여 소리를 듣게 하는 3개의 작은 뼈조각이 이어져 있다거나, 다른 척추동물들은 아래턱이 별도의 뼈를 통해 두개골에 연결되는 데 반해 이들은 아래턱이 곧바로 두개골에 연결된다는 점 등이 있다. 이런 것들은 화석에서는 찾아보기 어렵기 때문에 고생물학자들은 또 다른 형질들도 활용하는데, 그중에 일부는 포유류를 닮은 파충류와 공유하는 형질이라서 이 둘 사이를 구분하기가 어려워진다. 그로 인해 초기 포유류 화석의 분류와 연대 측정은 여전히 논쟁이 많다.

현재까지 얻을 수 있는 증거를 통해 합리적으로 결론을 내리자면, 초기 포유류는 2억 5천만 년에서 2억 년 사이에 수궁류 파충류therapsid reptiles에서부터 나왔고,[49] 대다수는 멸종했으며, 파충류의 형질을 가진 한 계통—오리입을 가진 오리너구리 같은 단공류—은 오늘날까지 소수가 생존해 있고, 캥거루 같은 유대류와 태반이 있는 동물의 공동 조상이 1억 6천5백만 년경 출현했으며,[50] 태반이 있는 동물—인간을 포함해 현재 살아 있는 포유류의 대다수—의 직접적인 조상은 6천5백만 년 전경에 출현했다.[51]

화석 기록에서 추적하는 인간의 진화

이 탐구는 인간의 진화에 관해 우리가 실증적으로 알 수 있는 것이 무엇인지 확인하는 데 초점이 맞춰져 있다. 인간에게 이르는 생물학적 진화 과정 속에서 중요한 출현에 관련한 시간표를 만드는 일이 쉽지 않은 것은 세 가지 이유 때문이다. 첫째, 먼 과거로 가면 갈수록 화석 기록을 제대로 평가하기가 더 어려워진다. 둘째, 출현은 진화 과정의 결과인데, 각각의 과정이 언제 시작되어 언제 끝나는지 정확하게 결정하는 일은 불가능하다. 그러나 그렇게 해서 나오는 결과가 초기 상태에 비해 현저히 달라지지 않았다는 뜻은 아니다. 비유하자면 장미 싹이 언제 꽃을 피우는지 정확히 말하기는 어렵지만, 그렇다고 꽃이 싹과 다르지 않다고 말할 수 없는 것과 같다. 셋째, 신다윈주의 모델이 상정하듯이 유전자풀에서 천천히 그리고 점진적으로 진행되는 유전자 변이의 축적을 통해 일어나는 것이 아니라, 교잡을 통해서

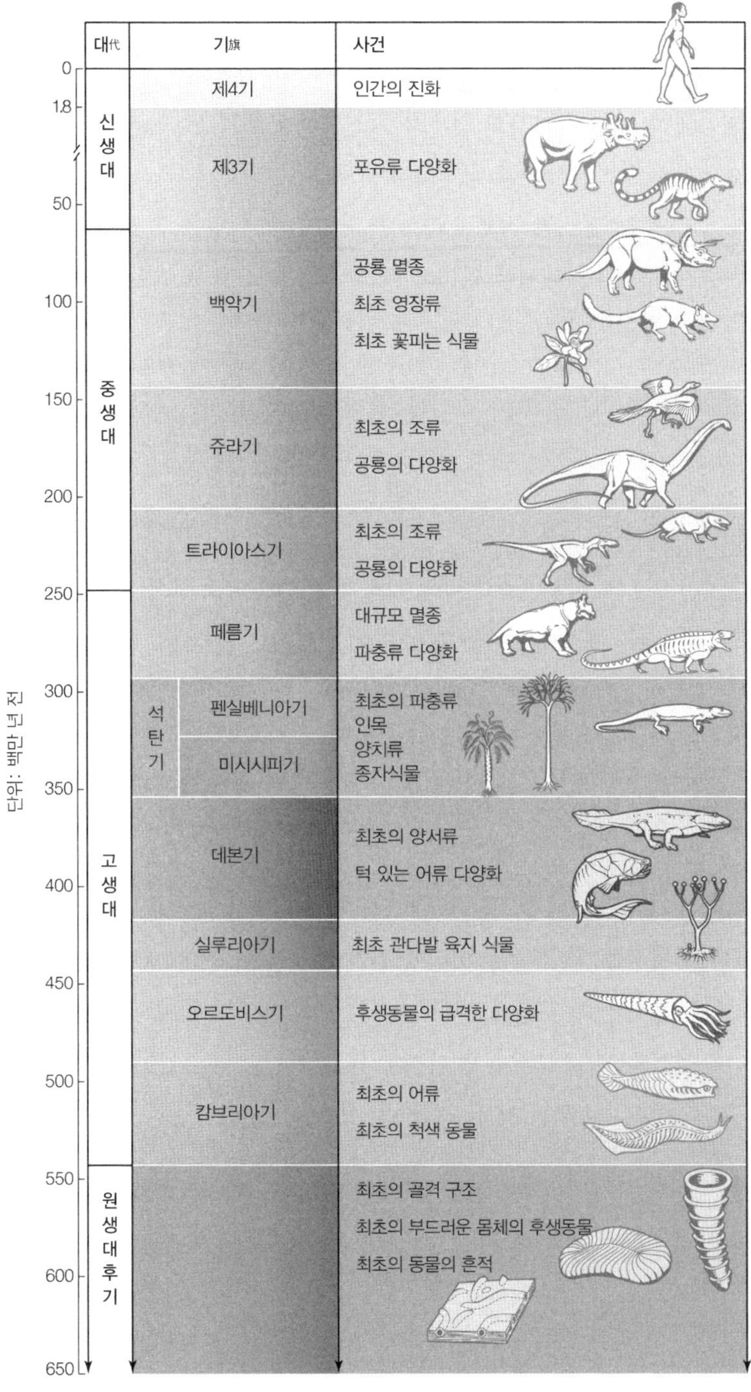

그림 17.7 동식물 화석 기록의 패턴

비교적 갑자기 새로 생겨나는 형태상의 형질을 초래하는 유전자의 이전이 일어나는 정도를 화석 기록으로는 알 수가 없다.

표 17.3은 근대 인간에게 이르기까지 가지가 뻗어 나간 계통에서 몇 가지 중대한 분류군들이 최초로 출현했던 때에 대해 현재로서는 최선의 측정치이다. 이에 나는 이를 지표라고 이름 붙였는데, 이것은 현재까지 확인 가능한 증거에서 어떤 패턴이 있는지 없는지 알아보려는 노력일 뿐이며, 모든 걸 다 포괄하고 있다거나 확실하다는 뜻은 아니다.

결론

1. 지금까지 존재했던 종의 수에 관한 추정치에 비해 화석 기록은 지극히 적다. 이는 파편적이고 모든 종을 대표할 수도 없으며, 신뢰도를 가지도록 해석하기도 매우 어렵다. 이런 배경 속에서도 증거로 나타나는 다음과 같은 패턴을 확인할 수 있다.
2. 화석으로 남아 있는 원핵생물들은 약 35억 년 동안 별다른 형태학적 변화를 보이지 않는다. 약 20억 년 전부터는 대체로 군집으로 발견된다.
3. 화석 기록은 대체적으로 볼 때 단순한 형태에서 복잡한 형태로 나아간다. 원핵생물은 진핵생물 이전에, 단세포 진핵생물은 다세포 진핵생물 이전에, 방사상 대칭 형태는 좌우가 나뉘어져 있고 머리가 달린 형태 이전에, 무척추동물은 척추동물 이전에, 물고기는 양서류 이전에, 파충류는 조류 이전에, 포유류는 영장류 이전에, 원숭이는 인간 이전에 나타난다.

분류군	최초 출현 (백만 년 전)
원핵생물(a)	**3,500**
박테리아 군집, 최초의 단세포 진핵생물(b)	**2,100**
진핵생물(c)	**1,400**
무척추동물(d)	**650**
척추동물 (좌우가 나뉘고, 머리가 달린)(e)	**525**
뼈있는 물고기(f)	420
네발 달린 척추동물(tetrapods)(g)	**400**
양서류(h)	360
포유류를 닮은 파충류(synapsids)(h)	**310**
공룡(j)	245
포유류(k)	**220**
진수류 포유류(i)	**160**
조류(f)	160
태반 있는 포유류(i)	**65**
영장류(l)	**55**
유인원(hominids)(m)	**19**
원인(hominins)(n)	**7**
인간(*genus Homo*)(o)	**2**
근대 인간(*Homo sapiens*)(p)	**0.15**

표 17.3 중요한 분류군의 화석 기록이 최초로 나타난 시간대별 지표. 인간 계통은 굵은 글씨체로 표기
출처: (a) 343쪽, (b) 458쪽, (c) 458쪽, (d) 460쪽, (e) Shu, D G, et al. (2003) "Head and Backbone of the Early Cambrian Vertebrate Haikouichthys" *Nature* 421: 6922, 526–529, (f) Morowitz, Harold J (2004) 109, (g) "Tetrapod" *Encyclopædia Britannica Online* 2014, (h) "Amphibian" *Encyclopædia Britannica Online* 2014, (i) Shedlock, Andrew M and S V Edwards (2009) "Amniotes (Amniota)" 375–379 in *The Timetree of Life* edited by S B Hedges and S Kumar: Oxford University Press, (j) "Dinosaur" *Encyclopædia Britannica Online* 2014, (k) 475쪽, (l) "Primate" *Encyclopædia Britannica Online* 2014, (m) Steiper, Michael E and Nathan M Young (2009) "Primates (Primates)" 482–486 in *The Timetree of Life*, (n) Brunet, Michel, et al. (2005) "New Material of the Earliest Hominid from the Upper Miocene of Chad" *Nature* 434: 7034, 752–755 (which uses the 1825 classification of Hominid), (o) "Homo habilis" *Encyclopædia Britannica Online* 2014, (p) Homo sapiens" *Encyclopædia Britannica Online* 2014

4. 이것은 직선적인 진행이 아니다. 동물 화석을 몇 가지 공통되는 형태론적 특징에 따라 묶어 보면, 나무의 가지처럼 수많은 계통이 뻗어 나갔으며 그 대다수는 멸종되었다는 점을 알 수 있다.
5. 일련의 전환기 종이 나타난다는 점은 그런 진화론적 계통이 있었다는 것을 지지한다.

6. 점진적으로 보다 복잡해지는 유기체 사이의 경계를 확정하기는 어렵지만(출현에 대해서 살펴봤을 때도 그러하듯), 이러한 출현 혹은 진화론적 전이는 비가역적으로 일어난다. 다시 말해 복잡한 유기체가 단순한 유기체로 변해 갔다는 화석 증거는 찾을 수가 없다.
7. 생물학적으로 복잡해지는 속도는 시간이 갈수록 증가하는데 계통별 속도는 각각의 계통마다 다르다.
8. 동물 화석 증거의 일반적 패턴은 사소하거나 때로는 왔다갔다하는 변화가 동반된 형태론적 정체를 보이며, 지질학적으로 별안간—수만 년—새로운 종이 나타나서는 화석 기록에서 완전히 사라질 때까지 수천만 년에서 심지어 수억 년간 특별한 변화 없이 계속 이어지거나, 그중에 소수는 오늘날까지 생존하고 있다.
9. 부정할 수 없는 확정적인 입증은 아니지만, 화석 기록은 인간이 나타날 때까지 생물학적 진화 현상이 이어져 왔다는 강력한 증거를 제시한다.

Chapter 18

생물학적 진화의 증거 2: 현존하는 종 분석

진화는 수천 개가 넘는 독립적인 자료에서부터 추론한 것이며,
이 모든 이질적인 정보를 통합하여 이해할 수 있게 하는 유일한 개념적인 구조다.
–스티븐 제이 굴드Stephen Jay Gould, 1998

지난 40년 남짓 동안, 생물학적 진화가 있었는지 아닌지를 검토하기 위해 현존하는 종을 대상으로 실시한 연구는 극히 적다. 생물학자들은 생물학적 진화가 실제로 있었던 사실로 받아들일 뿐 아니라, 대부분의 경우 현재의 신다윈주의 모델로 설명할 수 있다고 본다. 그렇기에 그들은 세부 메커니즘 연구와 그 모델에 부합하지 않는 현상을 설명하는 보다 진전된 가설을 내놓기 위한 연구에 집중해 왔다.

이로 인해 현재 존재하는 종들에게서 나타나는 진화 현상에 대한 증거는 이러한 연구의 부산물 정도로 받아들여진다. 이 장에서는 넓은 의미에서 분석이라고 부를 수 있는 8가지 범주의 연구를 다루려 한다. (a)상동 구조 (b)흔적 (c)생물지리학 (d)발생학과 발달학 (d)종의 변화 (e)생화학 (f)유전학 (g)유전체학이 그것이다. 다음 장에서는 살아 있는 종의 행동에 대해 다루려 한다.

상동 구조Homologous structures

현재까지 나온 증거는 서로 다른 종에서 서로 다른 목적을 위해 사용했던 유사한 구조의 신체 부위가 있다는 다윈의 발견을 확증한다. 그림 18.1은 인간이 사물을 다룰 때 사용하고, 고양이는 걷는 데 사용하며, 도마뱀은 달리고 오르고 헤엄치는 데 사용하고, 개구리는 수영하는 데 사용하며, 고래는 수영을 위한 지느러미로 사용하고, 박쥐는 날기 위해 사용하는 사지의 앞부분에서 나타나는 구조적 유사성을 보여 준다. 심지어 새들도 그 날개에 유사한 구조를 가지고 있는데, 다만 조류는 그 가락이 다섯 개가 아니라 세 개다.

어떤 공학자라도 이렇게 다양한 용도를 위해 이렇게 비슷한 구조를 디자인하기는 어렵다. 동물의 신체 다른 부위에서도 상동 구조가 많이 나타난다. 그 구조가 유사하다는 것은 화석 기록상 최초로 나타나는 종간의 인접성을 반영한다. 즉 인간과 침팬지 사이는 유사하며, 인간과 다른 포유류 사이에서는 덜 유사하고, 인간과 조류 사이에서는 그보다 덜 유사하며, 인간과 물고기 사이에서는 한층 덜 유사하다.

가장 합리적인 설명은 이들 모두의 공통 조상에게 있던 신체 부위가 서로 다른 환경 속에서 진화 차원의 적응을 하면서 생겨났다고 보는 것이다.

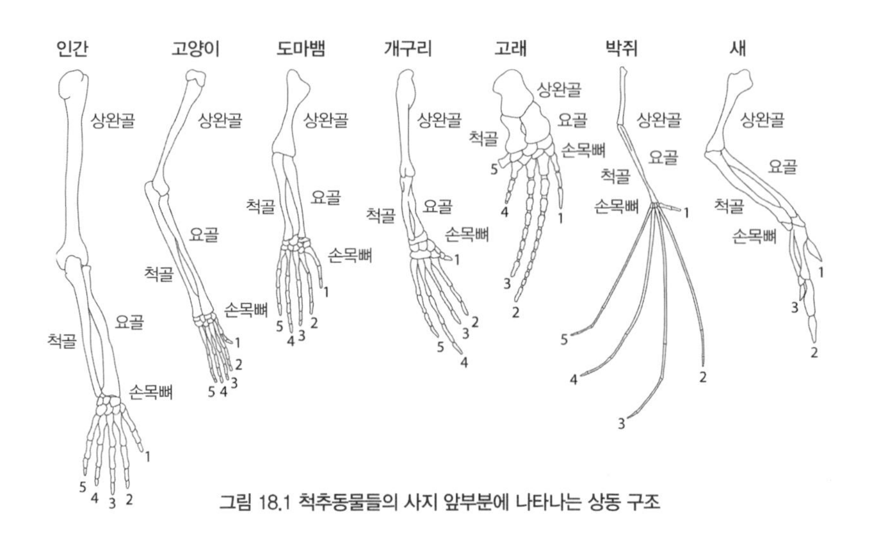

그림 18.1 척추동물들의 사지 앞부분에 나타나는 상동 구조

흔적

다윈이 흔적만 남았거나 쇠퇴했거나 발육이 부진한 구조라고 분류했던 사례들이 현재는 많이 나와 있다. 타조나, 에뮤, 레아, 펭귄 등의 조류 날개는 날기 위해 사용되지 않는다. 이들의 형태를 볼 때, 예전에는 날 수 있었던 조상의 날개가 퇴화되었다는 것을 알 수 있다. 타조는 균형을 잡거나 구애할 때 펼치기 위해 날개를 사용하고, 펭귄은 물 속에서 헤엄칠 때 날개를 사용하는데, 이는 날 수 있었던 조상의 날개가 새로운 환경에 적응하면서 진화해 왔다는 생각에 부합한다. 앞장에서 살펴봤듯, 고래 몸속의 작은 뒷다리들은 육지에 살던 포유류의 뒷다리가 물속 생활에 옮겨오면서 남은 흔적이라고 보는 것이 가장 간명한 설명이다. 인간의 꼬리뼈 역시 아무런 기능은 없으며, 인간에 이르는 계통이 양발로 서게 되면서 인류의 조상이 꼬리를 사용할 일이 없어져 퇴화하면서 줄어 들어 남아 있는 것이라고 보는 것이 최선의 설명이라 하겠다.

흔적은 해부학적 구조에만 있는 것이 아니다. 암컷들만 있는 크네미도포루스 유니파렌스*Cnemidophorus uniparens*의 일종인 채찍꼬리도마뱀은 수컷의 수정이 없어도 새끼를 낳을 수 있는데도 불구하고 복잡한 짝짓기 행동을 한다. 인간과 침팬지의 게놈을 비교해 보면 인간에게는 더 이상 작동하지 않는 수십 개의 상동 게놈이 있다.

생물지리학

오늘날 생물지리학 분야에서는 생물학적 진화를 설명하기 위해 다윈과 월리스가 사용했던 종의 지리적 분포 증거를 제공하고 있으며, 변칙적 이형을 설명하기 위해 현대 판구조론의 지질학적 발견을 활용하고 있다.

광활한 땅덩이를 가진 대륙에는 동식물의 종이 광범위하고 다양한 분포를 보이는 반면, 먼 곳에 있는 작은 섬에는 대륙에서 볼 수 있는 다양한 종의 동물은 없지만, 환경 조건과는 상관없이 서로 연관성이 깊은 토착종들이 많이 살고 있는 것이 일반적인 패턴이다.

즉 아프리카에는 하마, 얼룩말, 기린, 사자, 하이에나, 여우원숭이, 좁은 코에 물건을 잡을 수 없는 꼬리를 가진 원숭이, 고릴라, 침팬지가 있다. 남미에는 이런 동물이 없고, 그 대신 맥, 아르마딜로, 라마, 푸마, 재규어, 주머니쥐, 긴 코에 물건을 잡을 수 있는 꼬리를 가진 원숭이 등이 살고 있다. 가장 가까운 대륙에서 3,200킬로미터 떨어져 있는 하와이 제도에는 토착종인 파충류나 양서류, 침엽수가 없고, 포유류 중에서 토착종은 박쥐와 물개 두 종밖에 없다. 그러나 이곳은 수천 종의 초파리와 지금은 대부분 멸종되었지만 750종의 달팽이가 예전에 살았던 터전이다.

남미는 1억 4천만 년 전에 아프리카에서 분리되었는데 그때는 화석 기록상 초기 포유류 종의 분화가 일어나기 전이다. 수집된 증거들은 포유류의 초기 공동 조상이 바다에 의해 서로 갈라져 있어서 이주나 교배가 불가능한 대륙에서 각각 진화해 갔다는 사실과 부합한다.

하와이 제도는 6천6백만 년 전에 시작해서 불과 50만 년 전에 끝난 일련의 화산 활동을 통해 만들어졌다. 거기로 이주할 수 있는 유일한 종은 곤충, 새, 멀리 날아갈 수 있는 포유류, 그리고 그들의 몸속에 있던 기생동물과 그들의 깃털이나 발에 붙어 있는 씨앗, 바람에 실려온 곤충, 해류에 실려온 씨와 헤엄칠 수 있는 포유류 등이다. 이러한 사실은 헤엄을 치지도 못하고 날지도 못하는 거대한 육상 동물은 그곳에 없다는 점을 잘 설명하며, 그곳에 도착한 종들은 번식을 방해하는 경쟁자나 포식자가 없는 비어 있는 생태학적 환경 속에 들어왔기에 이들이 새로운 환경에 적응하면서 비슷한 종이 많이 생기는 적응방산適應放散, adaptive radiation이 일어났으리라는 가설도 지지한다.

인도네시아 제도는 예외적인 현상인데, 서부, 중부, 동부가 각각 뚜렷하게 구별되는 동물 종의 분포를 나타낸다. 그러나 이는 북쪽으로 움직이는 호주판, 서쪽으로 움직이는 태평양판, 남남동쪽으로 움직이는 유라시아판,

이 세 개의 암석층이 한 곳에 수렴하면서 생긴 현상으로 추정된다. 한때 아시아 대륙에 붙어 있었던 서부의 섬들에는 코뿔소, 코끼리, 표범, 오랑우탄 같은 아시아의 동물이 살고 있고, 동부의 섬들에는 그 섬들이 분리되어 나온 호주에 있는 동식물과 유사한 종들이 살고 있다. 중부의 섬들은 오랜 시간 독립적으로 존재해 왔기에 자신만의 동식물 종의 분포를 보인다.

지질학적 형성 및 그 지역의 환경에 대한 지식과 종의 지질학적 분포 간의 상관관계와 화석 기록을 합쳐서 살펴보면 다양한 종들이 공통의 조상으로부터 진화해 왔다는 강력한 증거를 얻을 수 있다.

발생학과 발전

상이한 종들의 배아와 그들의 성장 과정에서 확인되는 유사성, 성체가 된 후에 드러나는 형태와 색깔의 차이가 아직 잘 나타나지 않는 새끼 때의 유사성을 검토한 후에 다윈은 이 사실이야말로 "자연사 전체를 통틀어 가장 중요한 주제"[1]라고 생각했다.

그러나 이 분야에 대한 연구는 20세기 말의 기술 발전에 힘입어 유전자 서열을 확인하게 될 수 있기 전까지는 지지부진했다. 이때부터 진화발생생물학evolutionary developmental biology—이 분야의 종사자들은 evo-devo라고 부른다—분과에서 서로 다른 종의 배아의 성장에 관한 유전자 메커니즘을 연구했다. 그 결과 중대하고 예상치 못했던 발견이 있었다. 즉 같은 유전자가 완전히 다른 형태, 구조, 크기의 여러 종에서 같은 기관의 성장을 관장한다는 사실 말이다. 예를 들면, 초파리에게 있는 Pax-6이라는 유전자는 다중 수정체를 가진 초파리 눈을 만드는 데 필요한 다른 2,000개의 유전자를 관장하고 통제한다. 쥐에게도 Pax-6과 거의 흡사한 유전자가 있어서 똑같은 역할을 하는데, 단일 수정체의 눈을 만드는 여러 유전자를 조정한다. 인상적이게도, 쥐에게 있는 Pax-6 유전자를 초파리 게놈에 집어넣으면 이것이 초파

리의 눈을 만들고, 초파리의 Pax-6 유전자를 개구리 게놈에 집어넣으면 개구리 눈을 만든다.[2]

역설적이지만, 신다윈주의 모델의 예측(마이어는 동물의 왕국에서는 눈은 독립적으로 40배 이상 더 빨리 진화해 왔다고 주장한다)과는 모순을 일으킴에도 불구하고, 본질적으로 똑같은 마스터 유전자가 서로 다른 종들 속에서 다양한 형태의 동일한 기관을 만든다는 사실은 이들 유전자가 먼 옛날의 공통 조상에서부터 진화해 온 역사 속에서 보존되어 왔다는 가설을 뒷받침한다.

종의 변화

인공적 선택

박테리아

생물학적 변화는 배양기가 담긴 페트리접시 속에 살고 있는 박테리아 군집을 24시간 관찰하면 나타난다. 치명적인 항생물질이 들어오면 이로 인해 대규모 사멸이 일어난다. 그러나 한 가지 이상의 박테리아 변이체는 특정 항생물질에 면역이 생겨 살아남는다. 이들이 급속도로 번식해서 애초에 있던 집단을 대체한다. 이것이 새로운 종인지 아니면 원래 종의 변이인지는 아직도 논쟁거리이다. 현재의 정설은 도움이 안 된다. 그것은 정설이 유성생식을 전제로 하는 데 반해 박테리아는 이분법에 의한 무성생식을 하기 때문이다. 박테리아의 유전자 분석은 여전히 서로 다른 해석을 낳고 있다.

1988년 어바인 캘리포니아대학교에 있던 리처드 렌스키Richard Lenski는 하나의 박테리아에서 나온 대장균Escherichia coli 계통의 12개 군집에 대한 실험을 실시했다. 그는 20년간 50,000세대 이상 이어질 동안 이것들의 유전적 변이와 상대적 적합도—배양기 속에 있는 한정된 당으로 얼마나 빨리 자랄 수 있는가에 따라 선정—를 추적했다. 대부분의 변이는 별다른 차이를 만들어내지 못하거나 해로운 것이었지만 그중 일부 변이는 앞선 세대보다 10퍼센트 이상 유리한 성장과 관련이 있었다. 요약하자면, 변이는 직선적으로 일어나는 반면에 적합도는 점프하듯이 증가했다.

33,127세대에 이르렀을 즈음, 실험을 수행하던 이들은 한 플라스크 내에서 혼탁도가 크게 증가하는 것을 발견했다. 당이 부족하자 박테리아들은 모든 플라스크의 배양기 내의 pH 버퍼인 구연산염을 물질대사에 사용하기 시작했고 이로 인해 군집이 매우 커졌다. 이 새로운 계통이 새로운 종인지는 여전히 논쟁거리이다. 이 군집은 계속해서 당을 물질대사에 사용하는 소수의 박테리아와 공존했다.[3]

되돌릴 수 있는 변화

어바인 캘리포니아대학교의 진화생물학자 프란시스코 호세 아얄라에 의하면 인위적 선택으로 생겨나는 변이는 되돌아갈 수 있다.

> 사육자들은 더 큰 달걀을 낳는 닭, 더 많은 젖을 짤 수 있는 소, 더 많은 단백질을 가진 옥수수를 선택하고자 한다. 그러나 원하는 목적이 달성된 이후라도 이러한 선택은 거듭거듭 반복해서 실행되어야 한다. 그렇지 않고 멈추게 되면, 자연 선택이 작용하여 그 특질은 원래 상태로 되돌아 간다.[4]

교잡Hybridization

원예학자들은 특정한 형질을 갖추고 있으면서 생존 가능한 새 품종을 얻기 위해 교잡을 활용해 왔다. 두 개의 품종 간에 교배해서 얻은 잡종은 F_1(1세대) 잡종이라고 한다. F_1 잡종 간에 교배해서 나온 것은 F_2 잡종이 되는 식이다. 잡종을 그 부모 세대의 종과 교배해서 나온 것은 역교배 잡종backcross hybrids이라고 한다. 역교배 잡종을 동일한 부모 세대 종과 교배하면 역교배 2세대가 된다.

대체로 잡종 포유류는 생존과 번식 능력이 떨어진다. 부모보다 힘이 센 새끼를 얻기 위해 수컷 당나귀와 암컷 말을 교배해서 나온 노새처럼 인위적 선택을 통해 나온 잡종은 생식력이 없다. 그러나 널리 알려진 가정과는 대조적으로, 이것은 일반적인 규칙이 아니다. 성별에 따라 생식 능력이 다르다. 예를 들어 고기 생산량을 늘리기 위해 축우畜牛, domestic cattle와 들소를 교배해서 나온 것이 비팔로beefalo이다. 첫 역교배를 통해 나오는 비팔로 수컷은 대체로 생식력이 없으나 일부 생식력 있는 역교배한 암컷이 다시 역교배해 나온 수컷은 생식력이 있다. 보다 뛰어난 후각을 가진 잡종을 얻기 위해 개와 자칼을 교배하면 서로 다른 종의 개를 교배해서 나온 잡종처럼 생식력도 있는 안정된 잡종이 나온다. 이러한 잡종은 부모의 변이의 범위를 벗어나는 특질을 가지고 있으며 이를 잡종 강세heterosis라고 한다. 대부분의 잡종은 잡종 강세를 나타내지 않는다.

개방형 동물원에서는 서로 다른 종 사이에서 잡종이 나타난다. 숫사자와 호랑이 암컷 사이에서 나온 라이거liger는 대체로 그 부모보다 크고 강한 반면(양의 잡종강세), 호랑이 수컷과 암사자 사이에 나온 타이곤tigon은 부모보다 작다(음의 잡종강세). 이런 잡종이 오랜 세대를 거치면서 그 생식 능력과 안정성이 어떻게 변해 가는가에 관해서는 연구가 이루어지지 않았다. 갇혀 있는 상태의 북극곰과 회색곰을 교배해서 얻은 후손은 생식력이 있다.

배수성Polyploidy

1912년 큐 왕립 식물원Kew Gardens의 식물학자들은 프림로즈의 한 종인 프리뮬라 플로리분다Primula floribunda를 또 다른 종 프리뮬라 베르티실라타Primula verticillate와 교배하여 나온 후손이 세포 내에 두 세트 이상의 염색체를 가진 현상을 발견했다. 이 잡종 후손은 번식력이 없으며 가지를 잘라서 번식한다. 3년 후에 이 번식력 없는 복제품의 가지에서 번식력이 있는 프리뮬라 케윈시스Primula kewensis가 나왔는데 이 식물은 부모 세대 종 어느 쪽과도 교배가 되지 않았다. 그 세포 내의 염색체 숫자가 두 배였기 때문이었다. 이제는 식물에 콜히친colchicine 같은 돌연변이 유발 물질을 사용하면 이런 염색체 변이(유전자 변이와 구별되는)를 만들어 낼 수 있다.

단일 품종의 부모에게서 나온 후손의 염색체가 많아지는 경우를 동질 배수성, 서로 다른 품종의 교배를 통해 나온 후손의 염색체가 늘어나는 경우를 이질 배수성이라 한다.

야생의 종

박테리아

앞선 여러 장에서 봤듯이 분명하게 확인된 가장 오래된 박테리아 종은 대략 35억 년 전의 것이다. 무작위로 발생한 유전자 변이가 그토록 긴 세월 동안 축적되었음에도 오늘날의 박테리아는 단일 세포를 유지하고 있고, 형태학적으로는 고대의 화석과 거의 동일하다.

상당히 많은 연구 결과, 원핵생물—박테리아와 고세균—과 아메바 같은 단일 세포를 가진 진핵생물들은 독립적으로 살아왔고, 복제를 통해 이어져 온 긴 세대 동안 무작위로 생겨난 유전자 변이에 가해진 다윈주의적인 자연선택에 의해 점진적으로 진화해 왔으리라는 오래된 견해가 뒤집혔다.

많은 원핵생물 종들은 DNA를 취득하거나 상실할 수 있으며, 단세포 진핵생물은 수평적 차원에서 유전자를 이식하는 세 가지 방식으로 원핵생물의 DNA를 취득할 수 있다.

1. 자연적 변모

자연 분해되는 세포, 붕괴되는 세포, 바이러스 입자, 혹은 살아 있는 세포의 노폐물을 통해 환경에 흘러나온 자유로운 DNA를 직접 취득하는 방식.

2. 형질 도입

바이러스 같은 대행자를 통해 한 박테리아에서 다른 박테리아로 DNA가 이전되는 방식.

3. 접합conjugation

선모의 직접적 접촉을 통해 플라스미드와 같은 운동성 있는 유전자 요소가 이전되는 방식.[5]

이렇듯 같은 세대 간에 일어나는 이전은 동물 내장 속에 사는 박테리아인 대장균과 민물에 사는 시아노박테리아의 일종인 시네코시스티스(Synechocystis sp. PPC6803)처럼 완전히 다른 종들 사이에서도 일어난다. 이러한 이전은 생존과 복제에 해로울 수도 있고 중립적일 수도 있고 유익할 수도 있다. 유리하게 작용하는 경우, 이러한 이전으로 인해 그 수용자에게는 독소에 대항하는 면역력과 같은 새로운 능력과 기능이 생긴다. 2008년에 원핵생물 181개 게놈 서열을 분석해 본 결과, 수평적 유전자 이전의 축적에 의해 유전자의 81±15퍼센트가 생성되며, 이 사실은 박테리아, 고세균, 단세포 진핵생물의 진화에서 이 메커니즘이 얼마나 중요한지 알려 준다.[6]

교잡

교잡은 자연 상태에서의 식물의 종분화만이 아니라 물고기, 새, 포유류의 종분화에서도 중요한 역할을 한다.* 근래에 들어 미국 중서부의 줄무늬 올빼미가 서쪽 태평양 연안으로 이동해 와서 그 지역의 반점 올빼미가 거주하고 있던 숲에 자리를 잡고 이 둘 사이에 교배가 일어나서 나온 것이 생식 능력을 갖춘 줄박이 올빼미다. 회색곰과 북극곰은 갇혀 있을 때만이 아니라 야생에서도 서로 성공적으로 교배가 일어난다. 근래에 와서 미국 북서부, 알래스카, 캐나다 등에서 거주하던 회색곰이 기후 온난화의 영향 탓인지 북극곰 거주지인 북쪽으로 이동하고 있다. 2006년에 어느 사냥꾼이 북극곰인 줄 알고 총을 쐈는데, 미색의 털, 혹이 달린 듯한 등, 얕은 얼굴, 갈색 부위 같은 특징과 유전자 테스트 결과를 종합해 본 결과 회색곰 아빠와 북극곰

* 452쪽 참고.

엄마 사이에서 나온 잡종이라는 것을 알 수 있었다.

배수성

특히 식물에서는 배수화polyploidization 배양을 통해 번식력을 갖춘 새로운 종이 만들어지는데, 이런 방식의 종의 분화는 야생에서 지금껏 생각해 온 것보다 훨씬 광범위하게 일어난다. 2005년에 관련 문헌을 살펴본 후 분자 조직학자 파멜라 솔티스Pamela Soltis는 모든 꽃 피는 식물들은 모두 배수체polyploid이거나 자연 상태의 배수체에서 나온 후손이라는 결론을 내렸는데,[7] 2005년에 진화유전학자 T. 라이언 그레고리T. Ryan Gregory와 바버라 마블Barbara Mable이 내놓은 다른 연구 결과에서 다음과 같이 말한다.

> 동물은 식물과 같이 흔하지 않지만, 동식물을 막론하고 우리가 흔히 생각하는 것처럼 배수체는 희귀하지 않다. 동물계에서 배수체가 상대적으로 낮게 발견되는 이유는 이를 찾으려는 노력이 많지 않았기 때문이다…… 동물 배수체에 관한 전통적인 가설은 새로운 증거 앞에서 조금씩 무너지고 있다.[8]

물고기, 양서류, 파충류, 포유류 속의 배수성에 대한 증거도 나오고 있다. 칠레 아우스트랄대학교의 밀튼 가야르도Milton Gallardo와 그의 동료들은 1991년에 붉은비스카차쥐Tympanoctomys barrerae가 사배체(四培體, 세포핵 내부의 염색체의 반수가 4배 많다)라는 것을 발견했는데, 이는 이들의 부모가 서로 다른 종의 배수체였다는 뜻이다. 그들은 그 이후에도 황금비스카차쥐Pipanacoctomys aureus 역시 다배체 부모에게서 나온 사배체라고 밝혔다.[9]

회색가지나방Peppered moth

대부분의 교사들과 교과서는 야생에서 인간이 생전에 지켜볼 수 있는 생물학적 진화의 가장 좋은 사례로 회색가지나방을 제시한다.

19세기 중반 이전만 해도 영국에서 모든 회색가지나방Biston betularia은 검은 반점이 뿌려져 있는 흰색 나방으로서, 이 형태를 티피카typica라고 불렀다. 1848년에 검은색 변종인 까르보나리아carbonaria가 영국 산업 혁명의 심장부인 맨체스터 지역에서 보고되었고, 1895년에 이르러 그 지역 회색가지나방의 98퍼센트가 검은색이었다. 카르보나리아는 영국의 다른 지역에서도 많이 발견되었고 특히 산업화되는 지역에서 그랬다. 1896년에 나비연구가 J W 터트J W Tutt는 카르보나리아가 늘어나는 것은 오염 지역의 새의 포식상의 차이 때문이라는 가설을 내세웠다.

그러나 아무도 이 가설을 검증하려 하지 않았는데, 1952년에 의사이면서 옥스퍼드대학교 유전학부의 연구 교수로 임명되었던 버나드 케틀웰Bernard Kettlewell은 이 가설을 뒷받침하는 증거를 찾고자 일련의 연구를 진행했다. 케틀웰에 따르면 나방 색깔의 변화는 주거주지인 나무 몸통에 붙어 있는 나방을 잡아먹는 새들 때문에 생겼다. 영국 북부 지방의 산업화로 인해 검댕이 섞인 산성비가 내려 나무를 덮고 있던 이끼류는 죽고 나무의 맨 몸통은 검게 되었다. 그전까지 이끼류 위에서 위장을 할 수 있었던 티피카가 눈에 띄게 되어 새에게 잡아 먹힌 반면, 검은색 변이체는 위장을 할 수 있었다. 세대가 지나가면서 이들은 더 오래 생존하면서 번식해 나가서 티피카를 대체했다. 이런 현상을 산업적 흑화라고 부른다. 1950년대 청정 대기를 위한 조례Clean Air Acts가 통과된 후에야 나무는 예전의 모습을 되찾았고 영국 북부 지방에서 티피카 역시 예전처럼 많아졌다.

케틀웰은 오염도와 검은 변종 나방의 빈도 간의 상관관계를 증명하는 연구를 통해 자신의 결론을 뒷받침했다. 보다 주목할 만한 것은 오염된 나무와 오염되지 않은 나무에 티피카와 카르보나리아를 풀어놓은 후에 연구자들은 눈에 띄는 변이체 보다는 잘 보이지 않고 위장할 수 있었던 변이체를 더 많이 재포획했다는 점이다. 이렇게 포식 정도가 다르다는 사실은 새들이 나무 위에 붙어 있는 나방을 잡아먹는 장면을 실제로 관찰한 결과에 의해서도 뒷받침되었다. 마지막으로, 케틀웰은 실험실에서 각각의 종이 자신의 몸 색깔과 어울리는 배경에 자리잡기를 선호한다는 점을 증명했다. 이렇게 터트의 가설은 증명되었고, 신다윈주의는 확정되었으며, 교과서에는 나무 몸통 위에 붙어 있는 나방을 찍은 케틀웰의 사진이 실렸다.

케임브리지대학교에서 무당벌레와 나방을 연구하던 유전학자 마이클 마히러스Michael Majerus는 옥스퍼드 대학 출판사의 후원을 받아서 『흑화: 진행 중인 진화 *Melanism: Evolution in Action*』를 썼는데, 이는 케틀웰의 저서 『흑화의 진화 *The Evolution of Melanism*』가 출판된 지 25년 후에 나온 책이다. 네이처지에 이 책에 대한 리뷰를 실었던[10] 제리 코인Jerry Coyne은 케틀웰의 저서에서 중대한 결함을 발견했다. 그는 그 결함을 다음과 같이 말한다. "회색가지나방은 나무 몸통에 앉지 않는다. 40년간 집중적인 탐사 결과 그 위치에서 발견된 나방은 단 두 마리밖에 없었다 (……) 이 사실 하나만으로도 포식자인 새의 눈에 잘 띄도록 나무 몸통에 놔주고 나서 다시 포획하는 케틀웰의 실험이 문제가 있다는 점을 증명한다." 사진은 죽은 나방을 나무 몸통에 풀로 붙이거나 핀으로 고정해 놓은 것으로서, 위장이나 눈에 잘 띄는 정도를 설명하는 데 사용되었다. 더욱이 케틀웰은 나방을 낮에 풀어놓았지만 나방은 자신이 머물 곳을 밤에 찾아다닌다. 티피카가 다시 많아지게 된 것은 오염된 나무에 이끼류가 다시 생겨나기 훨씬 전이었다. 또한 미국 산업화 지역에서는 이끼류의 변화가 없는데도 검은 나방이 늘어나고 줄어든 유사 사례가 있다. 그리고 케틀웰의 행동 관련 실험 결과는 그 이후 연구에서 반복되지 않았다. 또한 나방은 자신에게 어울리는 배경색을 선택하는 경향이 없다.

코인은 이 연구에 관련해서 마히러스가 발견한 다른 결함에 더해서 자신이 케틀웰의 논문을 처음 읽었을 때 발견한 또 다른 문제들까지 언급한다. "내 반응은 크리스마스 선물을 갖다 놓는 이가 산타가 아니라 아빠라는 점을 처음 알게 된 여섯 살 때 느낀 당혹감과 비슷했다."

그는 "당분간 우리는 회색가지나방을 자연 선택을 잘 설명해 주는 사례로 간주하는 일을 포기해야 한다"라고 결론을 내렸다. 또한 그는 "케틀웰의 연구를 어째서 다들 그렇게 별다른 의문 없이 받아들였는지 곰곰이 생각해 볼 필요가 있다. 이렇게 강력한 이야기는 그 내용을 자세히 뜯어보지 못하게 만드는 힘이 있어서 그런지도 모른다"라고 덧붙였다.

마히러스는 코인의 결론에는 동의하지 않았고, 다른 연구에 근거해서 산업적 흑화에 대한 자신의 견해를 다음과 같이 옹호했다.

> 정리하자면, 포식자인 새가 큰 책임이 있다는 내 확신은 발표된 문헌 속의 실험들에서 나오는 실증적 데이터에 근거하지는 않았다. 나는 터트가 제시한 새의 포식 차이 가설이 타당하다고 "알고 있다." 왜냐하면 나는 회색가지나방에 대해 "알고 있기" 때문이다…… 엄밀함과 엄격성, 실증적인 통제에 관해 잘 훈련된 과학자들에게는 여러 이유로 이러한 말이 이단적이지는 않더라도 불충분하게 들릴 게 분명하다. 하지만 나는 이 견해를 고수한다.[11]

그가 말하는 "안다"는 표현은 창조론자들이 하나님이 각각의 종을 창조했다는 사실을 "안다"고 말할 때와 별 차이가 없다. 이것은 물론 케틀웰의 성과를 무비판적으로 수용하는 데 관해 코인이 제기하는 의문에 대한 하나의 대답이 될 수는 있지만, 과학에는 정면으로 부딪친다.

마히러스의 책이 나온 해에 매사추세츠대학교 진화생물학자 시어도어 사전트Theodore Sargent와 그의 동료들은 산업적 흑화에 대한 고전적 설명을 비판하면서 "현재로서는 이러한 설명[새의 포식이 그 군집 내에서 세대를 거치면서 지배적으로 나타나는 유전적 변이를 일으킨다]을 뒷받침할 수 있는 엄밀하고 반복 가능한 관찰 실험 결과는 없다"[12]고 결론을 내린다. 사전트는 환경적 변화에 의해 다른 개체가 유입된다거나 하는 다른 원인에 의해 군집 전체에 산업적 흑화가 일어나지 않았나 추정하는데, 여러 연구에 따르면 이 경우가 검은색 변이체가 기존 형태를 대체해 나가는 속도를 보다 잘 설명한다.

일부 창조론자들은 케틀웰의 연구에서 드러난 바에 따라 진화생물학자들이 다윈주의를 뒷받침하는 가짜 증거를 제시하려고 공모했다고 비난한다. 그러나 그 연구 결과는 생물학적 진화를 부정하지는 않는다. 다만 그 연구 결과는 실험 설계에 결함이 있었거나, 데이터 해석의 법칙에 따라 실험

시행자가 가설의 검증보다는 믿고 싶었던 가설을 증명하고자 하는 의도가 더 강했다는 점을 드러낸다. 사전트가 시도했던 바와 같이, 검증된 데이터에 입각해서 산업적 흑화의 원인과 그 메커니즘에 관해 의문을 제기할 수는 있다. 그러나 사전트는 더 나아가지 못했는데, 이는 진화생물학자들이 창조론자들의 공격을 막아 내느라 현재의 모델에 대한 방어벽을 단단히 하려 했기 때문이다.

이런 논쟁은 산업적 흑화 현상의 중요한 측면을 제대로 보지 못하게 했다. 이 현상은 환경 변화로 인해 일어나며, 환경이 다시 변하면 그 반대 방향으로 전개된다는 점 말이다. 표현형의 변화phenotypical change는 가역적이며, 가역적인 변화로는 종의 진화를 말할 수 없다. 지난 150년간—지질학적 시간 속에서는 순간에 불과한 시간 동안—색깔의 진동oscillation이 있었을 뿐이며, 이는 엘드리지가 화석 기록상에 나타나는 진화적 정체라고 불렀던, 기본 형태를 기준으로 일어나는 형태상의 진동보다 덜 중요하다.

생태형Ecotypes

생태형은 국지적 환경에 적응하고 그에 따른 형태론적 생리학적 변화를 나타내는 다양한 종에 적용되는 용어이지만, 그럼에도 불구하고 이는 다른 변이와 성공적으로 번식할 수 있다. 좋은 예로는 유럽 적송the Scots pine이 있다. 이는 스코틀랜드에서 시베리아에 이르기까지 20개의 생태형이 있으며 이들은 서로 교배 가능하다.

꼬마돌고래tucuxi dolphins(병코돌고래Sotalia속屬)의 분류학상의 위치는 한 세기가 넘도록 계속해서 논쟁을 일으켰다. 이 속에는 한때 5개의 종이 있었으나, 20세기에 들어서면서 강에 사는 소탈리아 플루비아틸리스Sotalia fluviatilis와 바다에 사는 소탈리아 기아넨시스Sotalia guianensis 두 가지 종으로 구분되었다. 그 이후 연구를 통해 이들 간에는 크기의 차이만 있을 뿐이라는 결론에 이르렀기에 1990년대 초반부터 대부분의 연구가들은 단일한 종인 S. fluviatilis로 분류하면서, 바다와 강에 적응한 서로 다른 생태형으로 받아들였다. 이들 생태형은 지리적으로 떨어져 있기에 야생에서 교배가 가능한지는 알 수 없다. 환경 보존론자들은 이렇듯 새로 갱신된 생물학적 종의 정의 대신에 계통 발생학적 종의 정의를 사용하여 이들이 각각 다른 종이라고 주장한다. 그들은 이들의 1,140개의 뉴클레오티드 중에 28개가 달라서 사이토크롬 b 유전자가 다르다는 분자 분석 결과를 인용한다.[13] 유전자의 뉴클레오티드가 2.5퍼센트 다르다는 점을 근거로 해서 서로 다른 종이라고 할 수 있는지는 여전히 논쟁거리이며, 이런 분자 분석의 문제점에 대해서는 이 이후의 장에서 보다 자세히 다루려 한다. 이런 생태형은 새로운 종이 되어가는 과정에 있는 것일 수 있으며, 이 과정은 회색가지나방의 경우처럼 가역적일 수도 있다.

"다윈의 되새"

16장에서 살펴봤듯, 다윈은 갈라파고스 제도의 되새들을 생물학적 진화의 사례로 제시한 적이 없으나* 하버드대학교 진화생물학자들인 피터 그랜트와 로즈마리 그랜트 부부Peter and Rosemary Grant는 25년 이상 여름마다 다프네 메이저Daphne Major 섬의 되새들을 연구하면서 보냈다.

과학 소설가 조너선 와이너Jonathan Weiner는 1994년에 퓰리처상을 받은 자신의 책 『되새의 부리: 우리 시대 진화의 이야기 *The Beak of the Finch: A Story of Evolution in Our Time*』에서 이미 사실이 아니라고 밝혀진 다윈의 되새에 관한 신화를 반복하면서, 그랜트 부부의 연구 성과를 "다윈이 생각했던 진화 과정의 힘을 가장 자세히 보여 주는 최고의 작품"이라고 추켜세웠다. 하지만 다윈은 "자신의 이론이 가진 힘을 알지 못했다. 그는 자연 선택의 힘을 과소평가했다. 자연 선택은 느리게 일어나지도 희귀하지도 않다. 그것은 날마다 그리고 시간 단위로 진화를 일으키며"[14] 이는 다윈과 신다윈주의의 모델이 예측하는 긴 기간 동안 일어나는 진화와 대비된다.

* 415쪽 참고.

각각의 되새 부리를 꼼꼼하게 측량한 그랜트 부부의 연구 결과는 25년 동안 가뭄이 들면 크고 강한 씨앗만 남고, 다른 해에 폭우가 내리면 크고 강한 종자보다는 보다 작으며 부드러운 씨앗이 남기에 큰 부리를 가진 되새 숫자와 작은 부리를 가진 되새 숫자가 진동하듯 변한다는 사실을 보여 준다.

이것은 생물학적 진화가 아니다. 그 25년 동안 중대한 변화는 일어나지 않았다. 그랜트 부부는 단지 변해 가는 환경적 조건에 대한 반응으로서 유전자 빈도gene frequencies—유전자풀 내에 이미 존재하는 유전자 변이—가 정기적으로 재분포되는 현상을 발견했을 뿐이다. 이것은 한 종의 군집 내에서 일어나는 가역적인 적응 변화의 또 다른 사례라 하겠다.

다프네 메이저Daphne Major와 제노베사Genovesa 제도에 사는 여섯 종의 되새류 개체들은 다른 종의 개체들과 서로 교미하지 않았는데, 신다윈주의가 말하는 교미 이전의 장벽 중 하나인 행태적 장벽(이 경우에는 지저귀는 소리) 때문이었다. 그러나 이들이 교미하면 그 후손은 잡종 후손의 첫 번째 두 세대처럼, 부모 집단과 마찬가지로 생식 능력이 있다. 북미에서 실시된 또 다른 연구에 의하면 동일한 서식지에 살고 있는 새의 종간에는 교배가 일어나며 이때 나오는 잡종은 상당한 정도로 생존이 가능하며 번식도 가능하다. 이렇게 되면 질문이 생긴다. 이들 되새들은 그들의 부리의 크기와 형태에 따라 분류되고 있는데, 과연 서로 다른 종인가 아니면 같은 종의 변이들인가? 이 질문은 서로 다른 환경적 조건하에서 일어나는 부리 크기와 형태의 변화는 가역적 변화라는 점을 밝혀낸 그랜트 부부의 연구 결과와 상당히 관련성이 크다.

그랜트 부부는 현대 정통 학설이 내세우는 생물학적 종에 대한 개념은 초파리 연구에서 나왔다는 점을 언급한다. 이 정의에 의하면 대략 10,000종의 새가 확인되지만,

> 그들 중 겨우 500여 종 정도에게만 종의 분화에 관한 해석이 적용되었다. 100종 미만에 대해서만 종의 분화에 작동하는 교미 이전의 고립시키는 변이적 특질에 관한 유전자적 근거가 알려져 있고(그것도 불완전하게), 그들 모두에 적용되는 교

미 이후의 고립에 관한 유전자적 근거는 거의 아무것도 알려져 있지 않다. 새의 종 분화에 관한 유전학을 일반화할 수 있는 지식적 토대는 믿을 수 없을 만큼 얕다는 뜻이다.[15]

종의 정의

생물학적 진화에 대한 논의는 세균학자, 식물학자, 동물학자들이 종에 대해 서로 다른 정의를 갖고 있기 때문에 늘 모호할 뿐 아니라, 생물학 내의 이들 분과 내부에서도 전공자들 간에도 서로 다른 정의를 가지고 있기 때문에 한층 그러하며, 종을 규정하는 특질이 무엇이냐는 점에서도 서로 다른 견해를 가지고 있어 더욱 그렇다. 종보다 하위의 변이나 종보다 상위의 속, 목, 강이 아니라, 종이 생물학적 진화상에서 분명하게 구별되는 단계를 가리키는 기본 분류 기준이 된다. 이 기준에 의해 한 군집을 설명하고 이 군집과 다른 군집 간의 관계도 설명하려면, 나는 비가역성irreversibility이 종을 규정하는 가장 중심적인 특질이 되어야 한다고 본다. 현대 인류가 현재 우리 두개골 용량의 3분의 1정도를 가진 오스트랄로피테쿠스 아파렌시스Australopithecus afarensis(혹은 인류의 그 어떤 공통 조상)로 되돌아갈 수 있다고 주장하는 이는 아무도 없으리라.

나는 다음과 같은 포괄적 정의가 혼란을 줄이는 데 도움이 되리라고 본다.

> **아종**subspecies, **변이**variety, **유**類race 성체에게 나타나며 다른 것과 구별되고 유전되는 형질이 그 조상의 군집이나 군집들의 특질로부터 가역적인 변화를 거쳐 생겨나는 유기체 집단.

> **종**species 성체에게 나타나며 다른 것과 구별되고 유전되는 특질이 그것이 진화해 나온 무리나 무리들의 특질로부터 비가역적인 변화를 거쳐 생겨나는 유기체 집단.

종의 분화speciation 유기체 집단의 성체에게서 나타나며 유전되는 특질이 그것이 진화해 나온 무리나 무리들의 특질로부터 비가역적으로 변해 가는 과정.

종의 분화에 대한 정의에 나오는 "과정"이라는 말은 아종 간의 교배가 성공해서 새로운 종으로 나아가는 중간 단계들을 뜻한다.

이러한 포괄적 정의는 전문가들이 그 종의 성체에게 나타나며 다른 것과 구별되고 유전되는 특질이 무엇인지 확정할 수 있는 여지를 남겨 놓았다. 각각의 종에는 서로 다른 기준이 적용되어야 한다. 이들 정의에는 비가역적인 변화의 원인이 인위적 선택인지, 임의로 생겨나 자연 선택을 받는 유전적 변이인지, 유전적 부동인지, 배수성인지, 아니면 교잡인지, 혹은 다음 장에서 다룰 또 다른 원인들인지는 적시하지 않았다. 그러나 나는 이러한 정의가 박테리아와 식물을 비롯한 모든 타입의 유기체에 적용될 수 있을 만큼 충분히 포괄적이면서, 종간의 구별이나 종 내부에서 일어나는 변이들 간의 구별에도 적용될 수 있기를 바란다.

생화학

모든 박테리아, 식물, 동물은 동일하거나 비슷한 화학 물질들로 되어 있으며, 이 화학 물질들은 또한 동일하거나 비슷한 방식으로 구조화되어 있고, 동일하거나 비슷한 반응을 나타낸다.

이중나선 구조의 DNA 분자들이 거의 모든 생명체의 생존과 번식에 사용되고 있다(RNA 분자 정도가 예외). 다른 수많은 뉴클레오티드와 구조가 화학적으로 가능함에도 불구하고 이들 분자들은 동일한 네 가지 뉴클레오티드가 서로 다른 서열을 이루어 만들어진다.

이들 뉴클레오티드의 동일한 세 짝이 모든 유기체 내의 똑같은 아미노산을 만드는 패턴이 된다. 수백 종의 아미노산이 존재하지만, 유기체를 이루고 유지하는 데 필요한 모든 다양한 단백질은 동일한 스무 가지의 아미노산이 서로 다르게 조합되고 배열되어 합성되며, 이들은 거의 예외 없이 L-이성질체isomer*이다.

대사 경로라고 알려져 있는, 대부분의 생명체들이 자신을 유지하는 일련의 화학 반응 역시 매우 유사하다.**

모든 생명체 내에서 동일한 생화학적 반응이 일어난다는 사실에 대한 가장 합리적인 설명은 현존하는 모든 생명체가 진화해 나왔던 지구상의 최초의 생명체에서 이 반응이 시작되었다고 보는 것이다.

유전학Genetics

14장에서 현존하는 모든 생명체는 백 개의 유전자를 공유하고 있다는 걸 살펴봤는데, 계통 내에서의 유전자 상실을 감안한 분석에 의하면 최후의 보편적 공통 조상(last universal common ancestor, LUCA)은 그보다는 열 배 더 많은 유전자를 가지고 있었다고 봐야 한다.***

이런 견해는 Pax-6과 Hox 그룹 같은 주요 조절유전자가 광범위한 종들 속에서 서로 다른 몸체의 발달을 조절하며, 이들 유전자들은 종간에 서로 교환될 수 있다는 근래의 연구 결과에 의해서도 확인된다.

그러나 유전자에 대한 논의를 전개할 때는, 신다윈주의 모델이 형성될 당시에 생각했던 것처럼 유전자가 특정 단백질이나 RNA 분자를 만들어 내도록 암호화되어 있는 단순한 DNA의 선형 배열이 아니라는 점을 이해하는 것이 중요하다. 1977년 분자생물학자 리처드 J. 로버츠Richard J. Roberts와 필립 A. 샤프Philip A. Sharp는 서로 독립적인 연구를 통해 진핵생물의 유전자는 기능적

* 356쪽 참고.

** 화학물, 구조, 반응에 대한 보다 자세한 설명은 352쪽에서 359쪽 참고.

*** 348쪽 참고.

으로 암호화되어 있는 엑손exon과 DNA에 암호화되어 있지 않은 인트론intron으로 나누어져 있다는 사실을 발견했다. 이로 인해 서로 다른 엑손을 사용하거나 배제함으로써 하나의 유전자에서 다중 단백질을 만들어 낼 수 있다.

1951년에 콜드스프링 하버 연구소에서 연구 중이던 세포유전학자 바버라 맥클린톡Barbara McClintock은 비록 발표 당시에는 조롱을 받았지만, 오늘날 트랜스포존transposon이라고 부르는 "점핑유전자jumping genes"를 발견했다고 발표했다. 이것은 염색체상의 다른 위치나 심지어 다른 염색체 안으로도 스스로를 잘라 내어 끼워 넣거나, 자기 복제한 후에 자기 복제한 것을 끼워 넣는 방식으로 스스로 움직이면서 이동할 수도 있는 DNA의 일부를 말한다. 트랜스포존은 자신을 DNA에 이어 붙여 변형을 일으킴으로써 DNA 서열의 작용을 중단시킬 수도 있다.

1965년에 맥클린톡은 이렇게 움직일 수 있는 게놈 속의 요소는 어느 유전자가 활성화될지 그리고 언제 활성화될지를 결정하는 역할을 한다고 주장했다. 1969년 분자생물학자 로이 브리튼Roy Britten과 세포생물학자 에릭 데이비드슨Eric Davidson은 트랜스포존이 유전자 표현형을 결정할 뿐만 아니라, 게놈상에서 어디에다 자신을 끼워 넣느냐에 따라서 서로 다른 세포 타입과 서로 다른 생물학적 구조도 만들어 낸다고 생각했다. 그들은 모든 세포가 동일한 게놈을 공유하는데도 어째서 다세포 유기체들이 서로 다른 종류의 세포, 조직, 기관을 가지고 있는가 하는 점을 이것으로 일정 부분 설명할 수 있다고 봤다.

생물학의 정통 이론은 이런 주장을 받아들이지 않지만, 21세기 첫 10년 동안 이어진 연구를 통해 분류학적으로 서로 멀리 떨어져 있는 그룹 내에서도 상당히 많은 트랜스포존이 잘 보존되어 있을 뿐 아니라, 거의 모든 유기체—원핵생물과 진핵생물 모두—에서 꽤 많이 발견된다는 걸 알아냈다. 예를 들면, 이들은 인간 게놈의 약 50퍼센트와 옥수수 게놈의 90퍼센트 이상을 이루고 있다. 또한 트랜스포존은 유전자 전사gene transcription에도 영향을 끼친다.[16]

2012년에 와서, 지난 9년간 전 세계 32개 연구소의 440명 이상의 연구원들이 함께 수행한 인간 게놈 연구인 ENCODE(DNA 요소 백과사전) 프로젝트는 단백질 암호화를 가지고 있으면서 조절하는 역할을 하는 영역이 다른 유전자와 겹쳐지면서 유전자가 게놈에 퍼져 나갈 수 있다는 것과 조절하는 영역은 그 직선적 분자상의 암호화 서열에 반드시 가까이 있어야 하는 것은 아니며, 심지어 같은 염색체에 있어야 하는 것도 아니라고 발표했다. 단백질 암호화 역할을 하는 DNA는 게놈의 2퍼센트 정도에 불과한 반면, 염기의 80퍼센트—"정크 DNA"—는 기능적 활동을 하고 있다는 징후를 보인다. 이들 대다수는 유전자 표현형을 결정하는 복잡하고 협력적인 네트워크를 이룬다.[17]

이러한 연구 결과는 맥클린톡, 브리튼, 데이비드슨의 이론을 지지하게 되었고, 이로 인해 지난 50년간 이어져 온 관념인 과연 유전자는 무엇이며, 소위 말하는 "정크 DNA"—인간 게놈의 98퍼센트—가 가진 기능은 무엇인가 하는 문제에 대해 재검토를 요청했다.

유전체학Genomics

이렇듯 패러다임 자체에 의문을 품는 연구는 21세기에 들어와서 개별 유전자만이 아니라 유기체가 가진 게놈 전체,* 즉 그 유전자 내용 전체의 서열을 알 수 있게 하는 기술 발전으로 가능하게 되었다.

2009년에 와서는 2,000여 종의 유기체와 그보다 많은 바이러스의 게놈 배열이 다 파악되었고, 이로 인해 서로 다른 종간에 분석과 비교 시에 개별 유전자 비교보다 한층 더 정확한 연구가 가능하게 되었다. 예를 들면 원핵생물이 가진 게놈의 98퍼센트가량이 구조 단백질을 위해 암호화되어 있지만, 진핵생물에서는 2퍼센트만이 그 일을 담당한다.

* 자세한 정의는 용어해설 참고.

인간 게놈 서열은 2003년에 확인되었는데, 이로 인해 다른 무엇보다도 인간은 애초에 예측했던 100,000개의 유전자가 아니라 30,000개 정도의 유전자만 가지고 있다는 사실이 확인되었고, 이는 그 이후에 다시 25,000개로 줄어들었으며, 일부 유전자는 무수히 복제되었다는 것이 알려졌다. 인간 게놈 프로젝트Human Genome Project에서는 이렇게 발표했다.

> 이 프로젝트는 완료되었지만 아직 많은 질문들이 답을 얻지 못한 채 남아 있는데, 그중에는 30,000개가량으로 추정되는 인간 유전자 대다수의 기능에 대한 질문도 포함되어 있다. 연구에 참여했던 이들은 단일 뉴클레오티드 다형체(single nucleotide polymorphisms, SNPs)[게놈 내에서 단일 DNA 염기는 변한다]가 무슨 역할을 하며, 게놈 내의 암호화가 안 된 지역과 반복체가 무슨 역할을 하는지 알지 못한다.[18]

표 18.1에서는 몇 가지 종의 게놈을 비교한다.

인간의 유전자 수는 쥐의 유전자 수와 거의 같을 뿐 아니라, 다른 데이터를 보면 쌀 품종인 자포니카japonica와 인디카indica의 유전자 수의 절반에 불과하다. 이런 발견에 대해 대중이 보인 반응은 과학 소설가 맷 리들리Matt Ridley의 다음 발언에서 잘 나타난다. "이런 비교에서 왕좌를 내놓는 일은 코페르니쿠스가 우리를 태양계 중심에서 밀어낸 이후로 처음 있는 일이다."[19]

이런 반응은 또한 인간이 침팬지와 98.5퍼센트 같은 유전자를 가지고 있고, 쥐와는 90퍼센트, 4-6센티미터 길이의 열대어 제브라피시Danio rerio와는 85퍼센트, 노랑초파리와는 35퍼센트, 그리고 1밀리미터 길이의 회충Caenorhabditis elegans과는 21퍼센트 정도 같은 유전자를 가지고 있다고 흔히 인용되는 수치에 의해서도 한결 강화된다.

그러나 이런 반응은 세 가지 오류에서 비롯된다. 첫째, 인간이 침팬지와 98.5퍼센트 같은 유전자를 가지고 있다는 추정은 비슷한 기능을 하는 것으로 여겨지는 유전자의 뉴클레오티트 서열이 1.5퍼센트 다르다는 계산에서

종	게놈당 DNA 염기쌍 추정치	유전자 추정치	유전자당 DNA 염기쌍 평균치	염색체 수
Homo Sapiens(인간)	32억	~25,000	130,000	46
Mus musculus(쥐)	26억	~25,000	100,000	40
Drosophila melanogaster(초파리)	1억3700만	13,000	11,000	8
Arabidopsis thaliana(식물)	1억	25,000	4,000	10
Caenorhabditis Elegans(회충)	9700만	19,000	5,000	12
Saccharomyces Cerevisiae(효모균)	1210만	6,000	2,000	32
Escherichia coli (박테리아)	460만	3,200	1,400	1

표 18.1 몇 가지 종의 게놈 비교
(출처: 인간 게놈 프로젝트)

비롯되었다. 유전자 손실, 유전자 삽입, 중복 등을 고려한 연구 결과에 따르면, 인간과 침팬지는 그 전체 유전자 중 적어도 6퍼센트 이상 차이가 난다.[20]

둘째, 동일한 부류끼리 비교하지 못하고 있다. 예를 들어 식물은 단백질 다양화를 유전자 중복에 의존한다면, 인간의 단백질 다양화는 대안적인 접합splicing을 통해 이루어진다. 하나의 유전자가 몇 가지 일을 수행하며 유전자들은 끊임없이 분열하고 서로 이어져 다른 배열을 이루고 다른 기능을 수행한다. 그렇기에 인간 유전자는 벼보다는 훨씬 복잡한 유기체를 만들어 낸다.

셋째, 이런 견해는 종과 종 사이의 관련성을 그들이 공통으로 가지고 있는 유전자 개수로 가장 잘 측량할 수 있다고 보는 반면에 진핵생물 염색체 DNA의 98퍼센트를 무시하고 있으며, 특히 유전자가 언제, 어느 정도로, 어떻게 작동하는지 결정함으로써 유기체의 관찰 가능한 특질을 결정하는 역할을 하는 조절 염기서열을 무시한다.

게놈 염기 순서는 유전자계 확장과 게놈 진화에 중대한 역할을 하는 대규모 유전자 중복과 완전한 게놈 중복에 대한 증거를 제공한다.[21]

앞서 언급된 생물학적 정설에서 드러나는 또 다른 불일치를 밝혀낸 것은 유전체학이다. 즉 원핵생물 간에는, 서로 가깝지 않은 종 사이에서도, 수평적 유전자 전이가 일어난다는 점이다.[22] 댈하우지대학교 생화학자 포드 두리틀Ford Doolittle에 의하면 유전체학적인 분석 결과, 적어도 원핵생물에서는 수평적 유전자 전이가 진화적 발전상 부모 세포에서 딸 세포로 수직적 유전자 전이보다 더 큰 역할을 한다.[23]

수평적 유전자 전이는 비록 원핵생물보다 그리 광범위하게 일어나지는 않더라도 진핵생물에서도 일어난다. 그리고 진핵생물의 출현에 중대한 영향을 미쳤다. 또한 동식물의 교잡 역시 실제로는 거대한 수평적 유전자 전이 사태라고 하겠다.

근래에 유전학과 유전체학에서 발견한 내용은 생물학적 진화 현상이 틀렸다고 입증하지는 않는다. 오히려 그를 지지하는 증거를 강화한다. 그러나 그런 현상을 설명하기 위해 제시된 신다윈주의 모델의 적합성에 대해서는 의문을 제기한다.

결론

1. 살아 있는 종은 박테리아에서 인류에 이르기까지 복잡도가 증가하는 패턴을 보인다.
2. 상동 구조, 흔적, 발생학, 생물지리학, 생화학, 유전학, 유전체학 등에서 나오는 증거는 모두 살아 있는 종이 지구상의 보편적 공통 조상에서부터 진화해 왔음을 가리킨다.
3. 많은 종은 환경 변화에 대응하면서 가역적인 변이가 생기지만 가역적인 변이는 종의 진화를 이루지 않는다(일부 생물학자들은 변이 중 일부를 새로운 종으로 분류한다. 이는 논쟁의 여지가 있으며, 새로운 종의 특징에 대한 이해를 모호하게 만든다).

Chapter 19

생물학적 진화의 증거 3: 살아 있는 종의 행동

모든 자연이 전쟁 중이라는 말은 진실이다.
결국 가장 강한 것들이 승리하고, 가장 약한 것들은 쓰러진다……
냉혹하고 거듭 반복되는 생존 투쟁으로 아무리 사소한 변이라 하더라도
생존에 유리한 변이는 보존되거나 선택되지만 불리한 변이는 소멸된다.
-찰스 다윈, 1868년

자의든 타의든 〔사회성〕을 포기한 종은 멸종될 운명에 처한다.
서로 협력하는 최선의 방안을 알고 있는 동물이 생존과 진화를 이어 가는 데
가장 유리하다…… 그러므로 가장 적합한 개체는 가장 사회성이 높은 동물이며,
진화의 가장 중요한 요소는 사회성이다.
-표트르 크로포트킨, 1914년

동물학 분야에서 동물의 행동을 연구하는 하위 분과인 동물행동학이 생겨났는데, 이 분야에서는 야생 동물의 관찰 폭이 확대되어 동물 행동의 특징, 원인, 메커니즘, 발달, 조절 그리고 진화의 역사 등을 확인하는 실험도 실시된다.

오스트리아의 콘라트 로렌츠Konrad Lorenz와 네덜란드 출신으로서 영국인이 된 니코 틴베르헌Niko Tinbergen은 1920년대에서 1930년대를 거치면서 이 분야의 기초를 놓은 이들로 받아들여진다. 로렌츠는 오리와 거위를 대상으로 한 실험을 통해 갓 태어난 새끼들 행동의 다양성이 부모 혹은 양부모의 구체적인 자극에 의해 나타난다는 점을 밝혔다. 로렌츠는 이러한 비가역적인 행동 패턴이 깃털처럼 종의 전형적 형질이라고 주장했다. 로렌츠와 틴베르헌에 따르면 만약 그 종이 긴 세월 동안 구체적인 자극에 성공적으로 대응해

왔으며, 특히 생존과 번식에 유리하게 대응해 왔다면, 자연 선택에 따라서 이들 자극의 반응이 더 강화되는 쪽으로 적응하게 된다. 따라서 큰가시고기 수컷은 그 붉은 색깔로 다른 수컷을 공격하고, 암컷에게 구애할 때는 부풀어 오른 은빛 배를 사용한다. 그러나 다른 유형의 행동은 경험을 통해 체득될 수 있다.

그 이후로 동물행동학은 다시 종 특유의 행동, 생명의 역사에 대한 이론, 진화생태학, 행동생태학, 사회생물학—사회 진화에 관한 연구까지 확장하는 분야— 등 한층 전문화된 하위 분과로 갈라져 나갔으며, 동물생물학 내의 또 다른 트렌드는 다른 분과 학문과 연계되어 사회적 학습, 비교심리학, 인지생물학, 신경생물학 등 새로운 혼합적 학문을 형성했다.

이렇게 전문화된 분석적 이론적 접근법은 동물의 행동에 대한 중요한 통찰을 제공하는데, 물론 그 다양한 분과 내에는 일반적인 합의가 아직 부족하고, 분과 상호 간에는 더욱더 그러한 실정이다. 이에 나는 한발짝 물러서서 이러한 전문적 연구를 통해 종의 행동에서 도출되는 진화적 패턴에 대해 알게 된 내용이 어떤 것인지 검토하려 한다.

단세포 종

많은 단세포 종들은 20세기 초에 다양한 분야의 종을 연구했던 크로포트킨이 제시했던 대로* 서로 의사소통하고 함께 일해 공동의 거처를 만들고, 후손을 낳아 기르며, 먹이를 찾고, 자신들을 보호하며, 먹이를 사냥하고, 생존과 번식을 위해 더 나은 환경으로 이주하는 사회적 행동의 원시적 형태를 드러낸다.[1]

대부분의 박테리아 종들은 미생물 매트나 생물막biofilms 같은 군집을 형성

* 430쪽에서 433쪽 참고.

하는데, 이는 주로 박테리아의 배설물로 만들어진 망에 의해 보호된다. 생물막은 한 가지 박테리아로만 되어 있는 경우는 거의 없고, 단일한 복제 계통으로 되어 있는 경우도 없다. 예를 들어 치태齒苔, dental plaque는 500종 이상의 박테리아로 만들어져 있다. 사회적 곤충의 둥지처럼 생물막도 번식을 위한 공간 기능을 한다.[2]

믹소코쿠스 산투스Myxococcus xanthus 같은 점액세균Myxobacteria은 미생물 먹이감에 집단적으로 공격을 가해 숫자의 힘으로 제압한 다음, 박테리아 효소를 써서 허물어뜨린 후 소화한다.

커뮤니케이션은 정족수 감지quorum sensing라고 알려진 방식으로 이루어진다. 박테리아는 그 주변 환경으로 신호를 보내는 분자를 방출하고, 또한 그런 분자를 받아들이는 수용기도 가지고 있다. 이 수용기 부분에서 충분한 숫자—그 군집 내의 개체수의 밀도—가 있다는 것을 확인하면, 이로 인해 세포막을 위한 다당류를 만들어 내는 유전자가 활성화되거나, 그 군집 내 모든 개체들이 모두 먹을 수 있도록 먹이를 소화하는 효소나 빛을 내는 효소가 활성화되는 등의 조정된 반응이 일어난다.[3]

점균류slime mould 딕티오스텔리움 디스코이데움Dictyostelium discoideum, 즉 축축한 땅에서 단독으로 단세포 생활을 하고 박테리아를 먹고 사는 아메바는 협력해서 이주하고 번식하는 사례를 제시한다. 이들은 영양소가 부족해지면 백여 개의 세포가 한 줌으로 뭉쳐서 표면으로 올라오며, 포자를 발산하는 번식력 있는 세포들 덩어리인 포자낭군을 높이 매달아 막대기 형태를 이룬다. 이들 세포들 중 20퍼센트가량은 번식하지 않고 죽어 버리는데, 이는 다른 이를 위한 이타적인 행동인 듯하다.

박테리아의 사회적 행동을 포괄적으로 검토한 세균 유전학자 제임스 샤피로James Shapiro는 종 내부는 물론 종간에서도 일어나는 박테리아 협력이 그들 생존에 핵심적인 역할을 한다고 결론을 내린다.[4]

다세포 종

다세포 유기체는 진핵세포들로 이루어져 있다. 이 세포 하나하나는 막에 둘러싸여 있는 부분들로 이루어져 있는데, 다른 부분을 조절하고 통괄하는 핵, 에너지를 생산하는 미토콘드리아 같은 세포기관들처럼 각자 고유한 기능을 수행한다(그림 19.1 참고). 진핵세포는 본질적으로 세포를 유지하고 번식하기 위해 서로 다른 원핵세포들에서 나온 세포기관들이 합쳐진 것이다.

이들 세포들이 한데 뭉쳐진 것을 조직tissue이라고 부른다. 이 조직은 서로 협력하여 수축하고 확장하는 근육 조직처럼 특수한 기능을 수행한다. 이와 유사하게 여러 유형의 조직이 협력하면 피를 순환시키는 심장처럼 구체적 목적을 가진 기관organ을 형성하고, 서로 다른 기관들은 더 상위 차원의 협력을 수행한다. 유기체란 전체를 살아 있게 하고 번식하기 위해 여러 단계에서 협력하는 부분들의 합이라고 하겠다.

진화생물학자 데이비드 켈러David Queller와 후안 스트라스만Joan Strassmann은

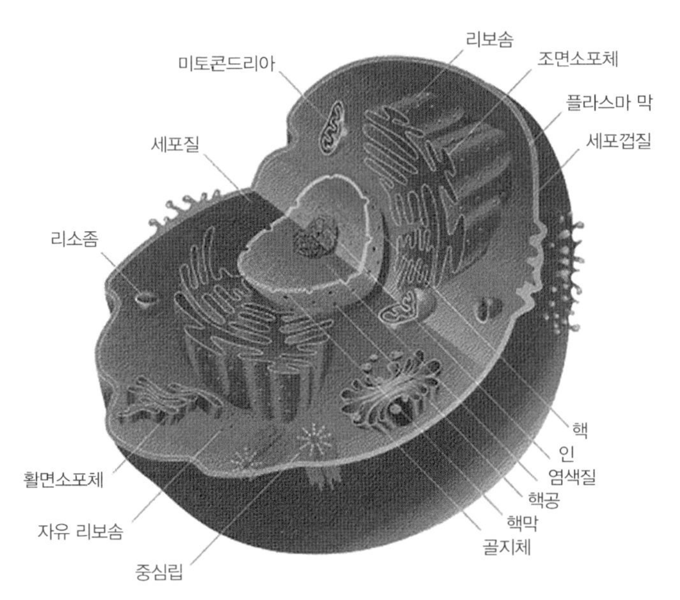

그림 19.1 단순 진핵생물 세포

"유기적 조직체의 본질은 바로 이 공통의 목적에 있다. 부분들은 높은 협력도와 매우 낮은 갈등 정도를 보이면서, 전체를 위해 협력한다"[5]라고 말한다. 이렇듯 목적에 충실한 활동은 337쪽에서 살펴봤던 생명의 정의와도 부합한다.

유전자

협력은 유전자 단위로까지 내려가도 일어난다. 앞장에서 Pax-6 유전자가 다른 2,000개 이상의 유전자의 기능을 조절 통제하여 눈을 만든다는 것을 살펴봤다.* 이것은 유전자들이 자신들을 조절하는 다른 유전자의 통제하에서 서로 협력함으로써 구체적인 기관을 만들거나 특정한 기능을 수행하는 현상으로, 광범위하게 나타나는 한 사례일 뿐이다. 가장 많이 연구된 조절 유전자 중 하나는 Hox 유전자군인데, 이들은 지금까지 연구된 거의 모든 좌우대칭형 동물의 몸의 기관들을 만들기 위해 서로 협력하여 조절 기능을 수행한다.[6]

근래의 다른 연구 중에서 2010년에 이루어진 한 연구에 따르면, 인간에게 있는 지능은 예전에 생각했듯 몇 가지 강력한 유전자에 의해 조절되는 것이 아니라 수천 개의 유전자에 의해 조절되며, 이들 유전자 각각이 지능 전반에 조금씩 기여한다.[7]

협력은 유기체 내부에서 일어나는 유일한 행동은 아니다. 일련의 조절유전자가 유전자의 변이를 겪어 제대로 작동하지 않으면, 세포는 통제를 벗어나서 자기 복제를 시작하고, 이렇게 생겨난 암세포들은 생존하기 위해 다른 세포들과 경쟁하면서 다른 세포들을 파괴한다. 그러나 경쟁은 유기체 내에서 작동하는 중요한 법칙이 아니라 예외적 사태라고 하겠다.

* 485쪽 참고.

식물

식물은 행동 연구에서는 대체로 잘 다루어지지 않지만,* 대다수의 식물은 자가 수분이 안 되므로 협력 없이는 번식할 수 없다. 꽃가루가 때로는 바람에 실려 식물의 암술에 닿기도 하지만, 대부분은 곤충, 새, 심지어 포유류(주로 박쥐)에 의해 옮겨진다. 이러한 협력은 서로에게 유익하다. 꽃가루를 옮기는 동물은 꿀을 얻거나 향을 덧입으며, 벌의 경우에는 꽃가루의 일부를 얻는다. 따라서 어떤 꽃은 코코넛 같은 음식 냄새를 발산하여 수분해 줄 곤충을 유인하며, 난초 종들은 암말벌과 같은 모양과 냄새를 흉내 낼 수 있어서 숫말벌을 유인한다.

곤충

곤충에 대해서는 다른 동물들보다 많은 연구가 진행되었다. 대다수의 개미ant, 말벌wasp, 벌bee species(벌목, Hymenoptera)과 흰개미termites(흰개미목 Isoptera: 일부 연구가들은 바퀴목의 하위 목으로 분류한다)는 상당한 수준으로 조직된 협력을 이어 가기에 사회적 곤충이라고 불리운다.

벌 중에서 일부 종은 단독 생활을 하지만, 대부분의 종은 군집 생활을 하며, 적도 지방에 사는 침 없는 꿀벌은 180,000마리가 함께 모여 살기도 한다. 군집을 이루는 벌들은 자신들이 분비하는 밀랍을 수지와 섞어서 벌집을 만드는데 이 벌집은 육각형에 얇은 벽이 쳐져 있는 벌방이 쌓인 형태이며, 유충을 기르는 공간이나 꿀과 꽃가루를 모아 두는 공간, 심지어 재활용 폐

* 그러나 2009년 식물 신경생물학 분야에서 근래의 연구에 관해 수행한 한 리뷰에서는 식물이 활동적이고 문제를 해결하려는 행동 특질을 가진, 감각적이며 의사 소통을 잘하는 유기체라고 주장한다. 이 리뷰에서는 과학계가 질투심 때문에 이미 유통 기한이 지난 오래된 도그마를 계속 붙들고 있으려 하기 때문에 이런 결론이 아직도 논쟁 중이라고 본다. (Baluška, František, et al. (2009), "The 'Root-Brain' Hypothesis of Charles and Francis Darwin" *Plant Signaling & Behavior* 4: 12, 1121-1127)

기물 처리장이 별도로 있으며, 이들은 모두 물결 모양의 가지 기둥들에 둘러싸여 있다.

곰팡이를 기르는 중앙아메리카의 개미들은 땅을 파서 길이 수백 미터에 깊이 육 미터 이상 되는 주거지를 마련하는데, 여기에는 천 개 이상의 입구와 방이 갖춰져 있다.

흰개미들은 일꾼들이 땅과 자신의 타액을 섞어 만든 시멘트 비슷한 물질로 보호용 언덕을 짓는다. 방과 터널은 일개미들이 끊임없이 자신들의 타액을 벽에 적시는 방식의 공기 조절 시스템을 통해 시원하게 유지되며, 움푹 파인 구멍으로는 더운 공기가 올라와서 언덕 표면의 작은 구멍을 통해 밖으로 나가게 되어 있다. 그 중심부에는 왕—그 군집 내에서 번식이 가능한 유일한 수컷—과 여왕이 살면서 번식하는 왕실이 마련되어 있다. 그 주변으로는 육아실이 있어서 부화한 뒤의 알은 일개미들이 가져간다. 터널을 통해 식량 저장실들이 이어져 있고, 그 위쪽으로는 식량인 곰팡이를 기르는 정원이 배치되어 있다.

이들 수많은 사회적 곤충들의 세부적인 행동은 다르지만, 대체적인 패턴은 뚜렷하다.

a. 위계 질서에 따른 군집

사회적 곤충들은 자신들을 위해 만든 거주지, 벌집, 언덕에서 상호 의존

b. 노동의 분화

오직 하나 이상의 여왕(흰개미의 경우 왕을 포함)이 후손을 낳고, 다른 일꾼들은 거주지를 건설하거나, 먹이를 찾거나, 새끼를 키우거나, 주거지를 정찰하며 보호하는 등 전문화된 일을 수행한다. 꿀벌 군락을 예로 들자면, 50,000마리 정도의 암벌이 있는데 이들은 난소가 있고 알을 낳을 수 있다. 그러나 암벌 100퍼센트와 수벌 99.9퍼센트는 단 하나의 암벌인 여왕벌이 낳은 후손들이다. 다른 암벌은 모두 일벌이며, 수벌은 대개 침이 없고, 꿀을 만들지도 않으며, 일을 하지도 않고, 하는 일은 비행 중에 여

왕벌과 교미하는 것이다.

c. 형태학적 차별화

많은 경우 군락 내의 일원들은 자신의 역할에 어울리게 형태가 발전하는데, 생식 능력 확대를 위해 여왕은 몸집이 크다. 벌목의 경우에 여왕벌은 한 번의 교미 비행에서 수집된 수백만 개의 정자를 담을 만큼 몸집이 커야 하며, 이들을 20여 년 간 조금씩 꺼내어 자신이 낳은 알에 수정시킨다.

d. 번식력의 변화

여왕의 번식력은 계속 커지지만, 일꾼들은 교미하는 능력이 줄어들어서 수정되지 않은 반수체의 웅란雄卵, male eggs을 낳는다. 일부 개미와 침 없는 벌속屬에서는 일꾼들에게 생식력이 전혀 없는 경우도 있다.

e. 조절과 통제

노동의 분화는 조절되고 강제된다. 꿀벌 중 일벌들은 여왕을 기르기 위해 보다 큰 방을 만들고, 여왕에게 로열 젤리를 먹여 기르지만, 다른 유충에게는 여왕으로 자라기에는 불충분한 영양분을 공급한다. 침 없는 벌인 멜리포나Melipona속의 경우, 일벌들은 모든 유충을 똑같은 음식이 있는 동일한 방들 속에 밀봉한다. 그러나 이들 유충이 성체가 되어 방에서 나오면 일벌들이 잉여 여왕벌들은 죽여 없앤다. 많은 종에서 일벌이 낳은 알은 다른 일벌들이 먹어 없애거나—꿀벌의 경우는 98퍼센트—아니면 여왕벌이 먹어 없앤다. 알을 낳는 일벌은 공격을 받기도 한다.[8]

f. 이타주의

어떤 곤충은 명백히 이타적인 행동을 한다. 꿀벌 중 일꾼들은 침을 사용해서 그 침이 몸에서 빠져나가면 죽는데도, 자신의 군락을 지키기 위해 침을 사용한다. 대부분의 진화생물학자들과 행동생물학자들은 여왕의 생식력이 늘어나게 하려고 일벌의 생식력이 줄어들거나 사라지는 것을 이타주의라고 본다. 그러나 그런 행동이 강제되어 일어나는 것이라면, 이는 우리가 알고 있는 그 말의 의미와는 어울리지 않는다.

이타주의 다른 이들의 유익을 위한 이기적이지 않은 행동: 사심 없음.

공동의 유익을 위해 자발적으로 함께 일하는 것은 강요된 협동과는 다른데, 크로포트킨이 시베리아에서 발견했던 농부들의 자발적 협동 사회와 소비에트 시절 중앙의 통제하에서 운영된 집단 농장이 다른 것과 마찬가지다. 이 둘을 구분하는 게 필요하므로 이제부터 나는 다음과 같은 용어를 사용하려 한다.

협동 공동의 목표나 공동의 유익을 위해 자발적으로 함께 일함.

집단화 본능, 조건에 의한 학습, 강요 등에 의해 비자발적으로 함께 일함.

사회적 곤충의 행동은 본능적이며, 로렌츠와 틴베르헌이 주장하듯 유전되었거나 유전자적으로 선택되었을 가능성이 높다. 그러나 종이 점점 더 복잡해질수록 학습된 행동이 더 많이 나타나고 발전한다.

물고기

20세기 초반부터 실험실에서의 실험을 통해 다른 무리 속에 들어온 물고기들은 이동 경로를 택하고, 특정 먹이를 선호하며, 먹고 교미하기 위해 정해져 있는 장소를 선택하는 등의 행동에서 새로 속하게 된 무리를 모방한다. 이렇게 학습된 행동 패턴의 채택은 급속도로 일어나기 때문에 이러한 행동이 환경에 가장 잘 적응할 수 있도록 유전자적으로 결정된 행동에 대한 자연 선택을 따라 일어난다고 보기는 어렵다.[9] 세인트앤드루스대학교 행동생물학자 케빈 라랜드Kevin Laland에 의하면, 사회적으로 학습된 행동은 신다윈주의의 근본 가설 중 하나에 위배된다. 또한 이들은 "여러 세대를 거치면서

'전통'으로 유지된다."[10]

미어캣

남아프리카 건조한 지역에 살고 있는 작은 동물이자 비영장류 포유류인 미어캣은 2마리에서 40마리 정도가 사회적 군락 생활을 하는데, 그 무리 내의 새끼들 중 80퍼센트 이상은 한 쌍의 지배적인 수컷과 암컷이 낳은 것들이며, 3개월 이상 된 다른 수컷과 암컷 몇 마리가 그 새끼들을 기르는 일을 돕거나 포식자가 오는지 보초를 서며, 다른 이들은 서로의 털을 다듬어 주고 같이 놀거나 먹이 활동을 한다.

이런 환경 속에서 먹이를 구하는 일은 상당한 기술이 필요하며, 야생 미어캣에 대한 관찰 및 실험에 의하면, 시행착오를 거쳐 개별적으로 배우거나 모방을 통해 사회적으로 행동을 학습하기도 하지만,[11] 성체가 전갈을 갖고 와서 새끼들이 안전하게 사냥하는 법을 배울 수 있게 연습을 시키기도 한다.[12]

영장류

덜 복잡한 다른 종들과 비슷하게, 일부 영장류는 다른 종을 잡아먹기도 하지만 대체로 과일과 초목을 먹고 산다.

종 내에서 보자면, 영장류는 특히 암컷을 차지하기 위해 다투거나 영역과 먹이감을 놓고 싸울 때는 경쟁적이고 공격적인 행동을 보이며, 이로 인해 죽기도 한다. 가장 연구가 많이 된 영장류인 고릴라와 침팬지의 경우, 무리 내에서 지배력을 가진 수컷이 다른 수컷의 씨를 받아 나온 새끼를 죽이는 유아 살해까지 저지르기도 한다. 그러나 영장류는 집단으로 거주하는 사회적 동물이며, 집단 내에서 공격성은 해를 끼치기보다는 주로 과시용으로 드러난다. 포식자로부터 서로를 보호하고, 사냥하며, 새끼들을 기르고, 이주하는 행동에서 나타나듯 그들의 생존과 번식에서 협력은 적어도 경쟁만큼 중요하다. 이는 서로 털을 다듬어 주거나 같이 노는 행동을 통해 강화된다.

오랑우탄의 행동을 연구한 영장류 동물학자 카렐 반 샤이크Carel van Schaik는 지능 발달은 환경이나 유전자보다는 사회적 전달이 일어날 수 있는 기회에 더 많이 의존하기에 사회적 학습 기회를 많이 가진 종이 지능도 높다는 결론에 이르렀다.[13] 라랜드는 인간이 아닌 영장류의 경우, 직면하는 문제에 대한 보다 새로운 해결책을 어느 정도로 만드는가를 기준으로 측정한 사회적 학습과 지능 수준은 뇌의 크기와 비례한다는 걸 발견했다.[14] 인지동물행동학자Cognitive ethologist 사이먼 리더Simon Reader는 영장류 62종을 비교한 후에 영장류의 사회적 학습 능력은 뇌의 크기와 일반적 지능과 함께 진화한다는 유사 결론에 이르렀다.[15]

21세기 첫 십 년대 중반부터 이루어진 이들 연구와 그 외의 많은 연구 결과는 백여 년 전에 크로포트킨이 발견했던 바를 한층 확대하고 강화한다.

> 상호 협력은 상호 투쟁만큼 동물 세계에 작용하는 법칙이지만, 이것이 최소한의 에너지만 써서 그 종의 보존과 발전을 확보하고, 모든 개체에게 최대한의 안녕과 삶을 향유할 수 있게 하는 습관과 성격을 개발시킨다는 점에서 진화 요인으로 훨씬 더 중요하다.[16]

> 그러므로 우리는 동물 각각의 강綱 최상단에 있는 개미, 앵무새, 원숭이가 한결같이 가장 높은 지능과 가장 큰 사회성을 함께 가지고 있다는 것을 발견한다. 적자適者, fittest란 가장 사회성이 높은 동물을 말하며, 사회성이 진화의 가장 중요한 요소이다.[17]

이런 행동은 경쟁 논리에 뿌리를 두고 있는 신다윈주의 모델과는 부합하지 않는다. 나중에 나오는 장에서는 이 모델을 확장해서 협력적 행동을 설명하려는 다양한 가설들을 다루겠다.

종간의 유대

종간의 행동을 보자면 먹이를 놓고 경쟁하거나 포식 관계가 주로 나타난다. 그러나 서로 다른 종의 개체 간의 유대 관계도 광범위하게 퍼져 있다. 여기에는 세 가지 형태가 있다. 기생적 행태는 편형동물이 먹이와 거주지를 얻으려고 황어의 눈에 침투해 시력을 잃게 되는 경우처럼 한 개체는 이익을 얻는 반면에 다른 개체는 손해를 입을 때를 말한다. 한쪽은 이익을 얻지만 다른 한쪽은 영향을 받지 않는 관계를 뜻하는 공생 행태는 희소하다. 수많은 종에서 나타나는 보다 흔한 관계는 서로 도움을 받는 협력적 유대 관계이다. 앞에서 수분 활동에 대해 언급했지만, 종간의 또 다른 협력 사례로 청소하는 유대 관계가 있는데, 청줄청소놀래기Cleaner wrasse는 보통의 경우 자신처럼 작은 물고기를 잡아먹는, 훨씬 큰 포식자 물고기의 기생충을 자유롭게 잡아먹고 산다.[18]

결론

1. 협력은 종의 생존과 발전에서 경쟁보다 더 중요하게 작동하는 요인이며, 생명의 모든 수준에서 광범위하게 일어난다.
   1.1 유전자들은 유기체의 성장을 위해 서로 협력하며, 종종 다른 유전자의 조절을 받으면서 협력하는데, 이들 조절유전자들도 서로 협력한다.
   1.2 단세포 유기체는 특수한 기능을 수행하는 부분들로 이루어져 있는데, 이들 부분들은 서로 협력하여 유기체를 보존하고 자가복제도 한다.
   1.3 진핵세포는 세포의 여러 부분, 즉 세포의 보존과 복제를 위해 특수한 기능을 수행하는 세포기관들 간의 협력을 동세하는 핵으로 이루

어져 있고, 다세포 유기체는 별다른 갈등 없이 함께 일하면서 유기체의 생존을 확보하고 후손을 생산하는 기능을 수행하는 전문화된 세포 그룹들의 위계 구조로 이루어져 있다.

1.4 많은 동물 종들은 집단 전체의 생존을 위해 사회적 군집 차원에서 협력한다.

1.5 한 종의 개체가 다른 종의 개체에 기생하는 방식의 유대 관계도 있지만, 서로 다른 종의 개체 간에 서로의 유익을 위해 협력하는 유대 관계 역시 광범위하게 일어난다.

2. 단세포 종과 동물 종의 경우, 주로 한 종 내의 한 집단이 서로 의사소통을 하고 함께 일해서 공동의 거주지를 만들고, 후손을 낳아 기르며, 먹이 활동을 하고, 자신들을 보호하며, 사냥감을 공격하고, 생존과 번식에 더 적합한 환경을 찾아 이주하는 방식으로 협력한다. 어떤 경우에는 한 종 내의 여러 집단 혹은 서로 관련 있는 종들의 여러 집단이 서로의 유익을 위해 협력하기도 하는데, 특히 이주할 때 그런 현상이 나타난다.

3. 동물의 경우, 한 집단은 항상 그런 것은 아니지만 대체로 친족 관계에 따라 이루어지며, 노동의 위계 질서가 세워져 있어서 한두 마리의 우두머리 암컷과 수컷이 번식을 담당하고 다른 개체들은 자신의 해야 할 일을 감당한다.

4. 특히 생존과 번식을 위해 나타나는 특수한 행동 패턴은 본능을 따라 일어난다. 이는 구체적인 환경적 자극에 성공적으로 대응하고 그 대응이 후손에게 유전된다는 진화의 역사에도 부합한다.

5. 곤충과 같은 좀 더 단순한 종의 군집의 경우에는 각자 업무를 감당하는 개체들 간 협력에 강제적인 측면이 있어서, 한두 마리의 개체가 번식력을 강화해 나가는 반면에 나머지 일꾼들은 번식력이 약해지거나 아예 없어진다. 우리가 이해하고 있는 이타주의라는 말에 부합하는 사례가 일부 나타나지만, 본능적 혹은 강압적 협력은 아무리 잘 표현해도

집단주의이며, 이는 서로의 유익을 위해 자발적으로 협력하는 협동과는 구분되어야 한다.

6. 물고기에서 영장류에 이르기까지 종의 복잡도가 증가되면서, 시행착오를 통한 개별적 학습보다 더 효과적인 사회적 학습이 늘어나면서 본능적인 행동을 대체하며, 이렇게 사회적으로 습득된 기술은 후대로 유전될 수 있다.
7. 각각의 강綱 속에서 사회적 학습의 증가는 뇌의 복잡도 증가와 지능의 발달과 상관관계가 있고, 지능의 발달은 대두되는 문제에 대해 새로운 해결책을 만드는 창의성으로 측정한다.

Chapter 20

인간의 계보

과학자들은 증거를 제시하면서도 확신이 없고,
창조주의자들은 증거가 없으면서 확신에 차 있다.
–애슐리 몬터규Ashley Montagu, 1905년~1999년

계통수系統樹, Phylogenetic trees

진화생물학자들은 인간에게 이르는 계보를 포함하는 생물학적 진화를 추적하려면 진화해 온 후손에 이르는 계통이나 계통 다발을 분류하는 방법이 최선이라는 결론에 이르렀다. 이리하여 그러한 상관관계를 진화의 파생도, 혹은 계통수로 표현하는 분기학分岐學, cladistics이라는 하위 분과가 생겨났다. 그림 20.1은 단순한 계통수를 제시한다.

각각의 대문자가 종을 나타내고, 갈라지는 지점 혹은 마디를 나타내는 w에서 A종은 B종과 C종으로 분화된다. 마디 x에서 B종은 D종과 E종으로, 마디 y에서 C종은 F종과 G/H종으로, 마디 z에서 G/H종은 다시 하위의 G종과 H종으로 분화되었다.

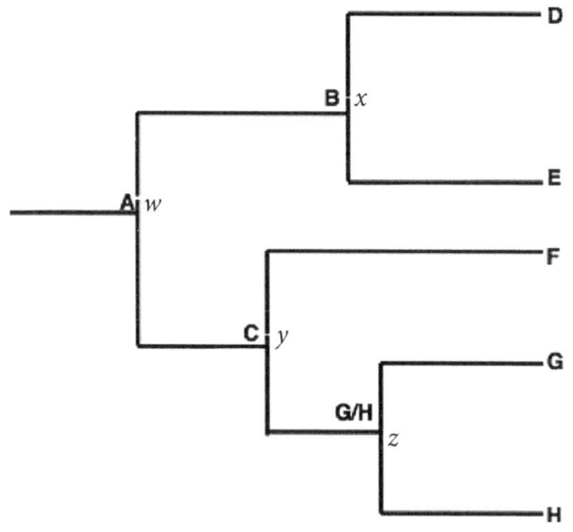

그림 20.1 단순한 형태의 계통수

따라서 G종과 H종은 F종보다 가까운 공통 조상 G/H를 가지고 있고, G, H, F종은 모두 E나 D종보다 가까운 공통 조상 C를 가지고 있다.

D, E, F, G, H종은 모두 공통되는 형질을 가지고 있는데, 이것은 이들이 일군의 종을 이루고 있으며, 먼 공통 조상인 A로부터 진화해 왔다는 것을 의미한다. 별도로 명시하지 않는 한, 가지의 길이는 특별한 의미가 없다. 계통수는 오직 공통 조상으로부터의 분화를 나타낼 뿐이기 때문이다.

이상적으로 말하면, 전통적 린네 분류법에 입각한 분류와 계통수는 같은 종의 무리를 표시해야 한다. 그러나 몇 가지 이유로 인해 서로 차이가 발생하는데, 여기에는 화석에 대한 해석의 차이, 그리고 상관관계의 정도를 결정하는 형질을 무엇으로 할 것이냐에 관해 의견이 일치하지 않는 이유 등이 포함된다.

생물학의 정설은 16장 마지막 부분에서 요약했던 대로 유전자 분석이 화석 기록이나, 형태학, 그 외의 다른 형질보다 더 정확한 방법이라고 보는 우즈Woese의 견해를 채택했다.* 실제로 분자유전학자들은 서로 다른 종이 가지

* 445쪽 참고.

고 있는 한두 가지의 상동 유전자—공통 조상에서부터 물려받은 유전자—의 단백질이나 RNA를 분석한다. 예를 들어, 브리태니커 백과사전의 2014년 온라인판에서 미국 과학진흥학회의 전 대표였던 프란시스코 호세 아얄라는 세포의 호흡에 관련되어 있는 단백질인 시토크롬 c의 경우, 인간과 침팬지에서는 140개의 아미노산이 정확히 같은 순서로 이루어져 있으며, 붉은털원숭이는 1개의 아미노산이 다르고, 말은 11개의 아미노산만 추가되며, 참치는 21개의 아미노산이 추가된다고 설명했다. "이런 유사성은 공통 조상이 근래에 존재했다는 점을 나타낸다."[1]

진화생물학자들은 더 나아가 분자시계 기법을 발전시켰다. 이것은 하나의 뉴클레오티드가 다른 뉴클레오티드로 대체되는 임의의 변이가 화석 기록에서부터 측정할 수 있는 선형적인 속도로 발생하며, 이로 인해 그 분화의 시기를 계산할 수 있다고 가정한다. 예를 들면, 그림 20.1에서 D, E, F, G, H종은 현재의 종이며, B종에 연결되어 있는 수평적 가지의 길이는 D와 E종이 B종에서부터 얼마나 오래전에 분화되었는지를 나타낸다.

이러한 신다윈주의적인 접근법은 네 가지 가정에 근거하고 있다.

1. 상동유전자는 분명하게 확인된다.
2. 계통수 가지는 시간이 갈수록 계속 갈라져 나가며, 다시 합쳐지지 않는다.
3. 생물학적 진화의 유일한 원인은 유전자 변이의 점진적인 축적이다.
4. 유전자적 변화의 속도는 선형적이며, 이는 생물학적 진화의 속도를 반영한다.

이러한 가정에는 문제가 많다.

18장에서 봤듯, 유전자는 단순히 유기체의 특질을 결정하는 단백질을 만들도록 암호화된 DNA 서열만이 아니다. 선택한 상동 유전자가 유기체를 대표한다고 어떻게 확신할 수 있는가? 이 접근법은 DNA 복구 속도라든가 열성 대립형질이나 유전자 중복 효과를 어떻게 고려할 것인가? 유전자 접합이나 트랜스포존은? 더 중대한 문제인 바, 유전자 표현형을 통제하고 따라서 유기체의 구성이나 형태, 심지어 어느 정도 그 행동까지 결정하는 유전자 조절은 어떻게 설명할 것인가?

유기체 진화의 역사를 재구성한다고 할 때, 동물세포 속 핵의 게놈과 미토콘드리아의 게놈 혹은 식물세포의 엽록체 게놈 중에서 무엇을 선택할 것인가? 선택된 유전자나 선택된 유기체의 유전자들이 종을 얼마나 대표할 수 있는가? 이 접근법을 따른다고 할 때, 군집의 크기나 유전적 부동genetic drift 영향을 어떤 식으로 소화할 수 있는가?

아얄라가 2014년 브리태니커 백과사전에서 시토크롬cytochrome C에 대해 설명하기 25년 전에 생화학자 크리스티안 슈베브Christian Schwabe는 포유류 배 속에서 머리가 커진 아기가 나올 수 있도록 산도를 넓혀 주는 펩티드 호르몬 릴렉신relaxin의 분자 차이를 비교했다(그 유전자가 작동되는 범위에 따라 차이가 생긴다). 인간의 릴렉신 아미노산 서열은 돼지, 쥐, 샌드타이거 상어, 돔발상어와 비교했을 때 평균 55퍼센트 정도 다르다. 따라서 릴렉신의 분자 구조의 근본적인 변화에 근거해서 계통수를 만든다면, 포유류는 연골 어류에서 4억 5천만 년 전(연골 어류의 초기 화석이 존재)에서 1억 년 전(포유류 초기 화석이 존재) 사이에 분화되었다. 이 말은 돼지와 쥐는 이 분화 지점에서부터 그다지 변하지 않은 반면, 인간에게 이르는 진화 계통은 55퍼센트 변해 왔다는 뜻이다. 반면, 화석 기록을 살펴보면 6천5백만 년 전에 포유류 종에 거대한 분화가 일어났다는 것을 알 수 있다.

슈바브는 다음과 같이 결론을 내린다.

> 분자 상동성에 따라 질서정연하게 일어나는 종의 진화에 많은 예외가 있다는 사실은 꽤나 당혹스럽다. 내가 보기에는 예외라고 생각되는 많은 사례가 더 중요한 메시지를 담고 있다.[2]

2006년 피츠버그대학교 물리 인류학자 제프리 H. 슈워츠Jeffery H. Schwartz는 분자분류학이 갖고 있는 기본 가정, 방법론, 근거로 삼은 증거, 결론에 대해 포괄적이면서 매서운 비판을 가했다. 그가 보기에 "분자에 근거한 가정"은 생물학적으로 견지할 수 없다. 이 가정은 진핵생물의 형태를 결정하는 조절 영역의 서열을 전혀 고려하지 못하며, "자외선에 유도되는 점 돌연변이point mutation를 제외하면, 물리 세계에서 변이를 일으키는 다른 일정한 원인은 존재하지 않고, 자발적 변이의 비율은 낮으며(대략 10^{-8}에서 10^{-9}분의 1)," 진화에 영향을 끼치는 생식세포 내의 무작위 변이가 일어날 가능성은 더 낮다.[3]

이렇듯 분자 서열상의 변이에 대한 해석은 그렇게 간단하지가 않다. 실제로 보면, 서열상 아주 사소한 변화만 있어도 진화상 극적인 분화가 일어나며, 서열상 큰 변화도 진화상으로는 사소한 분화에 그칠 수 있다.

게다가 이 접근법은 우리 지구상의 가장 많은 종—박테리아와 고세균—의 진화나 서로 먼 종들 간에 일어나는 수평적 유전자 이전을 어떻게 설명할 것인가? 2009년 퀸스랜드대학교 생물정보학과 마크 래건Mark Ragan에 의하면, "아주 많은 유전자 계통수들은 위상 수학상 일정 부분 서로 불일치하고 그리고/혹은 우리가 인정하고 있는 유기체의 관계상으로도 그러하다."[4] 이는 2009년 댈후지대학교의 생화학자 포드 두리틀이 말했던 "원핵생물의 유전자 계통수 사이에는 20년 전에 생각했던 것보다 훨씬 많은 부조화가 있다라는 말은 이제는 진부한 말이 되었다"[5]는 주장과도 일맥상통한다.

이 책의 탐구 목적은 인간이라는 종이 어떻게 진화해 왔는지 알아보는 것이므로, 지구상의 최초의 생명체에서 인간에 이르는 계통수를 만들 수 있다면 좋을 것이다. 많은 이들이 그러한 계통수를 만들었고, 그중의 하나가 그림 20.2에 나와 있는데, "의견일치가 된 모든 생명체의 계통수"라고 하겠다.

그러나 각각의 계통수는 서로 다른 데이터와 서로 다른 가정, 서로 다른 방법론, 서로 다른 해석, 그리고 달리 어찌할 수 없이 빈약한 화석 기록에 근거해서 만들었기에 서로 다를 수밖에 없다.

연구가들은 서로 다른 분자 분석 기법과 분자 시계를 사용하기에 진화상의 동일한 분화가 일어난 시간대를 서로 다르게 설정한다. 예를 들어, 침팬지속인 판Pan과 사람속인 호모Homo의 분화 시기는 270만 년 전부터 130만 년 전까지 다양하다.[6]

이런 계통수들은 계통수 가지들이 합쳐지면서 일어나는 교잡에 의한 종의 분화, 다배체를 통한 즉각적인 종의 분화를 설명하지 못한다. 그리고 가장 많은 종이 있는 박테리아나 고세균의 진화도 설명하지 못하는데, 이들에게서는 망상화 혹은 네트워킹, 서로 다른 종간에 일어나는 수평적인 유전자 전이가 진화상 중요한 역할을 한다.

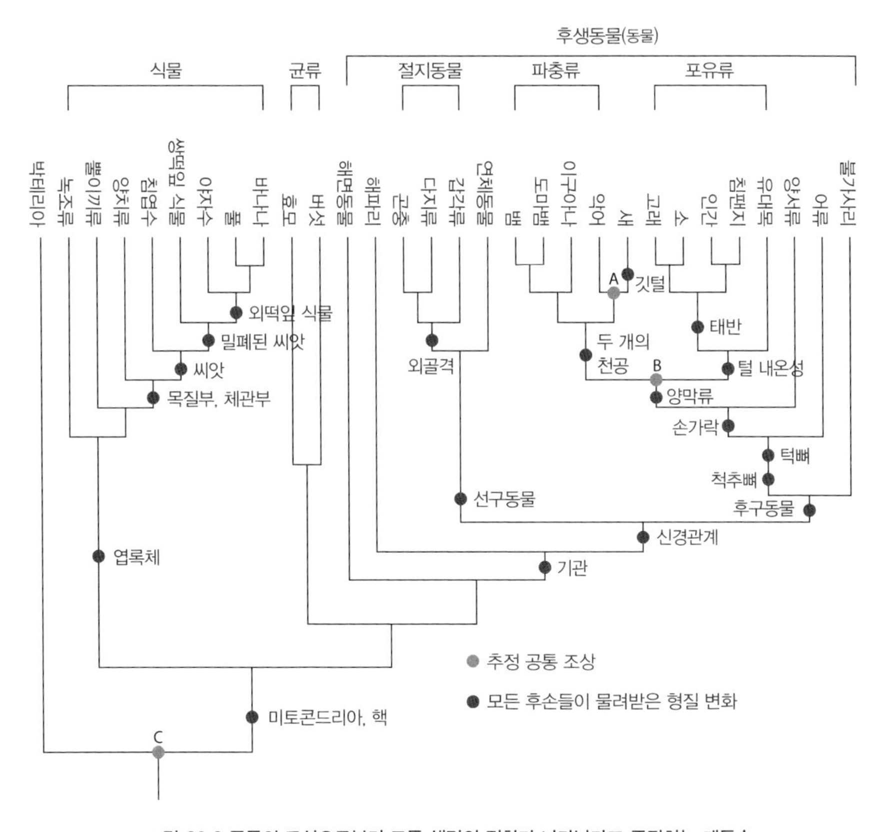

그림 20.2 공통의 조상으로부터 모든 생명의 진화가 나타난다고 주장하는 계통수

인간 계보의 분류

대다수가 인정할 수 있는 계통수가 없는 상태에서, 표 20.1은 지구상의 최초의 생명에서 인간에 이르기까지의 계통에 관해 분기학, 분자생물학, 유전체학, 순고생물학, 고생물학, 세균학, 진화생물학, 행동생물학, 영장류 동물학 등이 거둔 연구 결과를 내가 종합해 본 것이다. 이 분류법은 한 가지 특질만으로만 분류하지 않고 여러 특질을 가져올 수 있는 곳에서는 가져왔고, 생물학의 여러 분과 간에, 그리고 같은 분야 내의 전문가 간에 의견이 일치하지 않는 곳에서는 어쩔 수 없이 가치 판단을 했다. 계(kingdom, 혹은 계통 분기clades라고 부르는 조상의 무리)의 숫자가 3개인가 4개, 5개, 6개인가 하는 문제나 이들 계를 다시 영역domains이라고 부르는 보다 적은 수의 초계superkingdoms로 나누어야 하는가 하는 문제 등이 그런 의견 불일치의 사례이다. 이 책 앞 부분의 장들과의 일관성을 위해 표 20.1은 3-영역 시스템의 명명법을 사용한다.

두 가지 사항을 짚고 넘어 갈 필요가 있다. 시간상 멀리 올라가면 갈수록 불확실성은 늘어나고, 이들 분류 그룹 간의 경계선은 진화상의 혁신이 생겨나는 부분을 가리키지만 그러한 출현이 일어나는 경계선이 분명하게 그어지지는 않는다.

이어지는 장들에서는 생물학적 진화상의 이러한 패턴의 원인 혹은 원인들을 다루려 한다.

표 20.1 인간 계보의 분류

주요한 등급은 볼드체로 표기, 아강亞綱 같은 추가적인 등급은 볼드 이탤릭체로 표기

분류	이름	세포학적, 게놈의, 형태적, 행동적 특질	사례
영역 Domains	보편적 공통 조상	최초의 독립적이고 폐쇄적인 실체 혹은 세포 (또는 원세포들의 네트워크)로서, 생존과 자기 복제를 위해 서로 협력하는 부분들로 구성되어 있어서, 환경에 반응하고, 환경으로부터 에너지와 물질을 얻는다.	없음

	박테리아와 고세균 Bacteria and Archaea	단세포로 이루어진 매우 작고 단순한 유기체로서 그 유전적 정보는 막에 둘러싸인 세포핵에 포함되어 있지 않은 이중 가닥의 접혀진 고리 상태의 DNA로 되어 있으며, 또한 그 세포는 플라스미드plasmid라고 하는, 원형을 이루고 있으면서 독립적으로 자가 복제하며 유기체의 번식은 감당하지 않는 별도의 DNA 가닥을 한 개 이상 갖고 있다. 대부분 둘로 쪼개져서 똑같은 형태를 가진 두 개가 되는 방식으로 번식한다. 아주 오래된 것들은 화학합성과 광합성을 통해 먹이를 만들지만 현재 살아 있는 박테리아와 고세균들은 살아 있거나 죽어 있는 다른 유기체의 일부를 흡수하여 생존한다. 이들은 대개 단단한 세포벽을 가지고 있고, 수평적 유전자 전이를 통해서 외부의 DNA를 흡수할 수 있는데, 전혀 관계없는 종으로부터 흡수할 수도 있다. 대부분은 생존과 번식을 위해서 원시적 형태의 사회적 행동을 보인다.	현존하는 박테리아와 고세균, 그리고 진핵생물이 거기서부터 진화해 왔다고 생각되는 박테리아와 고세균의 조상
영역 Domain	진핵생물 *Eukarya*	하나의 세포로 이루어져 있을 경우도 있지만, 대부분은 서로 협력하는 세포들로 이루어져 있으며, 이때 각각의 세포는 막에 둘러싸인 핵이 있어서 세포기관, 즉 그 유기체의 보존과 번식에 필요한 기능을 담당하고 있는 세포 속의 작고 자기 충족적인 부분들의 행동을 조절한다. 대부분의 진핵생물 세포는 자기 복제를 통해 자신과 동일한 세포를 만들지만, 다세포 진핵생물의 대다수는 한 유기체로부터 나온 하나의 성세포와 다른 유기체의 상호 보완적인 성세포를 결합해 이 둘의 유전자를 가진 후손을 만드는 유성생식을 한다.	원생동물, 곰팡이, 식물, 동물
계界, Kingdom	동물 *Animalia*	세포벽이 없거나 투과성 높은 세포벽을 가진 다세포 진핵생물로서 신경 시스템을 갖추고 있다. 대부분 운동성이 있고(독립적으로 움직일 수 있다), 생존을 위해 다른 유기체를 먹는다.	해면동물(성체는 운동성이 없다), 벌레, 곤충, 물고기, 양서류, 파충류, 조류, 포유류
문門, Phylum	척삭동물 *Chordata*	성장 단계에서 몸을 지지하는 데 필요한 유연한 막대기 구조를 가지고 있으며, 무엇보다 신경줄을 가지고 있다. 대체로 길게 늘어난 좌우 대칭적인 몸을 갖추고 있고, 몸 앞쪽에는 입과 감각기관들, 뒤쪽에는 배출구가 있다.	척추동물, 그리고 창고기처럼 척추동물과 연관 있는 해양 무척추동물
아문亞門, Subphylum	척추동물 Vertebrates	척삭동물의 주된 아문으로서, 분절된 척추 혹은 등뼈, 그리고 머리를 가지고 있다. 오래된 종들의 대부분은 알에 체외 수정하여 많은 후손을 낳는다. 연관되어 있는 근래에 생긴 척추동물들은 사회적 동물로서, 가족이나 확대 가족 단위로 살며, 더 나은 환경으로 이주할 때처럼 필요한 경우에는 서로의 유익을 위해 협력한다. 사회적 학습을 하는데, 그 학습 정도는 진화의 복잡성과 상관관계가 있다.	물고기, 양서류, 파충류, 조류, 포유류

강 綱, Class	포유동물 *Mammalia*	공기 호흡을 하고 사지를 가진 척추동물로서 유선에서 나오는 젖을 새끼에게 먹인다. 체내 수정을 하며, 두 개의 알을 낳는 단공류 같은 현존하는 오래된 포유동물을 제외하고는 새끼를 낳는다. 온혈동물로서 외부 환경 조건과 상관없이 일정한 체온을 유지한다. 다양하게 특화된 이빨로 음식을 잘게 씹을 수 있다. 대부분의 종이 사회적 무리를 이루어 산다.	오리너구리 같은 단공류, 캥거루 같은 유대목, 대부분의 포유류처럼 태반을 가진 동물
아강 亞綱, Subclass	진수류 *Eutheria* [태반 포유동물]	현존 포유류의 94퍼센트를 차지하며, 어미의 몸속 생식관 속에 새끼를 배고 태아에게는 탯줄로 연결된 태반을 통해 영양소를 공급하여, 배 속의 새끼를 기른다. 이로 인해 비교적 많이 자란 상태의 후손을 낳게 되므로 비포유류에 비해 수정된 난자의 생존율이 많이 높아진다.	뾰족뒤쥐부터 인간까지
목 目, Order	영장류 Primates	보다 크고 복잡한 뇌가 있고, 시각, 기억, 학습을 담당하는 중추 기능이 있으며, 뇌에 이르는 복잡한 감각적 경로가 있고, 앞을 보고 있는 눈이 입체적인 시각을 갖고 있다는 점에서 태반을 가진 다른 포유류들과는 차이가 난다. 많은 동물들이 물건을 잡을 수 있는 다섯 개의 가락을 가진 손과 발에, 발톱보다는 손톱을 활용해서 나무에서 살아갈 수 있다. 대부분의 종이 한 마리의 새끼를 낳고, 확장된 가족 혹은 무리를 이루어 사회 생활을 하며, 다른 포유류보다 한층 높은 사회적 학습력을 갖추고 있다.	여우원숭이, 로리스원숭이, 안경원숭이, 원숭이, 유인원, 사람
상과 上科, uperfamily	유인원 *Hominoidea* [hominoids]	보다 크고 복잡한 뇌를 가지고 있고, 좀 더 평평한 얼굴에 코는 더 작고, 후각보다는 시각에 의존하는 영장류. 꼬리가 없고 움직이지 않을 때는 직립한 상태가 된다.	긴팔 원숭이, 유인원, 인간
과 科, Family	인류 Hominidae [Hominids]	보다 크고 복잡한 뇌를 가지고 있고, 단순한 형태의 도구를 사용하는 등의 지능이 있는 행동을 하는 큰 유인원hominoids.	유인원—오랑우탄, 고릴라, 침팬지, 난쟁이 침팬지—와 인류humans, 그들의 조상, 그리고 이들과 같은 조상에서 나왔지만 지금은 멸종한 혈통
족 族, Tribe	인류 *Hominini* [Hominins]	두발로 서서 걷는 인류Hominids.	근대 인류와 그들의 조상, 그리고 이들과 같은 공통 조상으로부터 나왔지만 지금은 멸종했다고 추정되는 오스트랄로피테쿠스나 아르디피테쿠스 같은 속屬.

속屬, Genus	인류*Homo* [Human]	몸을 덮는 털이 없어진 인류Hominins. 다른 인류Hominins 보다 한결 더 커지고 한층 복잡해진 뇌를 가졌고 도구를 만들어 사용했다.	근대 인류와 그들의 조상, 그리고 이들과 같은 조상에서부터 나왔지만 멸종되었으리라 추측되는 호모 하빌리스, 호모 에렉투스, 호모 네안데르탈렌시스 등의 종.*
종種, Species	근대 인류*Homo Sapiens* [Modern human]	매우 복잡한 신경세포 네트워크와 크고 뚜렷한 신피질이 특징인 뇌를 가지고 있다. 복잡한 기술과 약을 사용하고, 말과 글과 전자 장비로 의사 소통한다. 비주얼 아트, 과학, 음악, 문학, 철학 등 생존과 직접 관련이 없는 창조적인 활동을 통해 광범위하게 배운다. 혈족의 범위를 넘어서는 거대한 사회적 무리가 중첩된 영역에서 살아가며, 무리 내부에서는 경쟁과 공격도 일어나지만, 협동과 이타주의도 실천한다. 모든 생명권에 걸쳐 거주하는 유일한 종이다.	근대 인류
아종亞種, Subspecies	인종	피부색 같은 표현형 혹은 시각적 특징이 약간씩 다르지만 같은 종 내에서 서로 교배 가능한 개체들.	한때는 아프리카인, 코카서스인, 몽골인 등이 주요한 아종으로 분류되었지만, 이런 차이를 구분하기 점점 어려워지고 있다.

* 이들과 조상과의 연관성은 분명하게 밝혀지지 않았고, 특히 침팬지와 고대 인류를 분류하는 문제는 아직도 논쟁 중이다. 발견된 화석과 그에 대한 해석, 거기에 유전자 분석과 그에 관한 해석 등에 따라 의견이 갈라진다. 이런 문제들과 더불어 근대 인류와 다른 종들 간의 차이는 정도의 문제인지 아니면 아예 다른 종류인가 하는 점은 3부에서 자세히 다루려 한다.

Chapter 21

생물학적 진화의 원인: 현재의 정설

나는 "무자비한 자연"이라는 한 마디가 오늘날 우리가 알고 있는 자연 선택 개념을 가장 잘 요약하고 있다고 생각한다.

-리처드 도킨스, 1976년

생물학적 진화의 패턴을 일으키는 원인에 대한 현대 신다윈주의 정설의 설명을 검토하기 전에, 생물학적 진화라는 게 무엇인지부터 명확하게 해야 한다. 이 비가역적인 과정을 가역적인 적응상의 변화(498쪽에서 499쪽 참고)와 구분하기 위해 다음과 같은 정의를 사용하고자 한다.

생물학적 진화 새로운 종이 만들어지는 유기체 내의 변화 과정

오늘날 대부분의 진화생물학자들은 진화를 자연 선택과 합치거나 심지어 동일시하기도 하는데, 자연 선택이라는 용어 자체는 명백한 것을 진술했을 뿐이지 아무것도 말하는 바가 없다. 생존하고 번식하는 유기체가 선택되었기에 생식하고 번식했다는 말이다. 적자생존이라는 말도 그렇다. 생존해

있는 자가 생존에 가장 적합했다는 말이다. 이들 용어는 생물학적 진화가 왜 일어나고(원인) 어떻게 일어나는지(메커니즘)를 말할 수 있을 때에야 비로소 의미가 있다.

많은 신다윈주의자들은 자연 선택이 생물학적 진화를 초래한다고 말한다. 예를 들어 파리의 파스퇴르 연구소의 루 바레이로Luis Barreiro와 동료들은 2008년 「자연 유전학 *Nature Genetics*」에 실은 논문 제목을 "자연 선택이 근대 인류의 인구 변화를 이끌었다 Natural Selection Has Driven Population Differentiations in Modern Humans"[1]라고 붙였고, 2014년 브리태니커 백과사전 온라인판에는 "자연 선택은 무수한 세대에 걸쳐 유익한 변이 발생을 증가시키고, 해로운 변이를 제거함으로써, 이런 과정이 일으키는 파괴적인 효과를 완화한다"[2]라고 썼다. 게일 백과사전에 에른스트 마이어가 담당한 항목은 이렇듯 명확하다. "신다윈주의는 군집 내에서 유전자 변화의 자연 선택이 진화의 근본 원인이라고 강조한다."[3]

이끌다, 완화하다, 증가시킨다, 제거하다, 선택하다 등의 동사는 명백히 원인을 암시하며, 특히 선택한다는 말은 목적도 암시한다. 이러한 자연 선택에 대한 묘사는 이 용어를 썼던 다윈이 "인간의 인위적 선택과의 관계를 표시한다"고 했던 말의 의미를 따르고 있다. 또한 이것은 "끊임없이 움직이는 힘이며, 인간의 미약한 노력보다 월등히 강하다."*

인위적 선택의 예를 들자면, 비둘기 사육자가 다양한 색깔을 가진 자신의 비둘기 무리에서 흰 비둘기를 만드는 경우와 같다. 흰 비둘기는 나타난 결과이고, 인간 사육자는 그 원인이다. 의도적으로 가장 밝은 색깔의 비둘기들을 선택해서 여러 세대를 거치면서 서로 교배하는 것이 그 결과를 낳는 메커니즘이다.

어떻게 해서 자연 선택은 설령 "월등히 강하다"고는 하지 못하더라도 이와 유사한 결과를 낳는가? 그 메커니즘은 무엇인가?

* 418쪽에서 419쪽 참고.

현대 대다수의 신다윈주의자들은 자연이 어떤 목적이나 의도를 가지고 있다고는 보지 않기에, 논리적 일관성을 위해서라면 자연이 선택한다거나 자연이 어떤 일을 일으키는 원인이라고 말할 수도 없어야 한다.

따라서 이 말은 비유적인 표현이라는 게 일반적인 반론이다. 그렇다면 무엇에 대한 비유라는 말인가?

만약 물리학자가 중력 때문에 발코니에서 낙하한 강철공이 바닥에 떨어진다고 말하는 것과 같은 비유라고 한다면, 이 말은 문제를 제기한다. 강철공은 뉴턴의 중력 법칙에 매우 근사치에 가깝게 부합한다. 이는 간명할 뿐 아니라 보편적으로 적용되며 관찰과 실험에 의해 검증할 수 있다. 그리고 반대되는 반복적인 결과는 나타난 적이 없는 자연 법칙으로서, 구체적인 제약 조건 안에서 자연 현상 전체는 동일하게 움직인다.* 여기서 제기되는 문제는 이것이다: 생물학적 현상에 적용되는 자연의 법칙은 무엇인가? 이 법칙은 흔히 말하는 "적응의 원리"일 수는 없는데—신다윈주의가 말하는 유전자 모델에 따르자면—왜냐하면, 나중에 살펴보겠지만, 환경이 변해 가는데도 불구하고 표현형의 변화는 아예 없거나 그리 많이 나오지 않으면서도 중대한 유전자 변화는 긴 세월에 걸쳐 일어날 수 있기 때문이다.

현재의 패러다임

16장에서 살펴봤듯 생물학적 진화에 대한 과학적 생각은 신다윈주의/분자생물학 모델에 입각한 6가지 원리를 발전시켰고, 이들이 현재 패러다임을 형성하고 있다.**

* 242쪽 참고.
** 442쪽 참고.

1. 현존하는 종들은 과거에 살았던 다른 종의 후손이다.
2. 새로운 형태의 생명은 한 계통이 두 개로 갈라지는 종의 분화라는 과정을 통해 생기며, 이렇게 되면 한 계통의 개체는 다른 계통의 개체와 제대로 교배가 되지 않는다. 지속적인 분화를 통해 "생명의 나무"라는, 종의 내포된 계통도가 생겨난다. 이 나무의 뿌리는 최초의 종이며, 살아 있는 잔가지들은 현존하는 방대한 종들을 나타낸다. 현대의 종들에서 시작해서 어떠한 한 쌍의 잔가지를 역추적하면 본가지에 이르고, 본가지들이 만나는 마디로 표현되는 공통 조상에 이른다.
3. 이러한 새로운 종의 진화는 수백만 세대를 거치면서 그 종의 개별 개체들이 이루고 있는 군집 전체 유전자의 점진적 변화를 통해 일어난다.
4. 이런 변화는 유전자 변이가 개체들에게서 임의로 일어나고, 유성생식을 통해 각각의 부모에게서 나온 유전자가 섞여 후손 각자마다 이들 부모 유전자가 서로 다르게 조합되며, 이런 유전자 변이가 여러 세대를 거치면서 그 집단의 유전자풀에 퍼지면서 나타난다.
5. 이렇게 임의로 나타난 유전자 변이 혹은 변형이 집단 내 개체들로 하여금 특정 환경 속에서 먹이 경쟁에 유리하게 작용하여 보다 오래 생존하고 번식하는 데 도움이 되는 형질인 경우에는 자연적으로 선택되어 보다 많은 개체들에게 유전되는 반면, 주어진 환경에서 적응에 유리한 형질을 갖지 못한 개체들은 여러 세대를 지나면서 죽임을 당하거나 굶어 죽거나 멸종된다.
6. 정보는 유전자로부터 세포 내 단백질로의 한 방향으로만 흐른다.

이런 원리에 의하면 생물학적 진화의 "원인들"은 생식세포(난자나 정자)를 만들 때 DNA 복제의 오류로 발생하는 무작위적인 유전자 변이와, 특정 환경 속에서 커진 무리가 제한된 먹이로 서로 다툴 때 그중 생존과 번식에 보다 유리하게 작용하는 변이 유전자를 가져 유리하게 되는 경쟁, 그리고 이런 변이가 수천 수만 세대를 거치면서 그 집단 내 유전자풀에서 퍼져 나가게 하는 유성생식 등이 있으며, 마침내 그 집단의 개체들은 원래 집단의 개체들과 더 이상 교배가 제대로 되지 않게 된다.

그러나 실제로는 변이가 방사나 화학물질 때문에 더 잘 일어나고, 세포의 수리 과정을 통해 대체로 바로잡을 수 있는 복제 에러보다는 DNA의 손상을 세포가 제대로 복구하지 못할 때 더 잘 일어난다. 자발적으로 일어나는 변이 비율은 매우 낮아서 대략 10^{-8}에서 10^{-9}분의 1의 확률로 일어나며, 생식세포상에서 임의의 변이가 일어날 확률은 더 낮다.[4]

자연 선택이 명백한 사실을 말하는 것 이상이라고 해도, 기껏해야 다른 요인에 의해 발생한 결과를 수동적으로 기록한 것에 불과하다.

> **자연 선택** 무작위로 일어나는 작은 변이들이 수많은 세대를 거쳐 유전되어 특정 환경 속의 유기체로 하여금 이러한 변이가 없는 유기체보다 더 오래 생존하고 더 많이 번식할 수 있게 하는 사태가 누적된 결과. 이로 인해 일정 환경에서 유리하거나 가장 적합한 변이를 가진 개체는 늘어나고, 불리한 변이를 가진 개체는 제거된다.

다윈주의가 말하는 유리한 변이란 특정 환경 속에서 한정된 먹이를 얻기 위한 경쟁에 보다 효과적이게 하여 그 환경에 더 잘 적응할 수 있게 하는, 관찰 가능한 개별 유기체의 특질(표현형)이다. 신다윈주의가 말하는 유리한 변이는 그 종의 집단 전체의 유전자풀에서 생기는 유전자 변이이다.

2006년에 와서 현대 신다윈주의의 처음 다섯가지 원리를 도출해 낸 제리 코인은 다음과 같이 선언했다.

> 훌륭한 과학 이론은 그 전까지 설명할 수 없었던 방대한 자료를 의미가 통하게 한다. 또한 과학 이론은 검증할 수 있는 예측을 내놓아야 하고 반증도 가능해야 한다……자연에 관련해 우리가 수집한 모든 정보들은 그 작은 것 하나하나 모두 진화 이론과 일치하며, 그 이론에 모순되는 증거는 한 톨도 없다. **화학 결합 이론**

처럼 신다윈주의 역시 가설적 이론에서부터 사실로 발전해 왔다[강조는 저자].[5]

코인이 진화 이론을 신다윈주의와 동일시하고 있다는 점을 주목하라. 그의 말이 맞는다면 신다윈주의는 모든 증거를 설명할 수 있어야 하고, 검증할 수 있는 예측을 내놓아야 하고, 반증도 가능해야 한다. 그러나 과연 그러한가?

신다윈주의 정통 이론이 설명하지 못하는 것

앞선 네 장에서 검토한 증거들은 신다윈주의가 설명할 수 없는 여러 패턴과 신다윈주의에 대한 많은 반증을 제시한다.

정체와 급속한 종의 분화

신다윈주의의 본질적인 점진주의와 대비해서 앞선 17장은 다음과 같이 마무리되었다.

> 동물 화석 증거의 일반적 패턴은 사소하거나 때로는 왔다갔다하는 변화가 동반된 형태론적 정체를 보이며, 지질학적으로 별안간—수만 년—새로운 종이 나타나서는 화석 기록에서 완전히 사라질 때까지 수천만 년에서 심지어 수억 년간 특별한 변화 없이 계속 이어지거나, 그중에 소수는 오늘날까지 생존하고 있다.*

신다윈주의 모델의 건축자 중 한 명인 에른스트 마이어는 2001년에 "진화 계통상 수억 년은 아니라 해도 수천만 년 이상 완전히 정체되는 현상이 나타난다는 것은 매우 당혹스럽다"[6]고 인정했다.

* 479쪽 참고.

하버드대학교 지질학자 피터 G 윌리엄슨Peter G Williamson은 보다 투박하게 말한다.

이론은 그 예측 정도만큼 유효한데, 진화 과정을 포괄적으로 설명할 수 있다고 주장하는 신다윈주의는 화석 기록의 가장 두드러진 특징이자 광범위하게 오랜 기간 이어져 온 형태학적 정체 현상을 예측하지 못했다.[7]

지리적으로 급속한 종의 분화 현상도 이와 마찬가지로 신다윈주의의 점진론적 모델에 부합하지 않는다.

종의 분화

18장에서 살펴본 모든 증거들을 볼 때, 현존하는 종들 중에서 신다윈주의적인 메커니즘에 따라 새로운 종이 진화되어 나왔다고 보여 주는 연구 결과는 하나도 없다.

즉각적인 종의 분화: 배수성

신다윈주의 모델은 종이란 계통수 한 가지에서 갈라져 나온 새로운 가지며, 그 개체들은 원래 가지 개체와 제대로 교배가 안 된다고 정의한다. 이러한 종의 분화의 의심할 수 없이 명백한 사례가 바로 인위적 선택이나 야생에서 관찰된 것을 다 포함해서 식물, 일부 물고기, 양서류, 파충류, 포유류에서도 나타나는 배수화polyploidization이다. 하나의 세포 속의 염색체 수가 늘어나는 이 사태로 새로운 종은 수천 세대를 거치지 않고 즉각적으로 나타나며, 따라서 신다윈주의가 제시하는 메커니즘과 모순을 일으킨다. 이 현상은 일반적으로 생각하는 것보다 훨씬 광범위하게 퍼져 있다.*

* 489쪽-491쪽 참고.

무성생식

지구의 생물종 거의 대다수는 유성생식을 하지 않으며, 유전자 변이를 부모에게서 자손에게 수직적으로 전수한다. 이들 중 대부분은 단일 세포 유기체—원핵생물(박테리아와 고세균)과 단세포 진핵생물—이며, 이들은 스스로를 복제하여 번식한다.*

수평적 유전자 전이

많은 원핵생물은 외부로부터 혹은 바이러스와 같은 매개체를 통해서, 아니면 다른 유기체와의 직접적인 접촉을 통해 DNA를 얻는 수평적 유전자 전이 과정을 밟는다.**

코인Coyne과 그의 동료 H 알렌 오르H Allen Orr는 이러한 유전자 교환이 유성생식을 통한 유전자 교환 및 전달 과정과 본질적으로 동일하다고 주장한다. 그러나 후자의 경우 그 전달은 부모에게서 후손으로 흐르는 수직적 과정이다. 수평적 유전자 전이는 동일 세대 개체들은 물론이고 어떤 경우 전혀 다른 종 사이에서도 일어난다.

수평적 유전자 전이는 유전자를 받는 쪽에게는 생존에 부정적이거나 중립적이거나 긍정적인 가치를 갖는 추가적 기능을 갖추게 하므로, 점점 많은 이들이 박테리아와 고세균의 진화에 중요한 기능을 했다는 점을 인정하고 있다.

또한, 현대의 대다수 진화생물학자들이 인정하듯, 진핵세포 속 세포소기관들organelles 중 일부는 따로 존재하던 고대 박테리아를 흡수한 다음에 세포핵 게놈에 수평적 유전자 전이가 일어나서 생겨났으므로 수평적 유전자 전이는 진핵생물의 진화에서도 중요한 역할을 했다.

* 450쪽 참고.

** 489쪽 참고.

원핵생물의 게놈 중 81±15퍼센트가량은 수평적 유전자 전이로 생겨났지만, 서열이 확인된 진핵생물 게놈은 숫자가 적어서 살아 있는 진핵생물 내에서의 수평적 유전자 전이의 공헌 정도를 정확하게 가늠하기는 어렵다. 그러나 2007년 곤충과 선충 내에 살고 있는 박테리아에 관한 한 연구에서는 숙주의 게놈에 유전되는 중대한 유전자 전이가 일어난다는 점을 발견했다.[8] 다른 연구들에 의하면, 곰팡이와 식물은 자기들 속에 있는 박테리아와 진핵생물로부터 유전자를 얻는다는 사실이 확인되었다. 또한 동물과 식물 교잡 시에 방대한 수평적 유전자 전이가 일어난다.[9]

이 모든 사례는 원핵생물만이 아니라 다세포 진핵생물 역시 임의로 발생한 변이가 여러 세대를 거치면서 수직적으로 전이된다는 신다윈주의 정통 모델과 다른 방식으로 자신들의 생존과 진화에 영향을 끼치는 유전자를 획득한다는 사실을 증명한다.

유기체의 발생과 발전

정통 모델은 난자와 정자가 합쳐져서 만들어진 세포가 자기 복제를 통해 동일한 게놈을 가진 세포들이 되고, 이들이 다시 고유한 기능을 가진 세포들로 차별화되어 배아를 이룬다. 인간의 경우에는 이 배아가 자라서 남자나 여자의 몸이 되고, 남자 성인은 몸무게가 75킬로그램에서 85킬로그램, 여자 성인은 55킬로그램에서 65킬로그램에, 두 다리로 직립보행을 하며, 두 팔이 있고, 머리에 알려진 우주에서 가장 복잡한 뇌를 가지게 된 원인이 무엇인지 설명하지 못한다.

현재까지 연구된 모든 좌우대칭형 동물의 몸체의 발전을 조절 통제하는 Hox 유전자군 같은 성장 조절유전자의 발견 역시 이 현상을 설명하지 못한다. 유전자 표현형 캐스케이드gene expression cascade를 배열하는 이들 유전자는 초파리, 벌레, 물고기, 개구리, 포유류에서 매우 유사하게 나타난다. 정통 모델은 무엇이 이들 유전자를 작동시키는지, 또한 왜 서로 다른 캐스케이드를 활성화시켜서 초파리, 벌레, 개구리, 포유류의 서로 다른 형태의 몸을 만들어 내는지 설명하지 못한다.

유전자형과 표현형

정통 이론은 이와 관련되어 있는 또 다른 현상 즉 유사한 유전자를 가진 종들이 매우 다른 표현형을 나타내는 현상도 설명하지 못한다. 예를 들면, 인간 유전자는 침팬지의 유전자와 94퍼센트, 생쥐와는 90퍼센트, 4-6센티미터 길이의 열대어 제브라피시와도 85퍼센트가량 유사하고,* 초파리의 경우에는 유전자는 매우 다르지만 형태는 매우 유사한 종들이 있다.

"정크junk" DNA

16장 끝에서 언급했듯, 50여 년간 유전자 중심으로 전개된 신다윈주의는 유전자로 이루어져 있지 않은 인간 게놈의 95퍼센트는 자신들의 모델에 집어넣을 자리가 없다고 하여 쓰레기junk라고 봤다. 이것은 대단히 오만한 자세였는데, 지금 우리는 이런 DNA 중에 대략 80퍼센트가 기능적 활동을 한다는 것을 알고 있다. 이 중에 대부분이 협력적 조절 네트워크에 연관되어 있는 듯하다.**

현재의 정설 모델을 지지하는 이들은 DNA 중에 단백질 암호화가 안 된 영역도 여전히 DNA이므로 암호화된 영역과 마찬가지로 변이와 자연 선택을 받는다고 주장한다. 그러나 2007년 인디애나대학교 생물학과의 석좌교수 마이클 린치Michael Lynch는 유전자 네트워크의 진화를 검토한 후에, 널리 퍼져 있는 믿음과는 어긋나게도 유전적 연결 경로의 특징이 자연 선택에 의해

* 502쪽 참고.
** 501쪽 참고.

선택된다는 주장에 대해서는 어떠한 실증적 이론적 증거도 찾을 수 없다고 결론 내렸다.[10]

획득형질의 유전

16장에서 살펴봤듯 생물학자들이 신다윈주의를 채택하는 바람에 초래된 결과 중 하나가 진화를 일으키는 다른 원인들을 배제했다는 점인데, 다윈도 받아들였던 라마르크의 획득형질 유전설도 그중 하나이다.

그러나 특히 지난 세기 말부터 게놈 서열이 밝혀지면서, 이 현상에 관련된 증거들이 쌓이기 시작했다. 예를 들어, 2005년 워싱턴주립대학교의 매슈 앤웨이Matthew Anway와 동료들은 임신한 쥐가 일반 농작물 살균제 빈클로졸린에 노출되면, 태어난 수컷은 생식력이 증가된다는 점을 밝혀냈다. 이 특질은 수컷 생식세포 계열을 통해 후대의 거의 모든 수컷에게 전해지지만 유전자 변화는 나타나지 않는다.[11]

인간을 포함한 모든 유형의 동물에게서 다이어트나 스트레스 같은 환경적 요인이 유전자 서열에 아무런 변화 없이 후손에게 전해지는 특질을 만들 수 있다는 점이 점점 분명해지고 있다.

텔아비브대학교의 이론 유전학자 에바 자블론카Eva Jablonka와 갈 라즈Gal Raz는 유전자와 관련 없는 획득형질의 유전과 관련된 사례를 수집했다. 박테리아에서 12가지, 원생동물에서 8가지, 곰팡이류에서는 19가지, 식물에서 38가지, 동물에서 27가지가 나왔다. 자블론카와 라즈는 이들이 유전자 변이와 연관되어 있는 형질보다는 안정성이 떨어지긴 하지만, 유전자와 관련 없이 일어나는 유전의 극히 일부 사례에 불과하다고 본다.[12]

나는 런던대학교 대학 아동건강학회의 분자발생학자 매릴린 몽크Marilyn Monk가 말했던 바, 환경에 의해 초래되어 유전되는 변화는 현재 패러다임의 여섯 번째 원리, 즉 정보는 유전자에서 세포 내의 단백질로만 흐르는 일방적인 흐름이라는 "중심 도그마"에 의문을 제기할 뿐 아니라, 생물학적 진화의 유일한 메커니즘은 무작위로 발생한 유전자 변이의 자연 선택이라는 네 번째 다섯 번째 원리에도 의문을 제기한다는 주장이 옳다고 본다.

협력

신다윈주의 모델을 채택함으로써 초래되는 또 다른 결과는 16장에서도 살펴봤듯이 진화의 원인으로서의 협력을 무시한다는 점이다. 그러나 19장에서 행동에 대한 검토 결과로 나온 결론은 이러했다.

> 협력은 유전자 수준에서부터 단세포 유기체, 진핵생물 세포들의 세포기관, 다세포 유기체 내의 진핵세포들, 곤충에서부터 영장류에 이르는 동식물의 행동에 이르기까지 생명체의 생존과 번식에서 경쟁보다 더 중요한 역할을 한다.

옥스퍼드대학교 진화생물학자 스튜어트 웨스트Stewart West는 2001년에 "협력이라는 명백한 패러독스 설명이 생물학의 중심 문제 중 하나인데, 자기 복제하는 분자에서부터 복잡한 동물 사회에 이르는 모든 중대한 진화적 변이 문제 해결을 보증해 왔기 때문이다."[13]라고 썼다.

대다수 생물학자들이 신다윈주의를 채택한 이후로 이것이 생물학의 중요한 문제 중 하나가 된 까닭은 그 모델에 부합하는 행동은 경쟁이 유일하기 때문이다. 신다윈주의의 공리에 입각해서 협력과 이타적인 행동을 설명하는 시도는 사회생물학이라는 새로운 분과 학문을 낳았다. 이 이후의 장에서는 이러한 시도를 신다윈주의 모델의 보완적인 가설로 다루려 한다.

점진적 복잡화

17장에서 나왔던 또다른 중요한 결론은 긴 시간에 걸쳐 나오는 화석 기록 전반적인 패턴은 단순한 것에서 보다 복잡한 것으로 나아간다는 것이었다. 동물에 관련된 증거에 의하면 각각의 계통에서 복잡도는 증가한다. 이는 인간에 이르는 계통에서 명백하다. 18장에서 나오는 증거에 따르면 살아 있는 종들의 경우 박테리아에서 인간에 이르기까지 복잡도가 증가한다. 19장에서 검토했던 행동 연구에 따르면 물고기에서 영장류에 이르기까지 종의 복잡도가 증가할수록 사회적 학습이 증가하여 본능적 행동을 대체한다. 이는 또한 뇌의 복잡도와 문제 해결을 위해 혁신적인 방안을 만들어 낼 수 있는가를 따져서 확인하는 지능의 증가와 상관관계가 있다.

다윈은 "자연 선택은 각각의 개체의 유익에 따라 그리고 유익을 위해 작동하며, 모든 신체적 정신적 역량은 완전함을 향해 진보한다"[14]라고 결론을 내렸지만, 오늘날 대부분의 진화생물학자들은 진화를 암시하는 증거의 패턴을 부정한다.

인공두뇌학자이자 다학문적 복잡도 이론가인 프랜시스 헤일리언Francis Heylighen은 이렇게 말한다.

> 진화에서의 중요한 전이를 연구한 메이너드 스미드Maynard Smith와 체마리Szthmáry처럼, [진화생물학자들]은 복잡도가 증가하는 방향으로의 진보나 진전 같은 게 있다는 믿음의 "오류"를 지적함으로써 현재의 [상대주의적] 이데올로기에 대해 립 서비스를 해야 할 필요성을 느낀다. 그래서 그들은 자신들이 연구한 그러한 증가의 사례를 자세히 서술해 간다.[15]

복잡도가 증가하는 패턴에 대한 반론을 검토하기 전에, 동일한 단어를 서로 다른 의미로 사용함으로써 나타나는 오해를 최소화하고자 한다. 복잡도는 체계 이론가, 오토마타automata 이론가, 정보 이론가, 복잡도 이론가, 인공두뇌학자, 진화생물학자, 유전체학자, 생태학자 등등 다양한 이들이 서로 다르게 정의를 내린다. 그들은 복잡도의 정성적, 정량적, 혹은 구조적(상위 체계 속의 하위 체계), 기능적(정보 가공이나 조절의 수준) 측면에 집중한다. 이들이 내놓는 결과가 다르다는 것은 놀라운 일이 아니다.

나는 한발 물러나서 나무보다는 숲을 보려고 하며, 대부분의 전문가들이 동의할 수 있는 추상적 정의를 사용하고자 한다.

> **복잡**complex 서로 구별되면서 연결되어 있는 부분들로 이루어진 전체.

> **복잡도**complexity 복잡한 상태.

> **복잡화**complexification 보다 복잡해지는 과정.

이 정의에 의하면 각각의 부분은 그러한 부분들로 이루어져 있는 전체보다 반드시 단순하다. 우주 내의 모든 물리적 사물은 복잡하며, 원자보다 작은 입자에서 시작해서 원자, 분자, 단세포 유기체, 다세포 유기체, 유기체의 사회에 이르기까지 점점 복잡도가 증가하는 내포된nested 위계 질서를 형성한다. 또한 우주의 역사에서는 보다 단순한 요소들이 복잡하게 합쳐진 체계보다 먼저 나타난다는 게 일반적으로 받아들여진 사실이다. 이것은 지극히 논리적이다. 즉 분자 같은 상위의 질서계는 이를 구성하고 있는 원자 같은 요소들이 먼저 출현하지 않았다면 만들어질 수 없다. 그러므로 진화는 위계질서상 상위의 레벨을 새로 추가하면서 보다 복잡한 체계를 만드는 쪽으로 진행된다. 이러한 진화론적 현상을 만드는 "원인"이 무엇인가 하는 점은 또 다른 문제이다. 각각의 진화론적 전이에는 그에 관련된 원인이 다르므로 진화의 궤적을 추적하면서 현상과 원인은 구분해 두는 게 합리적이다.

복잡도가 점점 증가하는 현상을 과학적 방법을 사용해서 검토할 때는 이를 계측하는 것이 유익하다. 최상의 계측은 그 부분들의 개수와 그들 간의 연결의 숫자를 곱하는 방식이 아닌가 한다. 그러나 생물의 경우에 모든 데이터가 확보되는 것은 아니다.

버클리 캘리포니아대학교 진화생물학자 제임스 밸런타인James Valentine과 동료들은 "복잡도를 계측하려는 것은 아니고, 단순히……[형태론적] 복잡도의 지표로서" 세포 유형의 개수를 사용하면서 "이렇게 되면 생화학적 차이만이 아니라 분명히 기능적 차이도 있는 세포들을 한데 묶게 된다는 사실에는 의심의 여지가 없다"고 인정했다. 이 지표는 또한 동일한 유형의 세포나 서로 다른 유형의 세포 간의 연결이나 행동의 복잡도 같은 요소도 제외한다. 그럼에도 형태론적 복잡도를 이렇게 하나로 계측하고, 이를 다시 광범위한 동물류의 화석 기록에서 처음 나타난 화석과 함께 배치해 본 후에 밸런타인은 비록 모든 다른 뉴런을 하나의 세포 유형으로 묶어 계산했음에도, 해면 동물에서부터 시작해서 근래의 인류에 이르기까지 각각의 분류군 내의 대부분의 원시 과family 내에서 복잡도가 증가했다는 점을 발견했다.[16]

그러나 프린스턴의 진화생물학자 존 타일러 보너John Tyler Bonner는 "생물학자들에게는 흥미로운 맹점이 있다. 최초의 유기체가 박테리아 같은 것들이고 가장 복잡한 유기체가 우리 인류 같은 종류라는 점은 인정하더라도, 이를 진보라고 간주하는 것은 좋지 않은 방식"[17]이라고 언급한다.

진전progression—생물학적 진화 속에서 복잡도가 증가하는 패턴—이라는 현상에 대해서 뿐만 아니라 이 진전이 가진 함의—진전이 개선을 낳는다—에 대해서도 반론이 제기되고 있다.

복잡화에 반대하는 주장들은 서로 겹치는 논의이기도 하지만, 아홉 개의 그룹으로 묶일 수 있는데, 이들 각각은 그에 대한 대답과 함께 아래와 같이 정리했다.

a. 생물학적 진화는 무작위로 발생한 유전자 변이에 자연 선택이 작동해서 생기므로 여기에는 복잡도가 증가하는 패턴이 있을 수 없다.

이 전제로부터 그런 추론이 나올 수는 없다. 임의의 변이에 작용하는 자연 선택이 복잡도가 증가해서는 안 될 이유는 없다(자연 선택이 생물학적 진화의 원인인가 하는 점은 또 다른 문제로 이 장 앞부분에서 다루었다).

b. 생물학적 진화는 우연히 일어난 사건이 우연히 초래한 결과이다 그러므로 진화

에 의한 진보라는 패턴은 있을 수 없다.

고생물학자 스티븐 제이 굴드가 자연 선택은 "국지적 적응의 원리이지, 보편적 개선이나 진보의 원리는 아니다"[18]라고 선언하면서 이러한 주장을 전개했다. 이 주장은 만약 계통수를 다시 작성한다면 지금과 다른 결과가 나올 것이라는 그가 자주 강조하는 주장의 뒤를 이은 것이다. 따라서 "인간은……서로 연결되어 있는 수천 가지의 연쇄적 사건 끝에 생겨난 우연적인 산물이며, 이들 중 하나만 다르게 발생했더라도 역사는 인간의 의식이 생겨나는 경로와는 다른 경로로 흘러갔을 것이다."

복잡화의 패턴에 대한 이 반론은 위에서 봤던 반론에서 무작위적 변이 대신 우연한 사건을 집어넣은 것과 유사하다. 동일한 오류를 범하고 있다.

굴드는 무수히 많은 우연적 사태와 그에 근거한 우연한 결과에서부터 증거를 찾아내어 자신의 주장을 뒷받침하려 한다. 예를 들어 "영장류 중 한 작은 계통이 2백만 년에서 4백만 년 전의 건조한 아프리카 사바나 지역에서 직립 자세로 진화하지 않았다면 우리 조상은 오늘날의 침팬지나 고릴라 같은 유인원 계열에서 그쳤을 것이고, 생태학적으로 한계 상황에 직면해서 멸종되었을 것이다."

그러나 현실 속에서 환경은 변했고, 이족보행으로의 진화도 실제로 일어났다. 환경 변화가 일어나지 않았다면 이족보행으로의 진화가 일어나지 않았으리라고 말하는 것은 증거를 무시하고 추측에 빠지는 일이다. 마치 태양이 형성된 후에 그 주변을 돌고 있던 물질에서부터 지구가 형성되지 않았을 수도 있다고 추론하는 것과 같다. 이런 식이면 모든 일은 우주의 기원 이래로 일어난 우연적인 사태의 연속에 근거해서 생겨날 뿐이다. 어느 한 사태가 다르게 일어났을 수도 있었다는 식의 주장은 다중우주론적인 사고방식이며, 이는 검증할 수 없다. 과학이 아니라 철학적 추정이다.

c. 증거의 패턴은 복잡화가 아닌 단속평형이다.

이것은 엘드리지와 굴드의 단속평형 가설을 엄청나게 큰 수준으로 확대한 것이다. 굴드에 의하면, 30억 년 간 단세포 생물이 있었고, 5백만 년 전 캄브리아기에 계통발생상의 폭발적 증가가 있었고, "그 이후의 동물의 역사는 캄브리아기의 폭발적 증가 시기에 이루어진 해부학적 주제의 변주 정도일 뿐이다."[19]

내가 보기에 이런 주장은 지나친 패턴의 단순화라고 할 수 있다. 지난 540만 년 간의 역사를 그저 5백만 년 전의 캄브리아기의 폭발적 증가기에 형성된 해부학적 주제의 변주 정도로 간주하는 것은 동일한 아티클에서 그가 말하는 내용과도 모순을 일으킨다. "원핵생물을 시작으로 보다 복잡한 생명체가 이어져 왔다는 사실을 부정할 사람은 아무도 없다 20억 년 전의 진핵세포, 6억 년 전의 다세포 동물, 무척추동물을 지나 해양 척추동물, 마침내 파충류, 포유류, 인류에 이르는 최고도의 복잡도가 릴레이처럼 이어졌다."

또한 이 주장은 복잡도를 해부학적 복잡도과 동일시하느라 생명의 역사에서 일어났던 유전과 발달과 행동과 신경과 전달과 인지의 복잡도는 무시하고 있다. 표 17.3은 이러한 복잡도의 증가를 보여줄 뿐 아니라 인간에게 이어지는 계통에서의 복잡화가 증가되는 속도도 나타낸다.

d. 생물학적 진화는 전반적인 복잡도 증가를 보이지는 않는다.

이 반론은 생물학적 진화로 인해 보다 복잡한 종이 생겨났다는 점은 인정하지만 굴드의 표현을 가져오자면, "생명의 역사에서 양태적 복잡화 modal complexity는 일정하게 유지된다"[20]는 주장이다.

간단히 말하면, 유기체 중에서 가장 숫자가 많은 원핵생물은 가장 단순하므로, 어느 시점에서 지구상의 살아 있는 모든 종의 평균적 복잡도를 계산하더라도, 원핵생물의 천문학적인 숫자가 보다 복잡한 유기체 숫자를 압도하므로, 전반적 복잡도에 미치는 복잡한 유기체의 효과는 제로에 가까워진다는 뜻이다.

이 주장은 통계상으로는 정확하지만, 허울만 그럴듯하다. 동물보다는 원핵생물이 천문학적으로 많지만, 원핵생물보다 천문학적으로 더 많은 분자가 있고, 분자보다 천문학적으로 많은 원자가 있으며, 원자보다 천문학적으로 많은 기본 입자가 있다. 우주의 역사의 어느 지점에서 보더라도 기본 입자로 대변되는 통계상의 "양태적 복잡화는 일정하게 유지된다." 그러나 이 말은 우주 역사 전반에 걸쳐 기본 입자가 언제나 일정하게 유지되었다는 뜻이 아니고, 보다 복잡한 구조로 진보하지 않았다는 뜻도 아니다.

e. 생물학적 진화는 복잡화가 증가되는 패턴을 보이지 않는다. 복잡한 유기체가 보다 단순한 유기체로 진화하기도 한다.

이는 퇴행 진화라고 부르는데, 동굴어cavefish가 대표적인 사례이다. 물고기 종은 개방된 물속에 사는 집단도 있고 햇빛이 들어오지 않는 동굴에서도 서식한다. 후자는 전자에서부터 진화된 것으로 추정되는데, 눈도 없고 피부 색깔도 없다. 보다 단순해진 것이다.

2002년에 이 현상을 연구했던 진화생물학자인 리처드 보로스키Richard Borowsky와 호르스트 윌킨스Horst Wilkens는 퇴행 진화 속에 나타나는 변화는 건설적인 진화 변화와 다를 바가 없고, 대립 유전자 빈도와 형질의 상태는 시간에 따라 바뀐다는 점을 발견했다. 그러나 동굴에서 사는 변이체 역시 시각이 아닌 다른 감각 양상이 증가하거나 더 큰 대사 효과를 갖는 등의 건설적인 진화를 한다. 새로운 환경에 적응한다는 뜻이다.[21] 그러므로 이들은 개방된 물속에 사는 조상들과 비교해서 일부 기능은 상실했지만 다른 기능을 획득했다. 전반적으로 보자면 그들은 단순해지지 않았다.

기생충 역시 퇴행 진화의 사례로 거론되지만, 여기서도 보다 자세히 살펴보면 보통 알고 있는 것처럼 그렇게 단순하지가 않다. 가장 많이 연구된 사례는 문어, 오징어, 갑오징어 같은 두족류의 내장에 사는 작은 기생충인 2배충류이다. 2배충류의 몸은 10개에서 40개의 세포로 이루어져 있고, 이는 다른 후생동물들에 비해 숫자가 적은 편이며 매우 단순하게 구성되어 있다. 이들은 몸에 구멍도 없고 차별화된 기관도 없다. 2배충류 연구계의 세계적 권위자인 오사카대학교의 후루야 히데타카古屋秀隆에 따르면, "2배충류가 원시 다세포 유기체인지 퇴화한 후생동물인지는 여전히 분명하지 않다."[22]

설령 누구도 반박할 수 없는 영구적인 퇴행 진화의 사례가 존재한다고 해도 그 사례가 전반적인 생물학적 복잡화를 부정할 수 있는 건 아니다.

f. 나타난 패턴은 진보를 뜻한다. 이는 가치 판단을 초래하는데, 가치 판단은 객관적으로 사실을 수집하고 거기서 발견되는 패턴으로부터 논리적 결론과 가설을 끌어내는 과학에서는 설 자리가 없다.

일련의 진전progression과 구별되는 진보progress는 분명히 가치 판단을 포함하고 있다. 그러나 과학에서 가치 판단이 설 자리가 없다는 말은 사실이 아니다. 그와 반대로, 과학은 가치 판단이 없이는 작동하지 못한다. 어떤 데이터를 검토할지, 그 데이터를 어떻게 해석할지, 어떤 결론을 도출할지, 결론을 도출할 때 어떤 가정을 세워야 할지, 도달한 결론은 어느 정도 잠정적이거나 강력한지, 데이터를 해석하는 데 어떤 가설이 다른 가설보다 더 나은지, 그 데이터가 현재의 이론과 어느 정도 충돌하는지 혹은 어느 정도 부합하는지 등등을 결정하는데 가치 판단이 필요하다.

g. 인간이 가장 복잡하며 가장 지능이 발달해 있다고 주장하는 증가하는 복잡도의 패턴이나 지능의 패턴, 혹은 인간이 만들어 낸 또 다른 기준들은 모두 인간 중심적이다.

신다윈주의의 창설자 중 한 명인 조지 게이로드 심슨George Gaylord Simpson은 이런 반론에 대해 간명하게 대답했다. "우리 자신이 연루되어 있다는 이유 때문에 이 결론을 애초에 깎아내리는 것은 그게 우리의 자아를 만족시켜 준다고 해서 받아들이는 것만큼이나 인간 중심적이고 객관성도 없다."[23] 생물학적 진화 전반을 검토할 때 과학자의 의무는 인간을 포함한 모든 종에게 세포 타입의 수와 같은 동일한 기준을 가능한 한 최대로 적용하는 것이다.
인간이 지금껏 알려진 가장 복잡한 종이라고 말하는 것은 인간이 진화의 정점이나 종착점이라는 말이 아니라, 그저 현재까지 나타난 가장 복잡한 종이라는 뜻임을 새삼 다시 말할 필요가 없다.

h. 복잡화가 일어나는 패턴은 진보적이지 않다. 단순한 체제가 일탈의 일종인 복잡한 체제보다 더 선호될 만하다.

생화학자 윌리엄 배인스William Bains는 진화의 경과 과정 속에서 형태적으로나 기능적으로 보다 복잡해진 구조들이 출현한다는 사실을 인정한 후 이를 정교화시켰다. 그러나 그는 "다른 어떤 이론적 프레임 속에서도 복잡도는 단순성보다 진전된 것으로 간주되지 않는다"고 봤고, "인간은 보다 단순하고 한층 더 효율적인 생물계에서 '진화하지 못한' 일탈이다"[24]라고 결론을 내렸다.
이 주장의 주된 오류는 단순한 체제가 복잡한 체제보다 더 효율적이라는 일반론을 끌어오느라 같은 부류의 것을 서로 비교하지 못한 데 있다. 오늘날 관찰할 수 있는 박테리아와 고세균은 지구가 지금과는 매우 차이가 나고 산소도 없었던 20~30억 년 전에 살았던 생명체와는 완전히 다르다. 원핵생물들은 진화하는 지구 위에서 전개되는 다양한 환경적 틈새 속의 새로운 환경적 스트레스에 대응하면서 새로운 종을 형성하며 진화해 현존하는 천문학적인 숫자의 종들이 만들어졌다. 반면에 동물들은 각자 다양한 환경적 스트레스에 대응하면서 보다 복잡한 종으로 진화해 왔다.
분화된 한 계통에서 우리가 알고 있는 가장 복잡한 종이 나타났다. 호모 사피엔스는 덜 복잡한 종들에 비해 다양한 환경적 스트레스를 견뎌 내면서 생존할 능력을 갖추고 있었다. 특히 그들은 이 행성 전체를 자신들의 거주지로 만들었다. 고도로 복잡한 뇌를 활용해서 이 행성 표면의 어떠한 환경 조건 속에서도, 바다와 지표의 몇 킬로미터 아래에서도, 심지어 외계에서도 생존할 수 있는 방법을 찾아냈다. 의학을 고안하고 적용하여 개체의 수명을 늘려왔고, 유전자 치료를 통해 자기 자신의 유전자 구조까지 바꾸고 있다.

다른 어떤 종의 동물도, 박테리아나 고세균은 말할 것도 없고, 이러한 생존력을 가지고 있지 않다. 성공적인 종의 개체는 생존에 더 유리하게 적응한다는 신다윈주의 자체의 기준에 입각해 볼 때, 이것은 진보에 해당한다.

i. 생물학적 진화에서 진보란 없다.

1988년에 매슈 니테키Matthew Nitecki는 제목을 반어적으로 『진화적 진보 *Evolutionary Progress*』라고 붙인 책을 편집 출간했는데, 거기서 그는 "진보의 개념은 인간 중심적이기에 그리고 아무리 잘해 봐야 그 유용성이 한정적이고 모호하기에 진화생물학에서는 완전히 추방되었다"[25]고 결론 내렸다.

기고자 중 한 명인 스티븐 제이 굴드에 의하면 "역사의 패턴을 이해하고자 한다면 진보는 반드시 갈아치워야 하는 해로운 것으로, 문화적으로 내재되어 있어 검증할 수도 없고, 작동하지도 않으며, 다루기도 어려운 아이디어다."[26]

이 정도로 논쟁적이지는 않지만, 배인즈는 이 입장을 다른 책에서 다음과 같은 수사학적인 질문 형식으로 표현했다. "인간에게 있는 지능이나 지중해 빈혈처럼 비교적 근래에 획득된 특질이 락 오페론Lac operon과 같은 대장균의 특질과 질적으로 다르다고 구분해야 하는 선험적인 이유가 있는가?"[27]

이에 대한 대답은 "그렇다"이다. 인간의 지능은 종 내의 모든 개체들이 서로 다른 수준으로 소유하고 있는 능력이다. 이것은 양쪽 부모에게서 열성이었던 유전자의 결함이 유전되어 인간에게 나타나는 희귀한 질병인 지중해 빈혈과는 질적으로 다르다. 이들은 모두 대장균 박테리아 속의 락토오스 대사 작용의 유전자 조절 시스템인 락토오스 오페론과는 질적으로 다르다. 일반적인 능력을 희귀 질병과 같은 범주에 놓거나, 세 개의 유전자로 간주하는 것은 논리적 오류다.

배인즈는 더 나아가서 "설령 우리가 지능이 무엇인가를 확정할 수 있게 되더라도 지능의 생존 가치는 옹호하기 어렵다"고 주장한다.

지능에 대해서는 나중에 좀 더 자세히 다루려 한다. 여기서는 지능이 초기 인류를 다른 어떤 기술보다도 특히 한결 복잡하고 유용한 도구를 만들게 하여 보다 크고 강한 포식자로부터 자신들을 보호하며 사냥 성공률도 높일 수 있었고, 혹독한 기후에 대비하는 은신처를 만들고 사냥감의 가죽을 벗겨 옷을 만들어 몸을 따뜻하게 할 수 있었으며, 불을 피우고 포식자들을 물리치며 음식을 조리할 수 있었고, 작물을 재배하여 먹거리를 찾아다니는 쪽보다는 한결 효과적으로 먹고 살 수 있었다는 정도만 정리하자.

현대의 신다윈주의자들 대다수는 진화적 진보 개념을 부정하지만, 신다윈주의 고안자들은 그렇지 않았다. 도리어 그들은 인간이 가장 큰 진보를 이룬 종이라고 봤다. 메이어는 이 진보의 단계를 요약했다.

30억 년 전 지구를 지배했던 원핵생물에서 잘 조직된 핵과 염색체뿐만 아니라 세포질 내의 세포기관을 갖춘 진핵생물로, 단세포 진핵생물에서 다세포식물과 후생동물을 지나 매우 큰 중추신경계를 갖추고 있으며 잘 발달된 부모의 보호를 받고 세대를 거쳐 정보를 전달하는 능력을 갖춘 [온혈 동물]로 이어지는 진전이 있었다는 사실을 부정할 사람이 누구인가?[28]

좀 더 회의적인 심슨도 다음과 같이 결론 내렸다.

[진화적 진보에 관한 기준]의 대다수는 인간이 진화의 최상위층 산물 중 하나이며, 인간이 갖추고 있는 균형 상태는 인간이 모든 측면에서는 아니라고 해도 총체적으로 봐서는 현재까지 이어진 진화적 진보의 정점이라는 사실을 나타낸다.[29]

진화적 진보의 가장 열렬하면서 지속적인 옹호자였던 줄리안 헉슬리는 이렇게 주장한다.

인간이 지구상에 나타나기 전부터 진보는 있었다……그가 나타서는 생명의 시초부터 이어져 온 과정을 계속 이어 가면서 수정하고 가속화했을 뿐이다.[30]

도브잔스키 역시 명료하다.

어떠한 합리적인 기준에 입각해 판단하더라도 인간은 유기적 진화에서 최고이자 가장 진전된 성공적 산물이다. 정말로 이상한 점은 이런 명백한 평가에 대해 일부 생물학자들이 거듭 의문을 제기하고 있다는 사실이다.[31]

점진적으로 진전되는 복잡도를 지지하는 무수한 증거에 대한 반론은 생물학적 진화에 관해 자신들이 생각하는 원인이나 모든 종은 평등하다는 이데올로기에 부합하지 않는다는 이유 때문에 그 증거를 그냥 무시하거나 혹은 설명을 통해 그 증거들을 없애 버리려는 헛된 시도다.

과학자라면서 신념과 부합하지 않는다고 해서 증거를 무시하는 태도는 생물학적 진화의 증거를 무시하는 창조론자의 태도보다 더 당혹스럽다.

이어지는 두 개의 장에서는 증거의 패턴을 설명하기 위해 현재의 패러다임을 보완하거나 의문을 제기하는 가설들을 검토하려 한다.

Chapter 22

보완적인 가설과 경합하는 가설 1: 복잡화

만약 수없이 많은 일련의 사소한 변화를 통해 형성되지 않은 복잡한 기관이 하나라도 존재한다고 증명된다면 내 이론은 완전히 무너질 것이다.

-찰스 다윈, 1872년

20세기 전반에 생물학자들은 그들의 이론을 물리학과 같이 정확하고 검증할 수 있고 예측 가능한 수학 방정식으로 표현하는 존경할 만한 과학으로 만들기 위해 애를 많이 썼다.

이러한 열망은 1920년대와 1930년대 로널드 피셔Ronald Fisher의 진화적 적합도에 관한 수학 공식화, 『자연적 인위적 선택의 수학 이론 *A Mathematical Theory of Natural and Artificial Selection*』이라는 제목으로 출간된 J B S 홀데인의 10개의 논문, 그리고 슈얼 라이트Sewall Wright의 적합성 지형과 유전적 부동에 관한 계산을 통해 태동했다. 집단유전학의 이론적 기초를 제공했던 이러한 접근법은 뉴턴의 결정론에 뿌리를 두고 있다.

신다윈주의 모델은 이런 접근법과 분자유전학의 분석적 방법을 결합했다. 그전까지는 관찰에 기반했던 생물학의 정성적 과학 방법은 결정론과 유전자 차원의 축소주의로 경직되어 갔고, 가설은 수학 방정식과 통계 모델에 따라 표현되었다.

역설적이게도 이와 동일한 시기에 물리학은 결정론에서 벗어나 상대성 이론과 양자 이론의 비결정주의로 진입하면서 양자 위치 파악의 불가능성, 불확정성 원리, 양자 얽힘, 전체론적 해석 등이 대두되었다. 그럼에도 신다윈주의 패러다임이 설명하지 못하는 증거의 패턴을 설명하기 위해 제시된 대부분의 가설들은 그 패러다임의 전반적 접근법과 수학적 모델을 채택한다. 하지만 소수의 사람들은 생명체에서 계층 내 다양한 요소들이 서로 상호작용하고 환경과도 상호작용한다는 전체론적 관점a holistic view을 채택한다.

신다윈주의 모델을 보완하고 확장하려는 가설에서부터 도전하는 가설까지 다양한 가설이 존재한다. 이 장에서는 급속한 복잡화를 설명하기 위해 제시된 가설들을, 다음 장에서는 협력을 설명하기 위한 가설들을 다루려 한다.

지적 설계

15장에서 봤듯 르하이대학교 생화학자인 마이클 비히는 최초의 세포는 더 이상 단순화할 수 없는 복잡성을 고려하자면 지적으로 디자인된 것이 틀림없지만, 그 이후로는 생물학적 진화가 일어났다고 인정했다.* 지적 설계 운동이 시작되는 데 기여했던 비히의 책에 이어서 버클리 캘리포니아대학교 박사 후 과정 연구원이자 생물학자였던 조너선 웰스Jonathan Wells는 『진화의 아이콘들, 과학인가 신화인가? *Icons of Evolution: Science or Myth?*』라는 책에서 다윈주의적 진화를 가르치는 데 사용되는 열 가지 대표적 사례를 검토한 후에 이들이 과장되거나 왜곡되거나 가짜라고 결론을 내렸다.[1]

여기에 대해 진화생물학자들은 모두 하나같이 적대적인 반응을 보였고,

* 375쪽 참고.

웰스가 자신의 종교적 신념을 내세우기 위해 증거들을 부정직하고 부정하게 제시했다고 비난했다.

그중에서 여섯 가지 사례는 이 책의 앞선 장들에서 검토했다. 예를 들면, 웰스는 (a)밀러-유리Miller-Urey의 실험은 무생물에서 생명이 나타나는 것을 증명하지 못했고* (b)변이를 가진 후손이 나타난다고 증명할 수 있는 다윈주의에 입각한 계통수는 존재하지 않으며(이는 생물학자들 간에 계통수가 어떻게 그리고 무엇을 근거로 작성되어야 하는지 합의가 이루어지지 않은 이유도 크다)** (c)화석 기록에서 나타나는 종의 정체의 증거는 다윈주의적 점진주의와 모순되고*** (d)갈라파고스 제도의 "다윈의 되새"나**** (e)산업화 지역에서의 점박이 나방의 흑화 그 어느 것도 종의 진화(뒤집힐 수 있는 환경 적응의 변화와 구별되는)를 증명하지 못하며 후자의 경우에 케틀웰이 찍었던 나무 몸통 위에 뚜렷하게 보이는 나방 사진은 실은 그 나무 위에 풀로 붙인 죽은 나방이며***** (f)다윈주의적(실제로는 신다윈주의적) 메커니즘에 따라서 진화한 새로운 종에 대한 증거는 없다******는 점 등등은 제대로 언급했다.

그러나 결정적이지 못하고, 흠이 있으며, 심지어 위조한(나는 케틀웰이 설명을 쉽게 하기 위해 자기 사진을 제시한 것은 속이려 했던 것이라기 보다는 경솔했다고 생각하지만) 부적절한 가설이나 실험과 관찰 결과를 부각시킨다고 해서 생물학적 진화 현상이 틀렸다고 입증이 되는 것은 아니다. 17장과 18장에서 검토한 아홉 가지 범주의 증거들이 그 각각으로는 생물학적 진화에 대해 반박할 수 없는 증거는 제시하지 못하지만, 이들을 종합해 보면 인간이 지구상의 최초의 생명체에서부터 진화해 왔다는 강력한 증거를 제공한다.

이들 사례들은 일어난 사태에 대해 신다윈주의 가설만이 유일한 설명 방

* 364쪽 참고.
** 520쪽 참고.
*** 535쪽 참고.
**** 496쪽 참고.
***** 491쪽 참고.
****** 536쪽 참고.

식이라는 주장은 부적절함을 잘 드러낸다. 이들 사례들은 여전히 교과서에서 생물학적 진화를 증명하기 위해 사용되고 있는데, 이는 교과서가 오래되었거나, 과학이 아니라 신념에 기반해서 제작되었거나 두 가지 중 하나일 것이다. 현재의 정설을 계속 고집하는 이들은 제도권 특유의 방어적 태도를 드러내면서, 상충하는 데이터로 인해 신다윈주의 모델의 결함이 드러날 때도 인정하지 않고, 이들 데이터와 부합하는 다른 가설들을 충분히 고려하지도 않는다. 역설적이지만, 이러한 방어적 태도가 창조주의를 믿는 이들에게는 공격할 무기를 제공한다.

보다 근래에 나온 책 『진화의 가장자리: 다윈주의의 한계에 대한 연구 *The Edge of Evolution: the Search for the Limits of Darwinism*』[2]에서 비히는 생물학적 진화 현상을 인정할 뿐 아니라 심지어 자연 선택이 환경에 적응하며 생기는 유전자 변이가 개체군에서 퍼져 나가게 하는 명백한 메커니즘이라고 말하기까지 한다. 그는 자연 선택과 합쳐진 무작위적 변이가 생물학적 혁신과 복잡도 증가라는 진화를 일으키는 데 충분히 강력한 동력은 아니라고 주장한다. 그는 유기체가 그 자신에게 유리하게 작용하는 두 개 이상의 변이를 동시에 가질 가능성은 낮다고 보는데, 이는 정확한 지적이다. 그러나 그는 대부분의 중대한 변이는 지적인 행위자의 인도를 받았음이 틀림없다고 결론을 내린다. 이것은 논리적 오류이다. 신다윈주의의 가설이 중요한 생물학적 혁신이나 복잡도 증가를 설명하지 못한다고 해서—사실 그렇다—이를 설명할 수 있는 다른 과학적이고 검증 가능한 가설이 현재나 미래에 나올 수 없다는 뜻은 아니다. 이 장은 현재의 가설들을 요약하고 있다.

간단히 말하자면 지적설계론을 지지하는 이들은 자신들의 신념에 대해 검증 가능한 설명을 제시하지 못하며, 이는 결국 지적설계론을 과학의 범위 밖으로 밀어내고 만다.

단속평형설

1995년 고생물학자 나일스 엘드리지Niles Eldredge는 한 종의 군집 내 개체들이 환경 변화에 따른 반응을 가능성의 순서에 따라 다음 세 가지로 주장한다.

1. 주거지 탐색

개체들은 자신들이 가장 잘 적응한 주거지로 옮겨간다.

2. 멸종

개체들이 적합한 주거지를 찾을 수 없을 때.

3. 변화된 환경에 적응하기 위해 군집에 일어나는 매우 느리고 점진적인 변화

개연성이 가장 낮은 이 세 번째 반응이 종의 분화에 관해 신다윈주의가 인정하는 유일한 메커니즘이다.

자신의 이론을 뒷받침하기 위해 엘드리지가 내놓은 상당히 많은 증거에도 불구하고 신다윈주의 이론적 진화생물학자인 조지 C 윌리엄스George C Williams는 주거지 탐색론은 공상일 뿐이라고 일축했다.[3]

1972년 화석 기록과 상충하는 신다윈주의 모델의 점진주의에 반론을 제기하는 자신들의 기념비적인 논문[4]에서 엘드리지와 그의 동료 고생물학자 스티븐 제이 굴드는 작고 고립된 하위 군집 내에서 종분화가 빠르게 진행된다는 에른스트 마이어의 생각에 의거해서 자신들의 단속 평형설punctuated equilibrium을 제안했다. 그들은 지리적으로 넓은 지역을 차지하고 있는 큰 군집 내에서는 설령 유리한 유전자 변이라도 그 군집의 크기라든가 계속 변화하는 환경 요인 등에 의해 희석된다고 주장한다. 이렇게 되면 사소한 적응적인 변이는 나타나지만 형태론적으로는 대체로 안정된 상태가 유지되며, 이는 수천만 년에서 수억 년 간에 걸쳐 나온 화석 기록의 평균값 중심으로 소폭으로 일어나는 형태론적 변화와도 부합한다.

지리적으로 지역의 변방에 있는 작은 집단에게 유리한 특질을 담고 있는

유전적 변이는 급속히 퍼져서 지질학적으로는 수만 년 정도의 비교적 단기간에 그 집단 전체의 유전자풀을 변화시킨다. 이로 인해 새로운 종이 생겨나게 되고 주된 집단과 더 이상 제대로 교배가 되지 않는다.

윌리엄스의 대변자인 리처드 도킨스는 이러한 가설을 "흥미롭긴 하지만 신다윈주의 이론의 표면에 나타나는 사소한 주름"이며 "특별히 관심을 가져야 할 가치는 없다"[5]고 폄하했다. 이로 인해 도킨스와 엘드리지/굴드 진영 간에는 험악한 말싸움이 촉발되어 현재도 진행 중이다.

급작스러운 기원

피츠버그대학교 자연인류학자이자 과학철학자인 제프리 H. 슈워츠Jeffrey H. Schwartz는 가설을 지지해 줄 증거를 찾고 해석하기 보다는 증거와 대조하여 현재의 정통 가설과 그 가설이 기반하고 있는 가정들을 검증하고, 필요하다면 대안적 설명을 찾아내는 것이 과학자의 역할이라고 생각하는 구시대적 견해를 유지하고 있는 진화생물학자이다.

그 역시 신다윈주의의 점진주의가 증거와 부합하지 않는다고 생각했다. 그러나 그는 엘드리지와 굴드의 가설을 채택하기 보다는, 살레르노대학교의 브루노 마레스카Bruno Maresca와 공동으로 환경의 물리적 변화로 나타나는 세포 속 스트레스 단백질의 표현형을 연구하여 자신의 초기 가설을 만들어냈다. 2006년에 나온 그들의 갑작스러운 기원 가설sudden origins hypthesis은 세포가 주로 DNA 보수 메커니즘을 통해 유전자 변화를 미리 막거나 교정한다고 본다. 이로 인해 DNA 항상성 혹은 자기 조절 안정성이 생기며, 형태론적 정체도 설명된다.

유전자의 중요 변화는 성세포(난자와 정자) 형성기에 심각한 스트레스—급격한 기온 변화, 급격한 먹이 변화, 혹은 물리적 과밀 거주화—가 DNA 항상성을 넘어설 때만 생기며, 이로 인해 유기체의 발전에 영향을 끼치게

된다. 항상성의 붕괴는 치명적인 결과를 초래하지만,

> 일부 개체에게서는 상대적으로 매우 짧은 시기(몇 세대)에 중요하면서도 치명적이지 않은(따라서 "유용한"?) 재배열이 나타나기도 한다.[6]

따라서 형태론적 혁신은 신다윈주의가 말하듯 군집 내에 수많은 세대를 거치면서 변이가 점진적으로 축적되어 생기는 것도, 고립된 하위 군집 내에서 적응에 유리한 변이가 급격하게 퍼져서 생기는 것도 아니며, DNA 항상성의 정상적 상태가 갑자기 그리고 심각하게 붕괴되면서 생긴다는 것이다.

이 가설은 형태론적 정체와 그에 이어지는 중요한 유전자상의 변화의 원인에 대해 보다 설득력 있는 설명을 제공하지만, 서로 경합하고 있던 신다윈주의와 엘드리지/굴드 진영은 이를 무시해 왔다.

그러나 마레스카와 슈워츠는 이러한 "중요하면서도 치명적이지 않은(따라서 "유용한"?) 재배열"이 무엇인가에 관해, 이러한 재배열이 어떻게 해서 종의 분화에 이르거나 복잡화의 패턴을 드러내는 진화적 전이나 출현을 낳는지에 관해서는 모호한 입장이다.

안정화 선택

엘드리지, 굴드, 다른 고생물학자들의 신다윈주의 모델의 근본적 수정 요청에 대응해서 식물학자이자 유전학자인 G 레드야드 스테빈스G Ledyard Stebbins와 분자유전학자 프랜시스코 호세 아얄라는 1981년에 매우 많은 세대를 거친 인구 유전자풀의 변형은 종분화의 점진적 방식과 시간적 방식 모두 양립할 수 있다고 주장했다.

그들은 고생물학적 정체 현상이 과연 다들 생각하듯이 그렇게 흔한 사태인지 검토했다. 그들은 이 정체 현상이 일어날 때 분자 진화가 발생하지만 형태(화석 기록에서 확인할 수 있는 유일한 변화)는 안정적으로 유지되며, 이는 도브잔스키가 제시하는 안정화 선택stabilizing selection 이론으로 설명할 수 있다고 주장했다. 상어나 양치 식물의 형태처럼 적응에 유리한 형태를 암호로 담고 있는 유전자는 끊임없이 자연적으로 선택되므로 형태는 안정화되어 있는 반면, 다른 특질의 암호를 담고 있는 유전자는 변해 가기에 종분화에 이른다.[7]

이들의 주장은 대체로 이론적인데, 나는 하버드대학교 고생물학자인 피터 G 윌리엄슨Peter G Williamson의 결론이 타당하다고 생각한다.

> 현재 광범위하게 분포되어 있고 형태론적으로 동일한 현대의 종들이 거주하고 있는 다양한 환경, 그리고 다양한 환경 속의 수많은 화석 기록의 계통을 통해 드러나는 장기간의 형태적 정체(1700만 년 이상)를 검토해 보면 단순히 안정화하려는 선택이 생물학적 정체 현상에 대한 적합한 설명이라는 주장에 반대하게 된다.[8]

중립적 이론

이 생각을 담은 자신의 논문을 1968년에 내놓은 이후로 기무라 모토木村資生는 수학적 근거에 입각해서 여러 세대에 걸쳐 군집 내에 퍼져 있거나 높은 빈도를 나타내는 모든 유전적 변이는 선택적으로 중립이라고 주장하는 집단유전학자들을 이끌고 있다. 이들 변이는 적합성이나 형태론적 적응에 관련해서 주목할 만한 영향이 없다고 본다.

이를 뒷받침하는 증거로는 포트잭슨상어Port Jackson shark라는 종이 있다. 이 종은 지난 3억 년에 걸쳐 세 번 정도의 대규모 멸종을 초래했던 중요 환경 변화 속에서도 형태론적으로 거의 동일하게 유지되어 왔다. 오늘날에도 인간 계통에서 나타나는 α-글로빈과 β-글로빈 간의 아미노산 차이(147)와 유사한 차이(150)를 보이는 유전자의 변화 정도에도 불구하고 "살아 있는 화석"으로 남아 있다. 이와 대조적으로, 같은 기간 동안 인간은 포유류를 닮은 파충류에서부터 많은 변화를 거쳐 진화를 거듭했다. 유전자 변화 비율은 모든 계통에서 거의 일정하지만, 형태론적 변화 정도는 서로 다른 계통에서 매우 크게 차이가 난다.[9]*

중립적 이론은 본질적으로는 슈얼 라이트Sewall Wright의 유전적 부동genetic drift** 가설과 같다. 이는 적응에 유리한 유전자 변이를 자연적으로 선택하여 나타나는 군집 전체의 유전자풀 변화 현상과 조화가 되지 않기 때문에 신다윈주의 모델의 창설자들이 무시해 왔다.

신다윈주의 정통 이론을 옹호하는 H 알렌 오르는 게놈 서열을 확정할 수 있는 새로운 기술과 게놈의 중립적 변화와 적응에 유리한 변화를 구분하는 통계적 검증을 활용해 살펴본 결과로 볼 때, 중립적 이론 옹호자들이 자연 선택의 중요성을 간과하고 있다고 주장한다. 그는 캘리포니아 데이비스대학교의 데이비드 J 비건David J Begun과 찰스 H 랭글리Charles H Langley가 공통 조상으로부터 갈라져 나온 2종의 초파리의 6,000개 유전자를 분석했던 결과를 인용하면서, 긍정적인 자연 선택—환경은 애초에 희소하고 유익한 변이의 발생을 증가시킨다—이 적어도 이 두 종 사이의 유전자 차이의 19퍼센트를 설명한다고 결론 내린다.[10] 그렇다면 이것은 유전자 변화의 "유일한" 메커니즘은 자연 선택이라는 모델의 강력한 보증이라고 말하기는 어렵게 된다(환경이 적극적으로 선택한다는 공상에도 불구하고 말이다).

전체 게놈 중복

식물에서만이 아니라 광범위한 동물 종에서도 나타나는 배수체에 대한 발견***이 쌓이면서 1970년에 분자유전체학자 스스무 오노Susumu Ohno(미국 국

* 1986년 크리스천 슈바브가 제시한 유사한 사례는 523쪽 참고.

** 438쪽 참고.

*** 491쪽 참고.

적을 취득해 영문으로 표기함—옮긴이)가 처음 제시했다가 무시되고 폄하되었던 가설이 다시 관심 받게 되었다.

상대적인 게놈의 크기 비교와 사배체종(한 세포 속에 염색체 네 쌍을 소유한 종)이 자연 상태의 물고기와 양서류에서 나타난다는 관찰에 입각해서 오노는 이렇게 정상 염색체의 중복이 중요한 진화적 혁명을 일으킨다고 생각했다. 이는 2R 가설이라고도 하는데, 이 가설이 나중에 정교화되면서 척추동물 계통의 뿌리에 해당하는 조상 근처에서 전체 게놈 중복(whole genome duplication, WGD)이 2라운드round에 걸쳐 일어났다는 주장이 제기되었기 때문이다. 이러한 WGD가 생물학적 혁명이 보다 효과적으로 발생할 수 있게 했으며, 인간을 포함한 모든 척추 동물은 쇠퇴한 배수체인 셈이다.

이 주장은 여전히 논쟁적인데, 사배체가 쇠퇴해서 이배체가 되는 과정인 이배체화에 대해 알려진 바가 많지 않기에 증명이 어렵다. 그러나 이 가설은 인간 게놈과 쥐의 게놈의 대부분의 영역이 세 개의 다른 염색체에도 중복되는 한 염색체상의 유전자 세트를 포함하고 있다는 증거에 의해 지지된다. 2007년 병리학자 가사하라 마사노리笠原正典에 의하면 주요 척삭동물chordate 종의 게놈 전체 분석 결과는 "2R 가설에 대한 반론의 여지가 없는 증거"[11]를 제시한다.

후생유전학Epigenetics

유전자 변화 없이 획득 형질이 유전된다는 증거가 나오면서, 발생학과 발달을 탐구하는 후생유전학에 대한 관심이 증가되었다.

다윈주의처럼 후생유전학이라는 용어도 여러 가지 의미로 사용된다. 근래의 연구가들은 다양한 의미의 전문 용어로 사용하고 있는데 요약하자면

후생유전학 유기체의 표현형에는 변화가 있지만 유전자 자체의 DNA 서열 변

화는 일어나지 않는 유전자 조절 메커니즘에 대한 연구.

여기에는 줄기세포가 배아의 몸 속의 특정 기능을 하는 세포들로 분화되고 나아가 독립적인 유기체로 발달하는 메커니즘 연구도 포함된다. 수많은 후생유전학적 패턴은 유기체가 재생산될 때 원래 상태로 되돌아가지만, 최근 10여 년 간 나온 증거들은 후생유전학적 유전도 일어나고 있음을 증명한다.

후생유전학적 유전 무성생식이나 유성생식을 통해 유기체의 형질에 변이는 있지만 DNA 염기서열에는 변화가 없는 방식으로 일어나며, 부모 세포에서 자손 세포로 변이가 전달된다.

이와 관련한 세 가지 주요한 메커니즘이 확인되었다.

a. 화학적 변화, 특히 메틸기 그룹(CH_3-)이 수소기(H-)나 다른 그룹으로 대체하는 메틸화methylation로서 DNA 분자에서, 혹은 DNA를 세포핵에서 염색질로 알려진 응축된 형태로 묶는 히스톤 단백질에서 발생
b. 세포 내 염색질 접힘의 변화
c. 소형 핵 RNA(snRNAs)와 DNA 배열의 결합

유전자 활성화나 침묵의 다른 메커니즘은 독립적으로 작용할 수도 있지만, 일단 유전자를 활성화시키거나 침묵시키기 위해 한 변이가 일어나면 추가 변이를 초래한다는 점에서 상호 의존적일 수 있다.

후생유전학적 유전은 신다윈주의 모델에서와 같이 유전자 자체의 변화를 포함하지 않고, 오히려 유전자가 표현되는 방식의 변화를 수반한다. 이는 라마르크의 획득형질 유전론에 대해 분자 차원의 설명을 제공한다. 예를 들면 매슈 앤웨이Matthew Anway와 동료들은 유전자 변화*가 없으면서 쥐의 수컷에게만 유전되는 불임은 메틸화와 관련되어 있다고 결론을 내렸다.

깊은 상동관계와 평행진화

발달 조절유전자가 광범위한 종 속에 유사하게 나타난다는 발견에 자극을 받은 시카고대학교 고생물학자이자 진화생물학자인 닐 슈빈Neil Shubin과 그의 동료들은 1997년에 깊은 상동관계 가설을 제시했다. 그런 유전자나 그 유전자의 고대 버전은 아주 먼 과거의 공통 조상이 가지고 있었으며, 독립적으로 진행되는 듯한 진화적 수렴은 실은 평행진화라는 가설이다. 그는 그 이후 12년간 발견된 수많은 깊은 상동관계 사례가 이 가설을 뒷받침한다고 주장한다.[12]

예를 들어, 슈빈은 눈의 경우 좌우대칭형 동물들이 빛을 인식하는 현대적 변이들이 모두 공통 조상에게 있었던 감광感光 세포에게서 나왔고, 유전자 조절 경로의 최상단에 있는 Pax-6이나 다른 전사 요소가 옵신opsin 단백질을 만들어 낸다고 주장한다.

슈빈은 고대 조절 회로가 기질基質을 제공하고 거기서부터 새로운 구조가 발전되어 나온다고 주장하지만, 그 구조가 왜 발전해 나오는지, 왜 좌우대칭형 동물에서 똑같은 혹스 유전자가 조절을 하는데도 서로 다른 몸체를 만들어 내는지는 설명하지 못한다.

진화론적 수렴

케임브리지대학교의 고생물학자 사이먼 콘웨이 모리스Simon Conway Morris는 적응의 원리와 내재성은 생물학적 진화가 한정된 정도로만 이루어지게 한다고 주장한다. 그는 자신의 진화론적 수렴 가설을 뒷받침하기 위해 분자에서 기관, 사회적 시스템, 인지 과정에 이르기까지의 생물학적 계층 구조 전

* 539쪽 참고.

반에서부터 사례를 가져온다.[13]

아미노산의 종류는 무수히 많지만 유기체 내에서 발견되는 것은 20여 종밖에 안 된다. 만약 100개의 아미노산으로 이루어진 작은 단백질을 상정한다면, 그 단백질이 조립될 수 있는 경우의 수는 20^{100} 혹은 10^{130} 가지라는 천문학적 숫자가 나오지만, 유기체 내에서는 이 중에서 지극히 적은 경우만 발견된다. 이와 비슷하게, 물질대사 기능에서 그들은 가능한 모든 경우 중에서도 지극히 일부의 경우의 수로만 접힌다.*

기관을 살펴보자면, 콘웨이 모리스는 카메라 같은 단일 렌즈의 눈이 독립적으로 문어에서 포유류에 이르는 종들 속에서 최소한 여섯 배 정도 진화해 온 반면, 광범위한 종들의 경우에 후각, 청각, 반향 위치 측정, 전기 감지를 감당하는 다른 기관에서는 "맹렬한 수렴"이 일어난다고 주장한다. 그는 감각 기관의 발달에 동반되는 제약을 통해 "신경계, 뇌, 그리고 궁극적으로는 지각력의 진화에 관련된 폭넓은 문제를 다룰 수 있다"고 주장한다.

행동 역시 진화적 수렴을 드러낸다. 군집 내에서 오직 한 마리 암컷만 생식력이 있고 다른 모든 개체는 맡겨진 특수한 기능을 수행하는 진사회성眞社會性, eusociality은 개미, 벌, 말벌, 흰개미 종만이 아닌 새우와 벌거숭이 두더지쥐에게서도 독립적으로 진화했다. 콘웨이 모리스는 모든 곤충 종이 진사회를 이루는 것은 아니지만, 진사회를 이루는 종들이 환경을 극복한다고 주장한다. 그들은 보다 성공적으로 환경에 적응하기에 진사회를 이루지 않는 경쟁자들을 멸종시킨다. 작물 재배는 중남미 지역에서 곰팡이를 기르는 개미에서부터 인간에 이르기까지 독립적으로 진화해 온 행동이다.

콘웨이 모리스는 계통수는 늘 변동하는 상태에 있으므로 독립적인 수렴진화와 평행진화를 구별하기는 어렵다는 점을 인정한다. 그러나 그는 자신이 인용하는 사례들은 매우 다른 종들에게서 가져왔기 때문에 평행진화의 가능성을 최소화한다고 주장한다. 그는 눈에 작용하는 Pax-6처럼 광범위한

* 351쪽에서 359쪽 참고.

종들 속에서 발전을 조절하는 보전적인 유전자의 역할이 지나치게 강조되고 있다고 보는데, Pax-6가 다른 기관들의 발전에도 연관되어 있기 때문이다. 이것은 눈이 없는 선충에서도 나타난다. 눈의 발달은 Pax-6에 의해 조절되는 반면, 눈의 구조 자체는 수렴을 통해 진화해 왔다.

그는 진화적 수렴이 지구상의 중요한 생물학적 특질의 출현에 대한 최고의 예측을 가능케 한다고 결론 내린다. 이런 예측 중 하나가 진보다.

> 지질학적 시간을 통해 우리는 보다 복잡한 세계가 출현한다는 것을 알고 있다……동물계 내에서는 보다 크고 복잡한 뇌, 고도화된 발성법, 반향 위치 측정, 전기 감지, 진사회성을 포함한 진화된 사회 시스템, 태생(胎生)[살아 있는 새끼를 출산], 온혈, 작물 재배 등을 관찰할 수 있는데, 이 모든 것은 수렴적이며, 나는 이런 사태를 진보라고 생각한다.

또한

> 진화의 제약과 수렴의 편재성은 우리 인간과 같은 존재의 출현을 거의 불가피하게 만든다.

암스테르담대학교 동물 생물학자 롭 헹거벨트Rob Hengeveld는 이 가설을 공격하면서 콘웨이 모리스가 사례들을 선택적으로 골랐으며, 생물학적 진화에서 나타나는 분화divergence 현상은 무시했다고 봤다. 또한 수렴이라고 주장하는 많은 사례도 의문이 많다. 예를 들어 물고기 중에서도 얼마 안 되는 종류만이 다른 모습을 가진 수천 종에 대항해 어뢰 같은 형태를 보인다.

나는 수렴 현상으로 제시된 여러 사례에 대한 헹거벨트의 비판이 옳다고 본다. 또한 곰팡이를 기르는 개미에서 인간에 이르기까지 작물 재배가 독립적으로 진화해 왔다는 주장 역시 개미의 본능적인 행동을 인간의 지적이고 목적론적인 행동과 하나로 합친 주장이다.

콘웨이 모리스가 무시하는 진화론적 분화 패턴을 강조하는 헹거벨트의 주장도 옳다. 반면에 점차적인 복잡화 패턴을 확인한 콘웨이 모리스의 말은 정확하다. 이 두 패턴은 양립 가능하다. 동물 계통은 무수하게 분화되어 왔고, 상대적으로 작은 동물에서부터 큰 동물에 이르기까지의 각각의 계통에서 보자면, 그 끝에 와서는 정체(그리고 대개는 멸종)에 이르기까지 복잡화가 진행되며, 마침내 최고의 복잡도를 가진 인간에 이른다.

콘웨이 모리스는 진화론적 수렴의 원인으로 "적응의 원리"와 "진화의 제약"을 꼽는데, 후자는 "내재성" 때문에 "특정 '필요'에 대한 동일한 '해결책'에 도달하려는 생물학적 구조체에게서 반복적으로 나타나는 경향"이다. 그러나 이는 현상 속의 패턴을 말하는 것이지 패턴의 원인이라고 할 수는 없다.

동어 반복이나 단순 묘사를 넘어서려면 적응의 원리와 내재성이 각각 모든 생물학적 현상에 적용할 수 있도록 구체적 원리나 법칙에 따라 형성되어야 하는데, 현재로서는 그렇지 못하다.

출현 이론

15장에서는 생명의 출현에 대한 또 다른 설명으로 해럴드 모로비츠의 제안을 검토했다.* 모로비츠는 원핵생물에서 철학에 이르기까지 생명의 진화상 증가하는 복잡도의 출현 사례 19가지를 제시한다. 무수히 많은 가능성 중에서 이들 주요한 진화적 전이 단계 각각에서는 왜 그리 많지 않은 실체만 나타났는지 설명하기 위해, 그는 원자 속 전자의 무수히 많은 에너지 준위에서 자연계에 존재하는 몇 개 안 되는 원소만 만들어지도록 선택하는 파울리 배타 원리에 상응하는 생물학적 원리의 선택 법칙을 찾으려 했다.**

* 391쪽 참고.
** 232쪽 참고.

모로비츠는 "다윈주의적인 경쟁의 영역" 속 일부 사례에서 "생식과 생존에 의해 확정되는 적합도가 가장 중요한 선택의 원리"라고 말하는데, 이것은 동어 반복이며, 다른 경우에는 선택의 원리가 "명확하지 않다"고 주장한다.

증가하는 복잡도가 출현하는 바를 설명하기 위해 이를 지배하는 한 가지 이상의 선택 법칙을 제시하려는 모로비츠의 생각은 매력적이다. 그러나 생명의 출현에 대한 그의 설명처럼 이것 역시 현상의 기술 수준을 넘어서지 못하고 있다.

자기조직화 복잡성

이는 생명의 출현을 설명하기 위해 스튜어트 카우프만이 제시한 가설이다.* 그는 유기체의 발생과 발달은 물론 종의 진화를 설명하는 데 이 가설을 적용했다.[14]

전자를 위해서 카우프만은 똑같은 게놈을 가진 줄기세포가 간세포, 근육세포, 등등의 특화된 세포로 달라지는 이유는 각각의 줄기세포 내의 비교적 적은 유전자들만 작동하기 때문이며, 각각의 세포에서 이 작동은 다르게 일어난다고 주장한다. 그에 의하면 게놈은 어떤 유전자도 조절유전자로서 작동하지 않는 상태에서 유전자들이 서로의 활동을 조절하는 네트워크처럼 작동하며, 이러한 자기조직화 행동이 역동적인 비선형 시스템을 만들어 낸다.

계량화한 그의 모델에 의하면 각각의 유전자는 켜져 있거나 꺼져 있는 마디(N)이며 이들 각각은 마디 유전자가 켜지거나 꺼지게 조절하는 여러 연결선(K)에 의해 다른 유전자들과 연결되어 있다. 이 NK 네트워크 체계가 운하화 함수canalizing functions라고 부르는 일종의 불 논리Boolean logic 스위칭 규칙(통상적으로는 켜지거나 꺼지거나 한다)에 의해 움직인다고 가정하면, K=1일 때 시

* 387쪽 참고.

스템은 얼어붙는다. K가 2 이상이면 시스템은 혼돈 상태에 들어선다. K=2이 되면 피드백을 통해 시스템은 혼돈의 가장자리에서 스스로 안정을 얻는다. 특히 각 상태의 사이클의 길이는 N의 제곱근에 해당하는 패턴이 형성된다. 따라서 게놈 속에 100개의 유전자가 있다면 이 각각은 두 개의 다른 유전자에게 연결되고, 10단계(100의 제곱근은 10이므로)로 이루어진 한 상태의 사이클이 반복된다. 이들 각각의 단계에서 서로 다른 화학적 기전이 작동하면서 근육세포나 간세포처럼 서로 다른 기능을 가진 세포를 만들어 낸다.

카우프만에 의하면 한 상태의 사이클 속의 단계의 숫자는 대략 특화되는 세포 유형의 숫자에 해당한다. 100,000개의 유전자로 이루어진 인간 게놈의 경우, 100,000의 제곱근은 316이므로, 이 모델에 의하면 세포 유형의 숫자는 316이어야 하며, 이는 실제 유형의 숫자인 254의 근사치이다.* (현재 인간은 25,000개의 유전자를 가지고 있는 것으로 추정하며, 25,000의 제곱근은 158이다.)

카우프만은 세포 유형의 숫자를 박테리아에서 인간에 이르는 서로 다른 유기체의 유전자 숫자의 제곱근과 대조해 본 뒤에 상당한 상관관계를 발견했다. 그래서 그는 자신의 가설에 대한 경험적 확증을 얻었다고 주장했다.

유전자가 다른 유전자와 연결된 연결선은 2개라는 내재된 법칙에 입각해서 줄기세포 내의 유전자가 서로 다른 특화된 세포를 조직적으로 만들어 낸다는 생각은 매력적이다. 이것은 파울리 배타 원리의 생물학적 버전을 보여주는 듯하다.

그러나 카우프만의 모델은 유전자들이 상호작용을 시작하도록 유발하는 원인이 무엇인지는 설명하지 못한다. 어떤 이유로 연결선의 숫자가 두 개인지도 설명하지 못한다(파울리 배타 원리 역시 어째서 한 원자나 분자 내의 두 개의 전자가 동일한 네 개의 양자수를 갖지 못하는지 설명하지 못한다).

파울리 배타 원리가 그 이후에 발견되었던 새로운 원소의 존재를 정확하

* 카우프만은 실제로는 316이 아니라 370이라고 말했다. 세포 유형의 숫자는 분류의 기준에 따라 달라진다. 대부분의 분류는 210개에서 260개 사이이며 중추신경계의 모든 뉴런은 하나의 유형으로 묶는다.

게 예측했던 반면에 카우프만이 정확하다고 제시한 주장은 현재 우리가 유전자와 게놈에 대해 알고 있는 사실에 의해서 반박되고 있다. 그는 한 유기체 내의 유전자 숫자는 그 DNA의 총량에 비례하는 상관관계가 있다고 가정하지만, 표 18.1*은 그렇지 않다는 것을 보여 준다.

유전자는 실제로 네트워크에 의해 조정되지만, 이러한 네트워크는 게놈의 2%를 구성하는 다른 유전자가 아니라 게놈에 있는 다른 98%의 DNA 대부분이 관련된 것으로 보인다.

이와 유사한 추론과 가설과 컴퓨터 모델을 활용해서 그는 다른 개체들 그리고 환경과 상호작용하고 자연 선택의 힘에 따라 종의 복잡한 네트워크가(그는 자연 선택이 원인이라는 그릇된 생각을 사실로 받아들이고 있는 듯하다) 자연적으로 혼돈의 가장자리에 있는 상전이를 향해 진화할 것이라고 주장한다. 여기서 항상성 안에서 생물학적 진화는 급속도로 일어나는데, 그 네트워크는 안정적이고 그 부분들은 한 군데 이상의 부분에서 변화를 일으킬 수 있을 만큼 충분히 느슨하게 연결되어 있기에 전체 상호작용 네트워크에서 변화가 일어날 수 있기 때문이다.

카우프만은 자신의 생각을 1991년에 전개했고, 그 이후 수학자, 컴퓨터 과학자, 고체물리학자들이 그 컴퓨터 모델을 정교하게 만들어 왔다. 그러나 생물학적 데이터에 근거해서 다양한 모델을 정립할 수 있을 만큼 충분한 발전은 이루어지지 않았다. 그렇기에 생명의 출현에 대한 설명과 마찬가지로, 이 생각 역시 지금으로서는 이 모델이 무수히 많이 나올 수 있는 생물학적 발전의 경우의 수를 줄이는 보다 깊고 새로운 생물학적 진화의 법칙이나 물리 화학적 법칙 혹은 형태의 법칙을 발견할 수 있으리라는 희망 이상을 제시하지는 못한다.

* 504쪽 참고.

게놈 진화 법칙

보다 최근인 2011년 미국 국립 건강 학회의 컴퓨터 진화생물학자인 유진 쿠닌Eugene Koonin은 정량적 진화유전학과 시스템생물학 연구 결과에 입각해서 검토 가능한 유전자 데이터가 있는 광범위한 박테리아, 고세균, 진핵생물을 확인해 보면 모든 진화 계통상의 게놈과 표현형의 진화에는 4가지 중요한 보편적 패턴이 있다고 주장했다.

쿠닌은 이러한 매우 전문적인 통계적 패턴은 놀라울 뿐 아니라 통계물리학에서 사용하는 것과 비슷한 단순 수학 모델에 의해서 설명될 수 있다고 주장한다. 그런 모델 중 하나가 그가 제시하는 탄생-죽음-혁신 모델인데, 이는 (1)유전자 탄생(복제), (2)유전자의 죽음(제거), (3)혁신(수평적 유전자 전이와 같은 방식을 통한 새로운 요소의 도입), 이렇게 단 세 가지 기초 과정으로만 구성되어 있다. 이 모델은 자연 선택은 고려하지 않는다. 여기서 쿠닌은 이러한 패턴은 신다윈주의의 자연 선택에 의해서가 아니라 유전자 조합에 의해 새로운 속성이 출현하여 만들어진다고 결론내린다.

그는 생물학적 진화의 과정과 경로는 역사적 우연에 상당히 의존하며, 적응상 일어나는 광범위한 "임기응변"도 관여되어 있기에, 생물학적 진화에 관한 완전한 물리학적 이론을 만들어 낼 수 없다는 점은 인정한다. 그럼에도 쿠닌은 게놈과 분자 표현형의 진화에 나타나는 몇 가지 패턴의 보편성과 이들에 관한 단순 수학 모델의 설명력을 힘입으면 물리학 법칙에 준하는 진화생물학의 법칙이 나올 수 있다고 본다.[15]

쿠닌의 생각이 맞다면, 이런 접근법에 의해서 무한히 많은 경우의 수 중에서 극히 일부의 경우의 수로 한정할 수 있는 생물학적 진화의 결과를 추적하고 확정할 수 있는 풍성한 연구의 장이 열리게 된다. 이 모델의 유용성을 검증하는 하나의 방법은 급속도로 변해 가는 초파리 종의 미래의 진화를 이 모델을 써서 예측해 보는 것이다.

자연유전공학

2011년에 시카고대학교 생화학과 분자생물학부 교수인 제임스 샤피로 James Shapiro 역시 생물학적 진화는 원래 안정적이었을 게놈에 무작위로 발생한 유전자 변화에 의해 일어난다는 신다윈주의 정통 이론에 의문을 제기했다. 그는 세포가 수백 가지 입력에 대응해 게놈을 재조직할 수 있는 선천적 능력을 가지고 있다고 주장한다.

자신이 "자연유전공학natural genetic engineering"이라고 부른 바를 지지하기 위해 그는 17, 19장에서 검토한 증거와, 이 장에서 논의한 가설 그리고 자신의 고유한 생각에 근거해서 논의를 전개한다. 특히 그는 서로 다른 종 개체 간의 성공적 교잡,* 트랜스포존transposons(점핑유전자),** 후생유전학, 수평적 유전자 전이,*** 게놈 전체 복제, 공생발생(서로 다른 두 유기체가 합쳐져서 새로운 하나의 유기체가 되는 현상, 다음 장에서 다룬다) 등을 세포가 DNA 분자의 표현형, 생식, 이전, 재건 등을 어떻게 조절하는가 하는 연구와 합쳐 보면, 게놈은 우연히 생기는 변화만 받아들이게 되어 있는 읽기 전용 메모리 체계가 아니라는 점을 알 수 있다고 봤다. 게놈은 단일 세포 단계에서부터 진화를 이어간 장구한 시대에 이르기까지 언제나 정보를 읽고 쓸 수 있는 저장 기관들이다. 진화가 진행되면서 진화하는 능력도 진전된다. 살아 있는 유기체는 자신을 변형할 수 있고, 내재적인 목적에 따라 움직이는 존재이다.

집단유전학자들과 실험동물학자들에 의해 발전한 현재의 생물학적 패러다임은 생물학적 복잡화의 속도와 다양성을 설명할 수 없다. 심지어 점진적 무작위적 변이는 새로운 것을 창조하기보다는 쇠퇴하는 쪽으로 일어나기 쉽다. 샤피로는 생물학을 정보와 시스템에 기반한 접근법과 통합하면 21세기의 새로운 패러다임이 나올 수 있다고 본다.[16]

* 452쪽 참고.
** 501쪽 참고.
*** 487쪽 참고.

현재의 신다윈주의 정통 패러다임에 대한 샤피로의 비판은 근거가 탄탄하다. 그러나 그는 현재의 패러다임보다 좀 더 증거에 잘 부합하는 유기체의 자기 변형 개념에 입각해서 하나의 의제를 제시할 뿐이지 새로운 패러다임은 제시하지 못한다.

시스템생물학

시스템생물학은 1960년대 중반, 신다윈주의의 환원주의와 대조적으로 자연 현상에 전체론적으로 접근하고, 출현 속성을 찾기 위한 다학문적인 접근방식으로서 생겨났다.

생물학자들은 생명체를 생성하고 유기체의 형태와 기능을 담당하는 유전자, 단백질, 생화학적 반응의 통합 및 상호작용의 네트워크로서 생물체를 연구하기 위해 컴퓨터 과학자, 수학자, 물리학자, 엔지니어를 모집했다. 그들은 이런 출현 속성이 시스템의 어떤 단일 부분에 의한 것이 아니며, 따라서 환원할 수 없는 실체라고 주장했다. 이 학문의 창설자 중 한 명이자 옥스퍼드대학교 컴퓨터 생리학부 명예교수이면서 공동 학장인 데니스 노블Denis Noble은 이렇게 말한다.

> 시스템생물학은……나누기보다는 합치고, 축소보다는 통합에 집중한다. 우리는 통합에 관해서 환원주의자들의 기획처럼 엄밀하면서도 그와 다른 사고 방식을 개발할 필요가 있다……이것은 그 말의 총체적 의미에서 우리의 철학을 바꾸는 일을 뜻한다.[17]

초기에는 그 프로그램이 몸의 면역 체계 연구 같은 의학 분야에 집중되어 있었다. 몸의 면역 체계는 단일한 메커니즘이나 유전자에서부터 생기지 않고, 무수히 많은 유진자, 단백질, 메커니즘의 상호작용으로부터 생기며,

유기체의 외부 환경은 감염이나 질병에 저항하도록 면역 반응을 불러 일으킨다는 식이다.

21세기 초 기술 발전에 의해 게놈 전체의 서열을 빠르게 알 수 있게 되면서 시스템생물학은 확대되어 그 자신의 세부 분과로 발전해 나갔다. 기하급수적으로 증가하는 분자 서열의 데이터를 이해하기 위해 바이오 정보학이나 유전체학, 후성유전체학, 전사체학, 단백질체학 등의 전문 분야에 의존하게 되었다.

2010년 분자생물학자이자 노벨상 수상자인 시드니 브레너Sydney Brenner는 복잡계complex system의 행동에서부터 그 함수 모델을 추출하는 일은 해결할 수 없는 역문제inverse problem이기에 시스템생물학은 실패할 수밖에 없다고 공격했다. 그는 세포와 같은 복잡계에서 나타날 수 있는 모델은 너무나 많고, 그중에서 정확한 하나를 추론해 낼 길은 없다는 말을 하려는 듯하다.

그러나 시스템생물학자들은 모든 가능성에서부터 함수 모델을 선택하는 법칙을 찾고자 한다. 그들은 생물학의 고등 시스템 수준에서 관찰되는 새로운 형질의 출현의 근사치에 가까운 지도를 그리는 하나 이상의 혹은 새로운 형질의 출현을 파악하기 위해 컴퓨터 모델 알고리즘을 사용한다.

여기에 대해 브레너는 "시스템생물학자들이 관찰한 바의 대부분은 정지 상태에서의 스냅 사진이며 그들의 측정은 부정확하다……시스템에 나타나는 비선형성은 많은 모델이 불안정하고, 관찰 결과와 부합하지 않는다는 점을 증명한다"[18]라고 반박한다.

자신의 영역을 가지고 있는 세부 분과로서의 시스템생물학은 아직 초창기이며, 그 가치를 일축하기에는 아직 너무 이르다. 그와 반대로, 세포 같은 물질과 유기체와 같이 더 높은 수준 그리고 개미의 군집같이 더 높은 수준을 그들의 환경과 상호작용하는 환원 불가능한 전체의 상호작용 부분으로 다루려는 이 학문의 철학적 접근법이 옳다. 앞으로 있을 가장 큰 위험은 시스템생물학자들이 환원주의자들처럼 엄격해지고 싶은 욕망으로 전문적 탐구에 집중하느라 전체에 대한 관점을 상실하는 일이다.

가이아 가설

개념적으로는 이와 유사하지만 그 적용 범위가 전 지구에 미치는 가이아 가설은 1960년대에 영국 과학자 제임스 러브록James Lovelock이 독립적으로 연구하여 제시했다. 지구의 생명권, 대기, 바다, 대지는 자기조절시스템self-regulating system을 이루어 상호작용하면서 지구상에 생명체가 살기에 가장 적합한 물리적 화학적 환경을 만들어 냈다는 이론이다.*

그가 린 마걸리스Lynn Margulis와 공동 연구하여 이 가설을 제시한 이래, 이 가설은 수많은 이들이 새로 나타난 데이터에 대한 반응이나 초기 주장에 대한 비판적 반응으로 내놓았던 다양한 가설 형태로 분화되어 왔다.

생물학적 진화와 관련해서 보자면, 가이아 가설은 군집이 물리적 환경에 점진적으로 적응해 간다는 신다윈주의 모델을 거부한다. 물리적 환경은 혁신을 일으킬 능력이 있는 시스템의 네트워크에 의해 형성되며, 행성 전체 수준에서 비생물 네트워크와 공동 진화를 한다. 러브록의 표현을 가져오자면 "살아 있는 유기체의 진화는 그들의 환경의 진화와 긴밀히 결합되어 있기에 이 둘은 합쳐져서 단일한 진화론적 과정을 이룬다."[19]

이는 직관적으로는 말이 될 뿐 아니라, 가이아 가설에 입각한 무수히 많은 단순 컴퓨터 모델은 지구 전체 차원에서 얻은 대기, 대양, 생물학적 데이터에 근거를 두고 있다. 그러나 현재까지 전개된 내용으로 보자면 이 가설은 종의 진화에 대한 충분히 구체적인 설명을 제시하지는 못한다.

형성 원인

앞에서 살펴봤던 후생유전학적 가설은 비유전적인 변화가 어떻게 발생

* 299쪽 참고.

하는지는 설명하지만 그런 변화가 왜 일어나는지는 설명하지 못한다. 예를 들어 메틸기가 왜 수소를 대체하며, 후생유전학적 메커니즘이 줄기세포로 하여금 왜 간세포나 신경세포로 분화되게 하여 독립적인 성체로 변해 가는 형태 발생morphogenesis 과정을 거치게 하는지 설명하지 못한다.

13장에서 생명이란 무엇인가 하는 문제를 검토할 때 살펴봤던 식물세포 생물학자 루퍼트 셸드레이크의 형성적 원인에 대한 가설은 형태 발생과 생물학적 진화가 어떻게 일어나는지 그리고 왜 일어나는지에 대한 답을 제시한다: 자연은 선천적이다.*

셸드레이크에 의하면 뉴턴의 결정론적인 개념인 불변하는 보편적 법칙이란 존재하지 않는다. (이러한 보편적 법칙은 어떻게 생겼는가? 뉴턴에 의하면 신이 만들었다.) 그는 자연 안에는 기억이 보편적인 형태장morphic fields 형태로 내재되어 있어서 원자에서부터 행동과 정신에 이르기까지 모든 수준의 복잡도, 구조, 조직상에서 형태의 발달을 초래하며, 이러한 형태장은 우주가 진화하면서 함께 진화한다고 본다.

따라서 형태발생morphogenesis은 랜덤하게 일어나거나 결정되지 않은 형태로 발생했을 활동에 패턴을 부여하는 형태발생장morphogenetic field의 지배를 받는다. 이런 장은 이전의 줄기세포가 간세포, 신경세포 등으로 분화되는 현상에 의해 발생하는데, 이런 현상은 동일한 게놈 속에서 정해진 시기에 따라서 서로 다른 유전자 세트가 작동할 때 일어난다. 형태발생장은 셸드레이크가 에너지 공명 개념에 비유하여 형태공명morphic resonance이라고 부른 것을 따라 전형적인 성장 패턴을 부여한다. 예를 들어 원자와 분자는 특정 주파수의 빛의 파동을 흡수하여 흡수 스펙트럼을 만든다. 강한 자기장 내에 놓인 원자핵은 특정 주파수의 라디오파만 흡수하는데 이것이 핵자기공명nuclear magnetic resonance이라고 부르는 현상이다. 이 각각의 경우에 시스템은 특정 주파수만 선택해서 반응하거나 공명한다.

* 320쪽 참고.

각각의 세포 역시 형태발생장에 공명하여 자신의 전형적인 발전을 일으킨다. 유전자가 조절되는 메커니즘은 메틸화나 또 다른 후생적 메커니즘이다. 새로운 줄기세포가 분화되어 가는 행동은 보편적 형태발생장에 대한 공명에 의해 피드백을 받아서 그 장 자체의 진화에 새로운 정보를 더한다.

이런 가설은 지금까지 살펴본 모든 경우에 작동하며, 이론적으로는 무한히 많은 가능성 중에서 실제 관측되는 몇 가지 결과만 나오도록 제약하는 선택의 원리를 찾고자 하는 연구에 해답을 제시한다. 예를 들면, 애초에 줄기세포가 간세포로 변해 가는 현상은 무작위로 일어났을 것인데, 이로 인해 형태발생장이 형성되어 이런 경향을 강화한다. 수백만 년이 지나 그전까지 간세포로 변해 간 줄기세포의 숫자가 방대해졌기에 새로운 줄기세포의 행동에 부과된 패턴이 너무 강해져 일종의 법칙처럼 되었다. 그러나 이는 언제나 적용되는 보편적인 법칙이라는 의미의 원리는 아니다. 새로운 줄기세포의 행동에 나타나는 작은 변화들이 형태발생장에 통합된다. 이것이 시간이 가면서 누적되고 그 장의 진화를 일으키며, 애초에 관찰되던 법칙도 진화하고, 줄기세포가 움직이는 방식도 진화한다.

셸드레이크는 이러한 형성적 원인 개념을 생물학적 진화의 모든 국면에 적용하여 신다윈주의 정설과 맞지 않는 현상을 설명하며, 실증적 증거가 있다고 주장한다. 예를 들어, 획득형질 유전의 경우, 1954년에 멜버른대학교의 윌리엄 에이거William Ager와 그의 동료들은 앞서 쥐를 훈련하는 실험에서 생겼던 오류를 없애는 실험 결과를 보고했다. 그의 팀은 한 종의 쥐를 두 개의 출구가 있는 물 탱크 속에 집어넣었다. "옳은" 출구는 어둡고 "잘못된" 출구는 불이 밝혀져 있었다. 잘못된 출구를 선택했던 쥐들은 전기 충격을 받았다. 연구가들은 실험을 반복하면서 옳은 출구와 잘못된 출구를 교대했는데, 대부분의 쥐들은 옳은 출구를 찾기에 익숙해져 갔다.

20여 년 간 에이거는 훈련된 쥐와 훈련되지 않는 쥐가 학습하는 속도를 50세대에 걸쳐 측정했다. 그는 훈련된 쥐들의 경우에는 그 이후 세대에서도 빠르게 배우는 경향이 뚜렷하며, 이는 라마르크의 획득형질 유전에 대한 후

후생유전학적 설명epigenetic explanation과 부합한다는 것을 발견했다. 그러나 그는 또한 훈련받지 않은 쥐들의 경우에도 동일한 경향이 나타난다는 것을 발견했는데, 이는 라마르크의 유전론에 의해 설명할 수 없고, 신다윈주의 모델로는 더욱더 설명하기 어렵다.[20]

셸드레이크는 열린 마음을 갖고 있었기에 이러한 사실이 형성적 원인론에 부합하긴 하지만 이를 증명하는 것은 아니라는 점을 인정했는데, 훈련을 받지 않은 쥐들이 세대를 거치면서 학습 속도가 향상되는 데는 알려지지 않은 이유가 있을 수 있기 때문이라고 봤다.

1981년 셸드레이크가 처음 소개한 이후로 이 가설에 대한 실험적 검증이 아직도 이루어지지 않은 것은 과학계가 열린 마음이 부족하기 때문이 아닐까 한다.*

지금까지 급속한 복잡화와 생물학적 진화의 실증적 패턴을 설명하기 위해 현재의 신다윈주의 원리를 확대하거나 또는 반박하는 가설들을 다루었다. 이제는 자연 속 어디에나 존재하는 협력의 패턴을 설명하기 위해 제시된 가설들도 다루려 한다.

* 322쪽 참고.

Chapter 23

보완적인 가설과 경합하는 가설 2: 협력

생물학과 사회학의 가장 큰 문제 중 하나는 협력 같은 사회적 행동을 설명하는 일이다.

-스튜어트 웨스트, 2011년

세부적으로 보면 다윈이 말했던 많은 내용은 틀렸다. 만약 다윈이 〔이기적 유전자〕를 읽는다면 그 안에서 애초에 그가 제시한 이론은 흔적도 찾기 힘들 것이다.

-리처드 도킨스, 1976년

생명은 투쟁이 아닌 네트워킹으로 지구를 장악했다.

-린 마걸리스, 1987년

사회생물학

신다윈주의 모델에 입각해서 협력과 이타주의를 설명하려는 시도는 그 모델이 공식화된 이후 곤충학자, 동물학자, 동물행동학자, 집단유전학이자, 그 외의 생물학자들의 마음을 차지하고 있었다. 그것은 그 모델이 인정하는 유일한 행동이 경쟁이기 때문이다. 그 문제는 수많은 곤충 종들에게서 나타나는 사회적 행동 때문에 한층 부각되었는데, 1975년 세계적인 곤충학자 에드워드 O. 윌슨Edward O. Wilson이 『사회생물학: 새로운 종합 *Sociobiology: the New Synthesis*』이라는 책을 출간함으로써 사회생물학이라는 새로운 분과가 정식으로 만들어졌다. 그 책에서 윌슨은 다양한 분야의 전문가들이 제시한 여러 가설을 검토한 뒤 그 가설들을 모두 통합해서 인간을 포함한 "모든 사회적 행동의 생물학적 기반에 대한 체계적 연구"를 해야 한다고 외쳤다. 근본 원리는 개체의 행동이 유전자에 의해 형성되어 유전 가능하며, 자연 선택의 대상이 된다는 것이다.[1]

집단적 선택

신다윈주의 종합이 있기 오래전에 다윈은 경쟁적 이기심에 뿌리를 둔 자신의 가설과 인간의 도덕성 사이의 갈등을 인식했었다.

그는 도덕성이 높은 사람들이 같은 부족 내의 다른 사람들보다 거의 또는 전혀 이점이 없지만, 그러한 사람들이 서로를 돕고 공동의 이익을 위해 자신을 희생할 준비가 되어 있는 부족은 대부분의 다른 부족들에 비해 승리할 것이며, "이것이 자연 선택이다"[2]라고 결론을 지었다.

다윈은 이성에 지배되는 인간 행동을 생각하고 있었지만, 동물학자 베로 윈-에드워드Vero Wynne-Edward는 1962년에 나온 자신의 책 『사회적 행동 관련한 동물의 분산 *Animal Dispersion in Relation to Social Behaviour*』에서 이러한 집단적 선택을 동물의 행동에 적용하여, 많은 행동은 개체의 적응이 아니라 집단의 적응이라고 주장했다.

이론 진화생물학자인 조지 C 윌리엄스George C Williams는 1966년에 나온 자신의 유명한 책 『적응과 자연 선택 *Adaptation and Natural Selection*』에서 이 가설을 공격하면서 "집단 차원의 적응은 사실상 존재하지 않는다"[3]고 주장했다.

윌리엄스는 동물의 본능적 행동과 인간의 의도적 행위를 합친 것은 비판하지 않았다. 오히려 그는 동물과 인간에게 환원주의적 접근법을 적용하여 "개체가 생식을 하는 목표는……같은 군집 내의 다른 개체의 생식질germ plasma과 관련해서 살펴볼 때 자신의 생식질의 표현을 최대화하는 것이다"[4]라고 주장했다. 그는 극단적인 유전자 중심의 행동론의 토대를 놓았는데, 대다수 생물학자들이 이를 채택했다.

친족 관련 이타주의 또는 포괄적 적합성

도시 괴담인지 아닌지는 모르지만, 이 가설은 1950년대 영국의 펍에서 만들어졌다고 한다. 유전학자 J B S 홀데인은 자기 형제를 위해 자신의 목숨을 내놓을 수 있느냐는 질문을 받았다. 몇 번 휘갈겨 쓰며 계산을 해 본 뒤에 그는 적어도 두 명의 형제와 여덟 명의 사촌을 위해서는 목숨을 내놓을 수 있다고 말했다. 형제는 자신과 유선자의 절반을 공유하고, 첫 세대 사촌은 그와 8분의 1이 같은 유전자를 가지고 있으니 그가 죽고 적어도 두 명의 형제와 여덟 명의 사촌이 생존한다면, 자기 유전자의 복제품이 생존할 수 있다는 것이 그의 계산이었다.

그는 이러한 결론을 1955년에 발표했다.[5] 1964년에 와서 이를 가설로 공식화한 자는 또다른 이론 유전학자 윌리엄 D 해밀턴William D Hamilton이었는데,[6] 이는 유전자가 개체들로 하여금 다음과 같은 해밀턴 법칙으로 알려져 있는 공식에 따라 행동하게 이끈다는 가설에 기초한 복잡한 수학 모델로 이루어져 있다.

$$r \times B > C$$

여기서 r은 이타주의자와 혜택을 입는 자 간의 유전적 상관관계(친족관계의 정도)이고, B는 이타적 행동의 혜택을 입는 자가 얻는 혜택(자손의 숫자), C는 이타적으로 행동하는 개체가 감당해야 하는 비용(자손의 숫자)이다.

동기 간에는 절반의 유전자가 동일하므로 r은 1/2이며, 첫 번째 세대의 사촌은 r이 1/8(8분의 1의 유전자를 공유한다)이다. 친족과 관련한 이타주의는 일개미들이 자신들의 어미인 여왕개미의 왕성한 생식력을 보조하기 위해 자신의 생식력을 포기하는 사례처럼 인간과 동물에게서 나타나는 이타적 행동을 설명한다고 주장한다.

해밀턴은 이를 "포괄적 적합성inclusive fitness"이라고 불렀는데, 이를 이론 유전학자들은 유기체가 자신의 유전자를 다음 세대로 넘겨주는 능력이라고 정의한다. 해밀턴에 의하면 자신의 유전자의 절반을 후손에게 넘겨주는 유성생식의 직접적 방식이나 다른 유기체 내의 동일한 유전자의 재생산을 도와주는 간접적 방식으로 가능하다. 진화 적합성은 이렇듯 직접적 간접적 방식 모두 포함한다.

독학으로 물리 화학자가 된 미국인 조지 프라이스George Price는 해밀턴의 생각을 확대하고 증명하기 위한 수학 정리를 만들어 냈다. 그러나 프라이스는 가까운 친족을 통해 자기 자신의 복제품을 보존하는 유전자로부터 이타적 행동이 비롯된다는 수학적 증명은 이타주의가 실제 세계에서 어떻게 작동하는가에 대한 경험적 증명이 아니라는 걸 깨달았다. 이를 증명하기 위해 그는 자신과 유전자상의 관련 없는 홈리스, 알코올 중독자, 마약 중독자들에게 자신의 재산을 나눠 주기 시작했다. 결국 그는 자신이 세 들어 살고 있던 곳에서 쫓겨났고, 북부 런던의 여러 불법 거주지를 전전하며 지내다가 자살했다.[7]

친족 관련 가설 혹은 포괄적 적합성 가설에는 여섯 가지의 중대한 문제가 있다.

첫째, 이 가설은 지구상에 가장 많이 존재하는 종인 단세포 유기체, 예를 들자면 자기 자신을 복제하거나 수평적 유전자 전이를 통해서 아무런 친족 관계가 없는 다른 종에게서도 유전자를 받거나 그 종에게 유전자를 전달하는 원핵생물의 행동을 설명하지 못한다.

둘째, 이 수학적 모델은 한 집단 내에서 똑같은 유전자를 가진 개체는 모두 똑같이 행동할 것이라고 가정한다. 실제로는 유전자와 행동 간의 상관관계는 훨씬 복잡하다. 심지어 집단 간의 유전자 변이 차이가 크지 않을 때에도 집단 간의 행동의 차이는 크게 나타날 수 있다.[8]

셋째, 사례로 제시된 여러 동물들의 행동은 이타적이지 않다. 예를 들어 곤충 사회에서 일꾼들이 여왕의 생식을 돕기 위해 생식력을 상실하는 것은 강요당해서 일어나는 일이며, 때로는 잔인한 방식으로 강요당하기도 한다.*

* 513쪽 참고.

넷째, 이 가설은 동물의 본능적 행동과 인간의 의도적 행동을 혼동하고 있다.

다섯째, 이 가설은 인간의 이타적 행위를 설명하지 못한다. 프라이스의 이타주의는 그 규모에서만 예외적이다. 많은 수녀와 수도사들은 다음 세대로의 직간접적 유전자 전달이 일어나지 않는 이타적 행동에 자신을 바치기 위해 자발적으로 독신을 선택한다. 보다 전형적인 예로는 2010년 아이티 지진 피해자들을 위해 1,000파운드를 기부하는 영국인의 경우에서도 이와 비슷하게 다음 세대로의 직간접적인 유전자 이전이 일어나지 않는다.

여섯째, 동물에게서 나타나는 무수히 많은 행동이 이타주의라기보다는 강요되거나 본능적인 협력이라는 점은 인정하더라도, 두 세대 아래의 사촌과의 유전적 상관관계는 1/128(128분의 1)에 불과하다. 이 정도에 이르면 동일한 유전자의 간접적 재생산은 미미해지고, 이 정도 상관관계를 넘어서면 무시할 수 있게 된다. 그러나 동일한 종 내에서 관계가 먼 개체들이나 서로 다른 종의 개체들 간에 일어나는 협력 사례는 매우 많다.*

호혜적 이타주의

하버드의 이론 사회생물학자 로버트 트리버스Robert Trivers는 마지막 두 문제를 해결하기 위해 "호혜적 이타주의 reciprocal altruism"를 제안했다. 동물과 인간은 이타적인 행동이 나중에 보답을 받기 때문에 그렇게 행동한다는 것이 그가 내세운 주장의 본질이다.

1971년 나온 그의 중요한 논문 "호혜적 이타주의의 진화 The Evolution of Reciprocal Altruism"[9]는 해밀턴 법칙을 각각의 개체들이 하는 이타적 행동의 순편익과 비용에 대한 수학 공식과 정교하게 결합시켰는데, 이는 서로 다른 시간에 서로 다른 인구 빈도 속에서 서로 다른 유전자의 조절을 받는

* 517쪽 참고.

다. 트레버스는 이 모델에서 이타주의자의 비용은 낮게, 수혜자가 얻는 편익은 높게 하여 속임수를 쓰는 자(이타주의의 편익은 얻되 돌려주지는 않는 개체)가 애초에는 유리하다고 봤다. 그러나 자연 선택은 그 이후로 속임수를 쓰는 자를 차별하는 개체들이나 자신들을 과거에 도와준 개체들과 협력하는 개체들을 선호한다. 그는 자신의 가설을 뒷받침하기 위해 세 가지 사례를 가져온다. (1)청소하는 공생 관계 (2)새들이 위험을 알리기 위해 우는 소리 (3)인간의 호혜적 이타주의가 그것들이다.

그러나 이 가설은 개념상 근본적인 결함이 있다. 이타주의라는 말에 대한 보편적 정의는 다음과 같다.

> **이타주의** 다른 이들의 안녕에 대해 이기적이지 않은 관심을 특징으로 하는 행동: 사심 없음.

"호혜적 이타주의"는 그 용어가 모순적이다. 어떤 행동이 서로 보답을 받는 것이라면 이것은 사심 없는 행동이 아니다. 그건 크로포트킨이 70여 년 전에 상호부조mutual aid라는 개념으로 묘사했던 내용에 해당한다.

19장에서 살펴봤던 청소하는 공생 관계는 서로 다른 종들 간의 상호부조의 사례를 제시한다. 청줄청소놀래기 같은 작은 청소부 물고기가 그루퍼 같은 큰 숙주 물고기 입속의 기생충을 먹어 치운다. 각각이 얻는 유익은 즉각적으로 구현되는 것이지 트리버스의 가설에서 제시하듯 미뤄지지 않는다. 그는 속임수를 쓰는 자에 대한 차별이나 과거에 자신을 도와줬던 개체와 선택적으로 협력한다는 점에 대해 어떠한 증거도 내놓지 않고 있다.

두 번째 사례는 크로포트킨이 제시했다. 다른 새들이 먹이를 먹고 있을 동안 몇 마리 새는 보초병 노릇을 하면서 위험을 알리는 소리를 내어 포식자의 관심을 끌어와 스스로를 위험에 노출한다. 또한 트리버스는 과거 보초병 역할을 거부했던 새들을 위한 보초병 역할을 거부하는 새에 대한 증거라든지, 과거에 그런 역할을 해 준 이들을 위해서만 행동한다는 점에 대한 증거는 제시하지 못한다.

셋째 사례에서 트리버스는 서로 협동하는 사회에서 일어나는 인간들 간의 상호부조와 이타주의를 구분하지 못하고 있다. 2010년 아이티 지진 희생자들에게 1,000파운드를 기부한 영국의 이타주의자들은 친족과 연관된 이타주의의 가설을 반박할 뿐 아니라 "호혜적 이타주의"도 반박한다. 어떠한 기부자도 지진 희생자가 나중에 1,000파운드를 다시 돌려보낼 것이라고 기대하지 않았고, 그들이 다른 방식으로 자신을 도울 것이라고 생각하지도 않았다.

이러한 개념적 결함에도 불구하고 트리버스의 논문은 사회생물학자들에게 큰 영향을 끼쳤다. 그의 생각은 해밀턴, 프라이스, 윌리엄스의 생각과 함께 결합하여 유전자 중심적 접근법을 형성했고, 그로 인해 무수히 많은 이론적 논문들이 쏟아져 나왔는데, 이들은 그림 23.1에 요약한 것처럼 진화적 적합성 안에서 행위자와 수취자의 이득과 손실에 기반한 네 가지 기본 행동 매트릭스로 나누어 볼 수 있다. 행위자와 수취자 모두 이득을 얻는 행동은 협력적, 행위자는 손실을 보고 수취자는 이득을 얻는다면 이타적, 행위자와 수취자 모두 손해를 본다면 악의적, 행위자는 이득을 보고 수취자는 손해를 본다면 이기적인 행동이다.

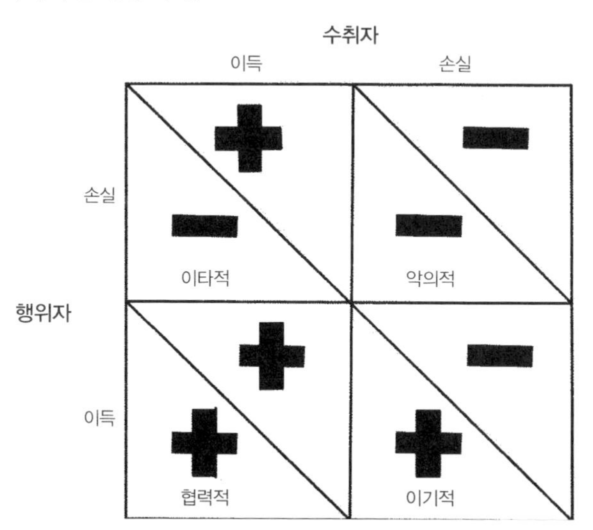

그림 23.1 진화적 적합성 내에서 행위자와 수취자의 이익(+)과 손해(-)로 분류한 네 가지 기본 행동의 사회생물학적 매트릭스

게임 이론

사회생물학자들은 자신들의 가설을 뒷받침하기 위해 게임 이론을 들고 나온다. 이것은 원래 수학자 존 폰 노이만John von Neumann과 경제학자 오스카 모르겐슈타인Oskar Morgenstern이 자신들의 책 『게임 이론과 경제적 행동 *The Theory of Games and Economic Behavior*』(1944)에서 경제적 행동을 예측하기 위해 발전시켰던 이론이다. 2차 대전 이후에는 군사 전략을 개발하는 데도 활용되었다. 게임은 두 명 혹은 n명의 참여자가 경쟁적 상황에서 펼친다. 각각의 참여자는 게임을 설계한 사람이 만들어 둔 옵션을 부여받고, 그 게임 설계자가 선택한 법칙에 따라 게임을 하면서, 자신의 성과를 최대화하거나 상대방의 성과를 최소화하려는 목적을 이루려 한다.

게임 참여자, 선택지, 규칙, 보상, 페널티 등이 임의로 정해지는 이 이론적 게임은 예측이 들어맞느냐 아니냐에 따라 평가된다. 한국, 베트남, 캄보디아, 이라크, 아프가니스탄 등에서 사용된 국방부 워 게임의 실적이나, 경제학 분야에서 서브프라임 모기지 시장의 붕괴, 주요 은행의 유동성 부족, 2007년-2008년 있었던 전 세계적 재정 위기, 경제 강국으로서의 중국의 부상 등을 예측하는 데 실패했기에 이 이론은 전적인 신뢰를 받지는 못했다.

대부분의 사회생물학자들이 채택하는 게임은 죄수의 딜레마인데, 이는 사회적 집단 속에서 협력이 어떻게 선택되는지 보여 주기 위해 해밀턴이 정치과학자 로버트 액설로드Robert Axelrod와 함께 사용했다. 고전적인 사례를 들어보자. 10년 형을 선고받을 수 있는 무장강도 혐의로 잡혀 온 두 명의 죄수가 있다고 가정한다. 검사로서 이들의 자백 없이 유죄 판결을 받게 할 수 있는 충분한 증거가 없다는 것이 규칙이며, 그래서 그는 이들을 격리시켜서 죄수 각각에게 다른 죄수의 선택을 알 수 없는 상태에서 자백을 하든지 안 하든지 선택하게 했다. 둘 다 자백을 하면 둘 다 유죄 판결을 받지만 감형된 6년형을 선고받는다. 아무도 자백하지 않으면 이들 모두 보다 가벼운 범죄인 불법 무기 소지죄로 처벌받아 2년을 복역한다. 만약 죄수 A가 죄를 인정하고 다른 죄수는 인정하지 않으면, 죄수 A는 풀려나지만 그의 증언으로 인해 죄수 B는 10년형을 살아야 한다. 이 규칙은 죄수 B에게도 마찬가지로 적용된다.

죄수 B가 어떤 선택을 하든 상관없이 죄수 A는 자백을 하면 더 낫다. 죄수 B에게도 사정은 마찬가지이다. 그렇기에 자기 이익을 고려하는 합리적인 죄수라면 자백을 한다. 그러나 두 명의 죄수로 이루어진 사회에서 이렇게 각각의 죄수가 자기 이익을 추구하게 되면 나오는 사회적 결과는 최악이다(도합 12년의 교도소 생활). 서로 협력하여 둘 다 자백을 하지 않는다면 사회적 결과는 최선이다(도합 4년의 교도소 생활). 그렇기에 협력적 행동이 사회에 유익하므로 채택된다는 주장이다.

즉 협력이란 자기 이익을 위해 합리적으로 행동하지 않을 때 채택된다는 뜻이 된다. 이는 경쟁적 자기 이익 추구가 진화의 원동력이라고 보는 신다윈주의의 근본 요체와 모순을 일으킨다.

액설로드는 나중에 반복적 죄수의 딜레마라는 보다 정교한 버전을 내놓았는데, 여기서는 컴퓨터에서 게임이 반복되며, 게임 참여자 각각의 선택은 다른 게임 참여자가 앞서 선택한 바에 따라 결정된다.

이 경우에도 죄수들은 어떻게 행동할지 결정할 때 서로 의사 소통을 할 수 없다. 그러나 협력은 함께 일한다는 뜻이고, 이는 당사자들 간의 의사 소통을 필요로 한다. 의사 소통을 막는다는 것은 협력을 막는 일이고, 이렇게 되면 말도 안 되는 게임이 되고 만다.

일반적으로 말해서 게임의 법칙을 설계하고, 보상과 징계에 관한 구체적인 수량적 가치를 설정함으로써, 협력하는 것이 경기 참여자 양쪽 모두에게 유익하다거나 장기적으로 봐서는 이타적으로 행동하는 편이 당사자 자신의 이익에 유익하다고 증명할 수 있다. 사회생물학자들은 인간의 행동만이 아니라 동물의 행동을 설명하기 위해 이러한 게임을 채택했다.

물론 동물 군집 내에는 단지 두 개체만 있는 것이 아니고, 두 개의 유전자가 있는 것은 더더욱 아니며, 이들은 각각의 게임 참여자에게 두 가지 선택만 주고, 보상과 징계를 결정하고, 게임 참여자 간에 의사 소통은 하지 못하게 하고, 서로 다른 개체나, 다른 집단, 다른 종 혹은 환경과의 상호작용도 못하게 하는 어떤 초월적인 설계자가 제정한 규칙에 따라 움직이는 것도 아니다. 이러한 게임은 1970년대에 고안되었기에 그 당시의 ZX 스펙트럼 16 킬로바이트나 코모도레 64 컴퓨터에서 작동하던 다른 게임들과 유사하다. 그런데도 진화생물학자들은 아직도 이들을 활용하고 있다.

실증적 증거

게임 모델의 증거라기보다는 실증적 증거로서, "호혜적 이타주의"의 전형적인 사례로는 흡혈박쥐가 있다. 1980년대 초 샌디에이고에 있는 캘리포니아대학교 행동과학자 제럴드 S 윌킨슨Gerald S Wilkinson은 피가 섞인 고기를 먹지 못한 동료나 혹은 윌킨슨 자신이 먹이를 찾지 못하게 방해한 동료들을 위해 자신들이 먹은 음식을 토해 내는 박쥐들을 연구했다. 그는 음식을 나누는 일이 관계의 정도와 호혜성 기회 지수에 동등하고 독립적으로 의존하며, 호혜성은 혈족과 비혈족 모두 포함하는 집단 안에서 일어난다고 결론을 내렸다.[10]

그러나 그의 데이터는 예전에 다른 박쥐에게 먹이 나누기를 거부한 박쥐에게 먹이 나누기를 거부하는 흡혈박쥐에 대한 증거가 없고, 또한 베푼 호의가 나중에 보답을 받는다는 걸 흡혈박쥐가 어떻게 아는가 하는 점에 대한 증거도 없다. 그보다는 먹이 공유가 부모와 어린 새끼들 간에 일어나며, 그 외의 경우에는 먹이를 먹지 못한 박쥐의 필요성 정도에 따라 먹이를 나누는데, 박쥐는 이틀 정도 피가 섞인 고기를 먹지 못하면 죽는 까닭이다.

하버드대학교의 심리학자이자 진화생물학자인 마크 하우저Marc Hauser와 동료들은 어치와 침팬지에게 죄수의 딜레마 게임을 가르치려고 시도한 근래의 연구들을 검토하고, 유전자적으로 서로 관련이 없는 목화머리타마린 원숭이cotton-top tamarin monkeys에 관한 하우저 자신의 실험 결과를 종합하여 "호혜적 이타주의"에 대한 실증적 증거를 제시하고자 했다.

여기서 문제가 생겼는데, 2010년에 하버드대학교는 3년 간의 조사 결과

하우저가 저지른 총 여덟 건의 과학적 위법 행위를 발견했다고 발표했다. 그 내용에는 목화머리타마린의 행동에 관한 데이터 조작도 포함되어 있었다. 미국의 연구 정직성 관리국 또한 2012년에 하우저가 연구 위법 행위를 저질렀고, 1건의 연구에서 데이터 조작을 했으며 다른 연구들에서는 방법론을 허위로 기술했다는 점을 찾아냈다. 하우저는 이 혐의를 시인하지도 부인하지도 않고, 직위를 내려놓았다.[11]

2009년 그들의 논문에서 하우저와 그의 동료들은 이렇게 결론을 내렸다.

> 다윈은 자신의 자연 선택 이론에 비추어 볼 때, 이타주의 혹은 좀 더 일반적으로는 도덕성이 매우 곤혹스러운 문제를 야기한다는 것을 알고 있었다. 유전자의 관점에서 볼 때 이러한 이타적 행동은 더 이상 다윈의 논리에 대한 도전은 아니다. 이타주의적 행동으로 인한 비용은 혈족 관계 혹은 상호 간의 이타적 관계에 의해 상쇄된다. **이러한 이론적 관점은 작동하지만, 사회적 척추동물 사이에서 호혜적 이타주의와 악의적 관계는 실재적으로 전무하다는 점을 설명하지 못한다**[강조는 저자].[12]

다시 말하면, 이론적 모델은 관찰되는 결과를 설명하지 못하고 있다는 말이다.

스튜어트 웨스트와 동료들은 문헌을 검토한 후 2011년에 내놓은 리뷰에서 이 점을 확인했다. "종합적으로 볼 때, 40여 년 간의 열광에도 불구하고 인간이 아닌 종에게서는 호혜성에 관한 분명한 사례가 나오지 않았다."[13]

악의적 행동(그림 23.1 참고)에 관해서 온타리오 퀸스대학교의 앤디 가드너Andy Gardener와 동료들은 다배성polyembryonic(유전자상으로는 동일한) 말벌에 관한 이론적 모델을 개발했다. 그들은 자기들을 보호하지는 않지만 중재하고(행위자가 손해를 본다), 불임인(수취자가 손해를 본다) 군인 말벌을 만들었다. 그들은 조지 오웰이 자랑스러워했을 법한 의미론적 기교를 구사해서 이것이 "악의적 행동의 유력한 후보"이지만 "이타주의나 간접적 이타주의와 같은 다른 해석도 유효하다"[14]고 주장한다.

에드워드 윌슨이 나중에 친족 선택에 관해 내린 결론은 "호혜적 이타주의"나 동물과 인간의 행동에 관한 네 가지 기본 모델을 설명하기 위해 고안된 모든 수학적 모델에 공히 적용된다. 이것은 "상상할 수 있는 모든 결과를 도출하기 위해 고안되었고, 그렇기에 내용은 사실 아무것도 없다. 여기 도입된 추상적 변수는 모든 실증적 데이터에 들어맞도록 만들어진 임시 방편이며, 이들을 세부적으로 예측할 수는 없게 만들어져 있다"[15] 는 것이었다.

이기적 유전자

리처드 도킨스는 두 권의 책 『이기적 유전자』(1976)와 『확장된 표현형 *The Extended Phenotype*』(1982)을 통해 유전자 중심 접근법을 대중화하고 발전시켰다.

도킨스는 "『이기적 유전자』의 논지가 우리, 그리고 다른 모든 동물들이 우리 유전자에 의해 만들어진 기계"라고 설명한다. 자연 속의 경쟁은 유기체 간의 경쟁이 아니라 유전자가 자신의 생존과 번식을 위해 벌이는 경쟁이다. "나는 성공적인 유전자에게서 기대되는 지배적 품성은 무정한 이기심이라고 주장하고자 한다."[16]

다윈의 로트와일러라는 별명이 붙은 도킨스는 이 장의 제목 아래의 인용문에서 봤듯이 이기적 유전자 가설에서는 다윈이 자신의 이론을 찾아보기 어렵다고 솔직하게 인정한다. 그러나 그는 그것이 "정통 신다윈주의의 논리적 귀결"이라고 주장한다. 이를 다음과 같이 요약할 수 있다.

> **초다윈주의** 유기체가 아닌 사물의 경우 그 사물의 형질에 임의로 생기는 작은 변이가 누적되는 자연 선택에 의해, 아니면 그런 사물에 의해서 생기는 특질의 자연 선택에 의해 그 유기체가 아닌 사물이 진화한다는 개념에 입각한 가설로서, 이로 인해 무수한 세대를 거치면서 그들이 속한 환경 내에서 생존과 번식을 위한 경쟁에 유리해진다.

하나의 이기적 유전자는 "유전자풀 내에서 점점 더 많아지고자 한다."[17] 이 유전자 이기주의는 "개체의 행동에서도 이기적인 성향을 일으키기 마련이다. 그러나……유전자가 자신의 이기적인 목표를 성취하려면 동물 개체 단위에서는 제한된 형태의 이타주의를 조장하는 것이 최선인 특별한 사정이 있다. 마지막 문장에서 '특별한'과 '제한된'이라는 말은 중요한 의미가 있는 단어이다."[18]

이 특별하고 제한된 예외란 혈족에 관련된 이타주의와 앞에서 다루었던 "호혜적 이타주의"이며, 이를 통해 유전자는 다른 이의 몸 속에 있는 동일한 유전자들의 생존과 복제를 도움으로써 자신의 이기적인 목표를 성취한다.

또한 "유전자의 모든 표현형은 유전자가 들어 있는 개체의 몸에만 제약되어 있는 것은 아니다. 원칙적으로 그리고 실제로도 유전자는 개체의 몸이라는 벽을 통해 손을 뻗어 외부 세계의 사물을 조작하는데, 그중 일부는 무생물이고, 일부는 생물이며, 일부는 먼 곳에 있는 것들이다…먼 곳까지 미치는 유전자의 영향력에는 경계가 없다."[19]

예를 들면, 비록 "비버가 만드는 댐이 어떠한 다윈주의적 목적에 의해 생기는지는 명확하지 않지만, 비버가 그토록 오랜 시간과 에너지를 들여서 그걸 만들고 있다면 어떤 목적이 있는 것이 **틀림없다**……비버의 호수는 비버의 이빨과 꼬리에 못지않은 표현형이며, 다윈주의적 선택의 영향 아래 진화해 왔다. 선택은 훌륭한 호수와 덜 훌륭한 호수 중에 일어나는 것이 **틀림없다**……비버의 호수는 비버의 유전자가 연장되어 나타난 표현형이다[강조는 저자]."[20] 이게 왜 그런지 내게는 명확하게 이해되지 않는다는 점을 밝힌다. 근거가 없는 주장은 과학도 아니고, 훌륭한 논리도 아니다.

나는 평소보다 더 많이 인용으로 처리했는데, 도킨스가 자신을 비판하는 이들이 『이기적 유전자』라는 책의 제목만 볼 뿐이지 그 이상은 읽으려고 하지 않는다고 항상 불평을 늘어놓기 때문이다. 또한 내가 이미 대체된 1976년도의 생각(개정되어 나온 1986년 판을 나도 사용하고 있다)을 인용하고 있다고 생각하지 않도록 분명히 밝히자면, 2006년에 와서도 도킨스는 "그 내용 중에 이제 와서 내가 철회하거나 사과를 해야 할 만한 내용은 거의 없다"[21]고 선언했다.

그러한 선언에도 불구하고 이기적 유전자 가설에 이론적 실증적 문제가 없는 게 아니다.

이기적 유전자는 DNA 중에서 단백질을 위해 암호화되어 있는 부분이다. 도킨스는 인간 게놈의 98퍼센트를 쓰레기라고 무시하지는 않았지만 "이 잉여 DNA를 설명하는 가장 단순한 방법은 기생물 혹은 기껏해야 다른 DNA가 만들어 낸 생존 기계에 편승한, 해로울 건 없는 혹은 무용한 승객이라고 간주하는 것"[22]이라고 말한다. 아주 간명하지만, 틀린 말이다. 그 대부분은 유전자를 조절하는 네트워크에 간여하고 있고, 이러한 조절은 유기체의 표현형을 결정하는 데 있어서 유전자 만큼이나 큰 역할을 수행한다.*

도킨스는 "우리가 마치 유전자가 의식적인 목적을 가지고 있는 듯이 말할 수 있다면, 우리가 원하기만 한다면 우리의 엉성한 언어를 격조 높은 용어로 바꿀 수 있다고 스스로 확신하면서……"[23]라는 말도 한다. 그러나 그는 엉성한 언어를 격조 높은 용어로 바꾸지도 않았고, 이기적 유전자가 비유라면 무엇에 대한 비유인지를 설명하지도 않았으며, 무슨 이유로 유전자가 이기적인 듯이 행동하는지도 설명하지 않았다. 실은 그는 "기본 단위, 즉 모든 생명의 최초의 동인은 복제자이다……개체의 몸은 존재할 필요가 없었다"[24]라고 말한다. 철학자 피터 코슬롭스키Peter Koslowski는 도킨스가 "유전자에게 열망, 의도, 의식의 기능이 있다고 본다. 그로 인해 그는 유전자가 지각하고 결정할 수 있다고 생각하는 유전자 애니미즘genetic animism에 빠져들고 있다"[25]고 결론 내린다.

굴드Gould도 비슷한 비판을 가한다. "복제자를 선택의 원인자라고 잘못 생각하는 것—유전자 중심적 접근법의 근간—은 정확히 말하자면 부기bookkeeping를 인과론causality과 혼동하는 논리적 오류에 기반하고 있다."[26]

* 501쪽 참고.

산(DNA, 데옥시리보핵산)으로 되어 있는 조각에게 의도가 있다고 생각하는 논리적 오류는 제쳐 두고, 이기적 유전자 가설에 대한 과학적 검증을 하려면 그 가설을 뒷받침하는 증거가 있는지 따져 봐야 한다.

도킨스의 언어를 가져오자면, 암 유전자는 가장 성공적인 이기적 유전자이다. 이들은 자신들이 차지한 세포가 통제할 수 없을 만큼 복제를 일으키게 하여 자신과 동일한 복제품을 한없이 만들어 낸다. 그들은 매우 성공적이기에 몸, 즉 그들의 생존 기계는 그들을 자기 안에 품고 죽음에 이른다. 이걸 진정한 성공이라고 보기는 어렵다.

『이기적 유전자』 제3장의 한 대목에서 도킨스는 배아의 발달 과정에서 유전자들이 "형언할 수 없이 복잡한 방식으로 서로서로 그리고 외부 환경과 협력하고 상호작용한다"[27]라고 인정한다. 그러나 그 책의 나머지 부분에서는 논지를 뒤집어서 "유전자가 이기심의 기본 단위이다"[28]라고 말하는데, 인용되는 사례들은 각각의 유전자가 특질을 위한 코드를 갖고 있다는 가설을 세운다. 그러나 대부분의 특질은 무수히 많은 유전자들의 협력에 의해 생겨난다.* 이러한 유전자 협력에 관한 실증적인 증거는 이 가설의 핵심인 유전자 경쟁과는 모순을 일으킨다.

과학계의 유명인사가 되기 전에 도킨스는 생태학자였으므로(니코 틴베르헌Niko Tinbergen이 지도 교수였던 그의 박사 논문은 "사육용 닭의 선택적 쪼기 Selective Pecking in the Domestic Chick"였다), 자신의 이론을 지지하는 증거를 행동에서부터 찾는 게 그로서는 안전한 선택이었다고 추정할 수 있다. 그는 "만약 C가 나의 일란성 쌍둥이라면(즉, 나와 동일한 유전자를 가지고 있다면), 나는 그를 나의 아이들(내 유전자의 절반을 가지고 있는)보다 두 배는 더 사랑해야 하고, 그의 생명을 내 생명보다 덜 소중하게 여겨서는 안 된다"[29]고 말한다. 이기적 유전자 이론에 입각한 이런 예측은 행동상 나타난 증거와 모순된다. 도킨스는 이 모순을 동물들이 자신의 친족에 대해 명확히 알지 못할 수 있다는 식

* 510쪽 참고.

의 말로 해소하려 했다. 이런 설명이 인간의 행동에는 어떻게 적용되는가?

도킨스는 트리버스의 논리를 활용하는데, 수컷은 작은 정자를 무수히 많이 생산하는 반면 암컷은 상대적으로 큰 난자를 소량 생산하므로, 수컷은 새끼의 양육을 암컷에게 맡기고 다른 암컷을 찾아가서 가능한 한 많이 교미하여 자기 유전자의 복제품을 될 수 있으면 많이 만들려 한다는 내용이 그것이다. "우리가 볼 수 있다시피, 이러한 사정은 여러 종의 수컷들에게서 일어나는 일이지만, 다른 종에서는 수컷이 새끼 양육의 짐을 공평하게 부담한다."[30] 즉 어떤 증거는 수컷에 대한 이러한 논지를 지지하지만, 또 다른 증거는 그와 모순을 일으킨다. 실제로는 일부일처제를 유지하는 종들을 제외하면, 깝작도요(물 속을 헤엄치는 작은 새) 같은 몇몇 조류에게서는 암컷이 수컷에게 알을 품게 하고 새끼를 기르게 한다.

도킨스는 떼를 이루거나 여럿이 생활하는 종들 중에서 전혀 관계가 없는 암컷이 부모를 잃은 새끼를 입양하기도 한다고 인정한다. "대부분의 경우에 입양은 내재되어 있는 법칙이 잘못 발화된 사태라고 봐야 한다. 고아를 길러 봐야 그 관대한 암컷이 자신의 유전자에게는 어떤 유익도 끼칠 수 없기 때문이다……**아마도** 자연 선택이 규칙에 '간섭해서' 모성 본능이 보다 더 선택적으로 작용하게 만든 희귀한 실수라고 봐야 한다 [강조는 저자]."[31] 이런 식이라면 자연 선택은 그게 무엇이든 간에 아무런 생각이 없어 보인다.

2009년 영국 채널 4의 텔레비전 프로그램에 나와서 그가 인정했던 다른 증거들 역시 이기적 유전자 가설과는 모순을 일으키는데도, 도킨스는 그런 모순을 해소하기 위해 가설을 바꾸려고 하기보다는 그 사례들 역시 유전자가 "잘못된 발화"를 일으켜서 생겨난 것이라고 말할 뿐, 무엇 때문에 그러한 "잘못된 발화"가 일어났는지는 설명하지 않는다.[32]

다정한 유전자

스탠퍼드대학교 진화생물학자 조앤 러프가든Joan Roughgarden도 게임 이론을 사용했지만, 트리버스의 부모 투자 가설의 이기적 가정과 이기적 유전자 가설에 도전하기 위해서 그렇게 했다. 그녀는 또 다른 경제학적 게임을 빌려왔는데, 이 게임의 규칙에 따르면 경기 참가자는 서로 의사 소통과 거래, 지원금 할당 등을 할 수 있다. 2009년 그녀는 『다정한 유전자: 다윈주의적 이기심을 해체하기 *The Genial Gene: Deconstructing Darwinian Selfishness*』에서 어느 부모든 새끼를 성공적으로 양육하고 진화적 적합성을 달성할 수 있는 유일한 방법은 상당 수준의 협력이라고 결론을 내렸다.[33]

러프가든이 자신의 모델에서 도출한 결과는 생물학에서의 뉴턴 제3법칙에 해당한다고 하겠다. 생물학에서 사용되는 모든 수학적 모델에게는 그와 대등하면서 대립하는 모델이 있다.

다층적 선택

2010년 에드워드 윌슨은 자신이 틀렸으며, 1960년대에 사회생물학이 잘못된 길로 걸어왔다고 인정할 수 있을 만큼 명료함과 용기를 가지고 있었다. 그와 데이비드 슬론 윌슨David Sloan Wilson(친척 관계는 아니다)은 서로 독립적으로 연구하여 다층적 선택이라는 생각에 도달했다. 이 가설은 자연 선택이 작동하는 특별한 층위—유전자든 세포든 유기체든 집단이든 생태계든—란 없다고 본다. 생물학의 복합적인 전체 세계 속에서 한 층위가 보다 중요할 수는 있지만, 각각의 종에게 그 층위는 시간과 환경 변화에 따라 변해 간다. 또한 중대한 진화론적 전이는 예를 들어 진핵세포 개체들이 서로 협력해서 다세포 유기체를 이룰 때처럼 선택의 층위에 변화가 생길 때 발생한다. 이와 비슷하게 진사회eusocial를 이루는 곤충의 경우, 자연 선택은 곤충 개체에서부터 머리(여왕)와 특수한 기능을 가진 개체의 집단이 모여 협력하는 사회 단위로 이동한다. 곤충 사회 전체가 마치 하나의 다세포 유기체처럼 행동한다는 뜻이다.

신다윈주의자들과 초다윈주의자들은 이 주장을 공격했지만—특히 리처드 도킨스가 신랄했다[34]—이 주장은 상호부조론과 다음 섹션에서 다룰 공생 진화론에 부합하는 생물학적 진화 이론을 제공한다.

신다윈주의 원리를 확대한 사회생물학자들의 수학적 모델이 사회적 행동에 대한 현재의 정통적 설명을 구성하고 있는데, 이것은 경쟁에 기반한 패러다임과 충돌한다. 수학적 모델링은 그 모델이 실제 행동의 패턴을 잘 드러내고, 증명된 자연적 법칙을 수학적 방적식으로 우아하게 표현할 수 있으며, 그 시스템의 변수들이 알려진 상태에서는 시스템 전체가 미래에 어떤 행동을 할지 예측할 수도 있을 때면, 보다 깊은 자연적 법칙을 표현하는 강력한 도구가 된다. 그러나 어떤 결과라도 만들어 낼 수 있고, 예측력은 없으며, 야생의 동물이나 인간을 관찰한 결과와 모순을 일으키는 방정식이나 1950년대에 나온 단순하고 그다지 성공적이지 못한 게임 이론을 경제학에서 빌려 와 쓰면서부터 생물학은 제대로 작동하지 않는 형편이다.

협력

협력은 생물학과 사회과학이 설명해야 할 가장 어려운 문제 중 하나라는 스튜어트 웨스트의 견해는 경쟁에 뿌리를 둔 신다윈주의 모델을 채택한 까닭에 스스로 부과한 문제이다. 두 가지 가설이 생물학적 진화에서 협력이 경쟁보다 한층 중요한 원인이라는 점을 순순히 인정하는 단순한 방식으로 이 문제를 해결한다.

상호부조Mutual aid

2009년 이틀에 걸쳐 벌어진 왕립학회의 "사회의 진화" 회의에 제출된 15개의 기고문을 소개하는 논문에서 이 분야에 종사하고 있는 네 명의 현재 리더들은 많은 동물들이 집단으로 혹은 서로 협력하며 살고 있다고 지적하는 다윈의 글을 인용한다.[35] 이 책의 16장에서는 다윈이 『인간의 후손 *The Descent of Man*』의 한 장에서 공감력 있는 개체가 많은 집단이 번성하고 후손도 많이 남긴다고 말했다는 점을 다루었다. 그러나 16장에서는 또한 다윈의 책들 대부분은 이 견해와 충돌하며, 모든 자연은 전쟁 중이며 특히 동일한 종이나 비슷한 종의 개체들 간에는 치열한 생존 투쟁이 일어나고 있다는 입장이라는 점도 밝혔다. 이것은 다윈주의와 신다윈주의 가설 양쪽 모두의 토대를 제공하는 셈이다.

"사회의 진화" 회의의 서론격의 그 논문에서는 다윈이 "[동물과 인간 사회의 진화에서] 일어날 이론적 발전을 예측했는데, 불과 100년 후에 일어났으며" 1960년대 초반까지도 이에 비교할 만한 연구는 이루어지지 않았다고 주장한다. 그러나 그 논문은 표트르 크로포트킨을 전혀 언급하지 않고 있다.

16장에서 살펴봤듯 크로포트킨의 책 『상호부조: 진화의 요인 *Mutual Aid: A Factor of Evolution*』(영국에서는 1902년 처음 출판되었고 최종판은 1914년)은 광범위한 동물의 종들에게서 얻은 방대한 증거를 통해 자연적인 선택을 받는 동물들—가장 오래 생존하고 가장 많은 번식을 하는—은 경쟁을 회피하는 전략을 선택한다는 그의 발견을 뒷받침하고 있다. 그들은 서로 협력하여 먹이를 얻고, 포식자로부터 자신을 보호하고, 보다 좋은 서식지를 찾아 잠시 혹은 영원히 이주하며, 새끼를 기르고 때로는 훈련도 시킨다.* 크로포트킨은 "가장 적합하게 자란 가장 사회성이 높은 동물을 말하며, 직접적으로는 에너지의 낭비를 줄이면서 종의 안녕을 확보하고 간접적으로는 지능 성장을 도모하는 식으로 나타나는 사회성이야말로 진화의 가장 중요한 요소가 된다"[36]고 결론을 내린다.

19장에서 종의 행동에 관한 현재까지의 증거를 검토한 후에 나는 그 증거들이 크로포트킨의 가설을 한층 뒷받침한다고 결론을 내렸다.

* 427쪽에서 433쪽 참고.

각각의 강綱 속에서 사회적 학습의 증가는 뇌의 복잡도 증가 그리고 지능의 발달과 상관관계를 나타내며, 지능의 발달은 도전적인 문제에 대한 새로운 해결책을 만드는 창의성으로 측정한다.*

또한 전체적으로 볼 때

유전자 수준에서부터 단세포 유기체, 진핵세포 내의 세포기관, 다세포 유기체 내의 진핵세포들, 그리고 식물은 물론이고 곤충에서 영장류에 이르는 동물에 이르기까지의 모든 수준에서, 생명의 보존과 번식에는 협력이 경쟁보다 더 중요한 역할을 한다.**

공생발생Symbiogenesis

16장에서는 20세기 초 콘스탄틴 메레슈콥스키와 이반 월린, 그리고 다른 이들이 제시했던 공생발생 가설을 요약했는데, 이는 그보다 앞선 수십 년 동안 발전했던 공생에 대한 사고에 기반하여 발전했다.*** 본질적으로 이 진화 과정은 공생과 함께 시작된다.

> **공생**symbiosis 두 개 이상의 서로 다른 유기체들이 그중 하나의 생존 기간 대부분에 걸쳐 물리적으로 결합함.

어떤 경우에는 이들의 물질대사의 상호작용이 내공생에 이르게 한다.

> **내공생**endosymbiosis 작은 유기체가 보다 큰 유기체 안에서 살아가는 결합으로서,

* 519쪽 참고.
** 517쪽 참고.
*** 433쪽 참고.

대체로 협력하여 각각의 유기체가 상대방의 대사 작용으로 나오는 배설물을 먹고 살아간다.

이것이 진화하여 공생발생 단계가 된다.

공생발생symbiogenesis 두 개의 서로 다른 유기체가 합쳐져서 하나의 새로운 종류의 유기체가 되는 사태.

40년이 지난 후에 보스턴대학교 생물학과의 조교수였던 린 마걸리스Lynn Margulis(그때는 린 세이건Lynn Sagan으로 알려졌다)가 이 가설을 발전시켰다. 그녀의 논문은 적어도 15개의 저널에서 퇴짜를 맞다가 마침내 「이론생물학 저널 *Journal of Theoretical Biology*」이 1967년에 이를 발표했다. 그녀는 자신이 1970년에 내놓은 책 『진핵세포의 기원 *Origin of Eukaryotic Cells*』[37]에서 자신의 생각을 한층 더 발전시켰다. 당시 진화생물학계를 지배하고 있던 신다윈주의자들은 마걸리스의 제안을 폄하하거나 무시했다.

산소가 없는 환경에서 살고 있는 현존 박테리아와 원생생물(단세포 진핵생물과 이들의 다세포 후손으로서, 자이언트 켈프giant kelp처럼 특화된 조직이 없는 생물 종)에 대한 연구를 기반으로 마걸리스가 주장한 바에 따르면, 시생대(38억 년 전에서 25억 년 전 사이) 말엽에 대양과 대기 중에 산소가 부족할 때, 유황이 풍부한 환경 속에 있던 현존하는 스피로헤타spirochetes의 조상 박테리아가 고세균 박테리아(대개 고세균이라고 부른다)와 붙어서 공생관계를 형성했고, 각각은 상대의 대사작용에서 나오는 배설물을 먹으며 생존했다. 고세균에 속하는 스피로헤타가 먹이를 찾아서 고세균 박테리아의 막을 뚫고 들어왔다. 스피로헤타 조상의 이러한 기생으로 인해 많은 고세균 박테리아가 죽었겠지만, 일부는 내공생으로 발전했고, 수백만 년이 지난 후에는 두 유기체의 DNA가 하나로 합쳐지는 공생발생이 일어났다.

원생대(25억 년에서 5억 4천만 년 전)에는 이로 인해 여러 진화론적 결과가 초래되었다. 합쳐진 게놈 주변에 막이 형성되어 세포핵을 이루고, 섬모와 편모 등 세포의 운동성(독립적 운동)을 담당하는 세포기관이 발전했고, 유사분열 과정이 일어나서 세포핵 내의 염색체는 복제되며, 핵과 세포질은 유전자적으로는 동일한 두 개의 새로운 세포로 나뉘졌다. 일부 세포에서는 염색체가 한 번 복제되었지만 핵과 세포질은 두 번 나누어져서 4개의 성세포—난자 혹은 정자—를 만들고, 이들 각각은 원래 세포의 염색체의 절반을 소유하며, 이제 성세포가 상대 유기체의 보완적 세포와 합쳐지는 유성생식을 통해 두 부모의 유전자를 받은 새로운 개체를 만들어 낼 수 있게 되었다.

이렇게 생겨난 좀 더 크고 새롭고 핵이 있는 유기체가 모든 진핵생물의 뿌리인 혐기성 원생생물이다. 원생대에서 일어난 두 번째 세 번째 공생적 병합을 통해 동물계, 곰팡이계, 식물계가 만들어졌다. (그림 23.2 참고)

두 번째 병합은 핵이 있는 혐기성 원생생물과 대사 작용 중에 산소를 발생시키는 호기성 동물인 박테리아 간에 일어났다. 이로 인해 단세포 호기성 원생동물이 생겨났고, 이전까지 독립적으로 존재하던 박테리아는 미토콘드리아가 되었다. 복제하는 세포가 분리되지 못하면서 여러 종류의 다세포 진핵생물이 되었다. 일부는 독립적으로 움직이는 능력을 잃고 곰팡이계의 뿌리를 형성했다. 다른 것들은 운동성을 보유하면서 동물계의 뿌리를 이루었다. 헤엄치는 성세포(정자)와 분리할 수 있는 능력은 보유하고 있지만 헤엄칠 수는 없는 성세포(난자)의 결합으로 인해 양성 간의 유성생식이 생겼다.

세 번째 병합은 호기성 원생동물이 광합성하는 박테리아를 흡수하면서 일어났는데, 이 박테리아는 독립적으로 존재하는 능력을 상실하고 엽록체가 되었다. 이로 인해 태양빛을 에너지원으로 사용하는 녹색 조류 원생동물이라는 새로운 타입의 진핵생물이 생겨났다. 이들 중 일부는 독립적으로 움직이는 능력을 상실하고 식물계의 뿌리를 이루었다.[38]

1970년대와 1980년대에 시행한 유전자 분석 결과 일부 조류藻類의 엽록체 유전자는 조류의 핵의 유전자와는 닮지 않았고, 광합성하는 시아노박테리아의 유전자와 닮았으며, 다른 DNA 관련 증거에 의하면 미토콘드리아는

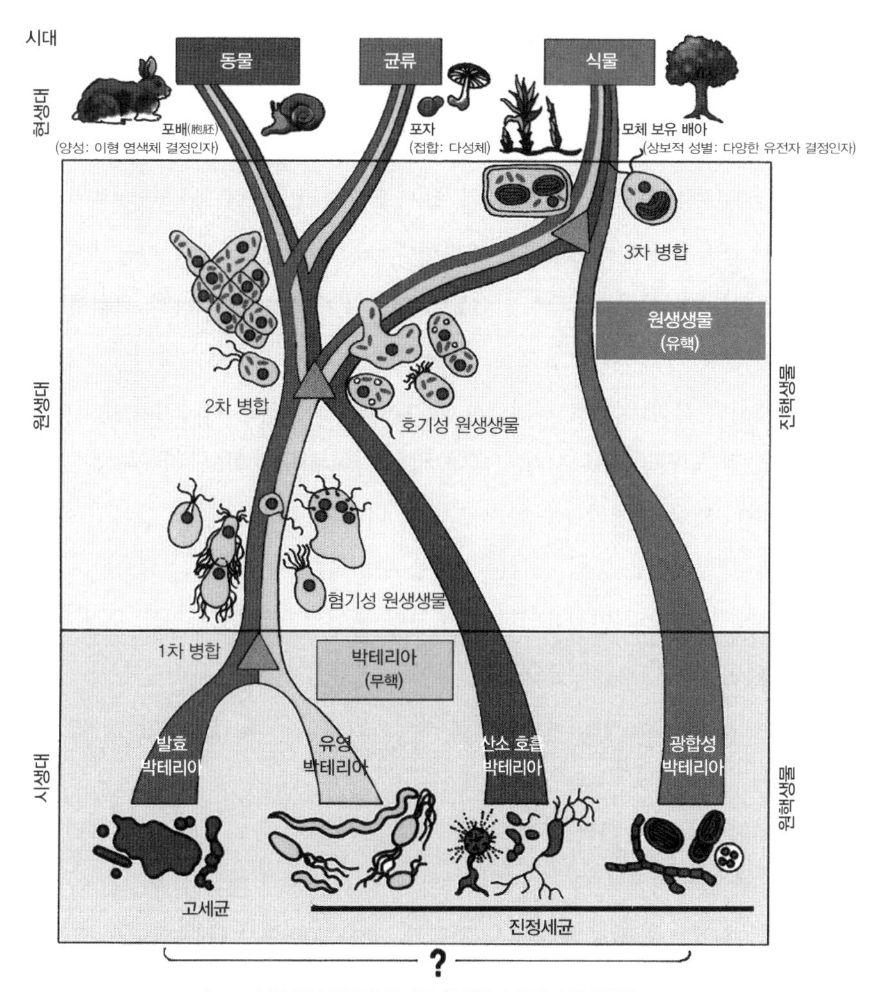

그림 23.2 분류학상 생물계 뿌리를 형성했던 일련의 공생발생

리케차목rickettsiales으로 알려져 있는 현존하는 박테리아와 비슷한 알파 프로테오박테리아alpha-proteobacteria로부터 나왔다. 이는 진핵세포 내의 엽록체와 미토콘드리아의 공생발생 기원에 관한 유전자 증거를 제공한다.

대부분의 진화론적 생물학자들이 이제는 공생발생이 진핵세포 내의 미토콘드리아와 엽록체의 기원에 대해 가장 설득력 있는 설명을 제공한다고 받아들이지만, 그들은 진핵세포의 기원과 분류학적 생물계의 진화에 관한 마걸리스의 가설은 받아들이지 않는다.

여기에 대해 마걸리스는 수학적 모델을 제외하면, 무작위로 발생한 유전적 변이에 대한 신다윈주의의 점진적 축적 가설로는 새로운 기관이나 새로운 종의 출현을 증명하지 못하며, 공생과 내공생 그리고 공생발생은 자연계에서 광범위하게 나타난다고 반박한다. 개미의 일부 종은 진딧물과 공생관계를 이루며 산다. 그들은 진딧물이 식물의 수액을 빨고 나서 배출하는 당질의 꿀을 먹고 살며, 그 대신 진딧물을 포식자로부터 보호해 주고, 시든 식물에서 건강한 식물로 진딧물을 옮겨 준다. 내공생은 하나의 표준이다. 예를 들면, 인간의 몸은 100조 개의 세포로 이루어져 있고, 내장에는 그보다 열 배나 많은 박테리아를 가지고 있다. 다양한 종의 박테리아들이 비타민 B와 K를 합성하는 등의 유익한 기능을 수행한다. 공생발생의 친숙한 사례는 15,000종 이상의 이끼류이다. 식물처럼 보이지만 이끼는 식물 조상으로부터 나온 것이 아니다. 그들은 곰팡이와 광합성을 하는 박테리아(시아노박테리아) 혹은 원생동물(조류), 이렇게 독립적인 두 계界의 개체들이 공생발생을 거쳐 생긴다.

마걸리스에 의하면 공생발생은 진화적 혁신의 유일한 원인은 아니지만, 중요한 원인이긴 하다. 두 개 이상의 서로 다른 유기체가 합쳐지면 이 과정을 통해 새로운 행동과 새로운 형태가 생겨난다. 다시 말해 새로운 조직, 새로운 기관, 새로운 대사작용 경로, 새로운 종을 포함한 유기체들의 새로운 그룹 등이 생겨난다.

마걸리스는 자기 논문을 주류 과학 및 생물학 저널에 싣기가 힘들다는 걸 느꼈는데, 2011년 그녀의 말에 의하면, 진화생물학은 앵글로-아메리칸 계통 신다윈주의 학파의 이론 집단유전학자, 실험동물학자, 분자생물학자들이 장악하고 있었고, 이들은 "생물학 분야에서 나오는 정보의 4/5가량(박테리아, 원생동물, 곰팡이, 식물을 무시하기에)과 지질학의 모든 정보를 통제하고 있었다." 그들은 "생리학, 생태학, 생화학 등의 생물학적 시스템에 대해서 아무것도 모른다……그들은 지독한 환원주의자들이다."[39]

저명한 신다윈주의 학자인 제리 코인Jerry Coyne은 이런 논평에 대해 즉각적으로 반응하는 글을 자신의 웹사이트에 "린 마걸리스는 「디스커버 *Discover*」지를 통해 진화를 무시함으로써 자신과 과학계 모두를 당혹스럽게 한다"라는 제목으로 올렸다. 마걸리스가 미토콘드리아와 엽록체의 기원을 설명한 공헌을 인정한 후에 그는 그녀가 신다윈주의 패러다임의 무효력에 관해서는 창조론자들과 궤를 같이하고 있다고 지적하면서 "적어도 그녀는 과학적 설명을 위해 신을 동원할 정도로는 미치지 않았다. 그러나 자신의 "대안적" 이론을 내세울 만큼은 **미쳐 있는데**, 이 대안 이론은 물론 공생 이론이다 [강조는 그의 것]." 그는 신다윈주의 모델을 다시 한번 언급한 후에 "진화생물학에 대해 논의할 때 마걸리스는 교조적이고, 악의적으로 무식하며, 지적으로 정직하지 못하다"[40]고 결론 내린다.

코인이 이러한 반응을 위해 선택한 글의 제목은 시사하는 바가 있다. 마걸리스는 투철한 진화론자이다. 그녀가 경멸하는 태도를 보였다면 그건 진화를 경멸한 것이 아니라 생물학적 진화에 대한 신다윈주의 모델을 경멸했던 것이다. 코인은 진화와 신다윈주의 모델을 동일시함으로써, 현재의 정통 학설에 문제를 제기하는 자는 과학의 기풍에는 어울리지 않는 경멸적 반응을 얻게 되는 작금의 진화생물학계의 병폐를 여실히 드러낸다.

진화생물학계가 현재까지 합의한 바는 생명은 우선 박테리아와 고세균으로 분화되었고, 고세균이나 고세균 계열의 조상에서부터 진핵생물이 나왔다는 사실이다. 그 이후 진핵생물은 박테리아로부터 두 차례 유전자를 얻었는데, 즉 마걸리스의 주장처럼 알파 프로테오박테리아로부터 미토콘드리아를, 광합성하는 박테리아로부터 엽록체를 얻었으며, 박테리아, 고세균, 진핵생물 이 세 영역은 유성 전이sexual transmission와 종의 군집 내에서 무작위로 발생하는 유전자 변이의 축적에 의해 다윈주의적 생명 나무의 가지로 분화되어 갔다.

이런 가설에 의하면 고세균에는 박테리아 유전자가 나올 수 없고, 진핵생물 내의 유일한 박테리아 유전자는 미토콘드리아와 엽록체 DNA 혹은 이러한 세포기관의 박테리아 전구물precursors로부터 핵으로 이전된 것들 뿐이어야 하며, 이들은 호흡이나 광합성에 관여해야 한다. 그러나 근래에 전체 게놈 서열이 확보되고, 상당히 많은 유전자의 수평적 전이가 일어났다는 점이 밝혀지면서 이러한 가설은 혼란스러워지고 있다. 많은 고세균이 박테리아 유전자를 상당히 많이 보유하고 있다. 진핵생물 내의 핵의 유전자는 호흡과 관계없고 광합성과도 관계없지만 세포의 생존에는 필수적인 코드를 담고 있다. 게다가 많은 진핵생물 유전자는 알려진 고세균이나 박테리아와 전혀 다르다. 예를 들어 진핵생물의 두 가지 특징인 세포 골격과 내부 막 시스템과 관련된 유전자가 그렇다.[41]

이런 게놈 차원의 증거는 지구상의 첫 20억 년 간의 생물학적 진화 기간 동안 서로 다른 종간의 협력과 공생발생을 통한 게놈의 결합과 수평적 유전자 전이가 생물학적 진화에 있어서는 신다윈주의가 제시하는 무작위적 변이 유전자의 수직적 유전보다 한층 더 중요한 역할을 했다는 점을 암시한다.

이어지는 15억 년 간 수평적 유전자 전이는 원핵생물의 유전자 전이와 종분화의 가장 중요한 매커니즘이었을 가능성이 매우 높다. 분류학상 동물계에서 상호부조 가설—종 내의 협력과 서로 다른 종 개체 간의 협력(공생)—은 강綱 내에서 종이 생존과 번식에 성공하면서 사회적 학습을 통해 인지능력이 점점 증가하는 진화 패턴을 형성하는 데 경쟁이 중요한 역할을 했다는 신다윈주의보다 한층 설득력 있는 설명을 제공한다.

2부 마지막 부분에서 내가 도달한 결론은 21장에서 23장의 내용과 다음 장의 내용에서부터 도출했다.

Chapter 24

의식의 진화

의식은 우리 인간종의 경우 너무나 큰 미스터리이기에
다른 종에게도 의식이 있는지 추정하는 일은 시작도 못 하고 있다.
–루이스 토머스Lewis Thomas, 1984년

인간은 분류학적으로 호모 사피엔스라는 강綱에서 요약되어 제시되는 표현형적 형질 이상이다. 우리는 의식을 지닌 존재이다. 철학자, 심리학자, 인류학자, 신경과학자는 인간의 의식이 무엇인가 하는 점에서 전혀 다른 의견을 가지고 있다. 대부분은 의식을 그 자체로 연구하는데, 나는 인간 의식을 3부에서 좀 더 다루려 한다. 그러나 나는 인간이라는 표현형이 지구상의 최초의 생명체로부터 진화해 왔고, 인간의 의식도 그러하므로, 인간에게 이르는 계통을 따라 의식이 진화해 온 궤적을 살펴본다면, 이를 이해할 수 있고, 적어도 물리적 상관관계는 알 수 있다고 생각한다.

이를 위해 모든 생명체의 초기, 혹은 원초적 형태에도 적용할 수 있고, 그들을 무생물 물질과도 구분해 주는 의식에 대한 폭넓은 정의를 사용하고자 한다.

| **의식** 환경, 다른 유기체, 자기 자신에 대한 지각을 말하며, 행동에 이르게 한다.

이렇게 정의한 의식은 그에 따르는 유기체의 행동 즉 행위에 의해 확인될 수 있으므로 인간에게 이르는 계통에서 유기체의 행동의 진화를 추적할 필요가 있다.

행동의 진화

화석을 통해서는 행동을 알 수 없으니, 이 진화를 추적할 수 있는 유일한 길은 표 21.1에 나와 있는 박테리아와 고세균에서 호모 사피엔스종에 이르기까지 점점 좁혀지는 분류학적 범주에서 최초로 나타나는 연대를 측정한 화석과 가장 닮은 살아 있는 종의 행동을 검토하는 것이다.

박테리아와 고세균

지구상의 최초의 생명체와 가장 닮은 종은 원핵생물, 즉 박테리아와 고세균이다. 이 가장 단순한 유기체는 생존을 위해 외부와 내부의 자극에 직접적으로 반응한다.

외부의 자극에는 환경 속의 열, 빛, 화학물과 다른 유기체의 존재 등이 포함된다. 이들은 자양분의 원천일 수도 있고, 위험의 원천일 수도 있다. 박테리아와 고세균은 자신의 생존에 활용할 수 있는 화학물과 유기체에게는 다가가고, 해로운 것에서는 멀어지는 행동을 보인다. 19장에서는 자신의 환경 속에 다른 박테리아에게 신호를 보내는 분자를 내놓고 그 분자를 받아들이는 영역도 가지고 있는 박테리아 사례를 봤다. 받아들이는 영역이 충분한 숫자를 감지하면—그 지역의 개체수 분포의 밀도 측정—이는 먹이를 함께 먹을 수 있는 공동의 생물막과 효소를 만드는 데 필요한 다당류를 생산하고 배출하는 유전자 작동을 개시하며, 즉각적이고 협력적인 반응을 일으킨다.*

박테리아는 또한 내부 자극에 직접 반응함으로써 자신에 대한 초보적인 의식도 보인다. DNA에 심각한 손상이 일어나면 소위 말하는 SOS 반응이 촉발된다. 평소에는 작동하지 않는 SOS 유전자가 활성화되면 DNA 보수 메커니즘이 작동된다.

진핵생물: 단세포 생물

아메바처럼 단순한 단세포 진핵생물도 외부 자극에 단순하고 직접적인 반응을 보이는데, 예를 들어 세포질을 잠시 확장시켜(위족僞足이라고 부른다) 먹이에서부터 나오는 화학물을 향해 나아가거나 해로운 화학물에서부터 멀어진다.

보다 복잡한 단세포 진핵생물은 자극에 대한 수용기나 반응기로 사용하는 세포기관이나 세포의 특정 부분을 사용하는 식의 보다 복잡한 직접적 반응 시스템을 가지고 있다. 수용기에는 섬모충에 있는 감각을 담당하는 딱딱한 털과 편모류에 있는 빛을 감지하는 안점眼點 등이 포함된다. 반응기에는 세포를 앞으로 밀고 나아가는 섬모(하나로 합쳐질 수도 있는 세포 표면의 머리카락처럼 나와 있는 여러 개의 얇은 돌출물)와 편모(길게 채찍처럼 늘어진 섬모), 그리고 먹이를 흡수하는 다른 세포기관 등이 포함된다.

진핵생물: 동물

지구상에서 생명이 진화함에 따라 점점 더 많은 포식자, 경쟁자, 협력자로 이루어지는 복잡한 세계가 형성되면서, 동물계의 다세포 유기체들은 외부 자극에 대해 보다 빠르고, 다양하고 유연한 반응이 가능한 두 번째 반응

* 507쪽 참고.

시스템을 발전시켰다. 그들의 행동은 서로 중첩되는 다섯 가지 유형으로 분류할 수 있는데, 직접적 반응, 타고난 반응, 학습한 반응, 사회적 반응, 혁신적 반응이 그것이다.

a. 직접적 반응

자극에 대한 자기 보존적인 직접적 반응은 무척추동물 같은 단순한 동물들의 행동이 대부분을 이루고 있지만, 인간이 불에 손을 움찔하며 빼는 것처럼, 근래에 진화한 보다 복잡한 동물들의 행동 목록에서도 중요한 요소이다.

직접적 반응 행동은 자극에 대해 자기도 모르게 반응하는 반사 운동도 포함한다. 동물들이 진화 계통에 따라 복잡해질수록 여러 근육군을 사용하는 반사 운동 반응도 복잡해진다. 예를 들어 인간의 무릎 반사는 슬개건을 톡톡 치면 허벅지 앞쪽 근육 속에 반사 운동 경련이 일어나서 무릎 아랫다리가 펴진다.

b. 타고난 반응

직접적 반응과 타고난 반응은 특정 자극에 대해 학습하지 않은 본능적인 행위라는 점에서 서로 겹쳐진다. 여기에는 특정한 대상을 보거나 냄새를 맡으면 섹스를 하고 싶다거나, 공격을 받으면 되받아치거나 피하는 행동 등이 포함된다.

자극에 대해 개체가 보이는 자기 보존적인 직접적 반응은 다양한 환경(다양한 외부 자극이 있는)에서 그 개체에게 특별한 혜택을 주지 않더라도—심지어 비용이 발생하더라도—종을 보존하는 데 도움이 되는 유전되며 예측 가능하고 고정된 행동과 구분할 필요가 있다.

그런 타고난 반응의 가장 뚜렷한 사례는 고대 절지동물의 후손인 곤충들에게서 나타난다. 중남미에 서식하는 절엽 개미leaf-cutter ants 47개 종은 각 군집 내의 먹이를 찾는 계층적 조직이 서로 협력하여 잎을 자르고, 자른 잎을 다시 잘게 잘라 숲을 지나 운반하며, 어떤 종들은 사막을 지나 둥지로 가져가고, 거기서 그 조각들을 다시 잘게 찢어 걸쭉하게 만들어서 둥지 내의 곰팡이 기르는 정원에 뿌리 덮개로 사용한다.[1] 이런 개미의 행동은 굶주림에 대한 직접적인 반응이 아니다. 무수한 집단에서 절엽 개미의 수렵은 집단에 필요한 미래 양식을 저장함으로써 종을 보존하는 데 도움이 된다.

개체에게 끼치는 유익은 없지만 고정적인 행동을 일으키는 유전자적 혹은 후생유전학적 유전 메커니즘에 관해서는 알려진 바가 거의 없다. 지난 장에서 사회생물학적 가설은 설득력 있는 설명을 제시하지 못한다는 것을 검토했다. 이렇게 많은 타고난 행동이 친족이든 아니든 군집 차원의 협력이 아닌 개체들에 의해 수행된다는 사실이 강조된다.

이러한 개체들의 타고난 행동은 캄브리아기에 나온 물고기 같은 초기의 원시적 척추동물의 후손들에게서 광범위하게 나타난다. 현재의 연어 종들은 1년에서 9년 정도 바다에서 보낸 뒤에는 자신들이 부화했던 상류의 민물로 알을 낳기 위해 찾아온다. 그러기 위해서 연어는 강이 흘러나오는 곳을 찾아야 하고, 흘러내려 오는 물살과 심지어 폭포를 거슬러 올라가야 하며, 천 킬로미터 이상의 엄청난 여정을 지나 2천 미터 이상 튀어 올라와야 한다. 이런 것을 개체를 위한 자기 보존적인 반응이라고 보기는 어렵다. 심지어 태평양 연어는 산란 후에 죽는다. 큰가시고기에게 나타나는 복잡한 일련의 짝짓기와 번식 행위는 단순한 직접적 반응도, 학습한 반응도 아니다.

인간의 행동 중에 어떤 것이 타고나는 것인지는 아직도 논의가 끝나지 않았다. 언어 철학자 노엄 촘스키Noam Chomsky는 아이들이 언어를 빠르게 배우는 것은 체스를 배우는 일과는 달리 생물학적으로 타고나는 언어 능력, 혹은 보편적 문법에 관한 타고난 규칙을 배제하고는 불가능하다고 주장한다.[2] 반면에 발달심리학자 마이클 토마셀로Michael Tomasello는 이에 반대하면서 아이들은 타인과의 대화를 통한 상호 관계 속에서 의도를 읽어 내고 패턴을 파악함으로써 언어 구조를 배운다는 사용 중심 이론을 제기한다.[3]

인간에게 이르는 계통에서 종이 점점 복잡해질수록 그들의 행동 역시 복잡해지며, 학습된 반응, 사회적 반응, 혁신적 반응이 점점 중요한 역할을 한다.

c. 학습한 반응

이 행동은 직접적 반응이나 타고난 행동을 수정한다. 기초적 형태는 연체동물 같은 단순하고 원시적인 동물의 습관화를 통해 나타난다. 자극에 반복 반응했지만 앞선 결과가 나오지 않을 경우, 동물은 자극에 대한 반응을 그친다는 의미다. 이와 반대되는 행동은 민감화이다. 즉 자극에 대한 반응이 큰 결과를 만들어 내면 동물은 작은 자극에도 반응하게 된다.

생물학적 진화를 따라 형태적으로 보다 크고 복잡한 종이 나타나면서 학습한 반응을 획득하는 일에서 모방이 점점 더 큰 역할을 수행한다. 19장에서는 모방을 통해 배우는 물고기의 사례를 언급했다. 이런 행동이 유전된다는 증거가 발견되었는데, 이는 학습으로 얻은 행동을 타고 나게 된다는 뜻이다.

19장에서는 또한 비영장류 포유류인 미어캣이 모방을 할 뿐 아니라, 성체는 새끼에게 사냥 기술을 가르쳐 준다는 것도 밝혔다.* 모방은 인간이 아닌 영장류에게서도 나타나는데, 주로 부모나 친족이 보여 주는 생존 기술을 새끼들이 모방한다.

나는 동물이 자기와 같은 종의 개체를 모방하거나 그들에게 가르침을 받는 일—이 분야는 좀 더 많은 현장 연구가 필요하다—은 사람이 동물을 가르치거나 훈련하는 일과 구분해야 한다고 본다. 후자는 여러 동물 행동

* 515쪽 참고.

가설을 낳았는데, 이에 관해 아직까지는 합의가 도출되지 못했다. 20세기 초에 개를 대상으로 한 실험을 통해 이반 파블로프Ivan Pavlov는 대뇌피질의 특정 부위와 연관되어 있는 "조건반사" 가설을 제시하면서, 이 가설로 인간을 포함한 모든 행동을 설명할 수 있다고 주장했다. 그의 견해는 심리학과 정신과에서 큰 영향력을 발휘했다. 그러나 이 실험은 애초의 자극이 다른 자극으로 바뀌더라도 동물은 동일한 반응을 보이도록 훈련을 받을 수 있다는 점을 알려줄 뿐이지, 자연 상태에서의 행동의 진화에 대해서는 중요한 통찰을 제시하지 못한다.

쥐와 돼지를 대상으로 한 심리학자 B. F. 스키너B. F. Skinner의 실험은 한 단계 더 들어가 새로운 행동의 학습에 대해 설명하고자 했다. 조작적 조건 형성에 대한 그의 가설에 따르면 동물은 자신의 환경에 대해 일련의 무작위적이고 다양한 행동으로 반응을 보인다. 이런 행동 중 하나(예를 들어 실험용 박스 안에 있는 바를 누르면)를 하면 보상(사료 한 알)을 준다. 이러한 긍정적 강화가 일어나면 동물은 나중에도 이 행동을 반복한다. 스키너는 이것이 동물의 생애 동안 행동에 따른 자연 선택 작용이라고 주장하면서, 수많은 세대를 거치며 발생하는 신체적 특징에 관한 다윈의 자연 선택과 대조했다. 그는 인간의 행동에도 동일하게 적용된다고 보았다. 그는 정신이나 의도 같은 관찰할 수 없는 현상의 존재는 거부했다. 이 가설은 20세기에 상당히 많이 수용되었다. 그러나 이것은 보다 적절한 비유를 찾자면 자연 선택보다는 인위적 선택에 가깝다고 할 수 있다. 이 실험을 설계하고 보상을 제공한 자는 인간 실험자이다. 이 가설은 동물이 훈련을 통한 민감화와 습관화를 통해 배운다는 것 이상을 가르쳐 주지 않으며, 이것이 인간의 행동도 설명할 수 있다는 스키너의 주장은 설득력 있는 증거가 부족하다.

개인의 습관화와 민감화는 인간의 학습에 약간의 기여는 하겠지만(불 속에 당신의 손을 집어넣었다가 데면, 다시는 그렇게 하지 않아야 한다는 것을 배운다), 모방과 학습이 보다 중대한 역할을 한다. 여기에 대해서는 3부에서 다루려 한다.

d. 사회적 반응

이 행동은 직접적 반응, 타고난 반응, 학습한 반응을 포괄하면서도 개인의 생존이나 부모의 생존 기술을 모방하는 후손의 범위를 넘어선다. 동물들이 집단을 이루고 살면서 집단 내의 다른 개체들과 상호작용하는 모든 양상까지 포괄한다.

19장에서 봤듯이 동물들은 부모와 자식 사이를 넘어서는 공동체를 이루고 생존—환경에 맞서(거주지나 서식처 건설) 포식자나 경쟁자로부터 방어하고 사냥하는—을 위해, 그리고 자식을 기르기 위해 협력한다. 이러한 사회적 생활은 짝짓기를 위한 기회도 제공한다. 동물들의 사회적 군집은 항상 그런 것은 아니지만 주로 혈족 간에 이루어지고, 군집들이 한시적으로 보다 큰 군집을 이루어 보다 나은 서식지를 찾아 계절에 따라 이동하거나 영구히 이동하는 등 생존을 위해 협력한다.

동물 사회 집단 내의 개체들 간의 상호작용은 촉각, 후각, 미각, 시각, 청각 등의 감각을 통해 이루어진다.

인간에 이르는 계통을 따라 흐르는 진화 시간 동안 종의 형태는 복잡해지면서 이러한 감각적 상호작용도 변해 간다. 특히 범위가 좁은 후각, 미각, 촉각은 점점 중요도가 줄어든다. 영장류의 경우 발성이 고도화되면서 집단 내의 다른 개체들과 위협, 기쁨, 경고 등의 다양한 메시지를 교환하고, 내이內耳의 진화에 따라 청각이 발달하면서 주파수와 타이밍 정보의 복잡한 패턴을 확인할 수 있게 되었다. 영장류의 경우에는 공간 지각에 유리하게 눈이 앞쪽을 보게 되면서, 입체시가 발달하고 시각도 복잡해졌다. 이러한 발전으로 인해 보다 먼 거리에 떨어져 있는 개체들 간에도 다양한 방식으로 상호작용이 가능하게 되었다.

사회적 상호작용이 생존에 끼치는 가치는 직접적인 측면도 있고 간접적인 측면도 있다. 비버처럼 놀이를 즐기는 포유류, 서로의 털을 골라 주는 침팬지 같은 영장류는 자신들이 속한 유일한 사회적 집단 내에서의 결속력을 강화하기에 간접적인 생존 가치가 있다.

e. 혁신적 반응

이 행동은 종 내에서 일어나는 전형적인 직접적 반응, 타고난 반응, 학습한 반응과 다르며, 새롭게 직면하는 도전적인 환경에 대한 대응으로 나타난다. 혁신의 정도는 지능을 측정하는 데 사용되며, 인지 능력이라고도 부른다.

지능 특히 새롭게 직면하는 도전적인 상황에서, 목적을 위해 지식을 습득하고 이를 성공적으로 활용하는 역량.

인류에 이르는 계통에서는 영장류가 나타날 때까지 특별한 혁신은 보이지 않는다. (여기서는 인류에 이르는 계통만 고려하기에, 까마귀과나 돌고래 같은 해양 포유류처럼 지능이 있는 것으로 알려진 다른 종에 이르는 계통은 다루지 않는다.) 또한, 인간이 고안한 "지능 테스트"를 받는 침팬지 같은 영장류와 야생에서 혁신적으로 행동하는 영장류의 행동은 구분할 필요가 있다. 후자를 통해서라야 혁신적 행동의 진화를 보다 정확히 측정할 수 있다. 그러나 서로 다른 기준과 방법과 전제로 수행된 연구 결과로부터 모두가 동의할 만한 결론을 도출하기가 쉽지 않다.

2002년 행동생물학자 사이먼 리더Simon Reader와 케빈 라랜드Kevin Laland는 영장류 분야의 주요 저널을 검토해서 혁신(환경적 사회적 문제에 대한 명백히 새로운 해결책으로 정의함) 관련 사례 533건, 사회적 학습(다른 이로부터의 정보 획득) 사례 445건, 도구 사용 관련 607건을 찾았다. 다양한 종에 관한 연구 노력의 차이 등의 요소들을 보정한 후에 그들은 혁신, 사회적 학습, 도구 사용은 그 종이 활용하는 뇌의 상대적 절대적 크기와 상관관계가 있다고 결론을 내렸다. 활용하는 뇌는 본질적으로는 신피질이다.[4] 이 상관관계는 나중에 다루겠다.

진화적 패턴

인간에 이르는 계통에서는 종이 형태론적으로 점점 복잡해지면서 그들의 행동도 복잡해진다. 직접적 반응과 타고난 행동은 여전히 나타나지만, 학습된 사회적 혁신적인 행동이 점점 더 중요한 역할을 수행한다. 그들의 다양성과 유연성이 증가한다는 것은 의식이 높아지고 있음을 뜻한다.

높아지는 의식과 신체의 상관성

원핵생물과 단세포 진핵생물에게 기초적인 의식이 생겼다는 것은 생존을 위해 외부와 내부의 자극에 대해 보이는 반응에서 나타난다. 이런 단순한 행동은 물리화학적 직접적 반응 시스템에 의해 생긴다.

신경계

다세포 생물이 진화하면서 외부 자극에 대해 보다 신속하고 다양한 반응을 가능케 하는 두 번째 반응 시스템이 발전했다. 이는 전기화학적 신경계로서, 이 시스템은 전기적 충격을 몸의 한 곳에서 다른 곳으로 초고속으로 일방 전달하는 뉴런neuron이라는 전기적으로 활성화되는 특정 세포를 사용한다. 신경계는 내부 자극에 대해서는 보다 느리지만 오래 지속되는 물리 화학적 반응도 조절한다.

신경계 감각적 수용기에서부터 신경 네트워크를 통해 반응이 일어나는 영역인 반응기까지 전기화학적 자극을 전달하는 데 특화된 뉴런이라고 부르는 조직화된 세포 그룹.

뉴런 자극에 반응하고 전기화학적 자극을 전달하는 데 특화된 진핵세포.

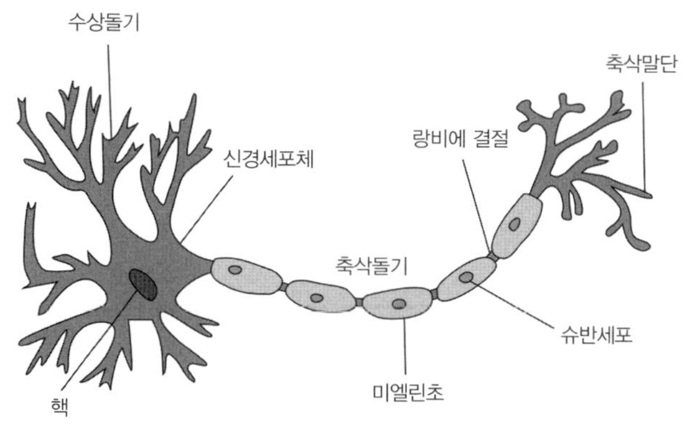

그림 24.1 척추동물의 전형적인 뉴런 구조

그 크기와 형태는 다양하지만 그림 24.1은 대부분의 뉴런이 가진 필수 구조를 제시한다. 수상돌기dendrites는 세포벽에서 가지처럼 뻗어 나온 부분으로서 전기화학적 자극을 세포 본체에 전달하는 역할을 한다. 세포 본체는 핵nucleus과 이를 둘러싸고 있는 세포질로 구성된다. 축삭돌기axon는 상대적으로 세포벽에서 길게 뻗어 나온 부분으로 전기 충격을 세포의 몸에서부터 축삭돌기 끝에 가지처럼 뻗어 나온 터미널까지 전달한다. 수상돌기와 축삭돌기는 신경섬유라고도 한다.

척추동물처럼 크고 복잡한 동물의 경우 축삭돌기는 꽤 길 수도 있으며, 슈반세포Schwann cells라고 하는 일련의 교질세포 혹은 지지하는 세포에서 뻗어 나온 지방 성분의 미엘린myelin 싸개에 의해 보호된다. 슈반세포와 세포 사이의 간격은 랑비에 결절node of Ranvier이라고 알려져 있는데, 이 부분에서는 축삭돌기에 보호막이 없다. 이렇게 배열되어 있기에 전기적 펄스가 보다 빨리 전달된다.

대부분의 뉴런은 기능에 따라 세 가지 범주 중 하나에 속한다.

a. 감각 뉴런

감각 뉴런은 동물 몸의 가장 바깥층이나 눈을 형성하고 있는 세포와 같은 감각 수용기 세포나 기관을 통해 자극을 받아들이면, 전기 자극을 직접 운동 뉴런에게 전달하거나 조절하는 중간 뉴런에게 전달한다. 후자의 경우에는 구심성 뉴런afferent neuron이라고도 부른다.

b. 운동 뉴런

운동 뉴런은 전기 자극을 근육과 같은 반응기 세포나 기관에게 전달한다. 이는 원심성 뉴런efferent neuron이라고도 한다.

c. 중간 뉴런

중간 뉴런은 감각 뉴런으로부터 자극을 받아들이고, 운동 뉴런에게 보내는 반응을 조절 통제 전달한다.

하나의 뉴런에서 다른 뉴런이나 반응기 세포로 전기 자극을 전달하는 일은 그들 사이의 시냅스synapse라고 하는 미세한 간격에서 신경전달물질이라는 화학물질을 통해 일어난다. 직접적 전기적 전달은 세포막이 합쳐질 때도 일어나는데, 전기적 시냅스는 주로 무척추동물과 원시 척추동물에게서 발견된다.

수상돌기와 축삭돌기 터미널을 통해 각각의 뉴런은 다른 많은 뉴런으로부터 자극을 받고 자극을 보내기도 하는 네트워크를 형성한다. 그림 24.2는 중추신경계를 가진 동물에게서 서로 다른 유형의 뉴런이 서로서로 그리고 감각적 반응기 세포와 연결되는 양상을 개략적으로 보여 준다.

중간 뉴런은 서로 연결되기도 하며 많은 조건반사를 통합, 조절, 통제하기에 동물의 반응은 각각의 조건반사의 단순 합산보다 크다. 동물의 행동은 변화하는 환경에 대한 유연성과 적응력의 특징을 가지고 있다.

인간에게 이르는 계통에서 의식이 생겨나는 것은 신경계의 진화와 상관관계가 있다. 이 말은 1970년대와 1980년대에 영향을 끼쳤던 신경과학자이자 정신과의사인 폴 맥린Paul MacLean의 삼위일체 뇌 모델에서 말하듯 모든 신경계가 동일하고 직선적으로 일어난다는 뜻은 아니다. 지난 30여 년 간 비교신경해부학 자료가 축적되면서 나오는 증거를 보면, 서로 다른 동물 계통에서는 서로 다른 신경계가 진화해 나오면서 일부 문어, 물고기, 해양 포유류는 인간이 아닌 영장류와는 구조적으로 다른 신경계가 발달했지만, 비교할 만한 인지 능력이 있다고 한다. 그러나 이 책의 탐구는 인간의 진화에 초점을 맞추고 있으므로 인간에게 이르는 신경계의 진화만 추적하려 한다.

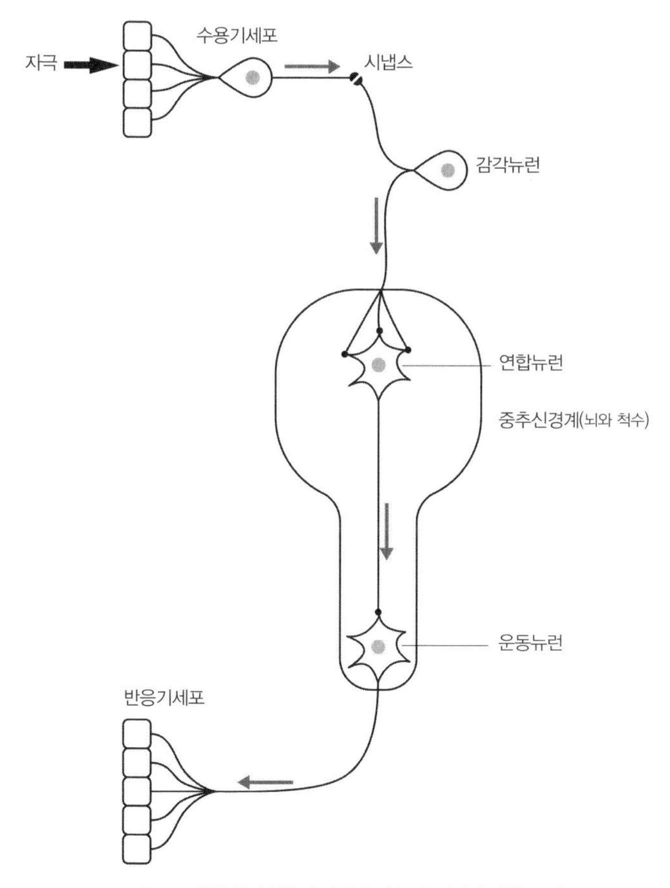

그림 24.2 중추신경계를 가진 동물의 뉴런 연결에 대한 도해

인간 계통에서의 신경계

뉴런은 화석으로 남아 있지 않다. 인간에 이르는 계통에서의 신경계의 진화를 추적하는 유일한 방법은 표 20.1에서 봤듯 동물계에서 호모 사피엔스 종에 이르기까지 점점 좁아지는 분류학적 범주 내에서 최초로 나타나는 시기를 추정할 수 있는 화석과 형태론적으로 가장 가까운 현존하는 종의 신경계를 검토하는 길뿐이다.

산만신경계

초기 동물 화석은 에디아카라 동물군* 속의 자포동물처럼 방사상으로 대칭을 이룬다. 오늘날 알려져 있는 가장 원시적인 신경계는 자포동물(히드로충, 해파리, 말미잘, 산호충) 같은 방사상 대칭을 이루며 매우 단순한 동물에서 발견된다. 신경세포들은 그 세포들이 진화해 나왔을 것으로 추정되는 표피층 아래쪽으로 유기체 전체에 걸쳐 퍼져 있기에 산만신경계라고 알려져 있다. 이들이 연결되어서 그림 24.3의 히드라의 신경계와 같은 신경 네트워크 혹은 신경망을 형성하고 있다.

중추신경계와 말초신경계

편형동물은 왼쪽과 오른쪽이 서로가 거울에 비친 모습에 가까운 좌우대칭 균형을 갖춘 최초의 무척추생물 중 하나이다.** 그들은 또한 그림 24.4에서 보듯 초보적인 중추신경계와 말초신경계를 갖춘 최초의 동물이기도 하다.

편형동물의 신경계는 형태학적 좌우대칭을 반영한다. 서로 연결되어 있는 중간 뉴런의 두 그룹이 초보적인 뇌를 형성하며, 여기서부터 두 가닥의 신경섬유가 몸의 좌우로 이어져 있다. 이 두 가닥은 사다리의 가로대처럼 놓인

* 460쪽 참고.

** 동물은 어째서 삼면 대칭이나 사면 대칭이 아니라 좌우대칭적으로 진화했을까 하는 문제는 좀체 제기되지도 않았고 그에 대한 만족할 만한 대답도 없는 질문이다. "적응의 원리"는 대답을 주지 못한다. 그런데 환경은 3차원적 공간이다.

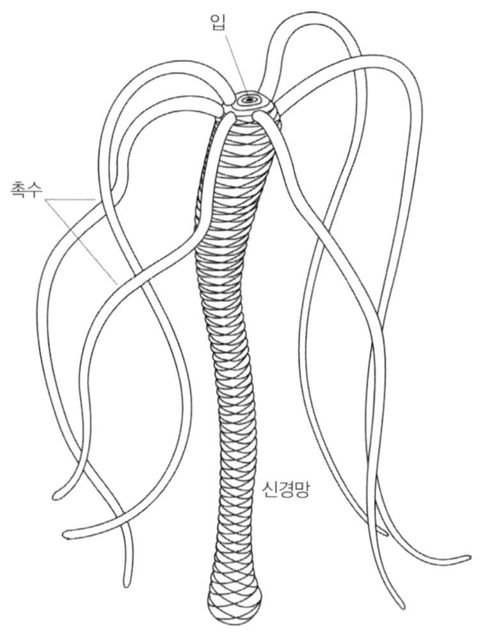

그림 24.3 히드라의 산만신경계

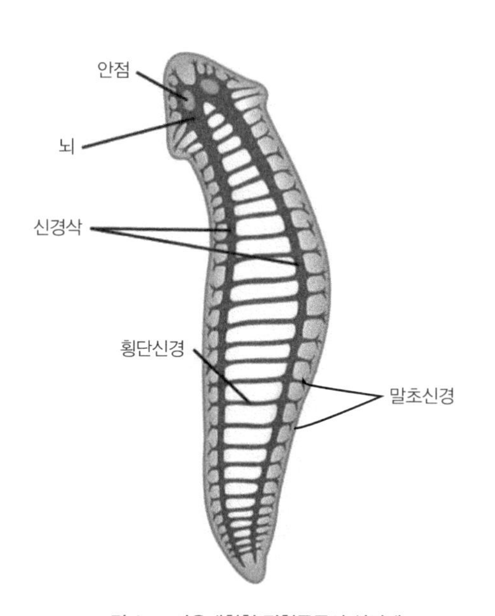

그림 24.4 좌우대칭형 편형동물의 신경계

횡단 신경에 의해 서로 연결되어 있다. 이것이 원초적인 중추신경계를 형성한다. 그 가닥에서부터 작은 신경이 나와서 몸의 옆으로 뻗쳐 있고, 말초 신경들이 서로 교직되면서 말초신경계를 이룬다. 이 말초 신경들은 몸 전체에 퍼져 있는 감각 기관들과 연결되어 있다. 빛에 반응하는 안점은 뇌 가까이 있고, 몸의 가운데쯤에 입이 있다. 운동 뉴런도 이에 대응하여 흩어져 있다.

좌우대칭 동물의 진화는 뉴런 개수의 증가 패턴은 물론이고 감각 뉴런들이 확장된 뇌에 가깝게 진화되는 중심화centration의 패턴을 보여 준다.

인간에 이르는 계통은 척추동물에 이르는 진화과정을 따른다. 이들의 말초신경계는 해골에 의해 보호되는 뇌와 조각으로 되어 있는 척추에 의해 보호되는 신경삭nerve cords으로 이루어져 있다. 중앙화의 패턴은 머리의 발달과 함께 지속되는데, 감각 뉴런 그룹—예를 들어, 냄새와 소리에 의해 자극을 받는 그룹—은 머리 끝부분의 뇌 근처에 집중되고, 신경삭은 뇌에 신호를 전달하거나 뇌로부터 신호를 전달하는 신경 조직의 다발로 이루어져 있으며, 이들은 조절과 통제 기능을 가진 중간 뉴런들이 서로 연결된 체계이기도 하다.

척추동물의 말초신경계는 두 부분으로 나누어져 있다. 자율신경계는 심장, 폐, 내분비샘(호르몬이라고 부르는 화학물질을 만들어 혈관계 내부로 분비하여 먼 곳에 있는 목적 세포들에게 도달시키고 거기서 세포의 대사작용을 조절한다) 등의 내부 반응기 기관에 신호를 전달하는 운동신경섬유로 이루어져 있는데, 이로 인해 성체의 지속적인 작동, 즉 항상성이 유지된다. 이것은 자극에 자동적으로 반응하는 중추신경계의 가장 오래된 부분인 뇌간brain stem(인간과 초기 파충류 후손이 공유하는 영역)의 조절을 받는다. 체성신경계는 동물의 가장 바깥층이나 그 근방에 있는 근육 등의 반응기에 신호를 보내는 운동신경섬유로 이루어져 있다. 그리고 외부의 감각적 자극에 반응하는 중추신경계에 의해 활성화되고 자율적 통제를 받는다.

척추동물의 진화는 복잡화의 패턴도 보인다. 형태학적으로 보다 복잡한 종에서 반응을 통제하는 중간 뉴런의 숫자가 증가하면서 뇌에서는 서로 연결된 세 가지 발달이 일어났다. 이들 각각은 특정 감각과 연관되어 있는데, 구체적으로 전뇌는 냄새, 중뇌는 시각, 후뇌는 소리와 균형과 관련된다. 인간에게 이르는 계통에서 진화가 더 진전되면서 전뇌는 대뇌 반구로, 중뇌는 중뇌의 지붕, 즉 중뇌개中腦蓋, tectum로, 후뇌의 신경 조직상의 물결진 공은 소뇌cerebellum(라틴어로 작은 뇌라는 의미)로 발전했다. 그림 24.5는 인간의 뇌를 구성하도록 진화해 온 이들 구조와 아래 소개되는 다른 요소들을 함께 보여준다.

이러한 신경 중추들이 원시적인 뇌간에 추가되면서 감각기 섬유와 운동기 섬유 간의 조절과 연관성이 더욱 커진다. 고대 척추동물에서 보다 근래의 척추동물로 진화해 오면서 하급의 뇌간에서 고도의 대뇌피질로 기능의 점진적 이동이 일어났다. 대뇌피질은 대뇌반구의 바깥층 혹은 회백질로서, 약간 하얀색을 띠는 미엘린 싸개에 둘러싸인 축삭돌기로 구성된 백질 위에 뉴런의 세포 본체로 이루어져 있다.

분류학상 포유류의 출현은 뇌 속에 두 개의 구조가 추가되는 일과 관련되어 있다. 균류가 자라난 것처럼 보이는 신소뇌는 소뇌로부터 발달해 나왔

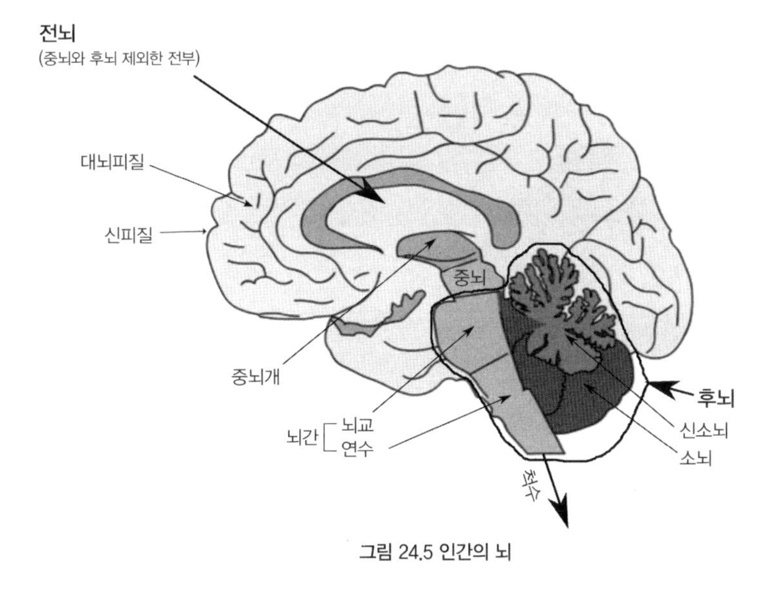

그림 24.5 인간의 뇌

다. 신피질은 피질에서부터 발달해 나와서 불과 2밀리미터 두께이지만, 점점 더 뒤엉키면서 새로운 외부층을 형성한다.

그림 24.6은 이러한 발달을 보여 준다. 쥐를 포함한 대부분의 포유류의 경우 신피질은 뇌의 다른 부분에 비해 상대적으로 작아서 뇌간이 선명하게 보이며, 원숭이 같은 인간이 아닌 영장류는 신피질이 상대적으로 크고 두개골 안에서 접히면서 자라므로 복잡하게 뒤엉킨 외관을 띠며 뇌간의 일부만 보인다. 인간의 경우에는 신피질이 한층 커서 뇌간 전체를 뒤덮고 있으며 매우 복잡하게 뒤엉킨 모양을 갖고 있다.

동일한 지표에 놓고 볼 때, 주목할 만한 진화론적 변화는 신피질의 성장이라 하겠다. 인간은 신피질이 쥐보다 두 배 이상 두껍지만, 그 표면적은 천 배 이상이다. 원숭이보다는 15퍼센트 두꺼울 뿐이지만, 표면적은 열 배 이

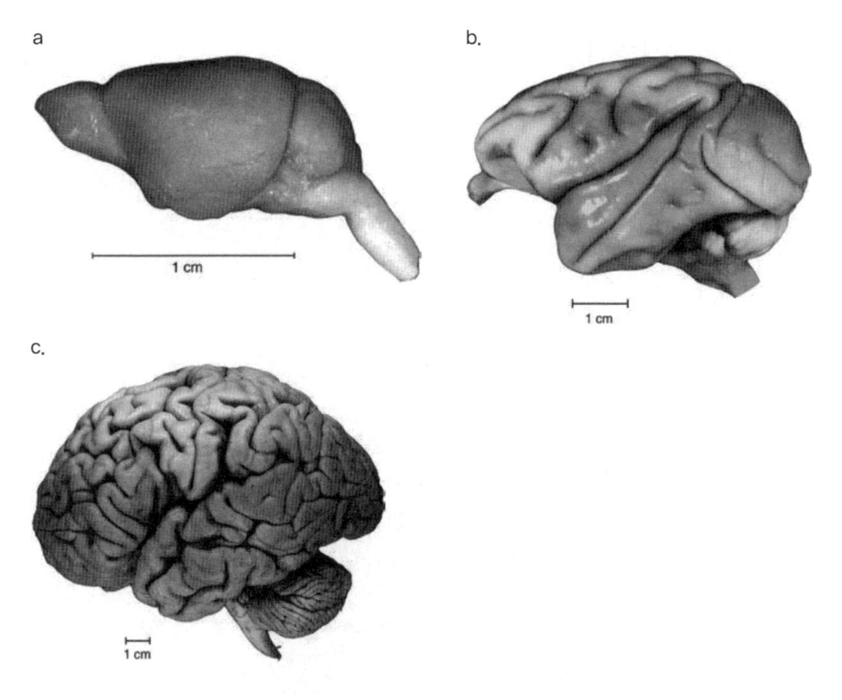

그림 24.6 쥐, 원숭이, 인간의 신피질 비교
a. 생쥐의 신피질
b. 붉은털원숭이의 신피질
c. 인간의 신피질

상 크다.

주로 머리에 집중되어 있으며, 뇌 속에 새롭게 생겨나고 서로 연결되어 있는 이러한 특수 영역이 추가되면서, 신경계의 중앙화와 복잡화가 증가되었다. 또한 인간 계통에서는 뇌가 전반적으로 커지면서 뉴런의 숫자가 늘어났을 뿐 아니라, 수상돌기와 축삭돌기 터미널을 통해 이들 서로 간의 연결 숫자도 늘어났다. 2009년 측정해 본 결과에 의하면 성인 남성의 뇌는 대략 860억 뉴런[5](전통적으로 알려져 있던 1,000억 개보다는 조금 작다)이 있고, 대략 500조(0.5×10^{15}) 개의 시냅스 연결[6]을 통해 서로 신호를 주고받는데, 이는 우리에게 알려져 있는 우주에서 가장 복잡하다. 또한 이러한 신경의 연결은 한때 생각했듯 고정되어 있는 것도 아니다. 1970년대 이후의 연구 결과 뉴런에게는 충격이나 기능 장애만이 아니라 새로운 정보나 감각적 자극에 대한 반응 차원에서 이러한 연결을 바꾸어 나가는 능력이 있다. 신경가소성 neuroplasticity이라고 알려져 있는 이 현상은 행동의 유연성을 증대시킬 뿐 아니라 학습 및 혁신과도 상관관계가 있다.

학습과 혁신은 고등 수준의 의식이 가지고 있는 형질인 인지 능력, 혹은 지능의 척도로 간주된다. 연구가들마다 이런 행동과 그 종의 신경계 간의 상호 관계를 측정할 때 서로 다른 정의와 서로 다른 방법론과 (언급되지는 않지만) 서로 다른 가정을 깔고 있다. 다음과 같은 네 가지 주요한 접근법이 있어 왔다.

1. 뇌의 크기

인지 능력은 뉴런들과 그들 간의 연결 숫자의 함수이며 이것은 뇌의 크기에 비례한다는 가정에 따라 뇌의 용량이 지능의 매개변수로 사용되었다. 이는 또한 화석과 죽은 동물에서도 쉽게 계측 가능하다.

그러나 이러한 단순한 접근법에는 문제가 꽤 많다. 보다 큰 포유류는 몸집이 크고 표면적도 크기에 혁신적인 행동을 관장하는 뉴런보다는 더 많은 감각 뉴런과 운동 뉴린을 관장하는 중간 뉴런이 많이 필요하다 사실을 어떻게 설명할 것인가? 이 접근법은 왜 짧은 꼬리 원숭이가 그보다 4~5배 큰 뇌를 가진 소 같은 유제류보다 더 큰 행동상의 유연성과 혁신성을 가지고 있는가 하는 점이나 왜 인간이 6배 더 큰 뇌를 가진 코끼리보다 창의성이 더 뛰어난지 설명하지 못한다.

분류학상의 여러 목目에 걸쳐 절대적인 뇌의 크기와 지능 간에 관계가 있다는 가정이 무너진다면, 영장목 같은 하나의 목 내에서는 유효한가? 2007년 미국 미시간 그랜드밸리주립대학교 심리학부의 학장인 로버트 디너Robert Deaner와 그의 동료들은 영장류의 인지를 다룬 문헌들을 검토한 후에 "뇌의 절대적 크기는 영장류의 인지 능력에 대한 최고의 지표"[7]라고 결론 내렸다.

그러나 2011년 케임브리지대학교 생물 인류학자 마르타 미라존 라어Marta Mirazon Lahr는 비록 불완전하긴 하지만 화석 기록에 따르면 고대 인류는 현재의 인류보다 뇌가 더 컸다는 점을 지적했다. 예를 들어 30,000년에서 25,000년 전에 살았던 성인 남성 크로마뇽인은 키가 크고 근육질이었으며, 몸무게가 80~90킬로그램에 평균적인 뇌 용적이 1,500cc(대략 거의 같은 시기에 멸종했던 네안데르탈인과 비슷한 용적)였다. 이 정도 뇌의 크기는 10,000년 전까지 유지되다가 그때부터 작아졌다. 오늘날 성인 남성은 평균 뇌의 크기가 1,350cc인데, 이는 10퍼센트 정도 줄어든 것이다 (이와 비례해서 몸무게도 10퍼센트 줄었다).[8]

10,000년 전의 인간이 현재의 인류보다 10퍼센트 더 혁신적이었다고 주장할 사람은 아무도 없으리라. 또한 성인 여자의 뇌는 성인 남자에 비해 대략 10 퍼센트 작으니 여자가 남자에 비해 덜 혁신적이고 지능이 떨어진다고 말할 이도 없을 것이다.

2. 뇌와 몸무게 간의 비율

1973년 신경해부학자 하트윅 쿨렌벡Hartwing Kuhlenbeck은 뇌의 무게와 몸무게 간의 비율에 따라 여러 종을 비교했다.

그러나 이것도 다른 문제들을 극복하지 못했다. 육지에 기반을 둔 동물들은 자신들의 움직임에 반하는 중력을 극복하기 위해 근육 신경 활성화가 요구되는 반면에 물고기와 해상 생활을 하는 포유류들의 경우는 물의 부력 때문에 중력의 영향이 상당 부분 상쇄된다. 또한 고래의 몸의 대부분은 해저의 추위를 이기기 위해 몸을 둘러싸고 있으면서 신경은 비활성인 지방으로 이루어져 있다.

3. 대뇌화 지수

같은 해에 화석과 뇌의 용량 연구를 전공한 UCLA의 정신과학 및 행동과학부의 해리 제리슨Harry Jerison은 모든 포유류 종에서 유효한 뇌의 크기를 측정하는 방법으로 대뇌화 지수(EQ: encephalization quotient)를 제시했다. 이것은 서로 다른 포유류 종의 뇌의 무게와 몸무게의 비율에 기반하되, 서로 다른 포유류를 계측해서 도출된 멱함수冪函數, power function로 보정을 했는데, 몸의 크기가 커질 동안 뇌의 크기는 몸의 크기에 비해 덜 커진다는 점을 보여 준다.

EQ는 한 종에서 관측된 뇌의 질량이 그 몸의 질량에 비해 예측되는 값과 어느 정도 차이가 나는지를 보여 준다. EQ가 1보다 크다면 그 종의 뇌의 크기가 몸무게에 비해 기대치보다 크다는 뜻이다. 포유류와 비교해 본다면 인간은 7과 8 사이의 매우 큰 EQ를 가지고 있다. 인류 조상hominid의 여러 과와 비교해 보자면, 인류는 3 이상의 EQ를 가지고 있고, 고릴라와 오랑우탄은 인간보다는 몸이 크지만, 뇌는 3분의 1 크기이다.

EQ는 널리 쓰이는 기준이다. 그러나 뇌의 무게를 예측하는 공식은 계측된 여러 종들의 조합에 의존하고 있다. 게다가 지능과의 상관관계는 뇌가 몸에 비해 클수록 더 많은 뇌의 무게가 복잡한 인지적 작업에 활용된다고 가정하고 있다. 즉 높은 EQ를 가진 작은 뇌의 동물은 낮은 EQ를 가진 큰 뇌의 동물보다 더 높은 지능을 가지고 있다고 예측된다. 그러나 흰목꼬리감기원숭이는 고릴라보다 더 큰 EQ를 가지고 있지만, 인지 성과에서는 그들에게 밀린다.
요약하자면, 단순히 뇌와 몸의 비율을 계산하던 방식에서 진일보했지만, EQ 역시 여전히 투박한 측정법으로서, 뇌의 어떤 특정 부분이 혁신적인 행동을 담당하고 있는지 설명하지 못한다.

4. 신피질

1969년 막스플랑크 연구소 뇌 연구팀의 하인츠 스테판Heinz Stephan과 미시시피대학교 의과대학 신경외과 수술부 O. J. 앤디O. J. Andy는 모든 영장류, 그리고 근래에 생겨난 태반 포유류목들 중에서 전부는 아니더라도 대부분이 고대의 식충동물, 즉 곤충을 먹는 작은 포유류에서 나왔다고 결론을 내렸다.
15년 후 스테판은 몬트리얼대학교 생물학부의 피에르 졸리쾨르Pierre Jolicoeur와 그 동료들과 함께 현존하는 식충동물 28종의 뇌와 63종의 익수류(박쥐의 포유류목)와 48종의 영장류의 뇌의 차이를 검토했다. 그들은 기초 식충동물에서 고등 영장류에 이르기까지 뇌의 구성 요소 중에서 상대적으로 가장 큰 용적 증가를 기록한 부분은 신피질이며, 호모 사피엔스의 신피질은 동일한 몸무게를 가진 가상의 기초 식충동물에 비해 150배나 발달했다는 걸 발견했다.[9]
즉 다른 포유류와 영장류에 비해 인간 뇌의 진화에 나타나는 특징은 뇌에서 가장 최근에 진화한 영역인 신피질의 발달이며, 이는 단기 기억, 연상, 혁신, 언어, 추론, 자기 성찰 등의 고등의 인지 작용을 담당하며, 이 모든 것들은 높은 수준의 의식에서 나타나는 특징이다.
신피질에 나타나는 주름이라는 특징은 세 가지 이유로 중요하다. 첫째, 신경 조직이 이렇게 접히게 되면서 보다 큰 중앙화가 가능하다. 즉 같은 부피 속에 더 많은 뉴런이 들어차게 되면서 뉴런의 밀도가 높아질 수 있다. 둘째, 그 결과 이들 뉴런을 연결하는 조직의 길이는 뉴런이 보다 넓게 퍼져 있을 때보다 짧아지면서, 뇌 속의 중간 뉴런의 전달과 반응 시간이 줄어든다. 셋째, 머리는 더 큰 뇌를 담기 위해 더 커질 필요가 없어진다. 이 세 번째 요소로 인해, 동물의 몸집이 더 커지지 않아도 된다. 즉 피부 같은 감각기 조직과 근육 같은 반응기 조직이 몸에서 서로 멀리 떨어져 있더라도 이들을 서로 연결하는 신경 조직의 숫자와 길이가 늘어날 필요가 없게 되었다. 이로 인해 신경의 전달 시간이 줄어든다. 또한 발달된 인지 작용을 담당하는 뉴런과 동작이나 유지 작용을 담당하는 뉴런 간의 비율도 높아진다. 종합적으로 말하자면, 이로 인해 뇌-몸의 크기는 스피드와 반응의 유연성에 적합해지고, 혁신과 같은 고도의 인지 활동에도 적합해진다. 이 모든 것은 거의 무한한 무작위적 가능성 중에서 자연 선택이 작동하여 생겨난 것이 아니라 물리학 법칙에 따라 생겨났다.

Chapter 25

생명의 출현과 진화에 관한 통찰과 결론

코페르니쿠스 이후 인류 역사에서 제대로 교육받은 합리적인 사람들 중에
지구가 이 우주에서 독특한 위치를 차지하고 있다고 생각할 이는 아무도 없다.
-마이클 로완-로빈슨Michael Rowan-Robinson, 2004년

우리 자신의 존재가 한 때는 모든 신비 중에 가장 큰 신비였지만,
이제는 풀렸기에 더 이상 신비가 아니다. 다윈과 월리스가 이를 풀었고,
당분간 우리는 그들이 내놓은 해답에 주석을 달아갈 뿐이다.
-리처드 도킨스, 1986년

그 어떤 것도 권위 때문에 받아들이지 말라(Nullius in verba)
-영국 왕립학회의 모토

통찰

이 책의 탐구를 계속하는 즐거움 중 하나는 내가 미처 예상치 못했던 것을 발견하는 일이다. 우주론자들에게 지구라는 행성은 자신만의 고유한 행성계를 갖춘 별들이 수천억 개가 모여 있는 은하계 내에서 보자면 하찮은 물체일 뿐이며, 이 은하계도 가시적 우주 내에 존재하는 수천억 개의 은하 중 하나이다. 현재의 정통 우주론에 따르자면 이 가시적 우주 역시 전체 우주의 믿을 수 없을 만큼 작은 일부에 불과하다.

그러나 우주생물학이라는 비교적 최근에 생겨난 과학의 시각에서 접근하면, 성간 공간이나 소행성에서 발견되는 13종가량의 원자로 이루어진 복잡한 분자들이 인간이라는 복잡한 물체로 진화하는 데 필요한 여섯 가지 조

건이 도출된다. 이 여섯 가지 조건에 따르자면, 은하와 태양계 내에서 그러한 진화가 익히 알려져 있는 물리화학적 법칙에 따라 일어날 수 있을 만한 공간은 지극히 소수로 줄어든다. 지구 표면이 이러한 조건을 제공하지만—여기에 반전이 있다—그것은 지극히 예외적인 별과 행성 차원의 사건들이 모두 한꺼번에 일어날 수 있을 때에만 가능하다. 지구는 설령 유일하지는 않다고 해도, 이 은하 내에서 지능이 있는 생명체가 살 수 있는 매우 희귀한 장소이다.

또 다른 반전은 모두가 받아들일 만한 생명에 대한 정의가 없다는 점이다. 대다수의 정의들은 생명체를 무생물체와 구분하는 데 충분하지도 필연적이지도 않고, 그중 대부분은 번식할 수 없는 노새 같은 생명체를 포괄하지 못한다. 나는 13장에서 제시한 생명에 대한 정의가 사용 가능한 정의이며, 비록 정확하게 그어지지는 않았더라도 무생물 물질에서 생명체로의 주요한 진화적 전이를 나타내는 불가역적인 경계선을 보여 준다고 생각한다.

나는 원고 형태의 결론부를 전달받고서 사실 관계의 오류나 빠진 부분을 교정하고 코멘트를 해 준 우주생물학자들과 지질학자들에게 감사한다. 그들은 열린 마음으로 그리고 과학이 가진 최선의 전통에 입각해서 교조적인 태도 없이 대해 주었다. 이것은 우주생물학이 최근에 생겨난 학문이고, 지질학은 1960년대에 이르면 대륙 이동설을 완강하게 무시해 온 지난 50년간의 지질학적 정설이 판 구조론 메커니즘을 지지하는 증거의 무게에 눌려 무너지는 패러다임 변화를 겪었기 때문일지도 모른다. 판 구조론은 지금도 여전히 세부적 연구가 진행 중이다.

슬프지만, 생명의 진화를 탐구하는 동안, 내가 제시한 질문과 원고에 대해 나온 대부분의 반응은 1부 끝에 있는 11장에서 요약했던 주류 우주론자들과 이론 물리학자들의 반응과 비슷했다. 그 반응은 다섯 가지 정도로 구분할 수 있다.

a. 위압적으로 무시하는 태도

b. 정중하게 무시하는 태도

c. 당신은 사실을 제대로 모르고 있다는 식의 태도

d. 당신은 사실은 알고 있는 듯한데, 제대로 이해하지는 못하고 있다는 식의 태도

e. 신다윈주의는 그 모든 증거나 그 모든 다양한 가설들과 양립할 수 있다는 태도

지난 40여 년 간, 살아 있는 종들을 대상으로 하여 생물학적 진화가 실제로 일어났는지 살펴보는 연구가 그다지 많이 진행되지는 않았다는 말로 시작하는 원고를 검토해 달라고 했던 내 요청에 대해 날아온 위압적으로 무시하는 대답 중 하나는 "나는 당신의 논문의 첫 번째 문장도 아직 넘어가지 못했습니다……이런 주장처럼 진실에서 벗어난 말은 없을 듯하네요"라고 시작한다. 그러고는 생물학적 진화가 실제로 일어났는지 검토하려는 실증적 연구는 수천 건이 있었다는 말이 이어졌고, "객관적이며 제대로 공부한 사람이라면 모를 수는 없을 듯합니다"라는 말이 덧붙여졌다. 그러고는 1986년도에 출판된 책 한 권과 대학교 학부의 진화론 교과서를 읽어 보라고 추천하고 있었다.

그의 전공 분야에 대해서는 내가 잘 모르기에, 나는 그에게 혹시 원고에 오류나 빠진 부분이 있으면 교정해 달라고 요청했다. 그러나 1986년도에 나온 그 책은 생물학적 진화가 있었는지를 다루지 않은 책이며, 신다윈주의 메커니즘을 탐구하는 방법론만을 다루는데, 그 부분은 내 원고의 두 번째 세 번째 문장이 말하고 있는 내용이다. 그리고 원고의 나머지 부분은 현재 학부에서 쓰는 여러 교과서에 나오는 사례들을 다루고 있었다. 이런 반응은 생물학적 진화 현상을 신다윈주의 메커니즘과 동일시하려는 진화생물학자들이 보이는 극단적인 반응인데, 신다윈주의 메커니즘은 지금까지 제시된 여러 메커니즘 중 하나일 뿐이다.

미국 내 생물학계의 유명한 학자 중 한 명은 내가 이메일로 원고를 보내

고 검토를 요청한 지 몇 시간 만에 "당신이 보내온 텍스트를 빠르게 훑어봤습니다……당신이 쓴 내용은 때로는 순진하고, 불완전하며, 전체적으로 편향되어 있고, 많은 사례는 업데이트가 되지 못한 것들입니다. 그리고 사실관계나 저자에 대한 귀속에 오류가 있고 이론에서도 그러합니다"라는 답을 보내왔다.

원고에서 지자를 정확히 귀속시킨 60개의 인용 중 39개는 최근 6년 내에 나온 논문이었고, 그해에 온라인으로 출판된 백과사전에 그 사람이 썼던 긴 항목도 포함되어 있었다. 이에 나는 그의 말에 매우 마음이 불편했다는 말과 함께, 만약 무엇이 편향되어 있고 중대한 오류와 잘못된 귀속은 무엇인지 알려 주면 고맙겠다고 답을 보냈다. 그 후로 한 번 더 메일을 보내 기억을 상기시켜 주었지만 아직도 답을 받지 못했다.

정중하게 무시하는 태도를 가진 이들은 내 결론에 동의하지는 않으나 내가 잘해 나가기를 바란다고 답을 보내왔다. 어떤 이들은 진화 이론을 공격하는 내가—명백하게 제시한 내 의도를 오해한 것인데—마치 밀실에 혼자 은둔하는 창조론자를 연상시킨다고 했다. 그 이후에 요청을 보낼 때면 나는 할 수 없이 서론부에다 나는 창조론이나 지적설계론을 믿는 이가 아니며, 앞선 장들에서는 이 두 가지 입장이 과학의 영역을 벗어나 있다고 결론을 내렸다는 말을 써서 보내야 했다.

이 책에서 나는 간략하게 각 분야에서 과학 이론의 발전 과정을 추적하면서 과학이 새로운 증거와 새로운 사고방식에 응답하면서 어떻게 지속적으로 진화해 왔는지 살핀 뒤, 그 분야의 대부분의 연구가들이 인정하는 현재의 정통 이론을 검토한다.

내가 자문을 의뢰했던 이들 중 한 분은 "정통"이라는 말은 신념을 함축하고 있다는 의미에서 사용에 반대했다. 생물학계의 현재의 정통 이론의 두 가지 예가 바로 포괄 적응 가설과 "호혜적 이타주의" 가설인데, 이들은 광범위하게 퍼져 있는 협력 현상을 신다윈주의의 경쟁 모델과 양립시키기 위해 사회생물학자들이 가져왔다.

사회생물학의 창설자로 여겨지는 에드워드 윌슨은 사회생물학이 1960년대와 1970년대에 길을 잘못 들었다고 솔직하게 인정할 정도의 명료함을 가지고 있었다. 2010년에 그는 두 명의 수학 진화생물학자들과 함께 네이처지에 논문을 실었는데, 거기서 자연 세계를 설명하는 데 포괄 적응 가설은 그리 가치가 없다고 주장했다. 다섯 달 뒤에 네이처지는 138명의 진화생물학자들의 이름이 표기된 논평을 실었는데, 그 논평은 "우리는 그들의 주장이 진화 이론에 대한 오해와 실증적 문헌에 관한 잘못된 설명에 근거하고 있다고 **'믿는다'**[강조는 저자]"고 말한다. 거기에 달린 각주 중 하나에는 그 논평에 중대한 기여를 했던 몇 명의 이름은 표기하지 않았으며, 그들의 이름은 별도의 논평들에 표기되어 있다고 기록되어 있다. 윌슨의 논문의 다양한 측면에 대한 4개의 다른 논평이 도합 17명의 다른 학자들의 이름이 표기된 채로 나왔다. 사회생물학을 창시한 당사자가 그 이론을 이해하지 못하고 있다고 "믿는다"고 주장하는 155명의 진화생물학자들이 나서서 하나의 아티클에 동조 서명한 것을 보면서, 나는 이 사태가 내가 말했던 정통 이론과 그 이론이 야기하는 집단적 사고방식을 잘 드러낸다고 생각했다.

23장에서는 린 마걸리스가 유전자상의 증거로 보자면 자신의 가설에서 적어도 일부는 유효하다는 점을 의심할 여지가 없는데도 불구하고, 동료들의 리뷰를 받아 주류 과학 생물학 저널에 글을 싣는 게 어렵다고 느꼈던 일을 다루었다.

기성 생물학계가 내부의 반대자나 외부에서 문제를 제기하는 자를 대하는 방식은 기성 우주론 분야의 방식을 연상시킨다. 나는 이 모든 게 동일한 이유로 말미암았다고 본다. 생물학의 주류는 통계적 집단유전학을 사용하는 이론가들과 주로 실험실에서 초파리를 연구하면서 그 연구 결과를 다른 동물은 물론 식물과 균류, 원생생물, 박테리아에까지 적용하는 실험동물학자들로 구성된 한 학교에 의해 장악되어 있다. 그 학교는 생물학 분야에 많은 통찰을 제공하고 공헌도 하고 있다. 그들의 가설은 그 당시까지 알려져 있는 사실의 많은 부분을 설명해 주었다.

그러나 60년이 넘어가자 이 가설은 화석화되어, 생물학적 진화를 신다윈주의 모델과 동일시하고 수학적 증명과 실증적 증명을 합치기에 이른다. 특히 화석의 기록과 야생 상태의 광범위한 영역의 생물종에 대한 관찰로 나온 상반된 증거들은 지지되지 않는 주장, 논리적 오류 또는 임의의 매개변수를 조정하여 원하는 결과로 생성할 수 있는 수학적 모델에 의해 무시되거나 반박된다. 그 외의 다른 가설들은 그저 관심을 받지 못하거나, 그 가설을 주장한 자는 생물학적 진화를 공격한다는 비판을 당해야 했다.

특히 미국 내의 생물학자들에게 유별난 것은 창조론이나 교실 내에서 생물학적 진화와 함께 지적설계론도 가르쳐야 한다는 시도에 대한 반응이었다. 역설적이지만, 신다윈주의와 모순을 일으키는 증거를 무시하거나 부정하는 일은 창조론자들과 지적 설계 운동을 주장하는 진영에게 좋은 무기를 제공한다.

정통적 견해를 유지하면서도 나와 함께 때로는 긴 대화를 이어갔던 이들에게 나는 특히 많은 빚을 지고 있다. 그들은 내가 미처 알지 못하고 있던 논문을 알려 주기도 했고, 원고에 드러나는 느슨한 논리나 명료함이 떨어지는 대목을 지적해 주었다. 그중 몇 명은 나중에 원고가 좋은 포인트를 가지고 있다는 점을 인정해 주었다.

다섯 번째 반응 유형은 자연 상태에서 나오는 증거에 비추어 볼 때 신다윈주의에 모순이 있으며 대안적 가설의 설득력도 인정하는 진화생물학자들에게서 나왔다. 그들은 과학은 진보하므로 신다윈주의 역시 모든 증거와 모든 다른 가설들과 양립할 수 있다는 견해를 가지고 있었다. 그중 한 명의 말을 인용하자면, "다윈주의자들은 변화가 점진적으로 일어났다고 믿는다. 단속 평행이든 도약이든 간에 특정한 과학자들의 특정한 견해가 틀렸다는 것을 증명하는 이론은 있을 수 있지만, 신다윈주의가 틀렸다는 것을 증명하는 이론은 없다." 그러나 점진주의는 다윈주의와 신다윈주의 모두의 근본 원리이다.

이런 식으로 서로 모순되는 가설이나 심지어 증거와 모순을 일으키는 가설까지 모두 포섭하려는 광교회적broad-church 접근법은 이론을 아무런 의미가 없게 만든다. 어떤 과학적 이론도 그 핵심 원리에 의해 정의가 내려져야 하며, 그렇기에 제리 코인은 현대 신다윈주의의 핵심 원리를 정의한 자로 간주되어야 한다.

핵심 원리를 정교하게 하고 적용하는 작은 단계별 진보가 이어지다가 이 핵심 원리에 도전하는 새로운 증거 그리고/혹은 새로운 사고방식이 성장하고, 대체로 후대의 연구가들에 의해 마침내 새로운 핵심 원리의 조합이 수용되는 것이 과학 이론의 역사적 패턴이다. 이는 지질학과 물리학에서 일어났다. 닐스 보어는 고전 뉴턴 물리학에는 논쟁의 여지가 없고 더 이상 남아 있는 중요한 발견도 없으니, 물리학을 그만두라고 강요를 받았다. 이러한 견해는 이 장의 제목 아래에 인용한 리처드 도킨스의 글에서도 반복해서 나타난다.

진화생물학은 앞으로 패러다임 전환을 겪어야 한다. 우리가 몰랐고 이해하지 못했던 사실 앞에서 겸허한 자세를 유지하는 일은 생물학자들 사이에서는 아직 보편화되지 못한 고귀한 자질이다.

최근 15년 간 매우 다양한 종들의 전체 게놈 서열이 빠르게 확인되면서 나타난 뚜렷한 증거로 인해, 이러한 증거나 새로운 생각, 그 증거와 부합하면서도 지금까지 무시되거나 거부되었던 새로운 시각을 좀 더 잘 반영하는 모델들이 여럿 만들어졌다. 나는 이러한 사태를 통해 생물학적 진화의 새로운 이론이 만들어지기를 기대하며, 그렇게 되면 신다윈주의 모델이나 그 모델의 일부는 특수하거나 한정적인 케이스에 불과하다고 간주될 것이다.

내 원고에 대해 응답한 진화론적 생물학자들 모두가 위에서 거론한 방식으로 대답했던 건 아니다. 어느 저명한 연구가는 "당신의 책의 일부를 읽었는데, 내가 보기에는 복잡도 증가에 관련한 가장 온전한 주장이 아닌가 합니다"라는 답을 보내왔고, 또 다른 이는 이렇게 썼다. "지금까지 수많은 대안적 이론들이 무시당하고 일반 대중은 접할 수도 없었는데……그토록 다양한 대안적 이론을 제시해 준 당신에게 찬사를 보냅니다. 종합적으로 말하자면 당신의 설명에는 오랫동안 요구되어 온 중립적인 톤이 유지되고 있다고 생각합니다."

결론

2부에서 발견한 내용을 종합하면 다음과 같은 결론이 나온다.

1. 성간 공간이나 소행성에서 발견되는 13가지 원자로 이루어진 유기적 분자가 인간 같은 복잡한 물체로 진화하려면 여섯 가지 조건이 필요하다. 필수 원소와 분자를 갖춘 행성, 에너지 원천, 최소 질량이나 최대 질량, 위험한 복사나 충격으로부터의 방어, 표면과 그 위 그리고 바로 아래 영역의 온도 변화가 좁은 범위에서 일어날 것, 그리고 이러한 생명권이 수십억 년간 지속되는 안정성이 그것이다. (12장)
2. 은하 차원, 항성 차원, 행성 차원에서 모든 요소들이 흔치 않게 동시에 성립해야만 지구상에서 이들 여섯 가지 조건이 갖춰지며, 40억 년간 열역학적 평형이 아니면서 안정 상태를 유지하는 물리화학적 시스템에서 에너지 흐름의 변화가 일어날 수 있다. 이 말은 지구가 인간처럼 복잡한 탄소 기반의 생명체가 출현하고 진화하는 데 필요한 조건을 갖춘, 우주 전체를 통틀어서는 아니더라도, 은하 내에서 유일하지는 않더라도 흔하지는 않은 행성이라는 뜻이다. (12장)
3. 생명이란 폐쇄된 개체가 자기 내부나 환경의 변화에 반응하고, 외부로부터 에너지와 물질을 추출하며, 그 에너지와 물질을 자신의 생존을 위한 내적인 활동으로 변환시킬 수 있는 능력이라고 정의될 수 있다. 이 생명의 출현은 무생물 물질에서부터 정도程度의 변화가 아니라 종류가 달라졌음을 뜻한다. (13장)
4. 암석에서 발견되는 생명에 관한 화석의 결정적인 증거는 지금으로부

터 20억 년 전 다시 말해 지구가 형성되고 25억 년이 지난 이후부터 나온다. 이 미생물이 보다 단순한 생명체에서부터 나왔다고 가정한다면, 생명은 그 이전부터 있었음이 틀림없다. 논쟁의 여지가 아직 남아 있는 주장들에 의하면, 생명은 35억 년 전, 심지어 38억 년 전, 혹은 지구가 소행성들과 다른 잔해들에 의해 폭격을 당하던 명왕누대Hadean Eon인 38억 5천만 년 전에 출현했다. 35억 년 전이라고 보는 것이 현재로서는 최선의 추정이다. (14장)

5. 명왕누대에 형성되었으리라 생각되는 유사한 극한 조건에서 현재 살고 있는 유기체인 극한미생물의 발견은 생명이 그때, 즉 지구가 형성되고 최초의 7억 년이 지났을 시기에 존재할 수도 있었으리라는 추정을 가능하게 하지만, 증명은 하지 못한다. (14장)
6. 대체로 남아 있는 화석 기록이 부족하고, 최초 20억 년 동안의 퇴적암은 거의 모두가 다른 지각판 밑으로 들어갔거나 변형되었기에, 지구상에 나타난 최초의 생명체에 대한 증거는 앞으로도 찾을 수 없으리라는 점은 거의 확실하다. (14장)
7. 다양한 세포의 유전자 분석을 보면, 생명이 지구상에서 단박에 출현했고, 현재의 모든 생명체—박테리아에서부터 인류에 이르기까지의 다양한 유형—가 단일한 공통 조상에서부터 진화했으리라는 점을 강력하게 추정할 수 있게 하지만, 증명하지는 못한다. (14장)
8. 어떠한 과학적 가설도 왜 단백질-알려져 있는 모든 세포들, 그러니까 최초의 독립적인 세포들의 작용에도 필수적인 분자물—이 알려져 있는 500종의 아미노산 중에서 오직 20종의 아미노산의 조합으로만 구성되며, 왜 각각의 아미노산에서 가능한 두 가지 입체 이성체 중에서 좌선성만 사용되는지 설명하지 못한다. (14장)
9. 어떠한 과학적 가설도 변화무쌍한 배열과 작용력을 가지고 있으면서, 가장 단순하고—따라서 가장 원시적인—독립적인 생명체를 이루는 데 필수적인 복합 성분을 구성하는 몇 가지 원자와 분자들이 어떻게 해서

새롭게 형성된 지구 표면에 있던 13종의 원자와 분자의 상호작용에서부터 생겨났는지 제대로 설명하지 못한다. (15장)

9.1 이러한 화합물이 이루고 있던 원시 수프에서부터 어떻게 생명이 출현했는가에 관한 생화학의 정통적 설명은 실증적 증거가 없고 유효하지 않은데, 이는 무엇보다도 물 같은 용액 속에서 일어나는 무작위적 반응을 통해 자기 복제하는 RNA 분자나 자기 복제하는 펩타이드가 만들어지거나 더욱이 좌선성의 아미노산 이성체를 가진 것들만 만들어진다고 보는 것은 통계학적으로 너무나 가능성이 낮기 때문이다.

9.2 다른 가설들—자기조직화 복잡성, 복제하는 진흙이나 황철광 결정 전구체, 열역학적 메커니즘이 아닌 양자역학적 메커니즘—은 흥미로운 가능성을 제시하지만, 현재까지는 중요한 단계에 대한 설명력이 부족하고 실증적 증거도 부족하다.

9.3 생명은 외계에서 지구로 왔다는 다양한 주장은 본질적인 질문에 대한 해결을 그저 미룰 뿐이며, 그들 중 대부분은 거짓으로 증명되었거나 아니면 매우 의심스럽고 증거도 없는 가정에 기반하고 있다.

9.4 약한 인간 중심 원리는 아무것도 설명하지 못하고, 강한 인간 중심 원리의 해석과 최초 세포 관련한 지적설계론은 반증할 수가 없으므로 과학의 영역을 벗어난다.

10. 물질의 출현과 마찬가지로 생명의 출현을 설명하는 일은 과학의 역량 범위를 넘어선다고 봐야 한다. (15장)

11. 화석, 상동 구조들, 흔적기관, 배아, 생물지리학, 생화학, 유전학, 살아있는 종의 유전자학 등에서 얻은 증거들은 그들 자체로는 생물학적 진화 현상에 대해 반박할 수 없는 증거를 제공하지는 않는다. 그러나 이들을 종합해 보면, 인간이 지구라는 행성의 표면 전체로 퍼져 나가면서 생물권, 보다 정확히 말해 생물층을 형성한 최초의 생명체들로부터 진화했다는 명백한 증거를 제공한다. 또한 그 증거들은 뚜렷한

패턴을 보인다. (17, 18장)

12. 오랜 시간의 화석 기록은 단순한 것에서 복잡한 것으로 변해 가는 패턴을 보인다. 진핵생물 이전에 원핵생물, 다세포 진핵생물 이전에 단세포 진핵생물, 좌우대칭과 머리를 가진 동물 이전에 방사상 대칭 생물, 척추동물 이전에 무척추동물, 양서류 이전에 어류, 조류 이전에 파충류, 영장류 이전에 포유류, 인류 이전에 원숭이가 나타난다. (17장)
13. 이는 직선적인 전개가 아니라 보편적 공통 조상으로부터 네트워크를 이루어 통합되고, 가지를 뻗어 나가며, 다양한 계통이 생겨나고, 그들 중 대다수는 결국 멸종하는 진화 패턴을 드러낸다. (17, 18장)
14. 새로운 종이 출현하는 경계선은 명확하게 그어지지 않지만, 그럼에도 모든 출현에서 봤듯이 경계선인 것은 분명하다. 그 경계선을 넘어가면 되돌아오는 일은 일어나지 않는다. (17장)
15. 계통이 정체에 이르면 최후의 종은 변화를 보이지 않다가 멸종하거나, 그보다 드문 경우로는 수천 년 심지어 수억 년 간 계속 유지되면서 오늘날에 이르기도 한다. (17장)
16. 현재까지의 증거로 보자면 대체적으로 각각의 계통에서 복잡도는 증가한다. 이는 인간에게 이르는 계통에서 뚜렷하게 나타난다. (17, 18장)
17. 원핵생물에서부터 인류에 이르기까지 살아 있는 종은 대체적으로 복잡도가 증가하는 패턴을 보인다. (18장)
18. 서로 합심해서 행동하는 유전자에서부터, 군락을 이루면서 자신들을 보존하고 복제하는 원핵생물, 단세포 진핵생물 내에서 서로 협력하면서 세포를 보존하고 복제하는 세포기관, 다세포 유기체 내의 자신의 역할을 수행하며 협력하는 세포들의 무리, 곤충 군락이나 물고기 떼, 새떼, 그리고 가족, 부족, 군락, 그 외의 수많은 집단 등의 사회를 이루고 협력하는 포유류 등의 동물들에 이르기까지 협력은 생명체의 생존과 번식에서 경쟁보다 훨씬 중요한 역할을 한다. 협력은 서로 다른 종의 개체들 간에도 광범위하게 일어난다. (19장)

19. 단세포 생물과 동물 종의 경우에 협력은 주로 하나의 종 내부에서 무리를 이루는 방식으로 생기는데, 이들은 서로 의사소통하고 함께 일하면서 공동의 서식지를 만들고, 새끼를 낳고 기르며, 먹이를 찾고, 자신들을 방어하며, 먹이감을 공격하고, 생존과 번식에 더 유리한 곳을 함께 찾아간다. 어떤 경우에는 종 내부의 여러 무리들 간에, 심지어는 서로 관련되어 있는 종들 간에, 서로의 유익을 위해서 협력하고, 특히 이주할 때 그러하다. (19장)

20. 단세포 종에서 협력은 타고난 것이다. 여러 종의 곤충들처럼 작은 동물의 경우에 협력은 타고나는 것일 뿐 아니라 한결 복잡하고 때로는 강제된다. 이런 행동은 혜택이 서로에게 돌아가고 협력이 자발적으로 이루어지는 협동주의cooperativism와 구분하기 위해 집단주의collectivism라고 표현하는 편이 더 낫다. (19장)

21. 물고기에서 영장류에 이르기까지 종의 형태론적 복잡도는 늘어감에 따라, 시행착오를 거쳐 배우는 개체별 학습보다 더 효과적인 사회적 학습이 점점 늘어나서 타고난 행동을 대체해간다. 이렇게 사회적 학습을 통해 터득한 기술은 유전되기도 한다. 각각의 강綱 내에서, 사회적 학습의 증가 정도는 뇌의 복잡도 증가나 지능의 증가 정도와 상관관계가 있으며, 지능 증가 정도는 도전적인 문제에 관해 보다 새로운 해결책을 만들어 내는 정도로 측정한다. (19장)

22. 생물학적 진화 현상을 설명하는 현재의 정통 이론은 종의 집단 내에서 개체가 그 환경 속의 제한된 자원을 놓고 경쟁할 때보다 유리하게 만들어 더 오래 생존하고 더 많이 번식할 수 있게 하는 형질이 무작위적으로 발생 후 유전된다는 다윈주의의 자연 선택 이론에다가 통계학에 기반한 집단유전학, 그리고 정보는 유전자로부터 세포 내 단백질로 한방향으로 흐른다는 분자생물학의 중심 도그마를 합친 최신 종합이다. (16장)

23. 이 신다윈주의 패러다임의 주창자들은 자연 선택이 생물학적 진화를

일으키는 원인이라고 말하지만, 자연이 고르는 것이 아니므로 이것을 원인이라고 할 수는 없는데, 선택한다to select는 것은 고르는 것to choose을 뜻하기 때문이다. 또한 이것은 자연적 법칙에 대한 비유일 수도 없는데, 이들 주창자들 중에서 생물학적 진화와 관련해서 모든 생명체에 적용되는 유전자에 기반한 자연적 법칙을 언급하거나, 그에 관한 증거를 제시하는 이는 아무도 없기 때문이다. 자연 선택이라는 말이 단순한 순환 논리(보다 많이 생존하고 번식하는 유기체는 보다 많이 생존하고 번식하도록 자연의 선택을 받았다는) 이상으로 보자면, 이는 다른 것에 의해 발생한 효과에 대한 수동적인 기록이라고 하겠다. (21장)

24. 신다윈주의 모델에 의하면 종의 진화에는 세 가지 주요 원인이 있다. (21장)
    24.1 임의 발생 유전자 변이 중에서도 종 전체 군집 내의 특정 개체에게 군집의 환경 속의 제한된 자원을 위한 경쟁이나 포식자로부터의 보호에 이점을 제공하는 형질을 암호화해서 가지고 있는 임의 발생 유전자 변이.
    24.2 일차적으로 환경 내의 한정된 자원을 놓고 점점 늘어나는 군집 내의 개체들 간에 일어나면서 승자에게 보다 오래 생존하게 하고 더 많이 번식할 수 있게 하는 경쟁
    24.3 이런 유리한 유전자 변이를 수천 수백 세대에 걸쳐서 군집 전체의 유전자풀 내에 퍼트리는 유성생식

25. 신다윈주의 정통 가설은 다음 내용 중 한 가지 혹은 여러 개의 조합에 따라, 증거에서 확인되는 가장 중요한 패턴—광범위하게 일어나는 멸종—에 대해 설득력 있게 설명한다. 종의 군집이 커지면서 그 군집이 속한 환경 내의 제한된 자원을 놓고 개체들 간에 벌이는 치명적인 경쟁, 다른 종에 의한 포식, 매우 많은 유전자 변이가 있어야 형태론적 변혁이 생길 수 있는 데 반해 하나의 변이만으로도 치명적일 수 있는 상황에서 군집의 유전자풀에 해로운 유전자 변이가 전파됨, 그리고

종 전체가 환경 내의 변화에 적응하지 못함이 그것들이다. (16, 17, 18, 19, 21, 22장)

26. 많은 종들은 환경 변화에 대응하여 가역적인 변이를 만드는데, 이는 새로운 유전자 변이가 점진적으로 축적해서 생기기보다는 군집의 유전자풀 내에 이미 들어 있었던 유전자 변형의 상대적 양의 변화에 기인한다. 그러나 가역적인 변화는 종의 진화를 이루지는 않는다. 가역적인 적응 차원의 변화를 비가역적인 변화와 구별하기 위해서 생물학적 진화란 새로운 종을 만들어 내는 유기체의 변화 과정이라고 정의하는 것이 최선이다. (18, 21장)
27. 새로운 종으로의 비가역적 진화에 관한 신다윈주의의 설명을 뒷받침하는 증거는 아무것도 없다. (18장)
28. 정통 신다윈주의 가설은 아래의 내용을 설명하지 못한다.
    28.1 왜 동물 화석 기록은 형태론적 정체를 드러내며, 작고 왔다 갔다 하는 변화가 일어나면서, 간간이 지질학적으로 별안간(수만 년) 새로운 종의 성체가 나타나서 수천만 년 혹은 수억 년 간은 별다른 변화 없이 이어지다가 마침내 멸종하거나 보다 희귀하게는 오늘날까지 존재하는지.
    28.2 왜 유전자 변이의 축적은 서로 다른 계통에서 거의 비슷하게 이어지는데 일부 계통에서는 환경에 상당한 변화가 있었음에도 수억 년은 아니더라도 수천만 년간 아무런 형태론적 변화나 종의 변화를 일으키지 않는지, 다른 계통은 동일한 시기에 상당한 진화론적 변천을 겪었는데도 말이다.
    28.3 왜 매우 유사한 유전자를 가진 일부 종들은 서로 다른 표현형을 가지고 있는데 반해, 어떤 종들은 유전자가 본질적으로 완전히 다른 데도 유사한 표현형을 가지고 있는지.
    28.4 다배체화를 통해 점진적이기보다는 즉각적으로 일어나는 종의 분화. 이는 자연 상태에서 수많은 식물과 어류, 양서류, 파충류,

심지어 일부 포유류에서도 세포 내의 염색체의 정상적인 숫자가 늘어나는 현상인데, 현재까지 이에 대한 연구가 그리 많지 않으며 지금껏 생각했던 것보다 훨씬 광범위하게 일어나고 있는 현상이다.

28.5 왜 그리고 어떻게 획득된 형질이 그 어떤 유전자의 변화 없이 유전되는지.

28.6 인간 게놈의 DNA상에서 단백질 암호화가 되어 있다고 보는 유전자를 제외한 98퍼센트가량의 기능. 이는 지난 50여 년 간 "정크 DNA"라고 폄하되어 오다가 게놈 분석을 통해 이들 중 대부분이 유전자 네트워크의 표현을 통제하는 것으로 판명되었는데, 이것은 단백질 암호화가 된 유전자와 함께 표현형을 결정한다.

28.7 왜 남녀 성세포의 결합으로 수정된 단일 세포가 복제되어 똑같은 줄기세포들이 되고, 이들이 서로 다른 기능을 하는 특정 세포들로 갈라지며, 이들이 독립적이고 복잡한 남성 여성 성인이 되는지.

28.8 왜 그리고 어떻게 해서 이 행성에서 가장 종류가 많은 종인 원핵생물이 유성생식은 하지 않고 스스로를 복제하는 식으로 증식하고, 때로는 서로 다른 종과의 사이에서도 수평적 유전자 전이를 하는 방식으로 진화하는지.

28.9 왜 그리고 어떻게 해서 복잡화와 협력이라는 서로 연결되어 있는 중요한 두 가지 패턴이 생물학적 진화의 증거의 전형적인 특징을 이루는지. (20, 21, 22장)

29. 신다윈주의 가설은 중요한 생물학적 혁신과 증가하는 복잡화의 패턴을 설명할 수 없다는 지적설계론 옹호자들의 주장은 탄탄한 증거로 지지를 받는다. 그러나, 그렇기에 이러한 생물학적 혁신은 지적인 행위자에 의해 인도된다고 결론을 내리는 것은 논리적 오류다. 신다윈주의 가설이 이러한 현상을 설명하지 못한다고 해서 다른 과학적이고

검증가능한 가설이 지금 혹은 장래에 설명을 내놓지 못한다는 의미가 되는 것은 아니다. 지적설계론 지지자들은 자신들의 신념에 대한 검증 가능한 설명을 제시하지 못하며, 이는 지적설계론을 과학의 영역 밖에 놓는다. (22장)

30. 신다윈주의 패러다임을 보완하거나 그에 도전하는 다른 가설들 중에서 단속 평행설은 신다윈주의에서 근본적으로 벗어났다기보다는 그 패러다임이 제시하는 종분화 방법론에 의문을 제기하는데, 이는 광범위한 지질학적 지역에 퍼져 있는 군집 내의 유전자 변이가 그 군집의 단순 크기 그리고 끊임없이 변하는 환경에 의해 희석되며, 화석 기록에서 나타나듯이 평균값을 중심으로 변동하는 사소한 형태학적 변화가 일어난다는 주장에 근거하고 있다. 이 가설은 주변부에 고립되어 있는 소규모 군집 안에서는 유전적 변이가 빠르게 퍼져 나가서 새로운 종이 생기며, 이렇게 생긴 종은 중심부 군집과 더 이상 교배가 안 된다고 본다. (22장)
31. 급작스러운 기원 가설 역시 신다윈주의의 점진주의에 문제를 제기한다. 생물학적 증거의 지지를 받는 이 가설은 유기체의 정상적인 상태는 항상성이 유지되는 상태라고 설득력 있게 주장하는데, 세포 수선 메커니즘cellular repair mechanisms이 무작위로 일어나는 변이를 항상 교정함으로써 변화를 방지하기 때문이라는 것이다. 여기서 비교적 급작스럽고 심각한 스트레스가 주어져서 이러한 메커니즘을 넘어서게 되면, 성세포 내의 변이가 수선되지 않은 채 이어지면서 게놈상 중대한 변화가 일어나서 유기체의 발달에 영향을 끼친다. 그러나 이 가설은 이로 인해 어떻게 생존 가능한 새로운 종이 생기며, 복잡도가 증가하는 패턴을 가진 진화적 전이가 만들어지는가에 관해서는 아직 모호하다. (22장)
32. 중립 이론은 유리한 유전자 변이의 신다윈주의적 점진적 축적이 종분화의 유일한 메커니즘이라는 이론에 문제를 제기한다. 이 이론은, 분자 수준에서 보자면, 축적된 유전자 변화의 대부분은 적응이나 경

쟁에 어떤 유익도 제공하지 못하며, 종분화는 "중립적으로 선택된" 변이들의 우연적인 축적에 의해 일어난다는 주장이다. 중립 이론은 단일 메커니즘 이론을 거부하지만, 이 이론 역시 어떻게 해서 생존 가능한 새로운 종이 생기며 복잡도가 증가하는 패턴을 가진 진화론적 전이가 일어나는가에 관해서는 모호하다. (22장)

33. 1970년에 처음 나온 게놈 전체 복제, 혹은 2R 가설은 각 세포 내의 정상적인 염색체 두 세트가 두 배가 된 뒤 각 세포의 두 세트의 염색체가 쇠퇴하되 두 배 많은 유전자를 가진다는 식으로 척추동물에게서 일어나는 중요한 진화론적 변화에 대한 설명을 제공한다. 이 가설은 그 당시에는 무시되거나 폄하되었지만, 근래에 전체 게놈 서열이 밝혀지면서, 예를 들면 인간 게놈이 서로 다른 염색체 위치에 유사한 구조를 갖춘 유전자들 네 세트로 이루어져 있다는 사실이 드러나면서 이 가설을 뒷받침하는 증거가 확보되고 있다.

    이 가설은 화석 기록에서 나타나는 비교적 빠른 종분화를 설득력 있게 설명해 낸다. 그러나 근래에 들어 발전했기에, 이러한 게놈 중복을 일으키는 원인이나 가능성 있는 여러 메커니즘 중 어느 것이 채택되었는지 등은 설명하지 못하고 있다. 동식물에서 알려져 있는 배수체를 좀 더 연구하면 이에 대한 답을 얻을 수도 있고, 이러한 메커니즘이 생물학적 진화에서 얼마나 광범위하게 퍼져 있는지 알아낼 가능성도 있다. (22장)

34. 후생유전 이론은 형태 발생(줄기세포가 특수 세포로 변해 가고 이들이 복잡하고 독립적인 성체로 되어가는 과정)이나 획득 형질의 유전에 관련하여 비유전자적 메커니즘을 제시함으로써 현재의 패러다임을 신다윈주의 너머로 확대하지만, 그런 사건이 왜 일어나는지는 설명하지 못한다. (22장)

35. 수렴 이론은 유전자 변화가 임의로 발생하기에 그 표현형의 결과도 필히 임의로 나타난다는 현대의 대다수 신다윈주의자들의 주장에 문제를 제기한다. 이 이론은 생화학 수준에서 일어나는 내재성inherency과

적응의 원리the adaptive principle가 생물학적 진화를 제한된 수의 표현형만 만들어 낼 수 있게 한정한다고 주장하는데, 그 결과 무엇보다도 점진적인 복잡화의 패턴이 나타나면서 필연적으로 인류 출현에 이른다고 본다.

이 가설은 근래에 개발되었기에 생물학적 진화에서 나타나는 다양성에 관한 증거(분화된 계통을 따라 발생하는 점진적 복잡화)를 제대로 소화하지 못한다. 광범위한 종들을 살펴보면 발달을 조절하는 유전자는 매우 유사하게 나타나기 때문에 수렴진화와 평행진화(서로 다른 종들의 여러 기관이나 몸의 기본 형식 혹은 행동은 유사한데, 이는 그것들이나 그것들의 예전 형태가 그들의 공통 조상에게 있었기 때문이다) 간의 경계선은 분명하지 않다. 반면 매우 유사한 유전자로부터 나온 몸의 기본 형식은 매우 달라진다.

생물학적 진화에서는 분화와 수렴의 패턴이 나타난다. 그러나 타고난 내재성이 수렴의 원인이라 함은 패턴의 원인 설명이 아닌 단지 패턴의 묘사일 뿐 적응의 원리를 가져오면 모든 유기체에 적용되는 법칙을 확정하기 어려워진다. (22장)

36. 출현 가설은 생명의 진화상 가능한 무수히 많은 가능성 중에서 왜 지극히 소수의 중요 출현만 발생했는지 설명하고자 한다. 한 개 이상의 선택 규칙을 동원해 그들을 설명하려는 시도는 매력적이지만, 아직 하나도 확인되지 않았다. 생명 출현에 대한 설명과 마찬가지로 이 가설 역시 현상의 서술 이상으로 나아가지 못한다. (22장)

37. 자기조직화 복잡성 가설은 줄기세포가 특정 세포로 변해 가면서 이들이 나중에는 상호 의존적인 성인이 되는 일이나 종의 진화에 관해, 이들 각각이 자기 조절적인 네트워크로서 불 논리 스위칭 규칙Boolean logic switching rules에 따라 지배되며, 혼돈의 끝에 가서는 안정성을 만들어낸다는 식으로 설명한다. 그러나 이 가설은 1991년에 소개된 이후로 수학적 예측이 유전자와 게놈의 증거와 모순을 일으켰고, 다양한 컴

퓨터 모델들은 생물학적 데이터에 아직 충분한 근거를 확보하지 못했다. 그로 인해 가설이 제시하는 설명과 마찬가지로, 현재까지의 가설은 모델에 필요한 수정이 가해진다면 보다 깊은 생물학 법칙을 발견할 수 있지 않을까 하는 희망 외에 제시하는 바가 없다. (22장)

38. 게놈 진화에 자연 법칙이 존재한다는 가설은 전체 게놈 서열의 방대한 데이터를 근거해 2011년에 제기되었다. 이는 현재 확보된 데이터에 비춰볼 때, 박테리아, 고세균, 진핵생물 등 다양한 집단의 계통에서 발생하는 게놈과 표현형 진화에 몇 가지 보편적인 패턴이 있다고 주장한다. 또한 이 패턴은 통계물리학에서 사용되는 것과 유사한 간단한 수학적 모델에 의해 설명될 수 있다고 본다. 이 모델은 자연 선택을 고려하지 않기에 유전자 조합의 특성에 따른 패턴이 만들어진다. 이리하여 가설은 물리학 법칙과 같은 위상을 가진 진화생물학 법칙을 얻을 수 있다고 주장한다.

   이 접근법은 생물학적 진화의 결과물이 어찌하여 한없이 많은 가능성 중에서 단지 몇 가지 가능성에 한정되어 나오는지를 검토하려 할 때 유익한 연구의 길을 제공한다. (22장)

39. 2011년에 나온 자연유전공학 가설도 생물학적 진화는 변화가 없었더라면 정체된 상태였을 게놈에 임의로 발생한 유전자 변화에 의해 일어난다는 신다윈주의 패러다임에 대한 문제 제기로 나왔다. 이 가설은 세포에는 자신에게 들어오는 수백 가지 입력에 대응해 자기 게놈을 재조직할 수 있는 능력이 내재되어 있다고 본다. 그리고 게놈은 우연히 일어나는 변화에 종속되어 있는 읽기 전용 메모리 시스템이 아니라, 한 번의 세포 주기에서부터 진화의 수백억 년의 기간에 이르기까지의 모든 시간대에서 읽고 쓸 수 있는 정보 보관용 세포기관이라고 본다. 진화가 진행되면서 진화하는 능력도 진화한다. 살아 있는 유기체는 스스로를 수정해 가는 존재이며, 목적론이 내재되어 있다. 이 가설은 현재의 패러다임으로는 급속도로 진행되어 온 다양한 생물학

적 복잡도를 제대로 설명할 수 없다고 주장하며, 생물학을 정보와 시스템에 기반한 접근법과 통합하면 21세기를 위한 새로운 패러다임이 나올 수 있다고 본다.

이 가설이 그런 패러다임을 제공하지는 못하고, 유기체의 자기 수정 능력이라는 개념에 근거한 의제를 제공할 뿐이지만, 현재의 패러다임보다는 증거에 좀 더 부합하긴 하다. (22장)

40. 시스템생물학은 자연 현상에 대한 총체적 시각을 제시하여 신다윈주의 모델의 환원주의에 문제를 제기하며, 출현 속성을 발견하고자 한다. 이는 생명체를 유전자, 단백질, 생화학적 반응으로 이루어진 통합적이고 상호작용하는 네트워크로서 연구하며, 이로 인해 생명이 생겨나고 유기체의 형태와 기능도 만들어진다고 본다. 이러한 출현 속성은 생명체 전체 시스템의 한 부분에서 생겨나는 것이 아니며, 이 시스템은 더는 단순화할 수 없는 전체이다.

    이 개념은 신다윈주의의 단순 논리적 모델보다 생물학적 세계의 현실을 더 잘 반영하며, 생물학적 진화의 원인과 메커니즘에 대한 보다 온전한 이해를 얻는 데 한층 가치가 있는 접근법이다. 앞으로 해결해야 할 중요한 위험이 있다면 그것은 기하급수적으로 늘어나는 분자 서열 데이터에 대처하는 생물정보학에 근거하느라, 그리고 환원주의자들처럼 엄정해지고자 하는 열망 때문에, 시스템생물학자들도 부분에 대한 전문적 탐구에 집중하느라 전체 그림을 놓치는 일이라 하겠다. (22장)

41. 개념상으로는 이와 비슷하지만 전체 지구에 대한 적용이라는 점에서는 좀 더 광범위한 편인 가이아 가설은 지구의 생명권, 대기권, 대양, 대지가 상호작용하며 스스로 조절하는 시스템을 이루고 있다고 본다. 살아 있는 유기체의 진화는 그 환경의 진화와 긴밀하게 연결되어 있기에, 이들이 합쳐져서 하나의 단일한 진화론적 과정을 이룬다고 본다. 이 접근법은 직관적으로는 타당하고, 지구적인 차원에서 보자면 이를 뒷받침하는 경험적 증거도 있지만, 종의 진화에 관련해서는 손

에 잡힐 만큼 충분히 분명한 설명을 내놓지는 못한다. (22장)

42. 형성적 원인 가설은 형태 발생과 생물학적 진화가 어떻게 일어났으며 왜 일어났는지 설명한다. 이 견해에 따르면 불변의 보편적 법칙은 존재하지 않는다고 보며, 그런 법칙은 그 법칙이 왜 생겨났는지 대답하지도 못하는 뉴턴의 결정론적 개념에 불과하다. 이 가설은 자연이 선천적이라고 본다. 모든 종은 자신들의 종의 보편적 집단적 기억의 진화에 의존하면서 거기에 기여하며, 그 기억은 진화하는 보편적인 형태장morphic fields 형태를 가지고 있다. 공명 과정을 통해 각각의 형태장은 임의로 혹은 결정되지 않은 방식으로 움직였을 활동에 행동의 패턴을 부여하고, 이로 인해 예를 들자면 인간의 똑같은 줄기세포가 특수한 세포들로 달라져 가고 이들이 독립적인 성인이 되기에 이른다. 쥐의 행동에 관한 일부 실험적 증거는 획득 형질에 관한 신다윈주의 가설이나 후생적 유전 모두와 조화되지 않고, 형성적 원인론과 부합한다. 1981년에 이 가설이 소개된 이래로 실험적 검증이 부족한 것은 기성 생물학계의 속 좁은 태도 때문이라고 하겠다. (22장)

43. 인간을 포함한 모든 종의 비경쟁적인 행동을 신다윈주의 모델에 따라 설명하려는 시도는 사회생물학이 채택했던 생물학적 진화에 관한 이론적 유전자 중심론을 낳았다. 그 중요한 가설은 다음과 같다. (23장)

43.1. 친족 관련 이타주의 혹은 포괄적 적합성

수학적 모델에 근거하여 이 가설은 이타적 행동은 개체들이 자신의 유전자를 다음 세대로 이전하기 위해 유성생식을 통해 직접적으로 이전할 뿐 아니라, 자신의 유전자의 일부를 공유하고 있는 친족의 번식 활동을 간접적으로 도와주려 하며, 심지어 자신에게 손해가 나더라도 도와주려 하기 때문에 일어난다고 본다. 그러나 이 가설은

a. 이 행성의 대다수를 차지하는 원핵생물이 자기 복제를 한 후에 완전히 다른 종의 원핵생물에게 유전자를 이전하는 행동

을 설명하지 못한다.

b. 같은 유전자를 가지고 있는 생물은 똑같이 행동할 것이라고 전제하지만, 나타나는 증거에 따르면 유전자와 행동 간의 관계는 매우 복잡하다.

c. 강제된 협력 행위에 대해 사심 없는 행동을 뜻하는 "이타주의"라는 용어를 사용하고 있다.

d. 동물에게 내재되어 있는 강제된 행동과 의도에 따라 일어나는 인간의 행동을 혼동하고 있다.

e. 인간의 이타주의를 설명하지 못한다.

f. 근친보다는 훨씬 먼 관계에 있는 동물들 간에 일어나는 협력을 설명하지 못한다.

43.2. "호혜적 이타주의"

이 가설은 사심 없는 행동이 장래에 보상을 받기 때문에 동물과 인간이 이타적으로 행동한다고 본다. 이것은 용어 자체의 모순이다. 만약 어떤 행동이 보상을 받는다면 이것은 이타주의가 아니라 상호부조, 혹은 협력이다. 이것은 친족 관련 이타주의 가설의 첫 다섯 가지 문제를 초래한다. 또한 훈련받지 않고 야생 상태에 있는 종들에게서 이를 지지하는 증거가 나타나지 않는다. 이 가설이 내세우는 "증명"은 협력적, 이기적, 악의적 행동에까지 연장하여 설명한 내용과 마찬가지로 이론에 불과하다. 이들은 현실 행동에 관한 패턴을 제시하지 못하는 수학적 모델에 기반하며, 1950년대 경제학에서 가져온 지나치게 단순하고 설명도 부족한 게임 이론에 근거하고 있다. 이 게임 이론은 생물학적 현실에서 동떨어져 있을 뿐 아니라 어떤 결과를 원하든 그 결과를 만들어 낼 수 있다. 그리고 예측력도 없고, 일반적으로 사용하는 용어의 의미를 완전히 뒤집지는 않는다고 쳐도 변형하고 만다.

43.3. 이기적 유전자

이 가설은 모든 생명의 주동자는 유전자이며 개체의 몸은 실은 존재할 필요가 없으며, 유전자들은 생존과 번식을 위해 서로 이기적인 경쟁을 한다는 주장이다. 이는 산acid 조각에게 의도가 있다고 보는 개념적 오류에 기반하고 있으며, 상당히 많은 증거에 의해 반박되고 있다.

43.4. 다정한 유전자

이 가설은 게임 이론으로는 어떤 결과도 만들어 낼 수 있게 고안할 수 있다는 결론을 잘 드러낸다.

43.5. 다층적 선택

이 가설은 그 전까지의 사회생물학적 가설이 잘못되었다고 인정하면서, 유기체들과 그들 간의 상호작용과 그들의 환경이 이루는 복잡한 세계에 대해 보다 현실적인 설명을 제시하며, 주요한 생물학적 전이가 어떻게 일어나는가에 관한 이 가설의 설명은 생물학적 진화의 중요 원인으로서의 협력과 잘 부합한다.

44. 협력이 생물학과 사회과학의 가장 큰 문제 중 하나라는 견해는 경쟁에 기반한 신다윈주의 모델을 채택하는 바람에 스스로 문제를 초래하였다. 이 문제는 협력이 생명의 모든 차원에서 광범위하게 일어나고 있으며, 유기체의 발전과 생존에서 가장 중요한 원인이라는 점을 인정할 때 해결된다. (19장)

44.1. 유전자는 유기체의 발전을 위해 서로 협력하며, 다른 유전자에 의해 조절을 받는데, 이들 조절하는 유전자들 역시 서로 협력한다.

44.2. 단세포 유기체는 특수한 기능을 가진 부분들로 이루어져 있고, 이들은 유기체를 보존하고 복제하기 위해 협력한다.

44.3. 진핵세포는 세포 내의 부분들인 세포기관들의 협력을 조절하는 핵으로 이루어져 있고, 세포기관들은 세포의 유지와 복제를 위해 각각의 기능을 수행하며, 다세포 유기체는 유기체의 생존

과 번식을 위해 별다른 갈등 없이 함께 협력하는 특화된 세포 그룹들이 형성하는 위계 질서를 따라 이루어진다.

44.4. 단순한 원핵생물에서부터 인간에 이르는 유기체들은 자신의 생존과 번식을 위해 서로 협력한다.

45. 또한 신다윈주의적인 경쟁보다는 협력이 최초의 단순 원핵생물에서부터 시작해서 생명의 복잡화, 혁신, 분화를 일으켜 온 생물학적 진화의 원인이라고 보는 편이 훨씬 더 설득력이 있다. 서로 다른 종류의 고세균 박테리아가 서로의 생존을 위해 협력(공생)하면서 작은 생명체가 큰 생명체 안에 살게 되고(내공생) 마침내 서로 합쳐져서(공생진화) 최초의 단세포 진핵생물(보다 크고 복잡하며 핵이 있는 세포)을 이룬다. 다른 고세균 박테리아와 일련의 공생발생을 거쳐 체내 공생체로부터 핵으로 유전자 전이를 받으면 서로 협력하는 세포기관을 가진 좀 더 복잡한 진핵세포가 형성되며, 분류학상 동물, 식물, 균류의 계界가 형성된다. 이 계 내에서도 단세포 진핵생물군에 속하는 개체들이 협력하면서 합쳐져 보다 복잡한 다세포 진핵생물을 이룬다. (23장)

46. 그 이후 동물계에서 일어난 진화론적 복잡화와 혁신은 신다윈주의에서 주장하듯 수천 세대를 거치는 동안 종의 군집 내에서 임의로 발생한 유전자 변이가 점진적으로 축적되는 방식으로 일어났다기보다는 아래 내용으로 일어났다고 보는 쪽이 더 설득력 있다. (17, 18, 22, 23장)

46.1 유전자 표현형을 조절하고 다양한 세포 유형과 서로 다른 생물학적 구조를 만드는데 관여하는 트렌스포존(점핑유전자)

46.2 종간에 일어나는 유전자 쌍의 수평적 전이

46.3 교잡으로 일어나는 게놈의 병합, 그리고

46.4 전체 게놈의 복제(교잡과 배수성을 통해)

47. 종 집단 내의 개체들이 함께 공동의 서식지를 만들고, 새끼를 낳고 기르며, 자신들을 보호하고, 먹이를 찾고, 사냥감을 공격하고, 더 많은 먹이가 있는 환경을 찾아 이주하는 협력(상호부조 가설)과 서로 다른 종의

개체들 간의 협력은 이들 개체들의 생존과 번식의 가능성을 높이는 데 있어서는 신다윈주의의 경쟁보다 더 중요한 요소이다. (16, 23장)

48. 경쟁처럼 협력도 타고난 것—생존과 번식을 위해 유리한 행동으로서 유전자를 통해 혹은 후생학적으로 유전되며, 형태장에서부터 나올 수도 있다—이거나 인간의 협력과 공동체 사회처럼 의도적일 수 있다. (23장)

49. 또한 협력은 분류학상의 종들이 이루는 강綱 내에서 나타나는 사회적 학습을 통한 인지 능력 증대의 패턴에 대해 신다윈주의 경쟁론보다 설득력 있는 설명을 제공한다. (19, 23장)

50. 생명의 진화는 생물학적 진화 이상이다. 환경과 다른 유기체와 자기 자신에 대해 지각하고 그에 따라 행동하게 하는 의식consciousness은 지구상의 가장 원시적이고 오래된 생명체인 원핵생물에게서 그 초보적인 형태가 나타났는데, 이는 생존을 위해 외부와 내부의 자극에 직접적인 반응을 보이는 행동을 통해서 확인된다. 원핵생물 개체들이 무리를 이루어 협력함에 따라, 집단 전체의 생존을 위한 직접적인 협력 반응도 진화해 갔다. (24장)

51. 의식은 동물의 계통을 따라 생겨나며, 보다 복잡하고 다양한 행동 특히 타고난 행동, 학습된 행동, 사회적 행동, 혁신적 행동을 통해 그 존재가 증명된다. 인간에 이르는 계통에서 점점 더 복잡한 종으로 진화해 갈수록, 학습된 행동과 혁신적 행동의 중요성이 커진다. (24장)

52. 이러한 의식의 성장과 물리적 대응 관계에 있는 것이 외부 자극에 대해 한층 빠르고 다양하고 유연한 반응을 가능케 하는 동물 내의 전기화학적 신경계의 진화이다. 이는 서로 연관된 네 가지 경향을 특징으로 한다. (24장)

    52.1. 성장

        뉴런 혹은 신경세포 수가 순증가하고, 그들 간의 연결도 발달한다.

52.2. 복잡화

뉴런과 그들 간의 변경 가능한 연결이 늘어남으로써 신경계가 복잡해져 가다가 마침내 알려져 있는 우주에서 가장 복잡한 물질인 인간의 뇌가 나타나며, 늘어나는 내부와 외부의 자극에 대응하는 반응을 처리하고 조절하는 뉴런의 특정한 연결 그룹의 숫자와 크기도 커진다. 신피질—뇌에서 가장 최근에 진화했고 가장 복잡한 부분—은 초기 포유류에서 인간에 이르면서 급격한 성장을 했고, 이는 포유류에서 영장류에 이르면서 나타나는 창조적 행동의 증가—지능의 징표—와 연관되어 있으며, 인간에게 오면 창조적 행동과 지능이 급격히 커진다.

52.3. 중심화

성장과 복잡화는 점진적인 중심화를 동반하는데, 이에 의해 초기 원시 동물의 분산되어 있던 뉴런의 네트워크가 척추동물에게는 중추신경계로 모이면서 대부분의 뉴런 그룹은 머리 안으로 집중되고 나머지는 척추에 위치한다.

52.4 최적화

중앙화와 복잡화는 뉴런의 연결선의 길이를 짧게 하며, 이로 인해 전달 시간과 반응 시간이 줄어들고, 반응의 유형은 다양해진다. 동물은 그 진화 계통상 진화가 진행되면서 몸집이 점점 커지지만 현재 인류의 뇌와 몸 크기는 초기 인류에 비해 작은데, 이는 보다 빠르고 유연한 반응을 위해 전기화학적 신경계의 최대 효율을 얻을 수 있도록 뇌-몸의 크기가 최적화되는 사태와 부합한다.

53. 환경 내에서의 생존을 위해 유기체들이 협력했기에 신경계의 성장과 복잡화와 중심화를 촉진하는 유전자 네트워크의 자연 선택이 일어났을 것이고, 이는 의식의 형성에 대응되는 물리적 대응 관계를 이루며, 지금껏 가장 높은 의식의 단계에 이른 것이 인류이다. 반응의 속도와

유연성을 위한 전기화학적 신경계의 최적화는 물리학 법칙을 따라 일어난다. (24장)

종합적으로 말하자면, 이런 증거들로부터 생물학적 진화에 관한 네 가지 정성적 법칙이 도출된다.

> **생물학적 진화의 제1법칙** 경쟁과 빠른 환경 변화가 종의 멸절을 초래한다.

> **생물학적 진화의 제2법칙** 협력이 종의 진화를 초래한다.

> **생물학적 진화의 제3법칙** 생물은 서로 합쳐지고 분화되는 계통을 따라 일어나는 점진적 복잡화와 중심화를 통해 진화하면서 하나의 계통을 제외한 다른 모든 계통에서는 정체에 다다른다.

> **생물학적 진화의 제4법칙** 의식의 형성은 점점 늘어나는 협력, 복잡화, 중심화와 관련되어 있다.

3부에서는 인간의 출현이 생명의 진화 과정에 일어났던 정도의 변화인지 아니면 새로운 종류가 생겨난 것인지를 다룬다.

3부
인류의 출현과 진화

Chapter 26

인류의 출현

인간의 본질을 결정하는 자질은……개념적 사고다.

–줄리안 헉슬리Julian Huxley, 1841년

인류 문화—정교한 대화 언어, 상징을 매개로 한 생각, 신념, 행동—의 기원과 발전은 인간의 진화 연구에서 해결되지 않은 가장 큰 수수께끼 중 하나다. 이러한 질문은 골격이나 고고학적 데이터만으로는 해결될 수 없다.

–러셀 하워드 터틀Russell Howard Tuttle, 2005년

우리가 어디서 왔는가—언제 어떻게 그리고 왜 영장류로부터 진화했는가—하는 문제에 대한 해설은 인간이란 무엇인가에 대한 이해에 달려 있다. 그렇기에 3부에서는 인간에 대한 다양한 정의를 검토하고, 내가 사용할 정의를 확정하며, 인류의 출현에 관한 증거를 다룬 후에 현재의 과학적 설명들을 평가하고자 한다.

인간이란 무엇인가?

생명에 대한 정의와 마찬가지로 인간이 무엇인가에 대해서도 합의된 바가 없다. 과학자들은 자신들의 전공 분야의 관점에서 인간을 정의하고, 심

지어 같은 분과 내에서도 서로 의견이 완전히 다르다.

고인류학Palaeoanthropologists은 인류의 출현을 연구하기 위해 고고학, 인류학, 해부학의 기술을 끌어오고 있으므로, 이들이 인간을 어떻게 정의하는지 살펴보는 것으로 시작하면 좋을 듯하다. 루시Lucy라고 이름 붙여진 생물의 일부 해골 화석을 발견한 도널드 조핸슨Donald Johanson은 그 생물이 두 발로 걸었다고 결론내렸는데, 그에 의하면 "이족보행이야말로 인간을 정의하는 가장 뚜렷하면서도 초창기에 나타난 형질이다." 그러나 펭귄, 에뮤, 타조, 그리고 다른 새들도 두 발로 걷는다. 영장류 중에서는 침팬지가 종종 땅에서 서서 걷는데, 무릎은 구부러져 있다. 오랑우탄은 자신이 거하고 있는 나무 가지 사이로 움직일 때 대체로 인간처럼 쭉 뻗은 다리로 서서 걸으며, 양팔을 들어 올려 균형을 잡거나 움켜쥔다. 조핸슨은 루시를 인류 이전의 오스트랄로피테쿠스 아파렌시스Australopithecus afarensis로 분류한다.

선사 시대 유적지에서 나오는 인류 화석은 치아가 유일한 경우가 많고, 한두 개 정도의 치아로 인간인지 다른 종인지 구분한다. 현존하는 침팬지는 유전자상으로 현생 인류와 가장 가까운 종인데, 크고 뾰족하고 튀어나온 송곳니가 있고, 아래쪽 작은 어금니는 단순하게 뾰족해서 위에 있는 송곳니를 날카롭게 하며, 이빨은 법랑질로 덮여 있다. 반면 현생 인류는 침팬지의 중절치를 닮은 좀 더 작은 송곳니에, 두 개의 뾰족한 아래쪽 어금니, 그리고 치아는 두꺼운 법랑질로 덮여 있다. 그렇기에 화석으로 나온 치아가 침팬지 치아와 대조해 봤을 때 인간 쪽을 닮은 정도에 따라, 인간과 침팬지의 공통 조상에서부터 현재의 인류에 이르는 계통수에서 그 생물의 위치를 확인할 수 있다는 식의 논리이다. 그러나 이때 전제하는 가정은 현존 인류에게 이르는 계통의 가지에서는 치아가 변해 왔지만, 현존하는 침팬지에게 이르는 계통의 가지에서는 변화가 없었다는 것이다. 나중에 보겠지만, 아르디피테쿠스 라미두스Ardipithecus ramidus를 발견한 이들은 침팬지와 인간의 공통 조상은 현존하는 침팬지를 닮지 않았다고 주장한다. 또한 현존하는 오랑우탄도 두꺼운 치아 법랑질을 가지고 있다.

또 다른 고인류학자들은 인간을 결정하는 특징으로 두개골의 용적을 사용한다. 그러나 24장에서 이미 봤듯, 코끼리는 인간보다 여섯 배 정도 두개골 용적이 크며, 3만 년 전 인간의 두개골 용적은 같은 시대의 네안데르탈인의 용적과 비슷하고, 현생 인류의 용적보다 10퍼센트 정도 크다.*

영국 자연사 박물관의 크리스 스트링거Chris Stringer는 인간을 정의하는 형질들의 묶음을 사용해서 모든 것을 해결하려고 했다. 큰 뇌 용량, 높은 반구형의 두개골, 세로로 흐르는 이마, 작고 평평한 얼굴, 축소된 눈 위쪽 뼈, 굵은 뼈대의 아래턱, 작고 단순한 치아, 가볍게 만들어진 고실 소골에 이골이 포함되어 있고, 골반 앞으로 단면상 짧고 거의 원형을 이루는 뼈, 고관절 접합부 위쪽 골반을 지지하는 장골 기둥이 없으며, 단면이 타원형에 앞뒤가 두꺼운 허벅지뼈 등이 그것이다.[1] 그러나 설령 이 모든 것이 선사 시대 한 표본에서 발견된다고 치더라도, 물론 아직 그런 표본이 발견되지도 않았지만, 그것은 인간에게만 독특한 형질이 아니다. 다른 인류hominins와 비교했을 때의 상대적으로 미미한 정도의 차이를 나타낼 뿐이다.

동물학자 데스먼드 모리스Desmond Morris는 털이 없다는 것이 인간을 정의하는 형질이라고 주장했는데, 이 형질은 유인원과 원숭이 193종으로부터 인간을 구별해 준다.[2] 그러나 이것으로는 인간을 고래, 돌고래, 다른 포유류와 구분할 수 없다. 심지어 인간을 털 없는 원숭이라고 정의하더라도, 화석으로 남아 있는 털이 드물기 때문에 인간의 출현을 확인할 수가 없다.

유전학자들은 유전자로 인간을 정의한다. 그러나 18장에서 봤듯 인간은 침팬지와 94퍼센트 동일한 유전자를 갖고 있고, 쥐와는 대략 90퍼센트 동일하다.** 2010년에 나온 네안데르탈인의 게놈 초기 분석에 의하면 인간과 네안데르탈인의 유전자는 불과 0.3퍼센트 정도 차이가 난다.[3] 이것은 침팬지와 6퍼센트 차이가 나는 것보다는 적지만, 현생 인류 내에서 유전자가 0.1에

* 623쪽 참고.

** 502쪽 참고.

서 0.15퍼센트 차이가 나는 것보다 많이 차이가 난다고 할 수도 없다.[4]

유전학자들은 인간에게만 있는 특별한 유전자나 변이를 찾아내려 하고 있지만, 나는 이런 연구를 통해 인간에게만 있는 특징을 찾아낼 거라고는 생각하지 않는데, 인간에게 있는 유전자 변이 때문만이 아니라, 대부분의 유전자는 다른 유전자들과 네트워크를 이루고 협력할 뿐 아니라 서로 다른 기능을 수행하며 그 효과는 그들이 어느 정도로, 그리고 언제 얼마나 오래 활성화되느냐 등 그들의 조정에 크게 좌우되기 때문이다.

오늘날 인류학자 중에 유전자보다 문화가 인간을 제대로 정의한다고 주장하는 이는 별로 없다. 현대의 정설은 유전자-문화 공통 진화론이다. 그러나 이 프레임 속에서도 많은 이들은 문화가 인간에게만 있는 독특한 특질이라고 주장한다. 예를 들어 피터 리처슨Peter Richerson과 로버트 보이드Robert Boyd는 자신들의 책 『유전자만이 아니다: 문화가 어떻게 인간의 진화를 변혁해 왔는가 *Not by Genes Alone: How Culture Transformed Human Evolution*』에서 문화를 "같은 종 내의 다른 개체로부터 교육, 모방, 그 외의 다른 사회적 전수를 통해 획득되며 개인의 행동에 영향을 끼치는 정보"라고 정의한다. 그러나 19장에서 봤듯이 정도의 차이는 있지만 교육을 제외한 다른 양상들은 물고기에서부터 인간이 아닌 영장류에 이르는 동물들에게서도 관찰되며, 심지어 미어캣에게서는 교육도 관찰된다.*

신경과학자들은 뇌와 신경 네트워크 그리고 인지 메커니즘 등에 자리 잡고 있는 인간에게만 있는 능력—언어, 상징의 사용, 자기 자신에 대한 감각—으로 인간을 정의하려고 한다. 이런 역량들이 단지 뇌의 일부의 신경 계통의 활동인지, 혹은 신경 계통의 활동이 이러한 역량들의 상관 작용인지 등은 과학적 질문이라기보다는 중대한 형이상학적 질문이며, 이에 대해서는 나중에 다루려 한다. 그러나 인간이 영장류 조상으로부터 갈라져 나왔다는 것을 확인하려는 목적과 관련해서 말하자면, 뉴런은 화석을 남기지 않으

* 515쪽 참고.

니 다른 증거가 필요하다.

제안하는 정의

인간을 독특하게 하는 것은 앞에서 봤듯 이족보행, 치아, 두개골의 용적, 골격 구조, 털 없음, 유전자, 문화 등이 아니고, 뇌 속의 여러 영역에서 일어나는 신경 계통의 활동도 아니다. 이런 특질은 다른 유기체에서도 확인되며, 이런 특질에서 인간은 다른 유기체보다 약간 차이가 나는 정도이다.

그러나 우리가 알고 있는 한 우리에게는 독특한 형질이 하나 있다.

2부에서 살펴본 증거의 패턴이 그에 대한 실마리를 제공한다. 전체적으로 볼 때 생명의 진화는 의식이 생겨나는 과정이며, 이에 대한 정의는 다음과 같다.

> **의식** 환경, 다른 유기체, 그리고 자신에 대한 자각을 뜻하며, 행동으로 이어진다. 매우 단순한 유기체의 초보적인 수준에서부터 복잡한 뇌 시스템을 가진 유기체의 보다 복잡한 수준에 이르기까지 정도의 차이는 있지만 다른 유기체들도 가지고 있는 속성.

복잡도가 증가하고 중심화가 이어지고, 인간의 경우 신경계의 최적화가 진행되면서, 의식은 인간에 이르는 계통상에서 점점 더 높아지다가 마침내 자기 자신에 대한 의식을 갖게 되는 수준까지 이른다. 물이 섭씨 100도에서 끓듯, 국면 변화가 발생하면 의식은 자기 자신에 대해 반성적 사유를 시작한다.

> **반성적 의식** 자신의 의식을 의식하는 유기체의 속성, 다시 말해서, 알 뿐 아니라 자신이 안다는 것을 안다.

따라서 인류는 이렇게 정의할 수 있다.

이 역량으로 인해 인간은 자기 자신에 대해 생각하고, 자신이 그 일부를 이루고 있다는 것을 알며, 이 우주의 나머지와 자기와의 관계에 대해서도 생각할 수 있다.

반성적 의식의 증거

이 기능의 가장 분명한 증거는 바로 인간이 우리는 누구인가? 우리는 어디서 왔는가? 우리가 존재하고 있는 우주는 무엇인가? 등의 질문을 묻고 대답하려 한다는 것이다. 종교와 철학 그리고 과학의 주제이기도 하다.

이는 반성적 의식이 온전히 꽃을 피운 상태라 하겠다. 그러나 이는 완전히 다 갖춰진 상태로 별안간 나타난 것이 아닌데, 온도가 섭씨 100도에 이른다고 끓는 물 전체가 수증기가 되는 것이 아닌 것과 마찬가지이다.

그렇다면 이 반성적 의식의 출현, 즉 선사 시대에 처음으로 가냘프게 나타나기 시작했던 때를 어떻게 알 수 있는가? 나는 여기에 대한 답은 그 의식이 바꿔 놓은transform 영장류의 이차적 능력과 그 의식이 새로 만들어 낸generate 이차적 능력에 있다고 본다. 반성적 의식이 근본적으로 바꿔 놓은 이차적 능력에는 이해, 기억, 선견지명, 인식, 학습, 발명, 의도, 그리고 커뮤니케이션이 있다. 새로 만들어 낸 이차적 능력으로는 사유, 추론, 통찰, 상상력, 창조력, 추상, 의지, 언어, 믿음, 도덕성이 있다. 반성적 의식을 소유하면 집단주의(본능적이고 조건이 지어져 있고 강제적인 협력)와 구별되는 협동(이성적이고 의지적인 협력)을 하게 된다.

이러한 이차적 역량은 시너지를 이루어 작동하며, 그러한 행동의 결과로 증거가 남는다. 예를 들어 이해력이 발명력, 선견지명, 상상력과 합쳐지면서 특화되고 복합적인 도구를 만들어 낸다. 인식과 상상력이 합쳐지면 초자연적인 힘에 대한 믿음을 갖게 되고 이는 종교적 예식으로 나타난다. 인식과 의사소통이 합쳐지면 그림과 조각으로 드러나는 표현 예술을 낳는다. 상상력을 가미하면 예술은 생명의 영역에서는 찾아볼 수 없는 이미지까지 만들어 낸다. 추상을 더하면 예술은 상징의 영역에까지 미친다.

2부에서 우리는 생물 종에게 의식이 생기면 무엇보다도 그 종의 개체들은 사회적 학습을 할 줄 알게 된다는 것을 살펴봤다. 인간 사회가 공유하고 있는 반성적 의식에 의해 바뀌거나 새로 만들어진 개개인의 역량이 문화를 형성한다.

> **인간의 문화** 예술 속에 표현되는 사회의 지식, 믿음, 가치, 조직, 관습, 창조력 그리고 과학과 기술을 통해 표현되는 혁신을 말하는데, 이는 개체들에 의해 학습되고 발전하며 서로에게 그리고 다음 세대에게 이전된다.

이 정의는 인간 사회에만 있는 형질을 리처슨과 보이드가 인간 아닌 동물 사회에 적용하여 정의하는 문화와 구분한다.

인류의 선조

인류의 출현—이차적 역량을 바꾸거나 새로 만들어 낸 증거를 통해 확인되는, 반성적 의식이 최초로 가냘프게 드러나는 때—이 언제인지 확인하려면 인류가 어디서부터 나왔는지 알아야 한다.

표 20.1(526-529쪽)은 인류라는 종의 분류에 대해 모두는 아니더라도 다수가 동의하는 견해를 나타낸다. 호모 사피엔스는 영장류목目의 한 가지인 호미노이드hominoids상과上科 내의 호미니드hominid과科의 일부를 이루는 호미닌hominins족族에 속하는 호모Homo속屬 내에서 유일하게 생존한 종이다. 이 분야 대다수의 연구가들은 이러한 분류는 2천 5백만 년 전에서 5백만 년 전 동아프리카에 존재했으며 현재 잠정적으로는 호미노이데아Hominoidea상과로 분류되는, 꼬

리 없는 프로콘술Proconsul처럼 원숭이를 닮은 영장류속屬에서부터 갈라져 나오는 계통수의 후손을 의미한다고 본다. 그림 26.1은 이러한 계통수의 주요한 가지를 나타내는데, 현존하는 종의 예시도 표기되어 있다. 여기에는 호미니나이Hominiae아과亞科도 추가 표기되어 있는데, 여기에는 호미닌족과 침팬지 2종 및 고릴라가 포함되며, 오랑우탄은 제외된다.

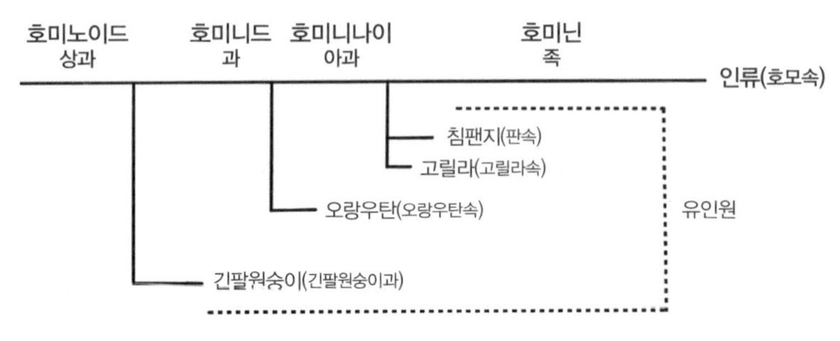

그림 26.1 호미노이드 조상으로부터 나온 인간 후손의 계통수

그러나 근대 인류(호모 사피엔스종)에 이르는 계통을 추적하는 일은 대단히 문제가 많다. 증거가 매우 부족하다는 사실 때문에 분류학상의 분류나 조상과의 상관관계를 정할 때 서로 다른 해석과 의견 불일치로 인한 다툼이 끊이지 않는데, 이런 사정은 그림 26.2에 드러나 있다.

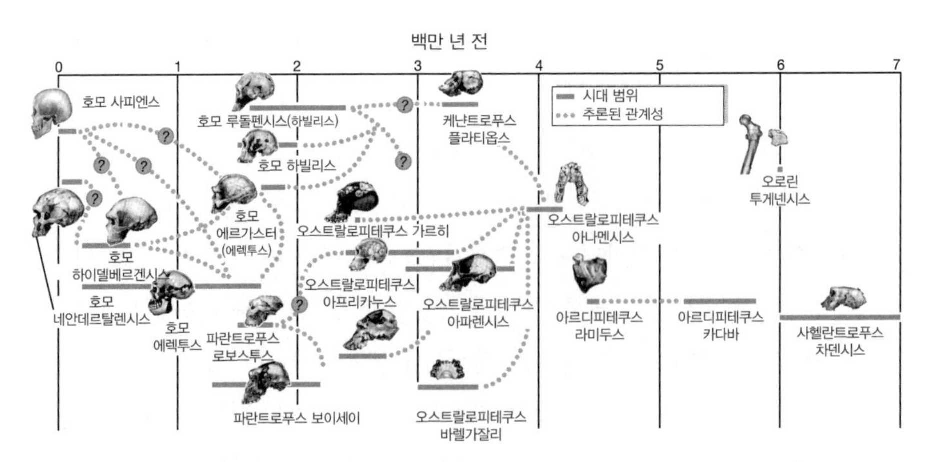

그림 26.2 호미니드 선조들로부터 호모 사피엔스가 출현하기까지 성립 가능한 계통 발달의 경로

증거와 문제점

일 년에 한 번 정도 대중 언론이나 과학 저널은 새로운 화석의 발견이나 새로운 기술을 동원한 현존 화석 연대의 재측정 결과를 발표하는데, 이로 인해 인류 출현 이야기는 다시 써야 하기 마련이다. 과학자들은 언론 매체에서 하는 컨퍼런스에서보다는 학문적 논문에서 한결 신중해진다. 이는 충분히 이해할 만하다.

호주 뉴 사우스 웨일즈대학교 고고학 사가인 로빈 데리쿠르Robin Derricourt는 이렇게 표현한다.

> 초기 인류를 연구하는 고인류학자와 고고학자들은 실험을 할 수가 없고, 자료는 희소하며, 가설은 쉽게 반박되거나 복제되기 어려운 학문적 틀 속에서 연구한다. 고립된 증거 한 조각으로 인해 방대한 규모의 해석 모델을 지지하거나 수정해야 하되 그 증거는 쉽게 검증할 수 없는 분야여서 연구하는 과학자들도 소수다.
> 이런 틀 속에서는 개성—보수적인 사상가인가 혁신적 사상가인가, 교조적인가 회의주의자인가, 분류를 쪼개는 자인가 병합하는 자인가—이 중요한 역할을 한다.[5]

이로 인해 데이터 해석의 법칙이 작동하거나, 희소하긴 하지만 심각한 사기 사건*이 벌어질 수 있는 비옥한 토양이 만들어진다.

현대 인류보다 앞선 종들 간의 진화론적 관련성과 행동을 추론하는 데는 다섯 가지 증거가 사용되는데, 화석, 다른 유물, 상대적 그리고 '절대적' (방사 측정) 연대 측정, 유전학, 현존하는 종이 그것이다. 이들 각각은 자신의 한계를 안고 있다.

화석

가장 큰 문제는 화석이 매우 희소하다는 점이다. 50여 개 정도의 개체가

* 455쪽 참고.

대략 250만 년에서 100만 년 전에 살았던 호모Homo 종으로 분류되는데, 그 중 대다수는 그저 한두 개의 치아와 뼛조각 하나로 이루어져 있다.

선사 시대에 해당하는 완전한 골격은 거의 발견되지 않는다. 320만 년 전의 것으로 추정되는 유명한 루시의 뼈는 짜맞춰 보니 47개의 뼈로 되어 있는데, 이에 비해 인간 성인의 뼈는 206개로 되어 있다. 가장 흔한 화석은 치아 파편, 아래턱뼈, 얼굴과 위쪽 머리뼈 등이고, 대퇴골 파편이 나오기도 하는데, 발, 손, 골반, 척추의 잔해는 매우 드물다.

현대의 고도화된 3D 컴퓨터로 만들 수 있는 두개골의 이미지에 현혹되기 쉬운데, 이들은 깨진 파편을 어떻게 재구축하고 어느 두개골에 놓아야 하는가를 다룰 때 기저에 깔리는 전제에 따라, 그리고 투입된 데이터로부터 두개골 전체를 만들어 내는 컴퓨터 프로그램에 내재된 전제에 따라 그 정확도가 달라진다.

추정된 두개골 용적에 따라 화석을 구체적인 종에 배당한다. 표 26.1은 서로 다른 인류hominins의 뇌 크기를 표기한다. 또한 그들이 몇 개의 표본에 근거하고 있는지도 표시하고 있다.

표 26.1 인류 화석의 뇌 크기에 대한 추정과 해당 표본의 수

인류	평균 뇌 용적(cc)	화석 표본 수
오스트랄로피테쿠스	440	6
파란트로푸스	519	4
호모 하빌리스	640	4
자바 호모 에렉투스 (트리닐과 산기란)	930	6
중국 호모 에렉투스 (북경 원인)	1,029	7
호모 사피엔스	1,350	7

출처: Tuttle, Russell Howard (2014)

표본의 두개골 용적이 정확하고 표본 수가 더 많다고 해도, 24장에서 봤듯이 뇌 크기나 몸무게 대비 뇌 크기의 비율 그 어느 쪽도 인지 능력에 관한 신뢰할 만한 기준이 될 수 없고, 따라서 의식 수준에 대한 기준도 될 수 없다.*

골격과 관련해서 말하자면 일반적으로 성인이 청소년보다 크고, 호미니드의 경우 남자가 여자보다 크지만, 성별에 따라 형태가 차이가 나는 정도는 종에 따라 다르기에, 여기 저기 흩어져 있는 몇 개 안 되는 파편을 보고 해석하는 일은 문제가 많다. 여러 해 동안, 천오백만 년 전부터 오백만 년 전경에 살았으리라 생각되는 종의 그룹인 라마피테쿠스Ramapithecus는 오스트랄로피테쿠스의 조상이며, 따라서 근대 인류에게도 조상이 된다고 간주되었다. 이 입장은 케냐의 포르트 테난과 인도의 시왈리키 산에서 나온 턱뼈를 재조립하고 치아 파편도 살펴보고서 나온 견해이다. 분자유전학과 나중에 나온 화석에 따르자면 이들이 실제로는 앞서 언급했던 시바피테쿠스Sivapithecus속屬의 여성 개체라는 가설에 이르렀는데, 이를 복원해 보니 오랑우탄의 조상으로 판명되었다.[6]

화석 기록을 보고 그 표본이 잡종인지 아닌지를 결정하는 건 불가능하다. 앞서 봤듯 이는 현존하는 종의 경우에도 대단히 어려운 문제인데, 서로 상관 있는 포유류 간의 교배를 통해 번식력이 있는 후손이 나오기도 하는 까닭이다(451쪽에서 487쪽 참고). 이는 침팬지, 보노보, 여러 종의 원숭이 간에도 일어나는 현상이다. 그러나 교배가 성공하면 그 후손에게서는 생리학적으로 중대한 변화가 생긴다.

화석 기록의 부족함은 행동에 대한 추론을 아주 힘들게 한다.

다른 유물

인류 화석과 함께 발견되거나 단독으로 발견되는 표본은 인류의 행동—그리고 그에 따르는 의식의 수준—을 추론하는 데 사용된다.

* 623쪽 참고.

가장 흔한 것은 도구, 그중에서도 석기류인데, 석기류는 보존될 수 있었기 때문이다. 이로 인해 석기 시대라는 용어가 나왔다. 여기에도 제약 조건이 있다. 즉 초기 인류가 썩기 쉬운 도구나 다른 도구, 예를 들자면 날카롭게 만든 나무 창, 화살, 독침, 혹은 대나무와 가죽으로 만든 주거지 등을 만들어 사용했는지의 여부는 우리로서는 알 수 없다.

석기는 지질층 내에서 발견되는 유일한 유물인데, 이들의 기능, 정교한 정도, 같은 대륙 내의 다른 곳이나 다른 대륙에서 발견된 얼마 안 되는 화석 표본들과 연관되어 출토된 다른 석기와의 유사성 등을 해석해서 어느 종이 이것들을 만들었는지 추론하는 일은 과학이라기보다는 예술에 가깝다.

숯 잔해는 난로에서 생기므로, 불을 사용해서 몸을 따뜻하게 하고 포식자로부터 자신을 보호하며 음식을 만들었다는 것을 보여 주지만, 숲에 불이 나서 타버린 나무 그루터기에서도 나올 수가 있다. 다른 유물로는 사자나 늑대 뼈 조각 같은 동물 화석이 있다. 이들과 인류 화석은 한 지역 여기저기에 흩어져 있지만, 이것만 봐서는 인간이 그 동물을 죽여서 먹은 것인지 그 반대인지, 혹은 다른 곳에서부터 사체의 일부를 가지고 온 것인지 여부를 확정하기 어려운데, 이로 인해 연대 측정에도 영향이 있다.

연대 측정

상대적 연대 측정은 지질학적으로 아래에 놓인 층에서 발견된 표본을 위층에서 나온 표본보다 오래된 것으로 본다. 그러나 침식, 산사태, 지진, 다른 지리적 사태 등으로 인해 발생 순서대로 층을 정하는 일에 혼선이 생길 수도 있다. 드문 경우로는 화산 분화에서 생긴 재는 널리 퍼져 나가므로 그 층에서 나오는 표본은 동일한 시대의 것이라고 자신 있게 확정할 수는 있지만, 그렇더라도 정확한 연대는 알기 어렵다.

1950년대에 도입된 방사성 탄소 연대 측정법은 정확한 연대를 알 수 있다고 약속했다.* 그러나 3만 년 넘어가는 시기에 대한 연대 측정은 그 시간 이후로 표본 내에 남아 있는 탄소-14의 양이 너무 적어져서 측정하기가 어렵고, 오염으로 인해 결과값이 틀어질 수도 있기에 신뢰하기가 어렵다는 사실이 그 이후로 확인되었다. 또한 지구 대기 순환의 우주 방사선 변동과 변화에 관해 나중에 발견한 바에 의하면, 대기 중에 탄소 14의 비중이 일정하게 유지되었다는 가설도 무너진다.

표 26.2에 요약한 다른 방사 측정 기법은 연대 측정 범위를 확대하고 비교 검토를 하기 위해 개발되었다. 그러나 이들도 크리스 스트링거Chris Stringer가 훌륭하게 요약한 내용처럼 각각의 한계와 문제가 있다.

표 26.2 방사 측정 기법들과 연대 측정 범위

방법	대략적 연대
방사성 탄소	0–45,000년
우라늄 계열	0–500,000년
발광	0–750,000년
전자 스핀 공명	0–3,000,000년
아르곤–40/아르곤–39	0–1,000,000,000년

Source: Stringer, Chris (2011) pp. 33 – 44

기법들은 끊임없이 정교화되고 개선되고 있으며 이로 인해 오래전에 발견된 표본들의 연대를 다시 설정하게 되는 바람에 놀라운 결과가 나오기도 한다. 예를 들어, 1932년 남아프리카 플로리스바드에서 발견된 원시 인류의 두개골 일부는 그것이 들어 있었던 토탄 늪에 대한 방사성 탄소 분석에 의해 40,000년 전의 것으로 추정했다. 그랬던 것이 1996년에 와서 전자 스핀 공명 기법으로 윗어금니의 법랑질에 대한 연대 측정을 한 결과 260,000년 전의 것으로 판명되었다.[7]

유전학

유전자 분석은 인류의 출현을 추적하는 보다 정확하고 과학적인 접근법

* 이 기법에 관한 보다 자세한 내용은 281쪽 참고.

으로 받아들여졌다. 태아가 나오게 될 수정란 내의 미토콘드리아에서는 아빠 쪽이 아니라 엄마의 미토콘드리아 DNA가 복제된다는 점이 발견된 후에 캘리포니아대학교 생화학부의 리베카 칸Rebecca Cann, 마크 스톤킹Mark Stoneking, 앨런 윌슨Allan Wilson 등은 미토콘드리아 DNA(mtDNA) 속의 변화를 통해 시간을 따라 모계 혈통을 추정하는 방법을 고안해 냈다. 그들은 1987년 네이처지에 실은 기념비적인 논문 속에서 지리적으로 다섯 개의 서로 다른 지역의 147명의 여성의 mtDNA를 분석하고 그 결과를 자신들이 만든 컴퓨터 프로그램에 입력한 후 "이 모든 미토콘드리아 DNA는 대략 200,000년 전 아프리카에 살았을 가능성이 큰 한 명의 여성에게서 나왔다"[8]라고 결론을 내렸다.

대중 언론계는 물론 과학계조차도 이것을 모든 근대 인류의 조상을 확인한 업적으로 추켜세웠고, 미토콘드리아 이브Mitochondrial Eve라고 이름 붙였다. 이 결과는 근래 아프리카 기원 가설(아래 내용 참고)에 대한 강력한 증거를 제공했다. 그러나 그 이후 이들의 연구는 여러가지 이유로 비판을 당한다. 예를 들면 그들의 컴퓨터 프로그램은 수천 개의 계통수를 만들어 낼 수 있으며, 그들 전부가 아프리카에 뿌리를 둔 것도 아니고, 그 시간 측정 단위의 정확도에도 문제가 많았으며, 그들이 사용한 표본도 논란 거리였다(많은 아프리카 표본이 실은 아프리카-아메리칸 표본이었다).[9]

그 이후로는 남자만 가지고 있는 Y염색체의 변화와 관련하여 이와 유사한 연구가 이루어졌다. 여러 분석들은 부계 혈통을 추적하면서 142,000년 전 Y염색체 아담에까지 소급해 올라가며,[10] 가깝게는 아프리카에 100,000년 전에서 60,000년 전에 살았던 아담에게까지 올라간다.[11] 어떻게 몇 명 안 되는 Y염색체 아담들이 자신들보다 58,000년에서 140,000년 더 오래전에 살았던 몇 명 안 되는 미토콘드리아 이브들을 임신시킬 수 있었는지는 설명되지 않았다. 이 불일치는 유전자 분석을 신뢰할 수 없다는 생각을 한층 강화시켰고, 특히 20장에서 다루었듯 생물학적 진화를 위해 도입된 분자 시계 기법의 신뢰성에도 의문을 갖게 했다. (522쪽 참고)

현존하는 종

고인류학자들은 선사 시대 우리의 선조들의 행동을 추론하기 위해서 현존하는 두 종을 동원한다. 근대 인류와 유전자상 가장 가까운 종인 침팬지와 수렵 채집 생활하는 인류가 그것이다.

많은 연구가들은 다 자란 침팬지 수컷이 보이는 공격성이 길고 뾰족하고 튀어나온 송곳니 때문에 나타난다고 보고, 그와 유사하게 생긴 인류의 치아는 비슷한 행동을 유발했으리라고 추측한다. 그러나 앞에서 논의했던 대로, 침팬지의 이빨이 지난 5백만 년에서 7백만 년 동안 별다른 변화가 없었고, 인간의 치아는 진화를 해 왔으리라고 보는 가정에는 심각한 문제가 있다.

현존 침팬지와의 두개골 유사성에서부터 인류의 행동을 추론할 때의 문제점은 보노보와의 비교에서 잘 나타난다. 일반적인 침팬지Pan troglodytes가 아프리카 적도 지역의 밀림 속에 살고 있는데 반해, 보노보Pan paniscus는 콩고 민주 공화국의 콩고강 남쪽 지방의 저지대 우림 지역에서만 발견된다. 보노보는 피그미 침팬지라고 불리기도 하지만 이 두 종의 개체는 크기에 있어서 상당히 비슷하고, 유전자도 매우 유사하다. 전체 골격이 출토된다고 해도 이것이 침팬지인지 보노보인지 알기는 어렵고, 부분적인 뼈만 화석으로 나온다면 판단하기가 불가능하다. 그러나 이들의 행동은 유의미하게 다르다.

침팬지는 열매와 잎을 먹지만 종종 작은 포유류와 원숭이를 사냥한다. 이들은 15마리에서 100마리 정도가 무리를 이루고 살며, 6마리에서 10마리 정도가 먹이 활동을 하고 사냥에 나선다. 가장 강한 수컷이 무리를 지배하고, 다 자란 다른 수컷들은 위계질서를 이루고 있는데, 공격성을 보이거나 실제로 공격을 해서 지배권을 보존하거나 빼앗는다. 다 자란 수컷들이 암컷들을 지배하고, 암컷들은 자신들끼리 복잡한 사회적 위계질서를 이룬다. 수컷 침팬지는 자기 영역 주변을 돌아다니면서 인근에 있는 무리의 개체들에게는 잔인하고 치명적인 공격을 퍼붓기도 한다.[12]

이와 달리 보노보는 훨씬 덜 공격적이다. 이들 역시 다른 포유류를 잡아먹기도 하지만 원숭이를 사냥하지는 않는다. 오히려 그들과 함께 놀기도 하고, 털을 골라 주기도 한다. 침팬지와 달리 보노보가 새끼를 죽이거나 같은 종을 잡아먹는 일은 관찰되지 않았다. 이들 무리는 한층 더 평등하고, 암컷이 무리를 이끌며, 양성간, 동성간, 오럴, 항문 섹스 등 다양한 섹스를 한다. 이들은 무리 내에서 긴장을 완화하기 위해 섹스를 하며, 이웃 보노보 무리와의 갈등도 별로 없다.[13]

인간의 선조가 보인 행동에 관련된 직접적인 증거는 없으니, 그들의 행동은 콩고 유역이나 호주 서부의 그레이트빅토리아 사막의 필라 은구루Pila Nguru 지역에 살고 있는 아카Aka 피그미나 보피Bofi 피그미 같은 현존하는 수렵 채집인들의 행동에서부터 유추하는 것이 합리적이다. 그러나 이런 증거를 활용할 때는 두 가지 질문을 염두에 둬야 한다. 첫째, 이들의 행동은 1만 5천 년 전에서 1만 년 전쯤 살았던 이들의 선조들의 행동으로부터 어느 정도로 진화해 왔는가? 둘째, 이들의 선조가 그 시대의 수렵 채집인들을 얼마나 대표할 수 있을까? 인간 개개인은 다양한 분야의 역량에서 그 능숙도가 다르고, 이는 주로 벨 커브bell curve로 표시된다. 지능을 예로 들자면, 아인슈타인과 다른 몇 명이 한쪽 끝에 있고, 우리들 대다수는 중간값 주변에 무리를 이루고 있으며, 소수가 낮은 지적 능력을 갖고 있다. 다음 장에서 다루겠지만, 고대 수렵 채집인들 대다수는 식량을 얻는 보다 효과적인 방법으로 농업을 발명했거나, 농업이라는 발명을 채택했다고 추론하는 것이 합리적이다. 현존하는 수렵 채집인은 전체 인구 중 2퍼센트 정도를 차지하고 있다. 이들은 음식을 얻는 더 나은 방법을 발명하거나 채택할 수 있는 역량이 부족했던 고대 인류의 후손인가 아니면 그렇게 할 수 있는 지역으로 옮겨갈 만한 예지력이 부족했던 이들인가?

증거에 관한 이러한 의구심을 품은 채로 나는 그림 26.2에 나와 있는 인류의 선조들에 대해 우리가 알고 있는 바를 요약하려 한다.

인류의 종족

고생물학자 미셸 브뤼네Michel Brunet는 가장 오래된 인류 화석은 깨지고 틀어진 두개골, 턱뼈 세 조각, 서로 떨어져 있는 몇 개의 치아로 되어 있으며 이것은 그가 2001년 동아프리카 지구대에서 서쪽으로 2,600킬로미터 떨어져 있는 차드Chad의 사막에서 발견한 것이라고 주장한다. 그는 이것을 새로운 종 사헬란트로푸스 차덴시스Sahelanthropus tchadensis로 분류하고, 이 생명체가 두 발로 걸었다고 주장함으로써 논쟁을 불러 일으켰다. 간접적인 연대 측정을 해 보면 7백만 년 전에 살았다고 보는데, 이것이 분화되어 나왔다고 생각되는 인간과 침팬지의 마지막 공통 조상이 유전자 연대 측정상으로는 6백 3십만 년에서 5백 4십만 년 전에 살았다고 다들 인정하고 있는 사실과 대조된다.[14] 그러나 분자 연대 측정 기법에 대한 비판은 522쪽을 참고하고, 이 기법을 통해 여러 연구가들이 인류-침팬지 분화 시점에 대해 제시하는 다양한 연대의 범위에 대해서는 525쪽을 살펴보라.

약 6백만 년 전에 이족보행하던 인류의 또 다른 후보는 오로린 투게넨시스Orrorin tugenensis인데, 2000년 케냐의 투겐산의 네 군데 발굴지에서 찾아낸 대퇴골 세 조각, 윗팔뼈 한 조각, 턱뼈 조각, 따로 떨어져 있는 치아, 손가락뼈, 발가락뼈에 근거하고 있다.[15]

2009년 버클리 캘리포니아대학교의 팀 화이트가 이끄는 대규모 인터내셔널 팀은 이디오피아 북동부 아파르 협곡 지역에서 상당한 발견을 했다고 발표했다. 440만 년 전의 퇴적층에서 나온 바스러져가는 뼈조각과 4센티미터나 으깨진 두개골을 15년 동안 재건한 결과 110개의 표본을 만들어 냈는데, 여자의 골격 일부와 다른 35명의 뼈가 포함되어 있다.

새로운 종으로 분류된 아르디피테쿠스 라미두스Ardipithecus ramidus는 그 당시 삼림과 밀림이 뒤섞인 환경에서 살았다. 여성은 작고—120센티미터의 키에 50킬로그램의 몸무게—뇌 크기는 침팬지의 뇌 크기 정도이다. 그 팀의 일원이었던 켄트주립대학교의 C. 오웬 러브조이C. Owen Lovejoy에 의하면, 침팬지는 다리가 짧고 팔이 길어서 가지 사이로 흔들흔들 다니거나 땅에서는 네 발의 관절로 걷기 좋게 되어 있는 반면에 A. 라미두스는 손과 다리를 써서 가지 사이로 움직였고, 땅에서는 서서 걸어 다녔는데, 물론 후대의 인류처럼 효율적이지는 않았다. 이 팀은 골격과 치아를 살펴본 결과, A. 라미두스는 인류와 침팬지의 공통 조상은 침팬지를 닮지 않았음을 증명할 뿐 아니라, 후자에게서 나타나는 특징은 인류에 이르는 진화 궤도와는 다른 길로 진화했다는 걸 증명한다고 결론을 내렸다.[16] 하버드대학교 데이비드 필브림David Pilbream은 이 결론에 대해 회의적이었던 얼마 안 되는 고인류학자 중 한 명이다.

이 팀은 또한 같은 지역에서 대략 550만 년 전의 것으로 추정되는 다른 화석들을 발견했는데, 이들은 같은 속屬의 보다 앞선 종인 아르디피테쿠스 카다바Ardipithecus kadabba로 분류되었다.

아르디피테쿠스가 나중에 나온 오스트랄로피테쿠스속—그중에서 가장 유명한 종이 오스트랄로피테쿠스 아파렌시스(루시)이다—과 어떤 관계인가는 불분명하다. 오스트랄로피테쿠스속의 원인들은 완전히 직립한 자세와 이족보행을 특징으로 하는데, 여기 속한 모든 종이 땅에서 어느 정도로 편안하게 직립 보행을 할 수 있었는지는 여전히 논란거리이다. 그러나 이들의 두개골은 모양이나 크기가 침팬지의 것과 비슷하지만, 몸의 크기를 고려한다면 비율로는 조금 더 크다. 분류를 병합하는 자들과 쪼개는 자들은 오스트랄로피테쿠스의 종이 다섯 개인지 여덟 개인지 아니면 그 이상인지에 대해 서로 의견이 다르다. 대부분의 고인류학자들은 또 다른 속屬인 파란트로푸스Paranthropus에게 두 개의 강인한 종인 A. 로보스투스(남아프리카)와 A. 보세이(동아프리카)를 재할당하고 있으며, 이는 그림 26.2에 표시되어 있다.

여러 고생물학자들은 한 개 이상의 오스트랄로피테쿠스종이 2백만 년 전쯤 호모속屬의 최초의 종으로 진화했다고 주장한다. 2011년에 나온 후보가 바로 오스트랄로피테쿠스 세디바Australopithecus sediba이다. 위트워터스란드대학교의 리 버거Lee Berger와 그 동료들은 남아프리카 말라파 동굴에서 발견한 보존 상태 양호하고 절반 정도가 남아 있는 두 개의 두개골에 근거해서, 긴 팔, 초기 오스트랄로피테쿠스인들처럼 작은 두개골, 작은 치아, 두개골 안쪽의 본을 뜬 결과 나오는 긴 전두엽, 튀어나온 코, 골반의 형태, 발목 관절, 긴 엄지와 짧은 손가락, 긴 다리 등을 통해 볼 때 A. 세디바가 한층 인간을 닮았다고 주장했다. 이에 그들은 A. 세디바가 호모속屬의 조상, 그중에서도 호모 에렉투스Homo erectus의 조상일 가능성이 높다고 봤다. 동굴 바닥을 따라 흐르는 물에 의해 형성된 방해석의 우라늄 동위원소 분석 결과는 197만 7천 년 전에 형성된 것으로 나왔다. 이에 버거의 팀은 이보다 더 앞서 있는 인간의 종을 설정하기는 어렵다고 주장한다.[17]

런던대학교 대학과 라이프치히의 막스 플랑크 진화인류학회 소속 프레드 스푸어Fred Spoor는 이 주장에 의문을 제기하는 고인류학자들 중 한 명인데, 그는 무엇보다도 버거와 그의 동료들의 형태론적 분석과 비교가 그들의 주장을 뒷받침하기에는 부족하고, 이디오피아의 하다르에서 나온 A. 아파렌시스의 상악골이 A. 세디바의 그것보다 한층 인간에 가깝고, 이것이 370,000년 앞서 있으며, 최대 80,000년의 기간은 A. 세디바에서 호모종으로의 진화론적 변화가 일어나기에는 충분하지 않다고 본다.[18]

호모속屬

호모속과 선조들과의 관련성은 명확하지 않다. 최초의 종은 호모 하빌리스Homo habilis로 생각되며, 이 종의 화석은 190만 년에서 150만 년 전 케냐와 탄자니아에서 유래되며, 일부 화석은 지극히 원시적인 석기인 올도완(Oldowan: 나중에 다루려 한다)과 함께 나왔다. 이와 비슷한 도구가 260만 년 전에도 있었다는 주장이 제기되었다. 복원한 두개골 하나를 다시 한 번 복원한 결과 190만 년 전의 것으로 판명이 났는데, 이것은 호모 하빌리스의 변종이거나 별개의 종인 호모 루돌펜시스H. rudolfensis라고 간주되었다. 2012년에 얼굴과 치아가 달려 있는 턱뼈 두 개가 발견되었고 이는 178만 년에서 195만 년 경의 것으로 추정되었는데, 이로 인해 호모 루돌펜시스는 확실히 별개의 종으로 굳어지게 되었다.[19]

이들을 별개의 종으로 분류하는 이들은 호모 하빌리스, 호모 루돌펜시스, 호모 에르가스터 중 하나가 호모 에렉투스의 조상이거나 아닐 수 있고, 이들 중 하나가 호모 하이델베르겐시스, 호모 네안데르탈렌시스, 호모 사피엔스의 조상이거나 아닐 수 있으며, 호모 하이델베르겐시스가 호모 네안데르탈렌시스와 호모 사피엔스 모두의 조상이거나 혹은 그 둘 중 하나의 조상일 수 있으며, 그렇지 않을 수도 있다고 본다.

네안데르탈인

해부학적으로 보면 네안데르탈인은 인류보다 작고 탄탄하다. 성인 네안데르탈인의 두개골 용적은 1400cc이며, 이는 호모 사피엔스의 용적보다 크지만, 머리와 몸의 비율은 조금 더 작다. 두개골 구조의 주요한 차이는 표 26.3에 나와 있다.

표 26.3 네안데르탈인과 현대 인류의 두개골의 차이점

네안데르탈인	현대 인류
눈 위의 융기 부분이 크다	눈 위의 융기 부분이 작다
뒤쪽으로 경사진 턱과 이마	수직으로 내려오는 이마, 뼈가 드러나는 턱
넓은 윗머리와 두개골 뒤쪽의 움푹 들어간 부분	높고 둥근 두개골

네안데르탈인이 가지고 있는 뒤쪽으로 넘어가는 이마는 지각 작용을 처리하는 전뇌가 인류보다 덜 발달되어 있다는 점을 나타낸다고 해석되었다.

미토콘드리아 DNA 분석에 의하면 네안데르탈인과 현대 인류의 계통이 갈라지는 지점은 500,000년 전인데 반해, 그들의 핵 DNA를 분석해 보면 그 분화는 440,000년에서 270,000년 전에 일어났다.[20]

호모 네안데르탈렌시스의 것으로 추정되는 유물이 유럽 전역과 서아시아, 동쪽으로는 중앙아시아의 우즈베키스탄과 남쪽으로는 중동에 이르는 지역에서 발견되었다. 이들은 400,000년에서 30,000년 전의 것으로 추정되

는데 이는 네안데르탈인과 호모 사피엔스가 시간적으로 최소 10,000년은 겹친다는 의미가 된다. 일부는 공간적으로도 겹치며 이는 앞서 언급했듯 네안데르탈인의 게놈 초안에서도 추측된다. 크로아티아 빈디야 굴에서 발견된 세 명의 뼈에서 추출한 핵 DNA를 분석한 결과, 인류는 네안데르탈인과 1퍼센트에서 4퍼센트 정도 동일한 유전자를 가지고 있으며, 이는 제한적이지만 상호 교배가 있었음을 의미한다.[21]

네안데르탈인의 출토지에서 나온 석기로는 긁어내는 도구나 삼각형의 양면 손도끼가 있고, 삼각형의 뾰족한 꼭지가 있는 돌 조각은 창으로 사용되었을 법한데 던지는 용도보다는 찌르는 용도로 사용되었을 듯하며, 송곳 혹은 구멍을 뚫는 데 사용했을 날카로운 도구가 있고, 바늘처럼 뼈로 만든 도구는 나오지 않았다.[22]

2010년 브리스톨대학교의 조앙 질하오João Zilhão와 동료들은 스페인 남동부 무르시아주에 있는 두 개의 네안데르탈인 유적지에서 구멍이 뚫리고 염색이 된 바다 조개류가 나왔다고 발표했는데, 이들은 몸에 두르는 장신구로 쓰였으리라 추정한다. 다른 지역에서 나왔다면 아마 이것들은 반성적 의식은 아니더라도 높은 수준의 의식이 있었다는 증거로 간주될 수 있고, 인간의 예술품 취급을 받았을 것이다. 그러나 질하오는 이들 조개류가 "대략 50,000년 전의 것"이라고 주장한다. 이것들은 "현대 인류가 유럽에 처음 나타났다는 기록보다 10,000년 전에 네안데르탈인의 행동이 상징에 의해 조직되었다는……분명한 증거이다." 그런데 그의 논문에 실린 보충 정보에 한 군데에서 나온 다섯 개의 조개류의 방사성 탄소 연대 측정 결과를 38,150±360년에서 45,150±650년으로 기록하며, 다른 지역에서 출토된 나무 숯 표본 네 개의 연대는 98±23년에서 39,650±550년 사이로 기록한다.[23] 이는 50,000년 전이라는 주장과 모순된다.

대부분의 고인류학자들은 네안데르탈인의 유적지에서는 상징, 예술품, 다른 반성적 의식의 증거들이 부족하다는 점을 인간의 유적지에서 광범위하게 출토되는 증거들과 대조하면서, 네안데르탈인이 초기 인류에 비해 인지적으로 열등하다고 결론을 내린다.

신뢰할 만한 증거가 없는 상태이기에 30,000년 전에 네안데르탈인이 멸종되었다는 주장은 가설이라기보다는 추정에 가깝다. 고인류학자들이 내놓은 추정 내용은 네안데르탈인들이 인간과 달리 그 당시의 급격한 기후변화에 적응하지 못했다거나, 인간과 교배하면서 동화되어 갔다거나, 면역력이 없는 인간의 질병에 감염되었다거나, 인간들에 의해 다 살해되었다 정도이다.

호빗

1994년 호주와 인도네시아 연합 연구팀은 인도네시아 플로레스 섬의 동굴에서 발견된 화석 뼈를 복원했는데, 1미터 신장에 긴 팔, 낮아지는 앞이마에 턱은 없는 성인의 골격 일부였다.

그들은 이 화석의 뇌 용량이 380입방 센티미터라고 측정했는데, 이는 알려져 있는 오스트랄로피테쿠스의 가장 작은 뇌 크기 정도이며, 침팬지의 평균 크기보다 작다. 또한 그 출토지에는 석기와 화로, 그리고 사냥해서 잡은 게 분명한 작은 코끼리를 닮은 스테고돈의 화석도 함께 있었다.

이 팀은 이 생명체가 백만 년 전에 이 지역에 온 호모 에렉투스 개체들에서 나왔다고 결론을 내렸다. 경쟁자도 없고 식량도 없는 이 고립된 섬에서 이들 인류는 스테고돈이 작아져 갔듯 덩치가 작아졌다. (그러나 플로레스에는 큰 쥐, 거대 도마뱀, 대형 거북 등의 잔해도 남아 있는데, 왜 어떤 종은 작아지고 어떤 종은 거대해졌는지는 불분명하다.) 그들은 이들을 새로운 인종으로 보고 호모 플로레시엔시스Homo floresiensis라고 이름했으며, 호빗이라는 별명을 붙였는데, 이게 전 세계적으로 유명해졌고 고생물학계 내에서의 논쟁도 촉발되었다.[24] 어떻게 복원하느냐에 따라 여섯 명에서 아홉 명 정도에 해당하는 유골이 발견되었으며, 대략 17,000년에서 95,000년 전에 살았을 것으로 추정된다.

그 생명체에게 호모 플로레시엔시스라는 이름을 붙여 준 뉴잉글랜드대학교 팀의 일원이었던 피터 브라운Peter Brown은 2009년에 와서는 자신의 애초의 분류에 의문을 제기한다. 그는 좀 더 연구해 본 결과, 아시아의 호모 에렉투스는 호빗의 조상이 아니며, 이들의 특질은 아프리카가 아닌 지역에 살았던 최초의 호모족으로 간주되면서 조지아 드마니시에서 나온 175만 년 전의 화석보다는 차라리 오스트랄로피테쿠스인과 좀 더 공통점이 많다고 주장했다.[25]

데니소바인

2010년 막스 플랑크 연구소의 진화 인류학 연구가 스반테 페보Svante Pääbo가 이끄는 국제 학술팀은 화석이 아니라 순전히 유전자 증거에만 입각해서 새로운 인류 집단을 발견했다고 발표했다. 그들은 시베리아 남부의 데니소바 굴에서 출토된 손가락 뼈에서 DNA를 추출했는데, 거기서 나온 석기 유물로 볼 때 280,000년 전부터 호모속屬이 살던 곳으로 추정되었다. 그 뼈는 50,000년에서 30,000년 전의 지질층에서 나왔는데, 그 전에는 이 층에서 세석도細石刀와 상부 구석기 시대에만 발견되는 잘 연마된 석기, 그리고 중기 석기 시대에 사용하던 투박한 도구 등이 나왔고, 이로 인해 이 동굴은 네안데르탈인과 현대 인류가 차례로 사용했던 곳이라고 추정되었다.

미토콘드리아 DNA 분석에 의하면 이 화석에 해당하는 개체는 데니소바인이라고 명명한 집단에서 나왔다. 데니소바인은 100만 년 전에 현대 인류와 네안데르탈인에 이르는 공통의 계통에서 갈라져 나왔으니, 이는 네안데르탈인과 현대 인류의 분화보다 두 배나 오래전의 일에 해당하므로 그만큼 더 오래전의 종이다. 분석 결과 네안데르탈인과 현대 인류의 게놈 간의 차이보다 데니소바인의 게놈과 현대 인류의 게놈은 두 배 더 차이가 나는 것으로 확인되었다.

그러나 그 이후에 인간-침팬지의 분화 시점에 대한 가정 등에 입각해서 핵의 DNA를 분석한 결과, 그 개체는 640,000년 전 경의 네안데르탈인과 공통의 기원을 가지고 있으며, 데니소바인의 게놈과 현대 인류의 게놈 간의 차이는 네안데르탈인과 현대 인류의 게놈 간의 차이 정도로 나타났다. 패보 연구팀은 치아의 mtDNA를 분석해 본 결과, 인간이나 네안데르탈인의 어금니와는 닮지 않아서 데니소바인은 별개 집단의 역사를 가진다고 봤다. 특히 데니소바인은 네안데르탈인과 달리 유라시아 인종에게 유전자상 어떠한 기여도 하지 않았고, 현재의 멜라네시아인들의 게놈과는 4-6퍼센트 동일한데, 데니소바와 가까운 동아시아 지역인 중국 한족이나 몽골인들 같은 인종과는 관련이 없었다.

이 연구팀은 데니소바인이나 네안데르탈인에게 분류학상의 특정 분류를 할당하지 않았다. 그들은 데니소바인의 손가락과 치아에서 얻은 유전자 감식 결과에 입각해서 후기 홍적세(125,000년 전에서 10,000년 전 사이) 유라시아 대륙에는 고대 인류가 적어도 두 유형이 있었다고 해석했다. 네안데르탈인은 서부 유라시아 지역에, 데니소바인은 동아시아 지역에 퍼져 있었으며, 이들 각각과 호모 사피엔스 사이에는 제한적인 교배가 있었다고 본다.[26]

호모 사피엔스의 초창기 증거

2003년 버클리 캘리포니아대학교의 팀 화이트Tim White와 그의 동료들은 현생 인류와 가장 가까운 최초의 화석은 이디오피아 아파르 삼각지의 헤르토 부리Herto Buri에서 출토된 세 개의 두개골이며, 연대는 160,000년 전에서 154,000년 전으로 추정한다. 그들은 이 표본을 온전히 발달한 현생 인류로 분류하지는 않고, 아종인 호모 사피엔스 이달투스Homo sapiens idaltus로 분류하면서, 자신들이 보기에는 우리의 직접적인 조상에 해당한다고 주장했다.[27]

2008년 뉴욕 스토니브룩대학교의 존 플리글John Fleagle은 1967년 리처드 리키Richard Leakey가 이디오피아의 오모 강 근방 키비시에서 발견한 두 개의 표본의 연대를 130,000년 전에서 196,000년 전으로 변경했다. 그는 뼈 일부와 얼굴과 턱뼈 파편으로 구성되어 있는 첫 번째 표본 오모 1이 최초의 완전한 인류 화석이라고 주장하여 논란을 일으켰다. 두 번째 표본 오모 2는 얼굴이 없는 해골로서, 좀 더 원시적이다.[28]

이런 주장이 유효한지는 알 수 없지만, 이들은 그저 비교해부학에만 연관되어 있을 뿐이고 독특한 형질로서의 반성적 의식과는 상관이 없다. 그걸 살펴보려면 이 의식이 바꾸거나 새로 만들어 낸 이차적 능력에 관한 증거를 찾아야 한다.

도구

앞에서 나는 이해력이 창작, 통찰, 상상과 합쳐지면 특화된 복합적 도구를 만든다고 주장했다. 고고학자들은 석기를 통상적으로 전통이나 산업에 따라 분류하고, 그 도구들을 모아서 처음 연구한 지역명을 따서 이름 붙이는데, 다른 분류법은 지역 혹은 모드 I-V 등의 방식을 사용한다. 도구의 분류법은 지금까지 변해 왔고 아직도 변하고 있는데, 도구에 따른 시대 분류도 그에 따라 변해 가고 있다. 유럽의 석기 시대는 처음에는 구석기 시대와 신석기 시대 두 시대로 나뉘었다. 구석기 시대는 나중에 하부 중부 상부 3기로 나뉘었고, 나중에는 상부 구석기와 신석기 시대 사이에 중석기 시대가 삽입되었다.

하부 구석기 시대(사하라 이남 아프리카에서는 초기 석기 시대)는 탄자니아의 올두바이 협곡의 이름을 따서 올도완Oldowan이라고 부르는, 도구라고 인정할 수 있는 초기의 석기류와 함께 시작하는데, 이는 큰 조약돌을 깨서 나온 투박한 파편이다. 이 파편은 긁는 데 사용되었고, 쪼개져 나온 조약돌은 찧을 때 사용했을 것으로 추정한다. 그 보다 앞서 살았던 인류hominins는, 침팬지도 그렇게 하듯이, 쪼개져 나오지 않은 조약돌로 찧었을 것인데, 이 경우에는 다른 조약돌과 구별하기가 아주 어렵다. 초기 올도완 도구는 이디오피아 가나에서 나온 것으로 알려져 있고 대략 260만 년 전의 것이다.[29] 그 다음으로 중요한 발전은 170만 년 전의 아슐의 도구인데, 프랑스 북부의 생-아슐Saint-Acheul의 이름을 따서 지었다. 여기서는 돌의 양쪽 가장자리를 쪼개어 배 모양의 손도끼와 곡괭이로 사용했다. 이러한 양면을 가진 석기는 유럽, 아프리카, 중동, 인도, 아시아 전역에서 하부 구석기 시대에 걸쳐 나타나는데, 하부 구석기는 유럽은 180,000년 전에, 아프리카는 150,000년 전에 끝나며,[30] 이는 고고학이 다루는 시간대의 93퍼센트 이상을 차지한다.

250만 년 이상 이어져 온 올도완이나 아슐 시대의 원시적인 도구에서 반성적 의식의 증거를 찾기는 어렵다. 그 이후로 개선의 속도는 만드는 사람의 의식 수준을 반영해서 점점 증가한다.

특수한 복합적 도구가 언제 처음 나타났지는 알 수 없다. 잠비아의 트윈 강에서 발견된 돌 파편과 날카로운 파편은 260,000년 전경에 나무 손잡이에 끼워서 사용하기 위해 만들어졌다는 주장이 제기되었다.[31] 케이프타운대학교 박사 과정 학생이었던 카일 브라운Kyle Brown은 2009년에 실크리트silcrete 박편 석기는 우선 실크리트(시멘트처럼 단단한 규산질층)를 가열해서 그 박리 특성을 강화시킨 뒤, 거기에 광을 내야만 얻을 수 있다고 주장했다. 실크리트로 된 도구는 72,000년 전부터 많은 곳에서 나타나고, 남아프리카의 남부 해안에 있는 피너클 포인트Pinnacle Point에서는 164,000년 전에도 나타난다.[32] 쪼개기 전에 실크리트를 몇 시간씩 구웠다는 것은 높은 수준의 지각력과 창의성을 암시한다.

점점 세련된 석기가 사용되면서 중부 구석기와 상부 구석기로의 이동이 일어났다. 여기에는 투박한 칼처럼 사용했을 것으로 추정되는 길고 가늘고 양면을 가진 부싯돌 조각, 화살촉이나 창으로 사용했을 것으로 추정되는 서로 다른 크기의 얇은 삼각형 파편 등이 포함된다. 복합적인 도구는 먼 거리에서 사냥할 때 사용되었다. 유럽에 있는 상부 구석기 유적지에서는 미늘을 가진 작살, 매머드나 순록의 상아로 만든 끝이 날카로운 송곳과 바늘 같은 도구들이 나왔는데, 이는 동물 가죽을 창자로 만든 실로 기워서 옷이나 텐트로 사용했다는 사실을 의미한다. 상부 구석기 시대는 유럽에서는 10,000년 전쯤 끝나면서, 세석기細石器 같은 작고 복합적인 도구로 대변되는 중석기가 시작되는데, 이는 농업과 금속 세공을 하던 사회의 도구보다 앞선다.

사하라 이남의 아프리카에서는 대략 상부 구석기와 중석기에 대응하는 시대를 후기 석기 시대라고 부르는데, 그 지속 기간은 지역에 따라 상당한 차이가 있다. 도구를 만드는 일은 오늘날 남미 우림 지역과 같은 일부 수렵 채집 사회에 아직 남아 있다.

불의 사용

최초로 불을 조절하여 사용하기 시작한 때가 언제인지 말하는 것은 지독히 어려운 일이지만, 20만 년 전부터 170만 년 전이라는 주장들이 대두되었다. 창의력과 발명력의 증거로 몸을 따뜻하게 하고, 음식을 조리하고, 포식자를 물리치기 위해 불을 만들어 사용한 일은 200,000년 전에서 700,000년 전의 것으로 추정되는 남아프리카의 불타버린 뼈 더미에서 발견할 수 있다.[33]

상징과 장신구

상징의 사용과 예술적 표현력을 드러내는 초기의 증거는 아프리카에서 나왔다. 남아프리카 남부 케이프 해안의 블롬보스 동굴에서는 100,000년에서 75,000년 전에 해당하는 여러 층위에서 새로운 형태의 정성껏 가다듬은 뾰족한 돌과 뼈로 만든 도구뿐 아니라 추상적 디자인으로 새겨진 황토 조각과 구멍 뚫린 조개류가 나왔는데 조개류의 일부는 황토가 발라져 있었다.[34]

후자는 목걸이 같은 개인적 장신구로 쓰였으리라 추정되는데, 이스라엘의 카즈베와 슈쿨, 알제리의 큐 제바나, 모로코의 타포랄트 등에서도 발견되었다. 연대는 측정하기 어려운데, 현재까지 나온 계산 결과로는 모로코 유적지는 85,000년에서 80,000년 전, 이스라엘 슈쿨 유적지는 135,000년에서 100,000년 전으로 추정된다.[35]

상징적으로 사용된 예술품은 사유, 상상, 창조력, 추상 능력 등이 있었다는 증거이다.

무역?

모로코의 세 군데 유적지는 해안에서 40-60킬로미터 들어와 있는 곳인데 구멍 뚫린 조개류가 나왔고, 알제리의 유적지는 바다에서 190킬로미터 떨어져 있다. 프란체스코 데리코Francesco d'Errico와 그의 동료들은 이들 장신구들은 해안에 살던 부족이 만들어서 팔았던 것이라고 결론을 내렸다.[36] 구멍 뚫린 조개류가 거기 있었다는 것은 해안에 살던 부족이 보다 더 좋은 주거지를 찾기 위해 혹은 보다 많은 식량이 있는 곳을 찾아 이주해 왔고, 이들이 장신구를 가지고 왔기에 그렇다는 설명도 성립할 수 있다. 만약 이들 물건이 거래가 되었던 것이었다면, 이는 선견지명, 창의력, 의지의 증거라고 할 수 있다. 또한 집단주의과 구분되는 협동의 증거일 수 있고, 초보적 단계라도 언어를 사용했으리라는 추정도 할 수 있다.

바다 건너기

호주에 도착한 인류는 그 전에 도착한 것이 아니라면 대략 60,000년 전에서 53,000년 전쯤 북쪽에 있는 데프 애더 협곡에 도착한 것으로 추정된다.[37] 어떤 빙하기에도 아시아에서 호주까지 뭍으로 연결될 만큼 바다가 낮아진 적이 없으므로, 적어도 100킬로미터는 망망대해를 건너온 것이다.[38] 이런 큰 일을 해내려면 바다를 건널 계획을 짜고 항해할 수 있는 높은 수준의 이해력, 선견지명, 의지가 있어야 하고, 적절한 뗏목이나 배를 설계하고 만들 만한 높은 수준의 창의력과 발명력도 필요하다. 이 모든 계획이 성공하려면 협력을 해야 했고, 이는 현재 그곳 원주민의 후손들이 이루고 있는 사회 조직을 통해 가늠해 볼 수 있는데, 아마 언어를 사용했을 가능성이 높다.

매장과 화장 의식

영국 자연사 박물관의 크리스 스트링거Chris Stringer에 의하면 가장 오래된 상징적 장례는 115,000년 전 이스라엘 슈쿨 동굴로 거슬러 올라가는데, 초기의 현생 인류인이 거대한 멧돼지의 아래턱뼈를 움켜쥐고 있다.[39]

멜버른대학교의 제임스 보울러James Bowler와 동료들은 새로운 연대 측정 기법으로 계산해 보면 세상에서 가장 오래된 황토 매장 의식과 기록상으로 남아 있는 최초의 화장은 40,000±2,000년경 뉴 사우스 웨일즈 서쪽 지역인 뭉고Mungo 호수에서 발견된다고 본다.[40]

이러한 의식은 높은 수준의 이해력, 상상력, 그리고 믿음을 드러낸다.

그림, 조각상, 피리

1994년 장-마리 쇼베Jean-Marie Chauvet와 두 명의 동료들은 남부 프랑스의 아르데슈Ardèche 강을 내려다보는 절벽에 위치한 동굴 속에서 일련의 거대한 벽화를 발견했다. 그 벽화에는 음영과 원근법에 입각해 그린 네 마리 말의 머리, 정교하게 묘사한 뿔을 가진 두 마리 코뿔소, 들소 무리를 쫓는 사자, 동굴곰들, 그리고 다른 동물들이 묘사되어 있다. 대부분은 석탄 조각으로 그리거나, 손가락이나 붓에 붉은 염료를 묻혀서 그렸다.

인간의 유해는 발견되지 않았지만, 평평한 바위 위에 올려진 두개골 하나를 포함한 190마리 이상의 동굴곰의 뼈가 나왔다. 이 발견으로 인해 이 동굴은 거주용이 아니라 의식을 위한 곳이며, 사냥의 성공을 위해 강력한 동물의 정령에게 기원을 드리는 곳이었으리라는 추측이 가능해졌다.

벽에 있는 횃불 자국과 그림 그리고 바닥에 흩어져 있던 동물뼈와 숯에서부터 나온 80개 이상의 방사성 탄소 연대 측정을 통해서 지금은 쇼베 동굴Chauvet Cave 연대기로 알려져 있는 자세한 연대기가 만들어졌다. 그 연대기에 따르면 그 예술작품은 두 개의 별도의 시대, 즉 30,000년 전과 35,000년 전에 만들어졌고, 이는 알려져 있는 가장 오래된 동굴벽화가 된다.[41]

일부 고인류학자들은 이 연대에 문제를 제기하는데, 벽화의 정교함 때문에 더욱 그러하며, 표본이 오염되었다거나 그 숯이 후대에 생긴 것이라는 주장도 대두되었지만, 그럼에도 연대기 측정 기법은 강한 지지를 받아 왔다.[42] 이 벽화가 가장 오래된 것은 아닐 수 있다. 베로나 근처의 푸마네 동굴Fumane Cave을 탐사하던 이탈리아 연구팀은 동물과 반인반수의 형상이 그려져 있는 돌 조각들의 연대를 측정했는데, 이 돌 조각들은 동굴의 벽에서 떨어져 나와 있긴 했지만 대략 32,000년 전에서 36,500년 전의 것이라고 계산했다.[43]

선사 시대 예술을 포함하고 있는 350개가량의 동굴이 프랑스와 스페인에서 발견되었다. 가장 유명한 것은 프랑스 남부 도르도뉴 지방의 언덕에 있는 라스코Lascaux 동굴이다. 이 거대하고 복합적인 지역에는 동굴 천정과 벽에 600점 이상의 그림이 숯과 광물 염료를 사용해서 그려져 있고, 일부는 돌에 새겨져 있다. 그들이 그려져 있는 높이를 볼 때, 화가를 위해 비계가 설치되었으며, 협력과 언어의 사용이 필요했으리라고 추정된다.

다른 서부 유럽의 동굴 벽화처럼 라스코 벽화도 들소bison, 말, 야생소aurochs, 사슴과 같은 거대한 야생동물을 그렸다. 그중 한 마리는 유니콘이라고 이름 붙여졌는데, 창이 머리를 관통한 말이었을 수도 있다. 동굴의 벽은 인간의 손 자국과 손으로 홈을 판 추상적 패턴으로 장식되어 있다. 최근의 방사성 탄소 연대 측정 결과는 각각의 그림이 서로 다른 시기에 그려졌다는 걸 밝혔는데, 가장 오래된 그림은 18,900년 전에서 18,600년 전으로 추정된다.[44]

동굴 벽화에는 인간의 모습은 잘 나타나지 않는데, 인간이 나타날 때는 반인반수의 형상으로 나타나며, 이는 단순한 재현이 아니라 상상력이 있다는 증거가 된다. 이들은 아마 사자나 독수리, 그 외의 다른 강한 동물의 형상을 머리에 뒤집어쓴 인간일 것이다. 어떤 경우이든 간에 이들은 신앙, 즉 샤먼이 불러 내는 동물 정령 신앙이 있었다는 증거가 된다.

신앙과 상상력이 있었다는 이러한 증거는 독일 남서부 홀렌슈타인 절벽의 슈타델 동굴Stadel Cave 안쪽에서 나온 매머드 상아 조각의 발견에 의해 한층 강화된다. 이 조각들은 최근의 방사성 탄소 연대 측정에 의하면 40,000년 전의 것으로서, 서로 잘 짜맞추면 약 30센티미터 정도 되는 키에 동굴 사자의 머리를 한 사람의 형상이 된다. 매머드 상아로 깎아 만든 보다 작은

(2.5센티미터의 키) 크기에 사자 머리를 한 인간도 홀렌슈타인-슈타델에서 남서부로 40킬로미터 떨어진 홀레 펠스 동굴Hohle Fels Cave에서 발견되었다.

독일의 같은 지역에서는 석기류가 다량으로 나온 동굴층 내에서 30,000년에서 35,000년경에 만들어진 것으로 추정되는 매우 많은 조각상들이 나왔다. 여기에는 머리와 다리가 없고 가슴, 엉덩이, 성기가 강조된 매머드 상아로 만든 여자 조각상들이 포함되어 있다. 조각한 자는 의도적으로 머리를 없애고 그 자리에 작은 상아 고리를 달았는데, 조각상은 그걸 사용해서 걸었을 것으로 추정된다. 10센티미터 이하의 이런 조각상들은 유럽 내의 다른 유적지에서도 발견되었다. 일부는 동물 형상이고, 대부분은 생산할 수 있는 상태의 여자를 묘사하는데, 성적인 매력이 있거나, 임신을 했거나, 출산하고 있는 여성의 모습이다. 대개 동물 가죽으로 만든 옷을 입었던 빙하기에 만들어진 이들 여성 조각상의 일부는 목걸이나 벨트를 한 경우도 있지만, 거의 대부분은 나체이다. 그런 체형이 드물었는데도 큰 가슴과 엉덩이를 강조한다(뼈 유적을 살펴보면 먼 길을 걷고 무거운 짐을 나르고 영양 실조에 시달리느라 대체로 마른 체형이었음을 알 수 있다). 생략한 팔다리나 얼굴보다는 나체의 몸통을 자세히 묘사하고 있는데, 이는 그들이 다산의 상징이었음을 알게 한다. 많은 조각상에는 구멍이 있는데 펜던트 형태로 부적처럼 지니고 다니도록 만든 게 아닌가 추정한다. 오늘날의 수렵 채집 사회를 보면 남자들은 출산 과정에 아무런 역할을 하지 않는 것으로 봐서, 이들 조각상들은 대부분 여자들이 만들었을 가능성이 크다.[45]

동일한 연대에 속하는 독일의 유적지 세 곳에서는 가장 오래된 악기들도 나왔다. 백조와 독수리 날개뼈로 만들어졌고 그 몸체에 일정한 간격으로 구멍이 뚫려 있는 플루트 네 점이 나왔는데, 가장 온전한 것은 머리와 다리가 없는 여자 조각상에서 70센티미터 떨어진 곳에서 발견되었다.

매머드의 엄니로 만든 플루트는 보다 더 높은 수준의 발명력, 상상력, 창의력, 사고력을 보여 주는데, 31개의 조각으로 되어 있으며, 울름 지역 근방의 가이센클뢰스테렌 동굴Geißenklösterlen cave에서 발견되었다. 속이 비어 있는 새의 뼈로 만들지 않고, 굽어 있는 엄니를 훼손하지 않고 쪼개 양쪽의 속을 파내 그 길이를 따라 구멍 세 개를 내고, 엄니 두 쪽을 풀로 붙여 공기가 새나가는 구멍이 없도록 만들었다.[46]

많은 고고학자들은 아직도 상부 구석기 시대의 장신구 조각, 그림, 장식물 등에 나타나는 재현과 상상과 상징 예술이 서부 유럽의 특징이라고 생각한다. 케임브리지대학교 소속 맥도널드 고고학 연구소의 콜린 렌프루Colin Renfrew는 2008년에 이렇게 썼다.

> 동굴 예술—벽화가 그려진 동굴, 아름다운 '비너스' 조각상—은 구석기 시대(즉 홍적세 시기) 서부 유럽의 특정 지역에서 발달해 나갔던 궤적 속에서만 한정해서 나타난다는 점을 기억하는 것이 중요하다.[47]

그러나 이것은 사실이 아니다. 앞에서 언급했듯, 100,000년 전에서 75,000년 전에 해당하는 남아프리카의 블롬보스 동굴의 서로 다른 층위에서 상징적 무늬가 새겨져 있는 황토 조각이 나왔다. 나미비아 남서쪽의 훈스 산맥 속의 아폴로11 동굴에 들어와 있던 일곱 개의 평평한 돌판은 25,000년 전에서 23,500년 전의 것으로 추정되는데, 서부 유럽에서 나온 표본에 비교할 만한 세련된 그림이 그려져 있었다. 노출된 암석 표면에 유사한 소재로 그려진 그림은 오늘날에도 일부 부족 사회에 남아 있지만, 풍화 작용으로 인해 그 수명은 제한적이다.[48] 암석에 그린 그림은 호주에서도 발견되었다. 예를 들어 2010년 안헴Arnhem 평지에서 발견된 붉은 황토 그림은 에뮤를 닮은 새 두 마리가 목을 뻗치고 있는 모습을 그렸는데, 이 새들은 40,000년 전 멸종한 것으로 추정되는 거대한 조류인 지니오르니스Genyornis속屬의 새가 아닌가 한다.[49] 인도 중부 고원의 남쪽 끝에 있는 바위 은신처 다섯 군데에서는 유럽의 표본과 유사한 그림들이 많이 나왔다. 최신 연대 측정 기법이 동원되지는 않았지만 대략 12,000년 전의 것으로 추정된다. 이 지역의 부족들은 지금도 여전히 바위 표면에 그림을 그린다.[50]

이러한 발견을 종합해 보면, 선사 시대 예술품이 서부 유럽에서 많이 나온 것은 고대 유럽인들 고유의 현상이라기보다는, 발견과 분석에 투입된 노력이 더 많았고, 보존에 유리한 환경이었기 때문이라는 인상을 받게 된다. 이들 아프리카, 아시아, 호주의 예술품이 유럽의 것들과 비교해서 더 오래된 것인지, 동시대의 것인지, 후대의 것인지 확정하려면 보다 엄밀한 연대 측정법이 필요하다.

언어

높은 수준의 의식을 갖춘 종의 개체들은 소리와 몸짓을 통해 다른 개체들이나 다른 종에게 두려움, 경고, 위협, 기쁨, 그 외의 다른 감정을 전달한다. 그러나 반성적 의식은 언어를 통해 의사를 전달하는데, 언어에 대해 내가 내리는 정의는 다음과 같다.

> **언어** 그것이 사용되는 문화 내에서는 의미를 가지고 있으면서 학습되고 발화되며 표현되는 상징의 복잡한 구조에 의해 일어나는 감정, 서사, 설명, 생각의 전달.

인종 내의 다른 개체들이나 다음 세대에게 경험과 생각을 전달하여 축적된 지혜를 얻을 수 있게 하는 언어의 독특한 능력으로 인해 반성적 의식은 놀랍도록 빠르게 꽃을 피웠다.

언어가 언제 생겨났는지 알 수는 없다. 어떤 연구가들은 뇌 속 브로카의 영역Broca's area이 손상을 입은 사람은 말을 못 하게 된다는 점에 근거해서, 그 영역이 언어 사용에 관한 증거이며, 그 영역은 두개골 안의 뇌를 본 뜬 틀에서 추론할 수 있다고 주장한다. 그러나 침팬지 중 일부는 브로카의 영역을 분명히 가지고 있음에도 아무리 가르쳐도 간단한 문장 하나 말하지 못한다.

다른 이들은 FOXP2 유전자가 변이를 일으키면 언어적 문법적 장애가 동반되면서 말로 표현을 잘 못하게 된다는 점에 근거해서, 이 조절유전자가 언어 사용 능력을 관장한다고 생각한다. 네안데르탈인의 FOXP2 단백질은 인간의 것과 동일하고, 침팬지의 것은 단 두 개의 아미노산이 차이 나고, 쥐는 세 개의 차이밖에 안 난다. 막스 플랑크 진화인류학 연구소의 스반테 페보와 그의 동료들은 언어 표현력을 부여하는 인간 유전자 버전은 인간-침팬지 분화 이후에야 채택되었다고 추정한다.[51] 그러나 FOXP2 유전자는 아주 많은 유전자를 조절하며, 신경 조직만이 아니라 폐와 장의 발달에도 관여하고 있다.[52] 나는 인간이 가진 FOXP2 유전자 변이 형태가 언어의 증거라고 생각하지 않는다.

언어 사용에 대한 분명한 증거는 기록된 형태인데, 그렇다면 선사 시대의 언어 사용에 대해서는 어떻게 알 수 있는가? 거기서부터 문자가 발전해 나왔던 것들을 살펴보면 알 수 있다.

대부분의 언어학자들은 최초의 문자 시스템은 5,000년 전 메소포타미아 수메르 지역의 점토판에 새겨진 설형문자와 거의 같은 시대의 이집트에서 나온 돌에 새겨진 상형문자라고 본다. 이들은 거래되거나 조공이나 세금으로 바쳐지는 곡물 같은 물건의 양을 기록하는 추상적인 상징으로 구성된 원형문자原形文字에서 진화해 나왔다(그 구분은 명확하지 않다). 그리고 원형문자는 그림 같은 상징에서 진화해 나왔을 것으로 추정되며, 이 상징은 벽화라든지 앞서 언급했던 황토층에 새겨진 상징 등의 상징에서 나왔으리라 추정된다.

초기 문자들은 대부분 통치자나 조상들의 업적이나 신들과 정령이 한 일을 기록하는데, 이 내용은 나이 많은 이들이나 이야기꾼들에 의해 구전되어 왔을 것이다. 그리고 그려지거나 새겨진 상징은 기초적이더라도 말로 표현되었고, 이것이 나중에 점차 정교화되었으리라고 가정하는 것이 합리적이다. 나는 앞에서 바다 길로 100킬로미터를 건너가거나 물건을 파는 구체적인 행동을 위해서는 말이 필요했을 것이라고 언급했다.

선사 시대 언어 사용의 증거는 간접적일 수밖에 없지만, 듣고 말하는 언어는 상부 구석기 시대에 출현했으리라 추정한다.

인류 출현의 완성

이제까지 나온 증거들을 종합해 보면 인류의 출현은 상부 구석기 시대(아프리카는 후기 석기 시대) 말에는 완성되었는데, 실제로는 그보다 일찍 완성되었을 것이다. 반성적 의식이 어렴풋하게나마 처음으로 드러날 때는 다양한 지역과 다양한 시대에 걸쳐 이차적 기능이 새롭게 나타나거나 근본적으로 변화를 겪는 등의 다양한 단계를 통해, 끓은 물의 여기저기서 증기 방울이 터져 나오듯 나타났다. 표면에서 증기 방울 중 일부는 다시 물이 되기도 한다. 그러나 이렇게 변화가 일어나는 표면 위쪽의 물 분자는 액체 상태의 분자들과 동일한 섭씨 100도의 온도를 가지고 있지만, 의심할 여지없이 기체이다. 국면의 변화가 이미 발생한 것이다. 이처럼 의식도 이미 새로운 반성적 단계에 돌입했고, 이는 호모 사피엔스의 존재를 알린다.

설명을 위한 가설[53]

증거는 부족하고 이에 대한 해석에도 문제가 다양하기에 이 현상을 설명하기 위한 다양한 가설이 대두되었다. 이들은 여섯 개 정도의 그룹으로 묶일 수 있는데 이들 중 일부는 서로를 보완하고, 일부는 서로 모순된다. 호모 에렉투스가 아프리카에서 중동, 아시아, 유럽으로 이주하기 시작하는 물결이 170만 년 전에 일어났다는 점에 대해서는 모두가 동의한다.

다지역 모델

밀포드 월포프Milford Wolpoff와 다른 이들이 지지하는 다지역 모델은 호모 에렉투스 집단이 100만 년 전에 중국, 인도네시아, 그리고 유럽에까지 도착했다고 주장한다. 그들은 서로 다른 지역 내의 서로 다른 환경에 적응하면서 마침내 현대 인류로 진화했고, 현대 인류의 다양한 인종은 이러한 서로 다른 환경이 반영되어 생겨났다. 하나의 종으로서의 인류의 단일성은 서로 다른 지역 내의 개체들끼리 교배가 가능하다는 사실에 의해 유지된다.

대체 모델 혹은 근래 아프리카 기원 모델

크리스 스트링거와 다른 이들은 지역적으로 흩어져 있는 호모 에렉투스 개체들은 서부 유라시아 지역에 살던 호모 네안데르탈인들처럼 다 죽었거나 후대의 종으로 진화했다고 처음으로 주장했다. 그러나 아프리카에서는, 그중에서도 동부 아프리카처럼 매우 좋은 환경의 작은 지역에서 130,000년 전쯤에 호모 사피엔스로 진화했다.

일부 호모 사피엔스 그룹은 100,000년 전쯤 이스라엘과 중동으로 이주했고, 일부는 60,000년 전에 호주에 도착했다. 50,000년 전쯤에는 보다 발전한 후기 석기 시대의 도구와 아프리카의 호모 사피엔스의 복잡한 행동이 급속히 발전하면서 일부가 유럽으로 이주할 수 있었는데, 이때가 대략 35,000년 전쯤이다(분명히 호모 에렉투스와 그들의 후손들은 백만 년 전에 그런 발전한 도구나 복잡한 행동 없이 아시아와 유럽에 도착했었다).

지각이 보다 진화된 호모 사피엔스가 토착민이던 호모종을 대체하면서 그들은 멸종했다. 이렇게 비교적 근래에 아프리카에서 이주해 온 이후로, 그 지역의 환경에 적응하면서 다양한 인종적 특징이 생겨났다.

이 모델을 제시하는 이들은 그 근거를 1987년의 기념비적인 미토콘드리아 DNA 분석 결과("미토콘드리아 이브")에서 찾는데, 이 분석 결과는 그 이후에 비판에 직면한다(670쪽 참고).

동화 모델

프레드 스미스Fred Smith와 에릭 트린카우스Eric Trinkaus가 주장하는 이 절충적 모델은 호모 사피엔스의 기원에 관한 근래 아프리카 기원 모델의 주장을 수용하지만, 서로 다른 지역에 이주해 온 현대 인류가 토착 호모종을 대체한 것이 아니라, 교배와 그 지역에서의 자연선택이 이루어져서 토착종들의 동화assimilation가 일어났으며, 이로 인해 현대 인류에게 나타나는 인종별 특징이 생겼다고 주장한다.

교잡 모델을 사용한 최근 아프리카 기원

스트링거와 동료들은 앞서 다루었던 바 호모 사피엔스와 네안데르탈인 간의 제한적인 이종 교배가 있었음을 알려 주는 유전자 분석 결과에 입각해서 자신들이 제안했던 애초의 모델을 수정했다. 네안데르탈인의 게놈은 아프리카인의 게놈보다는 현재 아시아와 서유럽인의 게놈과 좀 더 유사한데, 이것은 사람들이 아프리카를 떠난 후이지만 유럽과 아시아로 확장되기 이전 시기에 중동에서 이종 교배가 일어났다는 점을 암시한다.

이종 교배나 동화 같은 말은 오늘날의 인종 간의 결혼처럼 조화를 이루는 듯한 인상을 주기 쉽지만, 강간은 오래전부터 전쟁의 무기였다. 성경에서도 다음과 같은 스가랴 14장을 비롯한 많은 대목에서 언급되고 있다.

> 내가 이방 나라들을 모아 예루살렘과 싸우게 하리니 성읍이 함락되며 가옥이 약탈되며 부녀가 욕을 당하며

이는 역사 시대 전반에 걸쳐 오늘날에 이르기까지 자행되고 있다. 유엔 보고서에 따르면 1994년 르완다의 인종학살 전쟁 중에 후투Hutu 인이 투치Tutsi 족 여자들을 조직적으로 강간했고, 이로 인해 2,000건에서 5,000건의 임신 사례가 초래되었다.

인간 혁명 모델

한쪽 면만 깨져 나간 돌에서 양쪽 면이 다 깨져 나간 돌에 이르기까지 무려 250만 년 동안 이어져 온 석기의 발전사에 대조해서 프랑스와 스페인에서 나온 놀랍게 정교한 동굴 벽화로 인해, 스탠퍼드대학교 리처드 클라인Richard Klein은 현대 인류가 35,000년 전에 갑자기 생겨났다는 가설을 제시한다. 뇌 속에 생겨난 유전자 변이로 인해 신경 프로세스에 변혁이 초래되어 의식이 드라마틱하게 높아지게 된 것이 주된 이유라고 본다.

다른 대륙에서 비교해 볼 만한 그림과 조각품이 연이어 발견되면서 이 변이가 발생했던 지역과 시기에 대한 가설에도 변화가 생겼다. 아프리카에서 발생했고, 호모 사피엔스가 다른 곳으로 이주하기 전이라고 보는 것이다. 클라인은 이 사건이 50,000년 전에서 40,000년 전에 일어났다고 보는데, 케임브리지대학교의 폴 멜라스Paul Mellars는 80,000년 전에서 60,000년 전으로 본다. 이 사건으로 인해 호모 사피엔스는 아프리카에서 다른 곳으로 성공적으로 이주할 수 있는 지적 역량을 갖게 되었고(앞에서 봤듯, 지능적으로 열등한 호모 에렉투스가 170만 년 전에 이주했던 것은 명백하지만), 지구 전역에서 인지적으로 열등한 다른 호모족들을 대체했으며, 이렇게 되면 대체 모델을 뒷받침하게 된다.

점진주의 모델

코네티컷대학교의 샐리 맥브러티Sally McBrearty와 워싱턴대학교의 앨리슨 브룩스Alison Brooks는 인간 혁명 모델을 유럽 중심주의적이라며 가차 없이 비판했다. 그들은 석기의 정교화와 복잡한 도구, 전문적인 사냥, 수산 자원, 장신구, 판화, 예술과 장식에 사용하는 염료 등에 관련한 증거는 동일한 시공간에서 생겨난 것이 아니라 250,000년 전부터 여러 시간대에 걸쳐 아프리카 대륙에서 나타났다. 그들은 이러한 증거는 인지력이 점진적으로 발달해 온 증거라고 주장한다.

인류 출현에 관련해 제시된 원인

인류 혁명 모델을 제외하고, 위에서 제시된 가설들은 모두 인류가 왜 출현했는지보다는 어떻게 그리고 언제 출현했는가를 다룬다.

유전자 변이

단기간 행동에 이토록 극적인 발전을 초래하는 유전자 변화는 유전자가 어떻게 작동하는가에 관해 우리가 알고 있는 바와 양립할 수가 없다. 일회적 변이는 파괴적으로 작동할 수 있다. 그때까지 존재하던 행동을 억제할 수도 있고, 심지어 죽음을 초래할 수도 있지만(물론 이 경우에는 대체적으로 여러 가지 유전적 변이가 필요하지만), 새롭게 생겨나거나 중대하게 고양된 행동이 생겨나려면 거의 언제나 네트워크로 작동하는 수많은 유전자가 필요하다. 예를 들어 510쪽에서 이미 봤듯이, 2010년의 연구 결과에 의하면 인간의 지능은 그 전까지 생각해 왔듯 몇 개의 강력한 유전자에 의해서가 아니라, 수천 개의 유전자의 네트워크에 의해 조절된다.

만약 유전자의 변화가 비교적 갑자기 생겨난 행동의 변혁을 통해 의식이 비교적 갑자기 상승하게 만든—이 경우에는 반성적 의식의 상승—유일하거나 가장 중요한 원인이라고 한다면, 이는 유전자 변이를 통해 일어난 것이 아니라, 교잡이나 게놈 복제* 등에 의해 생기는, 수많은 유전자와 조절 메커니즘까지 관여된 중대한 게놈 변화에서 비롯되었을 가능성이 높다.

동아프리카의 기후 변화

인간은 동아프리카에서 출현했다는 것이 수십 년 간의 정설이었는데, 지

* 651쪽 참고.

반 운동으로 인해 새로 생겨난 동아프리카 지구대Rift Valley가 기후 변화를 겪으면서 숲이 사바나로 변했기 때문이라고 봤다. 이족보행이 선택되었는데, 이는 인간으로 하여금 다리 관절로 걷는 침팬지나 고릴라보다 효과적으로 걷게 하는 적응상의 이점이 있었으며, 그리고/혹은 먼 거리에서 먹이나 포식자를 확인하게 하였고, 그리고/혹은 먹이를 향해 갈 때나 포식자로부터 도망갈 때 보다 빠르게 달릴 수 있게 하였으며, 그리고/혹은 더 이상 숲의 그늘이 없는 환경에서 태양열에 몸을 덜 노출되게 하였고, 그리고/혹은 손이 자유로워져서 도구를 사용할 수 있게 하였다.

이 장의 앞부분에서 이족보행은 인간에게만 있는 것이 아니라는 점을 언급했다. 또한 아르디피테쿠스 라미두스가 삼림과 숲의 혼합된 지역에서 살면서 이족보행을 했다는 점과 침팬지가 단순한 도구를 사용하고 심지어 만들기도 한다는 사실 역시 사바나 가설을 약화시킨다. 또한 인류학자 샐리 맥브러티Sally McBrearty와 니나 자블론스키Nina Jablonski는 2005년에 케냐에서 545,000년 전의 침팬지 화석*을 발견했다고 보고했는데, 이는 오직 인류만이 지구대 동쪽의 사바나로 이주해서 생존했다는 견해와 배치된다[54](물론 논리적으로 침팬지 한 마리는 그 환경에서 생존할 수 없었을 것이다).

전 지구적 기후 변화

인류hominins의 진화는 대략 260만 년 전에서 12,000년 전의 시기인, 반복해서 나타나는 주요 빙하기와 그 사이의 만 년에서 만이천 년 정도 되는 짧고 따뜻한 간빙기를 갖춘 홍적세라는 지질학적 시대에 일어났다.

이를 근거로 스트링거는 450,000년 전 일어난 중요한 기후학적 사건으로 인해 영국을 포함한 유라시아 전역에 살던 하이델베르크인(호모 에렉투스의

* 이 화석은 이빨 세 개로 구성되어 있는데, 맥브러티는 이들이 침팬지의 것과 같은 앞니이며 세 개 모두 침팬지 이빨 같은 얇은 법랑질에 덮여 있다고 주장한다.

후손)이 심각한 빙하기를 겪으면서 세 그룹으로 나누어지고 이들이 별도로 진화해 나갔다고 주장한다: 유럽에 있던 이들은 네안데르탈인으로, 아시아에 있던 이들은 데니소바인으로, 아프리카에 있던 이들은 현대 인류로.

다른 고생물학자들은 빙하기와 간빙기가 교대로 생기는 바람에 인간의 진화가 일어났다고 본다. 이 견해에 따르면, 따뜻한 빙하기가 반복되면서 동아프리카에 사막화와 가뭄이 초래되었고, 인간은 이주할 수밖에 없게 된다. 약 60,000년 전의 사태로 인해 인간은 북쪽으로 나아가야 했고 마침내 아프리카를 벗어날 수밖에 없었다. 25,000년 전에서 15,000년 전의 중요한 빙하기 때 해수면이 120미터 이상 낮아져 현재의 베링 해협에 해당하는 뭍이 다리처럼 생겨났고, 이를 따라 동물과 연이어 사람들이 유라시아에서 북미로 이주하게 되었다.

그러나 이주 자체는 인간의 출현을 설명할 수 없다. 다른 여러 종들도 이주했기 때문이다.

또한 기후 변화는 이보다는 훨씬 복잡하다. 12장에서 봤듯, 기후는 태양 플레어flare 같은 태양 복사의 변화, 축을 따라 도는 지구의 자전, 지구 자전축의 세차 운동, 지구 자전축의 기울기에 따른 계절적 변화 등의 영향을 받고, 축의 기울기 또한 41,000년 주기로 변하며, 전 지구적 대양과 대기 흐름에 영향을 끼치는 지반 운동 등의 영향을 받는다.* 기후 변화를 일으키는 이러한 원인들은 서로 다른 시간 척도에 작동하면서 상호작용하기에, 예를 들자면 예측할 수 없는 막대한 폭우가 쏟아지는 시기를 만들어 내기도 한다. 호수의 퇴적층을 조사한 후에 고기후학자paleoclimatologist인 마틴 트라우트Martin Trauth와 마크 매슬린Mark Maslin은 심지어 동아프리카 지구대는 가뭄이 들었던 시기에도 크고 깊은 호수가 있었다고 결론을 내렸다.[55]

스미소니언의 인간 기원 프로그램의 책임자이자 국립 자연사 박물관의 인류학 부문 큐레이터인 릭 포츠Rick Potts는 인간의 출현을 초래한 원인은 숲

* 기후에 영향을 끼치는 행성 차원의 요소들은 309쪽 이후 내용 참고.

에서 사바나로의 변화가 아닌 열대우림과 초원과 사막을 오가는 환경의 변화가 인간의 뇌 크기와 지각의 증대를 가져와 변화무쌍한 환경에서 어떻게 생존해야 할지 답을 찾게 했다는 데 있다고 봤다.[56]

우리는 이러한 변동이 얼마나 급속하게 일어났는지 알지 못한다. 그린란드 얼음핵의 기록에 의하면 중대한 기후 변화는 20년도 못 되는 기간 동안에도 일어날 수 있다. 급격한 환경 변화에 대한 인간의 반응 연구회(영국의 국립 환경 연구 위원회의 자금 지원을 받는 다학문적 연구 컨소시엄)에서 지적했듯, 인간의 진화와 기후 변화의 상관관계를 확인하려는 연구는 고고학적 지질학적 기록들의 시간대를 정확하게 짜맞추기가 불가능하므로 타협점을 찾을 수밖에 없다.

기후 변화를 초래하는 대부분의 요인들은 진 지구적 차원에서 일이나며, 나는 동아프리카를 "인류의 요람"으로 간주해야 할 이유를 알지 못한다. 반성적 의식의 증거—특화된 복합적인 도구, 장신구, 상징—는 서아프리카와 남아프리카에서도 발견되었다. 보다 많은 인류hominin의 화석—그리 많은 것도 아니지만—이 동아프리카에서 발견된 것은 지구대를 채우고 있던 고원이 급격히 풍화되었고, 거기에 화석화에 유리한 환경을 제공하는 퇴적층이 있었기 때문이지, 인류의 출원을 촉진하는 독특한 주거지였기 때문은 아니다.

결론

1. 인간을 다른 종들과 구별시키는 특질은 반성적 의식이다.
2. 이 의식의 출현을 추적해 보면, 영장류 속에서 의식이 생겨났을 때부터 시작해서 의식이 자기 자신을 의식하는 단계에까지 이른다. 이 반성적 의식의 최초의 깜박거림은 영장류가 갖고 있던 역량이 인간에게 이르러서는 근본적 변혁을 거쳐 이차적 역량을 새로 만들었다는 부정할 수 없는 증거에서 찾을 수 있다.

3. 그러나 증거가 부족하기 때문에 영장류에서부터 현대 인류에 이르는 구체적인 계통을 추적하기는 불가능하다. 또한 불충분한 증거로 인해 이 과정이 어디서 어떻게 진행되었는가에 관한 다양한 가설 중에서 선택하는 것도 불가능하다. 언제 진행되었느냐에 관해서는, 현재까지 나온 증거들은 인간 혁명 모델과 점진주의 모델 양쪽에 그리 높지 않은 정도로는 부합할 수는 있다. 반성적 의식은 250만 년 전 여러 인류에게서 점진적으로 높아졌다. 그 변화의 속도는 점점 빨라졌고, 지난 250,000년간은 한층 더 빨라졌는데, 반성적 의식에 대한 다양한 징표들은 서로 다른 지역에서 비교적 갑자기 나타나다가 마침내 아프리카의 후기 석기 시대와 여러 대륙의 상부 구석기 시대인 40,000년 전에서 100,000년 전에 오면 모든 징표가 나타난다.
4. 인간이 출현하게 만든 구체적인 한 가지 원인이나 원인들을 확정하는 일 역시 증거가 부족하기에 불가능하다. 근본 원인은 아마 포식자로부터 생존하려는 본능과 변화무쌍한 기후로 인해 초래된 변화무쌍한 환경 속에서 먹거리를 확보하려는 필요성이었으며, 이 모든 것은 경쟁보다는 협력을 통해서 더 잘 얻을 수 있다는 것을 알게 되었을 것이다. 이 진화론적 변화상에서 교잡과 게놈 복제가 역할을 했을 것이다.
5. 종합하자면, 이것은 시스템의 출현*과 관련된 사건이라고 할 수 있는데, 낮은 수준의 복잡도를 가진 기능들—이해, 발명, 학습, 커뮤니케이션—이 상호작용해서 보다 높은 복잡도의 새로운 기능—여기서는 반성적 의식—을 만들고, 이 높은 수준의 기능이 낮은 수준의 기능들과 상호작용해서 이들을 변형시키면서 새로운 기능들—상상력, 언어, 추상, 믿음—을 만들었다.
6. 물질의 출현이나 생명의 출현과 마찬가지로, 증거가 부족하다는 내재적인 문제 때문에 과학은 인간이 언제 어떻게 왜 출현했는지를 앞으로

* 출현의 정의와 그 주요한 세 가지 유형에 대해서는 용어 해설 참고.

도 결코 알아낼 수 없을 것이다. 그러나 이 말은 출현이 없었다는 뜻은 아니다. 2부에서 사용한 비유를 좀 더 확대하자면, 반성적 의식은 의식이라는 씨앗에서부터 자라 온 꽃과 같다. 어떤 환경에서는 이 씨앗은 꽃이 되지 못했다. 다른 곳에서는 싹이 나와서 꽃봉오리를 만들었지만 결국 시들었다. 또 다른 환경에서는 그 꽃봉오리가 꽃으로 피어났다. 꽃봉오리는 꽃이 아니며 어떤 시점에 그게 꽃이 되는지는 알 수 없다.

Chapter 27

인간의 진화 1: 원시적 사고

생명권 바깥과 그 너머에는……인간으로의 진화와 함께 생겨난 인간의 지적 활동권noosphere이 있으며, 해부학적인 비약은 크지 않았지만 우리는 새로운 시대를 열었다.

–피에르 테야르 드 샤르댕Pierre Teilhard de Chardin, 1955

나는 인간이 어떻게 진화했는지 살펴보는 것으로 시작하려 하며, 이 과정은 서로 중복되는 세 가지 국면으로 나누어지는데 그중 첫 번째 국면을 보다 자세히 검토하고자 한다.

인간은 어떻게 진화했나

육체적으로

화석의 증거로 볼 때, 골격과 두개골의 평균 크기가 점진적으로 줄어드는 것을 빼면, 인류는 적어도 10,000년 전에 지구상의 모든 대륙에 정착한 이후로 형태학상으로는 진화를 멈추었다.

물리인류학자는 인간의 종을 기후에 대한 적응과 관련해서 크게 세 개의 변이 혹은 인종으로 나눈다. 코카서스인종, 몽골인종, 흑인종이 그것이다. 이들의 인종적인 특징이나 그 원인이 무엇인가에 대한 의견이 일치하지 않았기에 인간을 이러한 인종으로 분류하는 일은 논쟁의 여지가 있었고, 침략과 이주로 인해 이종 교배가 일어나면서 사람들 간의 구분도 어려워졌다. 아래에서 다룰 이유로 인해 지난 50년간 인종 간의 결합이 놀랄 만큼 늘어났고, 인종 간의 육체적 차이는 점점 줄어들고 있다.

육체상 가역적인 변화는 일부 나타나지만—기아에 시달리는 나라에서는 영양실조로 인해 몸집이 줄어들고, 잘 사는 나라에서는 과식과 운동부족으로 인해 비만에 시달린다—인류는 대체로 보아 육체적으로는 진화를 하지 않고 있다.

유전자상으로

2007년 나온 연구에서 위스콘신 매디슨대학교의 인류학자 존 호크스John Hawks와 동료들은 적응에 유리한 유전자 변이에 대한 자연선택으로 인해 인간에게 놀랍도록 빠른 유전자 진화가 일어났다고 주장한다.[1] 데이터를 다루는 그들의 모델링에 의하면 유전자 변이나 변종은 40,000년 전부터 증가했다. 이들은 신다윈주의자의 관점에 입각해서 이는 군집으로 하여금 서로 다른 환경에 잘 적응하게 하는 변이가 퍼져 나갔기 때문이라고 본다. 예를 들면 멜라닌은 강한 햇빛에서 나오는 해로운 자외선을 막아 주는데, 적도 근처에 살던 집단에서는 검은 피부 멜라닌 색소를 만들어 낼 수 있는 코드를 갖춘 유전자 변이가 생긴다.

또한 이들의 모델링에 따르면 유전자 변이는 인류가 대규모로 팽창하던 8,000년 전에서 5,000년 전에 정점을 이루고, 현재는 제로로 떨어졌다. 호크스와 동료들은 이런 하락은 "**존재해야 하고,** 점점 빨라지는 속도로 일어나야 하는(강조는 저자)" 적응상의 변이를 감지하는 능력이 없기 때문이라고 본다.

신다윈주의의 기준에 따르더라도, 과거 경향에 관한 그들의 근거 없는 추론이나 인간종에게서 유전자 변화가 급격히 증가했다는 그들의 결론에 대해서 문제를 제기할 이유가 충분하다.

그런 이유 중 하나는 오늘날 인종에게 나타나는 0.1퍼센트에서 0.15퍼센트 정도의 유전자 변이는 초파리에서 침팬지에 이르는 다른 수많은 종에 비하면 낮은 편이라는 것이다.[2]

또 다른 이유는, UCL의 유전학자 스티브 존스Steven Jones의 주장처럼, 자연선택은 (a)유전자의 변종variants은 변이mutations에 의해 임의로 생겨야 하고 (b) 인간은 이렇게 생겨서 자신의 생존에 도움을 준 유전자의 변종을 복제하고 후대에 넘겨줄 수 있을 만큼 충분히 오래 살아야 한다는 조건을 필요로 한다. 그는 1850년대 런던에서는 신생아 중 절반 정도만 사춘기까지 살아남았지만, 현재는 99퍼센트가 생존한다는 점을 강조한다. 즉 유리한 유전자 세트를 가진 인간이 덜 유리한 유전자를 가진 인간보다 더 오래 생존하지 않는다. 그렇기에 존스는 적어도 선진국에서는 자연이 선택하는 능력을 상실했으며 인간의 진화도 끝났다고 주장한다.[3] 좀 더 정확히 말하자면, 런던 인구의 유전자풀에는 (그리고 더 확장해서 나머지 선진국의 유전자풀에는) 자연선택에 의해 생겨난 유리한 유전자의 차등적 축적에 의해 초래되는 변화는 없다.

19세기 런던의 아동 사망의 주된 원인은 영양 실조와 질병이었다. 이것들은 반성적 의식에 의해 변화되거나 새로 생겨난 역량에 의해 없어졌다. 인간의 이해력, 창조력, 발명력, 커뮤니케이션 능력 등이 식량을 생산하고 분배하는 보다 효과적인 방법을 만들어 냈다. 그런 역량들은 또한 자연적인 유전자에 면역력이 없는 이들에게 치명적으로 작용하는 질병을 예방하고 치료할 수 있는 의학적 방안도 만들어 냈다.

그리고 이러한 역량이 의도intention와 함께 작용하면서 인간에게만 유일하게 나타나는 현상이지만, 섹스를 하면서도 출산을 조절하는 방안을 사용하여 자신들의 유전자가 전달되지 못하게 함으로써 유전자 변이가 퍼지는 것을 막는다.

또한 다른 종들과 달리 인간의 다양한 집단들은 유전자상으로 말하자면 서로 다른 거주지에 고립되어 있지 않다. 특히 지난 50년간 두 가지 중요한 요소로 인해 인간 군집은 거대하게 팽창하면서 서로 섞였다.

첫째, 인간의 이성과 교육의 힘으로 인해 서로 다른 인종과 계급에 속한 이들 간의 짝짓기에 대한 사회적 장벽이 사라졌다. 이런 장벽 중 대부분은 법률로 강화되곤 했는데, 1960년대까지 미국 남부 주들에 있었던 차별법이나 1990년대까지 남아프리카에 존재했던 아파르트헤이트 법률이 대표적이다. 이러한 장벽을 해체하는 과정은 아직 끝나지 않았다. 지난 4,000년간 깊이 자리잡고 있던 카스트 제도는 여전히 인도 시골 지역과 파키스탄에서는 계급을 갈라놓는 강력한 영향력을 발휘 중이고, 이스라엘은 아직도 정부의 정책에 입각해서 다른 셈족族과 스스로를 분리하고 있다. 그러나 전체적으로 보자면 이전까지 인종적으로나 사회적으로 분리되어 있던 군집들이 통합되고 있는 추세이다.

둘째, 예전에는 확대 가족, 그 다음은 마을, 그 다음은 도시 내에서 서로 짝을 찾아 결혼하는 것이 관례였다. 산업적으로 발달된 국가에서도 1950년대 들어와서 상업적 항공 여행 같은 비싸지 않은 대중 교통 시스템이 발명되기 이전에는 사정이 마찬가지였다. 무역, 산업, 고등 교육이 글로벌화함에 따라 단기간이든 영구적이든 사람들이 이주하는 정도가 높아졌고, 여러 지역과 나라에서 서로 만나서 결혼하게 되었다.

신다윈주의 용어로 이 두 요소가 끼친 결과를 전반적으로 표현하자면, 유전자풀의 혼합과 확장이라는 트렌드가 생겼고, 이로 인해 호모 사피엔스는 서로 교배 가능한 단일한 종으로 유지되었다. 변이로 인해 생겨나는 사소한 유전자 변화는 어쩔 수 없지만(그 효과는 중립적이거나 해로울 수 있다), 지질학적으로나 사회학적으로 고립되어 있는 인간 집단 속에서 새로운 종을 만들어 내는 비가역적 유전자 변화는 발생하지 않는다.

그러나 인간이 5,000년 전부터 유전자상으로 진화하기를 멈추었다는 말은 다른 방식으로 진화하지도 않는다는 뜻은 아니다.

지적으로

반성적 의식이 40,000년 전에서 10,000년 전인 상부 구석기 시대에 인간의 완전한 출현을 드러낸 이후, 인간의 행동 특히 사회적 혁신적 행동의 변화 속도는 인간이 어떻게 진화해 왔는지 잘 나타내며, 여전히 진화하고 있는 모습도 나타낸다. 우리가 파악할 수 있는 것은 육체적 유전자상의 진화가 아니라 지적noetic 진화 다시 말해 반성적 의식의 진화이다.

이는 서로 겹쳐지는 세 가지 국면으로 나눌 수 있다. 원시적 사고, 철학적 사고, 과학적 사고가 그것이다.

원시적 사고의 진화

나는 이 용어를 다음과 같이 정의한다.

> **원시적 사고** 자기 자신에 대한 그리고 자신이 우주의 다른 것들과 맺는 관계에 대한 사유가 주로 생존과 미신에 뿌리내리고 있는, 반성적 의식의 첫 번째 국면.

이 국면은 근대 인류 생존 역사의 90퍼센트 이상을 차지하는 유일한 반성적 사유의 유형이다. 이는 인간의 진화에 중대한 영향을 끼친 여섯 가지를 만들어 냈다.

1. 환경에 적응하던 인간에서 자신들의 필요에 맞춰 환경을 변화시키는 단계로의 이행
2. 유목민의 수렵 채집 생활에서 정착형 공동체로의 이행

3. 전문 기능에 따른 사회적 위계 질서에 입각하여 농업 기반 마을에서 도시 국가로 그리고 제국으로 성장해 갈 수 있게 해 준 기술의 발명과 전파
4. 문자의 발명과 발전
5. 점성술과 수학의 토대 구축
6. 신념 체계와 종교의 발전

이에 대한 증거는 삼중적이다. 초기 인류와 그들이 남긴 예술품 유물; 지금도 존재하는 수렵 채집인, 목축인들, 자급자족적 농부들; 선사 시대부터 구전되어 온 이야기 그리고 자기 시대에 있었던 사건과 믿음에 대한 기록.

이 중 앞의 두 가지 유형의 증거에 대해 신중해야 한다는 점은 26장에서 자세히 다루었다. 문자 기록 역시 조심해서 다루어야 한다. 대개의 경우 그들은 역사적 기록물로 기록된 것이 아니기 때문이다. 그들의 기록 목적은 대체로 정치적이거나 종교적이다. 한 왕조의 통치자의 업적이나 그 조상의 업적을 그들을 대변하여 크게 칭찬하여 늘어놓아 사람들로 하여금 그 통치자의 명령을 받아들이도록 설득하기 위해서, 혹은 신이나 신들에 대한 믿음을 심어주거나 전파하기 위해서 기록되었다. 이집트의 왕들처럼 통치자가 신격화되는 경우에는 이런 목적이 한데 합쳐진다.

여러 세대에 걸쳐 전수되어 온 구전 기록은 새롭게 말해질 때마다 윤색되고 다른 신화들까지 끌어들여 흡수하기 마련이다. 전사들은 그리스의 헤라클레스(로마인들이 이를 받아들여 허큘리스가 된다)처럼 신을 아버지로 둔 영웅이 되기도 하고, 인도의 크리슈나는 그가 태어난 지 900년이 지나서 그 이야기가 서사시 마하바라타Mahabharata로 기록되면서 신의 화육으로 표현되기도 한다.

이런 증거에 대한 신중함을 유지한 채, 원시적 사고가 진화하면서 어떻게 여섯 가지 유형을 만들어 냈는지 설명하고자 한다.

유목 생활하는 수렵 채집 집단에서 정착한 농업 공동체로

반성적 의식이 나타났다고 해서 단박에 인간이 바뀌지는 않았다. 그와 반대로, 처음 희미한 빛으로 나타났던 반성적 의식은 인간 이전의 조상 이래로 수백만 년 동안 자기 안에 심겨져 있던 강력한 본능과 투쟁해야 했다.

지난 약 20년 간의 연구 결과는 낙원에서처럼 평화롭게 살아가던 수렵 채집인들이 자연과 조화를 이루며 살다가, 소위 서구 문명의 박해를 받은 후에야 비로소 폭력적으로 변했다는 식의(실제로 이런 일은 있지도 않았다) 이전까지의 낭만적 생각을 다 몰아냈다.

자신의 책 『문명 이전의 전쟁: 평화로운 미개 사회라는 신화 *War Before Civilisation: The Myth of the Peaceful Savage*』[4]에서 일리노이대학교 고인류학자 로런스 키일리Lawrence Keeley는 선사 시대에 습격과 학살로 인해 살해당하는 일이 근대 국가들의 전쟁으로 인한 죽음보다 훨씬 더 빈번했고 큰 규모로 일어났다는 점을 보여 주는 선사 시대의 유물과 현대 부족인들의 증거를 수집했다. 여러 사례 중에서 뉴기니 고원, 베네수엘라 우림 속의 야노마마, 호주의 무른긴 등의 부족 사회의 민속지학적 연구에 의하면 25퍼센트가량의 성인 남자가 전쟁에서 죽었다. 유럽인들이 사우스 다코타에 도착하기 150년 전, 크로우 크릭의 다 타버린 마을 옆에 있는 거대한 무덤에는 500명 이상의 남자, 여자, 아이들의 시신이 있었는데—마을 전체 인구의 60퍼센트—이들은 살해되고, 머리 가죽이 벗겨지고, 사지가 절단되어 있었다. 이들 중에는 젊은 여자의 유골은 많이 나오지 않았는데, 이 사실은 이들이 포로로 잡혀 갔다는 사실을 뜻한다. 12,000년 전의 것으로 추정되는 누비아의 묘지에서 발견된 사람들의 절반은 폭력에 의해 죽었다.

이러한 발견에 대해서는 하버드의 고고학자 스티븐 르블랑Steven LeBlanc도 『끊임없는 전쟁 *Constant Battles*』[5]에서 언급하는데, 그는 25년간 자신과 자기 동료들이 전쟁으로 인해 생겨난 증거들을 계속해서 무시해 왔다고 인정했다. 그는 이제는 수렵 채집인들의 유적지에서는 잔혹한 죽음, 전쟁에 사용되던 공예품, 특히 머리와 같은 전리품, 암각화에 전쟁 장면 등의 증거가 나타난다는 점을 지적한다.

살인은 다른 수렵 채집인 무리에게만 자행된 것이 아니다. 1970년대 후반 애리조나주립대학교 인류학자 킴 힐Kim Hill과 막달레나 우르타도Magdalena Hurtado는 아마존 우림 지역에서 석기 시대의 생활 방식으로 살고 있는 아체Aché 족을 연구했다. 성인 남성 사망자 중 36퍼센트는 외부와의 전쟁으로 인해 생겼다. 그러나 힐과 우르타도는 자신들의 표본 843건 중에 22퍼센트는 다른 아체 족에게 죽임을 당한 것이며, 유아 살해나 노인 살해, 두드려 패기 등도 포함되어 있다는 점을 발견했다. 특히 고아에게 행해졌던 유아 살해나 늙고 병든 이들을 죽이는 일은 흔히 있었고, 이주하기 전에 이들을 산 채로 묻는 일도 종종 있었다. 그들 문화의 일부로 받아들여지고 있었던 것이다. 수렵 채집인들에게 삶은 힘거운 일이었다. 대부분의 날들을 굶주려야 했고, 유목민으로 살면서 식량을 구하는 일에게 기여하지 못하는 이들을 부양할 수는 없었다.[6]

선사 시대 수렵 채집인들의 생각에 관한 증거는 희소할 뿐 아니라, 그에 대한 해석도 다양하다. 추론은 단순한 추측 이상일 수가 없다. 이런 경우에는 사고 실험thought experiment을 해 보는 쪽이 추측을 조금이나마 명확하게 할 수 있다. 다음에 나오는 강조된 부분은 사고 실험의 한 예이며, 현존하는 증거들이 중간중간 삽입되었다.

당신이 세균에 의한 질병, 기상학, 천문학을 비롯한 다른 과학에 대해 아무것도 모른다고 가정해 보라. 25,000년 전에 당신은 당신의 확대 가족이 먹을 수 있는 식물과 과일을 찾아 다니고 고기를 먹기 위해 동물을 사냥했던 영역 내에서 보고 듣고 만지고 냄새 맡고 맛본 것 외에는 아무것도 알 수 없었다.

당신의 아들 중 하나가 열이 나고 쇠약해져서 죽는다면 무슨 생각을 할 수 있을까? 가뭄이 드는 바람에 작물이 영글기 전에 시든다면? 천둥이 치고 번개가 번쩍이고 폭우가 쏟아지고 눈보라가 친다면?

여러 세대가 지난 후에 당신은 이러한 현상들 중 일부는 주기적 패턴이 있다는 걸 깨닫는다. 예측할 수 있는 순서에 따라 밤이 지나면 낮이 오고, 삶에 기본적인 리듬을 제공한다. 낮에는 노란 원반이 푸른 하늘에 걸려 있으면서 사냥과 먹거리를 찾을 수 있도록 온기와 빛을 제공하다가 지평선 아래로 사라진다. 밤에는 하늘이 어두워지고 노란 원반과 비슷한 크기의 하얀 원반이 비슷한 시간 동안 하늘에 걸려 있다. 이것은 온기를 주지는 않지만 약간의 빛은 제공한다. 자야 할 때이다. 노란 원반과 달리 매일 밤 하얀 원반은 조금씩 줄어들다가 마침에 은빛 조각이 되더니 차올라서 다시 둥그런 원형이 되고, 이 주기가 반복된다. 여러 세대 후에 당신은 만월과 만월 사이의 날수가 당신 여자의 임신 여부와 관련 있는 월경 주기와 같다는 것을 깨닫는다. 이에 당신은 달이 수태 능력과 관련되어 있다고 생각한다.

나중에 보겠지만, 달은 초기 인류 사회에서 수태 능력의 상징이었다.

당신의 생존은 당신의 여자가 어려서 죽은 아이들이나, 당신의 식량과 당신의 여자를 지키는 전쟁 중에 죽은 이들, 당신의 무리를 떠난 이들을 대체할 수 있는 건강한 아들들을 생산해 내는 능력에 달려 있다. 캠프 파이어 주변에 당신과 당신의 여자는 당신이 원하는 것의 상징물을 만들기 위해서, 당신이 뚫어서 당신의 씨를 뿌리고 거기서부터 아이가 태어나게 될 여자의 음부와 그 아이를 먹일 풍만한 가슴을 매머드 상아에 새긴다. 그걸 당신의 여자가 파우치 속에 넣어 가지고 다니거나 가죽 끈에 매달아 목에 걸어서 달고 다니면 행운을 가져오고 건강한 아이를 생산할 수 있다.

35,000년 전에 나온 이런 조각상에 대해서는 26장에서 설명했다.*

당신은 출생의 반대편에 죽음이 있다는 것을 안다. 이것은 당신이 곰곰이 생각하고 있는 또 다른 주제이다. 당신은 당신 역시 다른 이들처럼 죽는다는 걸 알고 있다. 전쟁에서 죽거나 전쟁에서 입은 부상 때문에 죽거나, 먹을 게 없어서 약해져서 죽거나, 열이 나고 아무것도 먹지 못해 죽거나, 그런 경우

* 686쪽 참고.

는 드물겠지만 오래 장수하다가 쪼그라들고 기력이 줄어들어 죽거나. 좌우지간 죽는 건 확실하다. 이건 꽤 곤혹스러운 질문을 초래한다. 죽으면 나는 어떻게 되는 것인가?

당신은 살아 있는 것과 죽은 것을 구별하는 한 가지는 살아 있는 것은 숨을 쉬고 죽은 것은 그렇지 않다는 것이라는 걸 안다. 죽은 이의 몸은 썩는다.

숨결이 살아 있게 하는 힘이나 영이라는 생각은 거의 모든 초기의 기록에서 나타난다.*

당신은 심리적으로 큰 충격을 가하는 죽음에 대한 지식에 대처하기 위해 당신의 숨결이나 생명력은 당신의 몸이 부패하도록 내버려두고 떠나간 후에는 다른 어디론가 간다고 결론을 내린다. 당신의 기억 속에서 그리고 당신이 잠들었을 때—죽어 있는 상태와 살아 있는 상태의 중간 단계—꾸는 꿈 속에서 당신은 세상과 사람들, 당신의 돌아가신 부모님을 볼 수 있다. 그들의 생명의 힘이나 영은 영의 세계나 꿈의 세계 같은 다른 세계에 살고 있다.

이와 유사한 생각 끝에 당신은 모든 살아 있는 것들—당신이 사냥하고 당신을 사냥하려는 동물들, 당신이 먹는 식물과 과일, 당신이 주거지를 만들 때 사용하는 가지가 달려 있는 나무들, 심지어 생명을 주는 물이 흘러나오는 산—은 생명력이나 생명의 영을 가지고 있다는 결론에 이른다.

이러한 생각은 애니미즘을 형성하고, 이는 오늘날에도 신도神道**나 라코타 수**Lakota Sioux **족 같은 아메리카 원주민들의 전통, 그리고 호주 원주민들의 꿈의 세계 속에 살아 있다.**

당신은 다른 곳에 대해서는 아무것도 모르기에 이 영의 세계는 당신이 볼 수 있는 영역과 그 위의 하늘을 벗어나지는 못한다. 당신과 당신의 확대 가족은 당신의 주거지의 영과 강한 일체감을 느끼는데, 이 영이 당신의 생존을 주관한다. 당신이 간빙기 유럽에 살고 있다면 사자를 숭상하고 두려워하며, 사자가 가지고 있는 사냥 실력을 필요로 한다. 만약 중앙아메리카에 살고 있

* 315쪽 참고.

다면 재규어의 능력을 필요로 할 것이다. 특별한 사냥감 예를 들자면 당신이 사는 곳을 가로질러 정기적으로 이주하는 들소 떼의 능력을 숭상할 수도 있다. 혹은 틀림없이 자라날 것이라고 믿고 기대할 수 있는 야생 소맥 같은 먹을 수 있는 작물을 숭상할 수도 있다. 이들은 신성한 것들이 되고 당신이 속한 집단은 이런 영을 어떻게 대할지에 관해 터부를 만들어 내기도 한다. 당신은 그 동물의 머리나 그 식물 다발 혹은 그것을 새긴 조각 등으로 당신을 장식함으로써 그것을 재현하기도 한다.

이러한 믿음과 관습은 집단의 연대감을 강화하고 토테미즘을 구성하는데, 이는 오늘날에도 아프리카, 호주, 인도네시아, 멜라네시아, 아메리카 등의 여러 부족에게서 다양한 형태로 구현되고 있다.

당신이 속한 집단 중 한 명이 계속 반복해서 춤을 추거나, 북을 치거나, 금식을 하거나, 혹은 환각성 식물이나 그 추출물을 먹는 방식을 통해 꿈꾸는 상태나 황홀—오늘날에는 변성의식상태altered consciousness라고 부른다—을 불러 일으키는데 능숙해졌다. 당신은 그의 영이 그의 몸을 떠나서 영의 세계로 들어가 거기 있는 강한 영의 도움을 빌어서, 당신의 몸에 들어와 열이 오르게 하고 쇠약하게 만드는 악령을 물리쳐 줄 수 있다고 믿는다. 그가 당신의 원래 영을 다시 불러들여서 당신을 다시 강하게 만들어 줄 거라고 믿는다. 또한 그는 하늘의 영에게 구해서 비를 내리게 한다. 또한 그는 당신의 조상에게 미래에 있을 일을 알려 달라고 요청한다. 당신은 이 사람을 지혜로운 자, 혹은 샤먼으로 존경한다.

샤머니즘은 예벤키족 같은 시베리아와 북극 지역의 여러 부족, 샤먼이 의사로 간주되는 아메리카, 주술사로 여겨지는 아프리카 등지의 부족 사회에서 여전히 다양한 형태로 존재한다.

당신은 염료를 어떻게 만들어 사용하는지 알아내어 바위 벽에 당신이 생각하고 상상한 것을 그리기도 하고, 당신의 생각과 감정을 그룹 내의 다른 사람들에게 전달할 수 있는 소리로 표현하는 능력도 기른다. 생각, 구어口語, 예술이 시너지를 일으키며 진화해서 당신의 동료나 후대들에게 당신의 경험, 상상, 생각을 공유할 수 있게 된다.

홍적세 시기의 들쭉날쭉한 기후 환경 속에서 당신은 당신이 살고 있는 지역을 쑥밭으로 만드는 폭풍도 경험하지만, 여러 대를 걸쳐 전해 내려오는 이야기를 통해서 하늘이 비 한 방울 내리지 않고 태양이 모든 식물을 시들고 말라 죽게 했던 때도 있었다고 배운다. 정령들이 진노했으니 생존하고 싶으면 제물을 바쳐서 달래야 한다. 그들은 신들로 진화해 간다. 샤먼이 당신의 군집을 위해 중재한다. 그는 제사장으로 진화한다.

여러 세대 후에 당신의 거주지에 비가 내리지 않아 말라 가면, 생존하기 위해서 보다 비옥한 지역으로 이주해야 하고, 비옥한 지역은 호수 옆이나 거대한 강의 충적된 범람 지역에서 발견할 수 있다는 걸 깨닫는다. 여기서 당신은 고기를 잡을 수 있을 뿐 아니라, 자연의 순환 패턴을 익힌다. 야생 소맥은 낮과 밤의 길이가 같을 때 즈음에 씨를 흘린다. 다음번에 이런 일이 생길 때 그 작물은 내리는 비에 의해 자라고, 햇볕에 영글며, 모아서 먹을 수 있게 된다. 강은 매년 거의 같은 시기에 범람해서 주변 땅을 적셔 비옥한 진흙으로 만든다. 그러나 어떤 해에는 이런 홍수가 너무 커서 작물을 다 망쳐 놓는다.

반성적 의식이 처음 반짝이기 시작해서 600세대 정도 지난 15,000년 후에는 당신은 먹을 걸 찾아서 끊임없이 이주하는 삶 대신에 씨앗을 갖다가 비옥한 땅에 심고, 그게 익으면 수확하고, 수확한 것들은 당신이 강가의 진흙을 성형해서 구워 만든 항아리에 담아 두는 쪽이 훨씬 좋다는 것을 알게 된다. 당신은 똑같은 창조력과 발명력을 사용해서 진흙 벽돌도 만든다.

산에서 내려온 강 아래쪽이 비가 덜 내리는 곳이며, 강에서부터 수로를 파서 마른 땅에 물을 끌어온 뒤에 씨를 뿌리면 많은 작물을 수확할 수 있다는 것을 당신은 깨닫는다. 당신은 또한 강둑을 쌓으면 홍수의 피해에서부터 작물을 지킬 수 있다.

물 대기, 파종, 수확에는 많은 사람들이 필요하다. 그렇기에 당신은 서로 먹을 걸 두고 싸우고 거기서 진 사내는 새로운 거주지와 새 여자들을 찾아 멀리 떠나야 하는 삶의 방식 대신, 확대된 가족이 함께 머물면서 노동 집약적인 일을 나누어 하고, 진흙 벽돌로 항구적인 주거지를 만들며 협력하는 쪽이 더 낫다는 생각에 이른다. 당신의 주거지는 점점 확대된다. 그 이후에 당신은 이주하는 동물들을 쫓아가서 그중 한 마리를 잡아먹는 쪽보다는 몇 마리를 사로잡아서 새끼를 낳도록 기른 뒤에 새끼들이 그들을 대체할 때쯤 잡아먹는 쪽이 더 낫다는 것을 깨닫는다.

당신의 농업 중심 공동체는 협력을 통해서만이 아니라 의식rituals을 통해서도 결속력이 강화된다. 봄에는 새로 심은 씨가 풍성한 수확을 이루게 해달라고 다산의 여신에게 경배 드리고, 가을에는 수확한 작물을 기념하고 감사하며, 동지는 태양 신에서 당신을 떠나지 말아 달라고 간청해야 할 때이다.

정착 공동체로의 전이는 다양한 지역에서 서로 다른 시간대에 일어났으며, 이는 환경과 기후의 다양함을 반영한다. 이들 여러 지역의 신석기 시대에 그러한 일이 일어났다는 사실이 뼈, 작물, 도구, 그릇, 건축물 등의 유적을 통해 확인되었다. 그러나 일부 지역에서는 이런 일이 아예 일어나지 않았다. 서바이벌 인터내셔널Survival International에서는 오늘날 대략 1억 5천만 명의 수렵 채집인(세계 인구의 2퍼센트 정도)이 적도 아프리카와 남미 우림 지역 60여 개 국가에서 소수의 무리를 이루고 살고 있다고 추정한다. 이들 중 100여 부족은 아직 접촉한 적이 없고, 그중 일부는 멀리서 혹은 비행기상에서만 확인되었다.[7]

농촌에서 도시 국가와 제국으로

더 이상 주리지 않아도 되고 이주하지 않아도 되었기에 당신은 보다 많이 생각하고, 자기 생각을 마을의 다른 이들과 나눌 기회가 생겼다. 이제 당신의 도구는 당신이 가지고 다닐 수 있는 정도로만 한정되지 않고, 씨 뿌릴 때 유용한 사슴 뿔로 만든 쟁기, 곡식을 갈 때 쓰는 맷돌, 담아둘 때 필요한 큰 진흙 그릇처럼 보다 효율적인 도구도 다른 이들과 협력해서 만든다. 당신은 여기에 그림과 상징으로 장식을 할 만한 시간과 창의력이 있다. 이들 도구를 광범위한 관개 시스템과 함께 사용하면 농경지를 넓힐 수 있다.

당신은 당신에게 어떻게 생존해야 할지 알려 주신 당신의 부모님과 그들의 부모님을 존경하고, 그들의 무덤에 제사를 지낸다. 그리고 그들의 일부이자 그들의 영혼이 나갔던 자리인 그들의 두개골을 고이 모셔 두기도 한다.

기원전 6,500년 전의 것으로 추정되는 여리고의 유적지 한 곳에서는 조개 껍질의 눈에 회반죽을 한 두개골이 발견되었는데 이는 조상 숭배의 증거로 해석되고, 아나톨리아(지금의 터키)의 차탈 호위크에서도 얼굴을 복원하기 위해 진흙으로 반죽하고 그림을 그린 두개골이 발굴되었다. 조상의 영을 숭배하는 전통은 오늘날 일본의 신도나 인도의 힌두교, 중앙아메리카의 가톨릭 등의 여러 종교에서도 보존되고 있는데, 이들은 여러 토착 전통까지 흡수했다.

당신은 당신의 확대된 농경지에서도 다른 이들이 소유하고 있는 자원은 만들 수 없으므로 당신의 잉여 자원과 그들의 자원을 교환하는 것이 유익하다는 것을 깨닫는다. 당신은 통나무를 파낸 카누나 뗏목을 만들거나 돛단배를 만들어 이걸로 강을 오르락내리락 하면서 다른 공동체와 무역을 한다. 이렇게 하면서 물건이나 공예품만 교환할 뿐 아니라 생각도 교환한다.

당신은 당신의 주거지 주변으로 돌로 된 벽을 쌓아서 당신의 창고나 다른 부족을 공격하려고 하는 유목민 무리의 공격에 대비하는데, 그들은 과도한 농사, 가뭄, 지반 활동, 다른 자연 재해 등으로 자기 영역을 떠나 당신의 영역을 차지하려고 한다. 당신의 거주지는 벽으로 둘러싼 도시가 된다.

지금까지도 당신의 제사장들은 하늘에 걸려 있는 태양의 위치를 산과 비교함으로써 파종과 수확을 위해 신들에게 제사를 지낼 적당한 때를 결정한다. 그들의 지도 아래 당신은 돌로 산을 만들어—단순한 돌들, 선돌menhirs, 환상열석stone circles—그들이 하늘에서 일어나는 사태와 관련한 이런 예식과 또 다른 예식에 적합한 때에 관해 정확히 예측할 수 있게 해 준다.

더 이상 당신은 사자의 사냥 솜씨나 달리는 말의 속도나 다른 동물 혹은 새의 능력을 경외하지 않는다. 먼 거리에서도 사냥할 수 있는 종은 당신이 유일하다. 당신은 말을 길들여 타고 다닐 수 있다. 마차도 만들었다. 당신은 이제 당신의 신들이 당신이 아는 가장 강한 존재, 즉 사자 같은 사냥 기술을 가진 사내, 말처럼 빠르게 달리는 사내, 매의 시야를 가진 사내, 달의 풍요한 번식력을 갖춘 여자, 매년 껍질을 벗고 새로워지는 뱀의 치유력을 가진 여자처럼 놀라운 능력을 갖춘 인간이라고 생각한다.

그 이후에 당신은 개천 바닥에 금빛으로 반짝이는 돌을 찾아서 불에 달구면 액체가 되고, 이를 세라믹 주형에 부어 넣으면 굳어서 빛나는 금속이 된다는 점을 스스로 익히거나 다른 집단에게서 배운다. 특정 색깔을 가진 암석들도 달구면 그렇게 된다. 금, 구리, 주석 같은 이들 금속은 유용한 도구나 무기를 만들 만큼 단단하지는 않지만, 주조하고 새겨 넣으면 고급스러운 보석이나 장신구가 된다.

그 이후에 당신의 경험 많은 장인들은 구리와 주석 같은 액체 상태의 금속을 서로 섞고 이 혼합물이 굳으면, 단단하면서도 날카로운 끝과 가장자리를 가진 모양으로 주조되는 청동처럼 월등한 특성을 갖춘 합금이 된다는 점을 발견하거나 다른 이들에게 배운다. 당신의 도시는 이런 기술을 사용해서 보다 효과적인 농기구와 무기를 만든다.

장인들은 나중에 녹이 슨 듯한 빛깔의 바위로부터 은빛 금속을 만들어 낼 수 있을 만큼 충분히 뜨거운 용광로를 만드는 법을 발견하거나 배우는데, 이 금속을 두드려 모양을 만들고 다시 불에 달구어 벼리면 오늘날의 강철과 같은 특성을 갖춘 철로 된 도구와 무기를 만들어 낼 수 있다.

당신의 도시는 이 새로운 기술을 사용해서 농경지를 확대해 간다. 인구는 점점 더 늘어나고 점점 복잡해진다. 대다수는 농사를 짓고 후손들에게 농사 기술을 전수한다. 그러나 장인들과 상인들도 있어서 이들도 자신들이 기술을 후손에게 전수하고, 전쟁의 기술을 익힌 이들도 그렇게 하는데, 이들은 농경지를 지키고, 다른 도시를 정복해서 그들의 자연 자원을 획득하고, 그곳 사람들을 노예로 만들거나 당신의 신들에게 제물로 바치며, 제사장들은 신들에게 제물을 바칠 가장 좋은 때를 점지하여 당신이 생존하고 번영하는 것을 돕는다.

종교적 예식만으로는 그 많은 사람들을 하나로 묶기가 충분하지 않다. 통치자는 권력을 쥐고 법률을 강제하여 혼란을 막는다. 그가 제사장 계급에서 나올지 전사 계급에서 나올지는 당신의 생존에 가장 큰 위협이 신들의 지배를 받는 자연력 때문에 생기느냐 아니면 다른 외부 사람들 때문에 생기느냐에 달려 있다. 대개의 경우는 후자 쪽이다. 권력이 확보되면 통치자는 다른 계급의 일원들처럼 자기 자식들에게 자신의 기술을 가르치는데 그 기술이란 권력을 사용하는 기술이다. 그 기술에는 불만을 품은 자들에 대한 무자비한 폭압이 포함되어 있다.

이러한 광범위한 진화적 패턴의 증거는, 그 안에서도 다양한 변이가 나타나지만, 오늘날 중동, 이집트, 유럽, 인도 아대륙, 중국, 중미 등 6개의 지역에서 나타난다. 지금도 계속 발굴이 이루어지고 있고, 장래에는 사하라 이남 아프리카 같은 지역들도 분명히 포함될 것이다.

중동

최초의 농업 정착 지역은 지중해 동부에 맞닿아 있으면서 현재의 이스라엘, 팔레스타인 거주지, 요르단, 레바논, 시리아, 남부 터키를 합친 지역에 해당하는 레반트Levant에서 발견된다.

이곳은 그 지역에서 보다 앞서 존재했던 반半유목 민족인 나투피안 인들에게서 발전해 나왔을 것이다. 현재의 팔레스타인 영역인 여리고에 있는 담수호는 기원전 9000년경 수렵 채집 생활을 하던 나투피안 인들에게 매력적인 주거지를 제공했다. 고고학적 유물과 다른 유물들을 살펴보면 이곳은 진흙 벽돌로 지어진 직경 5미터의 원형 주거지들로 이루어져 있고, 밀과 보리 같은 곡물을 재배하고 양과 염소를 기르게 되면서 점차 영구적인 농경 정착지로 발전해 나갔다.

천 년쯤 지난 후에는 거대한 돌벽으로 둘러싸여 있으면서 돌로 된 탑도 있는 마을로 성장했다. 인구는 200-300명에서 2,000-3,000명 사이였다. 기원전 4천 년 전 말미에 여리고가 이미 수차례 다시 세운 성벽을 갖춘 마을로 드러나기 이전 시기에 대한 증거는 남아 있지 않다.

기원전 1900년 전 가나안인들이 마을을 만들었는데 이것은 기원전 1500년에서 기원전 1400년 사이에 무너졌다.[8] 이 사건을 몇 백 년 후에 기록한 히브리인 서기관들은 자신들의 하나님에게 그 붕괴의 원인을 돌린다. 그 하나님이 이스라엘의 왕 여호수아에게 이르기를 군대를 명하여 벽을 돌며 소리치게 하고, 일곱 명의 제사장은 그들의 뿔을 불게 하였더니 성벽이 무너졌다. 여호수아가 성 안으로 들어가서 금, 은, 구리, 철로 되어 있는 모든 것들을 취하고, 그의 군사는 모든 살아 있는 것들—남자, 여자, 아이들, 동물—을 도륙해서 그들의 전능한 하나님께 제물로 바쳤다.[9] 이 도시는 나중에 근방에서 재건되었다.

이러한 정복, 멸절, 그리고 보다 복잡한 주거지의 재건축으로 이어지는 패턴은 몇 번 반복되었던 듯한데, 이 외의 다른 멸절에 신이 개입했다는 기록은 남아 있지 않다.

이와 비슷한 패턴이 티그리스와 유프라테스 강 사이 지역이자 현재의 이라크 지역 대부분에 해당하며, 북쪽으로는 아르메니아 산(현재의 터키)에 인접하고, 동쪽으로는 이란의 쿠디시 산, 서쪽으로는 시리아와 사우디 아라비아 사막에 인접한 메소포타미아에서도 발견된다. 여기는 성경에서 말하는 에덴 동산이 있던 곳이었다. 그러나 이 지역의 환경은 목가적인 분위기와는 거리가 멀다. 이를 설명하는 가설 중 하나는, 물론 그에 관해 학자들 간에 의견이 갈라지고 있지만, 전 지구적 기후 변화로 인해 북동부 산악 지역을 제외하고는 강수량이 급격히 줄어들어서[10] 대부분의 지역에 길고 뜨겁고 건조한 여름이 찾아왔고, 유속이 빠른 티그리스 강은 파괴적인 홍수를 불러왔으며, 티그리스와 유프라테스가 합쳐져 페르시아 만으로 흘러 들어가는 지역의 삼각주에는 습지대가 남았다는 것이다.

북쪽의 자르모Jarmo 같은 초창기 정착지는 대략 기원전 7,000년 전으로 추정된다. 확실한 증거는 아니지만 나온 증거에 따르면, 대략 기원전 5,800년 전부터 메소포타미아 남부의 유프라테스 강의 충적 범람원 지역에 작은 농경 마을들이 형성되었다.[11] 남부에 살던 사람들은 댐이나 관개수로 같은 기술을 발견하고 발전시켜서 농경지를 확대해 나갈 수 있었다. 수메르인들은 물레를 발명해서 큰 도자기 항아리를 보다 효율적으로 만들 수 있었고 그 후에는 바퀴 달린 운송 수단을 발명했다. 남부 지역은 거대한 건축에 쓰일 목재를 위한 숲이나, 금속 광물, 충분한 양의 석재 등 자연 자원이 부족했다. 이에 수메르인들은 다른 지역을 습격하거나, 광범위한 무역을 통해 이들 재료를 얻거나 자신들의 생산물을 팔았다.

이런 기술과 무역의 발전으로 인해 이들 주거지는 기원전 4000년 전에서 3000년 전에 오면 발전하기 시작해서 사회적 계층을 갖춘 도시, 혹은 우룩Uruk이나 우르Ur 같은 도시 제국으로 발전했고, 이들은 각각 자기 도시를 지켜준다고 여겼던 신이나 신들을 위한 신전을 중심으로 형성되었다. 애초에 그곳들은 일 년에 한 번 백성이 선출하는 대제사장이나 여제사장인 엔en이 세속 영역의 지도자 루갈lú-gal(강한 사람)과 함께 통치하는 신정 국가 형태였다. 도시가 확장하면서 도시들 간의 전쟁이 잦아졌고 이로 인해 자연력보다는 다른 나라 사람들이 생존에 더 큰 위협으로 대두되면서 힘이 루갈에게로 옮겨 갔고, 루갈이 영구적인 통치 왕조를 수립하게 되면서 루갈은 왕이라는 의미가 되었으며, 제사장 기능도 감당했다.[12]

그 이후 왕조의 통치자들에 의해 다른 나라에 대한 정복과 동화가 일어났고, 이들은 자신의 통지를 전 영역에 펼쳐 나갔으며 이로 인해 아카드, 바빌론, 앗시리아 등의 제국이 연달아 세워지다가, 메소포타미아 지역은 기원전 332년 알렉산더 대왕에 의해 정복된다.

이집트[13]

왕조 이전의 유물들은 양도 적고 해석도 다양하며 연대 측정도 불분명하지만, 신석기 시대 농경 정착지가 나일 강의 비옥한 충적토 범람 지역에서 발달하면서, 나일 강 하류 서쪽 삼각주 지역의 메림데 지역에서는 대략 기원전 4750년에서 4250년에, 남부나 나일 강 상류 쪽에서는 엘-바다리와 아시우트 지역에서 기원전 4400년 전에서 4000년 전 혹은 빠르게는 기원전 5000년 전에 생겨났던 것으로 보인다. 엘-바다리의 묘지에서는 밀, 보리, 렌틸콩, 덩이줄기 그리고 소, 개, 양 등의 유적과 도기류가 나왔다.

보다 상류 쪽에 살았던 나카다Naqada 인들의 초기 유물들은 그 연대가 기원전 4400년에서 4000년까지 다양하게 추정되며, 그들의 문화는 기원전 3000년까지 나일 강을 따라 퍼져 나갔다. 이 시기에 그들은 남쪽의 누비아, 서쪽의 사막 오아시스 지역, 동쪽의 지중해인들과 무역을 했다. 테베 남쪽 히에라콘폴리스Hierakonpolis에서는 30미터 길이의 타원형 뜰이 발굴되었다. 이 한쪽 면을 따라 배수용 도랑이 나왔는데 그 안에는 뼈가 가득했다. 근방에는 사지가 절단된 시체들의 무덤이 있었는데 일부는 머리 가죽이 벗겨졌고, 일부는 맞아 죽었다.

그리스-이집트인이었으며 세베니토스에서 태어난 마네토Menetho는 기원전 3세기 초에 기록을 남기면서, 나일 강 상류와 하류의 왕국들이 기원전 3100년경 전설적인 왕 메네스에 의해 통합되었다고 주장하는데, 이 왕에 대한 증거는 존재하지 않는다. 일부 고고학자들은 그가 나르메르라고 불렸던 왕이라고 생각한다. 이 견해는 기원전 31세기경으로 연대가 추정되는 실트암 팔레트의 발견으로 인해 뒷받침된다. 여기에는 한쪽 면에 어떤 남자의 머리칼을 쥐고 철퇴로 내려치려는 왕의 모습이 새겨져 있고, 다른 면에는 그 왕이 행렬을 하고 있으며, 목이 잘린 열 개의 시체가 그 머리는 그들의 발 아래 놓인 채로 묘사되어 있다. 다른 조각으로는 나일 강 상류와 하류의 상징이라고 해석되지만 아직 논쟁이 진행 중인 이미지에다, 나르메르라고 해석되는 투박한 상형문자가 포함되어 있다.

나르메르 왕조의 후계자들의 무덤에는 치아 사이에 피가 말라붙어 있거나 그 뒤틀린 자세로 보아 산 채로 매장된 듯한 희생자들도 함께 들어 있다. 왕들의 무덤은 점점 커지고 거창해져 갔고, 나중에는 돌로 된 거대한 피라미드로 발전했다.

통합된 왕국은 점점 부유해지면서 잉여 곡물로는 무역을 하고 영토를 지키는 강력한 군대를 키우고 다른 지역과 나라들을 정복해가면서 제국으로 커져갔다. 예를 들어 남쪽으로 누비아를 정복하면서 그 지역의 풍부한 금광을 차지하게 되면서 지중해 동쪽 지역에서는 금에 대한 실질적인 독점 공급이 가능해졌다. 장인들은 오벨리스크 같은 기념물에 금을 입혔고 호화로운 무덤 부장품(투탕카멘의 금으로 만든 내부 관은 110킬로그램이 넘는다)을 만들었다.[14]

이 왕국은 파라오라고 불리는 왕조의 왕에 의해 통치되고, 그는 매년 일어나는 나일 강의 범람을 책임지고 있는 신으로 경배를 받았다. 나일 강의 범람에는 곡물의 풍작은 물론이고 이집트의 풍요가 걸려 있었다. 또한 관료 계층이 지배했는데, 그들 중 많은 이들은 제사장들이었다. 계층상 아래쪽에는 무역상, 장인, 점점 거대해지는 석조 신전과 피라미드 무덤을 설계하는 기술자들이 놓여 있었다. 더 아래쪽에는 대다수를 이루는 농부들, 그리고 그 아래에는 정복한 나라에서 잡아온 노예들이 있었다. 이집트의 거대한 석조 건축물이 자신들의 신들과 왕들을 기념하고자 하는 백성들이 협력해서 지은 것인지 아니면 국민이나 노예로서 강요되어 그렇게 할 수밖에 없었던 것인지는 아직까지도 추론의 대상이다.

3,000년간 이어진 30개가 넘는 왕조 역사상 왕국을 지키고 확대하며 겪는 굴곡진 운명, 권력을 잡기 위한 내전, 중앙 정부의 붕괴와 지역 통치자들의 통치, 지역 통치자들 간의 전투, 전쟁을 통한 재통합, 가나안인이나 리비아인 같은 정착민이나 나중에 파라오가 되어 왕조를 이루거나 꼭두각시 파라오를 세웠던 앗시리아인이나 페르시아인들 같은 침략자들에 의한 권력 쟁취로 이어지는 패턴이 나타나다가, 알렉산더 대왕이 이집트를 정복한다. 알렉산더 사후에 그의 장수 중 하나이자 이집트의 총독이었던 마케도니아 출신 그리스인인 프톨레마이오스가 기원전 305년에 스스로 왕이 되고, 나중에 로마가 기원전 30년에 이집트를 정복하고 병합할 때까지 지속된 마지막 왕조를 세웠다.

유럽

신석기 문화는 북쪽으로 나아가 주로 더 춥고 습한 유럽에 이르렀는데, 레반트의 진흙 벽돌 주거지는 사라지고, 보다 긴 주택, 그리고 목재 영안실 구조 위에 흙으로 만들어진 보다 긴 무덤이 등장했다.

인상적인 것으로는 베어낸 큼지막한 돌로 만들어진 연도분passage tomb, 수직 거석인 선돌menhir, 열석stone row, 그리고 환상열석stone circle 등 네 가지 유형의 거석이 있다.

가장 많이 알려져 있는 것은 영국 남부의 스톤헨지인데, 서로 다른 세 가지 시기에 형성되었다. 바닥의 원형의 울타리는 기원전 2950년, 화장하는 곳으로 사용되었던 목조 세팅은 기원전 2900년에서 2400년, 세 번째로는 기원전 2550년에서 1600년경의 하나의 중심부를 향해 배열된 열석인데, 가장 외곽은 돌로 된 상인방上引枋으로 연결되어 있고, 제단으로 사용된 돌을 주변에서 두르고 있으며, 긴 진입로를 따라 들어가게 되어 있다.[15]

그러나 영국 제도에서 신석기 시대의 생활을 가장 잘 보여 주는 것은 근래에 발견된 스코틀랜드 북동쪽 끝에 있는 오크네이Orkney 제도의 2.5헥타르 정도 되는 브로드가의 네스Ness of Brodgar 유적지로서, 기원전 3500년경에 거주했던 곳으로 추정된다. 현재까지 십 분의 일 정도만 발굴이 진행되었고, 지금까지는 슬레이트 지붕을 올린 돌로 만든 주거지, 색깔 있는 염료로 칠한 벽, 발굴 책임자 닉 카드Nick Card는 신전이라고 보는 유적 등이 나왔다. 이 건물은 25미터 길이에 폭은 19미터, 5미터 두께의 벽이 있고, 근방의 스텐네스Stenness 열석과 브로드가Brodgar 환상열석을 지배하듯 자리잡고 있다. 유적지 전체는 두꺼운 돌로 된 벽이 두르고 있고, 대략 1500년간 사용되었던 듯하다.[16]

스톤헨지보다 더 오래된 연도분은 아일랜드에서 많이 발견된다.[17] 더블린에서 북쪽으로 50킬로미터 떨어진 보인Boyne 강의 계곡에 있는 비옥한 농토 위의 산등성이에 자리 잡고 있는 거대한 뉴그레인지Newgrange 연도분은 기원전 3200년의 것으로 추정된다. 특히 나선형의 상징이 가득 새겨져 있으며, 이를 발견한 UCC의 마이클 J 오켈리Michael J O'Kelly에 의하면 건축하는 데

30년이 걸렸다. 인간 유해는 화장된 상태인데, 500년 후에 이집트에서 왕들을 위해 지어진 돌로 된 피라미드처럼 오직 소수의 사람들만 묻힌 무덤이었던 듯하며, 그 방향이나 설계를 볼 때 종교적 의례의 중심지였음을 알 수 있다. 이 점은 나중에 믿음과 종교의 발전을 다룰 때 좀 더 자세히 살펴보려 한다.

유럽에서 있었던 금속 합금에 관한 증거는 대략 기원전 3200년의 것으로서 지중해의 키프로스 섬에서 나오는데, 이곳의 장인들은 그 섬의 광산에서 나온 구리를 먼 나라에서 수입한 희귀한 주석과 섞어 나온 청동으로 공예품을 만들었다. 크레타 섬의 전설적인 왕 미노스의 이름을 따라 지어진 미노아인들은 청동 무역의 대부분을 장악하면서, 여기서 얻은 수익금으로 크노소스Knossos에 있는 것 같은 호사스러운 궁전을 지었던 듯하다.

인도 아대륙[18]

근래의 연구 결과는 기존의 생각과 연대 추정을 뒤집어 엎고 있는데, 주로 1860년대의 독일의 막스 뮐러Max Müller의 연대 측정과 영국 식민지 시대의 고고학자들이 유물에 대해 내린 해석에 근거한다. 인도 아대륙에서의 연대 추정은 아직 논쟁 중이지만, 진흙 벽돌집에서 살던 이들은 기원전 7000년부터 현재 파키스탄의 발루치스탄 카치 평원에 위치한 메르가르Mehrgarh에서 밀과 보리를 재배하고, 양, 염소, 소를 길렀으며, 구리 제련은 기원전 5000년부터 시작되었다는 증거가 나온다. 그 이후 계속해서 그 지역에서 기원전 2600년까지 사람들이 살았다.

메르가르인들이 인더스 계곡의 강을 따라 남부로 그 다음에는 남동부로, 그 다음에는 북동부로 퍼져 나가면서 기원전 3300년경부터 발전했던 소위 인더스 계곡 문명을 일으켰다고 추정하는 것이 합리적이다. 전성기에는 대략 현재의 파키스탄과 인도 북서부에 해당하는 1,250,000평방킬로미터에 미쳤으며, 천 명이 넘는 인구였다. 이들 중 중요한 곳이 하라파Harappa와 모헨조-다로Mohenjo-daro 같은 도시로, 산꼭대기의 성채나 정교한 도시 계획, 수도

시설과 오폐수 처리 시스템, 조선소, 곡물 저장소 등의 증거가 나왔다. 이들은 육상과 해상으로 메소포타미아, 페르시아, 중앙 아시아까지 이르는 무역에 종사했다.

문자는 아직 해독되지 않았기에 이들 도시들이 어떻게 통치되었는지는 확실히 알 수 없다. 기원전 400년에서 기원후 400년 사이에 최종 확대본으로 편집된 산스크리트어 서사시 마하바라타(전설상의 최초의 인도인들인 "바라타인들의 위대한 이야기")는 쿠루Kuru의 왕위를 계승하기 위한 사촌들 간의 역사적 전투를 기록하는데, 그들 각자는 또한 자기들과 연합한 왕들의 지지를 받았다. 이러한 전투는 실제로 인더스 계곡 근방이나 그 안에서 있었는데, 그 추정 연대는 기원전 950년(주로 유럽 학자들)에서 기원전 5561년(주로 인도 학자들)까지 차이가 난다.[19]

왕조의 왕과 그의 형제인 왕족들을 제외한 사회의 다른 계층 구조는 오늘날 인도 시골 지역이나 파키스탄에 여전히 존재하는 카스트 제도에서 추론해 볼 수 있다. 현재까지 연구가 이루어진 다른 고대 문명의 사회 구조와 비슷하게 기능에 따라 분화된 사회적 계층을 이루고 있는데, 제사장 카스트(브라만), 군인 카스트(크샤트리아), 상인 카스트(바이샤), 소작농 카스트(수드라), 그리고 마지막으로 카스트에서 추방된 자들이나 불가촉천민들이 있다.

도시와 마을은 기원전 1900년경에 버림받았다. 지각 활동 같은 자연 재해 혹은 강이 말라 버렸거나 물길의 변경되었거나, 과잉 농사, 정복으로 인한 멸망 등이 원인이 아닐까 추정된다. 사람들이 동쪽의 갠지스 계곡으로 이주했으리라고 본다.

중국[20]

초기에 농사를 지으며 정착한 시대의 증거는 희소하지만 도기류와 무덤에서 나온 증거를 종합해 볼 때 기원전 8000년에서 2000년 사이에 황하(중국 북쪽)와 양쯔 강(중국 중부)의 충적 범람원 지역에 정착하지 않았나 추측할 수 있다.[21] 후대의 유적을 보면 이들이 쌀과 수수를 재배했고, 돼지, 닭, 물소를 길렀다는 것을 알 수 있다.

청동기는 대략 기원전 2000년에 만들어졌고 한漢 나라 시대인 기원전 221년경까지 이어지면서 창의 머리 같은 무기류나 괴물, 상상 속의 동물, 추상적 상징이 새겨져 있는 삼각대나 그릇처럼 예식과 관련된 물건을 만들었다.

통치권과 관련된 최초의 확실한 증거는 중국 북방의 상商 왕조의 수도이자, 근대의 안양 근방에 있었던 은殷에서 나왔다. 이 유적은 이제는 잘 알려져 있는 패턴을 밟는다. 31명의 왕이 이어졌던 상 왕조는 기원전 1600년에서 기원전 1046년간 통치하면서 수도를 아홉 번 옮겼다. 은은 기원전 13세기부터 거주하던 곳으로, 대략 9.75킬로미터에 3.75킬로미터인 타원형의 지역이며, 여기에서는 인신공양의 흔적이 있는 신전과 주거용 건물, 귀족들의 집들, 공방, 군대와 말의 사체가 포함된 11명의 왕의 무덤이 있는 묘지까지 나왔다.

기원전 1046년 중국 북서쪽, 현재의 위하 계곡 시안西安 근방의 풍호丰镐를 중심으로 자리잡고 있었던 주周 나라의 무왕은 상을 정복하고 통합했다. 무왕이 죽자 그의 동생인 주공이 섭정을 했다. 그는 나중에 신화화되고 다른 무엇보다 천명 사상을 만들어 낸 이로 받들어졌는데, 이에 의하면 하늘은 의로운 왕조의 통치자의 통치권에는 복을 주고, 불의한 왕에게서는 통치권을 거두어들인다. 이는 천명을 받아서 통치한다고 주장했던 상 왕조를 전복했던 일을 정당화하고자 함인 듯하다.

주周 나라는 봉건제를 통해 제국을 다스렸으며 중국 대부분의 지역을 병합했다. 철기류, 소가 끄는 쟁기, 석궁, 승마 등이 이 왕조의 시대에 도입되었다.

중앙아메리카[22]

선사 시대 아메리카의 연대 측정도 문제가 많다. 그보다 빠르지는 않더라도 대략 기원전 1500년부터는 멕시코 남동부의 열대 저지대에 살던 올멕

Olmec인들이 멕시코만으로 흘러 들어가는 코아트사코알코스Coatzacoalcos 강 계곡에서부터 시작해서 옥수수, 콩, 호박, 기타 작물을 재배했던 듯하다. 이곳은 정기적 범람으로 인해 비옥한 충적토가 형성되어 있었기에 많은 인구의 유입이 일어났고, 이로 인해 도시가 발달했다.

특징적인 공예품으로는 화산 현무암 한쪽에 통치자의 것으로 생각되는 거대한 얼굴이 새겨져 있고, 재규어로 변신한 인간을 표현한 듯한 판화, 인신 공양을 암시하는 듯 제단에 그려져 있는 재규어로 변신한 유아의 판화, 그리고 구기 종목과 주로 통치자가 시행하는 예식에 따른 피 흘림 등의 그림이 나타나는데, 이는 그 이후 이어진 중앙 아메리카 문명에서도 나타난다. 이 문명은 수천 년간 이어지다가 기원전 400년에서 350년 사이에 사라졌다. 그 종말의 원인은 인더스 계곡의 문명이 종말을 맞은 원인과 유사하지 않을까 추측한다.

현재의 벨리즈, 과테말라, 멕시코 남동부, 온두라스의 서부와 엘 살바도르에 걸쳐 발전했던 마야 문명에 관해서는 보다 많은 증거가 나왔다.

기원후 250년에서 900년에 걸쳐 있는 고대의 마야인들은 제사를 지내는 곳을 건설했는데, 이들은 그 이후 거대한 계단이 설치된 피라미드 위에 세워진 신전에서 굽어볼 수 있는 중앙 광장, 궁궐, 거대한 경기장 등을 갖춘 40여 개의 도시로 발전해 나갔다. 이들 도시는 주로 석회암으로 지어졌는데 그보다 강한 규질암을 써서 채석하고 깎아 만들었다. 천문학과 계산법(나중에 다룬다) 등에서는 발전을 이루었지만, 마야인들이 그릇이나 운송 수단으로 금속이나 바퀴를 사용했다는 증거는 없고, 석회암 치장 벽토를 돌 위에 써서 바르고 조약돌로 채운 하얀길(유카텍 마야어로는 삭베[sacbeob])을 건설했는데, 이는 아마 종교적, 군사적, 무역에 쓰이는 용도로 사용했던 듯하다. 이 문명의 대부분도 붕괴되었고, 많은 도시들은 밀림에 덮였다. 지나친 농업, 가뭄, 정복과 멸망, 전쟁과 관련되어 일어난 무역로의 폐쇄 등이 그 이유로 추정된다.

그러나 유카탄 반도 북부의 평평한 우림 속의 치첸이차, 욱스말, 마야판 등의 도시들은 몇 세기 동안 번영해 나가다가 북쪽에서 온 톨텍 족이 정착하거나 정복했던 듯하다. 치첸이차에 후대에 세워진 건물에는 더 이상 마야의 다산과 의학의 여신인 익스첼Ixchel을 상징하는 뱀 문양이 나오지 않고, 그 대신 마야인들에게는 쿠쿨칸Kukulkán으로, 아즈텍인들에게는 케찰코아틀Quetzalcóatl로 알려져 있는 톨텍의 전설적인 신인神人을 상징하는 깃털 달린 뱀 문양이 나타난다. 조각, 벽화, 기록된 문서에는 전쟁에서 승리한 군인, 고대 메소아메리카 문명에서는 전쟁 포로나 제사용 제물로 쓰여진 이들의 머리를 진열하는 해골 선반 등이 묘사되어 있다. 이들은 다른 고대 문명권과 비슷하게 세습 군주, 제사장-천문학자, 귀족, 농부, 노예 등의 사회적 계층을 그리고 있다.

문자의 발전

돌, 점토, 종이 등의 물체 위에 언어를 기록하는 일은 인간이라는 종에게만 독특하게 나타난다. 이로 인해 먼 곳이나 후세에게 생각을 전달할 수 있다. 이것이 없었다면 거대하고 복잡한 사회가 발전할 수 없었다.

문자나 상징을 묶어서 일련으로 배열하여 복잡한 의미를 표현하고 이해하는 일은 사물을 그림으로 표현하는 단계에서 상징적으로 표현하는 단계로 진화해 나갔다. 이는 적어도 서로 다른 시간대에 서로 다른 세 군데 지역에서 독립적으로 발전했는데,[23] 주로 사고 팔거나 세금으로 혹은 통치자에게 바치는 조공으로 사용되었던 농작물과 공예품의 숫자를 기록하고, 법령을 반포하며, 신들과 통치자들을 기념하는 이야기를 기록하고, 제사의 규례를 기록하기 위해 사용되었다.

26장에서 살펴봤듯, 대부분의 언어학자들은 기원전 3000년경 점토판에 새겨진 수메르 설형문자, 그리고 거의 같은 시기의 돌에 새겨진 이집트의 상형문자가 최초의 문자 시스템이라고 본다. 이집트 문자가 독립적으로 발전했는지 아니면 수메르 문자의 영향을 받았는지는 여전히 논쟁 중이다.

크레타인 필사자들은 기원전 2200년경 점토판에 토착적인 상형 문자를 사용했는데, 이는 기원전 1900~1800년경에는 아직 해독되지 못한 A 계열로 발전하면서 미노아 문자를 이루었던 듯하다. 계열 B는 대략 기원전 1500년경의 펠로폰네소스 반도 지역과 크레타 궁에서 나타나는데 미케네식 그리스어를 기록하는데 사용되었고, 이는 고전 그리스어 알파벳을 수세기 앞선다.

부드러운 돌로 만든 사각형의 도장이나 도구, 소형 판, 구리 판, 그릇 등에 새겨진 글씨들이 기원전 2500년경으로 추정되는 인더스 계곡의 하라파Harappa에서 발견되었는데, 아직 해독이 되지 않았기에 이것이 문자 이전의 것인지 문자인지는 불분명하다. 고대 인도어인 산스크리트어는 신들에게 바치는 고대의 송가가 기록되어 있는 베다의 산스크리트어에 뿌리를 두고 있는데 이 언어가 지역 언어에서 나왔는지 아니면 현재의 이란 지역에서부터 침공한 아리아인들에 의해 수입되었는지에 관해서는 서양 학자들과 인도 학자들 간에 견해가 갈린다. 그러나 아리아인들의 침공 가설은 증거가 부족하거나 아예 없고 산스크리트어의 기원은 불분명하다.

중국에서도 문자는 독립적으로 만들어졌으며 현재까지 나온 초기 증거는 기원전 1250년경 상 나라에서 점을 치기 위해 소의 견갑골이나 거북의 등에 새긴 문자들이다. 그 이후 발전한 중국문자는 서양언어처럼 몇 개의 문자를 갖춘 알파벳을 채용하기보다는 각각의 문자가 발음되는 중국어의 한 음절에 해당하면서 그 자체가 한 단어를 이루거나 다음절어의 일부를 이루며, 5,000자 이상에 이른다.

중앙아메리카에서도 독자적인 문자가 발전했던 것이 거의 확실하다. 멕시코 베라크루즈 주에서 발견된 돌판은 기원전 900년경의 것으로서, 새겨진 형태의 62개의 상징의 배열 패턴 때문에 그 대륙에서 나온 가장 오래된 문자 시스템으로 간주되었다. 아직 해독이 되지 않은 상태이지만, 올멕인들the Olmecs의 것으로 추정된다.[24] 그 지역에서 나온 고대 문자 중 가장 해독이 잘 된 것은 고대 마야어(기원후 200~900년)이며 대개 상형문자라고 불린다.

나무와 돌에 새겨져 있거나, 그릇과 벽에 그려져 있거나, 나무-종이 피질에 기록된 코덱스 등으로 남아 있다. 후자 중 대부분은 마야인을 가톨릭으로 개종시키라는 명령을 받은 프란체스코회의 디에고 데 란다Diego de Landa의 명에 의해 불태워졌는데, 일부는 보존되었다. 가장 광범위한 것은 그것이 보관되어 있는 독일 박물관의 이름을 딴 드레스덴 코덱스Dresden Codex로서 11세기에서 12세기경에 기록되었으며, 그보다 300년에서 400년 앞선 원본을 필사한 것으로 추정된다.[25]

천문학과 수학의 정립

오늘날 우리가 과학적 혹은 지적 학과목으로 여기는 천문학과 수학은 본래 실용적인 목적을 위해 생겨났고, 초기 인류의 믿음과 긴밀하게 연결되어 있다.

유럽의 수많은 거석 건축물들은 천문학 지식을 드러낸다. 1963년 천문학자 제럴드 호킨스Gerald Hawkins는 네이처지에 기원전 1500년의 스톤헨지에서 바라본 천체 현상을 보여 주는 컴퓨터 분석 자료에 관련한 논문을 하나 발표했는데, 여기에 보면 스톤헨지는 태양과 관련된 13개의 사건과 달과 관련된 11개의 사건에 맞춰져 설계되어 있으며, 그 설계를 통해 월식을 예측할 수 있다.[26] 최근에 나온 셰필드대학교 고고학자 마이크 파커 피어슨Mike Parker Pearson의 견해에 따르면 스톤헨지는 그 전까지 생각했던 것처럼 하지가 아니라, 동지에 종교적 의례를 지내는 곳이었다.

그보다 앞서서 방사성 탄소 연대 측정에 따르면 기원전 3200년에 지어진 것으로 나오는 아일랜드 뉴그레인지 연도분의 설계는 논쟁의 여지가 없다. 동짓날 태양이 떠오르자마자 태양빛은 무덤 문 위쪽 바위에 파 놓은 작은 홈을 통과해서, 18미터 길이의 통로에 연필처럼 가느다란 광선을 그리면서 나아가 끝에 있는 묘실의 대야 같은 돌 앞쪽에 닿는데, 그 묘실에는 화장한 유해가 있었을 것으로 추정된다. 몇 분이 지나면 빛은 17센티미터 굵기로 커지며, 그 방과 옆방들 그리고 내쌓기한 지붕corbelled roof을 장식하고 있는 복잡한 나선형 그림이나 다른 문양들과 함께 대야 같은 돌을 황금색으로 데우고, 다시 좁아지면서 무덤을 어둠 속에 가라앉게 한다.[27]

스톤헨지의 안쪽에 원형으로 서 있는 돌을 포함한 유럽의 거대 환상열석 일부는 실제로는 타원형을 이루고 있는데, 이는 적어도 피타고라스의 정리定理에 대한 지식이 있었음을 알게 한다.

큰 숫자를 다루기 위해 수메르인들은 60진법을 발명했는데 이것을 오늘날 우리도 사용하듯 1분을 60초로, 한 시간을 60분으로, 하루를 24시간으로, 원은 360도로, 1피트는 12인치로 나누는 식이다. 그들을 계승한 바빌로니아인들은 이 시스템을 받아들여서 연산, 대수학, 삼각법, 기하학 등을 발전시켜 무역, 조사, 건물 설계, 땅의 분할 등 실용적인 용도에 사용했다. 복원된 고대 바빌로니아기(기원전 2000~1600년)의 수천 점의 점토판은 1차, 2차 방정식과 기하학적 계산 결과를 담고 있다. 거기에는 또한 곱셈표, 제곱, 제곱근, 역수의 표까지 나와 있다. 바빌로니아인들은 서양에서는 피타고라스가 발명한 것이라고 여기는 정리도 알고 있었던 듯하다. 기원전 1700년의 것으로 추정되는 플림프톤Plimpton 322 점토판은 피타고라스가 태어나기 천 년 전의 것인데, 직각 삼각형의 빗변의 제곱이 다른 두 변의 제곱의 합과 같다는 값을 기록하고 있다($a^2 + b^2 = c^2$).

기원전 12세기 이후 바빌로니아인들은 천체 관찰과 점성술의 성과를 에누마 아누 엔릴Enūma Anu Enlil이라고 알려져 있는 설형 문자 점토판에 기록했는데, 이는 하늘의 신이자 신들의 왕 아누와 공중의 신 엔릴을 가리킨다. 그들은 또한 물Mul 혹은 아핀Apin 같은 성좌표를 만들었는데, 여기에는 태양, 달, 별자리, 개개의 별, 행성 등이 그들의 신들과의 연관하에 기록되어 있다. 그들의 목적은 점성술, 즉 그들이 신들의 뜻을 나타내는 징조라고 생각했던 일식이나 하늘에서 일어나는 행성의 움직임 같은 하늘에서 일어나는 사건을 예측하는 일이었다.

그들의 성좌표는 그 이후 그리스인들, 그 다음에는 로마인들에게 계승되어 발전했으며, 이로 인해 근대 천문학은 로마의 신들—머큐리, 비너스, 마스, 쥬피터, 새턴, 우라누스, 넵튠—의 이름을 딴 행성들을 갖게 되었다. 별자리는 바빌로니아의 이름에 해당하는 라틴어 이름을 갖게 되었는데, 토러스(황소)는 춘분, 레오(사자)는 하지, 스콜피온(전갈)은 추분, 카프리코르누스(염소)는 동지를 뜻한다.[28]

인더스 계곡 문명(기원전 3300년에서 기원전 1700년경, 위의 내용 참조)의 하라파, 모헨조다로, 그리고 다른 유적지에서 발굴된 내용은 실생활과 종교적 목적을 위해 수학을 사용했다는 사실을 드러낸다. 예를 들어 하라파인들은 십진법에 근거해서 무게와 길이를 계산하는 체계를 가지고 있었다.

인도의 베다 신들이 가장 흡족해할 만한 불의 제단을 설계하는 지침서인 술바 수트라Sulba Sutras에는 주어진 직사각형과 동일한 면적의 정사각형을 만드는 법이 기록되어 있는데, 이는 피타고라스 정리의 값을 사용하여 주어진 원형과 동일한 면적의 정사각형을 만드는데, 이는 대략 π에 해당하는 값을 내는 비율을 계산하고(우리는 반지름이 r인 원의 면적을 πr^2로 계산한다), 여기에 2의 제곱근에 놀라울 만치 정확하게 부합하는 값을 추가하여 만든다.[29]

서양 학자들은 이들이 천 년 후에 인도에 이르기 이전에 이미 바빌론으로부터 전수되었다고 본다. 그러나 현재 오클라호마주립대학교 컴퓨터 과학과 교수인 수바시 칵Subhash Kak에 의하면 고천문학—과거의 서로 다른 시간에 서로 다른 곳에서 관측한 별자리의 위치를 보여 주는 컴퓨터 분석—과 고고학적 유물과 산스크리스 텍스트를 합쳐보면 술바 수트라는 고대 바빌로니아 계산법과 같은 시대의 것이다. 이와 마찬가지로 그는 베다의 천문학 매뉴얼인 베당가 요티사Vedanga Jyotisa도 기원전 1300년의 것으로 추정한다.[30]

중국 북방 고대 상 왕조의 수도였던 은허에서 발굴된 갑골문에는 무정武丁왕 29년 12번째 달 15일에 있었던 월식에 관한 내용이 새겨져 있는데 이는 기원전 1311년 11월 23일과 일치한다.[31] 이어지는 중국 고대 왕조 시대의 점성술사들은 천문학적 사건을 기록하고 달이 변해 가는 국면과 양력의 시간을 표시하는 달력을 만들어 농사에 관련한 때를 계획할 수 있게 했을 뿐 아니라 징조를 점쳤다.

전국 시대(기원전 475~221년)에는 천문학적 관측 내용에 관한 상세한 기록이 만들어졌고 여기에는 천문학자/점성술가인 석신石申과 감덕甘德이 만든 별자리표도 포함되어 있다. 대부분의 내용은 유실되었지만 기원후 714년에서 724년 사이에 편집된 『카이위안 시대의 대당 천문학 연구 *Great Tang Treatise on Astrology of the Kaiyuan Era*』(『대당개원점경 大唐開元占經』)에 복사본이 수록되어 있다. 별의 목록이나 한 나라(기원전 206년~기원후 220년) 이후로 일식, 혜성, 신성 등의 천문학적 사건의 리스트가 기록되어 있다.[32]

마야인들은 자신들의 생존을 좌우한다고 믿었던 자연의 순환 주기에 대한 집착이 강했기에 태양력을 계산했는데, 기원전 300년에서 기원후 900년 사이에 코판Copan에서 계산한 바로는 일 년이 365.2420일로서 이는 오늘날 서양에서 사용하는 그레고리우스력보다 더 정확하다. 그들은 세 가지 달력을 사용했는데, 일반인들이 쓰는 365일짜리 하아브Haab, 종교적 목적의 260일짜리 촐킨Tzolkin(코판 지역에서 태양이 천정을 지나는 때와 그 다음 시기 간의 기간), 그리고 이 둘의 최소공배수로 계산한 긴 달력(365와 260의 최소공배수는 52년에 해당하는 날수가 된다)이다.[33]

제사장-천문학자들은 이 달력들을 사용해서 곡식을 심거나 제사 드리기에 적합한 때를 정한다. 이런 계산과 장기적 예측을 위해 마야인들은 정교한 20진법(현재 유럽의 10진법과 대조된다)에 기반한 숫자 체계를 고안했는데, 여기에서는 그리스인이나 로마인들은 발견하지 못했던 제로의 개념을 사용하고 있다.

현존하는 필사본들에 보면 마야인들은 별자리표는 물론이고 일식이나 샛별로서의 금성의 출현(전쟁에 나서기에 좋은 징조), 화성의 역행 등을 예측하는 표를 가지고 있었다.[34]

믿음과 종교의 발전

2장에서 나는 원시적 사고의 단계에서 여러 민족이 만들어 낸 창조 신화에 나타나는 아홉 가지 주제들을 요약하면서, 이들 대부분은 자연 현상에 대한 무지와 정치적 문화적 필요 때문에 만들어졌다고 말했다. 그런 결론은 이 단계의 서로 다른 시대에 서로 다른 지역에서 생겨났던 여러 믿음과 종교들이 발전 양상을 살펴보면 한층 강화된다.

26장에서 살펴봤던 35,000년 전 유럽의 동굴 벽화나 조각상이 나왔을 무렵, 이러한 믿음은 주로 애니미즘, 샤머니즘, 토테미즘, 조상 숭배 등의 형태로 나타났다. 인간이 정착한 이후로 이러한 믿음은 진화했다. 농사 짓던 마을이 사회적 계층 구조를 가진 도시로 성장하고, 마침내 제국이 되기에 이르면, 정령은 그 도시의 필요와 계층 구조를 반영하는 만신전의 형태로 진화한다. 다산의 여신 대신에 천둥을 치게 하고 번개를 던지는 남자 하늘 신이 지배력을 강화하는데, 이는 도시를 지키고 농토를 확대하는 전사이자 왕의 권력을 반영한다.

기원전 3200년경 유럽에서는 하지나 동지 같은 하늘에서 일어나는 현상에 맞춘 거석의 배열이나 화장 혹은 장례 예식의 증거, 무덤 부장품, 수많은 연도분 내의 정교하게 새겨진 나선 문양 등의 예술품 등을 통해 볼 때, 사후 세계와 초자연적인 존재나 신들에 대한 믿음이 있었음을 알 수 있다. 예를 들어 뉴그레인지 연도분Newgrange passage tomb의 설계는 화장한 통치자와 태양신 간의 교류에 대한 믿음을 드러낸다. 이런 믿음은 고대 이집트의 장례 관련 문헌에서 뚜렷하게 나타난다.

피라미드 텍스트Pyramid Texts라고 알려져 있는 초기 문헌은 기원전 2400년에서 2300년 전의 것으로 추정되며 이집트 고대 왕국 시대의 피라미드 벽과 왕의 석관에 새겨져 있다. 여기에는 왕이 내세로 안전하게 건너가기를 바라는 주문과 주술이 포함되어 있는데, 내세는 태양신인 라Ra가 하늘을 다스리고 있으며, 그는 또한 만물의 창조자이자 아버지로 여겨졌다.

이는 중기 왕국 시대(기원전 2000년경)에는 관구문Coffin Texts으로 발전했고,

여기에는 왕은 물론이고 부유한 개인들의 관이 포함되어 있으며, 그 이후로 18번째 왕조(기원전 1580년~1350년)에 이르면 파피루스에 기록되어 미이라 관 안에 넣어두는 문서로 발전하는데 여기에는 피라미드 문서와 관구문棺構文에서 발췌한 통칭 사자死者의 서書로 알려진 내용이 포함된다.

기원전 1370년에서 1358년 사이에 왕이 되었던 아멘호텝 IV세는 즉위 5년째 되는 해에 유일신론을 주창하고, 자연력에 기반을 두면서 반은 사람이고 반은 짐승이나 새로 묘사되는 전통적인 신들을 모두 미신으로 돌렸다. 그 당시 가장 높은 신은 아문-라Amun-Ra였는데, 테베의 통치자가 이집트의 힉소스 왕조의 마지막 왕을 무너뜨리고 18번째 왕조를 수립하자 수도 테베의 지역신인 아문이 모든 신들의 통치자가 되면서 태양신 라와 동일시되었던 것이다. 아멘호텝 IV세는 신은 빛과 생명의 원천인 태양신 하나라고 선언했고, 이 신은 태양의 원반인 아텐Aten으로만 묘사되며, 그 자신은 아텐의 아들이라 하였기에 아크나톤Akhenaten으로 알려졌다. 아문-라의 강력하고 부유한 제사장들의 반대를 압도하기 위해 아크나톤은 수도를 이전하여 나일 상류의 테베와 나일 하류의 멤피스 중간에 새 도시를 건설하고 이를 아텐에게만 바쳤다.

그의 사후에 유일신론은 버티지 못했고 그가 세운 도시도 그러했다. 아문-라의 제사장들은 아크나톤이 이단자라고 선언하며 반격을 가했고, 그가 존재했던 흔적까지 다 지워버리고자 했다. 이집트인들은 다시 다신론으로 회귀했고, 왕위를 차지한 자의 도시를 지키는 신이 하늘의 신으로 숭배되었다.[35]

이러한 패턴은 한 도시-국가가 다른 곳을 점령하고 제국을 세울 때면 반복된다. 정복자들은 점령당한 민족의 신들도 흡수하지만, 자신의 지역신을 주신主神으로 만들고 이를 하늘의 신이자 전쟁의 신으로 내세운다. 하늘의 신을 자신들의 가장 중요한 보호자이자 다른 신들의 통치자로 숭배하는 일은 인도의 인드라, 그리스의 제우스, 로마의 쥬피터, 노르웨이의 토르 등 다른 사회에서도 흔했다.

세계에서 가장 오래된 종교 문서는 인도의 베다로서 기원전 4000년 경부터 시작해서 2000년의 세월을 걸쳐 편집되었다.* 이 문서의 첫 번째 파트는 카르마-칸다karma-kanda라고 알려져 있는데, 여기에는 인드라의 인도를 받으며 자연력으로 묘사되는 데바스devas—신들과 여신들—에 대한 찬송과 의례의 주석이 담겨 있으며, 불의 신 아그니, 새벽의 여신 우샤, 태양신 수리아, 술(아마도 비전을 얻을 때 제사장들이 마셨던 환각제 성분)의 신 소마 등도 나타난다.[36]

오늘날의 일부 베다 학파들은 이 찬송에 비술occult로서의 의미가 있다고 주장하는데, 예를 들면 인드라는 실제로는 인간의 감각과 행동을 감당하는 기관을 뜻한다는 식이다. 이런 주장은 설득력이 없는데, 그 찬송이 그 당시에 쓰여진 의미 이외의 의미로 전달되고 이해되었다는 증거가 없기 때문이다. 베다의 부록으로 실리는 선지자들의 통찰을 담은 후대의 우파니샤드는 사정이 다르다. 많은 부분이 명백하게 알레고리이며, 여기에 관해서는 다음 장에서 다루려 한다.

중국에서는 복원된 전체 갑골문의 60퍼센트가량은 무정武丁이 통치하던 시기(기원전 1250~1192년경)에 만들어진 것으로 추정된다. 무정이 제사를 드렸던 만신전은 그의 직계 조상과 그들의 배우자들 그리고 강과 산 같은 자연신들로 채워져 있다. 가장 중요한 신은 제帝로서 왕처럼 명령을 내린다. 그는 전쟁의 결과, 날씨, 수확, 수도의 운명까지 결정할 수 있다. 제후들도 갑골문을 해석할 권리가 있었지만, 제와 말할 수 있는 자는 왕이 유일했다.

왕릉의 크기와 배치 상태 그리고 함께 매장된 인간들의 숫자와 부장품 등을 살펴보면 왕은 인간과 신들의 세계의 접점이었고 무덤은 예배하는 곳이었다. 홍콩중문대학교 존 라거웨이John Lagerwey와 파리 고등연구원의 마크 칼리놉스키Marc Kalinowski는 왕실 조상에 대한 숭배와 그 신격화 및 예식은 그 왕조의 왕의 통치를 합법화하고, 대중의 행실을 통제하는 역할을 했다고 본다.[37]

이런 일은 지금도 볼 수 있다. 2012년 공산주의 국가 북한의 군대 장성들은 거룩한 산에서 태어났다고 하는 자신들의 경애하는 지도자이자 김정일

* 45쪽 참고.

이 죽은 뒤 아들 김정은의 권력 계승을 축하하기 위해 삼 일간의 대규모 예식을 준비했다. 김정일은 또한 앞서 소련에 의해 최고 통치자로 세워진 뒤에 종신 대통령이자 지도자로서 절대 권력을 누리며 46년간 통치했던 자기 아버지 김일성의 권력을 이어받았다. 미이라로 만들어진 그의 시신이 놓여 있는 무덤은 대규모 예식의 구심점 중 하나이다.

조상 숭배는 오늘날 마야인들에게 아직 남아 있다. 남아 있는 건물이나 판화, 서적, 필사본, 그리고 스페인 정복자들이 남긴 기록에서 확인되는 고대 마야인들의 경우를 보자면, 그들의 믿음은 시간과 장소 그리고 비슷한 것에 서로 다른 이름을 붙이는 방언에 따라 다르게 나타난다. 그들은 자신들의 생존을 좌우하는 자연 현상에 정령이 있다고 믿었고, 이 정령은 신이나 여신으로 진화해 나갔고, 환경에 따라 그 역할이 달라져 갔음을 알 수 있다.

스페인 정복자들이 가톨릭을 받아들이도록 강요한 이래로 많은 마야인들은 그들의 신들을 가톨릭의 천사나 성인과 동일시했고, 오늘날의 가톨릭 축일은 전형적인 마야인들의 형태를 갖추고 있다. 만성절이나 조상의 기일에는 가톨릭의 성인을 위해 집 안에 마련한 제단이나 조상의 무덤가에 음식을 차려 놓고 그 영이 찾아와 먹게 하는 것이 관습이다.[38]

2장에서 언급했듯 단일신론은 아크나톤 사후 700여 년이 지난 후 유다의 왕 요시야가 무너진 이스라엘 왕국과 유다의 통합을 정당화하고 합법화하고자 했을 때 다시 대두되었다.*

다른 동시대인들과 마찬가지로 히브리 부족들은 아세라, 바알, 아낫, 엘, 다곤 등 여러 신들을 섬겼다. 그들의 성경은 백성을 보호하지만 자신의 법에 복종하지 않는 자에게는 보복을 가하는 족장族長의 권위가 반영된 유일신론으로 공식적인 종교가 정비된 이후에 기록되었다. 성경이 다른 신들을 어떻게 다루는지 살펴보는 것도 유익하다. 그 책 속의 일부인 열왕기하에 보면 그들의 신 여호와는 다신교 예배를 정죄한다.[39] 다른 책에서 그들의 하나

* 52쪽 참고.

님은 다른 신들에 비해 우위에 있는데, 출애굽기에 보면 아론과 모세는 이집트 왕에게 하나님이 원하시니 자신들의 민족을 노예 상태에서 풀어 달라고 요구한다. 하나님의 지도를 따라 아론이 자신의 지팡이를 바닥에 던지자 뱀으로 변했다. 왕의 마술사들 역시 자신들의 지팡이를 바닥으로 던지자 뱀으로 변했다. 그러나 아론의 뱀이 다른 뱀들을 잡아먹었고 이는 그들의 하나님이 더 강하다는 뜻이 된다. 왕이 여전히 이스라엘인들을 풀어 주기를 거부했을 때 그들의 하나님은 이집트 제사장들과 다양한 마법 경연을 펼쳐 이겼고, 여러가지 재앙을 내리는 것은 물론이고 이집트인의 모든 장자를 죽였다.[40]

또 다른 책에 의하면 여러 신들이 한 하나님으로 통합되었다. 에스겔은 불꽃 속에서 네 개의 얼굴을 가진 채 달아올라 있는 놋쇠 같은 하나님을 보았다. 그 얼굴은 사자, 소, 독수리, 사람의 얼굴이었다(사자는 유다 지파의 신을 상징하는 토템이며, 소는 북쪽 지파들, 독수리는 단 지파의 것이다).[41]

다른 책에서 여러 신들은 여호와 주변에 둘러서서 그를 찬송하는 하늘 천사들의 무리로 강등되어 있다. 이사야는 그들을 여섯 개의 날개를 가진 불꽃 같은 생물체로 묘사한다.[42] 다른 천사들을 보면, 선지자 다니엘에게 그가 받은 비전의 의미를 해석해 주러 온 가브리엘,[43] 페르시아의 수호 천사와 교전하는 다른 천사들을 돕는 이스라엘의 수호 천사 미카엘,[44] 하나님의 명령에 이의를 제기하는 사탄처럼[45] 이름이 있고, 하는 일이 있다.

결론

1. 대략 25,000년 전 인류hominins에서부터 완전히 갈라져 나온 이후의 대부분의 시간 동안 현대 인류는 소규모의 확대 가족 단위로 수렵 채집 생활을 하면서 다른 집단이나 포식자들과 생존 경쟁 속에서 살았고, 이로 인해 사망률이 높았다.

2. 반성적 의식의 최초의 깜박거림은 조금씩 진화해 나갔는데 대략 10,000년 전에 인간은 먹거리를 보다 효과적으로 조달할 수 있는 방법으로 농사를 발명했고, 협동의 유익을 이해하고서 보다 큰 규모의 농경 사회를 이루었다. 이러한 발전은 여러 곳에서 서로 다른 시간대에 일어났고, 그 전까지는 그런 일이 없었던 곳에서 생겨났다.
3. 반성적 사유 기회, 그림이나 말과 글을 통해 생각을 전달할 수 있는 기회가 많아지면서 인간은 이런 농경 사회에서 서로 협력하여 농토를 개선하고 확대할 수 있는 기술을 개발했고, 다른 집단과 거래하면서 물건과 생각을 주고받았으며, 이로 인해 주거지는 점점 더 커지고 복잡해졌다.
4. 협력은 계속 진화했지만, 협력하려는 마음은 이들 거주지의 통제권은 물론, 거주지 내부와 다른 거주지에 있는 농산물 및 다른 먹거리를 장악하기 위해 전쟁을 일으키는 경쟁 본능과 계속해서 싸워야 했는데, 이는 수백만 년간 선사 시대 조상들에게 각인되어 있던 본능이다. 이로 인해 권력은 집중되고, 강요된 협력이 생겨났다.
5. 주거지가 커지면서 사회 계층 구조가 발전했는데 이는 통치자, 제사장, 군인, 상인, 장인, 농부, 노예들이 부모에게서 자식으로 전수하는 기술에 따라 생기는 계층을 반영한다. 이들은 전제 군주가 다스리는 도시, 도시 국가, 제국으로 발전해 나가서 명멸한다. 인간 사회의 규모, 복잡도, 집중화가 증가하는 현상은 전 지구상에 걸쳐 나타나는 패턴이다.
6. 원시적 사고의 진화는 자연 현상에 대한 이해 부족과 미지의 것에 대한 두려움이 상상력과 결합하여 생겨나는 미신적인 믿음의 진화와 긴밀히 연결되어 있다. 믿음은 수렵 채집인들의 애니미즘, 토테미즘, 조상 숭배에서부터 시작해서 조직화된 종교*로 발전했는데 이는 인간 사회의 크기, 복잡도, 구조, 전문화의 발전을 반영한다. 다산의 여신에 대한

* 이 책에서 뜻하는 "종교"의 의미는 용어해설 참고.

숭배에서 다신론을 거쳐 강력한 남성적 하늘의 신이나 전쟁의 신이 지배하는 만신전, 그리고 마지막으로는 여러 신들을 하나의 신으로 통합하거나 천사들로 강등시킨 족장들의 유일신론에 이른다.

7. 원시적 사고는 생존과 번식을 위한 기술을 만들어 내고, 이들에게 영향을 끼친다고 믿어졌던 초자연적 힘에 영향을 끼치려고 반성적 의식을 사용해 가면서 미술, 음악, 구어와 문어, 수학, 천문학 등의 토대를 만들어 냈다.
8. 많은 생각과 발명품이 문화적 전파를 통해 퍼져 나가고 발전했지만, 수렴진화나 평행진화의 경우도 나타났는데, 그 예로는 여기저기서 독립적으로 진화한 문자나 독립적으로 진화한 천문학과 숫자 체계를 꼽을 수 있다.
9. 인간 진화의 첫 번째 단계인 원시적 사고는 생존과 번식이라는 명령, 깊이 배어 있는 경쟁 본능이 새롭게 진화하는 협업하려는 정신과 미신을 이겨내고 지배적 위치를 차지한 것 등으로 그 특징을 잡을 수 있다.

그림 27.1은 반성적 의식의 출현 이후로 원시적 사고의 주요한 가닥이 진화해 나간 모습을 단순화시켜 보여 준다. 이것은 관계가 확정되어 있는 계통수 같은 전통적 수형도樹型圖가 아니라, 그 가지와 잔가지가 시간이 지나면서 변해 갈 뿐 아니라—발전하고, 더 많은 가지를 내거나 시들고, 죽는—서로 다른 가지와 함께 관계를 맺으면서 잡종을 만들거나 변이를 일으키거나 새로운 가지를 만드는 사차원적 역동적 과정의 이차원적 스냅샷이다.

예를 들면, 상상력—보이지 않고 경험할 수 없는 이미지, 감각, 생각을 만드는 정신력—은 인간의 몸에 사자의 머리를 한 정령 같은 미신적 믿음을 만들어 냈을 뿐 아니라, 창조력과 함께 작동하면 수레바퀴처럼 실용적인 새로운 것도 만들고, 창조력은 추상 미술처럼 실용성과는 거리가 먼 것도 만든다.

발명력—새로운 걸 만드는 능력—은 창조력과 상상력의 상호작용을 통해 생기지만, 또한 액체 구리와 아연을 서로 다른 분량으로 섞어서 더 우수

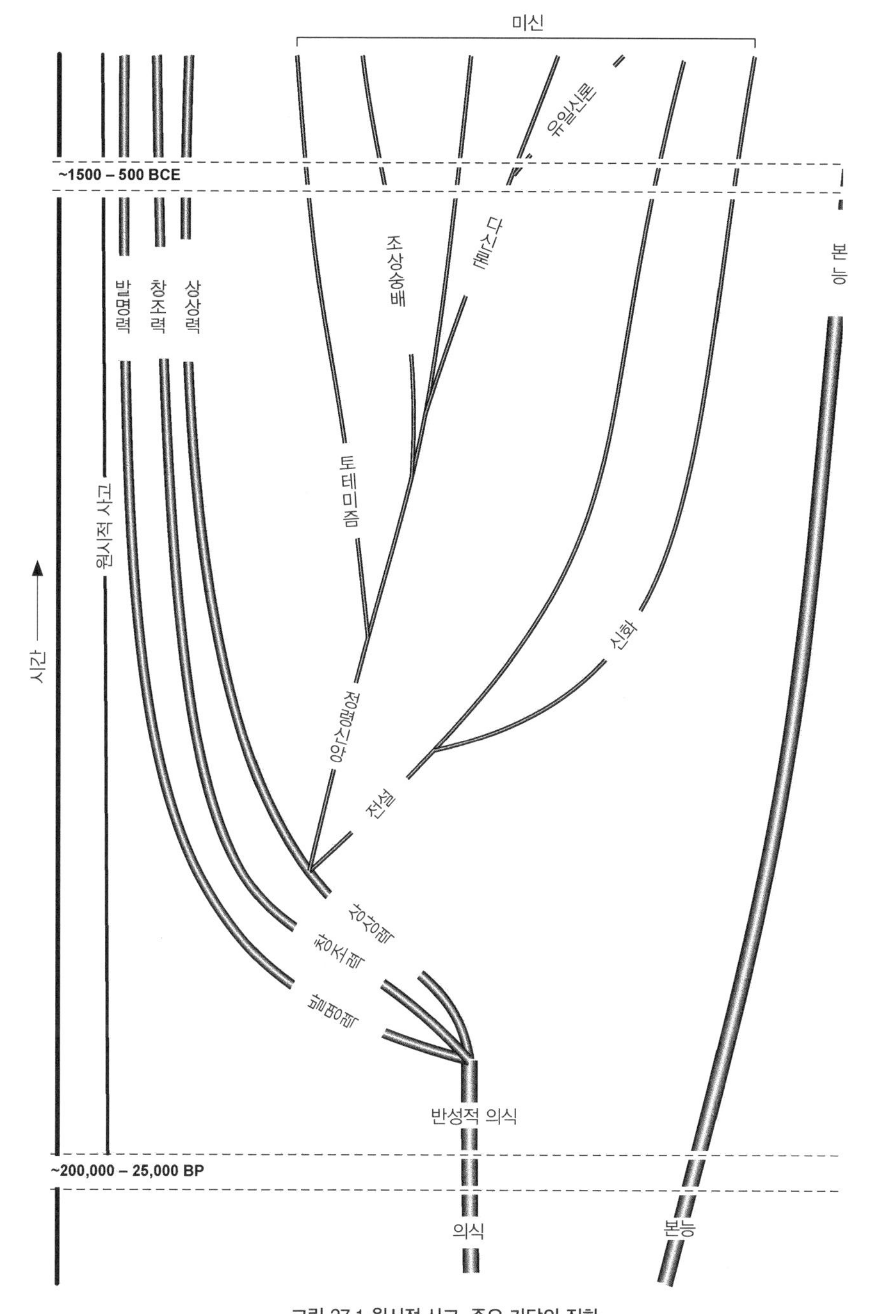

그림 27.1 원시적 사고, 주요 가닥의 진화

관련성이 확정되어 있는 전통적 수형도와 달리, 이것은 사차원적 역동적 과정과 상호작용 과정의 스냅샷이다. 규모에 맞게 그려진 것은 아니고 연대는 최대한 추정한 것이다.

한 특성을 가진 합금인 청동을 만들어 도구와 무기에 사용하는 시행착오적 인 실험 정신에서부터 나오기도 한다.

그림 27.1은 또한 인류hominid 조상 속에 수백만 년 간 내재되어 있던 본능도 나타낸다.

> **본능** 자극이 주어질 때 나타나는 내재되어 있고 충동적인 반응으로 대체로 생존과 번식이라는 생물학적 필요에 의해 결정된다.

이는 반성적 의식이 의식에서부터 출현해서 호모 사피엔스를 다른 종과 구별할 수 있게 한 이후로도 사라지지 않았다. 그 반대로 오늘날에도 본능은 인간의 행동을 이해하는 데 반드시 고려해야 하는 강력한 힘으로 남아 있다.

Chapter 28

인간의 진화 2: 철학적 사고

철학자가 할 수 있으리라 기대할 만한 것은 단 한 가지,
다른 철학자들을 반대하는 일이다.
-윌리엄 제임스William James, 1904년

논쟁은 분명하게 알지 못한다는 증거이다.
-기원전 4세기 장자莊子가 했던 말로 추정

인간 진화의 두 번째 단계는 자기 자신에 대한 성찰과 우주의 나머지 부분과의 관계가 미신에서 철학으로 분화했을 때 시작된다.

나는 철학에 대해 현재 서양에서 채택하고 있는 수많은 정의 중 하나를 택하기보다는 이 말의 원래 의미에 부합하는 정의를 사용하고자 한다.

> **철학** 지혜를 사랑함: 궁극적 실체, 사물의 본질과 원인, 자연 세계, 인간 행동, 생각 그 자체에 대한 생각

철학적 사고의 출현

버트런드 러셀Bertrand Russell은 철학의 기원에 대해서 한 점 의심이 없다.

> [그리스인들이] 수학과 과학과 철학을 발명했다…… 철학은 탈레스Thales에게서 시작되었는데, 그는 다행스럽게도 일식을 예측했다. 천문학자들에 의하면 그 일식은 기원전 585년에 일어났다. 철학과 과학—이들은 원래 분리되어 있지 않았다—은 그러므로 기원전 6세기 초에 함께 탄생했다.[1]

27장에서 봤듯, 수학과 천문학의 기원에 대해서는 러셀이 틀렸다. 그들이 실용적인 목적을 위해 발전했으며 점성술처럼 미신적인 믿음을 전개하는 데 사용되었다는 사실은 그리스인 탈레스보다 천 년 앞서 생겨난 그들의 존재 가치를 훼손하지 않는다.

만약 탈레스가 일식을 예측했다면—이것은 매우 의심스럽다—나중에 살펴보겠지만, 그는 바빌론의 예언은 아니라도 바빌론의 별자리표는 사용했을 것이다. 그런데도 철학의 기원에 관한 러셀의 견해가 오늘날 서양에서는 아직도 통용되고 있다.

러셀이 그 당시 『서양 철학사 *A History of Western Philosophy*』를 쓰고 있었으니 용서를 해줘야 할지도 모른다. 내가 가지고 있는 『철학의 옥스퍼드 동반자 *The Oxford Companion to Philosophy*』의 표지에는 "전 세계를 통틀어, 철학의 모든 역사를 다룬다"라는 말이 쓰여 있다. 그러나 거기 실린 1,922개의 항목 중 22개(1퍼센트)가 인도, 10개(0.5퍼센트)가 중국, 10개(0.5퍼센트)가 일본과 관련되어 있고, 이는 단지 2퍼센트만이 비非서구권 철학의 중심지를 다루고 있다는 뜻이다. 그 책에서는 또한 이렇게 주장한다.

> 대다수가 최초의 철학자라고 인정하는 세 명—탈레스Thales, 아낙시만드로스Anaximander, 아낙시메네스Anaximenes—은 모두 번성하던 그리스 도시 밀레토스 출신이다.[2]

언제 어디서 어떻게 철학적 사고가 나타났는지 살펴보려면 유럽 중심주의를 버려야 한다.

인도[3]

철학적 사고의 가장 오래된 사례는 고대 인도의 우파니샤드에 나타나는데, 이에 대해 독일 철학자 아르투어 쇼펜하우어Arthur Schopenhauer는 "문장 하나하나에서 깊고 독창적이고 고귀한 생각이 솟아나온다"[4]라고 표현했다.

27장에서 살펴봤듯이 전통적으로 그 책은 신들에게 바치는 찬송과 종교 예식을 기록한 베다의 뒤쪽에 붙어 있다. 깨달음을 얻은 현자의 통찰을 기록하고 있고, 현대의 번역가 중 한 명인 에크나스 이스와란Eknath Easwaran에 의하면 그들의 기록 목적은

> 우리가 누구인지, 우주는 무엇인지, 영원을 배경으로 해서 우리가 펼치는 얼마 안 되는 삶과 죽음의 드라마는 어떤 의미인지[5]

밝히는 것이며, 이것은 지금 이 책이 탐구하는 질문과도 직접 관련되어 있다.

우파니샤드는 계속해서 쓰여졌는데, 특히 철학자이자 선생이었던 아디 샨카라Adi Shankara(기원후 788~820년경)가 주석을 달았던 가장 오래된 열 개가 가장 중요한 것으로 받아들여진다. 각각의 내용은 다르지만, *sarvam idam brahma*(모든 것이 브라만이다)와 *ayam atma brahma*(자기 자신Self—대문자 S를 써서 번역하여 현상적이고 개인적인 자아와 구분되는 본질적 자아를 표현한다—이 브라만이다)라는 두 가지 근본적인 통찰은 공통으로 가지고 있다. 나는 누구인가라는 중대한 반성적 질문에 대한 우파니샤드가 내놓는 대답으로서의 이러한 정체성은 *tat tavm asi*(너는 그것 즉 "눈으로 보게 하고 정신으로 생각하게 하는" 순수한 의식으로서의 자아이며, 그것은 형언할 수 없는 궁극적인 실체인 브라만이다)에 간명

하게 표현되어 있다.

우파니샤드는 다른 방식으로는 표현할 수 없는 브라만의 의미를 전달하기 위해 은유, 비유, 알레고리, 변증법, 사유 실험 등을 다양하게 구사한다. 이것은 모든 사물이 거기서부터 생겨나고 모든 사물을 이루고 있는 우주 의식Cosmic Consciousness이라고 표현할 수 있으며, 초월적이고, 시공간을 벗어나 있어 형체가 없지만, 현상 속에 내재되어 있기에 우리의 오감과 지각의 도구인 정신을 통해 감지할 수 있다.

우파니샤드에 의하면, 관조를 위한 내적 대상에 집중하여 명상함으로써 정신을 단련하여 마침내 그 속으로 몰입할 수 있게 되면 궁극적인 실체에 대한 통찰을 얻을 수 있다.

고대 그리스의 철학자들에 대한 증거와 달리 우파니샤드의 증거는 직접적이다. 그러나 산스크리트어 텍스트의 기록 연대에 대한 추정은 다양하다. 그들의 문학적 양식에 입각해서 버클리 캘리포니아대학교 고전 비교 문학 명예교수 마이클 내글러Michael Nagler는 그들이 기원전 600~400년 이전에는 기록되지 않았다고 보는데, 그러나 구전口傳은 텍스트보다 훨씬 이전 시기에도 존재했다고 언급한다.[6] 템플대학교 철학과 명예교수 지텐드라 나트 모한티Jitendra Nath Mohanty는 텍스트가 기원전 1000~500년 사이에 나왔다고 추정하고,[7] 하와이대학교 철학 교수 아린담 차크라바티Arindam Chakrabarti는 텍스트가 기원전 1000년에서 900년 사이에 편집되었다고 본다.[8] 미국 베다 연구회 공동 책임자인 데이비드 프롤리David Frawley는 산스크리트어가 북쪽에서 침공한 아리아인들에 의해 수입된 것이 아니라 토착어 중 하나에서 발전했다고 보는 인도 철학자들의 말에 동의한다. 그는 그 텍스트가 기원전 2000~1500년경에 나왔다고 본다.[9]

우파니샤드 선집의 저자인 D S 사르마D S Sarma는 숲속의 아시람에서 가르쳤던 선각자들이야말로

특정 시대에 존재했던 제사 중심의 열등한 유형의 종교를 모든 시대에 적용되는

위대한 신비주의적인 종교로 변환시키는 엄청난 일을 해 낸 이들[10]

이라고 언급한다. 이는 일반적으로 일어나는 패턴이라 하겠다. 점진적인 과정을 거쳐 불거져 나오기 마련이며, 초기 철학적 사고는 자신이 갈라져 나왔던 미신의 뿌리에 얽혀 있을 수밖에 없다.

중국[11]

중국에서 철학적 사고는 동주 제국이 해체되던 시기인 기원전 6세기경, 크게 보자면 춘추전국 시대의 혼돈과 폭력에 대한 대응으로 생겨났다.

중국의 모든 철학자들은 창공, 하늘, 자연 등으로 다양하게 번역되는 천天을 믿고 거기에 제사를 드렸다. 그러나 그들은 윤리적(정치적 차원을 포함한)이고 형이상학적인 사상에 도달하기 위해서 신성한 계시보다는 사유와 통찰을 활용했다. 이런 점에서 그들은 자기 문화권 내의 원시적 사고에서 벗어났다고 하겠다.

그들 대부분은 따라야 할 길 혹은 도리로서 도道를 가르쳤지만, 도에 대한 그들의 이해와 해석은 달랐다. 후대 한漢 왕조의 역사가들은 전통에 따라 학파를 구분했다. 세 가지 주요 학파로는 유가, 묵가, 도가가 있다.

첫 번째 학파는 공부자孔夫子K'ung Fu-tzu의 라틴어식 이름인 컨퓨셔스Confucius(공자)에서 나왔는데(현재는 콩지Kongzi라고 그대로 옮겨 쓴다), 이는 공 사부라는 뜻이다. 전해지는 전통에 따르면 그는 기원전 551년경 태어났고 동주 제국의 제후국 중 하나인 노나라 제후의 궁에서 재상으로 있었다. 그의 사상은 문하생들과의 대화를 수집한 소품인 『논어論語』에 담겨 있는데, 이는 그의 첫 세대와 둘째 세대 제자들에 의해 삼사십 년 동안 편집된 듯하다. 유교의 또 다른 가닥은 공자의 후손에게 배우고 나중에 유교 철학의 진정한 전파자로 알려지게 되는 맹자(기원전 371-289)의 라틴어식 이름을 딴 책 『맹자 *The Book of Mencius*』를 통해 발달했다.

유교는 사회적 안정과 정의로운 통치 권력을 회복하는 길은 전통적 가치를 통해서라야 찾을 수 있다고 본다. 윤리에 초점을 맞추고, 특히 군주와 백성, 부모와 자식, 형제, 남편과 아내, 친구 간의 관계를 강조한다. 이 다섯 가지 관계는 "다른 이가 너에게 하지 않았으면 하는 일을 남에게 하지 마라"[12]는 상호성에 근거하고 있으며, 이는 황금률이라 하여 그 이후 고대 세계의 여러 사상가들도 옹호했다. 덕스러움에 대한 이러한 지침은 예의범절과 의례를 준수함으로써 배양된다.

묵가 사상은 묵자(기원전 490~403년경)의 사상을 따르는데, 그는 도와 같은 전통적 가치는 변해 가므로 신뢰할 수 없다 하여 반대했다. 윤리적 가치는 천 혹은 자연의 고정 불변하는 것이며, 모든 이에게 예외 없이 해당된다. 윤리적 도를 추구하는 묵자의 접근법은 실용적이다. 그는 행위에 대한 평가는 그 행위가 초래하는 유익과 해를 모두 살펴서 따져야 한다고 봤다. 그는 전쟁과 다른 이에게 상해를 끼치는 일에 대해 반대했으며, 관대한 군주가 다스리고 능력자meritocracy가 관리하는 국가 체제를 옹호했다. 묵자의 사상은 맹자 같은 다른 이들에게 영향을 끼쳤고, 유교에 흡수되었다.

이와 대조적으로 초창기 도교 사상가들은 우파니샤드의 선견자들처럼 궁극적 실체에 집중했으며, 인간 행실에 대한 그들의 처방은 그러한 관심에서부터 흘러나왔다.

최초의 중요한 도교 문서는 『노자』이며, 공자보다 더 나이 많은 동시대인이었던 전설적인 인물의 이름에서 나왔다. 경구와 격언을 묶어 놓은 이 책은 서양에서는 『도덕경 *The Book of the Way and Its Power*』이라는 이름으로 알려져 있다. 두 번째로 중요한 책은 좀 더 긴 책인 『장자』로, 노자보다 이백년 후에 살았던 저자의 이름에서 나왔다. 현대 학자들은 『노자』와 『장자』는 여러 시대를 거치면서 여러 작가들의 생각을 모아서 편집한 책으로 본다. 고대 문화권에서는 한 스승의 제자들이 자신들의 견해를 자기 학파의 창설자의 것으로 돌리는 일이 흔했기 때문이다.

이 문서들 속에 나타나는 도는 우주 만물을 생겨나게 하고, 만물을 유지

그림 28.1 어두운 음陰과 밝은 양陽으로 상징되는 태극
각각의 점은 하나의 힘 안에 반대되는 힘의 씨앗을 품고 있다는 의미를 가진 역동적으로 순환하는 대칭 구조. 한쪽 힘이 극에 이르면 대척되는 힘의 씨앗이 자라고, 그 힘이 줄어들면 대척되는 힘이 극에 이르는 식으로 계속 이어진다.

하는 원리다. 이는 브라만처럼 궁극적이며 표현할 수 없는 실체이지만, 자연 세계가 작동하는 원리 속에서 드러난다. 이 역동적인 자질은 전체를 이루는 두 개의 대립항, 고대 중국의 태극the Supreme Ultimate을 나타내는 도표상에서 어두운 음陰과 밝은 양陽으로 표현되는 그 대립항이 끝없는 주기를 따라 한없는 흐름과 변화를 일으키면서 드러난다(그림 28.1 참고).

밤과 낮처럼 자연에서 나타나는 주기적 패턴에서부터 비롯되었을 음과 양은 우리가 느끼는 모든 보족적인 대립항, 즉 겨울과 여름, 여자와 남자, 아래에 있는 땅—어둡고 수용적이고 여성적인—과 위에 있는 하늘—밝고, 강하고, 남성적인—등을 만들어 낸다.

이 이상적인 상태에 이르기 위해 우리는 우리 삶을 도道와 조화시켜야 한다. 이 도, 혹은 보편적인 법칙을 따라 사는 것은 나중에 살펴볼 힌두교와 불교의 다르마와 비슷하다.

이들 초기 도교 사상은 통찰insight을 통해 얻어졌다. 『장자』는 사유reasoning를 대놓고 배척한다.

아주 넓은 지식이라고 해서 꼭 그걸 아는 건 아니다. 사유는 인간을 지혜롭게 하

지 못한다. 성인들은 이런 방법을 모두 거부했다.[13]

유럽[14]

유럽에서 철학적 사고는 기원전 6세기 고대 그리스인들과 함께 시작되었다. 그 출현 과정에 대해 살펴보기 위해 나는 소크라테스가 나타나 족적을 남기기 백 년 전의 사상가들부터 살펴보는 관행적 방법을 따르려 한다. 지금의 터키 서부해안의 좁은 지역이자 그리스인들이 식민지화했던 이오니아에서 출발한다.

왜 여기서부터 시작해야 하는가에 대해서는 생각해 볼 필요가 있다. 가장 설득력 있는 설명은 밀레토스가 이오니아의 항구로서 그 당시 가장 번성했던 그리스 도시 중 하나였고, 이집트나 바빌로니아, 그 외의 동방의 다른 지역과 폭넓은 무역과 문화적 교류를 하고 있었던 곳이었다는 설명이다. 무역의 부산물로서 이집트와 바빌로니아의 천문학자들과 수학자들이 밀레토스에 왔을 것이고, 이오니아의 다른 지역으로도 갔을 것이다. 이들이 그리스 본토의 종교적 정통 사상에서 분리되어 있던 이오니아인들에게 자극을 주어 자신들만의 생각을 형성하게 했을 것이다.

러셀은 탈레스가 최초의 철학자라는 자신의 주장을 뒷받침하는 증거는 내놓지 않는다. 이는 놀라운 일은 아니다. 탈레스의 저작은 남아 있는 게 아무것도 없으니까. 우리는 그보다 두 세기 후에 나온 아리스토텔레스가 했던 말에 의지해야 하는데, 그는 밀레토스의 탈레스, 아낙시만드로스, 아낙시메네스가 세계에 대해 자연적인 차원의 설명을 제시하는 최초의 물리론자들physici이며, 이들은 만물이 변덕 많은 신들에 의해 만들어졌다고 믿는 신학자들theologi과 구분된다고 봤다. 그러나 아리스토텔레스 역시 탈레스가 자연철학을 창설했다는 자신의 주장을 뒷받침할 만한 기록된 증거는 갖고 있지 않았던 듯하다.

그의 기록에 의하면 탈레스는 만물이 물로 이루어져 있고, 자석은 철을 움직이게 하므로 살아 있다(혹은 프시케 즉 영혼을 가지고 있다고 말했는데, 이는 똑같은 의미이다)고 말했다. 신뢰도는 약하지만 탈레스보다 800년 후에 살았던 로마의 디오게네스 라에르티우스Diogenes Laertius의 기록이나 그 흔적이 남아 있지 않는 이차 자료 등 후대의 자료에서는 탈레스가 일식을 최초로 예측했던 사람이었고, 그 외의 다른 업적도 이룬 이로 거론되고 있는데, 이런 내용은 믿을 수 없거나 전적으로 틀린 것들이다.

아낙시만드로스가 쓴 한 문장의 일부는 천 년 후 신플라톤주의자인 심플리키우스Simplicius가 아리스토텔레스의 조수였고 기원전 322년에 아테네의 학원을 이어받았던 테오프라스투스Theophrastus의 글을 인용하는 내용 중에 남아 있는데, 이것이 책에서 직접 인용한 것인지 다른 말로 바꾸어 인용한 것인지는 불분명하다. 심플리키우스에 의하면 아낙시만드로스는 그리스 신화의 시적인 언어로 자신의 견해를 표명한다. 심플리키우스나 다른 3차 자료가 아낙시만드로스의 것이라고 보는 견해에 따르면 우주의 근본 물질을 뜻하는 아르케arche는 탈레스가 말하는 물이 아니라 아페이론apeiron인데, 이는 통상 경계가 없고 무한하다는 의미로 번역되는 말로 그 자체로는 관측되는 특질이 없으나 모든 현상이 거기서부터 비롯된다.

처음에 생겨난 것은 뜨거움과 차가움의 대립항이며, 이들은 시간이 관장하는 투쟁에 돌입하며, 그 투쟁 속에서 서로를 향해 침범해 들어가면서 상대방의 "불의injustice"를 되갚는다. 이는 중국의 음양의 도와 유사하게 근본 대립항이 무한한 주기를 따라가면서 그중에 세력을 얻은 쪽이 다른 쪽에게 다시 자리를 내주는 일이 번갈아 일어나며, 거기로부터 다른 모든 대립항들이 생겨나는 것을 말하기 위해 고안되었다.

밀레토스 철학자 중 세 번째 인물인 아낙시메네스의 작품은 남아 있는 게 없다. 이에 또 다시 심플리키우스 같은 3차 자료에 의존해야 하는데, 그 자료에 의하면 그가 생각하는 우주의 근본 물질은 탈레스가 말한 물이나 아낙시메네스가 말하는 관측되지 않는 무한함이 아니라, 대지를 지탱하고 있는 대기이다. 이는 앞서 호머의 서사시에서 봤듯이 숨결이나 영혼 혹은 생명력을 뜻하는 프시케*psyche*라는 의미의 대기를 뜻하는 듯하다. 이것이 희박해지면 불이 되고, 평상시에는 우리가 경험하는 공기이며, 농축되면서 바람, 구름, 물, 대지, 돌이 되어 간다. 끊임없이 움직이면서 이러한 희박화와 농축화가 일어난다.

4세기 이후에 활동했던 키케로는 피타고라스(기원전 570~500년경)가 자신을 플리우스의 왕 레온에게 소개하면서 철학자(지혜를 사랑하는 사람)라는 말을 처음 사용했다고 주장한다. 피타고라스는 이오니아인이면서 남부 이탈리아의 그리스 식민지인 크로톤에서 하나의 학파를 세웠다. 러셀에 의하면

> 오르페우스가 디오니시오스 종교의 개혁자였듯, 오르페우스교의 개혁자였던 피타고라스를 통해 그리스 철학에 신비주의적 요소가 들어왔다. 오르페우스교의 요소는 피타고라스로 인해 플라톤의 철학으로 유입되고, 플라톤에 의해 종교적인 색체를 가진 모든 철학에 유입되었다.[15]

피타고라스에 관한 신화에서 진실을 구분해 내는 일에서의 어려움은 그가 쓴 글이나 한 말이 아무것도 남아 있지 않다는 데 있다. 피타고라스가 세웠거나 혹은 그에게서 영감을 얻는 비밀스럽고 금욕적인 분파인 피타고라스 학파는 자신들의 모든 사상을 그의 것으로 돌리며, 여기에는 그의 이름을 딴 기하학 정리까지 포함된다.

피타고라스 학파는 영혼은 영원하며, 모든 생명체로 거듭 환생한다고 믿었다. 이런 환생에서 벗어나서 모든 생명을 만드는 신과 연합하기 위해서는 명상과 탐구의 삶을 살아야 한다고 봤다. 피타고라스 학파는 감각 기관을 통해 얻을 수 있는 세상에 대한 지식과 영혼을 통해 얻을 수 있는 순수한 지식, 즉 통찰을 구분하는 오르페우스교의 구분을 견지했다. 기하학, 음악, 천체를 살펴보면 우주에 질서를 부여하는 신의 원리를 알 수 있으며, 이 원리들은 숫자와 그들의 관계 속에서 드러난다고 생각했는데, 그들이 음계에 대해서 했던 것처럼 별을 관측했던 증거나 별을 관측해서 수학적 관련성을 도

출했다는 증거는 남아 있지 않다.

헤라클리투스Heraclitus(기원전 540~475년경)는 기원전 6세기 중반 페르시아가 정복했던 이오니아의 열두 도시 중 한 곳인 에베소 출신이다. 그의 작품 중에 남아 있는 130개 남짓의 파편들은 자신이 하고자 하는 말이 인간의 언어 범주를 넘어선다고 믿었던 한 신비주의자의 경구들이라 하겠다. 그에게 세계를 이해하는 가장 핵심적인 행위는 내적 성찰이며, 그의 통찰은 동방의 신비주의자들과 상당히 유사하다. 그가 생각한 우주는 언제나 존재해 온 전체이다. 그 우주에서는 감각을 통해 파악할 수 있는 대립항들이 끊임없는 변화와 투쟁 속에 놓여 있지만, 이들 대립항은 그럼에도 여전히 똑같은데, 만물은 결국 우주의 근본 원리인 로고스 그 하나이기 때문이다. 이는 음양과 그 이후의 모든 대립항들의 상호작용을 불러일으키는 도와 유사하다.

이러한 현상계의 끊임없는 흐름 저변에는 변화를 일으키는 영원 불멸하는 불*aiezoon pyr*이 있다. 이는 우파니샤드에서 생명의 에너지나 모든 형태의 에너지의 기저를 이루는 부분을 가리키는 산스크리트어인 프라나*prana*와 유사하다.

기원전 510년경 이탈리아 남부의 그리스 식민지인 엘레아에서 태어난 파르메니데스Parmenides와 그의 추종자들은 이러한 끊임없는 변화에 대한 생각에 반대했다. 현재까지 남아 있는 그의 시 『자연론*On Nature*』에서 나온 150여 행을 살펴보자면, 그는 하나이고 무시간적이며 완전하고 불변하는 실재("존재what-is")에 대한 통찰을 얻었던 듯하다. "무無, What-is-not"(nothingness)와 같은 것은 없다. 존재는 무에서 나올 수 없으므로 창조 사건은 있을 수 없다. 존재로 나아갈 수 있는 무가 없으니 어떠한 움직임이나 변화도 없다. 우리가 변화라고 인식하는 것은 실은 우리 오감이 만든 환영에 불과하다.

이런 견해를 그의 제자였던 제논Zeno은 자신이 제시하는 일련의 도발적인 모순을 통해 지지하고자 했다. 예를 들면, 화살이 발사된 후 시간의 어느 시점이든 간에 그 화살은 정지해 있다. 화살의 궤적은 이러한 정지된 순간들의 연속으로 이루어져 있다. 그러므로 화살은 정지해 있다.

다음 세대 중에서 시실리 남부 해안의 아크라가스의 시민이었던 엠페도클레스Empedocles(기원전 492~433년경)는 이차 삼차 자료를 통해 살펴볼 때, 자신이 여러 차례의 환생을 통해 신이 된 사람이라고 주장한 다채로운 인물이다. 그는 만물은 환원할 수 없는 네 가지 원소—흙, 공기, 불, 물—의 혼합으로 되어 있고, 사랑의 힘이 그들을 합치고 갈등의 힘이 그들을 흩어버린다고 주장했던 듯하다.

아낙사고라스Anaxagoras(기원전 500~428년경)는 기원전 460년경에 이오니아 사상가들의 전통을 아테네로 가져왔다. 그는 거기서 민주주의 정치가 페리클레스Pericles의 친구로서 30여 년간 머물다가 천체들은 경배받아야 하는 신들이 아니라고 주장한 불경죄로 피소되었다. 그는 별들은 빛나는 돌로 이루어져 있다고 주장했다. 그는 미신에 반대했고, 우주의 정신(누우스[nous], 이성으로도 번역할 수 있다)이 아직 분화되지 않은 원시 상태의 물질에서 질서를 만들었으며 모든 자연적 과정을 다스린다고 주장했다.

레우키포스Leupicius는 원자학파의 창설자로 알려져 있지만 그 사실 외에 우리가 알 수 있는 내용은 없다. 데모크리투스Democritus(기원전 460~370년경)는 우주 내의 모든 사물은 원자atom라고 불리는 더 이상 줄일 수 없는 실체의 여러 타입으로 되어 있다는 생각을 발전시켰다. 이 그리스어는 더 이상 쪼갤 수 없다uncuttable는 의미이다. 이는 무한히 나누어진다는 논리에 입각한 제논의 역설에 대한 대답이다.

무수히 많은 원자들이 빈 공간 속에서 무질서하게 끊임없이 움직이고 있다. 무작위로 일어나는 충돌로 인해 서로 다른 원자들이 서로에게 들러붙어서 우리가 파악할 수 있는 모든 현상—물리적 정신적—을 일으킨다. 그러나 이렇게 들러붙는 일은 잠시 일어나며 궁극적으로는 다시 원자로 해체된다. 이 견해에 따르자면 창조하는 신이나 자연을 이끄는 원리, 혹은 영원 불멸 등의 관념이 들어설 자리는 없다. 만물은 궁극적으로는 원자로 돌아가고, 죽음은 완전한 적멸을 뜻한다. 무한한 우주에서 우리의 우주는 수많은 가능성 중 하나가 이루어진 것이며, 여기에는 생명에 적합한 조건이 갖춰져 있다. 이는 현대의 다중우주론을 미리 보여 주는 것이라 하겠다.

데모크리투스에게 원자론은 윤리적 의학적 함의가 있었다. 정신 혹은 영혼을 구성하고 있는 원자들은 정념이 일어나면 무질서해지고 헝클어지므로 개인의 행복은 절제, 평정, 분란을 일으키는 욕망의 소멸을 통해 가능하다. 이러한 처방은 문명이 번성케 하고, 해체되어 야만의 상태로 돌아가는 것을 막을 때도 유용하다. 육체의 건강 역시 몸을 구성하는 원자들의 평온한 균형 상태를 말한다.

중동[16]

독일의 정신과 의사이자 철학자였던 칼 야스퍼스Karl Jaspers(1883~1969)는 인도, 중국, 그리스, 중동에서 독립적으로 유사한 혁명적인 사상이 나타났던 기원전 900년에서 200년 사이를 가리키는 "축의 시대Axial Age"라는 용어를 만들어 냈다. 야스퍼스는 이 섹션에서 다루고 있는 사상가들 중 몇 명과 철학의 진화에서 다루는 한 명을 포함하면서, 거기에 히브리 선지자 엘리야, 이사야, 예레미야와 페르시아의 조로아스터를 추가했다.

엘리야는 바알 같은 헛된 신을 섬기던 이스라엘을 이끌어 야훼만을 경배하게 하고자 했다. 히브리 성서에 따르면 그는 자신의 주장을 뒷받침하기 위해 죽은 자를 살리고, 하늘에서 불이 내려오게 했으며, 불붙은 마차를 타고 하늘로 올라갔다. 이사야와 예레미야는 각각 전쟁보다 평화와 정의를 옹호했으나, 그들은 그 모든 것이 유다가 믿는 하나님의 개입을 통해서만 이루어진다고 보았다.

조로아스터는 제사장이자 선지자로서 고대 페르시아에서 종교를 창설했다. 그는 이 세상에는 서로 대립하는 두 개의 근본적인 힘이 있다는 이원론을 설파했다. 아후라 마즈다Ahura Mazda 신으로 구현되는 선과 그의 쌍둥이 형제일 수도 있고 아닐 수도 있는(조로아스터 경전은 여기에 대해 의견이 일치하지 않는다) 앙그라 마이뉴Angra Mainyu로 구현되는 악이 그것이다. 조로아스터는 오직 아후라 마즈다만을 예배하고 선한 생각과 말과 행동을 실천하여 선의 승리를 이루라고 가르쳤다.

의로운 행동, 정의, 평화에 대한 이들의 옹호는 경쟁에 입각하여 다른 이를 지배하고 땅을 차지하려는 공격적인 투쟁이 만연한 시대에 대항하는 것이었지만, 이들 네 명 각각의 사고방식은 인간사에 개입하는 신이나 하나님에 대한 믿음과 그에 대한 경배라는 한계 속에 갇혀 있었다. 이들 중 그 누구도 원시적 사고 방식 너머로 나아가려고 하지 않았다.

중앙아메리카

중앙아메리카나 아메리카의 다른 지역에서라도 유럽인들의 정복 이후로 몇 세기 지날 때까지 토착민들이 원시적 사고 너머 나아갔던 적이 있었는지 나는 알지 못한다.

철학적 사고의 진화

인도[17]

인도의 철학적 사고는 그 원시적 사고의 뿌리에서부터 벗어나기 위해 안간힘을 써야 했지만 분명히 진화해 나갔다. 이는 힌두교의 여섯 개의 정통사상 전통으로 발전했고, 종교적 신앙과 예식을 거부하는 운동으로 나아갔으며, 이 운동에서부터 두 가지 전통이 더 발전해 나왔다.

힌두 정통 철학 전통

"힌두"라는 말은 인더스를 가리키는 고대 페르시아어에서 나왔으며, 인더스 계곡에 살던 이들과 그들의 후손을 뜻하는 말인 듯하다. 나는 대체로 말해서 베다를 중요하게 받아들이고 세 가지 믿음을 공유하면서 서로 다양하게 상호작용하는 전통들을 가리키는 말로서 "정통"이라는 말을 사용하고자 한다. 여기서 세 가지 믿음은 다음과 같다. 첫째, 궁극적 실체는 브라만Brahman 즉 우주적 의식으로서 이는 개별적 영혼이나 자아Atman와 동일하다.' 둘째, 모든 생명체는 전생에 개인이 지은 도덕적 행동에 의해 현세의 삶이 결정되는 원리인 업karma에 따라 태어나서 고생하고 죽고 다시 태어나는 영원한 윤회samsara에 갇혀 있다, 셋째, 이 윤회의 주기에서 벗어나는 길인 해탈moksha에 이를 수 있다.

각각의 전통은 여러 학파로 분화되었고, 이들은 이원론, 일원론, 브라만이 신인지, 신들은 모두 실재인지 아니면 하나의 신의 여러 양상인지 등에 관련해서 서로 대립하는 입장을 전개해 나갔다.

사문(沙門, *Shramana*)

사문이라고 알려져 있는 느슨한 운동은 사회 생활을 포기하고 금욕적 삶을 이어 가면서 직관적인 통찰을 추구하는 개별 구도자들을 말한다. 이들 수많은 구도자들 중에서 나중에 수많은 추종자들이 생겨난 두 명이 자신들의 전통을 이루게 된다.

자이나교

그중 하나가 자이나교Jainism인데, 그 조사祖師인 바르다마나Vardhamana는 마하비라, 즉 위대한 영웅으로 알려져 있다. 전통에 따르면 그는 기원전 599년 갠지즈 강이 그 가운데로 흐르고 있는 현재의 인도 동부 비하르 주에서 왕자로 태어났다. 30세의 나이에 마하비라는 세상을 등지고 유랑하는 성자가 되었다. 12년 후에 그는 깨달음을 얻었고 이로 인해 그는 윤회의 강을 건너서 영혼이 영원한 자유의 상태에 이르는 길을 알려 주는 깨달은 자라는 의미의 티르탄카라Tirthankara, 문자적으로는 여울목 건설자Fordmaker로 인정받는다.

고대 프라크리트 방언으로 보존되어 오다가 수백 년 후에야 기록된 자이나교 경전은 마하비라가 영원한 우주의 이번 반半 주기 내에서 24번째이자 최후의 티르탄카라라고 본다.* 그는 자신이 얻은 윤리적 통찰을 적용해야 한다고 외쳤는데, 이는 윤회로부터의 자유를 얻기 위해 극도의 금욕주의와 비폭력을 요구한다.

다른 선견자들처럼 마하비라 역시 제자들을 모았지만, 마우리아 제국을 세운 찬드라굽타가 구하라 지역의 다른 왕들과 함께 자이나교로 개종한 후에야 비로소 주요 전통으로 성장했으며, 오늘날 주로 인도 지역에 600만 명 정도의 신도가 있다. 자이나교 승려와 여승들은 마하비라가 가르친 극단적인 생활 방식을 고수하고 있고, 평신도들은 자신의 삶을 이어 가면서 최대한 그 가르침을 따라 살기로 맹세한다.

서로 끊임없이 철학적 논쟁을 벌이는 학파들을 화해시키기 위해 자이나교 추종자들은 배타주의를 포기하고 일곱 개의 참된 가치를 따르는 논리 이론을 발전시켰는데, 참, 거짓, 확정불가, 그리고 이들 세 가지로 이루어진 네 가지 조합이 그것이다. 그들은 또한 사물은 무한히 많은 양상이 있으므로 어떤 진술도 온전히 참이 아니고, 어떤 것도 온전히 거짓이 아니라는 형이상학적 이론도 발전시켰다.

몇 세기가 흐르면서 천의족sky-clad, 즉 나체족naked과 백의족white-clad 간의 중대한 분열이 일어났다. 이들 각각도 계속 분화해 나갔고, 티르탄카라에 대한 실제적이고 신비적인 숭배는 종교적 예배로 발전했으며, 일부 분파는 라마와 크리슈나 같은 힌두교 신들을 자신들의 만신전에 포함시켰다.

불교

주요 사문 전통의 두 번째는 고타마 싯다르타Siddhartha Gautama가 세운 불교이다. 카리스마 넘치는 리더가 죽은 후에 생겨나기 마련인 신화에서부터 사실을 분리해 내는 일은 언제나 어렵지만, 이 경우가 특히 그러하다.

싯다르타가 오늘날 네팔 지역의 히말라야의 작은 언덕을 차지하고 있던

* 우주의 주기에 관한 자이나교의 믿음에 대해서는 46쪽 참고.

샤키야족 군주의 아들이었다는 점은 합리적으로 확정할 수 있다. 그의 출생 연대는 전통에 따라서 다들 다르게 기록한다. 서양 학자들은 기원전 566년이나 563년을 쓰는 반면, 근래의 연구에 따르면 기원전 490년에서 480년 사이이다.

29세경에 그는 왕실의 호화로운 생활과 아내와 아들을 버리고 탁발승 생활을 하면서 자신이 목격했던 육체적 정신적 고통을 이해하고자 했으며, 어떻게 하면 그 고통을 벗어날 수 있는지 알고자 했다.

그는 여러 스승 밑에서 명상을 배웠고 한때는 자이나교나 엄격한 금욕주의도 실천했지만, 이는 너무 극단적이라고 봤다. 불교 경전에 따르면 그는 35세경에 인도 보리수나무 아래 앉아 자신의 질문에 대한 답을 얻기 전에는 움직이지 않으리라 맹세하였으며 명상을 통해 사제四諦라고 알려져 있는 지혜를 얻었다.

1. 인간의 모든 삶은 고통이다(*duhkha*)
2. 고통은 욕망 특히 쾌락적 감각에서부터 생긴다.
3. 고통은 욕망이 끊어질 때 끝난다.
4. 욕망은 팔정도八正道를 따를 때 끊어질 수 있다. 바른 이해, 바른 결심, 바른 언어, 바른 행동, 바른 생활, 바른 노력, 바른 마음가짐, 바른 명상이 그것이다.

이 길을 따를 때 고통과 윤회의 주기에서 벗어난다. 그 이후 그는 깨달은 자, 즉 붓다Buddha로 알려졌고, 중도中道(세속적 탐닉과 엄격한 고행의 중간)에 대한 자신의 통찰을 소수의 제자들에게 가르쳤으며, 그들은 그의 가르침을 실천하는 데 헌신하는 공동체인 교단sangha을 이루었다.

그는 글을 남기지 않았고 자신이 살던 지역 방언으로 가르쳤다. 그의 가르침의 일부가 산스크리트어와 프라크리트어 텍스트 조각으로 남아 있다. 최초의 완성된 경전은 기원전 29년에서 17년 사이 스리랑카에서 프라크리트 방언 중 하나인 팔리어로 기록된 것으로 추정한다. 이 불교 경전은 암송해야 할 설법을 뜻하는 경장(*Sutra*, 팔리어로는 *Sutta*), 수도사의 규율을 담은 율장Vinaya, 그리고 상호 의존적인 기원에 대한 사유를 담은 형이상학 이론인 논장(*Abhidharma*, 팔리어로는 *Abhidhamma*)으로 되어 있다. 후자에 따르면, 모든 현상—물리적, 정신적, 정서적—은 임의적인 원인들의 잠정적 결합에서 생겨난다. 즉 항구적인 것은 아무것도 없다. 이는 영원한 자아나 영혼은 존재하지 않는다는 의미이다. 윤회의 주기에서 벗어난 깨달은 자가 죽으면, 그 개체적인 정체성이나 정신의 경계선은 사라진다(자이나교의 믿음과 대조된다). 이것이 싯다르타 자신의 사유인지 그의 이름으로 이렇게 구성한 그의 제자들의 사유인지는 좀 더 생각해 봐야 할 문제이다.

불교의 가르침의 요체는 다르마Dharma이다. 이 산스크리트어는 힌두교에서는 우주의 자연법이나 이 법에 순응하는 개인의 행동 양식을 가리키는 말로 사용되었다. 불교와 힌두교 모두 중국의 도道와 비슷한 의미로 사용한다.

고타마 싯다르타와 그를 추종하는 소수의 교단은 무수히 많은 사문 집단 중 하나로 남아 있다가 한 강력한 군주가 그의 가르침을 받아들였다. 기원전 3세기 아소카 황제Emperor Ashoka는 자신이 인도 동부 칼링가 왕국을 정복하느라 초래했던 불행에 괴로워하다가 불교를 받아들였다. 이 시기에 그는 인도 대부분을 지배하고 있었는데, 불교 선교사들을 남쪽으로 보내 현재의 스리랑카는 물론 헬레니즘 세계의 왕국들에까지 이르게 했다.

그러나 기원전 3세기에 와서 불교는 분화되기 시작했다. 소승불교, 혹은 장로들의 교리는 자신들이 싯다르타의 통찰과 가르침을 보존하고 있다고 주장했다.[18]

다른 종파들은 교단 혹은 수도원의 입회 자격이 너무나 배타적이었으며, 불교는 모든 이들에게 열려 있어야 한다는 입장을 취했다. 기원전 1세기경에 와서 이 운동은 대승불교로 발전했다. 이는 고통과 윤회로부터 벗어나는 자유를 향한 개인의 추구는 이기적이며, 다른 이들도 이 상태에 도달할 때까지 돕기 위해 자신이 얻을 수 있는 자유를 연기하는 보디사트바bodhisattva의 길을 이상적이라고 제시했다. 고타마 싯다르타는 여러 보디사트바 중의 한 명으로서, 영원하며 모든 걸 알고 있는 깨달음의 경지Buddhahood를 현세 속에 구현한 자다. 대승불교는 보디사트바들의 유해와 그림을 경배하면서 거기서부터 도움을 얻고자 했고, 이는 신들에 대한 예배와 구별하기 어렵다.

이런 사정이 전개되는 동안 불교는 남쪽과 동쪽 그리고 북쪽으로 전파되면서, 그 지역의 상황에 적응해 나갔다. 선교사들은 소승불교를 남쪽 스리랑카까지 가지고 갔으며 거기서 불교는 주요 종교가 되었고, 인도로부터 다시 태국, 버마, 인도네시아로 나아갔다.

기원후 1세기 혹은 2세기부터 대승불교의 다양한 형태가 실크로드를 따라 동쪽의 중국을 향해 나아가면서 토착 전통과 신앙을 흡수했다. 중국에서는 박해와 지지를 받는 시기가 이어졌고, 지역적 조건에 따라 여러 형태로 변모해 나갔는데, 선종이라 불리는 명상학파도 그중 하나이다. 일본의 섭정 통치자였던 쇼토쿠 태자聖德太子가 불교의 사상과 관행을 받아들였고, 일본에서 선종은 선불교로 발전했다.

그러나 인도에서는 독자적 철학으로서의 불교가 두 가지 이유로 기원후 1000년경에 완전히 사라졌다. 첫째, 대승불교가 의례와 신앙을 받아들이면서 힌두교라고 불리던 브라만 종교와 구별이 어려워졌고, 힌두교의 절충적인 특성은 불교의 사상과 관행을 흡수했다. 둘째, 서쪽에서 침입해 온 무슬림들은 싯다르타나 다른 보디사트바들의 모습을 그린 그림을 불경스럽게 여겼기에 불교 수도원 대부분을 파괴해 버렸다.

기원후 8세기경 불교의 여러 버전이 북쪽으로 퍼져 네팔과 티벳에까지 들어갔는데, 11세기에 와서 티벳 서부 지역 통치자들이 불교를 채택한 이후에야 거기서 주도권을 쥘 수 있었다. 가장 널리 퍼진 버전은 주문(만트라mantras)이나 거룩한 소리를 반복해서 암송하여 신들의 도움을 요청하거나, 그와 비슷한 역할을 한다고 믿었던 만다라 즉 신성한 그림을 사용하는 것과 같은 많은 힌두 종교 의식을 채택했다. 각각의 보디사트바들은 신적인 존재로서 중요해졌고, 고대의 어머니 여신의 버전처럼 여겨졌다. 이러한 불교 종파는 밀교Vajrayana 혹은 금강석의 길The Diamond Way로 알려졌다. 이것이 애니미즘과 샤머니즘에 뿌리를 두고 있는 티벳 종교Tibetan Bon religion의 여러 요소를 도입해서 여러 교파를 갖춘 종교로 발전했는데, 그들 각각이 위대한 라마the grand lama라고 알려져 있는 주요 수도원장에 의해 다스려진다.

위대한 라마의 권위는 이들 각각이 보디사트바의 연속적인 현신이라고 인정되면서 커졌다. 중국에서 들어온 정복자인 몽골인들이 사키야 수도원의 위대한 라마를 총독으로 세운 이후로 수도원들은 정치적 권력을 위해 경쟁했는데 때로는 무기를 들고 싸웠다. 17세기에는 이 권력이 다섯 번째 현신이자 달라이 라마Dalai Lama로 알려져 있는 게룩파Dge-lugs-pa의 위대한 라마에게 넘어갔다.

티벳은 신정국가는 아니더라도 불교가 지배하는 국가가 되었다. 그 상태로 계속 유지되다가 1950년 중국 공산당 군대가 침공하여 장악했다. 1959년 최초의 달라이 라마의 14번째 현신이라고 여겨지는 텐진 갸쵸Tenzin Gyatso(어릴 때는 라모 돈드룹Lhamo Dondrub)는 인도 북쪽으로 피신하여 망명 정부를 세웠다.

전 세계의 일부 불교 학파는 여전히 유신론과 관계없는 철학적 전통을 고수하고 있지만, 대다수는 역설적이게도 종교가 되었고 싯다르타와 다른 신비주의자들은 신으로 경배 받는다.

중국[19]

크게 보면 유사한 패턴이 중국에서도 일어났다.

기원전 3세기 무자비하게 중국을 통합하고 자신을 최초의 황제로 내세운 진시황은 법치주의를 공식적 통치 정책으로 선택하고 다른 학파들을 박해했다. 묵가 사상은 쇠퇴하여 사라져 갔다. 유교의 운명은 황제의 지지 여부에 따라 요동쳤다. 기원후 1세기 경의 한漢 왕조는 유교의 가르침이 현존 위계 질서를 긍정한다고 생각했기에—실제로 유교는 그러하다—황제들은 하늘에 제사를 지내고 공자를 경배했다.

그러나 유교는 도교와 그리고 그 이후에는 불교와 경합해야 했고, 3세기에서 7세기 동안 쇠퇴했다. 송宋 왕조(962년~1279년)에 이르러서야 신유학이 발달하면서 중국의 식자층에서 중시하는 철학이 되었다. 도교와 불교 사상을 흡수했던 신유학 사상가들은 구유학과 관련이 없는 형이상학 체계를 수립했지만, 초기 공자 사상에 입각한 정치적 위계 질서와 사회적 비전은 유지했나. 주희朱熹(1130~1200년)는 여러 사상의 가닥을 통합했고 그의 체계는 그 이후 중국의 지적 풍토를 지배했으나, 1911년 그 사상을 지지하던 전제군주제가 무너지면서 같이 쇠퇴했다. 이러한 쇠퇴는 1949년 공산당 혁명으로 가속화되었다.

현재 중국 공산당 중앙위원회는 국가의 번영을 위해 자본주의를 도입한 이래, 자신들의 권위를 유지하고 사회 안정을 확보하고자 마르크스-레닌주의 대신 유교를 내세우고 있다.

궁극적 실체에 대한 신비주의적 통찰로서 대두되었고, 우주가 작동하는 방식에 대한 자연적 법칙이나 패턴을 제시하고자 했던 도교는 그 신화적 창설자인 노자 사후 600년이 지났을 무렵인 기원후 142년경에 중대한 변화를 겪는다. 은둔자였던 장도릉張道陵은 노자가 자신에게 환상 속에 나타나서 자신을 하늘이 내린 스승으로 세웠다고 주장했다. 그는 노자를 궁극적 선의 화신으로 섬기는 종교를 창설했고, 이 종교를 통해 신성의 본질은 각 사람 안에도 있다고 가르쳤다. 또한 장수와 불멸은 명상과 음식 조절 그리고 연금술적 처방을 통해 얻을 수 있다고 설파했다.

도교의 종교적 분파들은 불교의 여러 제도를 채택했다. 그 이후 수백 년간 그들은 사회정치적 기성 질서를 옹호하는 유교에 반대하는 민중 운동, 자연신들을 믿는 지역 종교, 연금술, 무술 등과 관련되었다. 그러다가 5세기 이후에 철학적 사고 체계로서의 도교는 소멸되기에 이른다.

유럽[20]

소크라테스

소크라테스Socrates(기원전 469~399년)는 서양 철학의 진화를 일으킨 세 명의 위대한 사상가 중 첫 번째로 꼽히는 인물이다. 그는 저작을 전혀 남기지 않았기에 그의 사상에 관해 우리가 가지고 있는 자료는 네 가지 종류이다. 극작가 아리스토파네스Aristophanes는 소크라테스 생전에 그에 대해 글을 쓴 유일한 사람으로서 소크라테스를 비판한다. 소크라테스의 제자였던 크세노폰Xenophon은 군인의 이력 이후로 역사가가 되었는데 소크라테스 철학에 대한 신뢰할 수 있는 안내자가 되기에는 지적인 역량이 부족했다. 소크라테스 사후 15년 후에 태어난 아리스토텔레스Aristotle는 플라톤을 통해 이차적으로 소크라테스의 사상을 익혔다. 가장 광범위한 자료는 플라톤Plato이 남겼는데, 그는 소크라테스를 우상화했던 제자로서 자신이 생각하기에 지혜롭다고 생각되는 모든 것을 소크라테스에게 돌릴 정도였지만, 플라톤이 생각하는 지혜로움은 40여 년 동안 상당히 많은 변모를 거듭했다

우리가 알고 있는 바는 소크라테스가 아테네의 귀족 출신으로서 모든 재산을 포기하고 사유에 헌신했으며, 특별한 종류의 사유에 몰두했고, 자신의 신념 때문에 죽었다는 내용이다. 그리스의 다른 많은 앞선 사상가들과 달리 그는 궁극적 실체나 우주를 이루는 기본 재료에 대해서 관심이 없었다. 소크라테스는 인간이 어떻게 행동해야 하고 왜 그렇게 해야 하는지를 다루는 윤리학에 집중했다. 진리에 이르기 위해서 다른 이의 신념에 대해 추궁하며 따지고 들어가 그들의 주장의 결함을 들춰내는 것이 그의 방법론이었다.

대부분이 그렇게 설명하듯, 거의 같은 시대를 살았던 소크라테스와 붓다는 그보다 더 차이가 날 수가 없다. 소크라테스가 자신의 삶 전체를 지혜를 향한 미완성의 추구였다고 고백했던 반면에 붓다는 깨달음을 얻었다고 천명했다. 소크라테스가 변증법적 사유를 채택했다면, 붓다는 명상을 통한 통찰에 이르렀다.

그러나 좀 더 깊이 파고들어 가 보면 윤리에 대한 공통의 관심 외에도 상

당히 유사한 면이 있다. 플라톤에 따르면, 군대에서 복무할 당시의 소크라테스는

> 어느 날 아침 일출에 대한 이런저런 문제와 씨름하기 시작해서, 생각에 몰두하여 정신을 잃고 서 있었으며, 해답을 찾았을 때도 여전히 거기 서 있었다……그리고 마침내 밤이 내릴 때 즈음에, 이오니아인들 몇 명이 저녁을 먹은 후에……그가 거기 밤새 있는지 보려고……이부자리를 가지고 나왔다. 그는 아침까지 거기 서 있었고, 그리고 동이 트자 태양을 향해 기도를 드리고 떠났다.[21]

서 있는 것을 앉아 있는 것으로 바꾸고, 인도 보리수나무만 추가하면, 이 묘사는 깨달음을 얻기 위해 명상하는 고타마 싯다르타의 모습과 비교할 수 있다.

소크라테스는 우리의 행동이 내세에 주어질 하늘의 보상에 대한 기대나 처벌의 두려움 때문에 이루어져서는 안 되고, 지금 행복을 주기 때문에 이루어져야 한다고 생각했다. 그러나 이는 이기적인 것이 아닌데, 행복에 이르는 유일한 길은 바르게 처신하고, 친구만이 아니라 원수까지 포함한—이는 그리스의 관행과 대조된다—다른 이들에게 덕스럽게 행동하는 길이기 때문이다. 그의 처방은 붓다가 말한 팔정도와 유사하고, 행복에 대한 그의 설파는 자신의 정도를 따르는 추종자들이 이를 수 있는 행복한 상태에 대한 붓다의 설파와 유사하다.

플라톤

두 번째 위대한 사상가는 플라톤(기원전 429~374년경)인데, 아테네의 귀족인 그는 자신의 스승이자 친구였던 소크라테스가 국가의 신들을 인정하기를 거부했다는 죄목으로 500명의 시민으로 구성된 배심원들에 의해 기소되어 사형 선고를 받은 후에 아테네를 떠났다. 이 일은 플라톤에게 민주주의에 대한 깊은 불신을 심어 줬고, 후에 여기에다 독재자에 대한 불신까지 추

가하게 되었다(독재자란 귀족 정권이나 금권 정부에 대항한 민주주의적 저항을 이끌어서 권력을 잡은 자이며, 절대권력을 갖고 통치하기 마련이지만, 폭력적이거나 억압적이기만 한 것은 아니다).

그는 12년간 여행을 다녔는데 다른 여러 곳 중에서도 이탈리아 남부의 그리스 도시들에 머물면서 피타고라스 학파의 영향을 받았고, 시칠리아의 시라쿠사에서는 디오니시오스 I세를 만났다.

그는 철학자들만 통치자가 되어야 하고, 다시 말해 통치자들은 반드시 철학자가 되어야 한다는 결론을 내렸는데, 철학자들만이 바르게 행동할 수 있는 지식과 지혜를 갖출 수 있기 때문이다. 아테네로 돌아와서는 귀족 자제들에게 철학적 탐구의 광범위한 분야를 교육하는 아카데미를 세웠다. 그의 저작은 전통적으로 3기로 나누는데, 일부 텍스트의 추정 연대와 진품 여부는 아직도 논쟁적이다.

그의 사상 중에 가장 큰 영향을 끼친 것은 형상Forms에 대한 생각이다. 형상이란 우리의 감각이 그저 불완전하고 잠정적인 사례를 통해서만 감지할 수 있는 초월적이고 영원한 이상이다. 예를 들면, 둥근 접시는 물질 세계 너머에 별개로 존재하는 원이라는 이상의 불완전하고 항구적이지 않은 사례에 불과하다. 이와 같이 지혜, 정의, 선은 이 세상에서는 그저 불완전한 형태만 발견되는 형상이지만, 그럼에도 우리는 그 형상을 추구해야 한다.

아리스토텔레스

대부분의 초기 그리스 사상가들은 박식한 이들로 알려져 있다. 이차, 삼차 자료를 신뢰한다면 세 번째 위대한 철학자 아리스토텔레스(기원전 384~322년)는 그가 생산한 업적의 범위와 양에서 그들 모두를 넘어선다. 그러나 그의 작품 중 오분의 일에서 사분의 일밖에 남아 있지 않으며, 출판을 위해 쓴 내용은 전무하다. 강의나 토론을 위해 그가 기록했던 노트나, 그의 학생들이 만들었던 노트, 연구 노트 등이 남아 있고, 그들은 모두 후대에 그의 제자들 특히 아리스토텔레스가 12년간 가르쳤던 아테네의 학원인 라이

세움Lyceum의 제자 유데무스Eudemus와 테오프라스투스Theophrastus 등에 의해 편집되어 책으로 묶였다.

우리가 가지고 있는 버전은 기원전 1세기경 로도스 섬의 안드로니쿠스Andronicus가 편집한 판이다. 이것을 기원후 8세기경 무슬림 학자들이 발견해서 아랍어와 시리아어로 번역했고, 그 이후에는 12세기의 아베로에스Averroës와 같은 무슬림 철학자들이 이에 대한 주석을 썼다. 12세기 후반 서양에서는 아랍어와 시리아어에서 라틴어로의 번역이 시작되었다.

그의 작품에는 수사학, 논리학, 윤리학, 정치이론, 문학이론, 형이상학, 신학, 그리고 오늘날 생물학, 해부학, 물리학, 천문학, 우주론으로 분류되는 과학 분야까지 망라되어 있다. 플라톤의 제자였고, 중세 서양에서는 "그 철학자the Philosopher"로 불릴 정도로 경탄의 대상이었던 그는 과학과 과학적 방법론을 발명한 이로 여겨진다. 이 책의 탐구의 목적은 우주의 진화에서부터 출발해서 인간의 진화에 이르기까지 과학이 무엇을 말할 수 있는가를 찾아보는 것이므로, 나는 아리스토텔레스 저작의 이러한 측면에 집중하고자 한다.

그의 과학적 방법론은 연역적 추론을 공식화했던 그의 논리학 체계와 만물의 원인과 본질 혹은 형상에 대한 그의 탐구에서부터 나온다. 플라톤이 상정했던 초월적 형상과 달리, 아리스토텔레스가 말하는 형상은 사물에 내재되어 있다.

그는 만물을 그들의 형상 속에서 표현되는 완성도에 따라 분류했는데, 이는 그가 만물의 프시케 혹은 영혼이라고 불렀던 내부의 구성 조직에서부터 추론할 수 있다. 식물은 번식과 성장을 책임지는 식물적 영혼을 가지고 있기에 가장 낮은 생명의 형상이며, 동물은 식물적 영혼에다가 움직임과 감각을 책임지는 감각적 영혼을 갖고 있으며, 인간은 식물적 영혼과 감각적 영혼에다 사유와 반성을 할 수 있는 이성적 영혼을 갖고 있다.

아리스토텔레스는 이러한 자신의 방법론을 가져와서 자신이 직접 시행한 해부와 관찰 그리고 다른 이들의 연구 결과에 입각해서 대략 540여 개의 동물학 표본들의 생리와 행동에 성공적으로 적용했다. 몇 가지 실수가 있긴 하지만, 그럼에도 예를 들어 심장과 혈관계에 관한 그의 설명은 17세기에 와서야 더 나은 설명으로 대체되었을 정도였다.

그는 동물을 피를 가진 동물과 피가 없는 동물(적어도 붉은 피가 없는)로 분류했는데, 이는 현대의 척추동물과 무척추동물의 분류와 대응되며, 나아가 공통된 형상을 가진 종들을 하나의 속으로 묶었다. 그의 분류법 역시 18세기에 린네의 분류법이 나오고 나서야 대체되었다.

그러나 그는 자연에 대한 다른 분야에서는 실증주의를 채택하지 못했다. 해부학에서는 남자가 여자보다 치아가 더 많다고 추론했다. 물리학에서는 천체들이 자신의 질량에 비례하는 속도로 지구로 떨어진다고 추론했는데, 이는 기원후 6세기에 오면 필로포누스Philoponus가 간단한 실험을 통해 틀렸다고 증명했다. 아리스토텔레스는 측정해 보지 않았던 것이다. 그의 저작은 오늘날 받아들여지고 1장에서 정의를 내렸던 과학의 개념보다는 자연 철학에 더 잘 어울린다고 하겠다.

우주론 분야에서는 달, 태양, 성좌들이 지구 주변을 서로 다른 속도로 영원히 회전하고 있는 수정같이 완벽한 일련의 동심원의 구球들 속에 박혀 있다고 봤다. 여기서 그는 형이상학으로 넘어간다. 만물은 원인이 있다고 봤다. 한 책에서 아리스토텔레스는 구들은 서로 연결되어 있고, 가장 내부에 있는 구는 인접한 구로 인해 움직이며, 그 인접한 구는 다시 지구에서부터 좀 더 먼 곳에 있는 구에 의해 움직이는 식으로 이어진다고 본다. 그러나 원인의 사슬은 어딘가에서는 멈춰야 한다. 가장 외곽의 구는 무엇이 움직이게 했는가? 이는 다른 어떤 것으로 인해 움직여지지 않는 최초의 운동자이다. 아리스토텔레스는 다른 원인에 의해 생겨나지 않는 이 최초의 원인은 단순하고, 불변하며, 완벽하고, 영원하며, 물리적 크기나 형태가 없다고 추론했다. 이것은 지적인 관조 자체이며, 이성의 가장 순수한 활동으로 이루어져 있다고 봤다. 이것은 신이라 하겠다.

그리스어 문화권에서 앞서 살았던 수많은 다른 사상가들이나 다른 나라의 철학자들과 달리 아리스토텔레스에게는 통찰을 활용한 증거가 없다.

헬레니즘 철학

자신의 제자였던 알렉산더 대왕이 죽은 다음 해 아리스토텔레스가 죽음으로써 철학적 사고에서 헬라(그리스) 시대가 끝나고, 헬레니즘 시대가 시작되었다고 본다. 알렉산더의 제국은 쪼개졌고, 그가 세웠던 식민지 통치자들은 관할 지역에서 자신의 전제국가를 수립했다. 아테네를 대체할 다른 지적 중심지가 생겨났는데, 가장 유명했던 것은 이집트의 알렉산드리아, 시리아의 안디옥, 소아시아의 버가모, 나중에는 에게 해의 로더스 섬이었다.

아리스토텔레스가 세웠던 라이세움은 아테네에서 계속 유지되었지만, 기원전 3세기 중반에는 쇠퇴했다. 이 시기에 세 가지 다른 주요한 사상적 학파가 일어났다. 에피쿠로스 학파, 스토아 학파, 회의주의자들은 모두 철학은 실용적이어야 하고, 그 목적은 아타락시아ataraxia, 즉 평안한 상태를 성취하는 데 있다고 봤다. 이는 그들이 아리스토텔레스보다는 소크라테스의 영향을 더 많이 받았음을 뜻한다.

에피쿠로스Epicurus(기원전 341~271년)는 루시푸스Leucippus와 데모크리투스Democritus의 원자론 중심 형이상학을 따라 인간의 정신은 원자의 집적에 불과해서 생명이 떠나면 흩어질 뿐이니 죽음의 두려움을 물리치고 이생에서 즐거움을 찾아야 한다고 주장했다. 그를 비난하는 이들과 후대의 기독교인들이 이것을 탐식과 색에 대한 집착이라는 효과적인 정보 조작으로 사용하였다. 그러나 에피쿠로스가 말했던 즐거움은 "몸의 고통과 영혼의 혼란스러움으로부터의 자유"를 뜻하는 말이었고, 그 자신은 절제하는 삶을 살면서 우정을 소중히 여겼고 노예들에게 관대했다.

기원전 3세기 초 키프로스의 제논에 의해 창설된 스토아 학파는 아타락시아는 인간이 자연과 조화를 이루고 살 때 얻을 수 있다고 믿었다. 이에 그들은 자연에 대한 탐구를 이어 갔고 만물은 운명에 의해 결정된다는 결론에 이르렀기에 운명을 받아들일 때 평안에 이를 수 있다고 가르쳤다.

회의주의자들은 만물의 본성에 대한 확실한 지식은 얻을 수 없다고 봤고, 모든 질문의 양면성에 대한 논의를 전개하여 이를 증명하고자 했으며, 그렇기에 판단을 유보할 때 비로소 마음의 안정에 이를 수 있다고 주장했다.

그리스-로마 철학

이러한 사상의 가닥들은 로마인들이 그리스 사상을 채택해서 발전시키면서 로마 제국 전성기 동안 계속 진화해 나갔다. 이 시기에 아리스토텔레스 철학은 부흥기를 맞이했지만 그 추종자들은 그걸 더 발전시키기보다는 주로 아리스토텔레스 저작의 보존과 주석 작업에 집중했기에 기원후 3세기경에 이르러 이 학파는 소멸했다.

이 시대는 철학을 순전한 이성적 사유 방식으로 변화시키는 데 실패했다. 예를 들어 2세기의 로마 황제이자 스토아 철학자였던 마르쿠스 아우렐리우스Marcus Aurelius는 자기 자신 안으로 들어가야 하며, 우리가 그 속으로 들어가야 할 자아는 "이 세상에 배어 있고 이 세상을 구성하고 있는 우주적 지성과 같으며, 진실로 그 지성의 부분이다"[22]라고 가르쳤다. 이는 모든 것이 브라만일 뿐 아니라 자아the Self도 브라만이라는 우파니샤드의 중심 사상과 닮아 있다.

이 시기의 주요 사상가로는 신플라톤주의를 창설한 이로 여겨지는 플로티누스Plotinus(기원후 205~270년경)가 있다. 그의 저서 『더 식스 엔네이드 *The Six Enneads*』를 통해 보면 그는 일자the One와의 합일을 추구했던 신비주의자였다. 그는 여러 차례 그런 합일을 경험했다고 주장한다. 일자와의 복된 합일을 누리기 위해서 우리는

> 증거를 통한 증명이나 정신적 습관에 따른 추론적 사유 과정에 의한 증명을 버려야 한다. 그러한 논리는 비전vision 속에서의 우리의 행위와 혼동되어서는 안 된다. 그걸 본 것은 우리의 이성이 아니다. 그것은 이성보다 큰 무엇이다.[23]

명상과 도덕적 덕성을 통해 우리는 우리의 정신 속에서 일자를 향해 고양될 수 있다. 이러한 정신적 여정은 우리 존재의 근원으로의 회귀일 뿐 아

니라 우리 자신의 진정한 자아를 발견하는 일이다. "영혼이 다시 상승하기 시작할 때, 낯선 무엇인가에 이르는 것이 아니라 자기 자신에게 이른다."[24] 이러한 통찰 역시 우파니샤드의 통찰을 반영한다.

그러나 기원후 529년 로마 황제 유스티니아누스가 기독교에 해를 끼친다는 이유로 아테네의 학교들을 폐쇄한 이후, 신들이나 하나님 같은 초자연적인 힘에 대한 믿음과 구별된다는 차원에서 추론reasoning에 의한 것이든 통찰insight에 의한 것이든 간에 철학적 사고가 서양에서는 질식해 버렸다.

스콜라주의

기독교 학자들은 12세기에 와서 아랍어와 시리아어 번역본과 주석을 통해 아리스토텔레스 철학을 익혔다. 이 철학은 서양에서는 근 천 년 동안 거의 아무런 가치가 없었는데, 이는 그 철학이 존재했던 시기보다 두 배는 더 긴 세월에 해당한다(5세기 이후 무슬림 세계에서는 부활했지만).

스콜라주의자로 알려진 기독교 신학자들은 하나님의 존재를 증명하기 위해 아리스토텔레스의 추론을 활용했다. 이 중에 가장 유명한 신학자인 13세기 도미니크 수도사 토머스 아퀴나스Thomas Aquinas는 여러 논지 중에서도 다른 원인으로부터 생기지 않은 첫 번째 원인the Uncaused First Cause과 부동의 첫 번째 운동자The Unmoved First Mover 개념을 활용했다.

역설적이지만, 기독교는 통찰에 기초하고 있었다. 마태, 마가, 누가의 복음서는 모두 나사렛 예수에게 하나님의 영이 임했고 그가 광야에서 사십 일 밤낮을 먹지 않고 보냈다고 기록한다. 그는 하나님을 사랑하고 이웃을 나 자신처럼 사랑하는 것(황금율의 한 버전)이 히브리 성경 속의 율법을 준수하는 일보다 훨씬 중요하다는 자신의 통찰을 설파했다.

영적인 통찰은 3세기 사막 수도사들에게 이어졌고, 그 이후 수도회를 지나 마이스터 에크하르트Meister Eckhart, 아빌라의 성 테레사Saint Teresa of Avila, 십자가의 성 요한Saint John of the Cross 등 일련의 명상가들을 거쳐 16세기까지 이어졌다.

그러나 12세기 말에 와서는 스콜라주의적 추론이 주류가 되면서, 로마 가톨릭 교회의 지배를 받던 서양의 학교와 대학에서는 실질적으로는 거의 유일한 사유의 방법론으로 굳어졌다.

근대 철학

추론은 서양 정신에 깊숙이 박혔기에 16세기 프로테스탄트 개혁가들은 추론을 이용해 로마 가톨릭 교회를 공격했고, 18세기 계몽주의자들은 이를 사용해 모든 교회를 공격했다. 오늘날 서구 대학의 철학과는 대다수가 세속화되었는데, 오직 추론만을 가르친다. 내가 참고한 영미의 아홉 종의 백과사전과 사전들 중에 일곱 개는 철학을 오직 추론과 관련해서 정의한다. 내 생각에 이것은 본질과 방법론을 한데 합친 것이다.

철학적 사고의 분화

지구상 여러 곳에서 철학적 사고가 발전하면서 셀 수 없는 전통과 학파로 갈라져 나갔고 거기서 다시 세부 분화가 일어났다.

고대 그리스 이후로는 기본적으로 신비주의적인 동양과 합리적인 서양이라는 구분이 흔히 사용되었다. 나는 통찰과 추론 사이를 가르는 것이 보다 근본적이라고 생각한다. 따라서 이 둘을 다음과 같이 정의한다.

> **통찰**insight 사물의 본질을 뚜렷이 보는 것을 말하며, 대개의 경우는 명상 수련 이후 혹은 추론을 통해 이해를 얻고자 했던 시도가 실패한 뒤에 별안간 찾아온다.

> **추론**reasoning 증거나 자명한 가정을 근거로 진행하는 논리적 과정을 통해 사물의 본질을 이해하려는 시도.

추론은 통찰을 얻고자 시행하는 명상 수련에 추가해서, 고대 인도의 우파니샤드 여러 곳, 아리스토텔레스의 추론에 비교할 만한 니야야Nyaya 학파의 논리 체계, 자이나교의 7가지 가치 체계, 붓다의 담화와 불교가 말하는 상호 의존적인 기원에 관한 형이상학 등에서 채택되었다. 중국에서 신비주의적 도교 사상가 장자는 탐구 방법론으로서 추론을 배격했지만, 기원전 4세기 유교 철학자인 맹자는 그 담화 속에서 추론을 사용했고, 묵가 사상가들은 논리를 통해 자신들의 사상을 정립했다.

이는 동양의 사상가들이 통찰과 추론을 함께 사용했다는 수많은 사례 중 일부일 뿐이며, 수많은 학파는 비록 주요한 방편은 아니라 하더라도 여전히 추론을 활용하고 있다. 또한 19세기 서양의 식민주의의 영향 아래 동양의 여러 국가는 서양 학문 양식을 채택하게 되었다. 동양 철학을 그저 신비주의적이라고 간주하는 것은 실수다.

증거가 충분하지 않기에 서양 고대의 사상가들이 통찰과 추론 중 어느 걸 사용했는지 말할 수 없다. 제논을 제외한 소크라테스 이전 사상가들이 그들의 결론에 이르기 위해 추론을 사용했는지 확증할 증거는 없지만, 현재 존재하는 증거들에 따르자면 아낙시만드로스가 말했던 경계가 없는 무한함은 통찰에서 나왔고, 피타고라스와 피타고라스 학파의 신비주의적 사상 역시 그러하다. 헤라클리투스는 신비주의자였고, 젊은 날의 소크라테스 역시 통찰을 활용했다. 기원후 2세기 경의 마르쿠스 아우렐리우스 같은 철학자들이나 그 다음 세기의 플로티노스 등은 의심할 여지없이 신비주의자들이었다. 아르키메데스 같은 사상가들은 수학적 과학적 통찰을 가지고 있었는데 이 부분은 다음 장에서 다루려 한다.

이렇듯 통찰과 추론을 함께 섞어 쓰는 일에서 분명히 벗어나는 예외는 그 무엇보다 추론을 중시했던 아리스토텔레스였다. 그러나 서양에서 아리스토텔레스 철학은 12세기에 이르러서야 채택되었다. 그 이후로 서양 철학에서 추론을 신성시하게 된 것은 여러 세기 동안 교회가 교육을 장악했던 까닭만이 아니라 추론이 통찰보다 우위에 있다는 견해 때문이기도 했다. 저명한 영국 철학자 앤서니 퀸튼Anthony Quinton은 1995년에 이렇게 썼다.

> 철학은 협력을 통한 추구로서, 일반적으로 홀로 혹은 은둔한 상태에서 가장 잘 수행된다고 여겨지는 현자들sages의 명상적인 활동과는 다르다. 그러나 이런 협력의 형태는 협력적이라기보다는 경쟁적이라 할 수 있고……비판적인 논리 다툼이다. 논리 다툼이란 설득하는 일이며, 성공하기 위해서는 반대하는 논리를 이겨내야 한다. 현자들은 자신들이 은둔해 있는 처소로 방문한 이들에게 그저 자기 말을 할 뿐이다.[25]

이 마지막 문장은 전혀 사실이 아니다. 또한 철학적 사고의 한 가지 방법이 다른 방법에 비해 더 나은지는 여전히 문제적이다. 추론은 일련의 가정들, 그리고 증거의 선택과 해석에 의존한다. 최상의 합리론자였던 아리스토텔레스는 천체들이 지구 주변을 회전하는 수정 같은 구 속에 박혀 있다고 추론했는데, 완전히 잘못 생각했던 다른 것들과 마찬가지로 이것도 틀렸다.

반면에 표현할 수 없는 궁극적 실체—이를 브라만이라고 하든 도라고 하든 아낙시만드로스가 말한 경계가 없는 무한함이라고 하든 혹은 헤라클레이토스가 말하는 로고스라고 하든 간에—가 우주의 만물을 생성시켰다고 보는 신비주의적인 통찰은 지금 우리가 볼 수 있는 우주는 선재했던 우주 양자장의 변동 속에서 생겨났다고 생각하는 현대의 양자장 가설과 유사하다.*

이와 비슷하게 모든 물질과 에너지의 저변에 우주적 에너지prana가 있다고 보는 우파니샤드의 신비주의적 통찰은 불pyr에 대한 헤라클리투스의 통찰과 마찬가지로, 모든 물질과 에너지가 에너지의 끈으로 이루어져 있다는 현대의 끈 이론과 닮았다.**

도가 만물의 원천이며 자연 세계가 작동하는 방식이라고 봤던 초기 도교의 신비주의적 통찰 역시 헤라클리투스가 말했던 로고스와 마찬가지로, 우리가 인식할 수 있는 우주의 형성과 진화를 조절해 왔다는 물리학적 법칙들—

* 99쪽 참고.
** 124쪽 참고.

그 법칙이 생겨난 원인에 대해서는 과학이 설명하지 못하고 있다—을 예표한다.*

이러한 통찰은 의인화된 신이나 하나님을 끌어오지 않는다. 나는 이들을 신비주의적이라고 부르는데, 이는 하나님이나 신 혹은 그의 전령에게서 받은 계시가 있어서 그걸 받은 자를 통해 그 신을 믿는 이들이 살아갈 바를 알려 준다고 주장하는 영적인 통찰과 구분하기 위함이다. 이런 점에서 영적인 통찰은 앞선 장에서 봤던 원시적 사고의 일부를 형성하고 있다. 이 둘 간의 경계선은 불분명한데 예를 들면 아리스토텔레스는 다른 원인에게서 비롯되지 않은 첫 번째 원인에 신성을 부여하고, 힌두교 일부 교파에서는 브라만을 모든 형상 너머의 최고의 신성으로 해석한다. 그러나 다른 힌두 교파에서는 브라만을 비슈누나 시바신으로 인격화하고, 이를 믿는 이들에 의하면 이들 각각은 정기적으로 화육해서 인간사에 개입하는 방식으로 이 경계선을 넘어선다.

만약 철학의 근본적인 분화가 12세기 이후 서양이 추론을 철학의 유일한 방법으로 채택한 후 일어난 것으로 본다면, 철학적 사고의 진화에 있었던 부수적인 세분화의 지형은 어떻게 그릴 수 있을까?

철학적 사고가 퍼지고 상호작용하며 증폭되면서 새로운 것들이 발견되고 더 많은 사고를 불러일으켜 무수히 많은 학파가 성립했지만, 이러한 거대한 사상적 증가를 대처해 나가면서 생겨난 분명한 트렌드는 전문화였다. 세분화되어 가는 다음 단계의 지형을 그릴 수 있는 가장 유용한 길은 탐구 대상에 따라 분류하는 방법인데, 이는 여섯 가지 전문 분야로 나눌 수 있다. 그들의 경계선은 명확하지 않지만 대체로 다음과 같이 요약할 수 있다.

> **형이상학** 물질이든 비물질이든 간에 모든 만물의 궁극적인 실체나 정수나 원인을 이해하고자 탐구하고 시도하는 추론의 한 분야.

* 168쪽 참고.

자연철학 우리의 오감에 의해 감지되는 자연 세계를 이해하고 그것이 어떻게 작동하는지 이해하고자 탐구하고 시도하는 추론의 한 분야.

논리학 귀납적 연역적 추론을 위한 규칙을 고안해서 유효한 추론과 유효하지 않은 추론을 조직적으로 구별하려고 하는 추론의 한 분야.

인식론 인간 지식의 본성, 원천, 유효성, 한계, 방법론 등을 탐구하는 추론의 한 분야.

윤리학 인간 행동을 평가하고, 개인간의 혹은 개인과 개인들이 모인 집단 간의 선한 행동을 지배하는 규칙을 만들어 내려는 추론의 한 분야.

미학 자연계나 인간의 창작물 속의 아름다움의 본질을 이해하고 전달하고자 하는 추론의 한 분야.

이들 분야는 계속 진화해 왔고 지금도 진화 중이다. 플라톤 이전에는 형이상학과 자연철학 간에 구분이 없었지만, 다음 장에서 다루게 되듯 자연철학은 점점 과학으로 발전했다.

이들 각각의 분과도 세분화되었고, 더욱더 세분화되고 있다. 예를 들어 형이상학은 세 개의 학파로 갈라졌는데, 궁극적인 실체는 한 가지로 이루어져 있다는 단일론, 물질적인 것과 정신적인 것(혹은 의식)은 근본적으로 다르다고 보는 이원론, 실체는 한두 가지로 환원될 수 없는 수많은 것들로 이루어져 있다고 보는 다원론이 그것이다.

통찰은 전체론적holistic 경향이 있지만, 선지자들이 제시했던 바 표현할 수 없는 통찰에 대해 후대 제자들이 내놓은 해석은 상당히 다양하게 세분화되었다. 그럼에도 나는 통찰 대상의 분화는 표시하더라도 그 전체론적 특성에 입각해서 볼 때 그 분과들은 추론의 분과보다는 좀 더 많이 겹쳐진다고 보는 편이 유익하다고 생각한다. 즉 사제四諦에 대한 고타마 싯다르타의 심리학적 통찰은 팔정도八正道에 대한 윤리학적 통찰로 통합되었다.

나는 다음과 같은 여섯 가지 분야를 제시하며, 여기에 관해서 논쟁의 여지가 있다는 점을 인정한다.

> **신비주의적 통찰** 궁극적 실체, 즉 사물의 본질과 원인에 대한 직접적인 이해.

> **과학적 통찰** 자연적 현상, 그들 간의 상호작용과 다른 관계, 그러한 상호작용과 관계를 지배하는 법칙의 본질과 원인에 대한 직접적인 이해.

> **수학적 통찰** 수 그리고 실제적 추상적 형태들의 속성이나 그들 간의 관계를 지배하는 법칙에 대한 직접적인 이해.

> **심리학적 통찰** 개인이나 개인들이 이루고 있는 집단이 어떻게 그리고 왜 그렇게 생각하고 행동하는가에 관련한 직접적인 이해.

> **윤리적 통찰** 인간이 개인으로서 혹은 집단으로서 다른 개인이나 집단에게 어떻게 혹은 왜 그렇게 행동해야 하는가에 관련한 직접적인 이해.

> **미학적 통찰** 아름답거나 생각을 불러일으키는 시각적 음악적 문학적 작품을 만들기에 이르는 직접적인 이해.

과학적 통찰은 주로 명상 수련 과정을 통해 일어나기 보다는, 과학자가 추론을 통해 문제를 풀어 나가다가 실패하고 내려놓고 쉬거나, 사유를 멈추거나 스위치를 꺼 버리거나—생각을 거의 하지 않는다거나—하여 의도하지 않았는데 전혀 생각하지 못한 곳에서 답을 찾게 되면서 의식의 새로운 단계에 들어설 때 생겨난다.* 수학적 통찰이나 다른 통찰의 경우에도 그러하다.

지적 진화의 개관

그림 28.2은 철학적 사고의 개관으로, 철학적 사고가 미신적인 원시적 사고에서부터 갈라져 나온 것이나, 앞장에서 살펴봤던 원시적 사고의 다른 주요 가닥들의 진화, 그리고 본능까지 표시하고 있다.

이 그림이 가지 쳐서 나왔던 그림 27.1과 마찬가지로 그림 28.2는 사차원적인 역동적 상호작용 과정에 대한 이차원적 스냅샷으로 그 가지나 세부 가지, 다시 그 세부 가지의 세부 가지들은 시간이 가면서 변해 갈 뿐 아니라 다른 가지들과 상호작용하여 교잡되고, 변이를 일으키며, 새로운 가지를 만들어 낸다. 예를 들면, 고타마 싯다르타의 심리학적 윤리학적 통찰은 형이상학과 상호 관련하여, 자아나 비아非我의 본질과 같은 것에 대해 추론해 온—지금도 계속해서 추론하고 있는—형이상학 내의 새로운 가닥을 형성하고, 논리는 창조력이나 발명력과 상호작용하여 컴퓨터 언어 같은 새로운 가지를 만든다.

이 그림은 연대를 측정하려고 그린 것은 아니다. 반성적 의식은 40,000년에서 10,000년 전(대략 25,000년 전) 상부 구석기 시대에 비로소 의식으로부터 완전히 분리되었고, 철학적 사고는 3,000년 전에야 미신적인 원시적 사고에서부터 비로소 완전히 분리되어 나왔으며, 통찰과 추론은 800년 전 경에 서로 분리되었다. 다르게 말해, 인간의 존재를 24시간 시계로 표현하자면, 철학은 자정이 되기 2시간 53분 전에, 서양에서 철학의 실질적인 유일한 방법론으로 가르친 추론은 자정이 되기 45분 전에 나타났다.

미신—자연의 법칙에 대한 무지나 미지의 것에 대한 두려움에서 생겨난 신화나 종교적 믿음의 형태로 나타나며, 이미 사실로 확정된 증거들과 모순을 일으킨다—은 수천 세대를 거치면서 우리 안에 각인되어 왔다. 그렇기에 그 영향이 오늘날에도 강력하고 널리 퍼져 있으며, 인간 존재와 관련한

* 782쪽 사례 참고.

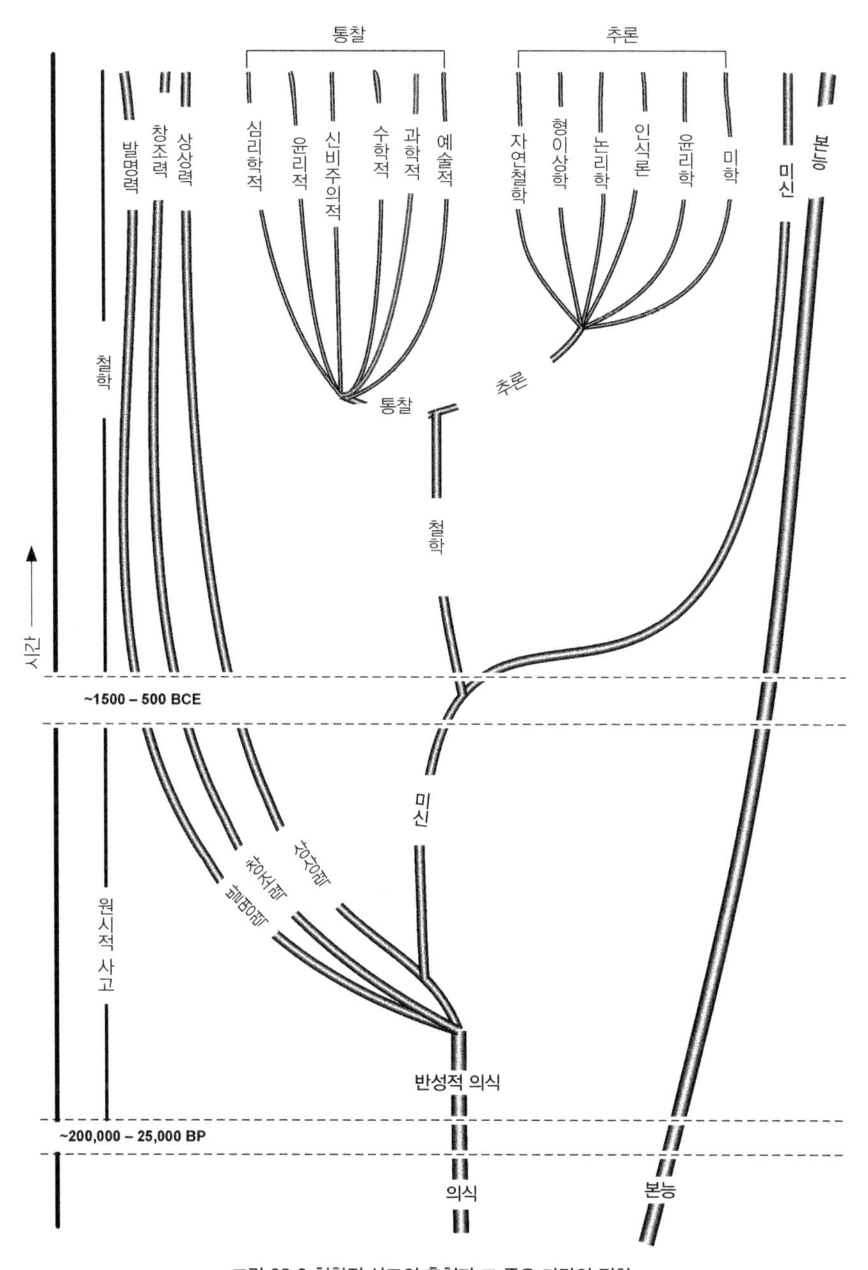

그림 28.2 철학적 사고의 출현과 그 주요 가닥의 진화

그림 27.1과 마찬가지로, 이 그림 역시 사차원적인 역동적 상호작용 과정을 단순화한 스냅샷이다. 연대를 측정하려고 그린 것이 아니며, 표시한 연대는 최대 추정치이다.

중대한 질문에 대한 답을 내놓는 일에서 통찰이나 추론의 거대한 경쟁자로 남아 있다는 것은 놀라운 일은 아니다.

결론

1. 우리가 누구이며 어디에서 왔는지에 관한 중요 질문에 답하려는 시도는 대략 3,000년 전 세계 곳곳에서 원시적 사고의 미신에서부터 철학적 사고가 분리되어 나오면서 새로운 국면에 들어섰다. 이는 20,000년 이상 믿어 왔던 상상 속의 정령이나 의인화된 신들이나 하나님을 언급하지 않고서도 설명하고자 하는 열망이 특징이라 하겠다.
2. 철학적 사고는 인도 아대륙에서 가장 먼저 나타난 듯하고, 다른 중심부로는 중국, 그리스의 식민지 이오니아가 있다.
3. 철학자들은 명상 수련에서부터 나오는 통찰, 그리고 미리 상정한 가설이나 증거에 대한 해석에 기반한 추론을 활용했다.
4. 지금까지 살펴본 모든 출현 현상과 마찬가지로 철학적 사고를 시도하려 했던 최초의 노력은 그 사고의 뿌리격인 종교에 의해 각인된 원시적 미신과 구별되기가 어렵다. 그 시도가 커지고 퍼져 나가면서, 그 진화 과정은 서로 다른 지역 환경에 대한 반응으로 나타났던 생물학적 계통 발생 진화와 유사한 패턴을 보인다. 즉 철학적 사고의 어떤 맹아는 발전하지 못했고, 어떤 것들은 발전했다가 시들었다. 어떤 것들은 다른 학파에 의해 흡수되고 변모했다. 어떤 것들은 그 지역의 신앙과 상호작용을 거쳐 종교로 변모해 갔다. 어떤 것들은 종교에 의해 혹은 통치자에 의해 흡수되거나 파괴되었다. 어떤 것들은 휴경지처럼 버려져 있다가 한참 후에 새로 부활했다. 어떤 것들은 통치자에 의해 장려되어 번성했다. 살아남은 것들은 진화와 분화를 계속했다.
5. 인도, 중국, 그리스, 로마를 통틀어 선견자들의 통찰은 공통적인 특징

이 있는데, 만물의 저변에 흐르는 단일성이 그것이다. 대부분의 경우 이 저변에 있는 단일성 혹은 궁극적 실체는 표현되기 어렵고, 잘해야 시공간을 초월하여 형상 없이 존재하되 또한 만물에 내재되어 있어서 우리의 물리적 오감과 정신으로 감지할 수 있는 모든 현상을 일으키는 우주적 의식이나 지성으로 묘사된다. 이 저변의 단일성에서부터 나왔기에 우리 각자의 본질은 전체와 동일하다. 또한 이 궁극적 실체는 우주의 작동 속에서 드러나고 그 작동을 조율하며, 우리가 완성에 이르기 위해서는 삶을 그 실체에 조화시켜 살아야 한다.

6. 통찰은 전체론적인 경향이 있는 반면 그 탐구 대상에 따라 분화될 수 있다. 특정 선견자의 통찰을 해석하고 실천하며 가르치기 위한 학파들이 설립되면서 상당히 많은 세분화가 일어났다.
7. 추론은 통찰을 가르치기 위해서, 그리고 탐구하는 방법으로서 도입되었다. 이것 역시 탐구 대상에 따라 여러 가지로 나눌 수 있다. 새로운 사고에 반응해 학파들이 확산되고, 상호작용하며, 증식됨에 따라 추론은 결과적으로 확대된다.
8. 사고가 윤리—우리는 어떻게 살아야 하는가—에 집중할 때면, 통찰을 사용하든 추론을 사용하든 간에 거의 모든 고대 철학자들은 이기심을 버리고 다른 이들이 우리에게 해 주길 바라는 대로 우리가 다른 이들에게 할 때라야 비로소 행복과 평정을 얻을 수 있다고 가르쳤다. 이는 그들 사회 속에 만연되어 있었고 유전되어 온 공격성, 전쟁, 정복에 대한 본능적 욕구와는 반하는 것이었다. 그 뿌리에서 살펴보자면, 인류의 진보를 위해서는 경쟁이 아니라 협력을 해야 한다는 처방이었다.
9. 통찰과 추론 사이의 근본적인 분화는 서양이 추론을 철학적 사고의 거의 유일한 방법으로 채택했던 12세기 후반에 일어났는데, 이 중 한 가지가 다른 것보다 더 낫다는 증거는 나오지 않았다.

다음 장에서는 인간 진화상 다음 단계의 출현 즉 과학적 사고와 그 후속 발전에 대해서 다루려 한다.

Chapter 29

인간의 진화 3: 과학적 사고

나의 친구인 과학자란 미리 보는 사람을 가리킨다.
과학은 예측하는 방법을 제공하기에 유용하다.
그러므로 과학자는 다른 모든 이들보다 우월하다.
–앙리 드 생-시몽Henri de Saint-Simon(1760~1825년)

과학은 조직적으로 지나치게 단순화하는 기술이라 하겠다.
–칼 포퍼Karl Popper, 1982년

인간 진화의 세 번째 단계는 과학적 사고를 특징으로 하는데, 이 단계에서 지식이나 앎은 철학적 추정이나 초자연적 계시에 입각한 믿음에 의해서라기보다는 경험적으로 얻게 된다.

1장에서 봤듯, 과학의 의미는 수 세기 동안 변화를 겪었기에 이 책에서 사용하고 있는 현재적 의미를 다시 한번 언급하는 것이 필요할 듯하다.

> **과학** 자연 현상을 조직적으로, 가급적이면 측정 가능한 관찰과 실험을 통해 이해하고 설명하며, 그렇게 얻은 지식에 이성을 적용하여 테스트 가능한 법칙을 도출하고, 향후를 예측하거나 과거를 사후 추론하려는 시도.

이는 기술과 그 의미가 겹치지만, 이 둘을 구분해 두는 편이 유익하다.

기술 문제를 해결하기 위해 도구나 기계를 발명하고 만들어 사용함.

과학은 그 방법론과 불가분의 관계에 있다. 방법론 역시 오랜 세월을 두고 변해 왔다. 현재의 방법론은 다섯 단계로 되어 있으며, 다음과 같이 요약 정의할 수 있다.

과학적 방법론(개념적)

1. 데이터는 연구하려는 현상에 대한 조직적 관찰이나 실험을 통해 얻는다.
2. 이 데이터로부터 잠정적인 결론이나 가설을 수립한다.
3. 이 가설로부터 도출되는 예측은 추가적인 관찰과 실험을 통해 검증한다.
4. 이 검증이 예측을 확정하고, 이 확정된 내용이 독립적인 다른 검증기들에 의해서 재확인된다면, 그 가설은 과학적 이론으로 인정되며, 이는 그 이론과 부딪치는 새로운 데이터가 나올 때까지 유효하다.
5. 새로운 데이터가 이론과 부딪칠 때 그 이론은 수정되거나 아니면 모든 데이터에 부합하는 새로운 가설로 대체된다.

현실에서 이 단계가 모두 지켜지는 것은 아니다. 페니실린의 항생 작용은 1단계가 아니라 알렉산더 플레밍Alexander Fleming이 몇 주 후 실험실에 돌아와 배양판에 우연히 남겨진 박테리아가 페니실린이라고 하는 곰팡이에 의해 파괴된 것을 봤을 때 발견되었다. 빌헬름 뢴트겐Wilhelm Röntgen은 암실에서 자신이 실험하고 있던 브라운관을 덮었을 때 형광판에 빛이 비춰는 것을 보고서 엑스레이를 발견했다. 3장에서 봤듯이 우주 배경 복사의 증거도 우연히 발견되었다.*

2단계보다는 통찰이 중대한 과학적 발전을 이끌었다. 액체에 잠겨 있는

* 63쪽 참고.

물체에 가해지는 부력이 그 물체가 밀어낸 액체의 질량과 같다는 점을 문득 깨닫고 나서 목욕 중에 벌거벗고 거리로 뛰어나가 유레카(발견했다!)라고 외쳤다는 고대 그리스의 수학자이자 발명가인 아르키메데스에서 따와 흔히 유레카 모멘트Eureka moment라고 부른다. 독일 화학자 아우구스트 케쿨레August Kekulé는 벤젠의 분자 구조를 만드는 데 실패하고 불 앞에 앉아 졸고 있었다고 한다. 화염 속에서 그는 자기 꼬리를 먹고 있는 고대 신화 속 뱀의 형상을 봤고 여기서부터 벤젠은 선형 구조가 아니라 반지 구조라는 깨달음을 얻었다.[1] 자신이 어떻게 해서 혁명적인 사고를 얻었는가 설명하면서 아인슈타인은 이렇게 말했다.

> 새로운 생각은 별안간 직관적인 방식으로 생겨난다. 이는 의식적이고 논리적인 결론을 통해 이를 수 없다는 뜻이다.[2]

자신이 소중하게 여기던 이론과 모순되는 데이터를 발견했을 때 대다수 과학자들은 5단계로 나아가기보다는 그 데이터나 그 데이터를 수집한 방법론에 문제를 제기하거나, 무시하거나,* 자신의 이론과 부합하도록 해석하는 식의 반응을 보이기 마련이다.**

때로는 가설 귀납법이라 부르는 이 방법론은 과학 이론이 지지하는 증거를 찾아내는 논리적 분석법이라고 표현하는 쪽이 더 낫긴 하지만, 현재는 대학에서만 가르치는 유일한 과학적 방법론이라 하겠다.

* 예를 들어 148쪽, 157쪽, 435쪽, 602쪽 참고.

** 예를 들어 155쪽, 590쪽, 632쪽 참고.

과학적 사고의 출현

초기 과학은 서로 겹쳐지는 세 가지 분야—물리과학, 생명과학, 의학—로 나눌 수 있으며, 이들의 세부 가지들은 서로 다른 시기에 출현한다.

> **물리과학** 무생물 현상을 연구하는 과학 분야. 천문학, 물리학, 화학, 지구과학을 포함한다.

> **생명과학** 살아 있는 유기체(식물, 동물, 인간)의 특징과 그 특징 간의 관련성을 연구하는 과학 분야.

> **의학** 건강을 유지하고, 질병을 예방하고 치료하며, 상해를 다루는 데 응용되는 과학 분야.

의학

이 마지막 분야는 그 앞의 두 가지 분야, 그중에서도 특히 생명과학이 발견한 내용을 인간의 생존을 위해 적용한다. 의학의 뿌리는 아픔이나 질병을 정령이나 신들이 끼친 것으로 여기던 고대로 거슬러 올라간다. 병의 물리적 원인을 이해하고 다루려는 초기의 시도는 그러한 미신으로부터 갈라져 나왔고, 그런 미신과 서로 엉켜 있었다.

그러나 기원전 1600년경에 나온 것으로 추정되며, 보다 더 앞선 시대 이집트의 여러 저작을 베껴 쓴 것으로 추정되는 『에드윈 스미스 파피루스 *Edwin Smith Papyrus*』와 기원전 1050년경의 것으로 추정되는 바빌로니아의 『진단 안내서 *Diagnostic Handbook*』를 보면, 이들 각각은 다양한 질병을 이성적인 방식으로 자세하게 검토, 분석, 처방, 예측하고 있다.

중국 의학의 토대를 놓은 서적인 『황제내경黃帝內經』은 기원전 3세기나 2세기경에 신비주의자인 황제黃帝가 지은 것으로 간주된다. 도교 철학에 기반하여 병과 처방에 대한 경험적 접근법을 다루고 있으며, 행동은 물론이고 몸의 여러 기관 속에서 음양의 조화를 이루어 몸의 생명력인 기(氣, 생명력)와 혈액 흐름의 역동적인 균형을 회복하려는 목적을 가지고 있다.[3] 그 유산이 바로 오늘날에도 시행되고 있는 전통 중의학이다.

장수에 관한 지식이라는 의미를 가진 고대 인도의 아유르베다Ayurveda는 의학적 치료에 합리적인 방법론을 적용한다. 가장 큰 영향을 끼친 두 개의 문서는 기원전 600년경에 생겨난 차라카Charaka 학파와 수슈루타Sushruta 학파에게서 나왔다. 전자는 의학의 여덟 가지 분야를 자세히 다루고 있으며, 후자는 백내장 수술이나 코(그 당시에는 범죄에 대한 처벌로서 잘렸다)를 재건하는 성형수술을 포함한 광범위한 외과 수술 영역을 다루고 있다. 아유르베다는 만물을 구성하고 있는 다섯 가지 원소에 대한 이론을 적용하며, 건강을 유지하기 위해서는 세 가지 근본 에너지 혹은 체액이 조화를 이루는 것이 중요하다고 강조한다. 이는 고대 그리스의 접근법(아래 참고)과 유사하다. 그들이 서로 독립적으로 그런 결론에 도달했는지, 문화적 전수를 통해 그런 결론에 이르렀는지는 아직 해결되지 않은 문제이다.

고대 그리스인들은 의술의 신인 아스클레피우스Asclepius에게 바치는 신전인 아스클레피아asclepieia를 세웠고, 환자들은 이곳에 와서 치료를 받았다. 그런 미신에서 시작해서 기원전 5세기경에는 코스의 히포크라테스Hippocrates of Kos가 지었다고 보는 70여 편의 의학 서적이 나왔는데, 물론 이들 대부분은 수십 년에 걸쳐 그의 제자들이 지은 것으로서, 많은 질병은 물론이고 처방—수술을 포함해서—과 진단까지 묘사하고 분류했다. 이들은 그 당시 통용되던 대로 우주 만물은 모두 불, 공기, 물, 흙의 네 가지 원소로 이루어져 있다*는 견해에 기반하고 있다. 몸 속으로는 네 가지 원소가 서로 다르게 혼합된 네 가지 체액—흑담즙, 황담즙, 점액, 혈액—이 흐르고, 건강한 몸과 정신적 기

* 751쪽 참고.

질을 유지하기 위해서는 이들 체액이 조화를 이루어야 한다.

아리스토텔레스가 동물 해부를 했던 까닭에 헬레니즘 시기에 인간의 해부학과 생리학에 대한 생각이 꽃을 피우게 되었는데, 이는 그리스-로마 시기에 그리스인 갈레노스Galenos(기원후 130~200년경)의 방대한 저작에서 그 정점에 이른다. 그는 아리스토텔레스, 플라톤, 히포크라테스의 해부학적 의학적 이론에다 네 가지 체액설까지 포함해서 종합하고 발전시켰고, 권위를 인정받았다.

기원후 750년경 무슬림 제국은 차라카, 수슈루타, 히포크라테스, 갈렌 등의 작품을 아랍어로 번역했다. 그들의 의사들, 그중에서도 특히 유명하고 박식한 이븐 시나Ibn Sina(서양에서는 아비세나Avicenna로 알려졌다)는 이들의 생각을 활용하고 발전시켰다. 아비세나가 1025년에 완성한 위대한 백과사전 『의학 정전 *Canon of Medicine*』이 12세기에 라틴어로 번역된 이후로 이것은 무슬림 세계만이 아니라 유럽에서도 17세기까지 가장 영향력 있는 의학서로 남았다.

그러나 16세기 중반에 파두아대학교의 벨기에인 안드레아스 베살리우스Andreas Vesalius는 인간의 시신을 탐구한 결과 갈렌의 인간 해부도에서 200개의 오류를 발견했다(갈렌은 동물 해부에 근거해서 인간의 해부도를 그렸다). 1628년에 영국 의사 윌리엄 하비William Harvey는 『동물의 심장과 피의 운동에 대한 해부학 훈련 *Anatomical Exercise on the Motion of the Heart and Blood in Animals*』을 출판했는데, 여기서 그는 갈렌의 여러 생각을 뒤엎는 혈액 순환과 심장의 펌프 작용에 대한 발견에 이르렀던 일련의 실험들에 대해 설명하고 있다. 이렇듯 반복해서 실증적인 작업을 이어감으로써 근대 의학은 고대 의학의 뿌리에서부터 분리되어 나올 수 있었다.

생명과학

생명과학은 아리스토텔레스의 동물학적 표본 분류*와 그의 후계자이자 라이시엄의 감독이었던 테오프라스투스Theophrastus의 식물 표본 분류에서 연원을 찾을 수 있다.

오늘날의 생명과학은 17세기 하비의 실험과 새로 발명한 현미경으로 관찰하여 적혈구, 정충, 박테리아 등을 발견한 안토니 반 레벤후크Antonie van Leeuwenhoek에게서 비롯되었다고 할 수 있다.

물리과학

가장 오래된 물리과학은 천문학이다.

> **천문학** 달, 행성, 별, 은하, 그 외의 지구 대기권 밖의 다른 물체와 그들의 운동에 대한 관찰 연구.

27장에서 봤듯 5,200년 전에 유럽의 거석들이 배열되었고, 바빌로니아, 인도, 중국, 마야의 별자리표가 이어졌다.** 미신을 위해 활용되었다는 사실로 인해 천문학이 자연 현상에 대한 조직적 관찰 방법을 동원했으며 여기서부터 정확한 계측과 예측이 가능했다는 사실이 부정되지는 않는다.

이슬람 학자들은 천문학 분야의 그리스와 인도 저작의 아랍어 번역본을 사용해서 과학을 발전시켰다. 그들은 관측소도 설립했는데 가장 유명한 것은 1259년 페르시아 마라게Maragheh에 세워졌다. 지구가 돈다는 사실을 처음으로 주장한 이들이 이슬람 천문학자들인지는 아직도 불분명하다. 폴란드의 박식한 학자이자 동프러시아 파우엔베르크의 가톨릭 성당 참사회 회원이었던 니콜라우스 코페르니쿠스Nicolaus Copernicus는 지구가 자기 축을 중심으로 돌고, 다른 행성처럼 태양 주변을 회전한다고 주장한 이로 인정받고 있

* 764쪽 참고.
** 728쪽에서 732쪽 참고.

다. 그는 아리스토텔레스나 성경이 견지하고 있는 지구 중심론에 의문을 제기했던 자신의 주저 『천구天球의 회전에 대하여 *On the Revolutions of the Celestial Spheres*』를 쓸 당시에 알라 알-딘 이븐 알-샤티르Ala al-Din Ibn al-Shatir나 다른 이슬람 천문학자들의 기하학적 논증을 참고했을 가능성이 크다. 그는 가톨릭 교회의 반응이 두려워서 자신이 죽는 해인 1543년까지 이 책의 출판을 거부했다.[4]

코페르니쿠스의 이론은 티코 브라헤Tycho Brahe와 요하네스 케플러Johannes Kepler 등의 천문학자들의 지지를 받아 정교화되었고, 17세기 초 갈릴레오 갈릴레이Galileo Galilei가 나와서 초기의 망원경을 손수 만들고 목성 주변을 도는 네 개의 달이나 금성의 상phases에 대한 연구 결과를 내놓으면서 수학적 뒷받침만이 아니라 관측한 증거도 제시했다.

천문학이 자연 철학과 상호작용하면서 물리학의 출현에 지대한 역할을 했다.

> **물리학** 물질, 에너지, 힘, 운동을 조사하고, 또한 이들이 서로 어떻게 관련되어 있는지 탐구하는 과학 분야.

물리학의 출현은 그 당시에는 제대로 눈에 띄지 않았고, 추론이나 철학적 통찰을 통한 지식과 구별되는 경험적 방법을 통한 지식이 형성되기 시작한 지 한참 지난 후에도 여전히 "자연 철학"이라는 용어가 사용되고 있었다.

현재 우리가 이해하는 개념으로서의 물리학은 기원후 16세기경부터 그 싹이 나기 시작했다. 천 년 후에 갈릴레오가 했던 것으로 알려진 실험을 통해서 요한 필로포누스John Philoponus는 서로 다른 질량의 두 개의 물질을 낙하시켜 이 둘이 동시에 땅에 닿는 걸 보임으로써, 낙하물에 대한 아리스토텔레스의 이론이 잘못되었음을 증명했다.[5] 그러나 이 씨앗은 제대로 성장하지 못했다. 8세기 후에 옥스퍼드 계산기들Oxford Calculators이라고 알려진 일련의 학자들이 자연 철학에 계량과 계산을 도입했고, 속도의 개념을 만들어 냈다.[6] 또한 그들은 열과 온도를 구별했다. 이 씨앗 역시 제대로 꽃을 피우지 못했다.

갈릴레오는 필로포누스의 실험에 대한 자료를 읽었다. 그는 운동하고 있는 물체에 생기는 단일한 가속도를 수학적으로 표현했고, 역학의 토대를 놓았으며, 이를 따라 아이작 뉴턴Isaac Newton은 1687년에 3가지 운동 법칙과 만유 인력 법칙을 담은 책을 출판하여 아리스토텔레스의 우주론을 쓰레기통에 처박았다. 뉴턴은 백색광을 여러 색으로 분광하는 프리즘 실험을 통해 빛이 소체小體 혹은 작은 입자로 되어 있으며, 자신이 만든 운동 법칙을 따른다는 이론에 이르렀다.

16세기 중반부터 17세기 후반까지 대략 150년간 주로 유럽에서 생겨난 과학적 사고는 고대에서 비롯된 자연 철학, 천문학, 의학의 수많은 생각들이 틀렸다는 것을 증명했으며, 또한 조직적인 관찰과 실험을 통해 증명된 예측력을 갖춘 새로운 이론들을 제시했다. 이를 과학 혁명the scientific revolution이라고 부른다.

이러한 출현은 서로 시너지를 일으켰던 다섯 가지 요소로 인해 생겨났다.

첫째, 12세기 이후로 고대 그리스 문서들의 아랍어 번역본이 라틴어로 번역되고 발전하면서 르네상스를 만들었다. 이러한 고전 문화의 회복으로 인해 처음에는 아리스토텔레스나 갈렌 등의 사상가들의 권위가 인정되었다가 나중에는 그들의 사상에 대한 문제가 제기되었다.

둘째, 지식에 대한 수요가 급증하면서 르네상스 시대 유럽에서는 대학이 여럿 생겨났으며 그 안에서 수많은 사상이 전파되고 토론되었다.

셋째, 생존을 위한 기술이 활용되어 더 나은 지식을 낳았다. 유리 가공 기술은 13세기에 이르러 이탈리아의 베네치아와 피렌체 등의 도시에서 한층 세련되어졌고, 확대경에 쓰이는 단일 렌즈, 그 이후에는 안 좋은 시력을 보강할 수 있는 안경을 만드는 데 사용되었다. 그러나 1608년에 와서야 네덜란드의 안경 제조인들에 의해 망원경이 만들어졌다. 그들 중 한명인 한스 리퍼세이Hans Lippershey는 우연히 서로 다른 광학적 길이를 가진 두 개의 렌즈를 정열해서 보면 먼 곳에 있는 물체를 확대할 수 있다는 걸 발견했다. 그는 이것을 정탐망원경이라고 불렀는데, 전쟁 중에 먼 곳에 있는 군대를 정탐할 때 쓰고자 했던 까닭이었다.

발명 소식은 널리 퍼졌다. 영국의 수학자이자 과학자 토머스 해리엇Thomas Harriot는 1609년 8월에 6배율 망원경을 만들어 달을 관측했다. 갈릴레오는 20배율 망원경을 만들어 달을 관측했고, 목성의 4개의 달을 발견했으며, 성운 떼를 별들로 분해할 수 있었다. 그는 이 결과를 담아서 1610년 3월에 출판했다.[7] 확대력이 커지면서 천체와 그들의 운동에 대한 지식도 확장되었다.

망원경이 천문학에 영향을 끼쳤듯, 현미경은 생명과학에 영향을 끼쳤다.

해시계, 물시계, 모래시계 등 시간을 측정하는 방법이 발명되어 점성술/천문학, 농업, 종교 그리고 다른 용도로 사용되었다. 그러나 1665년에 네덜란드의 과학자 크리스티안 하위헌스Christiaan Huygens가 진자시계를 발명해서 한층 정확한 측정이 가능해지면서 이를 이용해 천문학과 물리학 데이터를 모으고 이론을 검증할 수 있었다.

넷째, 또 다른 기술적 발명으로 인해 지식이 한층 더 널리 전파될 수 있었다. 종이 인쇄는 9세기경 중국에서 발명되어 붓다의 가르침을 복사해 전파하는 데 사용되었지만 1439년 요하네스 구텐베르크Johannes Guttenberg가 금속활자를 발명한 후에 인쇄의 양과 속도는 획기적으로 변했고, 지식과 새로운 발견과 이론의 전파도 그에 따라갔다.

다섯째, 지식과 새로운 발견에 자극을 받은 이들 간의 협력이 발달했다. 망원경 특허를 얻으려는 시도라든가 미적분학의 발명을 둘러싼 뉴턴과 라이프니츠의 다툼 등에서 드러나듯 경쟁이 여전히 강력한 요소이긴 했다. 그러나 새로운 부류의 과학자들은 새로운 접근법을 선택했고, 서로 협동하여 생각을 발전시켰으며, 자신이 발견한 정보를 전파했다. 1652년 독일 슈바인푸르트에서 의사 그룹이 자연에 대한 호기심을 충족하기 위한 학회를 창설했고, 이는 나중에 독일 과학 협회로 발전했다. 1670년에 오면 이 학회에서 세계 최초로 의학 과학 저널을 만들어 낸다. 1660년 로버트 보일Robert Boyle과

크리스토퍼 렌Christopher Wren이 포함된 학자 단체는 매주 만나서 정보를 교환하고 토론하고 실험을 진행하기로 결정했다. 이듬해 그들은 왕실의 허가서를 받았다. 자연에 관한 지식을 개선하기 위한 런던 왕실 학회는 나중에 국립 왕실 학회로 발전했고, 그 모토인 *Nullius in verba*(그 어떤 것도 권위 때문에 받아들이지 말라)는 기존 권위에 의문을 제시하고, 실험과 관찰을 통해서 주장의 정당성을 추구하려는 그들의 의지를 잘 표현하고 있다. 그들은 자신들이 발견한 것을 자신들의 저널인 왕립 학회 의사록에 실어서 전파했다. 이와 유사한 패턴이 1666년 프랑스 과학회, 1700년 프러시아 과학회, 1725년 러시아 과학회 등의 창립으로 이어졌다.

과학적 사고의 진화

과학적 사고가 출현한 이후에는 앞에서 언급했던 여러 요소들, 특히 교육의 접근성 확대, 과학적 탐구를 위해 특별히 고안된 새로운 기술 개발, 보다 효과적인 정보 복사 및 전파 수단의 개발, 협력의 증대 등의 요인으로 급격히 진화했다.

이들 요인들은 과학적 지식을 점점 더 빠르게 확대시켰고 이로 인해 과학적 탐구는 전문 분야별로 점점 더 세분화되어 가면서 각 분야의 학회나 출판물, 자신들만의 대학 분과를 만들어 냈다. 그림 29.1은 이러한 과정에 대한 개관을 보여 준다. 이는 그림 28.2와 마찬가지로 자연과학 분과가 어떻게 세분화되어 가는지를 보여 주려고 한다. 그 그림처럼 이 그림 역시 사차원의 역동적 상호과정을 이차원으로 단순화한 스냅샷이다. 명료성을 위해 모든 분과와 세부 분과를 표시하지는 않았다.

과학적 사고의 출현은 미신적 사고가 그것을 사용하던 이들에게서 사라졌다는 뜻은 아니다. 도리어 미신은 그림 28.2에서처럼 자연 철학과 상호작용을 통해 계속해서 과학과도 상호작용을 이어갔다. 유명한 16세기 수학자,

천문학자, 지리학자, 수로학자水路學者인 존 디John Dee는 기도, 수정, 거울, 신비한 숫자, 다른 마법 도구 등을 사용해서 천사들과 교류하고자 시도했다. 자신의 관측과 계산에 의하면 태양 주변으로 도는 행성의 궤도는 원이 아니라 타원형이었는데도 케플러는 달, 태양, 행성의 움직임과 위치가 개인의 행동과 운명에 영향을 준다고 믿었기에 점성술을 계속 사용했다. 과학의 아버지는 아니라 해도 물리학의 아버지라고 인정받는 뉴턴도 기본 금속을 금으로 변화시키는 은밀한 기술이자 영원 불사의 영약을 찾아 내려는 연금술에 자기 인생의 상당히 많은 부분을 바쳤다. 철학사가인 앤서니 고틀립Anthony Gottlieb에 의하면, 뉴턴은 이 주제에 관련해서 말도 안 되는 말을 수백만 단어 이상 써서 남겼다.[8] 이 모든 사실은 사고의 새로운 가지는 그 뿌리와 필연적으로 엉켜 있을 수밖에 없다는 패턴을 새삼 다시 보여 준다.

그림 29.1에서 보여 주듯 과학적 사고의 초기 가지들이 어떻게 그리고 왜 분화되었는지 말하기 이전에 나는 우선 그들 모두가 사용했던 두 가지 기술에 대해 언급하려 하는데, 이들의 발전은 인간 사고의 이 국면이 급격히 빨라지며 전개되는 양상을 잘 보여 준다.

첫 번째는 계산을 돕는 보조기구이다. 기계적 계산기는 17세기에 발전했고 보다 정교해진 버전은 20세기에 이를 때까지 사용되었다. 그러나 20세기 후반에 디지털 계산 및 저장 기관을 사용하는 트렌지스터화된 컴퓨터가 마이크로프로세서 콘트롤러를 거쳐서 램RAM 128바이트 컴퓨터를 지나 1970년대 이후의 퍼스널 컴퓨터, 그리로 기후 현상 연구를 위한 타이탄 같은 슈퍼 컴퓨터로 이어졌다. 이것은 2012년에 베일이 벗겨져 드러났는데 1초에 17조 3천 9백만 회의 계산을 수행하며, 이는 3년 전의 세계 최고의 컴퓨터보다 10배는 더 강력하다.

두 번째는 새로운 사고를 자극하는 지식의 전파다. 15세기 구텐베르크가 만든 수작업용 금속활자 인쇄 기계는 1810년 증기기관 인쇄 기계의 발명으로 인해 한층 빨라졌다. 생산의 속도와 양은 더욱더 증대되었고, 인쇄물의 단위당 비용을 줄였으며, 20세기 초에는 오프셋 석판 인쇄가 발명되었

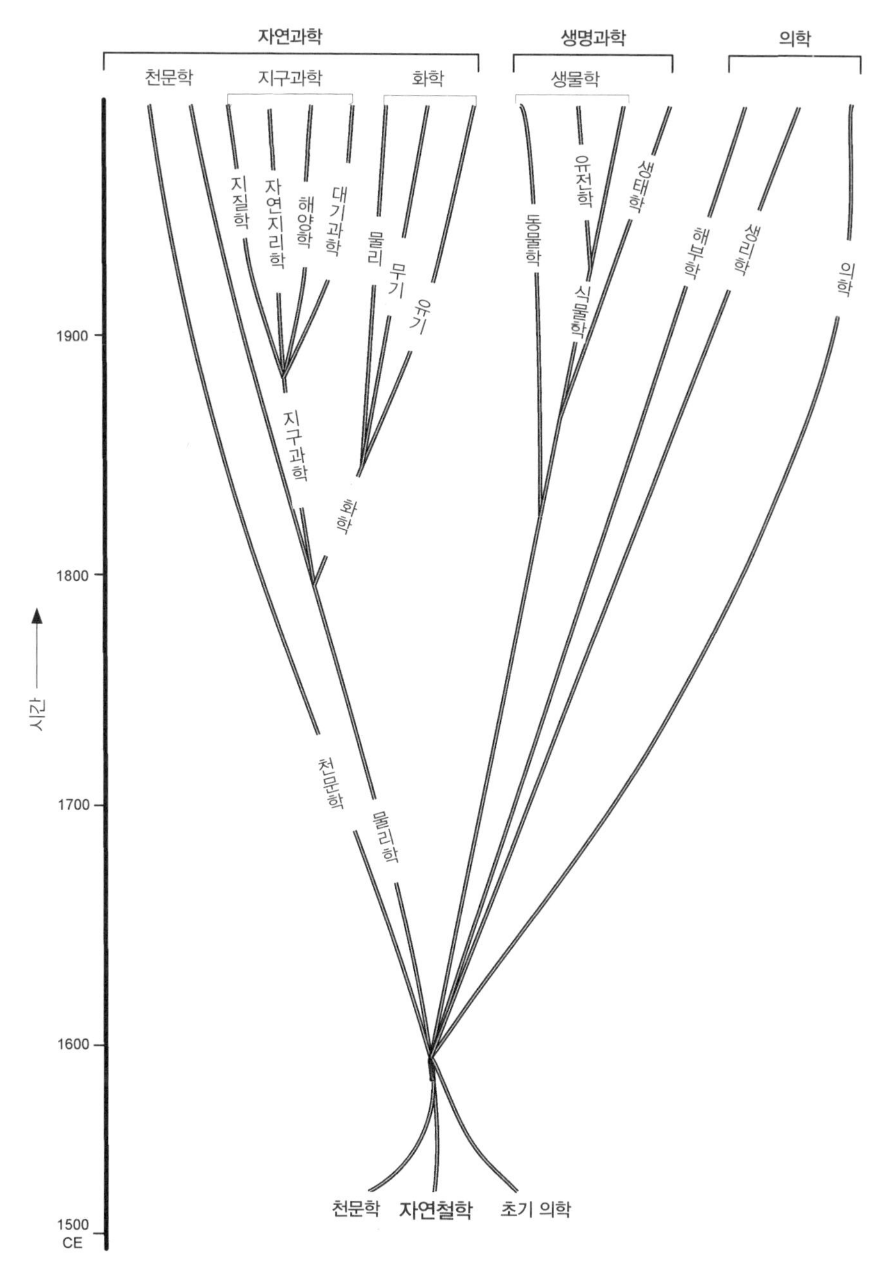

그림 29.1 자연 철학의 초기 과학 분야로의 진화

사차원적 역동적 상호작용 과정의 이차원적 단순 스냅샷.
명료성을 위해 모든 분과나 세부 분과를 다 표시하지는 않았다.
예를 들면 미신은 자연과학이나 물리학과 상호작용하면서 중요한 역할을 수행했다(본문 참고).
구분할 만한 세부 가지가 언제 뻗어 나왔는지는 분명하게 말할 수 없다.
그렇기에 표기한 시간대는 최대한 추정한 것이다.

다. 그러나 디지털화가 진행되고, 1970년대부터 컴퓨터 네트워크가 발전해서 인터넷을 거쳐 월드 와이드 웹(WWW)으로 이어지면서 새로운 지식은 거의 즉시 전파될 수 있게 되었고, 그 전파는 전 지구적으로 확대되었다.

월드 와이드 웹은 유럽 원자핵 연구소(CERN)의 팀 버너스-리Tim Berners-Lee가 1991년 핵물리학의 연구 정보를 공유할 목적으로 만들었다. 1993년에 그래픽 인터페이스가 장착된 브라우저가 도입되면서 인기를 얻었고 CERN에서 그걸 무료로 사용할 수 있게 하면서 정보에 대한 접근을 혁신적으로 바꿔 놓았고 대중화시켰다. 이것이 나오기 전에 과학 논문은 왕립 학회 같은 과학 학회의 인쇄된 저널에 실려서 주로 자국의 회원들이나 대학 도서관 같은 기관 구독자들에게 퍼졌다. 이제는 이러한 저널이나 개별 논문들의 디지털 버전을 세상의 누구나 돈을 주고 다운로드 받을 수 있다. 또한 arXiv(1991년 물리학에서 시작해서 그 이후 다른 과학에까지 확장했다)나 PLoS(2003년부터 시작된 공립 과학 도서관)같은 공개 접근 소스로 인해 연구자들은 비용 없이 자신들의 연구성과를 공유할 수 있다. 또한 수많은 과학자들은 자신의 홈페이지를 통해 자료를 무료로 다운로드할 수 있게 했고, 구글 스칼라Google Scholar 같은 검색 엔진은 누가 어떤 주제로 글을 발표했는지 쉽게 찾을 수 있게 해준다.

물리과학

천문학

망원경은 적군을 감시하기 위해 발명되었다. 그러나 지구 중심적 우주론을 거부한 이후로 근대 천문학이 출현하면서 천문학자들은 다른 목적을 위해 만든 기술을 가져와서 자신들의 필요에 맞게 발전시켰다.

뉴턴은 두 개의 렌즈로 구성된 굴절 망원경이 서로 다른 색상에 서로 다른 빛의 굴절을 일으킨다는 것을 알고, 색수차色收差를 제거하기 위해 렌즈보다는 거울을 사용한 굴절 망원경을 만들었다. 점점 정교해지는 굴절 망원경이 천문학 망원경의 주된 타입이 되었다. 자신의 도구를 가지고 하늘을 관측하는 개인은 없어지고 서로 협력하는 천문학자와 기술자들이 보다 큰 팀을 이루었는데, 이로 인해 2020년대에 칠레에서 운영하게 되어 있는 유럽의 초대형 망원경 계획도 생겨났다. 여기에 사용되는 중요한 거울은 직경 40미터짜리 육각형 798조각으로 이루어져 있어서 현재 지구상에 있는 모든 망원경을 합친 것보다 더 많은 빛을 모을 수 있다.[9]

1931년 창공에서 자연적으로 발생하는 전파radio 방출을 우연히 발견한 까닭에 미국의 무선 기사인 그로트 리버Grote Reber는 그의 집 뒤뜰에 9미터짜리 포물선형의 전파 망원경을 설치했고, 이를 사용해서 1940년에 그는 그 원천이 은하수라는 것을 찾아냈다. 1957년에 맨체스터대학교의 천문학부는 영국 북서부 요드럴 뱅크에 76미터짜리 전파 망원경을 만들어 우주선cosmic rays, 유성meteors, 퀘이사quasars, 펄사pulsars, 전파의 다른 원천 등을 연구했고, 우주 탐색기를 추적하기도 했다.

가시 광선 스펙트럼 바깥 주파수에서 일어나는 방출과 흡수를 통해 천체 현상을 연구하는 일은 보다 발전된 기술 개발로 이어졌고, 한 대학의 구성원 범위를 넘어서는 보다 많은 이들의 협력으로도 이어졌다. 1962년에서 1971년 사이 미국 NASA에서 쏘아 올린 8개의 위성인 태양 관측 위성은 지구 대기권이 걸러 냈을 자외선과 엑스레이 파장대의 영상을 확인했다. 1990년 나사가 세우고 나사의 과학자들만이 아니라 유럽 우주 연구소의 과학자들까지 참여해서 운영했던 허블 망원경은 가시광선, 자외선, 근적외선 파장대까지 탐지했다. 20세기 말에 전 세계 천문학자들이 모인 팀은 전자기 스펙트럼의 모든 영역에 걸쳐서 하늘의 지도를 그렸고, 컴퓨터 분석과 디지털 영상 및 디지털 재구축 기술을 사용했다.

물리학

물리학자들은 "만일 생물학자가 이해하지 못하면 화학자에게 묻는다. 만일 화학자가 이해하지 못하면 물리학자에게 묻는다. 그리고 만일 물리학자가 이해하지 못하면 신에게 묻는다."라는 말을 좋아한다. 이는 물리학이 다른 모든 물리과학의 핵심부라고 할 수 있는 물질, 에너지, 힘, 운동의 상관관계를 다루는 근본 과학이라는 현실을 잘 반영하고 있는데, 물리과학 분야는 지식의 증가로 인해 보다 전문화된 분야로 발전해 나가면서 물리학에서 분화되어 나갔다.

명료성을 위해 그림 29.1은 물리학을 한 분과로만 다루지만, 사실 물리학은 역학—이는 또다시 고체 역학, 유체 역학 등으로 나누어지고, 유체 역학은 다시 유체 정역학(정지해 있는 유체에 미치는 힘), 유체 동역학(움직이는 유체에 미치는 힘), 기체 역학, 기학 등의 세부 분야를 갖고 있다—이나 음향학, 광학, 열역학, 정전기와 전류, 전자기학 등 분과로 세분화되었다.

물리학자들은 일반적으로 관찰되는 영역을 연구하는 고전물리학에서부터 시작해서 통상적으로 관찰되지 않는 물질과 에너지를 연구할 수 있는 기술을 개발했다. 19세기 말에서 20세기 초에 방사선을 연구한 어니스트 러더퍼드Ernest Rutherford는 원자로 이루어진 핵의 존재를 상정하기에 이르렀다. 이는 다시 20세기 초에 양자 이론과 상대성 이론으로 촉발되는 2차 과학 혁명the second scientific revolution으로 이어졌다.

이 2차 혁명은 원자 물리학, 분자 물리학, 입자 물리학, 플라스마 물리학 등 더욱더 전문화된 세부 분야로의 분화를 불러일으켰다.

아인슈타인처럼 혼자 연구하거나 러더포드가 J J 톰슨J J Thomson과 함께 일했던 케임브리지대학교의 캐번디시 연구소와 같은 소규모 연구소에서부터 시작해서 과학자들 간에 그리고 국가 간의 협력이 점점 증대되었다. 1954년에 설립된 CERN에 참여한 20개 국가들은 기본 입자들이 어떻게 상호작용하는지 알아보기 위해 물리학자들과 기술자들이 설계한 입자 가속기 건설에 필요한 재정을 공동 부담했다. 2008년에 와서는 지금까지 나온 세계에서 가장 크고 가장 복잡한 기술 집적물인 대형 강입자 충돌기Large Hadron Collider의 작동을 시작했다.

물리학의 세부 분과들은 대학교 물리학과 내에 자신들의 분과가 있고, 전문 출판물도 내고 있다.

화학

과학의 한 분과이면서 그 자체만으로도 과학으로서의 존재가 확보되는 분야가 화학이다.

> **화학** 물실의 특성, 구성, 구조 그리고 특정 조건하에서 서로 결합하거나 반응할 때 물질이 겪는 변화를 탐구하는 과학의 한 분과.

이 분야는 연금술, 탄약 제조, 의학적 치료 등에 그 뿌리를 두고 있다. 언제 이것이 현재의 의미를 가진 과학의 한 분과가 되었는지는 논쟁의 여지가 있다. 특히 영어권에서는 기체의 특성에 대한 법칙으로 유명한 영국의 신학자이자 물리학자인 로버트 보일Robert Boyle에게 그 기원을 돌린다. 그들은 1661년에 나온 그의 책 『회의적 화학자 *The Skeptical Chymist*』가 비의적祕儀的인 연금술과 화학을 분리했다고 주장한다. 이는 이론적 토대 없이 작업하는 연금술사를 비판하는 내용이었던 그 책 내용을 잘못 이해한 것이다. 보일은 평생 동안 연금술을 연구했다.

18세기 마지막 25년 간의 시기에 화학은 그 미신의 뿌리에서부터 보다 분명하게 벗어났고 물리학에서도 분화되었는데, 유명한 앙투안 라부아지에 Antoine Lavoisier 같은 프랑스 과학자 그룹의 공이 컸다. 연금술이나 탄약 제조의 보안 때문에 화합물이나 그들의 상호작용에 대해서는 서로 다르게 이름을 지었다. 이로 인해 비교하거나 독립적인 실험이 아예 불가능하지는 않았다 해도 지극히 어려웠다. 라부아지에는 새로운 화학적 명명법을 도입했는데, 이로 인해 화학자들은 경험적 지식을 공유하고 확대할 수 있었다. 그는 또한 최초의 화학 교과서도 집필했으며, 여기에는 후대 화학자들을 위한 연구 프로그램이나 정량적 방법론까지 포함되어 있었다.

1841년에 설립되었고 나중에 왕립화학회가 되는 런던화학회라든지 그 이후의 독일과 미국 그리고 다른 나라에서 생겨난 유사한 학회처럼 학자들의 모임이 생기고, 대학 내에서 별개의 학과들도 생기면서 화학은 독립된 과학 분야로서 인정되기 시작했다.

지식과 이해가 증폭되면서 이 분과는 더욱 세분화되어 갔다. 화학자들은 생물학적 기원의 화합물의 속성이 광물에서 나온 것들과 매우 다르다고 생각했기에 일부는 자신들이 유기 화학이라고 불렀던 분야를 전문적으로 파고들었다. 1828년 프리드리히 뵐러Friedrich Wöhler는 유기물 분자가 무기물 분자에서 만들어질 수 있다는 걸 발견했고, 이로 인해 그 정의가 바뀌었다. 유기 화학은 단순히 탄소와 그 화합물의 화학, 무기 화학은 다른 모든 원소들을 다루는 학문이 되었고, 물리 화학은 물체의 물리적 특성 예를 들면 전자기장 내에서의 전기적 자기적 행동이나 상호작용을 다루는 학문이 되었다.

이러한 분화에서 더 나아가 유기 금속 화학, 고분자 화학, 나노 화학 등의 전문 분야로 한층 더 세분화되었다.

지구과학

지구과학이 독립된 분야를 이룬 시점을 정확히 특정하기는 더욱더 어렵다.

> **지구과학** 지구와 지구를 이루는 부분들의 기원, 특성, 행동, 그리고 그들 간의 상호작용을 다루는 과학 분야.

10세기에서 12세기에 무슬림 제국의 학자들은 이러한 주제로 책을 썼다. 페르시아의 의사이자 박식한 학자였던 아비세나Avicenna는 1027년 출간한 자신의 개요서 『치유의 책 *The Book of Healing*』 2부에서 실사에 근거해서 산맥의 형성, 지진의 기원, 광물과 화석의 형성, 그 외의 주제 등 현재 지리학과 기상학에 관련된 주제에 관해, 지금은 우즈베키스탄 설명Uzbekistan explanations으로 알려져 있는 바를 제시했다.[10] 15세기 후반에 레오나르도 다 빈치Leonardo da Vinci는 화석의 본질이나 지표의 침식에 강이 미치는 영향, 퇴적암의 성층화 등에 관해 정확히 추정했다.

지구과학은 1795년에 독립된 분야가 되는데, 이때 제임스 허턴James Hutton*이 부식, 화산 활동 등 현재도 지구의 모양을 만들고 있는 과정들이 과거에도 지구의 모양을 만들었다는 균일설 이론을 출판했다. 지구는 성경을 근거로 계산한 것보다 훨씬 오래되었고, 그 특징은 노아가 목숨을 건졌던 전지구적 홍수 같은 파국적인 사태로부터 생겨난 것이 아니라는 점이다.

지구과학은 서로 관련된 네 가지 분야로 분화되었는데, 지질학은 지구의 바위로 되어 있는 표층 즉 암석권을 연구하는 분야이며, 이는 다시 광물학, 암석학, 고생물학, 퇴적학 등으로 분화된다. 자연 지리학은 우리 행성 표면의 특징을 연구하며, 해양학과 대기 과학도 있다.

생명과학

생물학적 진화에 관한 생각이 진화되는 과정을 보여 줬던 16장은 생명과학의 진화를 다루기도 했다.

애초에 주로 성직자들이나 사유 재산을 가진 신사 계층이 연구했던 자연사 분야가 오늘날의 생명과학으로 발전한 까닭은 단순히 물리학에 대한 질투심—생물학도 수학적 토대 위에 올려놓고자 하는 열망**—때문만이 아니라 기술의 발전에도 기인한다. 레벤후크의 단일 렌즈 현미경의 배율은 복합 현미경의 발명과 발전을 통해 개선되었지만 그 실질적인 한계는 가시 광선 파장 때문에 2,000배 정도에 한정되어 있다가 1930년대에 전자 현미경의 발명으로 극복되었고, 현재는 100만 배 이상의 배율을 만들어 낼 수 있다.

엑스레이 영상은 뢴트겐이 1895년에 발견한 이후 20세기 초까지 발전해

* 400쪽 참고.
** 401쪽 참고.

서 피부와 살 아래쪽의 골격 구조를 보여 줄 수 있게 되었으며, 1953년에는 엑스선을 통한 DNA의 회절영상diffraction images을 통해 그 구조를 확인할 수 있게 되면서 분자생물학의 신기원이 열렸다.*

20세기 후반에 오면 기술 혁신의 속도는 한층 빨라졌고 NMR(nuclear magnetic resonance, 핵자기공명) 분광학 같은 기술을 통해 분자의 구조를 연구하고, 물질 대사 속도를 측정하고, 근육이나 힘줄 같은 내부의 부드러운 조직의 영상을 얻을 수 있게 되었고, PET(positron emission tomography, 양전자 방사 단층 촬영)를 통해 혈관 속에 방사성 추적기를 투입해서 물질 대사와 생화학 활동을 모니터링할 수 있게 되었으며, fMRI(functional magnetic resonance imaging, 기능적 자기공명영상)로는 뇌 속의 신경 활동의 지도를 그릴 수 있게 되었다.

생물학은 동물학—이는 다시 동물행동학, 곤충학, 해양 생물학, 조류학, 영장류학 등으로 분화되었다—과 식물학으로 분화되었고, 20세기 초에 유전학이 갈라져 나왔다.

점점 정교해지는 기술을 활용해서 방대한 데이터를 만들고, 이를 광범위하게 전파해서 활용하면서 생명과학은 20세기 후반에 와서는 신경과학, 세포 생물학, 분자생물학, 게놈학, 생물 정보학 등으로 점점 더 전문화되었다.

협업도 늘어났는데, 1990년의 인간 게놈 프로젝트가 전형적인 사례라 하겠다. 미국의 국립 보건원과 영국 자선 단체인 웰컴 재단의 자금으로 수천 명의 유전학자들이 미국, 영국, 일본, 프랑스, 독일, 스페인, 그리고 다른 13개국에 있는 100개 이상의 연구소에서 13년간 공동 작업하여 인간 게놈 지도를 만들어 냈다. 이 사실은 경쟁이 사라졌다는 의미는 아니다. 크레이그 벤터Craig Venter의 셀레라 제노믹스사도 똑같은 목표를 추구했지만, 그 결과물로 특허를 받아 돈을 벌고자 했었다.

* 440쪽 참고.

의학

예일대학교의 외과 교수인 셔윈 B 누란드Sherwin B Nuland에 의하면 우리 몸의 체액에 대한 고전적인 개념은 폐기된 지 오래되었는데도 의사들은 여전히 삼백 년 동안 이 생각에 의거해서 처방을 내리고 있다.[11] 그러나 의학도 진화했다. 특히 20세기 두 번째 25년 이후로는 생명과학에 사용되던 기술을 적용해서 급격히 진화했고, 전문분야로의 세분화도 이루어졌다.

가장 중요한 발전 중 하나는 유기체의 세포 속에 새로운 유전자나 변형된 유전자를 심는 유전공학 기술이라 하겠다. 이 기술은 인슐린이나 인간의 성장 호르몬 같은 약을 만드는 데 사용되어 왔다. 가장 드라마틱한 적용은 대략 3,000가지 장애와 관련되어 결함을 가진 인간의 유전자를 대체하는 유전자 치료법이다. 비록 그 개념은 상대적으로 단순하지만, 1990년대에 열광적인 낙관론이 일어났던 이래로 실행상의 문제들이나 게놈 속에 유전자를 삽입하는 레트로바이러스성 벡터의 사용으로 야기되는 치명적인 부작용을 제거하는 문제 등으로 인해 그 진행 과정은 많이 느려졌다.

심리학

19세기 후반부터 생겨난 최신의 과학인 심리학은 철학에 그 뿌리를 두고 있다.

> **심리학** 개인이나 집단의 정신 활동 과정이나 행동을 탐구하는 과학 분과.

그 이름은 영혼이나 숨결을 의미하는 고대 그리스어 프시케psyche에서 나왔지만, 정신에 대한 연구를 의미하게 되었다. 17세기 프랑스의 철학자이자 수학자 르네 데카르트René Descartes는 몸과 정신 간의 구분을 주장했다. 몸은 물질로 되어 있어서 계측할 수 있고 나눌 수 있으나, 정신은 몸과 완전 별개이자 형태가 없고, 나누어질 수 없으며, 공간을 차지하지 않고, 생각을 주된 기능으로 한다는 것이었다. 이것이 철학의 이원론이다.

> **이원론** 우주를 구성하는 데 두 가지 근본 구성 요소가 있다는 추정 혹은 신념으로서, 그 두 가지는 물질과 정신 혹은 의식이다.

과학인 심리학은 생리학자인 빌헬름 분트Wilhelm Wundt가 1879년 라이프찌히대학교에 최초의 심리학 연구소를 설립해서 감각과 기억, 학습에 대한 실증적 연구를 개시했을 때부터 철학에서부터 분리되었다. 그의 연구는 전 세계의 수많은 학생들을 매료시켰고 1881년에는 실증 심리학의 성과를 전파할 최초의 저널도 만들었다. 1890년에는 하버드대학교에서 생리학을 가르치던 철학자 윌리엄 제임스William James가 실증적 접근법만 아니라 정신의 주관적 경험도 강조하는 내용의 『심리학의 원리 *Principle of Psychology*』를 출판했다. 20세기에 이르러서야 비로소 전문 학회라든가 대학 내의 철학과와 심리학과의 분리가 분명히 나타났다.

그 이후로 심리학은 급속도로 확대되었고, 그 목적, 대상, 방법론 등에 따라 수많은 분과로 다양화되었으며, 다양한 학파들도 생겨났다. 서로 겹쳐지는 목적을 따라서 지식과 이해 자체를 추구하고, 또한 그러한 지식을 적용해 나갔다. 응용 심리학의 세분화에 따라서 임상—조현병이나 우울증 같은 특수한 장애 치료 목적—심리학은 물론, 아동심리학 같은 교육 방면, 스포츠 심리학 같은 동기 부여 목적의 심리학 등이 생겨났다. 연구 대상에는 지능, 기억, 학습, 정서, 인격, 집단 행동 등이 포함되고, 그 방법론으로는 약물, 최면, 정신분석, 설문지, 실험에서부터 PET나 fNMR 뇌스캔 같은 신경과학 기술까지 동원되었다. 학파로는 행동주의에서부터 프로이드 심리학이나 융 심리학에 이르기까지 다양하다. 24장에서 나는 각각 20세기 초반과 중반에 큰 영향을 끼쳤던 파블로프의 조건반사와 스키너의 조작적 조건형성이라는 행동주의 관점의 두 가지 사례를 살펴본 후에 이들이 모두 인간이 왜 지금처럼 생각하고 행동하는지 설명하는 데 실패했다고 결론 내렸다.*

1960년대 초에 이르면 이토록 복잡하게 뒤엉켜 있는 난맥상이 벌어지는 장소가 대학교에서부터 병원, 클리닉, 은밀한 상담실, 기업으로 옮겨 갔다. 나는 이러한 심리학의 다양한 세부 분과 중에서 두 가지에 집중해 보려 하는데, 그 까닭은 이들이 이 책의 탐구의 중심부라고 할 수 있는 우리는 누구인가? 라는 질문에 대한 답을 내놓겠다고 하기 때문이다.

신경심리학

DNA 구조를 공동 발견해서 노벨상을 수상했던 프랜시스 크릭은 1994년에 출판한 『놀라운 가설 *The Astonishing Hypothesis*』에서 이 질문에 대해 이렇게 간단하게 대답한다.

> 놀라운 가설은 "당신", 다시 말해 당신의 기쁨과 슬픔, 당신의 기억과 열망, 당신의 정체성이나 자유의지에 대한 자각 등이 실은 신경세포들과 그들과 연관된 분자들로 이루어져 있는 거대한 배열이 나타내는 행동 그 이상도 이하도 아니라는 점이다.[12]

대부분의 과학자들처럼 크릭은 데카르트가 제시한 이원론 대신에 일원론을 지지한다.

> **일원론** 존재하는 모든 것들은 한 가지 궁극적 실체, 혹은 존재의 원리에 의해 형성되어 있거나 환원될 수 있다고 보는 추정 혹은 신념.
> 또한 물리주의라는 특정한 버전을 채택한다.

> **물리주의** 물리적인 물질만이 실재하며, 정신이나 의식 혹은 생각 등의 다른 모든 것들은 물질이나 그들 간의 상호작용으로 설명될 수 있다고 보는 추정 혹은

* 610쪽 참고.

신념. 이는 또한 유물론이라고도 불리는데, 물질에서부터 생겨나는 인력 같은 비물질적인 힘까지 포괄하여 물질보다 넓은 물리성physicality에 대한 관점을 갖고 있다.

크릭의 견해는 줄리안 헉슬리가 말한 "단지 ~일 뿐이다nothing buttery"라는 화법에 해당된다. 우리가 뉴런이나 그와 관련되어 있는 분자의 행동일 뿐이라는 것은 분명하지 않다. 뉴런은 자극에 대한 반응으로 전기적 충격을 전달하지만, 뉴런과 그 네트워크는 이들 충격의 정보 내용을 이해하지는 못한다.

설령 우리의 정신이 뉴런과 그들의 관계에 의해 생겨나고 출현한다고 치더라도, 정신이 뇌와 동일하지는 않다. 예를 들어 당신이 당신 이웃을 총으로 쏴 죽이기로 결정했다면 당신의 뇌 속의 뉴런의 작동을 일으키고 신호를 보내 당신의 팔과 손가락 근육을 활성화시켜 총을 집어 들어 이웃을 겨누고 방아쇠를 당기게 된다. 그러나 이러한 결정을 내린 것은 당신 뇌 속의 뉴런이 아니다.

또한 신경심리학 혹은 적어도 크릭이 신경심리학에 대해 말하는 바는 자아에 대한 개념이라든가 자부심을 느낀다거나 음악을 듣고 색을 본다든가 하는 등(감각질qualia과 관련된다)의 현상에 대한 주관적인 경험을 가진다는 것이 어떤 의미인지 설명할 수 있는 독립적으로 확증된 관찰이나 실험 결과를 제시하지 못했다. 신경 과학계를 선도하고 있는 두 명의 학자 V S 라마찬드란V S Ramachandran과 콜린 블랙모어Colin Blackmore는 문제를 이렇게 표현한다.

감각질qualia의 수수께끼는 사고 실험에서 가장 잘 드러난다. 미래의 어느 시점에 뇌의 작용—색깔을 인지하는 메커니즘까지 포함해서—에 대한 완전한 지식을 가지고 있지만 색맹이어서 정작 자신은 빨간색과 초록색을 구별하지 못하는 신경과학자가 한 명 있다고 치자. 그녀는 최신 스캐닝 기법을 사용해서 정상적인 인간이 빨간 물체를 볼 때 그의 뇌 속에서 일어나는 모든 전기적 화학적 사태에 대한 총체적 설명을 할 수 있다. 기능적인 설명은 완전하겠지만 과학자인 그녀 자신은 빨간색을 경험하지 못한 상태에서 어떻게 그 경험의 독특한 성격을 설명할 수 있을까? 뇌 속에서 일어나는 물리적 사태에 대한 묘사와 이 사태에 연관되어 있는 개인적이고 주관적인 경험 사이에는 거대한 인식론적인 격차가 존재한다.[13]

신경심리학이 이러한 주관적인 경험을 설명할 수 있을 때까지 이 질문에 대한 크릭의 대답은 과학보다는 철학의 영역에 속할 수밖에 없고, 그 영역에서도 그의 주장에는 결함이 있다.

진화심리학

이 질문에 대해 답을 하겠다는 또 다른 심리학의 하위 분과는 진화심리학이다. 이는 우리가 무엇을 생각하고 느끼고 어떻게 행동하는가에 관련하여 우리가 누구인가 하는 사항은 신다윈주의적인 관점을 따라 석기 시대 조상들이 생존 경쟁에 적응하는 데 유리하도록 자연적으로 선택된 심리학적 메커니즘이 일어나게 하는 무작위적 유전적 변이가 수천 년간 축적되어 왔기 때문이라고 본다. 캘리포니아대학교 산타 바바라 진화심리학 센터의 레다 코미데스Leda Comides와 존 투비John Tooby의 표현을 가져오자면, "우리의 근대의 두개골에는 석기 시대 정신이 담겨 있다."[14]

예를 들어 인간의 정신은 서로 구분되는 계산용 모듈들의 집합이며, 이 모듈 각각은 석기 시대의 구체적인 문제를 해결하기 위해 자연 선택에 의해 형성되었다는 진화심리학의 가설은 대단히 문제가 많다. 이들의 방법론은 유전자 중심적인 수학적 모델과 사회생물학의 게임 모델이다. 여기서는 23장에서 다루었듯 이들 모델들이 동물에게 적용되었을 때 생기는 결함을 반복할 생각은 없는데, 이들 결함이 자기반성적인 인간에게 적용될 때는 더 심각해진다.* 확인된 증거들은 진화심리학의 주장을 반박한다. 예를 들면, 당신이 만약 티베트에서 태어나서 교육을 받았다면 당신은 불교도처럼 생각하

* 579쪽에서 595쪽 참고.

고 행동할 가능성이 높지만, 사우디 아라비아에서 태어나 교육을 받았다면 무슬림처럼 생각하고 행동할 가능성이 높다. 또한 벨파스트에 있는 팔스 로드에서 태어나고 자랐다면 12미터 높이의 "평화의 벽" 반대편 샨킬 로드에서 태어나고 자란 개신교도를 미워하는 가톨릭교도가 될 가능성이 높다.

이러한 증거에 대해 진화심리학자들은 우리가 유전자의 꼭두각시에 불과하다는 인간 본성에 대한 강경한 유전자 기계론에서부터 물러나 진화적 적응 환경의 영향을 제시한다. 이는 인간에게는 석기 시대의 생존에 유리하도록 유전자에 프로그램처럼 심어져 있는 기본적인 본성이 있으며, 이것이 생각과 행동, 그리고 자부심과 죄의식 같은 정서까지 결정한다고 주장한다. 또한 사회적 환경으로부터 정보를 흡수하도록 유전자에 정해져 있는 발전 프로그램도 있어서 성숙해 가는 정신은 거기에 따라서 적응해 간다. 실은 이러한 기본 역량을 미세 조정하면서, 예를 들어 어떤 이는 다른 이들보다 죄의식을 덜 느낀다. 우리는 이러한 석기 시대의 생각과 행동과 정서상의 광범위한 영역을 물려받았다.[15] 유전자 결정론의 결함을 합리화하려는 이런 추정에 대한 증거는 아무것도 없다. 또한 이는 원자보다 작은 소립자들의 상호 관계를 설명하는 양자역학을 고안하고 교향곡도 만들어 내는 인간의 사고가 어떻게 해서 석기 시대 생존을 위해 유전자에 프로그램화되어 있던 인간 본성에서 나왔는지 설명하지도 못한다.

우리의 정체성에 미치는 환경의 영향력을 강조하는 관점이 보다 더 진전되면 유전자-문화 공동 진화 혹은 이중 유전 가설을 형성하게 되는데, 이는 우리가 누구이며 어떻게 행동하는가 하는 것은 유전자와 문화라는 두 개의 서로 다른 다윈주의적 진화 메커니즘의 상호작용에서 생겨난다고 주장한다. 이것도 문제가 없는 것은 아니다. 예를 들어, 동성 연애를 일으키는 유전자 기반이 있느냐는 점에 대해서는 다양한 연구 결과들이 서로 일치하지 않는다. 있다고 보는 이들은 신다윈주의에 호소한다. 따라서 그들은 이러한 유전자 조합이 어떻게 후대로 이어지고 축적되어 인간의 유전자풀 속에 수많은 세대를 거치면서 존재할 수 있었는지 설명해야 하는데, 동성 연애로는 후손을 낳을 수도 없고 유전자를 전수할 수도 없는 상태인데도 말이다. 이에 대한 시도들은[16] 아무리 잘해 봐야 설득력이 떨어진다.

합리적 사고방식을 가진 이들 중에는 유전자가 인간의 생물학적 진화에 중요한 역할을 하고, 또한 인간의 사고와 정서와 행동의 진화에도 역할을 수행하리라는 점을 부정할 이는 아무도 없다. 그러나 2부에서 봤듯이 신다윈주의의 주장에도 불구하고, 유전자의 역할과 조절, 그리고 생물학적 진화상의 환경과의 상호작용의 복잡성에 대한 이해는 현재로서는 지극히 부실하다. 이로 인해 심리학 분야에서 유전자 결정론자들이 펼치는 자신감에 찬 주장을 확정하기 어렵다.

온전한 이해를 위해서 나는 반성적 의식이라는 역량이 인간으로 하여금 그들의 물려받은 유전자의 유전을 넘어서게 하고, 또한 문화적 유전도 넘어서게 한다고 덧붙이고자 한다. 팔스 로드에서 태어나고 자란 많은 이들이 "평화의 벽" 반대쪽에 살면서 그 벽을 없애려고 하는 개신교Protestant를 미워하는 것이 도덕적으로 잘못이라고 생각한다는 말이다.

상호작용과 혼성 세분화

단순화시킨 이차원적 스냅샷인 그림 29.1은 심리학이라든가 고고학, 인류학, 사회학 등 19세기 후반 생명과학에서 분화되어 나온 다른 사회과학을 보여 주지는 않는다.

그것은 또한 전문화되고 세분화된 영역을 나타내지도 않고, 그들이 상호작용해서 새롭게 만들어진 혼성 세부 분야인 천체물리학, 천체화학, 생물지리학, 생화학 등도 표시하지 않았다.

수렴하는 경향

그림 29.1은 16세기 후반 이후로 과학적 사고가 갈라지면서 세분화되는

패턴을 나타낸다. 이런 주된 경향과 대조되는 것이 물리학이라는 기본 과학에 의해 나타나는 수렴 현상이다.

그림 29.2는 8장에서 다루었던 자연 속의 네 가지 근본적인 힘의 발견을 표시하여 이러한 경향을 그림으로 표시하고 있다. 멀게는 17세기 후반에 뉴턴이 발견했던 대로 물체를 땅으로 떨어뜨리는 힘이자 태양 주변으로 행성이 회전하게 하거나 행성 주변으로 달이 돌게 하는 힘에서부터 시작된다. 전류는 18세기 중반에 발견되었고 이는 고대에도 알려져 있던 정전기의 힘이 드러난 것이라고 알려졌으며, 19세기 첫 번째 25년 동안에 물리학자들은 전기력과 자기력이 그 둘의 근본인 전자기력의 서로 다른 양상이라는 점을 증명했다.

서로 다른 물리 현상의 저변에 동일한 원인이 있다는 인식은 20세기에 와서 급속히 커졌다. 물리학자들은 전자기력과 약한 핵력—핵 붕괴를 맡고 있으며 전자기력보다 크기가 몇 배는 작은 기본 입자 간의 상호작용—이 동일한 힘의 특수한 표현이라는 점을 이론화했고, 그들은 이를 전기약력 혹은 전기약 작용이라고 불렀다. 이 이론은 새로운 입자의 존재를 예측했는데 이는 실험을 통해 발견되었다.

이론 물리학자들은 이어서 약전자기력을 원자핵 내에서 매우 짧은 거리에서 작용하는 힘이자 핵 속의 입자를 결합하는 모든 알려진 힘 중에서 가장 강력한 힘인 강한 핵력과 통합하는 대통일이론(grand unified theories, GUTs)을 나타내는 몇 가지 수학적 모델을 만들었다. 그러나 이들 모델 중 어느 것도 실증적 데이터를 통해 확정되지는 않았다.*

그러나 물리학이 추구하는 성배는 매우 작은 크기—원자 크기나 그보다 더 작은 크기—단위에서의 현상 간의 상호작용을 설명하려는 이들 이론들을 매우 큰 규모—별이나 그 이상의 크기—에서의 상호작용을 설명하는 상대성 이론과 합쳐서, 모든 것의 이론Theory of Everything을 만들어 내는 것이다.*

* 195쪽 참고.

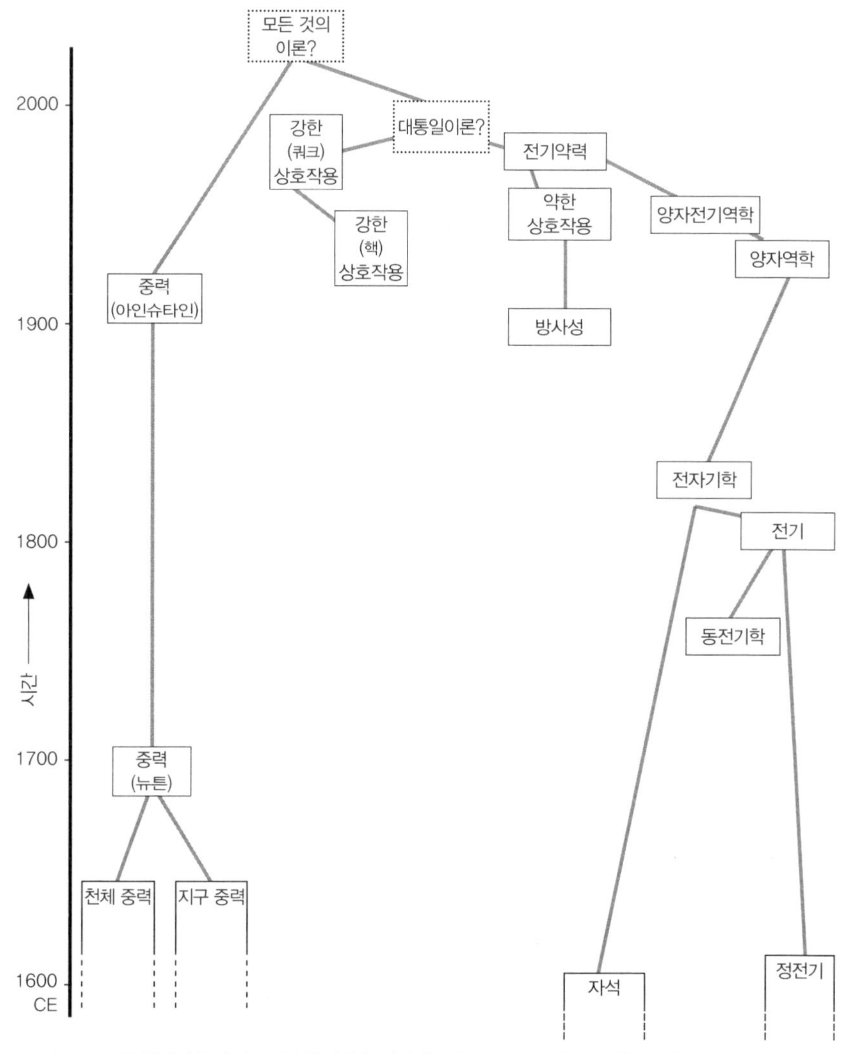

그림 29.2 모든 형태의 물질 간 모든 상호작용을 설명하는 이론, 즉 단일 이론에 대한 물리학 주요 지류의 수렴

그런 이론의 후보로서 여러 버전의 끈 이론이나 루프 양자 중력 이론loop quantum gravity 등이 제시되었다. 현재까지는 이들 가설을 실증적으로 검증할 방법이 없지만,* 이론 물리학자들의 주장, 특히 지난 25년간 전개된 주장의 요지

* 133쪽 참고.

는 현재 우주 내의 모든 물리적 현상은 우주의 시초에 있었던 하나의 근본 에너지가 낮은 에너지 준위로 드러난 것이라는 점을 증명하는데 있다.

과학적 사고의 결과

인간 진화의 이 단계가 거둔 주목할 만한 성과는 실증적 지식의 성장이다. 그림 29.1은 그 방대한 분량을 제대로 보여 주지는 못한다. 과학사가인 데릭 데 솔라 프라이스Derek de Solla Price는 다음과 같이 말한다.

> 대략 계산해 본 바에 의하면, 어떻게 계산하더라도, 과학은 기하급수적으로 증가하는데, 연간 7% 복리로, 그래서 10-15년 만에 배로 증가하며, 매 50년마다 10배로 늘어나서, 과학 논문이 생겨난 17세기에 이 과정이 시작된 이래로 따지자면 300년간 백만 배 이상 증가했다.[17]

그는 1960년대까지 나온 과학 출판물의 숫자를 주로 계산했다. 페데르 올레센 라르센Peder Olesen Larsen과 마커스 폰 인스Markus von Ins는 1907년에서 2007년까지의 성장을 검토해 본 후, 지난 50년 동안 이 속도는 줄어들지 않았다는 결론에 이르렀다.[18] 또한 이 장의 앞에서 언급했듯 20세기 말엽부터는 여기에다가 arXiv, PLos 같은 공개 접근 웹사이트나 과학자들의 홈페이지를 통해 발표되는 과학 논문들의 숫자도 추가되어야 한다.

개별 과학 분과로 눈을 돌리자면, 표 29.1에 나타나듯 의학 분야에서의 과학적 사고의 결과를 측정하는 하나의 지표인 신생아의 기대 수명을 예로 들 수 있다.

이들은 모두 최근을 제외하고는 대략 계산한 것이긴 하지만, 미국 같은 과학적으로 발전한 국가들에게서 나타나는 기대 수명이 크게 늘어난 점이 놀라운데, 이는 자연선택에 기인했다고 볼 수는 없다는 점이 분명하다. 이는 단순히 질병으로 인해 장애가 생긴 생명이 연장되었다는 의미만이 아니라, 활동적인 생활이 연장되었다는 뜻이다.[19] 이에 대한 가장 합리적인 설명은 이와 연관되어 있는 의학의 진화가 있었기에 질병에 대한 바른 이해가 가능해지고 그 질병과 싸우는 데 적합한 조치를 발전시켜 왔기 때문이라고 보는 것이다. 예를 들어, 깨끗한 식수, 하수 처리, 쓰레기 처리, 식품 안전 기준, 모기 박멸 프로그램, 건강 교육 프로그램 등으로 인해 수많은 전염병의 확산이 극적으로 감소되었다. 백신은 그전까지는 흔한 질병이었던 디프테리아, 파상풍, 소아마비, 천연두, 홍역, 볼거리, 풍진 등을 거의 박멸했다. 이 시기에는 또한 앞서 언급했던 진단 기술 외에도 콩팥, 심장을 비롯한 다른 장기의 이식을 포함한 수술적 방편의 발달도 있었다.

이 책의 1부, 그리고 2부의 첫 번째 장에서는 물리과학 내에서의 과학적 사고가 만든 주요 성과를 요약했는데, 우주의 기원과 진화, 그리고 지구가 어떻게 생명에 적합한 행성으로 되어 갔는가에 관해 급속히 증가해 온 지식과 이해는 물론이고, 그러한 지식과 이해가 현재 갖고 있는 한계까지도 다루었다. 2부의 나머지 부분에서는 전반적인 생명의 출현과 진화와 관련해서 생명과학을 다루었으며, 3부는 물리과학과 생명과학은 물론이고 사회

표 29.1 신석기 이후 신생아의 기대 수명

시기	신생아의 기대 수명 (연수)
신석기(중동에서 대략 10,500년 전 시작)	21
고대 그리스와 로마 (약 22,800~1,500년 전)	28
뉴잉글랜드(미국 식민지) 기원후 1800년경	35
미국, 기원후 1900년경	47
미국, 기원후 2000년경	77
21세기 초의 산업화된 국가들	78

Sources: Galor, Oded and Omer Moav (2007) "The Neolithic Revolution and Contemporary Variations in Life Expectancy" in *Working Papers*, Economics: Brown University; "Mortality" *Encyclopædia Britannica Online* (2013); "Life Expectancy" *Gale Encyclopedia of American History* (2006)

과학을 통해 얻은 우리 자신의 출현과 진화에 관한 지식과 이해를 보여 주려 했다.

지식의 기하급수적 증가—과학적 사고를 위한 놀라운 성과—로 인해 과학적 사고는 점점 더 전문화되었고, 이는 과학 출판물 숫자의 증가로 증명되며, 이들 출판물 각각은 특정 연구 분야에 집중한다. 그러나 저명한 곤충학자이자 사상가인 에드워드 윌슨은 다음과 같은 경고성 발언을 내놓았다.

> 무수히 많은 대다수 과학자들은 보통 수준의 장인이자 탐사자 이상이었던 적이 없다. 오늘날 이러한 사정은 더욱더 그러하다. 그들은 직업적으로 특수한 분야에만 집중해 있다. 그들이 받은 교육은 그들을 세상의 보다 큰 영역으로 안내해 주지 않았다. 그들은 전선의 맨 앞으로 나아가 가능한 한 빨리 자신만의 발견을 하는 훈련을 받았는데, 첨단에 서있는 삶은 비용도 비싸고 불확실하기 때문이다. 백만 불짜리 연구소에 취직한 가장 창조적인 과학자들은 전체 그림에 대해 생각할 시간 따위는 없고, 그 그림에서 별다른 이익을 얻지도 못한다……그렇기에 유전자가 무엇인지 모르는 물리학자나 끈 이론이 바이올린과 관련된 것인가 추측하는 생물학자가 있다는 건 놀랄 일도 아니다. 과학에서 연구 지원금이나 상은 뭔가를 발견한 자에게 주어지지, 학문적 성과나 지혜를 가진 이에게 주어지지 않는다.[20]

오늘날 과학자로 성공하려면 콜로이드 화학이나 고생물학 혹은 침팬지 연구, 혹은 그보다 더 세분화되지는 않았더라도 그와 비슷한 정도의 분야에서 경력을 쌓아야 한다. 이렇게 연구 분야가 좁아지면 깊이 있는 지식은 만들어지지만 그 전문성의 협곡도 깊어져서 거기에 종사하는 이는 동일한 좁은 분야에 대한 학제간 연구를 수행할 때도 협곡과 협곡이 서로 연결될 때를 제외하고는 다른 분야의 전문가와 의미 있는 대화를 하기 어려워진다.

자신의 전공 분야를 넘어서서 '우리는 무엇인가?' 같은 인간 존재의 근원적 질문을 파고드는 과학자는 별로 없다. 그렇게 파고드는 소수 중에서도 열린 마음으로 토론에 임하는 이는 거의 없다. 그들은 큰 그림을 좀체 보지 못하고, 자신의 협곡에 서서 자신이 평생 직업적으로 종사해 온 그 편협한 학문 분야 내의 훈련과 관심 사항과 문화에서부터 형성된 관점만 무차별적으로 쏟아낼 뿐이다.

전문화는 또한 과학적 탐구의 유일한 방법론으로서 과학적인 환원주의—사물의 본질이 무엇이며 어떻게 작동하는지 알기 위해서 그 사물을 구성 요소들로 쪼개는 일—에 대한 믿음을 강화한다. 이 분석 도구는 자연 현상에 대한 우리의 이해를 증대하는 데 매우 성공적이었다는 것이 증명되었고, 암염 결정이 왜 물에 녹는가 같은 비교적 단순하고 따로 떼어 볼 수 있는 시스템의 본질이나 행동에 대해서는 만족스러운 설명을 제공한다. 그러나 그 현상이 보다 복잡해지고 따로 떼어 보기 어려워질수록 그 설명력은 약해진다. 13장에서 언급했듯이 생명을 설명하고 정의하는 일에 적용했을 때는 상당한 한계를 가지고 있다.* 크릭의 단순한 결론에서 봤듯이, 인간이란 누구인가하는 문제에 대한 설명을 내놓으려 할 때 그 한계는 한층 더 명확하게 드러난다.

이런 환원주의가 어디까지 내려갈 수 있느냐는 문제도 제기된다. 크릭은 세포 단위까지만 내려가면 의식에 대한 완전한 설명을 할 수 있다고 생각했겠지만, 왜 거기서 멈춰야 하는가? 분자 단위 그리고 원자 단위, 원자보다 작은 입자 단위로 계속 내려간다면 양자 수준까지 내려갈 수 있다. 양자 이론의 여러 해석 방법은 양자장이 물질로 붕괴되기 이전에 양자장에 대한 의식적 관측을 요구한다.** 이러한 해석이 정확하다면, 의식은 뉴런이나 그들의 상호작용 같은 물질적 현상에서부터 생겨날 수 없다.

환원주의와 관련해서 양자 이론가인 데이비드 봄David Bohm은 이렇게 말한다.

양자 이론에서 요구되는 서술의 순서에 생겨난 중대한 변화는 이 세상을 독립적

* 331쪽과 336쪽 참고.
** 161쪽 참고.

으로 존재하면서 상호 관계를 맺고 있는, 비교적 자율적인 부분들로 나누어 분석할 수 있다고 하는 개념을 버린 것이다. 이제는 분할할 수 없는 전체성undivided wholeness을 가장 중요하게 고려한다.[21]

봄처럼 양자 이론 개척자들 대부분은 물질주의 대신에 관념주의라는 또 다른 일원론으로 기울었다.

관념주의 물질은 독립적으로 존재하지 않고, 정신 혹은 의식의 구축물로서 존재한다는 추정 혹은 신념.

인간 실존 같은 근본적인 질문에 대한 대답을 내놓는 데 적용하면 이러한 관념주의적 일원론은 흔한 신비주의적 통찰에 수렴한다. 실제로 무수히 많은 양자 이론가들이 신비주의자들과 비슷한 견해를 가지고 있다. 양자역학에서 파동 방정식을 만들어 낸 에르빈 슈뢰딩거Erwin Schrödinger는 그의 마지막 책인 『세상에 대한 나의 견해 *My View of the World*』[22]에서 베단타 철학 사조 중 하나인 아드바이타Advaita 학파의 신비주의와 상당히 유사한 형이상학적 전망을 전개한다. 이 학파는 물질적 현상을 허상 혹은 모든 실체의 원천이자 근원인 우주적 의식의 발현으로 본다. 복사에 관한 혁명적인 양자 이론을 만들어 낸 막스 플랑크Max Planck에 따르면

모든 물질은 어떤 힘으로부터 생겨나서 그 힘에 의해 존재한다……우리는 이 힘의 배후에 의식을 갖추고 있으며 지적인 정신a conscious and intelligent Mind이 존재한다는 점을 상정해야 한다. 이 정신이 모든 물질의 모체다.[23]

1975년 처음 출간한 『물리학의 도道 *The Tao of Physics*』에서 고에너지 물리학자 프리초프 카프라Fritjof Capra는 현대 물리학의 발견과 동방 신비주의의 통찰을 조직적으로 비교한다. 그는 이렇게 결론을 내린다.

> [동방 신비주의의 통찰]이 가지고 있는 두 가지 주요한 주제는 모든 현상의 통일성과 상호관련성, 그리고 온 우주에 내재되어 있는 역동성이다. 극미소 세계 속으로 들어설수록 현대 물리학자들은 동방 신비주의자들과 마찬가지로 이 세상이 서로 나뉘어지지 않고, 상호작용하며, 끊임없이 움직이는 요소들로 이루어진 하나의 체계로서 관찰자 역시 그 체계의 중요한 일부라는 것을 깨닫는다.[24]

지난 25년 간 물리학의 분과들이 우주 내에서 우리가 지각하는 모든 것들은 애초에 있었던 단일 에너지가 보다 낮은 에너지 준위로 발현된 것이라고 설명하는 방향으로 수렴해 왔고, 이는 또한 고대 신비주의적 통찰과 통합되고 있는데, 이것은 400년 이상 이어져 온 과학적 사고의 진화를 특징지었던 분화의 경향에 반대되는 중대한 수렴적 경향이라고 하겠다.

Chapter 30

인간의 독특성

우리는 침팬지의 세 번째 종일 뿐이다.

-제러드 다이아몬드Jared Diamond, 1991년

이것은 먼 곳의 작은 세계에서 보내는 선물이며, 우리의 소리, 과학, 영상, 음악, 생각과 느낌의 증표이다. 우리는 우리의 시간을 살아남아서 당신들의 시간 속으로 들어가고자 한다.

-미국 대통령 지미 카터Jimmy Carter가 보이저 우주선에 실어 보낸 메시지, 1977년

현재의 정설

대다수의 영장류 동물학자, 인류학자, 진화생물학자들은 인간이 다른 동물들과 구분되는 다른 종류라는 것을 부정한다. 그들의 주장은 서로 겹쳐지는 세 가지 정도의 세트로 분류할 수 있다.

자아-인간 중심주의

이 주장에 따르면 인간은 다른 종에 비교해서 큰 뇌라든가 능숙하게 사용할 수 있는 손처럼 우수한 몇 가지 특질이 있지만, 다른 종들 역시 자신들만의 우수한 특질이 있다. 박쥐는 반향을 활용한 위치 추정에 탁월하고, 새

들은 멋지게 날 수 있으며, 다른 종은 또 다른 형질이 있다. 우리가 어떤 형질을 가지고 있다고 해서 그 형질을 다른 종에 비해 특별하게 생각하는 것은 인간 중심적이고, 자기 중심적이고, 객관성이 결여되어 있으며, 비과학적이다.

이 견해는 생리학적 차이에 주목할 뿐이고, 반성적 의식이라는 고등 역량에 의해 변형되거나 생겨 나오는 능력에는 신경을 쓰지 않는다. 인간은 반향을 활용한 위치 추정에는 능숙하지 못하지만 GPS를 만들어 내어 정확한 비행을 할 수 있다. 동물이 가지고 있는 우월한 형질 중에서 인간이 자신의 창조력과 발명력을 활용해서 그 기능을 확보하지 못한 형질은 거의 없다. 그 어떤 다른 종도 그런 방식으로 자신의 자연적 생리학적 형질을 넘어서지는 못했다.

유전자의 동일성

브레멘대학교 뇌 연구소의 게르하르트 로스Gerhard Roth가 내놓은 이 주장에 따르면 인간의 유전자는 침팬지의 두 종과 99퍼센트 동일하다. 침팬지와 다른 영장류와의 관계보다 이들 세 종은 유전자상으로는 한층 상관관계가 높다. 따라서 침팬지, 보노보, 인간을 합쳐서 별도의 분류군을 새로 만들어야 한다.[1]

사실 인간과 침팬지는 흔히들 주장하듯이 98.5퍼센트 정도의 유전자가 동일한 것은 아니다. 1.5퍼센트의 차이는 서로 대응되는 유전자 간의 차이를 측정한 것인데, 유전자 전체를 놓고 본다면 그 차이는 6퍼센트 이상이다.* 또한 침팬지와 인간 공통 조상 이후 인간 DNA에 나타난 일련의 변이로 인해 무엇보다도 RNA 분자가 만들어졌는데 이는 인간 태아의 뇌의 발달과 연관되어 있다.[2]

* 502쪽 참고.

보다 중요한 사항은, 단백질을 만들어 내는 유전자로 이루어져 있는 인간 게놈의 2퍼센트에만 집중하게 되면, 유전자가 언제, 어느 정도 범위로, 그리고 얼마나 오래 작동해야 하는지 결정함으로써 유기체의 뚜렷한 형질을 만들어 내는 훨씬 광범위한 조절 염기서열regulatory sequences을 무시하게 된다. 이는 또한 다음에 나오는 주장에 대한 대응으로서의 질적인 행동의 차이는 물론 다른 차이점까지도 무시한다.

정도의 차이일 뿐인 행동의 차이

이 견해는 인간의 행동상의 특징이 독특한 것은 아니라고 본다. 인간의 행동은 우리와 유전자상으로 가까운 종인 침팬지에게서도 나다난다. 인간의 행동은 종류가 다른 게 아니라, 정도의 차이만 있다.

이 견해를 내세우는 이들은 야생의 침팬지 사례를 통해 이 주장을 뒷받침한다. 이 견해가 처음 나온 것은 1960년대에 잔가지에서 잎사귀를 벗겨내고 개미굴에 찔러 넣어 개미를 꺼내 먹는 침팬지가 발견되었을 때이다. 이를 근거로 인류학자이자 고생물학자인 루이스 리키Louis Leakey는 "이제 우리는 도구에 대해 그리고 인간에 대해 재정의를 내리거나, 침팬지를 인간으로 받아들여야 한다"[3]라고 결론 내렸다. 도구 사용과 관련한 또 다른 관찰로는 침팬지들이 도토리를 돌 위에 올려 놓고 다른 돌을 이용해 깨는 사례들이 있는데, 망치와 모루를 만들어 사용하는 인간처럼 묘사되었다. 또한 침팬지들은 이러한 기술을 익히기도 한다. 침팬지들은 서로 다른 의미를 전달하기 위해 다양한 소리를 사용하기도 하는데, 단순하지만 음성을 통한 언어 사용의 사례라 하겠다.

유인원들이 종 내부에서 나타내는 대표적인 행동은 공격성이다. 수컷 고릴라들은 암컷들을 차지하기 위해 다른 수컷과 싸우는데, 이긴 수컷은 진 수컷만이 아니라 그 수컷의 새끼들까지 다 죽이기 마련이다. 침팬지들은 떼를 이루어 다른 침팬지 무리에 쳐들어가서 기습을 통해 암컷이든 수컷이든 어른을 움직이지 못하게 해놓고, 더 이상 움직이지 않는데도 한참 동안 때린 후에 찢어 죽인다. 침팬지 무리 내에서 대장 수컷이 지배하는 수컷들 내부의 서열은 참혹한 싸움 끝에 변화가 생기는데, 이 서열은 실제 싸움보다는 공격성을 드러냄으로써 유지된다.

그러나 영장류 연구가들은 이러한 공격성과 대조되는 다른 행동도 있다고 강조하는데, 어미-새끼 간의 유대, 서로 털을 골라 주는 행동, 사냥에서의 협력 등이 그런 예이다. 이들이 위계질서가 형성된 사회 속에서 살고 있으며, 그 사회 속에서는 속임수, 서방질, 복종 등의 현실이 흔하다는 것이 인간과 비슷한 행동의 사례로 제시된다. 또한 유인원들에게는 인간과 유사한 정서도 나타난다고 언급된다. 자주 인용되는 슬픔에 관련한 사례로는 독일 북부 뮌스터 동물원에 있던 가나Gana라는 이름을 가진 고릴라가 2008년에 이미 태어난 지 석 달 만에 죽은 자기 새끼를 포기하지 않고 일주일 이상 안고 쓰다듬어 주었다는 사례가 있다.

또한 영장류 연구가들이 포획한 어린 유인원을 대상으로 지각 테스트를 해 본 결과 인간과 비슷한 행동을 하는 사례가 많이 나왔다(나이 많은 유인원은 너무 공격성이 강해서 실험을 할 수 없다). 어린 침팬지는 세 살 이하에서는 인간 아기들보다 곧잘 우수한 성적을 낸다. 일부 영장류 학자들은 침팬지가 거울에 비친 자기 모습을 알아보기에 자기 자신에 대한 인식을 갖고 있다고 주장한다. 일부 어린 유인원들은 컴퓨터상에 나온 표시에 따라 버튼을 누름으로써 언어를 습득하며, 침팬지와 고릴라가 각각 미국식 수화를 습득했다는 주장도 제기되었다. 그들은 수백 개 이상의 단어를 익혀, 그것을 나열해서 의미 있는 문장으로 만들기도 하고, 백조를 가리켜 물새water bird라는 새로운 문구를 만들어 내기도 했다.

언어를 연구하는 인지 심리학자 스티븐 핀커Steven Pinker는 언어와 연관된 이런 주장이 허위임을 밝혀냈는데, 그의 주장은 동료들의 리뷰를 받은 적 없이 대중 과학 잡지와 티브이에 바로 나왔다.[4] 언어 관련 주장자들은 서커스 조련사들이 하듯이 그들의 침팬지와 고릴라를 훈련시켰다. 그들은 어린 침팬지에게 어른의 옷을 줄여서 입히고 찻잔으로 차를 마시게 하면서 피지 팁스PG Tips 차를 더 좋아한다는 걸 증명한답시고 내놓았던 영국의 텔레비전 광고 못지않게 음운론, 어형론, 구문론 등에 아무런 지식이 없었다.

아무리 집중 훈련을 시켜도 침팬지는 (앵무새들과는 달리) 인간의 말을 흉내내지 못했다. 야생에서 위험을 알리는 등의 여러 감정을 소리로 표현하는 것은 인간의 대화와 질적으로 다르며, 훈련을 받지 못한 침팬지는 단어 하나도 쓸 줄 모르고, 시나 소설은 더 말할 게 없다.

인간 아기들은 두개골이 부드럽고 유연한 상태로 태어나서 두세 살이 될 때까지 급격히 커질 수 있기에 구조나 크기가 커지는 뇌를 감당할 수 있다.[5] 그렇기에 뇌가 완전히 발달한 상태로 태어나는 어린 침팬지가 두 살짜리 인간 아기보다 어떤 인지 테스트에서는 더 우수할 수 있다는 것이 놀라운 일이 아니며, 그보다 더 나이가 든 아기들보다 침팬지가 우수할 수 없다는 것 역시 놀랄 일이 아니다.

인간의 독특한 행동

24장에서는 서로 겹쳐지는 다섯 가지 행동 유형을 통해 인류에 이르는 계통에서 의식이 생기는 과정을 살펴봤다. 그 유형이란 직접적 반응, 타고난 반응, 학습된 반응, 사회적 반응, 혁신적 반응이었다. 반성적 의식의 출현은 이들 다양한 행동에 근본적인 변화를 일으켰다.

인간은 지금도 여전히 자기 보존을 위한 직접적 반응을 보인다. 그러나 다른 동물과 달리 인간은 그런 반응을 억누를 수도 있다. 24장에서 언급했던 예를 가져오자면, 인간은 자신의 손을 불 속에 집어넣고 있을 수 있고, 자기 몸을 태워 버릴 수도 있다. 일부 문화권에서 분신은 수세기 동안 이어져 온 전통이며, 현대에도 정치적 항의로서 일어난다.

본능이라고 분류할 수 있는 직접적 반응과 타고난 행동은 서로 겹쳐지면서 강력한 역할을 한다. 예를 들어 대다수의 인간들은 자신들에게 공격이 가해지면 반격하거나 도망가는 반응을 보인다. 그러나 만약 비폭력주의를 받아들이고 이를 구현하기로 결정한다면, 독립 이전의 인도에서 식민지를 관할하던 영국 군대에 의해 희생되고자 자신을 내놓았던 간디의 추종자들처럼 반격하거나 도망가려는 본능을 억제할 수 있다. 그보다는 덜 극적이지만, 대부분의 남자들은 끌리는 외모를 가진 여자가 있더라도 여자의 권리를 존중하고, 혹은 자신들이 그 일부를 이루고 있는 사회가 정한 법률을 준수하기로 이성적으로 결정하여 그 여자들과 성관계를 맺으려는 본능을 억제하며, 다이어트를 하기로 결심한 이들은 배가 고파도 먹고 싶은 본능을 억제한다.

인간의 학습한 행동은 다른 영장류의 행동과 근본적으로 다른데, 이는 그들의 학습 과정이 네 가지 차원에서 질적, 양적으로 차이가 나기 때문이다.

1. 인간 이외의 영장류는 거의 전적으로 모방을 통해 배우지만, 인간은 가르침을 받아서 배운다.
2. 영장류의 학습은 대개의 경우 새끼와 어미 혹은 가까운 친족 간에 이루어지지만, 인간의 경우에는 부모가 자식이 태어난 후에 5년 정도 가르치고 나면, 그 이후 10년에서 20년 이상은 친족이 아닌 이들에 의해 교육이 이루어진다. 즉 학교, 대학, 기업체 등의 다양한 전문가들이 강의, 서적, 시청각 자료, 인터넷 등 다양한 방편을 통해 가르친다.
3. 영장류는 먹이 활동이나 사냥처럼 생존에 직간접으로 연관된 기술만 배운다거나 혼자 사용하기 위한 초보적 도구를 만들거나, 서로 털을 골라 주는 정도인데 반해, 인간은 문학, 예술, 철학, 과학 등 생존을 넘어서는 활동도 다양하게 배운다.
4. 인간은 인간들이 만들어 낸 도서관이나 월드 와이드 웹 등의 리소스를 활용해서 혼자서 배울 수도 있다.

사회적 활동과 관련해서 보면, 인간이 아닌 영장류는 주로 친족 관계인 단 하나의 사회 집단에 속해 있으며, 이 집단은 생존과 번식을 목적으로 한다. 그들의 소위 분열-융합 사회 속에서 한 집단의 구성원들은 변할 수 있지만, 각각의 개체는 한 번에 한 집단에만 속해 있게 된다. 이와 달리 인간은 동시에 여러 사회 집단에 속해 있을 수 있고, 그 집단의 목적은 생존과 번식을 넘어설 뿐 아니라, 이들 집단은 가족 단위, 마을 단위, 지역 단위, 국가 단위, 초국가 단위, 전 지구적 단위에서 운영된다.

영장류 집단 내의 개체들의 상호작용은 촉각, 미각, 후각, 시각, 청각 등 감각을 통해 이루어진다. 그러나 인간은 가족 내에서는 촉각, 미각, 후각 등이 작동하지만, 이들 감각은 다른 사회 작용에서는 역할이 작다. 또한 편지, e메일, 사진, 영화, 웹캠 이미지, 유무선 전화, 온라인 컨퍼런스 등 지역 단위에서부터 전 지구적 단위에까지 미치는 발명품으로 인해 시각과 청각은 확대된다.

이러한 발명품은 행동의 다섯 번째 유형인 혁신적 행동에 의해 생겨난다.

모든 영장류 연구가들이 영장류가 환경적 사회적 문제에 대한 명백히 새로운 해결책으로서 만들어 냈다고 보고한 533건의 혁신 사례가 있는데, 여기에는 까마귀나 돌고래, 혹은 고래 등의 해양 포유류를 연구하는 이들에 의해 사례가 더 추가될 수 있다. 그러나 그러한 사례들은 인간의 혁신과는 질적, 양적으로 다르다.

인간이 아닌 동물들의 혁신은 침팬지가 나뭇가지에서 잎을 벗겨내고 개미굴에 쑤셔 넣어 개미를 끄집어 내거나 도토리 껍질을 깨기 위해 돌을 사용하는 것처럼 먹이를 얻는 활동, 즉 오직 생존과 관련되어 있다.

또한, 인간과 원숭이가 도구를 만드는 것 같은 행동이나 유전자에 유사점이 있다고 강조하는 영장류 연구가들의 주장은 29장에서 언급했듯이 더 큰 그림을 보지 못하고 좁은 영역만 보는 과학 전문화에 따른 결과를 보여 주는 것이기도 하다. 이 경우에도 그들은 원숭이가 보이는 행동은 유전자적으로 많은 차이가 나는 여러 종들도 한다는 점을 간과하고 있다. 뉴칼레도니아의 까마귀들은 나뭇가지를 다듬고 깎아 작살처럼 만들어서 나무의 구멍 속에 집어넣어 벌레 유충을 꺼내 먹는다. 이 종을 연구하는 학자들은 까마귀가 사용하는 도구가 침팬지의 도구보다 정교하다고 주장한다. 또다른 까마귀 종인 플로리다 어치를 연구하는 이들은 이 어치들이 넓은 지역의 여러 저장고에 썩는 먹이와 썩지 않는 먹이를 저장해 두며, 그 장소와 각각의 저장고의 내용을 기억하고 있다고 보고한다. 어떤 어치는 지켜보다가 저장고의 음식을 훔쳐 가기도 하며, 훔쳐 와서는 다른 어치 눈에 띄지 않도록 자기 저장고 위치를 숨기기도 한다.[6]

돌을 사용해서 도토리 껍질을 까는 침팬지는 4,300년 전부터 있었다고 알려져 있다.[7] 그 당시에도 나뭇가지 껍질을 벗겨서 개미굴에 집어넣었을 것이지만, 오늘날에는 증거가 남아 있지 않다. 그 이후로 돌을 사용하는 기술에는 진보가 없었고, 인류의 이전 조상인 호미닌hominins이 돌을 깨서 날카로운 끝을 가진 돌을 도구를 만들어 썼던 원시 올도완Oldowan 시대까지도 그랬을 것이다. 그들이 발명한 도구는 거의 없다. 각자 자신을 위해 도구를 사용했을 뿐이고, 생존을 위해 사용했다.

이와 대조적으로, 생존 아닌 다른 목적을 위해 인간이 만든 무수히 많은 도구들의 숫자와 복잡성과 규모에 대해서는 29장에서 다루었다. 침팬지가 도토리를 까기 위해 돌을 사용한 것과 전 세계 과학자들이 힘을 합쳐 기본 입자들의 상호작용에 대하 알아보기 위해 대형 강입자 충돌기를 발명하고 만든 것이 같은 종류라고 말하는 것은 내가 보기에는 타당성이 부족하다.

역설적이게도, 침팬지와 인간의 도구는 두 종의 정도 차이를 나타낼 뿐이라는 주장이 제기될 때는 태양계를 탐사하고 나서 35년이 지난 2013년 9월에 태양계를 넘어서서 그 외부의 행성을 탐사하도록 설계되고 원격 조종되는 보이저 1호와 2호라는 우주선을 만들었던 때이다. 그 각각에는 도금 처리된 시청각 디스크가 실려 있고 거기에는 이 장의 제목 아래에 나와 있는 미국 대통령 지미 카터의 메시지가 담겨 있다.

거울에 비친 자기 모습을 알아볼 수 있는 능력은 자기 자신과 우주 내에서의 자신의 위치를 반추하는 의식과는 전혀 다르다.

인간이 아닌 동물 중에서 먹이나 둥지를 얻고, 포식자를 피하고, 교미할 짝을 찾으며, 새끼를 기르고, 혹은 생존과 번식을 위해 무리 내에서 협력을 강화하는 정도 이외의 행동을 하는 동물은 없다.

반면에 인간은 생존이나 번식과는 아무런 관계가 없는 다양한 범주의 행동을 한다. 물리적 개체이자 사유하는 개체로서의 자기 자신에 대해, 자기 환경과 그 너머 우주에 대해, 그리고 자기 자신의 행동에 대해 질문을 한다. 인간이 아닌 어떤 동물도 이러한 자기반성적인 사고 역량이 없고, 그 역량으로 인해 생겨나는 바, 유전적이나 문화적으로 결정된 행동에 반하여 행동하기로 결정하는 능력도 갖고 있지 않다.

이렇듯 서로 겹쳐지는 세 가지 오류를 뒷받침하려고 제시된 모든 증거들은 이 책의 2부와 3부에서 제시된 이론과 서로 부합한다. 생물학적 복잡성과 중심화가 커지는 데 비례해서 여러 진화 계통에서는 의식도 높아지고 강화되다가 정체기에 이르지만, 한 종에게서는 그 국면에 변화가 일어나서 의식이 자기 자신을 의식하기에 이른다. 비유를 하자면, 이러한 강화는 물을 담은 팬에 열을 가하는 것과 같다. 열을 가하면 온도가 올라가게 되는 것이다. 긴팔원숭이, 고릴라, 침팬지 계통을 의미하는 팬에서는 신경의 복잡성과 중심화의 비유인 열이 불충분하기에 물의 온도를 각각 섭씨 85도, 90도, 95도 이상으로 올리지 못하며, 이는 그들의 의식과 행동 수준을 나타낸다. 인간에 이르는 계통에 해당하는 팬에서는 그 열의 강도가 강해서 온도를 끓는점까지 올려놓았다. 물 속에서 기포가 생기면서 끓는 물의 표면으로 뚫고 올라와서 기체가 된다. 열은 섭씨 100도를 유지하고, 물의 양이 줄어들면서 그 물은 점점 더 빠른 속도로 기화된다.

인간은 자신이 물려받은 유전자와 문화적 환경에 의해 형성되지만, 반성적 의식으로의 국면 변화로 인해 그 둘을 초월할 수 있는 독특한 역량이 생겨났다.

Chapter 31

인간의 출현과 진화에 대한 결론과 반성

오늘날 인류를 그 자신과 그리고 생물권의 다른 영역과 연결하는 관계의 네트워크는
너무나 복잡해서 모든 측면이 다른 모든 측면에 이루 말할 수 없는 큰 영향을 끼친다.
설령 투박하더라도 시스템 전체를 연구해야만 하는데,
이는 선형적이지 않은 복합적 전체의 부분적 연구 내용을 서로 이어 붙인다고 해서
그 전체의 행태에 대한 온전한 생각을 얻을 수가 없기 때문이다.

-머리 겔만Murray Gell-Mann, 1994년

우주에 대한 탐구, 그리고 지구 전체에 관련된 경제적, 생태학적, 인공두뇌학적
복잡성이라는 특성이 필연적으로 전 지구적 의식을 위한 토대를 구축하고 있다.

-리처드 포크Richard Falk, 1985년

현대의 과학적 인간에게 이르러서 진화는 마침내 자기 자신을 의식하게 되었다.

-줄리언 헉슬리Julian Huxley, 1959년

결론

3부에서 발견한 내용을 합치면 다음과 같은 결론에 이른다. 각각의 결론에 대한 증거나 그 결론에 이르게 된 분석 내용은 괄호 안에 표시한 장에서 다루고 있다.

1. 인간의 해부학적 유전적 특질은 다른 영장류와 정도에서 차이가 날 뿐이다. 알려져 있는 다른 모든 종과 호모 사피엔스를 구분하는 것은 반성적 사고이며, 이 말은 현대 인류 성인은 뭔가를 알 뿐 아니라, 자기가

안다는 것을 안다는 뜻이다. (26, 27장)

2. 여러 영장류 연구가들, 인류학자, 진화생물학자들의 주장에도 불구하고, 반성적 사고라는 독특한 역량을 가진 인간의 출현은 생명의 진화상에서 그저 정도의 변화가 아니라 종의 변화를 가져왔으며, 이는 생명의 출현이 무생물 물질의 진화와는 차이가 나는 별개의 종으로의 변화를 뜻하는 것과 같다. (30장)
3. 포괄적으로 보자면 인간의 출현은 그보다 앞선 영장류들에게 생겨난 의식이 자기를 의식하게 되는 시점까지 추적해 갈 수 있다. 그러나 증거가 부족하기에 구체적으로 인류 이전의 어떤 조상에서 시작된 계통에서부터 생겨났는지 추적하기는 불가능하다. (26장)
4. 반성적 의식이 최초로 깜박거리며 나타났던 때는 특수한 목적을 위한 복합적 도구, 상징물, 장식물, 그림, 조각, 악기, 장례와 화장 예식, 바다를 건너갔던 일 등에서 확인된다. 이런 일들은 지구의 여러 지역에서 발견되었다. 그들의 연대는 불확실하지만, 대부분 아프리카에서는 후기 석기 시대, 다른 대륙들의 경우에는 상부 구석기 시대에 해당하는 40,000년에서 10,000년 전에 나타나며, 불완전하고 확정적이지는 않지만 증거들을 통해 볼 때 반성적 의식은 그보다 일찍 생겨났음을 알 수 있다. (26장)
5. 물질의 출현이나 생명의 출현에서와 같이, 인간이 언제 어떻게 출현했는가에 관해서도 과학은 증거 부족으로 인해 앞으로도 확정하지 못할게 거의 확실하다. 그 근본 원인은 포식자를 피해 생존하려는 본능 그리고 변화무쌍한 기후로 인해 초래된 변화무쌍한 환경 속에서 식량을 찾아야 할 필요성 때문이겠지만, 이들 목적이 경쟁보다는 협력을 통해서 더 잘 달성될 수 있다는 깨달음이 있었을 것이다. 교잡이나 게놈 전체 복제는 진화적 변화에 일정 부분 역할을 했을 것이다. (26장)
6. 대체적으로 보자면, 덜 복잡한 역량—이해, 학습, 커뮤니케이션—이 상호작용하면서 좀 더 복잡한 수준의 새로운 역량—이 경우에는 반성

적 의식—을 만들어 냈고, 그 고등 역량은 하위의 역량과 다시 상호작용하여 그들을 변화시켰을 뿐 아니라 새로운 역량—상상력, 믿음, 언어, 추상, 도덕—을 만들어 내는 시스템의 출현이 있었다. (26장)

7. 중대한 모든 출현에서 그러하듯, 인간을 인간 이전의 종과 구분하는 경계선은 불분명하지만, 그럼에도 경계선이 있긴 있다. 그 경계를 너머서 비가역적인 변화가 일어났다. 반성적 의식의 진화가 시작된 것이다. (26장)
8. 이 진화는 서로 겹쳐지는 세 가지 국면으로 나눌 수 있는데, 그 국면이란 원시적 사고, 철학적 사고, 과학적 사고이다. (27장)
9. 인류humans는 인류의 조상hominins에게서 완전히 분리되어 나온 이후로 아주 긴 시간 동안 작은 확대 가족 집단 단위로 수렵 채집 생활을 이어가면서 다른 집단이나 포식자들과 생존 경쟁을 벌여야 했기에 사망률이 높았다. (27장)
10. 원시적 사고는 천천히 진화해 나갔고, 대략 10,000년 전 즈음에 와서 인간은 식량을 얻을 수 있는 보다 효과적인 방식으로서 농사를 발명했고, 보다 큰 농경 사회를 만들고 서로 협력하는 것이 유익하다는 것을 깨달았다. 이러한 발전은 여러 곳에서 서로 다른 시간대에 일어났으며, 어떤 곳에서는 아예 일어나지 못했다. (27장)
11. 반성적 사유를 하고, 그림이나 말과 글로 자신의 생각을 전달할 기회가 많아지면서 이러한 농경 사회 속에서 인간은 서로 협력하여 농토를 개선하고 확대할 수 있는 기술을 발명했고, 또한 다른 거주지에 있는 이들과 서로 협력하여 물건과 생각을 교류했으며, 이로 인해 거주지는 점점 더 커지고 복잡해졌다. (27장)
12. 협력은 점점 진화했지만, 인류 이전 조상 때부터 수백만 년간 각인되어 있었던 경쟁의 본능, 즉 거주지의 통제권은 물론이고 거주지 내부나 다른 거주지의 농업 자원이나 그 외의 자원을 둘러싼 전쟁을 초래하고, 이로 인해 여러 왕조와 제국의 명멸을 가져왔던 그 본능과 서로

싸워야 했다. (27장)

13. 이 거주지가 커지면서 사회적 위계질서가 형성되었는데, 부모로부터 자식에게 전수되는 기술에 따른 계급이 드러났고, 통치자, 제사장, 전사, 상인, 장인, 농부, 노예가 그 전형이었다. 인간 사회의 크기와 복잡성 그리고 중심화가 증가하는 것은 지구상 어디에서나 나타나는 패턴이었다. (27장)
14. 원시적 사고의 진화는 자연 현상에 대한 무지와 알 수 없는 것에 대한 두려움이 상상력과 결합하여 생겨나는 미신인 믿음의 진화와 맞물려 있었다. 종교는 수렵 채집인들의 애니미즘, 토테미즘, 조상숭배로부터 발전해서 인간사회의 크기, 복잡성, 전문화의 성장을 반영하였고, 다산의 여신에서부터 시작해서 남성적인 강력한 천신이지 전쟁의 신이 지배하는 여러 신들을 섬기는 다신론을 거쳐 족장 시대의 유일신론에 이르는데, 여기서 여러 신들은 하나의 신으로 통합되거나 천사들로 강등되었다. (27장)
15. 생존과 번식을 위해 기술을 고안하고 이들 일을 결정한다고 믿었던 초자연적인 힘에 영향을 미치기 위해 반성적 사고를 동원하면서 원시적 사고는 예술, 말과 글, 수학과 천문학의 토대를 놓았다. (27장)
16. 우리가 누구이며 어디에서 왔는지에 관한 중요 질문에 답하려는 시도는 대략 3,000년 전 세계 곳곳에서 원시적 사고의 미신에서부터 철학적 사고가 분리되어 나오면서 새로운 국면에 들어섰다. 이는 20,000년 이상 믿어 왔던 상상 속의 정령이나 의인화된 신들이나 하나님을 언급하지 않고서도 설명하고자 하는 열망이 특징이라 하겠다.
17. 철학적 사고는 인도 아대륙에서 처음 나왔다고 보는 게 타당할 듯하고, 또 다른 중심지로는 중국과 그리스의 식민지 이오니아가 있다. 철학자들은 주로 명상 수련에서부터 생겨나는 통찰, 그리고 미리 전제한 가설 혹은 증거에 대한 해석에 기반하여 나오는 추론을 사용했다. (28장)
18. 지금까지 살펴본 모든 출현과 마찬가지로, 암중모색하듯 수행한 철학

적 사고를 향한 최초의 시도가 그 뿌리라고 할 수 있는 바, 종교에 의해 머리 속에 심겨진 원시적 미신에서부터 구분하기 어려웠다. 그 시도가 자라고 퍼지면서 그들의 진화는 여러 지역의 다양한 환경에 대한 반응으로 생겨난 생물학적인 계통 진화와 유사한 패턴을 나타냈다. 철학적 사고의 어떤 씨앗은 자라지 못했다. 어떤 씨앗들은 자라다가 시들었다. 어떤 것들은 다른 학파에 의해 동화되고 변화를 겪었다. 일부는 그 지방의 신앙과 상호작용하면서 종교로 변모해 갔다. 일부는 종교나 통치자들에 의해 흡수되거나 소멸되었다. 어떤 것들은 휴경지마냥 아무 일 없이 이어지다가 한참 지나서 되살아났다. 어떤 것들은 통치자들이 장려하여 번성했다. 살아남은 것들은 진화를 이어 갔다. (28장)

19. 인도, 중국, 그리스, 로마의 여러 선견자들의 통찰에는 공통된 특징이 있었는데, 특히 만물의 저변에 깔려 있는 통일성이 그것이다. 대부분의 경우에 이러한 근원적인 통일성 혹은 궁극적 실체는 형언할 수 없지만 최선을 다해 표현하자면 시공간을 벗어나 형체 없이 존재하므로 초월적이면서도 동시에 우리의 오감과 정신으로 감지할 수 있는 모든 현상을 초래한다는 점에서 내재적이기도 한 우주적 의식 혹은 지성이라 하겠다. 이 근원적인 통일성에서부터 나왔기에 우리 각자는 본질적으로 전체와 동일하다. 또한 이 궁극적 실체는 우주의 작용 방식을 통해 드러나거나 그 작용 방식을 조율하고 있기에, 우리가 완성에 이르려면 거기에 우리 삶을 맞추어 조화를 이루어야 한다. (28장)
20. 통찰은 전체론적이지만, 그 탐구 대상에 따라 여러 분야로 나뉠 수 있다. 특히 세분화가 많이 일어난 것은 특정 선견자의 통찰을 해석하고 실천하고 가르치기 위해 설립된 학파들 때문이었다. (28장)
21. 추론은 통찰을 가르치기 위해 도입되었으며, 또한 하나의 탐구 방법이기도 했다. 이것 역시 탐구 대상에 따라 여러 분야로 나누어지며, 이들은 다시 새로운 사고에 대한 응답으로 퍼져 나가고 해석되고 다양해진 여러 학파들로 세분화된다. (28장)

22. 사고가 윤리학—어떻게 살아야 하는가—에 집중하면, 통찰을 사용하는 이든 추론을 사용하는 이든 간에 거의 고대의 철학자들은 모두 이기심을 버리고 다른 사람들이 나에게 해 주길 원하는 대로 다른 사람에게 함으로써 평안과 완성을 이룰 수 있다고 가르쳤다. 이것은 그들 사회 속에 만연한 공격성, 투쟁, 정복을 향한 본능적 욕구와는 반대되는 가르침이었다. 근원에서 살펴보자면 이는 인간의 진보를 성취하는 데 있어서는 경쟁이 아니라 협력을 처방하는 것이었다. (28장)
23. 통찰과 추론 사이의 근본적인 분화는 12세기 후반에 서양이 추론을 사실상 철학적 사고의 유일한 방법으로 채택하면서 일어났는데, 이 둘 중에 어느 쪽이 우월한가에 대한 증거는 없다. (28장)
24. 인간 진화의 세 번째 국면인 과학적 사고는 조직적이고 될 수 있으면 측정 가능한 관찰과 실험을 동원하여 자연 현상을 설명하고, 그렇게 얻은 지식에 추론을 적용해서 검증 가능한 법칙을 도출하고, 예측과 사후 예측을 도모하려는 시도라고 할 수 있다. (29장)
25. 이러한 사고는 애초에는 무생물 현상을 연구하는 물리과학, 살아 있는 유기체를 연구하는 생명과학, 건강을 유지하고 질병과 상해를 다루는 데 적용되는 의학, 이렇게 세 가지 분야에서 실행되었다. (29장)
26. 의학은 고대의 의술에 그 뿌리가 있는데, 미신과 서로 엉켜 있었고, 17세기에 와서는 생명과학과 함께 근대 과학의 일부로서 분리 출현했다. 가장 오래된 물리과학인 천문학은 미신적인 믿음을 위해 사용되던 선사 시대부터 시작되었는데, 16세기에 와서 근대 과학으로 분리되었다. 물리과학의 기본인 물리학은 16세기와 17세기에 와서 자연 철학에서 분리되었다. 과학 혁명기라고 알려져 있는 이 시기에 고대의 의학, 천문학, 자연 과학의 생각들 중 상당히 많은 수가 사실이 아닌 것으로 판명되었고, 실증적 증거에 입각한 새로운 이론들이 나타났다. 그러나 실제 그 업에 종사하는 이들은 여전히 미신적인 믿음을 견지하고 있었다. (29장)

27. 19세기에 와서 인간과 그들의 사회 관계에 대한 연구가 진행되면서 생명과학에서부터 사회 과학이 생겨났다. (29장)

28. 과학적 사고는 출현한 이후에 시너지를 내는 다섯 가지 요인에 의해 급속도로 진화해 나갔다. (29장)

28.1 기계적 계산기에서부터 퍼스널 컴퓨터와 슈퍼컴퓨터에 이르기까지 발전한 계산용 기구.

28.2 새로운 사고를 촉발한 지식의 전파. 수작업용 이동식 금속 활자 인쇄기에서 인터넷을 거쳐 월드 와이드 웹으로 발전하면서 새로운 지식의 즉각적인 전파뿐 아니라 그 지식의 전 지구적 유통이 가능하게 되었다.

28.3 다른 목적을 위해 개발된 기술에 더하여 특정한 과학적 탐구를 위해 생겨난 새로운 기술의 발달.

28.4 지식과 생각을 공유하기 위한 학회나 특정한 과학적 탐구를 위해 지역 차원에서부터 국가 차원과 국제적 규모에 이르기까지 꾸려지는 팀워크를 통해 이루어지는 과학자들 간의 협력.

28.5 더 많은 과학자들을 양성하는 교육에 대한 폭넓은 접근성.

29. 이러한 요인들로 인해 다음과 같은 결과가 산출되었다 (29장).

29.1 통상적으로는 관찰되지 않는 물질과 에너지를 탐구하기 위한 기술의 개발. 이로 인해 양자 이론과 상대성 이론이 나오면서 물리학에서 이차 과학 혁명이 일어났다.

29.2 실증적 지식의 기하급수적인 성장. 이로 인해 과학적 사고는 보다 전문화되는 분과와 세부 분과로 갈라져 나갔고, 이들은 점점 더 좁은 분야를 탐구하게 되었다.

29.3 이렇게 점점 좁아지는 분야에서 산출되는 심화된 지식. 이로 인해 전문성의 협곡이 생기면서 종사자들은 동일한 좁은 분야에 관련된 학제 간 연구에서조차도 서로의 협곡이 연결되지 않는 한 다른 전문가와 의미 있는 대화를 하기 어렵게 되었다.

29.4 전문 분야를 넘어서서 우리는 누구인가와 같은 인간 존재의 근본적 질문을 다룰 만한 역량을 갖춘 과학자들이 희소해짐.

29.5 과학적 탐구의 유일한 방법으로서의 환원주의에 대한 믿음. 과학적 환원주의라는 강력한 분석 도구가 생명이나 인간처럼 복잡하고, 상호작용하며, 새롭게 생겨나는 현상을 연구하는 데 적용되었을 때 드러내는 한계에도 불구하고 말이다.

29.6 이에 상응해서, 오직 물리적 물질만이 실재로 존재하며 정신이나 의식 같은 다른 것들은 궁극적으로는 물리적 물질이나 그들 간의 상호작용으로 설명될 수 있다고 보는 물리주의에 대한 수많은 과학자들의 믿음.

30. 개인과 집단의 정신 작용이나 행동을 연구하는 심리학의 두 분과에 종사하는 과학자들은 우리가 누구인가에 대한 답을 내놓을 수 있다고 주장한다. (29장)

30.1 물리주의를 믿는 신경심리학자들은 인간이란 신경세포들과 그를 이루는 분자들의 거대한 배열이 하는 행동일 뿐이라고 주장한다. 설령 우리의 정신이 우리의 신경세포들과 그들 간의 상호작용에서부터 생겨나고 혹은 거기서부터 출현했다고 치더라도, 정신은 뇌와 동일하지 않다. 또한 신경심리학자들이 자아에 대한 개념, 자부심, 음악을 듣는다, 색을 본다 같은 다양한 현상에 대한 주관적인 경험이 어떤 의미인지에 대해 독립적으로 관찰과 실험 결과를 확정하여 제시하지 못하는 한 이런 주장은 과학이 아니라 철학적 사유의 영역으로 남아 있을 뿐이다.

30.2 진화심리학자들은 우리가 생각하고 느끼고 행동한다는 차원에서 우리가 누구인가 라는 것은 석기 시대 조상들의 생존 경쟁에 유리하게 적응할 수 있도록 자연적으로 선택되었던 심리학적 메커니즘을 감당하기 위해 임의로 생겨난 유전자 변이가 수천 세대에 걸쳐 누적되어 생겼다는 신다윈주의적 이론으로 설명될 수

있다고 주장한다. 그들이 제시하는 증거는 단순화한 유전자 중심의 수학적 모델과 사회생물학의 게임 모델인데, 이들은 현실과 유리되어 있을 뿐 아니라, 원하는 어떤 결과도 만들어 낼 수 있게 설계할 수 있기에 예측력이 없으며, 인간 본성에 관해 신다윈주의가 제시하는 유전자 기계론적 설명과 양립할 수 없는 문화적 신념과 행동상의 증거로 인해 반박된다.

30.3 이러한 증거를 수납하기 위해 어떤 진화심리학자들은 진화 적응 환경 가설을 제시한다. 유전자 결정주의의 결점을 합리화할 목적으로 추측에 근거하여 내놓은 이러한 시도를 뒷받침하는 증거는 없다.

30.4 다른 이들은 한발 더 나아가 유전자-문화의 공동 진화 가설을 내놓는다. 그러나 신다윈주의의 주장에도 불구하고, 유전자의 작동이나 그들의 조정, 생물학적 진화상에서 환경과의 상호작용에서 나타나는 복잡성에 대한 이해는 현재로서는 매우 부실하며, 사고와 감정과 행동을 설명하는 데 있어서는 그보다 더 부실하다.

31. 16세기 후반 이후 과학적 사고를 지배하는 다양화와 세분화의 패턴과는 정반대라고 할 수 있는 수렴적인 경향이 기본 과학인 물리학에서 나타났고, 이는 20세기 초에 와서는 이차 과학 혁명과 함께 한층 가속화되었다. 이는 명백히 서로 다른 다양한 물리 현상의 저변에 동일한 원인이 있다는 통찰에서부터 비롯되었다. 지난 25여 년간의 이론 물리학의 주요한 논지는 우주 내의 모든 물리적 현상이 우주 초기에 있었던 하나의 근본 에너지가 그보다 낮은 에너지 준위로 발현된 것임을 증명하는 일이었다. (29장)

32. 이차 과학 혁명의 수많은 개척자들은 환원주의를 우주 내의 물리적 현상을 설명하는 유일한 방법론으로 받아들이기를 거부하고, 나누어지지 않는 전체에 집중해야 한다고 주장했다. (29장)

33. 양자 이론에 대한 여러 해석은 양자장이 붕괴되어 물질로 되기 전에

그것을 의식적으로 관찰하는 이를 필요로 하는데, 이는 물리주의와 부딪친다. 일부 양자 이론가들은 물질은 독립적으로 존재하는 것이 아니라 정신 혹은 의식이 구축한 대로 존재한다는 관념론으로 기울었다. 어떤 이들은 우리의 물리적 오감과 정신으로 포착할 수 있는 모든 현상들을 일으키고 조절하는 초월적인 우주적 의식처럼 만물의 저변을 이루는 통일성에 관한 고대의 신비주의적인 통찰과 비슷한 형이상학적인 견해를 피력한다. (29장)

34. 물리학 분야들이 지난 25년간 수렴되면서 우주 내에서 우리가 파악하는 모든 것들은 초기에 있었던 단일 에너지가 낮은 에너지 준위로 발현된 것이라는 설명으로 나아가고 고대의 신비주의적 통찰에 수렴하고 있다면, 이는 분명히 400년간 이어져 온 과학적 사고의 진화를 특징지었던 분화의 경향과 반대되는 중대한 수렴적인 경향이다. (29장)
35. 인간은 물려받은 유전자와 문화적 환경에 의해 형성되지만, 자기 반성적인 의식을 가지고 있기에 그 두 가지를 초월하는 독특한 역량을 갖게 되었다. (30장)

반성

40,000년에서 10,000년 전 즈음에 반성적 의식이 완전하게 나타난 이후의 인간의 진화 현상을 살펴보면 몇 가지 큰 패턴이 뚜렷하게 보이는데, 그 중 일부는 오래전부터 지속되었고, 일부는 최근에 생겨났다.

공격성의 감소

두 번의 세계 대전과 핵무기까지 사용했던 세기를 지나 알-카에다가 뉴욕의 쌍둥이 빌딩을 공격하여 2,750명의 시민이 희생된 것으로 시작해서, 미국

이 주도한 이라크 침공과 아프가니스탄에 대한 군사적 개입이 있었다. 콩고, 라이베리아, 수단, 다르푸르, 리비아, 시리아에서는 내전이 이어졌던 세기에 들어와서 인간의 진화가 공격성의 감소를 특징으로 한다고 말하는 것은 비뚤어진 정도는 아니라 하더라도 직관에 어긋난다고 할 수 있을 듯하다.

공격성이 증가했다는 인상을 받는 까닭은 세 가지 요인 때문이다.

첫째, 공격성이 무엇이냐는 관념이 변했다. 과학적으로 진보된 사회에서 대다수의 사람들은 신이 원한다는 생각 때문에 믿지 않는 자들을 대상으로 전쟁을 일으키거나, 성경과 쿠란에서 말하는 '눈에는 눈'이라는 관념에 따라 잘못에 대한 보복을 실행한다거나, 결투를 통해 논쟁을 정리한다거나, 도덕적인 규율을 어겼다고 집안의 여자를 죽여서 자기 집안의 명예를 회복하려 한다거나, 고문을 통해 죽이거나, 도둑질했다고 처형하는 일 등은 더 이상 받아들일 수도 없고 명예로운 일은 더더욱 아니라고 본다.

그러나 11세기에서 13세기 사이에 서구 유럽의 왕과 귀족들은 전사한 자는 천국에 즉시 들어서게 된다고 약속한 교황의 명령에 따라 무슬림에 대한 성전을 일으켰고, 그 과정에서 유대인과 다른 민족을 학살했다. 현재 후진국에서 절도나 간통 등의 범죄를 저지른 자를 대상으로 공개적으로 매질을 가하거나 손을 자르거나 참수하는 일이 벌어지는 데 경악하는 이들이라면 바로 그러한 일이 비교적 근래까지 우리 사회에서도 흔했다는 점을 기억해 두는 것이 좋다. 런던 타워에는 고문 기구 박물관이 있는데, 영국에서 고문은 17세기 중반까지 폐지되지 않았다. 1660년 10월 13일 새뮤얼 페피스Samuel Pepys는 해리슨Harrison 소장이 군중의 환호 속에서 공개적으로 교수형에 처해지고 끌어내려서 시체가 사등분될 당시에 자신이 목격한 바를 사실 위주로 일기에 기록했다.[1] 19세기 초엽 영국에서는 밀렵에서 절도, 살인에 이르기까지 200가지 이상의 범죄에 대해서는 사형으로 처벌할 수 있었다. 영국에서 공개 처형은 1868년에야 중지되었고, 마지막 처형은 1964년이었다. 프랑스에서는 사법적인 공개 처형이 1939년까지 이어졌고, 사형은 1981년에야 폐지되었다. 2014년만 해도 미국의 연방 정부와 32개 주에서는 살인

한 자를 사형시키는 것이 합법적인 처벌이었다.[2]

둘째, 인구의 기하급수적 증가는 무시하고 공격성에 의해 희생당한 이의 숫자에만 집중한다. 인구 크기에 비례해서 공격성을 검토하는 것이 보다 합리적이다.

셋째, 전 지구를 하나로 묶는 커뮤니케이션 기술이 발견되기 전까지 대다수 사람들은 다른 나라에서 무슨 일이 일어나는지 알 수 없었다. 지금 우리는 일주일 내내 24시간 동안 이어지는 위성 TV 방송, 유튜브에 올라오는 동영상 등을 통해 전 세계에서 일어나는 전쟁, 강간, 다른 폭력적 행태를 보여 주는 생생한 영상의 홍수 속에 살고 있다.

그러나 공격성이 감소하고 있다는 증거는 명백하다. 27장에서는 원시적 사고를 하던 수렵 채집 시대에 만성적인 집단 내부 다툼이나 집단 간의 싸움, 유아 살해, 노인 살해 등으로 인해 초래된 높은 사망률을 보여 주는 연구 내용을 요약했다. 하버드의 심리학자 스티븐 핀커Steven Pinker는 2011년에 나온 자신의 책 『우리 본성의 선한 천사 *The Better Angels of Our Nature*』에서 자신이 접할 수 있었던 법의학적, 고고학적, 민속지학적, 역사적, 통계적 연구에서 나온 증거들을 평가한다. 인류는 대부분의 생존 기간 동안 수렵 채집 사회이자 수렵 원예 사회로서 지냈다. 이러한 집단 27개를 대상으로 한 연구에서 전쟁으로 인한 연간 사망률 변화를 추적했다. 초기에 가장 높은 사망률이 나타났고, 가장 낮은 사망률은 건조한 사막이나 얼음이 덮인 황무지처럼 사람이 살기에 적합하지 않은 고립된 환경 속에서 살던 종족에게서 나타났는데 그들은 다른 종족과 경쟁할 필요가 없거나, 아니면 산업적으로 발전한 국가나 제국에 의해 지배되어 평화가 유지되고 있었다. 이 연구에서 내놓은 전쟁으로 인한 연평균 사망률은 100,000명당 524명이었다.

이와 대조적으로, 20세기에 있었던 조직화된 폭력—전쟁, 인종학살, 숙청, 인위적 가뭄—으로 인한 사망자를 모두 합치면 연간 100,000명당 60명이 된다. 미국 군대가 이라크와 아프가니스탄과의 전쟁에 휘말렸던 2005년에 100,000명당 미국 군인 사망자 숫자나 전 세계 사망자 숫자는 각각 너무

작아서 핀커의 도표에 실리지도 못했다.[3]

공격성이 감소한 이유

공격성이 감소하게 된 근본 이유는, 내가 보기에 이 책의 3부에서 추적했듯 인간의 사고의 진화 때문이다. 철학적 사고의 시기에 다양한 문화권에서 통찰이든 추론이든 사용해서 인간의 행동을 숙고했던 이들은 다른 이들이 당신에게 해 주었으면 하는 대로 다른 이들에게 행하라는 황금률을 내세웠다. 우리가 살펴봤듯 이 견해는 본성 속에 내재된 경쟁의 본능에 반하기에 저항이 심했다. 그러나 긴 시간에 걸쳐서 인간 간의 관계를 어떻게 형성해야 할지에 관한 이해가 변해 갔고, 사회 내의 법률이나 사회 간의 합의 속에 성문화되었다.

제1차 세계 대전은 과학적으로 그리고 기술적으로 앞선 국가들의 국민들이 싸움을 고귀한 것이라고 여긴 시대에 겪었던 마지막 큰 갈등이었다. 과학 기술 발전을 통해 초래된 정보들이 퍼지면서 사람들의 의식이 변해 갔다. 20세기 중반 대중에게 유통되는 신문, 라디오 방송, 영화 시작 전의 뉴스, 영화를 통해 사람들은 핵폭탄으로 폐허가 된 일본의 두 도시를 포함해서 전쟁이 초래한 공포를 확인했다. 이로 인해 정부나 원자폭탄 제작을 의뢰했던 군대에 상상하지 못했던 결과가 나타났다. 서로 경쟁하는 국가나 제국 간의 전쟁은 자멸하는 길이라는 깨달음 말이다.

그 시대의 선도적 사상가였던 철학자 버트런드 러셀과 알베르트 아인슈타인은 새로운 계획을 세운 후, 미국 정부가 원자폭탄을 설계할 때 뽑았던 조지프 로트블랫Joseph Rotblat을 포함한 저명한 과학자들과 접촉했다. 1955년 그들은 런던에서 나중에 러셀-아인슈타인 선언으로 알려진 내용을 발표했다. "한 나라나 한 대륙이나 한 가지 신념의 일원으로서가 아니라 인간으로서, 인간이라는 종의 일원으로서" 그들은 "우리는 인간을 끝장낼 것인가 아니면 인류가 전쟁을 포기할 것인가?"[4]라는 냉혹한 질문을 제기했다.

이는 일련의 퍼그워시 회의Pugwash conferences로 이어져 군사적 갈등의 위험을 줄이고 전 지구의 문제를 해결할 방안을 찾아 협력하고자 했던 저명한 학자들과 유명인사들을 한데 모았다. 1995년에 퍼그워시와 그 공동 창립자인 조지프 로트블랫은 노벨 평화상을 공동 수상했다.

이 선언은 전 세계에 걸쳐 평화 운동을 촉발했지만, 군비축소에 대한 그들의 요구는 1961년 미국 대통령이자 전 장군이었던 드와이트 아이젠하워Dwight Eisenhower가 고별사를 통해 경고했듯, 여러 정부와 자신들의 이익을 추구하는 군수산업 복합체의 저항에 직면했다. 자국 기업 전체의 순이익보다 더 많은 돈을 국방 예산에 쓰고 있는 미국의 현실을 언급한 후에 그는 이렇게 예리하게 지적한다.

> 우리는 추구했든 추구하지 않았든 간에 군수산업 복합체가 부당한 영향력을 끼치는 걸 주의해야 한다. 엉뚱한 이에게 권력이 주어져서 파국을 초래할 가능성은 지금도 존재하고 앞으로도 존재할 것이다.[5]

20세기 후반 이후는 제국들의 경합에서부터 벗어나서 초국가적이고 진지구적 차원에서 인류의 협업을 향해 흔들리면서 나아간 시기였다. 2차 세계 대전의 승자들은 1945년에 51개 국가를 모아서 전 세계의 평화와 안정을 확보하고, 인류에게 영향을 끼치는 전 지구적 문제를 다루기 위한 국가 간의 협력을 촉진할 목적으로 국제연합, 유엔the United Nations을 창설했다. 그러나 이 목표는 미국과 소련 간의 냉전으로 달성되지 못했다. 그럼에도 유엔은 자신이 세운 세계 보건 기구WHO, 유네스코UNESCO, 유엔 아동 기금UNICEF 등을 통해 전 지구적 차원에서 경제적 문화적 인권 관련 목적을 달성하는 일에서 진전을 이루었다. 역설적이게도 소비에트 제국은 군사력이 아니라 급등하는 비용 때문에 무너졌는데, 이 비용은 그들이 예속시킨 국가들의 국민들이 요구했던 소련의 지배로부터의 해방에 대한 열망과 합쳐져 소련 경제를 망가뜨렸다.

과학 혁명이 시작된 대륙인 유럽은 민족 국가들 간에 경쟁이 아니라 협력을 추구하는 일에 앞장섰다. 1951년에는 프랑스, 독일, 이탈리아, 벨기에, 네덜란드, 룩셈부르크가 유럽 석탄 철강 공동체ESCS를 세웠다. 자신들의 석탄 철강 산업을 통합해서 회원 국가들이 서로에 대한 전쟁을 수행하는 데 그 자원을 사용하지 않도록 하자는 것이 목표였다. 유럽 석탄 철강 공통체는 현재의 유럽 연합EU으로 발전했고, 이는 총 28개국이며 그중 17개국은 공동 화폐를 쓰고 있다. 평화와 사회적 경제적 유익을 얻는 대신에 국가의 주권을 일부 상실해야 하고, 여기에 2013년과 2014년에 관료주의적으로 예산을 할당부과한 것에 대한 불만이 합쳐져 2014년 유럽 의회 선거에서는 초국가주의 분파에 대한 투표가 늘어났다. 중동과 아프가니스탄에서부터 시작된 난민 문제는 유럽 전역에 민족주의의 발흥을 초래했고, 2016년에 영국은 국민투표를 통해 유럽 연합을 떠나겠다고 결정하기에 이르렀다. 그러나 생물학적 진화처럼 정신적 진화 역시 부드럽게 이어지는 과정이 아니다. 하지만 근본적으로 그 회원 국가 중 누구도 다른 회원을 대상으로 전쟁에 돌입할 것이라고는 생각조차 할 수 없으며, 이는 2012년에 "지난 60년간 유럽에서 평화와 화해, 민주주의와 인권을 진작시키는 데 기여하였기에"[6] 유럽 연합이 노벨 평화상을 수상했을 때 새삼 확인된 사실이라 하겠다.

사회 간의 공격성이 전반적으로 줄어들면서 그에 평행하여 개인 간에도, 그리고 그 사회의 구성원이든 다른 사회의 구성원이든 간에 개인과 사회 간에도 공격성이 줄어들었다. 이런 경향이 광범위하게 받아들여지면서 1948년 유엔의 총회에서 세계 인권 선언을 찬성 48표, 반대 0표, 소비에트 연방, 남아프리카, 사우디 아라비아가 내놓은 기권 8표로 채택하게 되었다. 제1조는 다음과 같다.

> 모든 인간은 자유롭게 태어나며, 존엄성과 권리에 있어서 동일하다. 그들은 이성과 양심을 부여받았고, 서로에게 형재애의 정신으로 대해야 한다.

다른 조항들에서는 노예제, 고문, 잔혹하고 비인간적이고 모멸적인 처우나 형벌을 비판한다. 이는 인간의 사고가 발전했다는 징표이며, 과학적으로 발전한 사회 속의 대다수는 이러한 행동이 실제로 국가의 정부에 의해 행해질 때, 예를 들면 미국 군대가 2003년 아부 그라이브에서 그리고 2004년 이라크에서 했던 고문이나, 2009년 선거 이후 이란의 교도소에서 이란 혁명수비대와 심문관들이 정치적 항의자들을 대상으로 자행했던 강간[7] 같은 행동이 일어날 때면 경악을 한다.

협력의 증가

사고가 진화하면서 공격성이 줄어들었을 뿐 아니라 협력도 증가했다.

19세기 후반 사회 부조가 생물학적 진화에서 경쟁보다 더 중요한 요소라고 주장한* 박물학자 표트르 크로포트킨은 이 주장을 인간의 진화에까지 확대했다. 그는 역사적 기록은 비틀어진 인상을 준다고 주장했다.

> 서사시, 기념비에 새겨진 글, 평화 조약 등 역사상 거의 모든 문헌들은 동일한 특징을 갖고 있다. 즉 그들은 평화 자체보다는 평화의 파기를 다룬다는 것이다 그렇기에 좋은 의도를 가지고 있는 역사가라도 자신이 묘사하는 시대에 대해 무의식적으로 비틀어진 그림을 그리게 되어 있다.[8]

이는 오늘날 저명한 역사가인 데이비드 캐너다인David Cannadine에게서도 반향을 일으키고 있는데, 그는 2013년 자신의 책 『갈라지지 않은 과거: 우리의 차이를 넘어선 역사 *The Undivided Past: History Beyond Our Differences*』[9]에서 역사가들은 종교, 인종, 국가 같은 다양한 인간 집단들 내부에서 그리고 집단들 간에 일어나는 갈등을 강조하다 보니, 이들의 경계선을 넘어서 일어났던 무수히 많은 상호작용과 협력의 사례를 무시했다고 주장한다.

* 427쪽 참고.

그렇지만 19장에서 살펴봤듯이 초기 인류 이래로 곤충 사회에서와 같은 집단주의*만 있었던 것이 아니라 협업의 증거도 분명히 존재한다.

> **협업** 공동의 유익을 위해 혹은 공동이 합의한 목적을 달성하기 위해 자발적으로 함께 일하기.

본능적인 혹은 강제적인 집단주의와 달리 협업은 반성적 사유를 필요로 하며, 이는 인간이라는 종에게만 독특하게 나타난다. 협업의 초기 사례는 인간의 출현**을 다루었던 26장에서 제시되었다. 원시적 사고의 진화를 다루었던 27장에서는 협업이 강제적인 집단주의와 위계질서를 갖춘 제국을 만들었던 경쟁이라는 지배적인 본능과 어떻게 투쟁하면서 성장했는지 보여준다.*** 철학적 사고가 발전하면서, 남이 당신에게 해 주기를 원하는 대로 적을 포함한 남에게 하라는 황금률이 협업에 뿌리를 둔 처방으로 제시되었고, 이는 자원과 영토를 위해 다른 국가와 경쟁하는 그 당시 만연했던 공격성과는 반대되는 것이었다.

5세기 서로마 제국의 붕괴 이후 서구 역사가들이 중세라고 부르는 시대가 도래했다. 그러나 동쪽에서부터 침공해 온 야만인들이라고 경멸적으로 불리던 고스족, 반달족, 앵글족, 색슨족, 롬바르드족, 그 외의 다른 부족들이 자신들의 농경 사회에서 하던 대로 모든 성인들이 함께 모여서 대체로 공동으로 소유하고 있던 경작지의 농사에 관한 결정을 했던 민회民會라는 전통도 가지고 들어왔다. 민회의 대부분은 대표자들을 선출해서 분쟁을 중재하고, 상해나 부당한 일이 생겼을 때 누가 잘못했는지 결정하고, 피해를 입은 자가 보복하는 대신에 보상으로 받을 벌금을 부과하는 역할을 했다. 이 보상 중의 일부는 공동의 일을 위해 마을에서 보관했다.[10] 이러한 전통이 현대 의

* 용어해설 참고.
** 예를 들어 684쪽 참고.
*** 예를 들어 결론 4항, 5항, 737쪽 참고.

회와 사법 체계의 전신이라 하겠다.

야만인들의 마을이 커지면서 유럽은 다양한 사회-정치적 시스템의 조각들이 하나로 합쳐져 변동을 거듭하는 사회로 변해 갔다. 교회는 세속 권력이 되었다. 침략자들이 이제는 기독교도화 되었고, 서로마 제국의 시민들은 야만인들의 전통을 흡수했으며, 새로운 침입자들이 파도처럼 덮쳐 왔고, 한 명의 군벌이 이끄는 전사들의 집단이 땅을 일구며 사는 농부들에게 공물을 바치면 보호해 주겠다는 제안을 하게 되고, 이리하여 봉건제도가 성립되었다. 시골 마을이 번성해서 소도시와 도시를 이루면서 협업은 유럽 대부분의 지역에서 나타났는데, 서로 다른 직업을 가진 이들이 민주주의적인 제도와 상호 부조에 기반한 조직이나 길드를 이루면서 협업의 뿌리를 더욱 공고히 했다. 이들 중 많은 것들은 상인, 장인, 농부, 교사들의 길드처럼 영구적으로 유지되었던 반면, 해상 무역 혹은 교회나 성당 건축을 위한 길드처럼 특수한 목적을 가진 한시적인 길드도 존재했다.

유럽 전역의 중세 도시들은 이중적인 연합체이다. 지역에 따라 작은 연합체로 이루어진 세대주들—교구에 따라 구성된 작은 마을 공동체를 기본으로 한다—과 직업에 따라 결성된 길드에 서약을 하고 가입한 이들로 이루어졌다. 일부 도시의 거주인들은 무역과 방어를 위해 서로 돕기로 맹세하고 결속하는 공동체를 만들어 협력을 강화했는데 이런 공동체는 시골에서도 발전했다. 이러한 민주적이고 자치적인 공동체가 세력이 커지면서 봉건 군주에게서 점차 독립하게 되었다. 이탈리아 중부와 북부에 있던 롬바르드 리그 같은 연합체에서는 같이 속해 있는 다른 도시들과 협력하면서 독립은 더욱더 공고해졌다.

11세기 초반 이후 350년간 유럽의 지형은 이러한 협력에 의해 변모를 거듭했다. 이름 없는 마을과 작은 소도시가 성벽을 갖춘 풍요로운 중세 도시로 자랐고 거기서 상업, 예술, 공예, 학문이 꽃을 피웠으며, 쾰른이나 샤르트르의 고딕 성당 같은 거대한 건물들도 세워졌다.

14세기에서 16세기 사이에 중세 공동체의 대부분이 종말을 맞이하는데,

여러 지역에서 생겨난 다양한 요인 때문이었다. 그중에 가장 중요한 요인은 부와 권력을 보존하기 위해 협력의 원칙을 포기했기 때문이다. 새로 들어오는 자들이나 땅을 경작할 농부들을 차단하게 되고, 이로 인해 역설적이게도 공동체는 무자비한 폭군의 강탈이나 중앙 집권화하고 있던 국가에 예속되는 길을 피할 수 없게 되었다. 대개 이런 국가는 가장 강한 군벌의 후손인 세습 군주가 지배하고 있었다.

정부라는 형태로 이루어지는 협력은 난관에 부딪치기도 하지만, 이 전통에 의해 서로 경합하는 권력자들인 군주, 귀족, 교회, 상인들은 다양한 방식으로 타협하며, 특히 법률을 승인하고 만들며 세금을 부과하는 의회에서 그렇게 작동했다.

협력은 19세기 중반 산업화된 영국에서 노동력에 대한 자본가들의 착취에 대한 대응으로 다시 출현했다. 성공한 산업가이기도 했던 로버트 오언Robert Owen 같은 깨어 있는 사상가들은 서로 협력하는 공동체를 만들었으며, 그 안의 구성원들은 자신들의 경제적 필요와 아이들의 교육 같은 사회적 필요를 충족시키기 위해 서로 협력했다. 경제적 구조로 인해 이런 공동체 중 어떤 것도 지속되지는 않았다. 그러나 여기서부터 시작해서 1844년에 28명의 사람들이 모여 로치데일 협동조합Rochdale Equitable Pioneers Society을 설립하고 일련의 사회 경제적 원리에 입각해서 운영하여 성공을 거두기에 이른다. 이러한 원리에 따라서 설립된 협동조합들은 점점 성장하면서 전 세계로 퍼져 나갔고, 해당 지역 내에서 협동하는 전통을 세워 갔다.[11] 그 당시에 목화 재배를 하던 소도시였던 로치데일에서 이러한 협업의 원리가 선언된 지 51년이 지난 후인 1895년에 와서야 각국의 협동조합 연맹들은 비로소 국제적 연맹을 결성했다.[12] 2012년에 국제협동조합 연맹International Cooperative Alliance은 10억 명 이상의 사람들—전 세계 인구 7명당 한 명꼴—이 소비자 협동조합, 노동자 협동조합, 주택조합, 농업 협동조합, 그 외의 다른 협동조합 기업의 일원이라고 추정했다.[13]

경쟁에 기반한 정치 경제 조직들은 느리게 변했다. 그렇지만 20세기 중반 이후 전제 군주가 지배하던 계층 구조적인 조직의 제국은 유럽 연합처럼 지역적으로 서로 협력하는 민주적 민족 국가들로 변모해 갔고, 유엔이나 거기 속한 기구들을 통해 항상 성공적인 것은 아니더라도 전 지구적인 협력을 도모하고 있다.

29장에서는 과학의 진보가 주로 협력을 통해 이루어졌다는 점을 살펴봤다. 중대한 개념적인 돌파구를 여는 건 분명히 개인들이지만, 그 돌파구는 과학 학회를 설립하고, 발견한 바를 발표하고, 현상을 탐구할 국제적인 팀을 만드는 일을 통해 진전된다.

변화의 속도

인간의 진화 속도는 점점 더 빨라지고 있다. 적어도 40,000년에서 10,000년 전 인간은 온전히 자기반성을 하는 종으로 출현했다. 그 중간치인 25,000년 전을 출발점으로 잡는다면, 인간 사회는 전적으로 전체 시간의 88퍼센트 가량을 자신과 우주의 다른 부분과 맺는 관계에 대한 사유를 미신에 기반을 둔, 오직 생존에 몰두해야 했던 원시적인 상태에 있었음을 알 수 있다. 인간 사유는 그 시간의 마지막 12퍼센트에서만이 통찰과 추론을 통해 지식과 이해 자체를 추구했으며, 증거를 조직적으로 관찰하고 검증하는 과학 시대는 인간 생존에서 단지 2퍼센트 정도에 불과하다.

24시간을 표시하는 시계에 비유하자면, 그림 31.1에서처럼 인간은 0시에 출현해서 철학적 사고는 자정이 되기 2시간 53분 전에 생겼으며, 과학적 사고는 자정이 되기 27분 전에야 겨우 나타났다.

세계화

독특하게도 인간은 어떤 환경에서도 생존할 수 있는 방안을 만들어 낼 수 있는 반성적 의식을 활용해서 전 지구로 퍼져 나갔고, 다른 종으로 분화

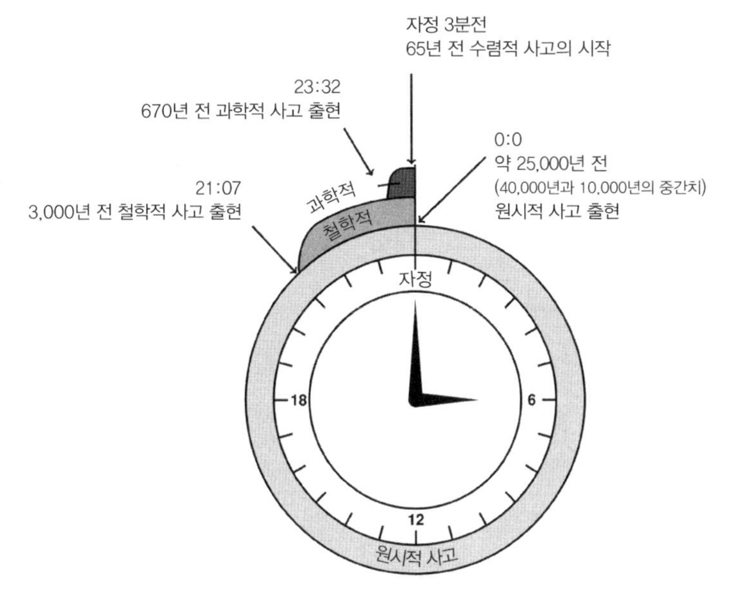

그림 31.1 24시간 시계로 표현한 인류 진화의 국면

되지는 않았다. 전 세계로 퍼져 나가는 대신에 20세기 중반 이후 전 세계로의 여행이 가능해지면서 세계화가 촉진되었다. 이로 인해 인종 간의 교배가 늘어나고 생리학적 문화적 차이는 줄어들었는데, 이는 전 세계를 묶는 전자 커뮤니케이션의 발명으로 인해 가능해졌다.*

무역은 점점 더 세계화되었다. 실은 그 이상이 일어났다고 하겠다. 사고 자체가 세계화되었다. 앞에서 봤듯 유엔과 그 관련 기구들처럼 초국가적인 과학, 정치, 경제, 교육, 인권 관련 조직들이 전 지구적 사고 네트워크를 만들어 나가고 있다.

냉전이 절정이었던 1968년에 생명이라고는 찾아볼 수 없는 회색의 달 표면 위로 펼쳐진 우주의 차가운 어둠 속에 솟아 있는 파란색과 초록색과 갈색과 흰색의 지구 행성을 찍은 최초의 사진이 아폴로 8호 우주인들로부터 이

* 702쪽 참고.

세계로 전송되었다. 그 사진은 전 지구적인 의식을 깨우는 데 중대한 역할을 했다. 우리 행성에는 그 어떤 국경도 표시되어 있지 않았다. 그것은 위태롭게 균형을 잡고 있는 작은 주거지 속에서 생존하기 위해 분투하는 한 종의 일원인 우리 모두의 집이었다. 이 전망은 이를 처음 목격했던 전前 전투기 조종사들에게는 인생을 바꾸는 경험이었다. 다른 이들에게는 전 지구적인 환경 운동을 촉진하는 계기였고, 군산 복합체가 키워 온 지배적인 태도에 저항하여 모두를 자멸하게 만드는 전쟁의 본질을 자각하게 했다.

지역 단위의 작은 모임이 전 세계적 비정부단체로 자랐다. 1971년 프랑스의 몇 명의 의사와 의학 신문 편집자가 발족한 국경 없는 의사회는 현재 23개국에 사무소를 두고 전쟁, 전염병, 자연 재해로 해를 입은 이들에게 응급 의학 조치를 제공한다. 이들은 중립적으로 활동하며, 정치적 종교적 소속이나 국가의 경계선 따위에 신경 쓰지 않는다. 이들은 1999년 노벨 평화상을 수상했다. 그린피스는 1971년에 핵무기 사용에 항의하는 차원에서 미국 군대가 핵무기 실험을 준비 중이던 알래스카 제도 쪽으로 배를 몰고 들어갔던 12명에 의해 세워졌다. 그들은 지구 환경 문제까지 활동의 폭을 넓히고 있으며, 현재는 전 세계 50여 개 국가와 지역에 지부를 갖추고, 평화적 항의에 전념하여 활동 중이다.

기술 발전으로 인해 21세기 초부터 이론적으로는 이 세상의 모든 이들이 전 지구적인 멀티미디어 네트워크를 통해 다른 모든 이들과 연결되어 있다. 실제로는 점점 더 많은 사람들이 소셜 네트워킹을 통해 전 지구적으로 연결되고 있는데, 페이스북의 경우 2012년 기준으로 10억 명 이상의 사용자를 가지고 있다. 대체로 보자면 2011년에 전 세계 인구 70억 명 중 삼분의 일가량이 온라인되어 있으며, 모바일 폰 가입자는 60억 명에 이른다.[14] 스웨덴의 통신 기업인 에릭슨에 의하면 2020년까지는 500억 개 이상의 연결된 디바이스를 통해서 전 지구적 네트워크 사회가 구축될 것이고, 그중에 150억 개는 영상 기능이 탑재되어 있을 것이다.[15]

복잡화

인류가 생존해 온 전체 역사에서 적어도 60퍼센트의 기간 동안 인류는 주로 확대 가족인 작고 단순한 집단 속에서 살면서 오직 생존을 위해 끊임없이 옮겨 다녔고, 사냥과 채집 노동을 서로 단순히 나눠 맡았으며,모든 성인 남자는 전쟁에 가담했다. 27장에서 자세히 다루었듯 농업이 발명되고 그로 인해 항구적 정착이 이루어지면서 인간 사회와 문화는 복잡해졌다.

과학적 사고의 진화는 사회적 경제적 정치적 조직에서부터 커뮤니케이션, 교육, 주거, 예술, 여가 활동에 이르기까지 인간 사회와 문화의 전 영역에서의 복잡화를 급격히 진행시켰다. 21세기에 과학적으로 발전한 국가에 속한 개인은 자신의 직계 가족과 함께 살면서 동시에 전 지구에 흩어져 있으면서 서로 전자 장비로 소통하고 있는 확대 가족의 일원으로 살아간다. 그 혹은 그녀는 교육을 통해 사회적인 유동성을 확보하고서 자신의 부모 세대와는 전혀 다른 직업을 영위한다. 국지적, 지역적, 국가 단위의, 혹은 전 세계적인 기업이나 조직의 일원으로서 살아갈 수 있다. 그 혹은 그녀는 이웃 공동체의 일원이자, 지역 커뮤니티의 일원, 정당의 일원, 지자체의 일원, 국가의 일원, 유럽 연합 같은 초국가적 조직의 일원일 수 있다. 그와 동시에 그 혹은 그녀는 동네의 성가대, 축구 클럽, 지역 단위 혹은 전 지구적 차원의 독서 클럽의 회원일 수 있고, 여러 개의 전 지구적 소셜 네트워크의 회원일 수도 있다. 이러한 복잡화는 인류 역사 25,000년 중에서 마지막 65년 사이에 일어난 일이며, 이는 인류 전체 존재 중에서 마지막 0.25퍼센트에 불과하다.

최첨단 트렌드

이러한 패턴으로 인해 인류 진화의 최첨단이 형성된다. 전체 인구 중 대부분은 과학적으로 발달한 사회에 속해 있지 않다. 그들의 문화는 대체로 서로 다른 발달 단계에 놓여 있는 유럽 사회를 닮아 있다. 예를 들어 오늘날 방글라데시에서 직물 산업에 종사하는 노동자는 빈민가에 거주하고, 열악한 환경에서 장시간 일하며, 세상에서 가장 낮은 임금을 받고 있다. 공장 소유주와 결탁한 정부는 노조를 결성하려는 노동자들의 시도를 무력화하고, 노동 운동가들을 잡아들이며, 공장 소유주가 노동자들을 협박하고 노조 결성을 막는 것을 눈감아 주고 있다.[16] 이는 18세기 후반에서 19세기 초반 영국 북부 지역에 있던 직물 산업 노동자의 상황과 닮았다. 대체로 개발도상국은 과학적으로 발전한 국가들이 발전해 왔던 그 경로와 유사한 경로로 발전을 이어 가되 좀 더 빠른 속도로 따라가고 있다.

그러나 과학적으로 발전한 나라의 사람들이라고 해서 원시적 상상력과 알 수 없는 것들에 대한 두려움에서 비롯되어 수백 세대를 걸쳐 각인되어 온 믿음에서 벗어난 것은 아니다. 그림 31.1에 보면 과학적 사고가 출현했다고 해서 원시적 사고가 사라지는 것은 아니다. 과학적으로 아주 발달한 미국 같은 사회의 사람들 중 대부분이 방대한 증거나 논리적 일관성에 어긋남에도 불구하고 성경이 말하는 창조 이야기를 사실로 믿는다는 건 놀랄 일이 아니다.* 또한 세상의 가장 큰 종교를 믿는 신자들 중 그렇게 많은 이들이 과학적으로 발전한 국가들 내에 살면서도 하나님이 자신들 교회의 지도자를 선택하고 그에게 영감을 주어 그가 믿음이나 도덕적인 문제에 대해 오류 없이 말하게 한다고 믿는다.

이러한 최첨단은 형성된 지 백 년이 채 안 되는 미미한 것이다. 그러나 이는 인류 진화의 여정이 나아가는 방향을 알려 준다. 예를 들어 로마 가톨릭 교회는 과학적으로 발전한 유럽이나 북미에서 신자들이 점점 줄어들고 있으며, 이들 지역에 아직 남아 있는 신자들의 대다수가 산아 제한 같은 도덕적인 문제에 관련해서 교회가 하는 말을 믿지 않는다. 교회는 아프리카나 남미처럼 아직 발전하지 못한 지역에서나 신자들을 유지하고 있다.

대체로 봐서 선사 시대 조상에게 수백만 년에 걸쳐 심겨졌던 공격적 경쟁의 본능이나 수천 년간 각인되어 온 원시적 신앙은 여전히 매우 강력하지

* 46쪽 참고.

만, 인간 진화를 형성하는 데 끼치는 영향력은 점점 줄어들고 있다. 왕이나 황제나 종교 지도자가 강제로 부과한 집단화와 구별되는 협력은 이러한 영향력들과 투쟁해 왔고, 백 년도 안 되는 지난 세월 동안 인류 진화에 비로소 유의미한 영향을 끼치기 시작하고 있는데, 이는 대체로 이차 과학 혁명에서 비롯된 발견과 발명이 인간 사회에 중요한 변화를 초래해 온 시기와 거의 겹쳐진다. 이 두 가지 요소—협력과 과학적 사고—가 인간 진화에 점점 더 큰 영향력을 끼치고 있다.

융합Convergence

어둠 속을 더듬듯 이어지고 있긴 하지만 인류 진화의 긴 여정에서 최첨단 부분은 융합을 향해 나아가고 있다.

지구상에 인간이라는 종이 퍼져 나가면서 고생물학자이자 예지력이 넘치는 예수회 신부였던 피에르 테야르 드 샤르댕Pierre Teilhard de Chardin이 지적 활동권noosphere(내 생각에는 지적 활동층a noetic layer이라는 말이 더 낫다)이라고 부른 영역이 생겨났는데 이는 생명권(생명층이 더 나은 용어)에서부터 진화되었으며, 생명권은 이 행성의 암석권(지권地圈이 더 나은 용어)에서부터 진화했다. 테야르는 이런 복잡한 사고의 층이 한층 강화되면서 우주적 진화 과정의 새로운 단계로 수렴할 것이라고 추상적으로 예측했다. 세속적인 인문학자였던 줄리언 헉슬리도 이런 전망은 공유했지만, 테야르가 생각했듯이 그 단계가 우주의 기독교화Christification와 동일하다고는 보지 않았다. 그것은 형이상학적인 논증이 아닌 깊이 간직하고 있던 테야르의 종교적 신념이었다.[17]

테야르도 헉슬리도 자신들이 갖고 있던 전망이 실제로 구현되었던 지난 65년간을 살아 생전에 보지 못했다. 전 지구에 걸쳐 사유의 층이 형성되었을 뿐 아니라, 20세기 중반부터 급속도로 생겨난 과학적 발견과 기술적 혁신을 힘입어 인간들의 협력이 늘어났고, 인간 사회가 복잡해지고 인간의 활동이 세계화되면서 사유의 층에서는 경쟁의 전형적인 특징인 분화와 대조되는 융합을 향해 나아가는 경향이 나타났다.

생물학적 수준에서 융합의 증거는 아종亞種 간에 구별이 점점 사라진다는 사실에서 잘 나타난다. "인종"이라는 용어는 이제 더이상 과학적인 의미에서는 사용되지 않는데, 자신들만의 신체적 특징이나 게놈을 가진 고립되어 있는 인간 집단을 확정하기가 불가능하기 때문이다. 융합에 이르는 경향은 인류가 개인 차원, 가족 차원, 지역 차원, 국가 차원, 국가 간의 차원, 전 지구적 차원에서 형성하고 있는 상호간의 커뮤니케이션과 상호작용 그리고 협력을 위한 네트워크에서 뚜렷하게 드러난다. 이로 인해 인간이라는 종 전체의 생존, 지구라는 우리 모두의 터전, 이 행성 내의 다른 생물들, 종으로서의 인류의 미래의 진화, 자신들이 그 일부를 이루고 있는 우주와의 관계 등에 대해 모두가 공유하는 의식이 형성되고 있다. 이는 단일성을 향해 나아간다는 의미가 아니라 통일성 속의 다양성을 만들어 내고 있다는 뜻이다. 한 개인의 자기반성적인 의식이 개별 신경세포들이 이루고 있는 무수한 네트워크들의 상호작용 및 협업과 연관되어 있듯이, 인류 전체의 자기반성적인 의식 역시 무수히 많은 인간의 의식이 이루는 수많은 네트워크의 상호작용 및 협업과 연관되어 있다.

이렇게 가속화되며 융합하는 경향은 인류 역사에서도 아주 근래에 생겨났다. 그림 31.1은 인류의 실존을 24시간으로 놓고 봤을 때, 자정 3분 전에 이런 경향이 생겨났다고 표시하고 있다.

인간화Hominization

줄리언 헉슬리가 점진적 심리사회적 진화라고 부른 이러한 인간화 과정은 점점 빠르게 진행되고 있지만 완성과는 거리가 멀다. 이 종의 구성원들은 인간human beings이라기 보다는 인간이 되고 있다human becomings고 하는 편이 더 타당할 듯하다. 한 개인의 성장에 비유하자면, 인류는 매우 긴 임신 기간 이후에 태어나서, 당황스럽고 곧잘 두려움에 시달리는 유년기를 지나 왔고,

격동의 사춘기를 겪었으며, 이제 암중모색하듯 조금씩 어른이 되고 있다.

인간 본성의 이중성의 변화

인간 본성의 근본적인 이중성은 인류의 진화 이래로 협력 대 경쟁, 이타심 대 이기심, 연민 대 공격성 등에서 잘 드러났다. 이는 선과 악의 투쟁이라고 여겨졌고, 긴 세월을 걸치면서 성경 속의 가인과 아벨의 이야기나 붓다가 깨달음을 얻기 전에 애욕의 신 마라에 의해 유혹당하는 장면, 혹은 예수가 광야에서 사탄에게 시험받는 장면, 19세기 말 로버트 루이스 스티븐슨Robert Louis Stevenson이 한 사람 안에서 일어나는 갈등을 묘사하기 위해 만들어 낸 지킬과 하이드 이야기 등을 통해 신화적으로 표현되었다.

그러나 이러한 갈등은 정적인 것이 아니다. 반성적 의식은 출현 이후로 점점 빠르게 진화하고 있으며, 이러한 이중성에서의 균형점도 계속 변하고 있다. 공격적인 경쟁 본능은 강력하지만 인간 진화를 형성하는 영향력은 점차 감소하고 있는 반면에 평화적 협력이 인간의 생존과 진화를 계속 이어갈 유일한 길이라는 인식이 점점 커지고 있다.

증거에 나타나는 패턴의 통합

이러한 현대 인류의 진화에 대한 증거에서 나타나는 역동적인 패턴들을 통합하면 그림 31.2에서처럼 개략적으로 표현할 수 있다(시기를 정확히 측정한 것은 아니다).

반성적 의식의 진화는 매우 느리게 시작해서, 암중모색하듯 진전되면서 선사 시대 조상들에게 물려받은 지배적 본능과 싸워야 했고, 그 결과로 생겨난 협력은 두 걸음 앞으로 나아갔다가 한 걸음 다시 뒤로 후퇴하기를 계속했다. 협력은 종종 공격성에 의해 뒤엎어져 완전히 다른 것이라 할 수 있는 강압된 협력으로 변질되기도 했다. 비교적 최근인 3,000년 전에 와서야 비로소 반성적 의식은 철학적 사고와 함께 작용하여 인간 사회에 의미 있는 영향을 끼치기 시작했다. 그 이후 과학적 국면에 들어서면서 점점 더 역할이 커졌다. 현재로서는 그 중요한 성과—협력, 이타주의, 복잡화, 수렴—가 아직 본능의 결과물을 완전히 장악하지 못하고 있지만, 점점 더 진화가 가속화되고 있으므로 머지않아 그럴 수 있으리라고 본다.

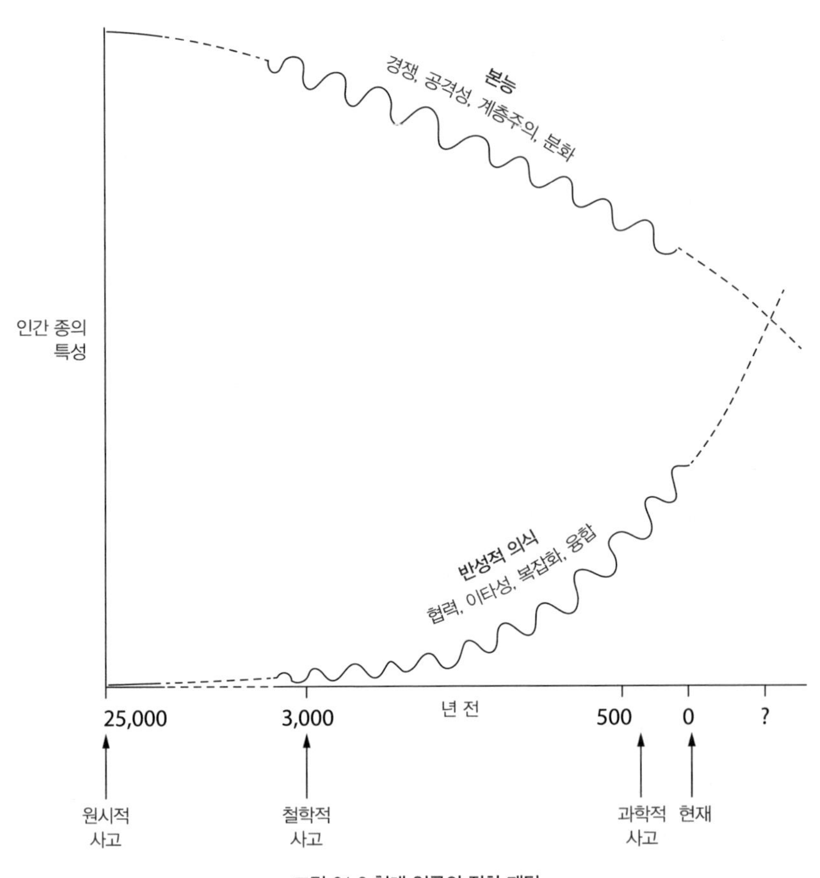

그림 31.2 현대 인류의 진화 패턴
물결 모양의 선은 더듬어 나아가는 과정, 즉 후퇴를 극복하는 일련의 진보를 가리킨다.

4부
우주적인 과정

Chapter 32

과학의 한계

과학적 방법은 실체의 본질을 발견하는 유일한 길이다.

–피터 앳킨스Peter Atkins, 2011년

명목상으로 과학적 탐구의 위대한 시대인 우리 시대는
과학의 무오류성이라는 미신에 사로잡힌 시대가 되었다.

–루이스 크로넨베르거Louis Kronenberger, 1954년

이 탐구를 이어 오면서 우주의 기원에서 출발하여 우리가 누구이며 우리가 어떻게 진화해 왔는지에 관해 과학이 말할 수 있는 내용에 한계가 있다는 점이 명확해졌다. 나는 (1)과학 영역 내부 (2)과학이라는 영역 자체, 이 두 가지 범주에서 한계를 살펴보려 한다. 우리가 누구인가? 우리는 어디서 왔는가? 우리는 어떻게 진화해 왔는가? 라는 질문에 대답하기 위해 알아야 할 과학 영역 바깥에 속한 몇 가지 사항을 간단히 다룬 뒤에 또 다른 한계는 어떤 것인지 언급하고 마무리하려 한다.

과학 영역 내부의 한계

29장에서는 현재 받아들여지고 있는 과학의 정의를 반복하면서, 일반적으로 받아들여지고 있으면서 과학과 불가분의 관계에 있는 과학적 방법론을 추가적으로 다루었고, 그 방법론의 모든 단계를 과학자들이 다 준수하는 것은 아니며, 특히 중요한 개념적 돌파구를 마련할 때 더욱더 그러하다는 점까지 언급했다. 이 영역 내에서 지금 과학이 우리에게 말할 수 있는 것들의 한계는 과학이 발전하면서 극복될 것이지만, 극복될 수 없는 한계도 있다. 과학 내의 서로 연결되어 있는 다양한 분야 내에서 이를 살펴보는 것이 유익하다.

관찰과 계측

과학은 조직적이고 측정 가능한 관찰과 실험을 사용하지만, 만약 현재 과학을 떠받들고 있는 두 가지 이론이 유효하다면, 관찰하고 측정할 수 있는 것에는 한계가 있게 된다.

양자 이론이 유효하다면, 하이젠베르크의 불확실성 원리로부터 사물의 위치를 정확히 측정할 수 있게 될수록 그와 동시에 그 속도는 정확하게 측정하기 어려워진다. 이는 또한 특정 시간의 사물의 에너지를 측정할 때도 적용된다. 눈에 보이는 물체들의 경우에 이 두 가지의 불확정성은 무시할 수 있을 만큼 작다. 그러나 원자 혹은 그 이하의 물체인 전자와 같은 물체의 경우에서는 이 불확실성이 커진다.

또한 우리는 10^{-43}초보다 짧은 시간은 측정할 수 없고, 그 시간 동안 일어난 사태에 대해서도 유의미한 말을 할 수 없다. 이는 대부분의 현상에서는 한계라고 할 수 없으나 우주론에서 제시되는 다양한 급팽창 모델들에서는 우주의 시작 이후 그 시간 동안 중대한 사태가 일어났다고 추정하고 있다.

특수 상대성 이론이 유효하다면, 빛보다 빠르게 움직이는 사물은 없으니 우주의 시작 이후 빛이 이동한 거리보다 더 먼 곳에 있는 것은 관측할 수 없다. 이를 입자 지평선이라고 부른다. 또한 우주론이 제시하는 현재의 정통적 모델인 빅뱅이 유효하다면, 우리는 빅뱅 이후 380,000년 전에 있었던 어떤 것도 관측할 수 없는데, 전자기 방사선이 물체에서 아직 분리되지 않았기 때문이다. 이를 안시 지평선visual horizon이라고 부른다.*

데이터

과학적 데이터—조직적 관찰과 실험을 통해 얻은 정보—는 네 가지 중요한 측면에서 한계가 있다. 첫째, 중력 이론과 관찰 결과를 조화시키기 위해 가설로 제시된 암흑 물질처럼 아직 확보되지는 않았지만 얻으려고 계속 애쓰고 있는 데이터가 있는데,** 일부 이론가들은 중력 이론을 변경하면 암흑 물질이 존재할 필요가 없어진다고 주장한다.***

둘째, 장차 미래에 발견되어서 이론을 변경시키는 예상치 못한 데이터가 있다. 방사능의 발견은 우주의 네 가지 근본 힘 중 하나인 약한 핵력weak nuclear interaction에 관한 이론을 낳았다.****

나머지 두 개는 극복할 수 없는 한계이다. 현재의 데이터가 본질적으로 신뢰할 수 없는 경우가 그중 하나이다. 예를 들어 성경에서 말하는 여리고성 함락 이야기처럼 초기의 기록물이 설령 존재한다고 해도 사실을 기록하려고 만든 것이 아니라 통치자나 종교의 선전물로 만들어진 경우도 있고, 고대 그리스의 철학적 사고에 관한 기록의 대부분은 그로부터 수백 년 이후에 기록된 이차 삼차 자료에서 나온 것이다.

마지막으로, 데이터가 복구할 수 없이 사라진 경우이다. 14장에서 봤듯

* 142쪽 참고.
** 92쪽 참고.
*** 209쪽 참고.
**** 187쪽 참고.

이, 화석화는 매우 희귀한 사태이며, 거의 모든 퇴적암들은 지구의 첫 10억 년 동안 밀려 내려갔거나 변형되었기에 지구상의 최초의 생명체에 관한 증거를 얻기는 앞으로도 불가능하다고 봐야 한다.* 무엇보다도 화석 표본이 부족하기에 영장류에서 현대 인류로 이어지는 구체적인 계보를 확정하기가 불가능하다.**

주관성

과학적 방법이 현상에 대한 객관적 설명을 할 수 있는 유일한 방법이라고들 말하지만 면역학자이자 노벨상을 수상한 피터 메더워Peter Medawar는 "순수하고 편견 없는 관찰은 허구"라고 말한다.

주관성은 기저에 깔리는 가정의 (종종 무의식적인) 선정, 데이터의 선택, 데이터의 해석, 이 세 가지 차원에서 과학의 설명력을 제한한다.

가정의 선정

과학적 설명의 기저에는 분명하게 드러나든 드러나지 않았든 간에 가정을 깔게 되어 있다. 예를 들어 3장에서 봤듯이 우주에 적용한 일반 상대성 이론의 장 방정식을 풀기 위해 아인슈타인과 다른 과학자들은 분명한 두 가지 가정을 세운다. 우주는 등방성isotropic(모든 방향에서 봐도 똑같다)이라는 점과 전全중심omnicentric(동시에 어떤 지점에서 봐도 그러하다)이라는 가정이 그것이다. 이 둘 중 첫 번째는 완전히 유효하지 않은데, 예를 들어 우리 은하 속의 별들은 하늘을 가로지르는 은하수라고 부르는 분명한 빛다발의 그룹을 이루고 있다. 두 번째는 검증될 수가 없다.

이렇게 균질한 우주homogeneous universe(어떤 지점에서도 동일하다)를 만들어 내

* 340쪽 참고.
** 664쪽 참고.

는 단순화시킨 두 가지 가정에 근거했을 때, 일반 상대성 이론의 방정식에는 세 가지 해가 나온다. 그 팽창이 점점 느려지다가 멈추고 다시 되돌아가서 빅 크런치(대붕괴)로 끝나는 닫힌 우주closed universe, 그 확장이 일정한 속도로 무한히 이어져서 결국은 텅 빈 우주empty universe가 되는 열린 우주open universe, 그 팽창 속도가 줄어들지만 멈추지는 않는 편평한 우주flat universe가 그것이다. 우주론자들은 편평한 우주론을 자신들이 전제하는 가정으로 선택해서 정통적 모델인 빅뱅Big Bang과 그 이후에 이어진 수정 우주론을 만들어 냈다. 3장과 4장에서는 이 모델이 관찰 결과와 부합하지 않는 바를 다루었다. 그러나 이 모델이 전제하고 있는 가정의 문제점에 대해서는 좀체 언급도 잘 안 되고 있을 뿐 아니라, 열린 우주론과 닫힌 우주론의 해가 관찰 결과와 더 잘 부합하는지에 대해서는 검토조차 되지 않고 있다.

2부에서는 생물학자들이 생명의 출현과 진화를 설명할 때 도입하는 수많은 가정에 대해서 다루었다. 예를 들어 생명체의 진화에 대한 정통적인 설명은 유기체의 특징적인 형체와 행동이 유전자, 즉 단백질을 만들어 내는 DNA 암호화의 길이에 좌우된다는 가정에 기반하고 있다. 이는 20세기 중반만 해도 합리적인 가정이었지만, 점차 교조화되어 가면서 이를 주장하는 이들은 이것이 아무리 잘해 봐야 형편없는 지나친 단순화라는 후대의 도전적인 의견을 거부하거나 무시했다. 신다윈주의 이론을 주장하는 이들은 50년 이상 인간 게놈의 98퍼센트는 유전자가 없는 정크 DNA이며 여기에는 아무런 기능이 없다고 말해 왔다. 근래에 인간 게놈 지도가 완성되면서 이어진 실험을 통해 이 말이 사실과 전혀 다르다는 것이 증명되었고, 이 이론에 전제되어 있는 가정에 문제를 제기했던 이들이 옳았다는 것도 밝힐 수 있었다.*

20장에 나왔던 또다른 사례로는 언제 종이 분화되는지 결정하는 데 쓰이

* 502쪽 참고.

는 분자 시계 기법의 가정의 목록과 이 가정에 초래된 중대한 도전들이 있다.*

인간 사고, 감정, 행동의 진화에 관련하여 진화심리학의 저변에 놓여 있는 가정은 이러한 형질들이 석기 시대의 인간의 생존에 경쟁적 우위를 줄 수 있는 유전자상의 변이가 수천 세대를 거쳐 자연선택을 통해 축적되었다는 신다윈주의적인 관점이다. 나는 이 가정이 비합리적이며 나타나는 증거와도 불일치한다는 점에 대해 29장에서 다루었다.**

가정은 도입될 당시에는 합리적이었을지라도 부딪치는 증거가 나타날 때면 항상 분명하게 재검토되고 수정되고 혹은 폐기되어야 하지, 도그마로 굳어지면 과학의 설명력이 확장하는 걸 방해한다.

데이터의 선택

어떤 현상을 조직적으로 관찰하고 측정할 것이며, 어떤 현상에 대해 실험할 것이며, 그러한 관찰과 실험에서 어떤 데이터를 수집할 것인지 결정하는 일은 객관적이기 어렵다. 이는 전제하는 가정에 대한 의식적 혹은 무의식적 선택에 의해, 그리고 결과에 대한 기대치에 의해 큰 영향을 받는다. 위에서 언급했던 분자 시계 사례에서 연구가들은 분자 시계를 측정하기 위해 어떤 데이터를 사용할지, 그리고 서로 다른 종과 비교하기 위해 어떤 염기서열을 선택할지 선택한다. 이렇게 되면 전혀 다른 결론을 만들어 낼 수 있다. 예를 들어 침팬지속屬 판Pan과 인간속屬 호모Homo의 분화는 270만 년 전이라는 추정에서부터 130만 년 전이라는 추정에 이르기까지 다양하게 나온다.***

데이터의 선택 문제는 데이터 해석 문제와 곧잘 연결된다.

데이터의 해석

데이터 그 자체로는 온도계를 읽는 것처럼 의미가 없다. 과학은 데이터의

* 522쪽 참고.
** 805쪽 참고.
*** 525쪽 참고.

해석과 관련되어 있다. 과학자가 데이터를 객관적으로 해석한다는 건 도달할 수 없는 이상이다. 철학자 토머스 쿤Thomas Kuhn과 폴 파이어아벤트Paul Feyerabend는 각각 전제하는 이론에 따라서 데이터 해석이 크게 달라진다고 주장했다. 이는 진실로 그러하다. 1부에서는 정통 이론이나 다른 이론을 주장하는 이들에 의해 전혀 다르게 해석되었던 수많은 천문학 데이터의 사례를 다루었다. 거기에는 퀘이사와 관련된 방사의 높은 적색 편이,* 매우 먼 1a형 초신성에서 나오는 방사,** 우주 배경 복사에 나타나는 파문,*** 우주 배경 복사에 대한 윌킨슨 마이크로파 비등방성 탐색 지도**** 등이 포함되어 있었다.

또한 그 외의 요소들도 관련되어 있다. 과학자들은 로봇이 아니다. 그들은 다른 사람들과 다를 바 없기에 우리들과 똑같은 동기, 자아, 열망, 불안감을 품고 있다. 이들이 내놓는 수많은 해석을 살펴본 끝에 나는 데이터 해석의 법칙에 이르렀는데, 이건 순전히 악의적으로만 하는 말이 아니다.

> **데이터 해석의 법칙** 과학자가 자신이 탐구한 데이터에 대한 객관적 해석에서부터 멀어지는 정도는 다음과 같은 네 가지 요소의 함수로 이루어진다. 가설을 입증하거나 이론을 확정하려는 그의 결심, 그 탐구가 그의 인생에서 차지한 세월, 그가 그 연구에 정서적으로 몰입된 정도, 의미 있는 논문을 발표하고 자신의 명성을 확보하려는 경력 차원의 필요성.

최선의 과학에서는 그 정도가 약하다. 그러나 그 정도가 심해지면 이 장의 뒤쪽에서 다루고 있듯이 결함을 가진 과학으로 전락한다.

2부에서는 생명의 진화를 설명할 때 데이터 해석상 생기는 심각한 문제를 다루었다. 심지어 완전한 화석이 발견되는 희귀한 경우에도 해석은 잘못

* 147쪽 참고.
** 97쪽과 147쪽 참고.
*** 152쪽 참고.
**** 155쪽 참고.

될 수 있다. 예를 들어 캐나다의 버지스 셰일에서 발견된 화석은 뾰족한 다리로 걷는, 그때까지 알려지지 않았던 종으로 판단되어 1977년에 할루시게니아 스파르사Hallucigenia sparsa라는 새로운 이름이 부여되었다. 14년 후에 중국에서 나온 증거에 입각해서 화석이 위 아래가 뒤집힌 채로 연구되었다는 걸 알게 되었다. 즉 실제로는 촉수 같은 다리로 걷고, 두 줄의 등뼈가 등을 보호하고 있는, 이미 존재하고 있던 생물의 문門으로 판명된 것이다.*

그러나 대부분의 화석은 극히 일부만 남아 있기 마련이고, 17장은 이들을 해석해서 생명의 진화를 확인하는 게 얼마나 어려운지를 다루었다.

26장은 화석과 다른 증거에 입각해서 어떻게, 어디서, 언제 최초의 인류가 출현했는지 해석하는 일의 어려움은 물론이고, 해석이 달라지면서 인류의 조상hominins에서 인류humans에 이르는 계통이 어떻게 달라지는가를 검토했다.

방법론

환원주의—사물을 그 구성 요소로 쪼개어 봄으로써 그게 어떻게 구성되어 있고 어떻게 작동하는지 이해하는 방법론—는 자연 현상에 대한 우리의 이해를 증대시키는 데 놀라울 만큼 유용한 도구였다. 포화된 염류 용액의 분자 구조처럼 비교적 간단하고 개별적으로 다룰 수 있는 시스템에 대해서는 완전한 설명을 제공한다.

그러나 환원주의는 복잡하고 개방적이며 상호작용하고 새롭게 생성되는 시스템에 대해서는 그 설명력에 한계가 있다. 그 한계는 13장에서 생명에 대한 정의를 내리거나** 26장에서 인간의 조상에서 반성적 의식을 갖춘 인간이 분화되는 내용을 다룰 때 확인했다. 대부분의 양자 이론가들은 환원주의가 자연적 현상을 설명하는 데 부적합하다고 본다.

* 454쪽 참고.
** 324쪽 참고.

이 분석 도구만 사용하는 과학자들은 전체론적 접근법과 통합하지 못하기에 그 설명력에 한계가 있다.

이론

과학적인 이론이라고 제시된 일부 이론에는 무한이라는 개념이 포함되어 있다. 빅뱅 이론이 기반을 두고 있는 프리드만-르메트르의 수학적 모델은 그 범위가 무한하다. 6장에서 언급했듯 무한은 매우 큰 숫자와는 전혀 다른 뜻이다.* 무한한 양 혹은 숫자가 현실에 부합하는지, 혹은 최소한 우리처럼 유한한 존재가 자각하는 현실과 부합하는지는 과학이 답할 수 없는 형이상학적 질문이다. 이런 이론이 조직적인 관찰과 실험을 통해 검증되지 않는다면, 이는 과학의 영역을 벗어나게 된다. 이와 관련해서 몇 가지 사항은 이 장의 뒷부분에서 다루려 한다.

6장에서도 언급했듯 현재 물리학을 지탱하고 있는 두 가지 이론은 각각 그 설명력에 제약이 있다. 상대성 이론은 원자 단위나 그보다 작은 단위의 현상에 대해 설명하지 못하고, 양자 이론은 별이나 그보다 큰 크기의 현상 혹은 빛에 가까운 속도로 움직이는 현상에 대해 설명하지 못한다.

상대성 이론과 양자 이론이 그 이전의 고전역학 이론에 기반해서 전개되었듯, 장차 상대성 이론과 양자 이론의 한계를 극복할 수 있는 보다 깊은 이론이 나올 것이라고 추정하는 것은 온당하다. 그 이론은 이 두 이론의 계산과 관측상의 한계도 극복할 수 있을 것이다.

그 범위에서 제약이 있는 또 다른 이론으로는 폐쇄되거나 고립된 시스템 내에서 사용할 수 있는 에너지가 줄어들면서 무질서도가 그대로 있거나 통상적으로 증가한다는 엔트로피 증가의 원리가 있다.** 이 원리는 대부분의

* 163쪽 참고.

** 보다 정확한 정의는 용어해설 참고.

시스템에는 실증적으로 적용되지만, 그 정의상 닫혀 있거나 고립되어 있는 시스템이면서 시간이 갈수록 복잡해지고 있는 우주의 진화에 관해서는 설명을 못 하고 있다.*

10장의 결론부에서 나는 이 문제에 대한 하나의 해결책으로서 에너지 변환과 그와 관련한 복잡도의 변화에 연관된 새로운 형태의 에너지를 언급했다.

과학의 역사는 이렇듯 보이지 않던 영역이 자연에 대한 우리의 이해를 근본적으로 바꾸어 왔음을 증명한다. 19세기 중반 이전만 해도 전기적 자기적 현상이 우주의 에너지장(현재 이론 물리학자들은 전자기장이 전 우주에 걸쳐 펴져 있다고 본다)에 의해 설명될 수 있다고 예견한 이는 아무도 없었다. 1932년 전에는 원자핵 내의 입자들을 결합하는 에너지장의 존재(강한 핵력)에 대해 아무도 몰랐다. 1956년 전에는 방사성 붕괴의 한 유형과 관련되어 있는 에너지장의 존재(약한 핵력)에 대해서 아무도 알지 못했다. 그러나 현재의 과학은 전자기력, 강한 핵력, 약한 핵력을 중력 상호작용과 함께 자연에 존재하는 네 가지 근본 상호작용으로 본다.**

심적 에너지?

새로운 형태의 에너지의 유력한 후보 중 하나가 심적 에너지psychic energy이다. 이는 대체로 정신과 관련되어 있으며, 현재까지 알려져 있는 에너지 형태로 환원할 수 없는 것이다.

19세기에 나온 심적 에너지의 사례들은 심령술 같은 미신적인 믿음이나 슬픔의 감정과 연관되어 있다. 무수히 많은 사례들은 스스로를 속이는 일이나 속임수였다. 이에 대부분의 과학자들은 이 아이디어를 가치가 없다고 봤으며, 그로 인해 이 분야에 대한 연구는 많이 진행되지 못했다.

유럽과 북미에서 심적 에너지 관련해서 보다 최근에 진행된 연구에는 초

* 247쪽 참고.

** 187쪽 참고.

능력, 염력 (정신의 힘으로 물체를 조작함), 몸에서 빠져나오는 체험, 임사 체험 등이 있다.

1975년 심리학자 레이먼드 무디Raymond Moody가 쓴 『삶 이후의 삶 *Life after Life*』에서는 임사 체험(near death experience, NDE)에 대한 당대의 자세한 서술이 처음 나타난다. 이로 인해 국제 임사 연구회 같은 조직의 설립이 촉진되어 임사 체험 관련 사항을 수집, 분류, 연구하게 되었다. 1992년에 갤럽이 조사한 바로는 8백만 명가량의 미국인이 임사 체험을 했다. 그 경험 중 많은 것들은 자신의 지나온 인생이 순간적으로 재현된다거나, 명료해지는 느낌을 받는다거나, 빛의 터널을 지나간다거나, 죽은 친척이나 신(기독교인들에게는 예수, 힌두교도들에게는 시바 혹은 다른 신 등)으로부터 영접을 받는다거나 하는 경험이었는데, 이런 현상은 마취제나 다른 약물을 환자에게 투여했을 때 혈압이 떨어지면서 일어나는 환각이나 기억의 왜곡, 이산화탄소 과다, 혈압 저하로 인한 뉴런 내 산소 공급 부족, 죽어가는 뇌의 특정 지역의 점진적 폐쇄, 쥐에 대한 실험에서 증명되었듯 심정지 직후에 일어나는 감마 뇌파의 일시적 급증[1] 등 생리학적으로 충분히 설명된다.

그러나 딱 한 가지 범주는 이런 설명이 작동하지 않는다. 임상적으로 죽었다고 선언된 후에 소생했던 일부 환자들은 자신의 몸에서 벗어나서, 자기를 살리려고 노력하는 모습을 천장 근처에서 내려다봤다고 말했으며, 의사들의 움직임이나 대화 내용에 대해서도 정확하게 말했다.

중증 환자 관리 의사이자 뉴욕 스토니브룩대학교 의과대학 소생 연구소 샘 파르니아Sam Parnia는 영국의 임사 체험 전문가이자 신경 정신의학 상담가인 피터 펜위크Peter Fenwick와 함께 2008년에 정신이 몸에서 분리될 수 있는가에 관한 연구를 계획했다.

그 이후 이 연구는 15개 병원에서 심정지를 겪은 2,060명의 환자들의 다양한 정신적 경험을 검토하는 것으로 내용이 변경되었고, 이 연구 결과는 「소생 *Resuscitation*」지誌 2014년 12월호에 실렸다.[2] 생존자 330명 중에 140명은 인터뷰를 할 수 있었다. 39퍼센트의 사람은 지각이 있었다고 했지만 있었던 일을 명확하게 기억하지는 못했다. 파르니아에 의하면, 이는 상당수의 사람들이 죽음에 대한 생생한 경험을 하지만 뇌 손상이나 기억 회로에 진정제가 미치는 영향 등으로 인해 그 경험을 기억하지 못한다는 의미이다.

그 이후 인터뷰까지 완료했던 101명의 환자 중에 9명(9퍼센트)는 임사 체험과 비슷한 경험에 대해 얘기했고, 2명은 유체 이탈, 즉 소생 당시에 "보고" "들었던" 일에 대해 기억하고 있었지만, 기억상의 편향이나 말을 지어냈을 가능성(실제로 있었다고 믿는 내용으로 기억 속의 갭을 무의식적으로 메우는 일)을 배제하기는 어렵다. 한 사람은 심장이 멎었던 삼 분 동안 귀로 들었던 바에 관해 사실로 확인된 기억을 갖고 있었다.

연구했던 이들은 이 결과가 보다 광범위한 연구를 요청한다고 결론을 내렸지만, 회의주의자들은 완전히 부정적으로 봤다.

폐 호흡이 멈추고, 심장은 뇌로 혈액을 뿜어내지 않고, 뇌에서 아무런 신경 활동이 없을 때도 정보가 받아들여진다면, 이것은 정신이 인간의 뇌를 구성하고 있는 1,200입방 센티미터에 1.5킬로그램가량의 젤리형 물질에 갇혀 있는 것이 아니며, 그럼에도 정신이 존재하려면 그 뇌가 작동해야 한다는 뜻이다. 즉 정신의 작용을 설명하는 새로운 형태의 에너지가 필요하다는 의미이다.

여기서 고전적인 정신-육체 문제를 깊이 다룰 수는 없는데, 과학이 지배하는 세계 속에서도 이 문제는 물리주의나 유물론을 믿는 다수와 관념주의(주로 양자 이론가들) 아니면 정신과 육체는 동일하지 않다는 이원론을 믿는 소수 사이에 의견이 갈라져 있다. 뇌 자체로는 정신과 동일할 수 없다는 점만 언급하고 넘어가려 한다. 따로 분리되어 있는 뇌는 생물학적으로 말이 안 된다.

정신이 뇌 속 뉴런의 상호작용일 뿐이라고 주장하는 모든 조직적이고 반복적 검증 가능한 신경과학적 연구들은 비물질적인 정신이 뇌를 통해 물질로서의 육체를 통제한다고 해석할 수 있다. 따라서 29장에 나왔던 예를 사용하자면, 당신이 만약 이웃 사람을 총으로 쏴 죽이기로 했다면 정신은 그 행동을 하고자 결정하고, 뇌에 의해 만들어진 전기화학적 신호를 따라 육체가 그 행동을 수행한다. 법정에 서서 프랜시스 크릭이나 스티븐 호킹, 다른 유물론자들이 자유 의지는 허상이라고 주장했기에, 당신에게는 다른 선택의 여지가 없었다고 말하는 것은 설득력이 약하다. 당신의 모든 행동은 당신의 유전자와 뇌의 화학 작용에 의해 결정되며, 이런 견해를 신경유전학적 결정론이라고 한다.

뇌의 여러 부위에 손상을 입어서 기억이나 시력과 같은 정신적 기능이 상한 이들에 대한 연구 결과는 정신이란 작동 중인 뇌 그 이상이 아니라는 유물론적 견해를 지지하기 위해 동원되지만, 신경과학자 마리오 뷰리가드 Mario Beauregard는 이것은 마치 "라디오로 음악을 들으면서 라디오의 수신기를 망가뜨리고는 라디오가 음악을 만들어 낸다고 결론 내리는 것처럼 비논리적이다"[3]라고 주장하면서 이원론자들의 견해를 지지한다.

초능력Extrasensory perception, ESP은 오감을 사용하지 않고 정보를 얻는 능력이라는 뜻이다. 여기에는 텔레파시(다른 이로부터 정보를 얻는다), 투시(먼 곳의 사물이나 사건의 정보를 얻는다), 예지 혹은 역행인지(미래나 과거로부터 정보를 얻는다) 등이 포함된다.

원칙상으로는 이런 일이 불가능하다고 생각할 근거는 없다. 19세기 중반 이전만 해도 시각적 정보를 우편과 같은 물리적인 방법 외의 다른 방법으로 전달할 수 있다고 생각했던 이는 아무도 없다. 백 년이 지나지 않아서 전자기 에너지파의 형태로 멀리 떨어진 사람들 간에 동영상과 음향을 주고받게 되었다.

투시력과 염력에 관해 2천만 불을 투입한 은밀한 프로젝트가 냉전이 정점이던 1975년부터 20년간 지속되었다. 미국 정보기관들과 나사NASA가 자금을 댔고 캘리포니아 스탠퍼드 연구소의 두 명의 레이저 물리학자 해럴드 푸토프Harold Puthoff와 러셀 타그Russell Targ가 책임자였다. 여러 명의 초능력자를 고용해서 연구만이 아니라 실제로 투시를 수행했으며, 그중 한 명에 의하면 염력으로 적의 전자기파를 방해하는 일도 수행했다.

2002년 인지 신경 과학자 마이클 퍼싱어Michael Persinger는 이 스타게이트 프로젝트의 초능력자 중 한 명이었던 잉고 스완Ingo Swann의 투시력에 대한 연구 결과를 발표했는데, 이 능력이 실제적 성과를 낼 뿐 아니라 이것은 신경생리학적 과정 및 실제 사건과 상관관계가 있다고 결론을 내렸다. 또한 투시력은 그 주체의 뇌에 자기력을 작용시키면 높아질 수 있다고 봤다.[4]

타그는 2012년에 『초능력의 실체: 심령 현상에 관한 물리학자의 증명 *The Reality of ESP: A Physicist's Proof of Psychic Phenomena*』이라는 책을 발간했는데, 여기에는 그가 이 분야에서 수십 년간 과학적인 연구를 진행했던 내용이 기록되어 있으며 특히 스타게이트 프로젝트에서 기밀이 해제된 증거들도 포함되어 있다.

그가 언급한 사례에는 은퇴한 시경찰국장이자 심령술사인 팻 프라이스Pat Price의 사례가 포함되어 있는데, 그는 세미팔라틴스크에 있는 소련의 무기 공장을 정확하게 그렸는데 이는 나중에 인공위성 사진으로 확인되었으며, 1982년에는 그가 포함된 팀이 은 선물시장의 변화를 예측해서 9주 동안 120,000달러를 벌어들였다.

타그는 이런 심령 현상이 비지역성이나 양자 얽힘 같은 양자역학의 개념으로 일부 설명될 수 있으며, 순수한 의식의 자아는 궁극적 실체로서의 우주적 의식과 동일하다는 고대의 신비주의적 통찰과도 결부되어 있다고 믿는다.* 선천적으로 강력한 초능력을 가진 이들도 몇 명 있지만, 타그는 초능력은 가르칠 수 있다고 본다.[5]

순수지성 과학 연구소Institute of Noetic Sciences의 수석 과학자 딘 레이딘Dean Radin이 1997년에 쓴 『순수지성적 우주: 초능력 현상에 대한 과학적 증거 *The Noetic Universe: The Scientific Evidence for Psychic Phenomena*』[6] (미국에서는 『의식을 가진 우주 *The Conscious Universe*』라는 이름으로 나왔다)에서는 다른 사례들이 제시되는데, 그가 2006년에 쓴 『얽혀 있는 정신 *Entangled Minds*』[7]에서와 마찬가지

* 743쪽 참고.

로 그는 양자 얽힘이 초능력 현상을 설명할 수 있다는 타그의 믿음을 공유한다. 레이딘은 대다수의 과학자 커뮤니티가 지금도 초능력에 대한 강력한 증거들을 부정하는 이유는 확증편향 때문이라고 보는데, 이는 이전의 신념을 뒷받침하는 증거는 그럴듯하다고 인식하지만, 이전의 신념에 도전하는 증거는 믿을 수 없다고 인식되어 결함이 있거나 가짜로 가정한다는 것이다.

분명히 대부분의 과학자들은 초능력 현상을 부정한다. 최면은 그 발신자에서 수신자에게 음성을 통해 전달되는 정신 대 정신 간의 의식적인 의사소통이다. 이는 그 수신자로 하여금 깊은 육체적 편안함 속에 잠기게 하여 수신자의 뇌의 작용에 변화를 일으켜 의식 변화를 유도한다. 이렇게 변화된 상태에서 수신자의 정신은 발신자의 지시에 반응하면서 불안에서 편안한 상태로 바뀌는 정신적인 변화를 경험하기도 하고, 고통에서 벗어나는 육체적 변화를 겪기도 한다.

수많은 과학적 실험을 통해 그 효과가 입증되었기에[8] 최면 요법은 1990년대부터 과학이 발달한 국가에서도 정통 의학에 의해 채택되어 특정한 조건에서 유효한 치료법으로 사용되고 있다.[9]

2014년에 이론 물리학자 지울리오 루피니Giulio Ruffini와 다학문적 국제 연구팀multidisciplinary international team이 한 사람의 뇌에서 멀리 떨어져 있는 다른 사람의 뇌까지 감각을 사용하지 않고도 직접 정보를 보낼 수 있다는 걸 증명했다.

이 팀은 뇌-컴퓨터 간의 첨단 인터페이스를 개발했는데, 두피에 부착한 전극은 그 사람이 로봇 팔을 움직이거나 드론을 조정하고 싶다는 식의 특정한 생각을 할 때 발생하는 전류를 기록했다. 여기서 출력 대상은 다른 사람이다. 발신자의 생각은 인터넷에 연결된 뇌파도를 따라 이진법 코드로 변환되고, 이는 8,000킬로미터 떨어진 곳의 세 사람이 쓰고 있는 머리뼈를 통과하는 자동화된 자기 자극 헤드셋에서 받아들여져서 그들의 시각 피질을 직접 자극한다. 눈이 가려져 있는 수신자들은 그들의 시각 주변부에 그 메시지에 대응하는 불빛이 나타났다는 것을 정확히 기록했다.

이런 전달은 발신자와 수신자의 의식적인 정신 활동을 필요로 하므로 루피니는 이를 기술적으로 뒷받침된 텔레파시의 초기 단계라고 봤고, 가까운 미래에 이렇게 인간의 정신과 정신이 기술적으로 연결되어 커뮤니케이션을 하게 될 것이라고 결론을 내렸다.[10]

그러나 여러 심적 에너지에 대한 주창자들과 실제 심적 에너지를 발휘하는 이들은 과학적 방법이 부적절하다고 하여 회피할 뿐 아니라, 객관적 검증이 아니라 주관적 경험이 본질이라고 주장한다.

19세기에 심적 에너지를 실제 발휘했던 이들은 미신과 연루되어 있었기에 그들의 주장은 사실로 받아들여지지 않았는데, 화학과 같은 여러 과학 분야에서도 초창기의 전문가들은 그런 대접을 받았다. 심적 에너지를 무시하는 것은 마치 심적 에너지 연구보다 더 많은 자원을 투입했음에도 지난 삼십 년간 양자 이론과 상대성 이론을 극복하지 못했다고 하여 이를 대체할 수 있는 검증 가능한 새 이론을 무시하는 것과 마찬가지로 비합리적이다.

또한 대다수의 우주론자들은 우주의 3분의 2 이상을 설명하기 위해 암흑에너지라는 새롭고 신비로운 요소의 존재를 상정하는 것으로 만족하고 있는데, 한 가지 현상에 대한 다양한 해석이나, 다른 가정들, 다른 우주론 모델들을 제기하는 이들은 거기에 동의하지 않는다.*

새로운 형태의 에너지는 과거에도 그랬듯 미래에도 발견되고 확인될 것이다. 새로운 에너지로 대두될 가능성이 있는 후보는 실증적으로 확인되듯 점점 커지고 있는 반성적 사고와 관련되어 있고 그에 따라 복잡성도 증가하는 정신적, 혹은 심적 에너지라고 보는 게 합리적인 추정이다.

결함 있는 과학

과학적이라면서 내놓는 주장이 과학과 그 방법론의 기본 요체와 모순될

* 147쪽 참고.

때 과학의 설명력은 제약된다. 과학과 결함 있는 과학 간의 경계선은 불분명할 때가 많다. 위에서 나는 가정의 선택과 데이터 선택과 해석의 선택 시의 객관성은 달성할 수 없는 이상이라는 점을 언급했다. 주관성이 최소한으로 유지될 때 좋은 과학이 되고, 주관성이 커질 뿐 아니라 의도적으로 개입할 때 결함 있는 과학이 된다. 이 탐구에서는 결함 있는 과학의 여러 유형을 접했었다.

부적합한 모델 사용

수학 모델 혹은 컴퓨터를 사용한 모델은 가설을 설계하고 정교화하는 데 매우 유용하며, 이는 그 이후에 실증적으로 검증할 수 있다. 그러나 모델과 실재를 합치게 되면 흠결 있는 과학이 된다.

또한 그 모델을 실증적으로 검증할 길이 없는데도 수학적으로 증명하고 이게 곧 과학적 증명이라고 가정하는 것은 결함 있는 과학이다.* 다양한 끈 "이론들"과 M-이론** 그리고 루프 양자 중력 모델이 특수한 속성을 갖추고 선재했던 붕괴된 우주의 존재를 확정했다는 주장 등이 그러한 사례이다.***

수학적 모델에 임의의 매개변수나 스칼라장을 도입하고, 그 값을 변경하여 원하는 결과값을 얻거나 이론을 증명하는 것 역시 결함 있는 과학이다. 이런 모델에는 예측력이 없다.

3장에서 언급했듯이 아인슈타인은 자신의 일반 상대성 장 방정식에 우주 상수 람다(Λ)를 도입해서 일정한 우주를 만들어 내기 위해 그 값을 설정했다. 그와 다른 이들은 우주가 팽창하고 있다는 관찰 데이터를 받아들인 후에는 방정식에서 람다를 삭제했다. 이 기본 빅뱅 모델에 여러 가지 중요한 문제가 제기되자 팽창론자들은 람다를 재도입해서 원래 아인슈타인이 부여했던 값보다 훨씬 큰 값을 부여했을 뿐 아니라 믿을 수 없이 짧은 기간 동안

* 84쪽 참고.
** 133쪽 참고.
*** 115쪽 참고.

만 유효하게 함으로써 안정적으로 감속하는 확장을 이어 가고 있는 엄청나게 확장된 우주를 얻는 데 필요한 임계 질량 밀도를 만들어 냈다. 1a형 초신성 방사에 대한 자신들의 해석에 부합하기 위해, 우주론자들은 나중에 또다른 임의의 전혀 다른 값을 가진 람다를 도입해서, 꾸준히 감속 팽창 중인 우주가 아닌 생긴 지 3분의 2가 지난 후부터 다시 팽창 속도가 증가하고 있는 우주를 증명하려고 했다. 이 경우의 람다는 알려지지 않은 암흑 에너지를 뜻하는데 이에 대해서는 실증적으로 증명되지 않았다.* 호일과 그의 동료들은 람다에 네 번째 값을 주어 일정한 상태로 팽창하면서 500억 년 주기로 팽창과 수축을 이어 가는 우주를 만들어 냈다.**

신다윈주의 모델과 부합하지 않는 동물과 인간의 행동을 설명하기 위해 사회생물학자들은 1970년대 이후로 지나치게 단순화한 경제학적 게임 모델을 도입했는데 이는 생물학적 현실과 유리되어 있다. 이들은 게임의 규칙, 변수, 이들 변수에 부여된 값을 임의로 결정하여 자신들이 원하는 결과를 만들어 낸다.*** 선택하는 바를 달리해서 진행한 경제학적 게임에서는 정반대 결과가 나왔다.****

증거를 넘어서거나 증거와 모순되는 주장

증거를 객관적으로 평가하지 않고 가정에 입각한 신념을 고수하면 과도한 주장을 낳는다. 예를 들어 우주에 설치한 윌킨슨 마이크로파 비등방성 탐색기WMAP로 인해 우주가 생기고 나서 최초의 1조 분의 1초 동안 무슨 일이 있었는지에 관해 제기된 여러 견해들 간의 차이를 구분할 수 있게 되었다는 과학자들의 주장은 실증적으로 입증되지 않은 가설에 기반하고 있다.*****

지난 5억 년간 있었던 다섯 번의 주요한 대량 멸종 사건과 지질학적으로

* 95쪽 참고.
** 116쪽에서 123쪽 참고.
*** 586쪽에서 588쪽 참고.
**** 594쪽 참고.
***** 154쪽 참고.

짧은 시기 동안 몇 퍼센트의 종이 멸종했는지에 관해 설명하는 고생물학의 정설은 그 당시의 종이 어떤 것인지에 관한 불명확성은 논외로 하더라도, 화석상의 증거를 넘어서고 있다.*

형태학적 진화가 어떻게 일어났는가에 관련해서는, 신다윈주의 모델에 입각한 대다수의 생물학자들은 보다 온전한 화석상의 증거가 나오면 점진적인 변화를 증명할 것이라고 주장한다. 그러나 이는 사소하고 왔다 갔다 하는 변화들이 있지만 형태학적인 정체 상태가 유지되다가 간간히 지질학적으로 갑자기 새로운 종이 출현한 뒤에는 본질적으로 큰 변화 없이 유지되다가 화석 기록상에서 사라져 가거나 아니면 오늘날까지 "살아 있는 화석"으로 이어지고 있다는 고생물학적으로 확인된 증거와 모순을 일으킨다.**

신다윈주의를 창설한 이들과 달리 현재의 대다수 신다윈주의자들은 방대한 증거에도 불구하고 생물학적 진화가 점점 더 복잡해지는 패턴을 보인다는 점을 부정하는데, 이것이 그들이 상정하는 생물학적 진화의 원인이나 모든 종은 평등하다는 이데올로기와 부합하지 않는 까닭이다.***

편향된 데이터 선택

특정 이론이나 가설을 지지하기 위해 의도적으로 편향된 데이터 선택이 이루어지면 흠결 있는 과학이 된다.

6장에서는 어느 선도적인 끈 이론가가 왜 우주가 지금의 형태를 갖게 되었는지 설명하면서 불리한 데이터는 다루지 않았던 사실을 지적했다.****

오래된 암석에서 발견된 미량의 탄소가 지구상에 살았던 오래된 생명체의 화석인지 아니면 비유기체의 퇴적물인지를 다루면서 그 주장자들 중 한 명은 증거를 선택적으로 취하고 있다는 항의를 무시했다고 자신의 이전 연

* 465쪽 참고.
** 470쪽 참고.
*** 541쪽에서 551쪽 참고.
**** 157쪽 참고.

구원생으로부터 비판을 받았다.*

6천5백만 년 전에 일어났을 것으로 추정되는 대량 멸종 사태(백악기 제3기 멸종the Cretaceous-Tertiary extinction)의 원인에 관해 이루어진 20년간의 연구를 검토했던 연구위원회는 멕시코 유카탄 반도에 떨어진 거대한 소행성 충돌을 원인으로 보는 정통 학설의 설명을 지지했다. 그러나 일부 학자들은 그 위원회가 자신들의 발견을 잘못 표현했다고 비판했고, 그 위원회가 그들이 내린 결론과 부합하지 않는 다량의 증거를 무시했다고 비판하는 이들도 나왔다.**

흠결 있는 방법론

1950년대에서 1960년대에 산업화로 인해 회색가지 나방이 흑화되는 자연선택을 증명하기 위한 버나드 케틀웰의 실험은 그가 제시하고자 했던 결론을 약화시키는 중대한 결함을 많이 갖고 있다. 이 결함들이 1998년에 확인되었는데도 그의 연구는 지금도 여전히 신다윈주의를 증명한 사례로 사용되고 있다.***

1987년에 나온 기념비적인 논문에서는 미토콘드리아 DNA를 사용하여 인간이 200,000년 전 아프리카에 살았던 '미토콘드리아 이브'라고 명명한 한 여자로부터 나왔다고 봤다. 이러한 방법론은 그 이후에 샘플 선택이나 사용된 컴퓨터 프로그램 등 다양한 이유로 비판을 받았다. 그런데도 그 결론은 지금도 인용되고 있다.****

흠결 있는 이론의 영속화

실증적 증거에 의해 부정된 이론을 영속화하는 것은 과학적 방법론의 근본 요체와 모순된다. 이는 대개 이론을 정당화하기 위한 가정의 선택으로

* 343쪽 참고.
** 469쪽 참고.
*** 491쪽에서 493쪽 참고.
**** 669쪽 참고.

인해 생겨나고, 그 이후 객관성에서 상당히 동떨어진 데이터의 선택과 해석으로 인해 강화된다. 12장에서 봤듯 지구 표면의 특징을 설명하기 위해 지질학의 정설이 제시한 주름 이론은 대륙 이동설(이후에 판구조론으로 발전했다)을 지지하는 증거가 쌓여 가는 동안에도 50년 이상 유지되었다.*

지난 30여 년간, 지구상의 최초의 생명체 출현에 대한 정통적 설명은 태양이나 다른 원천에서부터 나온 에너지가 긴 세월 동안 자기 복제하는 RNA 분자들에 대한 초다윈주의적 선택에 의해 생겨난 13종의 원자들로 이루어진 분자들의 액상 수프에서 무작위적 반응을 일으켰기 때문이라는 것이었다. 그러나 이 생각의 근거를 확보하려는 모든 실증적 시도는 실패했는데, 이는 어떤 과학자들이 주장하듯 화학적인 원인 때문에 예견되었던 사태이다. 무작위적 반응으로 그러한 크기와 복잡도의 분자들이 만들어질 수 있는 통계적 가능성은 거의 제로에 가깝다.**

20세기 중반 이후 생물학적 진화에 대한 정통 이론은 자신들이 집단유전학의 수학적 모델을 통해 받아들였던 다윈주의적 점진적 자연선택론이 타당하다고 본다. 그러나 17-23장에서 봤듯이 실험실에서 연구한 초파리나 선충보다 훨씬 방대한 양의 화석 기록과 야생 생물종들에게서 얻은 실증적 증거들은 신다윈주의 모델과 부딪친다. 그럼에도 이 모델을 주장하는 이들 중 선도적인 지위에 있는 한 학자는 2006년에 이르러서는 신다윈주의가 이제는 단순한 이론이 아니라 확정된 사실이라고 주장하기에 이른다.*** 실제로 오늘날 대다수의 생물학자들은 생물학적 진화 현상(이는 명백한 증거가 뒷받침한다)을 신다윈주의의 수학적 모델과 동일시하면서, 신다윈주의에 대해 의문을 제기하면 생물학적 진화라는 사실에 대해 공격하는 것으로 받아들인다.****

이런 사례들과 다른 사례들 모두 이론이 과학의 대립물이자 과학의 발전

* 285쪽에서 288쪽 참고.

** 366쪽 참고.

*** 535쪽 참고.

**** 633쪽 참고.

을 가로막는 도그마로 굳어져가는 모습을 잘 보여 준다. 이로 인해 생겨나는 집단주의적 사고방식은 155명의 생물학자가 서명하여 네이처지에 실었던 아티클을 통해 사회생물학을 창설한 이가 이론에 대해 제대로 이해하지 못하고 있다고 주장한 데서 잘 드러나는데, 반면에 그는 40년이 지나고 보니 이들 이론이 동물과 인간의 행동을 설명하는 데 있어서 별다른 진전을 이루지 못했음을 인정하는 아티클을 발표할 만큼 통찰과 용기가 있었다.*

대안적 이론에 대한 억압

도그마로 변해 버린 이론을 옹호하는 이들이 다른 이들이 대안적 이론을 개발하고 발표하는 걸 방해하고 억압할 때 과학적 진보는 한층 더 제약을 받는다.

네이처지가 정통 이론이 제시하는 주름 이론보다는 대륙 이동설이 지리학적 현상을 보다 잘 설명한다는 지난 오십 년간 축적되어 온 증거를 보여주던 그 해에, 「지구물리학 연구 저널 *Journal of Geophysical Research*」은 또 다른 연구가가 제시한 그와 비슷한 논문을 "진지한 과학의 후원 아래서 도무지 출간해서는 안 되는 부류"라며 묵살했다.**

5장에서는 끈 이론가들이 미국 내 이론 물리학계의 학자들을 위한 자리나 보조금을 결정하는 위원회를 장악하고 있기에, 끈 이론이 지난 30년간 별다른 성과가 없었음에도 불구하고 대안적 접근법을 추구하는 이들은 지원을 받기가 대단히 어렵게 되어 있고, 심지어 일부 끈 이론가들은 불만을 표출하는 이들을 찍어 누르는 듯한 일에도 연루되어 있다는 점을 언급했다.***

3장에서는 프레드 호일이 정상 우주론을 계속 고수한 탓에 학계의 동료들에게 배척당했으며 케임브리지 교수직에서조차 사임을 했는데 이는 좀체

* 632쪽 참고.
** 286쪽 참고.
*** 137쪽 참고.

전례가 없는 일이었다는 점을 살펴봤다.* 저명한 천문학자들 중에서는 그들이 보기에 관찰 기반의 천문학자들이 아니라 수학적 이론가들에 의해 만들어진 정통 해석에 상반되게 천문학적 데이터를 해석한 자신들의 논문을 실어 주기를 거부하는 학계 저널에 대해 항의한 이들도 있다. 또한 그들은 자신들이 컨퍼런스에서 요청 받은 논문을 제출하는 걸 막으려는 시도가 성공했던 사례도 있었고,** 심지어 자신들의 가설을 검증하기 위해 망원경을 사용할 시간조차 거부당했다고 주장한다.***

23장에서는 생물학적 진화에 관련해서 현재의 정통 모델에 대한 대안을 제시하는 이들의 사정도 나을 게 없다는 점을 밝혔다. 린 마걸리스가 공생발생론을 발전시켰지만 좀체 발표할 수가 없었던 것은 충격적인 사례이다. 심지어 나중에 신다윈주의자들이 진핵세포 속의 미토콘드리아와 엽록체의 진화에 관한 그녀의 설명이 유전자상 증거로 잘 뒷받침되며 타당하다는 점을 인정한 후에도, 그녀는 주류 과학계와 생물학 저널들이 여전히 자신의 논문을 실어 주기를 거부한다고 불만을 토로했다. 한 저명한 신다윈주의자는 2011년 자신의 블로그에다 그녀가 신다윈주의 모델에 대한 대안을 제시한 것은 미친 짓이라는 글을 올렸다.****

제시될 당시에는 최선의 이론이었지만 도그마로 경직되면, 이에 대한 의문이 제기될 때 방어적인 대응을 하게 되는데 이는 대부분의 제도화된 신념에 나타나는 전형적 특징이며, 과학 역시 그 전문가 사회와 도제 과학자들을 기르는 대학 학부를 통해 필연적으로 제도화되어 왔다. 정당, 정부, 종교 등 거의 모든 인간의 제도는 내부와 외부에서 나타나는 도전에 비슷하게 반응하므로 현재의 정통 이론을 주장하거나 가르치는 이들이 변화에 저항하는 것은 놀랄 일은 아니다. 그러나 과학이라는 제도의 일원이라면 과학

* 61쪽 참고.
** 150쪽 참고.
*** 120쪽 참고.
**** 602쪽 참고.

을 정당, 정부, 종교와 구분하는 특징은 가능한 한 객관적으로 실증적 검증에 전념하며 이론과 부딪치는 새로운 데이터가 나타나면 이론을 수정하거나 폐기하는 것이라는 점을 기억해 둘 필요가 있다.

위조

과학자들이 가정의 선택, 데이터의 선택과 해석, 결함 있는 이론의 영구화, 심지어 대안 이론의 억압으로 객관성을 크게 벗어나는 대부분의 경우는 종종 잘못 이해했더라도 정당한 이유가 있었다. 그러나 이 탐구는 위조 사건에 직면했다. 필트다운 맨Piltdown Man(영국 필트다운에서 발견된 인류 두골—옮긴이) 위조 화석은 40년간 아무도 모르고 지나갔으며, 라이너 프로취Reiner Protsch는 무려 30년간 자신의 화석의 연대를 조직적으로 조작했다.* 2010년 하버드대학교는 마크 하우저가 동물 행동 실험 데이터를 조작했다고 발표했다.**

이들은 언론이 묘사하듯 몇 개의 "썩은 사과"에 불과한 것이 아니다. 2009년 에딘버러대학교 과학, 기술, 혁신 연구소의 다니엘레 파넬리Daniele Fanelli는 과학계의 부정 행위에 대한 조직적 검토와 조사 데이터에 대한 메타 분석을 최초로 실시했다. 그는 과학자들 중 2퍼센트가 적어도 한 번은 데이터나 결과를 조작하고 위조하고 고쳤다는 점을 인정했으며—어떤 기준으로 봐도 심각한 부정 행위이다—삼분의 일가량은 다른 의심스러운 연구 행태에 대해 인정했다고 밝혔다. 자신들의 동료에 대한 질문을 받자 14퍼센트는 다른 과학자들이 데이터를 조작하고 있다고 생각하며, 72퍼센트는 자기 동료들이 다른 의심스러운 연구 행태에 연루되어 있다고 생각한다. 파넬리는 "이 조사가 민감한 질문을 내밀었고 다른 제약 조건이 있었다는 점을 고려할 때, 이는 과학계에 만연한 부정 행위에 대해 나온 보수적인 수치라고 하겠다"[11]라고 결론내렸다.

* 456쪽 참고.

** 589쪽 참고.

이 모든 것은 자연 현상에 대한 우리의 지식을 지금껏 혁명적으로 변화시켜 왔고 방대하게 확대해 온 과학을 폄하하려는 말이 아니라, 우주의 기원에서부터 우리가 어떻게 출현해서 진화해 왔느냐에 관한 현재의 우리의 이해를 다루고 있는 과학 내부의 한계가 무엇인지 확인하려는 것이다.

과학이라는 영역의 한계

많은 과학자들은 물론이고 경험주의empiricism, 실증주의positivism, 자연주의naturalism, 물리주의, 유물론, 혹은 제거적 유물론eliminative materialism을 믿는 대다수의 사람들은 과학 분야에는 한계가 없다고 믿는다.

이런 믿음의 근거는 본질적으로 다음과 같다.

1. 물리적 물질과 그들의 상호작용 외에 달리 존재하는 것은 없다.
2. 과학은 물리적 물질과 그들의 상호작용에 대한 실증적 연구이다.
3. 따라서 과학 분야에는 한계가 없다.

이렇게 되면 필연적 결과로는

4. 어떤 현상을 지금 과학이 설명할 수 없다고 해도 새로운 데이터나 더 나은 데이터가 나오는 미래에는 설명할 가능성이 크다.

이 결론의 타당성은 이 결론이 가지고 있는 두 가지 전제의 타당성에 의지하고 있다. 첫 번째 전제는 타당하지 않은 게 자명한데 왜냐하면 그 전제 자체가 물리적인 물질이나 물리적인 물질들 간의 상호작용이 아니기 때문이다. 다르게 말하자면, 과학 분야에는 한계가 없다는 믿음 자체가 조직적 관찰이나 반복적인 실험을 통해 검증될 수 없으므로, 그 믿음 자체는 참이 아니다.

과학은 하나님 혹은 신에 의해 계시로 주어진 대답을 추구하는 종교나 통찰이나 추론을 통해 답을 찾으려는 철학과 차별화되는 자신의 탐구 방법을 확정하기 위해 실증적인 것들로 자신의 연구 영역을 한정해 왔다. 나는 우리가 누구이며 어디서 왔는지 이해하기 위해서는 이렇게 한정된 과학 영역 너머에 존재하는 것들 중에서 우리가 알아야 할 내용이 있다고 주장하려 한다. 주관적 경험, 사회적 개념과 가치, 검증할 수 없는 추정, 여러 형이상학적 질문에 대한 대답들이 그런 것들이다.

주관적 경험

개체로서 우리는 우리를 구성하고 있는 세포, 분자, 원자, 그들의 상호작용의 총합 그 이상이다. 우리는 우리가 보고 듣고 느끼고 기억하고 생각하는 등등에 의해 많은 부분이 형성된다. 이러한 주관적 경험은 과학적 방법론에 입각해서 객관적으로 관찰되거나 실험될 수 없다. 이는 29장에서 살펴봤던 경험 내용에서 요약될 수 있는데, 거기서 나는 신경과학자 라마찬드란과 콜린 블랙모어의 사례를 인용했었다. 즉 태어날 때부터 색맹인 신경과학자가 실험에 참여한 사람이 붉은 장미를 봤을 때 그에게 일어나는 모든 물리 화학적 작용 과정을 모니터링할 수는 있지만, 그렇더라도 그 과학자는 그 사람이 받아들인 붉은색의 특질을 경험할 수는 없다.

그러나 신경과학적 환원주의자들은 본다는 것에 대한 객관적 검증을 할 수 있다고 주장한다. 2012년에 버클리 캘리포니아대학교의 연구팀은 기능적 자기공명영상fMRI을 사용해서 다섯 명의 남성 실험 대상자들이 두 시간 동안 동물과 건물과 차량 등 1,705개 범주의 사물과 행동을 담고 있는 영화 클립을 시청할 동안 그들의 뇌 피질 속의 30,000지점의 신경 활동을 모니터링했다. 그들은 그 범주에 따라 이들 다섯 명의 남성들의 뇌 속에서 유사한 지역이 활성화된다는 것을 발견했다.[12] 그러나 이는 이들의 뇌 속의 영역이 활성화될 때 그들이 어떤 구체적인 동물, 건물, 차량을 보는 것인지는 알려 주지 못하는데, (이 실험에서처럼) 그 연구가들이 동일한 영화 클립을 보고 있거나 그 사람이 연구가에게 말을 해 주어야만 알 수 있다.

다른 예를 들자면, 미래에 실험에 참가한 사람이 꿈을 꾸고 있는 동안 신경과학자가 그 참가자의 뇌 속의 모든 뉴런의 움직임을 모니터링할 수 있다고 해도, 그 신경과학자는 그 참가자가 꾸고 있는 꿈이 구체적으로 무엇인지 예측할 수도 없고 알 수도 없으며, 그 꿈에 대한 참가자의 경험을 공유할 수도 없다.

마찬가지로, 모차르트의 주피터 교향곡 연주를 듣는 것이 고막을 진동시키고 물리 화학적 경로를 따라 전달되어 뇌의 뉴런을 활성화시키는 음파로 환원될 수 없다. 이러한 듣는 경험은 기쁨의 감정, 다른 오케스트라 연주와의 비교, 다음 마디 연주에 대한 기대감, 이 작품을 마지막으로 들었을 때에 대한 기억 등이 합쳐지는 경험이다. 이러한 경험은 독립되어 있는 검증가에 의해 측정되거나 조직적으로 관찰될 수 없고 반복될 수도 없다. 이 모든 반응이 합쳐져서 당신에게 주관적이고 전체적인 경험을 제공하는데, 이 경험은 당신에게만 유일한 것이다.

나는 앞에서 반성적 사유가 인간이라는 종의 독특한 특징이라고 결론을 내렸다. 2010년에 런던대학교 대학의 신경과학자들은 내적 성찰의 능력을 뇌의 전두엽 전방의 피질의 한 작은 부분의 구조와 연관시켰다. 그러나 연구가들은 그 인과 관계는 알아내지 못했다. 즉 우리의 반성적 사유가 발달하면 이 영역이 발달하는지, 이 전두엽 전방의 피질이 발달해야 사람들이 성찰하는 능력이 발달하는지 알 수 없었다.[13] 보다 근본적으로 이 객관적인 검증으로는 내면적인 사유가 어떤 것인지 밝히지 못했다.

신경과학이 비물리적인 것들의 물리적 상관관계를 밝히는 데 커다란 성과를 내고는 있지만, 주관적 경험의 물리적 상관관계를 경험과 동일시하는 건 중대한 오류이다.

선생님에게 영감을 받는다거나, 사랑에 빠진다거나, 탄생 혹은 죽음을 목격한다거나, 중요한 목표를 성취한다거나 하는 주관적 경험은 개체로서의 우리가 누구인지를 결정하는 데 큰 역할을 한다.

사회적 개념과 가치

우리는 그저 개인이 아니다. 우리 각자는 수많은 사회의 일원이기도 하다. 반성적 의식은 개인에게 생각하고 추론할 능력을 부여하듯이, 사회에게는 사회적 개념과 가치를 발전시킬 수 있게 한다. 한 가지 예를 들자면, 인간 사회는 정의로운 전쟁이라는 개념을 발전시킬 수 있다. 정치학자와 사회학자들은 이 개념의 구현에 대한 조직적 연구를 수행할 수 있지만(예를 들어 1945년에 독일에 대한 영국의 선전포고), 그 개념 자체와 그와 연관되어 있는 윤리적 가치는 과학이 아니라 철학의 영역에 속한다.

검증할 수 없는 생각

4-7장에서 봤듯 우주에 대한 현재 과학의 정설인 뜨거운 빅뱅 이론이나 그와 대비되는 대안적 추정 모두 우주의 기원에 관해 실증적으로 검증 가능한 설명을 제시하지 못하며, 그렇기에 우리를 구성하고 있는 물질과 에너지의 기원에 대해서도 설명하지 못한다. 이는 과학의 역량을 넘어서는 일이 거의 확실하다.

우리가 어떻게 진화해 왔는지를 과학적으로 설명하겠다고 제기된 일부 의견들은 7장에서 설명했던 다양한 다중 우주론처럼 우리가 접촉할 수 없는 다른 우주들의 존재를 상정한다.* 접촉할 수가 없다면 조직적인 관찰이나 반복 가능한 실험을 통해 이를 검증할 수도 없다. 그러한 추정은 설득력이 있을 수도 있고, 우리가 아는 한 그중에 하나는 사실일 수도 있다. 그러나

* 180쪽 참고.

이들은 현재로서는 과학의 영역을 벗어나 있다.

형이상학적 질문

자연과학은 물리적인 물질들의 상호작용을 결정하는 물리화학적 법칙을 적용하여 많은 자연현상을 설명하고 예측한다. 그러나 과학은 이들 법칙의 본질에 대해서는 설명할 수 없다. 수학적 우주론자인 조지 엘리스가 지적하듯, 어떤 상호작용을 "중력의 영향"이라고 이름 붙이는 것은 앞으로 일어날 일을 예측하는 데 도움이 되지만, 물질이 "어떻게" 멀리 떨어져 있는 다른 물질에 인력을 끼치는지는 알려 주지 못한다. 이를 "중력장의 효과"라고 달리 이름 붙인다고 해서 상황이 바뀌는 것은 아니다.[14]

결정적으로, 무엇이 이러한 법칙을 존재케 했는지 과학은 말해 줄 수 없다. 뉴턴은 신이 이들을 창조했다고 믿었고, 아인슈타인 역시 어떤 초월적인 지적 능력에 의해 생겨났다고 생각했다.

또 다른 한계

마지막으로, 과학 자체가 아니라 인간의 정신에 한계가 있을 수 있다. 바위는 태양이 빛과 온기를 가져다 준다는 걸 이해하지 못하고, 침팬지는 블랙홀의 존재를 이해하지 못하듯 인간이 이해하지 못하는 리얼리티가 존재하는 것은 아닐까?

Chpater 33

우주적 과정으로서 인간 진화에 관한 통찰과 결론

원자와 별에서부터 물고기와 꽃, 물고기와 꽃에서부터
인간 사회와 가치에 이르기까지 현실 속의 모든 국면은 진화하게 되어 있다……
모든 현실은 진화라는 단일한 과정 속에 있다.
–줄리언 헉슬리Julian Huxley, 1964년

통찰

이 탐구를 시작할 때 나는 우리 인간이 누구이며, 단지 지구상에 나타났던 최초의 생명체가 아닌 물질과 에너지의 기원에서부터 우리가 어떻게 진화해 왔는가에 관해서 과학이 말해 줄 수 있는 것이 무엇인지 알아보려는 열린 마음이었다. 더 많이 배울수록 나는 우리가 얼마나 많이 모르는지 깨달았다. 우리가 모르는 게 얼마나 많은가 하는 깨달음이 자신의 좁은 전문 분야의 최근의 발견에 집중해 있는 과학자에게 결여되어 있다는 점은 이해할 만했다. 흔들릴 수 없는 신념으로 굳어진 특정 이론을 고수하는 과학자들에게도 이런 깨달음은 결여되어 있었는데, 이를 이해하기는 조금 어려웠다.

32장은 과학 분야 내부의, 그리고 과학이라는 분야 전체의 지식의 한계를 다루었다. 이 분야는 반복할 수 있고 조직적이고 최대한 계측 가능한 관찰과 실험을 통해 자연 현상을 이해하고 서술하려 함으로써, 그리고 이 데이터에서부터 검증 가능한 법칙을 도출하여 예측과 사후예측에 사용함으로써, 과학적 설명을 다른 유형의 설명과 구별한다.

우리를 구성하고 있는 물질과 에너지의 기원에 관한 현재 우주론의 정통적 설명은 과학이라는 분야에 제대로 어울리지 못한다.

기본 빅뱅 모델은 관측된 결과와 부딪친다. 이 문제를 해결하기 위해 모델에 도입된 두 가지 중대한 수정을 통해 양자 요동 급팽창 뜨거운 빅뱅 모델이 나왔지만 이 수정의 중심 사항—우리가 관찰할 수 있는 우주는 전체 우주에서 너무나 작은 일부이며, 우주의 나머지 부분에 대해서 우리는 정보를 얻을 수 없다—은 검증할 수 없다. 또한 이 수정 때문에 빅뱅이 만물의 시작이라는 사실을 견지하면 논리적으로 모순되는 모델이 나오고, 빅뱅보다 앞서서 양자 진공과 인플레이션장이 존재했다고 한다면 이 기본 요체와 부딪치는 모델이 나온다.

더욱이 이 수정된 모델을 관찰 데이터에 대한 현대의 정설적 해석과 조화시키려다 보니 관찰 가능한 우주의 27퍼센트를 이루고 있는 신비한 "암흑 물질"을 상정해야 했고, 더 나아가 한층 더 신비한 반중력 "암흑 에너지"를 상정해야 했는데 이는 관찰 가능한 우주의 68퍼센트를 이루고 있다. 이런 모델은 상당한 개념상의 문제가 있는데, 그 문제들 중 상당한 부분은 무로부터의 물질과 에너지의 창조에 대한 설명을 제시하려고 한다.

정통 모델을 좀 더 수정하거나 대체하고자 제시된 다른 가설들은 현재까지 알려진 수단으로는 검증되지 않았고 검증할 수도 없다. 우주가 영원한가 아닌가 하는 점은 과학의 실증적 연구방법으로는 확정할 수 없다.

우리는 실증적 증거에 입각해서 우리 자신이 태고의 에너지에서부터 탄소 기반에, 움직임이 자유롭고, 고차원적인 행동을 하는 생명체로 진화했으며, 특히 우주에서 가장 복잡한 사물인 인간의 뇌를 가진 존재라고 합리적으로 추론할 수 있다. 그러나 이러한 진화는 거의 무한한 물질과 에너지의 상호작용이 일련의 물리화학적 법칙에다 미세 조정된 여섯 가지의 우주론적 매개변수, 크기가 없는 두 개의 상수, 핵합성의 세 가지 매개변수의 조정까지 받아야 일어날 수 있었다. 또한 이 진화는 한정된 질량 범위의 행성이 필요했고 이는 또한 필요한 화학물을 가지고 있고, 은하의 한정된 지역에, 그리고 태양계의 한정된 지역에 존재하면서 수십억 년간 필요한 에너지를 충분히 받아들였을 뿐 아니라, 치명적인 에너지 방사로부터 보호되고, 혜성이나 다른 우주 내의 잔여물의 충돌로부터도 보호되어야 했다.

실증적 학문인 과학은 이러한 물리화학적 법칙이 어떻게 존재하게 되었으며, 왜 이런 매개변수들이 그러한 임계값을 가지며, 왜 지구라는 행성에 그렇게 지극히 존재하기 어렵고 특이한 요소들이 동시에 존재했으며, 그 모든 것이 결합되어 우리의 진화를 위한 조건을 만들어 낼 수 있었는지 설명할 수 없다. (수많은 다중우주론은 전부 다 검증할 수 없는 추정일 뿐이며, 그중 대다수는 미심쩍은 논리에 기반하고 있다.*) 그러나 이에 관해 알 수 없다면 인간의 출현과 진화에 이르는 인과 관계의 사슬이 만들어지지 않는다.

과학은 우리의 주관적 경험의 물리적 상관관계에 대해 말해 줄 수는 있지만, 이 경험의 본질에 대해서는 말할 수 없다. 이 경험들은 전체론적으로 통합되어 우리 각자에게 독특한 감각을 제공하며 이는 개인 단위에서 우리 자신의 정체성을 형성하는 데 상당한 영향력을 발휘한다. 이와 마찬가지로 과학은 사회 단위에서 인간을 형성하는 가치관 같은 개념의 본질에 대해서도 말해 줄 수 없다.

과학 분야 내에서 한계는 크게 보아 영구적인 것과 한시적인 것 이렇게 두 가지 유형이 있다. 후자는 과학이 발전하면서 새로운 데이터와 새로운 사고가 대두되면서 사라질 수 있다. 그러나 복구할 수 없이 사라진 데이터 같은 일부 한계는 영구적으로 남는다.

그럼에도 우리가 누구이며 어디서 왔는가에 관해 현재까지의 과학이 말

* 180쪽 참고.

해 줄 수 있는 바는 상당하다. 또한 그 증거에는 전반적인 패턴이 나타난다.

결론

1부, 2부, 3부에서 발견한 내용을 다시 살펴보면 다음과 같은 결론에 이른다.

1. 과학이라는 실증적 분야가 우리를 구성하고 있는 물질과 에너지의 기원에 대해서 앞으로도 영영 설명할 수 없으리라는 사실은 거의 확실하다.
2. 애초의 물질-에너지는 매우 높은 에너지를 가지고 있는 밀도 높은 플라스마로 이루어져 있었으며, 이것이 확장되고 물질이 응집되어 나오는 동안 에너지를 잃어갔다고(다시 말해 식었다) 보는 것이 온당하다. 그러면서 물질은 점점 복잡해졌다. 관찰 가능한 우주 차원에서 보자면 그 혼돈스러운 플라스마는 식어 가면서, 보이드(void, 공동)에 의해 분리되어 있으면서 복잡한 전체를 이루는 태양계, 은하계, 은하단, 초은하단, 초은하단 시트 등의 회전체 구조 체계를 형성했다. 미시적 차원에서 보자면, 물질을 이루는 기본 입자들은 보다 복잡한 수소핵을 형성했고, 이는 다시 뭉치고 복잡해지면서 자연 상태에서 발생하는 95종의 원소의 핵을 만들어 냈다. 이들이 다시 전자와 합쳐지면서 원자로, 그리고 다시 현재까지 우주 공간이나 운석에서 발견되듯 13개의 원자로 이루어진 분자로 복잡해져 갔다.
3. 물질의 집적체이자, 새로 생겨나 점화된 태양 주변을 돌던 물질 잔해들의 조합에서부터 대략 46억에서 40억 년 전 생겨난 지구라는 행성 표면에서 생명이 출현했다. 어떻게 해서 지구가 형성된 후 5억 년이 지나기 이전에 13개의 분자로 이루어진 무생물 분자들이 합쳐져서 가장 단순하고 독립적인 생명체의 복잡도, 크기, 변화하는 구조, 기능을 형성

했는지 설명하려는 여러 추정이 제시되었다. 그러나 지질학적 과정으로 인해 이제는 증거들이 복원할 수 없이 사라져 버렸기에, 물질의 기원에 대해 설명하는 일과 마찬가지로 생명의 기원에 대해 설명하는 일 역시 과학의 역량을 넘어서 버렸다.

4. 그 경계선은 뚜렷하지 않지만 생명—자기 내부와 환경의 변화에 반응할 수 있으며, 환경에서부터 에너지와 물질을 뽑아내고, 이 에너지와 물질을 자기 생존을 보존하는 활동을 포함한 내적으로 정해진 활동으로 변환시킬 수 있는 폐쇄적 독립체enclosed entity의 역량—의 출현은 무생물 물질에서부터 정도의 차이가 아니라 전혀 다른 종류로의 변화이다.
5. 생명은 지구상에서 단 한 번 출현했고, 이 행성의 모든 생명체는 그 한 번의 사건에서부터 진화해 왔다는 점이 확실하다고 단언할 수는 없어도, 매우 그러하다고 하겠다.
6. 일부 초기 생명체들이 서로의 생존을 위해 적극적으로 협력하면서 합쳐졌고, 생명은 다양하게 분화되기에 이르렀으며, 그중 많은 것들은 더 복잡한 종들로 다시 세분화되었다고 볼 수 있다.
7. 점점 더 많은 종들이 지구 표면으로 퍼져서 생존과 번식을 위한 자신들의 특수한 방식에 적합한 거주지를 차지했다. 이들은 생명이 없는 지권地圈 위에 생명층을 형성했다.
8. 먹이 경쟁, 해로운 유전적 변이, 생존에 유리한 거주지를 상실하게 만드는 급격한 환경 변화 등으로 인해 생명체들에게 나타나는 가장 지배적인 패턴 즉 멸종이 일어났다.
9. 유전자, 게놈, 세포, 조직, 기관, 유기체 단위에서의 협력은 보다 복잡한 종의 진화를 일으켰다.
10. 동물 계통은 이동성, 복잡도를 증가시키는 유성 생식, 내부와 외부의 자극을 감지하고 반응하는 신경 시스템의 중심화 등을 특징으로 한다. 이 세 가지 요소로 인해 점점 더 분화되고, 때로는 계통이 합쳐지기도 했다.

11. 형태학적 복잡화와 신경 시스템의 중심화를 동반한 종의 진화는 생물 종 내에서의 의식의 형성과 연관되어 있다.
12. 단 한 가지 예외를 제외하면, 살아남았던 생물 계통은 마지막 종에서 정체기에 이르고, 가역적인 환경 변화에 대한 반응으로 일어나는 사소한 가역적 형태학적 변화를 동반하기도 했다.
13. 그 단 한 가지 예외란 의식이 자기 자신을 의식하는 단계까지 자랐던 인간이다. 인간이라는 종의 구성원들은 뭔가를 알 뿐 아니라 자신이 안다는 것을 안다. 독특하게도 그들은 자기 자신에 대해 그리고 그들이 일부를 이루고 있는 우주에 대해 사유하는 능력을 가지고 있다.
14. 복구할 수 없을 만큼 희소한 화석과 다른 증거들로 인해 앞으로도 과학은 어디서, 언제, 왜, 어떻게 인간이 출현했는지 정확하게 알 수 없을 게 거의 확실하다. 동아프리카라고 확정할 수는 없지만, 아프리카에서 출현했을 가능성이 높고, 적어도 40,000년에서 10,000년 전 혹은 그 이전에 출현했을 것이다. 급변하는 기후 환경으로 인해 주거지의 불안전성이 높아졌고, 이로 인해 창의성과 발명력이 작동했고, 생존하기 위해서는 경쟁보다는 협력이 유익하다는 점도 이해했을 것이다. 교잡 혹은 전체 게놈 복제가 이 진화론적 변화에서 큰 역할을 했을 것이다.
15. 발명력, 창의력, 커뮤니케이션 같은 역량이 상호작용하여 반성적 의식이라는 보다 높은 차원의 역량이 생겼고 이게 다시 낮은 차원의 역량을 변모시키고, 상상력, 믿음, 언어, 추상, 도덕 같은 새로운 역량을 만들어 내는 시스템이 생겼다.
16. 무생물 물질에서 생명이 출현할 때처럼, 의식에서부터 반성적 의식이 생겨난 사태 역시 그 경계선은 명확하지 않지만, 정도의 차이가 아니라 완전히 다른 종류가 출현한 일이다. 그 이후 인간의 진화는 일차적으로 형태학적이나 유전자상의 진화가 아니라, 정신적 진화 즉 반성적 의식의 진화이다.

17. 이러한 정신적 진화는 원시적, 철학적, 과학적 사고, 이렇게 서로 겹쳐지는 세 단계로 나눌 수 있다. 인류 생존 시기의 90퍼센트를 차지하고 있는 원시적 사고는 생존과 번식에 몰두해야 할 때 진화했다. 창조성, 발명력, 상상력, 믿음을 특징으로 한다.
18. 10,000년 전쯤에 오면, 원시적 사고를 통해 생존하기 위해서는 친족 중심의 작은 무리를 이루며, 끊임없이 옮겨 다니며 변해 가는 거주지에 적응하는 방식보다는 필요에 따라 거주지를 변모시켜 가는 쪽이 더 효과적이라는 사실을 깨닫게 되었다. 이는 협력을 통해 가장 잘 이루어질 수 있다는 자각이 있었기에 농업의 발명과 그를 위한 정착이 가능하게 되었고, 나아가 다른 거주지의 사람들과 재화나 생각을 교류하게 되었다.
19. 그러나 정착이 발전하면서 이런 이해는 선사 시대 조상에게 수백만 년 동안 각인되어 있던 공격적 경쟁이라는 뚜렷한 본능과 갈등을 겪게 되었다. 이 본능은 정착지는 물론이고 그 내부와 외부의 농산물과 다른 자원까지 장악하려는 투쟁을 초래했다. 이로 인해 중앙 집권화와 강제된 협업이 생겨났다.
20. 정착 생활이 점점 발전하면서 사회적 계층 구조가 생겨났는데, 이는 부모에게서 자식에게 전수되는 기술에 따른 계급을 반영하고 있으며 주로 통치자, 제사장, 전사, 상인과 장인, 농부, 노예로 되어 있다. 이들이 확대되면서 전제 군주가 통치하는 도시, 도시 국가, 제국 등이 명멸했다. 지구 전체에 걸쳐 인간 사회는 그 크기, 복잡도, 중앙 집권화가 커지는 패턴을 나타냈다.
21. 원시적 사고의 진화는 자연현상에 대한 이해 결핍과 미지의 것에 대한 두려움이 상상력과 결합하여 일어난 믿음의 진화, 즉 미신과 긴밀히 연결되어 있었다. 종교는 수렵 채집인들의 애니미즘, 토테미즘, 조상 숭배로부터 발전해서 정착 사회의 크기와 복잡도와 전문화를 반영하며 성장했다. 이는 다산의 여신 숭배에서 다신교와 강력한 남성적

하늘의 신 혹은 전쟁의 신이 지배하는 만신전을 지나 마지막에는 족장 시대의 유일신에 이르며, 여기서 다른 신들은 하나의 신으로 통합되거나 천사로 강등된다.

22. 종교는 제국이 채택하면서 확대되었고, 제국의 전제 군주들은 제1차 세계 대전에 이르기까지 자신들의 권력을 합법화하고 공고히 하기 위해 신의 명령을 부여받았노라고 주장했다.
23. 원시적 사고는 인간 사회의 생존을 위해 그리고 자신들의 운명을 결정한다고 믿었던 초자연적 힘에 영향을 미치기 위해 기술을 고안하는 데 활용되었다. 이로 인해 미술, 음악, 구어와 기록된 언어, 천문학의 기반이 놓였다.
24. 독특한 현상이지만, 반성적 의식은 인간 사회로 하여금 이 행성의 어느 지역이나 자신의 주거지로 만들어 적응하게 했으며, 또한 이들은 서로 교배하는 유일한 종으로 남아 있다.
25. 철학적 사고는 대략 3,000년 전에 지구상의 여러 지역에서 출현했는데—인간의 생존 기간의 마지막 10퍼센트에 불과—상상 속의 정령이나 인간의 형상을 한 신들, 혹은 하나님을 들먹이지 않고서 우리는 누구이며 어디에서 왔고 어떻게 처신하며 살아야 하는가 하는 자기반성적인 질문에 대한 해답을 얻고자 했다. 고대 철학자들은 훈련된 명상을 통해 얻었던 통찰이나 자연 현상에 대한 관찰이나 자명한 가정에 기반한 추론을 활용했다. 이 단계는 단지 생존과 번식만이 아니라 앎 자체를 추구하는 시기였다.
26. 여러 문화권에서 나온 선견자들은 만물이 표현할 수 없는 궁극적 실체 안에서 근원적인 통일성을 갖는다는 유사한 통찰을 경험했다. 이는 시공간을 초월해서 형태 없이 존재하는 초월적이고 우주적인 의식 혹은 지성이며, 또한 우리의 물리적 오감과 정신으로 포착되는 현상 속에 내재되어 있다고 표현할 수 있다. 그렇기에 현상적인 자아와 구별되는 바, 우리 각자는 나누어지지 않는 이 전체성과 본질적으로는

동일하다. 또한 이 궁극적 실체는 우주의 작동 속에 드러날 뿐 아니라 이를 조율하고 있으므로, 여기에 우리 삶을 조화시킬 때 충만함에 이를 수 있다.

27. 서로에게 어떻게 행동해야 하는가에 관한 사유에서는 통찰을 사용하든 추론을 사용하든 간에 거의 모든 고대의 철학자들이 하나같이 이기심을 버리고 우리가 대접받고 싶은 대로 다른 이를 대할 때 비로소 우리가 평안과 충만함에 이를 수 있다고 가르쳤다. 이는 그들 사회에 만연해 있던 전쟁과 정복을 향한 본능적 충동과 부딪치는 것이었다. 근본적으로 이는 인류의 진보를 달성하기 위해서라면 공격적인 경쟁이 아니라 협력과 이타주의를 실행해야 한다는 처방이라 하겠다.

28. 철학적 사고는 서양이 대학에서 추론을 유일한 방법론으로 가르쳤던 12세기 이후로 근본적인 분화를 겪는다. 추론은 그 탐구 대상에 따라 분화되었고, 분화된 그 분야는 다시 세분화되어 다양한 학파를 형성했다. 원래 통찰은 전체론적이지만, 말로 표현할 수 없는 통찰을 해석하기 위해 세워진 학파에 따라 세분화되었다.

29. 인간 진화의 세 번째 국면인 과학적 사고는 일부 분야는 고대에 그 뿌리를 두고 있지만, 주로 16세기 중반 이후 150년간 조직적이고 측정 가능한 관찰과 실험을 통해 자연 현상을 이해하고, 이를 통해 검증 가능한 법칙을 도출하고 온당한 예측을 내리고자 하는 시도로서 나타났다. 주된 분야로는 무생물 현상을 연구하는 물리과학, 생명체를 연구하는 생명과학, 인간의 생존을 보다 더 촉진하는 연구를 위한 의학이 있다. 인간과 그들의 사회적 관계를 연구하는 분야는 19세기에 와서 사회과학으로 발전했다.

30. 과학은 자연 현상에 대한 미신적인 신념이나 철학적 추정을 배척했다. 그러나 과학이 출현했다고 해서 미신이 없어진 것은 아니다. 이는 수만 년간 인간에게 각인되어 있었기에 과학적 사고의 개척자들 대다수가 미신적인 믿음을 갖고 있었다. 더욱이 그들은 자신들이 발견하

고자 했던 자연 법칙이 하나님에 의해 창조되었다고 믿었다.

31. 현재까지 과학의 시대는 인간 실존의 마지막 2퍼센트 미만의 시간 동안만 이어져 왔지만, 이 시기 동안 인간 진화의 속도는 점점 더 빨라졌다. 점점 고도화되는 기술의 발명에 힘입어 과학적 사고는 물리적으로 우리가 누구인가, 어디서 왔는가, 우리가 그 일부를 이루고 있는 우주와 우리의 상호 관계 등에 관한 우리의 지식을 기하급수적으로 늘렸다.

32. 과학은 더욱더 세분화되어 점점 그 분야가 좁아져 가면서 전문성의 협곡이 생겨나서 그 분야의 종사자들은 전체 그림을 보지 못하고, 다른 전문가와의 의미 있는 대화 역시 그 협곡이 서로 겹치지 않는 한 제대로 이루어지지 않게 되었다. 이 좁은 관점은 환원주의만이 유일한 과학적 방법론이라는 믿음, 그리고 나아가 물리주의에 대한 믿음까지 낳았는데, 이는 그 자체로 이미 물리적 사물이나 물리적 사물들의 상호 관계가 아니므로 비합리적이다.

33. 백 년 전 즈음에 통상적으로 관찰될 수 없는 우주를 탐구할 수 있게 해 줬던 기술로 인해 물리학에서 2차 과학혁명이 일어났다. 양자역학은 비결정성, 양자 얽힘, 1차 과학혁명 시대의 고전적 혹은 뉴턴 물리학적 결정주의와 대조되는 상호의존성 등의 극미소 분야를 밝혀 주었다. 이 분야의 개척자들은 예측이 가능하고 실증적으로 확정된 자신들의 수학적 모델이 물리적 현상의 구현을 위해 의식을 요구한다고 봤다. 일부 학자들은 우리의 오감과 정신에 의해 포착되는 물리적 현상 속에서 드러나면서 이들 상호 의존적인 현상의 상호작용을 조율하고 있는 초월적인 우주적 의식 혹은 지성에 대한 고대의 통찰과 유사한 전체론적 견해를 지지했다.

34. 20세기 중반 이후 물리학자들은 모든 물질과 에너지—다시 말해 모든 물리 현상—은 우주의 시초에 있었던 단일한 에너지가 낮은 에너지 준위에서 드러난 것이라는 점을 증명하고자 애써 왔다. 현재까지

과학에서 있었던 분화의 경향과 대조적으로 발생하는 근본적 과학 내의 수렴 경향 역시 만물의 저변에 깔려 있는 단일한 근본 에너지에 대한 고대의 통찰과 부합한다.

35. 반성적 의식에 이르는 문턱을 넘어선 이후로 인간은 이중적인 본성을 발전시켜 왔다. 우리 안에 각인되어 있는 본능적이고 공격적인 경쟁과 강제된 협업이라는 유산은 평화적 협력과 이타주의를 낳은 반성적 사유의 반대에 부딪치기 시작했다. 이 새로운 경향은 인간 진화상 서로 겹치며 이어진 세 단계를 지나면서 점진적으로 커져 왔고, 반면에 본능은 그 주도적 지위가 점점 축소되어 왔다.

36. 20세기 중반 이후에야—인간 생존 역사에서 겨우 0.25퍼센트 정도에 불과하다—협력과 이타주의라는 새로운 트렌드가 온 세상의 인간 사회에 영향을 끼치기 시작했으며, 이는 평화적, 인도주의적, 과학적, 교육적 목표를 위한 초국가적이고 글로벌한 기구를 통해 나타났다.

37. 인간의 역사에서 그렇게 짧은 시간 동안 있었던 과학 기술의 발전으로 인해 물리적으로도 정신적으로 세계화와 그와 관련된 융합의 트렌드가 생겨났고 이는 반성적 사고로 말미암았다. 수많은 인간 사회가 이 행성 전체에 걸쳐 퍼져 살고 있는 전 지구적인 분포 상황 속에서 인간은, 적어도 인간 진화의 최첨단에서 살고 있다고 할 수 있는 과학적으로 발전한 사회 속의 인간은 전 지구를 자신의 거주지로 삼았다. 더 중요한 사실은, 그들이 점차 증대되는 전 세계 차원의 전자 네트워크를 통해 거의 즉시 서로 소통할 수 있게 되었고, 이로 인해 사고는 더욱더 강화되었다.

38. 태초의 에너지에서 진화되어 나온 지권地圈에서부터 진화해 나온 생명층에서 이제 지적 혹은 정신적 층위가 생겨났다.

39. 이러한 우주적 진화 과정의 속도는 기하급수적으로 커졌는데, 무생물 단계가 100억~200억 년, 생물의 단계가 35억 년, 인간은 수만 년, 사람으로 되어 가는 철학적 국면이 대략 3,000년, 과학의 국면은 450

넌이었다면, 인간 진화의 첨단에서 일어나는 세계화와 통합적 수렴은 시작된 지 65년이 채 안 된다.

우리가 누구인가 하는 질문에 대해 우리가 내놓을 수 있는 짧은 대답을 하자면, 우리는 조합combination과 복잡화complexification와 융합convergence을 특징으로 갖고 있으면서, 점점 가속화되고 있는 우주적 진화 과정에 놓여 있는 아직 완성되지 않은 산물the unfinished product이며, 미래의 진화를 성취하게 될 자기 반성적인 주체이다.

감사의 말

참고한 도서와 논문의 저자들 그리고 도움을 준 분들이 너무 많아 모두 거명하기에 불가능할 정도이다. 주요 학술논문과 서적의 정보는 물론, 길고 중요한 논문들까지 모두 저자와 연도에 따라 미주에 표기했고, 인용한 책과 중요한 논문의 완전한 정보는 참고문헌에 담았다. 하지만 자료가 너무 방대해질 우려가 있어 자의적이긴 하지만 광범위한 학술논문은 제외하고 중요 논문만을 담았다.

특별히 신세를 진 분들께 감사를 드리고 싶다. 이분들은 자신의 전문 지식을 내게 공유해 주셨을 뿐 아니라 오류나 빠진 부분, 또는 비합리적으로 결론을 내리거나 추가할 부분이 있는지 검토해 주셨다. 그들의 이름은 전문 분야 영역별로 표시하였는데, 여기서 표기된 직함은 당시 의뢰할 때의 직위다.

신화: 찰스 스튜어트Charles Stewart와 무쿨리카 배너지Mukulika Banerjee, 런던대학교 칼리지UCL의 인류학부 부교수들

우주론과 천체물리학: 조지 엘리스George Ellis, 케이프타운대학교 수학 및 응용 수학부 복잡계 연구 석좌교수; 폴 스타인하르트Paul Steinhardt, 프린스턴대학교 알버트 아인슈타인 과학 석좌교수; 오퍼 라하브Ofer Lahav, UCL 페렌 천문학 학과장 및 천체물리학 학장; 버나드 카Bernard Carr, 런던대학교 퀸 메리 천문학 교수; 고(故) 제프리 버비지Geoffrey Burbidge, 샌디에고 캘리포니아대학교 천문학 교수; 자반트 날리카Javant Narlikar, 인도 퓨운 소재 인터-유니버시티 센터 천문학 및 천체물리학 명예교수; 존 버터워스Jon Butterworth, UCL 물리학 교

수이자 물리 천문학부 학장; 세레나 비티Serena Viti, UCL 물리 천문학부 부교수; 에릭 러너Eric J. Lerner, 주식회사 로렌스빌 플라스마 물리학 대표

철학: 팀 크레인Tim Crane, UCL 철학부 교수 및 학장이자 철학 학회 이사, 후에 케임브리지대학교 나이트브리지 철학 석좌교수; 장하석Hasok Chang, UCL 과학 철학 교수

행성학 및 대기 과학: 짐 캐스팅Jim Kasting, 펜실베이니아주립대학교 석좌교수

지질학: 존 보드맨John Boardman, 옥스퍼드대학교 지형학 지질황폐학 부교수

과학사: 에이드리언 데스먼드Adrian Desmond, 전기작가이자 UCL 생명공학부 명예 연구 펠로우; 찰스 스미스Charles Smith, 웨스턴 켄터키대학교 교수이자 과학 사서; 존 밴 와이John van Whye, 온라인판 찰스 다윈 전집 사업 설립자이자 책임자; 제임스 무어James Moore, 전기작가이자 오픈유니버시티 역사학부 교수; 제임스 드 파누James Le Fanu, 내과의사이자 과학 의학사가.

생명의 기원과 진화: 에이드리언 리스터Adrian Lister, 자연사 박물관 고생물학부 우등 연구원; 짐 말렛Jim Mallet, UCL 유전학 및 진화와 환경학 교수; 존조 맥패든Johnjoe McFadden, 서레리대학교 분자유전학 교수; 마크 팔렌Mark Pallen, 버밍엄대학교 미생물 게놈학 교수; 크리스 오랜고Chris Orengo, UCL 바이오정보학 교수; 제리 코인Jerry Coyne, 시카고대학교 환경 진화학부 교수; 고(故) 린 마굴리스Lynn Margulis, 매사추세츠대학교 특임교수; 짐 밸런타인Jim Valentine, 버클리 캘리포니아대학교 통합 생물학부 명예교수; 제프리 H 슈워츠Jeffrey H Schwartz, 피츠버그대학교 물리 인류학 및 과학사 과학철학 교수; 한스 테비슨Hans Thewissen, 노스이스턴 오하이오대학교 의학부 해부 및 신경생물학부 해부학 교수; 루퍼트 셸드레이크Rupert Sheldrake, 세포생물학자이자 케임브리지 트리니티 칼리지가 후원하는 페럿-워릭 프로젝트 책임이사; 사이먼 콘웨이 모리스Simon Conway Morris, 케임브리지대학교 진화고생물학 교수; 프랜시스 헤일리겐Francis Heylighen, 브뤼셀 자유대학교 연구 교수; 조너선 프라이Jonathan Fry, UCL 신경과학, 생리학&약학부 부교수; 토머스 렌츠Thomas Lentz, 예일대학교 의학부 세포 생물학 명예교수; 런던 국립 의학 연구소 수학 생물학부의 리

처드 골드스타인Richard Goldstein; 아브리언 미치슨Avrion Mitchison, UCL 동물 비교 해부학 명예교수

동물행동학: 폴커 조머Volker Sommer, UCL 진화 인류학 교수; 알렉스 톤턴Alex Thornton, 케임브리지 펨브로크대학 드레이퍼 기업 연구원; 헤이키 헬란테레Heikki Helanterä, 헬싱키대학교 연구원; 사이먼 리더Simon Reader, 맥길대학교 생물학부 조교수

인간의 출현: 로빈 데리쿠르Robin Derricourt, 뉴사우스웨일즈대학교 고고학사가; C 오웬 러브조이C Owen Lovejoy, 켄트주립대학교 인류학부 교수; 팀 화이트Tim White, 버클리 캘리포니아대학교 통합 생물학부 교수

인간의 진화: 스티븐 르블랑Steven LeBlanc, 하버드대학교 고고학 교수; 존 라거웨이John Lagerwey, 홍콩 중문대학교 동아시아연구 센터 교수; 리즈 그레이엄Liz Graham, UCL 메소아메리칸 고고학 교수; 수바시 칵Subhash Kak, 오클라호마주립대학교 컴퓨터 과학 리전트 교수; 피오나 카워드Fiona Coward, 본머스대학교 고고학 과학 강사; 도리언 펄러Dorian Fuller, UCL 식물고고학 부교수; 팻 라이스Pat Rice, 웨스트버지니아대학교 사회학 및 인류학 학부 명예교수; 데이미언 권Damien Keown, 런던대학교 골드스미스 불교 윤리 교수; 스티븐 배츨러Stephen Batchelor, 불교 교사이자 저자; 나오미 애플턴Naomi Appleton, 에딘버러대학교 종교학부 챈슬러 선임연구원; 사이먼 브로벡Simon Brodbeck, 카디프대학교 역사, 고고학 및 종교학부 강사; 채드 한센Chad Hansen, 홍콩대학교 철학 교수; 개빈 화이트Gavin White, 바빌로니아 천문 설화의 저자; 마그누스 비델Magnus Widell, 리버풀대학교 아시리아학 강사; 스티븐 콘웨이Stephen Conway, UCL 역사학부 교수이자 학장; 브루스 켄트Bruce Kent, 전쟁 폐지 운동의 창설가이자 부회장; 딘 레이딘Dean Radin, 순수지성 과학 연구소 수석 과학자

찰스 팰리저Charles Palliser, 소설가, 비전문가 입장에서 이 책의 여러 장에 대한 견해를 제시하였다.

이 책에 남아 있는 오류는 전적으로 내 책임이다. 증거 자료에서 도출한

결론을 전문가 모두가 동의한 것은 아니다. 나와 다른 견해를 가진 그분들의 의견을 듣고자 애썼다. 어떤 이는 장문의 서신을 써 내가 미처 알지 못한 증거 자료를 알려 주거나 나와 다른 해석을 제시하기도, 또는 내 주장에 의문을 제기하기도 하였다. 내 원고와 결론을 개선하는 데 기여한 이러한 대화에 감사를 드린다. 또한 다른 이들은 열린 마음으로 숙고한 후, 내가 내린 결론에 동의하기도 했다. 일부 전문가들은 그들의 분야에 속한 다른 이들의 의견에 동의하지 않기도 했다.

우리가 누구이며, 어디서 왔고, 왜 여기 있는가 하는 문제는 학부생일 때부터 나를 매료시켰지만, 이 주제에 대해 연구하고 책을 쓰겠다는 생각은 2002년경부터 시작되었다. 2004년 런던대학교 칼리지UCL의 왕립 도서관 선임연구원이 되면서부터 내 생각을 발전시키고 가다듬을 수 있는 수입과 환경과 도서관이 생겼고, 2006년에야 지금의 형태를 갖출 수 있었다. UCL과 그곳의 동료들, 나를 도와주었던 대학원, 내가 가르쳤고 또한 그들에게 많이 배웠던 대학원생들, 그리고 연구비를 지원해 준 RLF에게 진심으로 감사드린다. 2009년 거의 풀타임으로 연구와 집필에 몰두할 수 있도록 연구 지원비를 제공해 준 영국 예술협회에도 동일하게 감사드린다. 케이티 아스피널Katie Aspinall은 내가 방해받지 않고 사유를 이어갈 수 있도록 옥스퍼드 주에 있는 자신의 오두막을 제공해 주었다.

내 친구들은 나를 지지할 때는 이 프로젝트가 야심차다고 말했지만, 현실적으로 말할 때는 미쳤다고 했다. 제정신이 들 때면 나도 후자 쪽이었다. 내 에이전트인 애브너 스타인Abner Stein의 카스피안 데니스Caspian Dennis에게 무한한 고마움을 느낀다. 그는 이 프로젝트에 믿음이 있었고, 때에 맞게 제대로 된 출판사를 찾아 주었다. 덕워스 출판사Duckworth의 새로 부임한 출판 담당 이사 앤드루 라케트Andrew Lockett는 이 제안서에 흥미를 느끼고는 일을 시작한 첫째 주에 만남을 제안하였다. 프로젝트가 실현되려면 덕워스의 소유주이자 뉴욕 오버룩 출판사의 창립자인 피터 메이어Peter Mayer의 승인이 필요했다. 런던에 방문한 피터가 내게 던진 매우 정중하면서도 철두철미한 질문 공세는 18년간 펭귄 출판사 최고 경영자로서의 기간을 포함해 지난 20년 이상의 세월 동안 왜 그가 전 세계를 통틀어 가장 선도적이고 독창적인 출판가인지를 깨닫게 했다. 앤드루는 이 책을 옹호해 주었고, 편집자로서 원고를 읽고 말할 수 없이 귀한 코멘트를 제공해 주었다. 그의 팀이었던 멜리사 트리코어Melisa Tricoire, 클레어 이스트햄Claire Eastham, 제인 로저스Jane Rogers, 그리고 데이비드 마셜David Marshall은 열과 성을 기울여 매력적이고 읽을 만한 책을 만들어 냈고, 마침내 앤드루의 후임 출판 담당 이사였던 니키 그리피스Nikki Griffiths와 교정 담당 데보라 블레이크Deborah Blake가 주목하게 만들었다. 오버룩 출판사의 트레이시 칸Tracy Carns과 에릭 헤인Erik Hane에게도 동일한 감사를 드린다.

2015년 런던

어크로스 더 유니버스 -

놀라울 만큼 흥미롭고, 눈이 휘둥그레질 만큼 방대하고,
조금 어렵고, 몹시 아름다운 책

"과학자들은 보수적인 사람들이야. 무언가를 찾고 있는 듯하지만
받아들일 준비가 되어 있는 것 이상을 발견하게 될까 봐 두려워하지.
눈을 감는 편을 선호하거든."*

저자의 "감사의 말"에서 언급되었듯이, 저자의 친구들이 다들 "미쳤다"고 할 만큼 엄청난 스케일의 이 과학 서적을 나는 일차적으로는 신학도이자 인문학도로서 접근했다. 중세적 종합을 추구한 스콜라 철학의 정점 토마스 아퀴나스Thomas Aquinas나 자신의 시대가 도달한 과학의 성과까지 포섭하려 했던 20세기 신학자 헤르만 바빙크Herman Bavinck와 볼프하르트 판넨베르크Wolfhart Pannenberg 같은 큰 그릇은 못 되지만, 내가 이미 가지고 있는 사상적인 틀과 관점 속에서 과학이 나의 정신적 지평과 충돌하지 않고 연결되고 통합되기를 바랐다. 새로 담으려는 지식이 기존의 지식과 솔기 없는 피륙처럼 한데 엮이기를 바라는 마음은 누구나 가지고 있는 소망이기도 하다.

번역하면서 언제부터인가 비틀즈의 노래 "어크로스 더 유니버스 *Across the Universe*"가 머리 속에서 떠올랐다. 과학의 어느 한 분야에 한정되어 있지 않고, 밤하늘에 펼쳐진 우주를 일직선으로 가르는 유성처럼, 과학이라는 캔버

* 프란세스크 미랄레스 지음, 권상미 옮김, 『사소한 것의 사랑』, 문학동네, 146-147쪽.

스의 거의 모든 분야를 가로지르며 전체를 조망하는 필력에 놀라기도 하고 감탄하기도 했다.

저자와 역자인 나는 세계관이 다르다. 저자는 성경의 창조 이야기가 "내적인 일관성이 결여된 신화"라고 비판하지만, 역자는 동의하지 않는다. 이에 대한 논의는 과학과는 또 다른 세계, 즉 주석적 성경 해석의 영역에 해당하며, 이를 위해서는 신학적 고전어학적 문헌학적 전문성이 필요하다. "태초에 하나님이 천지를 창조하시니라"라고 번역되는 성경의 첫 문장에 대한 해석이 아직 제대로 이루어지지 않는 시대에 살고 있는 한 성경의 창조 이야기에 대한 비판은 유보되어야 한다.

그러나 그런 세계관의 차이는 접어두고, 과학이 물리적 세상을 규명하려고 애쓴 흔적을 찾아보려 하는 이들에게 이 책은 놀랍다. 인류가 이룬 과학적 성과의 총체적 가치와 한계를 가늠할 수 있게 하는 "작품"이다.

첫 80페이지가량을 읽을 때만 해도 솔직히 말해 상당히 당황스러웠다. 저자 혼자 한없이 폭주하는 듯한 느낌! 그러나 참고 읽어 나가자 고등학교 과학시간에 배웠던 내용이 아지랑이처럼 되살아났고, 항상 노트북 컴퓨터를 켜 두고 "네이버와 다음은 내 친구, 구글도 내 친구!"라는 구호를 만들어 외우면서, 모르는 내용은 검색해서 익히면서 조금씩 책 속에 들어설 수 있었다. 그럼에도 힘들었다. 특히 서로 다른 진영에 속한 우주론자들 상호간의 논박을 정리하는 5장은 정신을 못 차릴 정도였다. 하지만 고비를 넘기고 저자의 호흡에 익숙해지면, 과학을 전공하지 않은 독자라도 고교 과학 교육 수준의 기본 지식에 인터넷의 도움을 받아 진지하게 읽어 나갈 만하다.

우주론자들은 아름다움을 추구하는 탐미주의자들이기도 하다. 존재하는 세계가 품고 있는 "아름다움"을 추구한 결과물이 이론이고, 그 이론은 자신이 포착한 아름다움을 드러낸다. 나 역시 어느덧 그들이 추구하는 아름다움에 동화되어 이론 속으로 딸려 들어갔다. 진리는 아름답다. 아름답기에 우리는 거기에 매혹되고, 매혹되기에 계속 찾아간다. 그 진리가 이데아의 형상으로 별도로 있다가 질료와 결합한 것인지, 아니면 질료 내부에 있어서 거기서부터 뿜어져 나오는 것인지는 어리숙한 나로서는 알 길이 없다. 그러나 진리—그것이 삶의 절실한 실상이라고 불리든, 이 세계의 원형이나 참된 모습이라고 불리든, 또는 온 우주와의 합일에 이르는 길이라고 불리든 간에—에 대한 추구는 그 추구 과정 중에 끊임없이 맥박 치며 확인되는 아름다움을 느낄 수 있어야 계속된다. 4-5세기의 교부教父 어거스틴이 말했듯, 아름답지 않으면 사랑할 수 없다(Non possumus amare nisi pulchra).

종종 자연 과학과 인문학이 서로 좀체 건너갈 수 없는 벽에 가로막힌 분야인 것처럼 간주되기도 하지만, 그럴 리가 있는가! 과학은 소수만의 컬트로 머물러서는 안 되고, "진리가 드러남(a manifestation of the truth)"을 추구하는 광대한 길 위에서 임시로 만든 구별이 고정적일 이유도 없다. 그런 점에서 나는 "이론"의 아름다움을 중시한다. 물론 과학 이론의 진리성은 저자의 말처럼 수학적 우아함이나 논리적 아름다움이라는 잣대만으로 판단할 수 없으며, 관찰과 실험으로 확인되어야 한다. 그렇게 확정되는 이론은 우주적 세계의 실상에 점점 근접하게 되고, 실상에 근접할수록 아름다움은 짙어진다. 혹은, 그렇다고 우리는 믿는다.

지금의 거대 우주론 분야는 검증할 수 없는 주장들이 다투는 형국이다. 여태 수학자들이 이끌어 온 분야로서, 실증적 검증에 따라 진리라고 인정할 만한 과학적 설명이라고 할 수는 없는 상태. 소설을 쓰듯이 우주의 발생과 진화에 관한 플롯을 수립하고 수학적 해를 도출하여 이론적 배경을 보강하는 식으로 접근하고 있는데 이런 우주론은 과학으로서 정돈되기는 어렵지만 "과학적 진보의 패턴을 살펴보면, 결국은 특출한 이가 나타나서 돌파구를 만들어 내고, 쿤이 말했던 패러다임 시프트가 일어난다"(본문 259쪽)는 역사적 패턴에 기대어, 누군가 나타나서 돌파해 주기를 기다려야 하는지도 모른다. 그 연후에 다른 이들은 그를 따라가야 할 따름이다. 과학은 앞으로도 계속해서 과학으로 머물러야 하지만, 과학으로는 규명할 수 없는 영역이 여전히 많기에 우리는 그렇게 우주 속을 헤매야 하고, 헤매는 동안 서로를 아껴야 한다. 자기 이론이 가장 진리에 가깝다는 독선은 고립을 부른다.

물론 우주의 기원에서부터 인류의 진화에 이르는 긴 과정에서 과학을 통해 어느 정도는 사실로 확정할 수 있는 부분이 듬성듬성 있기는 있다. 헬륨 이후의 자연계의 원소들이 별의 핵합성 과정을 통해 생겨난다는 결론이 대표적이다(본문 223쪽). 우리는 이런 식으로 빈칸을 하나씩 채워가고 있다. 그럼에도 우리는 모르는 것투성이이다. 생체 분자가 만들어지는 것은 확인했지만, 왜 그런 식으로 정교하고 한치의 오차도 없이, 그것도 지구에서만 만들어지는지 알지 못한다. 따지고 들어갈수록 우리는 우리의 무지에 놀라고, 우리 안에 있는 그 짙은 어둠 속을 한 점씩 밝혀 간다.

책에서 인용되는 조지 엘리스의 말처럼, 과학과 이성의 한계를 받아들일 때 "우주와 그 우주가 작동하는 양상에 대해 만족스럽고 심오한 이해에 이를 수 있으며, 이는 언제나 잠정적이라고 간주되지만 그럼에도 여전히 충분히 만족할 만한 세계관과 행동의 토대를 제공한다"(본문 185쪽). 자신이 너무 많이 모른다는 자각에서부터 시작할 때 탐구는 경쾌하고 명랑해진다.

생물학 분야에서 경쟁에 입각한 신다윈주의 모델의 한계를 지적함에 있어서 저자는 단호하다. 생존환경이 험악해진다는 현실은 각자 알아서 생존하라는 말이 아니다. 유기체는 여러 단계에서 서로 긴밀하게 협력하는 각 부분들의 합이며, 저자가 옹호하는 표트르 크로포트킨의 주장처럼 유기체는 서로 뭉치지 않으면 살아남을 수 없다. 세포 내에서, 세포와 세포 사이에, 개체와 개체 간에, 공동체와 공동체 단위에서, 경쟁이 아닌 협력, 고립주의가 아닌 사회적 관계가 생존을 결정한다. 국가도 마찬가지이다. 혼자 자신을 지킬 수 없는 이들, 사회적 약자에 대한 관심이 줄어드는 국가는 명운을 보존할 수 없으리라. 혼자 살려는 자는 바깥 한데 나가 혼자 헤매다 쓰러질 뿐, 삶이 어려워질수록 서로의 살을 부딪쳐 가야 한다.

동정同情은 같은 종 내에서 일어나는 무자비한 생존 경쟁에서는 기대하기 어려운 자질이지만, 크로포트킨은 동정에 관련한 몇 가지 사례를 제시하는데, 그 중에는 눈먼 동료를 위해 30마일 이상의 거리를 날아와 먹이를 갖다 주는 펠리컨 무리의 사례도 있다. "다람쥐들은 대체로 혼자 생활하는 부류로서 자기가 먹을 것을 자기가 찾아서 자기 집에 보관하는 편이지만, 다른 다람쥐들과 서로 연락을 주고받으며, 먹이가 떨어지면 그룹을 이루어 이주한다. 캐나다 사향쥐는 갈대가 뒤섞인 진흙을 이겨서 만든 돔 형태의 집으로 이루어진 마을에서 공동체를 이루며 평화롭게 살며 뛰어다니는데, 배설물을 위한 별도의 자리도 마을 구석에 마련해 놓고 있다. 토끼를 닮은 설치류인 비스카차는 10마리에서 100마리에 이르는 개체가 함께 모인 서식지 단위로 평화롭게 살아간다. 밤에는 전체 군집이 서로의 서식지를 방문한다. 농부가 비스카차의 굴을 덮어버리면 다른 곳에 있던 비스카차들이 찾아와서 파묻혀 있던 이들을 꺼내준다"(본문 432쪽). 뭉클한 대목이었다.

"슈빈은 고대 조절 회로가 기질基質을 제공하고 거기서부터 새로운 구조가 발전되어 나온다고는 주장하지만, 그 구조가 왜 발전해 나오는지, 왜 좌우대칭형 동물에서 똑같은 혹스 유전자가 조절을 하는데도 서로 다른 몸체를 만들어내는지는 설명하지 못한다"(본문 564쪽). 생명은 왜 자라는 것인지, 자라면서 왜 다들 다르게 자라는지 우리는 알지 못한다. 과학은 끊임없이 새로운 가설을 제시하고 계속해서 설명을 시도할 뿐이다. 그렇게 설명을 시도함으로써 생명의 신비를 즐기고 거기 참여하는 것이며, 학문의 즐거움은 이런 방식으로 신비에 참여하는 자들이 맛보는 성찬盛饌이라 하겠다.

저자가 주류 과학계와 갈등하면서 겪었던 마음 고생은 1부의 마지막 장과 2부의 마지막 장에 그대로 노정되어 있다. 우주론 분야는 물론이고 생물학계에서도 현재 주류 이론의 유효성에 대해 질문하는 저자에게 과학계가 보인 편협한 반응은 실망스럽다.

"과학"이라는 말은 관찰과 실험을 통해 획득한 자연 세계에 대한 지식을 뜻한다. 그러나 우주론 분야의 이론은 누구나 인정할 수 있는 확정적인 법칙이나 원리가 아니라 누구도 옳고 그름을 확정할 수 없는 추정인 경우가 많다. 검증이 불가능한 규모이기 때문이며, 검증하려고 하면 너무 방대한 비용이 들어가기에 시도할 수 없는 까닭이다. 여태 수학자들이 이끌어 온 분야로서, 실증적 검증에 따라 진리라고 인정되는 과학이라고 할 수 없는 상태인 지금의 우주론 분야는 자신들의 주장만 내세우며 싸워서는 안 되고 끊임없이 서로 토론하면서 진리를 찾아가야 한다. 지적으로 놀라울 만큼 예민한 자들이 인격적으로는 성숙하지 못한 경우가 있고, 기량은 탁월하지만 자기를 내세우는 인물들이 서로를 내려다보며 상대방의 이론을 폄하하는 경우도 많다.

그런 주류 과학계가 어떻게 생각하느냐가 내 생각을 형성해서는 안 된다는 저자의 태도는 그가 책에서 여러 번 언급하는 영국 왕립학회의 모토 "Nullius in verba"(그 어떤 것도 권위 때문에 받아들이지 말라는 의미) 속에서 잘 드러난다. 유명한 누군가가 말했다고 해서 그게 사실로 확정되는 건 아니며, 사실로 확인된 경우에는 누구의 말이든 받아들이는 정신, 그게 과학적 감각이라 하겠다. "최근 15년 간 매우 다양한 종들의 진체 게놈 서열이 급속도로 확인되면서 나타나는 뚜렷한 증거로 인해, 이러한 증거나 새로운 생각, 그 증거와 부합하면서도 여태껏 무시되거나 거부되었던 새로운 시각을 좀더 잘 반영하는 모델들이 여럿 만들어졌다. 나는 이러한 사태를 통해 생물학적 진화의 새로운 이론이 만들어지기를 기대하며, 그렇게 되면 신다윈주의 모델이나 그 모델의 일부는 특수하거나 한정적인 케이스에 불과하다고 간주될 것이다"(본문 634쪽). 이렇듯 저자는 물러섬 없이 지적한다. "진화 생물학은 앞으로 패러다임 전환을 겪어야 한다. 우리가 몰랐고 이해하지 못했던 사실 앞에서 겸허한 자세를 유지하는 일은 생물학계에서는 아직 보편화되지 못한 고귀한 자질이다"(본문 634쪽). 이 글 맨 앞에 인용한 미랄레스의 소설 『사소한 것의 사랑』 속 발데마르의 말처럼 자신의 예상을 뛰어 넘는 사실이나 심지어 자신의 가설을 무너뜨리는 발견에 이를까 봐 두려워한다면 과학은 프로파간다로 떨어진다. 기대를 뛰어넘는 일에 대한 가슴 떨림이 없는 과학은 뻗어 나갈 동력이 없다. 존 핸즈는 매섭게 말한다. "과학자라면서 신념과 부합하지 않는다고 해서 증거를 무시하는 태도는 생물학적 진화의 증거를 무시하는 창조론자의 태도보다 더 당혹스럽다"(본문 552쪽). 과학 연구가 패권주의에 휘둘리지 않고 중립적인 톤이 회복되기를 바란다. 모든 주요 가설을 시종일관 과학적으로 그리고 중립적으로 검토하는 저자의 인내심은 반드시 확인되어야 하는 미덕이다. 이런 끈질김과 공평무사함이 과학을 제 궤도를 따라 뻗어 나가게 한다.

과학은 끊임없이 변하고 발전한다. 변화가 급박할수록 지식 환경 전체가 어떻게 변해가는지 '감을 잡아야 한다.' 전체 시스템에 대한 감각, 우리를 둘러싼 모든 것들 즉 전체를 다 확인할 수 있어야 한다. 우리는 점점 더 변해가는 자연 환경만이 아니라 그보다 더 빠르게 변해가는 사유 환경 속에서 살고 있으며, 그런 점에서 삶은 더욱더 복잡해지고 있다. 그러나, 바로 그렇기 때문에, 모든 것들의 요체를 파악하는 일, 온 세상 전체를 통합하는 그림 한 장을 가슴에 담아두는 일이 필요하다. 그것은 이 책에서 다루고 있듯이 인도 우파니샤드의 브라만이나 중국 사상이 말하는 도道와 같이 이 세상을 이루는 단일한 원리를 파악하는 일을 뜻하는 것만은 아니지만, 그러한 노력 역시 거기 포함된다. 근래 들어 현대 과학이 이런 관념론으로 수렴되고 있는 현상 역시 저자가 언급하는 중요한 변화이기도 하다.

우리에게는 우리 시대에 부합하는 새로운 종합이 필요하다. 게오르그 루카치Georg Lukács가 자신의 『소설의 이론』 첫 문단에서 인용하는 노발리스Novalis의 말처럼, 우리는 온 세상을 자신의 집처럼 "친숙하게 만들기 위해" 사상적으로 애쓴다. 즉 "철학은 향수鄕愁"이며, 과학은 이 점에서 철학과 다르지 않다. 이 책이 과학의 요체를 파악하는 데 중대한 역할을 할 것이라는 점을 역자는 의심하지 않는다.

생명은 척박한 환경 속에서 끊임없이 움직이면서 자신의 생존과 번식에 유리한 주거지를 찾아가는 특징이 있다. 살아 있다는 것은 필연적으로 "움직인다." 인간은 생물학적 물리적 차원에서 그러하고, 정신적 차원에서 한층 더 끊임없이 움직인다. 생각을 거듭하면서 보다 나은 생존을 위한 해답을 찾아간다. 사색하고, 학습하고, 대화하고, 관찰과 실험을 이어가고, 만들고, 행동하고, 협력하고, 사랑한다. 그 결과 계속해서 발전하고 복잡해지고 심오해진다. 정신적으로 무수히 많은 생각의 가닥이 서로 연결되면서 계속 날마다 새로워진다. 책의 마지막 문장은 곱씹어 볼 만하다. "우리가 누구인가 하는 질문에 대해 우리가 내놓을 수 있는 짧은 대답을 하자면, 우리는 조합과 복잡화와 수렴을 특징으로 갖고 있으면서 점점 가속화되고 있는 우주적 진화 과정 상에 놓여 있는 아직 완성되지 않은 산물the unfinished product이며, 미래의 진화를 성취하게 될 자기 반성적인 동인動因이다."

끊임없이 생각을 거듭하여 늘 새롭고 더 나은 것을 만들어 내는 존재로서의 인간의 사고를 따라 계속 복잡해지면서 분화되어 오던 과학이 근래 25년 동안은 방향을 틀어서 다시 통합되는 쪽으로 가고 있다. 우리 생각의 여러 가닥들은 점점 하나로 합쳐지고 있다. 나와 상관없는 일이란 이 세상에 존재하지 않는다. 모든 것들은 서로 연결되어 있으며, 서로에게 모종의 영향을 끼친다. 내 뇌 속의 신피질에서 사정은 더욱더 그러하다.

그러나 신피질 속에서의 새로운 연결과 종합, 그것만이 과학의 목표일 수는 없다. 과학은 단지 나 자신의 정신적 통합만이 아니라, 온 인류의 공존을 모색하는 탐구이며 마땅히 그런 탐구여야 한다. "냉전이 절정이었던 1968년에 생명이라고는 찾아볼 수 없는 회색의 달 표면 위로 펼쳐진 우주의 차가운 어둠 속으로 솟아올라와 있는 파란색과 초록색과 갈색과 흰색이 섞여 있는 지구 행성을 최초로 찍은 사진이 아폴로 8호 우주인들로부터 이 세계로 전송되었다. 그 사진은 전지구적인 의식을 깨우는 데 중대한 역할을 했다. 우리 행성에는 그 어떤 국경도 표시되어 있지 않았다. 그것은 위태롭게 균형을 잡고 있는 작은 주거지 속에서 생존하기 위해 분투하는 한 종의 일원인 우리 모두의 집이었다"(본문 846쪽). 위태롭게 간신히 균형을 잡고 있는 이 생존 환경 속에서 우리는 계속해서 협력하지 않으면 생존할 수 없다. 그러한 협력은 가슴이 뜨거워지는 것에서부터 시작되리라.

과학 각 분과별로는 양질의 서적이 많지만, 모든 분과의 성과를 통합하면서도 논의를 이토록 깊게 전개하는 서적은 유례를 찾기 어렵지 않은가 생각한다. 1부와 2부의 마지막 부분에서 제시되는 요약은 물론, 책의 마지막 백여 쪽에 걸쳐서 전개되는 인문·사회·자연·과학을 종합하는 사고는 속이 후련해지는 기분이었다. 그 사상의 폭과 아름다움을 즐기기 위해서라도 처음부터 정독할 만하다. 저자가 비판하듯 좁고 깊게 파고 들어가느라 자신이 전공하지 않은 다른 분야에 대해서는 도무지 어떤 말도 못 꺼내는 전문가가 되기보다는 다학문적多學問的 통합을 통해 과학의 지혜를 맛볼 수 있어야 하며, 인간으로서 품기 마련인 크고 궁극적인 질문을 제기하고 그에 관한 토론에 참여해서 포괄적인 대답을 시도할 수 있어야 한다. 그럴 수 없다면 과학의 존재 이유가 무엇인가?

역자로서 나는 이 책이 한국 사회에 반향反響을 일으키기를 바란다. 우주와 생명과 인생에 대해 뜨거운 의문을 품고 그에 대한 답을 찾고자 하는 이들에게 지침서가 되리라고 믿는다. 수많은 이들에게 과학 전체에 대한 감을 잡고 전체를 조망하게 해주며, 무엇보다도 개별 주제를 파고 들어가서 이해하는 데 쏟아야 할 수많은 시간을 아낄 수 있게 해줄 것이다.

과연 번역을 끝내는 날이 올까 싶었다. 멀고 험한 12개월 동안의 1차 번역과 5개월에 걸친 2차 번역은 차라리 구도의 길에 가까웠다. 그 시기 동안 우연찮게 중국 고전 『서유기』를 함께 읽었다. 서역 먼 길 끝 모를 여로를 시작하는 현장에게 관세음보살이 타이르는 말처럼, 고되고 어렵다 하여 그 먼 길을 원망하지 않으려 애썼다. "내가 이걸 끝낼 수 있을까"하는 회의의 강이 눈앞에 무수히 나타났다 사라졌다. 현장의 앞길처럼 날마다 산이었고 고개였으며, 만나는 강은 너르고 깊었으나, 천신만고의 세월이 돌이킬 수 없이 흘러가야만 원하는 걸 얻을 수 있다는 교훈을 배웠다.

내가 가진 얼마 안 되는 역량을 총동원해서야 겨우 번역할 수 있었지만, 그 대가로 나도 채워지고 변모했다. 가장 먼저, 값을 매기기 어려울 만큼 가치 있는 책을 번역할 기회가 다른 곳으로 가지 않고 나에게 왔다는 사실에 대해 하나님께 감사드린다. 그 다음으로, 나를 믿고 번역하는 큰 일을 맡겨주신 소미미디어 유재옥 대표님께 감사드린다. 믿고 기다려 주셨기에 이 역서가 빛을 보게 되었다. 번역자를 찾고 계셨던 유 대표님께 나를 소개해주고, 자신의 사무실 내에 번역 작업을 할 수 있는 공간을 내어준 BS 글로벌 대표이자 내 친구인 강봉수에게, 늘 찾아와 격려해 준 로고스태프 주정택 대표님께도 고마움을 전한다. 과학과는 조금 동떨어진 얘기이겠지만, 인연은 알 수 없이 이어진다. 인연을 따라 새로운 일이 생기고, 인생은 그만큼 근사해진다.

“좋은 여자를 만나려면 어떻게 해야 하나요?”
라면을 먹으면서 사촌이 물었다.
“나처럼 멋있어야지. 그리고 우주의 신비도 잘 알아야 하고.”*

우주의 신비를 안다는 것은 그 자체로 멋있는 일이다. 드디어 이 “스타일리시한” 과학책을 한국 독자들 앞에 내놓는다. 우주의 신비가 사랑하는 사람에게 해 줄 수 있는 멋진 이야기의 주제가 될 수 있기를 바란다.

번역 중 부족한 부분은 모두 역자의 책임이다. SJ.

* ⓒ 2006 Banana Yoshimoto 요시모토 바나나 지음, 김난주 옮김, 『아르헨티나 할머니』, 민음사, 2007, 69쪽.

| 미주 |

2장 기원 신화

1 For translations I have used The Rig Veda (1896) and The Upanishads (1987).

2 I have drawn on Sproul (1991) and Long, Charles H "Creation Myth" *Encyclopædia Britannica Online* (2014) for many of the myths summarized in this chapter

3 Graves (1955) p. 27

4 Sproul (1991) pp. 19 – 20

5 See Kak, Subhash C (1997) "Archaeoastronomy and Literature" *Current Science* 73: 7, 624 – 627 as an example of a small but growing band of Indian academics who are challenging what they see as the colonial interpretation of Indian history and culture rooted in Victorian scholarship

6 Finkelstein and Silberman (2001)

7 The Revised English Bible (1989) Genesis 1:1

8 The Holy Qur'an (1938) Sura 7:54 and Sura 41:9 – 12

9 Buddha (1997)

10 According to a survey taken 21 – 22 April 2005 by Rasmussen Reports

11 Ussher's calculation is given in Gorst (2001). For contemporary endorsements see, for example, the Creation Science Association and its website http://www.csama.org/

12 See, for example, Kitcher (1982); Futuyma (1983)

13 Sproul (1991) p. 17

14 Ibid. p. 6

15 Ibid. p. 4

16 Ibid. p. 10

17 Ibid. p. 29

18 Reanney (1995) p. 99

19 Finkelstein and Silberman (2001)

20 Quoted in Snobelen, Stephen D (2001) "God of Gods and Lord of Lords: The Theology of Isaac Newton's General Scholium to the Principia" *Osiris* 16, 169 – 208

21 See the appendix dealing with his religious belief in Darwin, Charles (1929)

22 Einstein (1949)

23 Schrödinger (1964)

24 See Krishnamurti and Bohm (1985), (1986), (1999)

25 http://www.cnn.com/2007/US/04/03/collins.commentary/index.html Accessed 6 February 2008

3장 물질의 탄생: 과학의 정통 이론

1 Burbidge, Geoffrey (2001) "Quasi-Steady State Cosmology" http://arxiv.org/pdf/astro-ph/0108051 Accessed 29 December 2006

2 Assis, Andre K T and Marcos C D Neves (1995) "History of the 2.7 K Temperature Prior to Penzias and Wilson" *Apeiron* 2: 3, 79 – 87

3 See, for example, Bryson (2004) pp. 29 – 31

4 Burbidge (2001)

5 Maddox (1998) pp. 33 – 34

6 Fowler, William A "Autobiography" (1983) *Nobel Foundation*. http://nobelprize.org/nobel_prizes/physics/laureates/1983/fowler-autobio.html Accessed 31 October 2007

7 Magueijo (2003) pp. 79 – 85

8 Ibid. pp. 109 – 111; Linde (2001)

9 Guth (1997) pp. 213 – 214

10 Magueijo (2003) pp. 94 – 98

11 Guth (1997) p. 186

12 Linde (2001)

13 Guth, Alan and Paul Steinhardt (1984) "The Inflationary Universe" *Scientific American* 250, 116 – 128

14 Linde (2001)

15 Clowes, Roger G, et al. (2013) "A Structure in the Early Universe at Z ~ 1.3 That Exceeds the Homogeneity Scale of the R-W Concordance Cosmology" *Monthly Notices of the Royal Astronomical Society*, January

16 Horváth, I, et al. (2014) "Possible Structure in the GRB Sky Distribution at Redshift Two" *Astronomy & Astrophysics* 561 id. L12, 4pp. http://arxiv.org/abs/1401.0533v2 Accessed 29 August 2014

17 Hawking (1988) p. 46

18 Guth (1997) p. 87

19 Ibid. pp. 238 – 239

20 Braibant, et al. (2012) pp. 313 – 314

21 Rowan-Robinson (2004) pp. 89 – 92

22 Ibid. p. 99

23 Burbidge, Geoffrey and Fred Hoyle (1998) "The Origin of Helium and the Other Light Elements" *The Astrophysical Journal* 509, L1 – L3; Burbidge (2001)

24 Linde (2001)

25 Guth (1997) p. 186

26 Ibid. p. 250

27 Ibid. pp. 278 – 279

28 Ibid. p. 286

29 Alspach, Kyle (2004) "Guth, Linde Win Gruber Cosmology Prize" *Science & Technology News* 1 May, 1,3

30 Ade, P A R et al. (2014) "Detection of β-Mode Polarization at Degree Angular Scales by BICEP2" http://arxiv.org/pdf/1403.3985 Accessed 18 March 2014

31 Cowan, Ron (2014) "Big Bang Finding Challenged" *Nature* 510, 20

32 Coles, Peter (2007) "Inside Inflation: After the Big Bang" New Scientist Space. Special Report, 3 March 2007 http://space.newscientist.com.libproxy.ucl.ac.uk/article/mg19325931.400;jsessionid=CCHNEIPIDDIE Accessed 2 April 2007

33 Rowan-Robinson (2004) p. 101

34 Ellis (2007) S.5

35 Maddox (1998) p. 55

4장 과학의 정통 이론이 설명하지 못하는 부분

1 Rodgers, Peter (2001) "Where Did All the Antimatter Go?" Physics World. http://physicsweb.org/articles/world/14/8/9 Accessed 12 June 2006

2 Ellis (2007) S.2.3.6

3 Leibundgut, Bruno and Jesper Sollerman (2001) "A Cosmological Surprise: The Universe Accelerates" Europhysics News, 32 (4) http://www.eso.org/~bleibund/papers/EPN/epn.html Accessed 10 February 2007; Riess, Adam "Dark Energy" *Encyclopædia Britannica Online* (2014) http://www.britannica.com/EBchecked/topic/1055698/dark-energy Accessed 19 February 2014

4 Ellis, George (2005) "Physics Ain't What It Used to Be" *Nature* 438: 7069, 739 – 740

5 Kunz, Martin, et al. (2004) "Model-Independent Dark Energy Test with Sigma [Sub8] Using Results from the Wilkinson Microwave Anisotropy Probe" *Physical Review D (Particles, Fields, Gravitation, and Cosmology)* 70: 4, 041301

6 Shiga, David (2007) "Is Dark Energy an Illusion?" http://www.newscientist.com/article/dn11498-is-dark-energy-an-illusion.html#.U5GjRSj5hhI 30 March
7 Durrer, Ruth (2011) "What Do We Really Know About Dark Energy?" *Philosophical Transactions of the Royal Society A* 369: 1957, 5102-5114
8 Lieu, Richard (2007) "Λ CDM Cosmology: How Much Suppression of Credible Evidence, and Does the Model Really Lead Its Competitors, Using All Evidence?" http://arxiv.org/abs/0705.2462
9 Ellis (2007) S.2.3.5
10 Krauss, Lawrence M (2004) "What Is Dark Energy?" *Nature* 431, 519-520
11 Tolman (1987)
12 Guth (1997) pp. 9-12 and 289-296
13 Tryon, Edward P (1973) "Is the Universe a Vacuum Fluctuation?" *Nature* 246, 396-397
14 Rees (1997) p. 143
15 Hawking (1988) p. 129
16 Maddox, John (1989) "Down with the Big Bang" *Nature* 340, 425-425

5장 우주론의 또 다른 추정 가설들

1 Hawking (1988) pp. 132-141
2 Penrose (2004) pp. 769-772
3 Linde (2001)
4 Quoted in *Science & Technology* News 1 May 2004, p. 3
5 Guth (1997) pp. 250-252
6 Linde (2001)
7 Borde, Arvind and Alexander Vilenkin (1994) "Eternal Inflation and the Initial Singularity" *Physical Review Letters* 72: 21, 3305-3308
8 Magueijo (2003)
9 Barrow, John D (2005) "Einstein and the Universe" *Gresham College Lecture* London, 18 October
10 Smolin (1998) pp. 112-132
11 Ashtekar, Abhay, et al. (2006) "Quantum Nature of the Big Bang: An Analytical and Numerical Investigation" *Physical Review D (Particles, Fields, Gravitation, and Cosmology)* 73: 12, 124038

12 Narlikar and Burbidge (2008) Chapter 15
13 Ned Wright's Cosmology Tutorial at UCLA (2004) http://www.astro.ucla.edu/~wright/stdystat.htm
14 Lerner (1992) updated on http://www.bigbangneverhappened.org/index.htm
15 Scarpa, Riccardo, et al. (2014) "UV Surface Brightness of Galaxies from the Local Universe to Z ~ 5" *International Journal of Modern Physics D* 23: 6, 1450058
16 Steinhardt, personal communication 24 June 2007
17 Steinhardt, Paul J and Neil Turok (2004) "The Cyclic Model Simplified" Physics Department, Princeton University http://www.phy.princeton.edu/~steinh/dm2004. pdf Accessed 11 March 2007
18 Leake, Jonathan (2006) "Exploding the Big Bang" *The Sunday Times* London, 20 August, News p. 14
19 Steinhardt, personal communication 9 March 2007
20 Steinhardt and Turok (2004), (2007)
21 Steinhardt, personal communication 12 March 2007
22 Ibid.
23 Steinhardt, personal communications 30 April and 7 May 2007
24 Steinhardt, personal communication 20 August 2014
25 Susskind (2005)
26 Smolin (2007) p. 105
27 Magueijo (2003) p. 239
28 Gross, David "Viewpoints on String Theory" (2003) *WGBH* http://www.pbs.org/wgbh/nova/elegant/view-gross.html Accessed 15 August 2006
29 Quoted in Smolin (2007) p. 154
30 Quoted in ibid. p. 197
31 Friedan, D (2003) "A Tentative Theory of Large Distance Physics" *Journal of High Energy Physics* 2003: 10, 1 -98
32 Smolin (2007) p. 198
33 Woit (2006)
34 Smolin (2007) p. 176

6장 해석하는 방법으로서의 우주론이 직면하는 문제들

1 Ellis (2007) S.2.3.2

2 Maddox (1998) p. 36

3 Ibid. p. 27

4 http://hubblesite.org/newscenter/archive/releases/1994/49/text/ 26 October 1994

5 http://www.nasa.gov/centers/goddard/news/topstory/2003/0206mapresults.html#bctop 11 February 2003

6 http://www.esa.int/Our_Activities/Space_Science/Planck/Planck_reveals_an_almost_perfect_Universe 21 March 2013

7 Rowan-Robinson (2004) p. 163

8 Bonanos, Alceste, et al. (2006) "The First Direct Distance Determination to a Detached Eclipsing Binary in M33" *The Astrophysical Journal* 652, 313 – 322

9 Rowan-Robinson (2004) p. 164

10 Lerner (1992) with data plus extensive references updated on http://www.bigbangneverhappened.org/Accessed 16 February 2014

11 Ned Wright's Cosmology Tutorial at UCLA (2003) http://www.astro.ucla.edu/~wright/lerner_errors.html#SC

12 Ellis (2007) S.4.2.2 and S.2.3.5

13 "Quasar" McGraw-Hill Encyclopedia of Science and Technology; "Quasar" T*he Columbia Electronic Encyclopedia, Sixth Edition* Accessed 29 January 2008

14 Rowan-Robinson, personal communication 21 November 2007

15 Burbidge, personal communication 14 January 2008

16 Arp (1998)

17 Burbidge, personal communication 14 January 2008

18 Arp, Halton and C Fulton (2008) "A Cluster of High Redshift Quasars with Apparent Diameter 2.3 Degrees" http://arxiv.org/pdf/0802.1587v1 Accessed 28 February 2008

19 Arp, personal communications 18 and 25 February 2008

20 Das, P K (2007) "Quasars in Variable Mass Hypothesis" *Journal of Astrophysics and Astronomy* 18: 4, 435 – 450

21 Singh (2005) pp. 462 and 463 respectively

22 McKie, Robin (1992) "Has Man Mastered the Universe?" *The Observer* London 26 April, News pp. 8 – 9

23 Editorial (1992) "Big Bang Brouhaha" *Nature* 356: 6372, 731

24 Narlikar, J V, et al. (2003) "Inhomogeneities in the Microwave Background Radiation Interpreted within the Framework of the Quasi – Steady State Cosmology" *The Astrophysical Journal* 585: 1, 1 – 11

25 http://www.nasa.gov/home/hqnews/2006/mar/HQ_06097_first_trillionth_WMAP.

html 16 March 2006

26 Lieu, Richard and Jonathan P D Mittaz (2005) "On the Absence of Gravitational Lensing of the Cosmic Microwave Background" *The Astrophysical Journal* 628, 583-593; Lieu, Richard and Jonathan P D Mittaz (2005) "Are the WMAP Angular Magnification Measurements Consistent with an Inhomogeneous Critical Density Universe?" The Astrophysical Journal Letters 623, L1 - L4

27 Larson, David L and Benjamin D Wandelt (2005) "A Statistically Robust 3-Sigma Detection of Non-Gaussianity in the WMAP Data Using Hot and Cold Spots" *Physical Review D* http://arxiv.org/abs/astro-ph/0505046 Accessed 25 May 2007

28 Land, Kate and João Magueijo (2005) "Examination of Evidence for a Preferred Axis in the Cosmic Radiation Anisotropy" *Physical Review Letters* 95, 071301

29 Paul Steinhardt, personal communication 20 March 2007

30 http://www.esa.int/Our_Activities/Space_Science/Planck/Planck_reveals_an_almost_perfect_Universe 21 March 2013

31 Ellis, George (2005) "Physics Ain't What It Used to Be" *Nature* 438: 7069, 739 - 740

32 Tegmark, Max (2003) "Parallel Universes" *Scientific American*. 1 May http://www.sciam.com/article.cfm?articleID=000F1EDD-B48A-1E90-8EA5809EC5880000 Accessed 8 August 2006

33 Quoted in Ellis (2007) S.9.3.2

34 Ibid. S.9.3.2

35 Davies (1990) p. 10

7장 우주론적 추정의 합리성

1 I've drawn on Ellis (2007) S.9.3.3 for these divisions

2 Tegmark, Max (2003) "Parallel Universes" *Scientific American*. 1 May http://www. sciam.com/article.cfm?articleID=000F1EDD-B48A-1E90-8EA5809EC5880000 Accessed 8 August 2006

3 Penrose (2004) pp. 17 - 19 and 1027 - 1029

4 Ward, Keith (2004) "Cosmology and Creation" *Gresham College lecture*. London, 17 November

5 Elgin (1993) Chapter 13

6 Smolin (1998) p. 242

7 Weinberg (1994) p. 94

8 Rees (2000)
9 Smolin (1998) p. 198
10 Ibid. p. 184
11 http://www.accesstoinsight.org/ptf/dhamma/sagga/loka.html Accessed 9 June 2014
12 Tegmark (2003)
13 Ellis (2002) S.6.6

8장. 큰 규모에서의 물질의 진화

1 Kak, Subhash C (2003) "Indian Physics: Outline of Early History" http://arxiv.org/abs/physics/0310001v1 Accessed 30 September 2005
2 Griffiths (1987) pp. 37–48
3 Smolin (1998) p. 65
4 Rowan-Robinson (2004) p. 99
5 Lochner, et al. (2005)
6 Rowan-Robinson (2004) pp. 26–42
7 Guth (1997) p. 238
8 Steinhardt, Paul (2014) "Big Bang Blunder Bursts the Multiverse Bubble" *Nature* 510:7503, 9
9 Eggen, O J, et al. (1962) "Evidence from the Motions of Old Stars That the Galaxy Collapsed" *Reports on Progress in Physics* 136, 748
10 Searle, L and R Zinn (1978) "Compositions of Halo Clusters and the Formation of the Galactic Halo" *Astrophysical Journal* 225 (1), 357–379
11 Rowan-Robinson, Michael (1991) "Dark Doubts for Cosmology" *New Scientist*: 1759, 30
12 Saunders, Will, et al. (1991) "The Density Field of the Local Universe" *Nature* 349: 6304, 32–38
13 Lindley, David (1991) "Cold Dark Matter Makes an Exit" *Nature* 349: 6304, 14
14 Springel, Volker, et al. (2005) "Simulations of the Formation, Evolution and Clustering of Galaxies and Quasars" *Nature* 435: 7042, 629–636
15 Springel et al. (2005)
16 http://www.nasa.gov/home/hqnews/2006/aug/HQ_06297_CHANDRA_Dark_Matter.html 21 August 2006

17 Ellis (2007) S 2.5.1, S 4.2.2, and S 4.3.1

18 Chown, Marcus (2005) "Did the Big Bang Really Happen?" *New Scientist*: 2506, 30

19 Springel et al. (2005)

20 Clowes, Roger G, et al. (2013) "A Structure in the Early Universe at Z ~ 1.3 That Exceeds the Homogeneity Scale of the R-W Concordance Cosmology" *Monthly Notices of the Royal Astronomical Society*, January

21 Schilling, Govert (1999) "Planetary Systems: From a Swirl of Dust, a Planet Is Born" Science 286: 5437, 66–68

22 Ward-Thompson, Derek (2002) "Isolated Star Formation: From Cloud Formation to Core Collapse" *Science* 295: 5552, 76–81

23 Kashlinsky, A, et al. (2005) "Tracing the First Stars with Fluctuations of the Cosmic Infrared Background" *Nature* 438: 7064, 45–50

24 Ward-Thompson (2002)

25 Rees, Martin J (2002) "How the Cosmic Dark Age Ended" *Science* 295: 5552, 51–53

26 Rees (2002)

27 Smolin (1998) pp. 144–172

28 Rees (2002) pp. 31–32

29 Adams and Laughlin (1999)

30 Barrow, John D (2006) "The Early History of the Universe" *Gresham College lecture* London, 14 November

31 Krauss, Lawrence M and Michael S Turner (1999) "Geometry and Destiny" *General Relativity and Gravitation* 31: 10, 1453–1459

9장 작은 규모에서의 물질의 진화

1 http://www.foresight.org/Nanomedicine/Ch03_1.html. Accessed 22 June 2007

2 This section draws principally on Rowan-Robinson (2004) pp. 22–26; Morowitz (2004) pp. 48–53; and Lochner, et al. (2005)

3 Burbidge, E Margaret, et al. (1957) "Synthesis of the Elements in Stars" *Reviews of Modern Physics* 29: 4, 547–650

4 http://www.windows.ucar.edu/tour/link=/earth/geology/crust_elements.html Accessed 22 June 2007

5 Chang (2007) p. 52

6 Barrow and Tipler (1996) pp. 250–253

7 This section draws principally on Ellis (2002) Chapter 3; Barrow and Tipler (1996) pp. 295 – 305; Morowitz (2004) pp. 51 – 57

8 Barrow and Tipler (1996) pp. 295 – 305. The values of these constants are taken from the Physics Laboratory of the National Institute of Standards and Technology http://physics.nist.gov Accessed 15 November 2007

9 Snyder, Lewis E, et al. (2002) "Confirmation of Interstellar Acetone" *Astrophysical Journal* 578: Part 1, 245 – 255

10 Fuchs, G W, et al. (2005) "Trans-Ethyl Methyl Ether in Space. A New Look at a Complex Molecule in Selected Hot Core Regions" *Astronomy and Astrophysics* 444: 2, 521 – 530

11 Bell, M B, et al. (1997) "Detection of HC11N in the Cold Dust Cloud TMC-1" Astrophysical Journal 483: part 2, L61 – L64

12 Lunine (1999) pp. 51 – 53; "Chondrite" *Cosmic Lexicon*. Planetary Science Research Discovery, 1996

10장 물질 진화의 패턴

1 Davies (1990) p. 56

2 Penrose (2004) p. 726

3 Hawking (1998) p. 149

4 Penrose (2004) p. 707

5 Ibid. p. 731

6 Hawking (1998) pp. 49 – 50

7 Ellis (2002) S.5.4.6

8 Davies (1990) p. 52

9 Ellis (2007) S.2.5

12장 생명체에 적합한 별

1 JPL Document D-34923 of 12 June 2006: http://exep.jpl.nasa.gov/files/exep/STDT_Report_Final_Ex2FF86A.pdf Section 1.3.1.1.3 Accessed 21 March 2014

2 Pollack, James B, et al. (1996) "Formation of the Giant Planets by Concurrent Accretion of Solids and Gas" *Icarus* 124: 1, 62 – 85

3 JPL Document D-34923 of 12 June 2006

4 Morowitz (2004) p. 65

5 Schilling, Govert (1999) "Planetary Systems: From a Swirl of Dust, a Planet Is Born" *Science* 286: 5437, 66–68; Lunine (1999) p. 4

6 Ibid. pp. 124–125

7 http://gsc.nrcan.gc.ca/geomag/nmp/long_mvt_nmp_e.php Accessed 23 May 2008

8 James Kasting, personal communication 30 May 2008

9 Ryskin, Gregory (2009) "Secular Variation of the Earth's Magnetic Field: Induced by the Ocean Flow?" *New Journal of Physics* 11: 6, 063015

10 Bryson (2004) pp. 228–229

11 http://www.geolsoc.org.uk/gsl/geoscientist/features/page856.html Accessed 23 May 2008

12 Kious and Tilling (1996)

13 Ibid.

14 http://eclipse.gsfc.nasa.gov/SEhelp/ApolloLaser.html Accessed 24 May 2008

15 Mojzsis, S J, et al. (2001) "Oxygen-Isotope Evidence from Ancient Zircons for Liquid Water at the Earth's Surface 4,300 Myr Ago" *Nature* 409, 178–18

16 Watson, E B and T M Harrison (2005) "Zircon Thermometer Reveals Minimum Melting Conditions on Earliest Earth" *Science* 308: 5723, 841–844

17 Nutman, Allen P (2006) "Comment on 'Zircon Thermometer Reveals Minimum Melting Conditions on Earliest Earth' Ii" *Science* 311: 5762, 779

18 Glikson, Andrew (2006) "Comment on 'Zircon Thermometer Reveals Minimum Melting Conditions on Earliest Earth' I" *Science* 311: 5762, 779

19 Lunine (1999) pp. 130–131

20 Morbidelli, A, et al. (2000) "Source Regions and Timescales for the Delivery of Water to the Earth" *Meteoritics & Planetary Science* 35: 6, 1309–1320

21 Lunine (1999) pp. 127–130

22 http://solarsystem.nasa.gov/scitech/display.cfm?ST_ID=446 Accessed 10 June 2014

23 Lunine (1999) p. 132

24 Kasting, James (2001) "Essay Review of Peter Ward and Don Brownlee's Rare Earth: Why Complex Life Is Uncommon in the Universe" *Perspectives in Biology and Medicine* 44, 117–131

25 Lunine (1999) p. 165

26 Ibid. pp. 165–176

27 Gribbin (2004) pp. 200–223

28 Kasting, J F and D Catling (2003) "Earth: Evolution of a Habitable Planet" *Ann Rev Astron Astrophys* 41, 429 – 463

29 http://www.seti.org/seti/seti-science Accessed 21 February 2008

30 Rowan-Robinson (2004) p. 63

31 Ward and Brownlee (2000)

32 Gonzalez, Guillermo, et al. (2001) "The Galactic Habitable Zone: Galactic Chemical Evolution" *Icarus* 152: 1, 185 – 200

33 Ward and Brownlee (2000)

34 Kasting, J F, et al. (1993) "Habitable Zones around Main Sequence Stars" *Icarus* 101: 1, 108 – 12

35 JPL Document D-34923 of 12 June 2006: http://planetquest.jpl.nasa.gov/TPF/STDT_
Report_Final_Ex2FF86A.pdf

36 Wolszczan, A and D A Frail (1992) "A Planetary System around the Millisecond Pulsar Psr1257 + 12" *Nature* 355: 6356, 145 – 147

37 http://www.nasa.gov/mission_pages/kepler/main/index.html#.U_PC0Cj5hhK Accessed 19 August 1014

38 Finkbeinter, Ann (2014) "Astronomy: Planets in Chaos" *Nature* 511, 22 – 24

39 Ward and Brownlee (2000)

40 http://www.planetary.org/explore/topics/compare_the_planets/terrestrial.html Accessed 25 May 2008

41 http://earthobservatory.nasa.gov/Study/Paleoclimatology_Evidence/ Accessed 11 June 2008

42 http://www.newscientist.com/article/mg21228384.600-aliens-dont-need-a-moon-like-ours.html#.U5covij5hhI Accessed 10 June 2014

43 Morowitz (2004) pp. 58 – 62

13장 생명

1 Nagler (1987) p. 265

2 *The Upanishads* (1987) pp. 155 – 172

3 Nagler (1987) p. 265

4 Moira Yip, Professor of Phonetics and Linguistics at University College London, personal communication, 28 January 2008

5 Gottlieb (2001) pp. 13 – 14

6 Ibid. p. 311

7 Ibid. pp. 230 – 239; "Vitalism" *The Oxford Dictionary of Philosophy* Oxford University Press, 2005

8 Bechtel, William and Robert C Richardson (1998) "Vitalism" *Routledge Encyclopedia of Philosophy* edited by E Craig. London: Routledge

9 Krieger (1993) p. 7

10 Krieger, Dolores (1975) "Therapeutic Touch: The Imprimatur of Nursing" *The American Journal of Nursing* 75: 5, 784 – 787

11 Gordon, A, et al. (1998) "The Effects of Therapeutic Touch on Patients with Osteoarthritis of the Knee" *J Fam Pract* 47: 4, 271 – 277

12 Rosa, Linda, et al. (1998) "A Close Look at Therapeutic Touch" JAMA 279: 13, 1005 – 1010

13 Bohm (1980)

14 Laszlo (2006)

15 Sheldrake (2009)

16 Maddox, John (1981) "A Book for Burning?" *Nature* 293, 245 – 246

17 Stenger, Victor J (1991) "Bioeenergetic Fields" *The Scientific Review of Alternative Medicine* 3: 1

18 Wilson (1998) p. 58

19 Crick (1995) p. 11

20 Davies (1990) p. 61

21 Cited by ibid. pp. 61 – 62

22 Quoted in McFadden (2000) p. 13

23 Davies (1990) p. 59

24 Ibid. p. 65

25 Ball, Philip (2004) "What Is Life? Can We Make It?" *Prospect* August, pp. 50 – 54

26 See, for example definitions of virus given in *Gale Genetics Encyclopedia*, 2003; *McGraw-Hill Science and Technology Encyclopedia*, 2005; *Columbia Electronic Encyclopedia* Accessed 31 July 2008

27 Smolin (1998) p. 194

28 Capra (1997)

29 Ibid. p. 96

30 McFadden (2000) pp. 13 – 16

14장 생명의 출현 1: 증거

1 Barghoorn, Elso S and Stanley A Tyler (1965) "Microorganisms from the Gunflint Chert" *Science* 147: 3658, 563 – 577

2 Schopf, J William (1993) "Microfossils of the Early Archean Apex Chert: New Evidence of the Antiquity of Life" *Science* 260: 5108, 640 – 646

3 Mojzsis, S J, et al. (1996) "Evidence for Life on Earth before 3,800 Million Years Ago" *Nature* 384: 6604, 55 – 59

4 Fedo, Christopher M and Martin J Whitehouse (2002) "Metasomatic Origin of Quartz-Pyroxene Rock, Akilia, Greenland, and Implications for Earth's Earliest Life" *Science* 296: 5572, 1448 – 1452

5 Mojzsis, S J and T M Harrison (2002) "Origin and Significance of Archean Quartzose Rocks at Akilia, Greenland" *Science* 298: 5595, 917 – 917

6 Brasier, Martin D, et al. (2002) "Questioning the Evidence for Earth's Oldest Fossils" *Nature* 416: 6876, 76 – 81

7 Dalton, Rex (2002) "Microfossils: Squaring up over Ancient Life" *Nature* 417: 6891, 782 – 784

8 McFadden (2000) pp. 26 – 27

9 Kashefi, Kazem and Derek R Lovley (2003) "Extending the Upper Temperature Limit for Life" *Science* 301: 5635, 934

10 Henbest, Nigel (2004) "The Day the Earth Was Born" *Origins* United Kingdom: Channel 4, 21 February

11 Lin, Li-Hung, et al. (2006) "Long-Term Sustainability of a High-Energy, Low-Diversity Crustal Biome" *Science* 314: 5798, 479 – 482

12 See, for example, Ouzounis, Christos A, et al. (2006) "A Minimal Estimate for the Gene Content of the Last Universal Common Ancestor: Exobiology from a Terrestrial Perspective" *Research in Microbiology* 157: 1, 57 – 68

13 Quoted in Doolittle (2000)

14 Ragan, et al. (2009)

15 Ibid.

16 Theobald, Douglas L (2010) "A Formal Test of the Theory of Universal Common Ancestry" *Nature* 465: 7295, 219 – 222

17 Cavalier-Smith, Thomas (2009) "Deep Phylogeny, Ancestral Groups and the Four Ages of Life" *Philosophical Transactions of the Royal Society B: Biological Sciences* 365: 1537, 111 – 132

18 Polanyi, Michael (1968) "Life's Irreducible Structure" *Science* 160: 3834, 1308 – 1312

15장 생명의 출현 2: 가설

1 Miller, S L (1953) "A Production of Amino Acids under Possible Primitive Earth Conditions" *Science* 117: 3046, 528 – 529

2 McFadden (2000) pp. 85 – 88

3 Ibid. pp. 95 – 98

4 Lee, David H, et al. (1996) "A Self-Replicating Peptide" *Nature* 382: 6591, 525 – 528

5 Cairns-Smith (1990)

6 Ferris, James P, et al. (1996) "Synthesis of Long Prebiotic Oligomers on Mineral Surfaces" *Nature* 381: 6577, 59 – 61

7 Wächtershäuser, G (1988) "Before Enzymes and Templates: Theory of Surface Metabolism" *Microbiol Rev* 52, 452 – 484

8 McFadden (2000) pp. 91 – 92

9 Crick, F H C and L E Orgel (1973) "Directed Panspermia" *Icarus* 19, 341 – 3

10 Hoyle and Wickramasinghe (1978)

11 Wickramasinghe, Chandra, et al. (2003) "SARS—a Clue to Its Origins?" *The Lancet* 361: 9371, 1832 – 1832

12 See, for example, de Leon, Samuel Ponce and Antonio Lazcano (2003) "Panspermia—True or False?" *The Lancet* 362: 9381, 406 – 407

13 Napier, W M, et al. (2007) "The Origin of Life in Comets" *International Journal of Astrobiology* 6: 04, 321 – 323

14 http://www.astrobiology.cf.ac.uk/News3.html Accessed 12 August 2008

15 Bostrom, N (2003) "Are You Living in a Computer Simulation?" *Philosophical Quarterly* 53: 211, 243 – 255

16 Behe (1996)

17 Pallen, Mark J and Nicholas J Matzke (2006) "From the Origin of Species to the Origin of Bacterial Flagella" *Nat Rev Micro* 4: 10, 784 – 790

18 News (1981) "Hoyle on Evolution" *Nature* 294, 105

19 Hoyle, Fred (1982) Evolution from Space: *The Omni Lecture Delivered at the Royal Institution,* London on 12 January 1982 Cardiff: University College of Cardiff Press

20 Carter, B (1974) "Large Number Coincidences and the Anthropic Principle in Cosmology" 291-298 in *Confrontation of Cosmological Theories with Observational Data*

edited by M S Longair: Springer
21 Barrow and Tipler (1996)
22 Penrose (1989) p. 561
23 McFadden (2000) pp. 219 – 240
24 Kauffman (1996)
25 Wilson (1998) p. 97
26 McFadden (2000) p. 94
27 Morowitz (2004)

16장 생물학적 진화에 대한 과학적 사유의 발전

1 "Carolus Linnaeus" *Encyclopædia Britannica Online* http://www.britannica.com/EBchecked/topic/342526/Carolus-Linnaeus Accessed 20 December 2008
2 Maillet (1968)
3 "Georges-Louis Leclerc, Comte de Buffon" *Gale Encyclopedia of Biography* 2006
4 Darwin, Erasmus (1796) and "Erasmus Darwin" *Encyclopædia Britannica Online* http://www.britannica.com/EBchecked/topic/151960/Erasmus-Darwin Accessed 16 February 2010
5 Darwin, Erasmus (1803)
6 Pearson, Paul N (2003) "In Retrospect" Nature 425: 6959, 665 – 665
7 Clifford, David "Jean-Baptiste Lamarck" (2004) http://www.victorianweb.org/science/lamarck1.html Accessed 16 February 2010; Shanahan (2004) pp. 14-23; Graur, Dan, et al. (2009) "In Retrospect: Lamarck's Treatise at 200" *Nature* 460: 7256, 688 – 689; http://www.ucmp.berkeley.edu/history/lamarck.html Accessed 16 February 2010
8 Étienne Geoffroy Saint Hillaire Collection, American Philosophical Society http://www.
amphilsoc.org/mole/view?docId=ead/Mss.B.G287p-ead.xml;query=;brand=default Accessed 20 February 2010
9 Green, J H S (1957) "William Charles Wells, F.R.S. (1757 – 1817)" *Nature* 179, 997 – 999
10 Desmond, Adrian (1984) "Robert E. Grant: The Social Predicament of a Pre-Darwinian Transmutationist" *Journal of the History of Biology* 17, 189 – 223, plus Desmond, personal communication 2 April 2010
11 http://www.ucmp.berkeley.edu/history/matthew.html Accessed 3 December 2009

12 Smith (1998, 2000 – 14)

13 Darwin, Francis (1887) p. 68

14 Ibid. p. 116

15 Darwin's correspondence prior to the Linnean Society presentation is given in ibid. pp. 116 – 127

16 http://www.linnean.org/index.php?id=380 Accessed 20 February 2010

17 Pearson, Paul N (2003) "In Retrospect" *Nature* 425: 6959

18 Desmond, Adrian and Sarah E Parker (2006) "The Bibliography of Robert Edmond Grant (1793 – 1874): Illustrated with a Previously Unpublished Photograph" *Archives of Natural History* 33: 2, 202 – 213

19 Darwin, Francis (1887) Vol 2 pp. 206 – 207

20 Darwin, Charles (1861) p. iv

21 Ibid. pp. xiv – xv

22 http://anthro.palomar.edu/evolve/evolve_2.htm Accessed 16 December 2008

23 Steinheimer, Frank D (2004) "Charles Darwin's Bird Collection and Ornithological Knowledge During the Voyage of HMS 'Beagle', 1831 – 1836" *Journal of Ornithology* 145: 4, 300 – 320; Sulloway, Frank J (1982) "The Beagle Collections of Darwin's Finches (Geospizinae)" *Bulletin of the British Museum of Natural History (Zoology)* 43 (2): 49 – 94; Sulloway, Frank J (1982) "Darwin and His Finches: The Evolution of a Legend" *Journal of the History of Biology* 15: 1, 1 – 53

24 Lack (1947)

25 Desmond and Moore (1992) p. 209

26 Darwin, Charles (1872) pp. 70 – 71

27 Ibid. p. 49

28 Ibid. p. 106

29 Ibid. p. 49

30 Ibid. p. 103

31 See, for example, ibid. p. 42 and p. 47

32 Ibid. p. 137

33 Ibid. p. 50

34 Darwin, Charles (1882) p. 107

35 Darwin, Charles (1872) p. 59

36 Darwin, Charles (1868) pp. 5 – 6

37 Ibid. p. 6

38 Darwin, Charles (1882) p. 606

39 Darwin, Francis (1887) p. 215
40 Darwin, Charles (1859) p. 134
41 Darwin, Charles (1882) p. v
42 Darwin, Charles (1872) p. 429
43 Darwin, Charles (1958) p. 85
44 Darwin, Francis (1887) Vol 2
45 Ibid. Vol 2, pp. 243 –244
46 Desmond (1989)
47 Lyons, Sherrie L (1995) "The Origins of T H Huxley's Saltationism: History in Darwin's Shadow" *Journal of the History of Biology* 28: 3, 463 –494
48 Gould (2002) pp. 355 –395
49 Kropotkin (1972) p. 18
50 Huxley, T H (1888) "The Struggle for Existence: A Programme" *Nineteenth Century* p. 165
51 Kropotkin (1972) p. 71
52 Ibid.
53 Ibid. p. 30
54 Sapp (2009) pp. 115 –120
55 http://nobelprize.org/nobel_prizes/medicine/laureates/1933/morgan-bio.html Accessed 20 December 2008
56 Schrödinger (1992) based on lectures given in 1943
57 Watson and Stent (1980); Crick (1990)
58 Crick, Francis (1970) "Central Dogma of Molecular Biology" Nature 227: 5258, 561 –563
59 Coyne (2006)
60 Woese, C R, et al. (1990) "Towards a Natural System of Organisms: Proposal for the Domains Archaea, Bacteria, and Eucarya" *Proceedings of the National Academy of Sciences of the United States of America* 87: 12, 4576 –4579

17장 생물학적 진화의 증거 1: 화석

1 May, R M (1992) "How Many Species Inhabit the Earth?" *Scientific American* 267: 4, 42 –48
2 UNEP (2007) p. 164

3 Torsvik, Vigdis, et al. (2002) "Prokaryotic Diversity—Magnitude, Dynamics, and Controlling Factors" *Science* 296: 5570, 1064–1066

4 Harwood and Buckley (2008)

5 Whitman, William B, et al. (1998) "Prokaryotes: The Unseen Majority" *Proceedings of the National Academy of Sciences* 95: 12, 6578–6583

6 Isaac, N J B, et al. (2004) "Taxonomic Inflation: Its Influence on Macroecology and Conservation" *Trends in Ecology & Evolution* 19: 9, 464–469

7 Mallet, J (2001) "The Speciation Revolution" *Journal of Evolutionary Biology* 14: 6, 887–888

8 Mallet, James (2008) "Hybridization, Ecological Races and the Nature of Species: Empirical Evidence for the Ease of Speciation" *Philosophical Transactions of the Royal Society B: Biological Sciences* 363: 1506, 2971–2986

9 Mayr (1982) p. 285

10 Mayr, Ernst (1996) "What Is a Species, and What Is Not?" *Philosophy of Science* 63: 2, 262–277

11 Coyne (2004) p. 30

12 Mace, Georgina, et al. (2005) "Biodiversity" 87-89 in *Current State & Trends*: Millennium Ecosystem Assessment

13 Mallet, James (2008)

14 Leakey and Lewin (1996) p. 39 and p. 45

15 Ibid. p. 45

16 Conway Morris (1998)

17 Leake, Jonathan and John Harloe (2009) "Origin of the Specious" *Sunday Times* London, 24 May, News 16; Henderson, Mark (2009) "Ida, the Fossil Hailed as Ancestor of Man, 'Wasn't Even a Close Relative' " *The Times London*, 22 October, News 25

18 Harding, Luke (2005) "History of Modern Man Unravels as German Scholar Is Exposed as Fraud" *The Guardian* London, 19 February, News 3

19 http://www.dmp.wa.gov.au/5257.aspx Accessed 24 March 2010

20 Han, Tsu-Ming and Bruce Runnegar (1992) "Megascopic Eukaryotic Algae from the 2.1-Billion-Year-Old Negaunee Iron-Formation, Michigan" *Science* 257: 5067, 232–235

21 Albani, Abderrazak El, et al. (2010) "Large Colonial Organisms with Coordinated Growth in Oxygenated Environments 2.1gyr Ago" *Nature* 466: 7302, 100–104

22 Donoghue, Philip C J and Jonathan B Antcliffe (2010) "Early Life: Origins of Multicellularity" *Nature* 466: 7302, 41–42

23 Knoll, A H, et al. (2006) "Eukaryotic Organisms in Proterozoic Oceans" *Philosophical Transactions of the Royal Society B: Biological Sciences* 361: 1470, 1023 – 1038

24 http://www.princeton.edu/main/news/archive/S28/14/71M11/index.xml?section=topstories#top 17 August 2010

25 "Ediacara fauna" *Encyclopædia Britannica Online* http://www.britannica.com/EBchecked/topic/179126/Ediacara-fauna Accessed 12 June 2

26 http://www.simonyi.ox.ac.uk/dawkins/WorldOfDawkins-archive/Dawkins/Work/Articles/alabama/1996-04-01alabama.shtml Accessed 20 December 2008

27 Hans Thewissen, personal communication 22 July 2010

28 Thewissen, J G M, et al. (2007) "Whales Originated from Aquatic Artiodactyls in the Eocene Epoch of India" *Nature* 450: 7173, 1190 – 1194; Thewissen, J G M, et al. (2006) "Developmental Basis for Hind-Limb Loss in Dolphins and Origin of the Cetacean Bodyplan" *Proceedings of the National Academy of Sciences* 103: 22, 8414 – 8418; Thewissen, J G M, et al. (2001) "Eocene Mammal Faunas from Northern Indo-Pakistan" *Journal of Vertebrate Paleontology* 21(2), 347 – 366

29 Pallen (2009) p. 83

30 "Extinction" (2005) *McGraw-Hill Encyclopedia of Science and Technology*, 2005

31 "Dinosaurs" American Museum of Natural History http://www.amnh.org/exhibitions/dinosaurs/extinction/mass.php Accessed 29 October 2008

32 Alvarez (1997)

33 See, for example "Dinosaur extinction link to crater confirmed" http://news.bbc.co.uk/1/hi/sci/tech/8550504.stm 4 March 2010

34 Schulte, Peter, et al. (2010) "The Chicxulub Asteroid Impact and Mass Extinction at the Cretaceous-Paleogene Boundary" *Science* 327: 5970, 1214 – 1218

35 Courtillot, Vincent and Frederic Fluteau (2010) "Cretaceous Extinctions: The Volcanic Hypothesis" *Science* 328: 5981, 973 – 974

36 Keller, Gerta, et al. (2010) "Cretaceous Extinctions: Evidence Overlooked" *Science* 328: 5981, 974 – 975

37 Archibald, J David, et al. (2010) "Cretaceous Extinctions: Multiple Causes" *Science* 328: 5981, 973

38 Elliott (2000); Officer, David K (1993) "Victims of Volcanoes: Why Blame an Asteroid?" *New Scientist*: 1861, 34

39 Eldredge and Gould (1972)

40 Gould (1980) p. 182

41 Sheldon, Peter R (1987) "Parallel Gradualistic Evolution of Ordovician Trilobites" *Na-*

ture 330: 6148, 561 – 563

42 Eldredge (1995) pp. 70 – 74

43 Cheetham, Alan H (1986) "Tempo of Evolution in a Neogene Bryozoan: Rates of Morphologic Change within and across Species Boundaries" *Paleobiology* 12: 2, 190 – 202

44 Cheetham, Alan H (1987) "Tempo of Evolution in a Neogene Bryozoan: Are Trends in Single Morphologic Characters Misleading?" *Paleobiology* 13: 3, 286 – 296

45 Eldredge pp. 69 – 70

46 Ayala (2014)

47 Eldredge and Tattersall (1982) pp. 45 – 46

48 Ayala (2014)

49 http://www.britannica.com/EBchecked/topic/360838/mammal Accessed 11 January 2015

50 Luo, Zhe-Xi, et al. (2011) "A Jurassic Eutherian Mammal and Divergence of Marsupials and Placentals" *Nature* 476, 442 – 445

51 Wible, J R, et al. (2007) "Cretaceous Eutherians and Laurasian Origin for Placental Mammals near the K/T Boundary" *Nature* 447: 7147, 1003 – 1006

18장 생물학적 진화의 증거 2: 현존하는 종 분석

1 Darwin, Charles (1872) p. 386

2 Gehring (1998) pp. 207 – 216

3 Chouard, Tanguy (2010) "Evolution: Revenge of the Hopeful Monster" *Nature* 463, 864 – 867

4 Ayala (2014)

5 Thomas, Christopher M and Kaare M Nielsen (2005) "Mechanisms of, and Barriers to, Horizontal Gene Transfer between Bacteria" *Nat Rev Micro* 3: 9, 711 – 721

6 Boto, Luis (2010) "Horizontal Gene Transfer in Evolution: Facts and Challenges" *Proceedings of the Royal Society B: Biological Sciences* 277: 1683, 819 – 827

7 Soltis, P S (2005) "Ancient and Recent Polyploidy in Angiosperms" *New Phytologist* 166: 1, 5-8

8 Gregory, T Ryan and Barbara K Mable (2005) "Polyploidy in Animals" pp. 501 – 502 in Gregory (2005)

9 Gallardo, M H, et al. (2004) "Whole-Genome Duplications in South American Desert Rodents (Octodontidae)" *Biological Journal of the Linnean Society* 82: 4, 443 – 451

10 Coyne, Jerry A (1998) "Not Black and White" *Nature* 396: 6706, 35 – 3

11 http://www.gen.cam.ac.uk/research/personal/majerus/Darwiniandisciple.pdf [2004] Accessed 18 October 2010

12 Sargent, T D, et al. (1998) "The 'Classical' Explanation of Industrial Melanism: Assessing the Evidence" in Evolutionary Biology: Vol 23 edited by Max K Hecht and Bruce Wallace. New York: Plenum Press

13 Cunha, H A, et al. (2005) "Riverine and Marine Ecotypes of Sotalia Dolphins are Different Species" *Marine Biology* 148: 2, 449 – 457

14 Weiner (1994) p. 9

15 Grant, Peter R and B Rosemary Grant (1997) "Genetics and the Origin of Bird Species" *Proceedings of the National Academy of Sciences of the United States of America* 94: 15, 7768 – 7775

16 Pray, Leslie (2008) "Transposons, or Jumping Genes: Not Junk DNA?" *Nature Education* 1

17 Pennisi, Elizabeth (2012) "Encode Project Writes Eulogy for Junk DNA" *Science* 337: 6099, 1159-1161; http://www.genome.gov/10005107 Accessed 11 April 2014; ENCODE, Consortium (2007) "Identification and Analysis of Functional Elements in 1% of the Human Genome by the Encode Pilot Project" *Nature* 447: 7146, 799 – 816

18 http://www.ornl.gov/sci/techresources/Human_Genome/faq/compgen.shtml Accessed 17 August 2010

19 Ridley, Matt "The Humbling of Homo Sapiens" *The Spectator* 14 June 2003

20 See, for example Demuth, J P, et al. (2006) "The Evolution of Mammalian Gene Families" PLoS One 1: 1; Britten, Roy J (2002) "Divergence between Samples of Chimpanzee and Human DNA Sequences Is 5%, Counting Indels" *Proceedings of the National Academy of Sciences* 99: 21, 13633 – 13635

21 Schwartz, Jeffrey H and Bruno Maresca (2006) "Do Molecular Clocks Run at All? A Critique of Molecular Systematics" *Biological Theory* 1: 4, 357 – 371

22 Ragan, Mark A, et al. (2009) "The Network of Life: Genome Beginnings and Evolution" *Philosophical Transactions of the Royal Society B: Biological Sciences* 364: 1527, 2169 – 2175

23 Doolittle, W Ford (2009) "The Practice of Classification and the Theory of Evolution, and What the Demise of Charles Darwin's Tree of Life Hypothesis Means for Both of Them" *Philosophical Transactions of the Royal Society B: Biological Sciences* 364: 1527, 2221 – 2228

19장 생물학적 진화의 증거 3: 살아 있는 종의 행동

1 Brown, Sam P, et al. (2009) "Social Evolution in Micro-Organisms and a Trojan Horse Approach to Medical Intervention Strategies" *Philosophical Transactions of the Royal Society B: Biological Sciences* 364: 1533, 3157 – 3168

2 Crespi, B J (2001) "The Evolution of Social Behavior in Microorganisms" *Trends in Ecology & Evolution* 16: 4, 178 – 183

3 West, Stuart A, et al. (2007) "The Social Lives of Microbes" *Annual Review of Ecology, Evolution, and Systematics* 38: 1, 53 – 77

4 Shapiro, James A (1998) "Thinking About Bacterial Populations as Multicellular Organisms" *Annual Reviews in Microbiology* 52: 1, 81 – 104

5 Queller, David C and Joan E Strassmann (2009) "Beyond Society: The Evolution of Organismality" *Philosophical Transactions of the Royal Society B: Biological Sciences* 364: 1533, 3143 – 3155

6 Pearson, Joseph C, et al. (2005) "Modulating Hox Gene Functions During Animal Body Patterning" *Nat Rev Genet* 6: 12, 893 – 904

7 Leake, Jonathan (2010) "Check...Science Closes in on Intelligence Gene Test" *Sunday Times* London, 19 September; News 13

8 Most examples of insect social behaviour are taken from Ratnieks, Francis L W and Heikki Helanterä (2009) "The Evolution of Extreme Altruism and Inequality in Insect Societies" *Philosophical Transactions of the Royal Society B: Biological Sciences* 364: 1533, 3169 – 3179

9 See, for example, Laland, K N, et al. (2011) "From Fish to Fashion: Experimental and Theoretical Insights into the Evolution of Culture" *Philosophical Transactions of the Royal Society B: Biological Sciences* 366: 1567, 958 – 968

10 Laland, Kevin N (2008) "Animal Cultures" *Current Biology* 18: 9, R366 – R370

11 Thornton, Alex and Aurore Malapert (2009) "Experimental Evidence for Social Transmission of Food Acquisition Techniques in Wild Meerkats" *Animal Behaviour* 78: 2, 255 – 264

12 Thornton, Alex and Katherine McAuliffe (2006) "Teaching in Wild Meerkats" *Science* 313: 5784, 227 – 229; Thornton, Alex and Tim Clutton-Brock (2011) "Social Learning and the Development of Individual and Group Behaviour in Mammal Societies" *Philosophical Transactions of the Royal Society B: Biological Sciences* 366: 1567, 978 – 987

13 van Schaik, Carel (2010) "Orangutan Culture and Its Cognitive Consequences" *Culture Evolves* Royal Society, London, 28 June

14 Laland, Kevin N (2008) "Animal Cultures" *Current Biology* 18: 9, R366 – R370

15 Reader, Simon M, et al. (2011) "The Evolution of Primate General and Cultural Intelligence" *Philosophical Transactions of the Royal Society B: Biological Sciences* 366: 1567, 1017 – 1027

16 Kropotkin (1972) pp. 30 – 31

17 Ibid. p. 69

18 Taylor, Angela K "Living Wih Other Animals" 105 – 109 in Halliday (1994)

20장 인간의 계보

1 Ayala (2014)

2 Schwabe, Christian (1986) "On the Validity of Molecular Evolution" *Trends in Biochemical Sciences* 11: 7, 280 – 283

3 Schwartz, Jeffrey H and Bruno Maresca (2006) "Do Molecular Clocks Run at All? A Critique of Molecular Systematics" *Biological Theory* 1: 4, 357 – 371. See also Schwartz, Jeffrey H (in press) "Systematics and Evolution" in *Encyclopedia of Molecular Cell Biology and Molecular Medicine* edited by R A Meyer. Winheim: Wiley-VCH Verlag

4 Ragan, Mark A, et al. (2009) "The Network of Life: Genome Beginnings and Evolution" *Philosophical Transactions of the Royal Society B: Biological Sciences* 364: 1527, 2169 – 2175

5 Doolittle, W Ford (2009) "The Practice of Classification and the Theory of Evolution, and What the Demise of Charles Darwin's Tree of Life Hypothesis Means for Both of Them" *Philosophical Transactions of the Royal Society B: Biological Sciences* 364: 1527, 2221 – 2228

6 http://www.timetree.org/time_query.php?taxon_a=9606&taxon_b=9598 Accessed 18 August 2010

21장 생물학적 진화의 원인: 현재의 정설

1 Barreiro, Luis B, et al. (2008) "Natural Selection Has Driven Population Differentiation in Modern Humans" *Nat Genet* 40: 3, 340 – 345

2 http://www.britannica.com/EBchecked/topic/406351/natural-selection Accessed 14 June 2014

3 "Ernst Mayr" *Gale Encyclopedia of Biography* 2006
4 Schwartz, Jeffrey H and Bruno Maresca (2006) "Do Molecular Clocks Run at All? A Critique of Molecular Systematics" *Biological Theory* 1: 4, 357–371
5 Coyne (2006)
6 Mayr (2001) p. 195
7 Williamson, Peter G (1981) "Morphological Stasis and Developmental Constraint: Real Problems for Neo-Darwinism" *Nature* 294, 214–215
8 Hotopp, Julie C Dunning, et al. (2007) "Widespread Lateral Gene Transfer from Intracellular Bacteria to Multicellular Eukaryotes" *Science* 317: 5845, 1753–1756
9 Boto, Luis (2010) "Horizontal Gene Transfer in Evolution: Facts and Challenges" *Proceedings of the Royal Society B: Biological Sciences* 277: 1683, 819–827
10 Lynch, Michael (2007) "The Evolution of Genetic Networks by Non-Adaptive Processes." *Nat Rev Genet* 8: 10, 803–813
11 Anway, Matthew D, et al. (2005) "Epigenetic Transgenerational Actions of Endocrine Disruptors and Male Fertility" *Science* 308: 5727, 1466–1469
12 Jablonka, Eva and Gal Raz (2009) "Transgenerational Epigenetic Inheritance: Prevalence, Mechanisms, and Implications for the Study of Heredity and Evolution" *The Quarterly Review of Biology* 84: 2, 131–176
13 West, Stuart A, et al. (2011) "Sixteen Common Misconceptions About the Evolution of Cooperation in Humans" *Evolution and Human Behavior* 32: 4, 231–262
14 Darwin, Charles (1872) p. 428
15 Heylighen (1999)
16 Valentine, J W, et al. (1994) "Morphological Complexity Increase in Metazoans" *Paleobiology* 20: 2, 131–142
17 Bonner (1988) p. 5
18 Gould (2004)
19 Ibid.
20 Ibid.
21 Borowsky, R and H Wilkens (2002) "Mapping a Cave Fish Genome: Polygenic Systems and Regressive Evolution" *J Hered* 93: 1, 19–21
22 http://www.bio.sci.osaka-u.ac.jp/~hfuruya/dicyemids.html Accessed 24 February 2011
23 Simpson (1949)
24 Bains, William (1987) "Evolutionary Paradoxes and Natural Non-Selection" *Trends in Biochemical Sciences* 12, 90–91

25 Nitecki (1988)

26 Gould, Stephen Jay (1988) "On Replacing the Idea of Progress with an Operational Notion of Directionality" in *Evolutionary Progress* edited by Matthew H Nitecki, Chicago; London: University of Chicago Press, p. 319

27 Bains (1987)

28 Mayr (1988) pp. 251 – 252

29 Simpson (1949) p. 262

30 Huxley (1923) p. 40

31 Dobzhansky (1956) p. 86

22장 보완적 가설과 경합하는 가설 1: 복잡화

1 Wells (2000)

2 Behe (2007)

3 Eldredge (1995) pp. 64 – 66

4 Eldredge, Niles and Stephen J Gould (1972) "Punctuated Equilibria: An Alternative to Phyletic Gradualism" 82-115 in *Models in Paleobiology* San Francisco: Freeman Cooper

5 Dawkins (1996) pp. 250 – 251

6 Maresca, B and J H Schwartz (2006) "Sudden Origins: A General Mechanism of Evolution Based on Stress Protein Concentration and Rapid Environmental Change" *The Anatomical Record Part B: The New Anatomist* 289B: 1, 38 – 46

7 Stebbins, G. Ledyard and Francisco J Ayala (1981) "Is a New Evolutionary Synthesis Necessary?" *Science* 213: 4511, 967 – 971

8 Williamson, Peter G (1981) "Morphological Stasis and Developmental Constraint: Real Problems for Neo-Darwinism" *Nature* 294, 214 – 215

9 Kimura (1983)

10 Orr, H Allen (2009) "Testing Natural Selection" *Scientific American* 300, 44 – 51

11 Kasahara, Masanori (2007) "The 2R Hypothesis: An Update" *Current Opinion in Immunology* 19: 5, 547 – 552

12 Shubin, Neil, et al. (2009) "Deep Homology and the Origins of Evolutionary Novelty" *Nature* 457: 7231, 818 – 823

13 Conway Morris (2005)

14 Kauffman, Stuart A (1991) "Antichaos and Adaptation" *Scientific American*, 78 – 84

and Kauffman (1996)

15 Koonin, Eugene V (2011) "Are There Laws of Genome Evolution?" *PLoS Comput Biol* 7: 8, e1002173

16 Shapiro (2011)

17 Noble (2006) p. 21

18 Brenner, Sydney (2010) "Sequences and Consequences" *Philosophical Transactions of the Royal Society B: Biological Sciences* 365: 1537, 207 – 212

19 Lovelock (1991) p. 99

20 Sheldrake (2009) pp. 222 – 229

23장 보완적 가설과 경합하는 가설 2: 협력

1 Wilson (2000)

2 Darwin, Charles (1882) pp. 131 – 132

3 Williams (1996) p. 93

4 Ibid. p. vii

5 Haldane, J B S (1955) "Population Genetics" *New Biology* 18, 34 – 51

6 Hamilton, W D (1964) "The Genetical Evolution of Social Behaviour 1" *Journal of Theoretical Biology* 7: 1, 1 – 16

7 Harman (2010)

8 Wilson, David Sloan and Edward O Wilson (2007) "Survival of the Selfless" New Scientist: 3 November

9 Trivers, Robert L (1971) "The Evolution of Reciprocal Altruism" T*he Quarterly Review of Biology* 46: 1, 35 – 57

10 Wilkinson, Gerald S (1984) "Reciprocal Food Sharing in the Vampire Bat" *Nature* 308: 5955, 181 – 184; Wilkinson, Gerald S (1985) "The Social Organization of the Common Vampire Bat" *Behavioral Ecology and Sociobiology* 17: 2, 123 – 134

11 See http://harvardmagazine.com/2010/08/harvard-dean-details-hauser-scientificmis-conduct
20 August 2010; http://www.thecrimson.com/article/2010/9/14/hauser-lab-re-search-professor/?page=single 14 September 2010; and http://grants.nih.gov/grants/guide/notice-files/NOT-OD-12-149.html "Findings of Research Misconduct" 10 September 2012

12 Hauser, Marc, et al. (2009) "Evolving the Ingredients for Reciprocity and Spite" *Philo-*

sophical Transactions of the Royal Society B: Biological Sciences 364: 1533, 3255–3266

13 West, Stuart A, et al. (2011) "Sixteen Common Misconceptions About the Evolution of Cooperation in Humans" *Evolution and Human Behavior* 32: 4, 231–262

14 Gardner, Andy, et al. (2007) "Spiteful Soldiers and Sex Ratio Conflict in Polyembryonic Parasitoid Wasps" *The American Naturalist* 169: 4, 519–533

15 Wilson, Edward O (2008) "One Giant Leap: How Insects Achieved Altruism and Colonial Life" *BioScience* 58: 1, 17–25

16 Dawkins (1989) p. 2

17 Ibid. p. 87

18 Ibid. p. 2

19 Ibid. pp. 265–266

20 Ibid. p. 248

21 Dawkins, Richard (2006) "It's All in the Genes" *Sunday Times* London, 19 March; Books 43–44

22 Dawkins (1989) p. 45

23 Ibid. p. 88

24 Ibid. p. 264–266

25 Koslowski (1999) p. 308

26 Gould (2002) p. 614

27 Dawkins (1989) p. 37

28 Ibid. p. 36

29 Ibid. p. 105

30 Ibid. p. 140

31 Ibid. p. 101

32 Dawkins, Richard (2009) "The Genius of Charles Darwin, Episode 2" *The Genius of Charles Darwin* United Kingdom: Channel 4 Television, 4 October

33 Roughgarden (2009)

34 Dawkins, Richard (2007) "Genes Still Central" *New Scientist* 15 December

35 Clutton-Brock, T, et al. (2009) "The Evolution of Society" *Philosophical Transactions of the Royal Society B: Biological Sciences* 364: 1533, 3127–3133

36 Kropotkin (1978) p. 69

37 Margulis (1970)

38 Margulis, Lynn, et al. (2005) " 'Imperfections and Oddities' in the Origin of the Nucleus" *Paleobiology* 31 (sp5), 175–191 plus personal communications 8 August to 3 October 2011

39 Teresi, Dick (2011) "Lynne Margulis" *Discover Magazine* April, 66 – 71

40 http://whyevolutionistrue.wordpress.com/2011/04/12/lynn-margulis-dissesevolution-in-discover-magazine-embarrasses-both-herself-and-the-field/ 12 April 2011

41 Doolittle, W Ford (2000) "Uprooting the Tree of Life" *Scientific American* 282, 90 – 95

24장 의식의 진화

1 Conway Morris pp. 197 – 200

2 Chomsky (2006)

3 Tomasello (2003)

4 Reader, Simon M and Kevin N Laland (2002) "Social Intelligence, Innovation, and Enhanced Brain Size in Primates" *Proceedings of the National Academy of Sciences of the United States of America* 99: 7, 4436 – 4441

5 Azevedo, Frederico A C, et al. (2009) "Equal Numbers of Neuronal and Nonneuronal Cells Make the Human Brain an Isometrically Scaled-up Primate Brain" *The Journal of Comparative Neurology* 513: 5, 532 – 541

6 Kendrick, Keith (2010) "Understanding the Brain: A Work in Progress" *Gresham College Lecture*. London, 22 November

7 Deaner, R O, et al. (2007) "Overall Brain Size, and Not Encephalization Quotient, Best Predicts Cognitive Ability across Non-Human Primates" *Brain, Behavior and Evolution* 70: 2, 115 – 124

8 Lahr, Marta Mirazón (2011) "African Origins – the Morphological and Behavioural Evidence of Early Humans in Africa" *Human Evolution, Migration and History Revealed by Genetics, Immunity and Infection* Royal Society, London, 6 June

9 Jolicoeur, Pierre, et al. (1984) "Brain Structure and Correlation Patterns in Insectivora, Chiroptera, and Primates" *Systematic Zoology* 33: 1, 14 – 29

26장 인류의 출현

1 Stringer (2011) p. 28

2 Morris (1986)

3 Green, Richard E, et al. (2010) "A Draft Sequence of the Neandertal Genome" *Science* 328: 5979, 710 – 722

4 Jorde, Lynn B and Stephen P Wooding (2004) "Genetic Variation, Classification and 'Race' " *Nat Genetics* 36, 528 – 533

5 Derricourt, Robin (2005) "Getting 'out of Africa': Sea Crossings, Land Crossings and Culture in the Hominin Migrations" *Journal of World Prehistory* 19: 2, 119 – 132

6 Stoneking, Mark (2008) "Human Origins" *EMBO Reports* 9: S1, S46 – S50

7 Stringer (2011) pp. 33 – 44

8 Cann, R L, et al. (1987) "Mitochondrial DNA and Human Evolution" *Nature* 325: 6099, 31 – 36

9 Stringer (2011) pp. 23 – 24

10 Cruciani, Fulvio, et al. (2011) "A Revised Root for the Human Y Chromosomal Phylogenetic Tree: The Origin of Patrilineal Diversity in Africa" *The American Journal of Human Genetics* 88: 6, 814 – 818

11 Underhill, P A, et al. (2001) "The Phylogeography of Y Chromosome Binary Haplotypes and the Origins of Modern Human Populations" *Annals of Human Genetics* 65: 1, 43 – 62

12 http://web.archive.org/web/20070706095314/http://www.janegoodall.com/chimp_central/default.asp Accessed 8 December 2011

13 "Bonobo" *The Columbia Electronic Encyclopedia*, Sixth Edition Columbia University Press, 2011 Accessed 8 December 2011; http://www.britannica.com/EBchecked/topic/73224/bonobo Accessed 16 January 2012

14 Brunet, Michel, et al. (2005) "New Material of the Earliest Hominid from the Upper Miocene of Chad" *Nature* 434: 7034, 752 – 755; Zollikofer, Christoph P E, et al. (2005) "Virtual Cranial Reconstruction of Sahelanthropus Tchadensis" Nature 434: 7034, 755 – 759

15 Henke, et al. (2007)

16 White, T D (2009) "Human Origins and Evolution: Cold Spring Harbor, Déjà Vu" *Cold Spring Harbor Symposia on Quantitative Biology*; Lovejoy, C Owen (2009) "Reexamining Human Origins in Light of Ardipithecus Ramidus." *Science* 326: 5949, 74, 74e1 – 74e8

17 Pickering, Robyn, et al. (2011) "Australopithecus Sediba at 1.977 Ma and Implications for the Origins of the Genus Homo" Science 333: 6048, 1421 – 1423

18 Spoor, Fred (2011) "Palaeoanthropology: Malapa and the Genus Homo" *Nature* 478: 7367, 44 – 45

19 Leakey, Meave G, et al. (2012) "New Fossils from Koobi Fora in Northern Kenya Confirm Taxonomic Diversity in Early Homo" *Nature* 488: 7410, 201 – 204

20 Reich, David, et al. (2010) "Genetic History of an Archaic Hominin Group from Denisova Cave in Siberia" *Nature* 468: 7327, 1053 – 1060

21 Green, Richard E, et al. (2010) "A Draft Sequence of the Neandertal Genome" *Science* 328: 5979, 710 – 722

22 "Mousterian" *The Concise Oxford Dictionary of Archaeology*. Oxford University Press, 2003

23 Zilhão, João, et al. (2010) "Symbolic Use of Marine Shells and Mineral Pigments by Iberian Neandertals" *Proceedings of the National Academy of Sciences* 107: 3, 1023 – 1028

24 Brown, P, et al. (2004) "A New Small-Bodied Hominin from the Late Pleistocene of Flores, Indonesia" *Nature* 431: 7012, 1055 – 1061

25 Brown, P and T Maeda (2009) "Liang Bua Homo Floresiensis Mandibles and Mandibular Teeth: A Contribution to the Comparative Morphology of a New Hominin Species" *Journal of Human Evolution* 57: 3, 571 – 596

26 Reich, David, et al. (2010) "Genetic History of an Archaic Hominin Group from Denisova Cave in Siberia" *Nature* 468: 7327, 1053 – 1060

27 White, Tim D, et al. (2003) "Pleistocene Homo Sapiens from Middle Awash, Ethiopia" *Nature* 423: 6941, 742 – 747

28 Fleagle, John G, et al. (2008) "Paleoanthropology of the Kibish Formation, Southern Ethiopia: Introduction" *Journal of Human Evolution* 55: 3, 360 – 365

29 "Paleolithic" *McGraw-Hill Encyclopedia of Science and Technology* 2005

30 Bahn, Paul Gerard "Stone Age" *Microsoft Encarta Online Encyclopedia* (2005) http://uk.encarta.msn.com/

31 Stringer (2011) pp. 125 – 126

32 Brown, Kyle S, et al. (2009) "Fire as an Engineering Tool of Early Modern Humans" *Science* 325: 5942, 859 – 862

33 James, Steven R (1989) "Hominid Use of Fire in the Lower and Middle Pleistocene" *Current Anthropology* 30: 1, 1 – 26

34 http://www.wits.ac.za/academic/research/ihe/archaeology/blombos/7106/blombos-cave.html Accessed 1 February 2012

35 Botha and Knight (2009); Henshilwood, Christopher S, et al. (2002) "Emergence of Modern Human Behavior: Middle Stone Age Engravings from South Africa" *Science* 295: 5558, 1278 – 1280; d'Errico, Francesco, et al. (2009) "Additional Evidence on the Use of Personal Ornaments in the Middle Paleolithic of North Africa" *Proceedings of the National Academy of Sciences* 106: 38, 16051 – 16056

36 d'Erico at al. (2009)

37 Roberts, Richard G, et al. (1994) "The Human Colonisation of Australia: Optical Dates of 53,000 and 60,000 Years Bracket Human Arrival at Deaf Adder Gorge, Northern Territory" *Quaternary Science Reviews* 13: 5, 575 – 583

38 Bahn (2005)

39 Stringer (2011) p. 126

40 Bowler, James M, et al. (2003) "New Ages for Human Occupation and Climatic Change at Lake Mungo, Australia" *Nature* 421: 6925, 837 – 840

41 Zorich, Zach (2011) "A Chauvet Primer" *Archaeology* 64: 2

42 Balter, Michael (2008) "Going Deeper into the Grotte Chauvet" *Science* 321: 5891, 904 – 905

43 Balter, Michael (2000) "Paintings in Italian Cave May Be Oldest Yet" *Science* 290: 5491, 419 – 421

44 http://www.lascaux.culture.fr/#/en/04_00.xml Accessed 1 February 2012

45 Many of the sculptures were displayed at the British Museum exhibition "Ice Age Art: Arrival of the Modern Mind", visited 17 May 2013. See also Cook (2013) and Conard, Nicholas J. (2009) "A Female Figurine from the Basal Aurignacian of Hohle Fels Cave in Southwestern Germany" *Nature* 459: 7244, 248 – 252

46 Schneider, Achim (2004) "Ice-Age Musicians Fashioned Ivory Flute" *Nature News*. http://www.nature.com/news/2004/041217/full/news041213-14.html Accessed 28 January 2012; Stringer (2011) pp. 119 – 120

47 Renfrew, Colin, et al. (2008) "Introduction. The Sapient Mind: Archaeology Meets Neuroscience" *Philosophical Transactions of the Royal Society B: Biological Sciences* 363: 1499, 1935 – 1938

48 Department of Arts of Africa, Oceania, and the Americas, The Metropolitan Museum of Art, 2000 http://www.metmuseum.org/toah/hd/apol/hd_apol.htm Accessed 15 December 2011

49 http://www.abc.net.au/news/2010-05-31/megafauna-cave-painting-could-be-40000-years-old/847564 Accessed 15 December 2011

50 http://whc.unesco.org/en/list/925/ Accessed 15 December 2011

51 Enard, Wolfgang, et al. (2002) "Molecular Evolution of FOXP2, a Gene Involved in Speech and Language" *Nature* 418: 6900, 869 – 872

52 Shu, Weiguo, et al. (2007) "FOXP2 and FOXP1 Cooperatively Regulate Lung and Esophagus Development" *Development* 134: 10, 1991 – 2000

53 Sources include Stringer (2011); d'Errico, Francesco and Chris B Stringer (2011)

"Evolution, Revolution or Saltation Scenario for the Emergence of Modern Cultures?" *Philosophical Transactions of the Royal Society B: Biological Sciences* 366: 1567, 1060–1069; Renfrew, Colin, et al. (2008); Green, Richard E, et al. (2010); Klein, Richard G, et al. (2004) "The Ysterfontein 1 Middle Stone Age Site, South Africa, and Early Human Exploitation of Coastal Resources" *Proceedings of the National Academy of Sciences of the United States of America* 101: 16, 5708–5715; McBrearty, Sally and Alison S Brooks (2000) "The Revolution That Wasn't: A New Interpretation of the Origin of Modern Human Behavior" *Journal of Human Evolution* 39: 5, 453–563; Tuttle (2014)

54 McBrearty, Sally and Nina G Jablonski (2005) "First Fossil Chimpanzee" *Nature* 437: 7055, 105–108

55 Maslin, Mark, et al. (2005) "A Changing Climate for Human Evolution" *Geotimes* September http://www.geotimes.org/sept05/feature_humanclimateevolution.html Accessed 17 June 2014

56 www.smithsonianmag.com/arts-culture/Q-and-A-Rick-Potts.html Accessed 31 January 2012

27장 인간의 진화 1: 원시적 사고

1 Hawks, John, et al. (2007) "Recent Acceleration of Human Adaptive Evolution" *Proceedings of the National Academy of Sciences* 104: 52, 20753–20758

2 Jorde, Lynn B and Stephen P Wooding (2004) "Genetic Variation, Classification and 'Race' " Nat Genetics 36, 528–533

3 Jones, Steve (2008) "Is Human Evolution Over?" *UCL Lunchtime Lecture*. London, 25 October

4 Keeley (1996)

5 LeBlanc and Register (2003)

6 Hill and Hurtado (1996)

7 http://www.survivalinternational.org/tribes Accesssed 4 May 2014

8 http://www.britannica.com/EBchecked/topic/302707/Jericho Accessed 4 May 2014

9 *The Revised English Bible* Joshua 6: 1–27

10 Fagan (2004)

11 Ibid.; Kuhrt (1995)

12 Wilson, E Jan (1999) "Inside a Sumerian Temple: The Ekishnugal at Ur" in *The Temple in Time and Eternity* edited by Donald W Parry and Stephen David Ricks. Provo,

Utah: Foundation for Ancient Research and Mormon Studies at Brigham Young University; Gavin White, personal communications 22 and 27 June 2012

13 Apart from specific citations, evidence from ancient Egypt is taken from http://www.digitalegypt.ucl.ac.uk/ Accessed 24 May 2012 and Romer (2012)

14 Van de Mieroop (2011) pp. 163 – 164

15 "Stonehenge" *The Concise Oxford Dictionary of Archaeology*, Oxford University Press 2003; "Stonehenge" *The Columbia Electronic Encyclopedia* Sixth Edition, Columbia University Press 2012

16 Oliver, Neil (2012) "Orkney's Stone Age Temple" *A History of Ancient Britain United Kingdom*: BBC HD TV, 1 January; Kinchen, Rosie (2012) "Temple Discovery Rewrites Stone Age" Sunday Times London, 1 January, News 10; http://www.scotsman.com/news/cathedral-as-old-as-stonehenge-unearthed-1-764826 13 August 2009

17 Eogan (1986); O'Kelly (1991); plus visit by author in 1993

18 Sources include Possehi (1996); Allchin and Allchin (1997); "Indus valley civilization" *The Columbia Electronic Encyclopedia* Sixth Edition, Columbia University Press 2012; http://www.infinityfoundation.com/mandala/history_overview_frameset.htm Accessed 27 May 2012

19 See, for example, http://www.hindunet.org/hindu_history/ancient/mahabharat/mahab_vartak.html Accessed 27 May 2012

20 Sources include Lagerwey and Kalinowski (2009); "Anyang" *The Concise Oxford Dictionary of Archaeology* Oxford University Press 2003; http://www.britannica.com/EBchecked/topic/114678/Zhou-dynasty Accessed 5 May 2014

21 Department of Asian Art. "Neolithic Period in China" In *Heilbrunn Timeline of Art History* New York: The Metropolitan Museum of Art, http://www.metmuseum.org/toah/hd/cneo/hd_cneo.htm October 2004

22 Sources include Alonzo (1995); Morales (1993); Davies (1990); plus visits by the author in 1996 and 1997

23 Crystal (1987)

24 del Carmen Rodríguez Martínez, Maria, et al. (2006) "Oldest Writing in the New World" *Science* 313: 5793, 1610 – 1614

25 Ruggles (2005) pp. 133 – 134

26 Hawkins and White (1971)

27 O'Kelly (1991)

28 Melville (2005); Nissen, et al. (1993); White (2008); Robson, Eleanor (2002) "Words and Pictures: New Light on Plimpton 322" *American Mathematical Monthly*, 105-120

29 http://www-gap.dcs.st-and.ac.uk/~history/HistTopics/Indian_sulbasutras.html Accessed 29 May 2012
30 Kak, Subhash C (1997) "Archaeoastronomy and Literature" *Current Science* 73: 7, 624–627; Kak, S C (1995) "The Astronomy of the Age of Geometric Altars" *Quarterly Journal of the Royal Astronomical Society* 36: 4, 385–395
31 "Chinese astronomy" *Dictionary of Astronomy*, John Wiley & Sons, Inc. Wiley-Blackwell 2004
32 Needham and Wang (1959); Needham and Ronan (1978)
33 Magli (2009) pp. 172–182
34 Vail, Gabrielle and Christine Hernández, 2011 *The Maya Codices Database, Version 3.0.* http://www.mayacodices.org Accessed 18 August 2012
35 "Akhenaten" *Gale Encyclopedia of Biography* 2006
36 *The Upanishads* (1987) pp. 7–11; Smart (1992) pp. 53–55
37 Lagerwey and Kalinowski (2009) pp. 4–34
38 Alonzo (1995) pp. 266–268
39 *The Revised English Bible* 2 Kings 17
40 Ibid. Exodus 7–12
41 Ibid. Ezekiel 1
42 Ibid. Isaiah 6: 1–7
43 Ibid. Daniel 8: 15–26 and 9: 20–27
44 Ibid. Daniel, 10: 1–21
45 Ibid. Job 1: 6–22 and 2: 1–7

28장 인간의 진화 2: 철학적 사고

1 Russell (1946) p. 21
2 Quinton, Anthony (1995) "History of Centres and Departments of Philosophy" 670–672 in *The Oxford Companion to Philosophy* edited by Ted Honderich. Oxford: Oxford University Press
3 Sources for this section include *The Upanishads* (1987); Nagler (1987); *The Upanishads* (1884); *The Ten Principal Upanishads* (1938); Honderich (1995); Smart (1992); plus two weeks at the Mandala Yoga Ashram (Director, Swami Nishchalananda Saraswati) in 2002
4 Quoted in Nagler (1987) p. 300
5 *The Upanishads* (1987) p. 21

6 Nagler (1987) p. 253

7 Mohanty, Jitendra Nath "Philosophy, Indian" *Microsoft Encarta Online Encyclopedia* (2005) http://uk.encarta.msn.com

8 Chakrabarti, Arindam (1995) "Indian Philosophy" 401 – 404 in *The Oxford Companion to Philosophy*

9 David Frawley, personal communication 1 March 2004

10 Quoted in Nagler (1987) p. 256

11 Sources for this section include Confucius (1893); Zhuangzi (1891); Riegel (2012); Shun, Kwong-loi (1995) "Taoism" 864 – 865 in *The Oxford Companion to Philosophy*; Fraser (2012); Hansen (2012); "Confucianism" *The Columbia Electronic Encyclopedia* Sixth Edition, Columbia University Press 2012; Smart (1992) pp. 103 – 114; Capra (2000) pp. 101 – 118

12 Confucius 15:24

13 Zhuangzi (1891) Chapter 22:5

14 Sources for this section include Russell (1946) pp. 10 – 101; Gottlieb (2001) pp. 1 – 108; O'Grady (2006); Couprie (2006); Curd (2012); Hussey, E L (1995) "Heraclitus of Ephesus" 351 – 352 in *The Oxford Companion to Philosophy*; Taylor, C C W (1995) "Sophists" 839 – 840 in *The Oxford Companion to Philosophy*

15 Russell (1946) p. 37

16 Sources for this section include *The Revised English Bible*; Armstrong (2006)

17 Sources for this section include Chakrabarti, Arindam (1995) "Indian Philosophy" 401 – 404 in *The Oxford Companion to Philosophy*; Frawley (1992); Batchelor (1998); Bronkhorst (2011); Keown (2003); Mohanty (2005); Smart (1992) pp. 55 – 102; Pauling (1997); Shun (1995); plus a nine-day study and meditation retreat at the Buddhist Gaia House in Devon led by Stephen and Martina Batchelor, several one-day guided meditation retreats at Gaia House London, and courses and guided meditation sessions at the North London Buddhist Centre.

18 Gombrich (2006) p. 8

19 Sources for this section include Hansen (2012); Fraser (2012); Smart (1992) pp. 103 – 129

20 Sources for this section include Gottlieb (2001) pp. 131 – 431; Russell (1946) pp. 102 – 510; Plato (1965); Shields (2012); Charles, David (1995) "Aristotelianism" 50 – 51 *in The Oxford Companion to Philosophy*

21 Quoted in Gottlieb (2001) p. 131

22 Marcus Aurelius Meditations VII, 28 quoted in Gottlieb (2001) p. 314

23 Plotinus (2010) VI, 9th Tractate, 10

24 Ibid. VI, 9th Tractate, 11

25 Quinton, Anthony (1995) "History of Centres and Departments of Philosophy" 670 – 672 in *The Oxford Companion to Philosophy*

29장 인간의 진화 3: 과학적 사고

1 Roberts (1989) pp. 75 – 81

2 Quoted in Stachel (2002) p. 89

3 Ni (1995)

4 Ragep, F Jamil (2007) "Copernicus and His Islamic Predecessors: Some Historical Remarks" *History of Science* 45, 65 – 81; Saliba, George (1999) "Whose Science is Arabic Science in Renaissance Europe?" http://www.columbia.edu/~gas1/project/visions/case1/sci.1.html#t1 Accessed 30 November 2012

5 Gottlieb (2001) p. 386

6 Ibid. pp. 402 – 403

7 Van Helden, Albert (1995) http://galileo.rice.edu/sci/instruments/telescope.html#4 Accessed 11 May 2014

8 Gottlieb (2001) p. 414

9 http://www.eso.org/public/teles-instr/e-elt.html Accessed 8 March 2013

10 Al-Rawi, Munim M (2002) "The Contribution of Ibn Sina (Avicenna) to the Development of Earth Sciences" *Foundation for Science Technology and Civilisation* http://www.muslimheritage.com/uploads/ibnsina.pdf Accessed 11 May 2014

11 Nuland, Sherwin B (2007) "Bad Medicine" *New York Times* 8 July, Book Review

12 Crick (1995) p. 3

13 Ramachandran, V S and Colin Blakemore (2003) "Consciousness" in *The Oxford Companion to the Body* Oxford: Oxford University Press

14 Cosmides, Leda and John Tooby (1997) "Evolutionary Psychology: A Primer" http://www.cep.ucsb.edu/primer.html Accessed 30 January 2013

15 Cosmides and Tooby (1997); Wright (1996)

16 See, for example, MacIntyre, Ferren and Kenneth W Estep (1993) "Sperm Competition and the Persistence of Genes for Male Homosexuality" *Biosystems* 31: 2 – 3, 223 – 233

17 Price (1965)

18 Larsen, Peder Olesen and Markus Ins (2010) "The Rate of Growth in Scientific Publication and the Decline in Coverage Provided by Science Citation Index" Scientometrics 84: 3, 575–603
19 "Life Expectancy" *Gale Encyclopedia of American History* (2006)
20 Wilson (1998) pp. 40–41
21 Bohm (1980) p. 134
22 Schrödinger (1964)
23 Quoted in Braden (2008) p. 212 from a lecture "Das Wesen der Materie" *given by Pla*nck in 1944 in Florence.
24 Capra (2000) p. 25

30장 인간의 독특성

1 Roth (2001) p. 555
2 Pollard, K (2009) "What Makes Us Human?" *Scientific American Magazine* 300: 5, 44–49
3 http://www.janegoodall.org/chimpanzees/tool-use-hunting-other-discoveries Accessed 11 May 2013
4 Pinker (2000) pp. 367–374
5 Guihard-Costa, Anne-Marie and Fernando Ramirez-Rozzi (2004) "Growth of the Human Brain and Skull Slows Down at About 2.5 Years Old" *Comptes Rendus Palevol* 3: 5, 397–402
6 Patton, Paul (2008) "One World, Many Minds: Intelligence in the Animal Kingdom" *Scientific American Mind* December, 72–79
7 Mercader, Julio, et al. (2007) "4,300-Year-Old Chimpanzee Sites and the Origins of Percussive Stone Technology" *Proceedings of the National Academy of Sciences* 104: 9, 3043–3048

31장 인간의 출현과 진화에 대한 결론과 반성

1 http://www.pepysdiary.com/diary/1660/10/ Accessed 31 March 2012
2 http://www.deathpenaltyinfo.org/states-and-without-death-penalty Accessed 13 May 2014
3 Pinker (2012) pp. 62–63

4 http://www.pugwash.org/about/manifesto.htm Accessed 1 April 2013
5 http://coursesa.matrix.msu.edu/~hst306/documents/indust.html Accessed 1 April 2013
6 http://www.nobelprize.org/nobel_prizes/peace/laureates/2012/ Accessed 31 March 2012
7 See, for example, http://www.iranhrdc.org/english/publications/reports/3401-surviving-rape-in-iran-s-prisons.html#.UVn_jHD5hhK Accessed 1 April 2013
8 Kropotkin (1972) p. 114
9 Cannadine (2013)
10 Kropotkin (1972) pp. 113 – 140
11 For an account of the origins and development of the cooperative movement, see Hands (1975) pp. 13 – 28
12 http://ica.coop/en Accessed 23 March 2013
13 http://ica.coop/en/whats-co-op/co-operative-facts-figures Accessed 25 March 2013
14 http://www.itu.int/ITU-D/ict/facts/2011/material/ICTFactsFigures2011.pdf Accessed 5 April 2013
15 http://www.ericsson.com/news/1775026 7 April 2014
16 See, for example, http://www.hrw.org/news/2013/04/25/bangladesh-tragedy-shows-urgency-worker-protections 25 April 2013
17 Teilhard de Chardin (1965); Huxley (1965)

32장 과학의 한계

1 Borjigin, Jimo, et al. (2013) "Surge of Neurophysiological Coherence and Connectivity in the Dying Brain" *Proceedings of the National Academy of Sciences* 12 August
2 Parnia, Sam, et al. (2014) "AWARE—AWAreness During REsuscitation—a Prospective Study" *Resuscitation* 85: 12, 1799 – 1805
3 Beauregard (2012) p. 10
4 Persinger, M A, et al. (2002) "Remote Viewing with the Artist Ingo Swann: Neuropsychological Profile, Electroencephalographic Correlates, Magnetic Resonance Imaging (MRI), and Possible Mechanisms" *Perceptual and Motor Skills* 94: 3, 927 – 949
5 Targ (2012)
6 Radin (2009)
7 Radin (2006)

8 Flammer, Erich and Walter Bongartz (2003) "On the Efficacy of Hypnosis: A Meta-Analytic Study" *Contemporary Hypnosis* 20: 4, 179 – 197

9 See, for example, the statement issued in 1995 by the National Institute for Health "Integration of Behavioral & Relaxation Approaches into the Treatment of Chronic Pain & Insomnia" http://consensus.nih.gov/1995/1995BehaviorRelaxPainInsomniata017PDF.pdf

10 Grau, Carles, et al. (2014) "Conscious Brain-to-Brain Communication in Humans Using Non-Invasive Technologies" *PLoS One* 9: 8, e105225

11 Fanelli, Daniele (2009) "How Many Scientists Fabricate and Falsify Research? A Systematic Review and Meta-Analysis of Survey Data" *PLoS One* 4: 5, e5738

12 Huth, Alexander G, et al. (2012) "A Continuous Semantic Space Describes the Representation of Thousands of Object and Action Categories across the Human Brain" *Neuron* 76: 6, 1210 – 1224

13 http://www.ucl.ac.uk/news/news-articles/1009/10091604 16 September 2010

14 Ellis (2002) Chapter 8

| 참고문헌 |

Adams, Fred and Greg Laughlin (1999) *The Five Ages of the Universe: Inside the Physics of Eternity* New York: Free Press

Ahmed, Akbar S (2007) *Journey into Islam: The Crisis of Globalization* Washington, DC: Brookings Institution Press

Allchin, Bridget and F Raymond Allchin (1997) *Origins of a Civilization: The Prehistory and Early Archaeology of South Asia* New Delhi: Viking

Alonzo, Gualberto Zapata (1995) *An Overview of the Mayan World* 1993 Mérida: Ediciones Alducin

Alvarez, Walter (1997) *T Rex and the Crater of Doom* Princeton, NJ: Princeton University Press

Armstrong, Karen (2006) *The Great Transformation: The World in the Time of Buddha, Socrates, Confucius and Jeremiah* London: Atlantic

Arp, Halton C (1998) *Seeing Red: Redshifts, Cosmology and Academic Science* Montreal: Apeiron

Ayala, Francisco J (2014) "Evolution" *Encyclopædia* Britannica Online http://www.britannica.com/EBchecked/topic/197367/evolution Accessed 7 April 2014

Barrow, John D and Frank J Tipler (1996) (paperback ed.) *The Anthropic Cosmological Principle* 1986 Oxford: Oxford University Press

Batchelor, Stephen (1998) *Buddhism Without Beliefs: A Contemporary Guide to Awakening* 1997 London: Bloomsbury

Beauregard, Mario (2012) *Brain Wars: The Scientific Battle Over the Existence of the Mind and the Proof That Will Change the Way We Live Our Lives* New York: HarperOne

Behe, Michael J (1996) *Darwin's Black Box: The Biochemical Challenge to Evolution* New York; London: The Free Press

— (2007) *The Edge of Evolution: The Search for the Limits of Darwinism* New York: Free Press

Bohm, David (1980) *Wholeness and the Implicate Order* London: Routledge and Kegan Paul

Bonner, John Tyler (1988) *The Evolution of Complexity by Means of Natural Selection* Princeton, NJ: Princeton University Press

Botha, Rudolf P and Chris Knight (2009) *The Cradle of Language* Oxford: Oxford University Press

Braden, Gregg (2008) *The Spontaneous Healing of Belief: Shattering the Paradigm of False Limits* London: Hay House

Braibant, Sylvie, et al. (2012) (2nd ed.) *Particles and Fundamental Interactions: An Introduction to Particle Physics* Dordrecht; London: Springer

Bronkhorst, Johannes (2011) *Buddhism in the Shadow of Brahmanism* Leiden: Brill

Bryson, Bill (2004) *A Short History of Nearly Everything* 2003 London: Black Swan

Buddha, The (1997) *Anguttara Nikaya* translated by Thanissaro Bhikku, Access to Insight http://www.accesstoinsight.org/tipitaka/an/index.html – an04.077.than

Cairns-Smith, A G (1990) *Seven Clues to the Origin of Life: A Scientific Detective Story* 1985 Cambridge: Cambridge University Press

Cannadine, David (2013) *The Undivided Past: Humanity Beyond Our Differences* London: Allen Lane

Capra, Fritjof (1997) *The Web of Life: A New Synthesis of Mind and Matter* 1996 London: Flamingo

— (2000) (4th ed.) *The Tao of Physics: An Exploration of the Parallels between Modern Physics and Eastern Mysticism* 1975 Boston: Shambhala

Chang, Raymond (2007) (9th ed.) *Chemistry* Boston, MA; London: McGraw-Hill Higher Education

Chomsky, Noam (2006) (3rd ed.) *Language and Mind* 1968 Cambridge; New York: Cambridge University Press

Confucius *Analects* (1893) translated by James Legge, http://www.sacred-texts.com/cfu/conf1.htm

Conway Morris, S (1998) *The Crucible of Creation: The Burgess Shale and the Rise of Animals* Oxford; New York: Oxford University Press

— (2005) *Life's Solution: Inevitable Humans in a Lonely Universe* 2003 Cambridge: Cambridge University Press

Cook, Jill (2013) *Ice Age Art: Arrival of the Modern Mind* London: British Museum Press

Couprie, Dirk L (2006) "Anaximander" *The Internet Encyclopedia of Philosophy* 2006 http://www.iep.utm.edu/anaximan/ Accessed 17 June 2014

Coyne, Jerry (2006) "Intelligent Design: The Faith That Dare Not Speak Its Name" in *Intelligent Thought* edited by John Brockman, New York: Random House

Coyne, Jerry A and H Allen Orr (2004) *Speciation* Sunderland, MA: Sinauer Associates

Crick, Francis (1990) *What Mad Pursuit: A Personal View of Scientific Discovery* London: Penguin

— (1995) *The Astonishing Hypothesis: The Scientific Search for the Soul* 1990 London:

Touchstone

Crystal, David (1987) *The Cambridge Encyclopedia of Language* Cambridge: Cambridge University Press

Curd, Patricia (2012) "Presocratic Philosophy" *The Stanford Encyclopedia of Philosophy* edited by Edward N Zalta, http://plato.stanford.edu/entries/presocratics/ Accessed 17 June 2014

Darwin, Charles (1859) (1st ed.) *On the Origin of Species by Means of Natural Selection, or the Preservation of Favoured Races in the Struggle for Life* London: John Murray

— (1861) (3rd ed.) *On the Origin of Species by Means of Natural Selection, or the Preservation of Favoured Races in the Struggle for Life* 1859 London: John Murray

— (1868) (1st ed.) *The Variation of Animals and Plants under Domestication* London: John Murray

— (1872) (6th ed., with additions and corrections) *On the Origin of Species by Means of Natural Selection, or the Preservation of Favoured Races in the Struggle for Life* 1859 London: John Murray

— (1882) (2nd ed., revised and augmented) *The Descent of Man, and Selection in Relation to Sex* London: John Murray

— (1929) *Autobiography of Charles Darwin: With Two Appendices Comprising a Chapter of Reminiscences and a Statement of Charles Darwin's Religious Views* 1882 London: Watts and Co

— (1958) *The Autobiography of Charles Darwin, 1809–1882: With Original Omissions Restored* London: Collins

Darwin, Erasmus (1796) (2nd ed.) *Zoonomia; or, the Laws of Organic Life 1794* London: J Johnson

— (1803) *The Temple of Nature; or, the Origin of Society a Poem, with Philosophical* Notes London: J Johnson

Darwin, Francis (editor) (1887) *The Life and Letters of Charles Darwin, Including an Autobiographical Chapter* London: John Murray

Davies, Nigel (1990) *The Ancient Kingdoms of Mexico* 1982 Harmondsworth: Penguin

Davies, Paul (1990) *God and the New Physics* 1983 London: Penguin

Dawkins, Richard (1989) (2nd ed.) *The Selfish Gene* 1976 Oxford: Oxford University Press

— (1996) (with a new introduction) *The Blind Watchmaker* 1987 New York; London: Norton

Desmond, Adrian J (1989) *The Politics of Evolution: Morphology, Medicine, and Reform in*

Radical London Chicago: University of Chicago Press

Desmond, Adrian and James R Moore (1992) (new ed.) *Darwin* London: Penguin

Dobzhansky, Theodosius (1956) *The Biological Basis of Human Freedom* New York; London: Columbia University Press; OUP

Doolittle, W Ford (2000) "Uprooting the Tree of Life" *Scientific American* 282, 90 – 95

Einstein, Albert (1949) (abridged ed.) *The World As I See It* translated by Alan Harris, New York: Philosophical Library

Eldredge, Niles (1995) *Reinventing Darwin: The Great Evolutionary Debate* London: Weidenfeld and Nicolson

Eldredge, Niles and Stephen J Gould (1972) "Punctuated Equilibria: An Alternative to Phyletic Gradualism" 82 – 115 in *Models in Paleobiology* San Francisco: Freeman Cooper

Eldredge, Niles and Ian Tattersall (1982) *The Myths of Human Evolution* New York; Guildford: Columbia University Press

Elgin, Duane (1993) *Awakening Earth: Exploring the Dimensions of Human Evolution* New York: Morrow

Elliott, David K (2000) "Extinctions and Mass Extinctions" in *Oxford Companion to the Earth* edited by Paul L Hancock and Brian J Skinner, Oxford; New York: Oxford University Press

Ellis, George (2002) "The Universe around Us: An Integrative View of Science and Cosmology" http://www.mth.uct.ac.za/~ellis/cos8.html Accessed 13 August 2013

— (2007) "Issues in the Philosophy of Cosmology" in *The Philosophy of Physics* edited by Jeremy Butterfield and John Earman, Amsterdam; New Holland: Elsevier

Eogan, George (1986) *Knowth and the Passage Tombs of Ireland* London: Thames and Hudson

Fagan, Brian M (2004) *The Long Summer: How Climate Changed Civilization* London: Granta

Finkelstein, Israel and Neil Asher Silberman (2001) *The Bible Unearthed: Archaeology's New Vision of Ancient Israel and the Origin of Its Sacred Texts* New York: Free Press

Fraser, Chris (2012) "Mohism" *Stanford Encyclopedia of Philosophy* edited by Edward N Zalta, http://plato.stanford.edu/entries/mohism/ Accessed 31 August 2012

Frawley, David (1992) *From the River of Heaven: Hindu and Vedic Knowledge for the Modern Age* 1990 Dehli: Motilal Banarsidass

Futuyma, Douglas J (1983) *Science on Trial: The Case for Evolution* New York: Pantheon Books

Gehring, W J (1998) *Master Control Genes in Development and Evolution: The Homeobox Story* New Haven, CN; London: Yale University Press

Gombrich, Richard F (2006) (2nd ed.) *Theravada Buddhism: A Social History from Ancient Benares to Modern Colombo* 1988 London: Routledge

Gorst, Martin (2001) *Measuring Eternity: The Search for the Beginning of Time* New York: Broadway Books

Gottlieb, Anthony (2001) *The Dream of Reason: A History of Western Philosophy from the Greeks to the Renaissance* 2000 London: Penguin

Gould, Stephen Jay (1980) *The Panda's Thumb: More Reflections in Natural History* New York; London: Norton

— (2002) *The Structure of Evolutionary Theory* Cambridge, MA; London: Belknap

— (2004) "The Evolution of Life on Earth" 1994 *Scientific American* 14, 92 – 100

Graves, Robert (1955) *The Greek Myths* Baltimore: Penguin Books

Gregory, T Ryan (editor) (2005) *The Evolution of the Genome* Burlington, MA; San Diego, CA; London: Elsevier Academic Press

Gribbin, John R (2004) *Deep Simplicity: Chaos, Complexity and the Emergence of Life* London: Allen Lane

Griffiths, David J (1987) *Introduction to Elementary Particles* New York; London: Harper & Row

Guth, Alan H (1997) *The Inflationary Universe: The Quest for a New Theory of Cosmic Origins* London: Jonathan Cape

Halliday, Tim (editor) (1994) *Animal Behavior* Norman: University of Oklahoma Press

Hands, John (1975) *Housing Co-operatives* London: Society for Co-operative Dwellings

Hansen, Chad (2012) "Taoism" *Stanford Encyclopedia of Philosophy* edited by Edward N Zalta, http://plato.stanford.edu/entries/taoism/ Accessed 3 August 2012

Harman, Oren Solomon (2010) *The Price of Altruism: George Price and the Search for the Origins of Kindness* London: Bodley Head

Harwood, Caroline and Merry Buckley (2008) *The Uncharted Microbial World: Microbes and Their Activities in the Environment* Washington, DC: The American Academy of Microbiology

Hawking, Stephen W (1988) *A Brief History of Time: From the Big Bang to Black Holes* London: Bantam

Hawkins, Gerald Stanley and John Baker White (1971) *Stonehenge Decoded* 1966 London: Collins

Henke, Winfried, et al. (2007) *Handbook of Paleoanthropology* Berlin: Springer-Verlag

Heylighen, Francis (1999) "The Growth of Structural and Functional Complexity During Evolution" 17 – 44 in *The Evolution of Complexity* edited by F Heylighen, et al., Dordrecht: Kluwer Academic Publishers

Hill, Kim and A Magdalena Hurtado (1996) *Aché Life History: The Ecology and Demography of a Foraging People* New York: Aldine de Gruyter

The Holy Qur'an (1938) translated by Yusuf Ali, http://www.sacred-texts.com/isl/quran/index.htm

Honderich, Ted (editor) (1995) *The Oxford Companion to Philosophy* Oxford: Oxford University Press

Hoyle, Fred and Nalin Chandra Wickramasinghe (1978) *Lifecloud: The Origin of Life in the Universe* London: Dent

Huxley, Julian (1923) *Essays of a Biologist* London: Chatto & Windus

— (1965) "Introduction" 11 – 28 in T*he Phenomenon of Man,* 1959 London: Collins

Kauffman, Stuart A (1996) *At Home in the Universe: The Search for Laws of Self Organization and Complexity* 1995 London: Penguin

Keeley, Lawrence H (1996) *War before Civilization* New York; Oxford: Oxford University Press

Keown, Damien (2003) *A Dictionary of Buddhism* Oxford: Oxford University Press, 2004

Kimura, Motoo (1983) *The Neutral Theory of Molecular Evolution* Cambridge: Cambridge University Press

Kious, W Jacquelyne and Robert I Tilling (1996) "This Dynamic Earth: The Story of Plate Tectonics" Version 1.12 http://pubs.usgs.gov/gip/dynamic/dynamic.html – anchor19309449 Accessed 25 April 2008

Kitcher, Philip (1982) *Abusing Science: The Case against Creationism* Cambridge, MA; London: MIT Press

Koslowski, Peter (1999) "The Theory of Evolution as Sociobiology and Bioeconomics: A Critique of Its Claim to Totality" 301 – 326 in *Sociobiology and Bioeconomics: The Theory of Evolution in Biological and Economic Theory* edited by Peter Koslowski, Berlin: Springer-Verlag

Krieger, Dolores (1993) *Accepting Your Power to Heal: The Personal Practice of Therapeutic Touch* Santa Fe, NM: Bear & Co.

Krishnamurti, J and David Bohm (1985) *The Ending of Time* London: Gollancz

— (1986) *The Future of Humanity: A Conversation* San Francisco: Harper & Row

— (1999) *The Limits of Thought: Discussions* London: Routledge

Kropotkin, Peter (1972) *Mutual Aid: A Factor of Evolution* 1914 London: Allen Lane

Kuhn, Thomas S and Ian Hacking (2012) (4th edition) *The Structure of Scientific Revolutions* 1962 Chicago; London: The University of Chicago Press

Kuhrt, Amélie (1995) *The Ancient Near East: c.3000–330 BC* London: Routledge

Lack, David Lambert (1947) *Darwin's Finches* Cambridge: Cambridge University Press

Lagerwey, John and Marc Kalinowski (2009) *Early Chinese Religion* Leiden: Brill

Laszlo, Ervin (2006) *Science and the Reenchantment of the Cosmos: The Rise of the Integral Vision of Reality* Rochester, VT: Inner Traditions

Leakey, Richard E and Roger Lewin (1996) *The Sixth Extinction: Biodiversity and Its Survival* 1995 London: Weidenfeld & Nicolson

LeBlanc, Steven A and Katherine E Register (2003) *Constant Battles: The Myth of the Peaceful, Noble Savage* New York: St Martin's Press

Lerner, Eric J (1992) (paperback ed.) *The Big Bang Never Happened* 1991 New York, NY: Vintage

Linde, Andrei (2001) "The Self-Reproducing Inflationary Universe" *Scientific American* Special Issue 26 November http://www.sciam.com/specialissues/0398cosmos/0398linde.html Accessed 17 August 2006

Lochner, James C, et al. (2005) "What Is Your Cosmic Connection to the Elements?" *Imagine the Universe* http://imagine.gsfc.nasa.gov/docs/teachers/elements/imagine/contents.html Accessed 24 June 2007

Lovelock, James (1991) *Healing Gaia: Practical Medicine for the Planet* New York: Harmony Books

Lunine, Jonathan Irving (1999) *Earth: Evolution of a Habitable World* Cambridge: Cambridge University Press

Maddox, John (1998) *What Remains To Be Discovered: Mapping the Universe, the Origins of Life, and the Future of the Human Race* London: Macmillan

Magli, Giulio (2009) *Mysteries and Discoveries of Archaeoastronomy: From Giza to Easter Island* New York; London: Copernicus Books

Magueijo, João (2003) *Faster Than the Speed of Light: The Story of a Scientific Speculation* Cambridge, MA: Perseus Book Group

Maillet, Benoit de (1968) *Telliamed; or, Conversations between an Indian Philosopher and a French Missionary on the Diminution of the Sea* translated by Albert V Carozz, Urbana: University of Illinois Press

Margulis, Lynn (1970) *Origin of Eukaryotic Cells: Evidence and Research Implications for a Theory of the Origin and Evolution of Microbial, Plant, and Animal Cells on the Precambrian Earth* New Haven; London: Yale University Press

Mayr, Ernst (1982) *The Growth of Biological Thought: Diversity, Evolution, and Inheritance* Cambridge, MA: Belknap Press

— (1988) *Towards a New Philosophy of Biology* Cambridge, MA: Belknap

— (2001) *What Evolution Is* New York: Basic Books

McFadden, Johnjoe (2000) *Quantum Evolution* London: Flamingo

Melville, Duncan J "Mesopotamian Mathematics" (2005) *St Lawrence University* http://it.stlawu.edu/~dmelvill/mesomath Accessed 25 February 2006

Morales, Demetrio Sodi (1993) *The Maya World* 1989 Mexico: Minutiae Mexicana

Morowitz, Harold J (2004) *The Emergence of Everything: How the World Became Complex* 2002 New York: Oxford University Press

Morris, Desmond (1986) (revised ed.) *The Illustrated Naked Ape: A Zoologist's Study of the Human Animal* 1967 London: Cape

Nagler, Michael N (1987) "Reading the Upanishads" 251 – 301 in *The Upanishads* translated by Eknath Easwaran, Petaluma, CA: Nilgiri Press

Narlikar, Jayant and Geoffrey Burbidge (2008) *Facts and Speculations in Cosmology* Cambridge: Cambridge University Press

Needham, Joseph and Colin A Ronan (1978) *The Shorter Science and Civilisation in China: An Abridgement of Joseph Needham's Original Text* Cambridge; New York: Cambridge University Press

Needham, Joseph and Ling Wang (1959) *Science and Civilisation in China Vol. 3: Mathematics and the Sciences of the Heavens and the Earth* Cambridge: University Press

Ni, Maoshing (translator) (1995) *The Yellow Emperor's Classic of Medicine* (the Neijing Suwen) Boston and London: Shambala Publications

Nissen, H J, et al. (1993) *Archaic Bookkeeping: Early Writing and Techniques of the Economic Administration in the Ancient Near East* 1990 Chicago: University of Chicago Press

Nitecki, Matthew H (editor) (1988) *Evolutionary Progress* Chicago; London: University of Chicago Press

Noble, Denis (2006) *The Music of Life: Biology Beyond the Genome* Oxford; New York: Oxford University Press

O'Grady, Patricia (2006) "Thales of Miletus" *The Internet Encyclopedia of Philosophy* 2006 http://www.iep.utm.edu/thales/ Accessed 17 June 2014

O'Kelly, Claire (1991) *Concise Guide to Newgrange* Blackrock: C O'Kelly

Pallen, M. (2009) *The Rough Guide to Evolution* London: Rough Guides

Pauling, Chris (1997) (3rd ed.) *Introducing Buddhism* 1990 Birmingham: Windhorse

Penrose, Roger (1989) *The Emperor's New Mind: Concerning Computers, Minds, and the*

Laws of Physics Oxford: Oxford University Press

— (2004) *The Road to Reality: A Complete Guide to the Laws of the Universe* London: Jonathan Cape

Pinker, Steven (2000) *The Language Instinct: The New Science of Language and Mind* 1994 London: Penguin

— (2012) *The Better Angels of Our Nature: A History of Violence and Humanity* 2011 London: Penguin

Plato (1965) *The Republic* 1955 translated by H D P Lee, London: Penguin

Plotinus *The Six Enneads* (2010) translated by Stephen MacKenna and B S Page, Christian Classics Ethereal Library http://www.ccel.org/ccel/plotinus/enneads.toc.html

Possehi, Gregory L (1996) "Mehrgarh" in *The Oxford Companion to Archaeology* edited by Brian M Fagan, New York; Oxford: Oxford University Press

Price, Derek J de Solla (1965) *Little Science, Big Science* 1963: New York: Columbia University Press

Radin, Dean I (2006) *Entangled Minds: Extrasensory Experiences in a Quantum Reality* New York: Paraview Pocket

— (2009) *The Noetic Universe: The Scientific Evidence for Psychic Phenomena* 1997 London: Corgi

Ragan, Mark A, et al. (2009) "The Network of Life: Genome Beginnings and Evolution" *Philosophical Transactions of the Royal Society B: Biological Sciences* 364: 1527, 2169-2175

Reanney, Darryl (1995) *The Death of Forever: A New Future for Human Consciousness* 1991 London: Souvenir Press

Rees, Martin (1997) *Before the Beginning: Our Universe and Others Reading*, MA: Addison-Wesley

Rees, Martin J (2000) *Just Six Numbers: The Deep Forces That Shape the Universe* 1999: London: Weidenfeld & Nicolson

The Revised English Bible (1989) Oxford University Press and Cambridge University Press

Riegel, Jeffrey (2012) "Confucius" *The Stanford Encyclopedia of Philosophy* edited by Edward N Zalta, http://plato.stanford.edu/archives/spr2012/entries/confucius/ Accessed 3 August 2012

The Rig Veda (1896) translated by Ralph Griffith, Internet Sacred Text Archive http://www.sacred-texts.com/hin/rigveda/rvi10.htm

Roberts, Royston M (1989) *Serendipity: Accidental Discoveries in Science* New York: Wiley

Romer, John (2012) *A History of Ancient Egypt: From the First Farmers to the Great Pyramid*

London: Allen Lane

Roth, Gerhard (2001) "The Evolution of Consciousness" 554 – 582 in *Brain Evolution* and Cognition edited by Gerhard Roth and Mario F Wullimann, New York: Wiley

Roughgarden, Joan (2009) *The Genial Gene: Deconstructing Darwinian Selfishness* Berkeley, CA; London: University of California Press

Rowan-Robinson, Michael (2004) (4th ed.) *Cosmology* Oxford: Clarendon

Ruggles, C L N (2005) *Ancient Astronomy: An Encyclopedia of Cosmologies and Myth* Santa Barbara, CA; Oxford: ABC Clio

Russell, Bertrand (1946) *History of Western Philosophy and Its Connection with Political and Social Circumstances from the Earliest Times to the Present Day* London: G Allen and Unwin Ltd

Sapp, Jan (2009) T*he New Foundations of Evolution: On the Tree of Life* New York; Oxford: Oxford University Press

Schrödinger, Erwin (1964) *My View of the World* 1961 translated by Cecily Hastings, Cambridge: Cambridge University Press

— (1992) *What Is Life? with Mind and Matter and Autobiographical Sketches* 1944 Cambridge; New York: Cambridge University Press

Shanahan, Timothy (2004) *The Evolution of Darwinism: Selection, Adaptation, and Progress in Evolutionary Biology* Cambridge, UK; New York: Cambridge University Press

Shapiro, James Alan (2011) *Evolution: A View from the 21st Century* Upper Saddle River, NJ: FT Press

Sheldrake, Rupert (2009) (3rd ed.) *A New Science of Life: The Hypothesis of Formative Causation* 1981 London: Icon

Shields, Christopher "Aristotle" *The Stanford Encyclopedia of Philosophy* (2012) edited by Edward N Zalta, http://plato.stanford.edu/cgi-bin/encyclopedia/archinfo.cgi?entry=aristotle Accessed 3 August 2012

Simpson, George Gaylord (1949) *The Meaning of Evolution: A Study of the History of Life and of Its Significance for Man* New Haven, CN; London: Yale University

Singh, Simon (2005) *Big Bang: The Most Important Scientific Discovery of All Time and Why You Need To Know About It* 2004 London: Harper Perennial

Smart, Ninian (1992) T*he World's Religions: Old Traditions and Modern Transformations* 1989 Cambridge: Cambridge University Press

Smith, Charles H "The Alfred Russel Wallace Page" (1998, 2000 – 14) *Western Kentucky University* http://people.wku.edu/charles.smith/index1.htm Accessed 19 February 2015

Smolin, Lee (1998) *The Life of the Cosmos* 1997 London: Phoenix

— (2007) *The Trouble with Physics: The Rise of String Theory, the Fall of a Science, and What Comes Next* 2006 London: Allen Lane

Sproul, Barbara C (1991) *Primal Myths: Creation Myths Around the World* San Francisco: Harper & Row

Stachel, John (2002) *Einstein from 'B' to 'Z'* Boston: Birkhäuser

Steinhardt, Paul J and Neil Turok (2004) "The Cyclic Model Simplified" Physics Department, Princeton University http://www.phy.princeton.edu/~steinh/dm2004.pdf Accessed 11 March 2007

Steinhardt, Paul J and Neil Turok (2007) *Endless Universe: Beyond the Big Bang* London: Weidenfeld & Nicolson

Stringer, Chris (2011) *The Origin of Our Species* London: Allen Lane

Susskind, Leonard (2005) *Cosmic Landscape: String Theory and the Illusion of Intelligent Design* New York: Little, Brown and Co

Targ, Russell (2012) *The Reality of ESP: A Physicist's Proof of Psychic Phenomena* Wheaton, IL: Quest Books

Teilhard de Chardin, Pierre (1965) *The Phenomenon of Man* 1959 (English edition), 1955 (French original) translated by Bernard Wall, London: Collins

The Ten Principal Upanishads (1938) 1937 translated by Swami Purchit Shree and W B Yeats, London: Faber and Faber

Tolman, Richard Chace (1987) *Relativity, Thermodynamics, and Cosmology* Oxford: Clarendon Press, 1934. New York: Dover Publications

Tomasello, Michael (2003) *Constructing a Language: A Usage-Based Theory of Language Acquisition* Cambridge, MA; London: Harvard University Press

Tuttle, Russell Howard "Human Evolution" *Encyclopædia Britannica Online* (2014) http://www.britannica.com/EBchecked/topic/275670/human-evolution Accessed 1 May 2014

UNEP (2007) "Global Environment Outlook 4" http://www.unep.org/geo/geo4/report/GEO-4_Report_Full_en.pdf Accessed 15 June 2010

The Upanishads (1884) translated by Max Müller, Internet Sacred Text Archive http://www.sacred-texts.com/hin/sbe15

The Upanishads (1987) translated by Eknath Easwaran, Petaluma, CA: Nilgiri Press

Van de Mieroop, Marc (2011) *A History of Ancient Egypt* Oxford: Wiley-Blackwell

Ward, Peter Douglas and Donald Brownlee (2000) *Rare Earth: Why Complex Life Is Uncommon in the Universe* New York: Copernicus

Watson, James D and Gunther S Stent (1980) *The Double Helix: A Personal Account of the Discovery of the Structure of DNA* New York: Norton

Weinberg, Steven (1994) *Dreams of a Final Theory* 1992 New York: Vintage Books

Weiner, Jonathan (1994) *The Beak of the Finch: The Story of Evolution in Our Time* London: Jonathan Cape

Wells, Jonathan (2000) *Icons of Evolution: Science or Myth? Why Much of What We Teach About Evolution Is Wrong* Washington, DC: Regnery Publishing

White, Gavin (2008) (2nd revised ed.) *Babylonian Star-Lore: An Illustrated Guide to the Star-Lore and Constellations of Ancient Babylonia* London: Solaris Publications

Williams, George C (1996) *Adaptation and Natural Selection: A Critique of Some Current Evolutionary Thought* 1966 Princeton, N J; Chichester: Princeton University Press

Wilson, Edward O (1998) *Consilience: The Unity of Knowledge* London: Little, Brown

Wilson, Edward O (2000) (25th anniversary ed.) *Sociobiology: The New Synthesis* 1975 Cambridge, MA; London: Belknap Press of Harvard University Press

Woit, Peter (2006) *Not Even Wrong: The Failure of String Theory and the Continuing Challenge to Unify the Laws of Physics* London: Jonathan Cape

Wright, Robert (1996) *The Moral Animal: Why We Are the Way We Are* 1994 London: Abacus

Zhuangzi (1891) *The Book of Zhuangzi* translated by James Legge, http://ctext.org/zhuangzi/knowledge-rambling-in-the-north

| 용어 해설 |

아래 서술된 정의는 책에서 사용된 의미로서 오해를 최소화하기 위해 기록하였다. 강조체는 이미 다른 부분에서 정의되어 있음을 의미한다.

ㄱ

가설hypothesis 어떤 현상이나 일련의 현상을 설명하고 심화된 탐구의 기반으로 사용하기 위해 제시된 잠정적 이론. 대개 통찰이나 불완전한 증거를 검토한 후에 귀납적인 추론을 통해 나오며, 틀렸다고 증명될 수 있어야 한다.

강한 상호작용strong interaction 물질의 기본 입자들 간의 네 가지 상호작용 중 하나 (전자기 상호작용, 약한 상호작용, 중력 상호작용을 보라). 강한 상호작용력은 쿼크들을 한데 붙잡아서 **양성자**proton와 **중성자**neutron, 다른 강입자들을 형성하고, 양성자와 중성자를 한데 붙잡아 원자핵을 이루며, 양의 전하값을 가진 양성자들의 전기적 척력을 이겨낸다고 여겨지는 힘이다. 이 힘은 대략 원자핵 범위에 미치며, 그런 거리에서 힘의 크기는 전자기 상호작용력보다 100배가 크다.

개체발생ontogenesis, or ontogeny 배아에서 성체에 이르기까지 유기체 개체의 시작에서 발달.

거대우주megaverse 삼차원의 우리 **우주**universe를 내포하고 있다고 추정되는 보다 고차원의 우주. 거대우주가 여러 개 모여서 코스모스를 이룬다고 추정하는 이들도 있다.

게놈genome **염색체**chromosome라고 부르는 긴 띠, DNA 분자, 혹은 어떤 바이러스에서는 RNA로 이루어져 있는 유기체의 유전자 전체 내용. DNA상에서 단백질을 만들도록 암호화되어 있는 부분과 RNA 분자, 그리고 암호화되어 있지는 않되 조절 역할을 하는 지역을 포함하고 있다.

경입자lepton 강한 상호작용에 참여하지 않는 일군의 기본 입자들. 경입자는 **전자**electron처럼 한 단위의 전하를 가지고 있거나, 중성미자처럼 중성이다.

계통학phylogenetics 유기체 집단 간의 진화 관련성, 특히 계통 분화의 패턴을 연구하는 **과학**sciences의 분야.

고세균류archaea 박테리아와는 그 유전적 구성이나 플라스마 세포막과 세포 벽의 구성에서 차이가 나는 **원핵생물**prokaryotes. 여기에는 극한 생물도 포함된다. 구조상 박테리아와 유사하지만, 염색체의 DNA와 세포의 작동 과정은 **진핵생물**eukaryotes과 닮았다.

공생symbiosis 두 개 이상의 서로 다른 유기체들이 그중 하나의 생존 기간 대부분에 걸쳐 물리적으로 결합함.

공생발생symbiogenesis 두 개의 서로 다른 유기체가 합쳐져서 하나의 새로운 종류의 유기체가 되는 사태.

과학science 자연 현상을 조직적으로, 가급적이면 측정 가능한 관찰과 실험을 통해 이해하고 설명하며, 그렇게 얻은 지식에 이성을 적용하여 시험 가능한 법칙을 도출하고, 향후를 예측하거나 과거를 **역행추론**retrodiction하려는 시도.

과학적 방법론scientific method (개념적)

1. 연구 중인 현상을 체계적으로 관찰하거나 실험하여 데이터를 수집한다.
2. 이 데이터로부터 잠정적인 결론이나 가설을 추론한다.
3. 이 가설로부터 도출된 예측은 추가적인 관찰과 실험을 통해 검증한다.
4. 이 검증이 예측을 확정하고, 이 확정된 내용이 독립적인 다른 검증가들에 의해 재확인된다면, 그 가설은 과학적 이론으로 인정되며, 이는 그 이론과 부딪치는 새로운 데이터가 나올 때까지 유효하다.
5. 새로운 데이터가 이론과 부딪칠 때는 그 이론이 수정되거나 아니면 모든 데이터에 부합하는 새로운 가설로 대체된다.

과학적 사고scientific thinking **반성적 의식**reflective consciousness의 세 번째 국면으로서 자아와 자아가 우주의 다른 부분과 맺는 관계에 대한 성찰이 분화되어 실증주의로 나아간다.

과학적 통찰scientific insight 자연적 현상, 그들 간의 상호작용과 다른 관계, 그러한 상호작용과 관계를 지배하는 법칙의 본질과 원인에 대한 직접적인 이해.

과학적 혹은 자연적 법칙scientific or natural law 관찰과 실험을 통해 검증할 수 있는 간결하고 일반적인 진술로서 그에 반하는 결과가 반복해서 나오지 않고, 특정 조건하에서는 자연 현상이 이에 걸맞게 일어난다. 대상으로서의 현상을 구체화하는 변수들의 값을 알면 이런 법칙을 적용하여 나오는 결과를 예측할 수 있다. **원리**principle와 **이론**theory 참고.

과학주의scientism 자연과학적 방법을 통합한 과학이 참된 지식과 이해에 이르는 유일한 수단이라는 믿음.

관념주의idealism 물질은 독립적으로 존재하지 않고, 정신 혹은 의식의 구축물로서 존재한다는 추정 혹은 신념.

관찰 가능한 우주observable universe 우주 내에서 천문학적 관찰을 통해 확인할 수 있는 물질로 구성되어 있는 부분. 현재의 정통 모델에 의하면 빛의 속도와 시간에 의해 제한되는 부분인데, 물질과 복사는 빅뱅으로 우주가 생겨난 지 대략 380,000년 지난 시점에 분리되어 나왔다.

광자photon 빛의 양자, 혹은 입자와 파동의 특성을 모두 가지고 있는 전자기 에너지의 다른 형태의 양자를 말하며, 질량이 없고 전하도 없으며 수명은 무한히 길다.

귀납induction 사실을 모으고, 패턴을 파악하고, 그 패턴에 기반해서 일반적인 결론이나 법칙을 만드는 방법. 이때 나온 결론은 참일 수도 있지만, 유효한 전제에서 **연역**deduction을 통해 나온 결론처럼 항상 참인 것은 아니다.

규칙rule 자연 현상이 따르는 법칙과 달리, 과학자들이 연구과정을 진행하거나 문제를 해결할 때 따르는 지침(자연은 법칙을 따르고 과학자는 규칙을 사용한다).

균질성homogeneous 동일한 성분이나 구조를 가지고 있는 상태. 균질성을 가진 우주는 어느 지점에서나 똑같다.

극한성생물extremophile 매우 뜨겁거나 압력이 높거나 산도나 염분이 높은 화학적 환경 같은 극한적 조건 속에 사는 유기체.

기술technology 문제를 해결하기 위해 도구나 기계를 발명하고 만들어 사용함.

기원전BCE Before Common Era. 이는 기독교 달력상 예수가 태어난 해라고 알려진 때로부터 뒤로 가며 계산한다.

ㄴ

내공생endosymbiosis 작은 유기체가 보다 큰 유기체 안에서 살아가는 결합으로, 대체로 협력하여 각각의 유기체가 상대방의 대사 작용으로 나오는 배설물을 먹고 살아간다. (**공생**symbiosis과 **공생발생**symbiogenesis 참고)

논리학logic 귀납적 추론과 연역적 추론의 법칙을 제정하여 유효한 추론과 유효하지 않은 추론을 조직적으로 구분하려는 **추론**reasoning의 한 분야.

뉴런neuron 자극에 반응하고 전기화학적 자극을 전달하는 일에 특화된 진핵세포.

ㄷ

다르마dharma 고대 인도의 우파니샤드에서 나온 산스크리트어로서 우주와 그 우주 내의 만물의 작동은 물론이고 여기에 순응하는 개인의 행동도 통솔하고 조정하는 자연 법칙이라는 의미. 이 개념은 힌두교, 불교, 자이나교에서 사용된다.

다원론pluralism 현실은 다양한 존재나 물질로 이루어져 있다고 생각하는 추정이나 믿음.

다윈주의Darwinism 하나의 속genus 내의 모든 종은 공통된 조상으로부터 진화했다는 가설. 이 생물학적 진화의 가장 중요한 원인은 **자연선택**natural selection 혹은 적자생존론으로서, 이에 의하면 특정 환경 속에서 종 내의 다른 개체보다 생존에 더 유리한 변이를 가진 자손은 덜 적합한 자손보다 더 오래 살아 남고, 더 많은 후손을 생산한다. 이 유리한 변이는 유전될 수 있으며 세대를 거치면서 그 환경 내에서 더 많은 개체군을 이루는 반면에 덜 적응된 변이를 가진 이들은 죽임을 당하거나 굶어 죽거나 멸종된다. 짝짓기에 유리한 특징을 가진 이에 대한 성적 선택, 그리고 기관의 사용 미사용 여부 역시 유전되어 생물학적 진화를 일으킨다.

다중우주multiverse 우리 우주만이 아니라 우리가 물리적으로 접촉할 수 없고, 관측이나 실증적 정보를 얻을 수도 없는 아주 많은 다른 우주들 – 무한히 많지는 않더라도–까지 포함하여 존재한다고 상정되는 **코스모스**cosmos. 각각 독특한 특성을 지닌 다양한 유형의 다중우주들이 제시되어 왔다.

단백질protein 오만 개에서 칠만 개 정도의 **아미노산**amino acids이 연결되어 있는 **분자**molecule로서 모든 세포 내의 구조를 형성하고 반응을 조절한다. 특정 단백질은 십여 종의 아미노산의 배열로 이루어져 있고, 여기에 그 사슬의 삼차원적인 모양이 더해진다.

단성생식parthenogenesis 난자가 수컷의 수정없이 새끼로 성장.

데이터 해석의 법칙 Data Interpretation, Law of 과학자 자신이 탐구한 데이터의 객관적 해석으로부터 멀어지는 정도는 다음과 같은 네 가지 요소의 함수로 이루어진다. **가설**hypothesis을 입증하거나 이론을 확정하려는 그의 결심, 그 탐구가 그의 인생에서 차지한 세월, 그가 그 연구에 정서적으로 몰입된 정도, 의미 있는 논문을 발표하고 자신의 명성을 확보하려는 경력 차원의 필요성.

도Dao 형언할 수 없는 궁극적 실체. 만물을 존재하게 하는 도리이며, 코스모스cosmos가 작동하는 원리로서도 드러난다. (중국어)

도덕morality 바르고 선한 행동에 대한 관습.

동위원소isotope **원자 번호**atomic number는 같으나 중성자 수가 다르므로 질량이 다른 원자들.

등방성isotropic 어떤 방향으로도 그 물리적 특성이 변하지 않음. 등방성 우주란 어느 방향에서도 동일하게 보이는 우주를 말한다. 어느 지점에서 봐도 우주가 등방성을 가진다면, 그 우주는 필연적으로 **균질성**homogeneous을 가진다.

디엔에이DNA 세포 내의 데옥시리보핵산은 알려져 있는 모든 독립적인 유기체와 일부 바이러스의 보존과 재생산에 사용되는 유전적 지침을 가지고 있다.

각각의 DNA **분자**molecule는 대개 네 개의 뉴클레오티드가 독특한 서열을 이루고 있는 두 개의 긴 끈으로 구성되는데, 이 끈들(일반적으로 가닥이라고 부른다)은 꼬여 있는 두 개의 나선 모양을 이루고, 상호 보조적인 염기인 아데닌(A)과 티민(T) 혹은 시토신(C)과 구아닌(G) 간의 수소 결합에 의해 연결되어 있기에, 그 구조는 꼬인 사다리 모양이다.

세포 속에서 DNA가 복제될 때 그 가닥들은 서로 분리되어 각각의 가닥은 세포 속의 분자들로부터 새로 보완적인 사슬을 만들어 내는 데 필요한 견본 역할을 한다.

DNA의 가닥들은 또한 또다른 핵산인 RNA를 매개자로 만들어 내는 과정을 통해 세포 속에서 단백질을 합성하는 데 견본 역할도 한다.

ㄹ

리보솜ribosome RNA와 단백질로 구성된 세포질 속의 동그란 입자로서 전달자 RNA에 의해 운반된 선형 유전자 암호를 선형의 아미노산 서열로 바꾸어 단백질 합성을 수행한다.

ㅁ

마초MACHOs 거대 고밀도 헤일로 질량체Massive Compact Halo Objects란 블랙홀, 갈색 왜성, 다른 흐릿한 별과 같이 밀도 높은 물체의 형태를 말하며, 천체물리학자들이 암흑 물질을 설명하기 위해 생각해 냈다.

매개변수parameter 과학에서 온도나 압력처럼, 시스템을 정의하고 그 시스템의 행태를 결정하는, 측정 가능한 요소들 중 하나를 말한다. 실험에서는 다른 것들은 상수이며 매개변수는 변한다. 이론물리학자들이 선호하는 도구인 수학에서는, 한 방정식에서는 상수이지만 같은 형태를 가진 다른 방정식에서는 값이 변해 간다.

멸종, 계통발생상의 멸종, 유사 멸종phyletic, or pseudo, extinction 한 **종**species이 한 개 이상의 새로운 종으로 진화하면서 애초의 종은 멸종하고 진화의 계통은 계속 이어진다.

모델mode 계산이나 시각적 제시를 쉽게 하려고 **이론**theory을 단순화시킨 버전.

물리과학physical sciences 무생물 현상을 연구하는 과학 분야. **천문학**astronomy, **물리학**physics, **화학**chemistry, **지구과학**Earth science을 포함한다.

물리주의physicalism 물리적인 물질만이 실재하며, 정신이나 의식 혹은 생각 등의 다른 모든 것들은 물질이나 그들 간의 상호작용으로 설명될 수 있다고 보는 추정 혹은 신념. 이는 또한 **유물론**materialism이라고도 불리는데, 물질에서부터 생겨나는 인력 같은 비물질적인 힘까지 포괄하여 물질보다는 넓은 물리성에 대한 관점을 갖고 있다.

물리학physics 물질, 에너지, 힘, 운동 그리고 이들이 서로 어떻게 연관되어 있는지 연구하는 **과학**science 분야.

미신superstition 명백한 증거와 부딪치고, 합리적인 근거가 없으며, 대개의 경우 자연적 현상에 대한 무지나 알 수 없는 것에 대한 두려움에서 초래된 믿음.

미토콘드리아mitochondrion 거의 모든 진핵세포의 세포질 내에 존재하는 막으로 둘러싸인 세포기관. 에너지를 만들어 내는 것이 주된 기능이다.

미학aesthetics 자연계나 인간의 창작물 속의 아름다움의 본질을 이해하고 전달하고자 하는 **추론**reasoning의 한 분야

미학적 통찰artistic insight 아름답거나 생각을 불러일으키는 시각적 음악적 문학적 작품을 만들기에 이르는 직접적인 이해

ㅂ

박테리아bacteria 두 가닥 DNA의 접혀 있는 고리 속에 기록되어 있는 유전 정보가 막에 둘러싸인 핵에 에워싸여 있지 않은(그래서 **원핵생물**prokaryotes이다) 아주 작은 단세포 유기체. 이 핵양체nucleoid 외에도 세포에는 독립적으로 자기 복제할 수 있으면서 유기체의 재생산을 책임지지는 않는 DNA의 별개의 원형 가닥인 플라스미드plasmids가 한 개 이상 있을 수 있다. 복제할 때는 대부분 둘로 쪼개져서 똑같은 모양으로 생겨난다. 이들은 구형이나 막대형, 나선형, 콤마형 등 다양한 형태로 나타난다.

반성적 의식reflective consciousness 자신의 의식을 의식하는 유기체의 속성, 다시 말해 알 뿐 아니라 자신이 안다는 것을 안다. 또한 자기 자신에 대해 생각하고 자신이 그 일부인 우주의 나머지 부분과의 관계에 대해 생각하는 유기체의 능력.

배수체polyploidy 세포 내에 두 쌍 이상의 염색체를 가지고 있음.

베다Veda 드러난 지혜. 특히 힌두교 경전을 구성하고 있는 네 가지 모음집 중 하나를 가리킨다. 때로는 각각의 모음집에서 가장 오래된 첫 번째 부분인 본집samhita 즉 신들에 대한 찬송 모음집을 가리킨다. (산스크리트어)

보손boson **파울리 배타 원리**Pauli Exclusion Principle를 따르지 않는 정수 스핀(0, 1, 가정된 2)을 가진 원자보다 작은 입자로서, 이 말은 동일한 양자 상태를 차지하는 보손의 숫자에는 제한이 없다는 뜻이다.

복잡도complexity 복잡한 상태.

복잡화complexification 점점 더 고도의 복합체가 되어가는 과정.

복합체complex 서로 구분되면서 서로 연결된 부분으로 이루어진 전체.

본능instinct 자극이 주어질 때 나타나는 내재되어 있고 충동적인 반응으로서, 대체로 생존과 번식이라는 생물학적 필요에 의해 결정된다.

분기학cladistics 공통 조상의 후손들이 갖고 있는 특징만으로 생물을 분류하는 체계. 이는 조금씩 변경되면서 후손이 생겨난다는 다윈주의적 가실에 기반하고 있나. 이렇게 분기군("가지"를 뜻하는 그리스어에서 나왔다)으로 묶는 계통적 분류법에 따라 분기도分岐圖, 혹은 계통수系統樹가 만들어진다.

분류학taxonomy 가장 보편적인 특징에서 시작해서 구체적인 특징에 이르기까지 공통의 특징에 근거해 이름 붙인 집단에 따라 나누는 유기체의 계층적 분류.

분자molecule 독립적으로 존재할 수 있는 물질의 물리적으로 가장 작은 단위. 하나 이상의 **원자**atoms가 **전자**electrons를 공유하면서 결합되어 있고 전기적으로는 중성이다.

불확정성의 원리 Uncertainty Principle(Heisenberg) 한 대상의 위치를 확실하게 측정하면 할수록 동시에 그 대상의 속도에 대해서는 확정하기 점점 어려워진다는 양자역학의 원리. 이는 특정 시간의 사물 에너지를 측정하는데도 적용된다. 눈에 보이는 대상의 경우에는 각각의 두 가지 불확실성이 너무 작아서 무시해도 된다. 그러나 **원자**atom 혹은 **전자**electron처럼 원자 이하의 질량을 가진 대상의 경우, 불확정성은 상당한 의미가 있다.

브라마Brahma 베다에 나오는 세 신 중 창조의 신이며, 나머지는 보존자 비슈누와 파괴자 시바인데, 나중에는 이들 둘에 의해 많이 가려졌다. **브라만**Brahman과 혼동하지 않도록 주의하라. (산스크리트어)

브라만Brahman 시공간을 벗어나 존재하는 궁극적 실체로서, 이로부터 만물이 생겨나고, 만물은 이것으로 이루어져 있다. 우주적 의식, 혹은 영, 혹은 모든 형상 너머의 최고의 신으로 해석된다. (산스크리트어)

블랙홀black hole 빛을 포함한 그 어떤 것도 빠져나가지 못하는 매우 강한 중력장을 가진 물체를 말하는데, 빠져나가려면 빛보다 빠른 속도가 필요하다. 블랙홀은 태양의 몇 배 이상의 질량을 가진 별이 붕괴하면서 그 핵 연료가 다 될 때 만들어진다고 추정된다. 블랙홀은 그 강력한 중력장이 주변 물체를 빨아들이기에 그 질량이 커질 수 있다. 양자 이론은 블랙홀이 흑체 복사를 방출한다고 보지만, 그 효과는 매우 작은 블랙홀에서만 유의미하다.

빅 크런치 Big Crunch 임계치를 넘어선 질량 밀도를 가진 채 팽창하는 우주가 그 중력이 마침내 그 팽창을 뒤집어서 붕괴되어 애초의 시작 상태로 되돌아가는 사태.

ㅅ

상상력imagination 이미지와 감각을 형성할 뿐 아니라, 사자 머리를 한 인간처럼 감각적으로 경험해보지 못한 사물을 포함하여 보이지 않거나 경험하지 못한 것에 대한 생각을 형성할 수 있는 **정신**mind의 능력.

상전이phase change 물질의 행태상에 일어나는 중대한 변화. 예를 들면, 얼음이 가열되어 섭씨 0도에 이르면 고체에서 액체인 물로 변한다. 액체인 물은 섭씨 100도에서는 기체 수증기가 된다.

생각thought 무엇인가를 생각하기 위해 정신을 적용시키는 과정. 그 과정의 결과물.

생각하다think 본능에 의한 반응과 구분되게, 추론이나 통찰의 방식으로 무엇인가에 정신을 적용하다.

생명life 경계를 따라 에워싸여 있는 실체가 자기 자신의 내부와 주변 환경에서 일어나는 변화에 대응하고, 환경으로부터 에너지와 물질을 추출하며, 그 에너지와 물질을 변환하여 자신의 존재를 확보하는 일을 포함하여 내적으로 결정한 행동을 하는 능력.

생명과학life sciences 살아 있는 유기체(식물, 동물, 인간)의 특징과 그 특징 간의 관련성을 연구하는 **과학**science 분야.

생물학적 진화biological evolution 새로운 종이 나타나는 유기체의 변화 과정.

생물학적 진화의 제1법칙 First Law of Biological Evolution 경쟁과 급속한 환경 변화는 멸종을 초래한다.

생물학적 진화의 제2법칙 Second Law of Biological Evolution 협력은 종의 진화를 가져온다.

생물학적 진화의 제3법칙 Third Law of Biological Evolution 생물은 서로 합쳐지고 분화되는 계통을 따라 일어나는 점진적 복잡화와 중심화를 통해 진화하면서 하나의 계통을 제외한 다른 모든 계통에서 정체에 다다른다.

생물학적 진화의 제4법칙 Fourth Law of Biological Evolution **의식**consciousness의 형성은 점점 늘어나는 **협력**collaboration, **복잡화**complexification, 중심화와 관련되어 있다.

서력 기원CE Common Era. 기독교 달력에서 예수가 태어난 해로부터 계산한다.

세포질cytoplasm 세포핵 외부와 세포막 내부에 있는 모든 것. 젤라틴 성상의 물을 기반으로 한 액체 시토졸로 되어 있다. 이는 염분, 유기 분자, **효소**enzymes를 포함하고 있으며, 세포의 대사 조직인 세포기관들이 들어 있다.

소행성asteroid **행성**planet보다는 작지만 **유성체**meteoroid보다는 크며 태양이나 다른 별 주변을 돌고 있는 암석체 혹은 금속체로서 소행성minor planet이라고도 한다. 다 그런 것은 아니지만 태양계 내의 대부분의 소행성은 화성과 목성 궤도 중간에 있다.

수학적 통찰mathematical insight 수 그리고 실제적 추상적 형태들의 속성이나 그들 간의 관계를 지배하는 법칙에 대한 직접적인 이해.

스칼라scalar 질량, 길이, 속도처럼 크기로만 명시될 뿐 방향을 가지고 있지 않은 양.

스칼라장scalar field 수학과 물리학에서 스칼라장은 공간 내의 각 지점의 스칼라값과 연관된다. 이 스칼라는 수학적 숫자이거나 물리적 양이다.

신경계nervous system 감각적 수용기에서부터 신경 네트워크를 통해 반응이 일어나는 영역인 반응기까지 전기화학적 자극을 전달하는 데 특화된 뉴런neuron이라고 부르는 조직화된 세포 그룹.

신다윈주의NeoDarwinism 다윈의 **자연선택**natural selection을 멘델 유전학과 집단 유전학과 종합한 이론으로서, 같은 종 내의 개체에게서 무작위로 생겨나는 유전적 변이 중에도 주변 환경에서 자원을 얻는 경쟁에 보다 유리하게 만들어 주는 특징을 갖게 되는 변이가 오래 존속하고 보다 많은 후손을 만들어 낸다고 보는 이론. 이렇게 유리한 유전자는 더 많은 수의 개체에 유전되며, 이로 인해 수많은 세내를 지나면서 유전자풀gene pool-집단 내 유전자의 총체-이 점점 변해가다가 마침내 새로운 **종**species이 나타난다. 이렇듯 적응에 유리한 특징을 만들어내는 유전자적 변이가 없는 개체들은 그 환경 내에서는 죽임을 당하거나 굶어 죽거나 멸종되어 간다.

신비주의적 통찰mystical insight 궁극적 실체, 즉 사물의 본질과 원인에 대한 직접적인 이해.

신화myth 전체, 혹은 일부가 허구이면서 특히 초자연적인 존재나 조상, 혹은 영웅과 관련되어 있으면서 자연적 사회적 현상이나 문화적 종교적 풍습에 대한 설명을 제시하는 전통적 이야기.

심리학적 통찰psychological insight 개인이나 개인들이 이루고 있는 집단이 어떻게 그리고 왜 그렇게 생각하고 행동하는가에 관련한 직접적인 이해.

심리학psychology 개인이나 집단의 정신 활동 과정이나 행동을 탐구하는 **과학**science 분과.

ㅇ

아미노산amino acid 아미노 그룹(-NH2)에 결합된 탄소 원자, 카르복실 그룹(-COOH), 수소 원자, 그리고 보통 -R 그룹 혹은 옆사슬이라고 부르는, 하나의 아미노산을 다른 아미노산과 구분하는 네번째 그룹으로 이루어진 분자. 이 -R 그룹은 매우 다양한데, 분자의 화학적 특징의 차이를 만들어 낸다.

안시 지평선visual horizon 빅뱅 모델에 따르면, 물질과 전자기 복사가 분리되어 나오는 시간—현재로서는 빅뱅 이후 380,000년 경으로 추정된다—까지만 거슬러 올라갈 수 있는데, 그 이전에는 광자가 초기 플라스마와 끊임없이 교섭하여 흩뿌려져 우주가 불투명하기 때문이다.

알앤에이RNA 리보핵산은 네 개의 뉴클레오티드가 독특한 서열을 이루고 있다는 점에서 DNA와 유사하지만, 티민(T) 대신 우라실(U)이 아데닌(A), 시토신(C), 구아닌(G)

과 함께 뉴클레오티드의 염기를 이루고 있으며, 일부 바이러스를 제외하면 그 가닥이 하나라는 점에서 차이가 있다.

약한 상호작용weak interaction 물질의 기본 입자 간에 존재하는 네 가지 근본적인 힘(전자기 상호작용, 강한 상호작용, 중력 상호작용을 보라.) 중의 하나. 예를 들어 방사성 붕괴 시처럼 입자가 다른 입자로 변해갈 때 중대한 역할을 한다. 전자 하나와 양성자 하나가 중성자와 중성미자로 변해 갈 때 역할을 감당한다. 전자기 상호작용보다 수천 배 이상 약하고, 강한 상호작용보다도 약하다. 그 범위는 원자핵 지름의 1000분의 1 정도다.

양자proton 양전하값을 가지고 있으며 수소 **원자**atom의 핵을 이루고 있는, 원자 내의 안정적인 입자. 양자는 그보다 약간 무거운 **중성자**neutron와 함께 모든 원자 속에서 발견되며, 양자의 수가 어떤 화학 원소인지 결정한다.

양자역학quantum mechanics 양자 이론에 입각해서 물질의 행동을 원자나 그보다 작은 단위에서 설명하려는 이론으로서 하이젠베르크의 **불확정성의 원리**Uncertainty Principle와 **파울리 배타 원리**Pauli Exclusion Principle를 통합한다.

양자 이론quantum theory 에너지는 아주 작게 구분되는 **양자**quantum라고 불리는 양 단위로 물질에서부터 방출되고 흡수되며, 이 각각의 양자는 에너지의 복사 주파수와 관련되어 있고, 입자와 파동의 특성을 동시에 가진다는 이론. 이 이론으로부터 **양자역학**quantum mechanics이 생겨났다. 이제 이 용어는 그 이후의 이론적 발전 전체 내용을 가리키는 일반적인 말이 되었다.

양자 중력quantum gravity 중력 에너지를 에너지의 다른 형태들과 통합하여 단일한 양자 이론의 틀로 만들려는 중력의 양자 이론.

언어language 그것이 사용되는 문화 내에서는 의미를 가지고 있으면서 학습되고 발화되고 표현되는 상징의 복잡한 구조에 의해 일어나는 감정, 서사, 설명, 생각의 전달.

에너지 보존의 법칙 Conservation of Energy, Principle of 에너지는 만들어지거나 없어질 수 없다. 따라서 고립된 시스템 내에서 에너지는 형태가 바뀔 수는 있어도 그 총량은 언제나 일정하다.

엔지니어링engineering 주로 **과학**science을 통해 얻은 자연 세계에 대한 지식을 적용하여 원하는 목적을 달성하기 위해 수단을 고안하는 일.

엔트로피entropy 폐쇄된 시스템을 구성하는 부분들의 무질서 정도나 혼잡도를 말한다. 즉 사용할 수 없는 에너지를 측정한 값이다. 엔트로피가 낮을수록 그 구성하는 부분들이 조직된 정도가 높고, 따라서 사용할 수 있는 에너지가 많으며, 그 배열된 상태를 관찰하여 얻을 수 있는 정보도 많다. 최대치의 엔트로피에서는 그 배열이 흩어져 있으면서 단일하기에 구조물도 없고, 사용할 수 있는 에너지도 없다. 이런 상태는 그 시스템이 평형 상태에 도달했을 때 생긴다.*

통계적으로는 아래와 같이 표현된다.

$$S = k \ln \Omega$$

S는 엔트로피

k는 상수인데 이 방정식을 고안한 과학자의 이름을 따서 볼츠만 상수라고 부른다.

ln는 자연로그

Ω는 균형 상태가 생길 수 있는 다양한 방식의 숫자

엔트로피 증가의 원리 Increasing Entropy, Principle of 고립된 시스템 속에서 일어나는 어떠한 과정 중에도 **엔트로피**entropy는 동일하거나, 많은 경우에는 증가하며, 다시 말해 혼잡도가 증가하고, 사용가능한 에너지는 줄어든다. 그리고 정보는 시간이 가면서 줄어들며, 그 시스템은 평형 상태를 향해 나아간다.

역행 추론retrodiction 과거에 발생하여 후대 과학 법칙이나 이론으로부터 연역되거나 예측되는 결과.

연역deduction 전제 혹은 명제가 참이라면 도달하는 결론도 참이 되어야 하는 판단 과정. 일반적인 것에서 특수한 것으로 나아가는 **추론**inference.

열역학 제1법칙 First Law of Thermodynamics 열을 사용하고 만들어 내는 시스템상의 내부 에너지의 증가는 그 시스템에 더해진 열 에너지에서 그 시스템이 자기 주변에 한 일을 뺀 값과 동일하다. 이는 에너지 보존 원리의 구체적 적용이기도 하다.

열역학 제2법칙 Second Law of Thermodynamics 열은 절대 자발적으로는 차가운 물체에서 뜨거운 물체로 옮겨가지 않는다. 즉 에너지는 언제나 사용 가능한 형태에서 덜 사용 가능한 형태 쪽으로 흐른다.

열역학 제3법칙 Third Law of Thermodynamics 절대 온도 제로에서 완전한 구조를 갖춘 결정체의 엔트로피는 제로이다.

염색체chromosome 세포의 유전 정보를 담고 있는 구조물. 진핵세포에서 이 구조물은 세포핵 내에 단백질 주변으로 이중 나선으로 둘러싸인 실 같은 DNA 가닥들로 되어 있다. 핵 염색체 외에도 세포에는 **미토콘드리아**mitochondrion 같은 다른 작은 염색체가 있을 수 있다. 원핵세포의 경우에는 단단히 감겨 있는 한 개의 DNA 루프로 되어 있다. 세포는 또한 **플라스미드**plasmid라는 보다 작은 원형의 DNA 분자물을 포함하고 있을 수 있다.

영적인 통찰spiritual insight 신이나 하나님 혹은 그의 전령으로부터 받았다는 계시로서 대체로 이를 받은 이에게 그 신을 믿는 이들이 할 바를 알려 주라는 명령이 주어진다.

우주universe 우리의 감각으로 확인할 수 있는 일차원의 시간과 삼차원의 공간 상에 존재하는 모든 물질과 에너지를 말하며, **관찰 가능한 우주**observable universe나 **코스모스**cosmos와 구분된다.

우주론cosmology 물리적 **우주**universe의 기원, 본질, 대규모 구조에 대한 연구를 말하며, 모든 은하, 은하단, 준항성체의 분포와 상호관계에 대한 연구까지 포함한다.

우파니샤드Upanishad 고대 인도의 선견자가 신비적 통찰을 통해 얻은 깨달음의 내용에 대한 기록. 이는 전통적으로는 **베다**Vedas 중 마지막에 위치하고 있지만 신들에 대한 예배보다는 궁극적인 실체의 양상에 집중하고 있다. (산스크리트어)

운석meteorite 지구나 다른 행성의 대기권으로 들어온 이후에 표면에 도달한 자연계 내의 단단한 물체.

원리, 과학적 혹은 자연적 원리 Principle, scientific or natural 근본적 보편적으로 참이라고 여겨지는 법칙. 예를 들어 열역학 제1법칙은 열 에너지를 일으키고 데우는 데 적용되며, 에너지 보존의 원리는 모든 형태의 에너지에 적용된다.

원소element 화학적 방편으로는 더 이상 단순한 물질로 분해될 수 없는 물질. 같은 원소의 원자들은 모두 동일한 **원자 번호**atomic number를 가지고 있다.

원시적 사고primeval thinking 자기 자신에 대한, 그리고 자신이 우주의 다른 것들과 맺는 관계에 대한 사유가 주로 생존과 미신에 뿌리내리고 있는, 반성적 의식의 첫 번째 국면.

원자atom 화학 **원소**element의 기본 단위. 중심부의 밀집된 핵은 양전하를 가진 양성자proton와 전하가 없는 **중성자**neutron로 이루어져 있고, 이 주변으로는 음전하를 가진 **전자**electron의 구름이 덮여 있는데 전자는 양성자와 그 숫자나 전하값이 같아서 원자를 전기적으로 중성으로 만든다. 양성자의 숫자에 따라서 그 원소가 무엇인지 결정된다.

원자 번호atomic number 한 **원자**atom 내의 양성자의 수를 말하며, Z로 표기된다. 이 숫자가 그 **원소**element가 무엇인지를 결정하며, 다른 원소와 구별되게 한다.

원핵생물prokaryote 유전자 물질이 세포 울타리 내부에 세포막으로 둘러싸여 있지 않은 세포.

윔프WIMPs 약하게 상호작용하는 무거운 입자들Weakly Interacting Massive Particles은 빅뱅 이후 남은 입자들로서, 양성자의 백배 질량을 가진 중성 미립자 등을 가리키는데, 이는 입자물리학자들이 **암흑 물질**dark matter을 설명할 때 선호한다. 마초MACHOs 참고.

유물론materialism 오직 물체나 현상만이 실제로 존재하므로 정신이나 의식 혹은 생각 같은 것들은 모두 물체나 물체들의 상호작용으로 설명될 수 있다는 신념이나 추정. (물리주의 참고.)

유성meteor 유성체라고 불리는 자연계 내의 단단한 물체가 지구나 다른 행성의 대기권에 들어서면서 마찰로 인해 열을 받아 불타며 밤하늘에 생기는 한줄기의 빛.

유성체meteoroid 지구나 다른 행성의 대기권으로 들어온 자연계 속의 단단한 물체.

유전자gene 유전의 기본 입자로서, 일반적으로는 DNA 입자로 이루어져 있다(일부 바이러스는 DNA보다는 RNA 입자로 이루어져 있다): 각각의 유전자 속 염기의 배열이 개개의 유전적인 특징을 결정하는데, 이는 **단백질**protein 합성 부호화를 통해 이루어진다. 입자들은 대개 쪼개져 있고, 일부는 **염색체**chromosome상에 흩어져 있으면서, 다른 유전자와 겹쳐져 있다.

유전자형genotype 유기체의 물리적 특징(**표현형**phenotype 참고)과 구별되는 유전자상의 구성.

유전적 부동genetic drif 유한한 크기의 집단 속에서 자연선택보다는 우연에 따라 나타나는 대립 형질(유전자 쌍)의 발현 빈도상의 차이. 이로 인해 유전적 특질이 집단 속에서 사라질 수도 있고 널리 퍼질 수도 있으나, 이는 이들 유전적 특질의 보존이나 번식상의 가치와는 상관이 없다.

윤리적 통찰ethical insight 인간이 개인으로서 혹은 집단으로서 다른 개인이나 집단에게 어떻게 혹은 왜 그렇게 행동해야 하는가에 관련한 직접적인 이해.

윤리학ethics 인간 행동을 평가하고, 개인간의 혹은 개인과 개인들이 모인 집단(사회나 국가) 간의 선한 행동을 지배하는 규칙을 만들어 내려는 **추론**reasoning의 한 분야.

의식consciousness 환경, 다른 유기체, 자기 자신에 대한 인식을 말하며, 행동으로 나아간다. 매우 단순한 유기체의 초보적 수준에서 복잡한 대뇌 시스템을 가진 유기체에게서 나타나는 고도화된 수준까지 그 정도의 차이는 있지만, 모든 유기체가 가지고 있는 속성. (**반성적 의식**reflective consciousness과 구분하기 위해 이렇게 정의했다.)

의지wil **정신**mind을 써서 무엇인가를 결정함.

의학medical sciences 건강을 유지하고, 실병을 예방하고 치료하며, 상해를 다루는 데 응용되는 과학 분야.

이론theory 여러 독립된 실험과 관측에 의해 확정되고, 현상의 정확한 예측이나 **사후 추론**retrodiction에 사용할 수 있는, 현상 집합에 대한 설명. 가설, 모델, 법칙, 원리 참고.

이분법binary fission 세포가 둘로 쪼개지고, 이렇게 생긴 각각의 세포는 애초의 세포와 동일할 뿐 아니라, 같은 크기로 자라는 현상.

이온ion 전자를 한두 개 잃어버려 양전하나 음전하를 갖게 된 **원자**atom.

이원론dualism 우주를 구성하는 데는 두 가지 근본 구성 요소가 있다는 추정 혹은 신념으로서, 그 두 가지는 물질과 정신 혹은 의식이다.

이타주의altruism 타인의 안녕을 생각하는 비이기적인 관심에서부터 나오는 행동: 이타심.

이해comprehension 어떤 것의 의미를 포착하는 능력.

인간human **반성적 의식**reflective consciousness을 가진 것으로 알려져 있는 유일한 생물종.

인간의 문화human culture 예술을 통해 표현되는 사회 전체의 지식, 신념, 가치관, 조직, 관습, **창의력**creativity, 그리고 과학과 기술을 통해 드러나는 혁신을 말하며, 사회 구성원들이 학습하고 발전시켜서 서로에게 그리고 후대에게 전수한다.

인식cognition 감정이나 의지의 경험과 구분되는 앎-지각, 깨달음, 통찰, 추론, 기억, 상상 등의 과정을 통해-에 이르는 정신적 능력.

인식론epistemology 인간 지식의 본성, 원천, 유효성, 한계, 방법론 등을 탐구하는 **추론**reasoning의 한 분야.

일원론monism 존재하는 모든 것들은 한 가지 궁극적 실체, 혹은 존재의 원리에 의해 형성되어 있거나 환원될 수 있다고 보는 추정, 혹은 신념. 이는 유물론(혹은 물리주의), 관념론, 중립적 일원론으로 나눌 수 있다. **이원론**dualism이나 **다원주의**pluralism와 대조된다.

입자 물리학의 표준 모델 Standard Model of Particle Physics 이 모델은 우주의 기본 입자들과 그 운동을 살펴 중력을 제외하고 우리가 관측할 수 있는 모든 것들의 존재와 그들의 상관관계를 규명하고자 한다. 현재까지 규명된 기본 입자는 **쿼크**quark, **렙톤**lepton, 혹은 **보손**boson 입자 등으로 분류되는 17가지 유형이 있다. 이에 대응하는 반입자와 보손 변형 입자까지 포함하면 기본 입자들은 61개이다.

입자 지평선particle horizon 시간이 시작된 이후 빛보다 빠르게 멀어져 간 입자들은 그 질량이 양의 값이든 제로이든 간에 우리에게 영향을 미칠 수 없고 우리는 그 입자에 대한 정보를 얻을 수 없으며 따라서 탐지할 수가 없다.

ㅈ

자기 단극magnetic monopole 통상적으로 자기에는 양극이 있지만, 단극(S극 없는 N극, 혹은 그 반대)만 가지고 있다고 생각되는 가상의 입자.

자연선택natural selection 무작위로 일어나는 작은 변이들이 수많은 세대를 거쳐 유전되어 특정 환경 속의 유기체로 하여금 이러한 변이가 없는 유기체보다 더 오래 생존하고 더 많이 번식할 수 있게 하는 사태가 누적된 결과. 이로 인해 일정 환경에서 유리하거나 가장 적합한 변이를 가진 개체는 늘어나고, 불리한 변이를 가진 개체는 제거된다. 또한 **다윈주의**Darwinism, **신다윈주의**NeoDarwinism, **초다윈주의**UltraDarwinism 참고.

자연 철학natural philosophy 우리의 오감에 의해 감지되는 자연 세계를 이해하고, 그것이 어떻게 작동하는지 이해하고자 탐구하고 시도하는 추론reasoning의 한 분야.

전자electron 모든 **원자**atom를 구성하는 기본 입자 중 하나. 음전하(대략 1.6×10^{-19} 쿨롬)를 갖고 있고, 질량은 양전하를 가진 **양성자**proton의 1/1836 정도 된다.

전자기 상호작용electromagnetic interaction 단일 전자기장의 발현으로서의 전기장과 자기장에 관련된 힘. **양성자**proton나 **전자**electron처럼 전하를 가진 입자들의 상호작용을 지배하며, 화학적 상호작용이나 빛의 전파를 담당한다. **중력 상호작용**gravitational interaction처럼 그 범위는 무한하며, 그 크기는 입자들 간의 거리의 제곱에 반비례한다. 중력 상호작용과 달리 이 힘은 두 전하가 서로 다르면(양전하와 음전하) 서로 끌어당기고, 두 전하가 같으면 (둘 다 양전하이거나 둘 다 음전하이거나) 서로 밀어낸다. 원자들 간의 전자기 상호작용은 그 중력 상호작용보다 10^{36}배나 강하다.

입자 물리학 표준 모델에 따르면, 이 힘은 메신저 입자 혹은 매개 입자라고 불리는 질량이 없는 **광자**photon의 교환을 통해 생기는데, 이에 관해서는 실험을 통한 증거가 있다.

정신mind 생각하고, 느끼며, 추론하고, 의지를 품으며 기억하는 그 주체.

정향진화orthogenesis 생물학적 진화는 내재된 힘에 의해 정해진 방향으로 나아간다는 가설. 이 가설에도 환경에 대한 적응이 종의 진화에 중대한 역할을 한다는 주장에서부터, 적응은 종 내부에서의 변이를 일으키는 정도의 역할을 한다는 주장, 방향은 생물학적 진화의 목적을 제시한다는 주장까지 다양한 버전이 있다.

존재론ontology 존재란 무엇인지 규명하려는 **형이상학**metaphysics의 분과.

종species 그 성체를 결정하는 유전적 특질이 돌이킬 수 없는 변화를 거쳐서 이제는 자신이 진화해 나온 종의 집단과 구분되는 유기체의 집단.

종교religion 창설자의 통찰, 믿음, 권고 등을 보존, 해석, 적용, 교육, 전파하기 위해 세워진 기구. 이 기구의 구성원은 그 통찰과 해석 내용을 믿음의 대상으로 받아들인다. 기구는 그 구성원들의 충성과 응집력을 확보하기 위해 특히 젊은이들을 대상으로 하는 교육, 어겼을 때는 처벌을 초래하는 규율, 그리고 정서적 만족을 제공하는 예식, 이렇게 세 가지 방편을 주로 사용한다.

중력gravity 물리적 물체가 그 질량에 비례해서 서로를 끌어당기는 자연 현상으로서 뉴턴이 기술했고 상대성 이론에서 수정되었다. 중력 상호작용 참고.

중력 상호작용gravitational interaction 뉴턴 물리학에서 질량을 가진 모든 입자들 간에 일어나는 즉각적인 상호작용력이다. 이것은 네 가지 근본 상호작용력(전자기적 상호작용, 강한 상호작용, 약한 상호작용 참고) 중에서 유일하게 보편적으로 존재하는 힘이다. 범위는 무한하고, 항상 끌어당기며, 그 힘은 질량의 곱을 그 입자 중심부 간의 거리의 제곱으로 나누고, 뉴턴의 중력상수라고 불리는 보편 상수 G를 곱한 값으로 표기된다. 수학적으로 표기하면 다음과 같다.

$$F = G\frac{m_1 m_2}{r^2}$$

F는 중력, m_1과 m_2는 질량, r은 그 질량체 중심부 간의 거리이며, 상수 G는 대단히 작아서 6.67×10^{-11}meter^3 (kilogram-second^2)$^{-1}$이다.

상대성 이론에서는 이것을 상호작용력이 아니라 질량에 의해 시공간 구조가 휘는 현상으로 보며, 즉각적으로 일어나는 것도 아니라고 본다.

중립적 일원론neutral monism 정신계와 물질계 모두 제삼의 실체로 환원될 수 있다고 보는 추정이나 믿음.

중성자neutron 일반적인 수소를 제외한 모든 원자의 핵 속에서 발견되는 전기적으로 중성의 입자. 가벼운 핵에서는 중성자와 **양성자**proton가 거의 같은 수로 이루어져 안정화된 상태를 이루지만 원소가 무거워질수록 중성자가 양성자보다 숫자가 많아진다. 중성자는 핵 속에서는 안정한 상태지만 풀려난 중성자는 반감기가 15분이며, 붕괴되어 **양성자**proton, **전자**electron, 반중성미자를 만든다.

중입자baryon 일반적인 물질의 질량의 대부분을 차지하는 **양성자**proton와 **중성자**neutron 그리고 시그마Sigmas, 델타Deltas, 크시Xis처럼 단명하는 입자 몇 가지를 말한다. 입자 물리학 표준 모델에 따르면, 이들 각각은 세 개의 쿼크quark로 이루어져 있다.

지구과학Earth sciences 지구와 지구를 이루는 부분들의 기원, 특질, 행동, 그리고 이들의 상호작용을 연구하는 과학science의 제반 분야.

지능intelligence 특히 새롭고 도전적인 상황에서 원하는 바를 성취하기 위해 지식을 습득하고 이를 적용하는 역량.

지식knowledge 경험, 추론, 통찰, 교육 등의 방식으로 터득한 사물에 대한 정보.

지적 능력intellect 배우고 추론하고 이해할 수 있는 능력.

지적인, 정신적인noetic **정신**mind에서 나오거나, 관련되어 있는.

진핵생물eukaryotes 막에 둘러싸인 핵이 세포의 유전 정보를 가지고 있고, 분명한 기능을 수행하는 별개의 구조로 되어 있는 세포기관들도 가지고 있는 유기체. **원핵생물**prokaryotes보다 크고 구조적으로나 기능적으로 복잡할 뿐 아니라, 아메바 같은 단세포 유기체와 식물, 동물, 인간 같은 다세포 유기체 모두를 포함한다.

진화evolution 어떤 것이 보다 단순한 복합적 상태에서 좀 더 복잡한 복합적 상태로 변해 가는 과정. (**생물학적 진화**biological evolution 참고)

집단주의collectivization 본능이나 조건적 학습, 혹은 강요에 의해 비자발적으로 함께 일하기(**협력**cooperation을 참고하라).

ㅊ

창조력creativity **상상력**imagination을 발휘해서 생각, 문제에 대한 해결책, 그림, 소리, 냄새, 맛, 인공물 등 새로운 것을 만들어 낼 수 있는 능력.

천문학astronomy 달, 행성, 별, 은하, 그 외의 지구 대기권 밖의 다른 물체와 그들의 운동에 대한 관찰적 연구.

철학philosophy 지혜를 사랑함: 궁극적 실체, 사물의 본질과 원인, 자연 세계, 인간 행동, 생각 그 자체에 대한 생각.

철학적 사고philosophical thinking **반성적 의식**reflective consciousness의 두 번째 국면으로서, 자아에 대한 사유와 자아가 우주의 다른 부분과 맺는 관계에 대한 사유가 **미신**superstition에서부터 분리되어 **철학**philosophy이 되었다.

초다윈주의UltraDarwinism 자연선택을 통해 유기체보다 사물의 진화 개념을 채택한 가설로서, 그 사물의 특성 또는 그에 의해 야기된 다른 특성에 임의로 생기는 작은 변이가 누적되어 수많은 세대를 거치면서 그들이 속한 환경 내의 생존과 번식을 위한 경쟁에서 유리해진다.

촉매catalyst 반응물에 비해 소량만 사용되는 물질로서, 그 자체는 화학 반응에 참여하지 않으면서 화학 반응의 속도를 변화시킨다.

최종적 멸종terminal extinction 더 진화한 후손을 남기지 않고 **종**species이 존재하지 않게 됨.

추리, 추론inference 전제나 알려진 사실로부터 필연적으로 참이거나 혹은 매우 참일 가능성이 높은 결론을 도출하는 추론 과정(**연역**deduction과 **귀납**induction 참고).

추론reasoning 증거나 자명한 가정에 근거한 논리적 과정을 통해 사물의 본질을 이해하려는 시도.

추상abstraction 구체적 실체, 실질적으로 발생한 경우, 명확한 사례에 공통적으로 나타나는 특징에서 추출한 일반적인 개념.

추정speculation 불완전하고 최종적이지 않은 증거로부터 나온 생각이나 결론. **추론**conjecture.

추측conjecture 불완전하고 최종적이지 않은 증거에 입각해서 나온 의견이나 결론. **추정**speculation.

춘분 혹은 추분equinox 태양이 적도 가까이 와서 지구 어디에서나 밤과 낮의 길이가 거의 동일해지는 일 년 중 이틀. 춘분은 3월 21일경, 추분은 9월 22일경에 걸린다.

출현emergence 복잡한 전체 속에서, 그 구성 요소들은 가지고 있지 않은 새로운 속성이 하나 이상 새로 나타나는 것을 말한다.

"약한 출현"은 보다 높은 수준에서 나타나는 새로운 속성이 구성 요소들 간의 상호작용에 의해서만 규명되는 경우를 말한다.

"강한 출현"은 보다 높은 수준에서 새로 나타난 속성이 구성 요소들 간의 상호작용으로 환원되지도 않고 그 상호작용에 의해 예측되지도 않는 경우를 말한다.

"시스템 출현"은 보다 높은 수준에서 새로 나타난 속성이 보다 낮은 수준의 속성과의 인과적인 상호작용을 통해 나타나는 경우이다. 이때 하향식 인과 관계는 물론이고 상향식의 인과 관계 또한 시스템적 접근법의 일부를 이루는데, 이 접근법은 환원주의적 접근법과는 대조적으로, 각각의 요소를 서로 상호작용하는 전체의 일부로 간주한다.

ㅋ

코스모스cosmos 우리가 감각적으로 인식할 수 있는 삼차원의 공간과 일차원의 시간을 넘어선다고 추정하는 다른 차원들은 물론이고, 우리가 물리적으로 접촉할 수 없고 관측하거나 실증적인 정보를 얻을 수 없는 다른 우주들까지 다 포괄하는, 존재하는 모든 것들.

쿼크quark 양자, 전자 그리고 **강한 상호작용**strong interaction을 받는 다른 입자를 구성하는 일군의 기본 입자들.

ㅌ

통찰insight 사물의 본질을 뚜렷이 보는 것을 말하며, 대개의 경우는 명상 수련 이후 혹은 추론을 통해 이해를 얻고자 했던 시도가 실패한 뒤에 별안간 찾아온다.

(통찰의 유형은 신비주의적 통찰, 영적 통찰, 과학적 통찰, 수학적 통찰, 심리학적 통찰, 윤리적 통찰, 미학적 통찰을 보라. 이와 대조되는 **추론**reasoning 참고)

특이점singularity 유한한 질량을 인력이 압축시켜서 한없이 작은 덩어리로 만들기에 밀도가 무한대로 커지고, 시공간이 무한히 비틀어지는 시공간상의 가상 지점.

파울리 배타 원리 Pauli Exclusion Principle **원자**atom나 **분자**molecule 속의 어떠한 두 개의 **전자**electrons도 동일한 네 개의 양자 수를 가질 수 없다. 보다 일반적으로 말하자면, 주어진 체계 속에서 어떠한 두 가지 타입의 페르미온(**전자**electron, **양성자**proton, **중성자**neutron를 포함하는 입자군)도 동시에 동일한 양자 수를 가진 상태로 존재할 수 없다.

패러다임paradigm 과학 분야에서 대체로 의심없이 수납되는 생각과 가설로 이루어진 주류적 패턴을 말하며, 그 패턴 속에서 연구가 수행되고 연구 결과 역시 그 패턴에 입각해서 해석된다.

펩타이드peptide 한 아미노산 내의 카르복실 그룹과 다른 아미노산의 아미노 그룹이 화학적으로 연결되어 만들어지는 두 개 이상의 아미노산 사슬.

표현형phenotype 형태, 크기, 색깔, 행동처럼 관찰 가능한 유기체의 특질.

프라나prana 생명의 에너지, 생명력. 모든 형태의 에너지의 본질적 기본 물질. (산스크리트어)

플라스미드plasmid 대부분의 원핵생물 세포질 내에 그리고 일부 진핵생물의 **미토콘드리아**mitochondria 내에 위치한 원형의 DNA, 혹은 RNA 분자. 독립적으로 복제되어 세포의 **염색체**chromosome를 만든다.

플라스마plasma 양전하의 원자(이온)핵과 음전하의 자유 전자 그리고 중성 입자들로 이루어진 이온화된 기체로서, 전체적으로는 전하가 없다. 전기적으로 도체이며, 자기장의 영향을 받는다.

플랑크 길이 Plank length, l_P 중력의 양자 이론에서 길이의 최소 단위. 이 길이 이하로는 양자 진동이 상대성 이론의 연속적 시공간과 양립할 수 없다.

수학적으로는 $l_p = \sqrt{\ }(\hbar G/C^3)$ 라고 표현되며, 대략 10^{-35}미터가 된다

(기호에 대해서는 **플랑크 단위**Plank units 참고)

플랑크 단위 Plank units 우주의 물리적 상수가 모두 동일하도록 만들기 위해 채택한 모든 절대적 측정 지표의 체계로서 특히

$G = c = k = \hbar = 1$

여기서

G는 뉴턴 중력상수로서 중력의 크기를 측정하며

c는 일정한 빛의 속도

k는 볼츠만 상수로서 닫힌 시스템 속에서의 엔트로피 혹은 무질서도를 계측한다.

$\hbar$ 는 플랑크 상수로서 양자 현상의 크기를 계측하는 h를 2π로 나눈 값이다.

따라서 이들 상수는 이들 지표를 사용하는 물리학 법칙의 방정식에서 사라지게 된다.

플랑크 시간 Plank time, t_P 빛이 플랑크 길이를 여행하는 데 걸리는 시간.

수학적으로는 $t_p = \sqrt{\ }(\hbar G/c^5)$ 라고 표현되며 대략 10^{-43}초이다.

(기호에 대해서는 **플랑크 단위**Plank units 참고)

플랑크 질량 Plank mass, m_p 가장 무거운 원소의 입자의 질량. 이보다 무거운 원소의 입자는 그 자신의 중력에 의해 붕괴되어 블랙홀이 된다.

수학적으로는 $m_p = \sqrt{(\hbar c/G)}$ 라고 표현되며, 대략 10^{19} 광자 질량 혹은 10^{-5} 그램이다. (기호에 대해서는 **플랑크 단위**Plank units 참고)

ㅎ

하지와 동지solstice 태양이 지구의 천구의 적도로부터 가장 멀리 남쪽이나 북쪽으로 멀어져서 적도로 다시 돌아오기 전에 정지되어 있는 듯한 상태가 되는 날(12월 21일 혹은 22일). 하지일 때 낮이 가장 길고 동지일 때 낮이 가장 짧다.

행성planet 대략 일정한 질량과 크기를 가지고 있으며, 항성이나 항성의 잔유물 주위를 돌고 있는 물체로서 그 중력장이 구의 형태를 유지할 수 있을 만큼의 질량은 가지고 있지만 그 핵에서 열핵융합을 일으킬 만큼의 질량은 못되며, 다른 행성의 위성은 아니다. 그 공전 지역으로는 미微행성체들과 잔해들이 다 제거되었으며, 그들 중 일부는 달이나 먼지 고리 형태로 자기 주변에 달고 있다.

현상phenomenon 감각에 의해 감지되거나 경험될 수 있는 것들.

현재이전BP Before Present.

협력cooperation 공동의 유익이나 서로 합의한 목적을 이루기 위해 자발적으로 함께 일하기.

협업collaboration **협력**cooperation과 **집단주의**collectivization을 포함하여 함께 일하는 모든 형태. 형이상학metaphysics 물질적이든 비물질적이든 간에 모든 만물의 궁극적인 실체나 정수나 원인을 이해하고자 탐구하고 시도하는 **추론**reasoning의 한 분야.

형태학morphology 유기체의 크기, 형태, 구조. 그에 관한 학문.

혜성comet 얼음 덩어리와 얼어 있는 기체를 포함하며, 바위와 흙이 들어 있고, 돌로 된 핵으로 이루어져 있는 직경 수 킬로미터 정도되는 작은 물체로서 흔히 더러운 눈덩어리라고 불린다. 상궤를 벗어난 길게 늘어진 궤도를 가지고 있으며, 지구 공전 궤도 평면으로 오려는 경향성을 가지고 있다. 태양 가까이에 오면 넓게 퍼지는 가스에 둘러싸이게 되고, 종종 길고 빛나는 꼬리가 생긴다.

화학chemistry 물질의 특성, 구성, 구조 및 이들이 특정 조건하에서 서로 결합하거나 반응할 때의 변화를 연구하는 과학의 한 분과.

환원주의reductionism 사물을 이해하고 설명하기 위해 구성하고 있는 부분들로 쪼개는 방법론. 구성하고 있는 부분과 그들의 관계를 연구하면 어떤 것이든 이해할 수 있고 설명할 수 있다는 믿음. (이와 대조적인 의미를 가진 **출현**emergence 참고)

효소enzyme 반응에 의해 소진되지는 않으면서 화학적 반응 속도를 높여 주는 생물학적 혹은 화학적 촉매. 촉매는 반응을 활성화시킬 수 있는 에너지(온도 증가로 계측된다)가 투입되지 않았다면 매우 느리게 진행되어 유기체를 손상시키거나 파괴할 수 있는 과정을 가능하게 하기 때문에 유기체에게 필수적이다.

후생유전학epigenetics 유기체의 **표현형**phenotype에는 변화가 있지만 유전자 자체의 DNA 서열 변화는 일어나지 않는 **유전자**gene 조절 메커니즘에 대한 연구.

후생유전학적 유전epigenetic inheritance 무성생식이나 유성생식을 통해, 유기체의 특질에 변이는 생기지만 DNA 염기서열의 변화는 일어나지 않는 방식으로 나타나며, 부모 세포에서 자손 세포로 변이가 전달.

| Illustration credits |

Figures 3.2 and 3.3 From The Inflationary Universe – 1997 Alan Guth by kind permission of the author

Figure 4.1 NASA

Figure 5.1 From A Brief History of Time – 1988 Stephen Hawking by kind permission of Writers House LLC on behalf of the author

Figure 5.2 From Facts and Speculations in Cosmology – Jayant Narlikar and Geoffrey Burbidge 2008 by kind permission of Jayant Narlikar

Figure 5.3 By kind permission of Paul Steinhardt

Figure 8.1 From The Inflationary Universe – 1997 Alan Guth by kind permission of the author

Figure 8.2 NASA

Figure 8.3 European Southern Observatory

Figures 8.4, 9.1, and 9.2 NASA

Figure 9.3 By kind permission of the International Union of Pure & Applied Chemistry

Figure 10.1 NASA

Figure 12.2 Dna-Dennis

Figure 12.3 From Environmental Science: Earth as a Living Planet by Daniel D Botkin and Edward A Keller (Media Support Disk) – 1999 by John Wiley and Sons Inc. by kind permission of the publisher

Figure 12.4 NASA

Figure 12.5 Redrawn by permission from an original by Stephen Nelson

Figures 12.6, 12.7, and 12.8 The United States Geological Survey

Figure 14.1 By kind permission of Norman Pace

Figure 14.2 Mariana Ruiz Villarreal

Figure 14.3 The National Human Genome Research Institute

Figure 14.4 Adapted from an original by Yassine Mrabet

Figure 14.5 Yassine Mrabet

Figures 15.1 and 15.2 From At Home in the Universe – 1995 Stuart Kauffman; figures – 1993 Oxford University Press, reproduced by kind permission of Oxford University Press

Figure 16.1 John Gould

Figures 17.1 and 17.2 From The Crucible of Creation – 1998 Simon Conway Morris, by kind permission of the author and Oxford University Press

Figure 17.3 – John Hands, digitized by Kevin Mansfield

Figure 17.5 From http://web.neomed.edu/web/anatomy/Pakicetid.html

Figure 17.6 From http://web.neomed.edu/web/anatomy/Pakicetid.html illustration by Carl Buell

Figure 17.7 By kind permission of Encyclopædia Britannica Inc – 2011

Figure 18.1 Trevor Bounford

Figure 19.1 Mediran

Figure 20.1 – John Hands

Figure 20.2 By kind permission of Douglas L Theobald

Figure 23.1 – John Hands

Figure 23.2 Kathryn Delisle, reproduced by kind permission of Lynn Margulis

Figure 24.1 Adapted from the drawing of Quasar Jarosz

Figure 24.2 – John Hands, redrawn by Trevor Bounford

Figure 24.3 Redrawn by Trevor Bounford from an original by William Tietien.

Figure 24.5 Adapted by kind permission from the HOPES website at Stanford University https://www.stanford.edu/group/hopes/cgi-bin/wordpress/?p=3787

Figure 24.6 By kind permission from http://brainmuseum.org/ and https://www.msu.edu supported by the US National Science Foundation

Figure 26.1 – John Hands

Figure 26.2 By kind permission of Encyclopædia Britannica Inc – 2013

Figure 27.1 – John Hands

Figure 28.1 Klem

Figures 28.2, 29.1, 29.2, 31.1, and 31.2 – John Hands. Figure 31.1 digitally redrawn by Kevin Mansfield. Figure 31.2 digitally redrawn by Fakenham Prepress Solutions

번역 저본의 판권 표기를 따랐습니다. 저작권 표기가 누락되었거나 오류가 있는 경우 출판사로 연락 주시길 바랍니다.

코스모사피엔스

1판 1쇄 발행 2022년 1월 27일
1판 3쇄 발행 2023년 2월 17일

저 자 존 핸즈
옮 긴 이 김상조
발 행 인 유재옥

본 부 장 조병권
편 집 1 팀 김준균 김혜연
편 집 2 팀 정영길 조찬희 박치우 정지원
편 집 3 팀 오준영 이해빈
편 집 4 팀 전태영 박소연
디 자 인 김보라 박민솔
표지디자인 곰곰사무소
라 이 츠 김정미 맹미영 이승희 이윤서
디 지 털 박상섭 김지연
발 행 처 (주)소미미디어
발행등록 제2015-000008호
주 소 서울시 마포구 토정로 222, 403호(신수동, 한국출판콘텐츠센터)
판 매 (주)소미미디어
제 작 처 코리아피앤피
영 업 박종욱
마 케 팅 한민지 최원석 최정연
물 류 허석용 백철기
전 화 편집부 (070)4260-1393, (070)4405-6528 기획실 (02)567-3388
판매 및 마케팅 (070)4165-6888, Fax (02)322-7665

ISBN 979-11-384-0757-1 03400

* 책값은 뒤표지에 있습니다.
* 파본은 구입하신 서점에서 교환해드립니다.